DIE

HETEROCYKLISCHEN VERBINDUNGEN

DER

ORGANISCHEN CHEMIE.

EIN LEHR- UND NACHSCHLAGEBUCH
FÜR STUDIUM UND PRAXIS

VON

DR. EDGAR WEDEKIND,
PRIVATDOCENT DER CHEMIE AN DER UNIVERSITÄT TÜBINGEN.

LEIPZIG,
VERLAG VON VEIT & COMP.
1901

Druck von Metzger & Wittig in Leipzig.

Vorwort.

Das vorliegende Lehrbuch hat — namentlich in Bezug auf die Abgrenzung des Stoffes — seine Entstehung einer Anregung des Verlegers zu verdanken. In der That wird eine kurze „Chemie der organischen heterocyklischen Verbindungen“ weiteren Kreisen willkommen sein, denn die vorhandenen Lehrbücher der organischen Chemie behandeln entweder das wichtige Gebiet der heterocyklischen Körper nur ganz kursorisch oder sie sind so ausführlich und zugleich so teuer, dass sie für Studierende und zum Teil wohl auch für Praktiker kaum in Betracht kommen.

Ich habe mich daher bemüht, die heterocyklischen Substanzen als selbständiges Kapitel zu bearbeiten, in der Hoffnung, daß das Werkchen sich zu einer brauchbaren Ergänzung der bekannten kurzen Lehrbücher der organischen Chemie herauswachsen würde: es soll in erster Linie ein Lehr- und Nachschlagebuch für vorgerücktere Studierende, namentlich für Doktoranden, sowie für die in der Großindustrie beschäftigten Chemiker sein.

Was die Anordnung des Stoffes anbetrifft, so habe ich den Versuch gemacht, das große Heer der in Betracht kommenden Verbindungen nach bestimmten Gesichtspunkten einzuteilen, um das Studium dieser zum Teil kompliziert zusammengesetzten Körperklassen durch Übersichtlichkeit zu erleichtern. Ob dieses System (vergl. S. 8 ff., 23, 187 ff. und 356 ff.) den Beifall der Fachgenossen finden wird, muß die Zukunft lehren; jedenfalls werde ich alle Anregungen in dieser Richtung, sowie Vorschläge zu Verbesserungen dankbar entgegennehmen. Die ringförmigen Alkaloïde wurden nur insoweit berücksichtigt, als die Konstitution der einzelnen Pflanzenbasen mit einiger Sicherheit ermittelt ist; diejenigen, welche sich für dieses spezielle Gebiet interessieren, kann ich auf das treffliche Buch von Pictet-Wolffenstein „Die Pflanzenalkaloïde und ihre chemische Konstitution,“ zweite Auflage (Berlin, 1900), verweisen.

Alle spezielle Angaben über einzelne Körper, Eigenschaften derselben u. s. w. sind klein gedruckt; die Abkömmlinge der wichtigsten Typen, wie Pyridin, Chinolin u. s. w. sind in Tabellen übersichtlich zusammengestellt. Um die knappe Form des Buches zu bewahren, ist für sonstiges Wissenswerte auf die betreffende Original-Litteratur verwiesen. Außerdem befinden sich je am Schluß der beiden Teile durchgehende Litteratur-Nachweise, welche keinen Anspruch auf Vollständigkeit machen, aber doch geeignet sind, den Text zu ergänzen und vorgetragene Anschauungen zu erhärten.

Ein alphabetisches Register der bekanntesten heterocyklischen Verbindungen soll das Buch auch zum Nachschlagen brauchbar machen.

Herrn J. Haeussermann spreche ich auch an dieser Stelle meinen besten Dank aus für seine wertvolle Hilfe beim Lesen der Korrektur, sowie bei der Anfertigung des Registers.

Tübingen, im Februar 1901.

E. Wedekind.

Inhalt.

Abkürzungen bei Litteratur-Angaben.

A.	LIEBIG's Annalen der Chemie und Pharmacie.
A. Spl.	Supplementband von LIEBIG's Annalen.
A. ch.	Annales de chimie et de physique.
Am.	American chemical Journal.
Am. Soc.	Journal of the American chemical Society.
Arch. Pharm.	Archiv für Pharmacie.
B.	Berichte der deutschen chemischen Gesellschaft. R. Referatenband.
Bl.	Bulletin de la Société chimique de Paris.
C.	Chemisches Centralblatt.
Chem. N.	Chemical News.
C. r.	Comptes rendus des séances de l'Académie des sciences, Paris.
Chem. Ztg.	Chemiker-Zeitung, Cöthen.
D. R. P.	Deutsches Reichspatent.
G.	Gazetta chimica italiana.
J. pr.	Journal für praktische Chemie.
J. russ.	Journal der russischen physikalisch-chemischen Gesellschaft.
M.	Monatshefte für Chemie, Wien.
Ph. Chem.	Zeitschrift für physikalische Chemie.
Pogg. A.	POGGENDORFF's Annalen.
R.	Recueil des travaux chimiques des Pays-Bas.
Soc.	Journal of the chemical Society, London.

Einleitung.

Die heterocyklischen Verbindungen stehen denjenigen Ringkörpern gegenüber, deren Ringatome nur aus einem Element bestehen, und welche homo- oder isocyklische Verbindungen genannt werden. Während zur Erzeugung der letzteren in erster Linie der Kohlenstoff befähigt zu sein scheint, kann die Ringperipherie heterocyklischer Körper aus verschiedenartigen Elementen zusammengesetzt sein: zu diesen gehören außer dem Kohlenstoff und Stickstoff der Sauerstoff, der Schwefel, das Selen, der Phosphor, das Bor und einige Metalle.

Während die große Zahl und Mannigfaltigkeit derartiger Verbindungen durch das Vorhandensein des Hauptelementes der organischen Chemie, des Kohlenstoffes, hervorgerufen wird, ist die Zahl der anorganischen heterocyklischen Systeme, denen dieses Element fehlt, eine verhältnismäßig geringe.

Da man nun neuerdings beginnt, die stereochemische Betrachtungsweise, die auch die Gesetze der Ringbildung in sich schließt, auf anorganische Verbindungen[1] zu übertragen, so erscheint es angebracht, vor Abhandlung des eigentlichen Stoffes letztere einer kurzen Betrachtung zu würdigen.

Schon KEKULÉ hat den Gedanken angeregt, daß man bei den Salzen mehrwertiger Metalle mit zweibasischen Säuren von der Größe einer gewissen Entfernung reden kann, die das Metallatom umspannen muß.

Unsere Kenntnisse über die Zahl der Ringglieder in anorganischen Systemen wird dadurch beeinträchtigt, daß wir in den meisten Fällen nicht über die Molekulargröße der vorliegenden Verbindungen orientiert sind; doch berechtigen die Fortschritte der physikalisch-chemischen Methoden zu der Annahme, daß auch hierin in absehbarer Zeit Wandel geschafft wird.

---

[1] Vgl. u. a. C. A. BISCHOFF, Handbuch der Stereochemie, S. 641 ff.

Als Beispiele ringförmiger Verkettung zwischen Kupfer und Sauerstoff mögen folgende Formeln dienen:

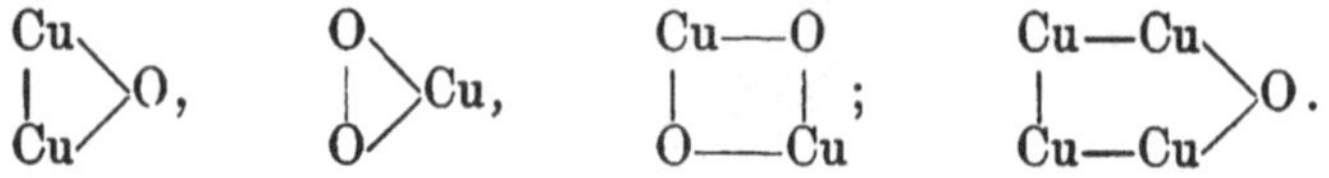

Auch hier spielt der Stickstoff, der zur Bildung so mannigfacher heterocyklischer Ringe Veranlassung giebt, eine wichtige Rolle; es sei daran erinnert, daß neuerdings der Nitrogruppe auf Grund spektrochemischer Untersuchungen die Konstitution eines Nitroringes 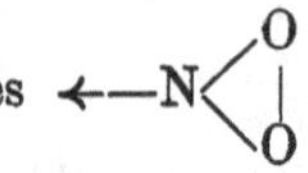 zugeschrieben wird (vergl. J. W. Brühl, B. **31**, 1358).

Auch in Gemeinschaft mit Phosphor und Schwefel bildet der Stickstoff Ringsysteme, z. B.:

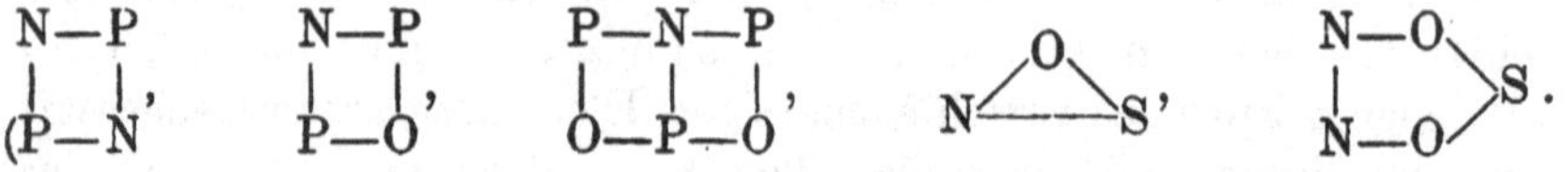

Diesen nur skizzierten Typen reiht sich ein sechsgliederiges Gebilde an, dessen Ringatome ebenfalls aus Metalloïden bestehen vergl. B. **24**, 935):

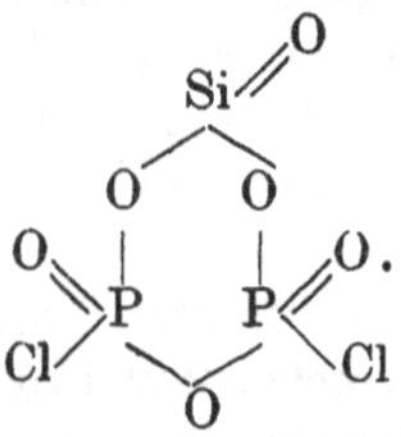

Am häufigsten beobachtet sind derartige Ringschlüsse bei den Metallsalzen zweibasischer Säuren, die eine gewisse Ähnlichkeit mit der Bildung cyklischer Anhydride organischer Säuren besitzen. Auch hier werden gewisse Ringsysteme erst in der Wärme unter Abspaltung von Wasser gebildet, während andere schon bei gewöhnlicher Temperatur cyklischen Charakter zeigen. C. A. Bischoff vergleicht z. B. Magnesium- und Calciumsulfat einerseits, Dimethylbernsteinsäure und Dimethylmaleïnsäure andererseits.

Die beiden folgenden Verbindungen:

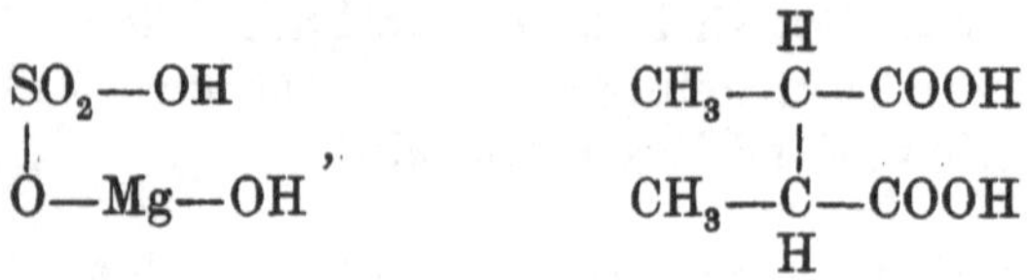

gehen erst bei höherer Temperatur in die nachstehenden Ringgebilde über:

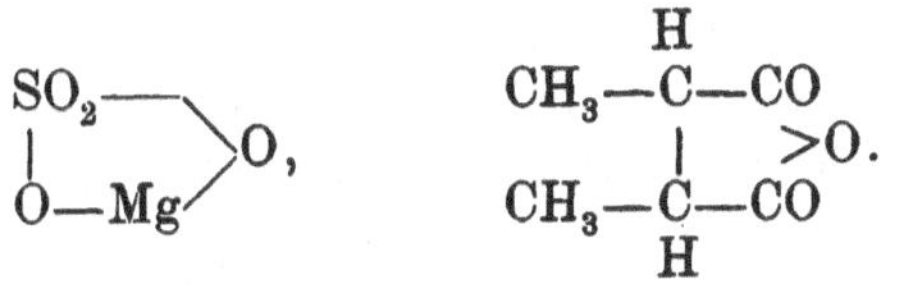

Unbeständig sind dagegen:

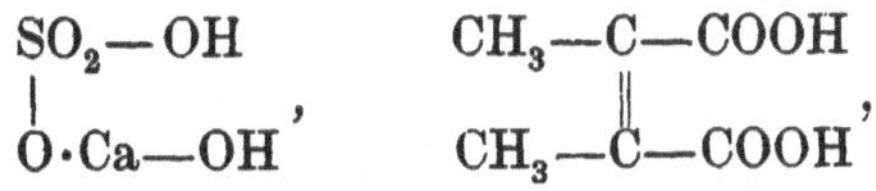

da sie sich schon bei niederer Temperatur folgendermaßen anhydrisieren:

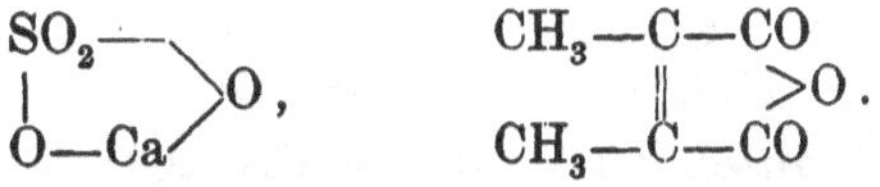

Diese Betrachtungen gelten unter der Voraussetzung, daß den betreffenden Salzen die einfache Molekulargröße zukommt; aber auch bei Verdoppelung derselben sind Analogien mit organischen Ringschlüssen leicht zu finden.

Schließlich sei darauf hingewiesen, daß die Mineralchemie, in Sonderheit diejenige der Silikate, zahlreiche Beispiele anorganischer heterocyklischer Ringsysteme bietet:

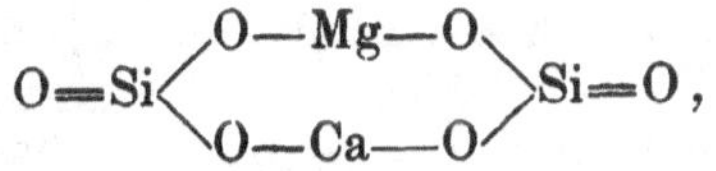

Diopsid

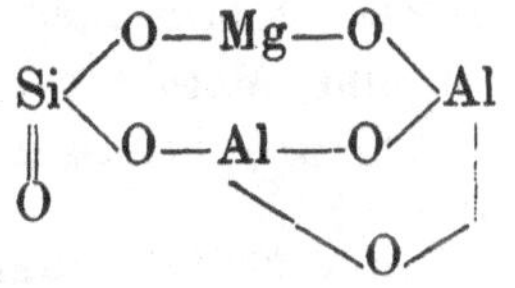

Augit.

Den organischen Heteroringen liegt der Kohlenstoff als Urelement zu Grunde und je nach der Zahl der noch vorhandenen fremden Atome (N, O, S u. s. w.) spricht man von mono-, di-, tri- u. s. w. heteroatomigen Ringen.

Die Zahl der Ringatome beträgt in den meisten und wichtigsten Gebilden fünf oder sechs, doch giebt es auch drei- und viergliederige Ringe, sowie Systeme mit mehr als sechs Ringatomen. Die Begünstigung des fünf-, bezw. sechsgliederigen Systems spricht sich in zahlreichen, glatt verlaufenden Ringschlüssen, sowie in der Existenz von cyklischen Polymerisationsprodukten der Cyanverbindungen und der niedrigen Fettaldehyde aus. Eine Übertragung der Baeyer'schen Spannungstheorie aus der isocyklischen Reihe ist vorläufig nicht ausführbar, da die stereochemischen Konfigurationen der Heteroatome noch unbekannt sind. Ein Fingerzeig für die richtige Erkenntnis der obwaltenden Verhältnisse liegt in der Ähnlichkeit gewisser Heteroringe untereinander bezw. mit dem Benzol: letzteres gleicht z. B. in fast allen seinen Eigenschaften dem Thiophen, das vier Methingruppen und ein Schwefelatom enthält, während das Benzol aus sechs Methingruppen zusammengesetzt ist; dem Thiophen analog sind wiederum Furfuran und Pyrrol, wie folgendes Schema zeigt:

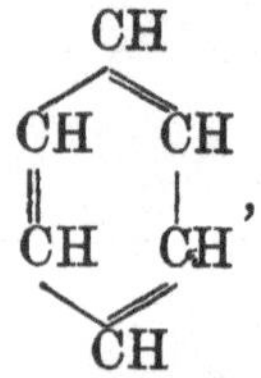
Benzol

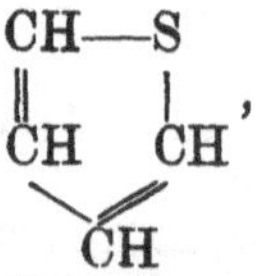
Thiophen

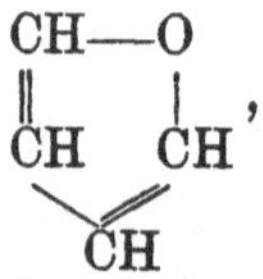
Furfuran

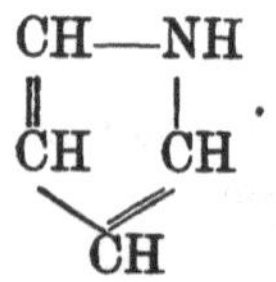
Pyrrol

Es erscheint danach die Gruppe —CH=CH— in Ringsystemen dem Schwefelatom räumlich äquivalent zu sein; W. Vaubel[1] folgert sogar auf Grund der von ihm gegebenen Benzolkonfiguration, daß die Kohlenstoffatome im Pyrrol, Furfuran und Thiophen in gleicher Weise wie im Benzolkern angeordnet sind und daß demgemäß das Stickstoff-, Sauerstoff- und Schwefelatom eine Entfernung zweier Valenzpunkte besitzen müßten, die gleich der Entfernung der beiden zu sättigenden Valenzen der Kohlenstoffatome ist.

Ein oft beobachteter Erfahrungssatz ist ferner, daß ein Stickstoffatom eine Methingruppe in Ringsystemen äquivalent vertreten kann: durch den succesiven Ersatz von Kohlenstoff (=C·H·), durch Stickstoff im System des Pyrrols 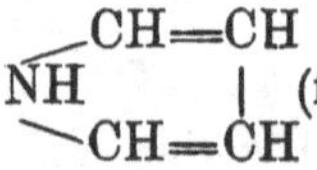 (flüssig) entstehen der Reihe nach folgende Verbindungen, welche an Stabilität der zu Grunde liegenden Substanz nichts nachgeben:

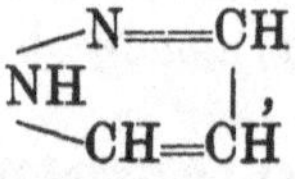
Pyrazol
Schmp. 70°

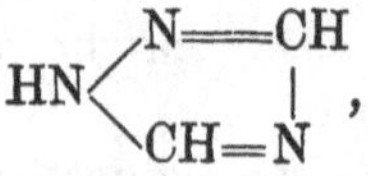
Triazol
Schmp. 121°

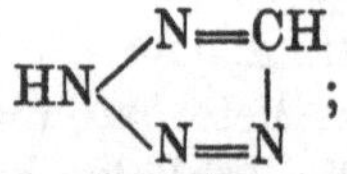
Tetrazol
Schmp. 156°

aus den beigefügten Daten erhellt ferner, daß die Vertretung von Kohlenstoff durch Stickstoff eine fast regelmäßige Steigerung der Schmelzpunkte hervorruft (vergl. B. **31**, 952).

Unter gewissen Bedingungen sind auch sieben- und mehrgliederige Ringe existenzfähig: zum erstgenannten Typus gehört beispielsweise

[1] Stereochemische Forschungen I, 2, 5.

das Diphenimid $\begin{array}{l} C_6H_4\cdot CO \\ | \\ C_6H_4\cdot CO \end{array}\!\!>\!NH$, vom Schmp. 213°; ein achtgliederiger Ring liegt im Hydrazioxalyl $\begin{array}{l} CO{-}NH{-}NH{-}CO \\ |\qquad\qquad\qquad\ \ | \\ CO{-}NH{-}NH{-}CO \end{array}$, im Diphenhomazin u. a. vor.

Auch neun-, zehn-, elf-, dreizehn-, vierzehn- und sechzehngliederige Ringkombinationen sind gelegentlich bekannt geworden, deren Grundsubstanzen in den meisten Fällen aber nicht erhältlich gewesen sind.

Ähnlich den homocyklischen Ringen treten auch die heterocyklischen Systeme in kondensierten oder mehrkernigen Gebilden auf: besonders häufig sind zwei benachbarte Kohlenstoffatome gemeinschaftlich mit einem Benzolkern. Auf diese Weise entstehen die Analoga des Indens bezw. des Naphtalins, welche man von den Muttersubstanzen durch die Präfixe „Benzo oder Phen" unterscheidet, z. B.:

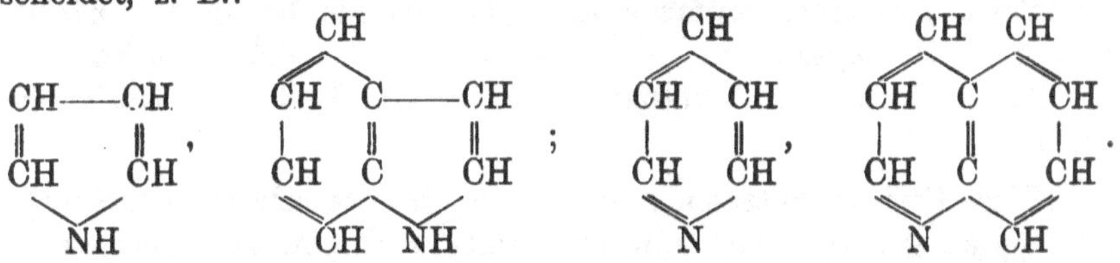

Pyrrol; Benzopyrrol (Indol); Pyridin; Phenpyridin (Chinolin)

Als Beispiel für eine tricyklische Kombination diene das Carbazol oder Diphenylenimid:

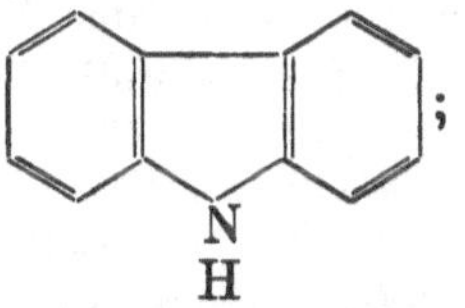

auch mehrere Heteroringe vermögen sich unter einander zu kondensieren, häufig unter gleichzeitiger Verschmelzung mit einem Benzolkern; ein derartiges System stellt das Chinochinolin dar:

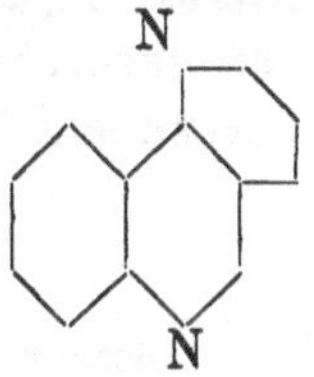

bezw.

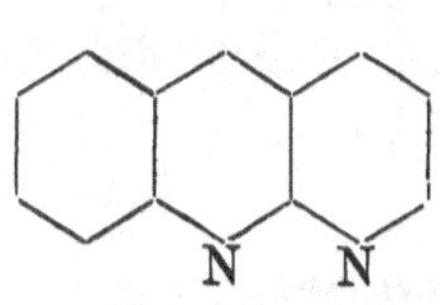

γ-Chinochinolin; α-Chinochinolin

Die Zahl der Ringe, die an einem polyheterocyklischen System teilnehmen können, ist durchweg eine bedeutend größere, als in der homocyklischen Reihe, da weitaus mehr Variationen durchführbar sind: es giebt Systeme mit sieben Ringen, wie das Indazin, solche mit acht Ringen, wie das Chrysonaphtazin (vergl. B. **20**, 2444):

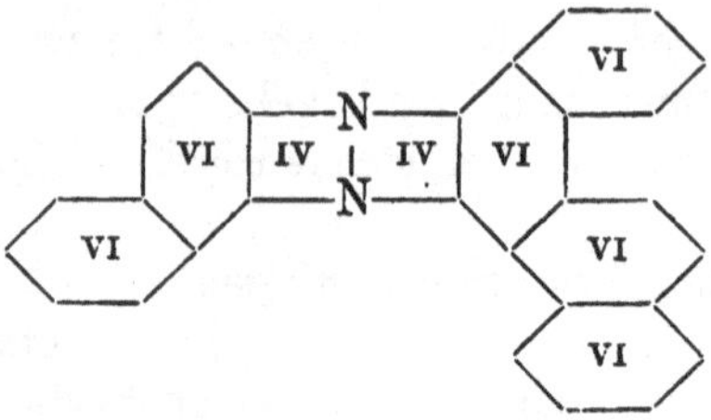

und sogar Kombinationen von zehn bezw. von vierzehn[1] Ringkernen.

Die wahren heterocyklischen Verbindungen sind dadurch ausgezeichnet, daß ihnen einfache Ringe zu Grunde liegen, die nicht ohne weiteres aufgespalten werden können, und welche ähnlich, wie das stabile Benzol, die Muttersubstanz für eine Reihe von Derivaten bilden.

Diese Urringe unterscheiden sich durch ihre relative Beständigkeit von einer Anzahl von anhydridartigen Verbindungen, die sowohl in der Fett-, wie in der aromatischen Reihe durch gelegentliche Begünstigung zum Ringschluß zustande kommen, aber auch ebenso leicht rückwärts in Körper mit offenen Ketten zerfallen. Hierher gehören die Laktone, Laktide, Laktame (Laktime), sowie die Anhydride, Imide, Alkylenester u. s. w. von zweibasischen Säuren, ferner cyklische Äther, wie Äthylenoxyd und Diäthylendisulfid.

Diese labilen Ringgebilde gehören nicht in die Chemie der eigentlichen heterocyklischen Verbindungen, sondern dienen nur als Beispiele für die mannigfachen Variationen bei Heteroringschließungen.

Die Beständigkeit der wahren Heteroringe hat Veranlassung gegeben, ihren Grundsubstanzen, welche meistens Doppelbindungen enthalten, sogenannte potentielle Valenzen zuzuschreiben, wie dies beim Benzol durch die ARMSTRONG-BAEYER'sche Formel geschieht, z. B.:

---

[1] Das Kondensationsprodukt von Phenanthrenchinon mit Tetramidophenazin. B. 22, 450.

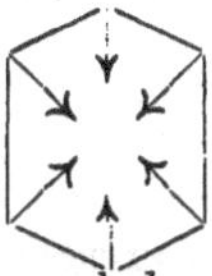

Centrische Formel des Benzols.

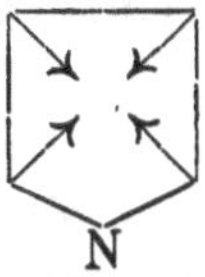

Centrische Formel des Pyrrols.

Durch teilweise oder ganze Sättigung der potentiellen Valenzen entstehen Ringe von alicyklischem Charakter, welche in Bezug auf Spaltbarkeit zu offenen Ketten den oben geschilderten labilen Heteroringen nahe stehen; jedoch ist der Unterschied zwischen den zwei Körperklassen nicht so prägnant, wie in der aromatischen Reihe, sodaß auf eine eingehende Darlegnng dieser Spekulationen verzichtet werden kann.

Wichtiger ist eine klare Systematik, welche einen bequemen Überblick über die zahlreichen und mannigfaltigen Verbindungen der heterocyklischen Reihe zu liefern imstande ist.

Eine derartige Einteilung kann nach verschiedenen Gesichtspunkten geschehen: entweder man gruppiert die Ringe nach der Zahl der an dem System teilnehmenden Glieder, oder man stellt die Ringe mit gleichen Heteroatomen nach wachsender Zahl der Kohlenstoffatome zusammen; so ergiebt sich z. B. für Ringe mit einem Stickstoffatom folgende Übersicht:

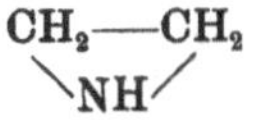 [Äthylenimid]	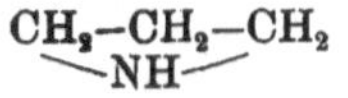 Trimethylenimid	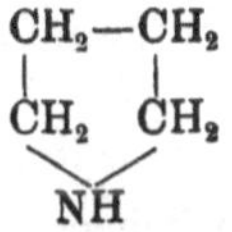 Tetramethylenimid (Pyrrolidin)	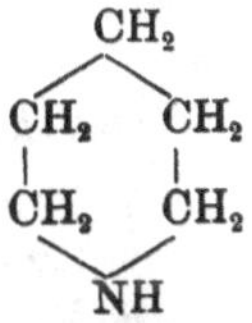 Pentamethylenimid (Piperidin)
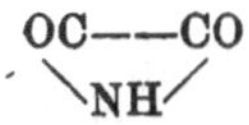 Oxalimid	—	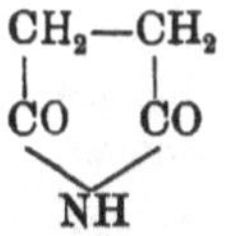 Succinimid	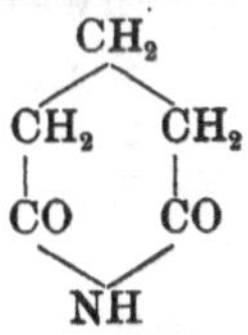 Glutarimid
—	—	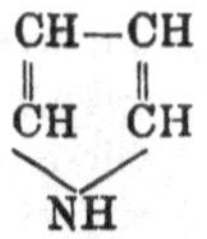 Pyrrol	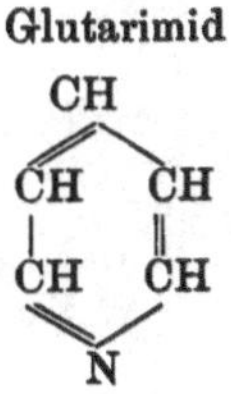 Pyridin

Wie dies eine Beispiel schon zeigt, kommen bei einer solchen Einteilung Substanzen nebeneinander zu stehen, welche chemisch wenig Ähnlichkeit miteinander besitzen, wie Pyrrol und Pyridin; im folgenden ist nun der Versuch gemacht worden, die Heteroringe einerseits nach der Zahl ihrer Ringglieder, andererseits nach der Art und Zahl der beteiligten Heteroatome zu ordnen; in den jeweiligen Unterabteilungen tritt eine weitere Gruppierung nach der Zahl der vorhandenen Ringkerne ein, je nachdem mono-, di-, tri- oder polycyklische Ringsysteme vorliegen.

System der organischen heterocyklischen Verbindungen.

Haupteinteilung.

A. Dreigliederige Ringe.
B. Viergliederige Ringe.
C. Fünfgliederige Ringe.
D. Sechsgliederige Ringe.
E. Systeme mit mehr als sechs Ringgliedern.

Spezielle Einteilung der Klassen A—E.

I. Sauerstoff als Ringglied.

1. Einringe 2. Zweiringe 3. Dreiringe und höhere polycyklische Systeme	a) mit einem Heteroatom b) mit zwei und mehr Heteroatomen.

II. Schwefel bezw. Selen als Ringglieder.

1. Einringe 2. Zweiringe 3. Dreiringe und höhere polycyklische Systeme	a) mit einem S (Se) b) mit zwei S (Se).

III. Sauerstoff und Schwefel (Selen) als Ringglieder.

IV. Stickstoff als Ringglied.

1. Einringe 2. Zweiringe	a) mit einem N b) mit zwei N c) mit drei N d) mit vier N

3. Dreiringe und höhere polycyklische Systeme.

V. und VI. Sauerstoff bezw. Schwefel und Stickstoff als Ringglieder.

1. Einringe 2. Zweiringe und höhere polycyklische Systeme	a) mit einem N und einem O (S) b) mit zwei N und einem O (S) c) mit einem N und zwei O (S) d) mit zwei N und zwei O (S) e) mit drei N und einem O (S) f) mit drei N und zwei O (S)

Anmerkung. Der Schwefel kann zuweilen durch Selen vertreten sein.

VII. Sauerstoff, Stickstoff und Schwefel als Ringglieder.

VIII. Sauerstoff und Phosphor (Bor) als Ringglieder.

IX. Metalle als Ringglieder.

Bezüglich der Anwendung der speziellen Einteilung auf die Hauptklassen A—E ist zu bemerken, daß in den einzelnen Klassen niemals alle angeführten Gruppen und Untergruppen durch wirklich existierende Körper vertreten sind, da dieselben sämtlichen Repräsentanten der Haupteinteilung gerecht werden sollen. Die Gruppen V und VI können je nach der Ausdehnung des Stoffes entweder nebeneinander oder hintereinander abgehandelt werden; ersteres soll bei den fünfgliederigen, letzteres bei den sechsgliederigen Ringsystemen geschehen.

Im übrigen zeigt die Tabelle in ihrer Anwendung, welche Elemente in ihrer Funktion als Heteroringglieder die größte Mannigfaltigkeit entwickeln; wenn auch die Klassen A—E unter sich einige interessante Unterschiede aufweisen, so nimmt doch der Stickstoff in dieser Beziehung überall die erste Stelle ein: er vermag u. a. in den Klassen C und D die Anzahl seiner Ringatome bis auf vier zu bringen. Die zahlreichen Variationen in Gemeinschaft mit Sauerstoff oder Schwefel ergeben sich aus den Gruppen V und VI in Anwendung auf fünf-, namentlich aber auf sechsgliederige Ringe.

Dadurch, daß die Vertreter der Einringe, Zweiringe u. s. w. innerhalb jeder Hauptgruppe erschöpfend zusammengestellt sind, treten die Unterschiede zwischen mono- und polycyklischen Systemen klar hervor.

Die polycyklischen Ringe zerfallen ihrem Charakter nach in zwei Klassen: in solche, welche aus mehreren wirklichen heterocyklischen Systemen bestehen und solche, welche durch Kondensation von heterocyklischen mit carbocyklischen Ringen zustande kommen. Letztere sind in überwiegend großer Zahl bekannt geworden: sie sind die Ringhomologen der monoheterocyklischen Gebilde, stehen also zu letzteren in demselben Verhältnis, wie das Naphtalin zum

Benzol; falls sie nicht spezielle Namen führen, wie beispielsweise die Vertreter der Chinolingruppe, sind sie durch die Vorsilben Benzo-(Phen)-, Naphto- u. s. w. gekennzeichnet.

Die kondensierten heterocyklischen Kerne erscheinen durchweg als Orthoderivate des Benzols oder des Naphtalins und sind dementsprechend außerordentlich häufig auf dem angedeuteten Wege synthetisch aufgebaut worden; oft konnte auch umgekehrt dieser Zusammenhang durch Aufspaltung des heterocyklischen Ringes bewiesen werden, welcher sich jedoch in einigen Fällen auch als beständiger, als der carbocyklische Anteil erwiesen hat, so entsteht z. B. aus Chinolin durch Oxydation eine Pyridinorthodicarbonsäure, die Chinolinsäure:

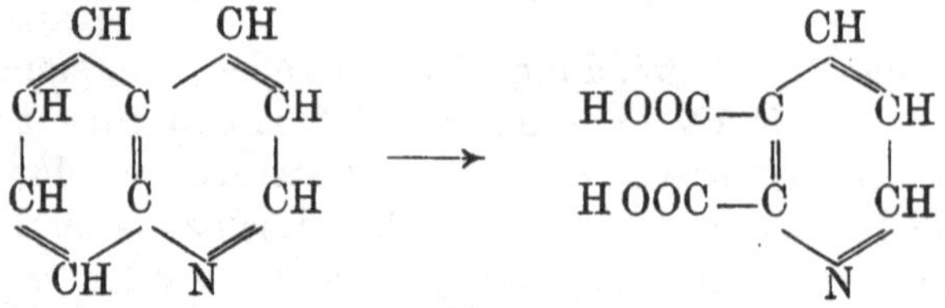

Eine Hauptquelle für die auch technisch wichtigen heterocyklischen Körper bildet der Steinkohlen-, Holz- und Knochentheer, in welchen sich Pyridine, Pyrrole, Furfurane, Thiophene u. a. finden; Vertreter anderer Gruppen, wie die meisten Alkaloïde, finden sich in gewissen Pflanzen oder treten als Fäulnisprodukte des Eiweißes auf, wie die Indolderivate.

Einen weiteren wichtigen Zuwachs hat die Chemie der heterocyklischen Verbindungen durch die definitive Erkenntnis der Natur der *Harnsäure* und ihrer Derivate erhalten: der dieser Gruppe zu Grunde liegende „*Purinkern*"

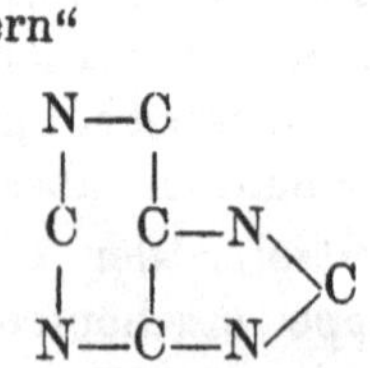

ist die Muttersubstanz zahlreicher und wichtiger Produkte und zugleich das beste Beispiel eines *echten heteropolycyklischen* Systems.

Erster Teil.

Drei-, vier- und fünfgliederige Ringsysteme.

A. Dreigliederige Heteroringe.

I. Sauerstoff als Ringglied.

Dreigliederige heterocyklische Substanzen, welche verhältnismäßig beständig sind und nur geringe Neigung zeigen, in offene Ketten überzugehen, sind nur in geringer Zahl bekannt geworden, da in ihnen offenbar, analog den Kohlenstoffringen der Trimethylenreihe, eine starke Spannung herrscht, welche das Zustandekommen derartiger Gebilde erschwert und eine Rückwärtsspaltung begünstigt. Dies zeigt sich auch darin, daß eine Anzahl von Körpern, denen ihrer Bildungsweise nach die Konstitution eines Dreiringes zukommt, in Wirklichkeit die doppelte oder mehrfache Molekulargröße besitzt; hierher gehört das Gykolid, welches als Diglykolid (1) zu betrachten ist:

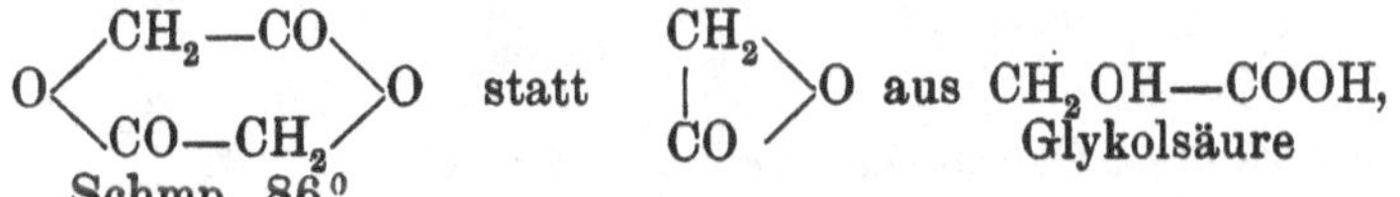

Schmp. 86°

aber auch dieses geht beim Aufbewahren oder beim Erhitzen unter gewöhnlichem Druck in ein polymeres Produkt $(C_2H_2O_2)x$ vom Schmp. 223° über.

Das höhere Homologe des Diglykolids ist das Lactid (2)

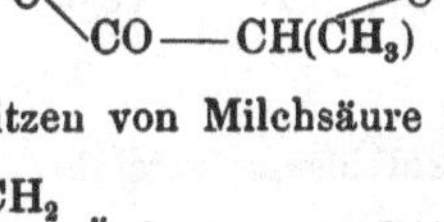 vom Schmp. 125°,

welches durch Erhitzen von Milchsäure unter vermindertem Druck entsteht.

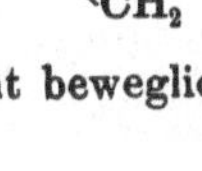 Äthylenoxyd (3) (Sdp. 12,5°, D° = 0,898)

ist eine leicht bewegliche, ätherisch riechende Flüssigkeit, welche trotz ihrer neutralen Reaktion die merkwürdige Eigenschaft besitzt, aus einigen Metallsalzen langsam Metalloxydhydrate auszufällen; dieser Vorgang ist mit einer allmählichen Aufspaltung des labilen Ringgebildes verbunden; z. B.:

$$MgCl_2 + 2\,O\left\langle\begin{array}{l}CH_2\\ |\\ CH_2\end{array}\right. + 2\,H_2O = 2\begin{array}{l}CH_2OH\\ |\\ CH_2Cl\end{array} + Mg(OH)_2.$$

Das Äthylenoxyd und seine Homologen entstehen aus den Halogenhydrinen (Monohalogenestern der zugehörigen Glykole) unter Einwirkung von Alkalien; z. B.

$$\begin{array}{l}CH_2Cl\\ |\\ CH_2OH\end{array} + KOH = \left.\begin{array}{l}CH_2\\ |\\ CH_2\end{array}\right\rangle O + KCl + H_2O.$$

Der Ring des Äthylenoxyds wird außerordentlich leicht aufgespalten: durch Wasser zu Glykol, durch Ammoniak zu Oxaethylamin ($CH_2OH—CH_2NH_2$), durch Blausäure zur Hydracrylsäure, dem Nitril der Äthylenmilchsäure, durch nascierenden Wasserstoff zu Äthylalkohol u. s. w. Das Äthylenoxyd ist dem Acetaldehyd $CH_3—C\left\langle\begin{array}{l}O\\ H\end{array}\right.$ isomer und zeigt dem letzteren sehr ähnliche Additionserscheinungen.

Von den Homologen ist das Tetramethyläthylenoxyd (4) — Sdp. 95—96° — von Interesse, welches sich mit Wasser zu Pinakonhydrat vereinigt:

$$\left.\begin{array}{l}C(CH_3)_2\\ |\\ C(CH_3)_2\end{array}\right\rangle O + H_2O = \underset{\text{Pinakon}}{(CH_3)_2\cdot C(OH)—C\cdot(OH)\cdot(CH_3)_2}.$$

Derivate des Äthylenoxydes sind auch das **Glycid**[1] $O\left\langle\begin{array}{l}CH\cdot CH_2\cdot OH\\ |\\ CH_2\end{array}\right.$, welchem ein sechsgliederiges Diglycid von nicht ganz sicherer Konstitution entspricht, und dessen Chlorwasserstoffester, das **Epichlorhydrin** (5) $O\left\langle\begin{array}{l}CH\cdot CH_2Cl\\ |\\ CH_2\end{array}\right.$ vom Sdp. 117° ist, ferner das **Diketotetrahydronaphtylenoxyd** (6)

$$C_6H_4\left\langle\begin{array}{l}CO—CH\\ \quad\quad\;\, |\\ CO—CH\end{array}\right\rangle O \quad \text{(Schmp. 136°)},$$

das aus α-Naphtochinon mittels Chlorkalklösung entsteht.

---

[1] Vergl. in der aromatischen Reihe die Phenylglycidsäure $O\left\langle\begin{array}{l}CH\cdot C_6H_5\\ |\\ CH—COOH\end{array}\right.$.

II. Schwefel als Ringglied.

Das Äthylensulfid $S\left\langle\begin{matrix}CH_2\\ |\\ CH_2\end{matrix}\right.$, das Analogon des Äthylenoxyds, ist als solches nicht bekannt, es polymerisiert sich in statu nascendi zu $(C_2H_4S)_2$ und $(C_2H_4S)x$.

Das sog. Tolallylsulfür(7) (Tolansulfid) $S\left\langle\begin{matrix}C-C_6H_5\\ \|\\ C-C_6H_5\end{matrix}\right.$, vom Schmp. 174°, wird beim Erhitzen von Benzylsulfid neben Stilben erhalten.

III. Sauerstoff und Schwefel als Ringglied.

IV. Stickstoff als Ringglied.

1/a. Einringe mit einem N.

Das Äthylenimid $NH\left\langle\begin{matrix}CH_2\\ |\\ CH_2\end{matrix}\right.$ ist ebensowenig existenzfähig, wie das Äthylensulfid; die Abspaltung von Ammoniak aus Äthylendiamin $NH_2-CH_2-CH_2-NH_2$ führt nicht zu einem dreigliederigen, sondern sofort zu einem sechsgliederigen Ringgebilde

$$NH\left\langle\begin{matrix}CH_2-CH_2\\ CH_2-CH_2\end{matrix}\right\rangle NH,$$

dem Piperazin.

Das Oxalimid(8) $NH\left\langle\begin{matrix}CO\\ |\\ CO\end{matrix}\right.$, das aus Oxaminsäure mittels PCl_5 entsteht, stellt vielleicht einen dreigliederigen Heteroring vor.

Den Säurederivaten des α-Amidozimmtsäurelaktimids(9) $x\cdot CO\cdot N\left\langle\begin{matrix}CO\\ |\\ C{=}CH\cdot C_6H_5\end{matrix}\right.$, die aus α-Amidophenylmilchsäure durch Einwirkung von Säureanhydriden entstehen, wird ebenfalls ein Dreiring zu Grunde gelegt.

1/b. Einringe mit zwei N.

In diese Gruppe gehören die Derivate des hypothetischen Hydrazimethylens $CH_2\left\langle\begin{matrix}NH\\ |\\ NH\end{matrix}\right.$, sowie des Diazomethans (Azimethylen) $CH_2\left\langle\begin{matrix}N\\ \|\\ N\end{matrix}\right.$.

Abkömmlinge des Hydrazimethylens werden gewonnen durch

Behandlung (10) von α-Diketonen und α-Ketoncarbonsäureestern mit Hydrazin, z. B.:

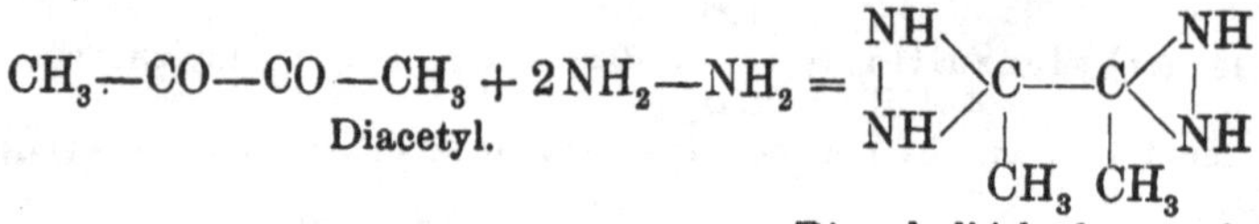

Dimethylbishydrazimethylen.

Ebenso aus Benzil

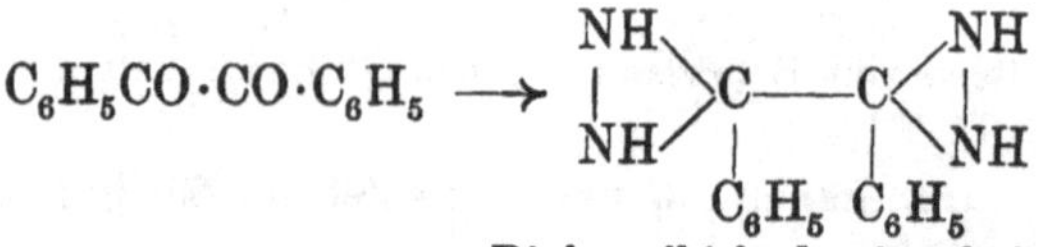

Diphenylbishydrazimethylen
Schmp. 147°

und aus Brenztraubensäure

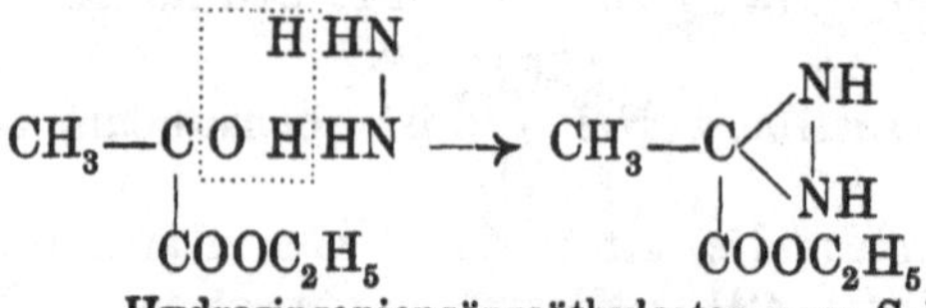

Hydrazipropionsäureäthylester vom Schmp. 115—117°.

Benzhydrazoïn (11) entsteht aus Benzaldehyd und Hydrazobenzol

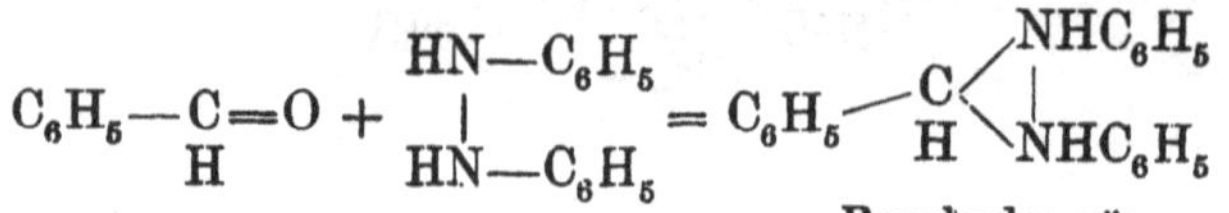

Benzhydrazoïn
oder Triphenylhydrazimethylen (Schmp. 55°).

Die Carbonsäuren des Hydrazimethylens werden durch Reduktion der entsprechenden Diazofettsäureester gewonnen; z. B.:

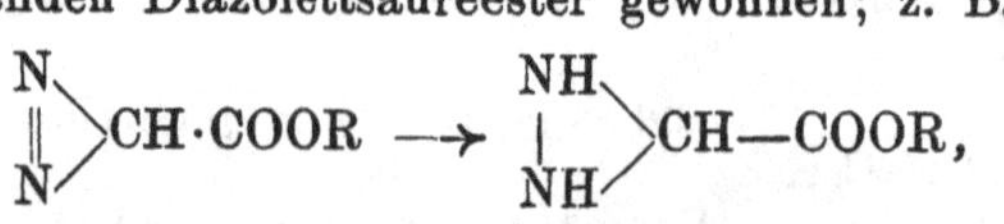

Hydraziessigsäure

auch Additionserscheinungen führen zum Ziel:

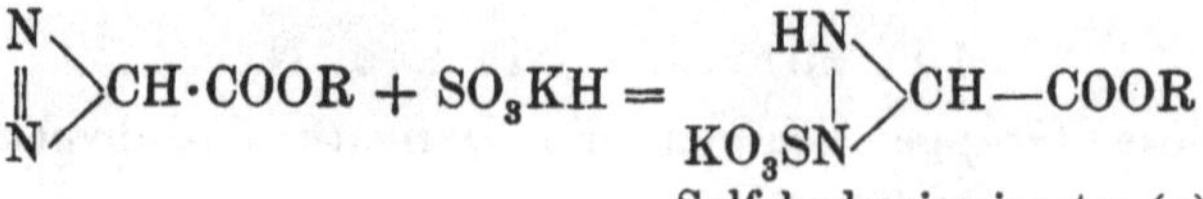

Sulfohydraziessigester. (12)

Umgekehrt werden die Hydrazikörper durch Oxydation in die Aziverbindungen übergeführt, welche Derivate des Diazomethans (v. PECHMANN) 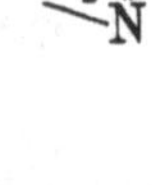 sind.

Diese Muttersubstanz der fetten Diazokörper entsteht (13) aus Nitrosomethylurethan mittelst alkoholischem Kali:

$$CH_3\cdot N\begin{cases} NO \\ COOC_2H_5 \end{cases} + KOH = CH_2\begin{cases} N \\ \| \\ N \end{cases} + KO\cdot COOC_2H_5 + H_2O.$$

Dasselbe ist ein gelbes, giftiges, aber geruchloses Gas, das die Atmungsorgane, sowie Haut und Augen stark angreift; es ist außerordentlich reaktionsfähig unter Elimination von 2 Atomen N. So entsteht mit Jod[1] Methylenjodid:

$$CH_2\begin{cases} N \\ \| \\ N \end{cases} + 2J = CH_2J_2 + N_2,$$

mit Wasser Methylalkohol; Säuren, Phenole und Amine werden durch Diazomethan methyliert. Diazomethan wird auch aus Methylchloramin $CH_3—N\cdot Cl_2$, sowie durch Reduktion von Methylnitramin $CH_3\cdot NH\cdot NO_2$ gewonnen.

Das wichtigste Derivat des Diazomethans ist der schon vor demselben bekannt gewordene Diazoessigester, welcher ebenso, wie die Salze und das Amid ziemlich beständig ist, während die freie Diazoessigsäure nicht existenzfähig ist.

Die Diazofettsäureester werden gewonnen (14) durch Einwirkung von Kaliumnitrit auf die Chlorwasserstoffsalze der Aminofettsäureester; z.B.:

$$HCl\cdot NH_2\cdot CH_2\cdot COOC_2H_5 + KNO_2 = N_2 : CH\cdot COOC_2H_5 + KCl + 2H_2O$$

Die Natriumsalze der Diazofettsäuren entstehen (15) durch Reduktion der Isonitraminfettsäuren mit Natriumamalgam:

$$\begin{matrix} O \\ | \\ OH—N \end{matrix}\!\!>N—CH_2—COOH + 2H = N_2 : CH\cdot COOH + 2H_2O.$$

Diazoessigsäureäthylester:

$N_2\cdot CH\cdot CO_2C_2H_5$ (Sdp. 143°, $D^{22} = 1{,}073$),

explodiert nicht durch Schlag, wohl aber durch Behandlung mit konz. Schwefelsäure, nicht unzersetzt destillierbar: Bildung von Fumarsäureester unter Elimination von Stickstoff liefert mit Quecksilberoxyd eine bei 104° schmelzende Quecksilberverbindung, mit Ammoniak entsteht das Diazoacetamid vom Zersetzungspunkt 114°; der Ester ist unter eigentümlichem Geruch mit den Wasserdämpfen flüchtig und mit Alkalien verseifbar; er zeigt dieselbe Reaktionsfähigkeit, wie das Diazomethan, wobei an Stelle des Stickstoffes zwei einwertige Atome oder Radikale treten, z. B.

$$N_2\cdot CH\cdot CO_2C_2H_5 + HCl = \underset{\text{Chloressigsäureester}}{CH_2Cl\cdot CO_2C_2H_5} + N_2,$$

[1] Eine Reaktion, die zur quantitativen Bestimmung des Gases dient.

ebenso entsteht mit Wasser Glykolsäureester $CH_2OH \cdot CO_2C_2H_5$, mit Alkoholen oder organischen Säuren die Alkyl oder Acidylderivate des letzteren.

Halogene wirken auch auf Derivate des Diazoessigesters in derselben Weise, wie auf Diazomethan, z. B.

$$\underset{\text{Diazoacetamid}}{N_2 : C \cdot H \cdot CONH_2} + J_2 = \underset{\text{Dijodacetamid}}{J_2 \cdot CH \cdot CONH_2} + N_2.$$

Anilin erzeugt Anilinofettsäureester $\longrightarrow C_6H_5NH—CH_2 \cdot COOR$.

Ungesättigte Säureester, wie Fumarsäureester, Zimmtsäureester u. a. zeigen Additionserscheinungen unter Bildung von Pyrazolinderivaten, eine Reaktion, die in der Chemie der Fünfringe näher zu erörtern ist.

Das merkwürdigste Verhalten des Diazoessigesters ist dasjenige gegen Benzol, wobei eine Substanz entsteht, welche dem Pheuylessigsäureester $C_6H_5—CH_2—COOC_2H_5$ isomer ist; näheres vergl. B. **29**, 108.

Das Natriumsalz der Diazoessigsäure ist durch Polymerisationsfähigkeit ausgezeichnet: durch Verseifen des Esters mit konz. Natronlauge entsteht triazoessigsaures Natron vom Schmp. 152°, das als Salz der Triazotrimethylentricarbonsäure (16)

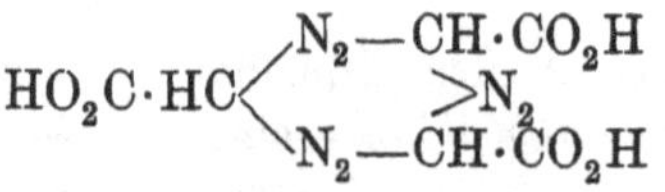

aufzufassen ist, die in freiem Zustande Kohlensäure abspaltet unter Bildung von Trimethintriazimid.

Die Triazoessigsäure ist von Wichtigkeit, da sie durch Erhitzen mit Wasser oder Mineralsäuren Hydrazin und Oxalsäure liefert:

$$C_3H_3N_6(CO_2H)_3 + 6H_2O = \underset{\text{Hydrazin.}}{3N_2H_4} + 3C_2H_2O_4$$

Vom Hydrazin aus gelangte (17) Curtius zu dem stickstoff-homocyklischen System der Stickstoffwasserstoffsäure oder des Diazoïmids 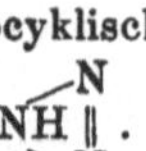.

Homologe des Diazoessigsäureesters sind der α-Diazopropionsäureester 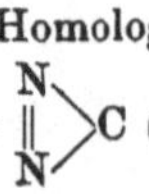 $C(CH_3) \cdot COOC_2H_5$, der aus dem Chlorhydrat des Alaninäthylesters mittels Kaliumnitrit oder aus Hydrazipropionsäureester

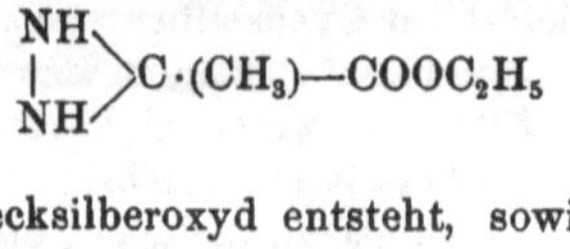

durch Oxydation mit Quecksilberoxyd entsteht, sowie der Diazobernsteinsäureester (18) aus Asparaginsäureester.

Ein Säurederivat des Diazomethans ist die Diazomethandisulfosäure (19) $C(SO_3H)_2$, deren Kaliumsalz durch Einwirkung von Kaliumnitrit auf aminomethandisulfosaures Kalium $NH_2 \cdot CH \cdot (SO_3K)_2$ entsteht.

V. Sauerstoff und Stickstoff als Ringglieder.

Derartige Ringe liegen in den N-Alkylderivaten der Benzaldoxime 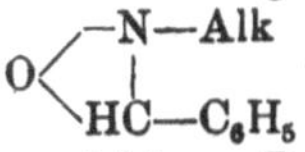 vor; N-Phenylbenzaldoxim (20) 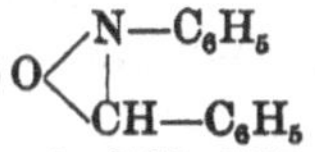 vom Schmp. 109° entsteht aus Benzaldehyd und β-Phenylhydroxylamin $C_6H_5\cdot NH\cdot OH$. Isatogensäureester (21) 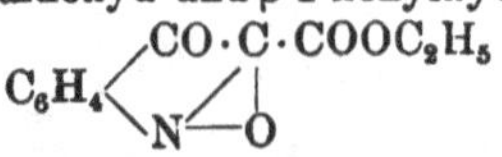 (Schmp. 115°) erhält man aus o-Nitrophenylpropiolsäureester $C_6H_4\left\langle{}^{C\equiv C\cdot COOC_2H_5}_{NO_2}\right.$ durch Lösen in Schwefelsäure (näheres s. u. Indol).

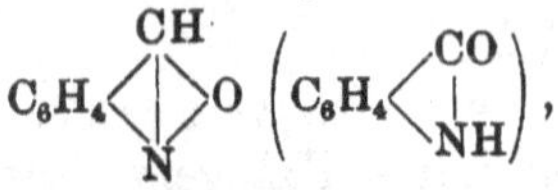, Anthranil (22) vom Sdp. 210° entsteht durch Reduktion von o-Nitrobenzaldehyd.

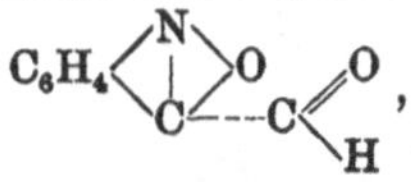, Anthroxanaldehyd (23) vom Schmp. 72° wird aus o-Nitrophenylglycidsäure gebildet.

VI. Schwefel und Stickstoff als Ringglieder.

Ein Beispiel ist das Thioaldolanilin (24) 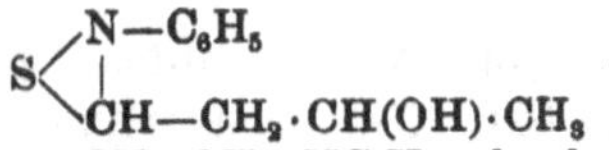 vom Schmp. 92°, das aus Aldolanilin $CH_3\cdot CH(OH)\cdot CH_2\cdot CH{=}NC_6H_5$ durch Behandlung mit Schwefelammonium entsteht.

B. Viergliederige Heteroringe.

I. Sauerstoff als Ringglied.

Die Zahl der in dieser Gruppe bekannt gewordenen wirklichen Ringe ist eine verhältnismäßig geringe; hierher gehört das Ringhomologe des Äthylenoxydes das Trimethylenoxyd 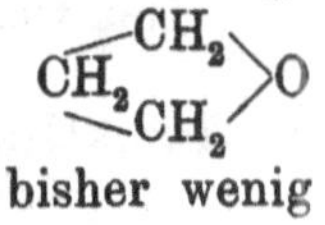 vom Sdp. 50°, dessen Eigenschaften und Reaktionen bisher wenig studiert sind; es ist dem Aceton isomer.

Von labilen Ringgebilden sind die β-Laktone gewisser aromatischer β-Oxycarbonsäuren zu nennen, wie das Nitrophenylmilchsäurelakton (25) 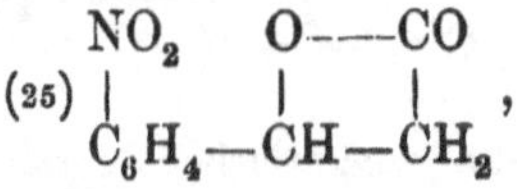, das aus Nitro-β-bromhydrozimmtsäure entsteht.

II. Sauerstoff und Schwefel als Ringglieder.

Repräsentanten dieser Gruppe sind die sog. Thetine, (26) welche, wie der Name (Abkürzung von Thiobetaïn) andeutet, den cyklischen Betaïnen analog konstituiert sind, z. B. 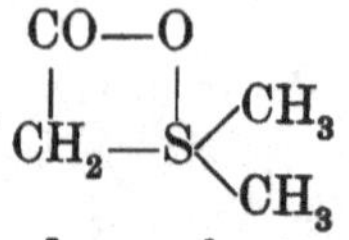 Dimethylthetin; dieselben entstehen direkt aus den unbeständigen Sulfinoxydcarbonsäuren, wie 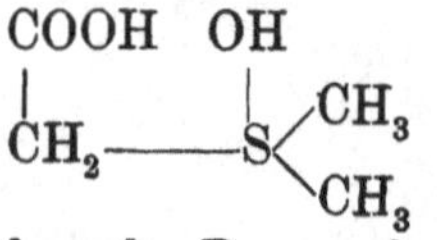 unter Wasserabspaltung; die Thetine[1] sind schwache Basen, deren Halogenwasserstoffsalze durch Kombination von Alkylsulfiden mit α-Halogenfettsäuren entstehen; analog sind die Selenetine (27).

III. Stickstoff als Ringglied.

Die wichtigste hier in Betracht kommende Verbindung ist das Trimethylenimin (28) 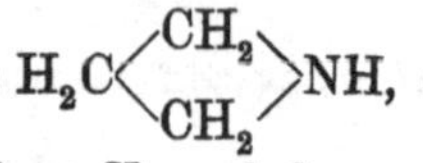, das Ringhomologe des unbeständigen Äthylenimids. Es wird gewonnen durch Spaltung von p-Toluolsulfotrimethylenimid mittelst Natrium und Amylalkohol; der Prozeß verläuft in folgenden Phasen:

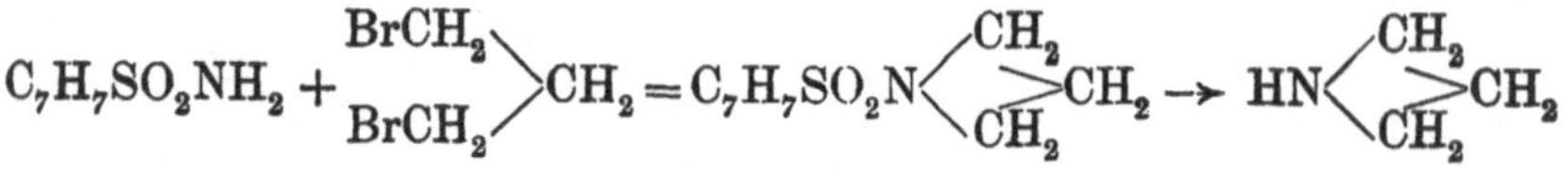

In geringer Menge wird das Trimethylenimin durch Erhitzen von Trimethylendiaminchlorhydrat neben β-Methylpyridin gebildet. Die Base hat den Sdp. 63° (bei 748 mm), raucht an der Luft und riecht stark ammoniakalisch.

Ein viergliederiger Ring mit zwei N-Atomen liegt im Dimethylaziäthan (29) 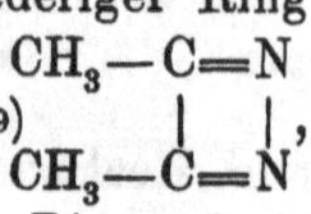, (Schmp. über 270°) vor, das aus äquivalenten Mengen Diacetyl und Hydrazin entsteht:

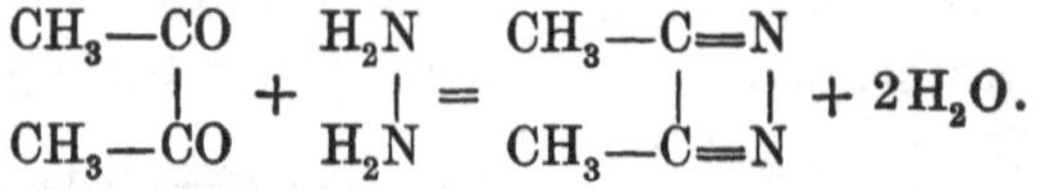

[1] Über optisch-aktive Thetine mit asymmetrischen Schwefel, wie d-Methyläthylthetinplatinchlorid ($[\alpha]_D = +4,5^0$), vergl. Soc. 77, 1072—75.

Auch einige cyklische Harnstoffderivate (30) sind als Heterovierringe zu betrachten, wie der **Methylenharnstoff**:

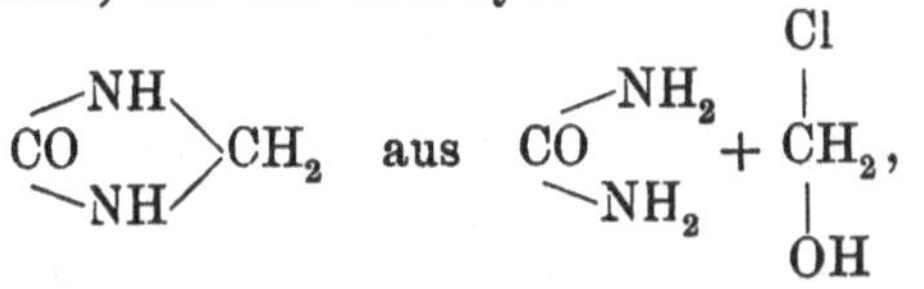

der **Methylenthioharnstoff**:

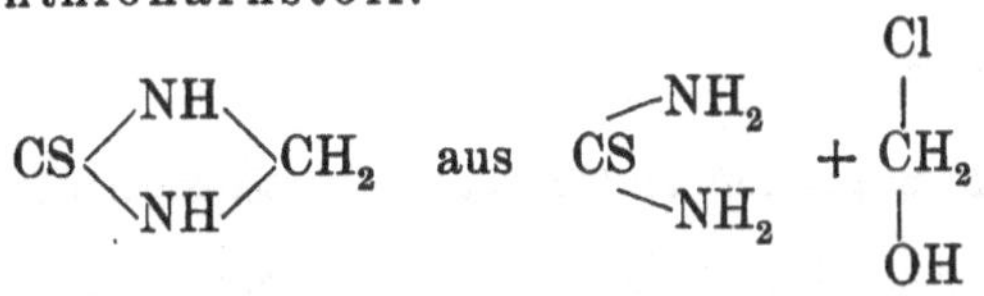

und der **Äthylidenharnstoff**

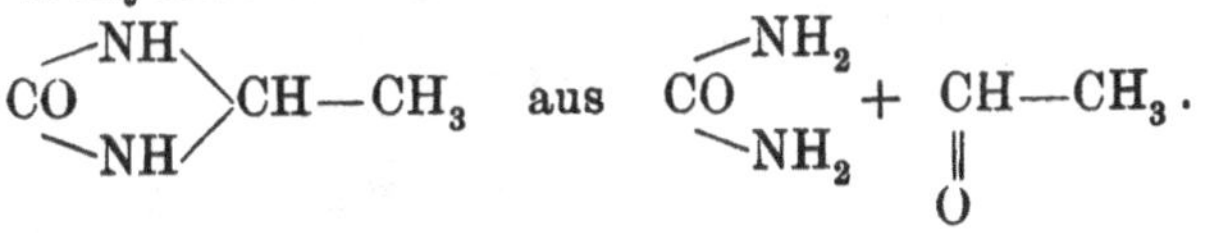

IV. Sauerstoff und Stickstoff als Ringglieder.

Diese Gruppe wird nur von anhydridartigen Körpern gebildet, den sog. **Betaïnen** (31), welche aus solchen Säuren entstehen, welche in α-Stellung ein Ammoniumhydroxyd-Radikal enthalten, z. B.:

Trimethylglykokollchlorhydrat — gew. Betaïn

Pyridinchloridessigsäure — Pyridinbetaïn

Die **Betaïne** entsprechen also vollkommen den β-Laktonen und den Thetinen, wie aus folgender Nebeneinanderstellung hervorgeht:

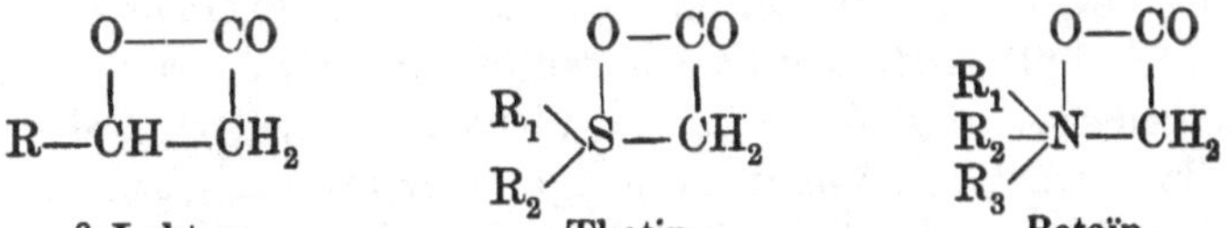

β-Lakton — Thetin — Betaïn.

V. Stickstoff und Schwefel als Ringglieder.

Es sind nur wenige Vertreter dieser Gruppe bekannt geworden, wie das **Carbonylthiocarbanilid** (32) 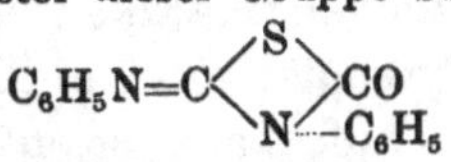 vom Schmp. 87° aus

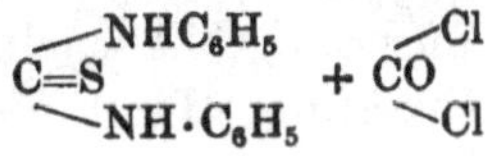

unter Umlagerung und aus 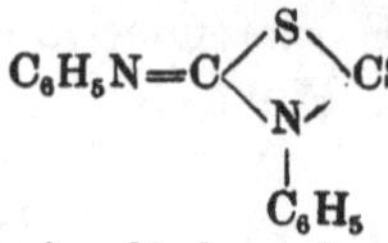 durch Austausch von einem S gegen O, ferner der Methylendiphenyl-ψ-thioharnstoff (33):

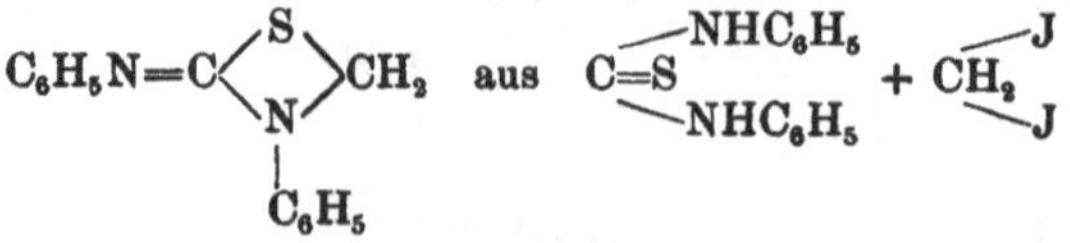

VI. Sauerstoff und Phosphor als Ringglieder.

Den β-Laktonen, den Thetinen und den Betaïnen analog konstituiert ist das Triphenylphosphorbetaïn (34): 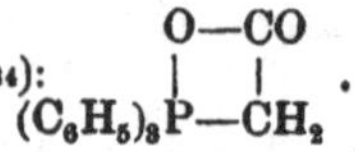 .

C. Fünfgliederige Heteroringe.

Unter den fünfgliederigen Ringen beanspruchen die einfachsten mit einem Heteroatom — Schwefel, Sauerstoff oder Stickstoff — ein besonderes Interesse, da sie auf Grund ihrer analogen Eigenschaften und Entstehungsweisen, eine auf das Innigste verknüpfte Gruppe bilden; die drei Grundsubstanzen sind:

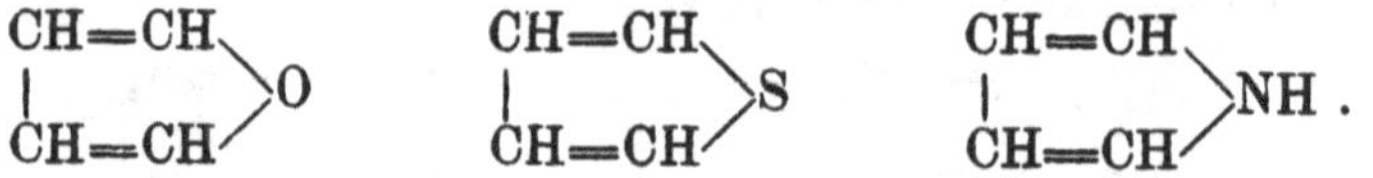

Furfuran Thiophen Pyrrol

Diese Ringsysteme unterscheiden sich demnach nur dadurch voneinander, daß vier Methingruppen entweder durch Sauerstoff oder durch Schwefel oder endlich durch die Imidogruppe zu einem cyklischen Gebilde verknüpft sind, dessen Charakter ein durchaus stabiler ist.

Infolgedessen sind diese Körper nicht nur schwierig aufspaltbar, sondern ihr Verhalten ist auch dasjenige einer aromatischen Substanz, sowohl in äußeren Ähnlichkeiten mit Benzolderivaten, als auch in typischen Reaktionen, welche sie von aliphatischen Gebilden scharf unterscheiden.

Diesem gemeinschaftlichen Charakter entsprechend werden die Furfuran-, Thiophen- und Pyrrolderivate bei ihrer Bildung aus denselben Ausgangsmaterialien aufgebaut: so entstehen (35) aus γ-Diketonen bezw. deren Enolformen durch H_2O-Abspaltung Furfurane, durch Einwirkung von P_2S_5 Thiophene, durch Behandlung mit Ammoniak Pyrrole; als Beispiel diene in dem folgenden Schema das Acetonylaceton:

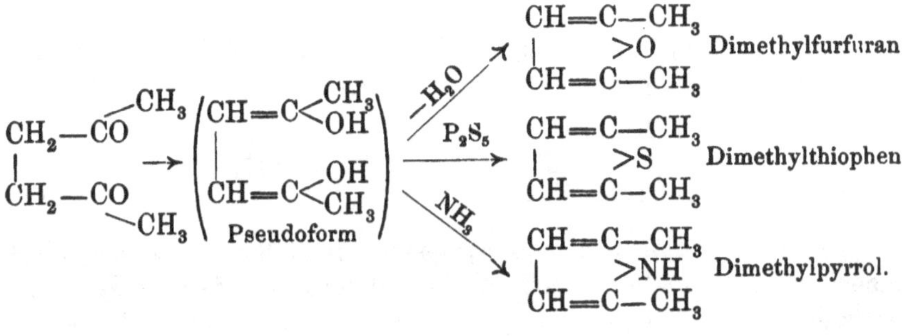

Analog verhalten sich das Phenacylaceton (Acetophenonaceton) $C_6H_5\cdot CO\cdot CH_2\cdot CH_2\cdot CO\cdot CH_3$ unter Erzeugung von Phenylmethyl-furfuran, -thiophen und -pyrrol, und das Diphenacyl $C_6H_5\cdot CO\cdot CH_2\cdot CH_2\cdot CO\cdot C_6H_5$ (Dibenzoyläthan) unter Bildung von Diphenyl-furfuran, -thiophen und -pyrrol, sowie das Dibenzoyldibenzyl (Bisdesyl) $\begin{array}{l} C_6H_5{-}CO{-}CH{-}CH{-}CO{-}C_6H_5 \\ \quad\quad\quad\quad\quad | \quad\quad | \\ \quad\quad\quad\quad C_6H_5 \; C_6H_5 \end{array}$ unter Bildung von Lepiden (Tetraphenylfurfuran) und von Tetraphenylpyrrol.

Ebenso bemerkenswert sind die analogen Umwandlungen der Schleimsäure $CO_2H[C\cdot H\cdot OH]_4\cdot CO_2H$, die beim Erhitzen mit rauchender Salzsäure bezw. beim Erhitzen für sich zunächst eine Furfurandicarbonsäure und darauf unter CO_2-Abspaltung eine Furfuranmonocarbonsäure, die Brenzschleimsäure liefert:

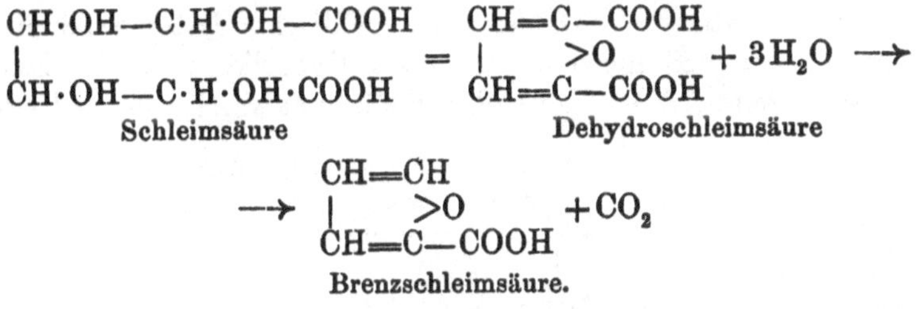

Beim Erhitzen bei Gegenwart von Schwefelbaryum, BaS, entsteht analog α-Thiophencarbonsäure $\begin{array}{l} CH{=}CH \\ | \quad\quad\quad >S \\ CH{=}C{-}COOH \end{array}$, während beim Erhitzen des Ammoniumsalzes der Schleimsäure ohne weiteres zwei Molekeln CO_2 abgespalten werden unter gleichzeitiger Ausscheidung von Ammoniak: es entsteht direkt Pyrrol:

$$\begin{array}{l} CH\cdot OH-CH\cdot OH-COONH_4 \\ | \\ CH\cdot OH-CH\cdot OH-COONH_4 \end{array} = \begin{array}{l} CH{=}CH \\ | \quad\quad > NH \\ CH{=}CH \end{array} + 2\,CO_2 + NH_3 + 4\,H_2O.$$

Zur Unterscheidung isomerer Substitutionsprodukte werden die Ringatome nach folgendem Schema bezeichnet:

$$\begin{array}{l} (2)CH{=}CH(1) \\ \;\;\;|\quad\quad\quad > X \\ (3)CH{=}CH(4) \end{array} \quad [X = O, S \text{ oder } NH].$$

Da die Positionen 1 und 4, ebenso 2 und 3 denselben Wert haben, werden erstere auch als α-, letztere als β-Stellungen bezeichnet: es giebt also zwei isomere Monosubstitutionsprodukte.

In Bezug auf die Zuverlässigkeit der aus den Synthesen entwickelten Formeln des Furfurans, Thiophens und Pyrrols wurde schon in der Einleitung darauf hingewiesen, daß auch für diese Körper zentrische Formeln mit potentiellen Valenzen in Vorschlag gebracht worden sind; hier ist noch nachzuholen, daß physikalische Untersuchungen, namentlich Beobachtungen über das Refraktionsvermögen für das Vorhandensein von nur einer Doppelbindung sprechen. Diesem Verhalten soll folgende allgemeine Formel gerecht werden:

$$\begin{array}{l} CH-CH \\ \| \quad\quad | \quad > X, \\ CH-CH \end{array}$$

die dann das besprochene System als eine dicyklische Kombination eines Drei- und eines Vierringes erscheinen ließe (36).

Das Furfuran, Thiophen und Pyrrol besitzen nun selbst in hervorragendem Maße die Fähigkeit, polycyklische Systeme zu liefern und zwar ist in den meisten Fällen ein Benzolkern an den Heteroring angeschweißt, d. h. zwei Kohlenstoffatome sind gemeinschaftlich:

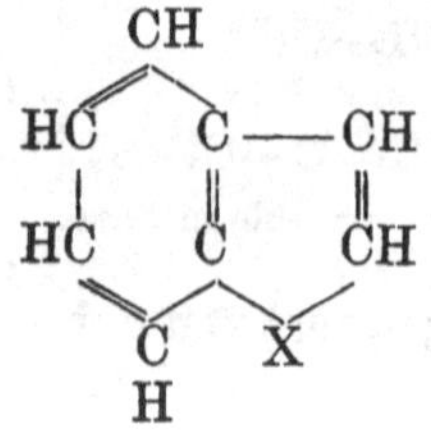

Die hierher gehörenden Verbindungen sollen an den der nachstehenden Einteilung entsprechenden Stellen besprochen werden.

Spezielle Einteilung der Fünfringe.

I. O als Ringglied.

1. Furan und Tetramethylenoxyd 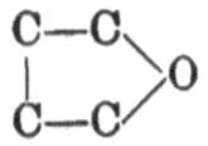

2. Kohlensäureäthylenester 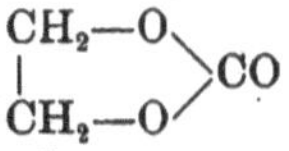

3. Benzofuran (Cumaron) 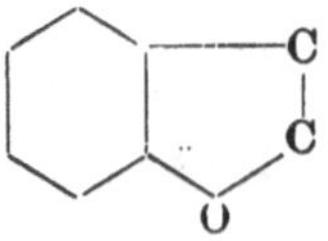

4. Benzodifuran 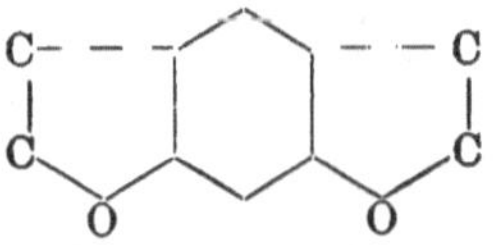 und

Diphenylenoxyd 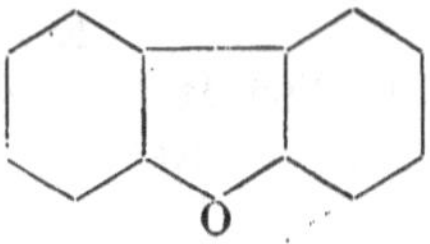

II. S (Se) als Ringglied.

1. a) Thiophen 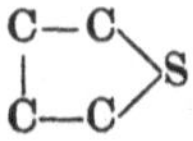 und Selenophen 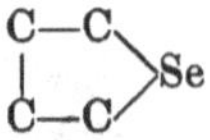

b) Äthylendithioäthyliden 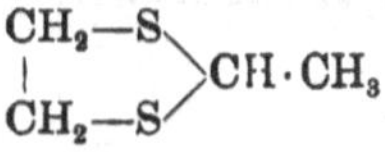

2. Benzothiophen 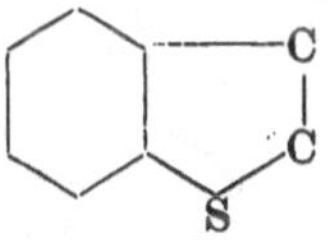 und Thiophten 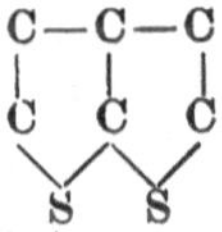

3) Diphenylensulfid 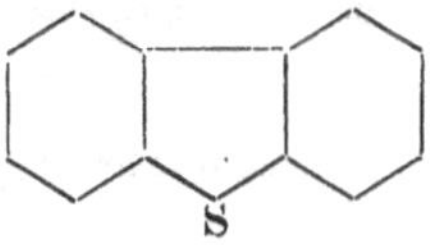.

III. O und S als Ringglieder: Senfölglykolid, Naphtosulfon u. s. w.

IV. N als Ringglied.

1. a) Pyrrol 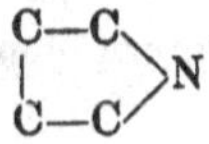 (Pyrrolin, Pyrrolidin)

b) Pyrazol 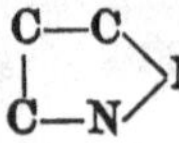 und Glyoxalin (Imidazol) 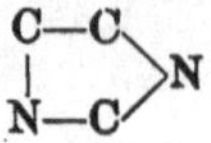

(Pyrazoline, Pyrazolone, Pyrazolidine, Pyrazolidone, Glyoxalidine, Imidazolone)

c) Triazole: 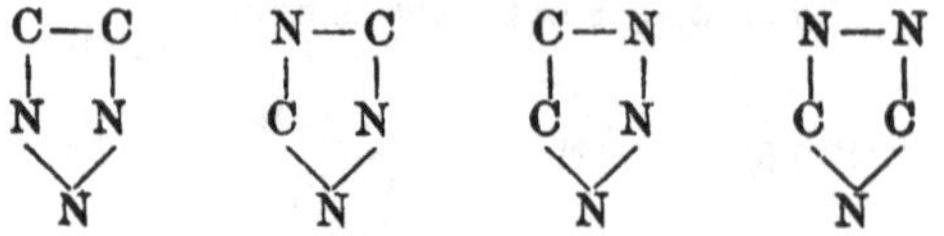

Osotriazol 1,3-Triazol 1,2-Triazol Imidobiazol

(Triazolone, Urazole, Guanazole)

d) Tetrazole 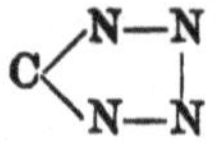

2. a) Benzopyrrole: Indol 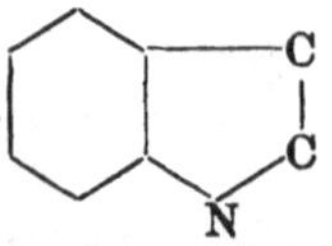 und Isoindol 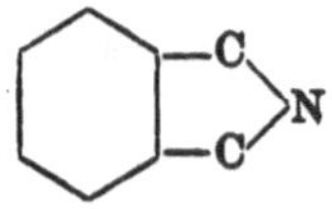

(Indoline, Isatin, Indigo)

Naphtostyril 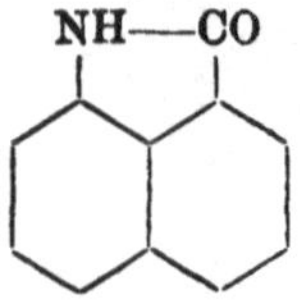

b) Benzopyrazole: Isindazol 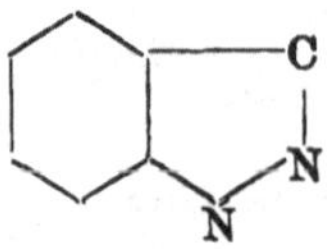 u. Indazol: 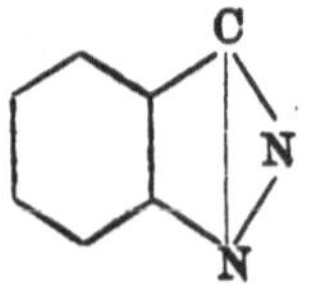

Benzimidazol: 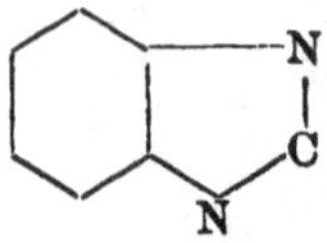

(Indazoltriazolen, Hydroïndazole, Benzimidazoline)

c) Benzoosotriazol (Pseudoazimid) 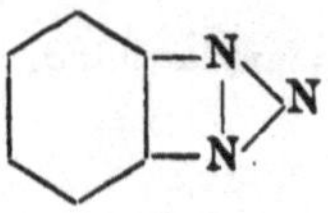 und Benzo-1,2-triazol (Azimidobenzol) 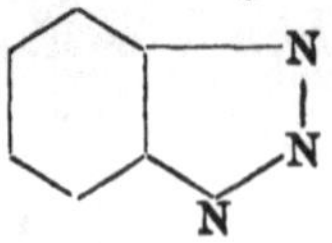

3. Carbazol 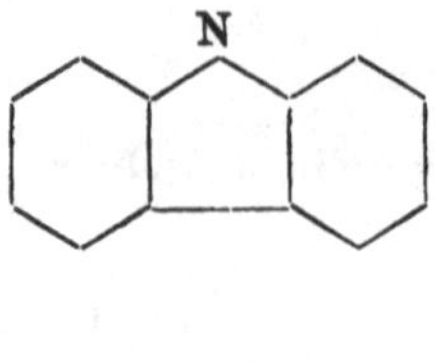 Dipyrazolon 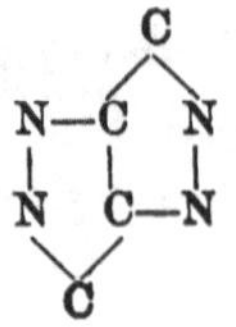 u. s. w.

V. O bezw. S (Se) und N als Ringglieder.

1. a) Einringe mit einem O (S) und einem N.

Oxazol 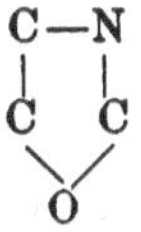 und Isoxazol 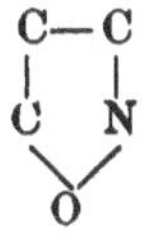

(Oxazoline, Isoxazoline)

Thiazol 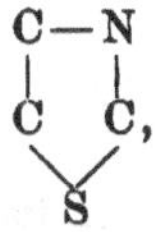, Selenazol 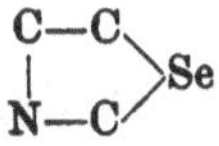.

1. b) Zweiringe und polycyklische Systeme.

Benzoxazol 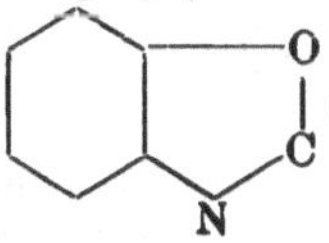, Benzisoxazol (Indoxazen) 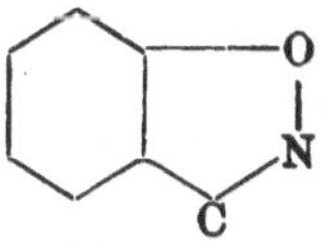.

Naphtoxazol 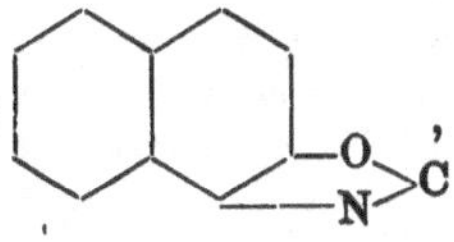, Benzothiazol 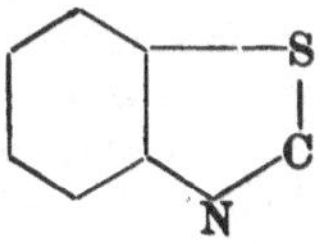.

2. Mono- und polycyklische Systeme mit einem O bezw. S (Se) und zwei N.

a) Furodiazole:

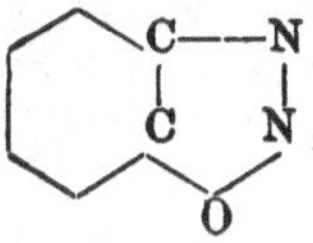, 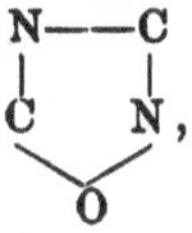, 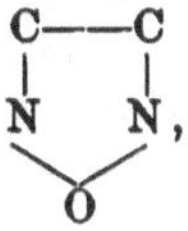, 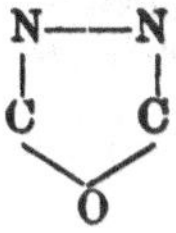.

o-Diazooxyde Azoxime Furazane Oxybiazole

b) Thiodiazole:

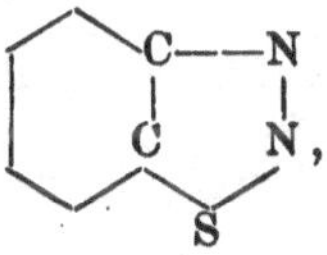, 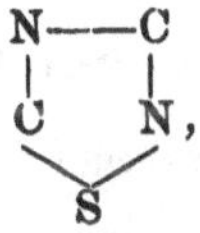, 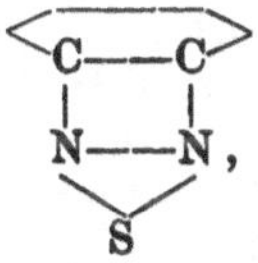, 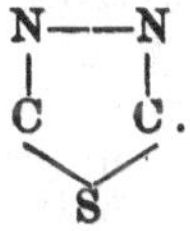.

o-Diazosulfide Azosulfime Piazthiole Thiobiazoline

Piaselenol 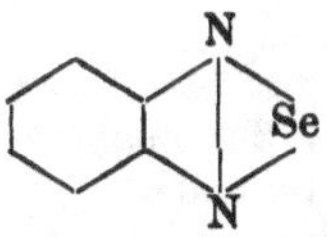.

3. Ringe mit einem S und drei N.

Thiotriazol (Triazsulfol) 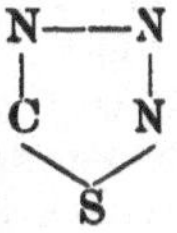.

I. Sauerstoff als Ringglied.

1. Einringe mit einem O.

Furfuran (Furan) $\begin{matrix} CH{=}CH \\ | \\ CH{=}CH \end{matrix}\!\!>\!O$ (Sdp. 32°) findet sich im Vorlauf des Fichtenholzteeres und wurde synthetisch durch Destillation von brenzschleimsaurem Baryum gewonnen (37):

$$\begin{matrix} CH{=}CH \\ | \quad\quad | \\ CH{=}C{-}COOH \end{matrix}\!\!>\!O \;=\; \begin{matrix} CH{=}CH \\ | \\ CH{=}CH \end{matrix}\!\!>\!O + CO_2 .$$

Unlöslich in Wasser, riecht eigentümlich, beständig gegen Natrium, sehr empfindlich gegen Salzsäure unter Erzeugung eines braunen Körpers; ein mit Salzsäure befeuchteter Fichtenspan färbt sich in einer Furanatmosphäre grün. Mit Isatin und Phenanthrenchinon entstehen charakteristische violettblaue Färbungen.

Brom liefert, in berechneten Mengen angewandt, Substitutionsprodukte, während bei einem Überschuß von Brom Additionserscheinungen auftreten.

Das nächste Homologe ist das Methylfurfuran (38) $C_4H_3O{-}CH_3$ (Sdp. 63°), welches ebenfalls — als sogenanntes Sylvan — im Fichtenholzteer vorkommt.

Höhere Homologe (39) wie das Phenylmethylfurfuran (Schmp. 42°), Diphenyl- (Schmp. 91°) und Tetraphenylfurfuran (Schmp. 175°) sind bei Anführung der Synthesen aus γ-Diketonen erwähnt worden (vergl. S. 21).

Der Furfuralkohol (40) $\begin{matrix} CH{=}CH \\ | \\ CH{=}C{-}CH_2OH \end{matrix}\!\!>\!O$ steht zum Methylfurfuran in demselben Verhältnis wie der Benzylalkohol zum Toluol; er entsteht aus dem zugehörigen Aldehyd (Furfurol) durch Reduktion mit Natriumamalgam und Essigsäure oder durch Behandlung mit Alkalien unter gleichzeitiger Bildung von Furfurancarbonsäure:

$$2\,C_4H_3O{\cdot}C\!\begin{matrix} {}^{\nearrow O} \\ {}_{\searrow H} \end{matrix} + H_2O = C_4H_3O{\cdot}CH_2OH + C_4H_3O{\cdot}CO_2H,$$

ein Prozeß, der der Umwandlung von Benzaldehyd in Benzylalkohol und Benzoësäure entspricht.

Furfurylamin $C_4H_3O{-}CH_2{-}NH_2$ (aus Furfuronitril) siedet bei 146° (vergl. B. **14**, 1058, 1474).

Ein größeres Interesse beansprucht der Aldehyd, das α-Furfurol (Furol) $\begin{matrix} CH{=}CH \\ | \\ CH{=}C{-}C\!\begin{matrix} {}^{\nearrow O} \\ {}_{\searrow H} \end{matrix} \end{matrix}\!\!>\!O$, welches durch Destillation von Kleie, Zucker, Holz, sowie vieler Kohlehydrate und Glykoside mit verdünnter Schwefelsäure entsteht. Unter den Beziehungen des Furfurols zu den Zuckerarten ist die quantitative (41) Bildung desselben aus Pentosen von besonderer Wichtigkeit; aus Rhamnose (Methylpentose) entsteht sinngemäß das nächste Homologe, das α-Methylfurfurol (Sdp. 183°), welches das Furfurol im Holzöl begleitet.

Furfurol ist eine farblose Flüssigkeit (Sdp. 162° $D_4^{20} = 1{,}1594$) von aromatischem Geruch, wenig löslich in Wasser, zeigt alle Aldehydreaktionen — giebt ein Oxim vom Schmp. 89° und ein Phenylhydrazon vom Schmp. 96° —, in Sonderheit diejenigen des Benzaldehydes; so entstehen mit fetten Aldehyden und Ketonen ungesättigte Aldehyde, z. B. mit Acetaldehyd:

$$C_4H_3O \cdot \underset{H}{C}{=}O + \underset{H}{H_2C}{-}C{\genfrac{}{}{0pt}{}{\diagup O}{\diagdown H}} = C_4H_3O \cdot CH{=}CH{-}C{\genfrac{}{}{0pt}{}{\diagup O}{\diagdown H}} + H_2O$$

Furfuracroleïn (42) (Schmp. 51°).

Mit Cyankalium erfolgt dieselbe Kondensation, wie beim Benzaldehyd zu einem Benzoïn:

$$2\,C_4H_3O \cdot \underset{H}{C} : O = C_4H_3O \cdot C \cdot H \cdot OH - CO \cdot C_4H_3O$$

Furoïn (Schmp. 135°).

Das Furoïn oxydiert sich zu einem dem Benzil entsprechendem Furil $C_4H_3O{-}CO{-}CO{-}C_4H_3O$, welches mit Alkalien eine der Benzilsäure analoge Furilsäure liefert. (43)

Selbst mit Dimethylanilin tritt eine der Malachitgrünsynthese vergleichbare Kondensation ein.

Das Furfurol erleidet auch beim Erwärmen mit Natriumsalzen und Anhydriden von Fettsäuren eine der PERKIN'schen Reaktion analoge Umwandlung, z. B.:

$$C_4H_3O \cdot \overset{H}{C}{=}O + \overset{H}{H_2C}{-}COONa = C_4H_3O{-}\overset{H}{C}{=}CH \cdot COONa + H_2O$$

Furfurakrylsäure (Schmp. 141°).

Wie die Zimmtsäure ($C_6H_5{-}CH{=}CH \cdot CO_2H$) durch Reduktion in Hydrozimmtsäure (β-Phenylpropionsäure) übergeht, so die Furfurakrylsäure in β-Furfurpropionsäure $C_4H_3O \cdot CH_2 \cdot CH_2 \cdot COOH$ (44).

Diese Säure ist von Interesse, weil durch Aufspaltung derselben mittelst Bromwasser bewiesen wurde, daß das Furfurol ein α-Derivat des Furfurans ist; als Endprodukt einer Reihe von chemischen Operationen erscheint die normale Pimelinsäure:

$$\begin{array}{l} CH{=}CH \\ |\quad\;\; {>}O \\ CH{=}C{-}CH_2{-}CH_2{-}COOH \end{array} \longrightarrow \begin{array}{l} CH_2{-}COOH \\ | \\ CH_2{-}CH_2{-}CH_2{-}CH_2{-}COOH. \end{array}$$

Die Aldehydgruppe des Furfurols ist außerordentlich reaktionsfähig und ruft mit vielen sauerstoffhaltigen Körpern, die zugleich Methyl und Methylengruppen enthalten, Kondensationserscheinungen hervor, so mit Lävulinsäure $CH_3{-}CO{-}CH_2{-}CH_2{-}COOH$ und selbst mit normaler Buttersäure. (45)

Auch gegen Ammoniak verhält sich das Furfurol wie Benzaldehyd: es entsteht das dem Hydrobenzamid vergleichbare Furfuramid (46) $\begin{array}{l} C_4H_3O \cdot CH{=}N \\ \qquad\qquad\quad {>}CH \cdot C_4H_3O \\ C_4H_3O \cdot CH{=}N \end{array}$ vom Schmp. 117°, das durch heiße verd. Alkalien in das isomere Furfurin (Analogon des Amarins) $\begin{array}{l} C_4H_3O{-}C{-}NH \\ \qquad\quad\;\; \| \quad {>}CH \cdot C_4H_3O \\ C_4H_3O{-}C{-}NH \end{array}$ übergeführt werden wird (vergl. S. 72).

Durch Oxydation des Furfurols entsteht die korrespondierende Säure: die α-Furfurancarbonsäure oder Brenzschleimsäure
CH=CH
| >O (Schmp. 134°), welche, wie schon oben gezeigt, am
CH=C—COOH
bequemsten durch Destillation von Schleimsäure dargestellt (47) wird
CH(OH)—CH·COOH
(SCHEELE, 1780); auch aus Isozuckersäure (48) | >O ,
CH(OH)—CH·COOH
einem Abkömmling des Tetrahydrofurfurans, wird Brenzschleimsäure gewonnen; ein Beweis für die α-Stellung des Carboxyls.

Die Säure bildet wohlcharakterisierte Ester, ein Chlorid, ein Amid und ein Nitril.

Die Gegenwart der Doppelbindungen verrät sich durch das Verhalten gegen Brom, von welchem vier Atome addiert werden; unter anderen Arbeitsbedingungen tritt Substitution von Brom in der α-Stellung oder Aufspaltung des Furfuranringes zu Fumarsäure ein. (49)

Der Dicarbonsäure des Furfurans (1,4), der sogenannten Dehydroschleimsäure, ist schon früher Erwähnung gethan worden (vergl. S. 21).

Unter den Homologen der Brenzschleimsäure beansprucht nur die sogenannte Uvinsäure oder Pyrotritarsäure (50) ein größeres Interesse; sie ist eine 1,4-Dimethylfuran-2-carbonsäure
HOOC—C=C—CH_3
| >O (Schmp. 135°), also ein Derivat einer β-Fur-
H·C=C—CH_3
furancarbonsäure und entsteht durch trockene Destillation der Weinsäure bezw. durch Kochen von Brenztraubensäure mit Barytwasser; die Uvinsäure wurde synthetisch durch Einwirkung von Salzsäure auf
Acetonylacetessigester CH_3—CO—CH_2—CH<(CO—CH_3)(COOC_2H_5) dargestellt:

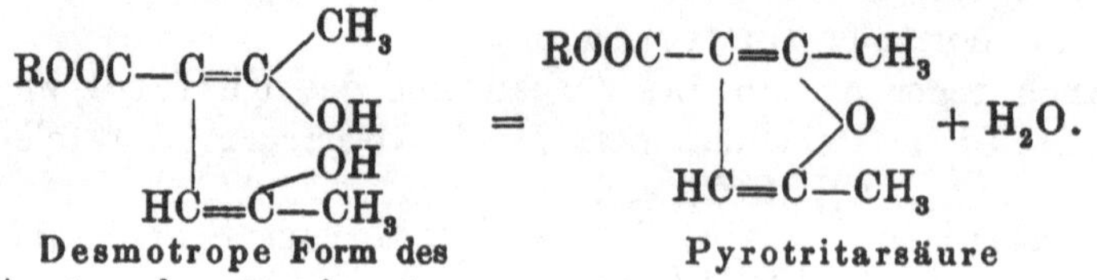

Desmotrope Form des Acetonylacetessigesters — Pyrotritarsäure

Die freie Säure spaltet beim schnellen Erhitzen für sich Kohlensäure ab unter Bildung von 1,4-Dimethylfurfuran.

Die zugehörige Dicarbonsäure, in welcher das letzte Wasserstoffatom (3) durch Carboxyl substituiert ist, heißt Carbopyrotritarsäure; dieselbe wird durch Kochen von Diacetbernsteinsäureester mit verdünnter Schwefelsäure gewonnen (51):

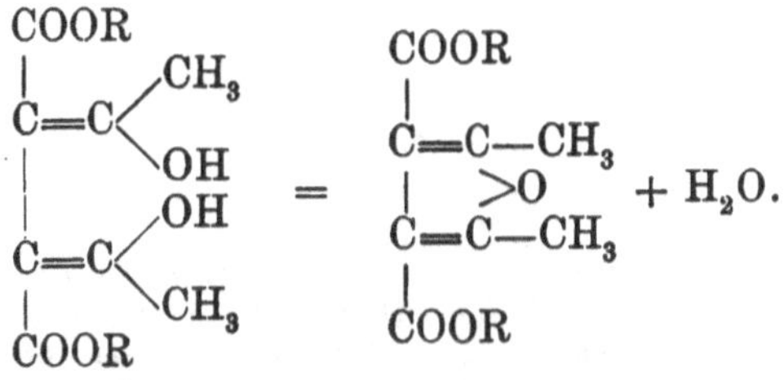

Durch Kohlensäureabspaltung entsteht die gewöhnliche Pyrotritarsäure; der Carbopyrotritarsäure isomer ist die sog. Methronsäure (52) (Schmp. 204°), welche sich aus Acetessigester und bernsteinsaurem Natrium bildet, und welcher vielleicht folgende Konstitution zukommt:

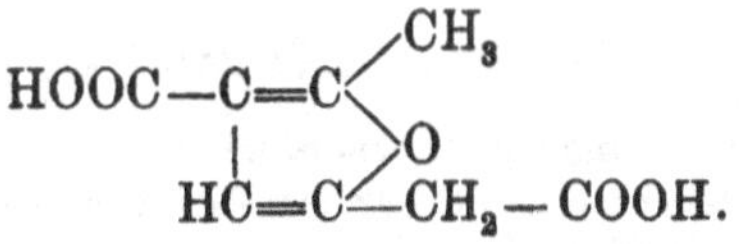

Ein Isomeres der Pyrotritarsäure ist die 1,3-Dimethylfuran-2-carbonsäure, (53) die aus Isodehydracetsäure durch Ringverengerung mittelst Bromwasser entsteht:

 (Schmp. 123°).

Tetramethylenoxyd (54) 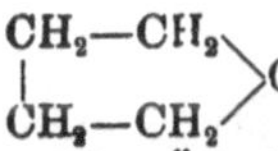 (Sdp. 57°) ist das höhere Ringhomologe des Trimethylenoxyds und des Äthylenoxyds; es kann als Tetrahydrofurfuran aufgefaßt werden, indessen sind durch Hydrierung von Furfuranen nur Homologe des Tetramethylenoxydes erhalten worden, wie das Tetrahydrodiphenylfurfuran (55) aus dem früher erwähnten 1,4-Diphenylfurfuran.

Ein Dihydrofurfuran wird durch Reduktion von Erythrit erhalten, während kompliziertere Derivate desselben, wie

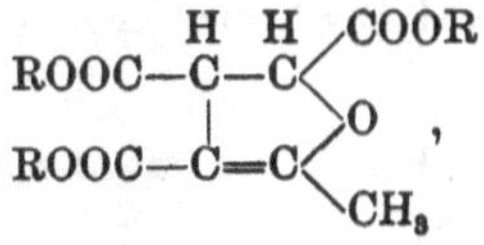,

synthetisch durch Einwirkung von Natriumacetessigester auf Chlorfumarsäureester bezw. α-Chlorcrotonsäureester entstehen (56).

Als Abkömmlinge des Tetramethylenoxydes sind auch die γ-Laktone zu betrachten, z. B. das Butanolid (Butyrolakton) 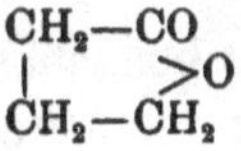 (Sdp. 206°), das

u. a. aus γ-Chlorbuttersäure durch Destillation gebildet wird; (57) auch manche Anhydride zweibasischer Säuren, wie das Bernsteinsäureanhydrid

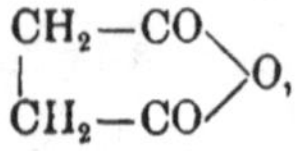

enthalten einen fünfgliederigen Heteroring.

Auch die Tetronsäure 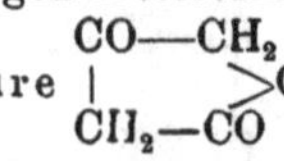 (Schmp. 141°), der Grundkörper der Tetrinsäure (58) (α-Methyltetronsäure), gehört hierher; letztere entsteht aus γ-Brommethylacetessigester durch Einwirkung von Kalilauge:

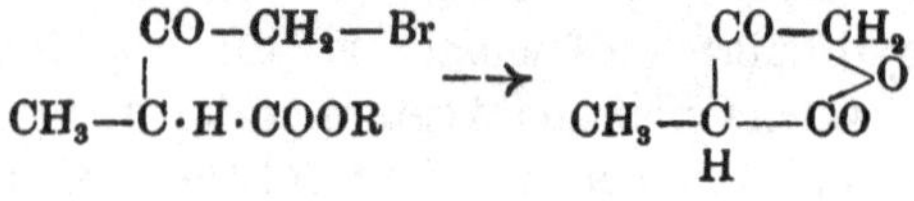

(Schmp. 189°).

2. Einringe mit zwei O.

Fünfgliederige Heteroringe mit zwei Sauerstoffatomen sind wenig bekannt geworden: als Beispiele können die cyklischen Äthylenester der Kohlensäure dienen, wie Kohlensäureäthylenester

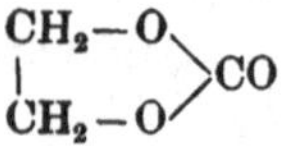

und die Acetale des Äthylenglykols, wie Äthylenäthylidenäther

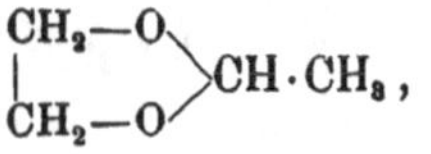

sowie schließlich der Milchsäureäthylidenester

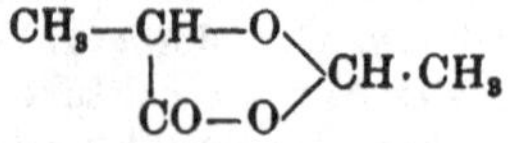

und das sog. Chloralid (59):

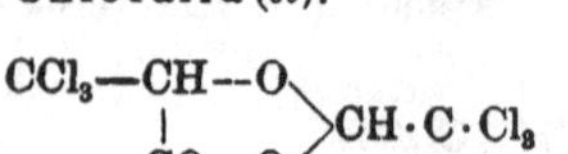

(Schmp. 114°, Sdp. 272°),

welches durch Erhitzen von Chloral mit rauchender Schwefelsäure oder mit Trichlormilchsäure gewonnen wird.

3. Zweiringe.

Wenn zwei benachbarte Kohlenstoffatome des Furfurans an einem Benzolring teilnehmen, also mit diesem gemeinschaftlich sind, so liegt eine dem Inden vergleichbare dicyklische Kombination vor, welche Benzofurfuran[1] oder Cumaron

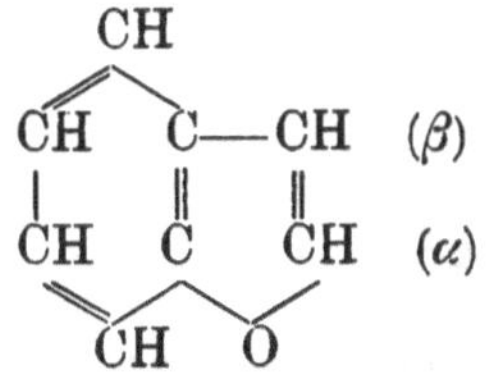

genannt wird.

Die Muttersubstanz dieser Körperklasse, das Cumaron, entsteht unter Bildung eines intermediären Produktes, der Cumarilsäure, aus α-Bromcumarin mit Hilfe von Alkalien (60):

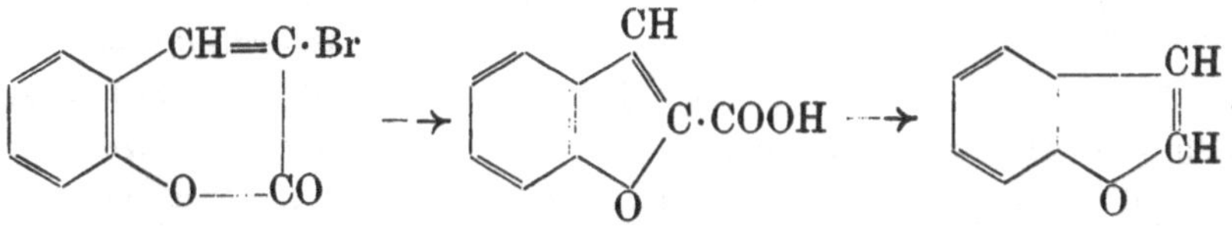

Es handelt sich also um eine Ringverengerung, Verwandlung des Sechsringes Cumarin in den Fünfring Cumaron, dessen Monosubstitutionsprodukte dem oben gegebenen Schema entsprechend in zwei (α und β) stellungsisomeren Formen auftreten können, wenn man von Komplikationen durch Isomerie des Benzolkerns absieht.

Eine interessante direkte Bildungsweise eines einfachen α-Cumaronderivates ist die Kondensation von Salicylaldehyd mit ω-Bromacetophenon bei Gegenwart von Kali (61):

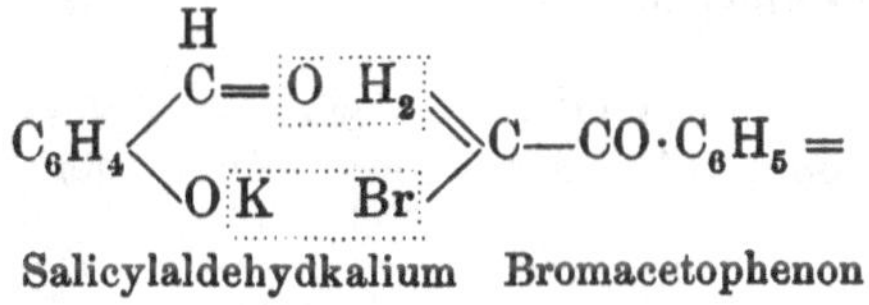

Salicylaldehydkalium Bromacetophenon

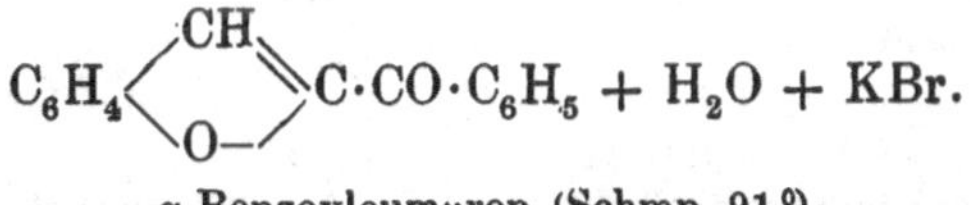

α-Benzoylcumaron (Schmp. 91°)

[1] Den Benzofuranderivaten isomer sind anhydridartige Substanzen, wie das Phtalsäureanhydrid, das Phtalid u. a., die man von einem hypothetischen Isobenzofuran

ableiten könnte; dieselben besitzen nicht die Eigenschaften der echten Heteroringe.

Eine direkte Synthese ist ebenfalls der Übergang von o-Oxychlorstyrol in Cumaron (62) mit Hilte von Kali:

Derivate der α-Cumarilsäure $C_6H_4\langle$CH=C·COOH, O$\rangle$ (Schmp. 190°) entstehen durch Einwirkung von α-Chloracetessigester auf Natriumphenolate (63):

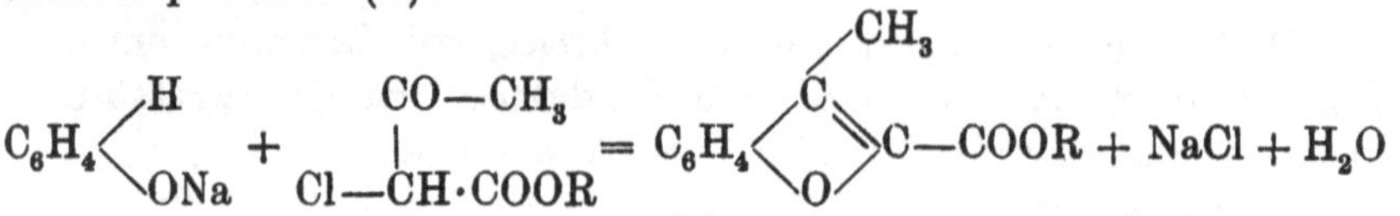

β-Methyl-α-cumarilsäureester (Schmp. 51°).

Andererseits ist auch eine Reaktion bekannt, in welcher an einen fertigen Furfuranring ein Benzolring angeschlossen wird, und zwar aus dem schon früher erwähnten Kondensationsprodukt des Furfurols mit Lävulinsäure (64):

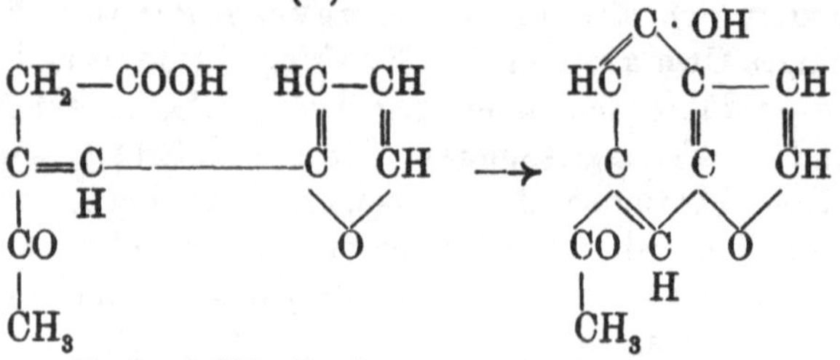

Furfural-β-lävulinsäure Acetoxycumaron

Die Phenoxyessigsäureabkömmlinge, und namentlich ihre sauerstoffhaltigen Orthoderivate, sind sehr zum Cumaronringschluß geneigt, z. B. (65):

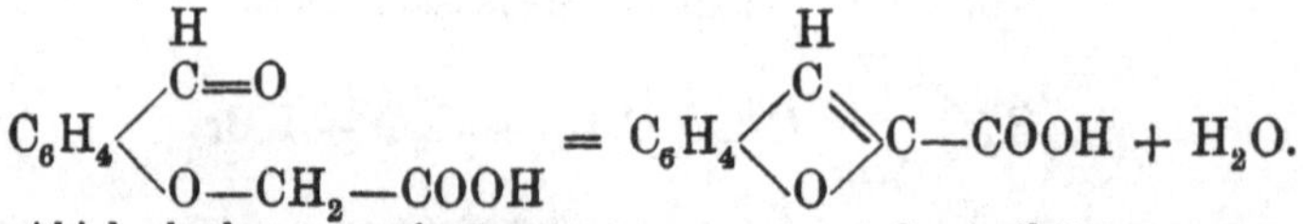

o-Aldehydophenoxyessigsäure Cumarilsäure

Das Cumaron (Sdp. 169°) kommt im Steinkohlenteer vor und ist sehr empfindlich gegen konz. Säuren; durch Anlagerung von Wasserstoff geht es in Dihydrocumaron oder Cumaran (66) $C_6H_4\langle CH_2, O \rangle CH_2$ (Sdp. 189°) über, von welchem sich durch Verwandlung der β-Methylengruppe in Carbonyl das β-Ketocumaran $C_6H_4\langle CO, O \rangle CH_2$ (Schmp. 97°) ableitet; letzteres entsteht synthetisch aus Acetyl-o-oxyacetophenonbromid. (67)

4) Dreiringe.

Die Ringhomologen des Cumarons können verschiedenartiger Natur sein, entweder schließt sich ein neuer Heteroring (Furfuran) oder ein neuer Benzolkern an; letzterer kann entweder mit dem Benzolkern oder mit dem Furfuranring des Cumarons kondensiert sein.

Für die erste Klasse von tricyklischen Systemen sind die Benzodifurfuranderivate ein Beispiel; dieselben entstehen aus Resorcinnatrium und 2 Mol. α-Chloracetessigester, wie der gew. β-Methylcumarilsäureester (s. o.) aus Phenolnatrium in einfacher Reaktion.

Dem Benzodimethyldifurfurandicarbonsäureester (68) kommt seiner Bildung gemäß folgende Konstitution zu:

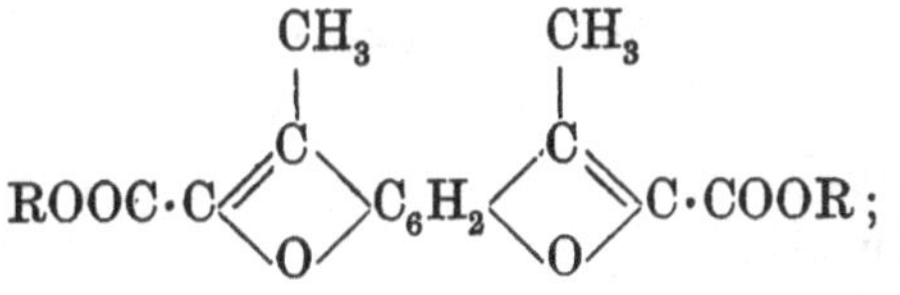

derselbe ist in zwei Modifikationen (α und β) bekannt.

Selbst dreiwertige Phenole verhalten sich analog; so reagiert Pyrogallol unter dreimaligem Ringschluß und Bildung von Benzotrimethyltrifurfurantricarbonsäureester (Zersetzungspunkt 297°).

Die zweite Klasse der Ringhomologen des Cumarons wird durch das Naphtofurfuran (69) dargestellt, das in jeder Beziehung dem Benzofurfuran ähnlich ist und aus Naphtoxylacetaldehyd durch Wasserentziehung entsteht:

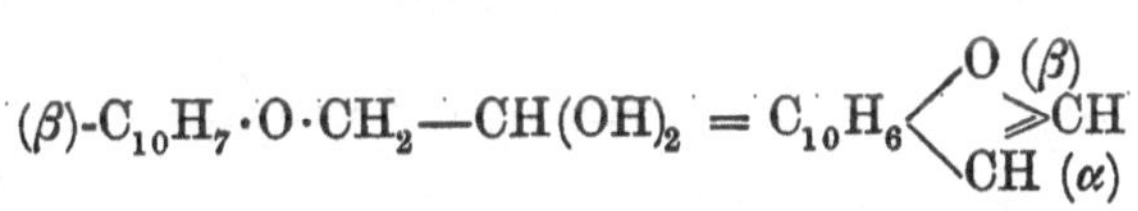

β-Naphtofuran, Schmp. 60—61°.

Das α-Naphtofuran wurde bisher nicht fest erhalten.

Ein Naphtomethylfurfurancarbonsäureester entsteht aus α-Naphtol mittels Chloracetessigester.

Die dritte Klasse der sauerstoffhaltigen Dreiringe wird durch Körper gebildet, in welchen der Furfuranring zwischen zwei an ihn angegliederten Benzolkernen steht; hierher gehört das Dibenzofurfuran oder Diphenylenoxyd

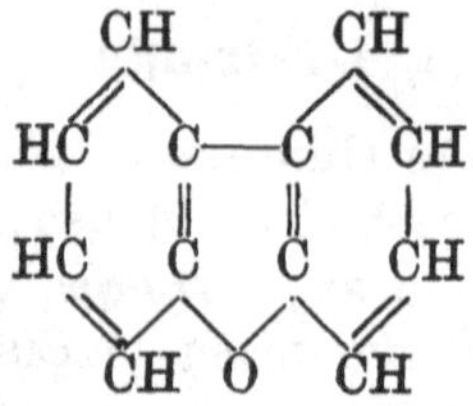

(Schmp. 81°, Sdp. 288°),

das im sog. Stuppfett vorkommt, dem Destillationsprodukt der Quecksilbererze von Idria.

Das Diphenylenoxyd wird auf synthetischem Wege durch Destillation von Phenol mit Bleioxyd oder von Phenylphosphat mit Kalk erhalten (70); auf pyrogenem Wege entsteht es durch Durchleiten von Phenyläther durch glühende Röhren (71):

$$C_6H_5{-}O{-}C_6H_5 = C_6H_4\underset{O}{\diagdown\diagup}C_6H_4 + H_2\,.$$

Am bequemsten wird das Diphenylenoxyd durch Tetrazotieren des o-, o-**Diaminodiphenyls** und darauffolgendes Kochen mit verdünnten Säuren gewonnen (72):

$$\begin{matrix} C_6H_4 & {-\!-\!-} & C_6H_4 \\ | & & | \\ NH_2 & & NH_2 \end{matrix} \longrightarrow \begin{matrix} C_6H_4 & {-\!-\!-\!-\!-} & C_6H_4 \\ | & & | \\ N_2{-}OH & & OH{-}N_2 \end{matrix} \longrightarrow \begin{matrix} C_6H_4 & {-\!-} & C_6H_4 \\ & \diagdown\;\diagup & \\ & O & \end{matrix}\,.$$

Das Diphenylenoxyd läßt sich nitrieren und bromieren; dabei werden durchweg beide Benzolkerne gleichzeitig substituiert.

Fünfgliederige polycyklische Heteroringe liegen schließlich in anhydridartigen Gebilden, wie Fluorescein u. a. vor.

II. Schwefel bezw. Selen als Ringglied.

1. a) Einringe mit einem S.

Diese Gruppe wird durch das Analogon des Furfurans $\begin{matrix} CH{=}CH \\ | \qquad\quad >O \\ CH{=}CH \end{matrix}$ durch das Thiophen[1] $\begin{matrix} CH{=}CH \\ | \qquad\quad >S \\ CH{=}CH \end{matrix}$ gebildet; wenn schon das Furfuran, besonders in seinem Aldehyd, dem Furfurol, eine bemerkenswerte Ähnlichkeit mit dem Benzol bezw. mit dem Benzaldehyd zeigte, so ist diese beim Thiophen eine so vollkommene, daß die korrespondierenden Derivate beider Grundstoffe in ihren wesentlichen Eigenschaften kaum von einander abweichen.

[1] Vergl. Victor Meyer: Die Thiophengruppe, Braunschweig, 1888.

Diese überraschende Analogie steht im Einklang mit dem Vorkommen des Thiophens und seiner Homologen, die sich stets in Begleitung der aus dem Steinkohlenteer gewonnenen Benzolkohlenwasserstoffe finden. Es ist das Verdienst VICTOR MEYER'S, zuerst festgestellt zu haben, daß die den letzteren eigentümliche Indopheninreaktion[1] ausschließlich den schwefelhaltigen Begleitern der aromatischen Kohlenwasserstoffe zukommt, da bei künstlich gewonnenem Benzol die genannte Reaktion unter allen Umständen ausbleibt. Dadurch wurde das Thiophen der Forschung zugänglich gemacht, die zur Erkennung seiner nahen Verwandtschaft mit dem Furfuran und Pyrrol führte.

Trotz seiner Analogie mit dem Benzol besitzt der Schwefelkohlenwasserstoff eine Eigenschaft, welche seine Trennung von jenem ermöglicht; er löst sich leicht in konz. Schwefelsäure unter Sulfurierung, während das Benzol unter diesen Bedingungen unverändert bleibt: es genügt also ein Ausschütteln des letzteren mit konz. Schwefelsäure. Das so gereinigte Benzol zeigt nicht mehr die Indopheninreaktion, die nur dem Thiophen zukommt, welchem auch die LAUBENHEIMER'sche Reaktion (Blaufärbung mit Schwefelsäure und Phenanthrenchinon in Eisessig) eigentümlich ist.

Die sonstige Ähnlichkeit zwischen Thiophen- und Benzolkörpern kommt in der folgenden kurzen Übersicht der Siedepunktsdaten einiger Derivate deutlich zum Ausdruck:

Thiophen	Sdp. 84°	Benzol	Sdp. 80,5°
Methylthiophen, Thiotolen	113°	Toluol	110,3°
1,4-Dimethylthiophen, Thioxen	135°	p-Xylol	138°
Dithienyl	266°	Diphenyl	254°
Dithienylmethan	267°	Diphenylmethan	261°
α-Bromthiophen	150°	Brombenzol	155°
α-Thiophencarbonsäure	260°	Benzoësäure	250°
α-Thiophenalkohol	207°	Benzylalkohol	206°
$C_4H_3S—CO—C_4H_3S$ Thienon	326°	$C_6H_5—CO—C_6H_5$ Benzophenon	307° (760 mm)
	Schmp.		Schmp.
$C_4H_3S—CH{=}CH·CO_2H$ Thienylakrylsäure	138°	Zimmtsäure	133°

Auch die Gewinnung der Thiophenabkömmlinge korrespondiert häufig mit derjenigen der Benzolderivate.

Die allgemeine Darstellungsweise von Thiophenkörpern ist gelegentlich der Besprechung der gemeinschaftlichen Genesis von Furfuran-, Thiophen- und Pyrrolkörpern erörtert worden: es sei daher nur an die Darstellung von 1,4-Dimethylthiophen aus einem γ-Diketon (Acetonylaceton) mittelst P_2S_5, sowie an die Entstehung

[1] Beim Mischen mit wenig Isatin und konz. Schwefelsäure tritt eine intensiv dunkelblaue Färbung auf.

von 1-Thiophencarbonsäure durch Erhitzen von Schleimsäure mit BaS erinnert (vergl. S. 21).

Von speziellen Bildungsweisen seien die synthetische Gewinnung des Thiophens und seines nächsten Homologen, des 1-Methylthiophens (Thiotolens), mit Hilfe des Phosphortrisulfides nachstehend skizziert (73):

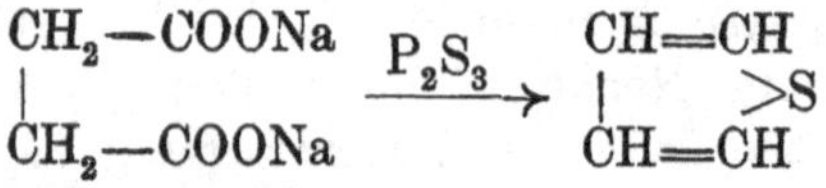

Bernsteinsaures Natrium Thiophen.

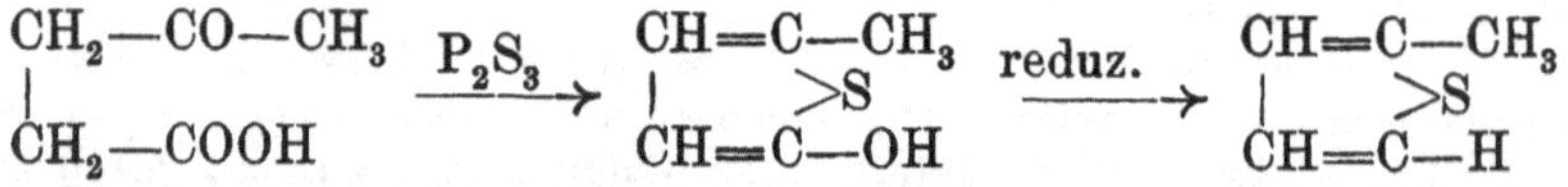

Lävulinsäure 1,4-Methyloxythiophen 1-Methylthiophen.

Diese Reaktion mit den Sulfiden des Phosphors ist sehr verallgemeinert worden, denn ihr sind sowohl eine Anzahl von Fettkörpern als die meisten phenylierten Olefine zugänglich; so entsteht aus Stilben Tetraphenylthiophen oder Thionessal (74)

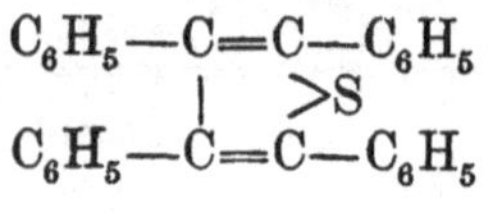

(Schmp. 184°),

eine Verbindung, die schon fünfzig Jahre vor Aufklärung ihrer Konstitution bekannt war.

Von speziellen Eigenschaften des Thiophens und seiner Abkömmlinge seien, soweit sie nicht schon erwähnt sind, nur einige, die von besonderem Interesse sind, hervorgehoben.

Thiophen (Sdp. 84°, $D^{23}=1{,}062$) ist eine farblose Flüssigkeit, die auch im Geruch dem Benzol ähnlich ist, nur bei sehr tiefen Temperaturen erstarrt und gegen Natrium sehr beständig ist; es zeigt keine Additionsfähigkeit gegen Jodalkyle und andere Agentien, die den zweiwertigen Schwefel sonst in eine höhere Valenzstufe überzuführen imstande sind: d. h. es verhält sich nicht wie ein Alkylsulfid, eine Eigenschaft, die sich auf potentielle Bindung der latenten Valenzen zurückführen ließe.

Die Homologen des Thiophens sind z. T. nach den in der aromatischen Reihe üblichen Methoden erhalten worden, z. B. das α-Methylthiophen (75) nach der Fittig'schen Synthese aus Jodthiophen, Jodmethyl und Natrium, und das α-Isopropylthiophen (Sdp. 154°) nach der Friedel-Krafft'schen Methode aus Thiophen und Isopropylbromid mit Hilfe von Aluminiumchlorid (76).

Die Entstehung der phenylierten Thiophene, wie Diphenyl- und Tetraphenylthiophen, ist schon berücksichtigt worden; das α-Phenylthiophen (Schmp. 41°) entsteht aus Benzoylpropionsäure und P_2S_3 (77). Das Dithienylmethan, (78) ein Analogon des Diphenylmethans, entsteht aus Thiophen und Methylal. Interessant ist die glatte Bildung eines Thienyltriphenylmethans

$$C_4H_3S{-}C{\equiv}(C_6H_5)_3$$

aus Triphenylcarbinol und Thiophen mittels P_2O_5 im Gegensatz zu den außerordentlichen Schwierigkeiten, die der Herstellung des analogen Systems Tetraphenylmethan $C\cdot(C_6H_5)_4$ entgegenstehen (79).

Die Halogensubstitutionsprodukte des Thiophens bilden sich schon in der Kälte durch direkte Einwirkung, und zwar geht das Halogen stets zuerst in die 1-(α-)Position; z. B. α-Chlorthiophen, Sdp. 130°. Bromthiophene gehen durch Oxydation in gebromte ungesättigte Säuren, wie Dibrommaleïnsäure über (80).

Die Nitrierung (81) des Thiophens verläuft sehr stürmisch und führt gleichzeitig zu Mono- und Dinitrothiophen, letzteres (Schmp. 52°, Sdp. 290°) wird durch Alkalien dunkelrot gefärbt, ersteres ist viel schwieriger zu dem dem Anilin entsprechenden Aminothiophen (Thiophenin) (82) zu reduzieren, als Nitrobenzol. Die Aminobase verharzt leicht und läßt sich nicht diazotieren, kuppelt aber ihrerseits mit Diazoniumsalzen.

Das einfachste Oxythiophen ist bisher nicht erhalten; das 1-Oxy-4-methylthiophen ist gelegentlich seiner Darstellung aus Lävulinsäure erwähnt worden.

Der 1-Thiophenaldehyd, (83) $C_4H_3S\cdot C{\lt}^{O}_{H}$ (Sdp. 198°), das Analogon des Benzaldehydes und des Furfurols, ist durch folgende Reihe von chemischen Prozessen zugänglich:

C_4H_3SH $Cl{-}CO{-}CH_3$ (AlCl$_3$) $\longrightarrow$ $C_4H_3S{-}CO\cdot CH_3$ (1-Thienylmethylketon) $\longrightarrow$

$\longrightarrow$ $C_4H_3S\cdot CO\cdot COOH$ (Thienylglyoxylsäure) $\longrightarrow$ $C_4H_3S{-}C{\lt}^{O}_{H}$ (Thiophenaldehyd)

Thienylglyoxylsäure $\searrow$ $\swarrow$ Thiophenaldehyd

$C_4H_3S\cdot COOH$
1-Thiophencarbonsäure
(Schmp. 126,5; Sdp. 260°).

Wie aus diesem Schema ersichtlich ist, liefert die durch Oxydation des Thienylmethylketons entstehende Thienylglyoxylsäure einerseits durch CO_2-Abspaltung Thiophenaldehyd, andererseits durch weitere Oxydation 1-Thiophencarbonsäure. Letztere bildet sich aber auch schon durch spontane Oxydation des Aldehyds an der Luft bezw. durch Einwirkung von Kalilauge auf denselben unter gleichzeitiger Entstehung von Thiophenalkohol (84) (Sdp. 207°) $C_4H_3S{-}CH_2(OH)$ [Analogie mit Benzaldehyd und Furfurol].

Der Thiophenaldehyd liefert nach der Perkin'schen Reaktion Thienylakrylsäure $C_4H_3S\cdot CH{=}CH\cdot COOH$.

Für die 1-Thiophencarbonsäure (85) giebt es außer der erwähnten noch spezielle Bildungsweisen: z. B. die Einwirkung von Natrium auf ein Gemisch von Jodthiophen und Chlorkohlensäureester; 2-Thiophensäure (durch Oxydation von β-Thiotolen) schmilzt bei 136°.

Die 1,2-Thiophendicarbonsäure verhält sich, wie die o-Phtalsäure, reagiert also mit Resorcin unter Fluoresceïnbildung, während die zugehörige

1,4-Dicarbonsäure zu einer Tetrahydrosäure reduzierbar ist, welche sich in mancher Beziehung mit der Hexahydroterephtalsäure vergleichen läßt (86).

Auch einige Derivate des Selenophens (87) $\begin{matrix} CH{=}CH \\ | \\ CH{=}CH \end{matrix}\!\!>Se$, das als solches noch nicht rein erhalten ist, sind bekannt geworden, z. B. 1,4-Dimethylselenophen, das aus Acetonylaceton mittelst Phosphorselenid darstellbar ist, wie Dimethylthiophen (s. o.) mittelst Schwefelphosphor (88).

1. b) Einringe mit zwei S.

In diese Gruppe gehören die Merkaptale des Äthylenglykols, wie Äthylendithioäthyliden $\begin{matrix} CH_2{-}S \\ | \\ CH_2{-}S \end{matrix}\!\!>CH{\cdot}CH_3$ (Sdp. 173°), das aus Äthylenmerkaptan und Acetaldehyd entsteht:

$$\begin{matrix} CH_2{\cdot}SH \\ | \\ CH_2{\cdot}SH \end{matrix} + OCH{\cdot}CH_3 = \begin{matrix} CH_2{-}S \\ | \\ CH_2{-}S \end{matrix}\!\!>CH{\cdot}CH_3 + H_2O$$

und die geschwefelten Äthylenester der Kohlensäure, wie Trithiokohlensäureäthylenester $\begin{matrix} CH_2{-}S \\ | \\ CH_2{-}S \end{matrix}\!\!>C{\cdot}S$ (Schmp. 39,5°). (89)

2. Zweiringe.

Schwefelhaltige dicyklische Heterosysteme können entweder nur in einem oder in beiden Ringen S als Heteroatom enthalten.

Der ersteren Art entspricht das dem Benzofurfuran (Cumaron) analoge Benzothiophen[1] (Thionaphten)

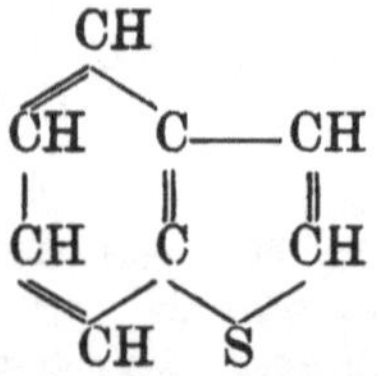

(Schmp. 31°, Sdp. 221°);

---

[1] Wie das Benzofurfuran ein Stellungsisomeres im Phtalid (Isobenzofurfuran) hat, so das Benzothiophen im Thiophtalid, Xylylensulfid u. a.; diese Körper leiten sich von einem hypothetischen Isobenzothiophen

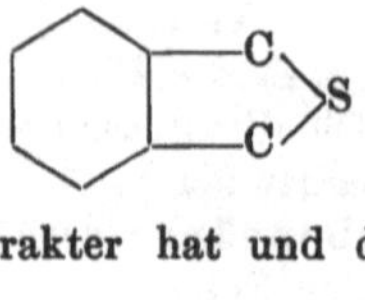

ab, das indessen Anhydridcharakter hat und daher nicht unter die echten Heteroringe gehört.

es entsteht ähnlich dem Cumaron aus o-Sulfhydryl-ω-chlorstyrol: (90)

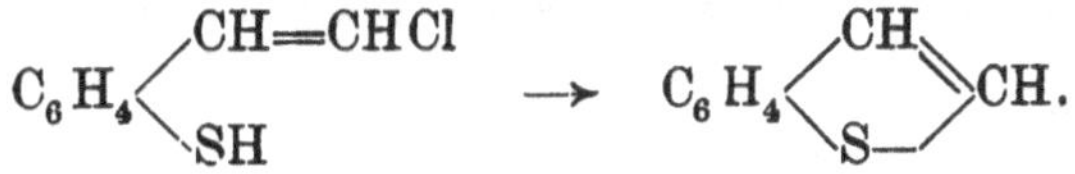

Ein im Benzolkern hydroxyliertes Derivat entsteht durch Einwirkung von Bernsteinsäure auf Thiophenaldehyd: (91)

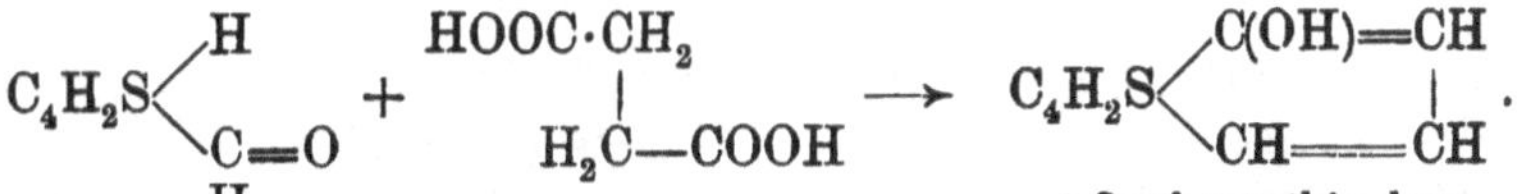

4-Oxybenzothiophen

Der zweiten Art dicyklischer Systeme, derjenigen mit zwei S als Ringatomen, entspricht das Thiophten,

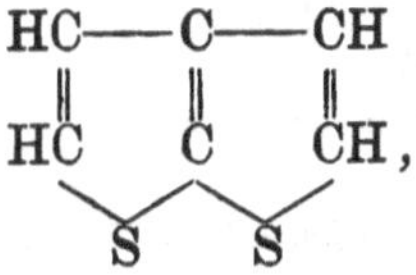

(Sdp. 225°)

das Naphtalin der Thiophenreihe; es entsteht aus Citronensäure durch Erwärmen mit Phosphortrisulfid. (92)

3. Dreiringe.

Es sind nicht alle Variationen von polycyklischen Systemen bekannt geworden, wie in der Furfuranklasse; erhalten ist bisher das Dibenzothiophen oder Diphenylensulfid

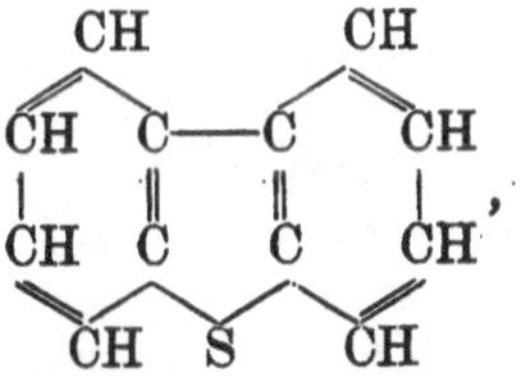

(Schmp. 97°, Sdp. 333°)

das in jeder Beziehung dem Diphenylenoxyd entspricht; wie letzteres aus Phenyläther, so entsteht ersteres aus Phenylsulfid auf pyrogenem Wege: (93)

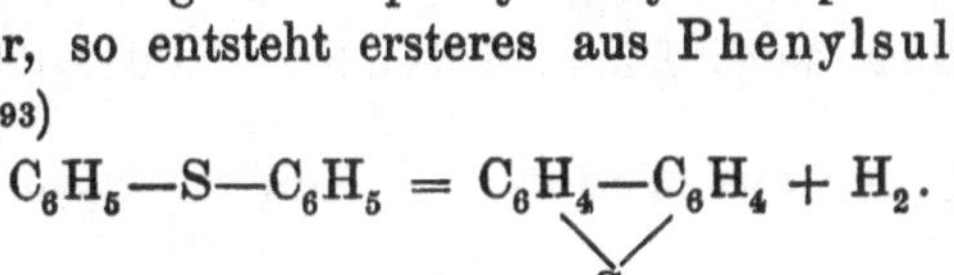

Der Schwefel im Dibenzothiophen zeigt im Gegensatz zu Thiophen (s. o.) die normalen Funktionen eines Alkylsulfides, da sich das Diphenylensulfid zum zugehörigen Sulfon $\begin{matrix} C_6H_4-C_6H_4 \\ \diagdown\diagup \\ O{=}S{=}O \end{matrix}$ oxydieren läßt. Über Dinaphtothiophen $\begin{matrix} C_{10}H_6-C_{10}H_6 \\ \diagdown\diagup \\ S \end{matrix}$ (Schmp. 147°) vergl. B. **27**, 3002.

III. Sauerstoff und Schwefel als Ringglieder.

Wohlcharakterisierte echte Heteroringe sind aus dieser Gruppe kaum bekannt geworden; als Beispiele können daher nur anhydridartige Gebilde angeführt werden:

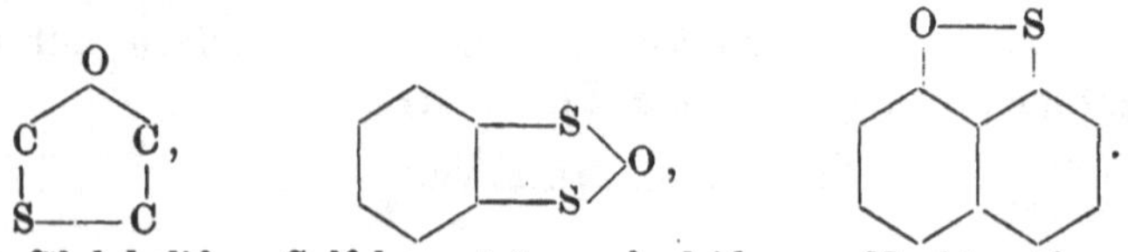

Senfölglykolid, o-Sulfobenzoësäureanhydrid, Naphtosulfon.

IV. Stickstoff als Ringglied.

1. a) Einringe mit einem N.

Durch Ersatz des Schwefels im Thiophen bezw. des Sauerstoffes im Furfuran durch die Imidogruppe NH gelangt man zum dritten Vertreter der Familie der einfachsen Fünfringe, zum Pyrrol

$$\begin{matrix} CH{=}CH \\ | \\ CH{=}CH \end{matrix}\!\!>NH.$$

Trotzdem dasselbe seiner Konstitution nach den Charakter eines sekundären Amins hat, besitzt es nicht nur schwach basische, sondern auch schwach saure Eigenschaften: der Imidwasserstoff ist durch Metalle ersetzbar.

Das Pyrrol[1] erweist sich in jeder Beziehung als ein echter Heteroring, der durch die gewöhnlichen Agentien nicht gesprengt wird; die Spaltung erfolgt z. B. erst durch Einwirkung von Hydroxylamin nach folgender Gleichung: (94)

$$\begin{matrix} CH{=}CH \\ | \\ CH{=}CH \end{matrix}\!\!>NH + 2OHNH_2 = \begin{matrix} CH_2\cdot CH{=}NOH \\ | \\ CH_2\cdot CH{=}NOH \end{matrix} + NH_3.$$

Es entstehen dabei Dioxime des Succinaldehydes $\begin{matrix} CH_2-COH \\ | \\ CH_2-COH \end{matrix}$, eine Reaktion, die zur Konstitutionsbestimmung von substituierten

[1] Vergl. Ciamician: Il Pirrolo ed i suoi derivati, Roma 1888.

Pyrrolen benutzt wird; dies Problem ist um so wichtiger, als die Wasserstoffatome am Kohlenstoff ebenso beweglich sind, wie dasjenige am Stickstoff und daher leicht Substitution erleiden. Die Stellung der Substituenten wird in derselben Weise, wie beim Thiophen und Furfuran bezeichnet:

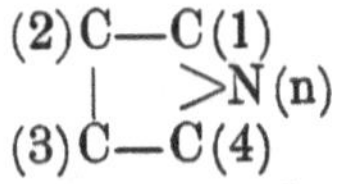

mit der Komplikation, daß solche, die am Stickstoff haften, als n-Derivate von den C-Abkömmlingen unterschieden werden.

Die gemeinschaftliche Bildungsweise von Pyrrolen mit Thiophenen und Furfuranen aus γ-Diketonen und aus Schleimsäure ist in der Einleitung zu den Fünfringen besprochen worden (vergl. S. 21); es erübrigt die Erörterung der speziellen Methoden und Eigenschaften.

Pyrrol (Sdp. 131°, $D^{12,5^0} = 0{,}9752$) findet sich im bituminösen Schiefer, wurde jedoch zuerst von Runge im Jahre 1834 im Steinkohlenteer entdeckt; es ist auch im Knochenteer enthalten und zwar in den von 115—130° siedenden Fraktionen: die Abscheidung erfolgt durch Verwandlung in Pyrrolkalium.

Das Pyrrol färbt einen mit Salzsäure befeuchteten Fichtenspahn feuerrot und hat dieser Fähigkeit seinen Namen zu verdanken.

Farblose, an der Luft sich bräunende Flüssigkeit, die in Wasser kaum löslich ist und auch in verdünnten Säuren sich nur allmählich auflöst; solche Lösungen geben beim Erwärmen Ammoniak ab und schlagen amorphes, sog. Pyrrolrot nieder. Das Pyrrol zeigt sowohl die Indophenin-, als die Laubenheimer'sche Reaktion; es wird leicht durch Säuren polymerisiert: das Tripyrrol wird z. B. durch Neutralisieren von verdünnten salzsauren Lösungen des Pyrrols gewonnen. Dasselbe zersetzt sich beim Erhitzen in Pyrrol, Benzopyrrol (Indol) und Ammoniak: (95)

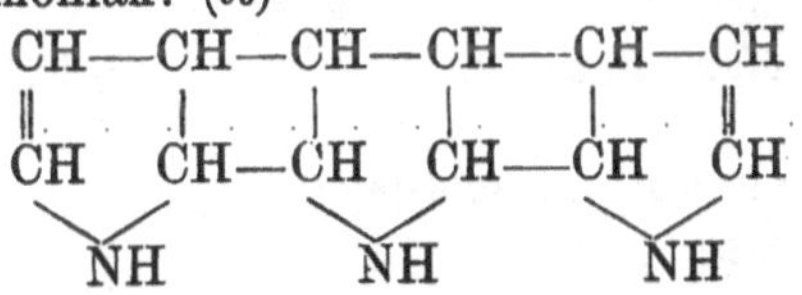

Tripyrrol

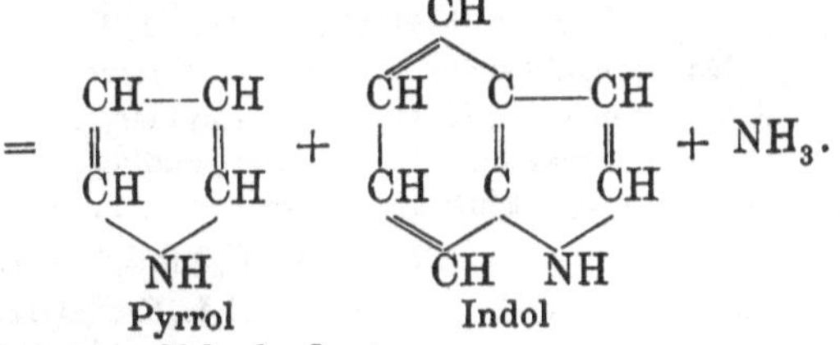

Pyrrol Indol

Das Tripyrrol bildet ein Chlorhydrat.

Wie der Cumarinring sich zum Cumaronring verengern läßt, so erleidet der Pyrrolring eine interessante Ringerweiterung zum Pyridin durch Einwirkung von Methylenchlorid (96):

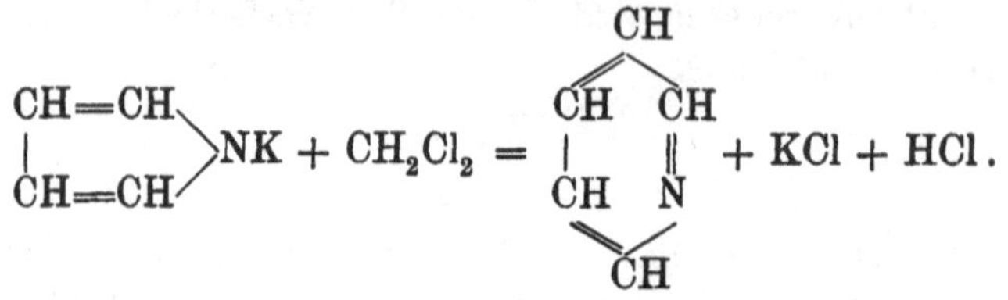

Pyridin

Chloroform und Bromoform wirken ähnlich (Bildung von β-Chlor- bezw. Brompyridin).

Unter den speziellen Bildungsweisen des Pyrrols sei noch auf folgende hingewiesen:

1) Reduktion des Succinimides zu Pyrrol (97)

ein ähnlicher Prozeß kommt durch folgendes Schema zum Ausdruck (98):

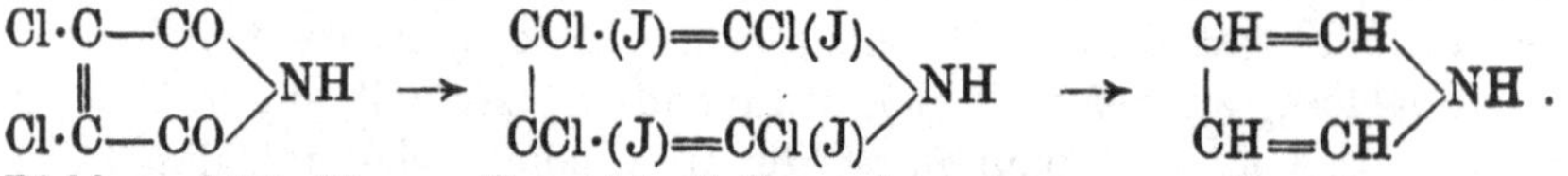

Dichlormaleïnimid — Tetrachlor(jod)pyrrol — Pyrrol

2) Verwandlung der Pyroglutaminsäure, die ihrerseits unter Wasserabspaltung aus Glutaminsäure entsteht, durch Erhitzen in Pyrrol (99):

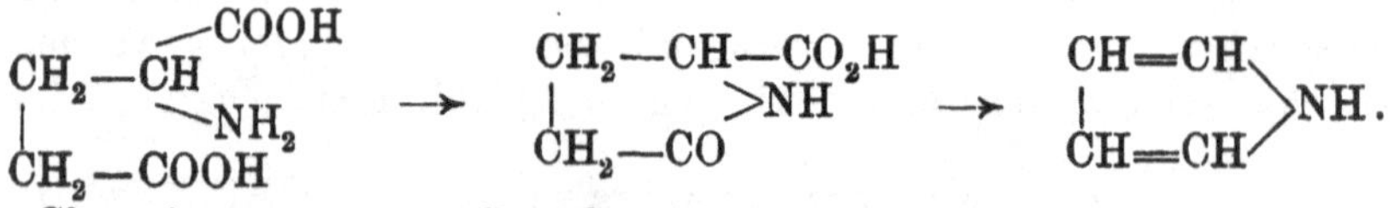

Glutaminsäure — Pyroglutaminsäure — Pyrrol

3) Pyrogen aus Acetylen und Ammoniak (100):

$$2C_2H_2 + NH_3 = C_4H_4NH + H_2.$$

C-Abkömmlinge des Pyrrols.

Homologe des Stammkörpers entstehen aus Pyrrol und Jodalkylen in der Wärme, wobei die primär entstehenden N-Äthylderivate in C-Homologe umgelagert werden, ein Vorgang, der mit der Umwandlung alkylierter Aniline in homologe Aniline durch Erhitzen eine gewisse Ähnlichkeit hat:

$$C_4H_4{-}N{-}Alk \longrightarrow C_4AlkH_3N{-}H.$$

$$C_6H_5{-}NHX \longrightarrow C_6H_4X{-}NHH.$$

In zweiter Linie entstehen C-Alkylpyrrole durch Kohlensäureabspaltung aus den zugehörigen Carbonsäuren, sowie beim Durchleiten von Pyrrol- und Alkoholdämpfen über Zinkstaub. (101)

Der Entstehung von 1,4-Dimethylpyrrol aus Acetonylaceton und Ammoniak ist schon früher Erwähnung gethan worden (vergl. S. 21).

Die alkylierten Pyrrole werden ebenso leicht wie die Muttersubstanz polymerisiert; die polymeren Produkte, besonders die 1,2- und 3,4-substituierten, leiten sich meistens von einem Dipyrrol ab und werden schon durch verdünnte Säuren unter Ammoniakabspaltung in Benzopyrrol-(Indol)derivate (s. o.) übergeführt (102); z. B.:

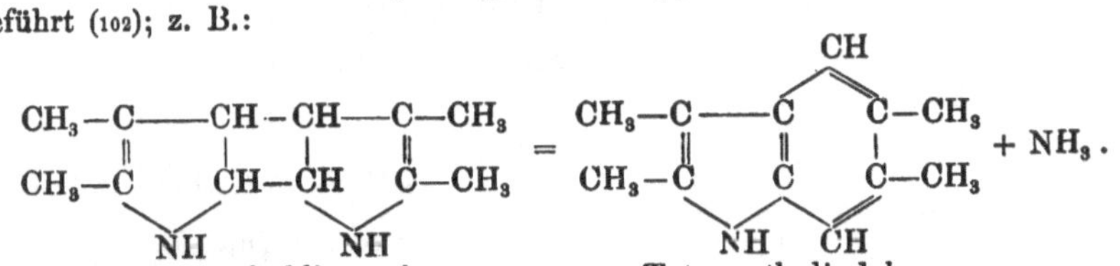

Tetramethyldipyrrol Tetramethylindol

1- und 2-Methylpyrrol zeigen eine Siedepunktsdifferenz von nur 5°; die 1-(4)Derivate des Pyrrols sind am eingehendsten studiert. Das höchste Homologe ist das Tetraphenylpyrrol vom Schmp. 211°, das, wie schon früher angeführt, mittelst Ammoniak aus Dibenzoyldibenzyl (Bisdesyl)

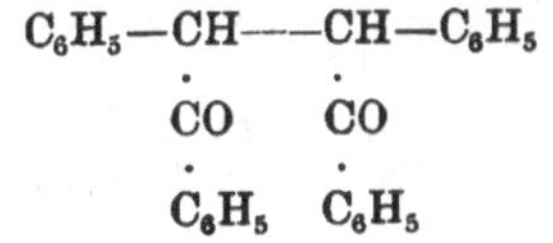

entsteht. (103)

Halogene wirken selbst in verdünnten Lösungen sehr energisch auf Pyrrol ein unter Bildung der Tetrasubstitutionsprodukte, so entsteht das Tetrachlorpyrrol $\begin{matrix} ClC{=}C\cdot Cl \\ | \quad >NH \\ ClC{=}C\cdot Cl \end{matrix}$ vom Schmp. 110°; dasselbe tritt auch als Zwischenprodukt bei der Umwandlung von Dichlormaleïnimid in Pyrrol auf; das entsprechende Tetrajodpyrrol (Jodol) Schmp. 140° kann sowohl aus letzterem, als direkt aus Pyrrol gewonnen werden; es dient als Ersatz von Jodoform (104).

Die Ketone und Carbonsäuren des Pyrrols stehen in einem ähnlich nahen Zusammenhang, wie diejenigen der Thiophenreihe, d. h. die Methylketone gehen durch Oxydation in Glyoxylsäuren über, welche ihrerseits unter CO_2-Verlust die einfachen Carbonsäuren liefern. Da nun die zuerst genannten C-Methylketone sowohl durch Umlagerung der n-Acidylpyrrole als auch neben den N-Derivaten durch Einwirkung von Säureanhydriden auf Pyrrole entstehen, so läßt sich der genetische Zusammenhang dieser Körper durch folgendes Beispiel veranschaulichen (105):

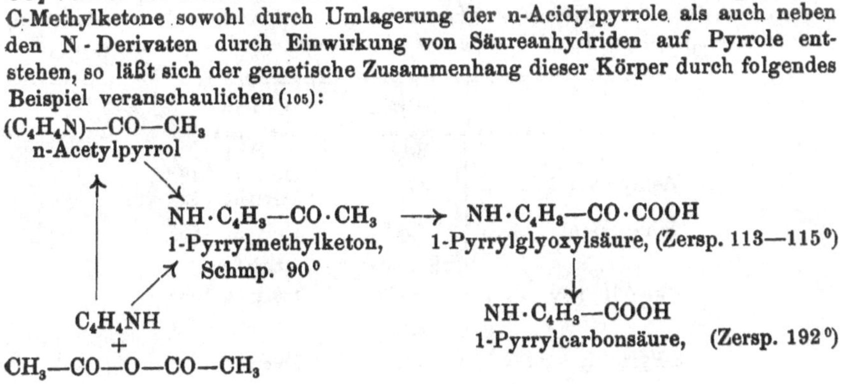

Dem Benzophenon entspricht das Dipyrrylketon

$$NH \cdot C_4H_3—CO—C_4H_3NH,$$

vom Schmp. 100°, das durch Erhitzen von $C_4H_4N—CO—N \cdot C_4H_4$ unter Umlagerung entsteht (106).

Die Pyrrolcarbonsäuren zeigen in Bildungsweisen und Eigenschaften Ähnlichkeit mit den Phenolcarbonsäuren, z. B. in einer Darstellungsmethode nach Analogie der Kolbe'schen Synthese aus Pyrrolkalium und Kohlensäure (107):

$$KN \cdot C_4H_4 + CO_2 = H \cdot N \cdot C_4H_3COOK.$$

Die C-Carbonsäuren entstehen ferner durch Oxydation der Alkylpyrrole in der Kalischmelze, z. B. (108):

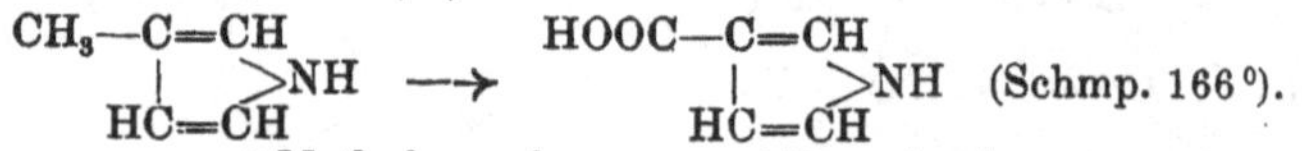

2-Methylpyrrol 2-Pyrrolcarbonsäure.

Die Ester homologer Dicarbonsäuren werden synthetisch nach demselben Prinzip erhalten, wie die zweibasischen Säuren homologer Furane (vergl. Carbopyrotritarsäure S. 29), nämlich aus Diacetbernsteinsäureester und Ammoniak bezw. dessen Substituten; z. B.:

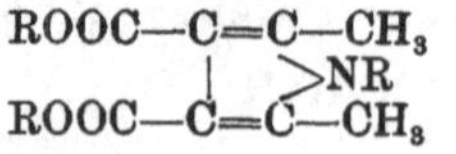

(R = H, OH, Alk u. s. w.) (109).

Die Pyrrolcarbonsäuren geben beim Erhitzen für sich Kohlensäure ab unter Bildung des zugehörigen Pyrrols, z. B. 1,4-Pyrroldicarbonsäure bei 200° unter Abspaltung von 2 Mol. CO_2.

Über Pyrrolazokörper vergl. B. **19**, 2251.

N-Abkömmlinge des Pyrrols.

Das wichtigste Stickstoffderivat ist das Pyrrolkalium 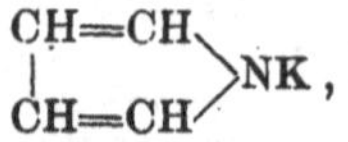, das durch Auflösen von Kalium in Pyrrol unter Wasserstoffentwickelung bezw. durch Kochen von Pyrrol mit Ätzkali entsteht; eine Natriumverbindung ist auf diesen Wegen nicht erhältlich (110).

Das Pyrrolkalium liefert durch Umsetzung mit Halogenkörpern eine Reihe von N-Derivaten, entsprechend dem Schema:

$$C_4H_4NK + Hlg—X = C_4H_4N—X + KHlg;$$

so entstehen die n-Alkylpyrrole, welche durchweg niedriger sieden bezw. schmelzen, als die korrespondierenden C-Derivate, wie aus folgenden Beispielen hervorgeht:

	N-Reihe	C-Reihe
	Sdp.	Sdp.
Methylpyrrol . . .	113°	1-Derivat 148°, 2-Derivat 143°
Äthylpyrrol	131°	1-Derivat 165°
	Schmp.	Schmp.
Phenylpyrrol . . .	92°	1-Derivat 129°
	Sdp.	Sdp.
β-Pyridylpyrrol . .	251°	1-Derivat 72°

Das n-Phenylpyrrol wird nach den früher beschriebenen allgemeinen Methoden aus schleimsaurem Anilin, das Pyridylpyrrol aus schleimsaurem β-Aminopyridin gewonnen (111). Tetrachlorphenylpyrrol 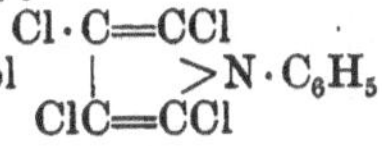 entsteht aus Succinanil mit PCl_5.

Weitere Derivate, die durch Umsetzung mit Halogenkörpern hergestellt wurden, sind (112):

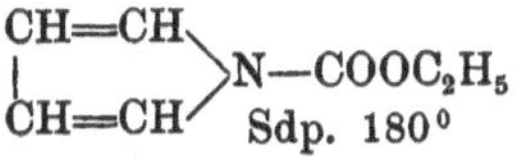 aus Chlorkohlensäureester, Sdp. 180°

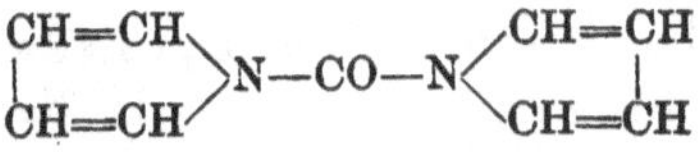 aus Phosgen, lagert sich, wie schon erwähnt, in Dipyrrylketon um, Schmp. 63°, Sdp. 238°

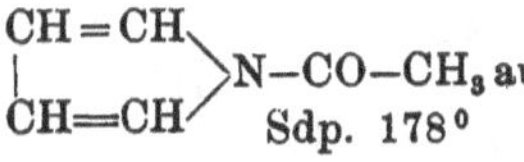 aus Acetylchlorid neben Pyrrylmethylketon (s. o.). Sdp. 178°

Hydropyrrole.

Tetramethylenimin, Pyrrolidin 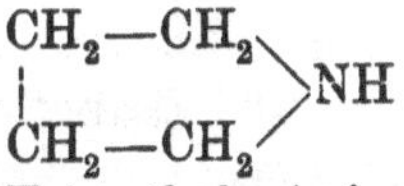 ist das Ringhomologe des früher beschriebenen Trimethylenimins und zugleich das Endprodukt der Hydrierung des Pyrrols (Tetrahydropyrrol), wobei als Zwischenstufe das Dihydropyrrol oder Pyrrolin auftritt:

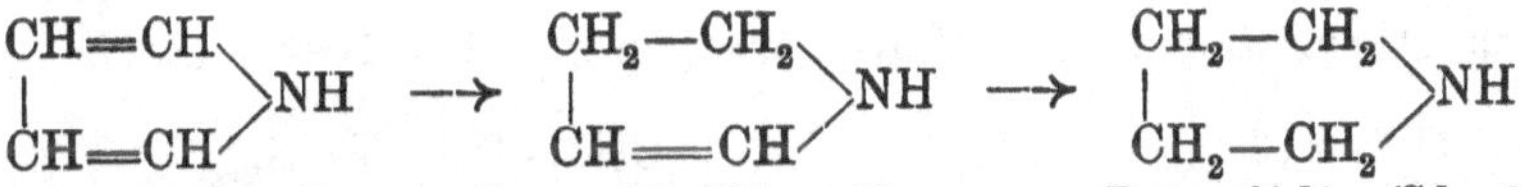

Pyrrol (Sdp. 131°) Pyrrolin (Sdp. 91°) Pyrrolidin (Sdp. 87°).

Das Dihydropyrrol entsteht (113) durch Reduktion von Pyrrol mit Zinkstaub und Essigsäure und zeigt bereits deutlich basische Eigenschaften; der selbständige Charakter des Pyrrols ist also durch die Zufuhr von 2H in ähnlicher Weise aufgehoben, wie der „aromatische" des Benzols bei Verwandlung in Hydrobenzol. Das Pyrrolin zeigt alle Reaktionen einer fetten sekundären Base, seine N-Homologen diejenigen von tertiären Basen.

Das Dihydropyrrol nimmt durch Reduktion mit Jodwasserstoff und Phosphor zwei weitere H-Atome auf unter Erzeugung von Tetrahydropyrrol, welches noch stärker basische Eigenschaften aufweist, als das Pyrrolin.

Das Pyrrolidin entsteht auch synthetisch (114) aus δ-Chlorbutylamin unter Chlorwasserstoffabspaltung:

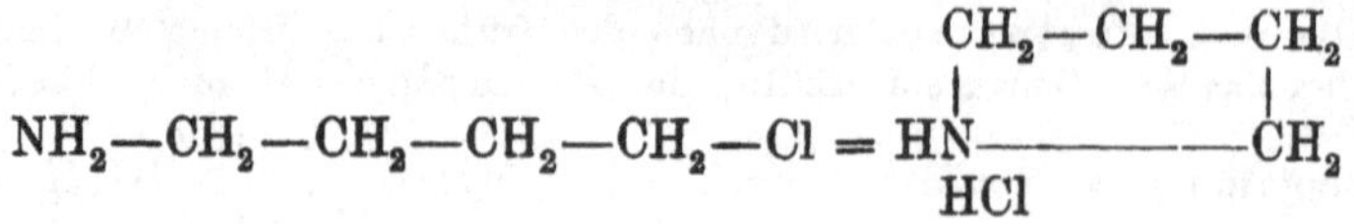

bezw. aus Tetramethylendiaminchlorhydrat unter Abspaltung von Salmiak (115):

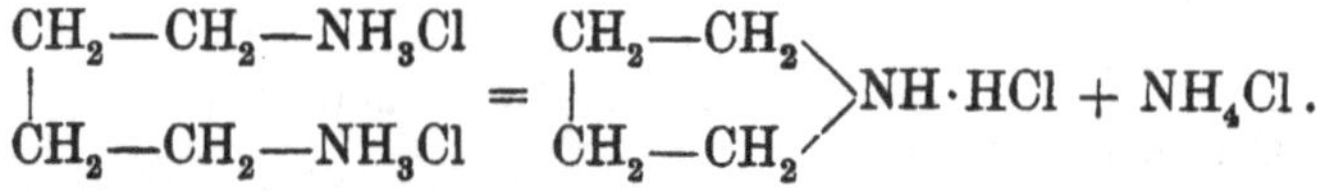

Schließlich kann **Pyrrolidin** durch vollständige Reduktion von Succinimid erhalten werden, und zwar mit Hilfe von Natrium in alkoholischer Lösung (116):

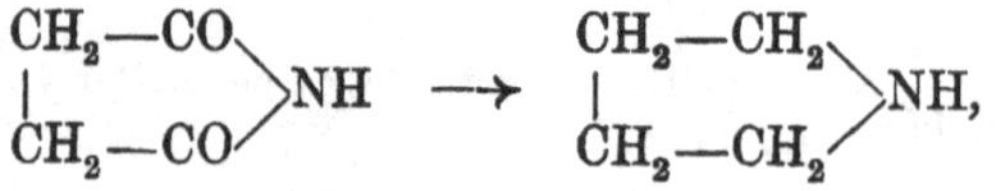

während die Destillation über Zinkstaub nur bis zum Pyrrol führt.

Eine bemerkenswerte Reaktion führt ferner durch Ringverengerung vom Piperidin zum Pyrrolidin, und zwar durch erschöpfende Methylierung und darauffolgende Spaltung des Sechsringes; dieser Prozeß, der gewissermaßen eine Umkehrung der Verwandlung von Pyrrol in Pyridin ist, gehört in die Chemie der sechsgliederigen Heteroringe; Endprodukt der Reaktion (117) ist das n-Methyl-1-methylpyrrolidin (Sdp. 96—97°).

Aber auch das Pyrrolidin selbst erleidet eine ähnliche Spaltung durch Destillation seines Methylierungsproduktes über Ätzkali:

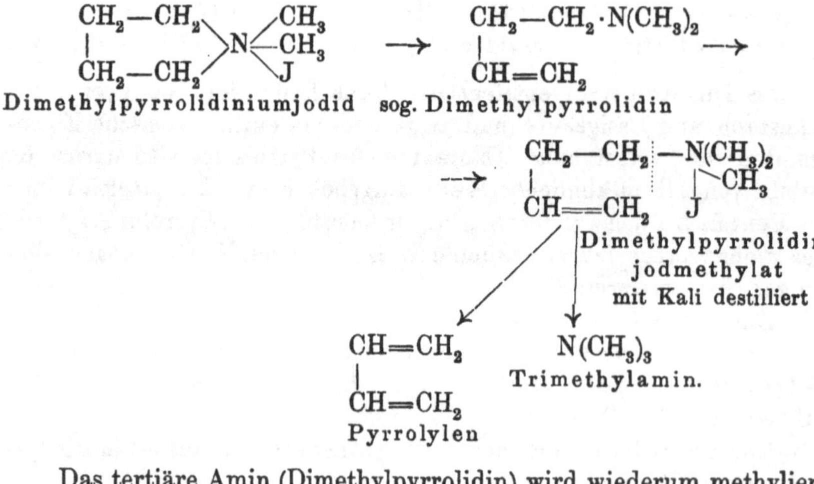

Das tertiäre Amin (Dimethylpyrrolidin) wird wiederum methyliert und das entstandene Jodmethylat abermals durch Kali zerlegt: als Spaltungsstücke treten auf Trimethylamin und der ungesättigte Kohlenwasserstoff Pyrrolylen oder Divinyl (118).

Das Pyrrolidin bildet als sekundäres Amin mit HNO_2 ein Nitrosamin; es riecht piperidinähnlich.

Das n-Methylpyrrolidin $C_4H_8N \cdot CH_3$ (Sdp. 81—83°) ist identisch mit einem Abbauprodukt des Alkaloïdes Hygrin, nämlich mit einer aus der Hygrinsäure (n-Methylpyrrolidincarbonsäure) durch CO_2-Abspaltung gewonnenen Base (119); das C-1-Methylpyrrolidin entsteht durch Reduktion von γ-Valerolaktam 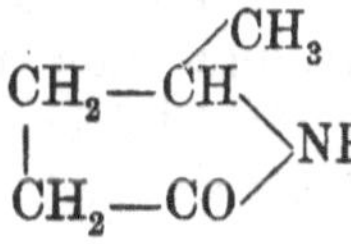 mit Natrium und Amylalkohol (120).

Das gewöhnliche γ-Butyrolaktam 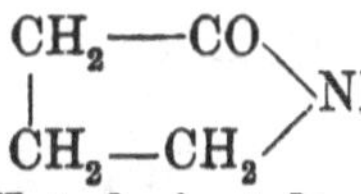 kann als 1-Pyrrolidon aufgefaßt werden, d. h. als Ketoderivat des Pyrrolidins.

n-Benzylpyrrolidin (Sdp. 237°) entsteht aus Pyrrolidin und Benzylchlorid und vereinigt sich mit Jodmethyl zu Methylbenzylpyrrolidiniumjodid.

Mit Senfölen reagiert Pyrrolidin unter Bildung gut krystallisierter Thioharnstoffe, z. B.:

$$C_4H_8N{-}CS{-}NH{-}C_6H_5.$$

Pyrrolidinphenylthioharnstoff (Schmp. 148,5°).

Das Pyrrolidin beansprucht in neuerer Zeit ein größeres Interesse, seitdem die Anzeichen sich mehren, daß dieser Stickstoffring in manchen Pflanzenalkaloïden, deren Konstitution noch nicht sicher feststand, enthalten ist; auf die n-Methylpyrrolidincarbonsäure als Spaltungsstück des in den Cocablättern enthaltenen Hygrins wurde schon hingewiesen. Ferner ist das Nikotin sehr wahrscheinlich ein α-2-Pyridyl-n-pyrrolidin, ein Problem, auf das in der Chemie des Pyridins noch zurückzukommen ist.

Auch das Cocaïn, Ecgonin, Anhydroecgonin und somit das Tropin werden neuerdings auf das Pyrrolidin zurückgeführt (121) (R. Willstätter); die Verbindungen dieser Gruppe sollen die Kombination eines n-Methylpyrrolidins mit einem n-Methylpiperidinkern enthalten, ein System, dessen Peripherie ein aus sieben Kohlenstoffatomen bestehender Ring bildet:

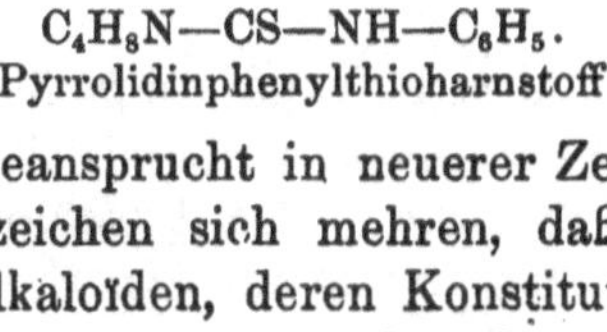

Tropan (Hydrotropidin)

Dem Tropin und ψ-Tropin (Tropanol) bezw. dem aus Tropinon synthetisch bereiteten Isomeren des Cocaïns, dem α-Cocaïn kommen nunmehr folgende Strukturformeln zu:

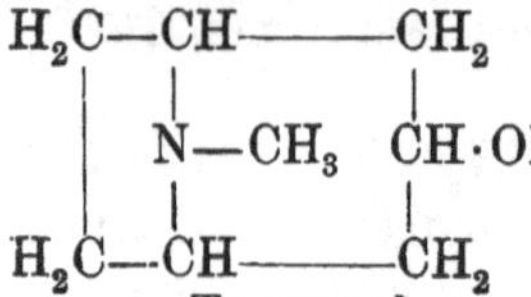

Tropanol

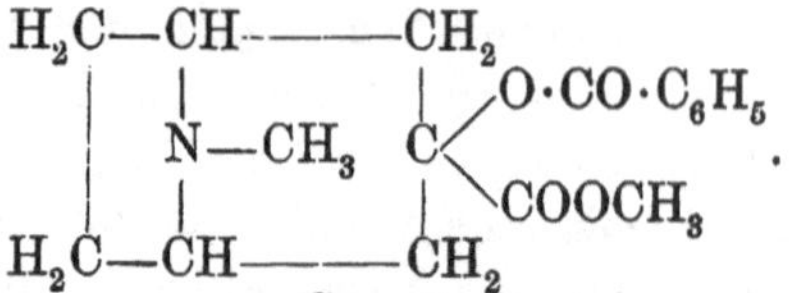

α-Cocaïn.

Durch diese Formulierung treten die nahen Beziehungen zwischen der Atropin- und Cocaïngruppe einerseits und den synthetischen Basen der Triacetonaminreihe deutlich hervor; Tropinon (Tropinketon) und Triacetonamin (ebenso Vinyldiacetonamin) sind α, α'-substituierte γ-Piperidone von ähnlicher Struktur:

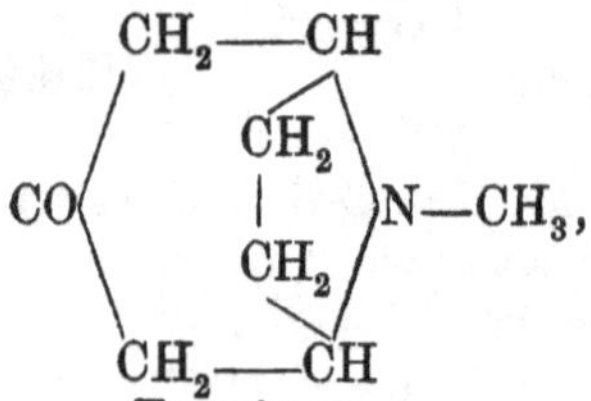

Tropinon
(Tropanon)

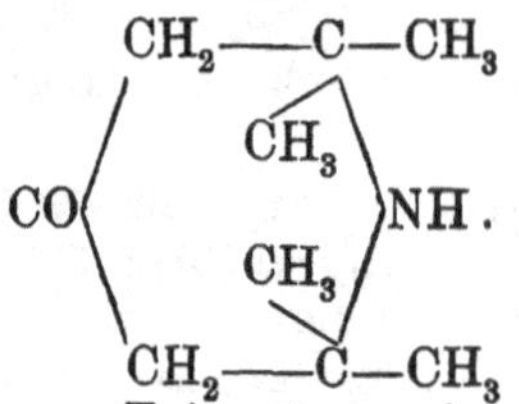

Triacetonamin

In ersterem liegt der Pyrrolidinring fertig gebildet vor, in letzterem erscheint er zwischen den mittelständigen Kohlenstoffatomen geöffnet. Die Beziehung des Triacetonamins zum Pyrrolidin bezw. zum Pyrrolin treten nun experimentell durch die Überführung des Dibromtriacetonaminbromhydrats in Tetramethylpyrrolin-β-carbonsäureamid mittelst Ammoniak zu Tage: (122)

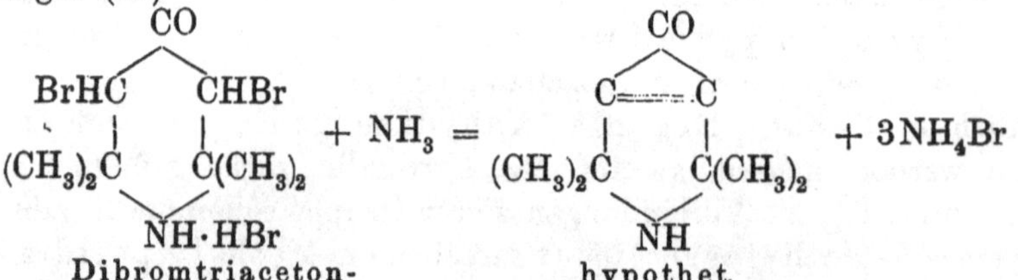

Dibromtriaceton-
aminbromhydrat

hypothet.
Zwischenprodukt

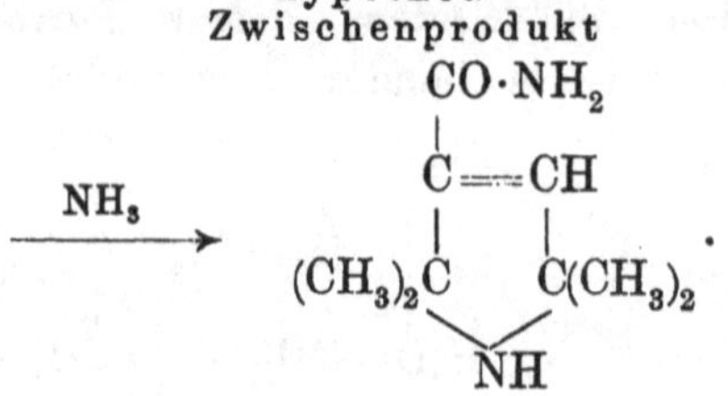

Tetramethylpyrrolincarbonsäureamid

Der zuletzt genannte Körper geht durch Reduktion mit Natriumamalgam in ein gesättigtes Amid über, welches als ein Pyrrolidinderivat anzusehen ist.

Über den nahen Zusammenhang der Tropingruppe mit den Alkaloïden der Granatwurzelrinde (Granataninreihe) vergleiche B. **27**, 2850; **29**, 481; **30**, 2677.

Diketopyrrolidine liegen im Succinimid 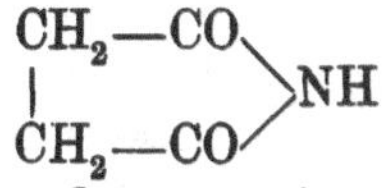 Schmp. 126°, Sdp. 288°), das den Charakter einer Säure zeigt, sowie im Diketodiphenylpyrrolidincarbonsäureester

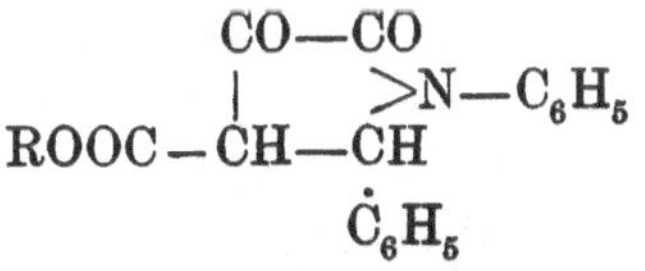

vor. Ersteres entsteht beim Erhitzen von Bernsteinsäureanhydrid im Ammoniakstrom bezw. von Bernsteinsäurediamid (sowie von Ammoniumsuccinat) für sich, letzteres durch Kondensation von Oxalessigester mit Benzalanilinen (123):

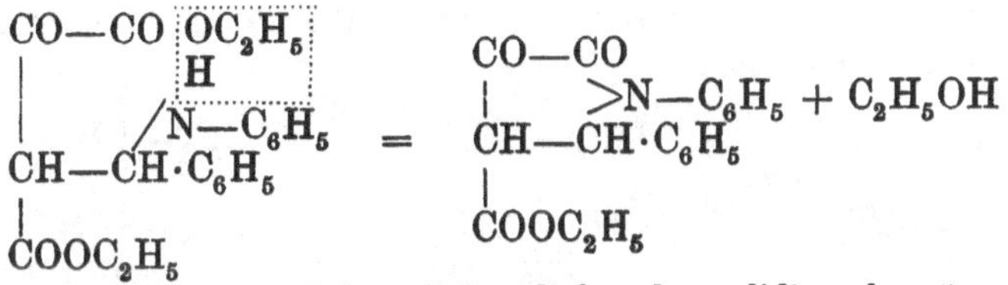

Intermed. Additionsprodukt Diketodiphenylpyrrolidincarbonsäureester (Schmp. 171°).

Ein Triketopyrrolidin liegt im Anil der Oxalessigsäure vor (124):

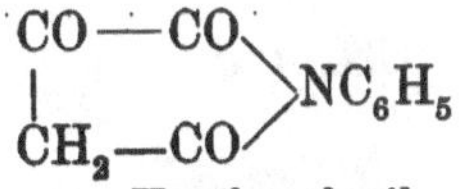

sog. Xanthoxalanil.

2. b) Einringe mit zwei N.

Durch weiteren Ersatz einer Methingruppe im Pyrrol gelangt man zu fünfgliederigen Heteroringen mit zwei Stickstoffatomen, welche gewissermaßen Monosubstitutionsprodukte des Pyrrols sind und demgemäß in zwei stellungsisomeren Formen zu erwarten sind:

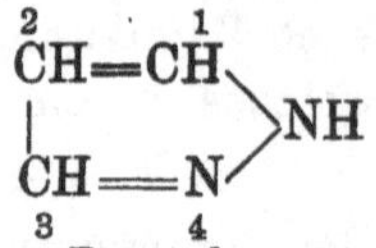

Pyrazol

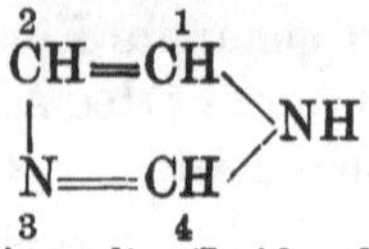

Glyoxalin (Imidazol).

Sie sind ihrer Konstitution gemäß als Diazole[1] zu bezeichnen und zwar das benachbarte Pyrazol als 1(4)-Diazol (Orthodiazol) und das Imidazol als 2(3)-Diazol (Metadiazol).

Diesen Körpern verwandt sind Heteroringe, welche an Stelle des zweiten Stickstoffatoms bezw. einer Methingruppe Sauerstoff oder Schwefel enthalten: man kann dieselben auch als Stickstoffsubstitute des Furfurans und Thiophens ansprechen.

Durch weiteren successiven Ersatz von Methingruppen durch Stickstoff im System der Diazole gelangt man zunächst zu Triazolen (3N) und schließlich zum Tetrazol (4N).

Pyrazol [1(4)-Diazol] 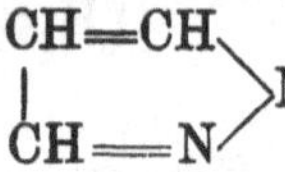 ist seinem Verhalten und der Zahl der Derivate nach eingehender studiert worden, als sein Isomeres.

Es zeigt in mancher Hinsicht Ähnlichkeit mit seinem niederen Stickstoffhomologen, dem Pyrrol, besonders in seinen Hydrierungsstufen und deren Ketoderivaten; dies kommt in dem folgenden Schema zum Ausdruck:

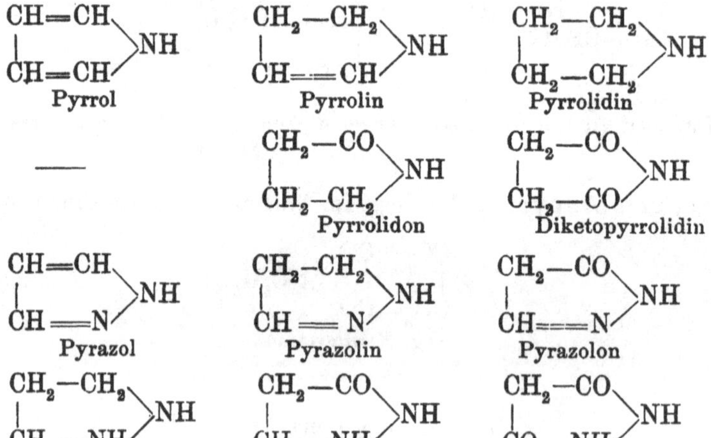

[1] „Azole" heißen fünfgliederige Heteroringe, denen ein Stickstoffatom zu Grunde liegt, während der Name „Azine" für die korrespondierenden Sechsringe reserviert bleibt.

Das freie Pyrazol (Schmp. 70°, Sdp. 187°) besitzt nicht dasselbe Interesse, wie viele seiner Derivate; es entsteht durch Abspaltung von Kohlensäure aus seinen Carbonsäuren (125), sowie durch Oxydation seines Dihydroproduktes, des Pyrazolins (126). Synthetisch wird es aus Hydrazinhydrat und Epichlorhydrin mittelst Chlorzink dargestellt, wobei unter spontaner Abspaltung von 2H Pyrazol an Stelle des zu erwartenden Pyrazolins entsteht (127):

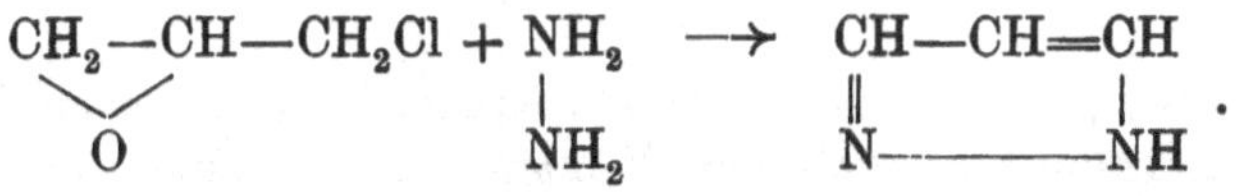

Der einfachste Aufbau des Pyrazols ist die Einwirkung von Diazomethan auf Acetylen (128):

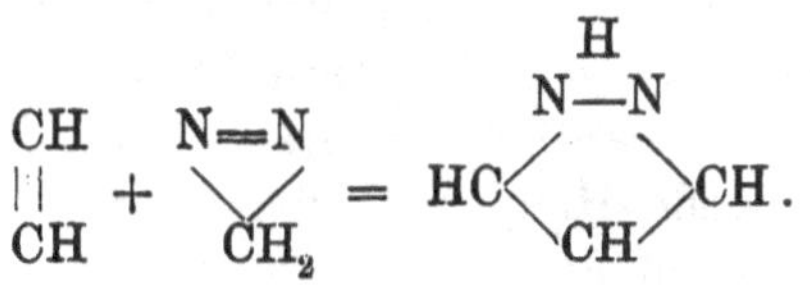

Die Stellung der substituierenden Gruppen in den Pyrazol-(Pyrazolin- und Pyrazolidin-)derivaten bezeichnet man nach dem Schema:

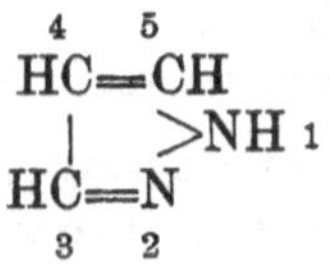

mit den Zahlen 1 bis 5; die Reihenfolge der Zahlen geht also von der Imidgruppe aus über das zweite Stickstoffatom.

Zur Konstitution des Pyrazols ist zu bemerken, daß man annimmt, daß dieser Ring gleich dem Benzol fließende Bindungen enthält, wobei eine Oscillation des Imidwasserstoffes zwischen den beiden Stickstoffatomen stattfindet; diese Eigentümlichkeit ist in der obigen Pyrazolformel (Bildung aus Acetylen und Diazomethan) durch die Stellung des Wasserstoffes zwischen den beiden Stickstoffatomen ausgedrückt. Diese Hypothese wurde notwendig durch das Verhalten gewisser Homologe des Pyrazols: sowohl aus 1,3-, als aus dem 1,5-Phenylmethylpyrazol wird durch Elimination des Phenyls dasselbe (3- oder 5-)-Methylpyrazol erhalten, wie aus folgendem Schema hervorgeht:

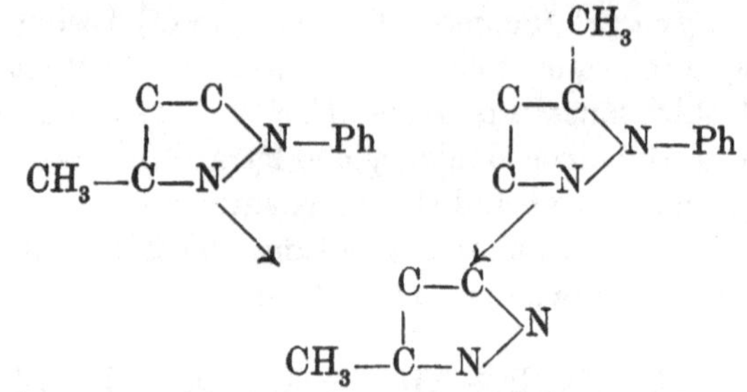

3-Methylpyrazol und 5-Methylpyrazol sind demnach identisch, da die Imidgruppe sowohl dem Kohlenstoff 3, wie dem Kohlenstoff 5 benachbart sein kann; wird jedoch das bewegliche Wasserstoffatom durch „Phenyl“ fixiert, so stellt sich die Isomerie wieder ein (129) [KNORR].

Auch eine centrische (BAMBERGER), sowie eine Diagonalformel (BÜCHNER) sind für das Pyrazol aufgestellt worden (130).

Was die Bildungsweise von homologen Pyrazolen betrifft, so sei kurz auf folgende Hauptmethoden hingewiesen:

1. Aus β-Diketonen und β-Ketonaldehyden durch Einwirkung von Phenylhydrazin unter intermediärer Bildung der Hydrazone und darauf folgender Wasserabspaltung (131); z. B.:

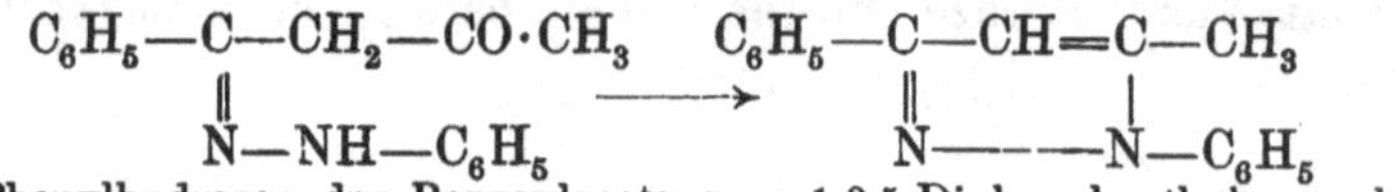

Phenylhydrazon des Benzoylacetons 1,3,5-Diphenylmethylpyrazol.

Da aber die zweite Carbonylgruppe ebenfalls zunächst die Hydrazonbildung eingehen kann, so entsteht gleichzeitig das 1,5,3-Diphenylmethylpyrazol:

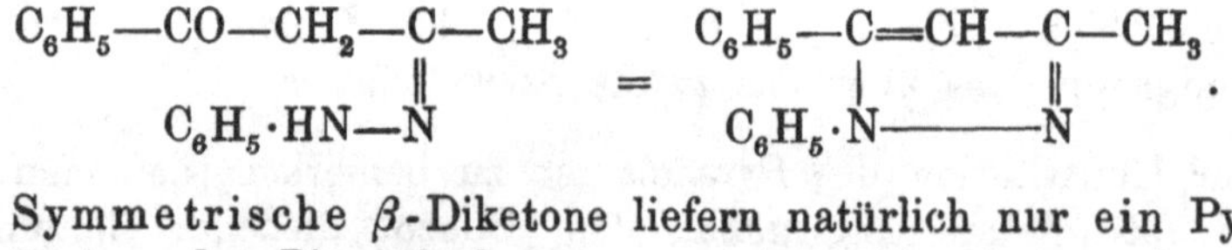

Symmetrische β-Diketone liefern natürlich nur ein Pyrazol.

2. Aus den Phenylhydrazonen gewisser Monoketone durch Erwärmen mit Säureanhydriden (132):

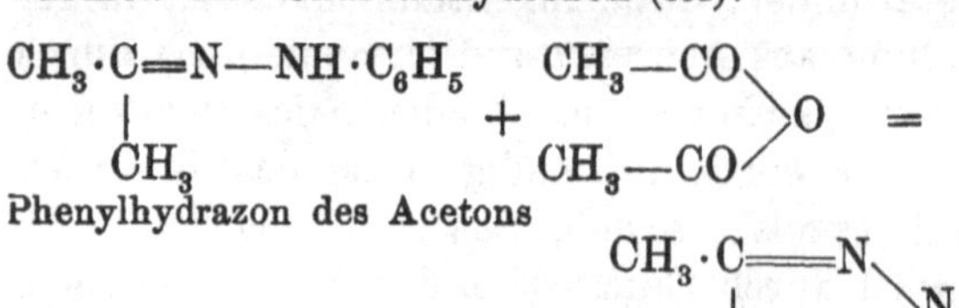

Phenylhydrazon des Acetons

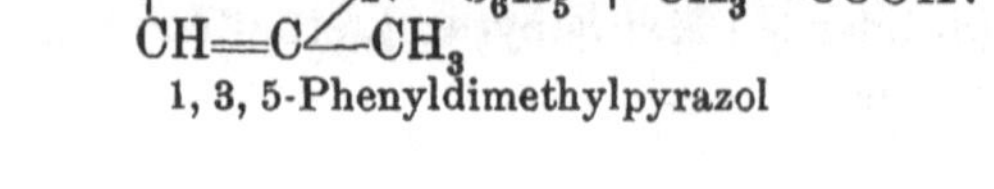

1, 3, 5-Phenyldimethylpyrazol

Diesen rein synthetischen Methoden schließen sich einige Verfahren an, um aus Derivaten des fertig gebildeten Ringes homologe Pyrazole zu gewinnen, z. B. durch Kohlensäureabspaltung aus den zugehörigen Carbonsäuren, durch Elimination von Wasserstoff aus den entsprechenden Pyrazolinen und endlich durch Reduktion von Pyrazolonen oder Pyrazolidonen mit Hilfe der Destillation über Zinkstaub oder Phosphorpentasulfid (133); z. B.:

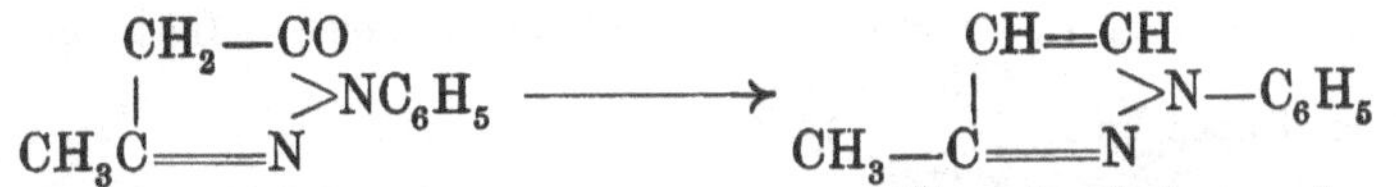

Phenylmethylpyrazolon Phenylmethylpyrazol.

Gemeinschaftliche Eigenschaften der Pyrazolhomologen sind die folgenden: schwache, aber ausgesprochene Basizität, Bildung von Doppelsalzen mit Platinchlorid und Quecksilberchlorid, von denen die ersteren beim Erhitzen für sich 4 Mol. Salzsäure abgeben, Addition von Jodalkylen unter Bildung von Ammoniumsalzen und Oxydation der C-Derivate zu den entsprechenden Pyrazolcarbonsäuren (134).

Die N-Phenylpyrazolderivate spalten durch Oxydation die N-Phenylgruppe ab, wenn letztere durch Einführung gewisser Substituenten (NH_2, OH etc.) in einen labilen Zustand versetzt ist; durch gemäßigte Reduktion gehen sie in Pyrazoline über,[1] während Pyrazole mit freier Imidogruppe unter denselben Umständen kaum verändert werden; sehr starke Reduktionsmittel können eine Sprengung des Ringes bewirken.

Speziell angeführt seien von Pyrazolhomologen noch die folgenden:

3,5-Dimethylpyrazol (Schmp. 107°, Sdp. 220°).

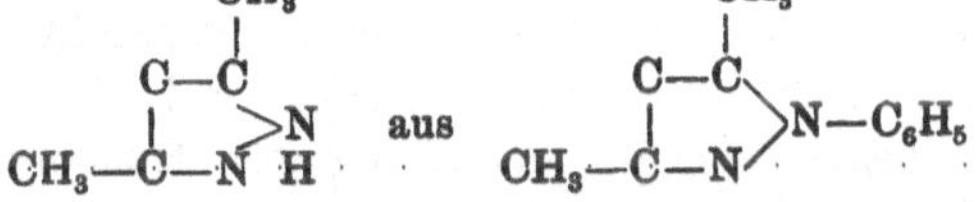

durch Abspaltung von Phenyl mittelst Reduktion (135).

1-Methylpyrazol (Sdp. 127°) aus Pyrazolsilber und Jodmethyl.

1-Phenylpyrazol (Schmp. 11°, Sdp. 246°) aus Epichlorhydrin und Phenylhydrazin.

1-Phenyl-3-methylpyrazol (Schmp. 37°, Sdp. 255°, Jodmethylat, Schmp. 144°) aus Phenylmethylpyrazolon.

1,3,5-Triphenylpyrazol (Schmp. 137°) aus Dibenzoylmethan.

Die Substituenten Halogen, NO_2 und SO_3H treten ziemlich leicht in den Pyrazolkern an Stelle der Wasserstoffatome ein: Brom substituiert am leichtesten

[1] Die Pyrazolinbildung ist qualitativ durch die Knorr'sche Pyrazolinreaktion (vergl. S. 56) erkennbar.

und haftet besonders fest in der 4-Position; Salpetersäure und Schwefelsäure wirken wie in der aromatischen Reihe nitrierend bezw. sulfurierend; die Nitropyrazole zeigen Säurecharakter und sind zu Aminopyrazolen reduzierbar, welch letztere sich diazotieren und darauf mit Aminen oder Phenolen zu Azokörpern kuppeln lassen (136).

Wie Oxypyrazole verhalten sich in mancher Beziehung die Pyrazolone 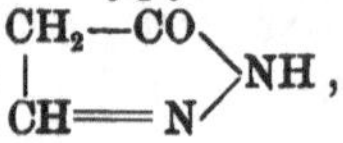, da letztere bei der Alkylierung nicht nur N-Alkylderivate, sondern auch Alkoxypyrazole liefern: die Pyrazolone können also auch in der desmotropen Form 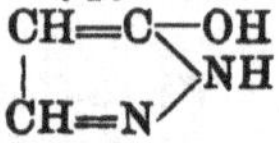 reagieren, z. B.:

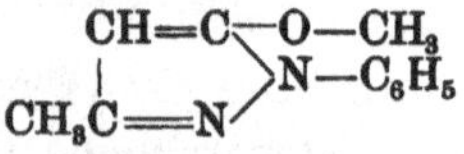

1-Phenyl-3-methyl-5-methoxypyrazol entsteht aus Phenylmethylpyrazolon und Diazomethan (137).

1-Alphylpyrazole werden durch Einwirkung von Säurechloriden bei höherer Temperatur in Pyrazolketone $C_3H_2N_2$—CO·R übergeführt, welche Oxime und Hydrazone geben (138).

Pyrazolcarbonsäuren werden hauptsächlich nach folgenden drei Methoden gewonnen:

1) Aus den Carbonsäureestern der β-Diketone (Oxymethylenketone) durch Einwirkung von Hydrazinen (139), (vergl. S. 52), z. B.:

$$C_6H_5\cdot CO—CH_2—CO\cdot CO_2R + NH_2—NH\cdot C_6H_5 \longrightarrow$$

Acetophenonoxalsäureester

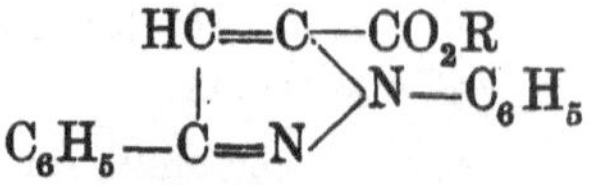

1, 3-Diphenylpyrazol-5-carbonsäureester.

Eine 1,5-Diphenyl-3-pyrazolcarbonsäure entsteht nach ähnlichem Prinzip aus Phenacylessigesterhydrazon, welches seinerseits aus Phenacylacetessigester durch Einwirkung von Benzoldiazoniumsalzen gewonnen wird (140):

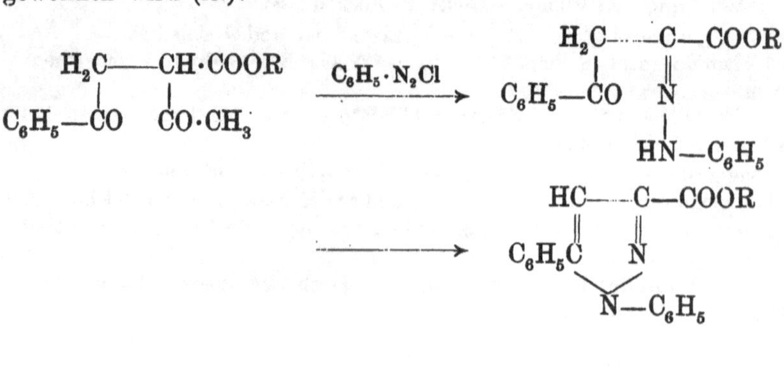

2) Durch Kondensation von Diazofettsäureestern mit den Carbonsäureestern der Acetylenreihe (141):

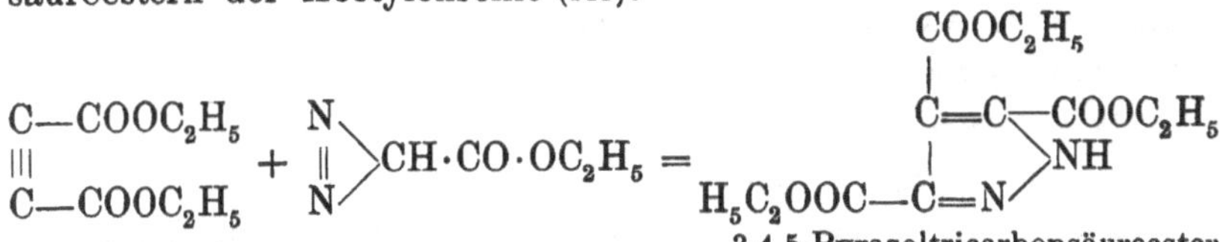

3,4,5-Pyrazoltricarbonsäureester.

Ähnlich verhalten sich die halogensubstituierten Ester der Propionsäure, Maleïnsäure, Zimmtsäure u. s. w. gegen Diazoessigester.

3) Durch Oxydation der Pyrazolhomologen mit Kaliumpermanganat: bei Gegenwart mehrerer Alkylgruppen findet successive Umwandlung in Carboxyl statt.

Da cyklisch gebundener Stickstoff benachbarte Carboxylgruppen aufzulockern pflegt, gehen die 3- bezw. 5-Pyrazolcarbonsäuren besonders leicht unter Abspaltung von CO_2 in die entsprechenden Pyrazole über; am festesten ist die Carboxylgruppe in der Stellung 4 gebunden, es folgt dann die Position 5 (142).

Die bekanntesten Säuren aus dieser Gruppe sind die folgenden:

3- (oder 5-)Pyrazolcarbonsäure vom Schmp. 210—214°.

4-Pyrazolcarbonsäure (durch Oxydation von 4-Phenylpyrazol) schmilzt bei 275° unter Gasentwickelung.

5-Methylpyrazol-3-carbonsäure, identisch mit 3-Methylpyrazol-5-carbonsäure, schmilzt bei 236° unter Zersetzung.

3,5-Pyrazoldicarbonsäure schmilzt bei 289° und bildet kein Anhydrid.

3,5-Dimethylpyrazol-4-carbonsäure schmilzt bei 290° unter Zerfall in CO_2 und Dimethylpyrazol.

3,4,5-Pyrazoltricarbonsäure wird in Gestalt ihres Trimethylesters durch Kondensation von Diazoessigester mit Acetylendicarbonsäureester oder Brommaleïnsäureester erhalten (s. o.).

Von den drei n-Phenylpyrazolcarbonsäuren (143) schmilzt die 4-Säure am höchsten (bei 220°). n-Phenylmethylpyrazolcarbonsäuren sind in fünf isomeren Formen bekannt (144): die 1,3,4-Säure zeigt unter diesen den höchsten Schmelzpunkt (192°). Die 1-Phenyl-3,4,5-tricarbonsäure schmilzt bei 184° (145).

Anhangsweise sei darauf hingewiesen, daß die Existenz sog. Isopyrazol-derivate des Typus

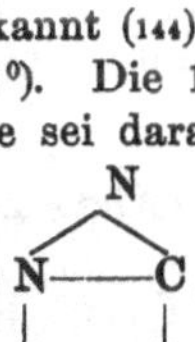

durch neuere Versuche in Frage gestellt worden ist (146).

Pyrazoline.

Die Pyrazoline, welche sich durch einen Mehrgehalt von zwei Wasserstoffatomen von den Pyrazolen unterscheiden, zeigen nicht mehr den „aromatischen" Charakter der letzteren, sind weniger beständig und besitzen die Eigenschaften von ungesättigten Fettkörpern, verbunden mit denjenigen von Hydrazinen bezw. von Aldazinen. Der Charakter der zuletzt genannten Körper kommt im Verhalten der Pyrazolincarbonsäuren zum Ausdruck, welche beim Destillieren ihren Gesamtstickstoffgehalt verlieren unter Bildung von Trimethylentricarbonsäuren (147); z. B.:

$$C_3H_3N_2(CO_2R)_3 = C_3H_3(CO_2R)_3 + N_2 .$$

Das Pyrazolin verhält sich also zum Pyrazol, wie das Dihydrobenzol zum Benzol; dementsprechend entstehen die Derivate des ersteren durch Reduktion der Abkömmlinge des letzteren (mittelst Na und Alkohol). Andererseits werden Pyrazoline durch salpetrige Säure oder Brom wieder zu Pyrazolen oxydiert und die Silbersalze der Pyrazolincarbonsäuren zerfallen beim Erhitzen in Kohlendioxyd, Silber und Pyrazol.

Für die Konstitution des Pyrazolins kommen folgende Formeln in Betracht, die den verschiedenen Möglichkeiten der Anlagerung der beiden Wasserstoffatome Rechnung tragen sollen:

I II III IV

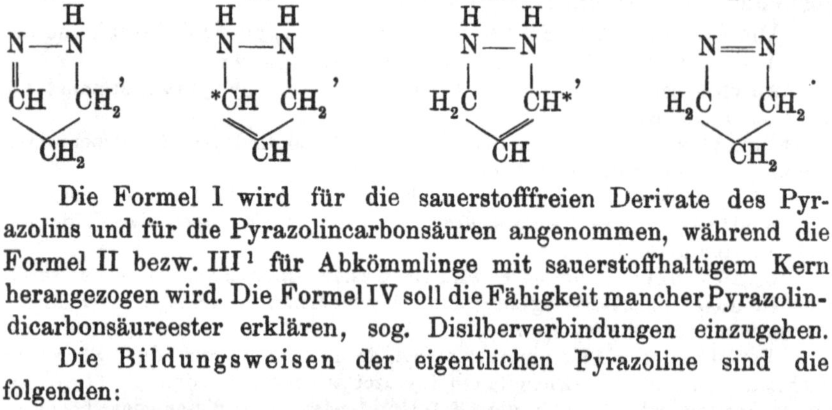

Die Formel I wird für die sauerstofffreien Derivate des Pyrazolins und für die Pyrazolincarbonsäuren angenommen, während die Formel II bezw. III[1] für Abkömmlinge mit sauerstoffhaltigem Kern herangezogen wird. Die Formel IV soll die Fähigkeit mancher Pyrazolindicarbonsäureester erklären, sog. Disilberverbindungen einzugehen.

Die Bildungsweisen der eigentlichen Pyrazoline sind die folgenden:

1) Kondensation[2] von Diazoessigester oder Diazomethan mit Äthylenverbindungen (148), z. B.:

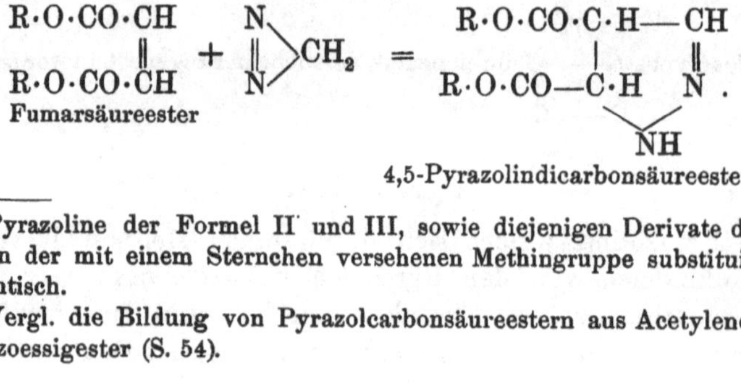

Fumarsäureester

4,5-Pyrazolindicarbonsäureester

[1] Pyrazoline der Formel II und III, sowie diejenigen Derivate derselben, welche in der mit einem Sternchen versehenen Methingruppe substituiert sind, sind identisch.

[2] Vergl. die Bildung von Pyrazolcarbonsäureestern aus Acetylenderivaten und Diazoessigester (S. 54).

2) Umlagerung von Hydrazonen ungesättigter Aldehyde und Ketone unter Addition des Imidwasserstoffes an die doppelte Bildung, z. B. (149):

Acroleïnphenylhydrazon — 1-(n) Phenylpyrazolin

Analog ist die Umlagerung von Zimmtaldehydphenylhydrazon in 1,5-Diphenylpyrazolin u. a.

Auch die Darstellung der Grundsubstanz dieser Gruppe des Pyrazolins beruht prinzipiell auf dieser Methode, da es aus Acroleïn und Hydrazinhydrat gewonnen wird:

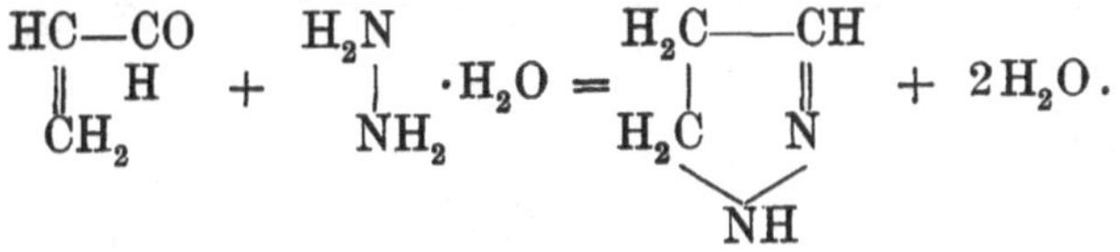

3) Hydrierung der Pyrazole,[1] im speziellen der n-Phenylpyrazole mit Natrium und Alkohol (150).

Das Verhalten der Pyrazoline ist schon durch die erwähnte Unbeständigkeit charakterisiert; sie sind schwache Basen, die durchweg nur in konz. Säuren löslich sind; sie spalten häufig in glatter Reaktion Wasserstoff ab und liefern bei weiterer Reduktion entweder Pyrazolidine oder unter Aufspaltung des Ringes Abkömmlinge des Trimethylendiamins. Schwache Oxydationsmittel (Natriumnitrit u. a.) rufen die Bildung von unbeständigen blauen bis roten Farbstoffen hervor; hierauf beruht die KNORR'sche Pyrazolinreaktion (151).

Im speziellen sei nur noch auf folgende Daten hingewiesen:

Das Pyrazolin ist eine farblose Flüssigkeit von aminartigem, an Kakao erinnernden Geruch, die bei 144° siedet und selbst mit Ätherdämpfen flüchtig ist; besitzt sowohl schwach basische als schwach saure Eigenschaften. (Darstellung siehe Bildungsweise 2.)

5-Phenylpyrazolin (Darstellung nach Bildungsweise 2.) ist ein nicht unzersetzt siedendes Öl von Pilzgeruch.

n-Phenylpyrazolin (Schmp. 52°, Sdp. 274°) wird durch Brom zweifach substituiert und bildet ein Benzolazoderivat (152).

1,3,5-Triphenylpyrazolin [aus Benzalacetophenon und Phenylhydrazin (Darstellungsmethode 2.)] fluoresziert in Lösung blau und schmilzt bei 134—135°.

Pyrazolin-3,5-dicarbonsäure (in Gestalt des Esters aus Diazoessigester und Akrylsäureester) (153) schmilzt bei 242° u. Z.

Pyrazolin-4,5-dicarbonsäuredimethylester (Darstellung nach

[1] Das Pyrazol selbst läßt sich nicht reduzieren.

Bildungsweise 1.), ist in Alkalien mit braunroter Farbe löslich, schmilzt bei 97° und verliert beim Erhitzen Stickstoff unter Bildung von cis-trans-Trimethylen-1,2-dicarbonsäure.

4-Phenylpyrazolin-3,5-dicarbonsäureäthylester (aus Zimmtsäureester und Diazoessigester nach Methode 1.) schmilzt bei 79°.

Pyrazolone.

Die Pyrazolone sind sauerstoffhaltige Derivate des Pyrazolins, in denen zwei Wasserstoffatome durch ein Sauerstoffatom ersetzt sind, also die Gruppe CH_2 durch CO vertreten ist; man kann dieselben auch als Oxypyrazole auffassen, welche im freien Zustande nur in der Ketoform bekannt sind, während Derivate beider tautomerer Grundkörper existieren; z. B. liefern die Alkoxypyrazole nach Abspaltung des Alkyls unter intermediärer Bildung von Oxypyrazolen die entsprechenden Pyrazolone:

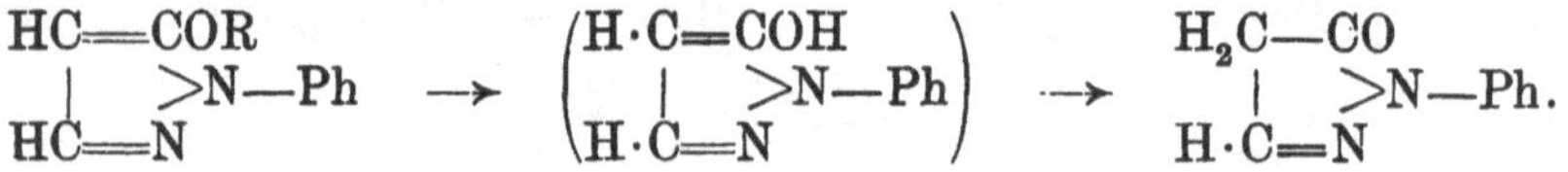

Außer der Phenolform kommen für die Pyrazolone drei strukturisomere Formen in Betracht:

I II III

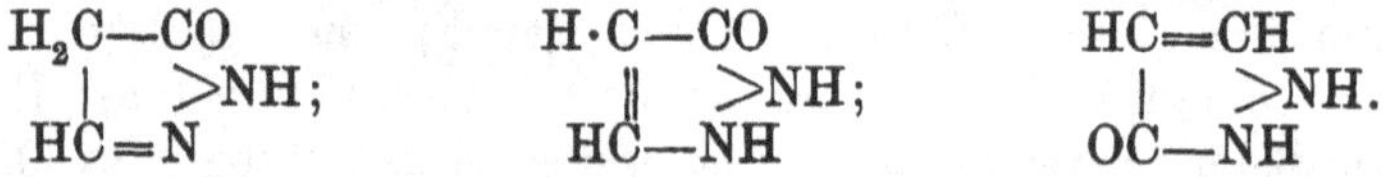

Hierzu ist zu bemerken, daß II und III als Grundsubstanzen identisch sind, die Isomerie wird erst durch unsymmetrische Substitution fixiert.

Auf Grund der skizzierten drei Formeln läßt sich die von L. Knorr entdeckte und ausführlich untersuchte Pyrazolongruppe in folgende Unterabteilungen zerlegen:

I. Gewöhnliche Pyrazolone (5-Pyrazolone).

II. Antipyrintypus (5-Pyrazoloniminform).

III. 3-Pyrazolone oder Isopyrazolone.

Gewöhnliche Pyrazolone.

Dieselben sind feste Körper, die zugleich schwach basische und schwach saure Eigenschaften haben, welch letztere der Gegenwart der Gruppe $—CH_2—CO—$ zuzuschreiben sind.

Die beiden wichtigsten Bildungsweisen der gewöhnlichen Pyrazolone sind die folgenden:

1) Aus den Phenylhydrazonen von β-Ketonsäureestern durch Abspaltung von Alkohol; z. B. (154):

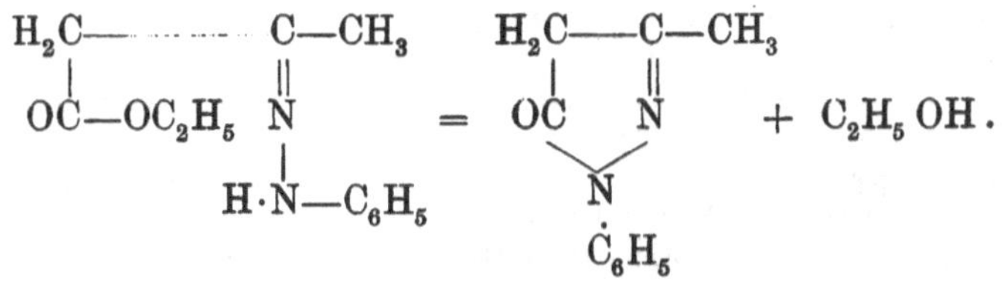

Phenylhydrazonacetessigester 1-Phenyl-3-methylpyrazolon

In ähnlicher Weise erhält man durch Kondensation von Hydrazinen mit Diacetbernsteinsäureester, Oxaldiessigester u. a. Bispyrazolone, welche in Gestalt ihrer Azoderivate beispielsweise auch durch Einwirkung von Phenylhydrazin auf Dibutanonsäureesterphenylhydrazon

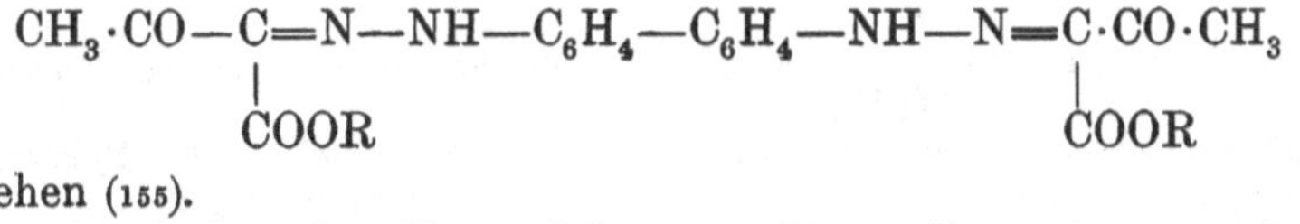

entstehen (155).

2) Oxydation der Pyrazolidone (s. d.) zu Pyrazolonen mittelst Eisenchlorid; z. B. (156):

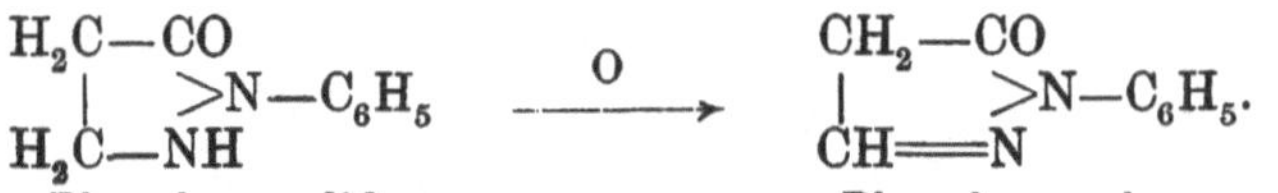

n-Phenylpyrazolidon n-Phenylpyrazolon

Das **Verhalten** der Pyrazolone wird besonders charakterisiert durch die Reaktionsfähigkeit der Wasserstoffatome der dem Carbonyl benachbarten Methylengruppe: mit salpetriger Säure entstehen Isonitrosoverbindungen ($>CH_2 \rightarrow\ >C{=}NOH$), (157) mit Benzaldehyd Benzylidenkörper ($>CH_2 \rightarrow\ >C{=}CH{\cdot}C_6H_5$) (158) und mit Diazoniumsalzen meist wohlcharakterisierte Azoverbindungen ($>CH_2 \rightarrow\ >CH.N_2{\cdot}C_6H_5$).

Im speziellen seien folgende Verbindungen hervorgehoben

Das einfachste **Pyrazolon** entsteht durch Abspaltung von Kohlensäure aus Pyrazolon-4-carbonsäure und synthetisch durch Kondensation von Hydrazinhydrat mit Formylessigester (159); Schmp. 163—165°. (Azoderivat: Schmp. 196°).

3-Methylpyrazolon (aus Acetessigester und Hydrazinhydrat) ist oxydierbar zu Brenztraubensäure und schmilzt bei 216°; ebenso **3,4-Dimethylpyrazolon** aus Methylacetessigester und Hydrazinhydrat.

Pyrazolon-3-carbonsäureäthylester[1] (Schmp. 179°) aus Oxalessigester und Hydrazinhydrat (160).

Pyrazolon-4-carbonsäureäthylester (Schmp. 180—181°) aus Dicarboxylglutaconsäureester und Hydrazinhydrat (161).

1-Phenylpyrazolon (aus der zugehörigen 3- oder 4-Carbonsäure, sowie aus 1-Phenyl-5-äthoxypyrazol durch Abspaltung des Äthyls), schmilzt bei 118° und löst sich in fixen und kohlensauren Alkalien.

3-Phenylpyrazolon (aus Benzoylessigester oder Phenylpropiolsäure mittelst Hydrazinhydrat) schmilzt bei 236° u. Z. (162).

1-Phenyl-3-methylpyrazolon [Schmp. 127°, Sdp. 287° (265 mm Druck)], entsteht nach Bildungsweise 1. und ist die Muttersubstanz des Antipyrins, bildet sowohl ein Chlorhydrat als ein Silbersalz; beim Methylieren entstehen außer Antipyrin (1-Phenyl-2,3-dimethylpyrazolon) fünf verschiedene Substanzen (163), da das Ausgangsmaterial sich sowohl wie ein gewöhnliches Pyrazolon (Methylenform) als auch nach dem Antipyrintypus 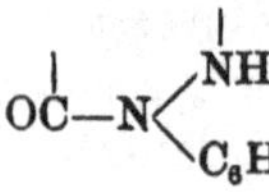 und im Sinne einer Phenol-(Enol-)form[2] 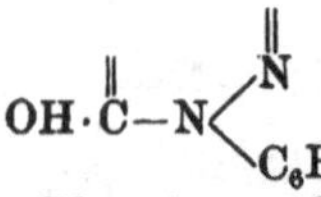 verhält (Doppeltautomerie). Die sog. Rubazonsäure[3] des 1-Phenyl-3-methylpyrazolons — die Purpursäure der Pyrazolreihe — entsteht durch Kondensation des entsprechenden 4-Aminopyrazolons mit dem 4-Ketopyrazolon und hat folgende Konstitution:

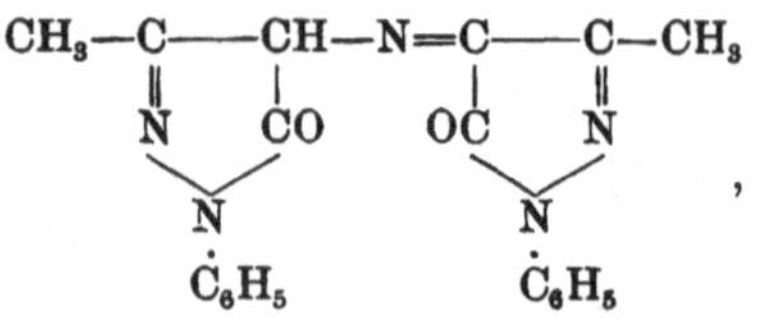

der Körper hat das Aussehen von sublimierten Alizarin und schmilzt bei 181° (164).

Zwei Radikale des 1-Phenyl-3-methylpyrazolons in der Stellung 4 mit

---

[1] Die freie Säure giebt eine Isonitrosoverbindung vom Schmp. 201°, welche mit Hydrazin das Hydrazid der 4-Hydrazipyrazolon-3-carbonsäure liefert, deren Anhydrid (Zersp. 126°) ein dicyklisches Pyrazolon darstellt:

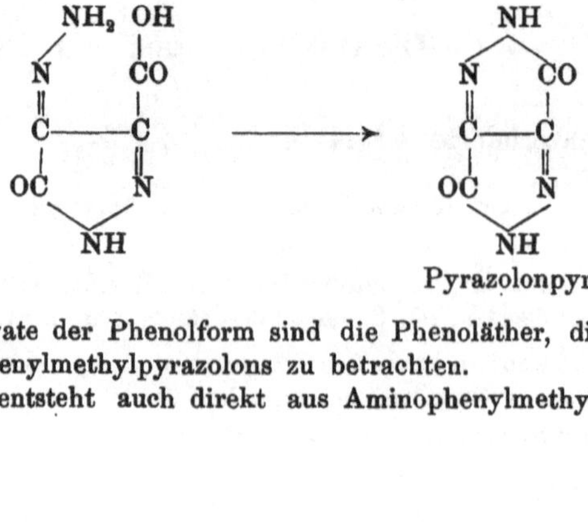

Pyrazolonpyrazolon.

[2] Als Derivate der Phenolform sind die Phenoläther, die Säureester und die Salze des Phenylmethylpyrazolons zu betrachten.

[3] Dieselbe entsteht auch direkt aus Aminophenylmethylpyrazolon durch Oxydation.

einander verkuppelt (z. B. durch Einwirkung von Jod auf die Silberverbindung), liefern das

4-Bis-1-phenyl-3-methylpyrazolon (165)

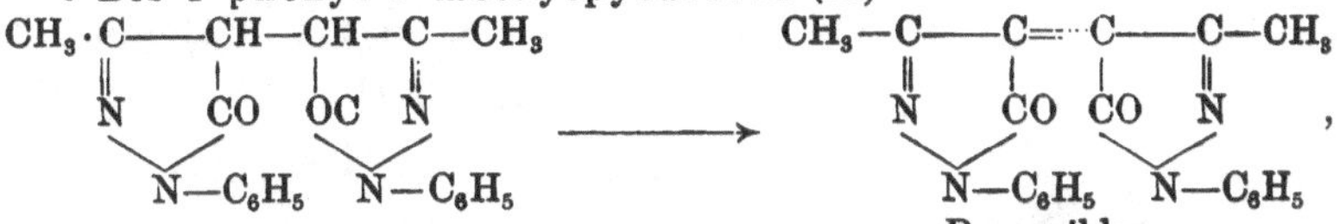

Pyrazolblau

das durch Oxydation Pyrazolblau[1] liefert, wie Indigoweiß das Indigoblau; der Körper ist aber unbeständig und ohne Verwandtschaft zur Faser (166).

1-Phenylpyrazolon-3-carbonsäure (durch Verseifung der 1-Phenyl-5-äthoxy-3-pyrazoloncarbonsäure oder als Ester aus Oxalessigester und Phenylhydrazin) schmilzt bei 265° (167).

1-Phenylpyrazolon-4-carbonsäureäthylester (aus Dicarboxylglutaconsäureester und Phenylhydrazin) schmilzt bei 117—118° (168).

Durch Abspaltung von CO_2 entsteht aus beiden Phenylpyrazoloncarbonsäuren dasselbe (1) Phenylpyrazolon.

1-Phenylpyrazolon-3-essigsäureäthylester (Schmp. 85°) aus Acetondicarbonsäureester und Phenylhydrazin (169).

Auch der wertvolle gelbe Farbstoff Tartrazin, der früher als (sulfuriertes) Osazon der Dioxyweinsäure galt, gehört nunmehr in die Pyrazolongruppe, da er im wesentlichen das Trinatriumsalz der Tartrazinsäure oder der 1-p-Sulfoxylphenyl-4-p-sulfoxylphenylhydrazonpyrazolon-3-carbonsäure:

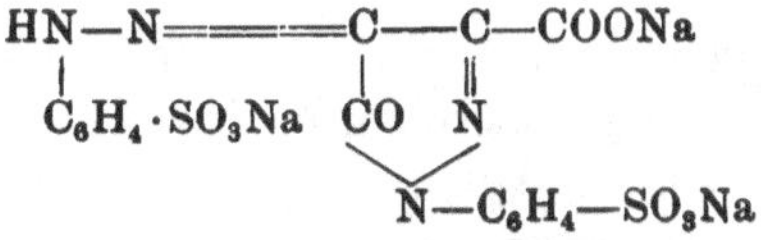

ist;

die freie Säure ist also das (sulfurierte) 4-Azoderivat der 1-Phenylpyrazolon-3-carbonsäure (s. o.); sie entsteht auch aus dem Diazid der Sulfanilsäure (170).

Diiminopyrazolone (Antipyrintypus).

Die hierher gehörenden Körper leiten sich von der früher angegebenen Pyrazolonformel II $\begin{matrix} HC-CO \\ \| \\ HC-\mathbf{NH} \end{matrix} > \mathbf{NH}$ (vergl. S. 57) ab, und sind daher dadurch scharf charakterisiert, daß zwei Imidwasserstoffatome (die fettgedruckten) substituiert sind; die Doppelbindung ist dadurch in die Position 3,4 verschoben worden, um das Stickstoffatom 2- der Substituierung zugänglich zu machen.

Die Pyrazolone vom Antipyrintypus entstehen, wie schon erwähnt (S. 59), beim Alkylieren der gewöhnlichen Pyrazolone zugleich

[1] Entsteht auch durch direkte Oxydation des 1-Phenyl-3-methylpyrazolons durch salpetrige Säure.

mit den isomeren am Kohlenstoff oder am Sauerstoff alkylierten Verbindungen, bilden aber das Hauptprodukt der Reaktion.

Die Einwirkung des Alkyljodides und des entsprechenden Alkohols bei 100—150° verläuft beispielsweise in folgenden Phasen (171):

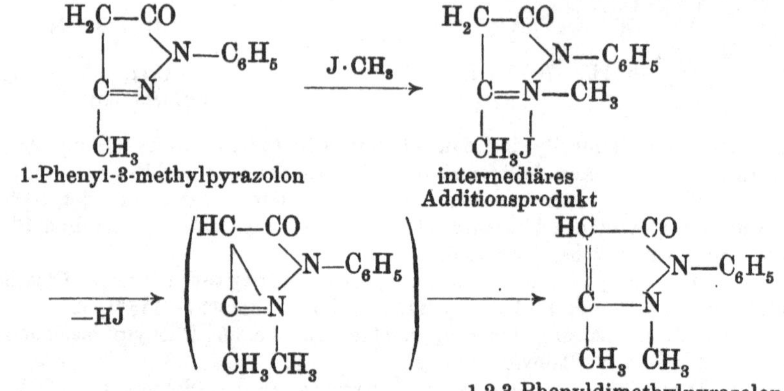

1-Phenyl-3-methylpyrazolon — intermediäres Additionsprodukt — 1,2,3-Phenyldimethylpyrazolon (Antipyrin)

Es findet also zuerst Addition an das Stickstoffatom (2), darauf Abspaltung von Jodwasserstoff mit einem der beweglichen Wasserstoffatome in Position 4 statt und endlich eine Verschiebung der Doppelbindung.

Die Ursache dieses eigentümlichen Reaktionsverlaufes ist, wie schon hervorgehoben, die Doppeltautomerie des Phenylmethylpyrazolons, welches sowohl in der Methylenform, als auch in der Imin- und Phenolform reagiert, trotzdem es selbst nur in einer Form bekannt ist. Der Beweis, daß die Antipyrine der Iminform entsprechen, ist durch die Aufspaltung des Antipyrins zu β-Methylaminocrotonsäure-anilid

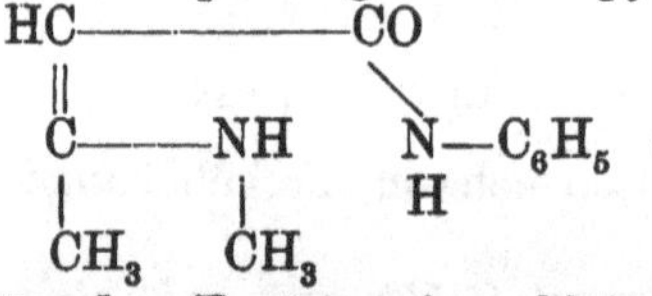

erbracht worden (172).

Für das Tautomerieproblem von großem Interesse sind ferner die Additionsreaktionen des Antipyrins (173): Jodalkyle bilden in der Kälte nicht die erwarteten quaternären Jodide, sondern die Jodalkylate der entsprechenden Phenoläther, d. h.

statt

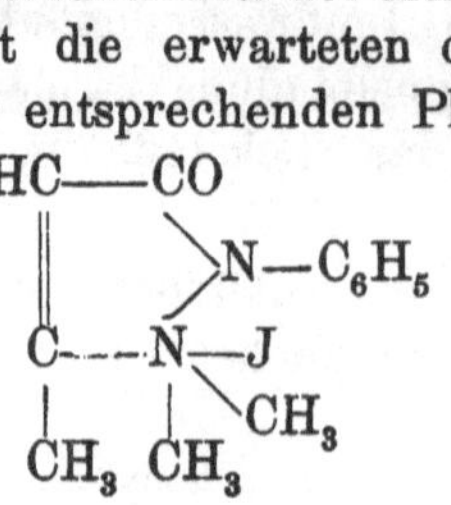

erhält man

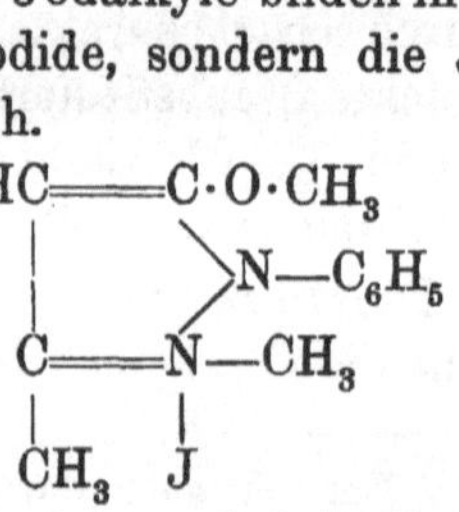

Antipyrinpseudojodmethylat.

Die Pseudokörper zerfallen beim Schmelzen nicht in Jodalkyl und Phenoläther, sondern in Jodalkyl und Antipyrin; beim Erhitzen auf höhere Temperatur wird hingegen 1-Phenyl-3, 4, 4-trimethylpyrazolon und 4-Methylantipyrin:

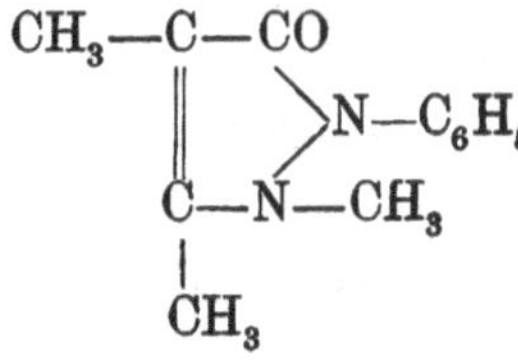

(Schmp. 82°)

gebildet.

Das niedere Homologe des Antipyrins ist das 1-Phenyl-2-methylpyrazolon, das durch Abspaltung von CO_2 aus der entsprechenden 3-Carbonsäure entsteht (174).

1-Phenyl-2,3-Dimethylpyrazolon (Antipyrin) hat als Antipyrelikum große Bedeutung erlangt und wird auf verschiedenen Wegen dargestellt, z. B. durch Einwirkung[1] von sym.-Methylphenylhydrazin auf Acetessigester nach folgender Gleichung (175):

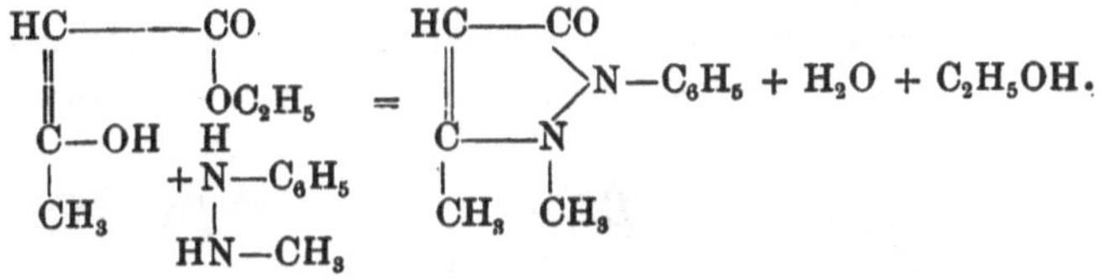

Im großen wird es in Form des Jodhydrates gewonnen durch Erhitzen von 1-Phenyl-3-methylpyrazolon mit Jodmethyl und Methylalkohol unter Druck auf 100°; Antipyrin ist löslich in Wasser und schmilzt bei 113°.

Es ist nachweisbar durch die rote Färbung mit Ferrichlorid noch in einer Verdünnung 1:100000; salpetrige Säure ruft in verdünnten Lösungen eine Grünfärbung hervor, in konzentrierten bilden sich grüne Krystalle des Nitrosoantipyrins. Starke, einsäurige Base, die mit mineralischen und organischen Säuren gut charakterisierte Salze liefert: das Antipyrinsalicylat ist das ebenfalls therapeutisch verwandte „Salipyrin". Mit alkoholischem Kali tritt Rückbildung von Methylphenylhydrazin ein; die sonstige Reaktionsfähigkeit des Antipyrins erweist sich durch eine Reihe von Umsetzungen, z. B. mit Phenolen (176), Chloralhydrat (177) (Hypnal, Chloralantipyrin), Aldehyden (178) (Verknüpfung zweier Antipyrinmoleküle in den Stellungen 4), Brom (primäre Addition von zwei Atomen und darauf folgende Bromwasserstoffabspaltung zu 4-Bromantipyrin) (179) u. a.

Eingehend studiert sind ferner das 4-Nitro- und 4-Aminoantipyrin, beide aus 4-Nitrosoantipyrin erhältlich; das Aminoantipyrin (Schmp. 109°) ähnelt dem Anilin, läßt sich diazotieren und liefert Azofarbstoffe (180).

4-Oxyantipyrin (Schmp. 182°) hat Phenolcharakter; es entsteht aus 4-Oxy-1-phenyl-3-methylpyrazolon (181).

Tolypyrin oder 1-p-Tolyl-2,3-dimethylpyrazolon (Schmp. 137°) ähnelt sehr der Muttersubstanz (182).

---

[1] Diese Synthese ist zugleich ein Beweis für die Konstitution des Antipyrins.

1,2-Diphenyl-3-methylpyrazolon (Schmp. 122°) wird aus Hydrazobenzol und Acetessigester dargestellt (183).

3-Pyrazolone (Isopyrazolone).

Die 3-Pyrazolone unterscheiden sich, wie schon erwähnt, von den 5-Pyrazolonen des Antipyrintypus durch den verschiedenen Ort des Carbonyls; dadurch wird natürlich zugleich eine Verschiebung der Doppelbindung in die Position 4,5 bewirkt:

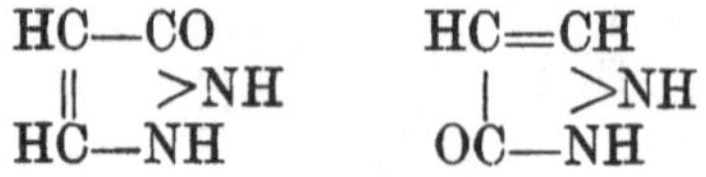

Diiminformen des 5-Pyrazolons 3-Pyrazolons

Die Isomerie tritt aber nur dann auf, wenn die beiden Imidwasserstoffatome durch zwei unter sich verschiedene Substituenten (x und y) vertreten sind, denn die Formeln der Grundsubstanzen können — wie man sich leicht an ausgeschnittenen Formeln überzeugen kann — mit einander zur Deckung gebracht werden; bei Substitution durch x und y erhält man aber zwei verschiedene Formelbilder:

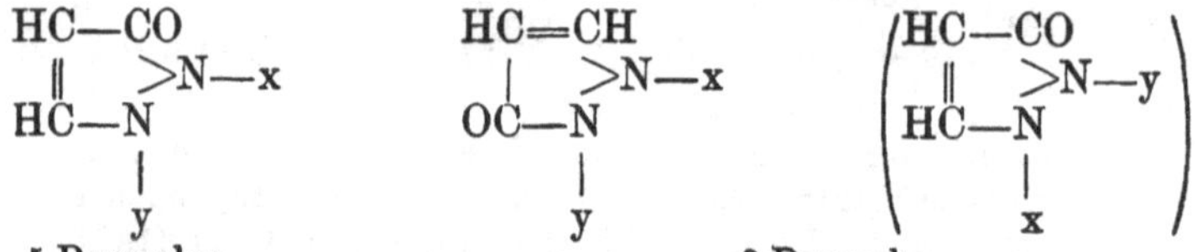

5-Pyrazolon 3-Pyrazolon

da dem Carbonyl einmal x, das andere Mal y benachbart ist; wird x = y, so sind auch die Formelbilder identisch.

Die **Darstellung** der 3-(Iso)Pyrazolone erfolgt synthetisch durch Kondensation von β-Halogenfettsäuren mit Phenylhydrazin und darauf folgender Oxydation des zunächst gebildeten 3-Pyrazolidons; z. B. (184):

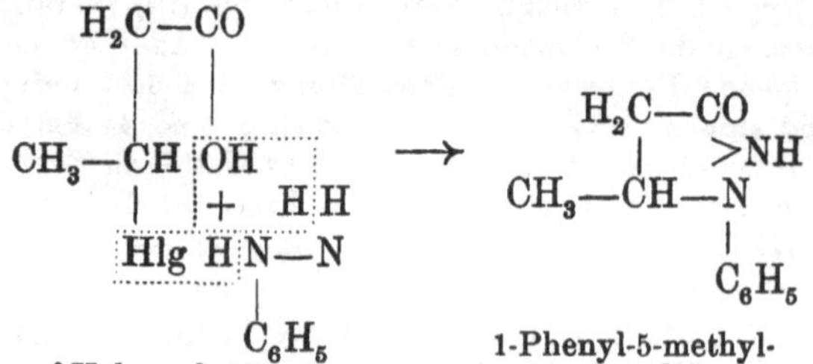

β-Halogenbuttersäure + Phenylhydrazin 1-Phenyl-5-methyl-3-pyrazolidon

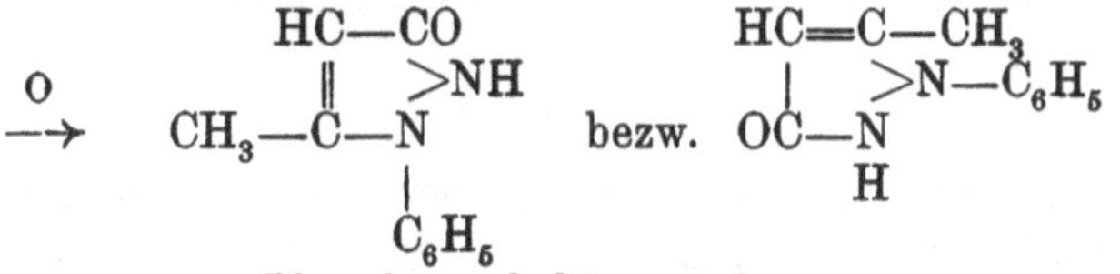

1-Phenyl-5-methyl-3-pyrazolon.

Das Phenylhydrazin verkettet sich also primär am Imidwasserstoff mit der Halogenfettsäure, um dann an der Aminogruppe mit dem Carboxyl Wasser austreten zu lassen. Die Oxydation des 3-Pyrazolidons zum 3-(Iso)pyrazolon erfolgt durch Eisenchlorid.

Die bekanntesten Körper aus dieser Gruppe sind die folgenden:

1-Phenyl-3-pyrazolon (Schmp. 154°) (isomer 1-Phenyl-5-pyrazolon, Schmp. 118°, vergl. S. 60) entsteht (185) synthetisch aus Phenylhydrazin und β-Chlormilchsäure bezw. Akrylsäure oder durch Oxydation von 1-Phenyl-3-pyrazolidon; es reagiert weder mit $FeCl_3$, noch mit N_2O_3, noch mit Diazoniumsalzen (Unterschied von 1-Phenyl-5-pyrazolon), ist aber löslich in Natronlauge. Das Phenylisopyrazolon reagiert an der freien Imidogruppe mit Chlorkohlensäureester unter Bildung des entsprechenden 2-Urethans.

1-Phenyl-5-methyl-3-pyrazolon (stabile Form vom Schmp. 167°) entsteht nicht nur nach der oben angeführten typischen Bildungsweise, sondern auch durch Kondensation von Halogencrotonsäure mit Phenylhydrazin (186).

Analog entsteht 1-Phenyl-2,5-dimethyl-3-pyrazolon (Isoantipyrin) aus β-Bromcrotonsäure und Methylphenylhydrazin, es schmilzt wie Antipyrin bei 113°, ist aber viel giftiger als dieses, und unterscheidet sich außerdem durch den Schmelzpunkt seines Pikrates (Schmp. 168°; Schmp. des Antipyrinpikrates 188°) (187).

Pyrazolidine.

Diese Körper sind als Tetrahydropyrazole oder Dihydropyrazoline aufzufassen, verlieren aber äußerst leicht zwei Atome Wasserstoff und wirken daher reduzierend. Die Grundsubstanz

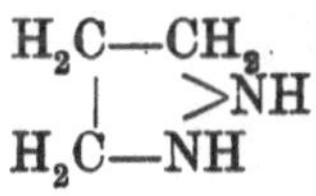

ist noch nicht isoliert worden.

1-(n)-Phenylpyrazolidin, ein bei 160° (20 mm) siedendes stark basisches Öl wird durch Einwirkung von Trimethylenbromid auf Natriumphenylhydrazin dargestellt; es ist schon durch den Luftsauerstoff zu Phenylpyrazolin oxydierbar, und wird durch Jodmethyl in Position 2 methyliert (188).

1,3,5-Triphenyl-2-methylpyrazolidin (Schmp. 110°) entsteht durch Reduktion von Triphenylpyrazoljodmethylat (189).

4-Phenylpyrazolidin-3,5-dicarbonsäure (Schmp. 220—224°) erhält man durch Reduktion der entsprechenden Pyrazolindicarbonsäure.

Die

Pyrazolidone

sind die sauerstoffhaltigen Derivate der Pyrazolidine, stehen also zu diesen in demselben Verhältnis, wie die Pyrazolone zu den Pyrazolinen. Demgemäß existieren die Derivate der nur in einer Modifikation bekannten Grundsubstanz in 2 Formen,

als 5-Pyrazolidone und als 3-Pyrazolidone

Während die 5-Pyrazolidone nur basische Eigenschaften besitzen, zeigen die 3-Pyrazolidone daneben auch Säurecharakter (da das Radikal CO der Imidogruppe benachbart ist).

Die allgemeine Bildungsweise der Pyrazolidone beruht auf der Kondensation von ungesättigten Säuren oder von β-Halogenfettsäuren (vgl. 3-Pyrazolone S. 63) mit Phenylhydrazin. Ob hierbei ein 5- oder ein 3-Pyrazolidon entsteht, hängt davon ab, ob der Amid- oder Imidwasserstoff des Phenylhydrazins mit dem Halogen der Fettsäure reagiert.

Als Beispiel für diesen doppelten Reaktionsverlauf sei die verschiedenartige Wirkung von β-Jodpropionsäureester und von β-jodpropionsaurem Kalium angeführt: ersteres bildet das 5-Pyrazolidon, letzteres das 3-Pyrazolidon, wie aus folgendem Schema erhellt (190):

I.
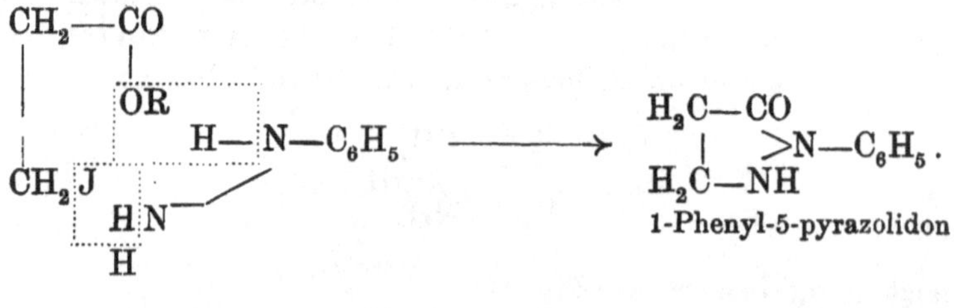
1-Phenyl-5-pyrazolidon

II.
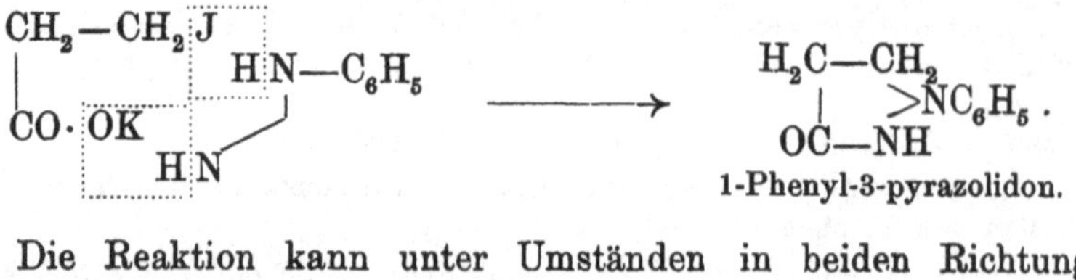
1-Phenyl-3-pyrazolidon.

Die Reaktion kann unter Umständen in beiden Richtungen gleichzeitig verlaufen.

Beide isomere Reihen gehen durch Oxydation glatt in die korrespondierenden Pyrazolone über.

5-Pyrazolidone.

Das einfachste 5-Pyrazolidon entsteht aus Akrylsäure und Hydrazinhydrat (191):

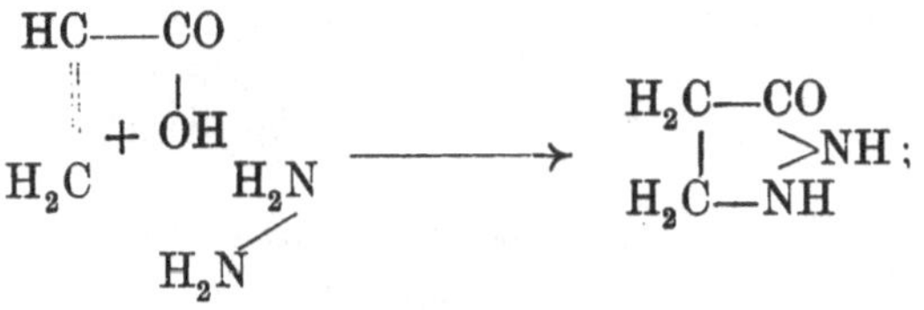

dasselbe wird durch $FeCl_3$ violettrot gefärbt und siedet bei 132—135°.

1-Phenyl-5-pyrazolidon (Schmp. 78°) wird sinngemäß aus Phenylhydrazin und Akrylsäure oder nach Bildungsweise I gewonnen.

1-Phenyl-3-methyl-5-pyrazolidon (Schmp. 84°) entsteht aus Phenylhydrazin und gewöhnlicher Crotonsäure durch Schmelzen, es liefert durch Methylieren 1-Phenyl-2,3-dimethylpyrazolidon (Dihydroantipyrin) vom Schmp. 107°; wurde bisher nicht zu Antipyrin oxydiert (192).

1-Phenyl-5-pyrazolidon-3-carbonsäure (Zersp. 208°) bildet sich aus Phenylhydrazin und Maleïnsäure und ist oxydierbar zu 1-Phenylpyrazolon-3-carbonsäure (S. 60) (193).

3-Pyrazolidone.

1-Phenyl-3-pyrazolidon (Schmp. 119—121°) entsteht nach Bildungsweise II oder aus as-β-Phenylhydrazinopropionsäureester mittels Natriumalkoholat; es siedet gegen 300° und ist löslich in Soda (194).

1-Phenyl-5-methyl-3-pyrazolidon (Schmp. 127°) aus β-Phenylhydrazinobuttersäure mittelst konz. Schwefelsäure, wird durch salpetrige Säure grün gefärbt; beim Methylieren entsteht 1-Phenyl-2,5-dimethyl-3-pyrazolidon vom Schmp. 160° (195).

Diketopyrazolidine (3,5-Pyrazolidone)

sind die cyklischen Hydrazide der Malonsäurereihe; sie zeigen die Reaktionen der gewöhnlichen Pyrazolone (mit Aldehyden, N_2O_3, Diazoniumsalzen u. s. w.), und sind löslich in Alkalien unter Bildung von Salzen (Gegenwart der Gruppe $—CO—CH_2—CO$).

3,5-Pyrazolidon 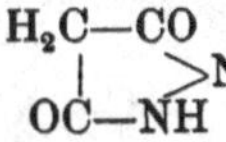 (Öl vom Siedepunkt 195—205°) bildet sich leicht aus Malonestersäure und Hydrazin; $FeCl_3$ färbt blau-violett (196).

1-Phenyl-3,5-pyrazolidon (Schmp. 192°) aus Chlormalonsäureester (1 Mol.) und Phenylhydrazin (3 Mol.) bezw. aus Malonesterphenylhydrazid; reduziert Fehling'sche Lösung, und wird durch Benzoylchlorid sowohl am Stickstoff, als an der Methylengruppe benzoyliert (197).

2(3)-Diazole oder Glyoxaline (Imidazole).

Während die Pyrazole (Pyrazoline, Pyrazolidine) einen Kohlenstoff-Stickstoff-Fünfring enthalten, in welchem die beiden Stickstoffatome einander benachbart sind, sind dieselben in den isomeren Glyoxalinen durch ein Kohlenstoffatom von einander getrennt. Da die Stickstoffatome also zu einander in der Metastellung stehen, werden sie auch Meta-Diazole genannt bezw. als Ringsubstitutionsprodukte des Pyrrols Pyrro-(β)-monazole. Als Grundsubstanz dieser Gruppe ist demgemäß das einfachste Glyoxalin

$$\begin{array}{l} CH{=}CH \\ |\quad\quad >NH \\ N{=}CH \end{array}$$

zu betrachten, das den Charakter eines ringförmigen Amidins besitzt.

Wenn auch die Zahl der bekannt gewordenen Abkömmlinge des Glyoxalins nicht annähernd so groß ist, wie die der Ortho-Diazole (Pyrazole), so sind sie doch z. T. schon lange bekannt. Das freie Glyoxalin wurde 1856 von Debus bei der Einwirkung von Ammoniak auf Glyoxal entdeckt, die Aufklärung der Konstitution erfolgte erst 1882 durch Japp im Zusammenhang mit der Erkenntnis, daß das Lophin ein Triphenylglyoxalin ist; diese Auffassungen wurden später experimentell durch Marckwald, Wohl und Bamberger bestätigt.

Die Bildungs- und Darstellungsweisen der Glyoxaline oder Imidazole sind die folgenden:

1) Einwirkung von Ammoniak auf ein Gemisch von Diketoverbindungen, wie Glyoxal, mit Aldehyden (198):

$$\begin{array}{r} R{-}CO \\ | \\ r{-}CO \end{array} + \begin{array}{c} \\ OC{-}R_1 \\ H \end{array} + 2NH_3 = \begin{array}{l} R{-}C{-}N \\ \quad\| \qquad >C{-}R_1 \\ r{-}C{-}NH \end{array} + 3H_2O.$$

Die Entstehung des einfachen Glyoxalins aus Glyoxal und Ammoniak beruht auf der Spaltung des Dialdehydes in Formaldehyd und Ameisensäure; die Radikale R und r können sowohl aliphatischer als aromatischer Natur sein. Ebenso kann je ein Wasserstoffatom des Ammoniaks durch das Radikal $R{-}CH_2$ vertreten sein, wodurch die Gegenwart eines Aldehydkörpers entbehrlich wird, z. B. (199):

$$\begin{array}{r} C_6H_5{-}CO \\ | \\ C_6H_5{-}CO \end{array} + 2NH_2{-}CH_2\cdot C_6H_5 = \begin{array}{l} C_6H_5{-}C{-}N \\ \qquad\quad \| \qquad >C\cdot C_6H_5 \\ C_6H_5{-}C{-}N \\ \qquad\qquad\quad | \\ \qquad\qquad CH_2\cdot C_6H_5 \end{array} + 2H_2O + H_2.$$

Triphenyl-n-benzylglyoxalin

2) Durch innere Kondensation von sogenannten Acetalyl- und Acetonylthioharnstoffen, wobei primär Thioglyoxaline entstehen, die durch Oxydation mit verdünnter Salpetersäure in Glyoxaline übergehen, z. B. (200):

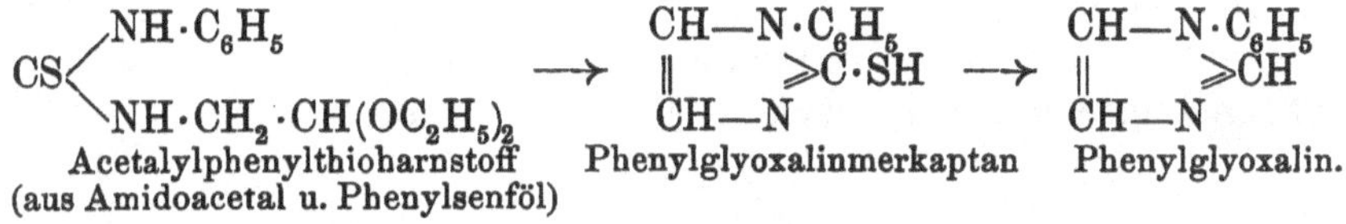

3) Aus Alkylimidchloriden der Oxalsäure werden durch Chlorphosphor gechlorte Glyoxaline gebildet, eine Reaktion, die beispielsweise in folgenden Phasen verläuft (201):

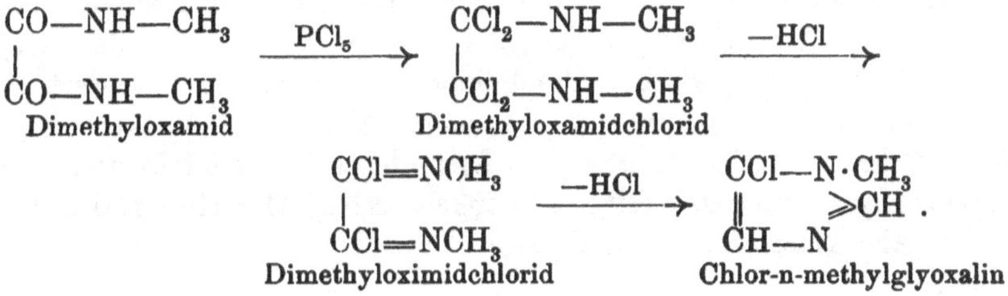

4) Glyoxalindicarbonsäure entsteht aus dem zweikernigen Benzoglyoxalin (Benzimidazol) durch Oxydation, wobei der Benzolkern verbrannt wird (202):

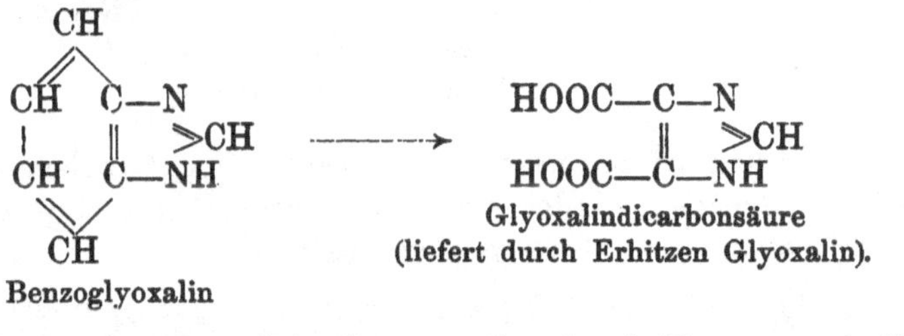

5) Hydrobenzamid und Analoge werden durch Erwärmen in Dihydroglyoxaline umgelagert, die in Glyoxaline übergehen (203):

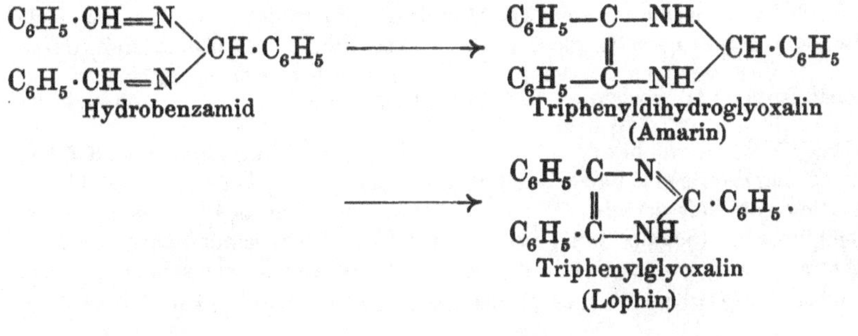

Das Glyoxalin und seine Homologen sind stärkere Basen, als die isomeren Pyrazole und bilden mit starken Säuren beständige Salze; der Imidwasserstoff ist durch Silber ersetzbar, worauf durch weitere Umsetzung mit Halogenalkylen die Darstellung der n-Alkylderivate beruht.

Die Stellung der Substituenten in den Homologen und sonstigen Abkömmlingen geschieht nach folgendem Schema:

$$\begin{array}{l} (\alpha)\ \mathrm{CH{-}N} \\ \quad\ \ \| \qquad\quad > \mathrm{CH}\,(\mu). \\ (\beta)\ \mathrm{CH{-}NH} \\ \qquad\qquad\ (\mathrm{n}) \end{array}$$

Die erwähnten n-Alkylhomologen erleiden beim Erhitzen eine merkwürdige Umlagerung in C-(μ)Alkylhomologe, indem das Alkyl zum μ-Kohlenstoff zwischen die beiden Stickstoffatome wandert.

Eine Acylierung findet in normaler Weise nicht statt: durch Benzoylchlorid und Natronlauge z. B. findet schon bei niederer Temperatur Sprengung des Glyoxalinringes unter Abspaltung des μ-C-Atoms als Ameisensäure statt (204):

$$\begin{array}{l} \mathrm{CH{-}N} \\ \| \qquad > \mathrm{CH} + 2\,C_6H_5\cdot COCl + 2\,NaOH \\ \mathrm{CH{-}NH} \end{array}$$

$$= \begin{array}{l} \mathrm{CH{-}NH\cdot CO\cdot C_6H_5} \\ \| \\ \mathrm{CH{-}NH\cdot CO\cdot C_6H_5} \end{array} + 2\,NaCl + H\cdot CO_2H.$$

Dibenzoyldiaminoäthylen

Chlor und Brom substituieren leicht; eine Hydrierung, wie bei den Pyrazolkörpern, findet nicht statt; ebenso sind Oxydationsmittel mit Ausnahme von Wasserstoffsuperoxyd ohne Einfluß.

Im Speziellen seien folgende Körper dieser Gruppe beschrieben:

Glyoxalin (Imidazol) schmilzt bei 88—89° und siedet bei 255°, es wird am besten aus Glyoxal, Formaldehyd und Ammoniak neben Bisglyoxalin (Glycosin) gewonnen, ferner im Sinne der Bildungsweise 2 und aus der nach 4. darstellbaren (α, β)-Dicarbonsäure durch CO_2-Abspaltung. Es bildet perlmutterglänzende Prismen von fischartigem Geruch, die in Wasser und Äther löslich sind; durch Wasserstoffsuperoxyd wird unter Ringsprengung Oxamid $\begin{array}{l}\mathrm{CO{-}NH_2}\\ |\\ \mathrm{CO{-}NH_2}\end{array}$ gebildet (205).

Das Glyoxalin bildet mit Mineralsäuren, mit Ausnahme von Kohlensäure, gut charakterisierte Salze, das Chlorhydrat ein Doppelsalz mit Goldchlorid. Die Platinverbindung ist ein Additionsprodukt der Base an Platinchlorid. Das Tribromglyoxalin (Schmp. 214°) ist sodalöslich und hat somit Säurecharakter. Diazoniumsalzen gegenüber verhält sich das Glyoxalin wie eine sekundäre Base.

n-Methylglyoxalin (aus Glyoxalin und Methyljodid) siedet bei 199°; es entsteht auch nach Bildungsweise 3. durch Reduktion des Methylchlorglyoxalins.

n-Phenylglyoxalin (Schmp. 13°, Sdp. 276°) wird nach Bildungsweise 2 dargestellt.

C-Alkylglyoxaline.

Von diesen sind die μ-Derivate am meisten studiert:

μ-Methylglyoxalin (Schmp. 137°, Sdp. 267°) entsteht, wie schon erwähnt, durch Umlagerung von n-Methylglyoxalin (s. o.) (206) oder nach Bildungsweise 1; es wird durch Jodäthyl am Stickstoff äthyliert: das μ-Methyl-n-äthylglyoxalin (Sdp. 213°) hat, wie das Atropin, mydriatische Wirkungen.

Die μ-Homologen sind bekannt bis zum Isobutylglyoxalin.

α-Methylglyoxalin (Sdp. 263°) entsteht im Sinne der Bildungsweise 2 zunächst als Merkaptan:

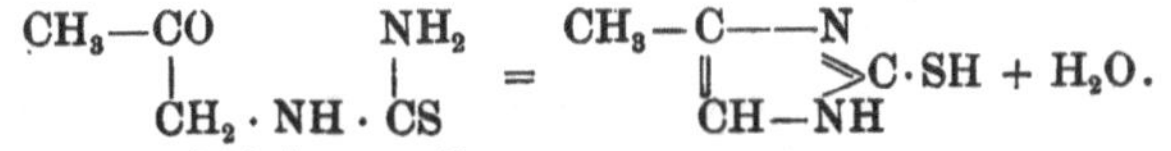

Acetonylthioharnstoff
(aus Aminoaceton + Rhodanwasserstoff)

α, β, μ-Trimethylglyoxalin (Schmp. 133°, Sdp. 271°), das aliphatische Analogon des Lophins, wird aus Diacetyl und Ammoniak gewonnen (207).

β, μ-Diphenylglyoxalin (Schmp. 162°) entsteht aus Diphenyloxazol

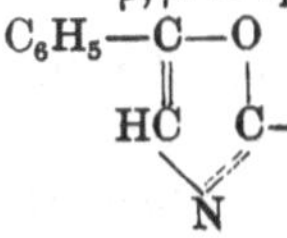

mittelst Ammoniak, d. h. durch Ersatz des Sauerstoffes durch die Imidogruppe, ferner durch Kondensation von Phenyl-α-aminoacetonitril mit Benzaldehyd (208).

α, β-Diphenylglyoxalin (Schmp. 227°) bildet sich aus Benzil, Formaldehyd und Ammoniak nach Bildungsweise 1.

α, β, μ-Triphenylglyoxalin (Lophin) ist schon seit dem Jahre 1844 bekannt (Darstellung aus Hydrobenzamid oder Amarin durch Erhitzen bezw. durch trockene Destillation) und entsteht synthetisch aus Benzil, Benzaldehyd und Ammoniak nach Bildungsweise 1, woraus sich seine Konstitution ergiebt. Ferner ist es darstellbar aus Benzoïn und Benzamidin, sowie aus Triphenyltricyan (Triphenylkyanidin) durch Reduktion unter Abspaltung von NH_3. Das Lophin schmilzt bei 275° und ist ausgezeichnet durch seine Fähigkeit beim Schütteln mit alkoholischer Kalilauge zu phosphoreszieren, wobei eine Spaltung in Benzoësäure und Ammoniak eintritt (209).

Außer den bereits erwähnten μ-Merkaptanen, deren Sulfhydrylgruppe bei der Oxydation als Schwefelsäure abgespalten wird, sei noch das α, β-Diphenylglyoxalinmerkaptan (s. o.) angeführt, das durch Kondensation von Benzoïn mit Rhodanammonium oder Thioharnstoff entsteht (210):

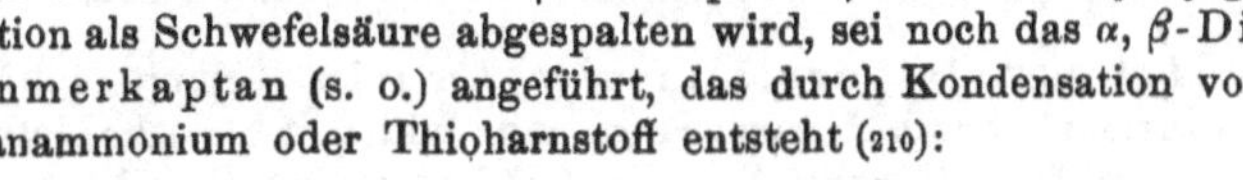

es bildet mit Jodalkylen charakteristische Produkte.

α, β-Glyoxalindicarbonsäure entsteht aus Dioxyweinsäure, Formaldehyd und Ammoniak (211) oder nach Bildungsweise 4; sie liefert beim Erhitzen Glyoxalin und Kohlensäure.

Hydroglyoxaline.

Dihydroglyoxaline (Glyoxalidine) sind, wie schon angedeutet, nur auf synthetischem Wege erhältlich.

Es giebt **zwei** isomere Reihen von Glyoxalidinen, welche sich von den folgenden, noch unbekannten Stammsubstanzen ableiten:

$$\begin{array}{l} CH_2—NH \\ \mid \qquad >CH \\ CH_2—N \end{array} \qquad\qquad \begin{array}{l} CH—NH \\ \parallel \qquad >CH_2 . \\ CH—NH \end{array}$$

α-Dihydroglyoxalin (Imidazolin) — β-Dihydroglyoxalin

Die α-Imidazoline werden gewonnen durch Abspaltung von Carbonsäuren aus den diacylierten α-Diaminen der Fettreihe, z. B. (212):

$$\begin{array}{l} CH_2—NH\cdot CO\cdot C_6H_5 \\ \mid \\ CH_2—NH\cdot CO\cdot C_6H_5 \end{array} = \begin{array}{l} CH_2—N \\ \mid \qquad >C\cdot C_6H_5 \\ CH_2—NH \end{array} + C_6H_5—COOH$$

Dibenzoyläthylendiamin — Phenylglyoxalidin

oder durch Einwirkung von Allylbenzamid (Allylacetamid) auf Anilinchlorhydrat (Bildung von α, μ-Dimethyl-n-phenylglyoxalidin) (213).

Das bekannteste Glied der α-Reihe ist das **μ-Methylglyoxalidin** oder **Lysidin** $\begin{array}{l} CH_2—NH \\ \mid \qquad >C\cdot CH_3 \\ CH_2—N \end{array}$ vom Schmp. 105° und Sdp. 195—198°, welches aus Diacetyläthylendiamin (s. o.) oder besser aus Äthylendiaminchlorhydrat und Natriumacetat entsteht (214). Diese Base ist ausgezeichnet durch ihr außerordentlich **leicht lösliches Harnsäuresalz** (bei 18° in 6 Teilen Wasser) und wird daher gegen Gicht angewandt. Lysidin wird durch Jodmethyl methyliert, aber durch Benzoylchlorid rückwärts aufgespalten (s. o.), ebenso wird durch heiße Alkalien Äthylendiamin gebildet; mit Phenylsenföl verbindet es sich zu einem komplizierten Thioharnstoff.

μ-Phenylglyoxalidin (Schmp. 101°) aus Dibenzoyläthylendiamin (s. o.) oder durch Wechselwirkung von Äthylendiamin und Thiobenzamid (215):

$$C_6H_5\cdot C\cdot S\cdot NH_2 + NH_2—CH_2—CH_2—NH_2 = C_6H_5—C\begin{array}{l} \diagup NH—CH_2 \\ \qquad\qquad \mid \\ \diagdown N——CH_2 \end{array} + H_2S + NH_3 .$$

α, β, μ-Triphenylglyoxalidin oder **Amarin** (Schmp. 100°) entsteht aus Hydrobenzamid durch Umlagerung und bildet zahlreiche Substitutionsprodukte; es gehört wahrscheinlich der β-Dihydroglyoxalinreihe (s. o.) an und hätte demgemäß folgende Konstitution:

$$\begin{array}{l} C_6H_5\cdot C—NH \\ \qquad\quad \parallel \qquad >CH\cdot C_6H_5 . \\ C_6H_5\cdot C—NH \end{array}$$

Es besitzt in der That zwei Imidogruppen, da Dialkylderivate erhältlich sind; durch Oxydation entsteht das um 2 Wasserstoffatome ärmere Lophin (vergl. S. 71). Durch Reduktion des Amarins und darauf folgendes Kochen mit Kalilauge erhält man Stilbendiamin und Benzaldehyd (Konstitutionsbeweis) (216).

Ein Analogon des Amarins ist das Furfurin (Trifurylglyoxalidin) (vergl. S. 27).

Auch Derivate des Pentaphenyldihydroglyoxalins sind bekannt geworden (217).

Bisglyoxalidin (Schmp. 290—300°) wird durch Kondensation von Äthylendiamin mit Rubeanwasserstoff (Dithiooxamid) gewonnen (218):

$$2\,NH_2\cdot CH_2—CH_2\cdot NH_2 + NH_2\cdot CS—C\cdot S\cdot NH_2$$

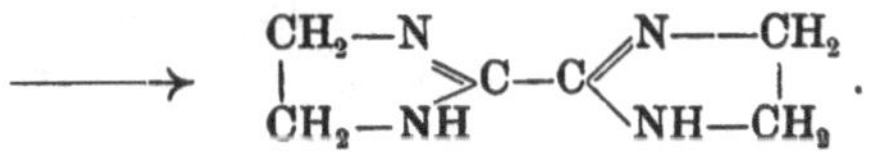

Als Zwischenprodukt ist ein substituiertes Thioamid anzusehen, das intramolekular H_2S abspaltet.

Tetrahydroglyoxaline

sind nur in geringer Zahl bekannt geworden; man erhält sie z. B. durch Einwirkung von Aldehyden auf Äthylenanilin (219):

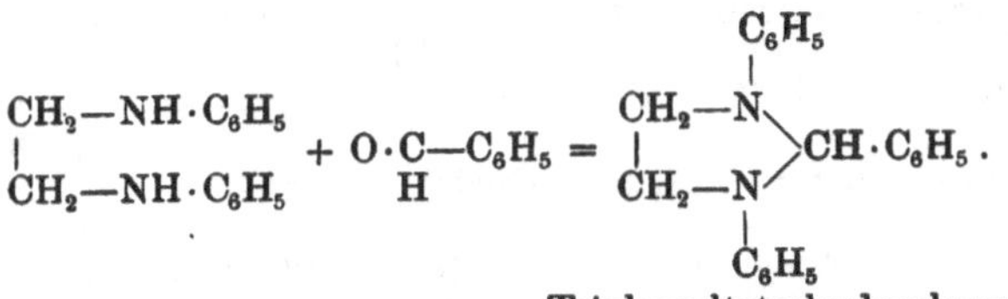

Triphenyltetrahydroglyoxalin
(Schmp. 137°)

Diese Körper sind noch unbeständiger als die isomeren Pyrazolidine, da sie durch Säuren äußerst leicht in ihre Komponenten zerfallen. Die gesättigten Fünfringe mit 3 Kohlenstoffatomen und 2 Stickstoffatomen sind also im Vergleich mit den ungesättigten, besonders mit den zweifach ungesättigten („aromatischen") sehr unbegünstigt.

Die

Ketoglyoxalidine (Imidazolone)

oder Ketodihydroglyoxaline, in denen zwei Wasserstoffatome durch ein Sauerstoffatom ersetzt sind, kann man als Harnstoffderivate der Acetylene zu betrachten (sog. Ureïne); sie sind darstellbar aus α-Ureïdoketoverbindungen durch intramolekulare Kondensation; z. B. (220):

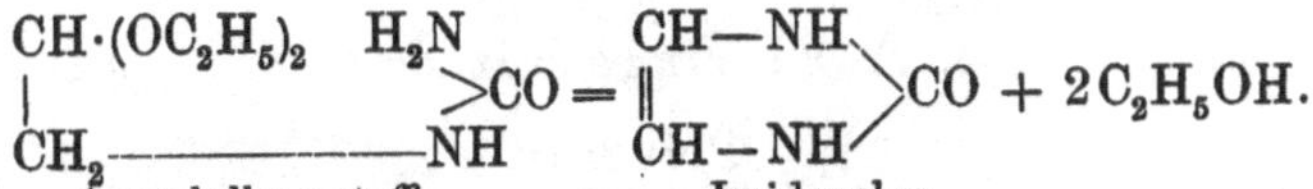

Acetalylharnstoff — Imidazolon

Dieses einfachste Imidazolon (Acetylenharnstoff) kann auch

nach der Enolformel 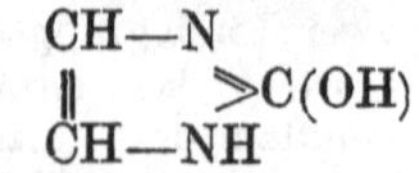 — als μ-Oxyglyoxalin — reagieren,da es sowohl schwach saure, als schwach basische Eigenschaften besitzt.

Das homologe α, β-Äthylmethylimidazolon (aus HCl-Aminopropylmethylketon + Kaliumcyanat) schmilzt bei 270° (221).

Phenylimidazolon (Schmp. ca. 300°) entsteht aus HCl-Aminoacetophenon und Kaliumcyanat (222):

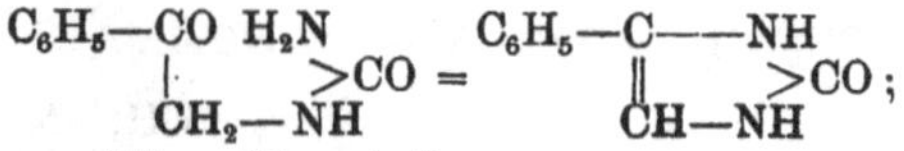

intermediärer Harnstoff

das Phenylimidazolon wird durch Salpetersäure (in Eisessig) zu Formylbenzoylharnstoff oxydiert.

Diphenylacetylenureïn 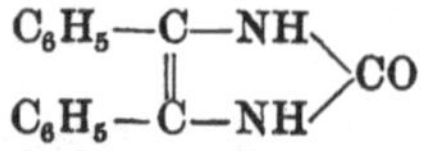 wird aus Benzoïn und Harnstoff analog dem Diphenylglyoxalinharnstoff (s. o.) dargestellt; es ist oxydierbar zu Dibenzoylharnstoff (223).

Campherimidazolon 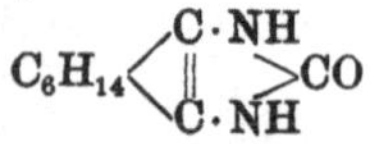 erhält man aus HCl-Aminocampher + KCNO nach Behandlung des Zwischenproduktes mit Chlorzink (224).

Äthylenharnstoff (Ketotetrahydroglyoxalin) 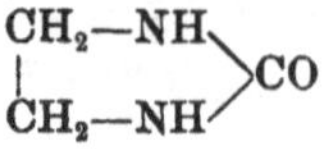 (aus Äthylendiamin und Äthylcarbonat) schmilzt bei 131° (225).

Diphenyläthylenharnstoff 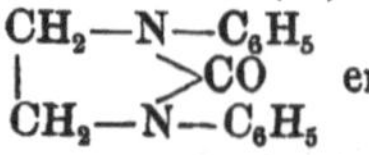 entsteht aus Äthylendiphenyldiamin und Phosgen (226).

Schließlich gehören in diese Gruppe Substanzen, die sonst in der Fettreihe abgehandelt werden, wie

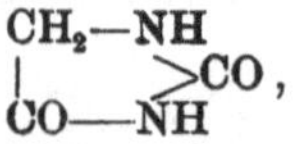

Hydantoïn

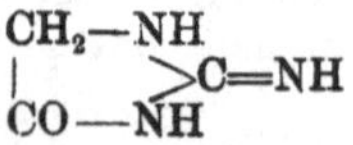

Glycocyamidin

und Parabansäure (Oxalylharnstoff)

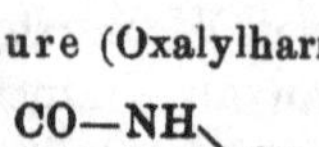 (Triketotetrahydroglyoxalin).

1. c) Einringe mit drei N.

Triazole.

Die Triazole enthalten **drei** Stickstoffatome und **zwei** Kohlenstoffatome im Fünfring und gestatten die größte Variation in Bezug auf Anordnung und Verteilung der Ringatome; es sind infolge dessen nicht weniger als **vier** isomere Reihen dieser Gruppe bekannt geworden. Dieselben kann man, wie auch die Stickstoffringe mit Schwefel und Sauerstoff, vom Pyrrol bezw. vom Diazol ableiten durch abwechselnden Ersatz der Methingruppen durch Stickstoff.

Der theoretische Zusammenhang — vom Pyrrol als Ursubstanz ausgehend — ließe sich dann folgendermaßen darstellen:

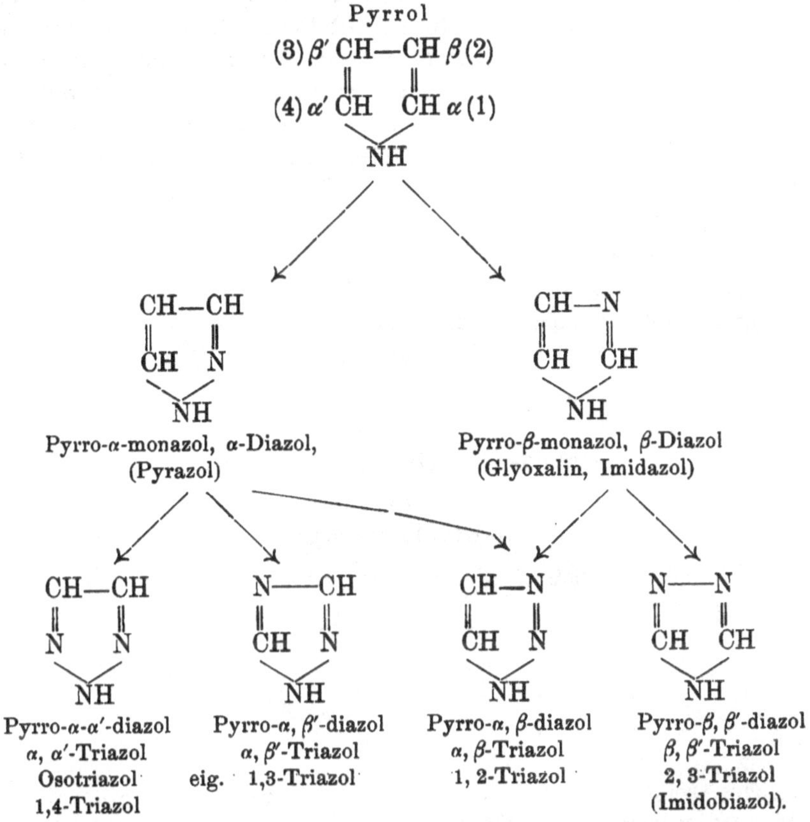

Bezüglich der Nomenklatur ist zu bemerken, daß die Vorsilbe „Pyrro" die Abstammung vom Pyrrol bekunden soll, während die Präfixe „Thio" und „Furo", wie später zu zeigen ist, für die analogen Ringsubstituten des Thiophens und Furans bestimmt sind. Somit erscheinen die Diazole und Triazole als Ringsubstitutionsprodukte des Pyrrols; da nun die gewöhnlichen Derivate desselben als *α*, *β*, *α'*, *β'* oder 1, 2, 3, 4-Abkömmlinge unterschieden werden, so lassen sich die isomeren Triazole nach demselben Prinzip bezeichnen.

Betrachtet man das ursprüngliche Pyrrolstickstoffatom als gegeben, so befinden sich in der ersten Untergruppe die beiden übrigen Stickstoffatome in der 1,4-(α,α′)-Stellung; dieses sind die Pyrro-α,α′-diazole oder, um den einheitlichen Namen Triazole (3N) für die ganze Gruppe beizubehalten, die 1,4-Triazole (sog. Osotriazole).

In der zweiten Untergruppe befinden sich die beiden hinzutretenden N-Atome in der 1,3-(α,β′)-Stellung: dieser Anordnung entsprechen die eigentlichen Triazole im engeren Sinne (Pyrro-α,β′-diazole). In der dritten Untergruppe stehen die Stickstoffatome in der Stellung 1, 2 (α, β): hierher gehören die Pyrro-α,β-diazole oder 1,2-Triazole (die zwei N-Atome sind doppelt gebunden, während in dem ebenfalls benachbarten Osotriazol alle drei N-Atome einfach gebunden sind).

Vertreter der vierten Untergruppe — sog. Imidobiazole — sind erst in jüngster Zeit bekannt geworden: die N-Atome stehen in der 2,3-(β,β′)-Stellung, sie können demgemäß als Pyrro-β,β′-diazole oder 2,3-Triazole bezeichnet werden.

Pyrro-α,α′-diazole (1, 4-Triazole) oder Osotriazolgruppe.

Die Muttersubstanz dieser Untergruppe ist das Osotriazol

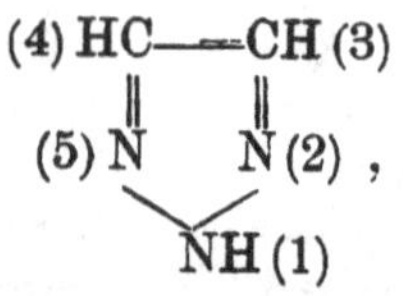

welches seinen Namen der Bildung aus den sog. Osotetrazonen (H. v. Pechmann) zu verdanken hat.

Aus dieser Hauptdarstellungsmethode (227) ergiebt sich zugleich der Beweis für die Konstitution der Osotriazole: die Osotetrazone entstehen nämlich durch Oxydation der sog. Osazone (Dihydrazone von 1, 2-Diketonen) und leiten sich von einem Sechsring mit zwei Kohlenstoffatomen und zwei Stickstoffatomen ab; letzterer erleidet beim Behandeln mit verdünnten Mineralsäuren eine eigentümliche Ringverengerung, indem ein Stickstoffatom als primäres Amin abgespalten wird. Die Phasen dieses Prozesses kommen in folgendem Schema zum Ausdruck:

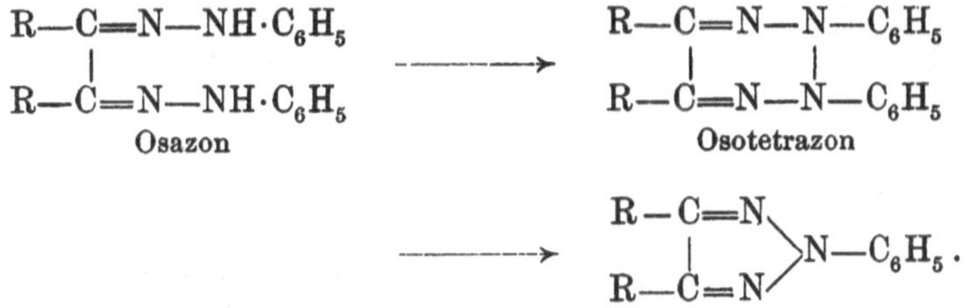

Osazon — Osotetrazon — Osotriazol

Die drei Stickstoffatome sind also auf Grund der Synthese einander benachbart und unter einander einfach gebunden, während die endständigen mit Kohlenstoff doppelt gebunden sind.

Im geschilderten Fall wird Anilin abgespalten, während der gleichzeitig erzeugte Sauerstoff einen Teil des Materials unter Verharzung oxydiert; auch die Osazone an sich können durch trockene Destillation Osotriazole liefern.

Ebenso beweisend ist die zweite Bildungsweise (228): intramolekulare Wasserabspaltung aus den Hydrazoximen von 1,2-Diketonen:

Die Wasserabspaltung erfolgt durch PCl_5, Essigsäureanhydrid oder durch sehr verdünntes Alkali.

Analog verhalten sich Hydrazoxime, die sich von sekundären Hydrazinen mit mindestens einem aliphatischen Rest ableiten.

Eine dritte Methode, die zudem sehr glatt verläuft, ist die innere Kondensation des Hydrazons des Formazylmethylketons

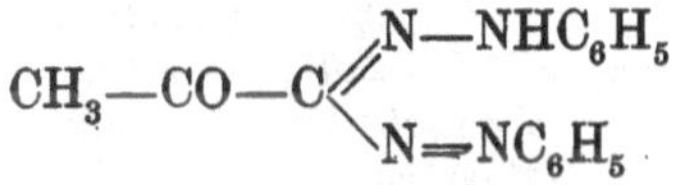

unter Abspaltung von Anilin:

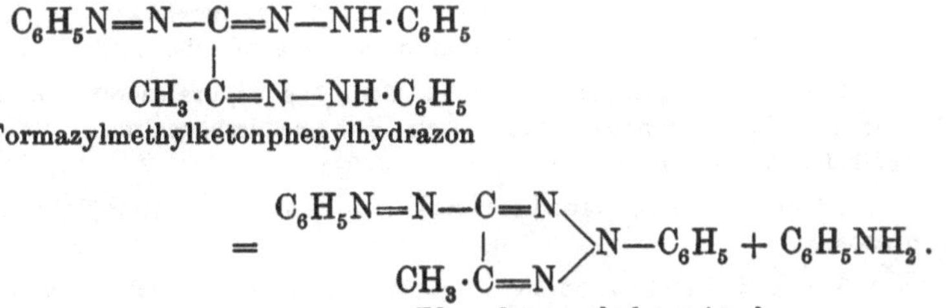

Formazylmethylketonphenylhydrazon

Phenylazomethylosotriazol

Ebenso verhält sich das Hydrazon des Acetylamidrazons

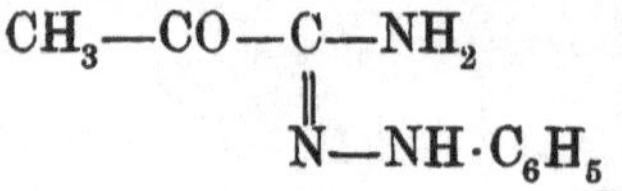 unter Bildung von 1-Phenyl-3-amino-4-methylosotriazol: 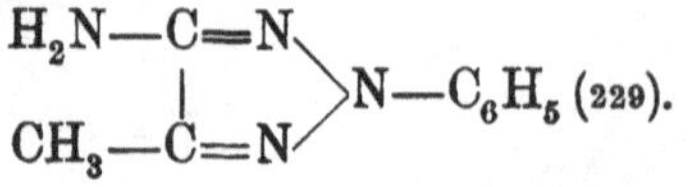 (229).

Eine vierte Bildungsweise, die zu Diaminen der Osotriazolgruppe führt, ist die innere Kondensation des sog. Oxalenphenylhydrazidamidoxims, welches seinerseits durch Einwirkung von Hydroxylamin auf Dicyanphenylhydrazin 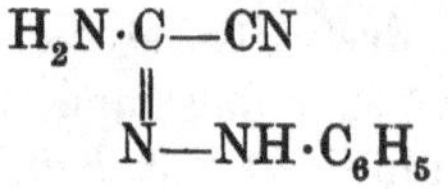 (Cyanamidrazon) entsteht (230):

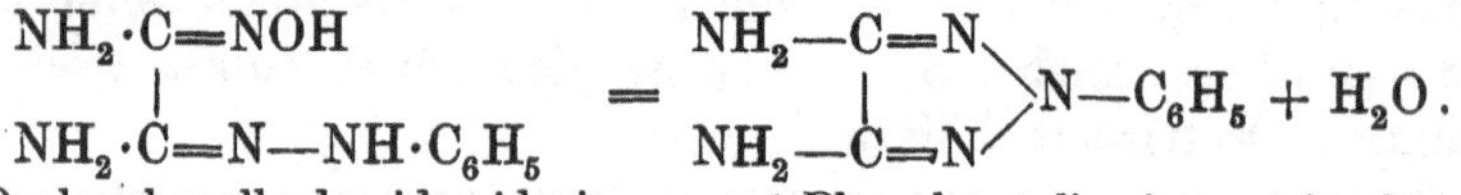

Oxalenphenylhydrazidamidoxim 1-Phenyl-3, 4-diaminoosotriazol

In Bezug auf die Eigenschaften der Osotriazole ist hervorzuheben, daß dieselben meist unzersetzt siedende, alkaloïdartig riechende Öle darstellen, welche in den n-Derivaten schwach basische Eigenschaften aufweisen; der Osotriazolring ist gegen Oxydationsmittel außerordentlich beständig, daher werden die C-Derivate analog den Benzolhomologen durch $KMnO_4$ in Carbonsäuren verwandelt. Auch im Verhalten gegen Salpetersäure (Nitrierung), Schwefelsäure (Sulfurierung) zeigt sich Ähnlichkeit mit aromatischen Körpern. Eine Ringsprengung konnte nur selten beobachtet werden, z. B. beim Kochen mit Natriumamalgam.

Die Muttersubstanz, das Osotriazol (Schmp. 22°, Sdp. 203—204°) entsteht aus der zugehörigen 3-Carbonsäure durch Erhitzen auf 230—240°, die Dämpfe explodieren beim Überhitzen; es zeigt außer basischen Eigenschaften noch Säurecharakter, da der Imidwasserstoff durch Metalle vertretbar ist.

Osotriazol-3(4)-carbonsäure (Schmp. 211°) entsteht aus 1-Aminophenylosotriazol-3-carbonsäure durch Elimination des Benzolkerns mittelst $KMnO_4$ (231).

1-Phenylosotriazol (Sdp. 223—224°) aus Glyoxalosotetrazon im Sinne der ersten Bildungsweise oder durch Kohlensäureabspaltung aus der entsprechenden 3-Carbonsäure (232).

1-Phenyl-3-methylosotriazol (Sdp. 242°) aus Methylglyoxalphenylhydrazoxim.

1, 3, 4-Triphenylosotriazol (Schmp. 122°) aus Benzilosazon (233).

1-Phenyl-3-methyl-4-aminoosotriazol (Schmp. 83,5°) nach der dritten Methode oder durch reduzierende Spaltung von Phenylazomethylosotriazol, zeigt Farbenreaktionen mit $FeCl_3$, Bichromat u. s. w. und läßt sich diazotieren; durch Kochen der Diazoverbindung mit Wasser entsteht das korrespondierende 4-Oxytriazol [234].

1-Phenyl-3,4-diaminoosotriazol (Schmp. 143°) nach der vierten Bildungsweise darstellbar, ist eine starke Base, die sich nur halbseitig diazotieren läßt, und als Orthodiamin mit Diketonen, wie Benzil und Phenanthrenchinon, Chinoxalinkondensation (vergl. Teil II) erleidet.

Mit $FeCl_3$ entsteht ein blauer Farbstoff (kompliziertes Azin), während aus der Diazoverbindung mit Natriumacetat das entsprechende 3,4-Azimid

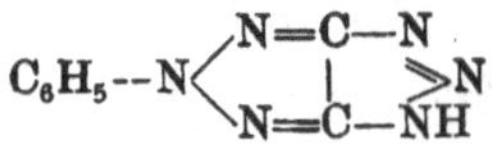

entsteht, das leicht wieder zur Diazoverbindung aufgespalten wird.

1-Phenyl-3-aminoosotriazol (Schmp. 70°) entsteht in Gestalt seines Acetylderivates aus dem Acetylphenylosotriazolazimid (s. o.) durch Kochen mit Alkohol unter Verlust von Stickstoff [235].

1-Phenyl-osotriazol-3-aldehyd (Schmp. 70°) erhält man aus seinem Oxim, das aus dem Phenylhydrazon des Diisonitrosoacetons bezw. aus dessen Monoacetylverbindung

dargestellt werden kann.

Dieser Aldehyd verhält sich wie Benzaldehyd, d. h. er liefert mit Alkalien gleichzeitig eine Säure und einen Alkohol [236].

1-Phenylosotriazol-3-carbonsäure (Schmp. 192°), das Oxydationsprodukt des 1-Phenyl-3-methyltriazols, wird durch Natriumamalgam in Blausäure und Phenylhydrazidoessigsäure gespalten:

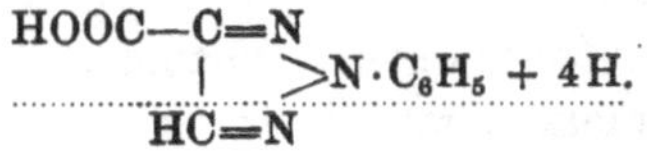

1-Phenyl-3,4-dimethylosotriazol (Schmp. 35°, Sdp. ca. 255°) entsteht aus Diacetylosazon oder Diacetylphenylhydrazoxim, und liefert bei der Oxydation eine einbasische und eine zweibasische Säure; letztere ist 1-Phenylosotriazol-3,4-dicarbonsäure vom Schmp. 255—256°, die ein bei 184° schmelzendes Anhydrid liefert [237].

Pyrro-α,β'-diazole
oder
Triazole im engeren Sinne.

Die eigentlichen Triazole haben eine gewisse Ähnlichkeit mit den Pyrazolen, welche auch in der Konstitutionsformel zum Ausdruck kommt:

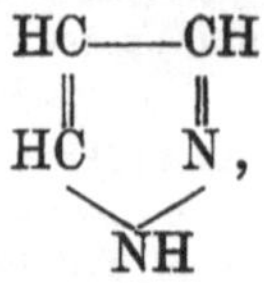

Pyrazol

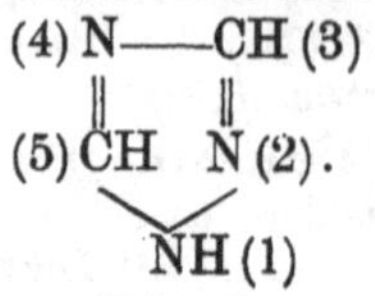

Triazol

Die drei Stickstoffatome sind einander nicht mehr benachbart, wie im Osotriazol, sondern das dritte neu hinzukommende N-Atom ist durch je eine Methingruppe von den übrigen getrennt.

Triazolderivate sind zuerst von BLADIN (238) dargestellt worden durch Einwirkung von Essigsäureanhydrid auf das sog. Dicyanphenylhydrazin; hierbei entsteht Phenylmethylcyantriazol, das durch Verseifung in die zugehörige Carbonsäure: 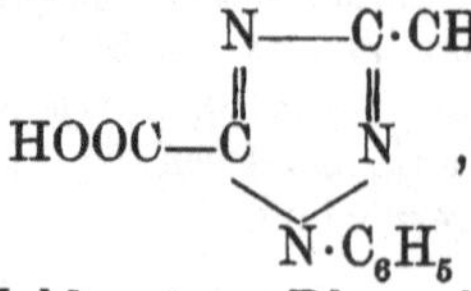 , übergeht, welche darauf durch Abspaltung von Kohlensäure Phenylmethyltriazol liefert; ebenso wird durch Einwirkung von Ameisensäure auf Dicyanphenylhydrazin aus dem zunächst gebildeten Phenylcyantriazol die entsprechende Carbonsäure 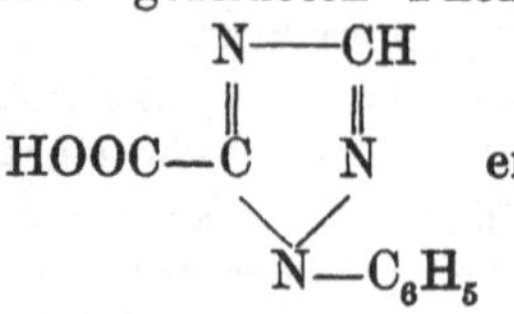 erzeugt.

Letztere läßt sich im Benzolkern nitrieren und amidieren, und die so gewonnene Aminophenyltriazolcarbonsäure verliert durch Oxydation ihren aromatischen Rest: es entsteht Triazolcarbonsäure, die unter Kohlensäureverlust in den Stammkörper dieser Gruppe, das freie Triazol, übergeht. Folgendes Schema giebt die Hauptphasen dieses Prozesses wieder:

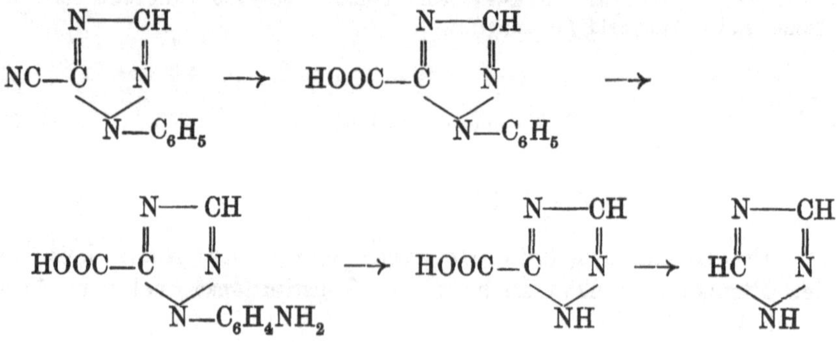

Nun wurde durch Einwirkung von Phenylhydrazin auf Acetylurethan $CH_3—CO—NH—COOC_2H_5$ ein Phenylmethyltriazolon

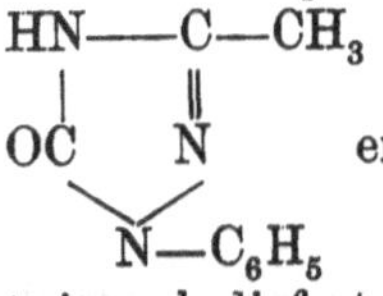

erhalten, das mittelst P_2S_5 ein Phenyl-methyltriazol lieferte, welches mit dem oben erwähnten analog konstituierten Körper von BLADIN nicht identisch war (239). Diese Unstimmigkeit beruhte, wie sich später herausstellte, auf einer unrichtigen Auffassung über die Konstitution des als Ausgangsmaterial der ganzen Synthese dienenden sog. Dicyanphenylhydrazins $C_6H_5·N(NH_2)·C(CN):NH$.

Durch einen einfachen Aufbau desselben aus Flaveanwasserstoff und Phenylhydrazin:

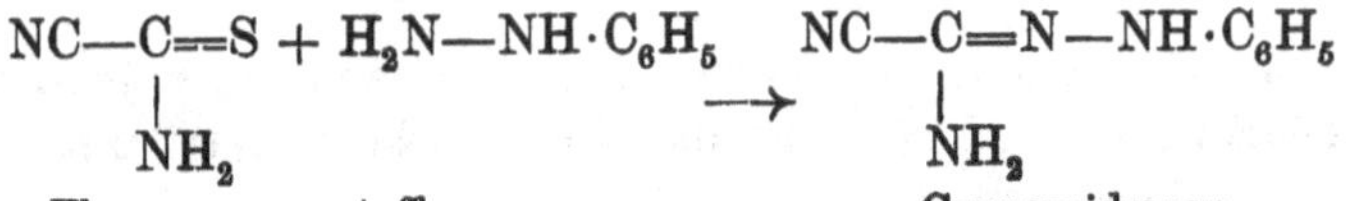

Flaveanwasserstoff — Cyanamidrazon

wurde das Dicyanphenylhydrazin als sog. Cyanamidrazon von obiger Konstitution erkannt (240).

Die BLADIN'sche Synthese des Phenylcyantriazols und seiner Abbauprodukte ist infolgedessen durch folgendes Schema auszudrücken:

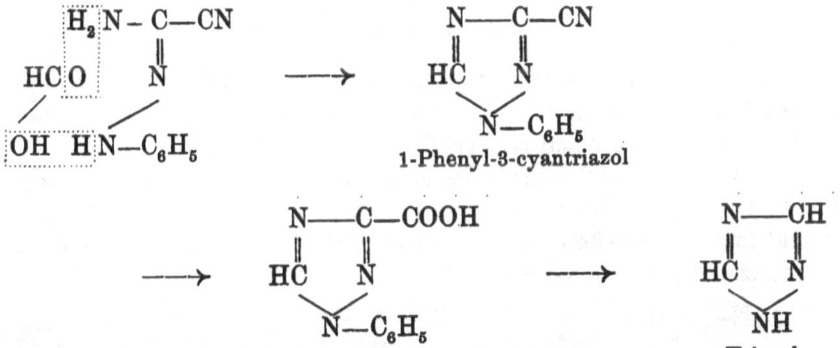

1-Phenyl-3-cyantriazol

1-Phenyltriazol-3-carbonsäure

Triazol.

Analog verhalten sich das Benzylidendicyanphenylhydrazin unter Bildung von 1,5-Diphenyl-3-cyantriazol, sowie das Acetylderivat des Methylketonphenylamidrazons, welches unter einfacher Wasserabspaltung 1-Phenyl-3-acetyl-5-methyltriazol liefert (241):

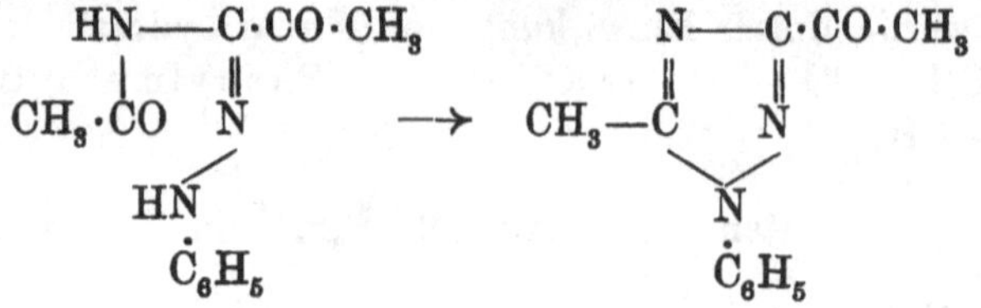

Die den **Amidrazonen** ähnlich gebauten **Hydrazidine** (242) führen ebenfalls zu analogen Triazolsynthesen; ebenso die Acylderivate des Amidoguanidins (243): $NH{=}C\begin{cases}NH_2\\NH\cdot NH_2\end{cases}$; z. B.:

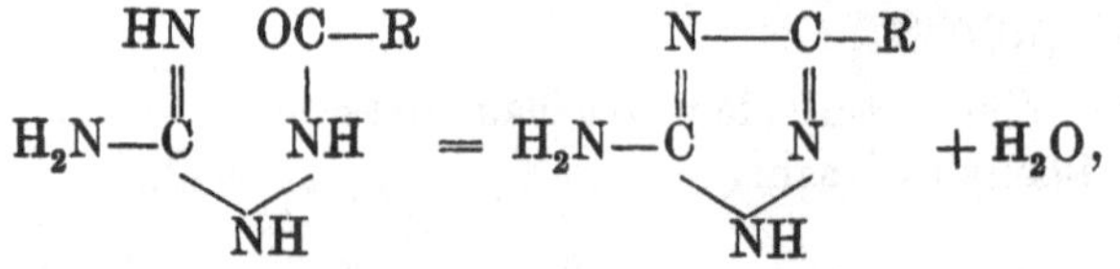

wobei den Aminobenzolen ähnliche Aminotriazole entstehen, welche durch Diazotieren und Kochen der Diazoverbindungen mit Alkohol in Triazole übergehen.

Eine **weitere synthetische** Methode beruht auf der Einwirkung von Ameisensäure auf Phenylsemicarbazid (244):

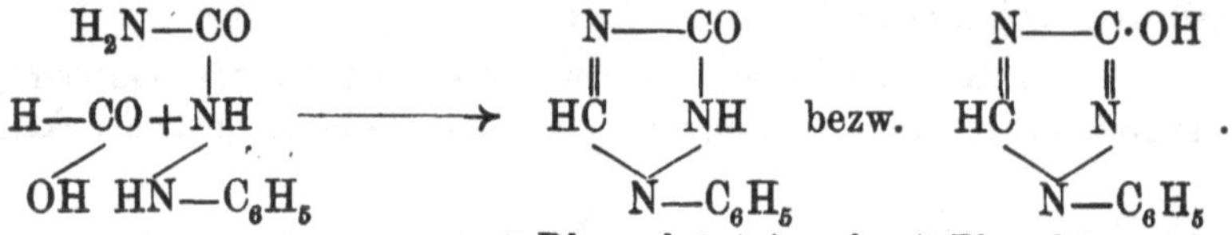

1-Phenyl-3-triazolon (1-Phenyl-3-oxytriazol)

Auch Aldehyde (aber nur aromatische) kondensieren das Phenylsemicarbazid zu (Diphenyl-)Oxytriazolen; hierbei ist aber die Gegenwart eines Oxydationsmittels ($FeCl_3$) erforderlich (245).

Sehr vergleichbar dieser Synthese ist das Verhalten der **acylierten Thiosemicarbazide** beim Erhitzen, wobei zunächst Merkaptotriazole entstehen, die durch Oxydation (mit H_2O_2) die Grundsubstanzen liefern, z. B. (246):

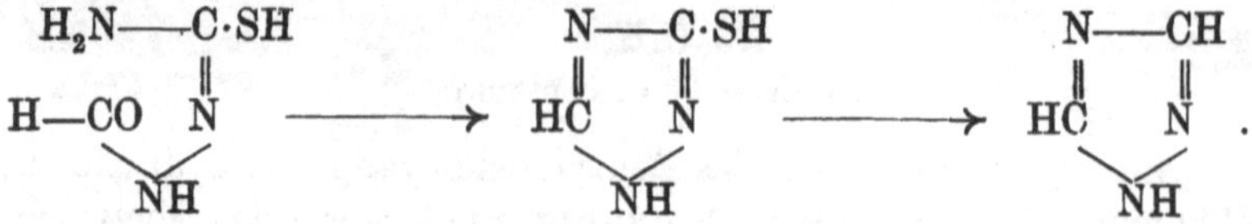

Formylthiosemicarbazid 3-Merkaptotriazol Triazol

Die angeführten Darstellungsmethoden beruhen im wesentlichen auf demselben Prinzip, das auch in der **einfachsten Triazolsyn-**

these (PELLIZARI) zum Ausdruck kommt; dieselbe beruht auf der Kondensation von Säurehydraziden mit Säureamiden; z. B. (247):

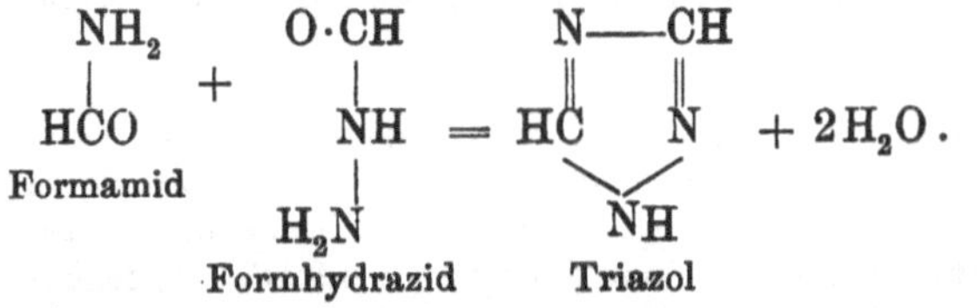

Diese Methode läßt sich sogar noch dahin vereinfachen, daß man 1 Mol. salzsaures Hydrazin auf 2 Mol. des Säureamids einwirken läßt, wobei in erster Phase das erforderliche Säurehydrazid gebildet wird.

Das Verhalten der Triazole kennzeichnet dieselben als schwache Basen, die aber infolge der Anwesenheit einer negativen Imidogruppe Metallsalze zu bilden im Stande sind. Der Triazolring ist noch beständiger als das Pyrazol: n-Phenylgruppen werden durch saures Permanganat fortoxydiert, während der Ring und etwaige Methylgruppen bestehen bleiben; Aminotriazol bildet unter ähnlichen Bedingungen Azotriazol $C_2H_2N_3—N=N—C_2H_2N_3$, das zu Hydrazotriazol reduzierbar ist.

Triazol schmilzt bei 121° und siedet bei 260°, es ist sublimierbar und riecht pyrazolartig.

1-(n)Methyltriazol (Schmp. 90°) und Homologe entstehen aus den entsprechenden 3-Merkaptotriazolen mit H_2O_2 (vergl. S. 82).

1-Phenyltriazol (Schmp. 47°, Sdp. 266°) aus der 3-Carbonsäure.

1-Phenyl-3-methyltriazol (Schmp. 87°, Sdp. 274°) aus dem entsprechenden 5-Triazolon (248).

1, 5-Diphenyltriazol (Schmp. 91°) aus 1, 5-Diphenyl-3-chlortriazol durch Reduktion mit Phosphor und Jodwasserstoff (249).

3, 5-Diphenyltriazol (Schmp. 188°) erhält man aus Benzoylbenzenylhydrazidin durch Erhitzen auf 120°:

1, 3, 5-Triphenyltriazol (Schmp. 104°) bildet sich durch Einwirkung von Natrium auf eine Lösung von Phenylhydrazin und Benzonitril in Benzol, wobei zunächst ein Mono- und dann Dibenzenylphenylhydrazidin gebildet wird (vergl. S. 82):

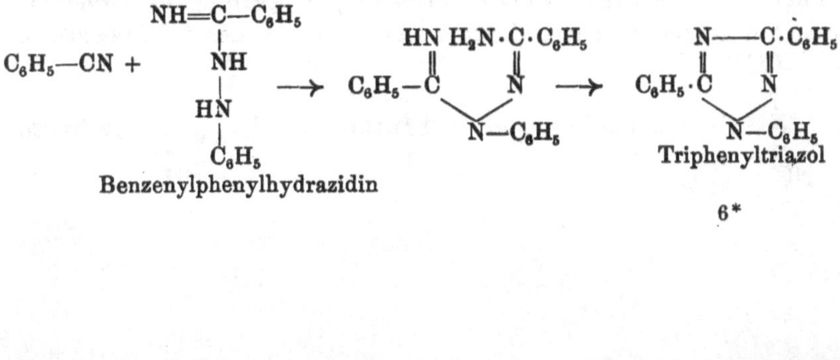

Chlortriazole werden aus Oxytriazolen (Triazolonen) durch die Chloride des Phosphors bei höherer Temperatur gewonnen (249).

5-Chlortriazol (Schmp. 176,5°) aus der Diazoverbindung des Aminotriazols durch Salzsäure (250).

1-Phenyl-3,5-dichlortriazol schmilzt bei 94°.

5-Aminotriazol (Schmp. 159°) bildet mit Säuren und Basen Salze.

Azotriazol ist ein hellgelbes Pulver, **Hydrazotriazol** ist farblos, schmilzt bei 227—230° und wird durch den Luftsauerstoff rückwärts oxydiert (251).

3-Merkaptotriazol (aus Formylthiosemicarbazid) schmilzt bei 215—216°.

Triazol-3-carbonsäure (aus Methyltriazol oder Aminophenyltriazolcarbonsäure durch Oxydation) schmilzt bei 137° unter Bildung von Triazol und CO_2.

5-Aminotriazol-3-carbonsäure (Zersp. 182°) bildet sich aus Oxalylamidoguanidin mittelst Soda und liefert mit Nitrit ein Diazotriazolcarbonsäureanhydrid vom Typus der Diazobenzolsulfosäure (251).

1-Phenyltriazol-3-carbonsäure (vergl. S. 81) geht bei 184° in 1-Phenyltriazol über; läßt sich nitrieren und amidieren.

1-Phenyltriazol-3,5-dicarbonsäure entsteht durch Oxydation von **1-Phenyl-5-methyltriazol-3-carbonsäure**, welche ihrerseits aus dem zugehörigen Nitril gewonnen wird; letzteres wird aus Dicyanphenylhydrazin mittelst Essigsäureanhydrid, Brenztraubensäure oder Acetessigester gewonnen. Der Schmelzpunkt des **3-Nitrils** liegt bei 108—108,5° (252).

Über Bistriazolverbindungen aus „Diamidrazon"

$$C_6H_5—NH—N:C(NH_2)—C(NH_2):N—NH\cdot C_6H_5$$

und Säureanhydriden vergl. B. **21**, 3063; **26**, 2389; **30**, 1193.

Dihydrotriazole

sind nur in Form ihrer Sauerstoffderivate als Triazolone oder Oxytriazole bekannt.

Sie entstehen, wie schon erwähnt (S. 81) durch Einwirkung von Hydrazinen auf Acetylurethan (253); z. B.:

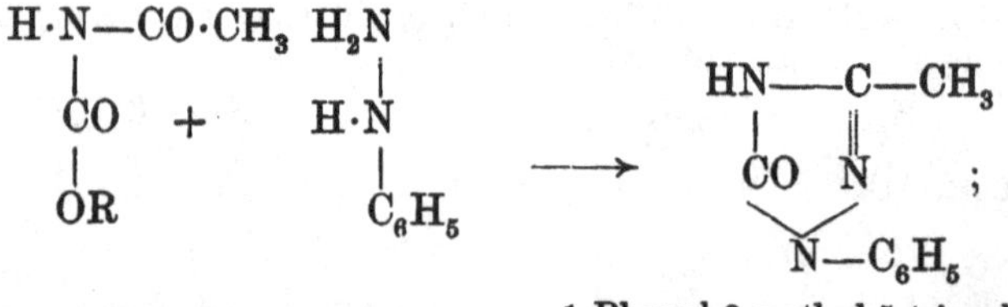

1-Phenyl-3-methyl-5-triazolon
vom Schmp. 166—167°

das Phenylmethyltriazolon liefert durch Oxydation mit $KMnO_4$ die entsprechende Carbonsäure, welche durch CO_2-Abspaltung in 1-Phenyl-5-triazolon übergeht. Dieser Körper ist ein Derivat des **5-Triazolons**

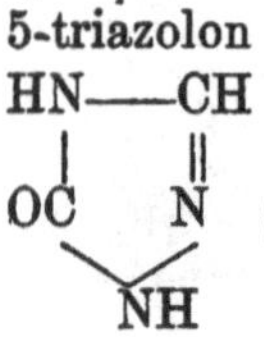

; Abkömmlinge des **3-Triazolons**

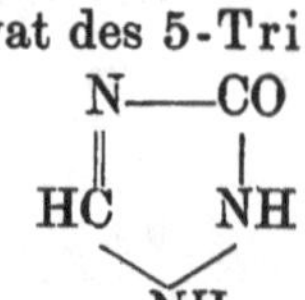

werden,

wie schon oben (S. 82) angeführt, aus Phenylsemicarbazid mittelst Ameisensäure oder aromatischen Aldehyden erhalten. 1-Phenyl-3-triazolon (1-Phenyl-3-oxytriazol) ist schwerlöslich, schmilzt hoch und hat sauren Charakter (254).

Die Triazolone gehen durch Destillation mit P_2S_5 oder durch Verwandlung in Chlortriazole und Reduktion der letzteren in Triazole über.

Das dieser Gruppe zu Grunde liegende Dihydrotriazol konnte nicht durch Hydrierung (mittelst Natrium und Alkohol) gewonnen werden, da die Triazole unter diesen Bedingungen im Sinne folgenden Schemas 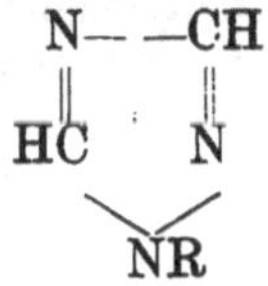 zerfallen; als Spaltungsstücke treten also auf HCN, $NH_2—CH_3$ und $R—NH_2$ (255).

Tetrahydrotriazole

sind ebenfalls nur in Gestalt ihrer Sauerstoffderivate bekannt und zwar als Diketotetrahydrotriazole oder Urazole, welche durch Einwirkung von Harnstoff und dessen Derivaten auf Hydrazine und Semicarbazide entstehen.

Das Urazol 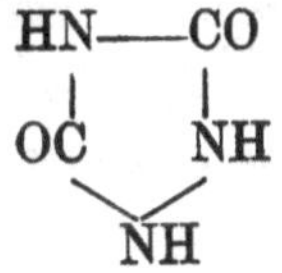 selbst wird z. B. durch Einwirkung von Harnstoff auf Hydrazin gewonnen, wobei als Zwischenprodukt Hydrazodicarbonamid auftritt (256):

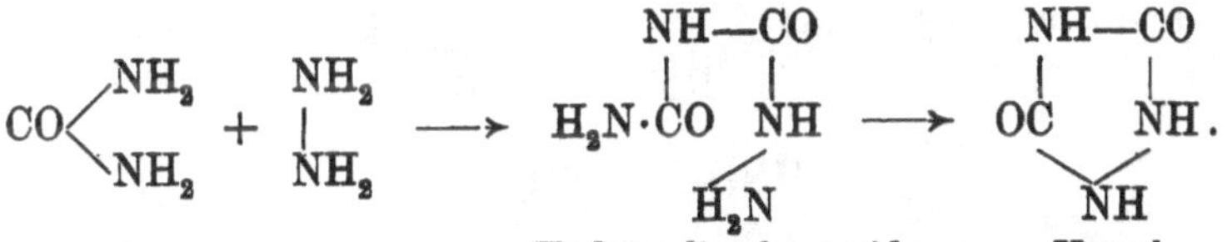

Hydrazodicarbonamid Urazol

Die ganze Reaktion verläuft unter dreimaliger Abspaltung von Ammoniak; aus Biuret und Hydrazinsalzen wird ebenfalls Urazol erhalten und zwar unter Abspaltung von zwei Molekülen Ammoniak (257):

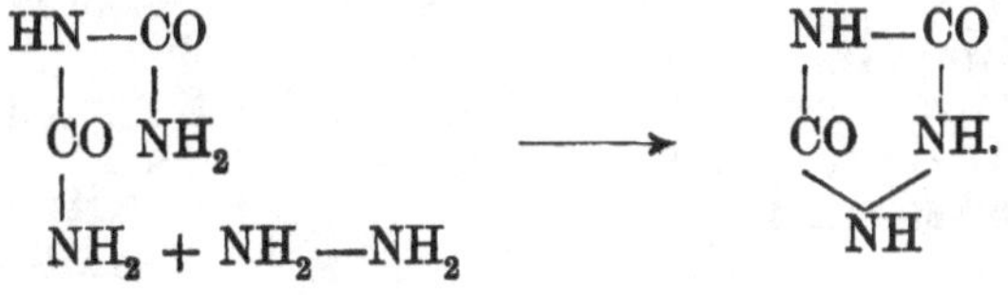

Das **Urazol** schmilzt bei 244—245° und wird durch gelinde Oxydationsmittel zu einem unbeständigen Azokörper oxydiert; es verhält sich wie eine mäßig starke einbasische Säure und geht mittelst PCl_5 bei höherer Temperatur in Triazol über. (Beweis des Zusammenhanges von Triazolen und Urazolen.)

1-Phenylurazol (Schmp. 263°) entsteht beim Erhitzen von Harnstoff mit Phenylhydrazin, sowie aus Phenylhydrazidoxalhydroxamsäure (258) mit Hilfe der BECKMANN'schen Umlagerung:

Der Körper giebt mit Jodmethyl Phenylmethylurazol.

4-Phenylurazol (Schmp. 203°) entsteht aus Urazol durch Erhitzen mit HCl-Anilin und wird durch Oxydationsmittel tiefrot gefärbt, offenbar unter Bildung des entsprechenden Azokörpers (259).

Thiourazole werden sinngemäß aus Thioharnstoffabkömmlingen durch Einwirkung von Hydrazinen dargestellt. Die Dithiourazole 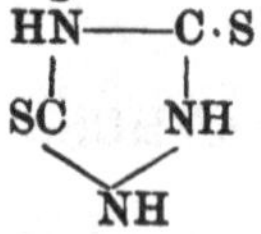 sind starke zweibasische Säuren, die bei gelinder Oxydation gelbe, unbeständige Verbindungen (Azokörper oder Disulfide) liefern. Das Thiourazol (aus Hydrazothiodicarbonamid) schmilzt bei 177°, das Dithiourazol (aus Hydrazodicarbonthiamid $H_2N \cdot CS \cdot NH \cdot NH \cdot CS \cdot NH_2$ mittelst konz. HCl) bei 245° (260).

Imidothiourazol 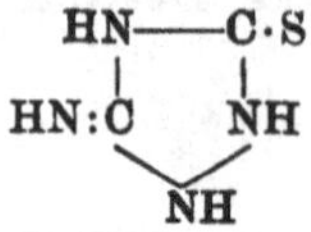 vom Schmp. 222° ist das Nebenprodukt bei der Darstellung des Dithiourazols. Dieser Körper vermittelt den Übergang zu den

Diimidourazolen oder Guanazolen,

in welchen beide Sauerstoffatome der Urazole durch die gleichwertigen Imidogruppen ersetzt sind:

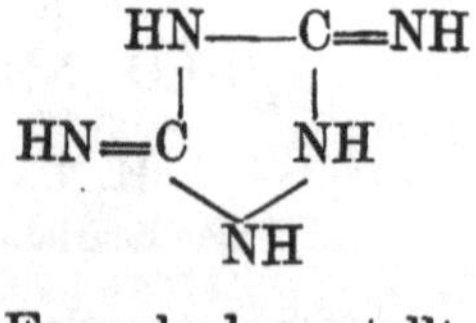

Das durch obige Formel dargestellte freie Guanazol wird durch Einwirkung von Hydrazin auf Dicyandiamid gewonnen (261):

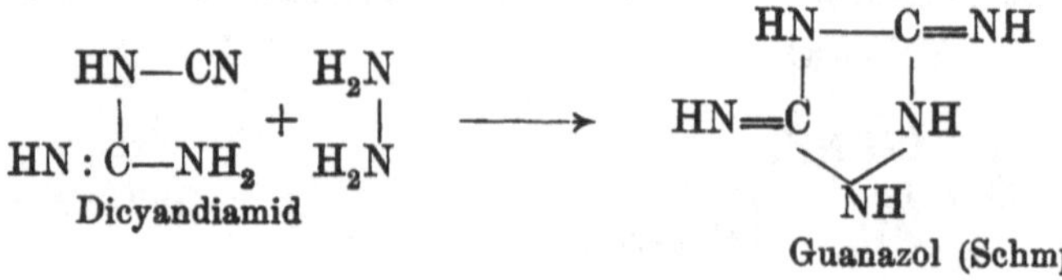

Guanazol (Schmp. 206°).

Ebenso entsteht aus Phenylhydrazin und Dicyandiamid 1-Phenylguanazol vom Schmp. 174—175°. Das Guanazol liefert mit konz. HCl ein Dichlorhydrat, das hydrolytisch in das Monochlorhydrat übergeht.

Pyrro-α,β-diazole oder Azimidotriazole.[1]

Der größere Teil der Vertreter dieser Gruppe gehört den Benzopyrro-α,β-diazolen oder Azimidobenzolen an und soll daher auf Grund des angewandten Einteilungsprinzipes unter den zweikernigen Stickstoffringen besprochen werden.

Es genügt an dieser Stelle anzuführen, daß auch die dieser Gruppe zu Grunde liegende Substanz, das Pyrro-α,β-diazol

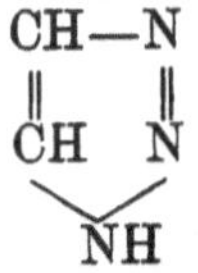

und seine einfachsten Derivate isoliert worden sind und zwar aus den zweikernigen Azimidobenzolen durch oxydative Abspaltung des Benzolkerns nach folgendem Schema (262):

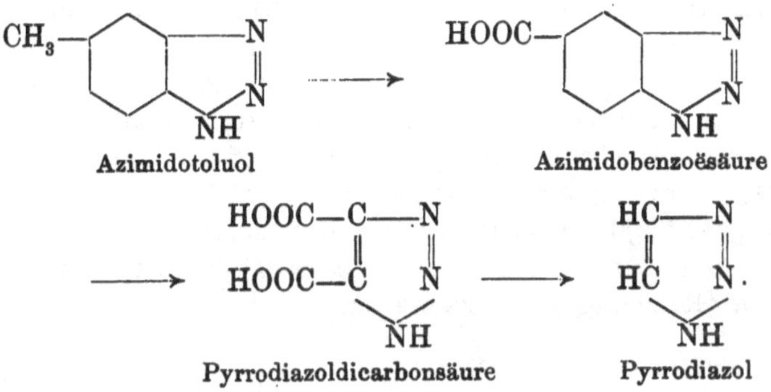

Da die Azimidobenzole durch Einwirkung von salpetriger Säure auf o-Phenylendiamine verhältnismäßig leicht zugänglich sind, so bildet die Isolierung der Pyrro-1, 2-diazole keine Schwierigkeiten; hieraus ergiebt sich zugleich die Konstitution dieser Körper.

Pyrro-α,β-diazol (Azimidotriazol) entsteht durch Abspaltung von CO_2 aus der zugehörigen Dicarbonsäure und bildet ein hygroskopisches, bei 208 bis 209° unter 742 mm Druck siedendes Öl; es bildet eine Quecksilber- und eine Benzoylverbindung.

Azimidotriazoldicarbonsäure' entsteht aus allen Azimidobenzolen

[1] Da die übrigen isomeren Triazole außer der strengen Nomenklatur einen charakteristischen Namen führen, der auf ihre Ableitung oder Konstitution hinweist, so erscheint es zweckmäßig, die Pyrro-α, β-diazole mit Rücksicht auf ihren Zusammenhang mit den Azimidobenzolen als „Azimidotriazole“ zu bezeichnen.

durch Oxydation; sie krystallisiert mit zwei Molekülen Krystallwasser und schmilzt unter Zersetzung bei 200—201°.

n-Phenylpyrro-α, β-diazoldicarbonsäureester (Schmp. 127°) entsteht aus Acetylendicarbonsäureester und Diazobenzolimid (263):

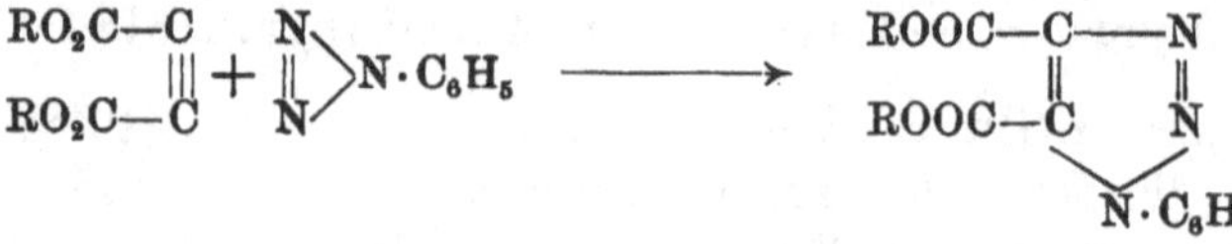

nach Analogie der Pyrazolsynthesen aus Acetylendicarbonsäureestern und Diazoessigester.

Auch eine n-Oxypyrrodiazoldicarbonsäure ist dargestellt worden (264).

Pyrro-β,β'-diazole (2,3-Triazole) oder Imidobiazole.

Vertreter dieses vierten isomeren Triazols sind, wie schon erwähnt, erst in jüngster Zeit bekannt geworden, und zwar durch das Studium der Einwirkungsprodukte von Benzoylchlorid auf das Phenylthiosemicarbazid der nachstehenden Konstitution: $C_6H_5 \cdot NH \cdot C \cdot S \cdot NH \cdot NH_2$ (265). Aus dem Benzoylderivat dieses Körpers (durch Benzoylierung der primären Aminogruppe) entsteht nämlich, je nachdem man Acetylchlorid oder Benzoylchlorid darauf reagieren läßt, entweder ein Derivat des später zu besprechenden Thiobiazolins oder ein Merkaptan des Diphenylimidobiazols. Der zuletztgenannte Reaktionsverlauf, der hier zunächst nur in Betracht kommt, läßt sich durch folgende Gleichung ausdrücken (266):

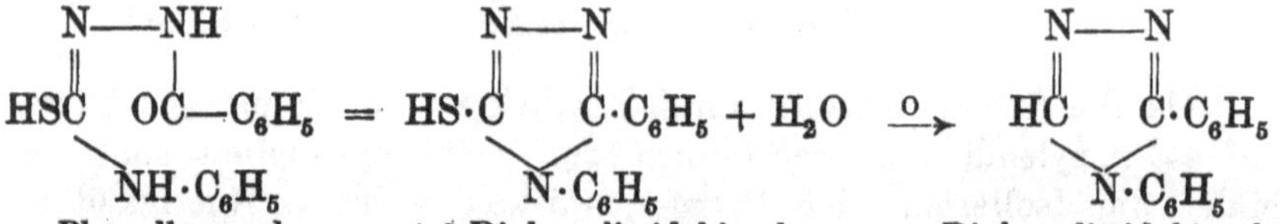

Phenylbenzoylthiosemicarbazid — 1,2-Diphenylimidobiazol-5-merkaptan — Diphenylimidobiazol.

Die Merkaptogruppe läßt sich also in derselben Weise wie bei den Merkaptotriazolen (vergl. S. 82) durch Oxydation als Schwefelsäure abspalten, wodurch man zu einem schwefelfreien Ring (s. obenst. Schema), dem Diphenylimidobiazol, gelangt.

Auch Derivate des Dihydroimidobiazols sind in Form der Sauerstoffsubstitute bekannt; dieselben kommen bei der Einwirkung von Phosgen auf α-Diphenylthiosemicarbazid zu stande:

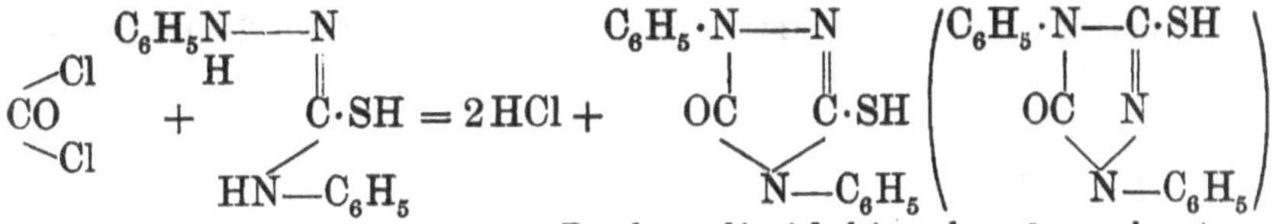

1,4-Diphenylimidobiazolon-2-merkaptan oder 1,4-Diphenyltriazolon-3-merkaptan

Ebenso, wie die Imidobiazolone auf die Triazolone zurückgeführt werden, kann man die früher (S. 85) beschriebenen Urazole (Diketotetrahydrotriazole) als Diketoabkömmlinge des Tetrahydroimidobiazols auffassen. Auch die Umlagerung von Imidobiazolmerkaptanen (s. o.) und darauffolgende Oxydation der Gruppe CS führten zu Repräsentanten dieses Typus', wie folgendes Schema zeigt (267):

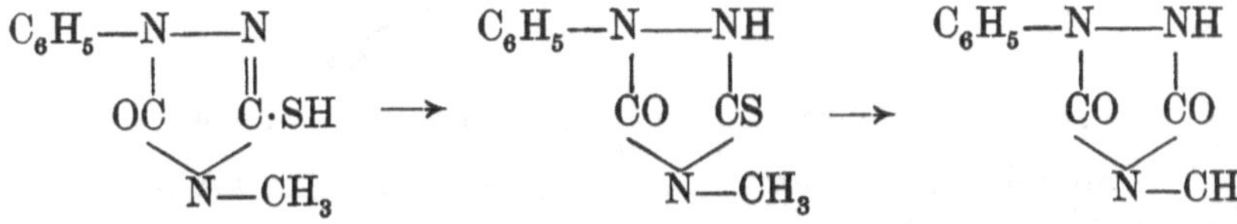

Ferner erhält man beim Zusammenschmelzen von Methylphenylthiosemicarbazid mit Phenylsenföl (bezw. beim Erhitzen des Chlorhydrats dieser Base) eine schwefelhaltige Substanz, der folgende zwei Formeln zukommen können (267):

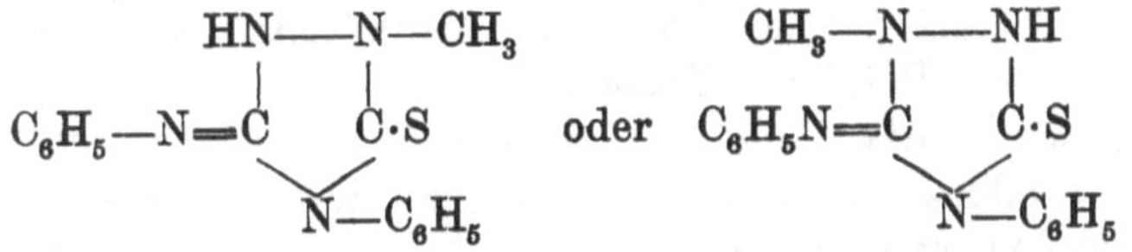

(Schmp. 175°).

1,2-Diphenylimidobiazol schmilzt bei 142°, das zugehörige 5-merkaptan bei 187°.

1,4-Diphenylimidobiazolon-2-merkaptan schmilzt bei 219—221°; es wird durch Jodmethyl am Schwefel methyliert.

1. d) Einringe mit vier N.

Tetrazole.

Die Tetrazole sind die Stickstoff-Ringhomologen der Triazole, enthalten also vier Stickstoffatome und ein Kohlenstoffatom:

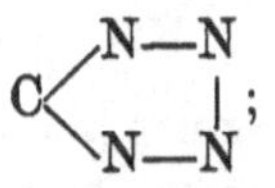

wenn man von den vier isomeren Triazolen (vergl. S. 75) ausgeht und in diesen je eine weitere Methingruppe durch Stickstoff ersetzt, so gelangt man zu folgendem Schema:

Pyrro-α, α'-diazol Pyrro-α, β'-diazol Pyrro-α, β-diazol Pyrro-β, β'-diazol

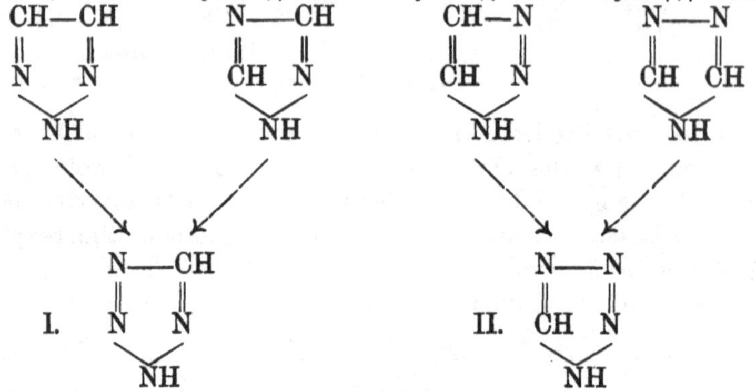

I. Pyrro-α, α', β'-triazol II. Pyrro-α, β, β'-triazol.

Theoretisch wären demgemäß zwei isomere Tetrazole zu erwarten, welche sich nur dadurch von einander unterscheiden, daß in dem einen Falle die Imidogruppe dem Methin benachbart ist, während sie in dem anderen von diesem durch ein bezw. zwei Stickstoffatome getrennt ist. Thatsächlich existiert aber nur ein Tetrazol, das als Grundsubstanz dieser Gruppe in Frage kommt, trotzdem den Bildungsweisen nach Isomere zu erwarten wären. Es liegt hier also ein ähnlicher Fall von Tautomerie vor, wie wir ihn bei dem Identitätsnachweis des 3- und 5-Methylpyrazols kennen gelernt haben: die Stellung der Doppelbindung und des Imidwasserstoffes ist in solchen unsubstituierten Gebilden keine konstante: beide Formen sind identisch infolge von Oscillationen.

Aber auch in den Derivaten konnten bisher keine wirklichen Isomerien nachgewiesen werden, da dieselben, abgesehen von einer Ausnahme (1-Phenyl-5-oxytetrazol), mit Sicherheit der Formel I entsprechen, wie weiter unten zu zeigen ist.

Hingegen sind Abkömmlinge eines abnorm zusammengesetzten Stammkörpers des Isotetrazolins:

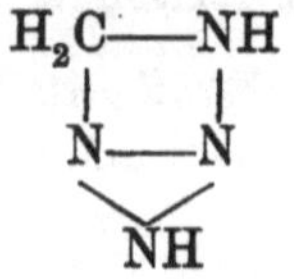

bekannt geworden; dieselben haben im Unterschied zu den sauren Tetrazolen mit freier Imidogruppe basischen Charakter und den Sättigungszustand von Dihydrotetrazolen.

Die **Bildungs-** und **Darstellungsmethoden** der Tetrazole sind die folgenden:

1) Einwirkung von salpetriger Säure auf das Dicyanphenylhydrazin, welchem, wie schon früher (S. 81) hervorgehoben, die Formel eines **Cyanamidrazons** (β-Phenylhydrazinderivat) zukommt (268):

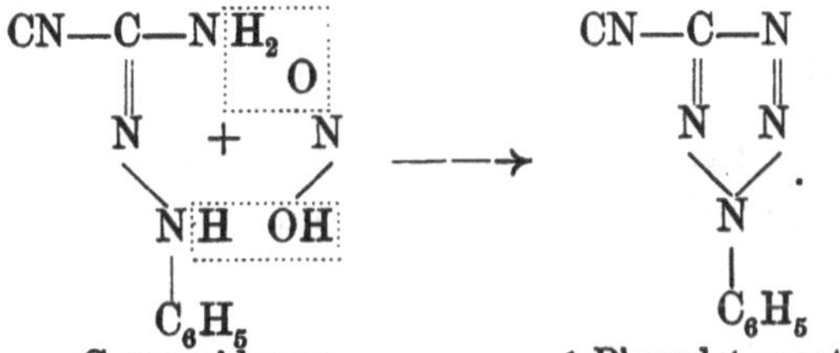

Cyanamidrazon — 1-Phenyl-4-cyantetrazol

Das Phenylcyantetrazol führt durch Verseifung, Elimination des Phenyls und Abspaltung von CO_2 zum freien Tetrazol:

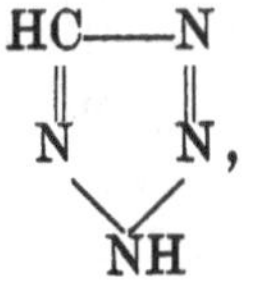

2) aus Benzenylamidinen, welche durch salpetrige Säure in sog. Dioxytetrazotsäuren übergehen; letztere liefern bei der Reduktion **4-(C-)Phenyltetrazol** (Benzenyltetrazotsäure). Folgendes Schema giebt diesen Prozeß wieder (269):

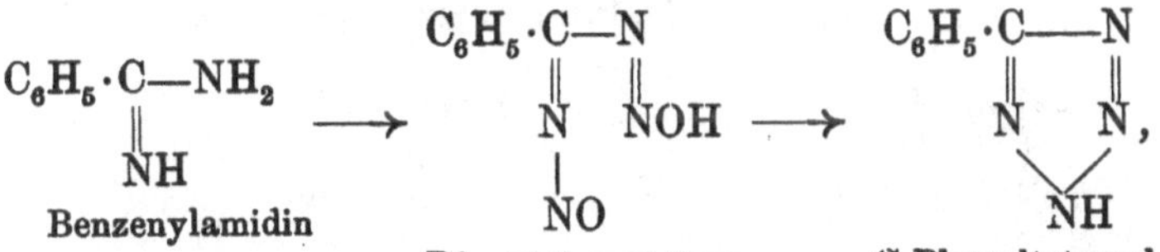

Benzenylamidin — Dioxytetrazotsäure — C-Phenyltetrazol

3) aus den mit den Amidinen und Amidrazonen vergleichbaren Hydrazidinen $R-C\begin{matrix}\nearrow NH_2\\ \searrow N-NH_2\end{matrix}$, ebenfalls mit Hilfe von salpetriger Säure, z. B. (270):

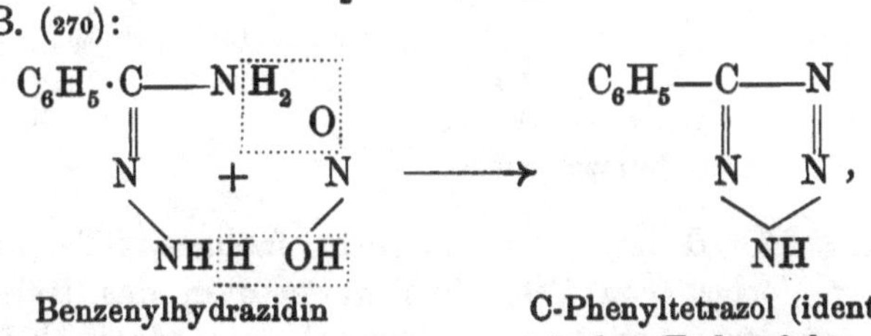

Benzenylhydrazidin — C-Phenyltetrazol (identisch mit dem Endprodukt aus 2)

4) aus Amidoguanidin $NH{=}C\langle{}^{NH_2}_{NH-NH_2}$, welches den Hydrazidinen ähnlich konstituiert ist, durch Einwirkung von salpetriger Säure, wobei als Zwischenprodukte der Operation Diazosalze auftreten (271):

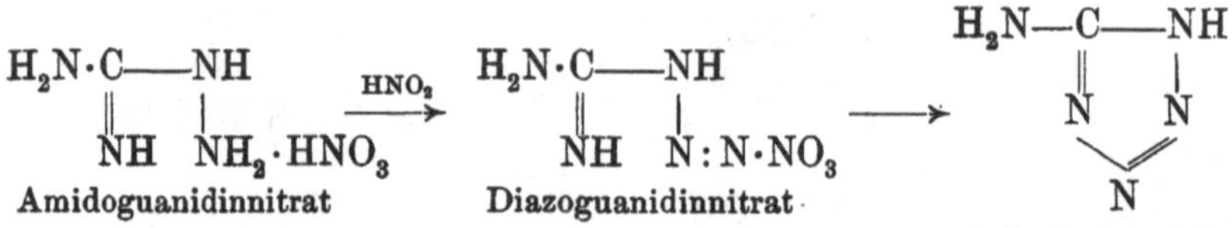

Amidoguanidinnitrat — Diazoguanidinnitrat — 4-Aminotetrazol

Wie aus dieser Bildungsweise ersichtlich ist, hätte man dieses Aminotetrazol als der isomeren (Pyrro-α, β, β'-triazol) Reihe angehörig betrachten sollen; thatsächlich wurde aber bei Ersatz der Aminogruppe durch Wasserstoff dasselbe Tetrazol erhalten, welches nach Methode 1. und auf anderen Wegen entsteht;

5) durch Abbau der sogen. Tetrazoliumbasen, in welchen das Ringskelett des Tetrazols fertig vorgebildet ist, nur mit dem Unterschiede, daß das Stickstoffatom 2 durch eine Phenylgruppe und ein Hydroxyl bezw. Halogen fünfwertig geworden ist; da nun die Tetrazoliumbasen ihrerseits durch gelinde Oxydation der Formazylverbindungen $R-C\langle{}^{N=N\cdot C_6H_5}_{N-NH\cdot C_6H_5}$ dargestellt werden, so ist der ganze Vorgang durch folgende Reaktionsphasen gekennzeichnet (272):

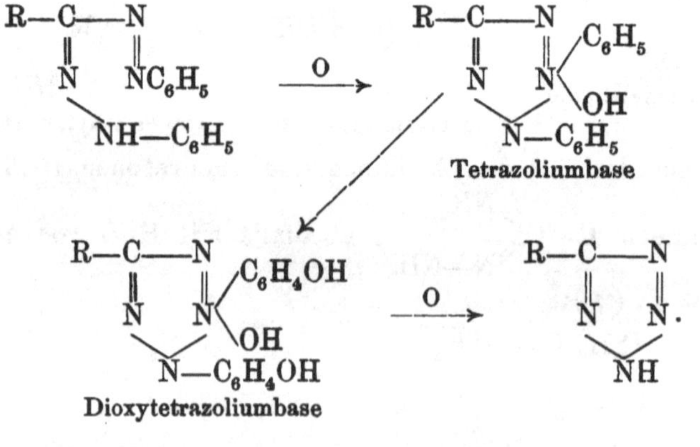

Tetrazoliumbase

Dioxytetrazoliumbase

Da R = COOH ist, geht die nicht faßbare 4-Tetrazolcarbonsäure unter Verlust von CO_2 ohne weiteres in das freie Tetrazol über, das mit dem nach 1. und 4. darstellbaren identisch ist. Durch diesen oxydativen Abbau ist der Zusammenhang von Tetrazoliumbasen und Tetrazolen bewiesen worden.

6) aus dem sog. Guanazylbenzol

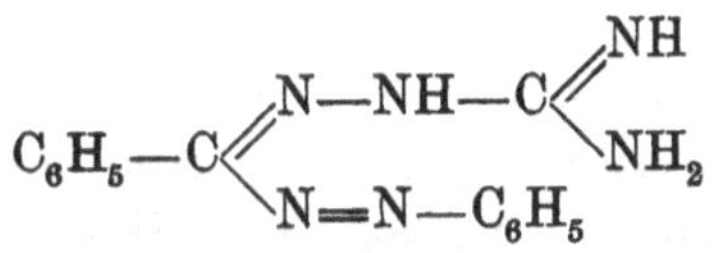

(darstellbar aus Benzalamidoguanidin und Diazoniumsalzen) durch Oxydation der Gruppe $-C(=NH)NH_2$ mittelst salpetriger Säure oder konz. Salpetersäure. Das hierbei erhaltene Diphenyltetrazol kann durch partielle Oxydation der Phenylgruppen in 1-(n)-Phenyltetrazol-4-carbonsäure bezw. in 1-Phenyltetrazol übergeführt werden; diese Prozesse lassen sich durch folgendes Schema wiedergeben (273):

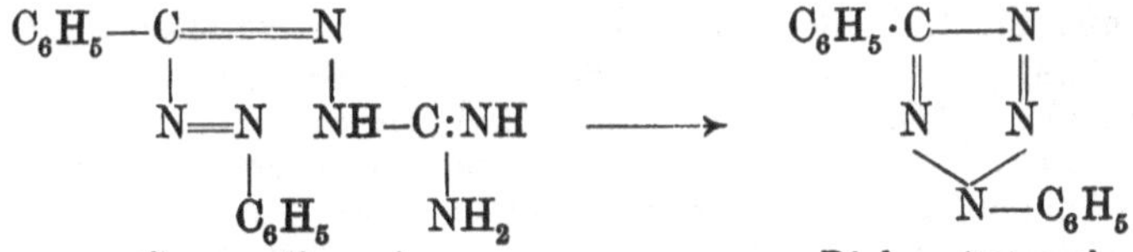

Guanazylbenzol Diphenyltetrazol

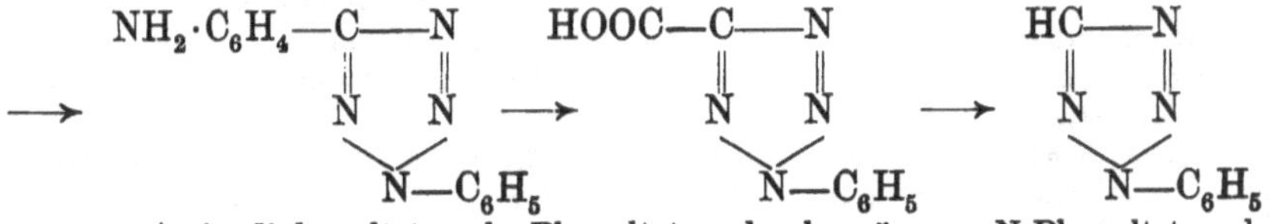

1-Aminodiphenyltetrazol Phenyltetrazolcarbonsäure N-Phenyltetrazol.

Das N-Phenyltetrazol und seine Carbonsäure erwiesen sich als identisch mit den nach Methode 1. darstellbaren Körpern; hierdurch ist die Konstitution der n-Phenylderivate des Tetrazols, als dem Typus I (Pyrro-α, α', β'-triazol) angehörig bewiesen;

7) ein 5-Oxy-1-phenyltetrazol wird aus dem zugehörigen Thiol — ausgehend vom Phenylthiosemicarbazid — in folgenden Reaktionsphasen gewonnen (274):

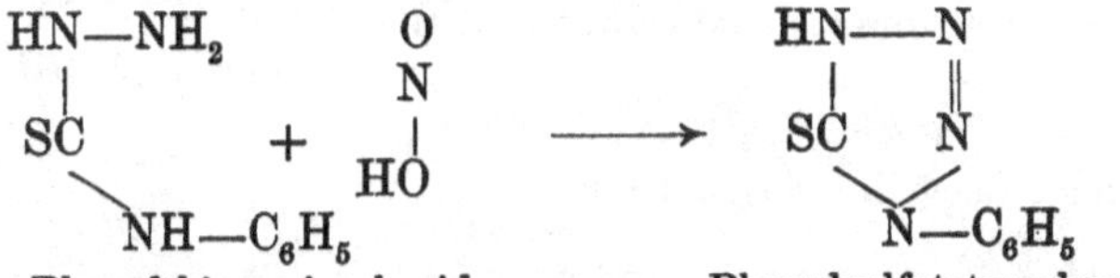

Phenylthiosemicarbazid + salpetrige Säure Phenylsulfotetrazolon

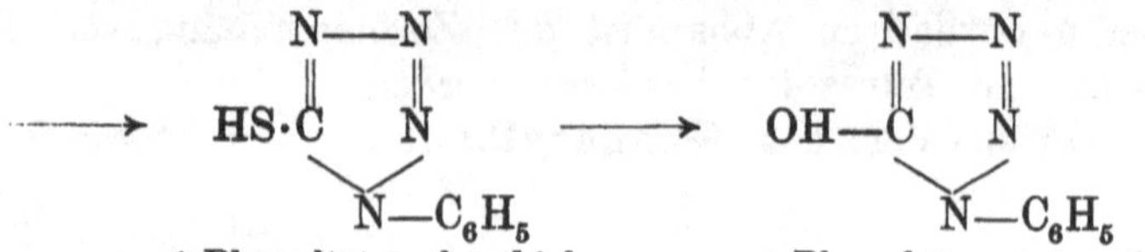

1-Phenyltetrazol-5-thiol 1-Phenyl-5-oxytetrazol

Der Entstehungsweise nach gehören diese Tetrazole dem Typus II (Pyrro-α, β, β'-triazole) an; zur definitiven Beweisführung müßten sie aber in Körper übergeführt werden, welche mit korrespondierenden Derivaten des Typus I isomer sind.

Durch ihr Verhalten sind die Tetrazole — abgesehen vom n-Phenyltetrazol — als außerordentlich beständige Verbindungen charakterisiert, welche, soweit eine freie Imidogruppe vorhanden ist, als starke einbasische Säuren[1] fungieren. Oxydationsmittel zerstören nur die Seitenketten, während der Ring erhalten bleibt.

Im Speziellen seien folgende Körper dieser Gruppe kurz beschrieben:

Tetrazol (Schmp. 156°) entsteht durch Oxydation von Aminophenyltetrazolcarbonsäure mit alkalischem Permanganat (auf Grund der Methode 1.), durch Reduktion des Isodiazotetrazolnatriums (vergl. Methode 4) und durch Oxydation des p, p-Dioxydiphenyltetrazoliumbetaïns mittelst Permanganat (vergl. Methode 5); die wässerige Lösung reagiert sauer und liefert mit Silbernitrat ein krystallisierbares, explosibles Silbersalz, das sich mit Jodalkylen zu n-Alkylhomologen umsetzt. Das Natrium- und Baryumsalz enthalten Krystallwasser; Tetrazol wird erst bei 200° durch HCl in Ammoniak, Stickstoff und Kohlensäure zerlegt.

C-(4)-Phenyltetrazol (Schmp. 212—213°) aus Benzenyldioxytetrazotsäure (nach Methode 2) und aus Benzenylhydrazidin (nach Methode 3), bildet Salze und Ester (n-Alkylderivate) und ist titrierbar; es zerfällt durch HCl bei höherer Temperatur in CO_2, N, NH_3 und C_6H_5—NH_2. Durch vorsichtiges Überhitzen werden gleichzeitig Diphenyltriazol und Diphenyltetrazin (s. d.) gebildet. p-Tolyltetrazol schmilzt bei 248°, Furyltetrazol bei 199°.

n-(1)-Phenyltetrazol ist ein nach Nitrobenzol riechendes, explosibles Öl; es entsteht aus der zugehörigen 4-Carbonsäure durch CO_2-Abspaltung; letztere wird aus dem 1-Phenyl-4-cyantetrazol (vgl. Bildungsweise 1) durch Verseifung oder durch Oxydation des Aminodiphenyltetrazols gewonnen; die Phenyltetrazolcarbonsäure schmilzt u. Z. bei 150° und liefert ein Nitro- und ein Aminoderivat.

C-, N-(1,4)-Diphenyltetrazol (Schmp. 106—107°) entsteht durch Oxydation des Monoxydiphenyltetrazoliumhydroxyds 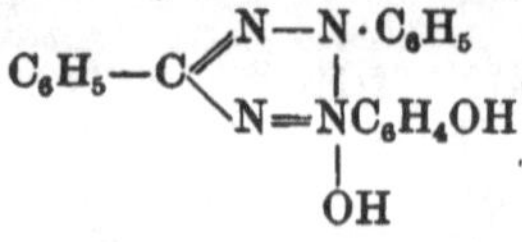, sowie aus Guanazylbenzol (nach Bildungsweise 6).

---

[1] Der successive Ersatz von Methingruppen im System des Pyrrols durch Stickstoff bewirkt eine Umwandlung des schwach basischen Charakters in den einer starken Säure.

4-Aminotetrazol (Schmp. 203°) entsteht nach Methode 4; die wässerige Lösung reagiert sauer und zerlegt Alkalicarbonate; der Körper bildet aber auch ein salzsaures Salz und ist diazotierbar; die sehr explosible Diazoverbindung kuppelt mit aromatischen Aminen und zerfällt in Stickstoff und Cyan. Dem freien Diazotetrazol kommt vielleicht folgende Anhydridformel

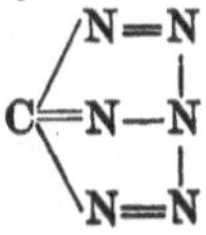

zu; viel beständiger sind die Isodiazoalkalisalze, in welchen sowohl der Imidwasserstoff, als derjenige der Diazogruppe durch Metall ersetzt ist; dieselben werden durch Alkohol zu Tetrazol reduziert.

Tetrazylhydrazin (4-Hydrazinotetrazol) vom Schmp. 199° entsteht durch Reduktion des Diazotetrazols und wird als Benzalverbindung abgeschieden; es liefert mit Acetessigester analog dem Phenylhydrazin 3-Methyl-1-tetrazylpyrazolon:

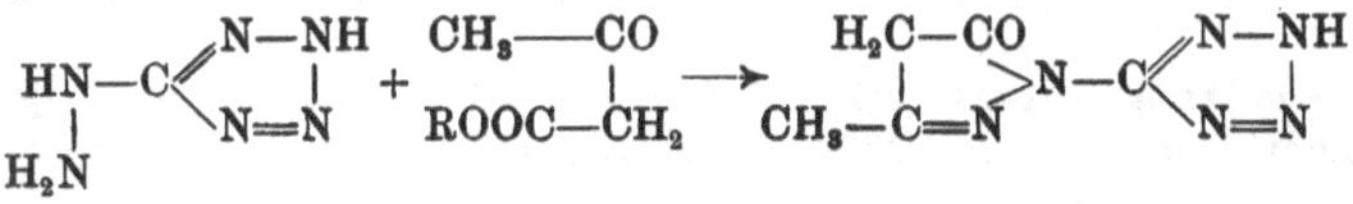

(Schmp. 215°).

Tetrazylhydrazin liefert ein Triacetylderivat und mit Kaliumcyanat das Tetrazylsemicarbazid $CN_4H—NH—NH·CO·NH_2$; mit Natriumnitrit und Salzsäure wird Diazotetrazolimid (Tetrazylazoimid) CHN_7 gebildet, das außerordentlich explosibel ist (275).

Tetrazoliumbasen

sind, wie schon unter der 5. Bildungsweise angeführt wurde, quaternäre Ammoniumtetrazole, in denen das Stickstoffatom 2 fünfwertig ist; sie sind zugänglich durch Oxydation sämtlicher Formazylverbindungen mittelst Amylnitrit und Salzsäure oder Quecksilberoxyd (276), z. B.:

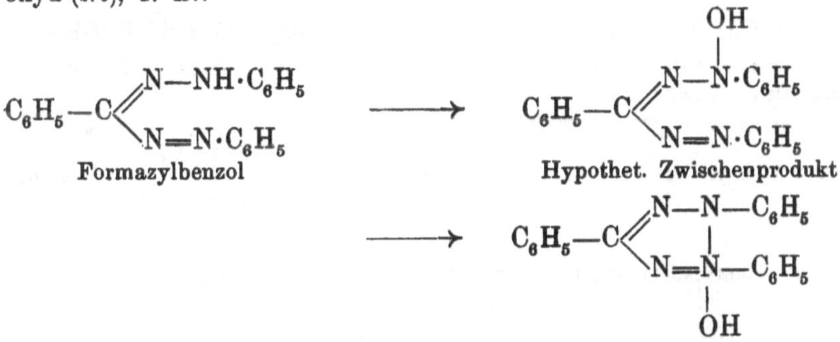

Formazylbenzol — Hypothet. Zwischenprodukt — Triphenyltetrazoliumhydroxyd.

Es findet also eine Wanderung des Hydroxyls zum Azostickstoff statt. Die Tetrazoliumverbindungen sind starke Basen, die in wässeriger Lösung Kohlensäure absorbieren u. s. w. und nicht in freiem Zustande isoliert werden können, hingegen sind die Salze gegen saure Agentien außerordentlich beständig und krystallisationsfähig; sie liefern mit Platinchlorid, Goldchlorid u. s. w. Doppelsalze; Alkalien und besonders alkalische Reduktionsmittel (Schwefelammonium) spalten jedoch den Ring glatt auf unter Rückbildung des betreffenden Formazylkörpers. Solche Tetrazoliumbasen, die zugleich Säuren sind, neigen sehr zur Bildung von schön krystallisierten inneren Anhydriden (Betaïnen); z. B.:

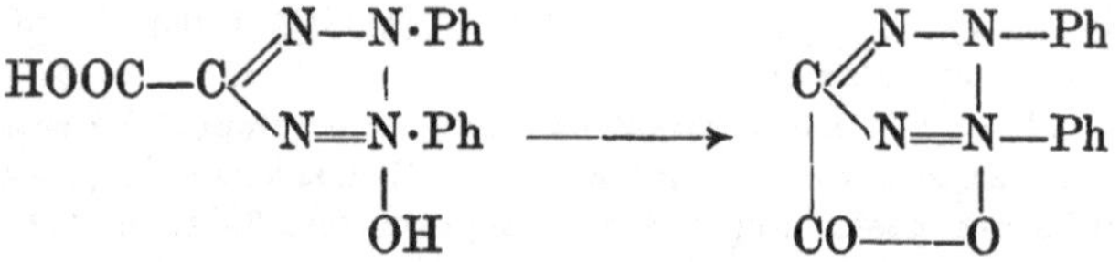

Diphenyltetrazoliumcarbonsäurebetaïn (Schmp. 161°).

1,2-Diphenyltetrazoliumchlorid (Schmp. 286° u. Z.) entsteht aus Formazylwasserstoff oder aus dem Chlorid der Carbonsäure durch Abspaltung von CO_2.

Triphenyltetrazoliumchlorid (Schmp. 243° u. Z.) aus Formazylbenzol.

p, p-Dioxydiphenyltetrazoliumbetaïn (Schmp. 179°) entsteht durch Chloräthylabspaltung aus seinem Diäthyläther und liefert nach Bildungsweise 5. (S. 92) in salpetersaurer Lösung mittelst $KMnO_4$ Tetrazol.

Dargestellt sind ferner Cyan-Methylketo-Phenylketo-diphenyltetrazoliumchlorid.

Schließlich sei bemerkt, daß die Formazylverbindungen sich nicht mit gleicher Leichtigkeit oxydieren lassen, sondern daß diese Fähigkeit von dem dynamischen Charakter der am Formylkohlenstoff befindlichen Radikale abhängt: in dem System 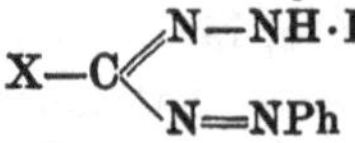 hat sich folgende Skala mit abnehmenden Oxydationskoëffizienten ergeben:

X=CN, C_6H_5, $CO_2 \cdot C_2H_5$, C_6H_5—CO, N=NC_6H_5, CH_3—CO, CH_3, COOH, H.

Demnach erleidet das Formazylcyan am leichtesten Ringschluß zur entsprechenden Tetrazoliumbase (277).

Eine kompliziertere Verbindung dieser Gruppe ist der Cyclodiphenyltetrazoliumchloridcarbonsäureester: 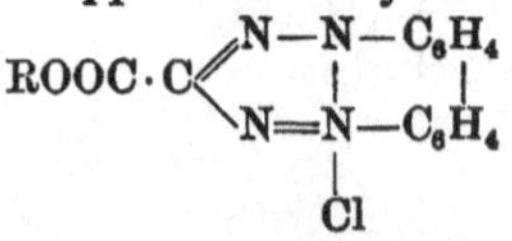 ; derselbe stellt die Kombination eines Fünfringes mit einem Zehnringe dar (278).

Am Schlusse des Kapitels über die einkernigen Azole sei auf eine durchgehende Schmelzpunkts- bezw. Siedepunktsregelmäßigkeit aufmerksam gemacht: die n-Alkyl- und n-Acylderivate schmelzen bezw. sieden bedeutend niedriger als die entsprechenden C-Alkyl- und Acylhomologen, z. B.:

n-Methylglyoxalin. Schmp. —5°,	C-Methylpyrrol (α bezw. β), Sdp. 148° bezw. 143°,
C-Methylglyoxalin, Schmp. 137°,	n-Phenyltetrazol, lab. Öl,
n-Phenylpyrazol, Schmp. 11°,	C-Phenyltetrazol, Schmp. 212 bis 213°.
C-(4)-Phenylpyrazol, Schmp. 228°,	
n-Methylpyrrol, Sdp. 113°,	

Über eine weitere Schmelzpunktsregelmäßigkeit vergl. in der Einleitung S. 4 (279).

2. a) Zweiringe mit einem N.

Benzopyrrol- oder Indolgruppe.

Wie schon früher erwähnt, vermögen das Pyrrol und die Azole — soweit zwei benachbarte Kohlenstoffatome im Ringe vorhanden sind — mit diesen gleichzeitig am Ringsystem des Benzols teilzunehmen; es liegt also eine ähnliche Kondensation vor, wie im Naphtalin oder im Inden, wo zwei gemeinschaftliche C-Atome zwei Benzolkerne eng verknüpfen.

Durch die Anwesenheit eines kondensierten Benzolkernes werden aber die Eigenschaften und zum Teil auch die Bildungsweisen so wesentlich modifiziert, daß es berechtigt erscheint, die Benzoderivate des Pyrrols und der Azole gesondert zu betrachten, zumal der Zusammenhang mit der Muttersubstanz häufig nur konstitutiver Natur ist.

Dies tritt am deutlichsten in der größten Gruppe dieser Klasse, der Benzopyrrol- oder Indolgruppe hervor, welche als Stammtypus des Indigos eine Fülle charakteristischer Merkmale aufweist.

Die Benzopyrrole sind in zwei isomeren Formen bekannt, als α,β-(1, 2)- und als β,β-(2, 3)-Biderivate des Pyrrols:

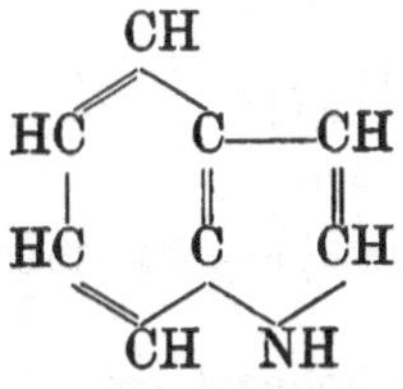

α, β-Benzopyrrol oder Indol

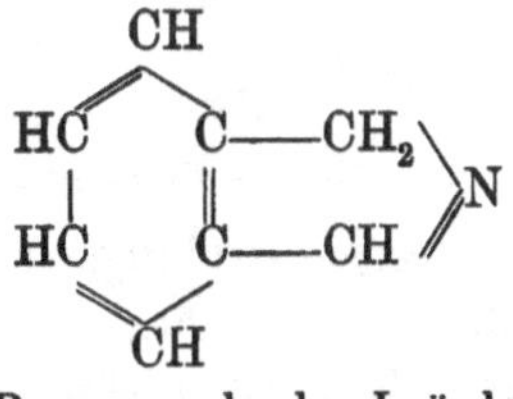

β, β-Benzopyrrol oder Isoïndol.

Die Untergruppe der Isoïndole ist im Vergleich zu den eigentlichen Indolen wenig umfangreich; wir betrachten daher zunächst die letzteren.

Die Indole[1] sind als innere Anhydride von o-Aminoderivaten des Benzols zu betrachten, da der stickstoffhaltige Fünfring sich meistens zu o-Aminosäuren des Benzols aufspalten läßt; umgekehrt werden die Indole aus letzteren durch innere Kondensation synthetisch aufgebaut.

Die Aufklärung der Konstitution der Indole, ihrer zahlreichen Derivate, des Indigos, sowie der Beziehungen des letzteren zu den ersteren haben wir hauptsächlich den umfangreichen Untersuchungen A. v. Baeyer's zu verdanken.

Die Nomenklatur der verschiedenartigen Abkömmlinge des Stammkörpers ist dadurch kompliziert, daß die Substituenten sowohl in den Pyrrolkern, als in den Phenylenrest eintreten können; diesem Umstande soll folgendes Schema gerecht werden:

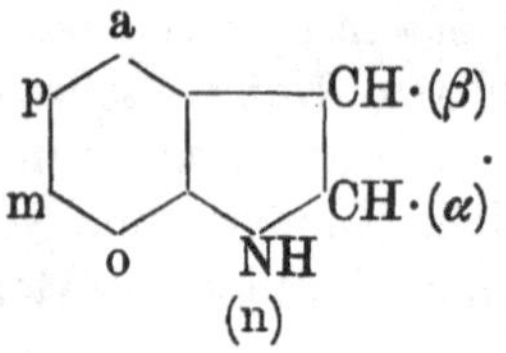

Die griechischen Buchstaben (α und β) sowie n geben den Ort der Substituenten im Pyrrolkern an, während die Buchstaben o, m, p und a (ana) den Ort der Benzolsubstituenten bezeichnen. Nach einem anderen Prinzip werden die selbständigen Ringatome jedes Systems mit Zahlen benannt.

Die Bildungsweisen des Indols, seiner Homologen und der zugehörigen Carbonsäuren — die sonstigen sauerstoffhaltigen Derivate, die Chlor- und Sulfosubstitutionsprodukte werden weiter unten behandelt — sind die folgenden:

1) durch innere Kondensation von o-Aminoderivaten des Benzols bezw. durch Reduktion von o-Nitrokörpern; z. B. (280):

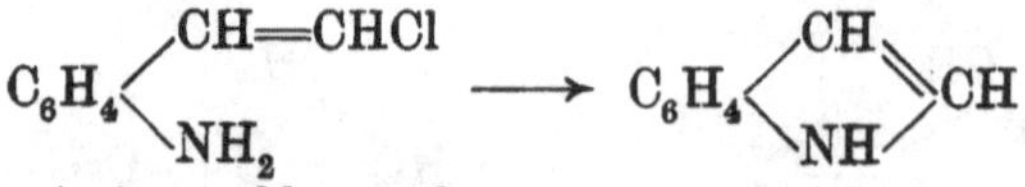

o-Amino-ω-chlorstyrol Indol

(vergl. die analoge Bildungsweise von Benzothiophen und Cumaron, S. 38 u. 32);

2) aus o-Nitrozimmtsäure oder o-Nitrophenylacetaldehyd durch Reduktion (281):

[1] Vergl. die vollkommenen Analogen des Indols, in denen an Stelle von NH, Sauerstoff oder Schwefel sich befindet, das Cumaron und das Benzothiophen (S. 31 u. 38).

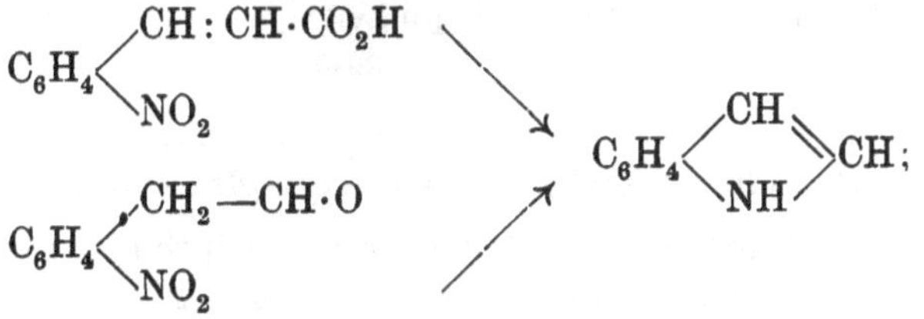

ähnlich verläuft die Darstellung aus o-Benzoylaminophenylacrylsäure unter Abspaltung von Benzoesäure (282);

3) aus o-Diaminostilben (cis und trans) beim Erhitzen mit Salzsäure im Vacuum (283):

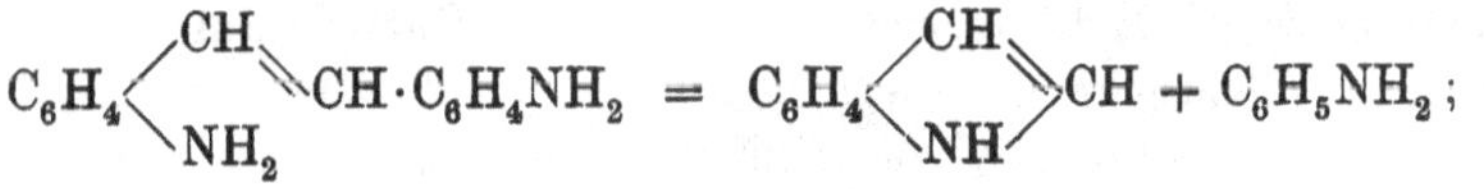

4) aus o-Aminobenzylmethylketon (284):

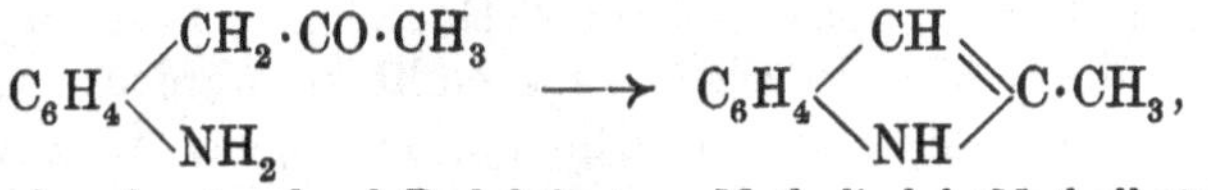

(aus o-Nitrophenylaceton durch Reduktion) α-Methylindol (Methylketol)

ebenso entsteht aus o-Aminodesoxybenzoïn: α-Phenylindol (285);

5) aus Anilinen durch Erhitzen mit Körpern der Atomkonfiguration — CO—CHCl — (286); z. B:

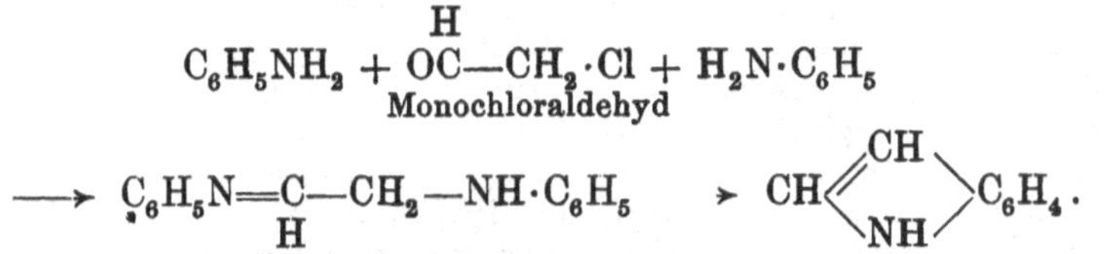

Äthenyldianilin

In ähnlicher Weise liefern β-Bromlävulinsäure und Anilin α, β-Dimethylindol (287).

6) aus den Phenylhydrazonen von Aldehyden, Ketonen und Ketonsäuren beim Erhitzen mit Chlorzink oder Salzsäure unter Abspaltung von NH_3 (Indolsynthesen von E. FISCHER) (288). Beispiele:

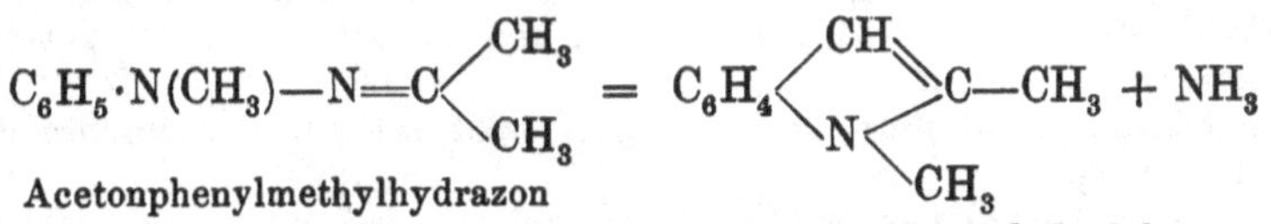

Acetonphenylmethylhydrazon n-, α-Dimethylindol

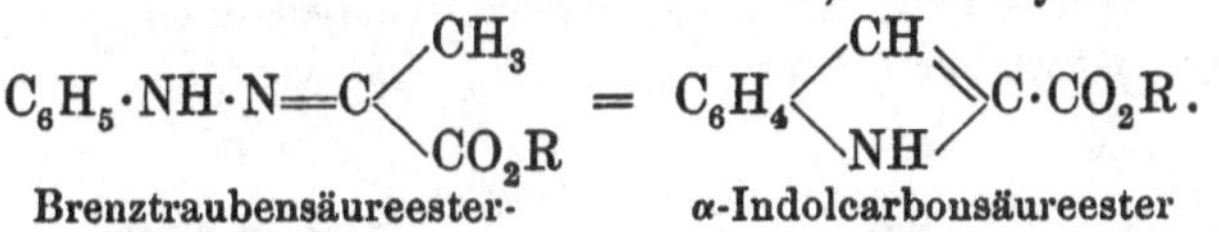

Brenztraubensäureesterphenylhydrazon α-Indolcarbonsäureester

Ebenso entsteht aus Acetophenonphenylhydrazon α-Phenylindol, aus Propylidenhydrazon β-Methylindol oder Skatol.

7) entsteht Indol auf pyrogenem Wege aus alkylierten Anilinen, namentlich aus Cumidin beim Durchleiten durch glühende Röhren (289);

8) aus Tetramethyldipyrrol erhält man mit Salzsäure Tetramethylindol unter Ammoniakabspaltung; diese Reaktion ist in der Chemie des Pyrrols besprochen worden (S. 43); Indol selbst wird aus Tripyrrol neben Pyrrol gebildet (vergl. S. 41).

Das Verhalten der Indole ist dasjenige von schwachen Basen; die im Pyrrolkern substituierten Alkylindole riechen fäkalartig und sind unzersetzt destillierbar, während die Phenylindole geruchlos und nicht flüchtig sind; sie färben wie Pyrrol einen mit Salzsäure befeuchteten Fichtenspan rot (eine Ausnahme bilden die Indolcarbonsäuren und die α,β-Dialkylindole). Während das freie Indol durch Säuren verharzt wird, lösen sich die Homologen in konzentrierten Säuren, um durch Wasser wieder ausgefällt zu werden; mit Pikrinsäure entstehen rote krystallisierte Verbindungen, in der Alkalischmelze Indolcarbonsäuren (vergl. das ähnliche Verhalten der Alkylpyrrole). Mit Diazoniumsalzen oder Säureanhydriden tritt Reaktion unter Ersatz eines Pyrrolwasserstoffes ein.

Indol schmilzt bei 52° und siedet bei 245—246° zum Teil unter Zersetzung; es ist mit den Wasserdämpfen flüchtig und riecht ähnlich wie Naphtylamin; es tritt als Zersetzungsprodukt von Eiweißstoffen bei der Pankreasfäulnis oder in der Kalischmelze auf. Indol zeigt Pyrrolreaktionen sowie Färbungen mit Isatin (grün) und Benzil (gelbbraun). Mit Natriumnitrit entsteht ein n-Nitrosoindol dem wahrscheinlich die doppelte Molekulargröße zukommt; bei der erschöpfenden Methylierung werden zunächst alle Pyrrolwasserstoffatome durch Methyl ersetzt und darauf entsteht ein Körper von der Formel eines Trimethyldihydrochinolins $C_9H_6N(CH_3)_3$, der jedoch beim Destillieren seines Jodmethylats wieder Trimethylindol, bei der Oxydation Trimethylindolinon (s. d.) liefert (290). Es bleibt somit noch unentschieden, ob wirklich ein Dihydrochinolinderivat vorliegt; durch Chloroform und Natriumalkoholat wird indessen eine Ringerweiterung zu Chinolin erreicht (291). Das Indolpikrat bildet rote Nadeln. Mit Essigsäureanhydrid entsteht n-Acetyl und β, n-Diacetylindol.

n-Methylindol (Sdp. 240—241°) (aus o-Methylaminochlorstyrol oder n-Methylindolcarbonsäure) wird durch Brom und Natronlauge zu Methyl-ψ-Isatin oxydiert (292).

n-Phenylindol (Sdp. 326—327°) entsteht aus der Carbonsäure durch CO_2-Abspaltung.

α-Methylindol oder Methylketol schmilzt bei 59° und entsteht nach Bildungsweisen 4 und 6; es liefert durch Oxydation unter Aufspaltung des Pyrrolringes o-Acetylaminobenzoesäure:

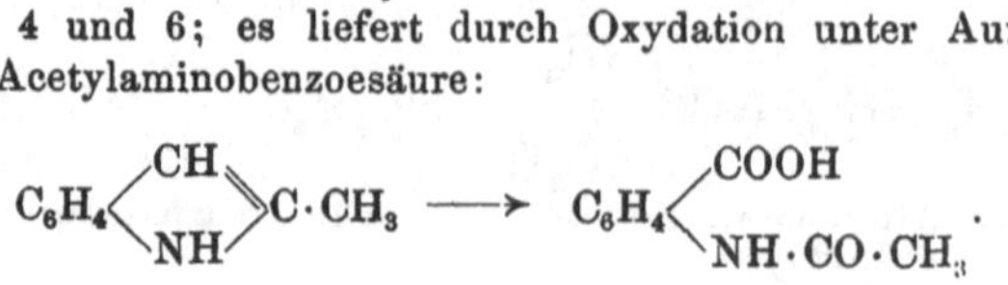

Mit Benzoylchlorid und Chlorzink entsteht salzsaures Dimethylrosindol ($C_{25}H_{20}N_2HCl$), ein dem Rosindulin analog zusammengesetzter roter Farbstoff; Methylketol reagiert außer mit Säureanhydriden und Diazoniumsalzen auch mit Aldehyden; so entsteht mit Benzaldehyd Benzyliden-di-methylketol (Schmp. 247°) (293).

β-Methylindol (Skatol) (Schmp. 95°, Sdp. 265°), synthetisch nach Bildungsweise 6., findet sich in den menschlichen Fäces und entsteht bei der Eiweißfäulnis.

α, β-Dimethylindol (Schmp. 106°, Sdp. 285°) ist aus Methyläthylketonphenylhydrazon nach Bildungsweise 6 zugänglich.

Trimethylindol (α, β, n) (Sdp. 280°) entsteht durch trockene Destillation des Methylierungsproduktes des Indols (s. o.), sowie synthetisch aus dem Methylphenylhydrazon des Methyläthylketons (294).

α-Phenylindol (Schmp. 187°), nach Bildungsweise 4 und 6 oder aus Bromacetophenon und Anilin gewonnen (295), wird auch mittels $ZnCl_2$ bei 170° durch Umlagerung aus

β-Phenylindol (Schmp. 88—89°) dargestellt (296); letzteres entsteht auch aus Phenylacetaldehydphenylhydrazon nach Bildungsweise 6.

α, β-Diphenylindol (Schmp. 123—124°) stellt man aus Benzoïn und Anilin dar (297):

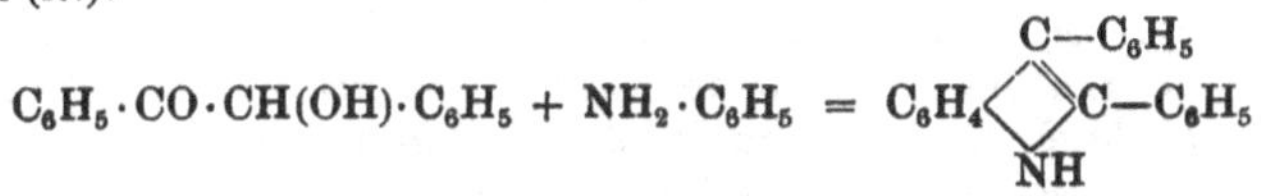

α-Naphtylindol (Schmp. 196°) entsteht aus Acetonaphtonphenylhydrazon nach Bildungsweise 6.

α- und β-Naphtindol 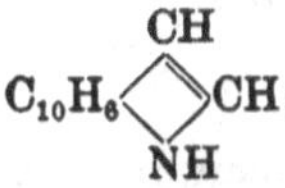; ersteres gewinnt man aus seiner α-Carbonsäure, letzteres direkt aus β-Naphtylhydrazonbrenztraubensäureester. Die α- und β-Methylhomologen entstehen aus den beiden Aceton-naphtylhydrazonen nach Bildungsweise 6 (298).

α, β-Dichlorindol (Schmp. 103—104°) aus Oxindol oder Dioxindol (s. u.) mittelst PCl_5; sehr beständig gegen Alkalien (299).

n-Methylindol-α-sulfosäure 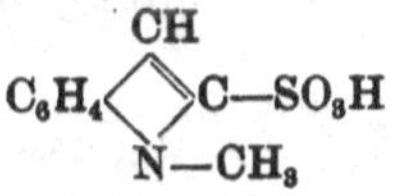 entsteht als Natriumsalz nach einer allgemeinen Methode durch Einwirkung von Glyoxalbisulfit auf Aniline oder Monoalkylaniline; z. B.:

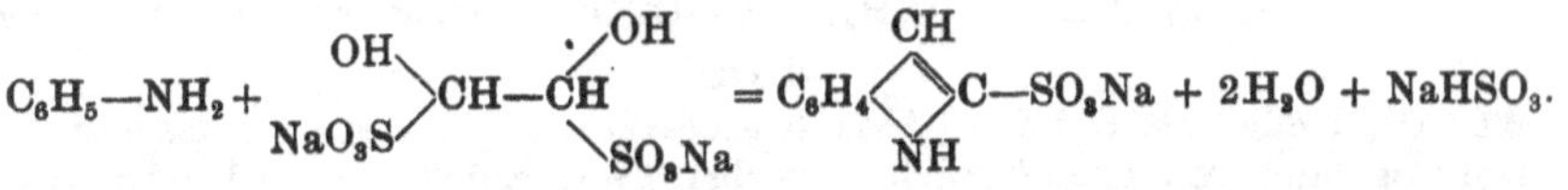

Die Sulfosalze werden durch Kochen mit Säuren in Indole bezw. Oxindole verwandelt (300).

Indolcarbonsäuren

entstehen in Form ihrer Ester aus Phenylhydrazonketonsäureestern nach Bildungsweise 6. oder in der Kalischmelze aus Alkylindolen, sowie durch Erhitzen der Indole mit Na und CO_2; die Indolcarbonsäuren liefern noch krystallisierte Pikrate.

α-Indolcarbonsäure (Schmp. 200—201°) entsteht aus ihrem Aethylester oder aus o-Nitrophenylbrenztraubensäure durch Reduktion mit Zinkstaub und Eisessig:

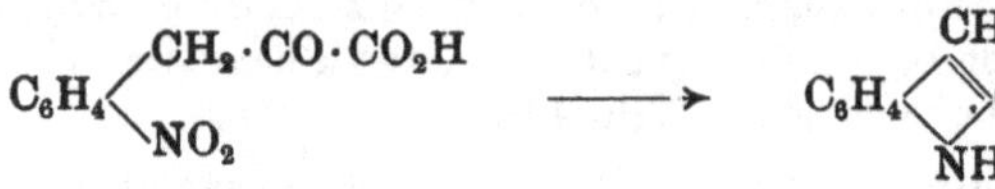

verwendet man als Reduktionsmittel Natriumamalgam, so entsteht n-Oxy-*α*-indolcarbonsäure[1], die auch aus o-Nitrobenzylmalonsäure mittelst Alkali erhältlich ist. Durch Kochen der *α*-Indolcarbonsäure mit Essigsäureanhydrid wird ein Imin anhydrid gebildet (301).

β-Methyl-*α*-indolcarbonsäure (Skatolcarbonsäure) wird aus Phenylhydrazinpropionylameisensäureester dargestellt und schmilzt bei 163—164°; sie ist ein Produkt der Fleischfäulniß (302).

β-Indolcarbonsäure (Schmp. 214°) bildet sich aus Skatol in der Kalischmelze oder durch Erhitzen von Indol und Natrium im CO_2-Strom (303).

m-, *α*-Indoldicarbonsäure (Schmp. 250° u. Z.)

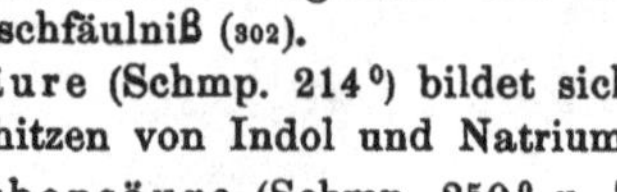

entsteht aus Hydrazinbenzoëpyrotraubensäure (mittelst $ZnCl_2$), welche ihrerseits aus Brenztraubensäure und m-Hydrazinbenzoësäure zugänglich ist (304).

Oxyindolderivate.

Die wichtigste Verbindung dieser Reihe ist das *β*-Oxyindol oder Indoxyl, 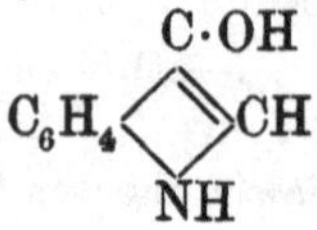, das Phenol der Indolgruppe, welches

---

[1] Von der Konstitution 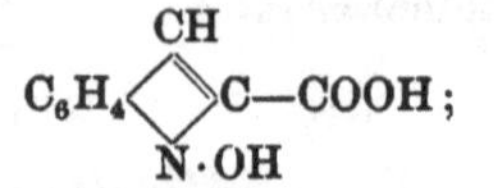; liefert bei der Oxydation mit CrO_3 Isatin, mit $KMnO_4$ o-Azoxybenzoësäure; der Wasserstoff des n-Hydroxyls ist durch Alkyle und Acyle ersetzbar. Wasserstoffsuperoxyd oxydiert zu Indoxin, einem dem Indigo ähnlichen Farbstoff, der aber unbeständig und alkalilöslich ist; die n-Oxyindolcarbonsäure geht in konz. schwefelsaurer Lösung an der Luft in Indigo über.

aber auch nach der tautomeren Ketonform 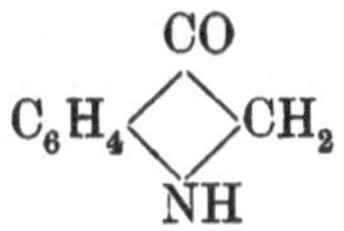 (Dihydroketoindol) zu reagieren vermag.

Indoxyl entsteht aus seiner α-Carbonsäure (**Indoxylsäure**, s. u.) durch Kohlensäure-Abspaltung, sowie aus Indoxylschwefelsäure bezw. aus Indigo in der Kalischmelze unter Luftabschluß. Es ist ein braunes, leicht verharzendes, nicht flüchtiges Öl, das in alkalischer Lösung Sauerstoff absorbiert unter Bildung von Indigoblau (s. d.); Indoxyl fluoresziert gelb in Wasserlösung und löst sich mit roter Farbe in konz. HCl. Das Wasserstoffatom des Hydroxyls ist durch Alkyle ersetzbar unter Bildung von Äthern (305).

Indoxylschwefelsäure, $C_8H_6NO \cdot SO_3H$, entsteht als Kalisalz beim Erwärmen von Indoxyl mit Kaliumpyrosulfat; findet sich im Harn der Pflanzenfresser, aber auch im Menschenharn bei Eiweißnahrung, und da Eiweiß bei der Pankreasverdauung entsteht, bei Eingabe von Indol (sog. **Harnindikan**) (306). Das Kaliumsalz wird durch Säuren rückwärts zersetzt in Indoxyl und Kaliumpyrosulfat; das trockene Salz liefert beim Erhitzen Indigoblau, das sich auch aus Indoxyl durch Oxydation mit $FeCl_3$ bildet. **n-Benzyl-β-benzyloxyindol** (aus indoxylschwefelsaurem Kali durch Schütteln mit Benzylchlorid) schmilzt bei 166 ° (307). **Indoxyl-α-carbonsäure (Indoxylsäure)** 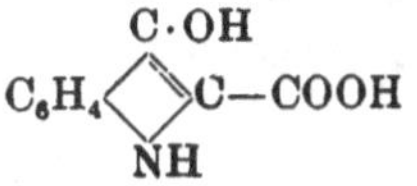 schmilzt bei 123 ° u. Z. und wird aus ihrem Äthylester durch Verseifung gewonnen; letzterer ist das Einwirkungsprodukt von Schwefelammonium auf o-Nitrophenylpropiolsäureester (308):

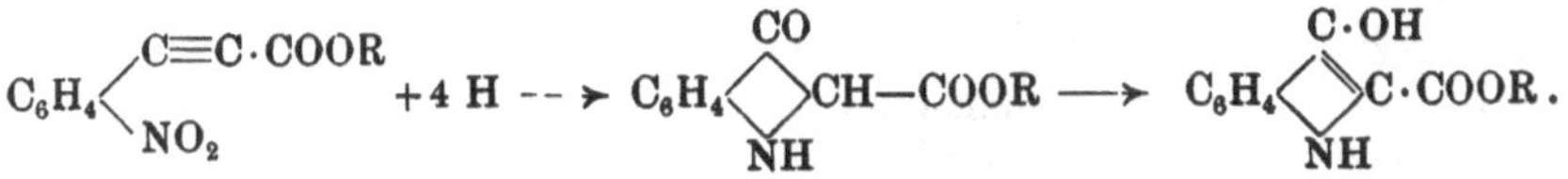

Pseudoindoxylsäureester　　　Indoxylsäureester

Dieser Methode schließt sich neuerdings eine höchst einfache Synthese des Indoxylsäureesters an, nämlich die innere Kondensation von Anilidomalonsäureester nach folgender Gleichung (309):

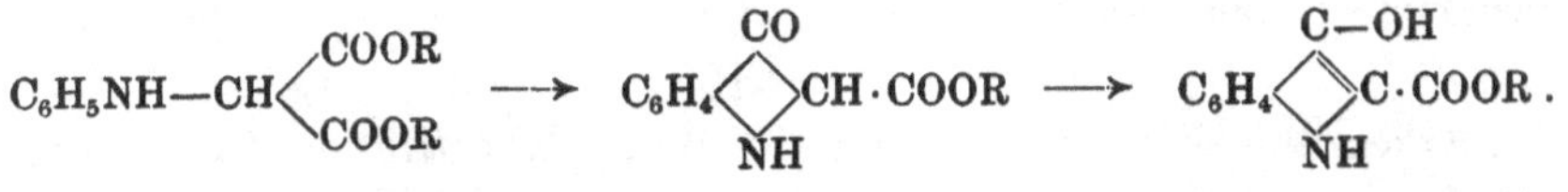

Diese Reaktion ist allgemeiner Natur und erlaubt die Darstellung homologer und substituierter Indoxylsäureester und damit des Indigos und seiner Derivate in großem Maßstabe.

Die freie Indoxylsäure kann direkt erhalten werden durch Schmelzen von Phenylglycin-o-carbonsäure mit Ätznatron (310); die verdünnte alkalische Lösung der Säure absorbiert Luftsauerstoff unter Bildung von Indigoblau. Der Ester der Indoxylsäure liefert durch Oxydation den sogen. Indoxanthinsäureester 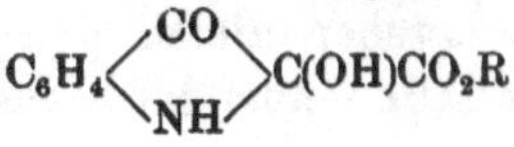

(s. u.) (311), während durch warme konz. Schwefelsäure Indigosulfosäure erzeugt wird. Der Äthylester ist ebenfalls alkalilöslich und läßt sich am Hydroxyl ätherificieren, worauf durch Verseifung eine Äthylätherindoxylsäure

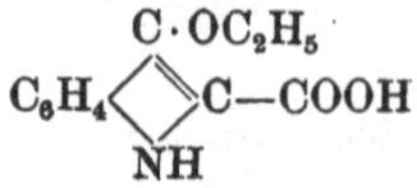 (Schmp. 160 °)

gebildet wird, die durch CO_2-Abspaltung in β-Äthylindoxyl, durch salpetrige Säure in Isonitrosopseudoindoxyl 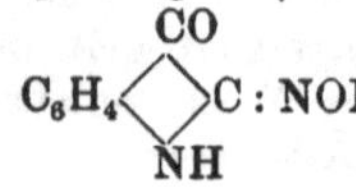 übergeht (312).

Die letztgenannte Reaktion ist eine der schon oben angedeuteten, in welchen das Indoxyl (bezw. seine Säure) in der tautomeren Ketoform

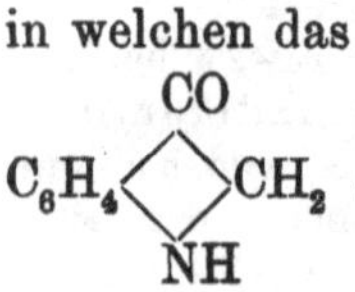 auftreten; da dieselbe sich vom Dihydroindol ableitet, so sei an dieser Stelle nur darauf aufmerksam gemacht, daß der zweite wichtige Fall dieser Art in dem Verhalten des (Pseudo-) Indoxyls gegen Aldehyde und Ketone liegt, wie das nachfolgende allgemeine Schema ausdrücken soll:

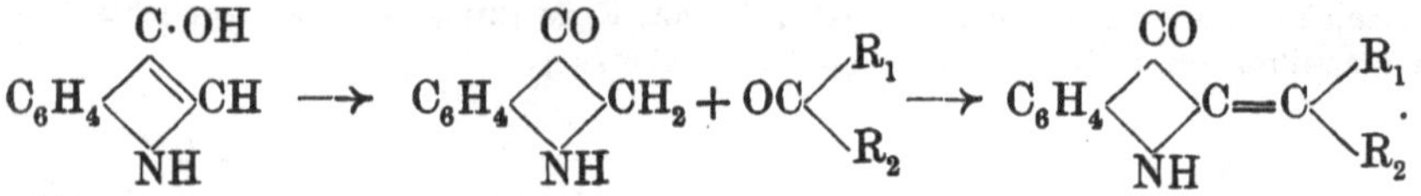

Indoxyl (β-Oxyindol) — Pseudindoxyl (β-Ketodihydroïndol)

Die durch Wasseraustritt zwischen der Methylen- und der Ketongruppe erhaltenen Körper heißen Indogenide, während das zweiwertige Radikal 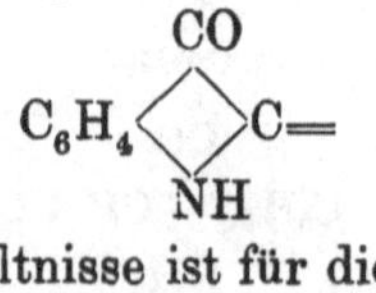 Indogen genannt wird. Die Erkenntnis dieser Verhältnisse ist für die Konstitutionserforschung des Isatins, des sogenannten Indirubins und des Indigoblaues von großer Bedeutung geworden.

Indoline oder Dihydroïndole

entstehen gleich den Pyrrolinen (Dihydropyrrolen) durch saure Reduktion aus den homologen Indolen; das einfache Dihydroindol ist jedoch noch nicht isoliert worden. Durch die Anlagerung von zwei Wasserstoffatomen wird der basische Charakter verstärkt: die Dihydroïndole lassen sich in dieser Beziehung etwa den Alkylanilinen und Tetrahydrochinolinen an die Seite setzen: Indoline werden durch Silbersulfat wieder rückwärts oxydiert und sind mit den Wasserdämpfen flüchtig (313).

n-Methyldihydroindol (Sdp. 216°) riecht piperidinähnlich, ebenso

Dihydromethylketol (Dihydro-α-methylindol), das bei 227—28° siedet; letzteres verhält sich zum Tetrahydrochinaldin (s. d.), wie Äthylanilin zu Propylanilin:

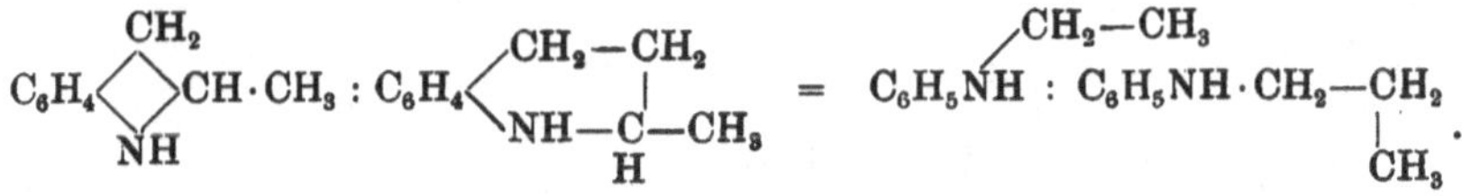

Dihydromethylketol Tetrahydrochinaldin

Diese sogenannte „cyklische Homologie" ist um so bemerkenswerter, als die beiden Stammkörper, Indol (Fünfring) und Chinolin (Sechsring) sich sehr verschieden verhalten.

Das Dihydro-α-methylindol liefert ein echtes Nitrosamin, das sich durch Salzsäure in eine p-Benzonitrosoverbindung verwandelt, die nun ihrerseits wieder ein Nitrosamin liefert:

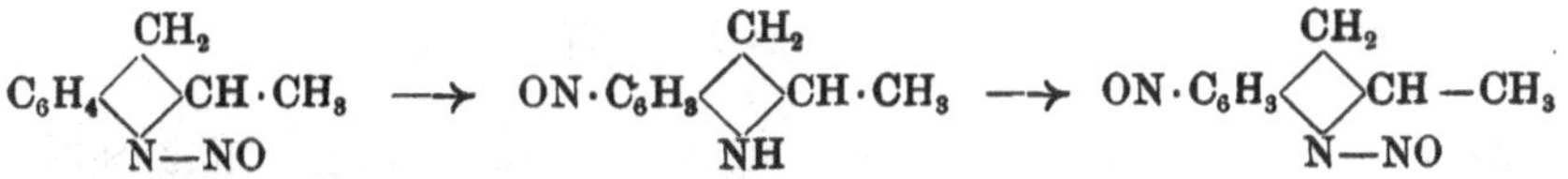

Dihydromethylketol wird durch $KMnO_4$ zu

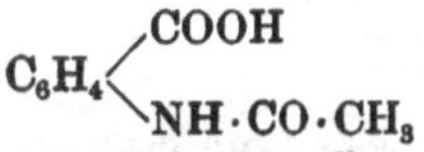

oxydiert und kondensiert sich mit Diazoniumchloriden am Imidwasserstoff zu Körpern vom Typus des Diazoamidobenzols (314); mit Malonester wird in zwei Reaktionsphasen ein tricyklisches Gebilde erzeugt (315):

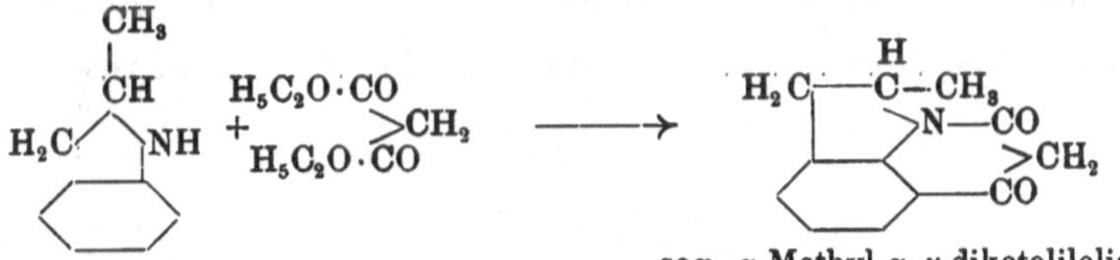

sog. α-Methyl-α, γ-diketolilolidin (näheres s. u Sechsringe).

Dihydroskatol

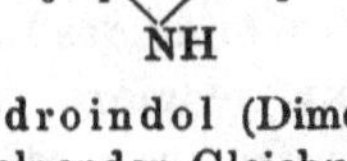

siedet bei 231—232° (316).

α, α-Dimethylhydroindol (Dimethylindolin) vom Sdp. 229—231° entsteht synthetisch nach folgender Gleichung (317):

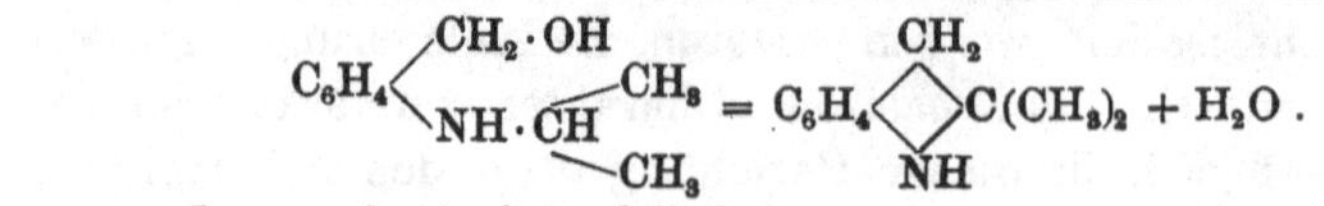

o-Isopropylaminobenzylalkohol

n, β, β-Trimethylindolin 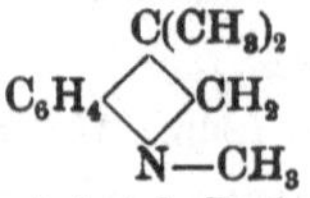 (Sdp. 224—227°) entsteht aus dem entsprechenden Indolinol (s. u.) durch Reduktion (318).

Indolinole und Indolinone
(Sauerstoffhaltige Indoline).

Die einfach hydroxylierten Indoline sind wenig studiert worden: der einzige Vertreter dieser Untergruppe ist das Trimethylindolinol 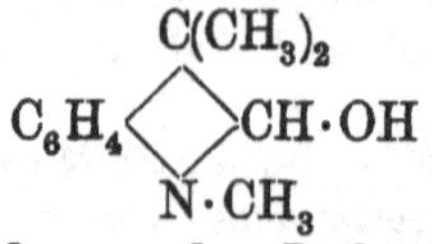 (Schmp. 97—98°), welches aus dem Methylphenylhydrazon des Isobutylaldehyds:

$$C_6H_5\cdot(CH_3)N{-}N{=}CH{-}CH\cdot(CH_3)_2$$

mittelst Chlorzink entsteht (319); dieser Alkohol liefert mit Salzsäure Trimethylindol und durch Oxydation Trimethylindolinon 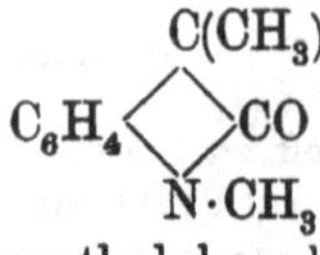 vom Schmp. 50°. Letzteres wird auch aus Isobutyrylmethylphenylhydrazid gewonnen, wie sein niederes Homologes, das n, β-Dimethylindolinon aus dem entsprechenden Propionylhydrazid (320).

Das Trimethylindolinon ist ein Homologes des Oxindols

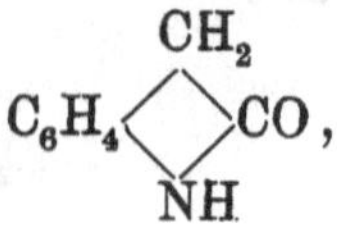

des ersten Repräsentanten aus der wichtigen Reihe, der Indolinone (Ketodihydroindole), auf die schon früher (S. 103) aufmerksam gemacht wurde gelegentlich der Beschreibung des Indoxyls, welches auch als β-Ketodihydroindol (Pseudindoxyl) reagiert. Das Oxindol ist demgegenüber als α-Ketodihydroindol aufzufassen, dem sich dann noch das α,β-Diketodihydroindol 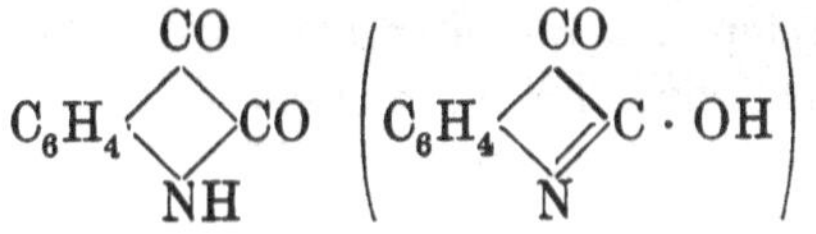 oder

Isatin anschließt.

Die genetischen und konstitutiven Beziehungen dieser Indolinone ergeben sich aus folgendem Schema:

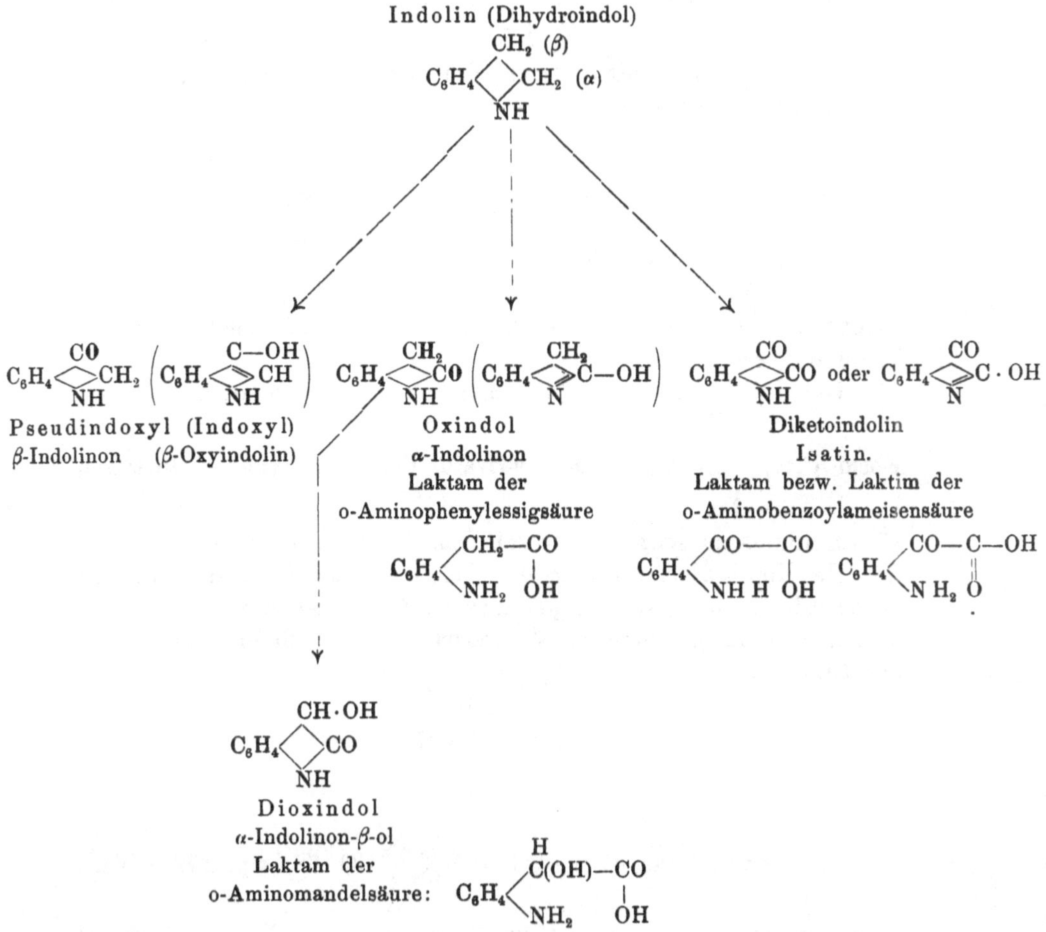

Aus den beigefügten Bezeichnungen erhellt schon, daß diese sauerstoffhaltigen Indoline nichts weiter sind, als die inneren Anhydride von o-Aminocarbonsäuren des Benzols, welche

im freien Zustande nicht beständig sind. Die Tautomerie des Isatins wird hervorgerufen durch die verschiedenartige Kondensation des Carboxyls mit der Aminogruppe: bleibt das Carbonyl der Carboxylgruppe stehen, so liegt die Laktamform vor, bleibt das Hydroxyl erhalten, so handelt es sich um die Laktimform.

Die Oxindole 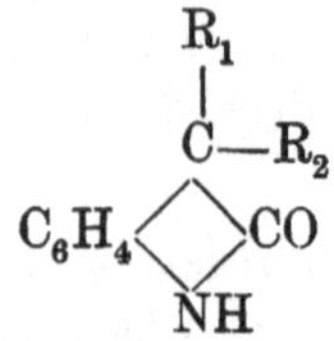

entstehen nach einer allgemeinen Reaktion, nämlich durch Erhitzen der Phenylhydrazide von Fettsäuren mit Kalk (321):

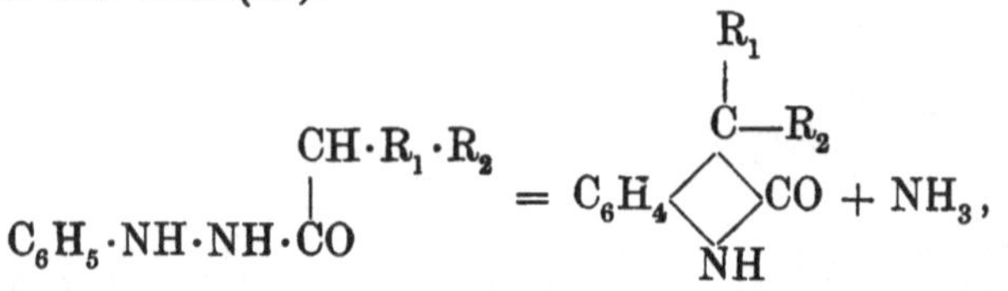

welche der Bildungsweise 6 der Indole analog ist (Beispiel Trimethylindolinon vergl. S. 106).

Die Indolinone vermögen auch in der tautomeren Laktim-Form 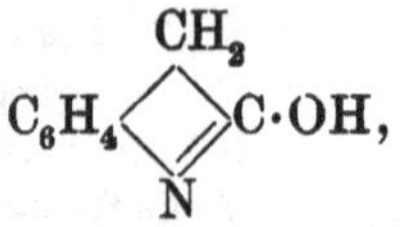

als Derivate des unbekannten tertiären Dihydroindols zu reagieren (vergl. Laktimform des Isatins).

Das Imidwasserstoffatom der Indolinone ist durch Acetylierung nachweisbar; durch salpetrige Säure wird aber kein Nitrosamin gebildet, sondern es entsteht als Derivat der Pseudoform das Oxim des Isatins:

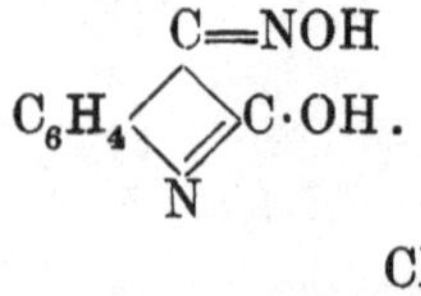

Das gewöhnliche Oxindol 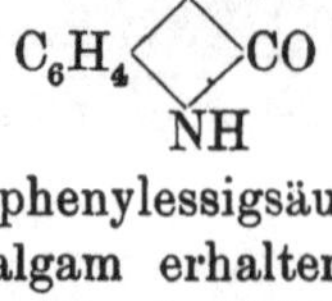

(Schmp. 122°) wird durch saure Reduktion der o-Nitrophenylessigsäure oder aus Dioxindol durch Reduktion mit Natriumamalgam erhalten; ferner entsteht es aus Isatin durch Reduktion, sowie durch Erhitzen von Acetphenylhydrazid mit Kalk auf 200—220° (s. o.); es bildet sowohl ein Chlorhydrat, als auch ein Silbersalz (322).

Bemerkenswert ist, daß der heterocyklische Ring selbst durch alkalische Agentien (Barytwasser) erst bei 150° unter Bildung von o-aminophenylessigsaurem Baryum gesprengt wird; PCl_5 bildet Dichlorindol (vergl. S. 101).

Aminooxindole sind bekannt als Benzoderivate, z. B.:

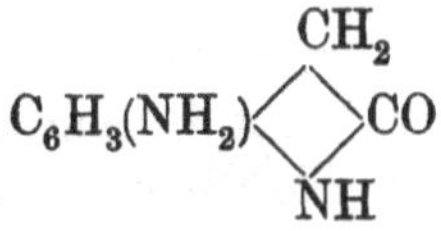

(323)

(aus Dinitrophenylessigsäure) und als Pyrroderivate, z. B.:

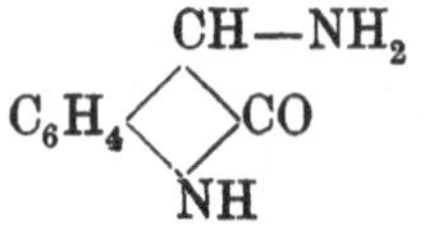

(324)

(durch Reduktion des oben erwähnten Isatoxims).

β-Methylindolinon (Schmp. 113° bezw. 123°) entsteht durch Reduktion der o-Nitrohydratropasäure oder aus Propionylphenylhydrazid; ebenso β-Phenylindolinon (Schmp. 183°) aus Phenylessigsäurephenylhydrazid (325).

Dioxindol (β-Oxy-α-indolinon oder α-Indolinon-β-ol)

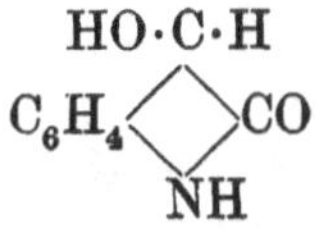

ist das Laktam der o-Aminomandelsäure; es entsteht sowohl durch Oxydation von Oxindol, als durch Reduktion von Isatin (mittelst Zn-Staub und verd. HCl); es schmilzt bei 180° zu einer violetten Flüssigkeit; die wässerige Lösung absorbiert an der Luft Sauerstoff unter Bildung von Isatin und Isatid (s. u.); Alkalien spalten den Indolring zu Salzen der o-Aminomandelsäure auf; Salzsäure bildet noch ein Hydrochlorid. Das n-Acetyldioxyindol schmilzt bei 127° (326).

Isatin (Diketodihydroindol) 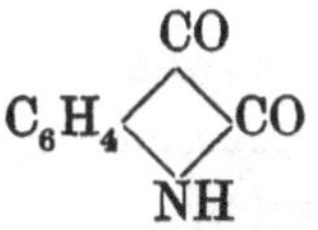

bezw. 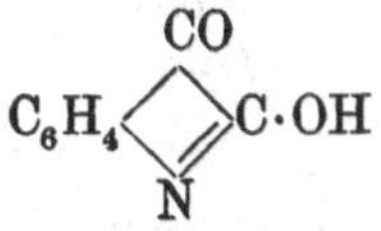

stellt die höchste Oxydationsstufe des Indols dar und ist zuerst durch Oxydation von Indigo erhalten worden.

Dem freien Isatin scheint die Laktimformel zuzukommen, man bezeichnet daher die von der Diketoformel sich ableitenden Derivate als Pseudo- oder ψ-Isatinverbindungen; sie sind natürlich auch diejenigen, welche n-Abkömmlinge bilden. Die β-Ketogruppe findet sich somit in beiden isomeren Reihen vor: sie ist auch diejenige welche echten Ketoncharakter (z. B. gegen Hydroxylamin, Phenylhydrazin u. s. w.) zeigt. Die α-Ketogruppe ist weniger reaktionsfähig, vermag aber mit der β-Gruppe zusammen als α-Diketon zu reagieren, z. B. mit Orthophenylendiaminen.

Die Äther des Isatins, ebenso die Salze — die Alkalisalze gehen unter Aufnahme von Wasser leicht in isatinsaure Salze über — sind jedoch Abkömmlinge der Laktimkonfiguration, wie folgendes Schema zeigt:

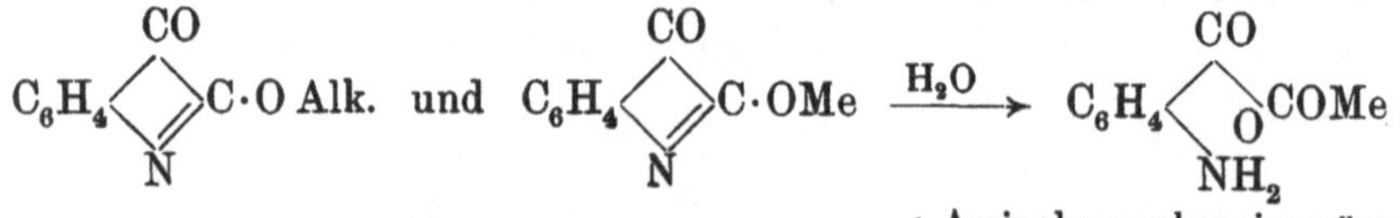

o-Aminobenzoylameisensäure
(Isatinsäure)

Während aber die aus diesen Salzen durch Umsetzung mit Alkyljodiden hervorgehenden O-Äther leicht in sog. Isatoïde übergehen, sind die ψ- oder n-Äther 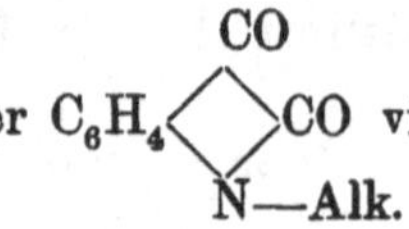 viel beständiger, da sie nur durch starke Alkalien in substituierte o-aminobenzoylameisensaure Salze verwandelt werden.

Die Bildung des Isatins erfolgt:

1) wie schon erwähnt, durch Oxydation von Indigo mit Salpetersäure (327);

2) durch Oxydation von Aminooxindol (s. o.), welches durch Reduktion von Isatoxim entsteht; dieser Prozeß verläuft in folgenden Phasen:

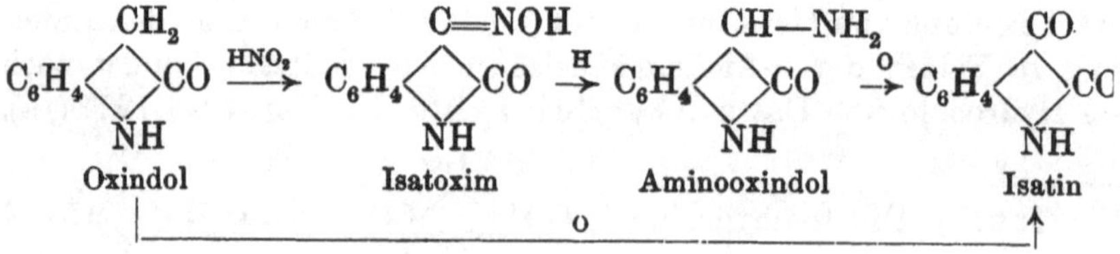

wie im Schema angedeutet ist, kann man auch direkt vom Oxindol bezw. Dioxindol zum Isatin gelangen (328);

3) aus o-Nitrophenylpropiolsäure durch Kochen mit Alkali oder Lösen in Schwefelsäure; hierbei entsteht zunächst durch Umlagerung die sog. Isatogensäure, die sofort CO_2 verliert (329):

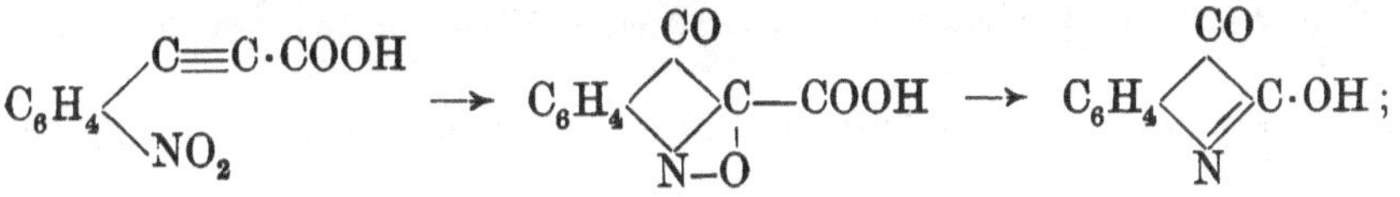

o-Nitrophenylpropiolsäure — Isatogensäure — Isatin

wird während dieses Prozesses gleichzeitig reduziert, so entsteht Indigo.

Isatin schmilzt bei 201° und bildet orangerote, alkalilösliche[1] Prismen. Das **Verhalten** des Isatins ist auf Grund seiner Tautomerie ein sehr mannigfaltiges; es zeigt außerdem eine Reihe von Farbenreaktionen, z. B. die Indopheninreaktion (tiefblau), wenn seine konz. schwefelsaure Lösung mit thiophenhaltigem Benzol geschüttelt wird:

a) **Oxydation**: mit Chromsäure liefert das Isatin eine Substanz, die bisher als „Isatosäure" $C_6H_4\left\langle \begin{array}{l} N—COOH \\ | \\ CO \end{array}\right.$ (Anthranilcarbonsäure) galt, deren Konstitution aber neuerdings durch die Formel $C_6H_4\left\langle \begin{array}{l} NH—CO \\ \quad\quad | \\ CO—O \end{array}\right.$ (sogenanntes Isatosäureanhydrid) wiedergegeben wird, da sie u. a. synthetisch aus Anthranilsäure und Phosgen zugänglich ist:

$$C_6H_4\left\langle \begin{array}{l} NH_2 \\ COOH \end{array}\right. + \begin{array}{l} Cl \\ Cl \end{array}\!\!\rangle CO = C_6H_4\left\langle \begin{array}{l} NH \cdot CO \\ \quad\quad | \\ CO—O \end{array}\right. + 2HCl.$$

Die diesem Anhydrid entsprechende zweibasische Säure ist **nicht** bekannt, wohl aber ihre sauren und neutralen Ester. Salpetersäure oxydiert das Isatin zu Nitrosalicylsäure (330).

b) **Reduktion**: mit Schwefelammonium oder Zinkstaub und Eisessig entsteht **Isatyd**, das Pinakon des Pseudisatins:

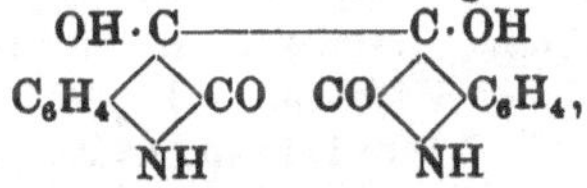

das mit Alkalien einen dunkelrosenroten, dem Indigo isomeren Farbstoff, das **Indin**, neben Isatinsäure liefert. Schwefelwasserstoff reduziert Isatin zu Dithioisatyd (331).

c) **Halogene** substituieren im Benzolkern: **Chlorisatin** C_6H_3Cl

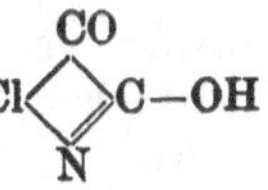

schmilzt bei 243°; PCl_5 liefert hingegen **Isatinchlorid** C_6H_4

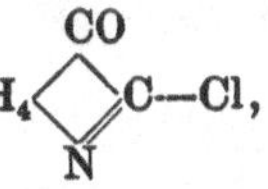

das durch Schwefelammon in Indigoblau verwandelt wird (332).

---

[1] Die kalt bereiteten Lösungen der Alkalisalze sind dunkel**rot** gefärbt; beim Erwärmen tritt Farbenumschlag nach **gelb** ein durch Bildung von isatinsauren Salzen.

d) Ammoniak wirkt in sehr komplizierter Weise ein: das Hauptprodukt ist das sogenannte Imesatin 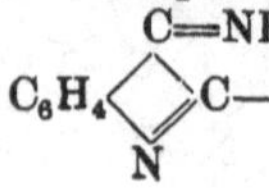; analog ist die Wirkung der primären Amine. Das Phenylimesatin 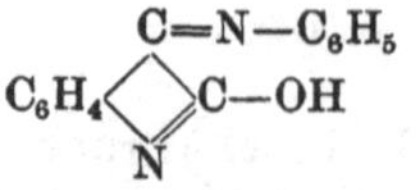 entsteht auch aus Anilin und Dichloressigsäure. Die Imesatine zerfallen durch Alkalien in ihre Componenten (333). Mit o-Phenylendiamin reagiert Isatin in der Diketo-Form (s. o.) (334):

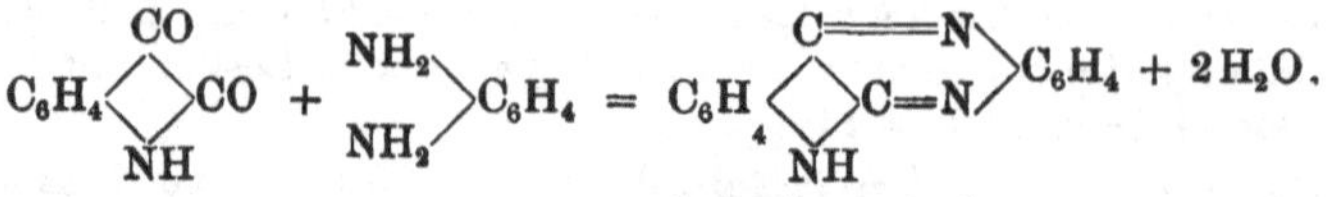

Indophenazin.[1]

Ein sekundäres Amin, wie Piperidin bewirkt Ersatz des β-Ketosauerstoffes durch zwei Piperidinreste (335):

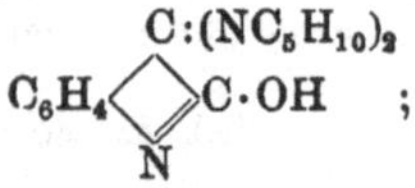 ;

dieser Körper verwandelt sich durch Einwirkung von Säureanhydriden in Isatinblau.

e) Phenole und Kohlenwasserstoffe kondensieren sich mit Isatin ebenfalls am β-Ketonsauerstoff unter Wasseraustritt, z. B.

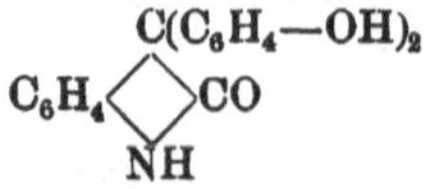 Diphenolpseudoisatin (Schmp. 220°);

ebenso verhalten sich Furfuran, Pyrrol und Thiophen; letzteres liefert den blauen Farbstoff Indophenin (336).

f) Isonitrosoverbindungen des Isatins existieren in zwei isomeren Formen: das gew. β-Isatoxim 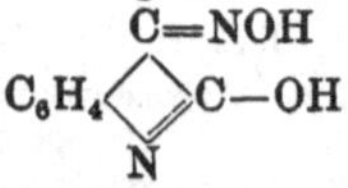 (Schmp. 202° u. Z.) entsteht, wie schon erwähnt, aus Oxindol mit salpetriger Säure oder aber direkt aus Isatin mit Hydroxylamin; es liefert einen Mono- und einen Diäthyläther, welche beide zu Isatin verseifbar sind: das Alkyl sitzt also nicht am Stickstoff. Die n-Alkyl-(ψ)-isatine

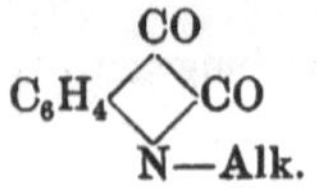

liefern auch n-Alkylpseudisatoxime 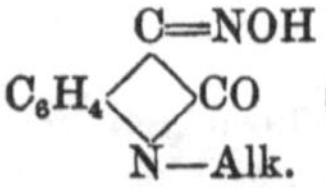 (337).

[1] Vergl. das Kapitel „Phenazin" unter den sechsgliederigen Heteroringen.

Das α-ψ-Isatoxim (Zersp. gegen 200°) wird durch N_2O_3 aus Äthylindoxylsäure gebildet (338):

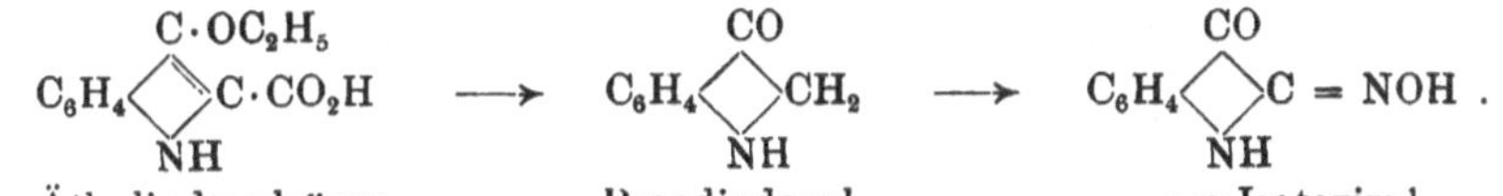

Äthylindoxylsäure — Pseudindoxyl — α-ψ-Isatoxim[1]

Ein Dioxim ist nur aus n-Acetyl-ψ-Isatin (aus Isatin und Acetanhydrid) erhalten worden (339):

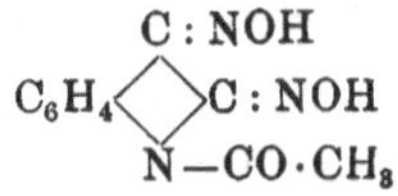
(Schmp. gegen 240°).

Phenylhydrazin liefert ein β-Phenylhydrazon des Isatins vom Schmp. 210—211°, Semicarbazid bildet ein Semicarbazon der folgenden Formel (340):

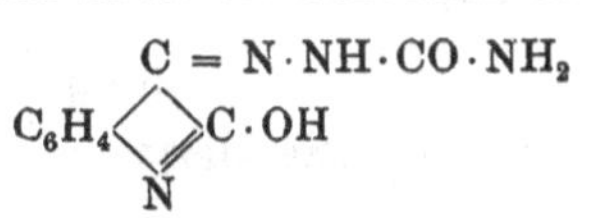

p-Tolisatin, 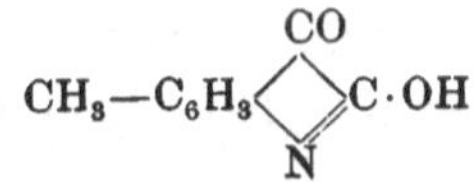 schmilzt bei 187°.

α- und β-Naphtisatin (aus den entsprechenden Naphtoxindolen) schmelzen bei 255 bezw. bei 248° (341)

Dem Isatin nahe verwandt sind: die Isatogensäure

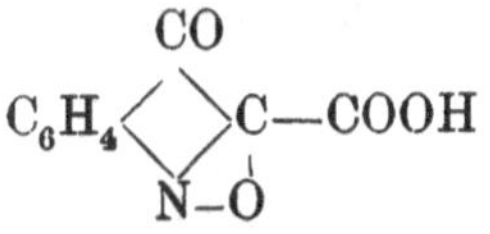
(vergl. S. 111), welche mit $FeCl_3$ den blauen Farbstoff Indoïn liefert, und die Indoxanthinsäure, deren Äthylester durch Oxydation ($FeCl_3$) von Indoxylsäureester entsteht (342):

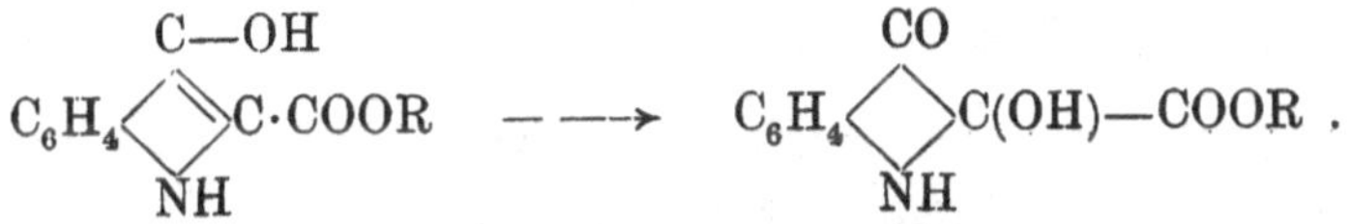

Indoxanthinsäureester

Indogenide.

Wie schon auf S. 104 angedeutet, werden Verbindungen des allgemeinen Typus 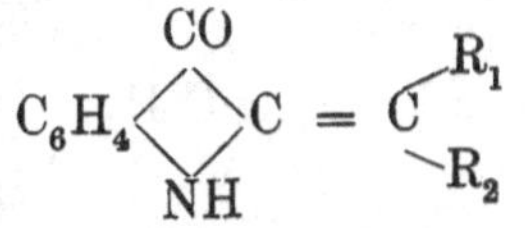 Indogenide genannt: sie

---

[1] Der Diäthyläther liefert durch Verseifung n-Äthyl-ψ-isatin.

entstehen durch Einwirkung von Aldehyden und Ketonen auf Pseudindoxyl 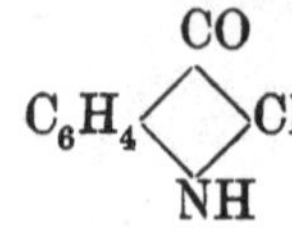 unter Austritt von Wasser an der Methylengruppe; z. B. Benzalindogenid 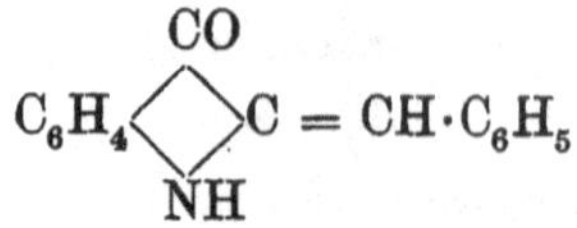 aus Indoxyl und Benzaldehyd, gelbe Nadeln vom Schmp. 175—176°, und Brenztraubensäureindogenid 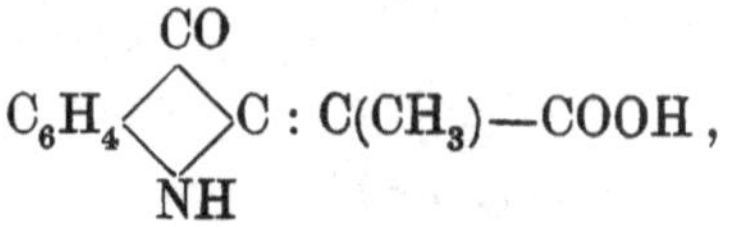, rote Nadeln vom Schmp. 197° (343).

Hierher gehört auch der dem Indigoblau isomere Farbstoff, Indirubin[1], das Indogenid des Pseudisatins:

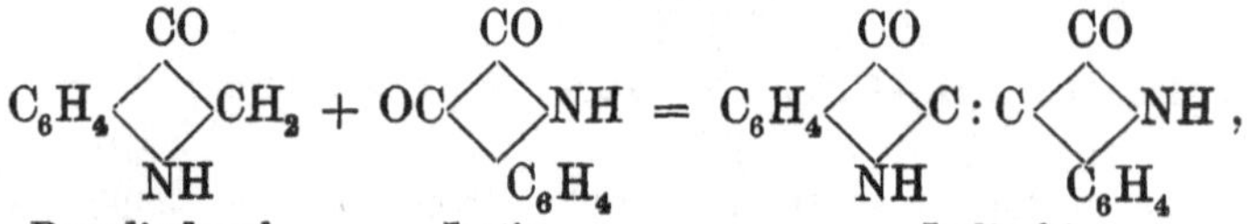

Pseudindoxyl Isatin Indirubin

dasselbe kommt im käuflichen Indigo vor und entsteht auch aus Indikan durch Säuren (Indigorot) (344).

Der Farbstoff ist sublimierbar und bildet eine Küpe (mit Chlorzinn und Natronlauge), die die Faser echt purpurblau färbt. Das Indirubin ist reduzierbar zu Indileucin.

Indigoblau

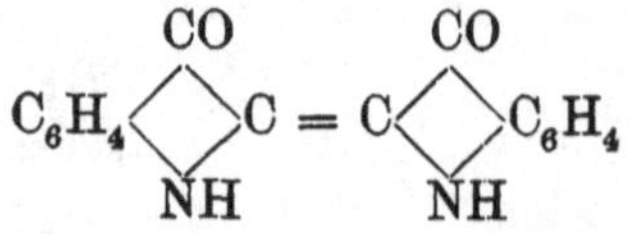

oder Indigotin erscheint auf Grund seiner Konstitutionsformel als ein spezieller Fall der oben beschriebenen Indogenide: als zwei mit einander verknüpfte Indogen-Radikale: 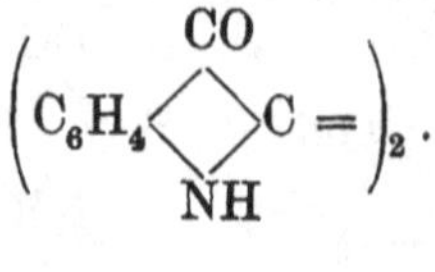.

---

[1] Aus Isatinchlorid neben Indigotin.

Geschichte, Vorkommen und Gewinnung:

Der Indigo (indicum) ist ein schon im Altertum gekannter Farbstoff, dessen Eigenschaften hochgeschätzt waren (Plinius u. a.); in Europa verbreitete er sich jedoch erst nach Auffindung des Seeweges nach Ostindien (Beginn des 16. Jahrhunderts). Seitdem hat er sich in der Färberei derart eingebürgert, daß gegenwärtig die jährliche Gesamtproduktion an natürlichem Indigo 8225000 kg im Werte von 80 Millionen Mark beträgt.

Der Indigo wird aus verschiedenen Pflanzen (Indigofera tinctoria in Indien, I. anil in Westindien, Florida und Westafrika, Isatis tinctoria in Europa u. a. m.) gewonnen, in denen er als Glykosid, sogenanntes Indikan, also nicht fertig gebildet, vorkommt. Die Umwandlung in Indigo erfolgt durch Gärung (Buttersäuregärung neben einer unerwünschten fauligen Gärung) der mit Wasser übergossenen Pflanzen innerhalb 12 Std.; die erhaltene gelbe Lösung wird durch den Luftsauerstoff oxydiert, worauf der in Flocken ausgeschiedene Farbstoff mit heißem Wasser extrahiert, gepreßt, zerschnitten und getrocknet wird. Die hochprozentigen Sorten (70—90 % Indigoblau) kommen aus Bengalen, Java und Guatemala. Die mittleren und geringeren Sorten enthalten nur 20—70 % Blau; der Rest wird durch Asche, Indigoleim, -rot und -braun gebildet, die durch successive Bearbeitung mit Essigsäure, Kalilauge und siedendem Alkohol entfernt werden können. Die völlige Reinigung erfolgt durch Reduktion[1] des Blaues mittelst Traubenzucker und Natronlauge zu Indigoweiß und darauf folgende Oxydation der geklärten Lösung an der Luft; schließlich kann der Farbstoff auch durch Sublimation gereinigt werden.

Reines Indigotin ist ein krystallinisches dunkelblaues Pulver, das im sublimierten Zustande kupferglänzende Nadeln oder Prismen bildet; der Dampf ist feuerrot mit einem Stich ins Violette.

Geschichte der Konstitutionserforschung und Synthesen:

Der Indigo galt bei den Alchymisten seines Kupferglanzes wegen als Metall bezw. als Mineral.

1841. Oxydation des Indigos zu Isatin mittelst Salpetersäure (Erdmann und Laurent).

1848. Isolierung von Anilin aus Indigo durch Destillation mit Ätzkali (Fritzsche).

1865. Succesive Reduktion des Indigos zu Dioxindol, Oxindol und Indol; letzteres wurde bald darauf aus o-Nitrozimmtsäure synthetisiert (Baeyer, Knop und Emerling).

1874. Oxydation des Indols zu Indigo durch Ozon (Nencki).

1870—1878. Konstitutionsermittelung und Aufbau des Oxindols, Verwandlung des letzteren in Isatin und des Isatins in Indigoblau (Baeyer und seine Mitarbeiter).

1879. Direkte Synthese des Isatins aus o-Aminobenzoylameisensäure (Claisen und Shadwell).

1880—1883. Endgültige Konstitutionsbeweise durch direkte Darstellungsmethoden, wie aus o-Nitrobenzaldehyd und Aceton (s. u.) (Baeyer).

[1] Im Großen erfolgt die Reduktion durch Zinkstaub und Schwefeldioxyd, (vergl. Am. Soc. **62**, 302).

1890. HEUMANN'sche Synthese aus Phenylglykokoll oder dessen Carbonsäure.

1895. Synthese aus Äthylendianthranilsäure.

1896. Allgemeine Synthese von Indigofarbstoffen aus Anilidomalonsäureestern (R. BLANK) (public. 1898).

1897. Indigo-Rein (97%) als erster konkurrenzfähiger, synthetischer Indigofarbstoff im Handel (Bad. Anilin- und Sodafabrik).

Spezielle Indigosynthesen:

1) Reduktion von Isatinchlorid (345):

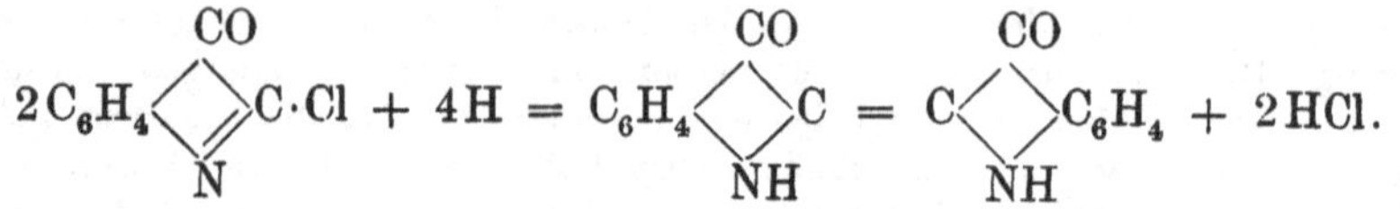

2) Oxydation von Indoxyl 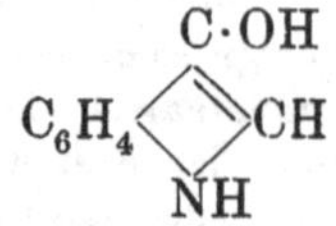 bezw. Indoxylsäure mit $FeCl_3$ und Salzsäure (vergl. S. 103) (346).

3) Synthesen mittelst o-Nitrozimmtsäure, welche ihrerseits aus ihren Elementen aufgebaut werden kann:

a) o-Nitrozimmtsäuredibromid liefert durch Abspaltung von 2HBr o-Nitrophenylpropiolsäure, welche durch Reduktion in alkalischer Lösung mittelst Traubenzucker Indigo liefert (347):

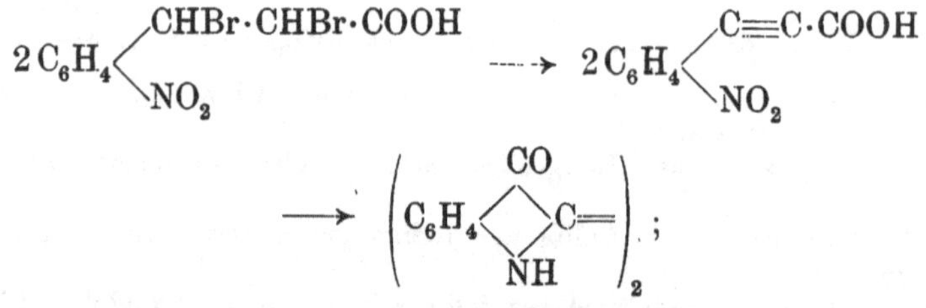

über die intermediär gebildete Isatogensäure vergl. S. 111.

b) Durch oxydative Spaltung von o-Nitrozimmtsäure entsteht o-Nitrobenzaldehyd, welcher durch Aceton zu o-Nitrophenylmilchsäuremethylketon kondensiert wird; dieses wird durch Alkali in Indigotin, Essigsäure und Wasser gespalten (348):

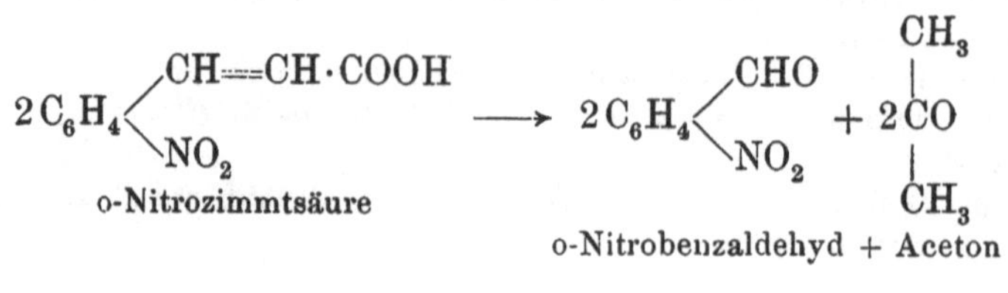

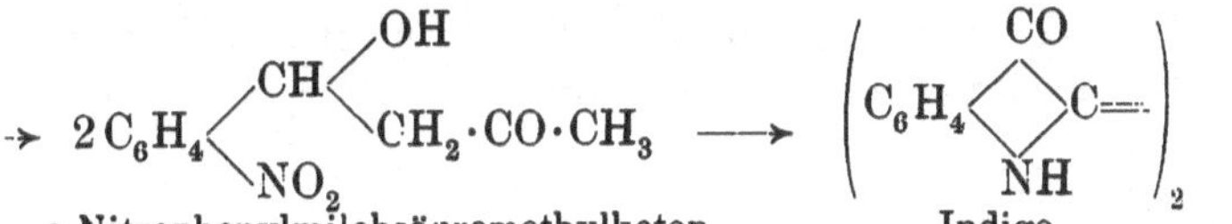

o-Nitrophenylmilchsäuremethylketon Indigo

Hierher gehört auch die Überführung von Benzyliden-o-nitro-acetophenon $C_6H_4\langle^{CO\cdot CH=CH\cdot C_6H_5}_{NO_2}$ durch Sonnenlicht in Indigotin und Benzoësäure (349).

c) Durch Kohlensäureabspaltung aus o-Nitrophenylpropiolsäure (s. o. unter a) entsteht o-Nitrophenylacetylen, dessen Cu-Verbindung durch Ferricyankalium in Di-o-nitrophenyldiacetylen verwandelt wird; aus letzterem erzeugen Alkalien Diisatogen, welches durch Reduktion in Indigo übergeht. Die Hauptphasen dieses Prozesses giebt folgendes Schema wieder:

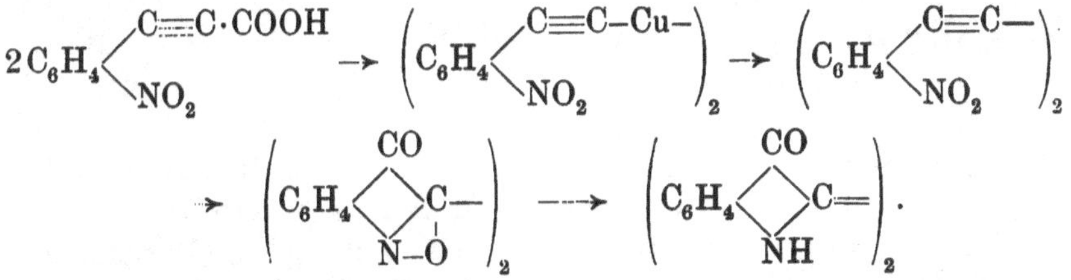

Dieser Vorgang ist theoretisch wichtig, da hierdurch das Vorhandensein zweier Indolkerne, sowie die direkte Bindung der C-Atome nachgewiesen ist; das Vorhandensein zweier Imidogruppen wurde ferner durch Überführung von Äthylpseudoäthylisatoxim[1]

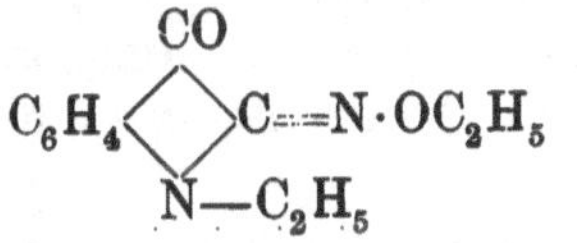

in n-Diäthylindigo bewiesen (350).

4) Aus Bromacetanilid in der Kalischmelze und durch Oxydation des zunächst erhaltenen Indoxyls (351):

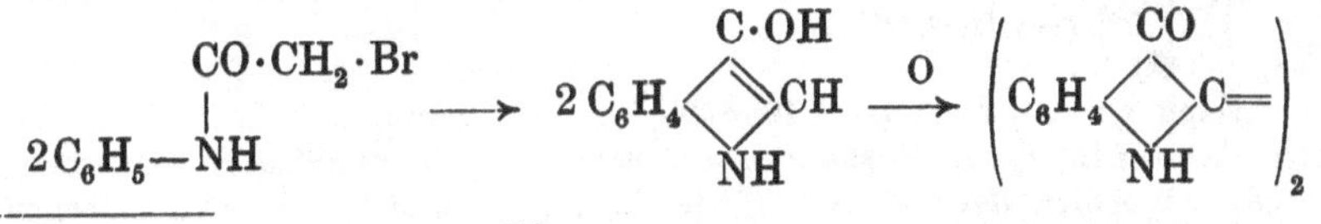

[1] Pseudoïsatoxim $C_6H_4\langle^{CO}_{NH}\rangle C=NOH$ wird durch Schwefelammon in Indig verwandelt.

5) Aus Phenylglykokoll oder dessen o-Carbonsäure[1] in der Alkalischmelze ebenfalls unter intermediärer Bildung von Indoxyl (352):

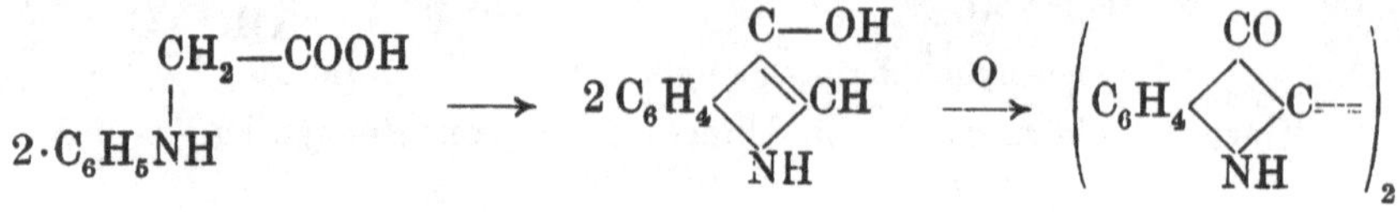

6) Aus Äthylenanthranilsäure in der Kalischmelze (353):

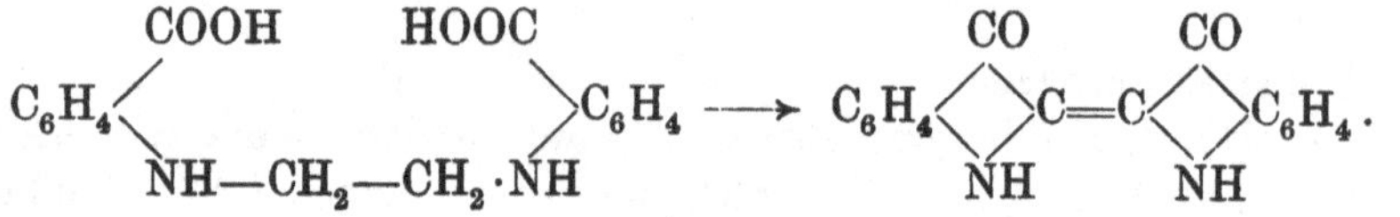

7) Aus Anilidomalonsäureester unter intermediärer Bildung von ψ-Indoxylsäureester (vergl. S. 103):

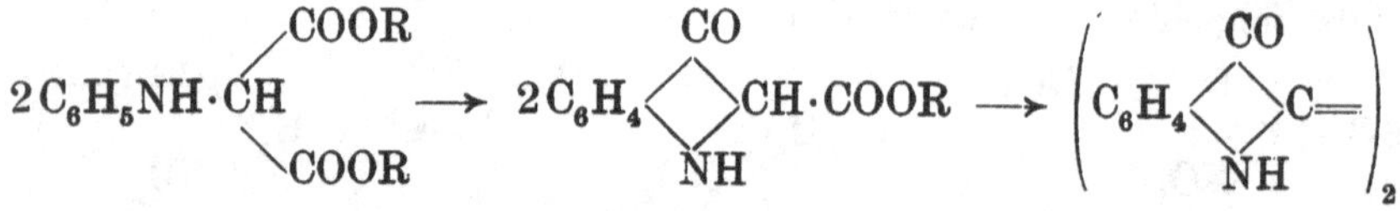

Diese Synthese erlaubt die Herstellung von Indigofarbstoffen der verschiedensten Art und wird auch technisch verwertet.[2]

In den angeführten Synthesen und genetischen Beziehungen sind die Beweise für die vorangestellte Konstitutionsformel des Indigoblaus (Diindogen) enthalten; es erübrigt noch hinzuzufügen, daß die bimolekulare Formel des Indigotins nicht nur durch die Synthesen 3c und 6. erwiesen ist, sondern auch durch die Bestimmung der Dampfdichte, welche der Formel $2(C_8H_5NO) = C_{16}H_{10}N_2O_2$ entspricht. Des Nachweises der beiden Imidogruppen sowie der Verknüpfung der beiden α-C-Atome ist ebenfalls gelegentlich der Synthese 3c gedacht.

Da der Indigo sich weder in Alkalien noch in Säuren löst,[3] so besitzt er mangels einer salzbildenden Gruppe keine direkte Verwandtschaft zur Faser;

---

[1] $C_6H_4\langle^{COOH}_{NH-CH_2\cdot COOH}$ aus Anthranilsäure und Chloressigsäure (vergl. B. **33**, 553 ff.).

[2] Nach einem Patent (No. 105869) der Bad. Anilin- und Sodafabrik wird Indigo dargestellt durch Zusammenschmelzen von Anthranilsäure mit mehrwertigen Alkoholen der Fettreihe, wie Glycerin, Mannit u. s. w. bei Gegenwart von Ätzalkalien.

[3] Indigotin ist auch in Wasser, Alkohol und Äther unlöslich, dagegen löslich in geschmolzenem Paraffin (rot), in heißem Anilin (blau), sowie in heißem Terpentinöl, woraus es in blauen Tafeln krystallisiert.

letztere kann ihm verliehen werden durch Sulfurierung (Indigosulfosäure in der sogen. Sächsischblaufärberei) oder durch Reduktion zum alkalilöslichen Indigoweiß (s. u.), mit welchem die Gewebe (Wolle und Baumwolle) durchtränkt werden; das durch Luftoxydation regenerierte Indigoblau schlägt sich dann gleichmäßig in der Faser nieder (sogen. Küpenfärberei). Ferner wird die Bisulfitverbindung des o-Nitromilchsäureketons (Indigosalz) (S. 117) oder eine Mischung von o-Nitrophenylpropiolsäure (S. 117) mit Traubenzucker oder xanthogensaurem Kali zum Zeugdruck verwendet: nach dem Dämpfen wird in beiden Fällen auf der Faser Indigoblau entwickelt.

Von direkten Substitutionsprodukten des Indigotins seien nur die folgenden erwähnt:

n-Diäthylindigo bildet tiefblaue Nadeln (Darstellung vergl. S. 117).

Bz.-3,5-dimethylindigo entsteht aus Nitro-m-toluylaldehyd nach Synthese 3 b.

m-Dichlor- und m-Dibromindigo — nach demselben Prinzip dargestellt — verhalten sich wie Indigo (354).

Dinitroindigo (aus Nitroisatin) ist zu Diaminoindigotin reduzierbar (355).

α- und β-Naphtylindigo entstehen nach Synthese 5 aus Naphtylglykokoll.

Indigodicarbonsäure wird aus o-Nitroterephtalaldehydsäure

$$C_6H_3(NO_2)(C \cdot H \cdot O)(COOH)$$

nach Synthese 3 b dargestellt (356).

Indigomonosulfosäure durch Erwärmen einer Lösung von Indigo in konz. H_2SO_4 darstellbar, bildet rote, wasserlösliche Salze.

Indigodisulfosäure entsteht durch Anwendung von rauchender Schwefelsäure; ihre Alkalisalze bilden in Teigform das Indigokarmin des Handels; die Säure entsteht auch durch Sulfurierung von Phenylglykokoll (357).

Indigoweiß (Hydroindigotin) entsteht, wie erwähnt, in der Indigoküpe, also durch Reduktion des Blaues mit Ferrosulfat, Zinnchlorür, Zinkstaub, Traubenzucker u. a.; es ist bei Luftabschluß gefällt, eine grauweiße krystallinische Masse, die in Alkalien löslich ist und mit Metallsalzen Niederschläge giebt. Wegen seines phenolartigen Charakters kommt dem Indigoweiß folgende Formel zu:

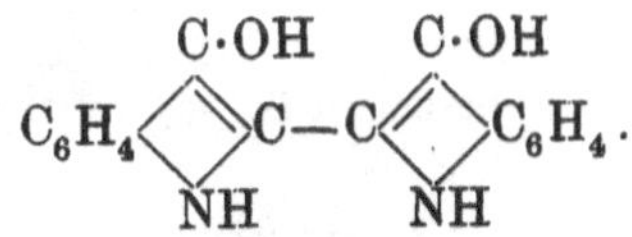

(Diindoxyl)

Es reoxydiert sich besonders im feuchten Zustande an der Luft zu Indigoblau und ist durch Zn-Staub und Barytwasser zu Indol reduzierbar; es bildet ein n-Diacetylderivat, das sich zu n-Diacetylindigotin oxydiert (358).

Indigorot, das Isomere des Blaues ist im natürlichen Indigo enthalten, **Indirubin**, das Indogenid des Pseudisatins (Formel vergl. S. 114) ist identisch mit dem **Indigopurpurin**, das neben Indigotin aus Isatinchlorid entsteht; ein dem Indigo ebenfalls isomerer Körper ist das **Indin**, das aus Isatyd mittelst Alkalien entsteht (vergl. S. 111) (359).

Indoïn, $C_{32}H_{20}N_4O_5$ (aus **Diisatogen**, $C_{16}H_{18}N_2O_4$ (vergl. S. 117) durch Reduktion mit Eisenvitriol und Schwefelsäure) ist in H_2SO_4 mit **blauer** Farbe löslich, während Indigo damit eine **grüne** Lösung liefert (360).

Indican, $C_{52}H_{34}N_2O_{34}$, ist das Glykosid des Indigotins, wie es in den Pflanzen enthalten ist; es wird durch verdünnte Säuren in Indigotin und Dextrose hydrolytisch gespalten:

$$C_{52}H_{34}N_2O_{34} + 4H_2O = C_{16}H_{10}N_2O_2 + 6C_6H_{12}O_6;$$

daneben bilden sich **Indirubin** (Indigorot) und **Indifulvin** (Indigobraun). Schließlich existieren noch **Indigogelb** und **Indigoleim** (Berzelius).

Naphtostyrile

sind kurz im Anschluß an die eigentliche Indolgruppe zu besprechen, da ihr heterocyklischer Kern ebenfalls aus vier Kohlenstoffatomen und einem Stickstoffatom besteht; während aber im Indol **zwei** C-Atome mit einem carbocyklischen System gemeinschaftlich sind, gehören im Naphtostyril **drei** Kohlenstoffatome einem Naphtalinkern an, wie dies durch folgende Formel zum Ausdruck kommt:

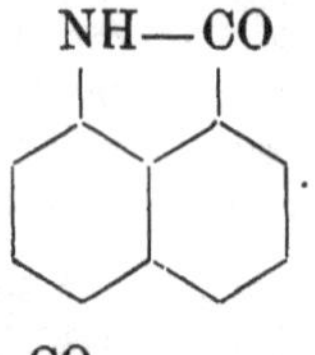

Das **Naphtostyril** $C_{10}H_6\langle{}^{CO}_{NH}\rangle$ (Schmp. 178—179°) ist das Laktam der peri-Aminonaphtoësäure

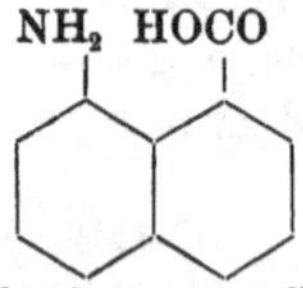

und entsteht durch Reduktion der peri-Nitronaphtoësäure; der Imidwasserstoff ist acylierbar (361).

Isoindole.

Wie schon am Eingange des Kapitels über die **Benzopyrrolgruppe** erwähnt ist, existiert außer den gewöhnlichen Indolen (α,β-Benzopyrrol) eine isomere Reihe der **β,β-Benzopyrrole** oder **Isoindole**, welche sich von einer hypothetischen Grundsubstanz der folgenden Konstitution

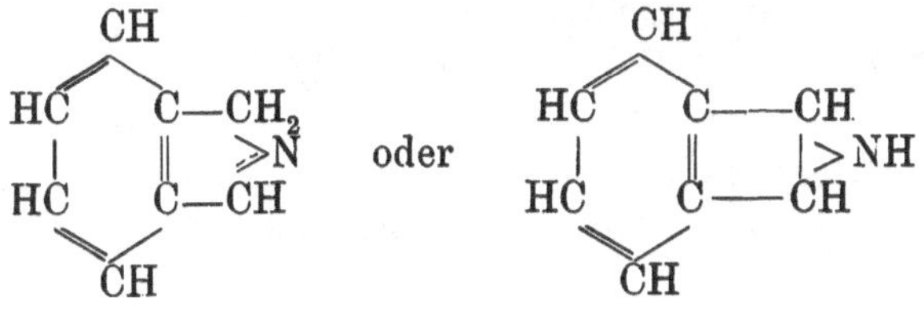

ableiten.

Mit einer einzigen Ausnahme (s. u.) leiten sich die bisher bekannt gewordenen Körper dieser Untergruppe vom Dihydroisoindol $C_6H_4\langle{}^{CH_2}_{CH_2}\rangle NH$ (Sdp. 213°) ab, welches durch schnelles Erhitzen des o-Xylylendiamindichlorhydrats entsteht (362):

$$C_6H_4\left\langle\begin{matrix}CH_2-NH_2\cdot HCl\\CH_2-NH_2\cdot HCl\end{matrix}\right. = C_6H_4\left\langle\begin{matrix}CH_2\\CH_2\end{matrix}\right\rangle NH + NH_4Cl + HCl.$$

Starke Base, die auch aus Chlorphtalazin (vergleiche unter sechsgliederigen Heteroringen) durch Reduktion entsteht, während aus Methylchlorphtalazin 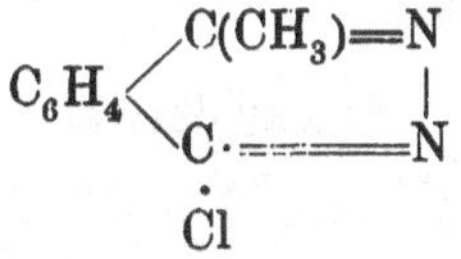 durch vorsichtige Reduktion zunächst das unbeständige Methylisoindol 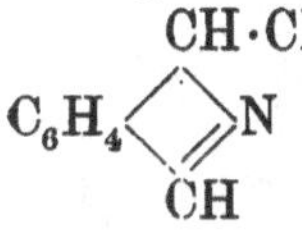 isoliert werden kann (363).

Eine einfache Synthese der N-Phenylabkömmlinge des Dihydroisoindols beruht auf der Einwirkung von o-Xylylenbromid auf primäre Aniline; z. B.:

$$C_6H_4\left\langle\begin{matrix}CH_2Br\\CH_2Br\end{matrix}\right. + H_2N\cdot C_6H_5 = C_6H_4\left\langle\begin{matrix}CH_2\\CH_2\end{matrix}\right\rangle N\cdot C_6H_5 + 2\,HBr.$$

Das n-Phenyldihydroisoindol besitzt keine basischen Eigenschaften mehr; es schmilzt bei 165°. In Bezug auf die Verallgemeinerung dieser Reaktion ist zu bemerken, daß hierzu nur die Meta- und Paraderivate des Anilins befähigt sind, da die Orthosubstituenten (z. B. im o-Toluidin) den Ringschluß sterisch behindern unter Bildung von Ausweichprodukten:

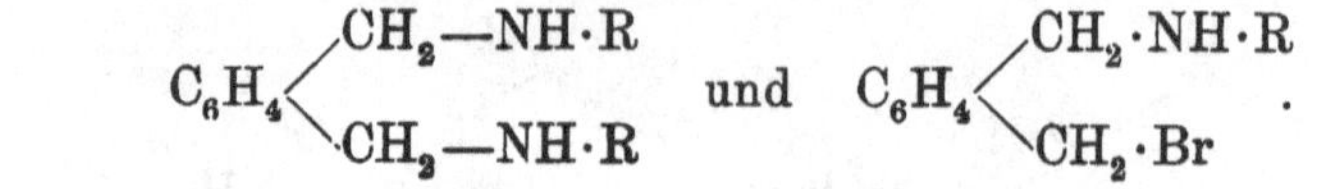

Aus o-Xylylenbromid und Ammoniak entstehen in zwei Phasen zweikernige Dihydroisoindole, in denen das Stickstoffatom fünfwertig ist:

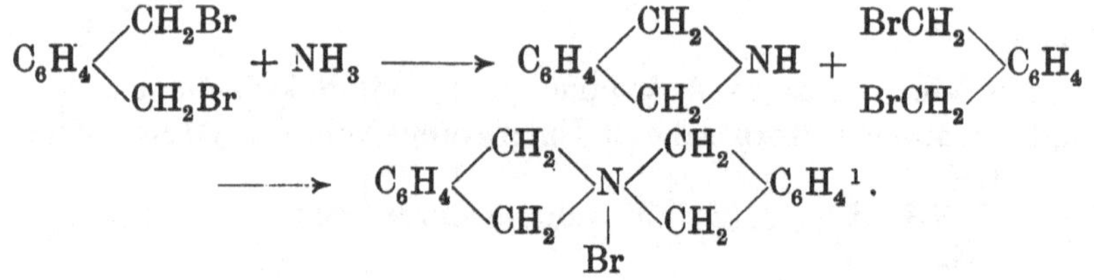

Ähnlich verhalten sich sekundäre fette Amine, während fette primäre Amine, sowie die Benzylamine normale basische N-Alkyldihydroisoindole liefern (364).

In diese Gruppe gehören schließlich einige Körper, welche aus Phtalaldehydsäure bezw. aus Opiansäure mittelst Ammoniak entstehen, z. B. das sogen. Bismetaindolon

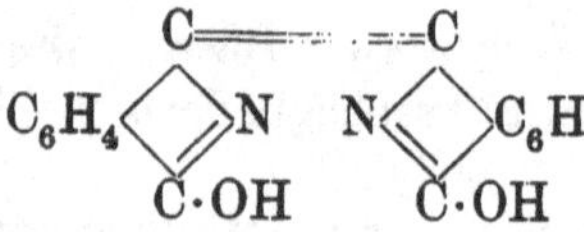

und dessen Dimethoxylderivat (365).

Das Diketoderivat des Dihydroisoindols ist das Phtalimid

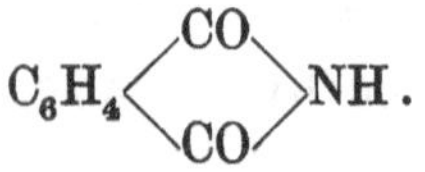

2. b) Zweiringe mit zwei N.

Ebenso wie dem Pyrrol ein zweikerniges Benzopyrrol (Indol) entspricht, so stehen auch den früher beschriebenen einkernigen Azolen (Pyrazol, Imidazol u. s. w.), soweit zwei benachbarte C-Atome vorhanden sind, die korrespondierenden Benzohomologen gegenüber. In der Diazolgruppe sind demgemäß sowohl Benzopyrazole, als auch Benzimidazole (Benzoglyoxaline) zu verzeichnen:

Indazolschema
Benzorthodiazol

Benzimidazolschema
Benzometadiazol

[1] Dieser Körper liefert mit Ammoniak erhitzt ein bimolekulares Dihydroisoindol von der Formel

erstere, welche auch Indazole genannt werden, sind zunächst abzuhandeln.

Die Indazole sind — in ihren Abkömmlingen wenigstens — in zwei isomeren Reihen bekannt geworden: die Muttersubstanz der eigentlichen Benzopyrazole, welche Isindazole heißen und die normale Konfiguration besitzen, ist noch nicht dargestellt. Die isomeren Indazole (im engeren Sinne) unterscheiden sich von den Isoverbindungen dadurch, daß sie im Pyrazolring anstatt einer Doppelbindung eine Diagonalbindung enthalten. Demgemäß lassen sich die beiden Stammformen durch folgende Konstitutionsformeln wiedergeben:

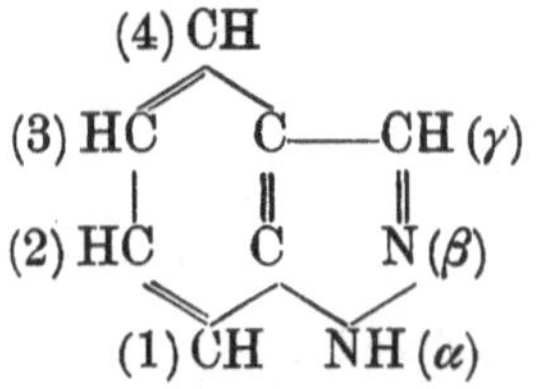

Isindazol (Benzopyrazol)

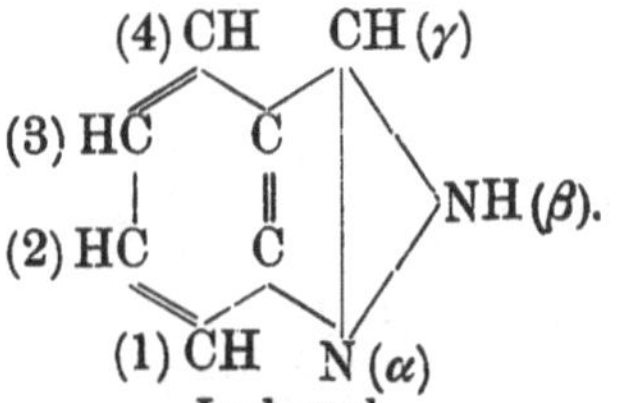

Indazol

Die beigefügten Buchstaben und Ziffern geben zugleich für beide Systeme die Art der Substitutionsbenennung an; die Benzolsubstituenten können außerdem mit Bz, die Pyrrolderivate mit Iz bezeichnet werden.

Isindazole (Benzopyrazole)

werden nach folgenden Methoden dargestellt:

1) Aus o-, α-Alkylhydrazinzimmtsäuren [1] in alkalischer Lösung durch Oxydation mittelst Luftsauerstoff (366):

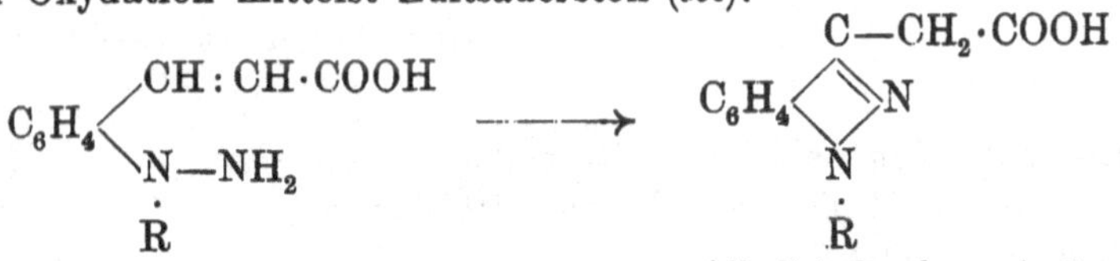

α-Alkylisindazol-γ-essigsäure.

2) Aus o-, α-Hydrazinacetophenonen, welche bei der Reduktion von o-Nitrosaminacetophenonen als solche nicht isolierbar sind, durch intramolekulare Wasserabspaltung (366):

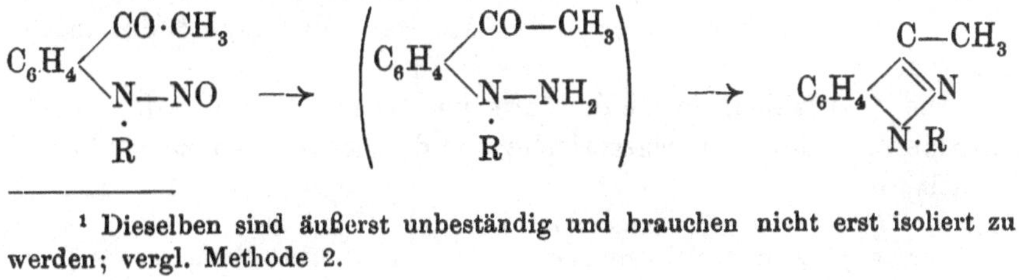

[1] Dieselben sind äußerst unbeständig und brauchen nicht erst isoliert zu werden; vergl. Methode 2.

3) Aus Aminoaldoximen oder -ketoximen durch Behandlung mit Chlorwasserstoff und Eisessig oder Essigsäureanhydrid unter vorausgehender Acetylierung (367):

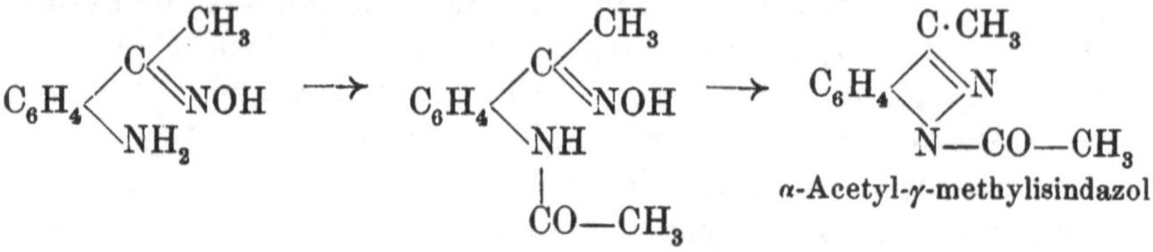

α-Acetyl-γ-methylisindazol

4) Aus o-Oxyaldehyden und Phenylhydrazin mittelst Essigsäureanhydrid (368):

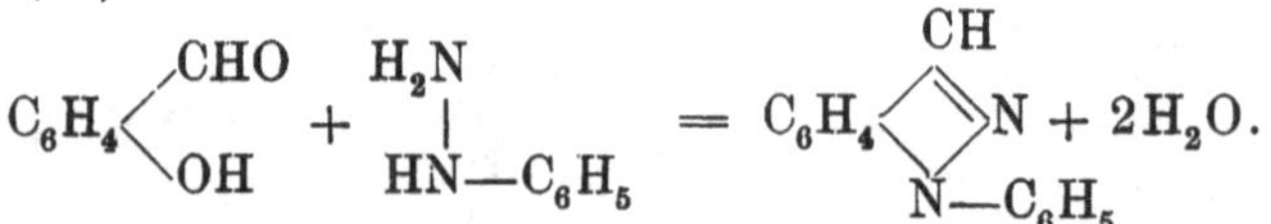

Salicylaldehyd

α-Phenylisindazol vom Schmp. 142°.

Eine ähnliche Synthese ist die Umwandlung des Phenylhydrazon-o, p-dinitrophenylglyoxylsäureesters in ein Isindazolderivat unter Abspaltung von salpetriger Säure (369):

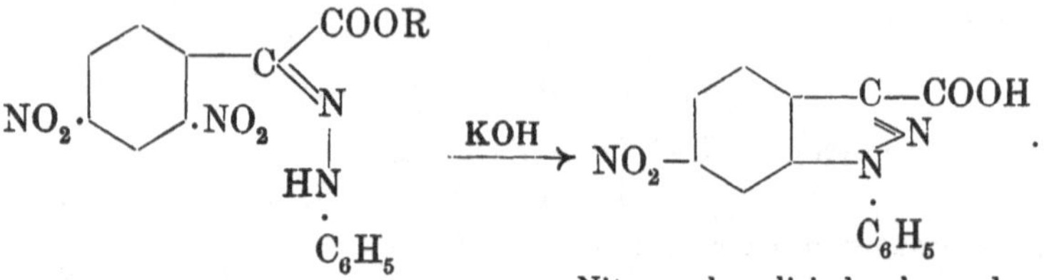

m-Nitro-α-phenylisindazol-γ-carbonsäure (Schmp. 272°).

Die nach den skizzierten Methoden gewonnenen Isindazole sind sämtlich am (α-) Imidstickstoff substituiert: geht man nämlich bei denselben von Hydrazinen aus, die nicht in der α-Stellung substituiert sind, so erhält man die isomeren Indazolderivate. Da auch der Versuch einer Abspaltung der α-Substituenten, etwa im α-Acetyl-γ-methylisindazol (vergl. Methode 3), lediglich zur Sprengung des Pyrazolringes führt, so ist zu folgern, daß nur α-Isindazolderivate existenzfähig sind, und daß daher unter anderem die Stammform nicht isolierbar ist.

Die (α-) Isindazole sind schwache Basen, deren Salze leicht dissoziieren; sie sind wasserlöslich und besitzen einen süßlichen Geruch.

Im Speziellen seien angeführt:

α-Acetyl-γ-methylisindazol (Schmp. 103°), nach Bildungsweise 3 erhältlich, läßt sich nicht verseifen, ohne daß zugleich der heterocyklische Ring geöffnet wird, wie aus folgender Gleichung hervorgeht:

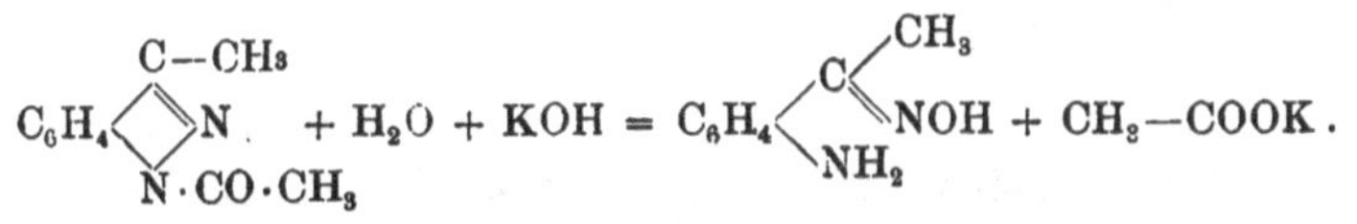

α-, γ-Dimethylisindazol (vergl. Bildungsweise 2) schmilzt bei 36,5°, verflüchtigt sich mit den Wasserdämpfen und bildet ein Chlorhydrat.

α-Äthyl-γ-methylisindazol (Schmp. 30°, Sdp. 234—235° bei 441 mm Dr.) entsteht durch Kohlensäureabspaltung aus der nach Methode 1 erhältlichen α-Äthylisindazol-γ-essigsäure (Schmp. 131°) (370).

Indazole.

Wie schon erwähnt, entstehen bei den oben angeführten Isindazolsynthesen an Stelle der zu erwartenden Körper die isomeren Indazole, wenn die als Ausgangsmaterialien dienenden o-Hydrazinverbindungen am α-Stickstoffatom nicht substituiert sind. Letzteres ist somit in den eigentlichen Indazolen tertiär und durch eine Diagonalbindung mit dem γ-Kohlenstoff verknüpft (vergl. Formel auf S. 123); die Iz-Derivate der Indazole sind daher nur als β- und γ-Abkömmlinge bekannt.

Die Bildungsweisen unterscheiden sich aus den angeführten Gründen ebenfalls nicht wesentlich von denjenigen der Isindazole:

1) Aus o-Hydrazinzimmtsäure mit unsubstituiertem α-Stickstoff entsteht durch Erhitzen die Stammform dieser Gruppe, das Indazol (371):

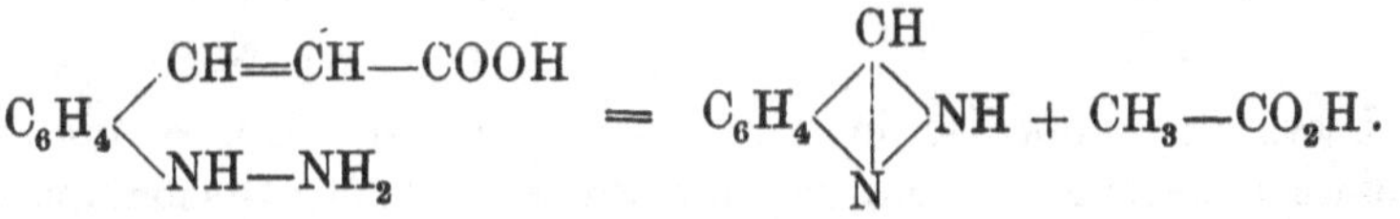

Bei freiwilliger Oxydation in alkalischer Lösung verläuft die Reaktion aber unter Bildung von Indazol-γ-essigsäure

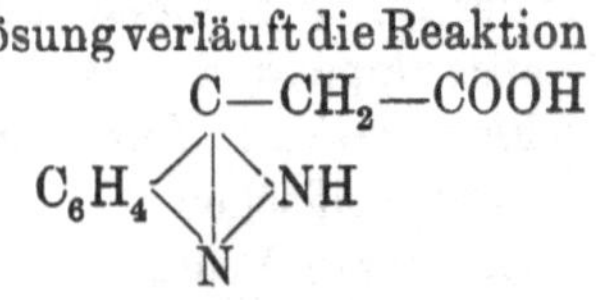

(vergl. S. 123 unter Isindazol).

2) o-Hydrazinacetophenon- oder -benzoylameisensäureester[1] schließen den Indazolring unter Wasseraustritt; z. B. (372):

---

[1] $C_6H_4\langle{}^{CO\cdot COOH}_{NH_2-NH_2}$ entsteht aus $C_6H_4\langle{}^{CO\cdot COOH}_{NH_2}$ (Isatinsäure); ein einfacher Übergang vom Indol zum Indazol.

γ-Indazolcarbonsäure

3) o-Nitrobenzylaniline liefern durch Reduktion (Sn + HCl) β-(n)-Phenylindazole (373):

4) Die o-Toluoldiazoniumsalze spalten in der Kälte in dem Sinne Salzsäure ab, daß der hierzu erforderliche Wasserstoff aus der orthoständigen Methylgruppe entnommen wird: hierdurch wird der Indazolring geschlossen, wie aus folgendem Beispiel hervorgeht:

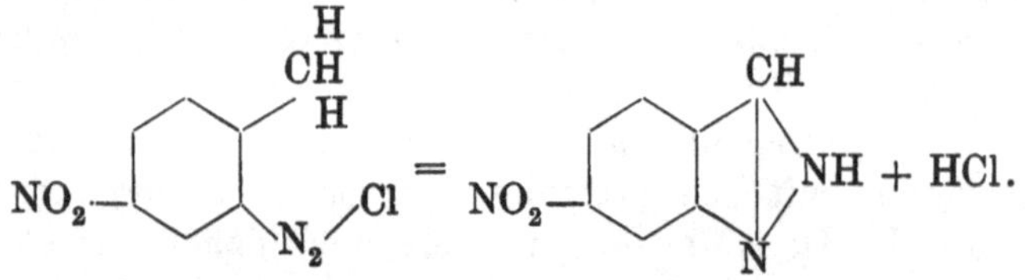

Nitro-o-toluoldiazoniumchlorid 2-Nitroindazol

Sehr ähnlich verhalten sich die Diazoamidoverbindungen des o-Toluols, da sie durch Kochen mit Essigsäureanhydrid Acet-o-toluid abspalten unter Erzeugung von Indazol (374):

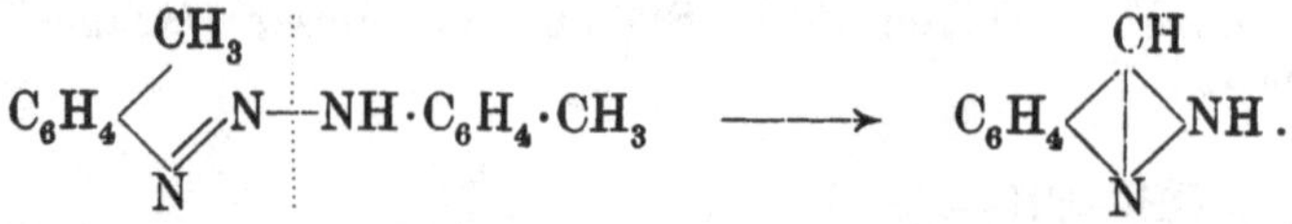

Diese Reaktion ist bis zu einer gewissen Grenze eine allgemeine: abgesehen davon, daß die Zersetzung des Diazoniumsalzes in der Kälte erfolgen muß, da in der Hitze der normale Ersatz der Diazogruppe durch Hydroxyl stattfindet, übt die Stellung bezw. das Fehlen gewisser Substituenten (Br, SO_3H, NO_2 u. a.) im Benzolkern einen spezifischen Einfluß auf das Eintreten oder Ausbleiben des Ringschlusses[1] aus.

Die Indazole verhalten sich wie die Vertreter der isomeren Reihe; sie sind schwache Basen, die gegen Alkalien beständig, gegen Oxydationsmittel unbeständig sind. Ein besonders interessantes Ver-

[1] Nach neueren Untersuchungen erfolgt die Darstellung durch Einwirkung von Natronlauge auf die Diazoniumchloride bei —5 bis 10°; hierbei entstehen neben einander Indazole und deren γ-Azoderivate, welche durch konz. Salzsäure von einander getrennt werden (vergl. S. 129 und A. **305**, 289 ff.).

halten zeigen nach BAMBERGER's Untersuchungen die γ-Amino-indazole (Darstellung s. u.), welche dem Anilin sehr ähnlich sind und Diazoverbindungen liefern, die durch Kochen mit Salzsäure direkt in die entsprechenden γ-Chlorindazole übergehen (375):

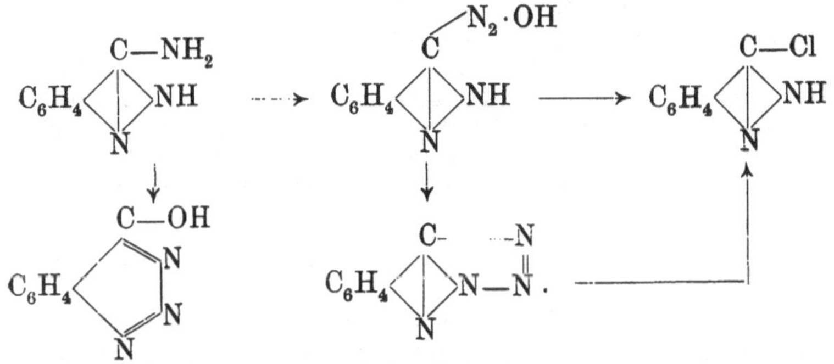

Oxy-β-phentriazin Indazoltriazolen

Wie aus der zweiten Reihe dieses Schemas ersichtlich ist, weisen sowohl die γ-Aminobase als auch das korrespondierende Diazohydrat je eine merkwürdige Reaktion auf: die erstere wird durch verschiedenartige Oxydationsmittel unter Ringerweiterung in ein (sechsgliedriges) Oxyphentriazin[1] übergeführt, während das zweite unter intramolekularer Wasserabspaltung (am β-Stickstoff) in ein tricyklisches Gebilde, das sogen. Indazoltriazolen übergeht: der neu kondensierte Kern ist ein Vierring mit drei Stickstoffatomen und einem Kohlenstoffatom. Die Indazoltriazolene sind noch Diazoverbindungen, und zwar höchst beständige und reaktionsfähige, welche sich auch in neutraler Lösung mit Phenolen und aromatischen Aminen zu Azofarbstoffen kuppeln lassen, und zwar unter Aufspaltung des Vierringes; z. B.:

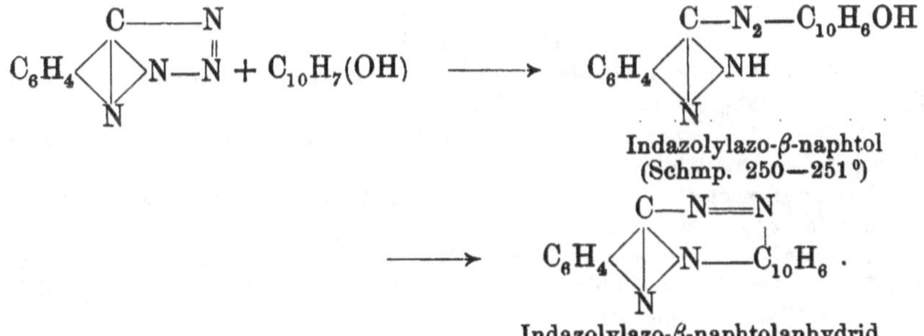

Indazolylazo-β-naphtol (Schmp. 250—251°)

Indazolylazo-β-naphtolanhydrid (Schmp. 249°)

Wie aus diesem Schema ersichtlich ist, können die primären Indazolylazofarbstoffe durch Wasserabspaltung in Anhydride über-

[1] Näheres über Phentriazine vergl. u. sechsgliederigen Heteroringen.

gehen (376). Von verdünnter Salzsäure werden die Triazolene gelöst unter Bildung von Hydrochloriden oder von Indazoldiazoniumchloriden, während konz. Salzsäure unter Stickstoffabspaltung γ-Chlorindazol liefert, letzteres ist auch nach SANDMEYER-GATTERMANN aus Diazoindazol erhältlich (vergl. das Schema auf S. 127).

Indazol (Schmp. 146,5°, Sdp. 269—270° bei 743 mm Druck), nach den Methoden 1. oder 4., oder durch CO_2-Abspaltung aus der nach 2. darstellbaren Indazol-γ-carbonsäure gewonnen, ist eine gegen Reduktionsmittel äußerst widerstandsfähige Substanz, die sich also nicht hydrieren läßt; Indazol entsteht außer nach den angegebenen Verfahren noch durch Diazotieren von o-Aminobenzaldehyd und darauf folgende Reduktion zu dem an sich unbeständigen o-Hydrazinobenzaldehyd 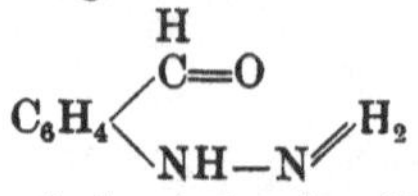 (377), ferner durch Reduktion des 2-Diazoindazols, sowie des Indazoltriazolenchlorhydrates durch warmen Alkohol.

Das Indazolchlorhydrat wird schon durch kochendes Wasser zersetzt; andererseits ist aber auch ein Silbersalz bekannt. Das Nitrosoindazol

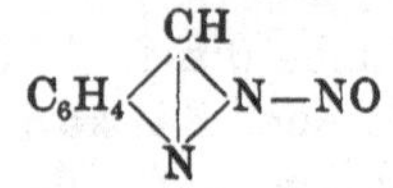

schmilzt bei 73—74°.

Bz-Indazolabkömmlinge.

2-Nitroindazol (Schmp. 181°), aus der Diazoverbindung des Nitro-o-toluidins, bildet ein Natron- und ein Silbersalz und läßt sich am β-Stickstoff methylieren und acetylieren; es ist reduzierbar zu

2-Aminoindazol vom Schmp. 210°: durch Kochen der Diazoverbindung dieser Base mit Wasser entsteht:

2-Oxyindazol vom Schmp. 215—216°.

2-Methyl- und 2,6-Dimethylindazol, aus Diazo-as-m-xylidin bezw. aus Diazomesidin, schmelzen bei 133—134° bezw. bei 114—115° (375); 3-Methylindazol schmilzt bei 116—117° und siedet bei 293—294° unter 747 mm Druck (378).

Iz-Indazolderivate.

γ-Methylindazol (Schmp. 113°), aus o-Hydrazinacetophenon (vergl. Methode 2 S. 125), ist am β-Stickstoff alkylierbar.

β-Phenylindazol (Schmp. 81—83°, Sdp. 344—345°) entsteht nach Bildungsweise 3 und bildet ein Jodmethylat.

Indazol-γ-carbonsäure (vergl. unter Bildungsweise 2) zersetzt sich bei 259° in Indazol und CO_2.

Indazol-γ-essigsäure (vergl. Bildungsweise 1) zersetzt sich bei 168° zu γ-Methylindazol und Kohlensäure und bildet ein Bromsubstitutionsprodukt sowie eine Nitrosoverbindung.

γ-Aminoindazol (Schmp. 153,5—154,5°) entsteht durch Reduktion von Iz-γ-o-Tolylazoindazol:

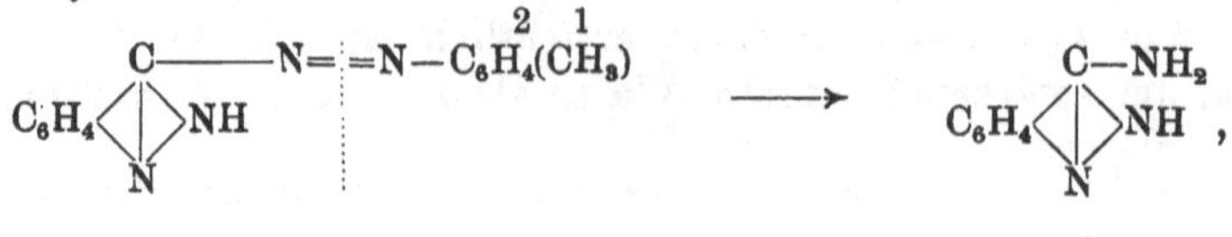

dieses bildet sich neben Indazol bei der Einwirkung von Natronlauge auf o-Diazotoluol bei niedriger Temperatur, indem ein Teil des primär gebildeten Indazols in der γ-Position mit dem noch überschüssigen Diazoniumchlorid kuppelt. Starke Base, welche bei Gegenwart von Alkali durch den Luftsauerstoff sich rötet, ein β, γ-Diacetylderivat liefert und sich auch mit Aldehyden unter Austritt von Wasser vereinigt. Durch Diazotieren in Gegenwart der berechneten Menge HCl entsteht Diazoindazolhydroxyd, während bei zu wenig Säure Diazoamidoindazol, bei einem Überschuß derselben Indazoltriazolenhydrochlorid (s. d.) gebildet werden. Das Diazohydroxyd verwandelt sich beim Kochen mit Wasser in das einfachste

Indazoltriazolen 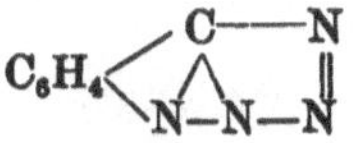 vom Schmp. 104°, das mit $AgNO_3$ und $HgCl_2$ Doppelsalze bildet (vergl. S. 127).

γ-Chlorindazol (Schmp. 148,5°) entsteht aus Indazoltriazolenhydrochlorid durch konz. HCl; γ-Jodindazol schmilzt bei 139—140°.

Zwei homologe Reihen des γ-Aminoindazols, welche sich vom 2-Methyl- bezw. vom 2,6-Dimethylindazol ableiten, zeigen den beschriebenen durchaus analoge Eigenschaften (Bamberger, 375).

Hydroindazole.

Während das einfachste Indazol (s. o.) nicht hydrierbar ist, liefert das β-Phenylindazol mit Natrium und Alkohol β-Phenyldihydroindazol (β-Phenylbenzopyrazolin) (379)

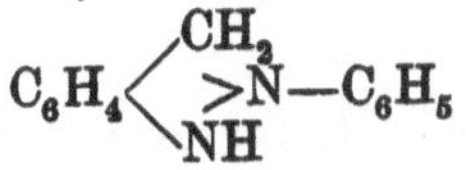 (Schmp. 98°).

Ferner läßt sich die 3-Nitro-α-phenylisindazolcarbonsäure zu dem entsprechenden Benzopyrazolinkörper 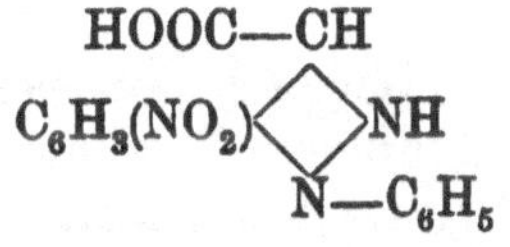 reduzieren (380).

Sauerstoffhaltige Hydroindazole entsprechen den einkernigen Pyrazolonen und sind daher als Indazolone (Benzopyrazolone) bezeichnet worden.

Indazolon ist das Laktam der o-Hydrazinbenzoësäure, welche bei 220—225° Anhydridbildung erleidet (381):

Indazolon zersetzt sich zwischen 220—242°, besitzt saure und basische Eigenschaften und liefert ein Diacetylderivat. (Gegenwart zweier Imidgruppen!)

In ähnlicher Weise läßt sich der Phenylhydrazidonitrobenzoësäureester

$NO_2 \cdot C_6H_3 \langle {COOR \atop NH—NHC_6H_5}$ direkt durch Verseifung in Nitrophenylindazolon

$NO_2 \cdot C_6H_3 \langle {CO \atop NH} \rangle N \cdot C_6H_5$, das sich oberhalb 260 ° zersetzt, überführen (382).

Auch ein Camphylphenylpyrazoloncarbonsäureester

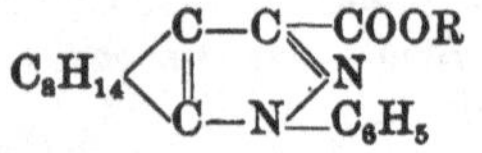

vom Schmp. 114 ° ist bekannt (383).

Über Benzodipyrazolone s. u. Dreiringen.

Benzimidazole oder Benzoglyoxaline.

Die Benzimidazole sind den Indazolen isomer und enthalten die beiden Stickstoffatome im heterocyklischen Kern durch ein Kohlenstoffatom getrennt, sind also die Benzohomologen des Glyoxalins (s. d.), zu welchem sie in derselben Beziehung stehen, wie Indol zu Pyrrol oder Cumaron zu Furan.

Der Muttersubstanz dieser Reihe, welche man auch als cyklisches Amidin oder als Anhydrobase des o-Phenylendiamins betrachten kann, kommt die folgende Konstitutionsformel zu:

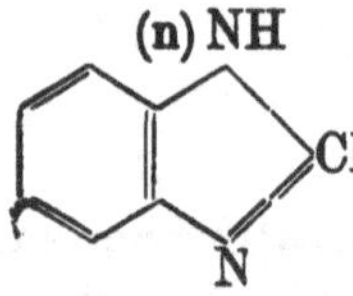

(Benzimidazol, o-Phenylenformamidin).

Wie aus den beigefügten Zeichen zu ersehen ist, werden die Substituenten im heterocyklischen Ring als μ- (C-) und als n- (N-) Derivate bezeichnet.

Die Bildungs- und Darstellungsweisen sind die folgenden:

1) Einwirkung (384) von Säuren bezw. deren Chloriden oder Anhydriden auf o-Phenylendiamine, wobei intermediär o-Aminocarbonsäureanilide gebildet werden, z. B.:

$$C_6H_4 \langle {NH_2 \atop NH_2} + HOOC—CH_3 \longrightarrow \left(C_6H_4 \langle {NH \cdot CO \cdot CH_3 \atop NH_2} \right)$$

$$\longrightarrow C_6H_4 \langle {NH \atop N} \rangle C \cdot CH_3 .$$

Ähnlich verhalten sich die Diacidyl-o-phenylendiamine bei der Behandlung mit konzentrierten Mineralsäuren (HCl, H_2SO_4) (385); zur

Reaktion geeignet sind ferner die Anhydride zweibasischer Säuren (386), bezw. die Ortho-Diaminderivate des Naphtalins.

2) Kondensation von Aldehyden mit Ortho-Diaminen (Ladenburg's sog. Aldehydine) (387).

Diese Reaktion verläuft in zwei Richtungen, da sich gleichzeitig ein n-alkyliertes und ein nicht alkyliertes Imidazol bildet; für ersteres ist ein Dialkylidendiamin als Zwischenprodukt anzunehmen, welches sich im Sinne folgender Gleichung:

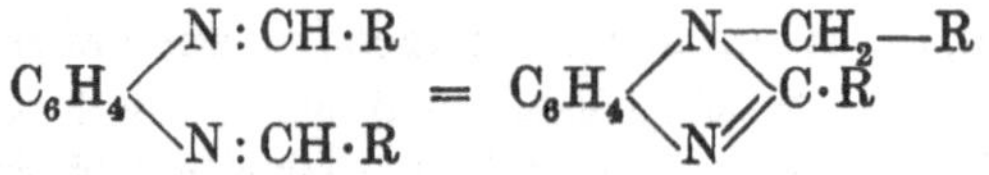

in das n-Alkylimidazol umlagert (388).

Das nicht am Stickstoff alkylierte Benzimidazol bildet sich aus einer Monoalkylidenverbindung des o-Diamins unter Verlust zweier Wasserstoffatome:

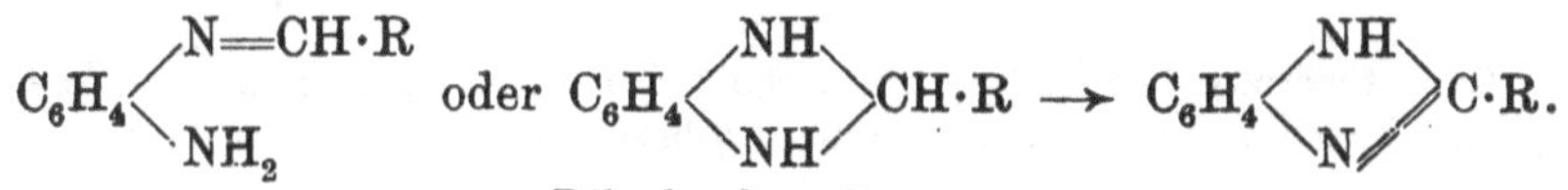

Dihydroglyoxalin

Die n-alkylierten Benzimidazolbasen bilden schwerlösliche Salze im Gegensatz zu den gleichzeitig gebildeten Produkten.

Auch Monoalkylphenylendiamine erleiden den geschilderten Ringschluß (389).

3) Reduktion der Acyl-o-nitraniline mit Zink und Eisessig oder mit Zinn und Salzsäure (390):

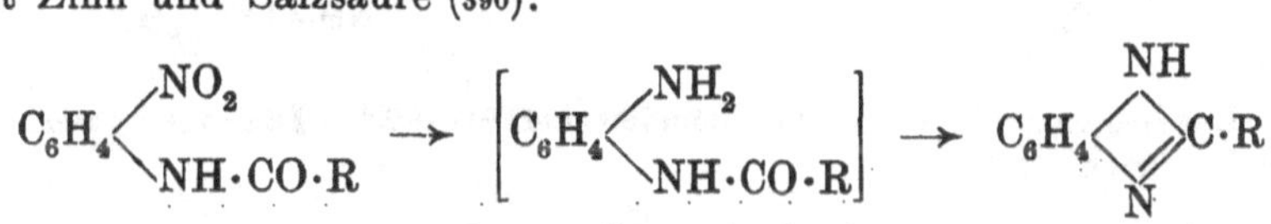

intermediäres Acylamin
s. Methode 1.

Die Eigenschaften der Benzimidazole sind durch ihre nahen Beziehungen zum Glyoxalin charakterisiert, dem sie aber an Stärke der Basizität etwas nachstehen: sie sind alkalilöslich und bilden Imidmetallsalze, welche sich mit Acylhalogeniden zu n-Acylderivaten umsetzen, während bei direkter Einwirkung — z. B. von Benzoylchlorid und Natronlauge — Aufspaltung des Imidazolringes (391) stattfindet (vergl. die analoge Reaktion bei den Glyoxalinen S. 70). Leichter erfolgt die Alkylierung der Benzimidazole: die so gewonnenen n-Alkylderivate verbinden sich mit Alkyljodiden zu quaternären Ammoniumsalzen. Sie sind im allgemeinen gegen Oxydations- und Reduktionsmittel ziemlich beständig: Chlorkalk bewirkt jedoch Ersatz des Imidwasserstoffes durch Chlor, welches in der Wärme zum Benzolkern des Imidazols wandert. Das so erhaltene Produkt giebt wieder ein Chlorimid, das durch Umlagerung den Ersatz eines weiteren Benzolwasserstoffatomes durch Chlor erlaubt; dieser Prozeß führt bis zur vollständigen Chlorierung des Benzolkerns (392).

Da die Zahl der Benzimidazolabkömmlinge eine sehr große ist, seien im Speziellen nur die folgenden angeführt:

Benzimidazol (o-Phenylenformamidin), die Grundsubstanz dieser Reihe, schmilzt bei 167° und entsteht aus o-Phenylendiamin und Ameisensäure (393) nach Methode 1 bezw. durch Wechselwirkung von Chloroform, o-Phenylendiamin und Ätzkali, wobei als Zwischenprodukt ein o-Aminobenzoisonitril anzunehmen ist (394):

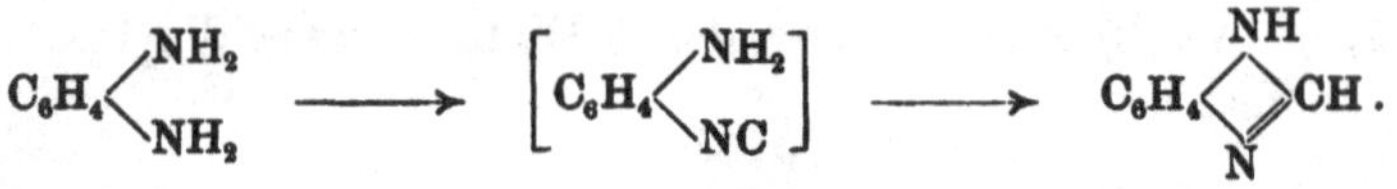

Eine theoretisch wichtige Eigenschaft des Benzimidazols ist der Übergang zur Glyoxalindicarbonsäure durch Oxydation mit Permanganat (395):

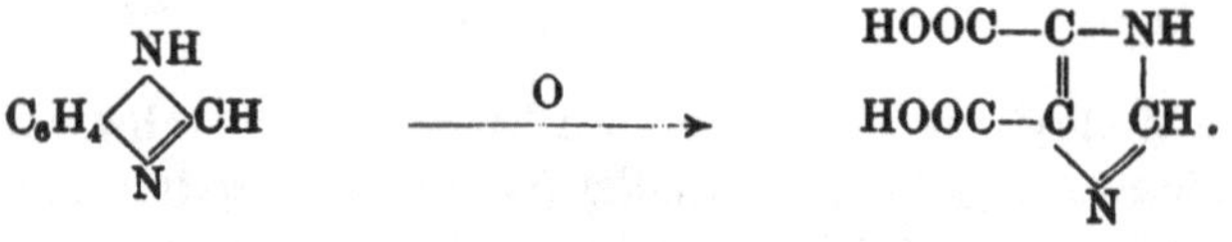

Benzoylchlorid und Natronlauge (s. o.) liefern o-Dibenzoylphenylendiamin

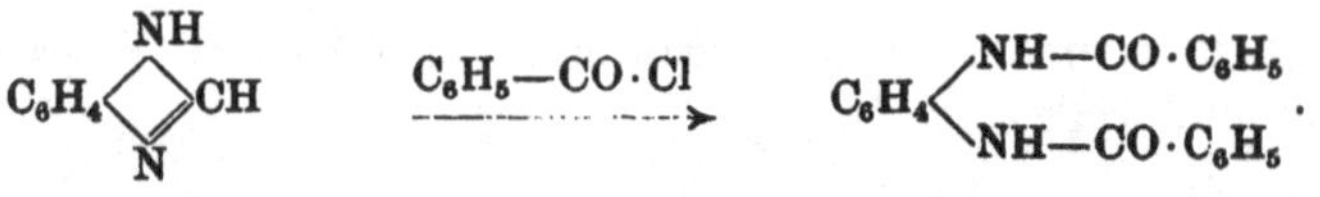

Das n-Benzoylbenzimidazol schmilzt bei 91—92°. Die n-Alkylderivate entstehen nach Methode 2.

μ-Phenylbenzimidazol 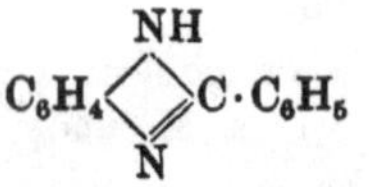 schmilzt bei 291° und entsteht durch Umlagerung von o-Aminobenzophenonoxim (396):

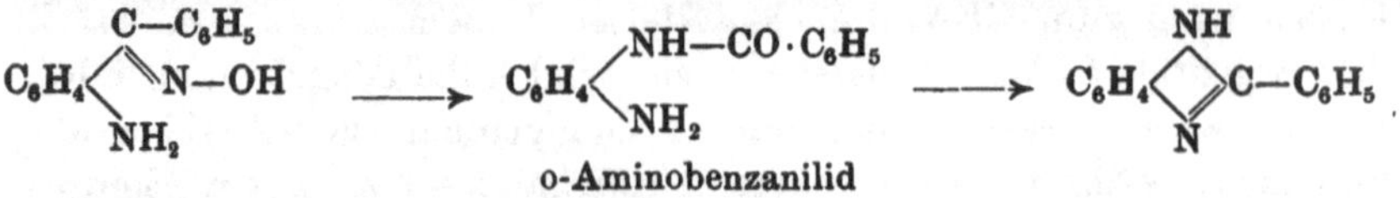

o-Aminobenzanilid

bezw. aus Benzyliden-o-phenylendiamin nach Methode 2 (397); das Phenylbenzimidazol bildet mit Jodmethyl das Jodid einer starken Ammoniumbase.

μ-Methylbenzimidazol (Schmp. 170°) entsteht nach Methode 1 und 3.

n-Äthyl-μ-methylbenzimidazol $C_6H_4\langle{}^{N-C_2H_5}_{N}\rangle C-CH_3$ (Acetaldehydin)

entsteht durch Einwirkung von Acetaldehyd auf o-Phenylendiamin in essigsaurer Lösung und stellt eine ölige Base dar (398); Benzaldehyd liefert in analoger Reaktion μ-Phenyl-n-benzylimidazol (Schmp. 133—134°).

Tolimidazol, $CH_3 \cdot C_6H_3\langle{}^{NH}_{N}\rangle CH$, aus m-p-Toluylendiamin (399) und Ameisensäure, schmilzt bei 114°.

μ-Methyltolimidazol (Schmp. 198°) ist nach den drei Hauptmethoden (400) darstellbar und in seinen Reaktionen dem α-Methylchinolin (Chinaldin) vergleichbar (401) (Bamberger): mit Phtalsäureanhydrid entsteht ein Phtalon von der Zusammensetzung $C_7H_6(N_2H)C \cdot H \cdot (C_2O_2 \cdot C_6H_4)$, mit Benzaldehyd Cinnamyltolimidazol $C_7H_6(N_2H)-CH{=}CH \cdot C_6H_5$. Permanganat oxydiert nur das im Benzolkern befindliche Methyl des Methyltolimidazols.

Des Verhaltens der Imidazole gegen Chlorkalk ist schon oben gedacht worden (S. 132); das Endprodukt der successiven Wanderung je eines Cl-Atomes vom Stickstoff zum Benzolkern ist im vorliegenden Fall das Methyltrichlortolimidazol vom Schmp. 304—305° (402).

μ-Phenyltolimidazol (Schmp. 240°) entsteht nach einer eigentümlichen Reaktion aus m-p-Toluylendiamin durch Einwirkung von Acetophenon, vielleicht unter Abspaltung von Methan (403).

μ-Phenylnaphtimidazol $C_{10}H_6\langle{}^{NH}_{N}\rangle CH$ (Schmp. 210°) entsteht durch Reduktion von Benzoylnitronaphtalin, während das gewöhnliche Naphtimidazol nach Methode 1 gewonnen wird (vergl. u. a. A. **208**, 328 und B. **25**, 2714).

μ-(o)-Oxyphenylphenanthrimidazol (Schmp. 350°) entsteht aus Phenanthrenchinon, Salicylaldehyd und Ammoniak (404).

Benzimidazol-p-carbonsäure entsteht durch Reduktion von m-Nitro-p-formylaminobenzoësäure (405):

$$(CO_2H)C_6H_3\langle{}^{NH \cdot CH \cdot O}_{NO_2} \longrightarrow (CO_2H)C_6H_3\langle{}^{N}_{NH}\rangle C \cdot H.$$

Tolimidazol-μ-phenyl-(o)-carbonsäure (406) (aus m-p-Toluylendiamin und Phtalaldehydsäure) liefert mit Essigsäureanhydrid Toluylenphtalamidin (407) $C_7H_6\langle{}^{N\text{———}CO}_{N}\rangle C-C_6H_4$.

Tolimidazol-μ-carbonsäure, aus Cinnamyltolimidazol (s. o.) durch Oxydation, verliert beim Schmelzen CO_2 unter Bildung von Tolimidazol.

Benzodihydroimidazole

sind schwierig isolierbar, da sie ungemein leicht unter Wasserstoffverlust in die eigentlichen Benzimidazole übergehen (408) (vergl. S. 131

Einwirkung von Aldehyden auf o-Diamine). Als Derivate der Dihydrobase zu betrachten sind dagegen die Reaktionsprodukte des Formaldehyds mit symmetrischen dialkylierten Diaminen, wie folgende Gleichung zeigt (409):

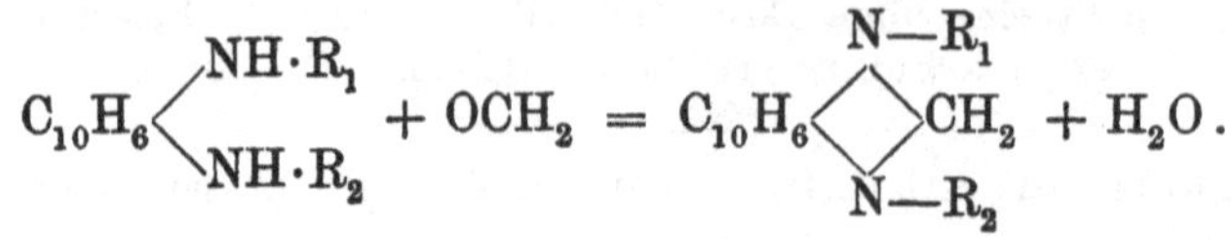

Ferner gehören hierher Körper, die durch Reduktion von o-Nitroacetoluiden mittelst Schwefelammon entstehen (410); z. B:

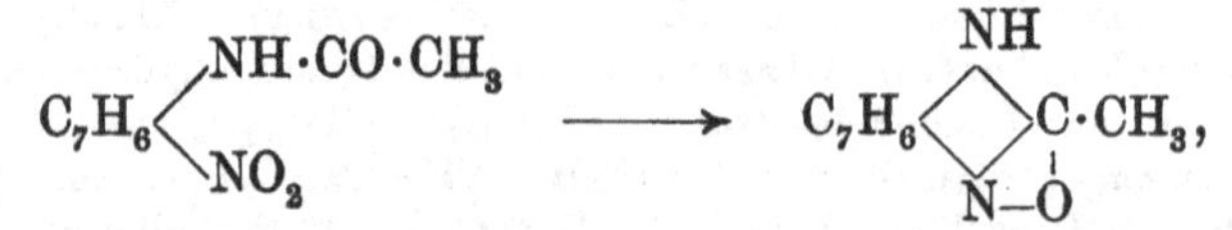

sowie die Produkte der Einwirkung von Glukose auf o-Phenylendiamine bei Gegenwart von Säuren (411).

Weit besser und sicherer sind diejenigen Dihydrobenzimidazole bekannt, in welchen zwei Wasserstoffatome durch Sauerstoff, Schwefel oder durch die Imidogruppe ersetzt sind, und zwar in der μ-Position. Dies sind die Phenylenharnstoffe, -thioharnstoffe und -guanidine, welche indessen auch in den tautomeren Formen als Oxy-, Sulfhydryl- und Aminobenzimidazole reagieren können:

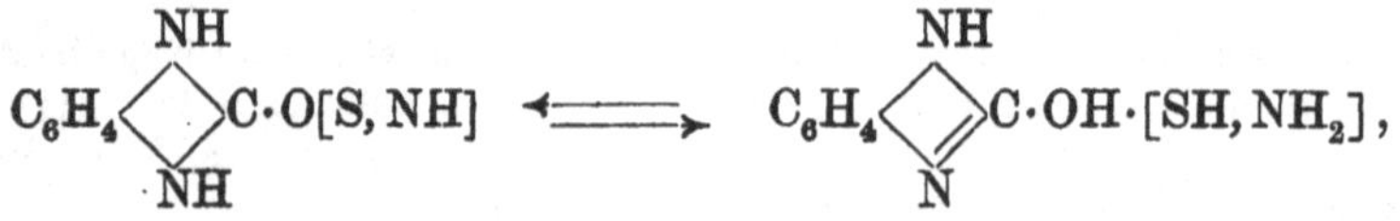

da sie alkalilöslich sind und u. a. Sauerstoffäther bilden. Diese Körper entstehen durch Einwirkung von Phosgen, Schwefelkohlenstoff, Thiophosgen, Carbodiimid, Phenylsenföl u. s. w. auf o-Diamine, wie folgende Beispiele zeigen:

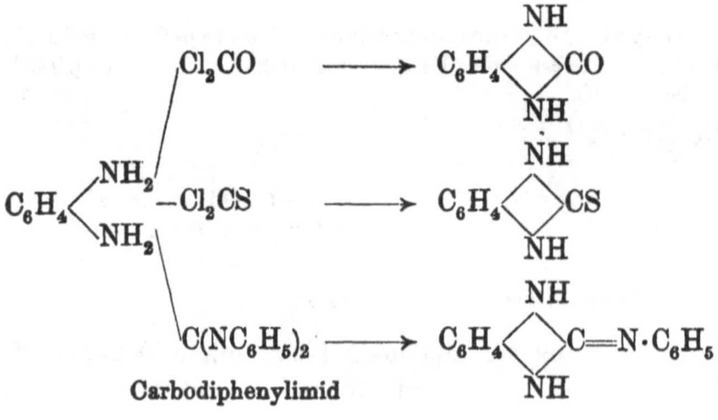

(Benzimidazolon (412) o-Phenylenharnstoff)

(Thiobenzimidazolin (413) o-Phenylensulfoharnstoff)

(μ-Anilidobenzimidazolin (414))

Carbodiphenylimid

Die Oxybenzimidazoline sind schwächer basisch als die sauerstofffreien Körper; die Sauerstoffäther lösen sich aber noch in verdünnten Mineralsäuren.

Benzimidazolon (Schmp. 305°) entsteht außer in der geschilderten Weise durch Erhitzen von o-Aminophenylurethan (415) $NH_2—C_6H_4—NH \cdot COOC_2H_5$ oder von o-Aminodiphenylharnstoff (416) $\begin{matrix} NH_2 \cdot C_6H_4 \cdot NH \\ C_6H_5—HN \end{matrix} > CO$.

Der Benzimidazolonäthyläther (Schmp. 160°) entsteht nach einer speziellen Methode (417) durch Einwirkung von Imidokohlensäureester auf o-Phenylendiamin:

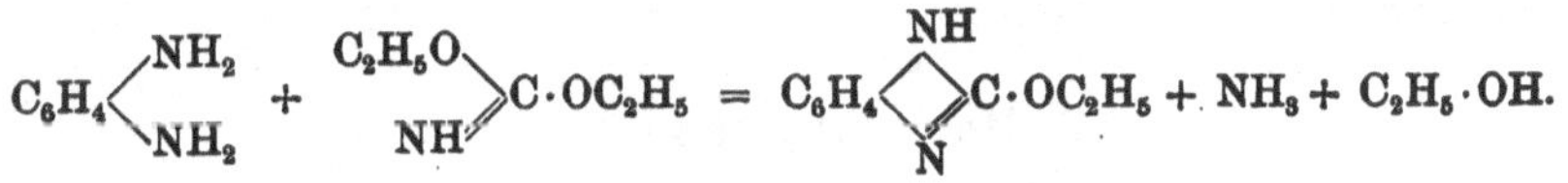

n-Alkylsubstituierte Benzimidazolone (418) entstehen aus Harnstoff und Monoalkylphenylendiamin, z. B.

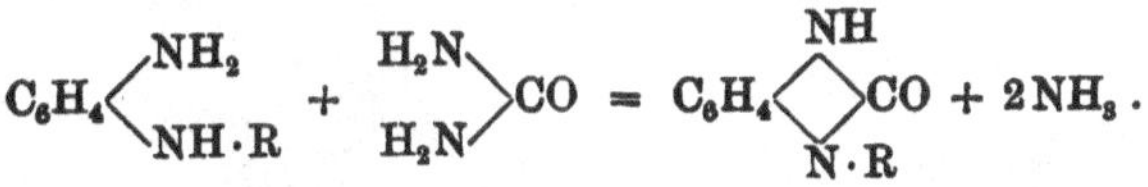

μ-Thiobenzimidazol (419) (s. o. Schmp. 290°) entsteht auch durch Erhitzen von o-Phenylendiaminrhodanat auf 120—130°:

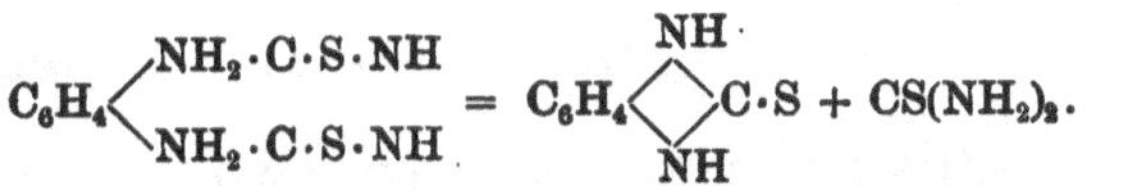

Die Phenylenguanidine oder Imidobenzimidazoline (s. o.) $C_6H_4 \langle \begin{matrix} NH \\ NH \end{matrix} \rangle C : NR$ sind einsäurige Basen, welche Nitrosoverbindungen bilden, die wahrscheinlich nach der tautomeren Form: $C_6H_4 \langle \begin{matrix} NH \\ N \end{matrix} \rangle C \cdot N(NO) \cdot R$ zusammengesetzt sind.

Mit Phenylcyanat kondensieren sich die Phenylenguanidine unter Abspaltung von Anilin (vergl. B. 24, 2498).

2. c) Zweiringe mit drei N.

In diese Untergruppe gehören die Benzohomologen der verschiedenen Triazole (vergl. S. 75), welche zu einander in demselben Verhältnis stehen, wie Indazol und Benzimidazol zu Pyrazol und Glyoxalin.

Von den vier isomeren Triazolen

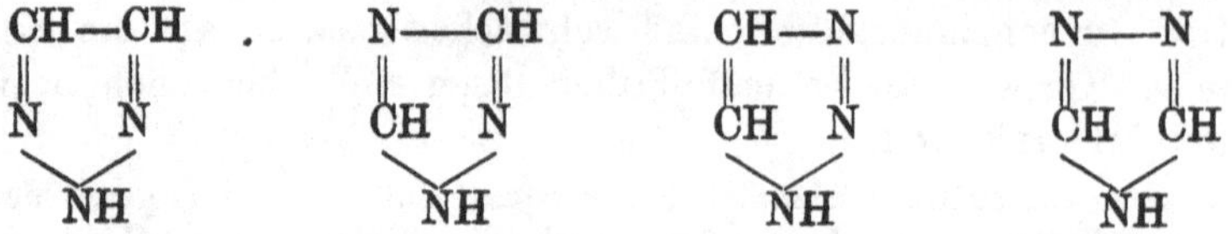

Osotriazol — eig. 1, 3-Triazol — 1, 2-Triazol (Pyrro-α, β-diazol) — 2, 3-Triazol (Imidobiazol)

kommen indessen nur zwei für die Benzokondensation in Betracht, das Osotriazol und das 1,2-Triazol (Pyrro-α, β-diazol), da nur in diesen Systemen die erforderlichen benachbarten Kohlenstoffatome vorhanden sind.

Die

Benzosotriazole

verhalten sich zu den Osotriazolen, wie die Indazole (vergl. S. 123) zu den Pyrazolen, da in ihnen ebenfalls eine Diagonalbindung angenommen wird, welche dem einfachen Osotriazol nicht zukommt:

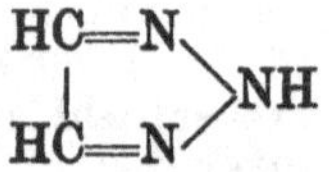

Osotriazol

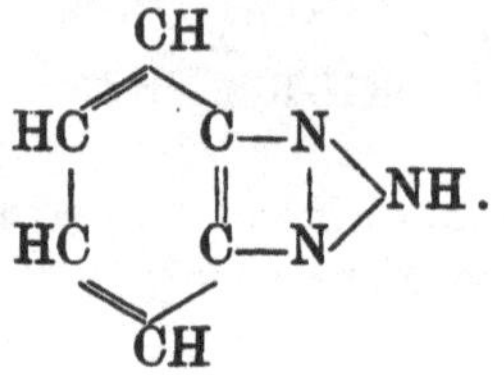

Benzosotriazol oder Pseudoazimid

Die Benzosotriazole entstehen durch Oxydation (Chromsäure) von o-Aminoazoverbindungen (420), z. B.:

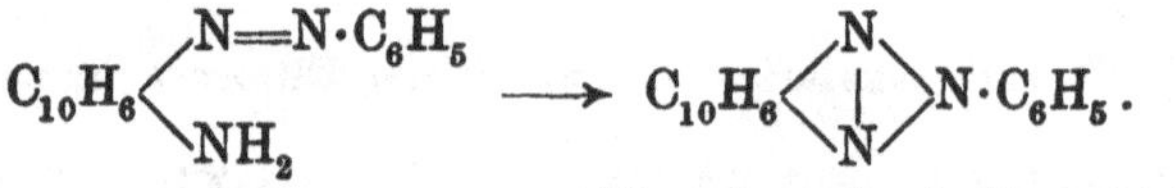

1-Phenylpseudoazimidonaphtalin

Auch Thionylchlorid (421) bewirkt eine ähnliche Kondensation, indem zunächst ein Thionylamin gebildet wird, welches dann durch Erhitzen unter Verlust von S und SO_2 das Pseudoazimid liefert; z. B.:

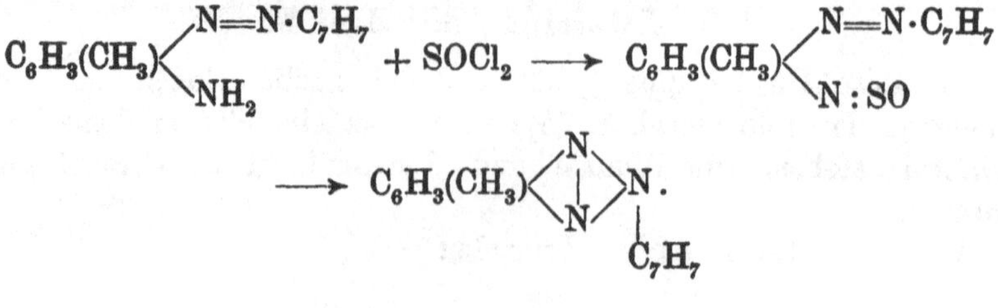

Die Pseudoazimide sind im Unterschied von den später zu besprechenden Azimidoverbindungen neutrale, indifferente Körper, welche nur durch Natrium und Alkohol angegriffen werden: hierbei wird der heterocyklische Ring aufgespalten unter Bildung eines Ortho-Diamins und eines Monamins (422).

1-Phenylpseudoazimidobenzol 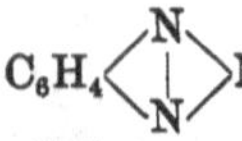 entsteht aus o-Aminoazobenzol und schmilzt bei 109°; es siedet unzersetzt.

Verwendet man zu den angeführten Reaktionen nicht primäre Amine, sondern sekundäre, so entstehen einsäurige Basen — Azammoniumhydroxyde (423) —, welche sich von den Pseudoazimiden nur dadurch unterscheiden, daß eins der tertiären Stickstoffatome quaternär und fünfwertig geworden ist; da die bisher studierten Basen dieser Klasse der Naphtalinreihe angehören, so ist ihre Bildung durch folgende Gleichung wiederzugeben:

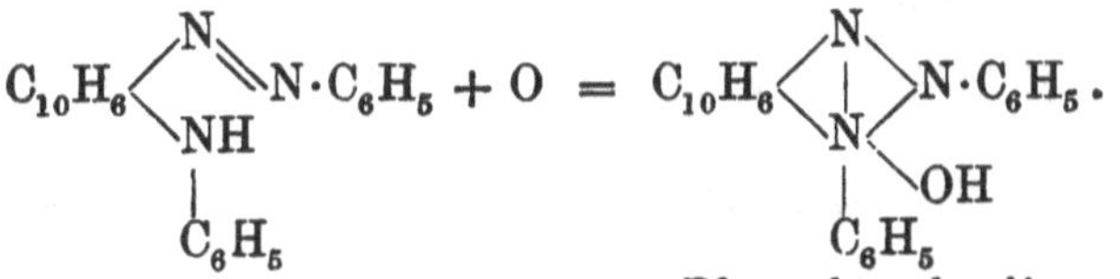

1-Phenylnaphtalin-2-phenylazammoniumhydroxyd

Diese quaternären Basen sind nur in Gestalt ihrer Salze beständig und lassen sich zu den ursprünglichen o-Aminoazoverbindungen reduzieren; sie haben in ihrer Konstitution eine gewisse Ähnlichkeit mit den Tetrazoliumbasen (vergl. S. 95) und werden daher auch Triazoliumverbindungen genannt. Dies kommt hauptsächlich in den Carbonsäurederivaten zum Ausdruck, welche leicht innere Anhydride, sogen. Betaïne (424) bilden:

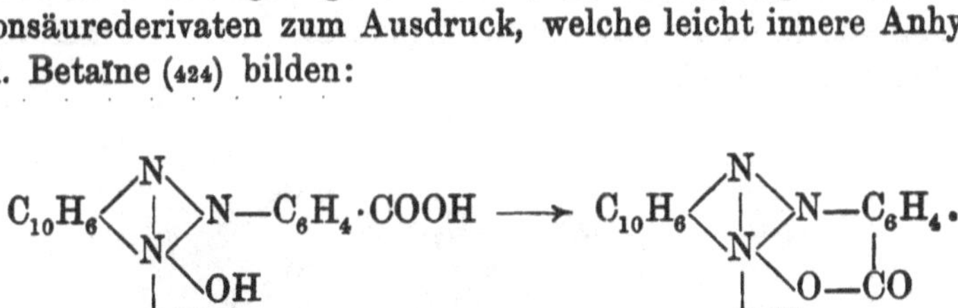

Die durch großes Krystallisationsvermögen ausgezeichneten Betaïne werden, wie die anderen Azammoniumbasen durch Schwefelammonium leicht reduziert unter Regeneration der ursprünglichen Azokörper.

Benzopyrro-α,β-diazole oder Azimidobenzole (425)

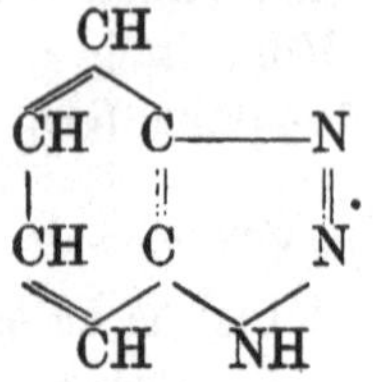

Die früher (S. 87) beschriebenen Pyrro-α,β-diazole enthalten, wie die Osotriazole zwei benachbarte C-Atome und geben durch Benzokondensation die sogen. Azimidobenzole von obiger Formel.

Sie entstehen allgemein aus o-Diaminen durch salpetrige Säure; z. B.:

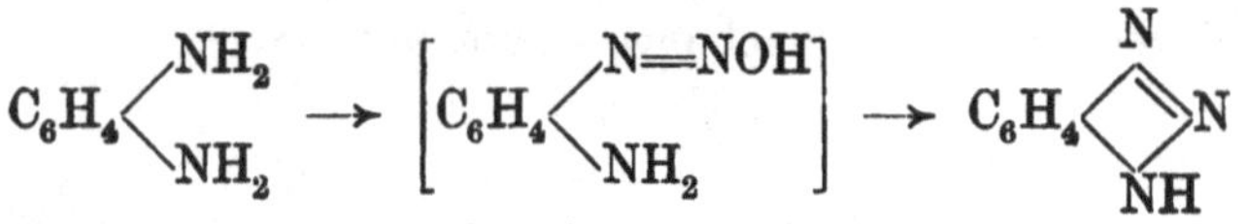

intermed. o-Aminodiazobenzol

und sind als cyklische Diazoamidokörper zu betrachten [KEKULÉ (426), ZINCKE (427)] im Gegensatz zu den Pseudoazimiden 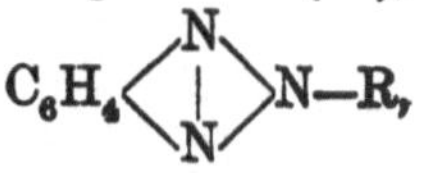 welche eine Diagonalbindung enthalten (vergl. S. 136).

Substituierte Azimidobenzole mit unbesetztem Imidwasserstoff existieren nur in **einer** Form, trotzdem zwei denkbar sind; es liegt hier also wieder ein Fall von Oscillation des Imidwasserstoffes vor, wie wir ihn in der Pyrazolgruppe, sowie beim Tetrazol kennen gelernt haben. Durch Substitution des Wasserstoffes wird die Stellung fixiert und die Isomerie (428) macht sich bemerkbar, wie aus folgendem Schema hervorgeht:

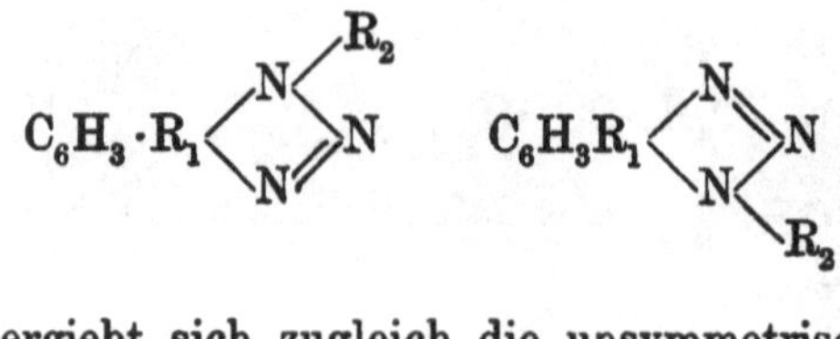

Hieraus ergiebt sich zugleich die unsymmetrische Struktur der Azimidokörper.

n-Oxyderivate der Azimidokörper werden **Azimidole** genannt und entstehen durch Behandlung von o-Nitrophenylhydrazinen mit Alkali:

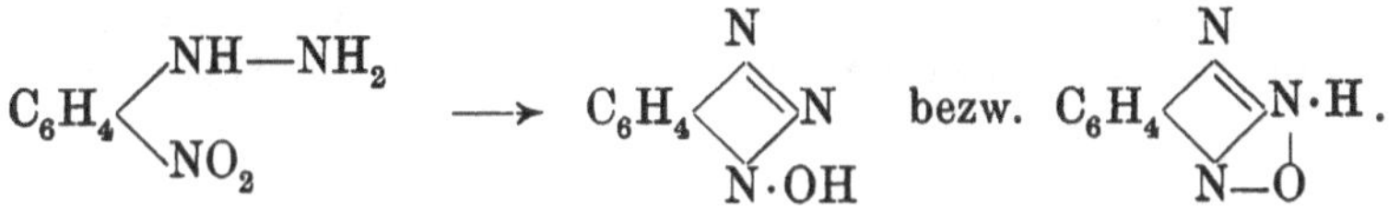

Azimidol (429)
(starke Säure vom Schmp. 157°)

Die Azimidokörper sind beständige schwache Säuren, die unzersetzt destillieren; sie sind am Stickstoff alkylierbar: die tertiären Basen liefern mit Jodalkylen quaternäre Ammoniumsalze, z. B.:

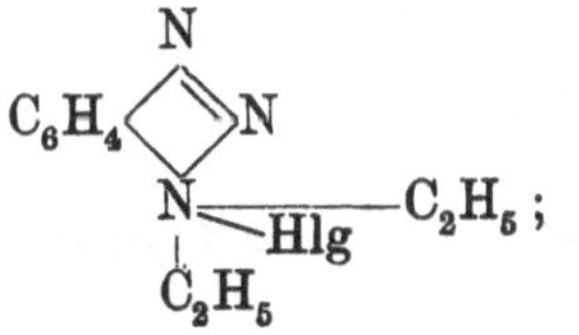

letztere sind auch aus den Azimidolen (s. o.) erhältlich.

Azimidobenzol ist isomer mit Diazobenzolimid und schmilzt bei 98°; das zugehörige n-Urethan entsteht aus salzsaurem o-Aminophenylurethan (430) mit Kaliumnitrit.

n-Phenyl-p-äthoxyazimidobenzol (431) (Schmp. 99°):

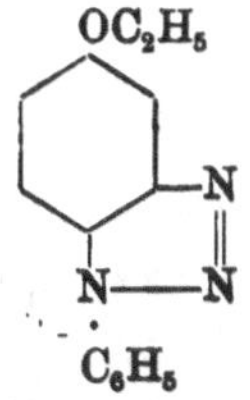

wird aus m-Dinitrodiphenylamin in komplizierter Reaktion erhalten.

Das isomere **n-Phenyl-m-äthoxyazimidobenzol** (432) (Schmp. 107—108°) entsteht aus p-Benzolazo- bezw. -hydrazophenetol mittelst salpetriger Säure nach vorausgegangener Semibenzidinumlagerung:

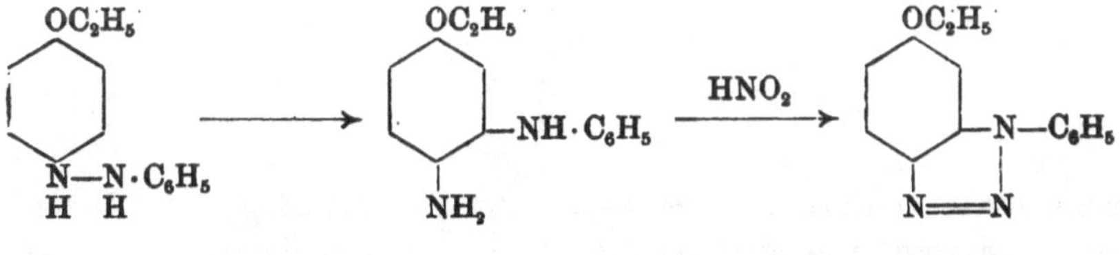

Die Existenz dieser Isomeren ist ein Beweis für die unsymmetrische Konstitution der Azimidobenzole.

Azimidotoluol (433) siedet bei 210—212° unter 12 mm Druck und schmilzt bei 83—84°; es liefert mit Jodmethyl und Methylalkohol das Jodmethylat des n-Methylazimidotoluols (Schmp. 217°), dem eine starke quaternäre Ammoniumbase zu Grunde liegt (434).

Azimidobenzoësäure (435) (aus o-Diaminobenzoësäure und Natriumnitrit) wird auch aus den beiden Aminouraminobenzoësäuren dargestellt, z. B.:

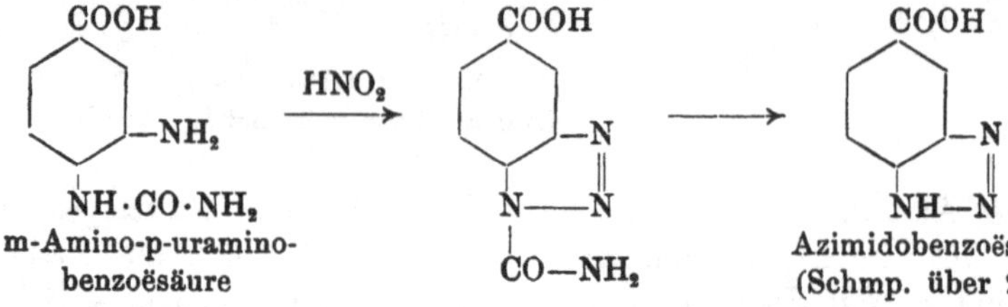

m-Amino-p-uraminobenzoësäure

Azimidobenzoësäure (Schmp. über 270°)

Das Jodmethylat der Methylazimidobenzoësäure liefert mit Silberoxyd das Benzoësäuredimethylazammoniumbetaïn:

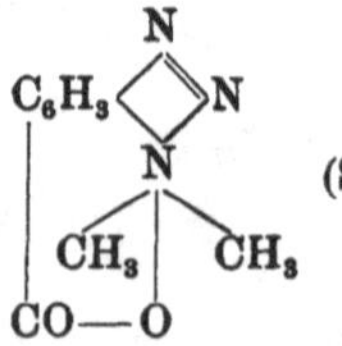

(Schmp. 247°, vergl. S. 137).

n-Phenylazimidonaphtalin, (aus α-Amino-β-naphtylphenylamin), schmilzt bei 149—150°.

3. Dreiringe und höhere polycyklische Systeme.

In dieser Klasse sollen alle diejenigen tri- und polycyklischen Verbindungen untergebracht werden, welche bisher nicht berücksichtigt werden konnten, also vor allem diejenigen heterocyklischen Ringe, welche eine zweifache Benzokondensation eingegangen, bezw. unter sich kondensiert sind.

Ein Stickstoffatom enthalten die

Carbazole

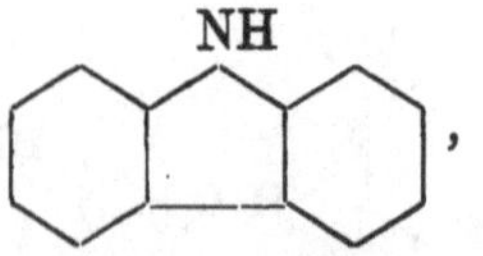

welche somit in demselben Sinne als die Ringhomologen des Indols aufzufassen sind, wie letzteres das Homologe des Pyrrols ist. Das Carbazol ist demnach ein Dibenzopyrrol, in welchem nur noch der Imidstickstoff als selbständiges Glied des ursprünglichen Pyrrolkernes erhalten ist.

Die Grundsubstanz, das Carbazol, kommt im Rohanthracen (436) vor, welchem es in der Kalischmelze als Carbazolkalium entzogen wird.

Die synthetischen Bildungsweisen sind folgende:

1) Pyrogen aus Diphenylamin unter Abspaltung von Wasserstoff (437):

ferner aus o-Aminodiphenyl beim Destillieren über Kalk (438).

2) Aus Thiodiphenylamin durch Entschwefelung mittelst Kupferpulver (439):

3) Aus Diaminodiphenyl durch Erhitzen mit HCl auf 200° (440):

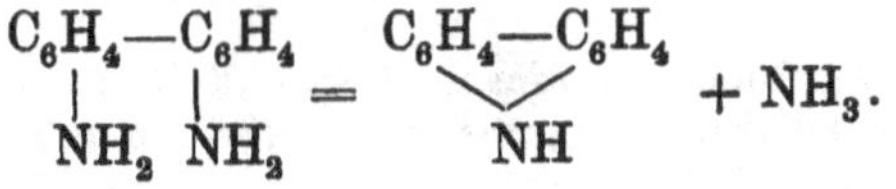

4) Aus o-Aminodiphenylamin durch Diazotieren unter intermediärer Bildung von Phenylazimidobenzol, welches bei ca. 360° in Carbazol und Stickstoff zerfällt (441):

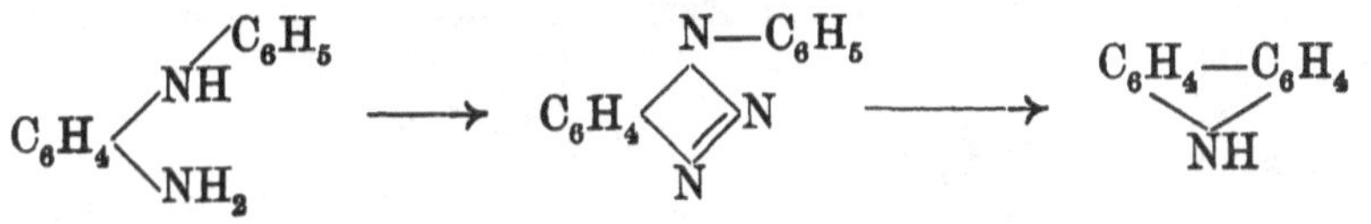

Verhalten: Carbazol und seine Homologen sind feste, beständige Körper mit Eigenschaften der Indole, nur schwächer basisch; durch Hydrierung eines Benzolkerns werden aber die basischen Eigenschaften verstärkt (s. u.). Die Carbazole zeigen die Fichtenspanreaktion, sowie die Blaufärbung[1] mit Isatin und Schwefelsäure (vergl. unter Pyrrolen und Indolen). Der Imidwasserstoff ist durch Metalle ersetzbar.

Carbazol schmilzt bei 238°, siedet bei 354—355° und bildet sowohl mit Pikrinsäure als mit Pikrylchlorid krystallisierte Verbindungen von labilem Charakter. Als sekundäre Base bildet es ein Nitrosamin (Schmp. 82°) und n-Acylverbindungen. Das Carbazolkalium liefert mit Halogenalkylen die entsprechenden n-Homologen; mit Formaldehyd entsteht Methylencarbazol (442).

[1] Näheres über weitere Farbenreaktionen findet man B. 21, 3299 und G. 24, II, 535.

Carbazol-n-carbonsäure (443) $C_6H_4—C_6H_4$ > N—COOH (Carbazolsäure) entsteht als Kalisalz durch Erhitzen von Carbazol mit Kali im CO_2-Strom. (Zersp. unter CO_2-Abspaltung 271—272°.)

Halogene wirken substituierend: von Chlorverbindungen sind bekannt Mono- (444), Di- (444), Tri- (445), Hexa- (445) und Octo(Per)chlorcarbazol (445); ähnlicher Art sind die Bromcarbazole (446).

Nitro- und Aminocarbazole sind in größerer Zahl bekannt: das Tetranitrocarbazol (447) verhält sich wie eine Säure und bildet ein rotbraunes Kaliumsalz. m-Aminocarbazol (448) schmilzt bei 238°; m, m-Diaminocarbazol (449) entsteht aus m-Diaminobenzidin durch Erhitzen mit Salzsäure auf 180—190°.

Tricarbazolcarbinol (Carbazolblau) $OH·C(C_{12}H_8N)_3$ entsteht beim Zusammenschmelzen von Carbazol mit Oxalsäure und ist ein dem Diphenylaminblau analoges Triphenylmethanderivat (450), das zu einer Leukobase reduzierbar ist. Das p, p-Dimethylcarbazol (aus o-Tolidin) liefert mit Oxalsäure keinen Farbstoff, da beide Parastellungen besetzt sind.

Carbazole der Naphtalinreihe sind: Phenyl-α-naphtylcarbazol $C_{10}H_6—C_6H_4$ > NH (Schmp. 225°) (451), Phenyl-β-naphtylcarbazol (452) (Schmp. 330°), α-Dinaphtylcarbazol (453) (Schmp. 216°), α,β-Dinaphtylcarbazol (454) (Schmp. 159°) und β-Dinaphtylcarbazol (455) (Schmp. 169—170°).

Hydrocarbazole

entstehen entweder durch direkte Hydrierung (mittelst JH) oder synthetisch aus den Phenylhydrazonen der Ketohexamethylene mittelst HCl (Analogon der FISCHER'schen Indolsynthese) (456):

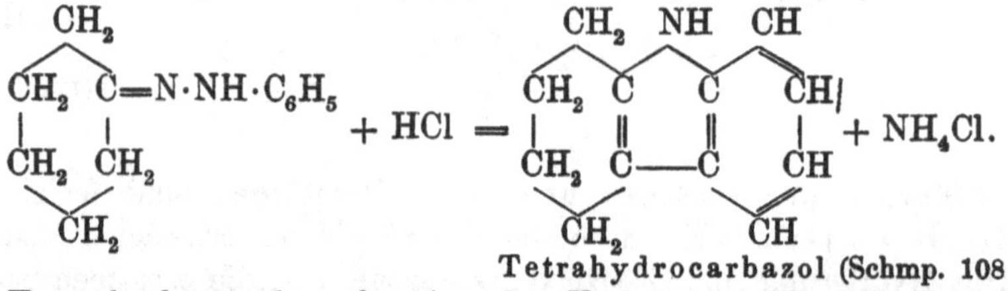

Tetrahydrocarbazol (Schmp. 108°)

Tetrahydrocarbazol zeigt das Verhalten eines Alkylindols, da der eine Benzolkern durch Hydrierung alicyklischen Charakter erhalten hat; Jodalkyle oder Chloroform erweitern den fünfgliederigen Ring zum sechsgliederigen unter Bildung von Hexahydroakridinen (457) (Analogie mit der Umwandlung der Indole in Hydrochinoline); in der Kalischmelze wird α-Indolcarbonsäure gebildet (458):

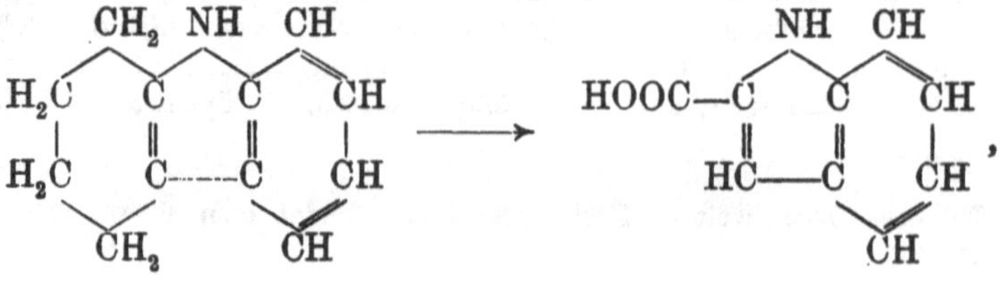

ein Beweis für den Zusammenhang der Carbazole mit den Indolen.

Tetrahydrocarbazolcarbonsäure (459) schmilzt bei 230°.

Hexahydrocarbazol (460) (Carbazolin) 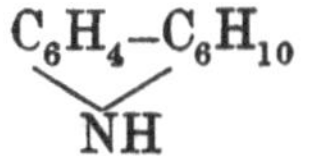 entsteht aus Carbazol durch Hydrieren mit Jodwasserstoff und Phosphor, starke Base, die bei 99° schmilzt und bei 296—297° siedet. Das Chlorhydrat dieser Base liefert beim Erhitzen das sogenannte α-Hydrocarbazol $C_{12}H_{11}N$.

Die übrigen zum Teil schon erwähnten polycyklischen Systeme mit einem oder mehr Stickstoffatomen seien im folgenden der Vollständigkeit halber kurz zusammengestellt:

Tetramethyldipyrrol (461) 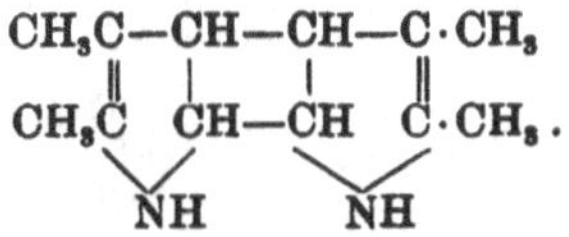

Tripyrrol (462) 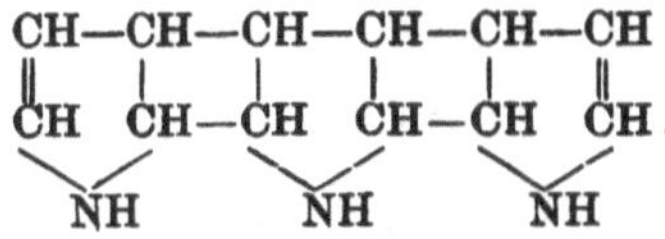

Dipyrazolon (463) (Pyrazolonopyrazolon) 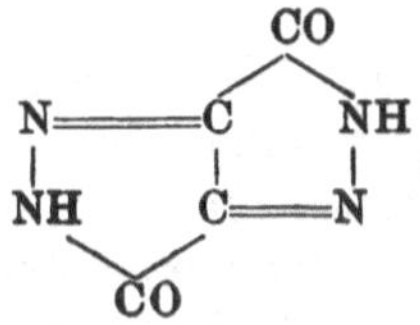 **aus 4-Hydrazipyrazolon-3-carbonsäure.**

Hexahydrobenzodipyrazolon (464) 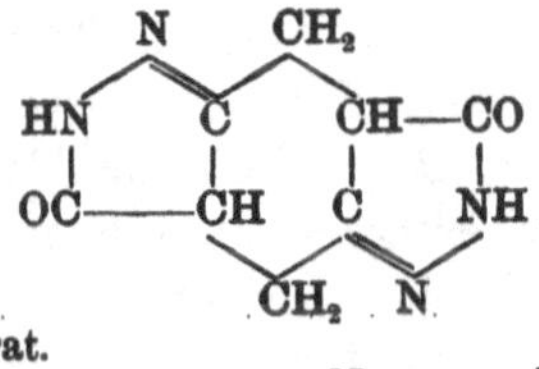 **aus Succinylbernsteinsäureester und Hydrazinhydrat.**

Bisbenzimidazol (465) **(Schmp. über 300°)** 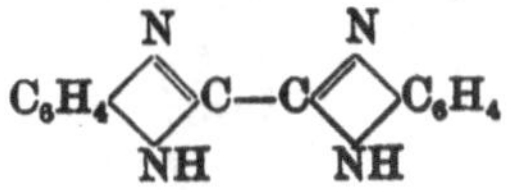

aus o-Nitrooxanilid durch Reduktion.

Benzobis-μ-methylimidazole (466)

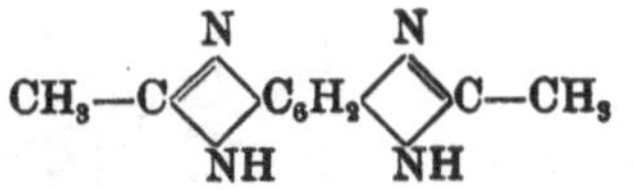

existieren in drei stellungsisomeren Formen.

Benzodi-phenylpyrazolon-dicarbonsäure

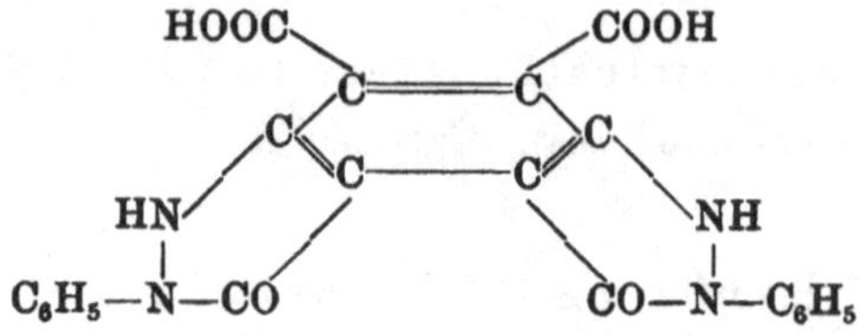

aus Hydrochinontetracarbonsäure und Phenylhydrazin (vergl. A. 258, 277).

Diphenylacetylendiureïn (467)

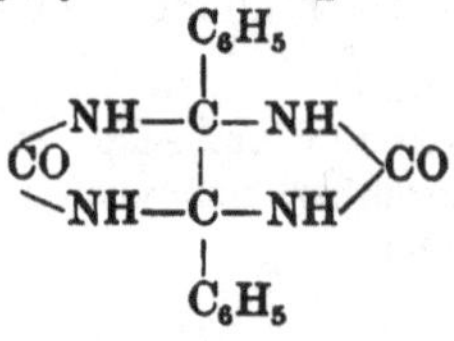

aus Benzil und Harnstoff.

Dioxybenzimidazol (468)

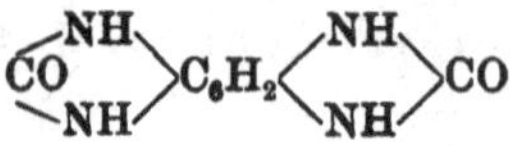

aus Tetraminobenzol und Phosgen.

V. Sauerstoff bezw. Schwefel (Selen) und Stickstoff als Ringglieder.

1. a) Einringe mit einem N und einem O (S).

Diese Hauptgruppe umfaßt eine besondere Art von Heteroringen, nämlich solche, in denen unter sich verschiedene Heteroringatome vorkommen: Stickstoff und Sauerstoff bezw. der nahe verwandte Schwefel (Selen). Die erste Untergruppe enthält diejenigen Ringe, in welchen sich nur ein Stickstoffatom findet [C, N, O (S, Se)], die Furomonazole und die Thiomonazole, während die zweite Untergruppe (vergl. S. 25) nur Systeme mit zwei Stickstoffatomen aufweist [C, N, N, O (S, Se)], die Furo- und Thiodiazole.

Die erstgenannten Monazole können die Heteroatome [N·O(S)] benachbart oder durch ein Kohlenstoffatom (Methingruppe) getrennt enthalten, wie aus folgendem Schema hervorgeht:

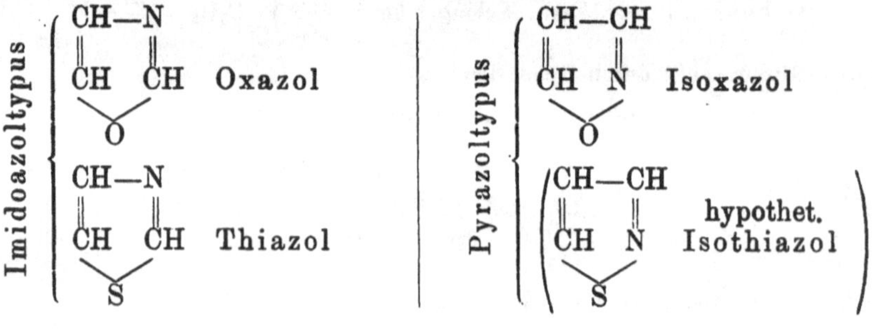

Sowohl Oxazole als Thiazole sind auf Grund des Vorhandenseins der Atomgruppierung —CH=CH— auch als Benzoderivate bekannt; dieselben werden unter den „Zweiringen“ besprochen.

Die Oxazole (469) (Furo-β-monazole)

entsprechen ihrer Konstitution nach den Imidazolen (O statt NH) und sind eher bekannt geworden als die isomeren Isoxazole, hauptsächlich in Gestalt ihrer Benzoderivate (Ladenburg, Hantzsch). Der Stammkörper, das freie Oxazol, ist unbekannt; die Bezeichnung der Derivate geschieht nach folgendem Schema:

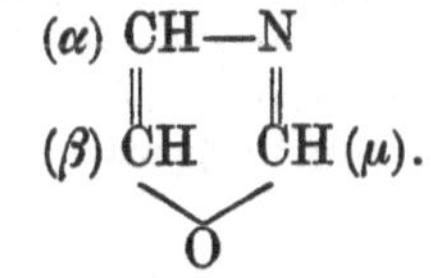

Die Bildungs- und Darstellungsweisen sind folgende:

1) Kondensation von α-Halogenketonen mit Säureamiden (in der Enolform) (470); z. B.:

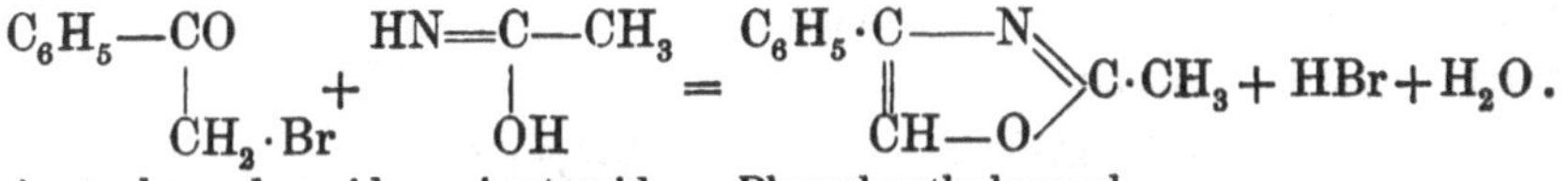

Acetophenonbromid Acetamid Phenylmethyloxazol

2) Einwirkung von Benzoïn auf Säurenitrile bei Gegenwart von konz. H_2SO_4 (471); z. B.:

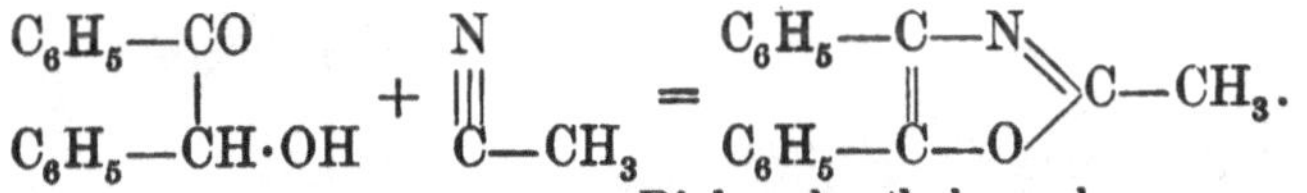

Diphenylmethyloxazol

3) Umsetzung von aromatischen Aldehydcyanhydrinen mit Aldehyden unter dem Einfluß von gasförmiger Salzsäure (472); z. B.:

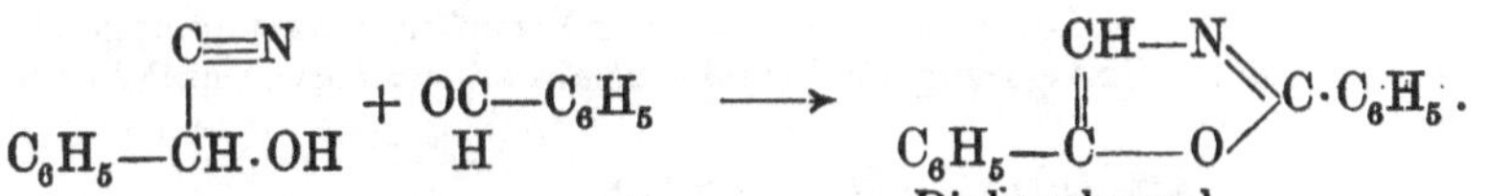

Diphenyloxazol

Verhalten: Die Oxazole haben schwach basische Eigenschaften; der Heteroring wird durch Oxydations- und Reduktionsagentien leicht gesprengt. Auch Salzsäure bewirkt eine Sprengung in Amine und Säuren.

Im Speziellen seien folgende Derivate kurz beschrieben:

α,μ-Dimethyloxazol (473) (aus Chloraceton und Acetamid nach Methode 1 ist eine Flüssigkeit, die bei 108° siedet.

α-Phenyloxazol (474) (Sdp. 220—222°) wird aus Bromacetophenon und Formamid gewonnen.

μ-Methyl-α-phenyloxazol (475) (Schmp. 45°, Sdp. 241—242°), nach Methode 1 isolierbar, verwandelt sich durch Ammoniak unter Austausch des Sauerstoffes gegen die Imidgruppe bei höherer Temperatur in Methylphenylimidazol (476).

μ-Phenyl-α-methyloxazol (477) (Sdp. 238—241°) entsteht aus Chloraceton und Benzamid, ebenso α,μ-Diphenyloxazol (478) aus Bromacetophenon und Benzamid.

β,μ-Diphenyloxazol (Schmp. 74°) wird sowohl nach Methode 3 gewonnen als auch durch Einwirkung (479) von Benzamid auf Phenylbromacetaldehyd; diese Base läßt sich zu Benzylphenyloxäthylamin reduzieren, während durch Oxydation Phenylglyoxylbenzamid gebildet wird.

α,β-Diphenyloxazol (Schmp. 44°) entsteht nach Methode 2 aus Benzoïn und Blausäure.

Triphenyloxazol (480) (Schmp. 115°), aus Benzoïn und Benzonitril, ist identisch mit dem sog. Benzilam oder Azobenzil, das durch Einwirkung von Ammoniak auf Benzil entsteht.

Dihydrooxazole (Oxazoline)

werden erhalten durch Abspaltung von Halogenwasserstoff aus β-Halogenalkylamiden (481), z. B.:

Bromäthylacetamid μ-Methyloxazolin

ferner aus Imido-β-chloräthyläther[1] durch Alkalien (482):

Die Oxazoline sind im Gegensatz zu den Oxazolen starke Basen, welche sich mit den Glyoxalidinen vergleichen lassen; so entspricht das

μ-Methyloxazolin (s. o.) dem Lysidin; es ist ein Öl, dessen Pikrat bei 157—159° schmilzt.

μ-Phenyloxazolin (Sdp. 242—243°), aus Bromäthylbenzamid darstellbar, entsteht auch durch Umlagerung von Vinylbenzamid während der Destillation (483):

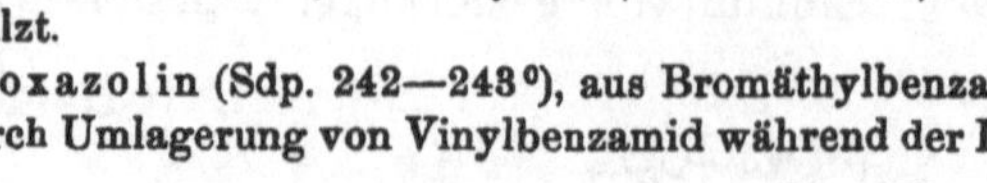

Das Phenyloxazolin wird hydrolytisch zu Aminoäthylbenzoat

$$NH_2—CH_2—CH_2—O·CO·C_6H_5$$

aufgespalten.

---

[1] Darstellbar durch Einwirkung von Äthylenchlorhydrin auf Säurenitrile.

Auch Allylbenzamid läßt sich in das isomere Methylphenyloxazolin (Sdp. 243—244°) umlagern.

Als

μ-Aminooxazoline:

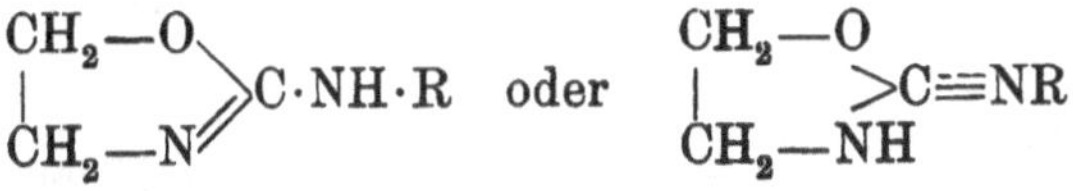

sind die sog. Alkylenpseudoharnstoffe (484) zu bezeichnen, welche sich durch Einwirkung von Kaliumcyanat auf die Bromhydrate der Bromalkylamine bilden:

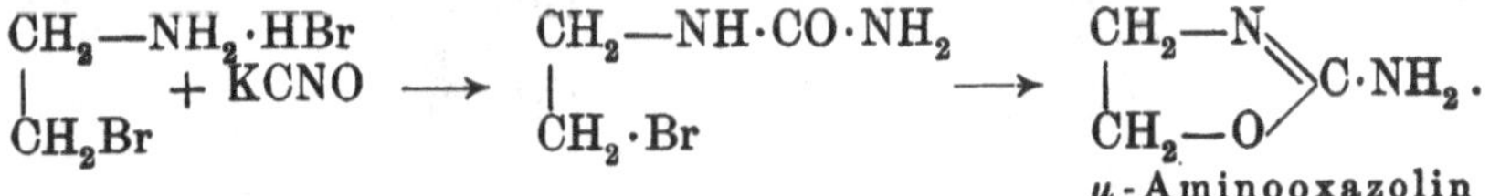

μ-Aminooxazolin oder Äthylen-ψ-harnstoff

n-Phenyläthylenpseudoharnstoff (Schmp. 119—120°) (485) wird aus β-Chloräthylphenylharnstoff durch Einwirkung von heißem Wasser gewonnen, während alkoholisches Kali normalen Äthylenphenylharnstoff bildet:

μ-Aminodiphenyloxazolin (486) (Schmp. 153—154°) entsteht nach folgendem Schema:

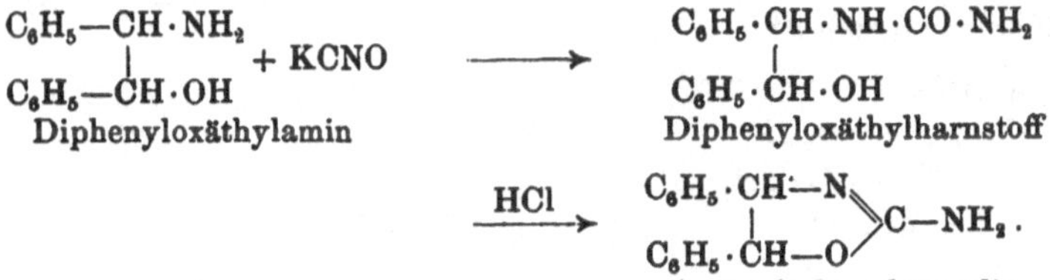

μ-Aminodiphenyloxazolin

Tetrahydrooxazole

entstehen durch direkte Reduktion von Oxazolen mit Natrium und Alkohol; z. B.:

Tetrahydro-α-phenyl-μ-methyloxazol (Sdp. 248—251°)

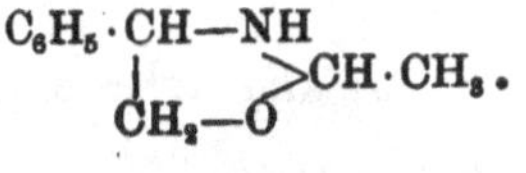

aus dem entsprechenden Phenylmethyloxazol.

Ketotetrahydrooxazole (487) können hingegen synthetisch dargestellt werden durch Einwirkung von Chlorameisensäurechloräthylester auf Amine unter intermediärer Bildung von Carbaminsäurechloräthylestern:

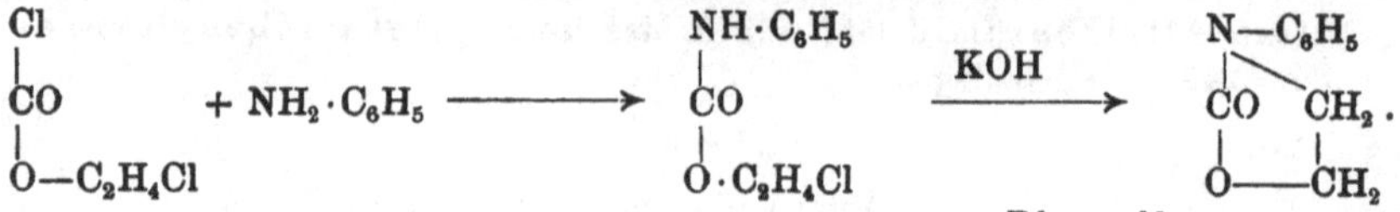

n-Phenylketotetrahydrooxazol vom Schmp. 124° (zerfällt mit HCl in Chloräthylphenylamin und CO_2)

Die

Isoxazole (Furo-α-monazole)

sind den Pyrazolen analog konstituiert:

Isoxazol Pyrazol

sie sind die α-Azole des Furfurans, während die Oxazole die Furo-β-azole vorstellen.

Die Ähnlichkeit mit den Pyrazolen spricht sich auch in den Bildungsweisen der Isoxazole aus; wie jene aus β-Diketohydrazonen dargestellt werden, so erhält man diese fast ausschließlich durch Einwirkung von Hydroxylamin auf β-Diketone, β-Ketonaldehyde und Oxymethylenketone. Als Zwischenprodukte dieses Prozesses hat man die Monoxime zu betrachten, welche unter Abspaltung von Wasser den Heteroringschluß erleiden (488):

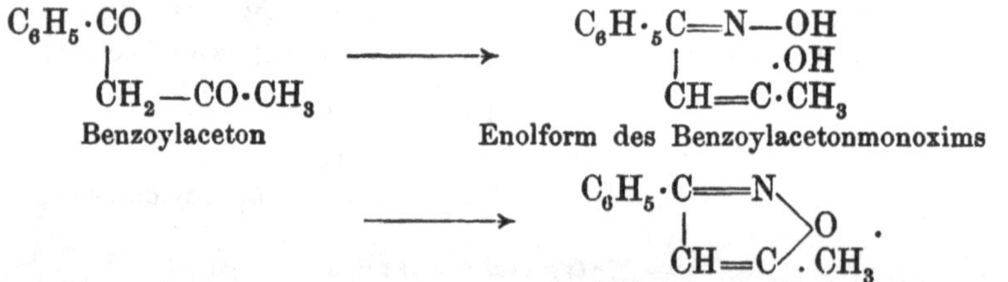

Benzoylaceton — Enolform des Benzoylacetonmonoxims — Phenylmethylisoxazol

Weniger glatt reagieren β-Ketoaldehyde, da die zunächst entstehenden Monoxime beständiger sind und erst mit wasserentziehenden Mitteln Isoxazole liefern, und zwar monoalkylierte:

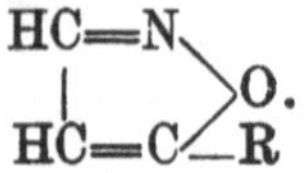

Eine spezielle Bildungsweise (489) von Isoxazolen ist diejenige aus Nitroparaffinen mittelst Alkali (s. u.); z. B.:

$$4 C_2H_5 \cdot NO_2 = C_6H_9NO + CH_3 \cdot CN + 2 HNO_3 + 3 H_2O.$$

Der Körper C_6H_9NO ist identisch mit dem Trimethylisoxazol, das aus Methylacetylaceton und Hydroxylamin entsteht.

Die Stammsubstanz dieser Gruppe ist nicht bekannt; die Bezeichnung der Substitutionsprodukte geschieht nach folgendem Schema:

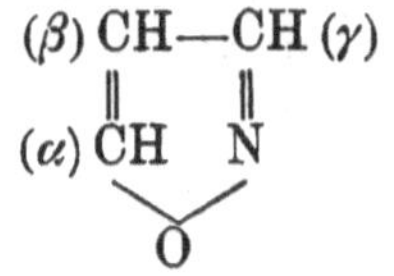

Verhalten: Beständig sind nur diejenigen Isoxazole, welche in der γ-Stellung substituiert sind; die in γ-Stellung nicht substituierten erleiden durch Natriumäthylat eine Umlagerung in die isomeren Nitrile von β-Ketonsäuren:

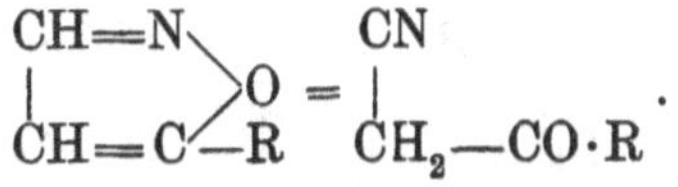

Die Isoxazole sind schwache Basen, die noch Jodalkylate bilden, beim Hydrieren aber keine faßbaren Isoxazoline, sondern unter Ringaufspaltung Imino-β-diketone liefern:

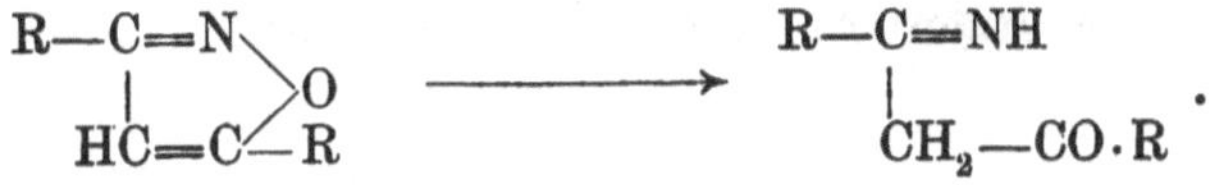

Im Speziellen seien folgende Derivate angeführt:

α- und γ-Methylisoxazol (490) entstehen gleichzeitig bei der Einwirkung von Hydroxylamin auf Oxymethylenaceton:

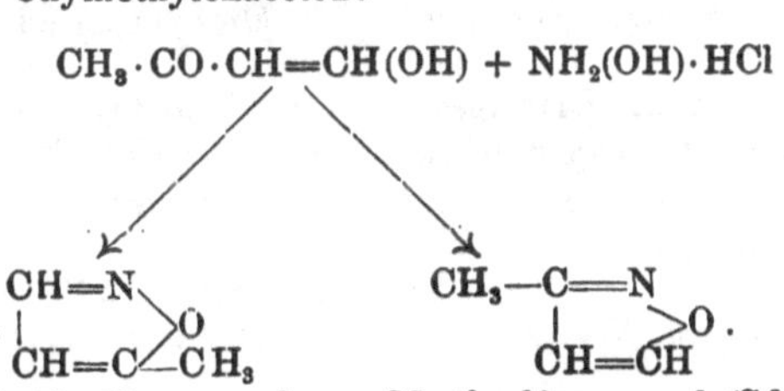

α-Methylisoxazol (Sdp. 122°) lagert sich in Cyanaceton $CH_3—CO—CH_2—CN$ um (s. o.).

γ-Methylisoxazol (Sdp. 118°) ist beständig (s. o.)

α,γ-Dimethylisoxazol (491) (aus Acetylaceton und Hydroxylamin) siedet bei 141—142°.

Thiodimethylisoxazol (492) (Schmp. 127—128°) entsteht aus Thioacetylaceton.

Trimethylisoxazol (493) (Sdp. 171°) bildet sich sowohl aus Methylacetylaceton mit Hydroxylamin, als aus Nitroäthan durch heiße Alkalien; diese Base giebt bei der Reduktion Methylacetylacetonamin, durch Zinkstaubdestillation Acetonitril.

α-Phenylisoxazol (494) (Schmp. 22—23°, Sdp. 246—248°) entsteht durch Anhydrisierung von Benzoylaldehydoxim mittelst Acetylchlorid (nicht Essigsäureanhydrid); es lagert sich in Acetophenoncyanid um.

Analog α, γ-Methylphenylisoxazol (495) (Schmp. 68°) (vergl. S. 148); es liefert beim Erhitzen mit alkoholischem Ammoniak 3, 5 Phenylmethylpyrazol.

Bisisoxazole (496) erhält man aus Oxalyldiketonen mit Hydroxylamin durch successiven Ringschluß:

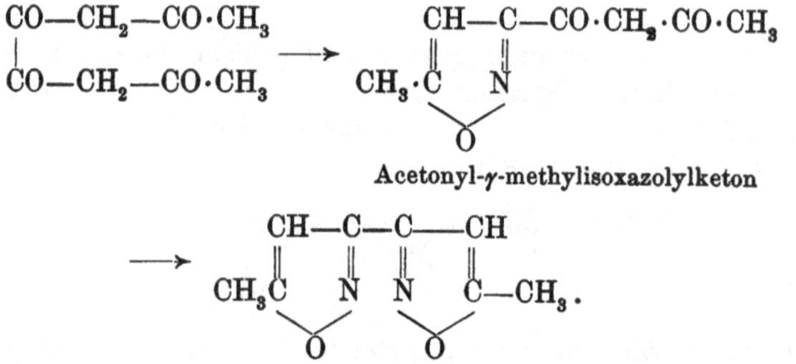

Acetonyl-γ-methylisoxazolylketon

Bis-γ-methylisoxazol

Isoxazolcarbonsäuren (497) entstehen in Gestalt ihrer Ester aus den Ketonoxalestern durch Hydroxylamin:

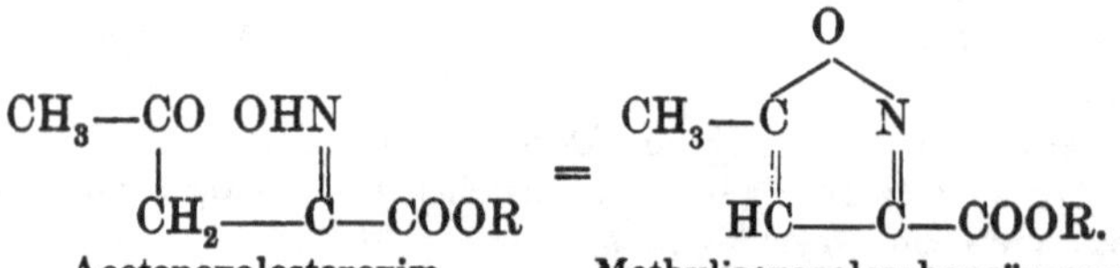

Acetonoxalesteroxim — Methylisoxazolcarbonsäureester

Analog wird aus Diacetessigester α, γ-Dimethylisoxazol-β-carbonsäureäthylester (Sdp. 218—220°) gebildet (498); die zugehörige Säure schmilzt bei 142°.

γ-Phenylisoxazol-α-carbonsäure (Schmp. 158°) entsteht aus Benzoylbrenztraubensäure und Hydroxylamin.

Oxyisoxazoldicarbonsäure (499) (Schmp. 176—177°) entsteht in Gestalt ihres Äthylesters aus Acetondicarbonsäureester und salpetriger Säure in folgenden Phasen:

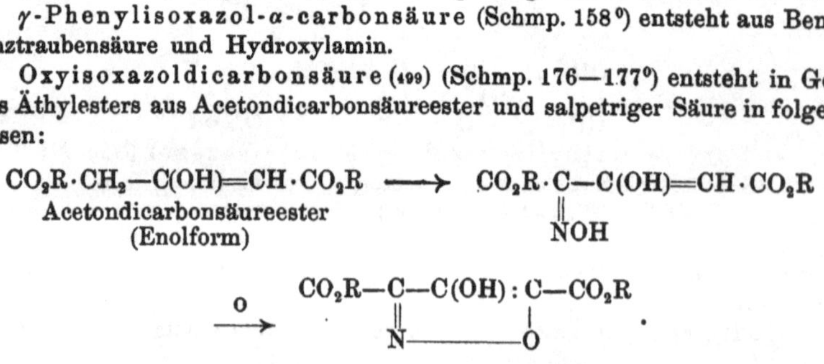

Der Oxyisoxazoldicarbonsäureester ist alkalilöslich und liefert mit konzentrierter Salpetersäure den sauren Ester der Mesoxalsäure.

Isoxazoline

sind, wie schon hervorgehoben, **nicht** durch Hydrierung der Isoxazole zugänglich, sondern nur durch einige synthetische Prozesse, z. B.:

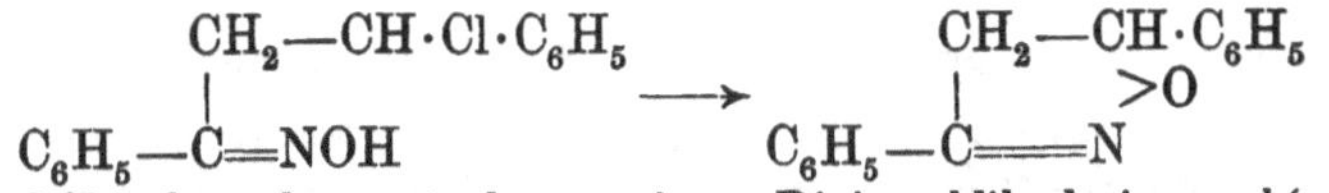

β-Chlorbenzyl-ω-acetophenonoxim — Diphenyldihydroisoxazol (500) (Schmp. 73°)

Um so eingehender sind die Sauerstoffderivate der Isoxazoline studiert worden, die

Isoxazolone,

welche die Analoga der Pyrazolone (Laktazame) sind und daher auch Laktoxime (Laktazone) genannt werden; sie entstehen im Sinne der Pyrazolonsynthese aus β-Ketonsäureestern durch Hydroxylamin; z. B.:

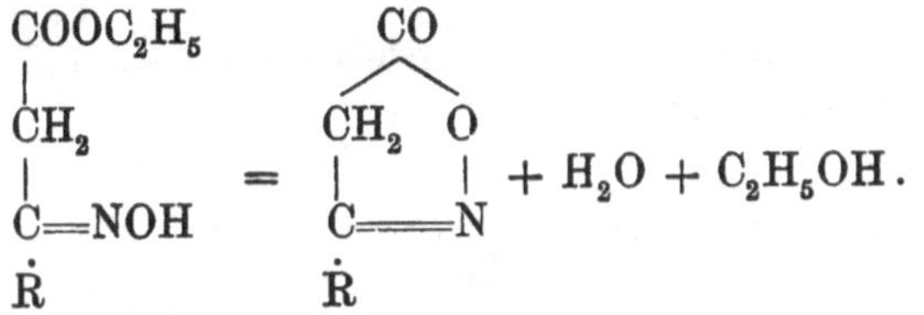

Ebenso wie die Pyrazolone in drei desmotropen Formeln[1] reagieren können, so auch die Isoxazolone:

I — II — III

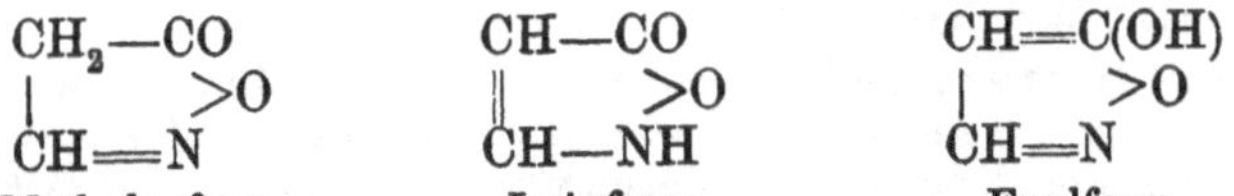

Methylenform — Iminform — Enolform.

Die Isoxazolone sind noch stärker sauer als die Pyrazolone, da sie nicht nur mit Metallen, sondern auch mit Ammoniak und primären Aminen Salze bilden, die sich allerdings zum Teil von hydrolytisch gebildeten Isonitrososäuren ableiten. Die Silbersalze setzen sich mit Jodalkylen zu Athern um, welche — beim Phenylisoxazolonmethyläther wenigstens — Stickstoffäther (vergl. Formel II) zu sein scheinen. Die Isoxazolone reagieren mit Diazoniumchloriden unter Bildung von Phenylhydrazonen, mit salpetriger Säure zu Isonitrosokörpern. Außer den gewöhnlichen Isoxazolonen existiert noch eine isomere Reihe, die sog. β-Isoxazolone, welche die Carbonylgruppe in der β-Stellung enthalten:

[1] Vergl. B. **30**, 1614.

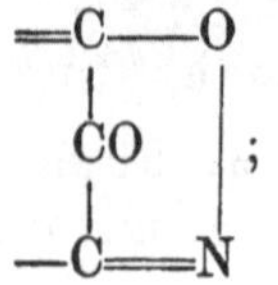

dieselben sind nur in geringer Zahl bekannt geworden.

γ-**Methylisoxazolon** (501) (Schmp. 169—170°), aus Acetessigester und Hydroxylamin, ist zugleich schwache Base und Säure; die Salze leiten sich von einem Doppelmolekül ab, z. B. das Ammoniumsalz $(C_8H_7O_3N_2)NH_4$.

Oximidomethylisoxazolon (502) 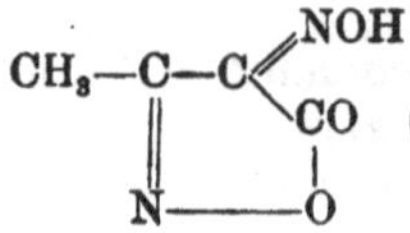 (Schmp. 141—142°)

entsteht aus Isonitrosoacetessigester und Hydroxylamin und geht durch Alkali in Diisonitrosobuttersäure und durch Oxydation in Nitromethylisoxazolon über.

γ-**Methylisoxazolonphenylhydrazon** (503) 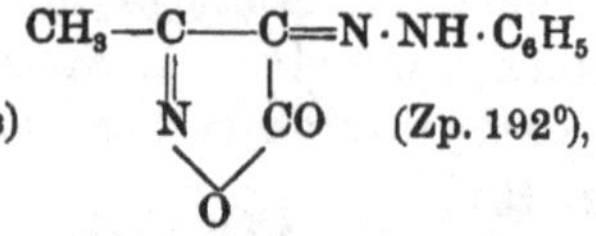 (Zp. 192°),

bildet sich aus Methylisoxazolon und Diazoniumchlorid bezw. aus Acetessigesteroxim; der Körper bildet abnorme Salze.

Benzylidenmethylisoxazolon (504) 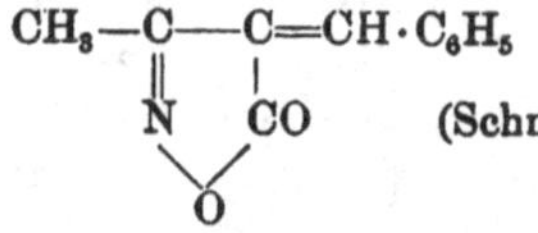 (Schmp. 141°)

(aus Acetessigesteroxim und Benzaldehyd oder aus Benzalacetessigester mittelst Hydroxylamin), ist unbeständig gegen Alkalien. Analoge Körper werden aus vielen aromatischen Aldehyden sowie aus Furol gewonnen.

β, γ-**Dimethylisoxazolon** (505) (Schmp. 123—124°) bildet sich aus Methylacetessigester und Hydroxylamin.

γ-**Phenylisoxazolon** (506) (Schmp. 152°), aus Benzoylessigester und Hydroxylamin, verhält sich wie eine echte Säure und liefert mit salpetriger Säure eine Isonitrosoverbindung, mit Diazobenzol ein Hydrazon. Die Alkylderivate enthalten das Alkyl am Stickstoff. Durch Behandlung mit Benzoylchlorid und Alkali entstehen zwei isomere Benzoylphenylisoxazolone (α: Schmp. 161°, β: Schmp. 115°), welche wahrscheinlich Derivate der Imin- bezw. der Enolform (s. o.) des Isoxazolons sind.

γ-**Benzyl**-β-**phenylisoxazolon** (507) (Schmp. 106—107°) entsteht aus Diphenylacetessigesteroxim mittelst konz. H_2SO_4.

Isoxazolon-β-**carbonsäure** (508) 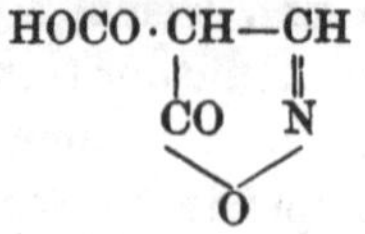 entsteht in Gestalt

ihres Esters aus Äthoxymethylenmalonsäureester bezw. Dicarboxylglutaconsäureester mittelst Hydroxylamin. Starke Säure, deren Silbersalz N-Alkylderivate liefert, die das Alkyl am Stickstoff tragen.

Imidoisoxazoline

werden diejenigen Isoxazolone genannt, in welchen der Carbonylsauerstoff durch die Imidogruppe ersetzt ist: dieselben entstehen aus den Cyanacetoximen bezw. den Dinitrilen einbasischer Säuren durch Behandlung mit Hydroxylamin (509), z. B.:

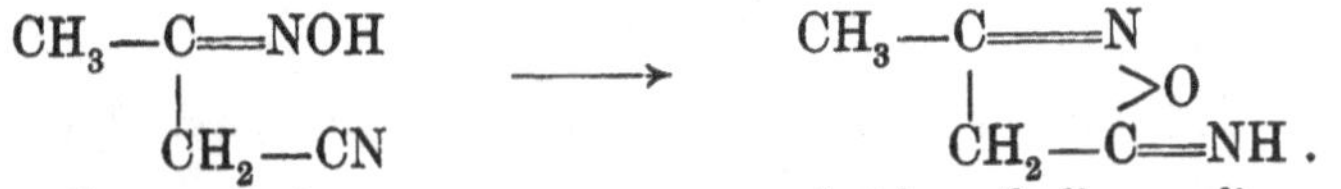

Cyanacetoxim — Imidomethylisoxazolin

Ähnlich liefert Benzoacetodinitril γ-Imidophenylisoxazolin unter intermediärer Bildung von Cyanacetophenonoxim.

Oximidoisoxazolonoxime entstehen bei der Einwirkung von Hydroxylamin auf Isonitrosoketone bezw. 1,2-Dialdehyde; der eigentlichen Reaktion geht wahrscheinlich eine Aldolkondensation voraus (510):

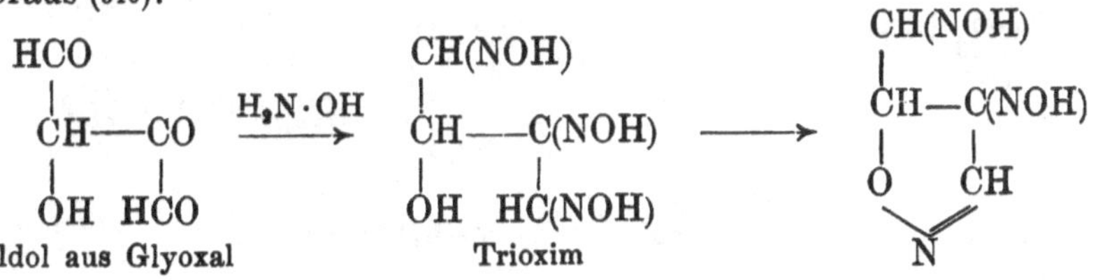

Aldol aus Glyoxal — Trioxim — α-Oximidomethyl-isoxazolonoxim.

Auch 1,3-Ketonaldehyde, wie Acetessigaldehyd (511), erleiden ähnliche Kondensationen.

γ-Methyl-α-oximidoäthyl-β-isoxazolonoxim (511)

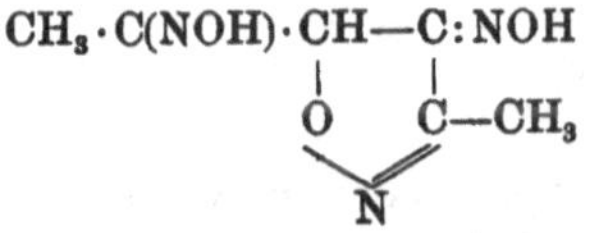

entsteht aus Isonitrosoaceton und Hydroxylamin und liefert mit Stickstofftetroxyd zunächst ein Trioxim- und darauf ein Dioximketon.

Phenylbenzoyl-β-isoxazolon (512) bezw. dessen Oximidoderivat entstehen aus Benzoylformoïn mit Hydroxylamin:

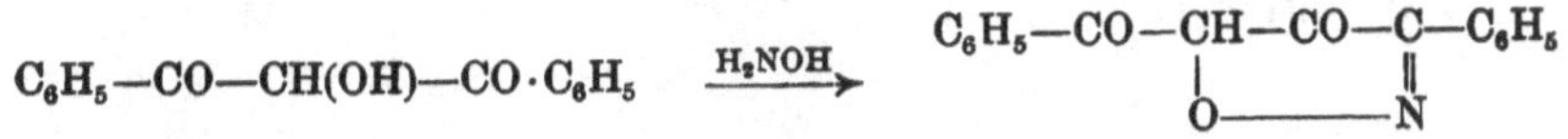

besitzen aber wahrscheinlich die Konstitution eines Oxyisoxazols.

Durch Einwirkung von Hydroxylamin auf Dicarboxyglutaconsäureester entsteht der sogen. Pyroxoloncarbonsäureester (513).

Die

Thiazole oder Thiomonazole

sind, wie schon auf S. 144 erwähnt ist, nur in einer Form und zwar als β-Monazole bekannt, da Isothiazole (analog den Isoxazolen) bisher nicht dargestellt worden sind.

Das Thiazol 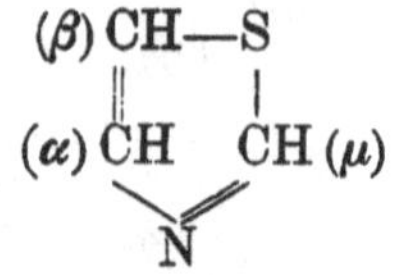 verhält sich zum Pyridin, wie Thiophen zum Benzol; es zeigen in der That Pyridine und Thiazole eine bemerkenswerte Ähnlichkeit der Eigenschaften.

Die Darstellung ist analog derjenigen der Oxazole; wie diese aus Säureamiden, so entstehen die Thiazole aus den Thioamiden durch Einwirkung von α-Halogenketonen (-aldehyden) (514), z. B.:

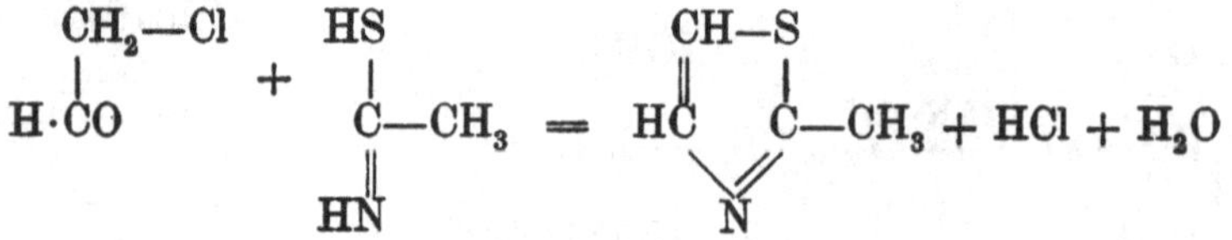

Chloracetaldehyd Thiacetamid μ-Methylthiazol.

μ-Aminothiazole (515) werden sinngemäß erhalten durch Wechselwirkung von Thioharnstoff und α-Halogenketokörpern:

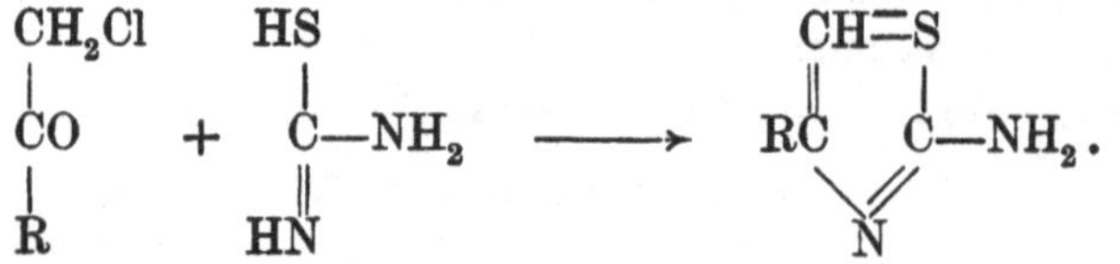

Oxythiazole bilden sich aus Chloraceton und Rhodansalzen, wobei das zunächst gebildete Rhodanaceton CH_3—CO—CH_2—SCN Wasser aufnimmt unter Bildung des Körpers:

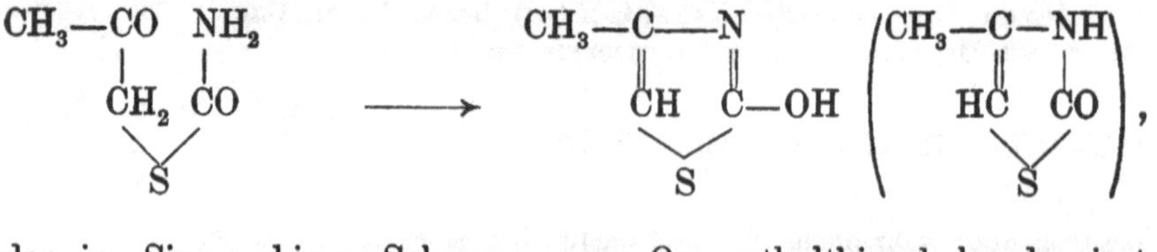

der im Sinne obigen Schemas zu μ-Oxymethylthiazol kondensiert wird (516).

Sowohl Amino- als Oxythiazole sind in die Stammsubstanzen überführbar.

Die Ähnlichkeit des Thiazols und seiner Homologen mit den Körpern der Pyridinreihe geht so weit, daß die Siedepunkte der entsprechenden Basen nur wenig differieren, und zwar sieden die Thiazole etwas höher als die Pyridine; durch Addition von Jodalkylen entstehen die quaternären Alkylthiazoliumjodide.

Im Speziellen seien nur folgende Körper hervorgehoben:

Thiazol siedet bei 117°, riecht wie Pyridin und entsteht aus μ-Aminothiazol mittelst salpetriger Säure und Alkohol; auch μ-Chlor- und Bromthiazol werden aus der Diazoverbindung dargestellt (517).

μ-Methylthiazol (vergl. S. 154) siedet bei 128°, während das isomere α-Methylthiazol (518) bei 232° siedet.

α, μ-Dimethylthiazol (519) kondensiert sich mit Formaldehyd zu einem „Alkin" (vergl. α-Methylpyridin).

α, μ Diphenylthiazol (Schmp. 92—93°) entsteht aus Bromacetophenon und Thiobenzamid,

Triphenylthiazol (Schmp. 87°) bildet sich aus Thiobenzamid und Desylbromid.

μ-Aminothiazol wird aus Thioharnstoff und Dichloräther dargestellt; es schmilzt bei 90°; das Diazothiazolhydrat (520) 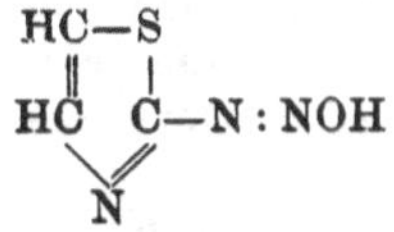 kuppelt mit Phenolen zu braunen Azokörpern: eine Thatsache, die auf das Vorhandensein einer primären Aminogruppe hinweist; andererseits werden durch Einwirkung von Alkylhalogenen auf Aminothiazole sog. Iminoalkylthiazoline

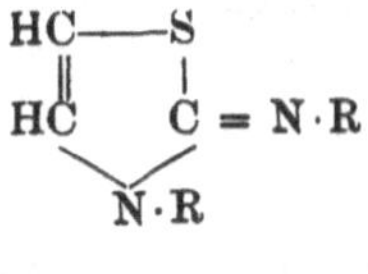

erhalten, welche sich von der Iminformel des Aminothiazols: 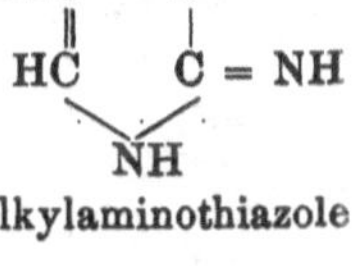 ableiten und durch Alkylieren der zunächst gebildeten Monoalkylaminothiazole entstehen (521).

μ-Phenylaminothiazol (Phenyliminothiazolin) wird durch Einwirkung von Dichloräther auf Phenylthioharnstoff gewonnen. α-Methyl-μ-aminothiazol (Schmp. 42°) entsteht aus Chloraceton mit Rhodanammonium oder Thioharnstoff.

α-Phenyl-μ-oxythiazol schmilzt bei 204° und vermag auch als Ketothiazolin zu reagieren, da es Stickstoffäther liefert.

α-Methyl-μ-oxythiazol (aus Chloraceton und Rhodanbaryum, vergl. S. 154) schmilzt bei 102°.

α-Methyl-μ-merkaptothiazol (522) (Schmp. 89—90°) erhält man aus Chloraceton und thiocarbaminsaurem Ammonium.

Thiazolcarbonsäuren entstehen in Gestalt ihrer Ester nach demselben Princip, wie die Grundsubstanz, nämlich durch Kondensation von Chloracetessigester, Chloroxalessigester u. s. w. mit Thioamiden, z. B.:

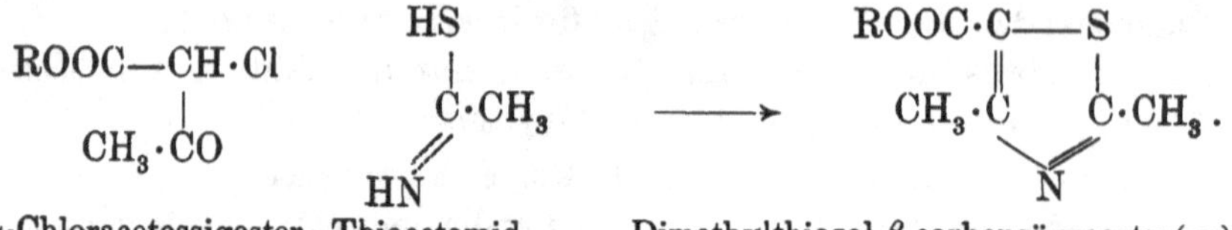

α-Chloracetessigester Thiacetamid Dimethylthiazol-β-carbonsäureester (523)

Amino-, Oxy- und Merkapto-thiazolcarbonsäuren entstehen in analoger Weise, wenn man an Stelle der Thioamide Thioharnstoffe, Rhodansalze oder dithiocarbaminsaures Ammoniak verwendet.

α-Methylthiazol-β-carbonsäure (524) (Schmp. 257°) ist in Gestalt ihres Esters aus dem entsprechenden μ-Chlorthiazolcarbonsäureester durch Reduktion zugänglich.

μ-Aminothiazol-β-carbonsäure (sog. Sulfuvinursäure) entsteht aus Dibrombrenztraubensäure und Thioharnstoff und zersetzt sich bei 245° (525).

μ-Oxy-β-methylthiazolcarbonsäureester (aus α-Rhodanacetessigester) schmilzt bei 128° (526).

μ-Amino-α-methylthiazol-β-carbonsäureäthylester (aus α-Chloracetessigester und Thioharnstoff) liefert ein Diazohydrat, das beim Kochen mit Alkohol *Methylazimidothiazolcarbonsäureester*

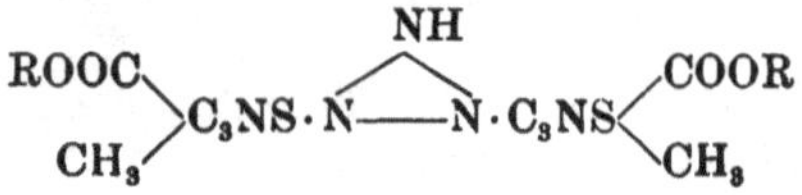

giebt (527).

μ-Methylthiazoldicarbonsäure (aus Chloroxalessigester und Thiacetamid) schmilzt bei 169° unter Abspaltung von 1 Mol CO_2 (528).

Dihydrothiazole (Thiazoline)

sind in zwei isomeren Formen, als n- und als c-Thiazoline

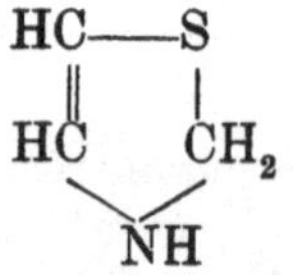

n-Thiazolin

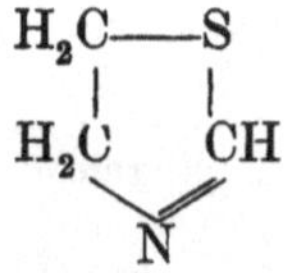

C-Thiazolin

denkbar; die zweite Formel entspricht der Konstitution der eigentlichen Thiazoline, während die erstgenannte den tautomeren Oxy- und Aminothiazolen (s. o.) zukommt.

Die Darstellung der Dihydrothiazole erfolgt ausschließlich auf synthetischem Wege, *nicht* durch Hydrierung der Thiazole: die stark basischen Thiazoline sind noch leichter aufspaltbar, als die entsprechenden Thiazole.

Die Dihydrothiazole werden nach drei Methoden gewonnen:

1) Einwirkung von β-Halogenalkylaminsalzen auf Thioamide bei höherer Temperatur (529):

$$\begin{array}{l} CH_2\cdot Br \\ | \\ CH_2\cdot NH_2 \end{array} + \begin{array}{l} HS \\ \\ HN \end{array}\!\!>C\cdot R = \begin{array}{l} CH_2-S \\ | \\ CH_2-N \end{array}\!\!>C\cdot R + HBr + NH_3.$$

2) Einwirkung von Äthylenbromid auf Thioamide (530); z. B.:

$$\begin{array}{l} CH_2\cdot Br \\ | \\ CH_2\cdot Br \end{array} + \begin{array}{l} HS \\ \\ HN \end{array}\!\!>C\cdot C_6H_5 = \begin{array}{l} CH_2-S \\ | \\ CH_2-N \end{array}\!\!>C\cdot C_6H_5 + 2HBr.$$

3) Einwirkung von P_2S_5 auf Acidyl-β-bromalkylamide (531), z. B.:

$$C_6H_5-C\!\!<\begin{array}{l} NH-CH_2 \\ \quad\quad\;\; | \\ O \quad\; CH_2\cdot Br \end{array} \xrightarrow{P_2S_5} C_6H_5-C\!\!<\begin{array}{l} N-CH_2 \\ \quad\;\; | \\ S-CH_2 \end{array}.$$

Bromäthylbenzamid μ-Phenylthiazolin (Sdp. 276°).

Bei dieser Reaktion wird das erforderliche Thiamid intermediär gebildet.

μ-Methylthiazolin (Sdp. 145°) (aus Thiacetamid nach Methode 1) wird durch HCl zu β-Aminoäthylmerkaptan aufgespalten.

μ-Phenylthiazolin (s. o.) läßt sich zu Benzoyltaurin $\begin{array}{l} CH_2-SO_3H \\ | \\ CH_2-NH\cdot CO\cdot C_6H_5 \end{array}$ oxydieren.

Thiazolin-μ-merkaptan (532) (Schmp. 107°) entsteht aus Bromäthylamin und Schwefelkohlenstoff nach folgender Gleichung:

$$\begin{array}{l} CH_2Br \\ | \\ CH_2\cdot NH_2 \end{array} + CS_2 = \begin{array}{l} CH_2-S \\ | \\ CH_2-N \end{array}\!\!>C\cdot SH + HBr$$

unter intermediärer Bildung von $CH_2Br\cdot CH_2\cdot NH\cdot C\cdot S\cdot SH$ (Bromäthylamindithiocarbaminsäure).

Das auch aus Vinylamin mittelst CS_2 entstehende Merkaptan wird durch N_2O_3 zu μ-Thiazolinsulfid $SNH_4C_3-S-C_3H_4NS$ oxydiert.

Aminothiazoline sind identisch mit den Alkylenpseudothioharnstoffen, welche ihrerseits den normalen Alkylenthioharnstoffen isomer sind:

$$\begin{array}{l} CH_2-S \\ | \\ CH_2-N \end{array}\!\!>C\cdot NH_2 \qquad\qquad \begin{array}{l} CH_2-NH \\ | \\ CH_2-NH \end{array}\!\!>C\cdot S.$$

Äthylenpseudothioharnstoff oder μ-Aminothiazolin — Äthylenthioharnstoff

Da manche Aminothiazoline bei der Alkylierung Stickstoffäther liefern, so kommt für dieselben auch die Iminformel

$$\begin{array}{l} CH_2-S \\ | \\ CH_2-NH \end{array}\!\!>C:NH \text{ (Iminothiazolidin)}$$

in Betracht.

Die Darstellung dieser Basen erfolgt entweder durch Umlagerung von Allylthioharnstoffen mittelst Bromwasserstoff (533); z. B.:

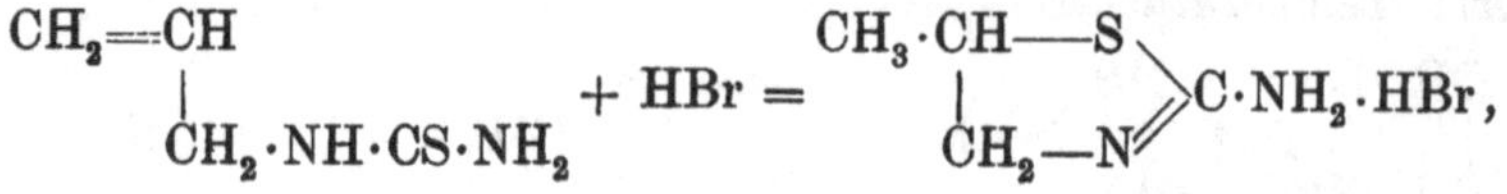

oder durch Einwirkung von Rhodankalium auf β-Bromalkylamine unter intermediärer Bildung von Bromalkylthioharnstoff (534); z. B.:

μ-Aminothiazolin (Äthylenpseudoharnstoff) (Schmp. 84—85°) wird durch Brom zu Taurocarbaminsäure $HSO_3 \cdot CH_2 \cdot CH_2 \cdot NH \cdot CO \cdot NH_2$ oxydiert.

μ-Methylaminothiazolin (Schmp. 90°) wird aus Methylsenföl und Bromäthylamin erhalten und liefert bei der Oxydation Methylamin und Taurin (534).

μ-Anilido-α-methylthiazolin (Schmp. 117°) entsteht aus Allylphenylthioharnstoff.

α,β-Diphenyl-μ-aminothiazoline (535) 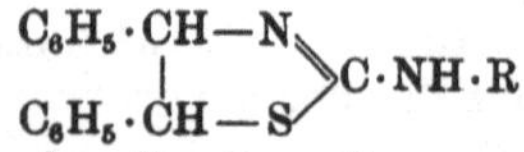 entstehen aus Diphenyloxäthylamin und Senfölen (analog den Oxazolinen, s. d.).

μ-Phenylhydrazino-β-methylthiazolin (536) 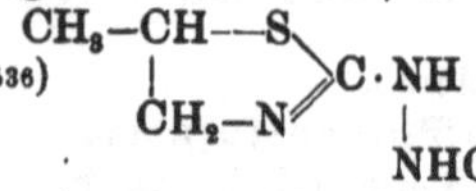 (Schmp. 93°), gewinnt man aus Phenylallylthiosemicarbazid mittelst Salzsäure.

Tetrahydrothiazole (Thiazolidine)

sind nur in Derivaten bekannt geworden; hierher gehören die aus α-Chlorfettsäuren und Thioharnstoff erhältlichen Pseudothiohydantoïne

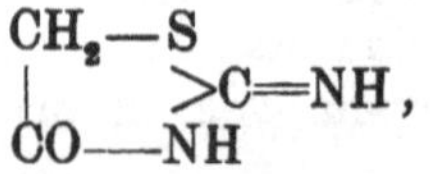

ferner die sog. Senfölessigsäure, welche aus Thiohydantoïn bezw. aus Rhodanessigsäure durch Eindampfen mit Säuren dargestellt wird (537):

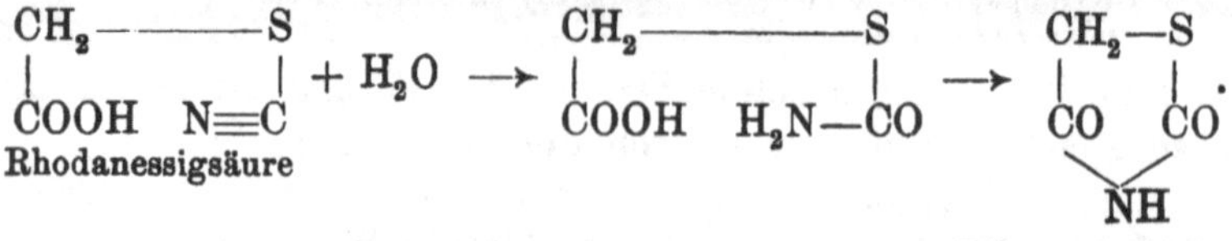

Rhodanessigsäure

α,μ-Diketotetrahydrothiazol (Senfölessigsäure vom Schmp. 112°)

Ein **Sulfoketothiazolidin** (sog. Rhodaminsäure) 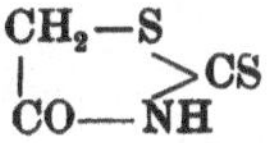 wird aus Chloressigsäure und Rhodanammonium erhalten.

α, μ-Imidoketotetrahydrothiazolessigsäure (Thiohydantoïnessigsäure)

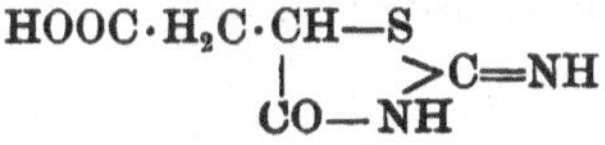

wird durch Einwirkung von Monobrombernsteinsäure auf Thioharnstoff erhalten (538).

Schließlich sei erwähnt, daß auch aus Harnsäure Thiazolabkömmlinge dargestellt worden sind (539).

Anhangsweise seien hier kurz die Derivate des hypothetischen **Selenazols** (540) 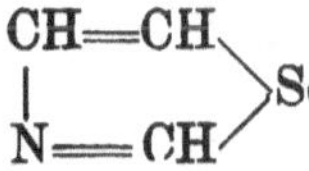 angeführt, welche den Thiazolen in jeder Beziehung entsprechen.

α-Methyl-μ-phenylselenazol (Sdp. 282—283°) bildet sich durch Einwirkung von Chloraceton auf Selenbenzamid (analog dem korrespondierenden Thiazol):

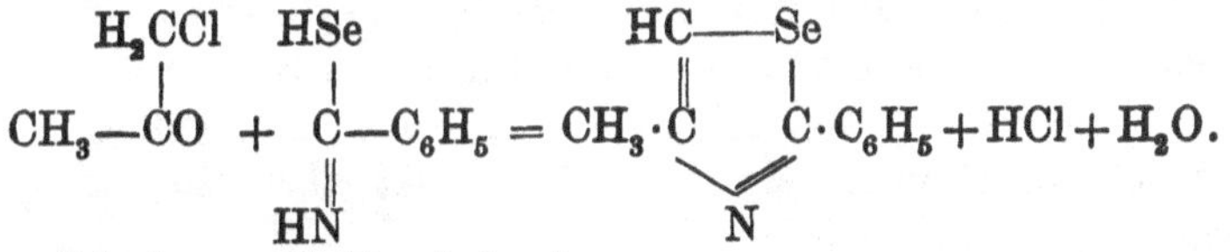

Selenbenzamid (Pseudoform)

α,μ-Diphenylselenazol schmilzt bei 99° und ist noch schwächer basisch, als die vorige Verbindung.

μ-Aminoselenazol (Schmp. 121°) entsteht aus Dichloräther und Selenharnstoff.

μ-Aminoselenazolin (Äthylenpseudoselenharnstoff) entsteht aus Selencyankalium und Bromäthylamin (541):

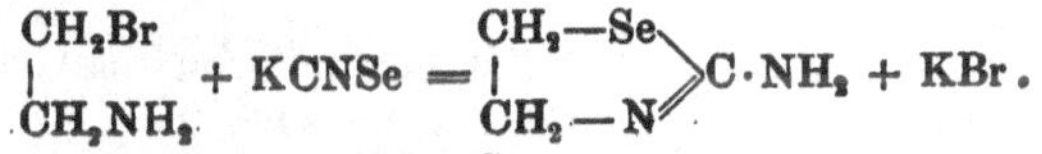

Diketoselenazolidin 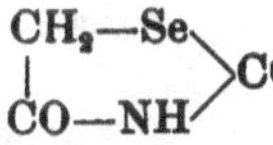 (Schmp. 147°) erhält man aus Chloressigsäure und Selenharnstoff bei Gegenwart von wässeriger Salzsäure (542).

1. b) Zweiringe und höhere polycyklische Systeme mit einem N und einem O (S).

In diesem Kapitel sind die Benzohomologen des Oxazols, Isoxazols und Thiazols zu besprechen, welche sich namentlich in ihren Bildungsweisen nicht unwesentlich von den einfachen Heteroringen unterscheiden, unter sich aber Ähnlichkeiten aufweisen.

Benzoxazole

werden nach demselben Prinzip erhalten, wie die Benzimidazole (vergl. S. 130) aus o-Phenylendiaminen, und zwar durch Erhitzen von o-Aminophenolen mit organischen Säuren unter intermediärer Bildung von o-Oxyacidylderivaten $\left(C_6H_4\begin{matrix} \diagup OH \\ \diagdown NH \cdot CO \cdot R \end{matrix}\right)$; die Analogie beider Vorgänge erhellt aus folgenden Beispielen:

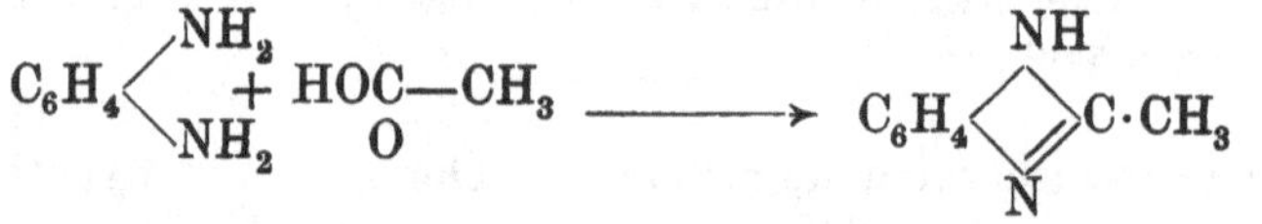

μ-Methylbenzimidazol (Anhydrobase)

μ-Methylbenzoxazol (Äthenylaminophenol).

Die Reaktion tritt nur bei freier Hydroxylgruppe ein (543).

Eine zweite Methode zur Darstellung von Benzoxazolen besteht in der Einwirkung von Aldehyden auf o-Aminophenole (Analogon der Aldehydinbildung, vergl. S. 131), findet aber nur in speziellen Fällen Anwendung (544).

Die Benzoxazole sind schwache destillierbare Basen, die durch heiße Mineralsäuren in ihre Komponenten zerlegt werden.

Die Muttersubstanz dieser Gruppe, das Benzoxazol

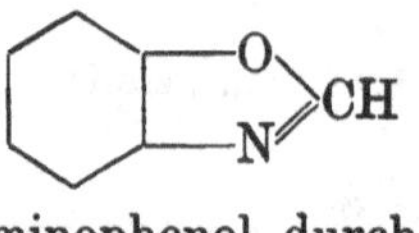

(Schmp. 31°, Sdp. 183°)

wird aus o-Aminophenol durch Kochen mit Ameisensäure gewonnen.

μ-Methylbenzoxazol (s. o.) siedet bei 201°.

μ-Phenylbenzoxazol (Schmp. 103°) entsteht durch Destillation von Benzoylaminophenol.

μ-Aminophenyltoluoxazol (545) (aus Nitrobenzoylnitrokresol durch Reduktion) bildet eine Diazoverbindung, die durch Kuppelung substantive Baumwollfarbstoffe liefert.

Das Phenylnaphtoxazol (546) existiert in zwei isomeren Formen:

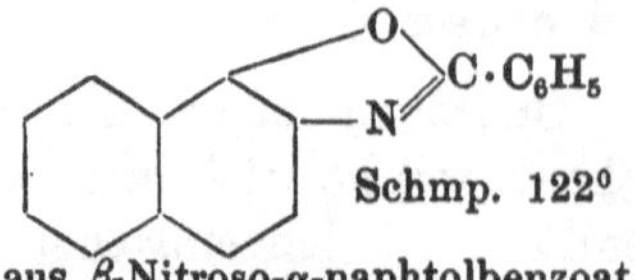

Schmp. 122°

aus β-Nitroso-α-naphtolbenzoat durch Reduktion

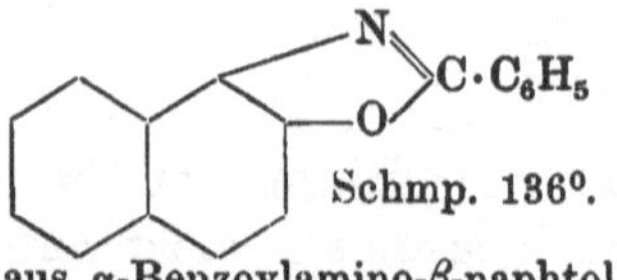

Schmp. 136°.

aus α-Benzoylamino-β-naphtol durch Erhitzen.

Phenylphenanthroxazol (547) 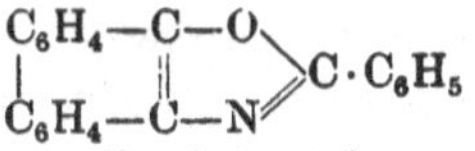 (aus Phenanthrenchinon, Ammoniak und Benzaldehyd) schmilzt bei 202°.

Dimethylbisbenzoxazol (548) 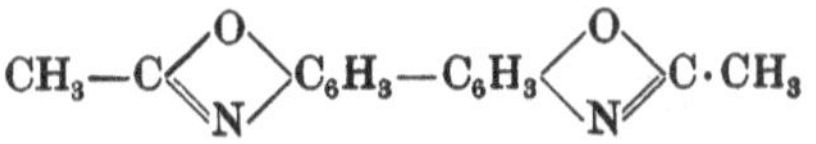
(aus m-Diamino-p-diphenol mit Essigsäureanhydrid) schmilzt bei 193°.

Für die μ-Oxy-, Thio- und Aminoderivate der Benzoxazolreihe sind, wie bei den entsprechenden Benzimidazolabkömmlingen je zwei tautomere Formeln zu berücksichtigen, wie aus folgendem Schema hervorgeht:

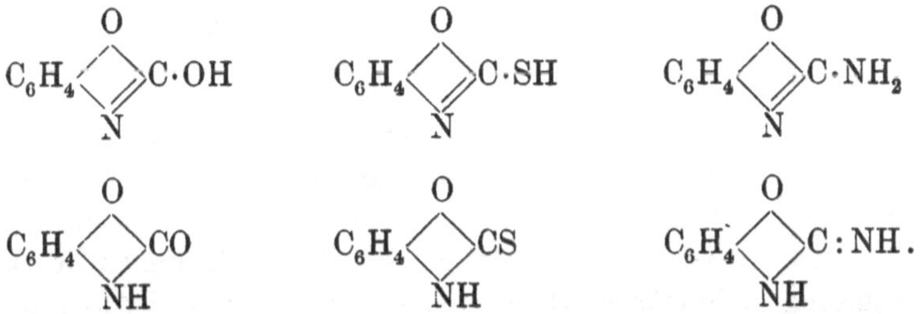

μ-Oxybenzoxazol (Carbamidophenol) — μ-Thiobenzoxazol — μ-Aminobenzoxazol

Die Darstellung der Oxy- und Thioderivate des Benzoxazols erfolgt durch Einwirkung von Carbonylchlorid bezw. von Schwefelkohlenstoff auf o-Aminophenole nach folgendem Schema:

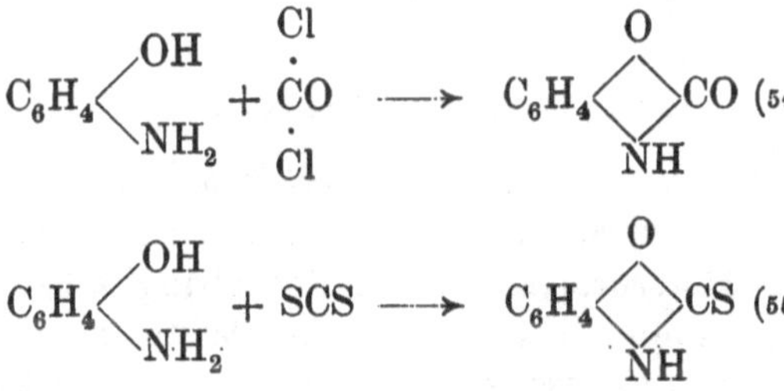

(549)

(550).

Das Oxybenzoxazol (Schmp. 137—138°) entsteht auch durch Destillation des o-Oxyphenylurethans: $C_6H_4\langle{}^{OH}_{NH-COOR}$ (551), das Thiobenzoxazol (Schmp. 193°) aus o-Oxyphenylthioharnstoff

$$C_6H_4\langle{}^{OH}_{NH-CS-NH_2}$$

durch Erhitzen, bezw. aus Aminophenolchlorhydrat und Kaliumxanthogenat (552).

Derivate des μ-Aminobenzoxazols entstehen aus den genannten Oxy- und Thiokörpern durch Erhitzen mit primären Aminen, z. B.:

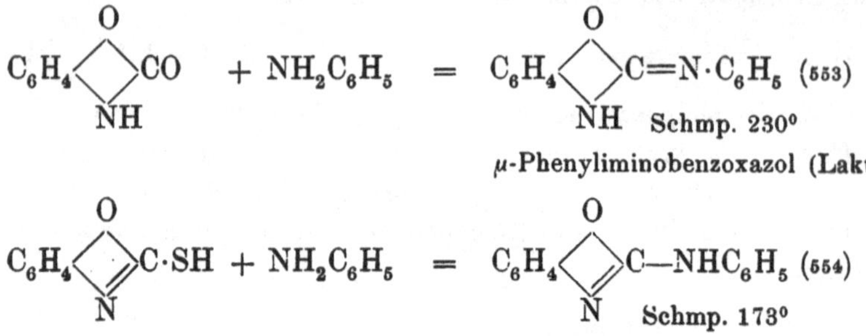

(553) Schmp. 230°

μ-Phenyliminobenzoxazol (Laktam)

(554) Schmp. 173°

μ-Phenylaminobenzoxazol (Laktim)

Hieraus ergiebt sich, daß bei den Oxybenzoxazolen[1] die Carbonylform, bei den Thioabkömmlingen die Sulfhydrylform bevorzugt ist.

Die Aminobenzoxazole (Laktimform) sind noch schwache Basen, die isomeren Iminokörper (Laktamform) hingegen neutral.

Das einfachste μ-Aminobenzoxazol (Schmp. 129—130°) entsteht aus o-Oxyphenylthioharnstoff 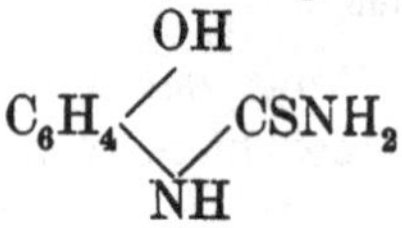 durch Entschwefelung mit Quecksilberoxyd; es ist nur in einer Form bekannt (555).

Benzisoxazole (Indoxazene)

unterscheiden sich in ihrer Darstellungsweise von den Isoxazolen ebenso sehr wie die Benzoxazole von den Oxazolen. Nur findet die Anschließung des Heteroringes an den Benzolring in der Weise statt, daß ein Orthosubstituent (Br oder NO_2) des letzteren eliminiert wird, und zwar geschieht dies bei der Einwirkung von Alkalilauge auf o-Brom- (Jod-) oder Nitrobenzophenonoxim unter Abspaltung von Brom(Jod)wasserstoff bezw. von salpetriger Säure (556):

---

[1] Dieselben lösen sich zwar in Alkalien, liefern aber Stickstoffäther und Phenylhydrazone, z. B. ; die Thiobenzoxazole sind alkalilöslich und liefern Laktimäther, in denen das Alkyl an Schwefel gebunden ist. Die Laktimäther des Oxybenzoxazols können hingegen nur synthetisch hergestellt werden, z. B. durch Kondensation von o-Aminophenol mit Imidokohlensäureester (B. 19, 2269, 2952).

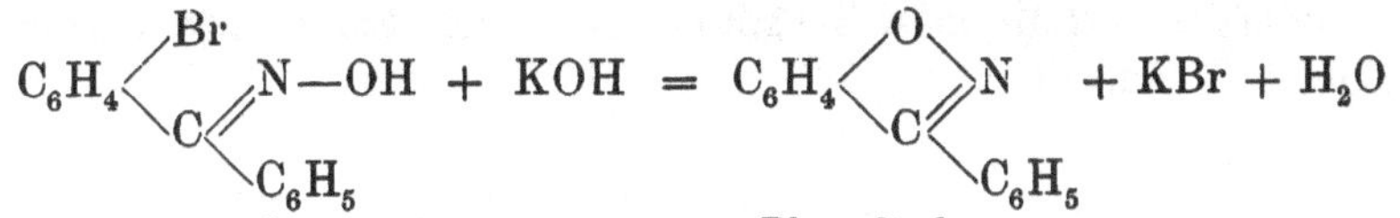

o-Brombenzophenonoxim Phenylindoxazen

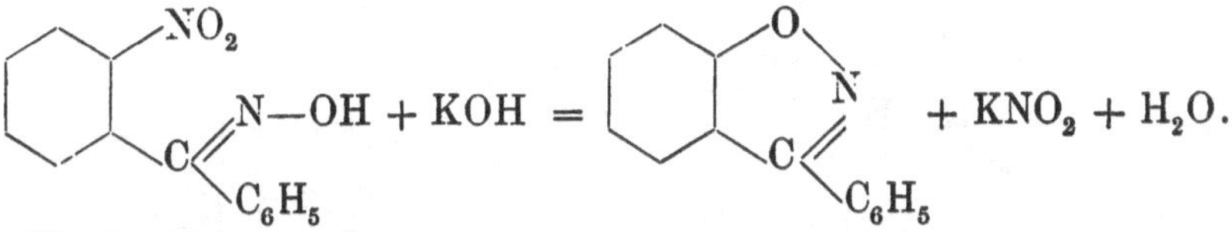

o-Nitrobenzophenonoxim

Merkwürdigerweise sind nur diejenigen Benzisoxazole existenzfähig, in denen das γ-C·Atom direkt mit einem Benzolrest verknüpft ist; diese zeigen auch einen hohen Grad von Beständigkeit, während das einfachste Indoxazen sich im Moment des Entstehens nach Analogie der unsubstituierten Isoxazole (vergl. S. 149) in das isomere o-Oxybenzonitril umlagert:

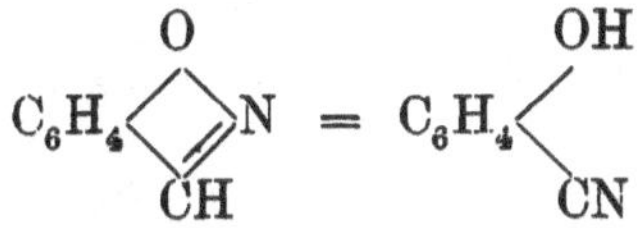

(Salicylnitril).

Auch Methylindoxazene und die entsprechenden Carbonsäuren sind nicht darstellbar; die Ursachen dieser Erscheinung sind jedenfalls dynamischer Natur.

Phenylindoxazen schmilzt bei 83—84° und siedet fast unzersetzt bei 331—336°; es ist chemisch indifferent, aber nitrierbar und sulfurierbar; durch Reduktion entsteht o-Oxyphenylbenzylamin 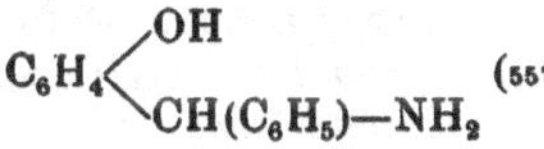 (557).

Naphtylindoxazen 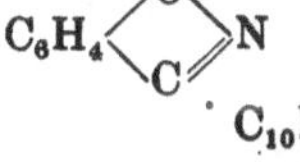 schmilzt bei 92—93° (558).

Benzothiazole (Methenylaminothiophenole)

sind in demselben Sinne Anhydrobasen, wie die bereits beschriebenen Benzimidazole und Benzoxazole. Demgemäß entstehen sie auch nach Analogie der letzteren durch Einwirkung von organischen Säuren auf o-Aminothiophenole (559), z. B.:

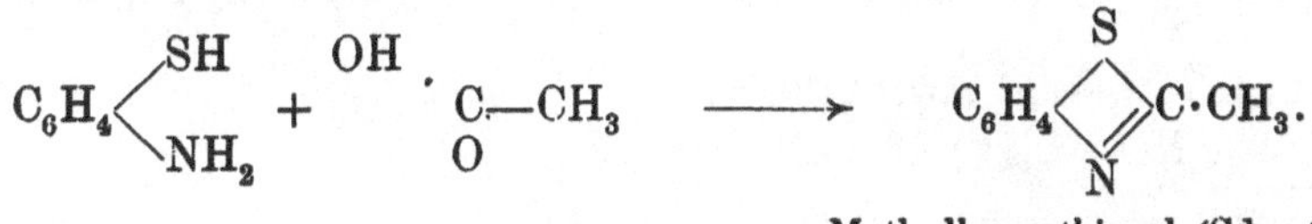

μ-Methylbenzothiazol (Sdp. 238°)

Außerdem erhält man Benzothiazole durch Erhitzen von Säureaniliden mit Schwefel:

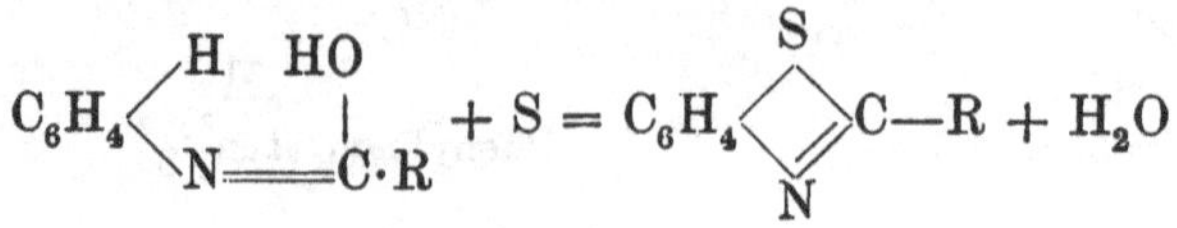

bezw. durch Oxydation von Thioaniliden (560):

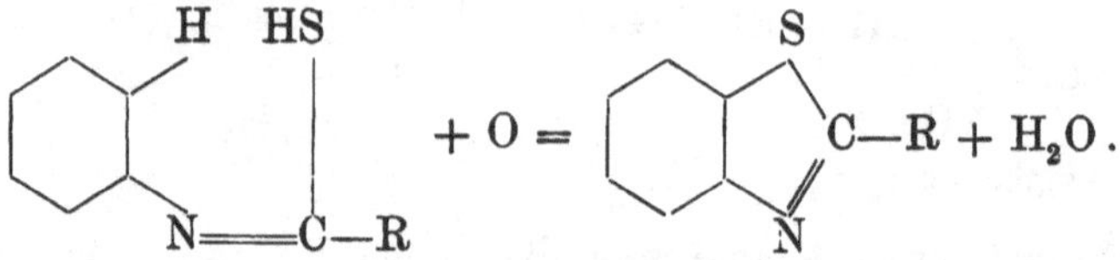

Die Benzothiazole sind durchweg flüssige, schwach basische Substanzen von chinolinartigem Geruch, die in der Kalischmelze rückwärts gespalten werden.

Die Amino-, Thio- und Oxyabkömmlinge entstehen nach denselben Prinzipien wie in der Oxazolreihe; Tautomerieprobleme kommen hier jedoch nicht in Frage.

Benzothiazol (aus o-Aminothiophenol und Ameisensäure) siedet bei 230°; dieser Base isomer ist das Benzisothiazol (561) 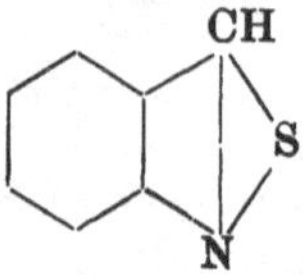 (Sdp. 242°), welches u. a. aus o-Nitrobenzylmerkaptan $C_6H_4\left\langle\begin{matrix}NO_2\\CH_2-SH\end{matrix}\right.$ durch Reduktion erzeugt wird.

μ-Phenylbenzothiazol (nach verschiedenen Methoden zugänglich, u. a. durch Erhitzen von Benzylanilin mit Schwefel auf 260°) schmilzt bei 115° und riecht nach Geranium (562).

μ-Aminophenylbenzothiazol entsteht aus p-Aminobenzylanilin und Schwefel.

μ, p-Aminophenyltoluthiazol 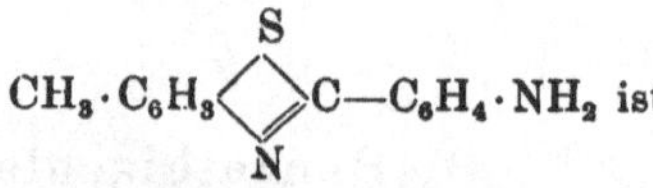 ist das sog. Dehydrothiotoluidin,[1] das aus p-Toluidin durch Erhitzen mit Schwefel auf 180° gebildet wird; die Base schmilzt bei 190—191° und siedet bei 431°; dieselbe wird in der Kalischmelze in Aminothiokresol und p-Aminobenzoësäure gespalten (Konstitutionsbeweis) (563).

Durch erschöpfende Methylierung der primären Base entsteht das Trimethylammoniumchlorid des Dehydrotoluidins der Farbstoff Thioflavin T:

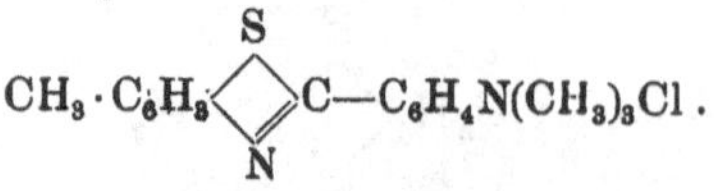

[1] Über eine direkte Synthese vergl. B. 25, 1081.

Durch Erhitzen von p-Toluidin und Schwefel (s. o.) auf noch höhere Temperatur entsteht die Base des Farbstoffes **Primulin** (564):

$$CH_3 \cdot C_6H_3 \overset{S}{\underset{N}{\lessgtr}} C - C_6H_3 \overset{S}{\underset{N}{\lessgtr}} C \cdot C_6H_4NH_2 .$$

Vom Dehydrothiotoluidin, sowie vom Primulin leiten sich die substantiven **Thiazolfarbstoffe** ab, die zum Teil nach erfolgter Diazotierung und Kuppelung auch Azofarbstoffe sind (**Thiazolgelb**) (565).

μ-**Phenylnaphtothiazol** existiert in zwei stellungsisomeren Formen (566):

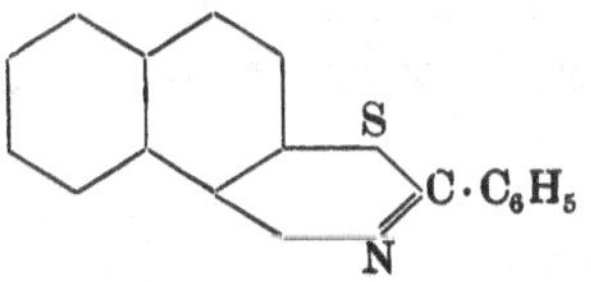

aus α-Naphtylbenzamid (Schmp. 102—103°)

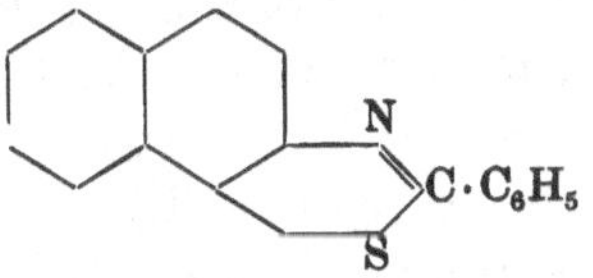

aus β-Naphtylbenzamid (Schmp. 107°).

Dibenzothiazol $C_6H_4 \overset{S}{\underset{N}{\lessgtr}} C - C \overset{S}{\underset{N}{\lessgtr}} C_6H_4$ (Schmp. ca. 300°) entsteht beim Erhitzen von Acetanilid mit Schwefel, sowie aus o-Aminothiophenol mit Oxalsäure oder mit Cyangas. Die Kalischmelze liefert o-Aminothiophenol und Oxalsäure (567).

μ-**Chlorbenzothiazol** (568) $C_6H_4 \overset{S}{\underset{N}{\lessgtr}} C \cdot Cl$ (Schmp. 24°, Sdp. 248°) erhält man aus Phenylsenföl mittelst PCl_5; das Chloratom ist so beweglich, daß es bei der Reduktion durch Wasserstoff ersetzt wird; durch Einwirkung von Alkohol wird es gegen OH ausgetauscht: μ-**Oxybenzothiazol** (569) (auch erhältlich aus o-Thiophenolurethan) schmilzt bei 136°. Natriumalkoholat liefert μ-**Äthoxybenzothiazol**, Natriumsulfhydrat μ-**Thiobenzothiazol** (570) (Schmp. 174°), das auch aus o-Thiophenol und aus Azobenzol mittelst CS_2 bezw. aus Phenylsenföl durch Erhitzen mit Schwefel dargestellt wird:

$$C_6H_5NCS + S = C_6H_4 \overset{S}{\underset{N}{\lessgtr}} C \cdot SH .$$

Das Thiobenzothiazol ist oxydierbar zu einem Disulfid; analog sind die zwei Thionaphtothiazole (571).

μ-**Aminobenzothiazol** (572) $C_6H_4 \overset{S}{\underset{N}{\lessgtr}} C - NH_2$ (aus Chlorbenzthiazol mittelst alkoholischem Ammoniak) schmilzt bei 129°; μ-**Anilidobenzothiazol** schmilzt bei 159° und entsteht auch durch Erhitzen von Azobenzol mit Phenylsenföl.

Benzothiazolamidin (573) $C_6H_4 \overset{S}{\underset{N}{\lessgtr}} C - C \lessgtr^{NH_2}_{NH}$ (aus o-Aminothiophenol und alkoholischem Cyan) liefert durch Verseifung die unbeständige Benzothiazol-μ-carbonsäure (Zersp. 108°).

2. Mono- und polycyklische Systeme mit zwei N und einem O bezw. S (Se).

Furodiazole und Thiodiazole.

Diese zweite Untergruppe der Klasse V umfaßt diejenigen heterocyklischen Systeme, welche außer Sauerstoff bezw. Schwefel oder Selen mindestens noch zwei Stickstoffatome als Ringglieder enthalten (vergl. S. 144).

Die sauerstoffhaltigen Glieder dieser Gruppe werden als zweimal substituierte Derivate des Furans betrachtet und demgemäß als Furodiazole bezeichnet; die schwefelhaltigen heißen sinngemäß Thiodiazole.

Da im Furan je zwei Methingruppen in verschiedener Reihenfolge durch Stickstoff ersetzt werden können, so sind folgende vier isomeren Formen von Furodiazolen zu erwarten:

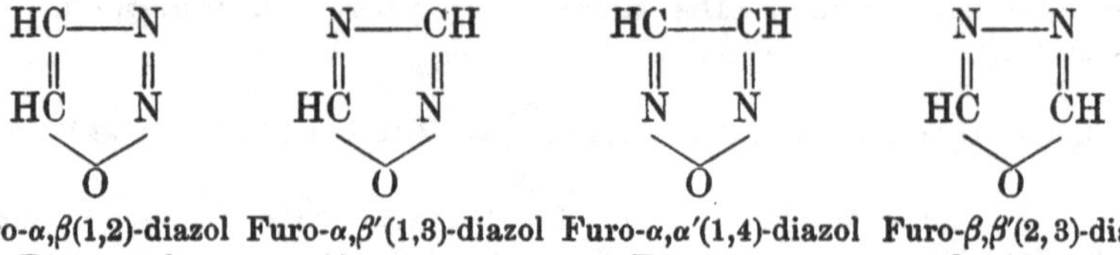

Furo-α,β(1,2)-diazol (o-Diazooxyde) Furo-α,β'(1,3)-diazol (Azoxime) Furo-α,α'(1,4)-diazol (Furazane) Furo-β,β'(2,3)-diazol (Oxybiazole)

Diese vier isomeren Körper sind — wenigstens in Derivaten — sämtlich bekannt; mit Ausnahme der ersten Gruppe zeichnen sie sich durch relative Beständigkeit aus.

Furo-1,2-diazole

kennt man ausschließlich als Benzo- bezw. Naphtoderivate, als sog. o-Diazooxyde: diese sind die Anhydride von o-Diazophenolen. Der Ringschluß tritt nur dann glatt ein, wenn der Benzolkern negativ substituiert ist, z. B.:

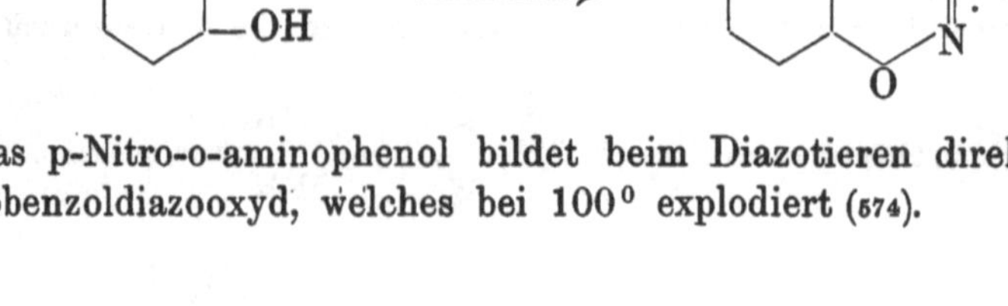

Das p-Nitro-o-aminophenol bildet beim Diazotieren direkt das p-Nitrobenzoldiazooxyd, welches bei 100° explodiert (574).

Das nichtsubstituierte o-Aminophenol liefert hingegen eine beständige Diazoverbindung, die erst durch negative Substitution, z. B. durch Brom in ein (Dibrom)diazooxyd verwandelt wird (575):

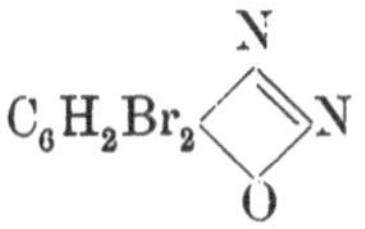

(verpufft bei 127—128°).

Noch einfacher gestaltet sich die Diazooxydbildung bei den Naphtalindiazokörpern, welche schon durch Oxydation mit alkalischem Ferricyankalium — also ohne Gegenwart eines Orthohydroxyls — in Diazooxyde übergehen (576), z. B.:

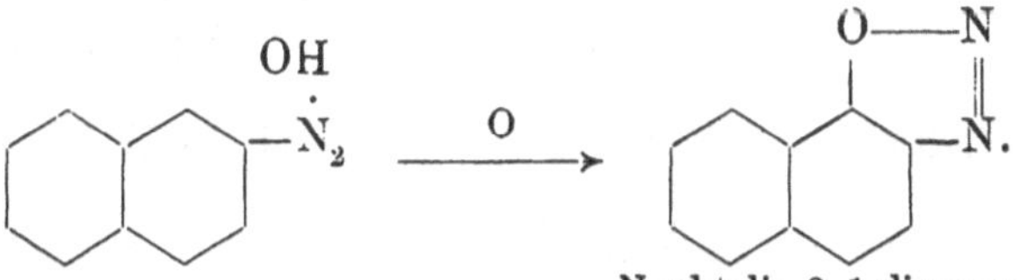

Naphtalin-2, 1-diazooxyd

Diese Ringschließung kann in gewissen Fällen sogar unter Elimination eines Naphtalinsubstituenten (NO_2) vor sich gehen (577).

Die o-Diazooxyde sind weit beständiger als die meisten wahren Diazokörper (Diazoniumsalze), in welche sie durch Behandeln mit konz. Säuren übergehen; durch Alkalien werden sie unter Stickstoffentwickelung zersetzt.

Naphtalin-2,1-diazooxyd (s. o.), aus β-Diazonaphtalin, schmilzt bei 76°.
Naphtalin-1,2-diazooxyd, aus α-Diazonaphtalin, schmilzt bei 95°.

Diphenylbis-o-diazooxyd 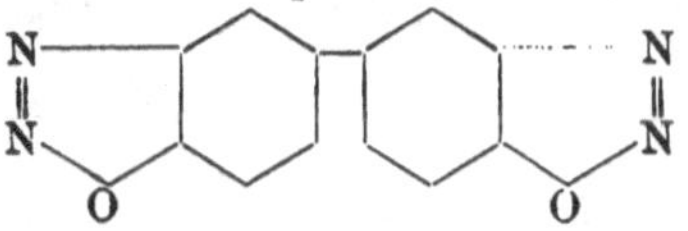 entsteht aus m-Diamino-p-diphenol durch Alkalinitrit.

Furo-1,3-diazole oder Azoxime

sind als die inneren Anhydride von Acidylamidoximen aufzufassen:

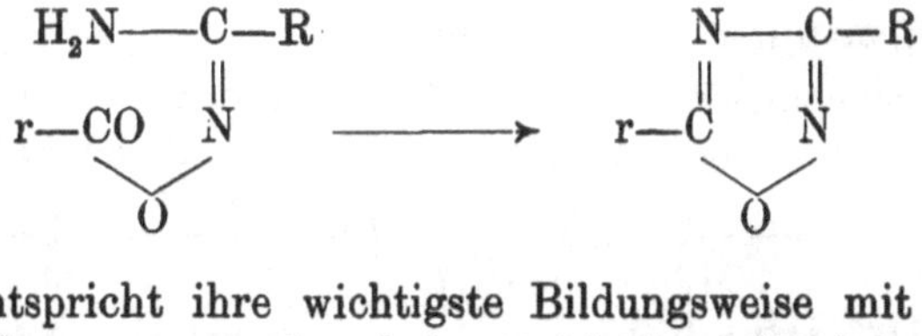

Dem entspricht ihre wichtigste Bildungsweise mit der Vereinfachung, daß es genügt, das freie Amidoxim mit einer Säure bezw. ihrem Chlorid oder Anhydrid zu erhitzen (578). Diese Methode erinnert an die Gewinnung der gewöhnlichen Triazole (vergl. S. 81) aus Amidrazonen mit Hilfe von Säuren.

Bei Anwendung von zweibasischen Säuren bezw. deren Anhydriden erhält man Azoximcarbonsäuren (579); z. B.:

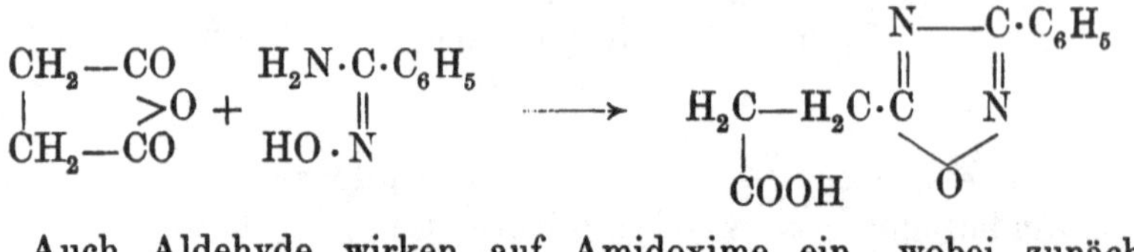

Auch Aldehyde wirken auf Amidoxime ein, wobei zunächst Dihydroazoxime (Hydrazoxime) erzeugt werden, die meist schon spontan Wasserstoff verlieren unter Azoximbildung, z. B. (580):

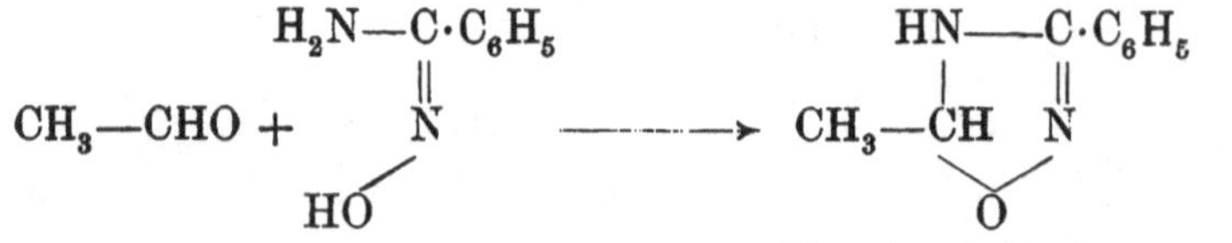

Phenylmethylhydrazoxim

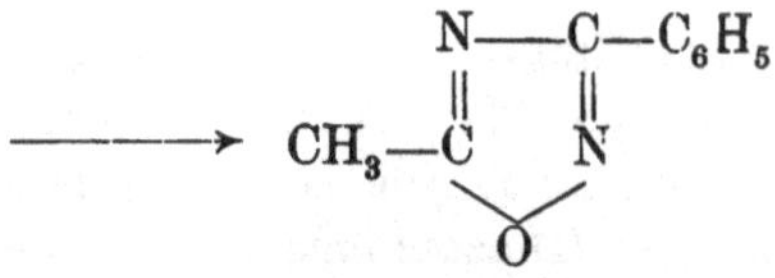

Phenylmethylazoxim

Eine andere eigentümliche Darstellungsmethode der Azoxime besteht in der (BECKMANN'schen) Umlagerung von Dioximen der α-Diketone mit Hilfe von PCl_5, $POCl_3$ u. s. w.; z. B. (581):

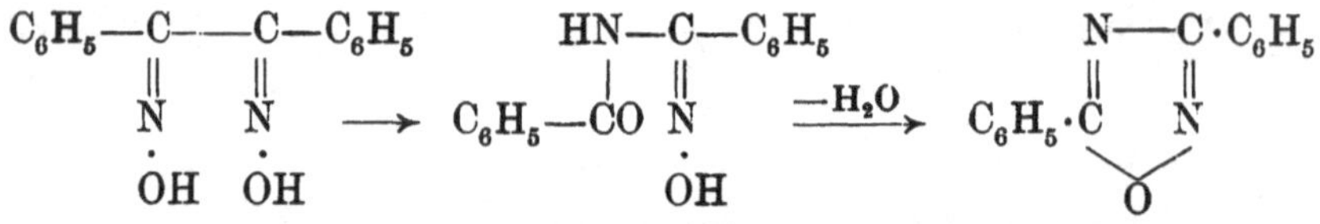

Benzildioxim Umlagerungsprodukt Diphenylfuro-1, 3-diazol (Schmp. 108°, Sdp. 290°)

Dem primären Zwischenprodukt wird also in zweiter Phase Wasser entzogen unter Ringbildung.

Von stereochemischem Interesse ist, daß von den drei stereoisomeren Benzildioximen nur die α- und γ-Konfiguration:

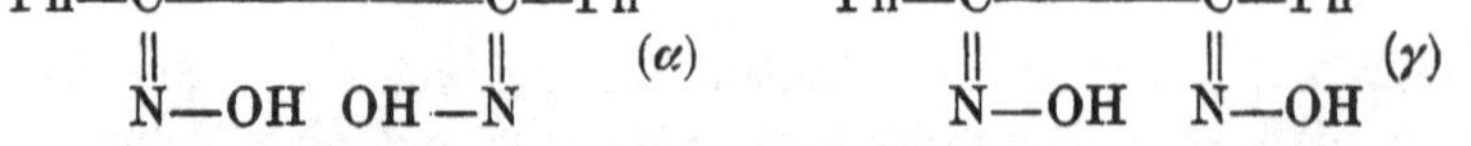

die erwähnte Umwandlung erleiden, während das β-Dioxim:

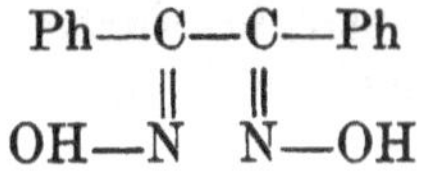

nicht in diesem Sinne reagiert.

Die Azoxime sind beständige, schwache Basen, die durch ihre hochgradige Flüchtigkeit und Sublimierbarkeit ausgezeichnet sind; das Dimethylazoxim konnte aus diesem Grunde noch nicht isoliert werden.

β-Phenylazoxim-α'-thiol (582) 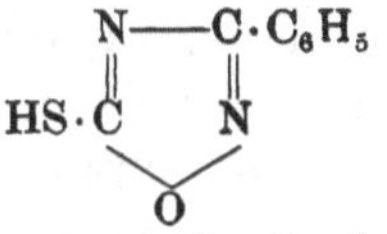 (Schmp. 131°) erhält man durch Einwirkung von Thiophosgen auf Benzenylamidoxim und darauf folgende Behandlung mit Alkali.

β-Phenyl-α'-methylazoxim (aus Benzenylamidoxim und Essigsäureanhydrid) schmilzt bei 41°.

β-Phenylazoxim-α'-carbonsäure (aus Benzenylamidoximoxalsäureester) schmilzt bei 98°.

β-Bis-α'-methylazoxim 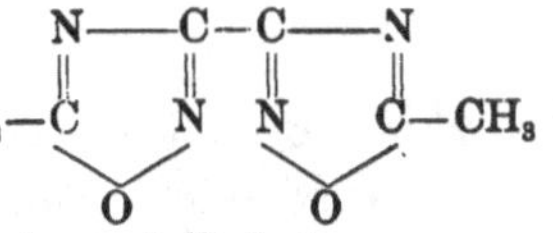 wird aus Oxalendiamidoxim und Essigsäureanhydrid dargestellt (583).

Hydrazoxime sind, wie schon erwähnt, sehr unbeständige Körper; eine Ausnahme bilden zwei Arten von Derivaten: erstens (584) solche, die durch Einwirkung von Halogenen oder schwachen Oxydationsmitteln auf Amidoxime entstehen, z. B. 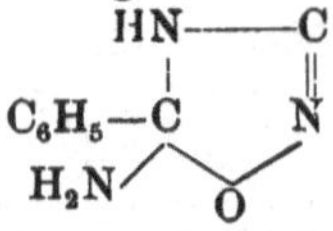 (Schmp. 124—125°), zweitens solche, welche als Ketohydrazoxime zu bezeichnen sind, wie z. B. das β-Phenyl-α'-ketohydrazoxim (585). Dieser Körper entsteht durch Einwirkung von Phosgen auf Benzenylamidoxim:

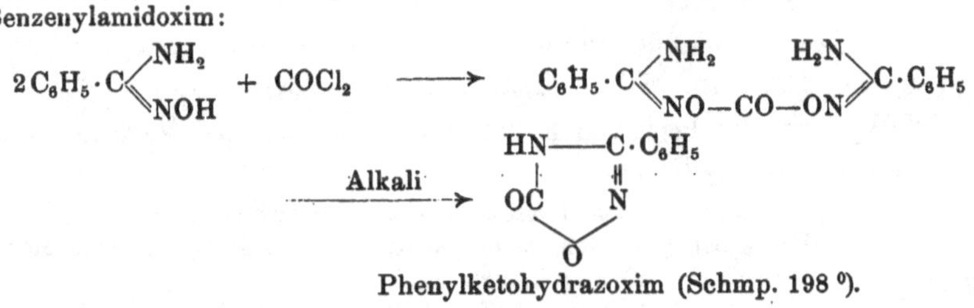

Phenylketohydrazoxim (Schmp. 198°).

Furo-1,4-diazole oder Furazane

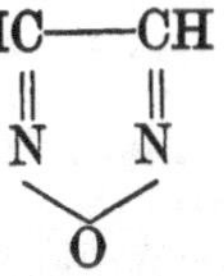

sind den Osotriazolen (vergl. S. 76) analog zusammengesetzt; wie diese aus den Osazonen, so entstehen die Furazane aus den Dioximen von α-Diketonen durch Wasserentziehung (586):

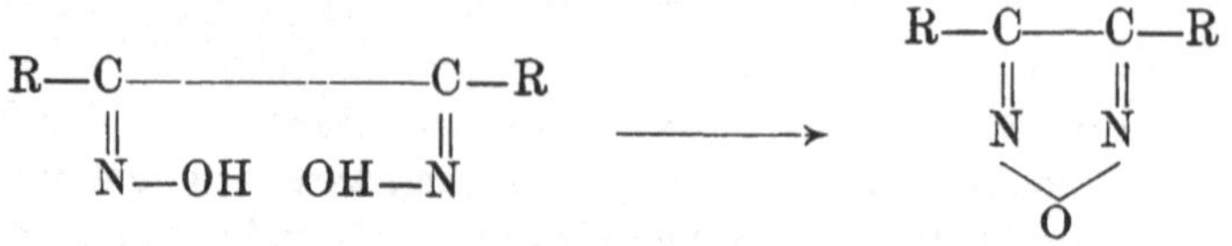

Wie in der Formulierung des Dioxims bereits angedeutet ist, erfolgt dieser Vorgang mit Vorliebe aus derjenigen stereoisomeren Konfiguration, welche der Synform entspricht (also aus der Anti- und Amphiform erst nach erfolgter Umlagerung).

Furazane entstehen auch aus den Glyoximhyperoxyden

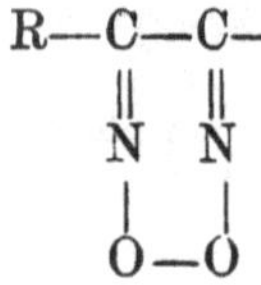

durch reduzierende Mittel (587).

Die Beständigkeit der Furazane, auch Azoxazole genannt, hängt, wie bei den Isoxazolen, von der Substitution der beiden Methinwasserstoffatome ab; ist nur eines unbesetzt, so tritt leicht Umlagerung in Nitrile von α-Ketonsäureoximen ein, z. B. (588):

Phenylfurazan (Schmp. 30°) (aus Phenylglyoximacetat) — Benzoylcyanidoxim

Aus diesem Grunde konnte auch die Muttersubstanz dieser Gruppe, das Furazan, bisher nicht isoliert werden.

Dialkylfurazane lassen sich hingegen ohne weitere Veränderung zu Carbonsäuren oxydieren.

Dimethylfurazan — aus Dimethylglyoxim — siedet bei 156°.

Diphenylfurazan (589) (Schmp. 96°) wird durch Erhitzen in das isomere Diphenylazoxim (vergl. S. 168) umgelagert.

Dibenzoylfurazan (Schmp. 118°) erhält man aus Dibenzoylglyoximhyperoxyd.

Furazanpropionsäure (590) (aus γ, δ-Diisonitrosovaleriansäure) schmilzt bei 86° und liefert bei der Oxydation Furazancarbonsäure, während Methylfurazancarbonsäure und Furazandicarbonsäure durch Oxydation von Dimethylfurazan entstehen. Beide gehen leicht in Cyanimidoessigsäure über.

Oxyfurazancarbonsäure (591) (Schmp. 175°) wird durch Oxydation von Oxyfurazanessigsäure dargestellt, welche ihrerseits in folgenden Reaktionsphasen entsteht:

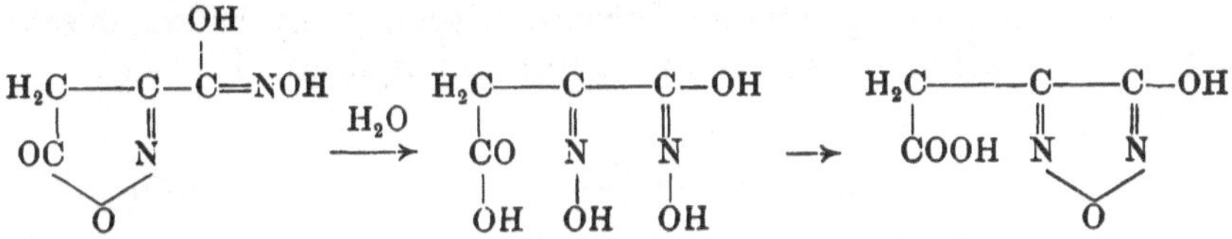

Oxazolonhydroxamsäure (aus Oxalessigester + Hydroxylamin) — hydrolytisches Zwischenprodukt — Oxyfurazanessigsäure

β-Naphtofurazan (592)

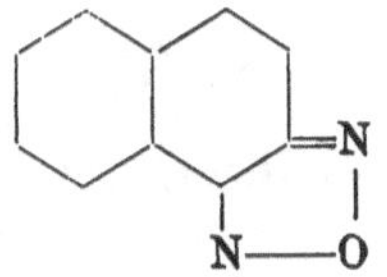

(aus den beiden Monoximen, sowie aus dem Dioxim des β-Naphtochinons) schmilzt bei 78°, Phenanthrofurazan bei 181°.

Furo-2,3-diazole oder Oxybiazole

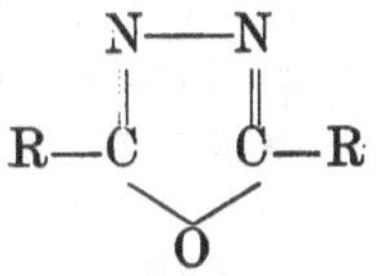

enthalten im Gegensatz zu den Furazanen das Sauerstoffatom zwischen den beiden Kohlenstoffatomen.

Die Grundsubstanz der Gruppe ist nicht bekannt; Derivate derselben werden ähnlich den Azoximen durch Beckmann'sche Umlagerung erhalten und zwar in der Art, daß auch in der zweiten Oximidogruppe der Dioxime Platzwechsel des Kohlenstoffes mit dem Stickstoff eintritt (593):

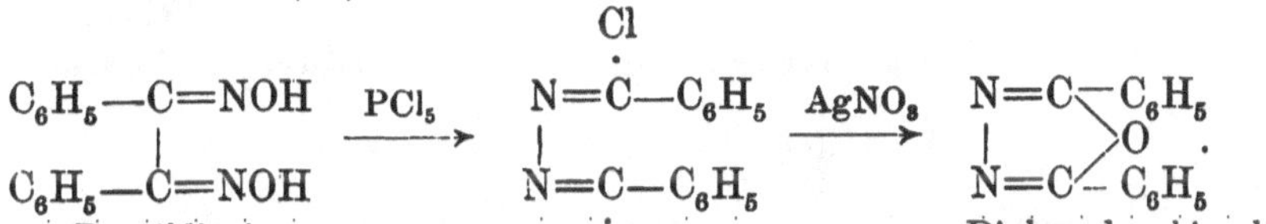

α-Benzildioxim — Diphenyloxybiazol (Schmp. 140°)

Die zweite Methode besteht in der Einwirkung von salpetriger Säure auf Dibenzenylhydrazidin (594):

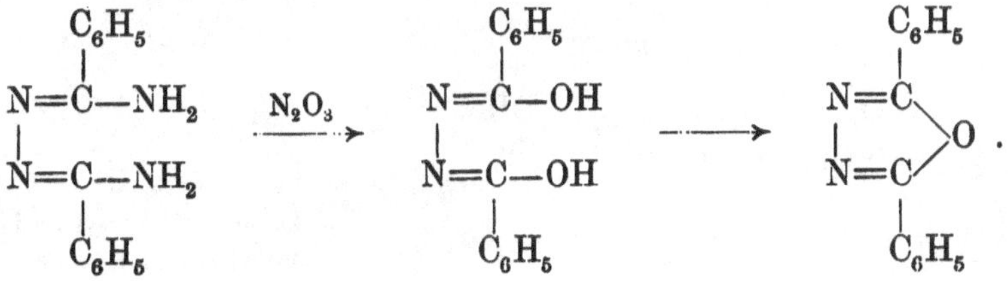

Auch das sechsgliederige Dihydrotetrazin (s. d.) liefert durch Kochen mit Salzsäure unter Abspaltung von Hydrazin Diphenyloxybiazol (595):

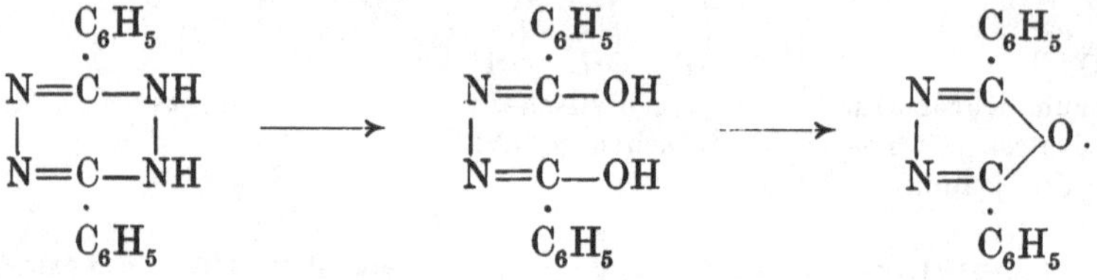

Eingehender studiert als die Oxybiazole sind die Derivate des hypothetischen Oxybiazolins (Dihydrooxybiazols)

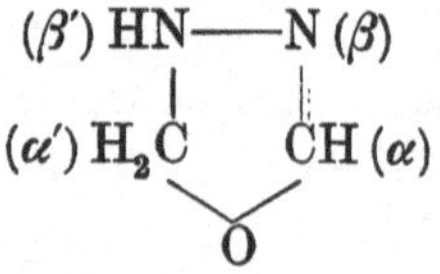

und zwar hauptsächlich in Form der Keto-, Thio- und Imidoabkömmlinge: aus den Ketoderivaten können auf indirektem Wege Homologe des Oxybiazolins erhalten werden.

Als Ausgangsmaterialien dienen die symmetrischen Acidylphenyl-(naphtyl)-hydrazide bezw. die Phenyl(Naphtyl)semicarbazide, welche in der tautomeren Form mit Phosgen, Thiophosgen und Phenylisocyanchlorid in den angedeuteten Richtungen reagieren, wie aus folgenden Beispielen hervorgeht (596):

1)

Formylphenylhydrazin — β'-Phenyloxybiazolon

2)

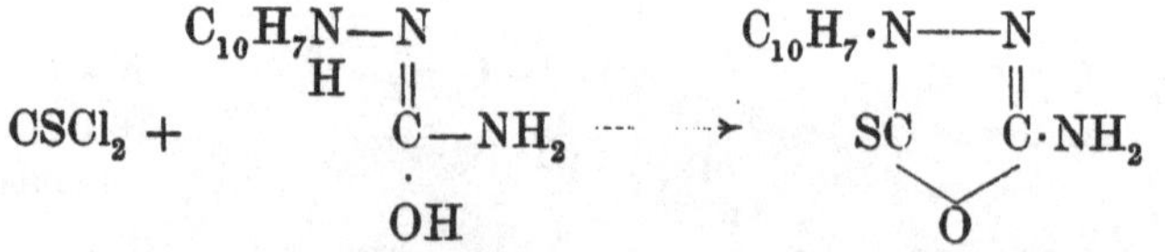

Naphtylsemicarbazid — α-Amino-β-naphtyl-α-thiooxybiazolin (Schmp. 218°)

3)

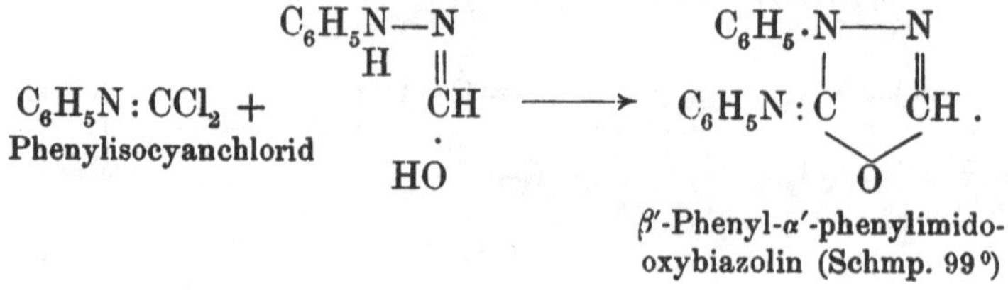

β'-Phenyl-α'-phenylimido-oxybiazolin (Schmp. 99°)

Ebenso erhält man aus Diphenylcarbazid 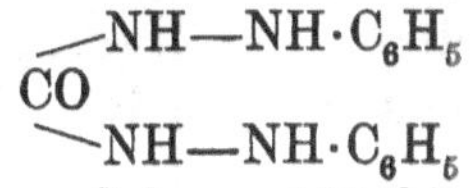
und Phosgen Phenylhydrazophenyloxybiazolon vom Schmp. 180 bis 181° (597).

Die Oxybiazolone beanspruchen ein besonderes Interesse, da durch PCl_5 der Carbonylsauerstoff durch zwei Chloratome ersetzt wird. Diese Dichloroxybiazoline liefern mit H_2S Thiooxybiazoline, mit Ammoniak Imidooxybiazoline; z. B.:

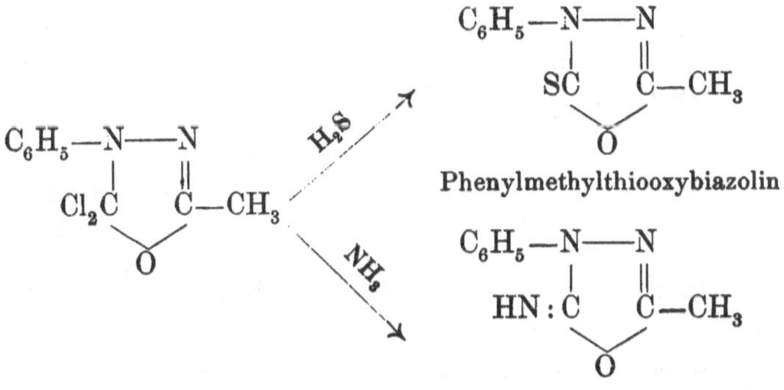

Phenylmethylthiooxybiazolin

Phenylmethylimidooxybiazolin

Durch Reduktion dieses Dichloroxybiazolins erhält man α-Methyl-β'-phenyloxybiazolin vom Schmp. 140° (597).

Ein zweikerniges Bis-phenyloxybiazolon erhält man aus Oxalylphenylhydrazin und Phosgen (598).

Manche Oxybiazolone werden durch Soda hydrolytisch gespalten in CO_2 und Säurehydrazid.

Die

Thiodiazole

entsprechen, wie schon erwähnt, in jeder Art den Furodiazolen, nur ist der Ringsauerstoff durch Ringschwefel ersetzt. Demgemäß sind auch 4 isomere Thiodiazole zu erwarten, die analog den Furodiazolen benannt werden:

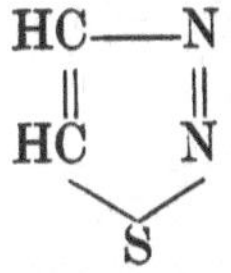

Thio-α,β(1,2)-diazol (Diazosulfide) entsprechend Diazooxyde

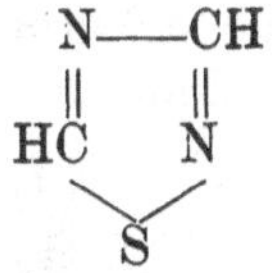

Thio-α,β'(1,3)-diazol (Azosulfime) entsprechend Azoxime

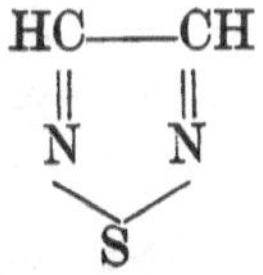

Thio-α,α(1,4)-diazol (Piazthiole) entsprechend Furazane

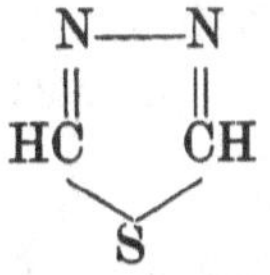

Thio-β,β(2,3)-diazol (Thiobiazoline) entsprechend Oxybiazole

Wir finden also die vier bereits geschilderten Typen der Furodiazolreihe wieder, vor welcher sich die Thiodiazole nur durch eine weit größere Beständigkeit auszeichnen.

Thio-1,2-diazole

sind hauptsächlich als Benzoderivate, als sog. Diazosulfide, bekannt geworden; ein Derivat des einfachen Thio-1,2-diazols entsteht durch Einwirkung von Diazomethan auf Phenylsenföl (599):

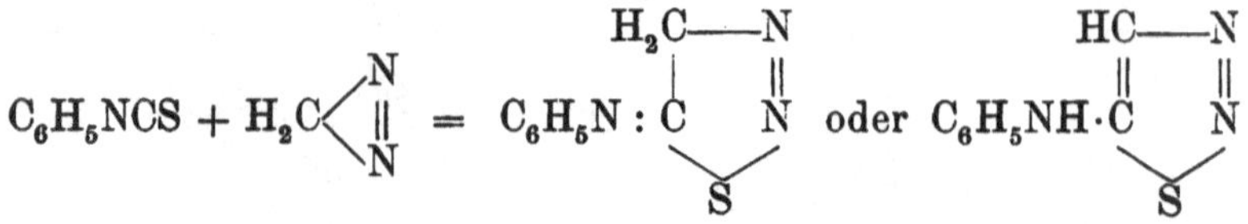

Phenylaminothiodiazol
(Schmp. 172·5°)

Das Anilinothiazol ist ein neutraler Körper, der sowohl eine Nitrosoverbindung, als auch Acidylderivate liefert.

Die Benzothio-1,2-diazole oder Phenylendiazosulfide entsprechen den Diazooxyden der Furodiazolreihe und entstehen demgemäß direkt durch Diazotieren von o-Aminothiophenolen (600):

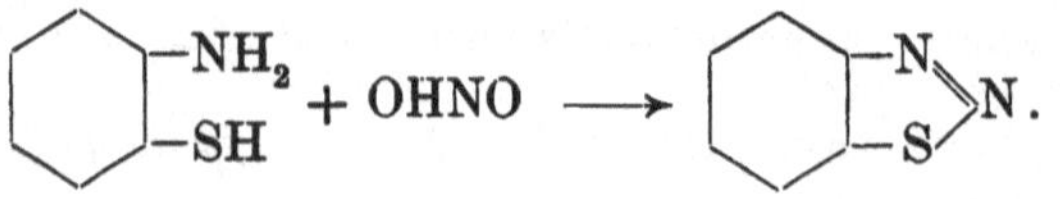

Phenylendiazosulfid
(Schmp. 36°, Sdp. 129° bei 10 mm)

Während die Diazooxydbildung nur bei Gegenwart von negativen Benzolsubstituenten vor sich geht (vergl. S. 166), sind bei der Darstellung von Diazosulfiden keine intermediären Diazoverbindungen zu fassen; die Diazosulfide sind auch weit beständiger, zum Teil sogar im Vakuum destillierbar. Erst oberhalb 200° geben sie beim Erhitzen an der Luft ihren Stickstoff ohne Verpuffung ab, wobei im Sinne folgender Gleichung Diphenylensulfide entstehen:

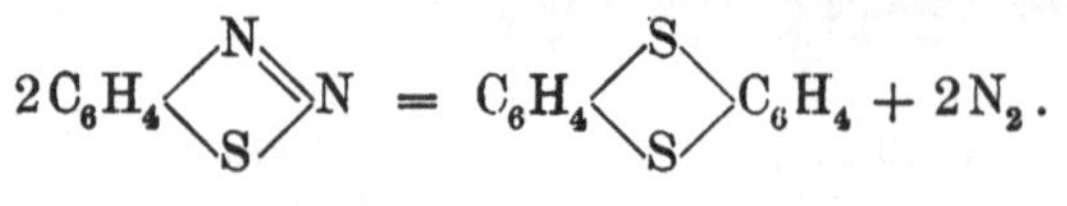

Die Diazosulfide sind sehr schwache Basen von charakteristischem Geruch, vereinigen sich aber mit Jodalkylen zu Additionsprodukten, von denen unentschieden ist, ob sie Ammoniumsalze

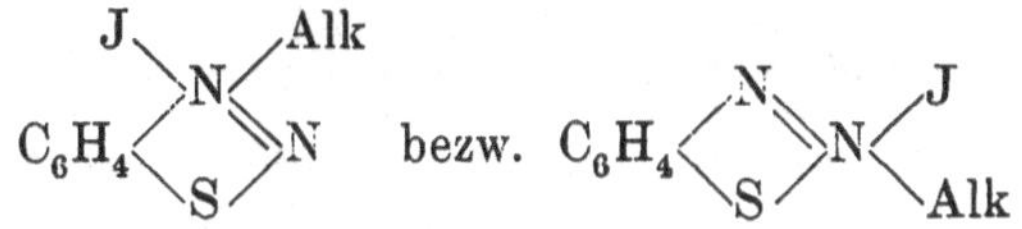

oder Sulfinsalze

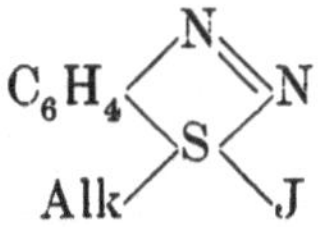

sind.

Cumylendiazosulfid schmilzt bei 85°.

Thio-1,3-diazole oder Azosulfime

entstehen aus Amidoximen mittelst CS_2 oder Senfölen, wie die Azoxime (S. 176) aus diesen mittelst Säuren, z. B. (601):

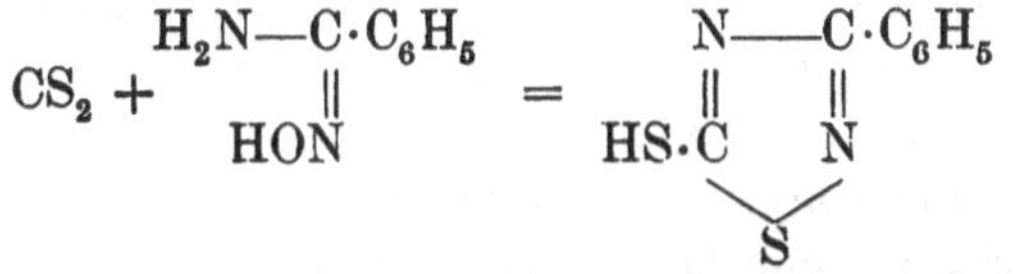

β-Phenylazosulfim-α'-thiol (Schmp. 162°).

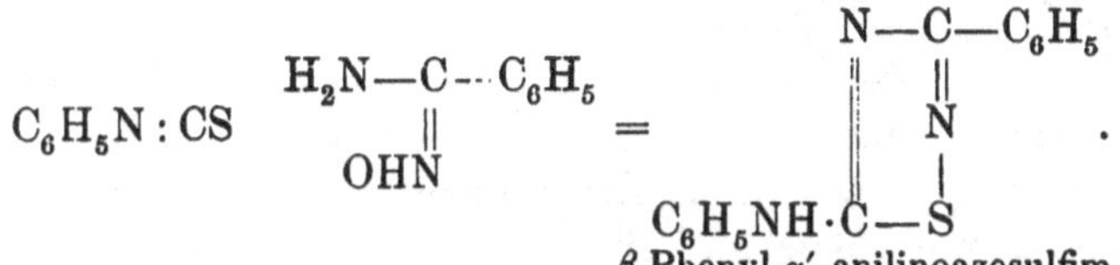

β Phenyl-α'-anilinoazosulfim (602) (Schmp. 174°)

In ersterem Fall entsteht also ein Thiol (Merkaptan) von sauren Eigenschaften, im zweiten eine Anilino- bezw. Alphyliminoverbindung.

Die Azosulfimthiole lassen sich zu Disulfiden oxydieren, z. B. das obige zu

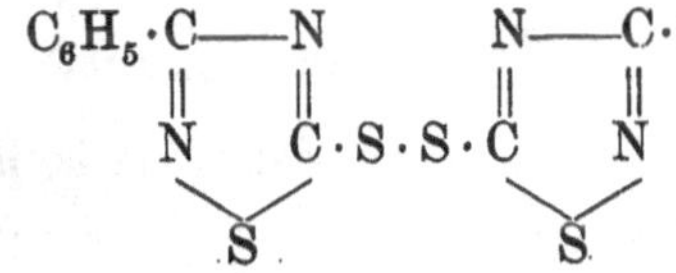

(Schmp. 120°) und werden durch Salzsäure bei 150° in Benzoësäure, CO_2 Salmiak, S und SH_2 zerlegt.

Das Phenylanilinoazosulfim liefert eine Nitroso- und eine Acetylverbindung.

Dem α',β-Diphenylazosulfim (603) (Schmp. 90°) kommt eine besondere Bildungsweise zu: Einwirkung von Jod auf Thiobenzamid, wie folgende Gleichung zeigt:

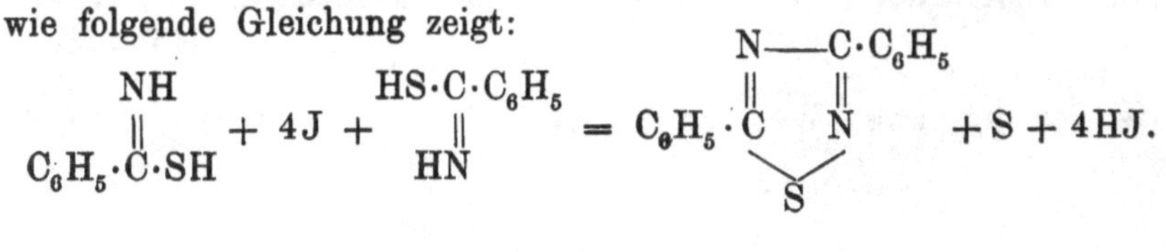

Thio-1,4-diazole oder Piazthiole

sind nur als Benzoderivate bekannt geworden; letztere sind durch Einwirkung von schwefliger Säure auf o-Phenylendiamine zugänglich (604); z. B.:

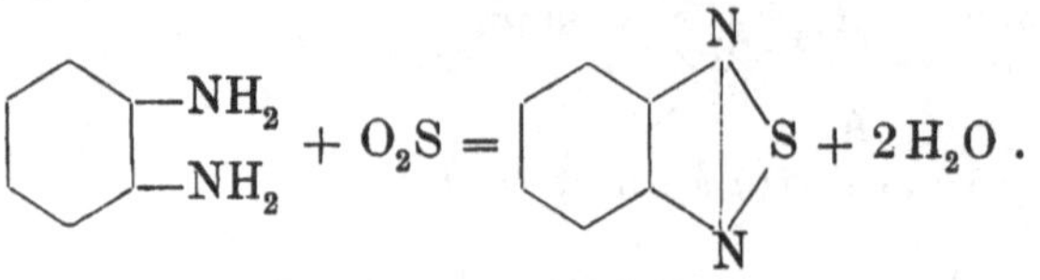

Piazthiol (Schmp. 44°, Sdp. 206°)

Wie aus der Formulierung dieses einfachsten Piazthiols hervorgeht, wird in demselben eine Querbindung zwischen den beiden Stickstoffatomen angenommen, ähnlich wie bei den früher besprochenen Pseudazimiden (vergl. S. 136).

Die Piazthiole sind beständige, feste Körper von schwacher Basizität, welche bei energischer Reduktion wieder o-Diamine liefern.

α, β-Naphtopiazthiol (Schmp. 81°) entsteht aus α, β-Naphtylendiamin mittelst Natriumbisulfitlösung (605).

Ersetzt man den Schwefel im Piazthiol durch das verwandte Selen, so gelangt man zu den analogen Seleno-1,4-diazolen oder Piaselenolen, welche durch Einwirkung von seleniger Säure auf o-Phenylendiamine entstehen (606):

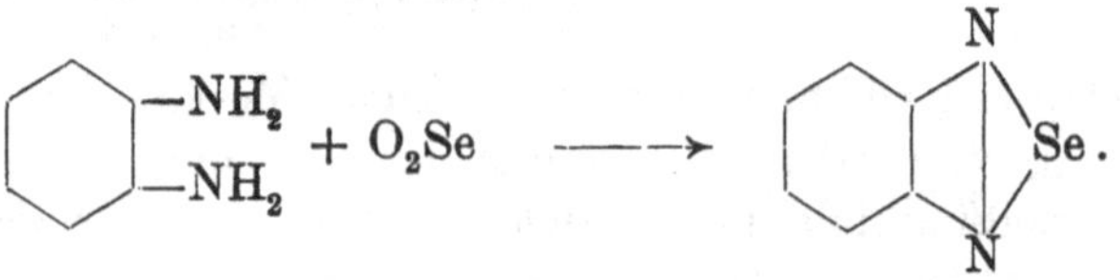

Piaselenol (Schmp. 76°)

Die Reaktion tritt im Gegensatz zu den Piazthiolen schon bei gewöhnlicher Temperatur ein; die Piaselenolsalze werden durch Wasser dissoziiert.

Aminopiaselenol (aus 1, 2, 4-Triaminobenzol und seleniger Säure in der Kälte) schmilzt bei 149—150°.

α, β-Naphtopiaselenol schmilzt bei 128—129°.

Thio-2,3-diazole (Thiobiazoline)

sind, wie der Name Thiobiazoline andeutet, hauptsächlich als Derivate der um zwei Wasserstoffatome reicheren Form

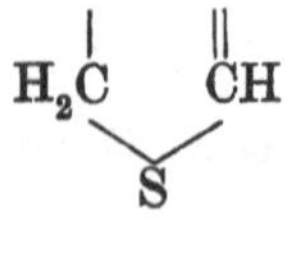

bekannt geworden. Später gelangte man von diesen zu eigentlichen Thiobiazolen, welche sich aber nicht mehr von dem eigentlichen Azolkern, sondern von einem solchen, der eine Diagonalbindung enthält, ableiten. Diese sog. Isodithiobiazolone (607)

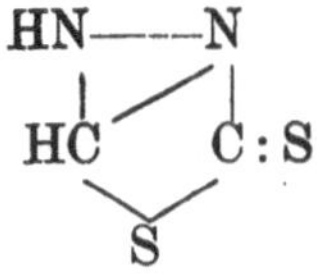

sollen unten im Zusammenhang mit ihrer Darstellung kurz besprochen werden.

α-Merkaptane des Thiobiazolins entstehen durch Einwirkung von Aldehyden auf die sogen. Phenylsulfocarbazinsäure $C_6H_5\cdot NH\cdot NH\cdot CS\cdot SH$ (aus Phenylhydrazin + CS_2) (608); z B.:

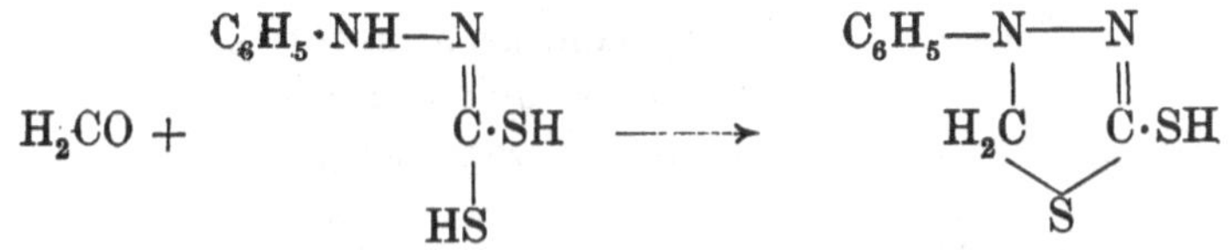

Tautoform β'-Phenylthiobiazolin-α-thiol (Schmp. 112°).

Wendet man zu dieser Reaktion nicht das Kaliumsalz, sondern den Ester der Phenylsulfocarbazinsäure an, so erhält man die Äther des Thiobiazolinthiols.

Das freie Thiol wird zu einem Bisulfid oxydiert, das durch Erhitzen im Sinne folgender Gleichung gespalten wird:

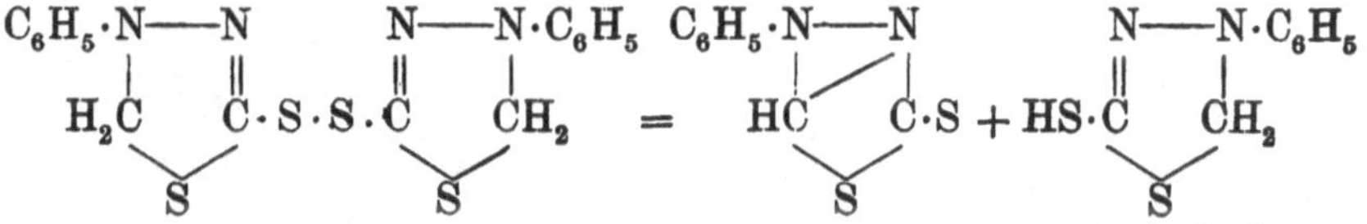

Phenylthiobiazolindisulfid Phenylisodithiobiazolon (Schmp. 190°) s. o. Phenylthiobiazolinthiol.

Beide Bruchstücke werden durch Alkalien in Sulfocarbazinsäure zerlegt, und zwar das Biazolon unter Bildung von Ameisensäure, das Thiol unter Erzeugung von Formaldehyd.

Thiobiazolone

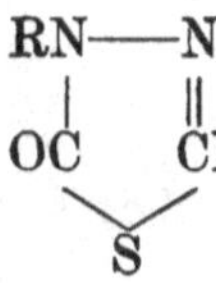

entstehen nach demselben Prinzip,

wie die analogen Oxybiazolone (vergl. S. 172), also durch Einwirkung von Phosgen auf Thiosemicarbazide (609), z. B.:

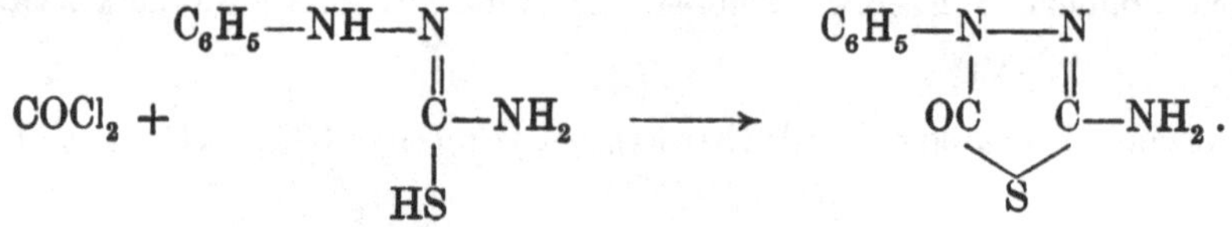

Phenylthiosemicarbazid (Tautoform) — α-Amino-β'-phenylthiobiazolon (Schmp. ca. 270°)

Das entsprechende Thiol

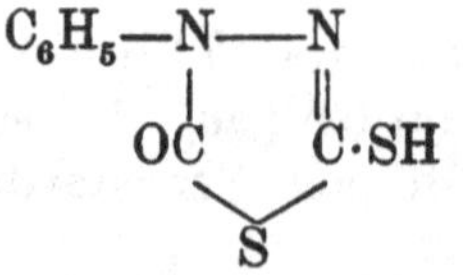

(Schmp. 86—87°) entsteht aus Phosgen und Phenylsulfocarbazinsäure (610).

Dithiobiazoline werden nach obiger Reaktion erhalten bei Verwendung von Thiophosgen statt Phosgen (611), z. B.:

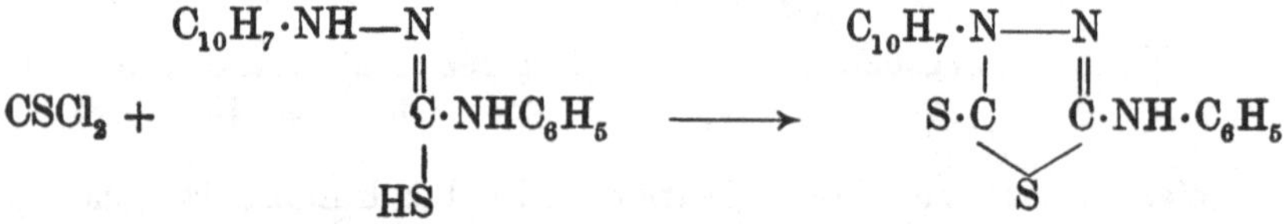

α-Naphtylthiosemicarbazid — β'-Naphtyl-α-anilino-dithiobiazolin (Schmp. 255°)

Ähnlich wirkt Schwefelkohlenstoff auf Phenylsulfocarbazinsäure (612):

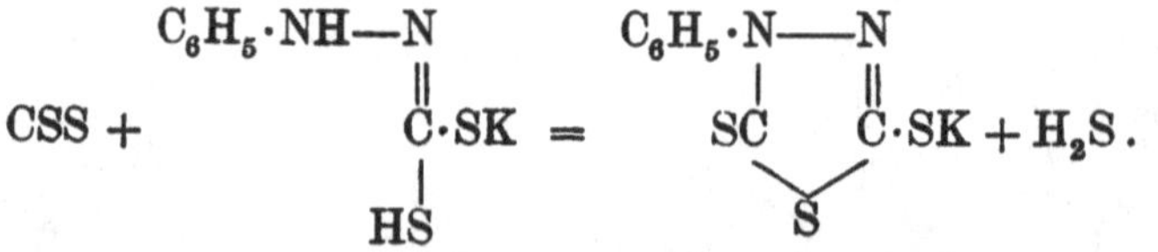

K-Salz des Phenyldithiobiazolin-α-thiols vom Schmp. 90—91

Das aus dem Dithiobiazolinthiol durch Oxydation erhältliche Disulfid wird durch alkoholisches Ammoniak gespalten in das ursprüngliche Dithiothiol und in das Phenyldithiobiazolinhydrosulfamin (613)

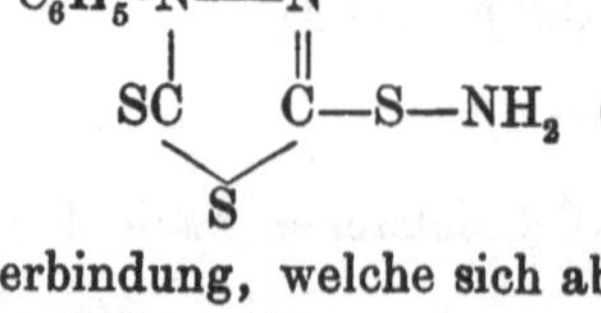

(Schmp. 136°), eine an sich unbeständige Verbindung, welche sich aber Aldehyden gegenüber wie Hydroxylamin verhält, z. B.:

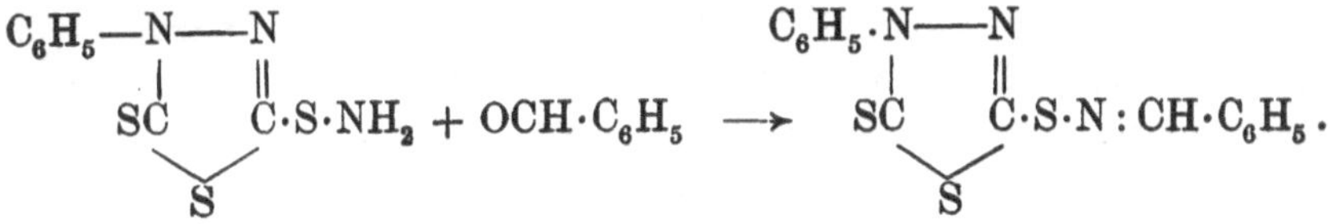

Phenyldithiobiazolinbenzylidensulfim (Schmp. 154—155°)

Das Sulfim liefert bei der Spaltung mit Salzsäure das ursprüngliche Disulfid und salzsauren Imidobenzaldehyd $HCl \cdot HN:CH \cdot C_6H_5$.

Wie gegen Ammoniak verhält sich das Disulfid auch gegen aliphatische Amine: Anilin liefert hingegen ein Umlagerungsprodukt des zunächst gebildeten Hydrosulfamins:

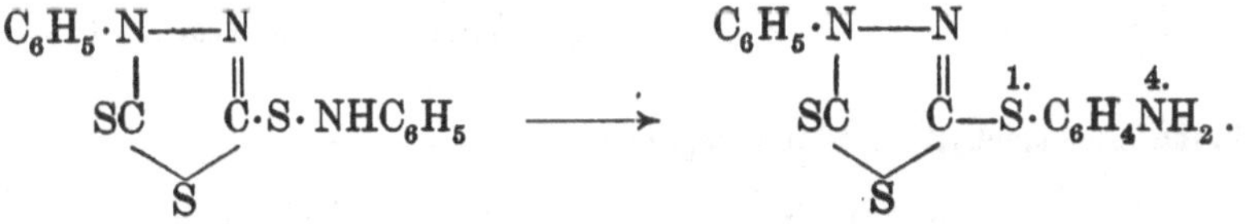

Diese Umlagerung erinnert an die Verwandlung von Diazoamidoverbindungen in p-Aminoazokörper; auch hier entstehen p-Aminobasen.

Auch der dem Phenyldithiobiazolinthiol (s. o.) zu Grunde liegende Heteroring ist isoliert worden, und zwar durch Zusammenwirken von Hydrazin und Schwefelkohlenstoff nach folgender Gleichung (614):

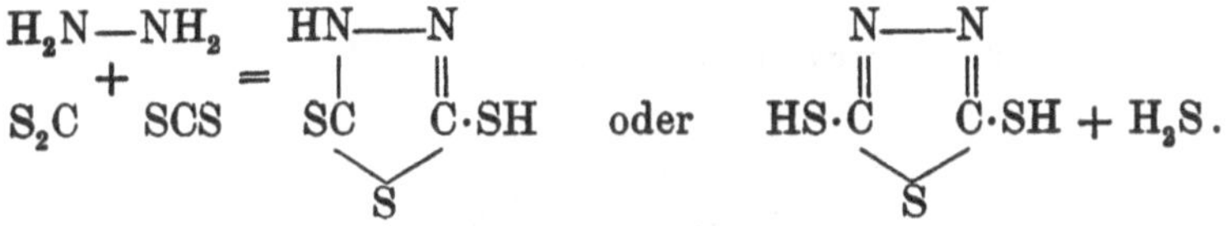

Dithiobiazolinthiol **Thiobiazoldithiol**

Starke Säure vom Schmp. 167—168°; liefert eine Dibenzoylverbindung.

Iminothiobiazoline entstehen aus Acidylthiosemicarbaziden durch Wasserentziehung (Acetylchlorid) (615); z. B.:

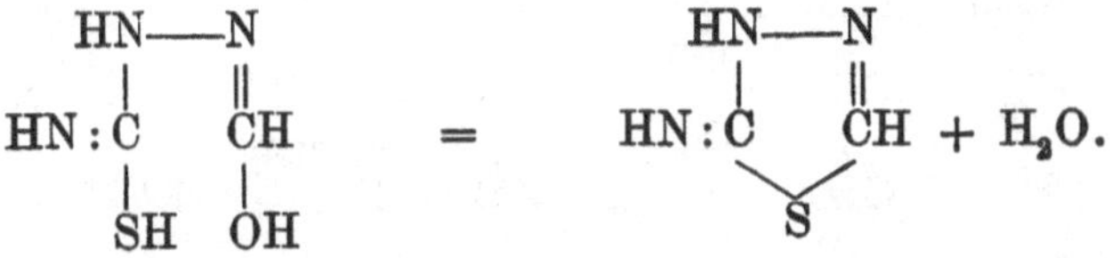

Formylthiosemicarbazid (Tautoform) **Iminothiobiazolin** (Schmp. 191°), bildet eine Nitroso- und eine Acetylverbindung.

Ebenso verhalten sich Formyl- und Benzoylphenylthiosemicarbazid unter Bildung von Phenyliminothiobiazolin bezw. von Phenyl-α'-phenyliminothiobiazolin.

Hierzu ist zu bemerken, daß die Acidylthiosemicarbazide durch Erhitzen über ihren Schmelzpunkt (statt durch Behandlung mit Acetylchlorid) einen anderen Heteroringschluß, und zwar zum Merkaptotriazol (vergl. S. 82) erleiden.

Schließlich mögen noch zwei spezielle Bildungsweisen von Iminothiobiazolinen angeführt werden.

Phenylisocyanchlorid setzt sich mit Diphenylthiosemicarbazid in ähnlicher Weise um, wie bei der Synthese von Iminooxybiazolinen (vergl. S. 172) (616):

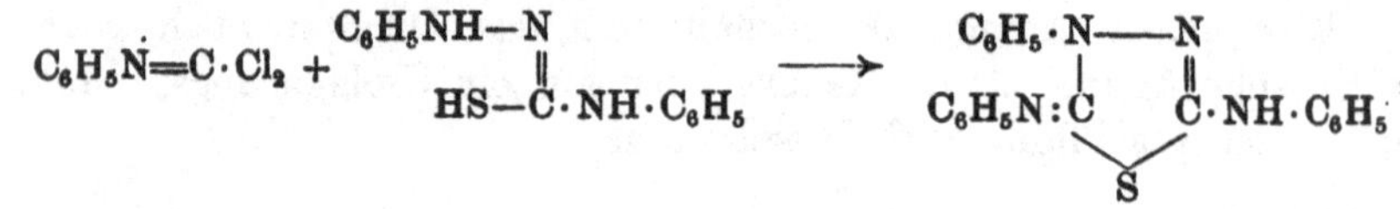

Anilinophenyliminophenyl-thiobiazolin

während Benzaldehyd im Sinne folgender Gleichung reagiert (617):

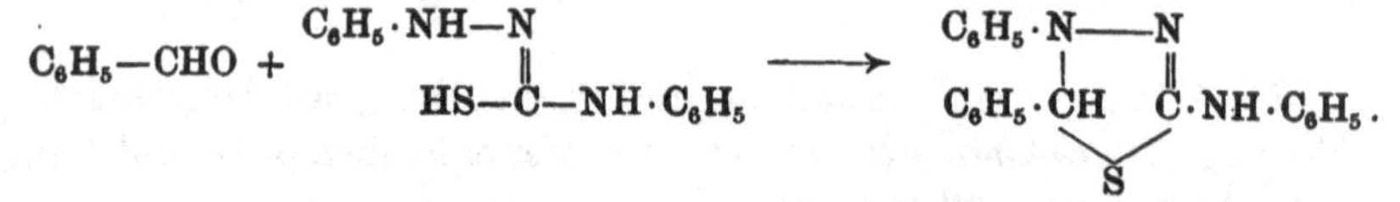

Diphenylanilinothiobiazolin (Schmp. 105—106°)

3. Heteroringe mit 3 N und einem S.

Thiotriazole oder Triazsulfole (618)

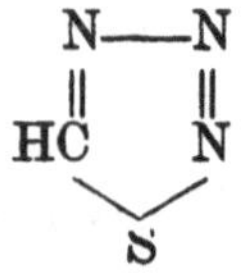

enthalten nur noch ein Ringkohlenstoffatom und werden durch Einwirkung von salpetriger Säure auf Thiosemicarbazid und Alkylthiosemicarbazide dargestellt:

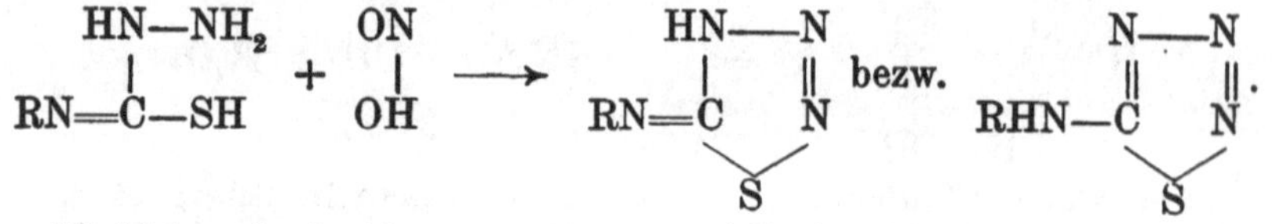

Alkylthiosemicarbazid (Tautomere Form) — Alkylaminotriazsulfol

Merkwürdig ist, daß bei der Einwirkung von salpetriger Säure auf Phenylthiosemicarbazid kein Triazsulfol, sondern ein Thiotetrazol (Phenylsulfotetrazolon vergl. S. 92) 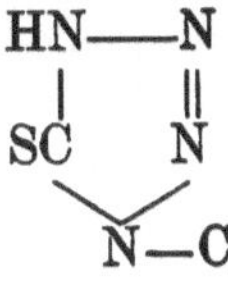 entsteht, da ersteres offenbar nur in der normalen (Keto-)Form: 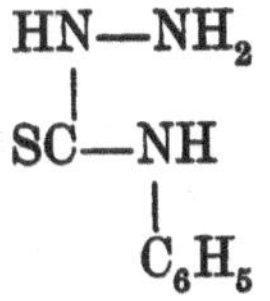 und nicht in der Enol-Form zu reagieren vermag (619).

Die Aminotriazsulfole zerfallen durch kochendes Wasser nach folgendem Schema:

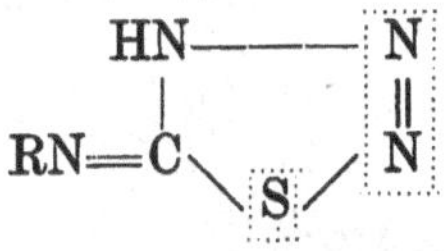 in N_2, S und Alkylcyanamid NCNHR,

während konz. Salzsäure Stickstoff und sog. Alkylthiocyanamidchlorhydrat R·C·N_2HS·HCl liefert.

Aminotriazsulfol verpufft bei 128—130°.
Allylaminotriazsulfol schmilzt bei 54°.

Litteratur-Nachweis
zum ersten Teile.

1. **B. 26**, 262, 560.
2. **A. 167**, 318. **B. 7**, 753; **25**. 3511; **26**, 263.
3. **A. 173**, 125; **C. r. 85**, 624; **101**, 478.
4. **B. 16**, 399.
5. **B. 24**, 660, 2676. **J. pr.** [2] **20**, 190.
6. **A. 286**, 71.
7. **B. 24**, 3313.
8. **B. 19**, 3228.
9. **A. 275**, 1; **284**, 36.
10. **J. pr.** [2] **44**, 169, 544.
11. **B. 19**, 2239.
12. **B. 28**, 1848.
13. **B. 28**, 1624, 2377.
14. **B. 29**, 759.
15. **B. 29**, 667.
16. **B. 22**; **R. 133**. 196.
17. **B. 27**, 775.
18. **B. 18**, 1293; **19**, 2460.
19. **B. 28**. 2374; **29**, 2161
20. **B. 27**, 1958 über Benzaldoxim-N-essigsäure vergl. **B. 29**, R. 169.
21. **B. 14**, 1741; **15**, 780.
22. **B. 15**, 2105, 2572; **28**, 1382.
23. **B. 16**, 2222.
24. **B. 29**, 59.
25. **B. 17**, 595.
26. **B. 7**, 695; **25**, 2450; **26**; R. 409.
27. **B. 27**, R. 801.
28. **B. 23**, 2727.
29. **J. pr.** [2] **44**, 174.
30. Vergl. u. a. **M. 12**, 90.
31. **B. 2**, 13, 167; **3**, 161, 155; **23**, 2609.
32. **B. 25**. 1459.
33. **B. 21**, 1872.
34. **B. 27**, 273.
35. **B. 20**, 1085; **18**, 2252.
36. **B. 20**, R. 103.
37. **C.** 1897, II, 268.
38. **B. 13**, 879.
39. vergl. u. a. **B. 20**, 1085; **17**, 915, 2759; **23**, R. 743; **26**, 1447; **21**, 2933; **26**, 61; **22**, 2880.
40. **B. 19**, 2154; **26**, R. 239.
41. **B. 28**, R. 629.
42. **B. 13**, 2342; **29**, 2248.
43. **A. 211**, 214.
44. **B. 24**, 143; **27**, 283; **28**, 129; **20**, 2811.
45. **B. 10**, 1364; **12**, 1200; **26**, 345.
46. **A. 54**, 5255; **74**, 204.
47. **A. 9**, 273; **25**, 272; **32**, 41.
48. **B. 19**, 1258.
49. vergl. u. a. **B. 17**, 1759; **19**, R. 241.
50. **A. 146**, 306; **172**, 239; **B. 17**, 2765.
51. **A. 201**, 145; **B. 17**, 2765, 2863.
52. **B. 18**, 2526, 3410.
53. **B. 26**, 747.
54. **B. 25**, R. 912, vergl. auch γ-Pentylenoxyd (Sdp. 77°); **B. 22**, 2571.
55. **B. 23**, R. 744.
56. **B. 29**, R. 859.
57. **B. 19**, R. 13.
58. **A. 288**, 1.
59. **A. 193**, 1.
60. **A. 216**, 162.
61. **B. 29**, 237, R. 290.
62. **B. 26**, R. 678.
63. **B. 19**, 1291.
64. **B. 26**, 345.
65. **B. 17**, 3000.
66. **B. 25**, 2409.
67. **B. 30**, 1081.
68. **B. 19**, 1291.
69. **B. 30**, 1702.
70. **A. 138**, 376; **159**, 211.
71. **A. 264**, 189.
72. **B. 25**, 2764.
73. **B. 18**, 454; **19**, 551; **23**, 1495.
74. **A. 38**, 320; **B. 24**, 3310.
75. **B. 17**, 1562; **18**, 544.
76. **B. 19**, 672.
77. **B. 19**, 3141.
78. **B. 17**, 1345.
79. **B. 29**, 1402.
80. **B. 24**, 74, 1347.
81. **B. 17**, 2648.
82. **B. 18**, 1490, 2316.
83. **B. 18**, 537; **19**, 636; **22**, 2838.
84. **B. 19**, 639.
85. **B. 17**, 2192, 2645; **20**, 518; **18**, 456; **19**, 1280.
86. **B. 20**, 2586; **A. 267**, 159; **B. 19**, 3274.
87. **B. 18**, 1772.
88. **B. 18**, 2255.
89. **A. 126**, 269.
90. **B. 26**, 2809.
91. **B. 19**, 1619.
92. **B. 19**, 2444.
93. V. Meyer; die Thiophengruppe, S. 267.
94. **B. 22**, 1968.
95. **B. 26**, 1711; **27**, 476.
96. **B. 15**, 1172; **18**, 721.
97. **B. 13**, 877, 1049.
98. **B. 16**, 2390; **17**, 553; **19**, 307; **15**, 2582.
99. **B. 15**, 1342.
100. **Chem. N. 51**, 15.
101. **B. 23**, 2562; **22**, 659.
102. **B. 20**, 856; **21**, 1478; **22**, 1922.
103. **B. 21**, 3107.

104. **B. 18**, 1766.
105. **B. 10**, 1500; **18**, 1828; **16**, 2384.
106. **B. 18**, 414.
107. **B. 17**, 1437.
108. **B. 20**, 855.
109. **B. 18**, 299. **A. 236**, 290.
110. **B. 22**, 659, 2515.
111. **B. 28**, 1907.
112. **B. 16**, 2348; **17**, 432; **18**, 881; **15**, 2579; **18**, 414.
113. **B. 16**, 1536; **22**, 2512.
114. **B. 24**, 3233.
115. **B. 20**, 442.
116. **B. 20**, 2215.
117. **A. 264**, 310.
118. **B. 18**, 2079; **16**, 2057.
119. **B. 30**, 1113.
120. **B. 22**, 1860, 3338, 2364; **23**, 708.
121. **B. 30**, 2679; **31**, 1534, 2498.
122. **B. 32**, 2000; **33**, 919.
123. **B. 30**, 602.
124. **B. 24**, 1252.
125. **B. 26**, R. 282.
126. **B. 29**. 775.
127. **B. 23**, 1105.
128. **B. 31**, 2950.
129. **A. 279**, 189, 254.
130. **B. 24**, 1763. **A. 273**, 219.
131. **B. 20**, 1098. **A. 278**, 262. **B. 22**, 2376; **24**. 1891.
132. **Bl.** [3], **11**, 115.
133. **B. 26**, 103.
134. **B. 22**, 172.
135. **B. 25**, R. 163, 744.
136. **A. 273**, 262; **279**, 228. **B. 28**, 715, 719.
137. **B. 28**, 1626, vergl. **A. 293**, 17.
138. **B. 22**, R. 557; **26**, R. 599.
139. **B. 21**, 1142; **24**, 1890, 1891.
140. **B. 25**, 3143.
141. **B. 23**, 701. **A. 273**, 214.
142. vergl. **A. 278**, 273; **273**, 254.
143. vergl. **B. 22**, 179; **24**, 1888.
144. vergl. **A. 253**, 54; **278**, 270; **295**, 305. **B. 25**, R. 943; **26**, R. 245.
145. **B. 22**, 172.
146. vergl. **B. 32**, 2880; **33**, 262.
147. **A. 273**, 214.
148. vergl. **B. 28**, 860; **27**, 1880. **A. 273**, 226.
149. **A. 239**, 196, vergl. u. a. **B. 21**, 1209.
150. vergl. u. a. **B. 22**, R. 238.
151. **B. 26**, 100.
152. vergl. **A. 239**, 198.
153. **B. 23**, 701. **A. 273**, 232.
154. **B. 16**, 2597. **A. 238**, 137.
155. **A. 295**, 337.
156. **B. 25**, 764.
157. **B. 17**, 2041. **A. 238**, 185.
158. **B. 28**, 631.
159. **B. 27**, 1662; **29**, 249.
160. **B. 26**, 2055, 2057.
161. **B. 28**, 1053.
162. **B. 26**, 2059; **27**, 783. **J. pr. 50**, 515.
163. **B. 28**, 706.
164. **A. 238**, 192.
165. **A. 238**, 155, 167; **266**, 129.
166. **B. 17**, 2046; **25**, 765.
167. **B. 26**, R. 550; **19**, 3227.
168. **B. 27**, 1658, 2747.
169. **A. 261**, 171.
170. **A. 294**, 219.
171. **B. 28**, 706.
172. **B. 25**, 395, 1869, 768.
173. **A. 293**, 3.
174. **B. 26**, R. 913; **28**, R. 78.
175. **A. 238**, 160. **B. 20**, R. 609.
176. **C.** 1897, I, 540.
177. **Chem. Ztg.** 1890, S. 594.
178. **A. 255**, 247. **B. 17**, 2040.
179. **A. 238**, 216.
180. **A. 296**, 58, 57.
181. **A. 293**, 51.
182. **B. 17**, 550.
183. **B. 19**, 1771, 2140.
184. **J. pr. 45**, 90.
185. **B. 28**, 626; **29**, 519.
186. **J. pr. 45**, 90.
187. **B. 25**, R. 883.
188. **B. 24**, 3738. **A. 274**, 316.
189. **B. 21**, 1207.
190. **B. 28**, 626, 630; **24**, R. 234.
191. **B. 26**, 2972.
192. **B. 25**, 762; **26**, 108, **27**, R. 687.
193. **B. 26**, 119, 121.
194. **B. 29**, 517.
195. **J. pr. 45**, 87.
196. **J. pr. 51**, 77.
197. **B. 24**, 1800.
198. **B. 15**, 1493, 2410, 2706; **16**, 284; **21**, 1417.
199. **Soc. 1895**, I, 32.
200. **B. 22**, 568, 1353; **25**, 2354.
201. **A. 184**, 1.
202. **B. 25**, 274. **A. 273**, 311, 339.
203. **J. pr. 35**, 455. **A. 54**, 368.
204. **A. 273**. 342.
205. **B. 17**, 1289.
206. **B. 14**, 427. **A. 214**, 294.
207. **B. 21**, 1417.
208. **B. 29**, 2103.
209. **B. 15**, 4493, 1268; **29**, R. 673.
210. **A. 261**, 136; **284**, 9.
211. **C. r. 111**, 113.
212. **B. 21**, 2332; **27**, 2952, **28**, 1173.
213. **B. 28**, 1665.
214. **B. 27**, 2952.
215. **B. 25**, 2134.
216. **J. pr.** [2] **27**, 296. **B. 13**, 1420; **15**, 2331; **18**, 3079. **A. 110**, 82.
217. **B. 27**, 567.
218. **B. 24**, 1846.
219. **B. 20**, 732.
220. **B. 25**, 2357.
221. **B. 27**, 1038.
222. **B. 27**, 582; **28**, 251.
223. **A. 284**, 21.
224. **B. 28**, 777.
225. **A. 232**, 227.
226. **B. 20**, 784.
227. **B. 21**, 2753, 2756.
228. **A. 262**, 269.
229. **B. 26**, 2785.
230. **A. 295**, 129.
231. **A. 262**. 314.
232. **A. 262**, 290.
233. **B. 21**, 2806.
234. **B. 26**, 2785; **28**, 1283.
235. **A. 295**, 129, 137.
236. **A. 262**, 282.
237. vergl. **B. 21**, 2758.

238. **B. 18**, 1544.
239. **B. 24**, R. 203; **25**, 225.
240. **B. 26**, 2385, 2617.
241. **B. 22**, 796; **26**, 2387.
242. **B. 30**, 1871. **A. 297**, 221; **298**, 1.
243. **B. 26**, 2598. **A. 303**, 33.
244. **B. 26**, 2617.
245. **Soc. 71**, 200.
246. **B. 29**, 2483.
247. **C. 1894**, II, 780; **1897**, I, 58.
248. **B. 24**, R. 204; **25**, 225.
249. **B. 29**, 2673.
250. **A. 303**, 33.
251. **A. 303**, 48, 51.
252. **B. 18**, 1547; **26**, 2393.
253. **B. 22**, R. 737; **24**, R. 203; **25**, 225.
254. **B. 26**, 2614.
255. vergl. **B. 30**, 1874.
256. **A. 283**, 41.
257. **B. 27**, R. 407.
258. **A. 295**, 136.
259. **A. 283**, 43.
260. **B. 29**, 2506.
261. **B. 24**, R. 649; **27**, R. 583.
262. **B. 26**, 545, 2736. **A. 291**, 320, 341.
263. **B. 26**, R. 585.
264. **J. pr.** [2] **53**, 341.
265. **B. 27**, 621.
266. **B. 29**, 2914.
267. **B. 29**, 2924.
268. **B. 18**, 1544, 2907.
269. **A. 263**, 78; **265**, 129; **298**, 90.
270. **B. 27**, 984, 995.
271. **A. 270**, 54.
272. **B. 28**, 1688.
273. **B. 30**, 449; **31**, 942.
274. **B. 28**, 74.
275. **A. 270**, 12; **273**, 144. **287**, 234.
276. **B. 27**, 323, 2920; **28**, 1693.
277. **B. 31**, 1747.
278. **A. 295**, 328, 335.
279. **B. 31**, 952.
280. **B. 17**, 1067.
281. **B. 2**, 679 vergl. **B. 23**, R. 654.
282. **B. 25**, 1264.
283. **B. 28**, 1411.
284. **B. 13**, 187.
285. **B. 19**, 1065.
286. **M. 8**, 180, 187.
287. **B. 20**, 429; **21**, 123.
288. **B. 19**, 1563; 22, R. 14.
289. **B. 10**, 692, 1263; **16**, 2928.
290. vergl. u. a. **B. 29**, 2460, 2465.
291. **B. 21**, 1940.
292. **B. 17**, 562, 2510.
293. **B. 20**, 815. **A. 242**, 372.
294. **A. 236**, 160.
295. **B. 15**, 2480; **18**, 165
296. **B. 21**, 1811.
297. **Soc. 65**, 889 vergl. **B. 26**, 1336.
298. **A. 239**, 235, 237; **236**, 177, 181.
299. **B. 12**, 457, 1313.
300. **B. 27**, 3258.
301. **B. 30**, 1030, 1045; 21, 1932; **29**, 639.
302. **A. 246**, 334.
303. **B. 21**, 1933; **23**, 2296.
304. **A. 236**, 168.
305. **B. 14**, 1744; **16**, 2188; **26**, 225.
306. **B. 12**, 1098; **14**, 1745.
307. **C. 1897**, I, 862.
308. **B. 14**, 1741.
309. **B. 31**, 1812.
310. **B. 29**, R. 250.
311. **B. 15**, 775.
312. **B. 14**, 1742; **16**, 2191, 2196.
313. **B. 26**, 1285, 1291. **A. 239**, 246. **B. 14**, 883; **27**, 826.
314. **B. 26**, 1285; 14, 885.
315. **B. 26**, 1297.
316. **A. 239**, 242.
317. **B. 25**, 2977.
318. **B. 29**, 2471.
319. **M. 17**, 253. **G** [1] **27**, 473.
320. **M. 17**, 481; **18**, 95.
321. **M. 17**, 481; 18, 95, 527.
322. **B. 11**, 582. **A. 140**, 1.
323. **B. 14**, 832.
324. **A. 140**, 37.
325. **A. 277**, 274; **M. 18**, 533, 539.
326. **A. 140**, 1.
327. **J. pr. 24**, 10; **A. ch.** [3], **3**, 372.
328. **B. 11**, 1228; **15**, 2100.
329. **B. 14**, 1741.
330. **J. pr.** [2] **30** 84, 467. **B. 32**, 2159.
331. **B. 12**, 1309; **J. pr. 25**, 436. 445.
332. **A. 48**, 269; **53**, 12. **B. 11**, 1296; **12**, 456.
333. **J. pr. 25**, 457; **35**, 117; [1] **19**, 358; **B. 16**, 2942.
334. **B. 28**, 2527; **29**, 194.
335. **B. 24**, 1366.
336. **B. 18**, 2638.
337. **A. 140**, 34; **248**, 118. **B. 16**, 517; **29**, 1030.
338. **B. 15**, 782; **16**, 2191.
339. **B. 29**, 203.
340. **B. 23**, 3619; **29**, 1030.
341. **B. 16**, 2265; **21**, 115, 117.
342. **B. 14**, 1741; **15**, 780; **15**, 775.
343. **B. 16**, 2196.
344. **B. 14**, 1745; **16**, 2200; **17**, 975.
345. **B. 11**, 11296; **12**, 456.
346. **B. 16**, 2188; **14**, 1742.
347. **B. 13**, 2260.
348. **B. 15**, 2856, vergl. **B. 16**, 2208.
349. **B. 28**, 2497, vergl. **A. 221**, 330.
350. vergl. **B. 15**, 2100; **16**, 2200.
351. **B. 23**, 3289.
352. **B. 23**, 3043. **J. pr.** [2] **42**, 520; **43**, 111. **B. 23**, 3431.
353. **B. 28**, 1685.
354. **A. 284**, 156. **B. 17**, 968.
355. **B. 12**, 1315.
356. **B. 18**, 950.
357. **A. ch.** [8] **2**, 204. **B. 14**, 1743; **24**, 1476, 3066.
358. **A. 136**, 96.
359. **J. pr. 25**, 445.
360. **B. 14**, 1742; **15**, 50.
361. **B. 18**, 75; **19**, 1131; **20**, 222.
362. **B. 26**, 2213.
363. **B. 26**, 526, 710.
364. **B. 24**, 2402; **31**, 414, 627, 1154, 1707; **32**, 848.
365. **B. 26**, 536.
366. **A. 227**, 332.
367. **B. 24**, 2370, 2379; **26**, 1901.
368. **C. r. 124**, 505.
369. **B. 22**, 319.
370. **B. 16**, 655.
371. **A. 221**, 280.
372. **A. 227**, 323.
373. **B. 23**, 2634; **24**, 959.

374. **B. 23**, 3635; **25**, 3149; **26**, 2349.
375. **A. 305**, 289—370; **B. 32**, 1773.
376. **B. 32**, 1797.
377. **B. 25**, 1754.
378. **B. 29**, 303, 308.
379. **B. 24**, 963.
380. **A. 264**, 150.
381. **A. 212**, 333. **B. 13**, 681.
382. **B. 30**, 1100.
383. **1897**, II; 123.
384. **B. 8**, 677; **11**, 826.
385. **B. 23**, 1876; **25**, 1992.
386. **B. 27**, 2773.
387. **B. 10**, 1126; **11**, 590.
388. **B. 20**, 1585; **27**, 2187; **29**, 1497.
389. **B. 25**, 2826.
390. **B. 5**, 920. **A. 273**, 272.
391. **A. 273**, 342.
392. **A. 273**, 274.
393. **B. 11**, 826.
394. **B. 28**, R. 392; **G. 25**, I, 224.
395. **B. 25**, 274; **A. 273**, 311, 399.
396. **B. 24**, 2386.
397. **B. 29**, 1498.
398. **B. 27**, 2187.
399. **B. 10**, 1123.
400. **B. 8**, 920; **8**, 677; **20**, 1589.
401. **A. 273**, 315.
402. **A. 273**, 289.
403. **B. 12**, 951.
404. **Soc. 41**, 146.
405. **B. 23**, 3634.
406. **B. 23**, 1043.
407. **B. 25**, 1985.
408. **B. 25**, 2826.
409. **B. 27**, 2778.
410. **B. 21**, 2402; **22**, 1398.
411. **B. 20**, 2205.
412. **B. 23**, 1047.
413. **B. 20**, 231.
414. **B. 24**, 2498.
415. **B. 12**, 1296.
416. **A. 228**, 221.
417. **B. 19**, 2654.
418. **Chem. Ztg.** 1897.
419. **A. 221**, 9.
420. **B. 18**, 3132; **19**, 1452; **20**, 1167, 1176, 2896.
421. **B. 28**, 2192.
422. **B. 21**, 1633.
423. **B. 20**, 1172; **23**, 1315; **28**, 328.
424. **B. 28**, 328, 333.
425. **A. 115**, 249. **B. 5**, 200; **9**. 219; **12**, 1296; **15**, 1878.
426. Vergl. **B. 9**, 221.
427. **A. 240**, 110; **249**, 350; **255**, 339; **291**, 313.
428. **J. pr. 53**, 91. **A. 291**, 317.
429. **B. 27**, 3381.
430. **B. 12**, 1296.
431. **J. pr. 53**, 96.
432. **B. 25**, 998, 1007.
433. **B. 9**, 220. **A. 240**, 115. **B. 19**, 1757.
434. **A. 240**, 123.
435. **B. 15**, 1878. **A. 291**, 315, 336.
436. **A. 163**, 343; **191**, 297.
437. **A. 167**, 125; **174**, 180.
438. **B. 24**, 306.
439. **B. 20**, 232.
440. **B. 24**, 200; **26**, 1703.
441. **A. 291**, 16.
442. **B. 25**, 2766.
443. **G. 12**, 272.
444. **G. 26**, II, 236.
445. **A. 202**, 27.
446. **G. 22**, II, 569; **25**, II, 395, 359.
447. **A. 202**, 26.
448. **B. 24**, 306.
449. **B. 23**, 3267.
450. **B. 12**, 1403; **20**, 1903.
451. **B. 23**, 2465.
452. **A. 202**, 1.
453. **B. 18**, 3259.
454. **B. 15**, 2173.
455. **B. 19**, 2242.
456. **J. pr.** [2] **38**, 69.
457. **G. 24**, II, 111.
458. **B. 26**, 2006.
459. **B. 22**. 2184.
460. **A. 163**, 352.
461. **B. 24**, 2562; **26**, 1711.
462. **B. 27**, 476.
463. **B. 26**, 2057.
464. **Am. 12**, 379.
465. **A. 209**, 257.
466. **B. 22**, 1652.
467. **B. 23**, R. 59.
468. **B. 22**. 442.
469. **B. 17**. 2578; **21**, 930, 944.
470. **B. 17**, 2578; **20**, 2576.
471. **Soc. 63**, 469.
472. **B. 29**, 205.
473. **B. 28**, 3070.
474. **B. 20**, 2578.
475. **B. 17**, 2578.
476. **B. 21**, 2197.
477. **B. 21**, 2192.
478. **B. 20**, 2579.
479. **B. 29**, 205.
480. **A. 34**, 191. **B. 15**, 2412.
481. **B. 22**, 2220; **23**, 2493.
482. **B. 25**, 2383.
483. **B. 28**, 2933.
484. **B. 22**, 1150.
485. **B. 28**, 2936.
486. **B. 28**, 1897.
487. **J. pr.** [2] **31**, 173.
488. **B. 24**, 3906.
489. **Soc. 1891**, I, 410.
490. **B. 25**, 1787.
491. **B. 21**, 2178.
492. **B. 27**, R. 401.
493. **Soc. 1891**, I, 410.
494. **B. 24**, 134.
495. **B. 21**, 1149.
496. **B. 24**, 3910.
497. **B. 24**, 3908.
498. **A. 277**, 173.
499. **B. 24**, 857.
500. **B. 28**, 965.
501. **B. 24**, 495.
502. **B. 17**, 819; **25**, 2142.
503. **B. 27**, 1169.
504. **B. 28**, 2731; **30**, 1337.
505. **A. 296**, 56.
506. **B. 24**, 140.
507. **A. 296**, 4.
508. **B. 30**, 1480, 1083, 2031.
509. **J. pr.** [2] **47**, 121.
510. **B. 30**, 1287, 1291.
511. **B. 23**, 3580; **30**, 1292.
512. **B. 30**, 1290; **27**, 710.
513. **B. 30**, 1085.
514. **A. 250**, 257.
515. **A. 249**, 31.
516. **B. 16**, 348; **20**, 3128.
517. **A. 250**, 274; **261**, 8.
518. **A. 250**, 279.
519. **B. 27**, 1009.
520. **A. 246**, 40.
521. **A. 265**, 108.
522. **G. 23**, 575, vergl. **B. 26**, 604.
523. **A. 259**, 265.

524. **A. 259**, 298.
525. **J. pr.** [2] **25**, 72. **A. 261**, 23.
526. **G. 23**, 575.
527. **A. 250**, 291; **259**, 278.
528. **A. 259**, 268.
529. **B. 29**, 2609.
530. **B. 23**, 158.
531. **B. 26**, 1327.
532. **B. 22**, 1152.
533. **B. 22**, 2984.
534. **B. 22**, 1140.
535. **B. 28**, 1900.
536. **B. 24**, 268.
537. **B. 26**, R. 324.
538. **A. 280**, 233.
539. **M. 16**, 721.
540. **A. 250**, 294.
541. **B. 23**, 1003.
542. **A. 250**, 312.
543. **B. 9**, 1524; **10**, 1123.
544. **G. 21**, 251.
545. **B. 28**, 1127.
546. **B. 15**, 1816; **16**, 1936.
547. **Soc. 37**, 661; **39**, 225.
548. **B. 21**, 3331.
549. **B. 20**, 177.
550. **B. 9**, 465. **J. pr.** [2] **42**, 445.
551. **Bl. 25**, 177.
552. **B. 11**, 2262; **16**, 1825.
553. **J. pr.** [2] **42**, 440.
554. **B. 16**, 1826.
555. **B. 11**, 2262.
556. **B. 25**, 1498, 3291.
557. **M. 15**, 645. **B. 26**, 1657.
558. **B. 28**, 1872.
559. **B. 13**, 1224.
560. **B. 12**, 2360; **19**, 1068.
561. **B. 28**, 1028; **29**, 162.
562. **A. 259**, 300.
563. D. R. P. 35790. **B. 22**, 330, 968, 424, 581, 1064; **25**, 1081.
564. **B. 22**, 1068.
565. D.R.P. 53935, 73349.
566. **B. 20**, 1798, D.R.P. 55878.
567. **B. 13**, 1226.
568. **B. 12**, 1127.
569. **B. 20**, 1797.
570. **B. 20**, 1790; **24**, 1403.
571. **B. 24**, 1403.
572. **B. 13**, 11.
573. **B. 20**, 2252.
574. **A. 113**, 215.
575. **J. pr. 24**, 460.
576. **B. 27**, 679.
577. **B. 27**, 2211.
578. **B. 17**, 1694, 1696.
579. **B. 18**, 2456.
580. **B. 22**, 2412, 3125.
581. **A. 274**, 15.
582. **B. 28**, 2231.
583. **B. 22**, 2946.
584. **B. 22**, 3128; **24**, 4176; **28**, 2227.
585. **B. 18**, 2467; **19**, 1481.
586. **B. 21**, 809.
587. **B. 25**, 1960; **26**, 529.
588. **B. 24**, 3503.
589. **A. 264**, 180.
590. **A. 260**, 101.
591. **B. 28**, 764.
592. **B. 17**, 216, 803.
593. **A. 252**, 60.
594. **B. 27**, 984, 994, 1001, 1006.
595. **B. 27**, 3288.
596. **B. 21**, 2456; **23**, 2821; **24**, 4178; **26**, 2869.
597. **B. 23**, 2831, 2838.
598. **B. 21**, 1243.
599. **B. 28**, 861; **29**, 2588.
600. **A. 277**, 209.
601. **B. 24**, 369, 388.
602. **B. 24**, 394.
603. **B. 2**, 645; **25**, 1578.
604. **B. 22**, 2895; **25**, 501.
605. **B. 23**, 1393.
606. **B. 22**, 862, 2895; **23**, 1393.
607. **B. 28**, 2638.
608. **B. 28**, 2636.
609. **B. 21**, 2465; **23**, 2833; **24**, 4180; **26**, 2873.
610. **B. 27**, 2515.
611. **B. 24**, 4192.
612. **B. 27**, 2507.
613. **B. 29**, 2127.
614. **B. 27**, 2510, 2518.
615. **B. 29**, 2511.
616. **B. 26**, 2873.
617. **B. 30**, 852.
618. **B. 29**, 2491.
619. **B. 28**, 74.

Zweiter Teil.

Sechs- und mehrgliederige Ringsysteme.

D. Sechsgliederige Heteroringe.

Dieser größten Gruppe von Heteroringen gehören eine Anzahl von Substanzen an, welche sehr eingehend studiert und daher in einer außerordentlich großen Zahl von Derivaten bekannt geworden sind, wie die Pyridiue, Chinoline, Purine, Phenazine u. a. Dieselben spielen in der Chemie der Alkaloïde, der tierischen und pflanzlichen Stoffwechselprodukte bezw. in der Farbstoffchemie als Grundkörper eine wichtige Rolle.

Da somit die speziellen Eigenschaften dieser Verbiudungen auch anderen Orts mehr oder weniger eingehend beschrieben sind, so werden wir uns für die Zwecke dieses Buches auf eine systematische Übersicht der zahlreichen Heterosechsringe beschränken, die durch die erforderlichen Litteraturangaben ergänzt werden soll.

Unter Zugrundelegung des bei den Drei-, Vier- und Fünfringen angewandten Einteilungsprinzipes gelangt man zu folgender Klassifizierung der Sechsringe:

Spezielle Einteilung der sechsgliederigen Heteroringe.

I. Sauerstoff als Ringglied.

1. **Einringe mit einem O: Pyrongruppe**
2. **Zweiringe: Benzopyrongruppe (Cumarin, Isocumarin, Flavon)**
3. **Dreiringe: Dibenzopyrone (Xanthongruppe)**
4. **Dreiringe mit zwei O: Diphenylendioxyd (Phenoxazon).**

II. Schwefel als Ringlied.

1. **Einringe: Penthiophengruppe**
2. **Zweiringe: Thioxanthengruppe.**

III. Stickstoff als Ringglied.

1. Einringe

a) mit einem N: Pyridin und Piperidingruppe. Anhang: Dipyridylverbindungen

b) mit zwei N: Diazingruppe

α) Orthodiazine oder Pyridazine.

β) Metadiazine oder Pyrimidine, inkl. Uracil- und Barbitursäuregruppe, als Ketotetrahydro- und -hexahydropyrimidine.

γ) Paradiazine oder Pyrazine inkl. Piperazine.

c) mit drei N: Triazingruppe

α) 1, 2, 4- oder α-Triazine.

β) 1, 3, 5- oder γ-Triazine (Kyanidine) inkl. Cyanursäure- und Melamingruppe

d) mit vier N: Tetrazingruppe

α) Osotetrazone (1, 2, 3, 4)

β) Symmetrische Tetrazine (1, 2, 4, 5) (Isodihydrotetrazine und Urazine)

2. Zweiringe

a) mit einem N: Chinolin- und Isochinolingruppe. Anhang: Dichinolylverbindungen und Naphtyridin.

b) mit zwei N:

α) Benzopyridazine: Cinnolin- und Phtalazingruppe.

β) Benzopyrimidine: Chinazoline.

γ) Glyoxalinopyrimidine: Puringruppe.

δ) Benzopyrazine: Chinoxaline.

c) mit drei N: Benzotriazingruppe.

α) Benzo-α-triazine.

β) Phendihydro-β-triazine.

d) mit vier N: Phentetrazingruppe (1, 2, 3, 4).

3. Dreiringe und höhere polycyklische Systeme.

A. Normale Kernhomologe des Chinolins und Isochinolins.

1. Carbocyklische Kondensationen (Naphtochinoline, Pyrenolin, Lilol, Julol, Naphtalimid).

2. Kondensationen des Chinolins mit Pyridinkernen (Phenanthroline, Benzotripyridin, Benzophenanthroline, Chinochinoline, Naphtinolin).

B. Heteroringe vom Typus des Anthracens: (Anthrapyridine, Anthrachinoline, Acridin, Carbazacridin, Naphtaacridin).

C. Heteroringe vom Typus des Phenanthrens: (Phenanthridin, Chrysidine).

D. Polycyklische Systeme mit zwei Stickstoffatomen in einem Ring (Phenazon oder Dibenzopyridazin, Phenazin oder Dibenzopyrazin, Naphtazin, Phenanthrazin; Benzodipyrazin, Fluorindin).

E. Polycyklische Systeme mit drei Stickstoffatomen in einem Ring: Benzimidazolazimid.

IV. Sauerstoff und Stickstoff als Ringglieder.

1. Einringe
   a) mit einem N und einem O:
      α) Orthoxazine.
      β) Metoxazine.
      γ) Paroxazine oder Morpholine.
   b) mit zwei N und einem O: Azoxazine.
   c) mit einem N und zwei O: Dioxazine (Paraldimine).
   d) mit zwei N und zwei O: Azdioxazine (Glyoximhyperoxyde).
   e) mit drei N und einem O: Azoxdiazine und Isazoxdiazine.
   f) mit drei N und zwei O: Azdioxdiazine.
2. Zweiringe und höhere polycyklische Systeme.
   a) mit einem N und einem O: Benzoxazine und Dibenzoxazine (Phenoxazingruppe).
   b) mit zwei N und einem O: Benzazoxazine (Diazoanhydride).
   c) mit zwei N und zwei O: Benzazdioxazine.

V. Schwefel und Stickstoff als Ringglieder.

1. Einringe
   a) mit einem N und einem S: Thiazingruppe.
      α) Metathiazine.
      β) Parathiazine.
   b) mit zwei N und einem S: Azthiazine.
   c) mit einem N und zwei S: Dithiazine (Thialdine).
2. Zweiringe und höhere polycyklische Systeme.
   a) mit einem N und einem S: Benzothiazingruppe.
      α) Benzometathiazine.
      β) Benzoparathiazine und Dibenzoparathiazine (Parathiazinfarbstoffe).
   b) mit zwei N und einem S: Benzazthiazine (Phenylthiocarbizine).

Diese tabellarische Übersicht zeigt, daß die zu erwartende Mannigfaltigkeit bei heterocyklischen Sechsringen in Wirklichkeit nicht erreicht wird: vor allem spielt der Schwefel nicht annähernd dieselbe Rolle, wie in der Reihe der Fünfringe (vergl. Thiophen). Der Sauerstoff tritt nur in der Pyrongruppe selbständig auf, im Verein mit Stickstoff in der Oxazinreihe. Die weitaus größte Zahl von wichtigen Heteroringen verdankt ihre Existenz der mannigfaltigen Verbindungsfähigkeit des Stickstoffes mit seinesgleichen, sowie mit Sauerstoff und Schwefel. Daher beanspruchen auch in obiger Übersicht die sog. Azine (incl. Oxazine, Thiazine u. s. w.) einen besonders großen Raum; die Azine der Sechsringe entsprechen in jeder Beziehung den Azolen der Fünfringreihe.

Von Interesse ist, daß sich unter den aufgeführten heterocyklischen Ringen auch Gruppen von Verbindungen finden, die sonst ihrer Entstehung gemäß in der Chemie der Fettreihe abgehandelt werden; z. B. die Ureïde und Uracile als Ketotetrahydro- bezw. -hexahydropyrimidine, ferner die große, nunmehr durch E. Fischer völlig aufgeklärte Gruppe des Purins (Harnsäuregruppe) als Pyrimidine, die zwei Kohlenstoffatome mit einem Glyoxalinkern gemeinschaftlich haben und schließlich die Klasse der Cyanursäure, Melamine u. s. w. als Vertreter der γ-Triazinreihe (Kyanidine).

I. Sauerstoff als Ringglied.

1. Einringe mit einem O.

Wie bei den fünfgliederigen Systemen findet man echte Heteroringe hauptsächlich unter ungesättigten Verbindungen; leicht spaltbare völlig hydrierte Ringe, welche der Fettreihe angehören, sind u. a. die folgenden Körper:

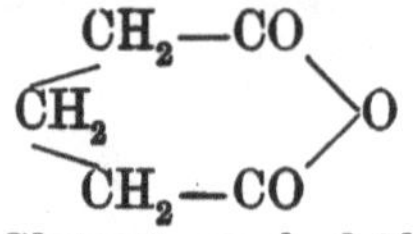
Glutarsäureanhydrid

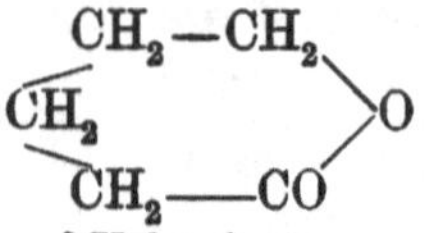
δ-Valerolacton

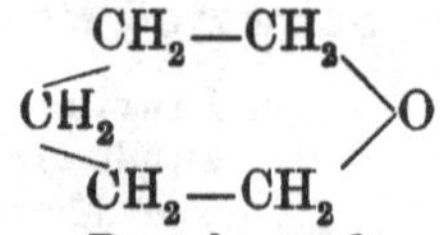
Pentylenoxyd
(ε-Glykolanhydrid)

Die von diesen gesättigten Ringen sich ableitenden Systeme mit Doppelbindungen werden

Pyrone

genannt.

Dieselben sind, soweit bekannt, Ketoderivate zweier isomerer Ringe mit je zwei Doppelbindungen und werden als α- bezw. als γ-Pyron bezeichnet:

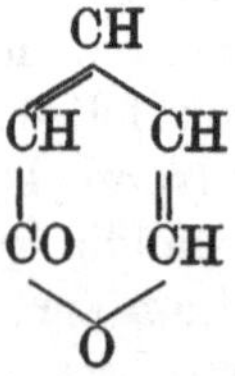
α-Pyron

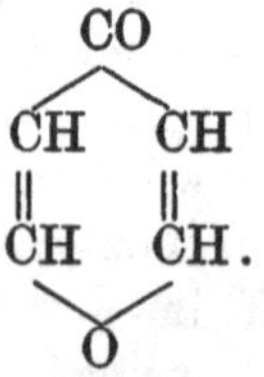
γ-Pyron

Die Grundsubstanzen, in welchen die Carbonylgruppe durch Methylen ersetzt ist, sind noch nicht dargestellt worden.

Die α-Pyrone, in welchen Ringsauerstoff und Carbonyl einander benachbart sind, werden auch Cumaline genannt; das γ-Pyron, in welchem Carbonyl und Ringsauerstoff durch zwei Methingruppen getrennt sind, ist die Muttersubstanz der im Opium vorkommenden Mekonsäure und ihrer Derivate.

Beide Pyrone sind durch eine gemeinschaftliche Eigenschaft ausgezeichnet, nämlich dadurch, daß Ammoniak das Ringsauerstoffatom durch die Imidogruppe ersetzt, wodurch ein Übergang von der Pyron- zur Pyridinreihe bewirkt wird:

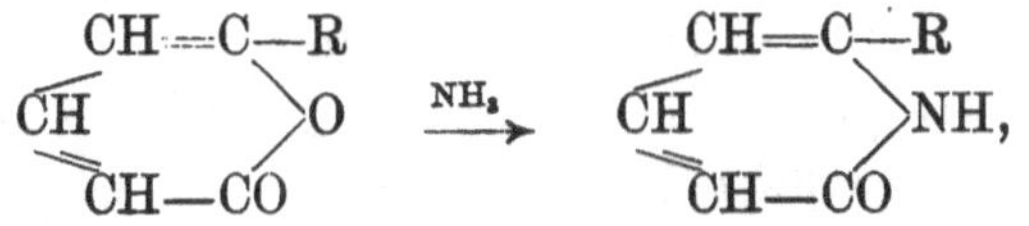

α-Pyridonderivat

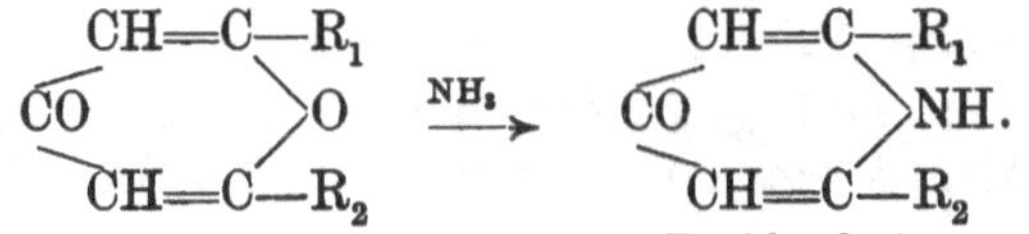

γ-Pyridonderivat

Bildungsweisen: Die α-Pyrone[1] (Cumaline) entstehen durch Abspaltung von CO_2 aus den entsprechenden Carbonsäuren; so auch das einfachste Cumalin (1) (Sdp. 206—209°), das durch Alkalien zu Formylcrotonsäure aufgespalten wird, aus der sogen. Cumalinsäure (α-Pyron-β_1-carbonsäure), welche ihrerseits aus Äpfelsäure durch warme rauchende Schwefelsäure nach folgendem Schema gewonnen wird (2):

2. 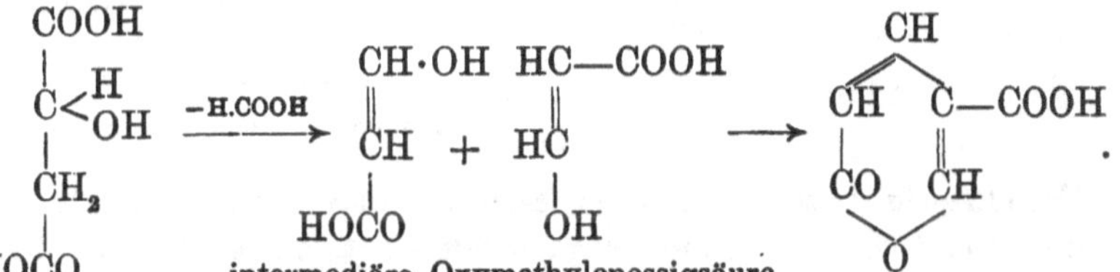

intermediäre Oxymethylenessigsäure

Cumalinsäure
(Schmp. 205—210°)

Die Äpfelsäure verliert dabei zunächst 1 Mol. Ameisensäure, welche ihrerseits in Kohlenoxyd und Wasser zerfällt, worauf Kondensation zweier Moleküle Oxymethylenessigsäure erfolgt.

---

[1] Die Substitutionsbezeichnung geschieht nach folgendem Schema:

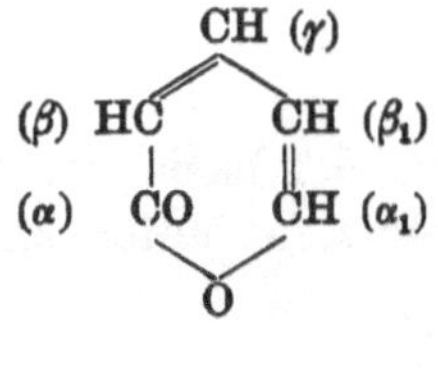

Die Spaltungsstücke der Cumalinsäure durch Alkalien und Säuren sind zum Teil komplizierter Art; solche sind Oxymethylenglutaconsäure, Oxymethylencrotonsäure, Crotonaldehyd, Glutaconsäure und Ameisensäure (3). Die Einwirkung von Hydroxylamin liefert β-Isonitrosopropionsäure (4), während Ammoniak die Cumalinsäure in β-Oxynikotinsäure überführt (5).

Die Homologen des Cumalins und seiner Säure verhalten sich ähnlich; so entsteht α_1,γ-Dimethyl-α-pyron (6) (sog. Mesitenlakton, Schmp. 51,5°, Sdp. 245°) aus der entsprechenden Carbonsäure, der Dimethylpyron-β_1-carbonsäure oder Isodehydracetsäure (Schmp. 155°) (7).

Diese Säure wird gewonnen durch intramolekulare Kondensation von 2 Mol. Acetessigester mittelst konz. Schwefelsäure nach folgendem Schema:

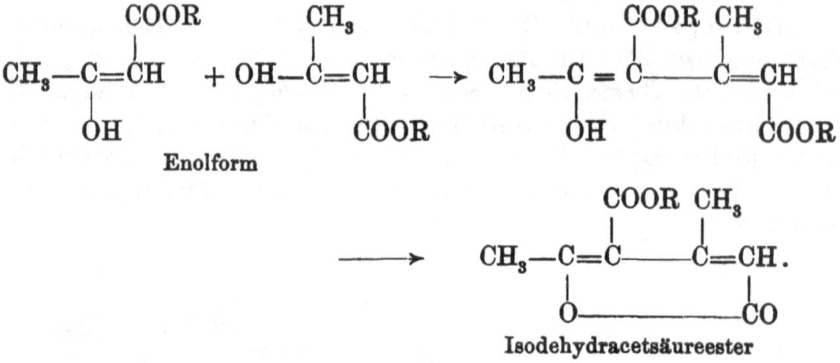

Enolform

Isodehydracetsäureester

Gleichzeitig tritt partielle Verseifung und darauffolgende Abspaltung von CO_2 ein. Isodehydracetsäure entsteht auch synthetisch aus Natriumacetessigester und β-Chlorisocrotonsäureester (8). Einwirkung von Ammoniak auf den Ester der Säure bei höherer Temperatur liefert Pseudolutidostyrilcarbonsäureester (9):

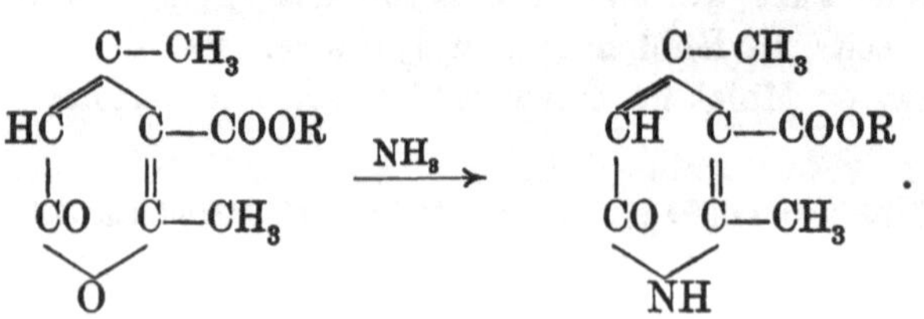

Bromwasser spaltet aus der Isodehydracetsäure Bromwasserstoff und Kohlensäure ab: es entsteht unter Ringverengerung Dimethylfurancarbonsäure (10):

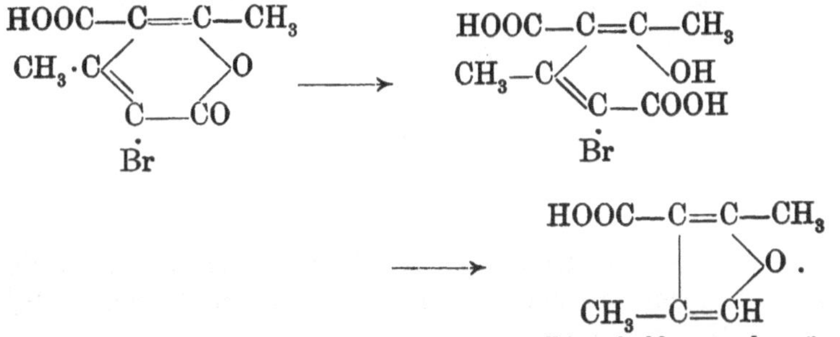

Dimethylfurancarbonsäure

Hieraus geht hervor, daß der Sauerstofffünfring (Furan) beständiger ist, als der entsprechende Sechsring (Pyron).

Ein aromatisches Homologes des α-Pyrons ist das in der echten Cotorinde vorkommende α_1-Phenylcumalin (11). Während das Dimethylpyron (Mesitenlakton s. o.) schon durch Wasser partiell in die zugehörige Oxysäure übergeht, ist das Phenylcumalin beständiger; bei der Reduktion liefert es seiner Konstitution gemäß δ-Phenylvaleriansäure:

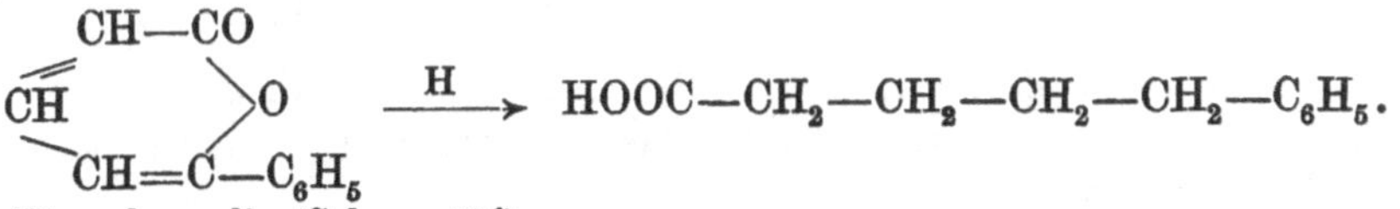

α_1-Phenylcumalin (Schmp. 68°)

Phenylcumalin liefert mit NH_3 α-Phenyl-α-pyridon.

Über Paracotoïn, das Bisoxymethylenderivat dieses Körpers, vergl. B. **26**, 2340.

Citracumalsäure: 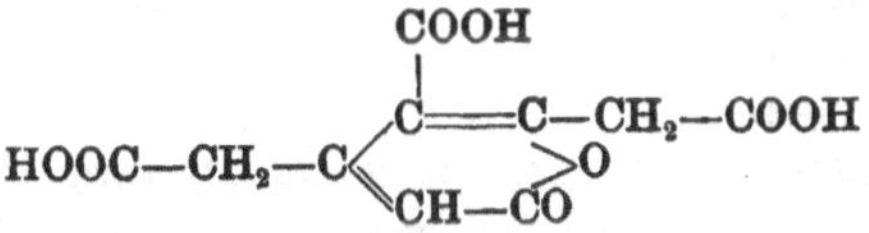 (Pyrondiessigcarbonsäure) entsteht aus Acetondicarbonsäure bezw. aus Citronensäure durch Schwefelsäure (12).

α_1-Äthoxy-α-pyron-β,β_1-dicarbonsäureester entsteht durch innere Kondensation des Dicarboxylglutaconsäureesters bei der Destillation (13) oder beim Zusammenwirken von Malonsäureester und Orthoameisensäureester (14). Die Einwirkung von Ammoniak auf Äthoxypyrondicarbonsäureester verläuft verschieden, je nachdem wässeriges oder trocknes benzolisches Ammoniak verwendet wird (15).

Pyronone

werden solche α-Dihydropyrone genannt, welche in der γ-Stellung statt der Methylengruppe eine Carbonyl enthalten (γ-Ketodihydro-α-pyrone):

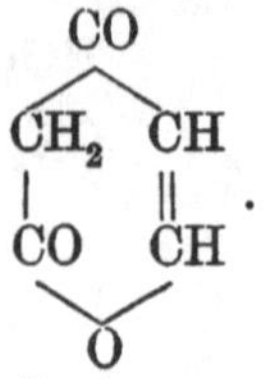

Pyronon

Der wichtigste Vertreter dieser Untergruppe ist das α-Methyl-β-acetopyronon oder Dehydracetsäure (Schmp. 108,5°, Sdp. 269° u. Z.)

Die Konstitution dieser Säure ist erst neuerdings aufgeklärt (16): sie entsteht aus Acetessigester[1] (17) durch Erhitzen für sich bezw. mit Essigsäureanhydrid, sowie nach einer eigentümlichen Reaktion (18), nämlich durch Entziehung von 4 Mol. HCl aus 4 Mol. Acetylchlorid mit Hilfe von wasserfreien tertiären Basen (Pyridin, Triäthylamin u. s. w.):

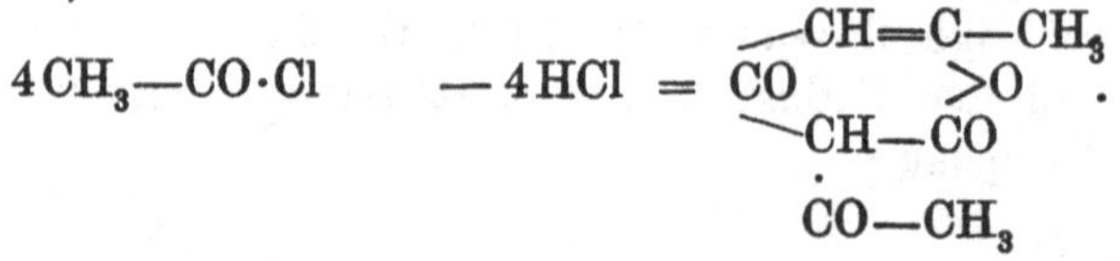

Man kann hierbei 2 Mol. Acetessigsäurechlorid als Zwischenprodukt annehmen, die sich dann unter abermaliger Abspaltung von 2 HCl kondensieren.

Die Dehydracetsäure ist eine schwache Säure, die je nach den Bedingungen mehr oder weniger tiefgehende Spaltungen erleidet (19). Ammoniak liefert bei 130° Lutidon (s. d.) (20); nur das Carbonyl der Seitenkette zeigt Ketonreaktionen.

Dehydracetcarbonsäure, welche an Stelle eines Wasserstoffes Carboxyl enthält, wird aus Acetondicarbonsäure mit Essigsäureanhydrid oder Acetylchlorid gewonnen (21).

γ-Pyrone kommen, wie schon erwähnt, in der Natur vor (Mekonsäure, Chelidonsäure); sie entstehen aus Triketoverbindungen unter Wasserabspaltung (22); z. B.:

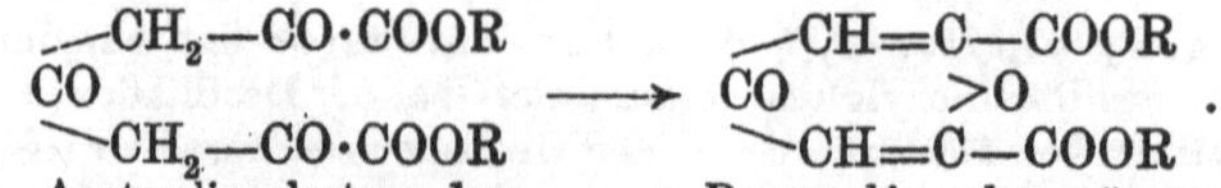

Acetondioxalester oder Xanthochelidonsäureester → γ-Pyrondicarbonsäureester (Chelidonsäureester)

Die Reaktion ist durch Alkali umkehrbar.

Das γ-Pyron (Schmp. 32°, Sdp. 210—215°) selbst entsteht aus seiner Säure, der sog. Komansäure, oder aus Chelidonsäure unter CO_2-Abspaltung.

[1] Bei dieser Reaktion kondensieren sich 2 Mol. Acetessigester unter zweimaligem Austritt von Alkohol, indem das eine Molekül nach der Ketonform, das andere nach der Enolform reagiert.

Dimethyl-γ-pyron wird u. a. aus Dehydracetsäure in komplizierter Reaktion gewonnen (23); es liefert mit Barytwasser Diacetylaceton und zeigt, wie alle γ-Pyrone **keine Keton**reaktionen. Das entsprechende Diphenyl-γ-pyron ist beständiger.

β-Oxypyron (Pyromekonsäure vom Schmp. 117° und Sdp. 228°) entsteht sowohl aus seiner Mono- als aus seiner Dicarbonsäure (Komen- bezw. Mekonsäure) durch CO_2-Abspaltung (24).

Die Formeln der wichtigsten γ-Pyronabkömmlinge inkl. Schmelz- bezw. Siedepunktsdaten seien im folgenden wiedergegeben:

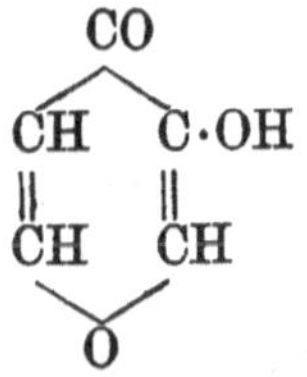

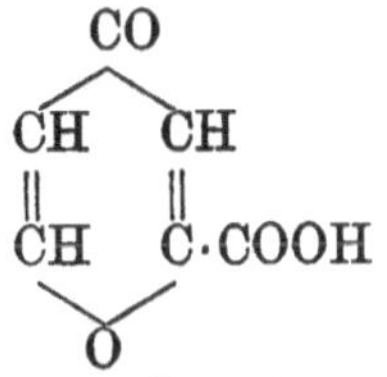

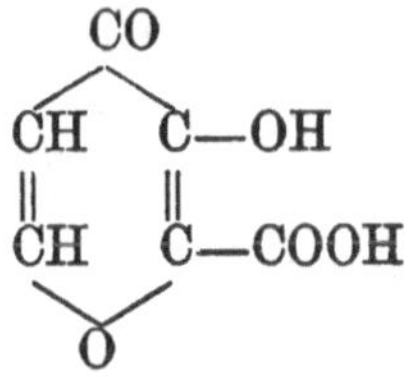

β-Oxypyron (Pyromekonsäure) Pyron-α-carbonsäure (Komansäure, Zsp. 250°) β-Oxypyron-α-carbonsäure (Komensäure, Zsp. über 260°)

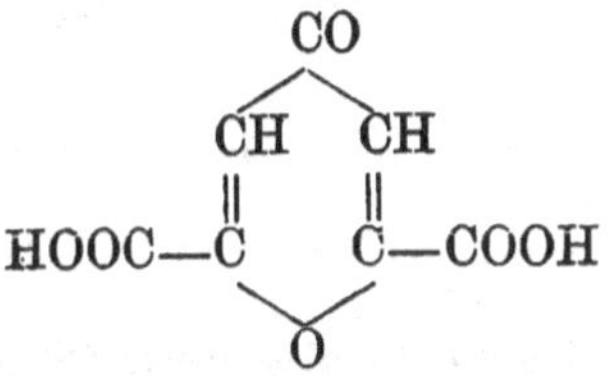

Pyron-α,α_1-dicarbonsäure (Chelidonsäure, Zsp. 262°)

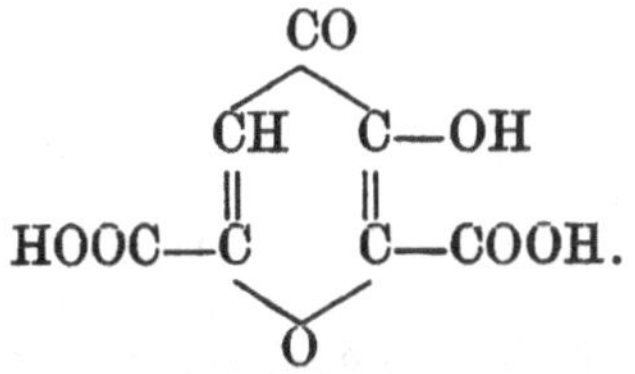

β-Oxypyron-α,α^1-dicarbonsäure (Mekonsäure + 3 aq.)

Die **Komansäure** entsteht aus den Chlorierungsprodukten der Komensäure durch Reduktion bezw. aus Chelidonsäure bei 220—230° im Vakuum (25); die Säure wird durch Baryt in Oxalsäure, Ameisensäure und Aceton gespalten.

Komensäure wird aus Mekonsäure durch Erhitzen auf 200—220° gewonnen; sie selbst zerfällt oberhalb 260° in CO_2 und Oxypyron (26).

Chelidonsäure findet sich neben Äpfelsäure im Schöllkraut (Chelidonium majus); sehr starke Säure, die in Aceton und Oxalsäure spaltbar[1] ist. (Synthese vergl. S. 194.) Chelidonsäure ist je nach Wahl der Mittel reduzierbar zu

Hydrochelidonsäure (Acetondiessigsäure) $CO\genfrac{}{}{0pt}{}{\diagup CH_2 \cdot CH_2—COOH}{\diagdown CH_2 \cdot CH_2—COOH}$ oder zu

Pimelinsäure $COOH—CH_2 \cdot CH_2 \cdot CH_2 \cdot CH_2 \cdot CH_2—COOH$ (27).

Mekonsäure kommt im Opium (*Μηκώνιον*) an Morphin gebunden vor; sie geht durch Erhitzen in Komensäure bezw. in Oxypyron über, und wird durch heiße Kalilauge völlig zerlegt; $FeCl_3$ färbt tiefrot (28).

Ein **Dimethylpyrondicarbonsäureester** wird aus Phosgen und Kupferacetessigester synthetisch dargestellt (29), während eine **Dimethylpyron**-

[1] Aufspaltung findet schon durch überschüssiges Alkali statt, indem die farblosen Salze der Chelidonsäure in die **gelben** Salze der **Xanthochelidonsäure** (Acetondioxalsäure $CO\genfrac{}{}{0pt}{}{\diagup CH_2—CO \cdot COOH}{\diagdown CH_2—CO \cdot COOH}$) übergehen.

monocarbonsäure aus Dehydracetsäurechlorid mittelst konz. H_2SO_4 entsteht (30).

Tetrahydro-γ-pyrone existieren als symmetrische Substitutionsprodukte und entstehen synthetisch durch Kondensation von Acetondicarbonsäureester mit Aldehyden unter Mitwirkung von Salzsäure (31); z. B.:

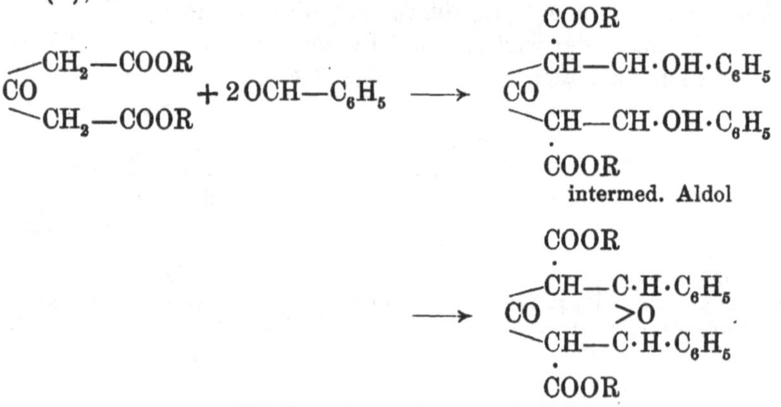

Diphenyltetrahydropyrondicarbonsäureester

Der Diäthylester schmilzt bei 102° und siedet bei 195—200° bei 68 mm Druck; die freie Säure ist nicht beständig und liefert unter CO_2-Verlust das Tetrahydrodiphenylpyron (Schmp. 131°), das durch Salzsäure zu Dibenzalaceton aufgespalten wird.

Eine ähnliche Synthese beruht auf der Kondensation von Diäthylketon mit 2 Mol. Benzaldehyd (32):

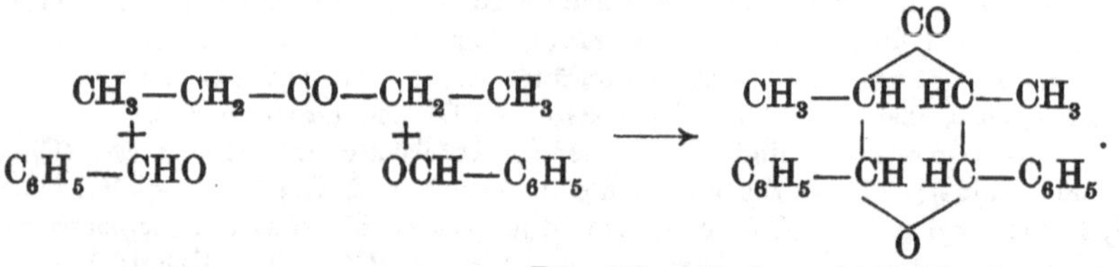

Dimethyldiphenyltetrahydropyron
(Schmp. 106°, Sdp. 235—237° bei 20 mm)

Die Tetrahydropyronverbindungen liefern mit Hydroxylamin Oxime welche die Eigenschaft besitzen, mit zahlreichen Lösungsmitteln krystallisierte Additionsprodukte zu liefern (33).

Beständige Einringe mit zwei Sauerstoffatomen als Ringglieder, dem Schema 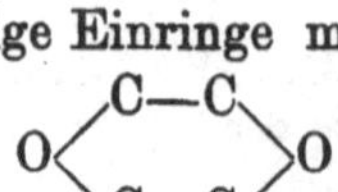 entsprechend, sind kaum bekannt geworden; formell gehören hierher Diäthylenoxyd und die Glykolide.

2. Zweiringe mit einem O.

Benzopyrongruppe.

Benzo-α-pyrone existieren in zwei isomeren Reihen; in der einen ist der Ringsauerstoff, in der anderen das Carbonyl direkt mit dem Benzolkern verknüpft, wie folgende Formeln zeigen:

Benzo-α-pyron (Cumarin) — Benzoiso-α-pyron oder Isocumarin (liefert mit NH_3 Oxyisochinolin)

Die gewöhnlichen Cumarine sind die δ-Laktone von o-Oxyzimmtsäuren und gehören daher in die Chemie der aromatischen Körper. Hier sei nur auf die Darstellungsweisen hingewiesen.

1) Kondensation von Phenol mit Acetessigestern durch Schwefelsäure (34):

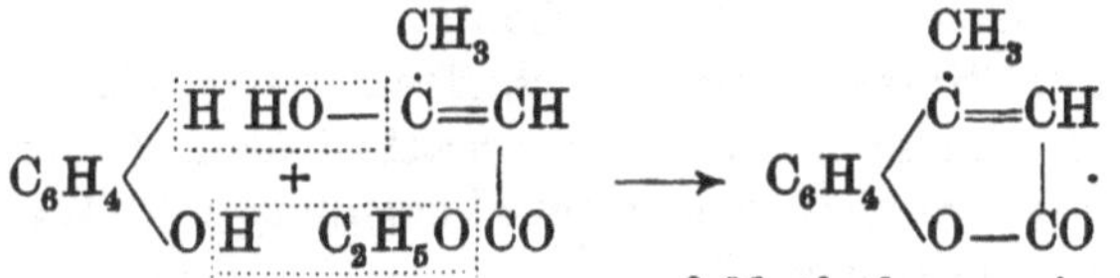

β-Methylcumarin (Schmp. 125°)

2) Kondensation von Phenol mit Äpfelsäure durch Schwefelsäure unter intermediärer Bildung des Halbaldehyds der Malonsäure (35):

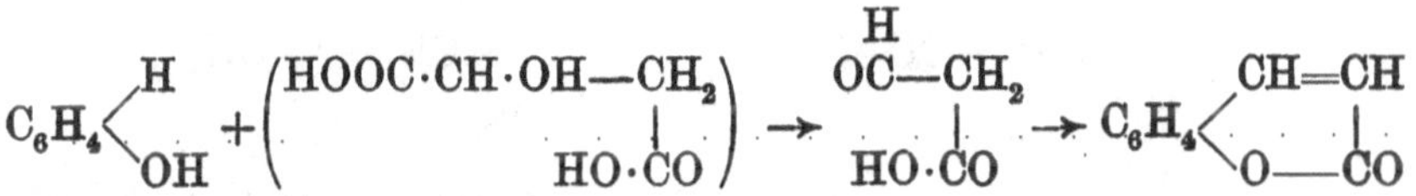

Cumarin
(Schmp. 67°, Sdp. 290°

3) Acet-o-cumarsäure (Acetoxyzimmtsäure)

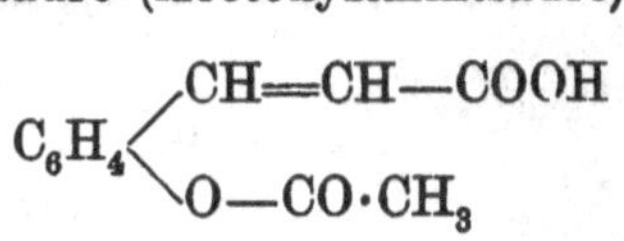

liefert beim Erhitzen Cumarin (36).

Cumarin bildet mit Alkalien zunächst die sog. cumarinsauren Salze, in denen der Laktonring unverändert erhalten ist, aus denen es also durch CO_2 unverändert wieder abgeschieden werden kann; heiße konzentrierte Lauge sprengt hingegen den Ring zu cumarsaurem Alkali. Es sind indessen auch Cumarinsäurealkyläther bekannt geworden (37):

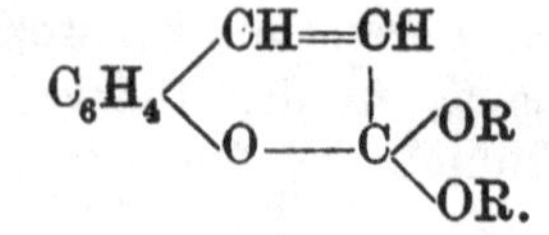

Das Cumarin kommt in den Tonkabohnen vor und besitzt den Geruch des Waldmeisters; über Reaktionen und Umsetzungen desselben vergl. u. a. A. **293**, 366; B. **19**, 1661. Cumarindibromid liefert α-Bromcumarin, das durch heißes alkoholisches Kali in Cumarilsäure (Fünfring, vergl. S. 31) übergeht.

Von Interesse sind ferner 4-Oxycumarin oder Umbelliferon (38) (in der Rinde des Seidelbastes und im Umbelliferenharze, synthetisch aus Resorcin und Äpfelsäure), das β-Methylumbelliferon (39), sowie das Daphnetin (3, 4-Dioxycumarin) und das Äsculetin (40) (4, 5-Dioxycumarin); die beiden letzteren sind in den Glukosiden Daphnin und Äsculin enthalten.

Isobenzo-α-pyrone oder Isocumarine (s. o.) werden nach folgenden allgemeinen Methoden erhalten:

1) aus o-Cyanbenzylcyanid durch Behandlung mit aromatischen Säurechloriden oder aliphatischen Säureanhydriden: das intermediäre Acidylprodukt verwandelt sich durch Verseifung und Wasserabspaltung in Isocumarin (41); z. B.:

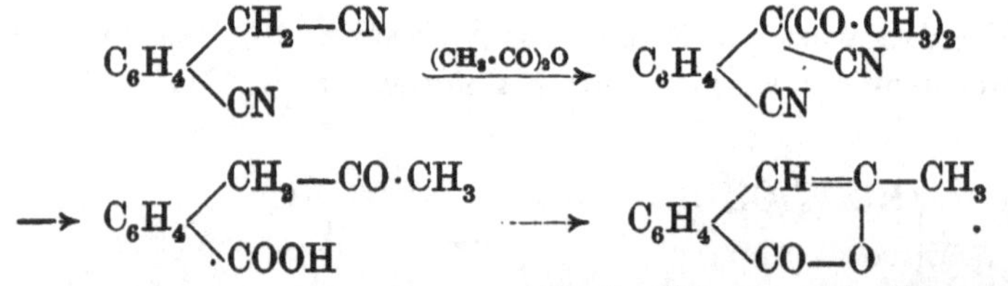

α-Methylisocumarin (Schmp. 73—74°)

2) Benzal- und Alkylidenphtalide lassen sich in die isomeren Isophtalide oder Isocumarine verwandeln (42); z. B.:

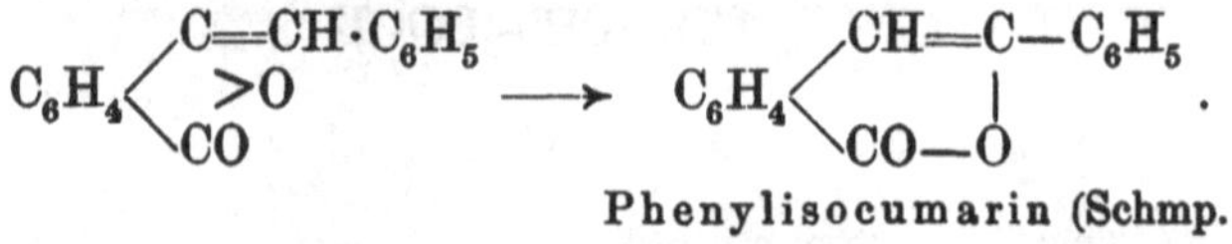

Phenylisocumarin (Schmp. 91—92°)

3) Isocumarincarbonsäure entsteht durch Oxydation (Braunstein + HCl) des β-Naphtochinons (43):

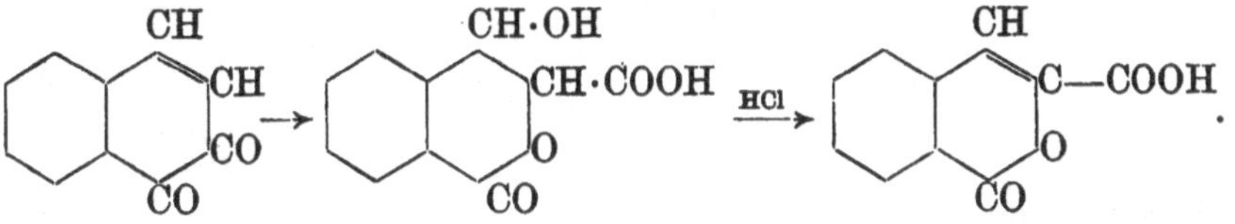

Isocumarincarbonsäure
(Schmp. 237°)

Die Isocumarincarbonsäure liefert durch Erhitzen das freie Isocumarin (Schmp. 47°, Sdp. 285—286°), welches geruchlos ist.

Ein Trioxymethylisocumarin entsteht aus Gallussäureacetolester durch Kondensation mit Schwefelsäure (44).

Die Isocumarine sind, wie schon angedeutet, vor den Cumarinen ausgezeichnet durch den glatten Übergang zum Oxyisochinolin (Isocarbostyril):

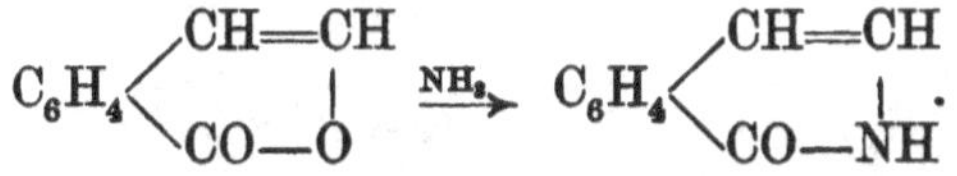

Letzteres ist wiederum leicht zu Isochinolin zu reduzieren.

Benzo-γ-pyrone sind in der Natur verbreitet als gelbe Pflanzenfarbstoffe, wie Quercetin, Chrysin, Luteolin und andere, welche Hydroxylsubstitutionsprodukte des α-Phenylbenzo-γ-pyrons oder Flavons

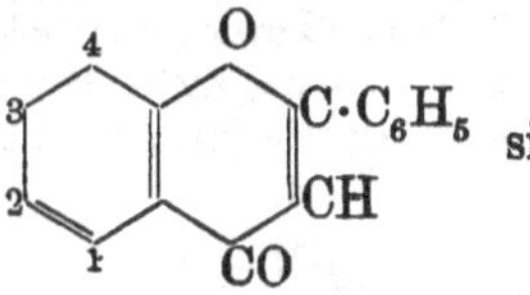

sind.

Die Hydroxylgruppen befinden sich entweder im Benzolkern (Oxyflavone) oder im Pyronkern (Flavonole), bezw. in beiden Ringen.

Das Flavon entsteht synthetisch aus o-Acetoxybenzalacetophenonbromid durch Einwirkung von Alkali (45):

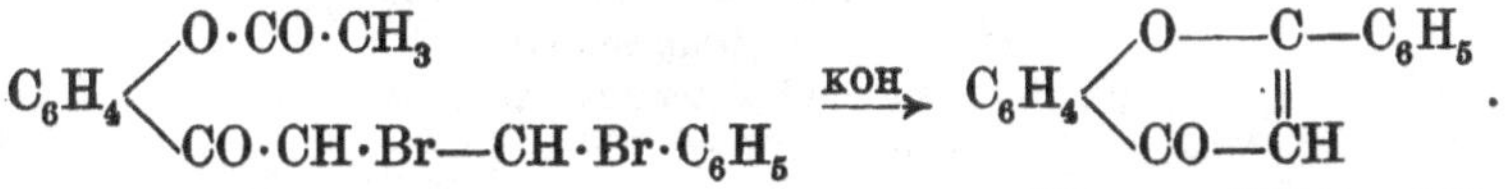

Flavon (Schmp. 97°)

Die Alkalispaltung des Flavons liefert zunächst o-Oxybenzoylacetophenon, welches dann seinerseits entweder Keton- oder Säurespaltung erleiden kann, erstere giebt Salicylsäure und Acetophenon, letztere Benzoësäure und o-Oxyacetophenon.

Nach demselben Prinzip wird das 3-Äthoxy- und das α-Naphtoflavon dargestellt (46).

Das dem Flavon entsprechende Flaven 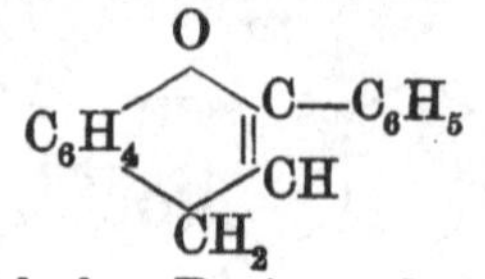

(Methylen statt Carbonyl) ist nicht bekannt, wohl aber Derivate desselben, z. B. das Phenacylidenflaven (47).

Die echten Flavone zeichnen sich durch ihr Fluorescenzvermögen aus, wodurch sie sich von den isomeren Fünfringen, den Benzalketokumaranonen, wie 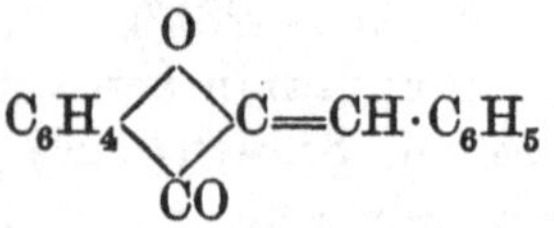 unterscheiden (48).

Von Konstitutionsformeln der natürlichen Flavonfarbstoffe seien nur die folgenden angeführt:

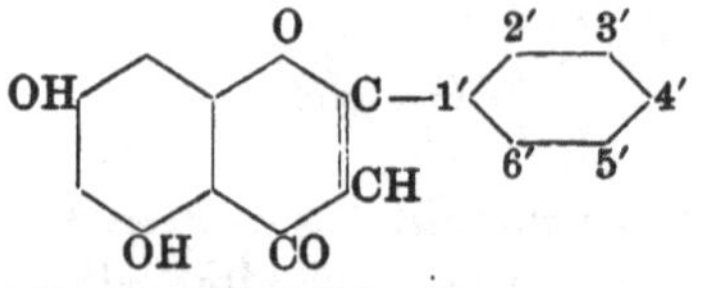

Crysin, 1, 3-Dioxyflavon kommt zusammen mit Pektin in den Pappelknospen vor, wird durch Kali in Phloroglucin, Benzoësäure und Essigsäure gespalten (Schmp. 275°).

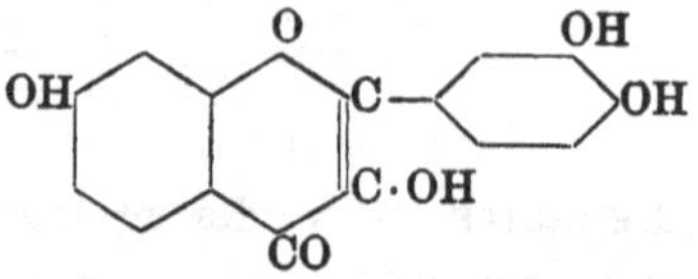

Quercetin, 3, 3′, 4′-Trioxyflavonol als Glukosid Quercitrin in der Rinde von Quercus tinctoria, in Kastanienblüten und in den Zwiebelschalen; spaltbar in Phoroglucin, Protokatechusäure und Glykolsäure; schmilzt über 250°.

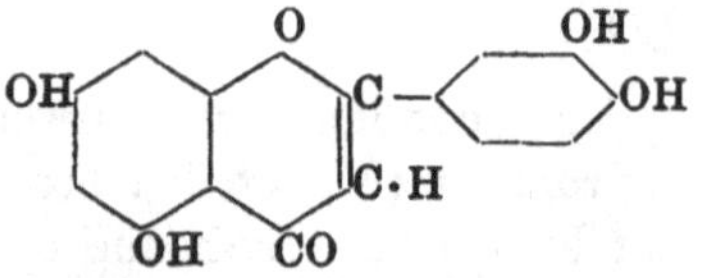

Luteolin, 1, 3, 3′, 4′-Tetroxyflavon, Farbstoff des „Wau“ aus Reseda luteola, liefert in der Kalischmelze Phloroglucin und Protokatechusäure; schmilzt über 320°.

Myricetin ist Oxyquercetin, Rhamnetin ist Quercetinmethyläther, Morin ist 1, 3, 2′, 4′-Tetroxyflavonol und stellt den Farbstoff des Gelbholzes von Morus tinctoria bezw. Maclura tinctoria vor.

Von Interesse ist, daß neuerdings die erste Synthese von Flavonpflanzenstoffen gelungen ist, und zwar diejenige des Chrysins aus Trimethoxy-ω-benzoylacetophenon durch Kochen mit Jodwasserstoffsäure (49):

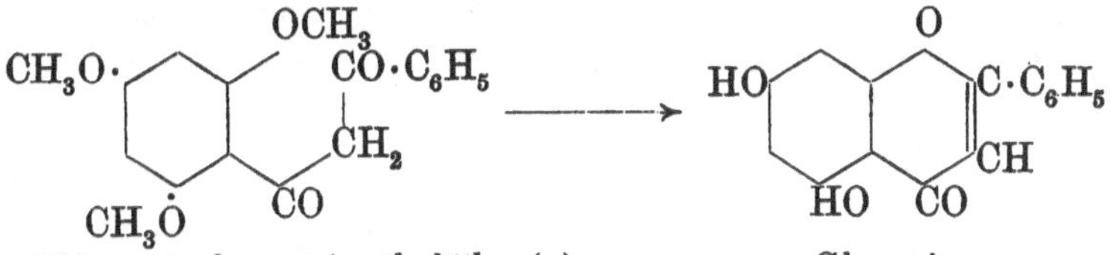

(aus Phloracetophenontrimethyläther (50) + Benzoësäureester + Na) — Chrysin

3. Dreiringe und polycyklische Systeme mit einem O.

Dibenzo-γ-pyrone oder Xanthongruppe.

Die zahlreichen Derivate dieser Gruppe, die ebenso wie das Flavon chromogenen Charakter zeigen, leiten sich vom Diphenylenketonoxyd oder Xanthon bezw. vom Methylendiphenylenoxyd oder Xanthen ab; als Zwischenglied erscheint das Xanthhydrol, wie aus folgendem Schema hervorgeht:

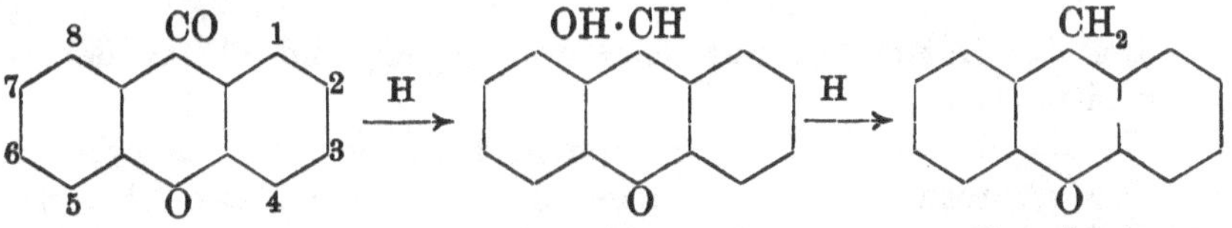

Xanthon (Schmp. 174°, Sdp. 250°) — Xanthhydrol (unbeständig) — Xanthen (Schmp. 99°, Sdp. 312°).

Das Xanthen wird hauptsächlich aus Dioxyxanthon oder Euxanthon durch Reduktion (51) dargestellt, sowie synthetisch (52) aus Phenol und o-Kresol mittelst Aluminiumchlorid; es wird durch Chromsäure zu Xanthon oxydiert.

Ein wichtiges Derivat ist das Tetramethyldiaminoxanthen (53) $(CH_3)_2N\cdot C_6H_3<\underset{O}{\overset{CH_2}{}}>C_6H_3\cdot N(CH_3)_2$, das aus Tetramethyldiaminodioxydiphenylmethan $(CH_3)_2N\cdot C_6H_3<\underset{OH\ OH}{\overset{CH_2}{}}>C_6H_3\cdot N(CH_3)_2$ mittelst H_2SO_4 entsteht; es ist die Leukobase des Farbstoffes Pyronin $(CH_3)_2N : C_6H_3<\underset{O}{\overset{CH}{}}>C_6H_3\cdot N(CH_3)_2$ (mit OH am N).

Ein Ringhomologes des Xanthens, das Dinaphtoxanthen (Schmp. 199°), entsteht durch Einwirkung von Formaldehyd auf β-Naphtol (54):

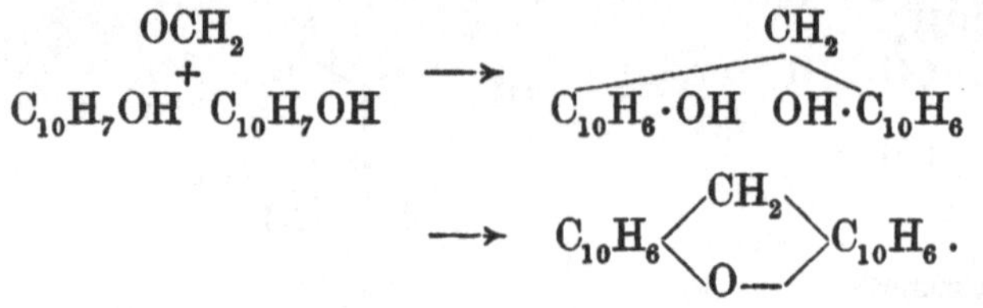

Paraldehyd und Benzaldehyd reagieren ähnlich.

Xanthhydrol spaltet leicht intramolekular Wasser ab unter Bildung von Xanthhydroläther $(C_{10}H_9O)_2O$ (Schmp. 200°) (55).

Xanthon oder **Diphenylenketonoxyd** wird synthetisch aus Salicylsäurephenylester oder Phenylsalicylsäure durch konz. H_2SO_4 dargestellt (56); z. B.:

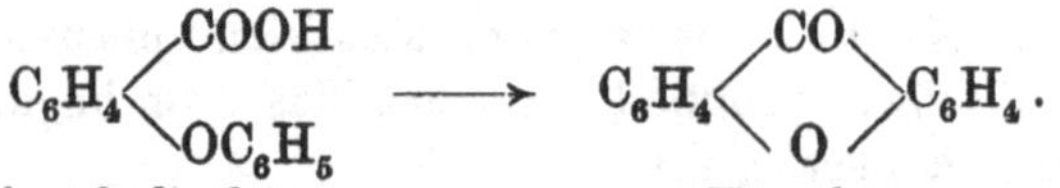

Phenylsalicylsäure Xanthon

Bei der Darstellung aus Salol werden CO_2 und Phenol nebenher gebildet (57).

Ferner entsteht Xanthon durch Erhitzen von Salicylsäure mit Essigsäureanhydrid aus dem zunächst gebildeten Salicylid

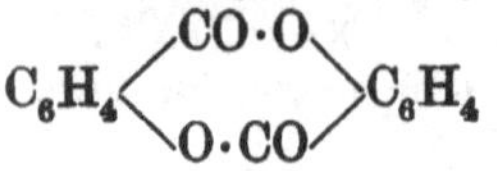

unter CO_2-Abspaltung (58), sowie aus dem verwandten Fluoran (s. u.) durch Erhitzen mit Kalk (59):

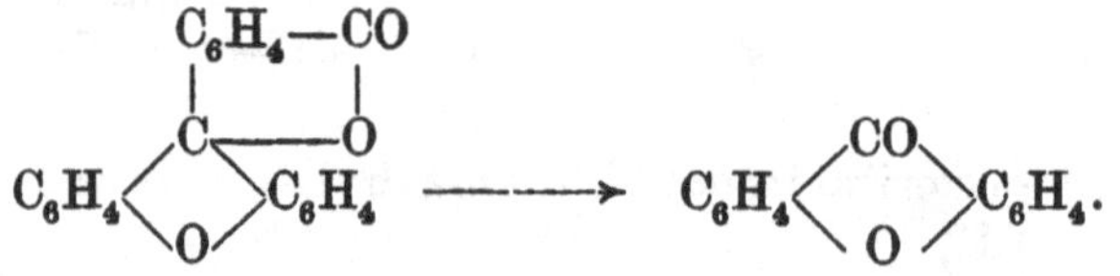

Die Carbonylgruppe des Xanthons zeigt **keine** Ketonreaktionen; es ist hydrolytisch spaltbar zu o-Dioxybenzophenon. Über das Verhalten des Xanthons bei der Reduktion mit Zinkstaub, HCl und Eisessig vergl. B. **28**, 2311. Der Ringsauerstoff läßt sich **nicht**, wie bei den echten Pyronen, durch Stickstoff ersetzen.

Xanthone sind bromierbar und nitrierbar; sie zeigen durchweg in Schwefelsäurelösung bläulich-grüne Fluoreszenz. Ringhomologe sind die **Phenonaphtoxanthone**

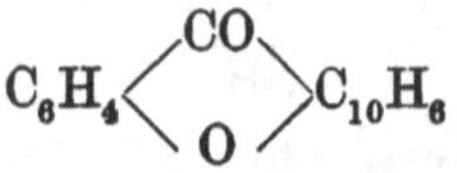

welche durch Destillation von Salicylsäure mit den Naphtolcarbonsäuren bei Gegenwart von Essigsäureanhydrid entstehen (60).

Die wichtigsten Derivate des Xanthons sind die **Oxyxanthone**, welche durch Kondensation von Salicylsäure mit 2- und 3-wertigen Phenolen gebildet werden (61), z. B.:

$$OH{-}C_6H_3\begin{matrix}\diagup H \\ \diagdown OH\end{matrix} + \begin{matrix}HOCO\diagdown \\ HO\diagup\end{matrix}C_6H_4 \longrightarrow (OH)C_6H_3\begin{matrix}\diagup CO \diagdown \\ \diagdown O \diagup\end{matrix}C_6H_4 .$$

Resorcin — Gemisch von 1- und 3-Oxyxanthon (Schmp. 146—147° bezw. 242°)

Vier isomere Monooxyxanthone sind möglich und bekannt (4-Oxyxanthon aus Brenzkatechin, 2-Oxyxanthon aus Hydrochinon). Alle Oxyflavone sind gelbe Farbstoffe.

Das im Indischgelb sowohl frei als auch in Verbindung mit Glucuronsäure als Euxanthinsäure vorkommende **Euxanthon** ist

1,7-Dioxyxanthon 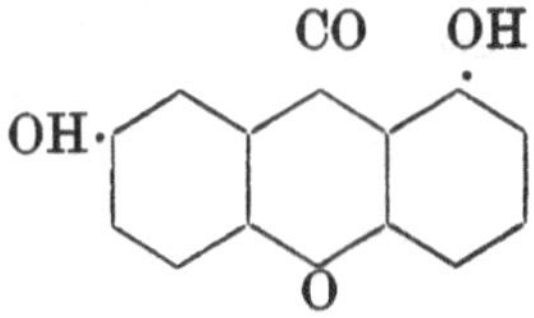

(gelbe, sublimierbare Nadeln vom Schmp. 237°).

Es wird in Indien **Piuri** genannt und aus dem Urin von Kühen gewonnen, welche mit Mangoblättern gefüttert waren; durch Erhitzen erfolgt die Ausscheidung des gelben Farbstoffes (62).

Euxanthon liefert in der Kalischmelze zunächst Tetroxybenzophenon (Euxanthonsäure) und dann Resorcin und Hydrochinon; **synthetisch** entsteht es durch Kondensation von β-Resorcylsäure oder Resorcin mit Hydrochinoncarbonsäure mittelst Essigsäureanhydrid (63). Die Salze sind gelb oder rot gefärbt; der Monomethyläther schmilzt bei 129°.

Die ebenfalls im Piuri vorkommende **Euxanthinsäure** (64) ist eine Verbindung des Euxanthons mit Glycuronsäure (Traubenzuckeraldehydsäure), deren Carbonyl der Dihydroxylformel entspricht; die Euxanthinsäure kann man danach folgendermaßen formulieren:

$$(OH)C_6H_3\begin{matrix}CO \\ \diamond \\ O\end{matrix}C_6H_3{-}O{-}CH\cdot(OH)\cdot(CH\cdot OH)_4\cdot COOH .$$

Das gelbe Magnesiumsalz der Euxanthinsäure dient als Malerfarbe (Indian yellow).

Ein **Isoeuxanthon** (65) (1, 6-Dioxyxanthon) entsteht durch Destillieren von β-Resorcylsäure mit Essigsäureanhydrid, während **3, 4- und 3, 6-Dioxyxanthon** (66) aus den entsprechenden Tetroxybenzophenonen entstehen.

1,3,7-Trioxyxanthon (Gentiseïn) kommt als Methyläther (Gentisin) in der Enzianwurzel (Gentiana lutea) vor; es liefert in der Kalischmelze Phloroglucin, Essigsäure und Hydrochinoncarbonsäure (67). Gentisin ist der Monomethyläther des Gentiseïns; letzteres entsteht synthetisch aus Phoroglucin und Hydrochinoncarbonsäure (68); es schmilzt bei 315° und hat die Konstitutionsformel 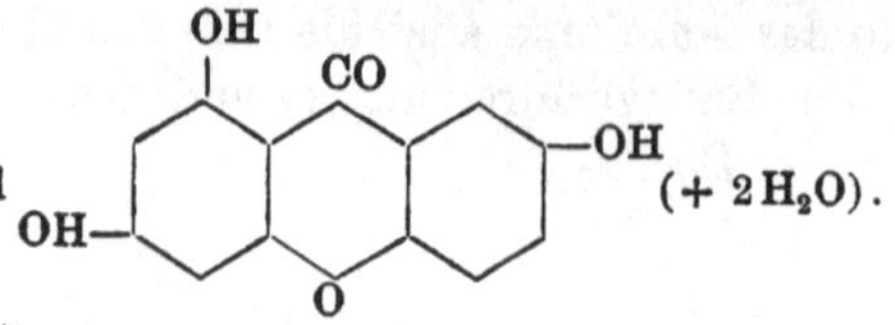

Über Datiscin und Datisceïn vergl. Annalen **98.** 167.

Ein symmetrisches Tetraoxyxanthon wird in der Kalischmelze des Galleïns erhalten (69).

Dixanthone (70), wie 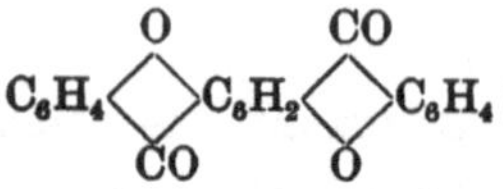 (Schmp. 256°), sind Nebenprodukte bei der Darstellung von Oxyxanthonen aus Salicylsäure und Phenolen, während Dixanthylene (71) 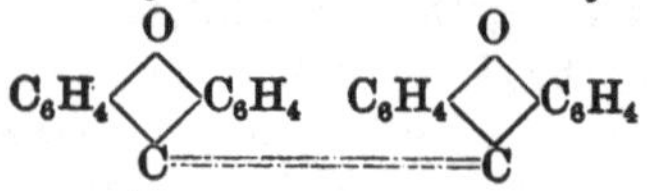 durch saure Reduktion des Xanthons erhalten werden.

Fluoran Fluoron und Fluorim

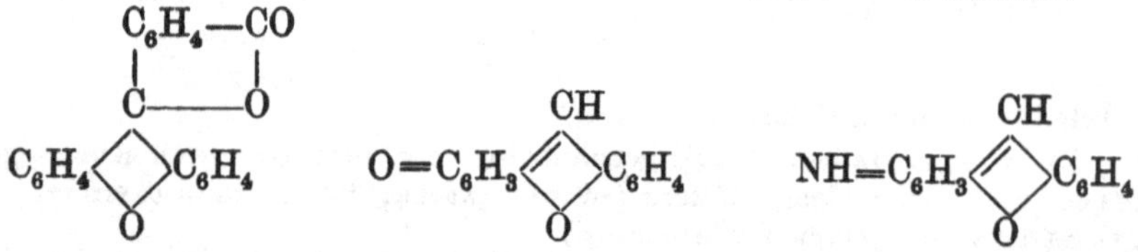

seien anhangsweise als Verwandte der Xanthone erwähnt. Abkömmlinge des Fluorans sind die Fluoresceïne, die inneren Anhydride der Phtaleïne, während sich vom Fluorim die Rhodamine, sowie die Pyroninfarbstoffe (vergl. S. 201) ableiten. Alle diese Farbstoffklassen zeigen das Fluorescenzvermögen ihrer Grundsubstanzen (Xanthon und Flavon) in verstärktem Maße; letztere erhalten also „fluorophore" Gruppen.

Einfache Fluorone entstehen z. B. durch Wasser- und Wasserstoffabspaltung aus Methylendiresorcin, welches seinerseits aus Resorcin und Formaldehyd dargestellt wird (72):

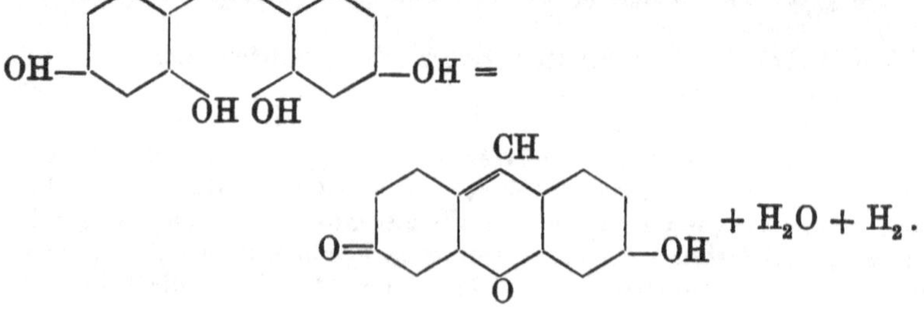

In ähnlicher Weise werden aus Formaldehyd und m-Aminophenolen Fluorime erhalten (73). Das Tetramethylaminofluorim (Pyronin) färbt Seide und tannierte Baumwolle rosa.

4. Dreiringe mit zwei O.

Ein Vertreter dieser bisher unbekannten Gruppe ist erst neuerdings bekannt geworden: es ist das 1,3-Dinitro-o-diphenylendioxyd (Schmp. 192—192,5 °); dasselbe entsteht aus Pikrylchlorid und Brenzkatechinnatrium unter Abspaltung von Salzsäure und salpetriger Säure (74):

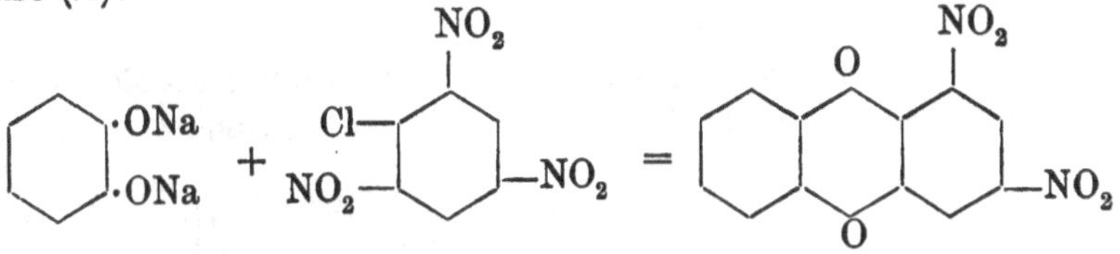

+ NaCl + $NaNO_2$.

Für dieses tricyklische System mit zwei O wurde der Name Phenoxozon vorgeschlagen.

II. Schwefel als Ringglied.

Wie schon erwähnt besitzt der Schwefel nur eine ganz geringe Neigung, in sechsgliederigen Heteroringen allein als Heteroatom aufzutreten. Im Vergleich mit der weit ausgebauten Gruppe der Thiophene in der Fünfringreihe nehmen die Derivate des hypothetischen Ringhomologen, des sogenannten Penthiophens,

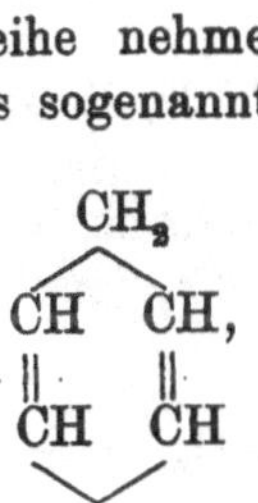

eine sehr bescheidene Stellung ein.

Glutarsäure reagiert mit P_2S_5 nicht wie Bernsteinsäure bei der Gewinnung von Thiophen, wohl aber läßt sich eine geringe Menge β-Methylpenthiophen aus α-Methylglutarsäure darstellen (75):

(Sdp. 134°).

Das Methylpenthiophen ist ziemlich unbeständig, liefert aber mit Acetylchlorid und Aluminiumchlorid ein Acetoderivat, das ein Oxim bildet; die Farbenreaktionen sind ähnlich, aber unsicherer als in der Thiophenreihe; Oxydationsmittel rufen totale Verbrennung hervor.

Auch die Benzoderivate des Penthiophens sind nicht zahlreicher; bekannt geworden sind folgende Körper:

Methylendiphenylensulfid oder Thioxanthen (76)

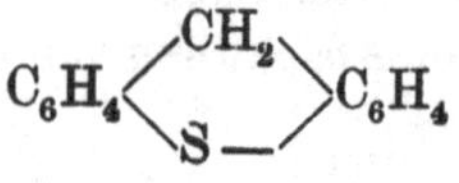

stellt das Dibenzopenthiophen dar, welches durch Durchleiten von Phenyltolylsulfiddampf durch glühende Röhren gewonnen wird:

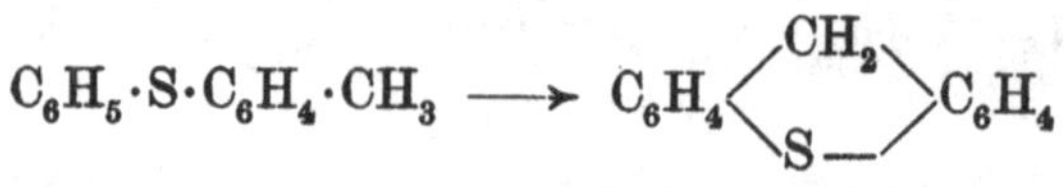

(Schmp. 128°, Sdp. 342°, riecht wie Dihydroanthracen)

Durch Oxydation entsteht das Ketosulfon:

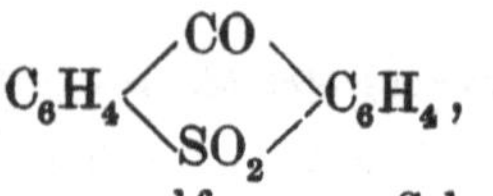

Benzophenonsulfon vom Schmp. 185°

welches seinerseits durch Reduktion das Diphenylenmethansulfon

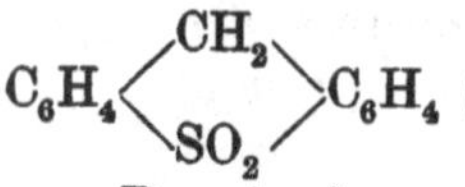

(Schmp. 170°) liefert.

Das Analogon des Xanthons, das Thioxanthon, bildet sich durch Wasserentziehung (H_2SO_4) aus Phenylthiosalicylsäure (77):

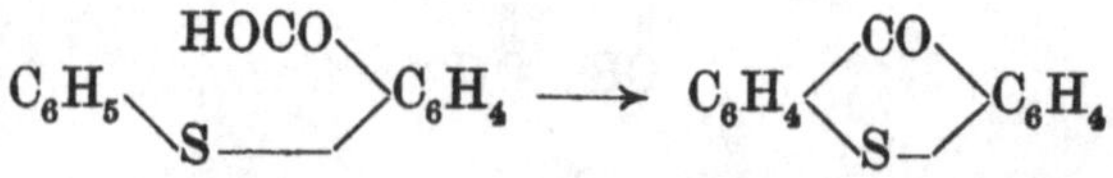

Thioxanthon vom Schmp. 209° und Sdp. 371—373°.

Thioxanthon wird durch Ätzkali rückwärts gespalten, durch Reduktion in Thioxanthen (s. o.), durch Oxydation in Benzophenonsulfon (s. o.) übergeführt.

Ein Thiopyronin (vergl. Pyronin S. 201) entsteht durch Einwirkung von Schwefelsesquioxyd auf Tetramethyldiaminodiphenylmethan (78).

III. Stickstoff als Ringglied.

1. a) Einringe mit einem N.

Pyridin- und Piperidingruppe.

Vorkommen und Gewinnung: Das Pyridin C_5H_5N und seine Homologen kommen hauptsächlich im Tieröl, dem sogen. „Oleum Dippeli" vor, das bei der Destillation von animalischen Stoffen, wie Knochen, Blut, Häuten u. s. w. gewonnen wird. Ferner finden sich die Pyridine in den basischen Anteilen des Steinkohlenteeröls, im Schieferteer, sowie in geringen Mengen im Braunkohlenteer und im Fuselöl (79). Schließlich erhält man Pyridinbasen — die Stammsubstanzen vieler Alkaloïde — bei der Destillation von Chinin, Chinchonin, Strychnin, Morphin, Coniin, Brucin u. s. w. mit Alkalien neben Chinolinbasen (GERHARDT) (80).

Gegenwärtig erfolgt die Gewinnung der Pyridine hauptsächlich aus dem Steinkohlenteer (81): das sogen. Leichtöl wird mit Schwefelsäure behandelt, die nichtbasischen Anteile mit Dampf abgeblasen, worauf aus der sogen. Reinigungssäure die Pyridinbasen mit Alkalien abgeschieden werden.

Die Entstehung der Pyridinbasen im Knochenöl hat man sich nach WEIDEL und CIAMICIAN (82) derart vorzustellen, daß das Glycerin der unverseiften tierischen Fette zunächst Acroleïn liefert. welches sich mit dem aus den Leimsubstanzen erzeugten Ammoniak zu Pyridin kondensiert; es ist festgestellt, daß fettfreie Leime nur Pyrrole, aber keine Basen liefern. Über die Gewinnung von Pyridinen aus Knochenöl vergl. B. **12**, 1989; **13**, 65; aus letzterem hat ANDERSON in den Jahren 1845—1858 zunächst Picolin (Methylpyridin), dann Lutidin (Dimethylpyridin) und Pyridin selbst, und schließlich Collidin (Trimethylpyridin) isoliert.

Konstitution und Isomerieverhältnisse.

Schon frühzeitig kam man zu der Erkenntnis, daß es sich in der Pyridinreihe um tertiäre, sogen. Nitrilbasen handelt, da bei der Alkylierung nur ein Alkylrest aufgenommen wird. Da sich nun die genannten Verbindungen durch eine merkwürdige Beständigkeit gegen Oxydationsmittel auszeichnen — der Kern bleibt intakt, während die Seitenketten zu Carboxylen verbrennen —, so wurde nach Analogie des Benzols für das Pyridin eine ringförmige Bindung der fünf Kohlenstoffatome mit dem Stickstoff als Erklärung herangezogen.

Während über die Annahme, daß das Pyridin ein Benzol ist, in welchem eine Methingruppe durch ein Stickstoffatom ersetzt ist, keine Meinungsverschiedenheiten herrschten, hat die Frage nach der

Art der Verknüpfung der Ringatome, wie in der Benzolchemie, zur Aufstellung einer Anzahl von Konstitutionsformeln geführt; die wichtigsten derselben sind nachstehend wiedergegeben:

I II III

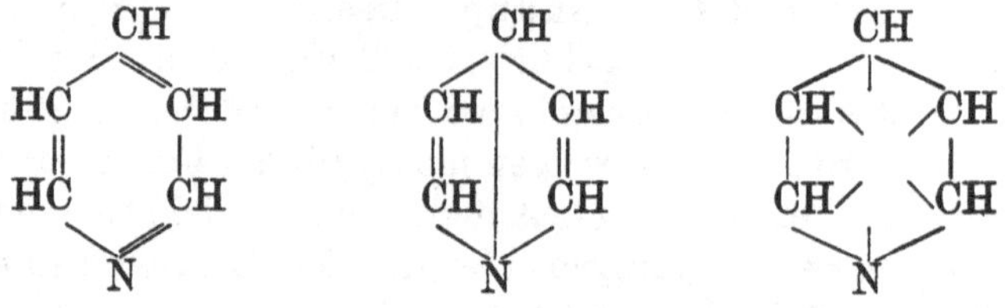

KÖRNER 1869 RIEDEL 1883 BAMBERGER u. v. PECHMANN 1891

Die KÖRNER'sche Formel (I) ist in jeder Beziehung der KEKULÉ'schen Benzolformel analog und wird der Beständigkeit und dem tertiären Basencharakter des Pyridins gerecht; die Annahme der Ringbildung leitet sich aus der Thatsache her, daß das Hexahydroderivat des Pyridins, das Piperidin, durch Oxydation in letzteres übergeht. Das Piperidin seinerseits entsteht aber aus Pentamethylendiamin unter Ammoniakabspaltung; daraus ergiebt sich folgender genetischer Zusammenhang:

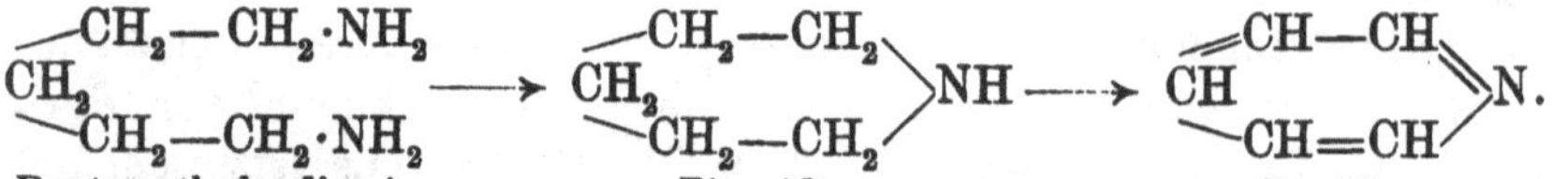

Pentamethylendiamin Piperidin Pyridin

Die RIEDEL'sche Formel unterscheidet sich prinzipiell dadurch von der KÖRNER'schen, daß das N-Atom nicht an zwei, sondern an drei Kohlenstoffatome gebunden ist. Diese Hypothese gründet sich vornehmlich auf der experimentellen Thatsache, daß das Pyridin aus Acridin bezw. Acridinsäure über das Chinolin weg zugänglich ist (83); dem Acridin[1] kommt aber eine Parabindung zu. Die Hauptphasen dieses Abbaues kommen durch nachstehendes Schema zum Ausdruck:

---

[1] Vergl. unter Acridin; Synthese aus Formyldiphenylamin:

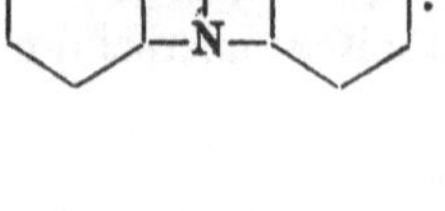

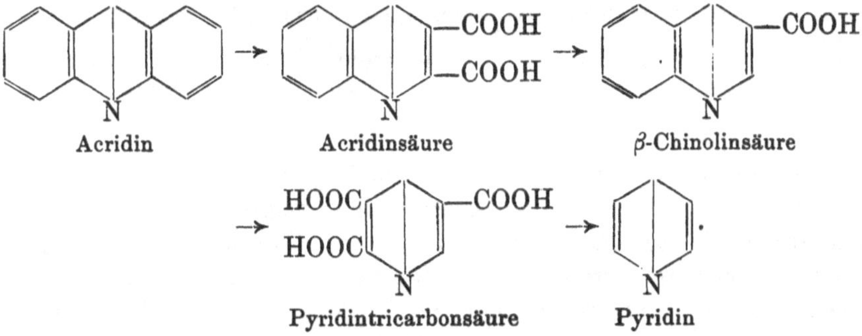

Acridin Acridinsäure β-Chinolinsäure

Pyridintricarbonsäure Pyridin

KEKULÉ wies demgegenüber experimentell nach, daß eine Parabindung im Pyridin unwahrscheinlich ist, und zwar auf Grund folgenden Gedankenganges (84):

Stellt man sich ein α, α'-Dioxypyridin sowohl nach der KÖRNER'schen, als auch nach der RIEDEL'schen Auffassung vor, und verwandelt die Hydroxyl- in die Ketokonfiguration, so gelangt man zu Formelbildern, die das Pyridinderivat in nächste Beziehung zur Fettreihe bringen, und zwar erscheint es in dem einen Falle (I) als Glutakonsäureimid, in dem anderen Falle (II) als inneres Imid der β-Aminoglutarsäure:

I

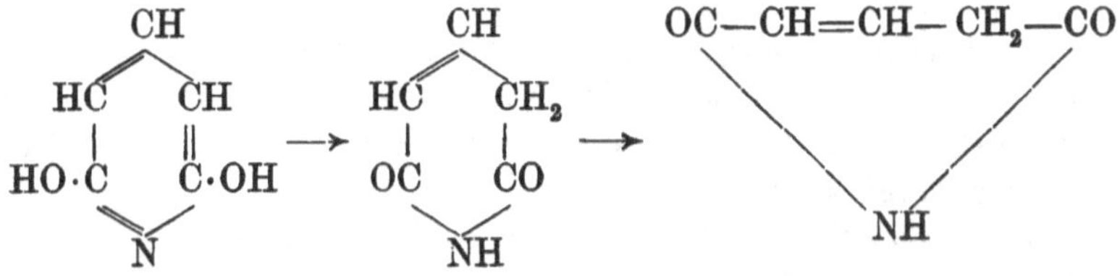

II

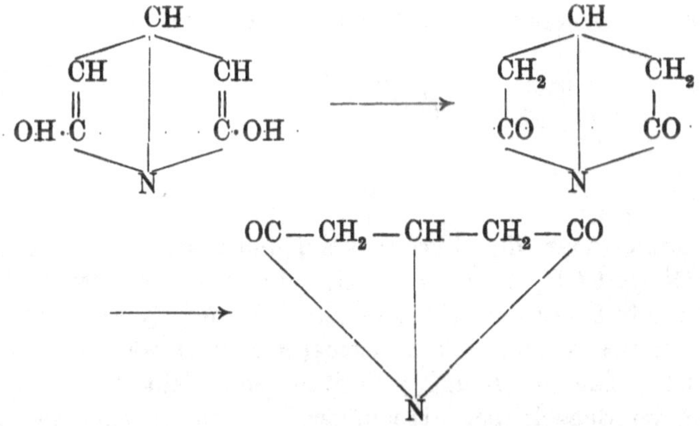

Das Experiment ergab, daß in der That Glutakonsäuremid (I) durch konz. Schwefelsäure sowohl aus Glutakonsäurediamid

$$NH_2 \cdot CO—CH_2—CH{=}CH—CO \cdot NH_2$$

als auch aus Glutakonaminsäure entsteht, während die β-Aminoglutarsäure $HOOC—CH_2—\underset{NH_2}{CH}—CH_2—COOH$ unter keinen Umständen einen analogen Ringschluß erleidet. Dazu kommt, daß das Glutakonimid durch PCl_5 in dasselbe Pentachlorpyridin übergeht, das durch direkte Chlorierung des Pyridins erhältlich ist; schließlich entsteht letzteres durch Zinkstaubdestillation des Glutakonimides. Die Hypothese, daß im Pyridin der Stickstoff an drei Kohlenstoffatome gebunden ist, steht somit in Widerspruch mit den angeführten experimentellen Thatsachen.

Was endlich die centrische Pyridinformel (85) 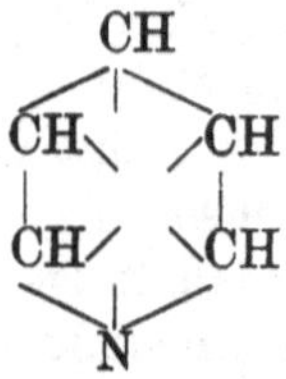

betrifft, so erscheint sie zwar aus theoretischen Gründen sehr plausibel und namentlich geeignet, den glatten Übergang von Oxypyridinen in Pyridone zu erklären, ist aber experimentellen Beweisen vorläufig schwer zugänglich.

Die älteste der angeführten Konstitutionsformeln — die KÖRNER'sche — entspricht somit zur Zeit ebenso gut den Thatsachen, wie die KEKULÉ'sche Benzolformel am besten den Axiomen der Benzol-Chemie gerecht wird.

Was nunmehr die Substitutionsbezeichnung und Isomerieverhältnisse der Pyridinabkömmlinge betrifft, so geht man meistens von folgender Benennung der Ringatome im Pyridinkern aus:

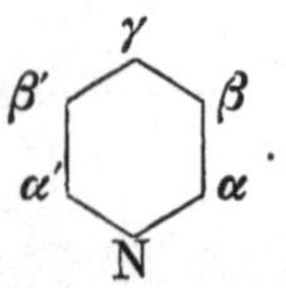

Betrachtet man das Pyridin als Monosubstitutionsprodukt des Benzols (N statt CH), so gestaltet sich die Ableitung der Isomerien bei weiterer Substitution sehr einfach; d. h. die Pyridinmonosubstitute existieren in drei stellungsisomeren Formen wie die Biderivate des Benzols. Die α-, β- und γ-Position entspricht der o-, m- und p-Stellung im Benzol: bei einmaliger Substitution sind die Orte α und α', sowie β und β' gleichwertig, während der Paraort (γ) nur einmal vorkommt.

Handelt es sich um zwei gleiche Substituenten, so sind demgemäß 6 Isomere zu erwarten, da die Orte α und α', β und β' nicht mehr gleichwertig sind, wie aus folgendem allgemeinen Schema ersichtlich ist:

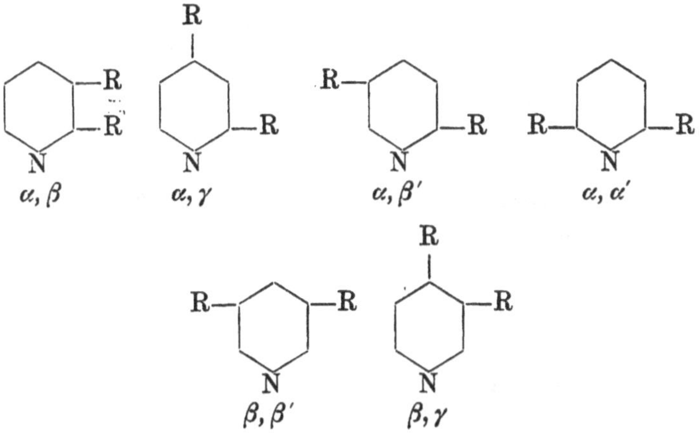

Thatsächlich existieren beispielsweise 6 Pyridindicarbonsäuren (s. u.). Sind aber die beiden Substituenten (R) ungleich, so verdoppelt sich die Zahl der Isomeren, während bei Vorhandensein von drei gleichen Substituenten wiederum 6 Isomere auftreten.

Auch für die Ortsbestimmung in der Pyridinreihe kommen ähnliche Methoden in Betracht, wie in der Chemie des Benzols, zumal die Seitenketten in den Pyridinhomologen sich durch Oxydation successive in Carboxyle verwandeln lassen, und zwar ohne Rücksicht auf die Länge der Seitenketten. Die Grundlage für derartige Untersuchungen bildet natürlich die Kenntnis der Konstitution der Monocarbonsäuren, und zwar zeigt sich hier eine Schmelzpunkts- und Zersetzungspunktsregelmäßigkeit mit den drei Aminobenzoësäuren, von denen die o-Verbindung am niedrigsten schmilzt und am leichtesten CO_2 abspaltet, während die p-Säure am höchsten schmilzt und am schwierigsten zersetzt wird; die m-Säure liegt in der Mitte. Dieselbe Regelmäßigkeit weisen die 3 Pyridincarbonsäuren in der Reihenfolge α, β, γ auf: Picolinsäure (α) schmilzt bei 134,5—136° und spaltet äußerst leicht CO_2 ab; es folgen mit steigendem Schmelzpunkt und abnehmender Zersetzungstendenz Nicotinsäure (β) vom Schmelzpunkt 229,5—230° und Isonicotinsäure (γ) vom Schmelzpunkt 309,5°.

Der exakte Nachweis für die Stellung der Carboxyle in der Picolin- und Nicotinsäure beruht auf dem Abbau des α- bezw. β-Naphtochinolins, wobei die zweifellose Konstitution des α- und β-Naphtylamins als Grundlage dient (86):

1.

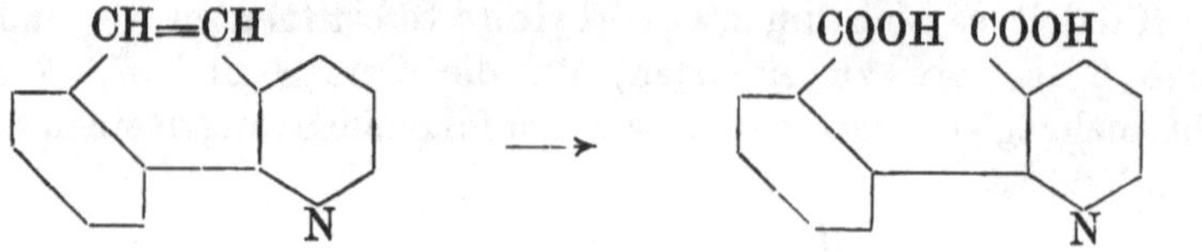

α-Naphtochinolin *α*-Phenylpyridindicarbonsäure

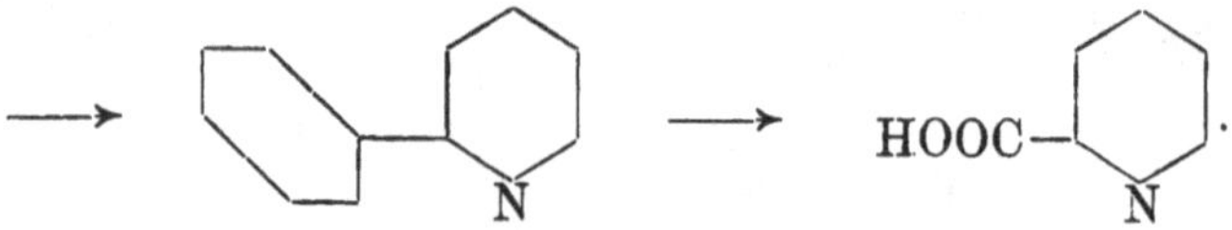

α-Phenylpyridin (*α*)-Picolinsäure

2.

β-Naphtochinolin *β*-Phenylpyridindicarbonsäure

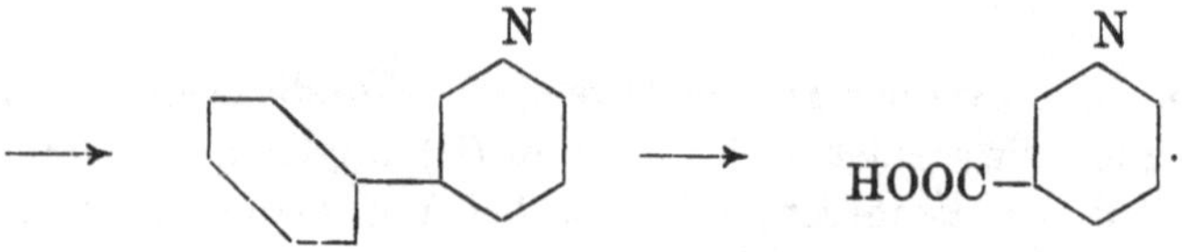

β-Phenylpyridin (*β*)-Nicotinsäure

Diese schematische Aufstellung (1 und 2) zeigt die experimentelle Ableitung der Konstitution der *α*- und *β*-Pyridincarbonsäure: für die dritte Säure bleibt dann nur die *γ*-Stellung übrig:

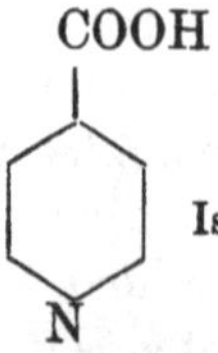

Isonicotinsäure. (*γ*)

Die zunehmende Beständigkeit der Carboxyle mit abnehmender Entfernung vom Stickstoff zeigt sich auch bei den Polycarbonsäuren, wo sie ebenfalls als wichtiges Mittel zur Ortsbestimmung dient.

Unter den Dicarbonsäuren sind die bekanntesten die Chinolinsäure (*α*, *β*) und die Cinchomeronsäure (*β*, *γ*), deren Konstitution sich aus ihrer Entstehung ergiebt; erstere ist nämlich das Oxydationsprodukt des Chinolins (Analogon der o-Phtalsäure aus Naphtalin), enthält somit die Carboxyle in *α* und *β* und spaltet beim Erhitzen das *α*-Carboxyl unter Bildung von *β*-Pyridincarbonsäure oder Nicotinsäure ab, wie aus folgendem Schema hervorgeht:

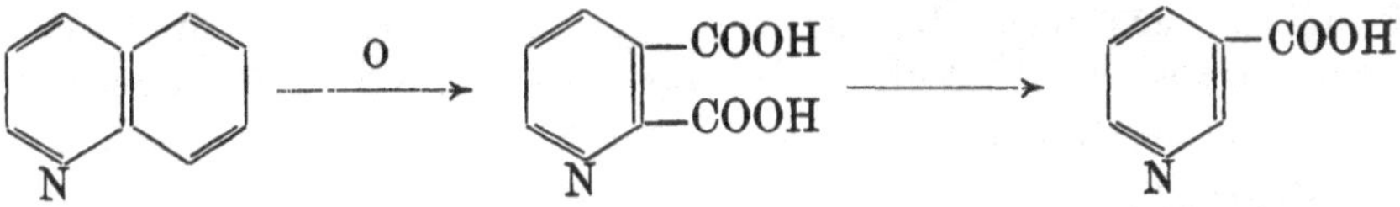

Chinolin — Chinolinsäure — (β)-Nicotinsäure

Ebenso entsteht die Cinchomeronsäure aus dem isomeren Benzopyridin, dem Isochinolin, durch Oxydation; sie enthält somit die Carboxyle in β, γ und liefert beim Erhitzen Nicotinsäure und Isonicotinsäure, wie folgende Formeln zeigen:

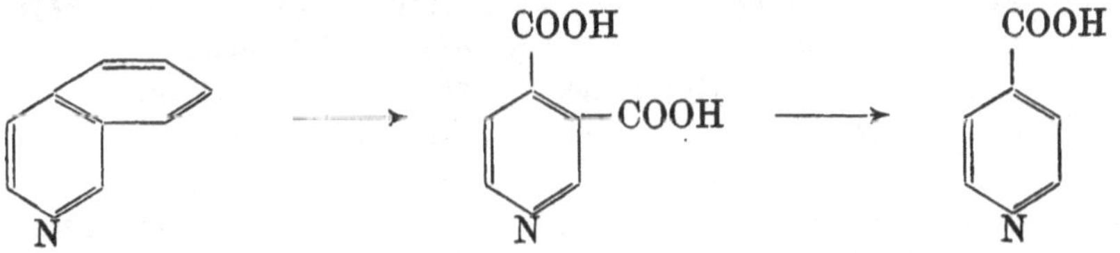

Isochinolin — Cinchomeronsäure — Isonicotinsäure

und

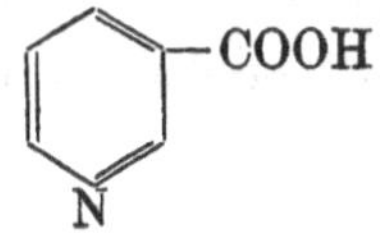

Nicotinsäure.

Auch die Ortsbestimmung der übrigen vier Pyridindicarbonsäuren ist auf experimentellem Wege ausgeführt worden; die Konstitution derselben ist folgende:

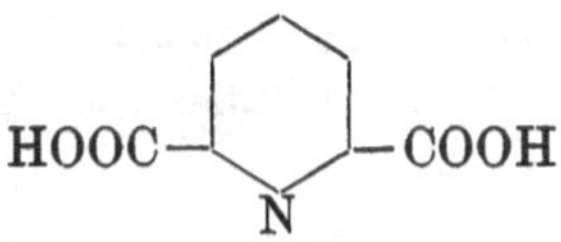

Dipicolinsäure (α, α')
(giebt beim Erhitzen nur Pyridin)

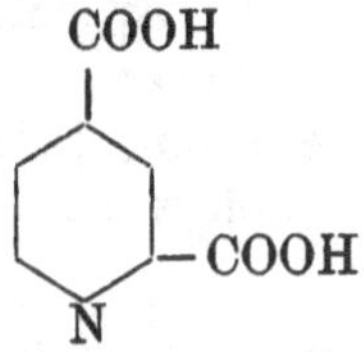

Lutidinsäure (α, γ)
(giebt beim Erhitzen Isonicotinsäure)

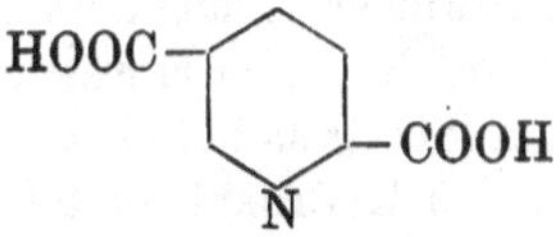

Isocinchomeronsäure (α, β')

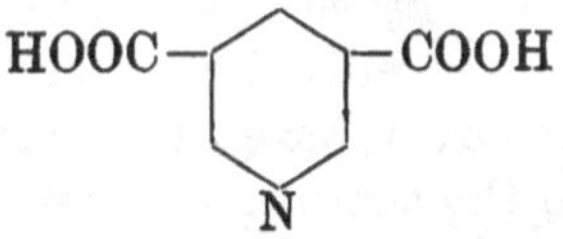

Dinicotinsäure ($\beta\beta'$)

geben beim Erhitzen Nicotinsäure.

Die Entscheidung über die Stellung des zweiten Carboxyls in den Formeln der beiden zuletzt angeführten Säuren geschieht durch die Skraup'sche Farbenreaktion (87), welche besagt, daß „solche

Pyridincarbonsäuren, die ein α-Carboxyl enthalten, mit Eisenvitriol in wässeriger Lösung tiefgelbe bis braunrote Färbungen geben". Nun wird die Isocinchomeronsäure durch dieses Reagenz gefärbt, die Dinicotinsäure[1] nicht.

Auch das Verhalten und die allgemeinen Eigenschaften der Pyridinbasen geben wichtige Fingerzeige für die Verwendbarkeit von Methoden der Ortsbestimmung.

Der aromatische Charakter des Pyridinkernes kommt zum Ausdruck durch seine außerordentliche Widerstandsfähigkeit, welche größer ist, als beim Benzol, denn Phenylpyridine gehen durch Oxydation unter Verbrennung des Benzolkernes in Pyridincarbonsäuren über, ähnlich wie die Alkylpyridine. Charakteristisch ist ferner das träge Verhalten des Pyridins gegen die Einwirkung von Halogenen, von konz. Schwefelsäure oder Salpetersäure: Nitrierung erfolgt z. B. nur bei gleichzeitiger Gegenwart einer Aminogruppe. Aminopyridine entstehen aus Carbonsäureamiden durch Kaliumhypobromit. Diazopyridine erleiden ähnliche, aber weniger glatte Umsetzungen wie die Benzoldiazoniumsalze. Pyridinsulfosäuren geben durch Wechselwirkung ihrer Salze mit Cyankalium Nitrile, letztere liefern durch Verseifung Carbonsäuren.

Am wenigsten resistent sind die Pyridine noch gegen nascierenden Wasserstoff, von welchem meist ohne Bildung von faßbaren Zwischenprodukten 6 Atome fixiert werden, und zwar mit Hilfe von Natrium und Alkohol bezw. Amylalkohol. Als tertiäre Basen vereinigen sich die Pyridine mit Alkylhalogenen zu quaternären Ammoniumsalzen, welche beim Erhitzen eine der Hofmann'schen Reaktion ähnliche Umlagerung erleiden, indem das Alkyl vom Stickstoff zum α- und zum γ-Kohlenstoff wandert; dabei entstehen Salze von Pyridinhomologen (88):

$$C_5H_5\equiv N\begin{matrix}\diagup Alk\\ \diagdown J\end{matrix} \longrightarrow Alk\cdot C_5H_4\equiv N\cdot HJ.$$

Merkwürdig ist das Verhalten der diesen Ammoniumsalzen zu Grunde liegenden quaternären Basen, welche beim Erwärmen nicht, wie zu erwarten wäre, den betreffenden Alkylalkohol abspalten, sondern eine Umlagerung erleiden, indem das Hydroxyl an die benachbarte doppelt gebundene Methingruppe addiert wird; zwei Moleküle des zunächst entstandenen sekundären Alkohols wandeln sich in der Art um, daß 1 Mol. eines Dihydro-n-alkylpyridins und 1 Mol. eines

[1] Diese Auffassung wird durch die Entstehungsweise dieser Säure bestätigt (vergl. A. 231, 51).

n-Alkylpyridons entstehen. Folgendes Beispiel veranschauliche diese Vorgänge, die auch für das Chinolin (s. d.) zutreffend sind (89):

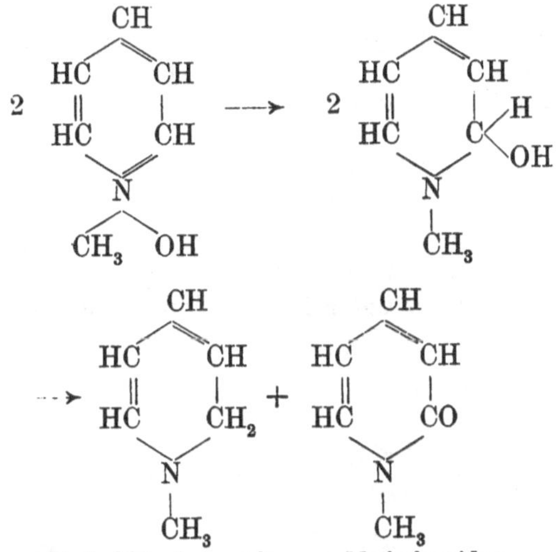

n-Methyldihydropyridin n-Methylpyridon

Unter den Homologen des Pyridins zeichnet sich das α-Methylderivat oder α-Picolin durch seine Reaktionsfähigkeit mit Aldehyden aus: beim Erhitzen der Komponenten bei Gegenwart von Wasser entstehen aldolartige Körper, sog. Alkine (90); z. B.:

$$NC_5H_4\cdot CH_3 + OCH{-}CH_3 \longrightarrow NC_5H_4\cdot CH_2{-}\overset{H}{\underset{OH}{C}}{-}CH_3$$

α-Picolylmethylalkin

Wendet man bei dieser Reaktion wasserentziehende Mittel an, so entstehen die entsprechenden ungesättigten Körper; z. B. aus α-Picolin und Benzaldehyd das sogen. Stilbazol (91):

$$NC_5H_4\cdot CH_3 + OHC{-}C_6H_5 \longrightarrow NC_5H_4{-}CH{=}CH\cdot C_6H_5\,,$$

aus α-Picolin und Paraldehyd: α-Allylpyridin $NC_5H_4{-}CH{=}CH\cdot CH_3$ (92).

Durch Erhitzen mit Jodwasserstoffsäure werden die Pyridinbasen zu Paraffinen aufgespalten: Pyridin selbst liefert so Pentan.

Die Basizität der Pyridine ist ziemlich stark, doch steht dieselbe den fetten Aminen und den Hydropyridinen (Piperidinen) nach; die oft zerfließlichen Salze können in der Chlorwasserstoffreihe durch die Doppelverbindungen mit Gold-, Quecksilber- und Platinchlorid charakterisiert werden; letztere wandeln sich leicht in komplexe

Platopyridinsalze (Metallammoniaksalze) um. Über die Konfiguration der zahlreichen Metallpyridinsalze vergl. u. a. Zeitschr. f. anorg. Chem. 3, 314.

Die Löslichkeit der Pyridinbasen in Wasser nimmt ab, je höher man in der Reihe der Homologen aufsteigt, ist aber bei niedriger Temperatur größer, als bei höherer.

Pyridinsynthesen.

1) Kondensation von Aldehydammoniak oder Acetamid mit Aldehyden oder Ketonen unter intermediärer Aldolkondensation (93); z. B.:

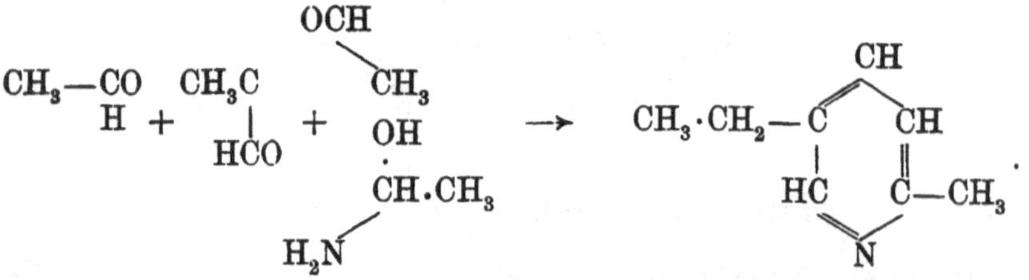

α-Methyl-β'-äthylpyridin, sog. Aldehydcollidin vom Sdp. 178°.

In ähnlicher Weise entsteht β-Picolin (Methylpyridin) durch Erhitzen von Glycerin mit Acetamid oder Ammoniumphosphat bei Gegenwart von P_2O_5; hierbei werden zunächst Acroleïn und Ammoniak gebildet, welche sich dann folgendermaßen kondensieren:

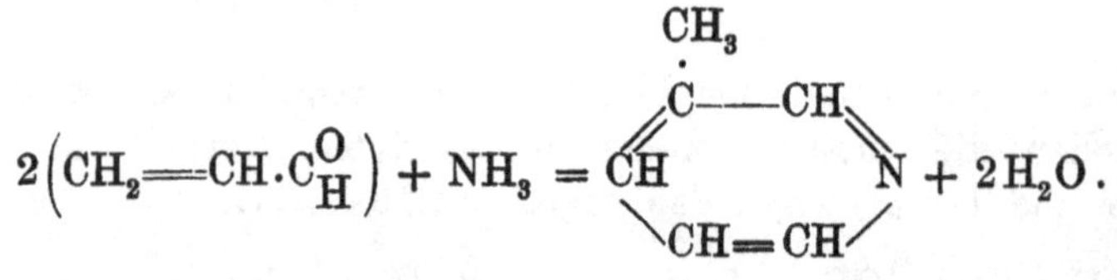

Diese Synthese entspricht etwa dem Vorgange, der sich bei der Gewinnung von Pyridinen durch Destillation der Fettsubstanz der Knochen abspielt (vergl. S. 207).

2) Allgemeine Synthese von Pyridinkörpern nach Hantzsch durch Kondensation von β-Diketoverbindungen mit Aldehyden und Ammoniak; z. B.:

2 Mol. Acetessigester, 1 Mol. Acetaldehyd und 1 Mol. Ammoniak vereinigen sich zu Dihydrocollidindicarbonsäureester, der durch

Oxydation mit salpetriger Säure 2H verliert und den eigentlichen Pyridinkörper (Collidindicarbonsäureäthylester) liefert (94):

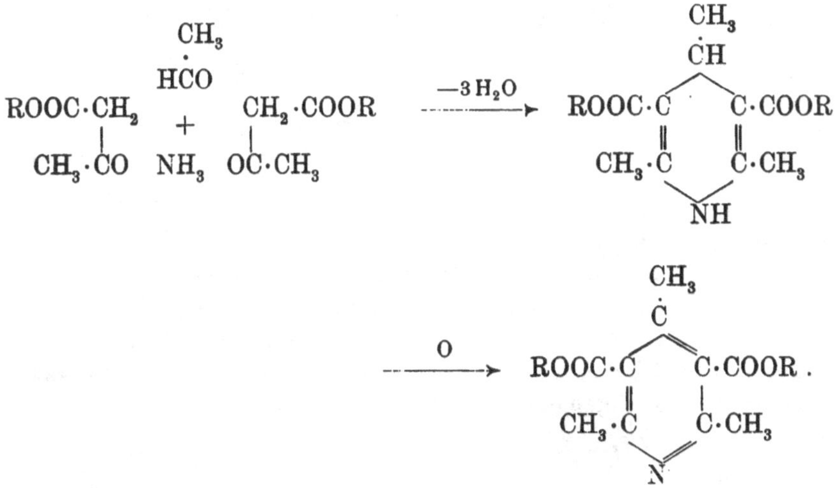

Dies bekannte Beispiel kann in mannigfacher Art variiert werden, indem sowohl das eine Molekül Acetessigester durch andere Diketone, wie Acetyl- und Benzoylaceton (95), als auch der Acetaldehyd durch Homologe und Analoge ersetzt werden kann. Daß die Aldehydgruppe in die γ-Position eintritt, geht daraus hervor daß bei Verwendung von Benzaldehyd der erhaltene Pyridinkörper zum γ-Phenylpyridin abgebaut werden kann (96). Als Zwischenprodukt[1] in dem genannten Beispiel kann der Äthylidendiacetessigester

$$\begin{array}{c} \qquad\qquad CH_3 \\ ROOC\cdot\underset{\displaystyle CO\cdot CH_3}{CH}—CH—\underset{\displaystyle CO\cdot CH_3}{CH}\cdot COOR \end{array}$$

gelten, der als 1,5-Diketon mit Ammoniak den Pyridinring schließt, wie 1,4-Diketone mit NH_3 Pyrrole (s. d.) liefern.

Eine speziell wichtige Variation der HANTZSCH'schen Synthese, nämlich Ersatz des einen Molekül Acetessigester durch ein zweites Molekül Acetaldehyd führt zu Estern von Monocarbonsäuren (97); z. B.:

[1] Als Zwischenprodukte betrachtet man auch einerseits Äthylidenacetessigester $CH_3\cdot CO\cdot C(:HC\cdot CH_3)\cdot CO_2C_2H_5$, andererseits β-Aminocrotonsäureester $CH_3\cdot C(NH_2)=CH\cdot CO_2\cdot C_2H_5$; thatsächlich kondensieren sich diese beiden Körper zu Dihydrocollidindicarbonsäureester (vergl. S. 233).

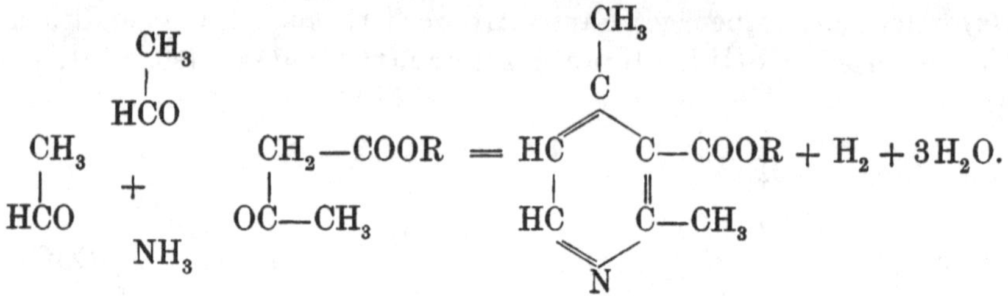

α,γ-Dimethylpyridin-β-carbonsäureester

Hierbei findet spontane Oxydation des primär gebildeten Dihydroproduktes statt.

3) Kondensation von Ammoniak mit β-Diketomethenylverbindungen, welche ihrerseits u. a. durch Einwirkung von Orthoameisensäureester auf β-Diketone entstehen; da es sich hier in Wirklichkeit um 1, 5-Diketone (s. o.) handelt, so läßt sich der Vorgang durch folgendes allgemeines Schema ausdrücken (98):

Beispiel: Das sog. Methenylbisacetylaceton entsteht nach folgender Gleichung:

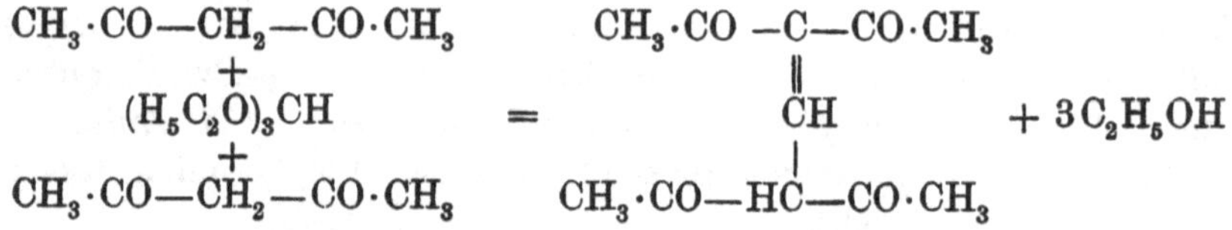

und reagiert mit Ammoniak folgendermaßen:

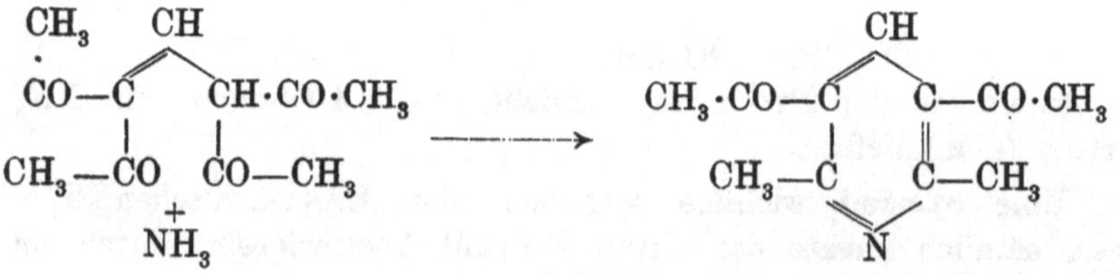

β,β'-Diacetyl-α,α'-dimethylpyridin.

Über die Einwirkung von Äthoxymethylenacetessigester auf β-Aminocrotonsäureester vergl. B. **26**, 2733; A. **297**, 71.

4) 1, 5-Diketone — soweit deren Carbonyle halbseitig aromatisch gebunden sind — reagieren mit Hydroxylamin ebenfalls unter Schließung des Pyridinkerns (99); z. B.:

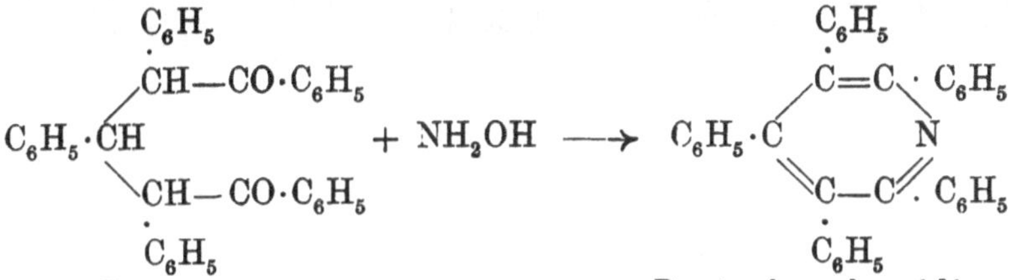

Benzamaron Pentaphenylpyridin.

Dieser Reaktion vergleichbar ist die Umwandlung von Cinnamenylidenacetoxim

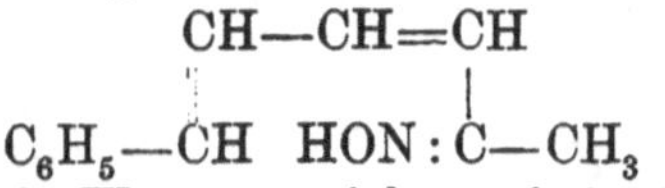

in α,α'-Phenylmethylpyridin durch Wasserentziehung beim Destillieren (100).

5) Pyridone (Oxypyridine) entstehen, wie früher (vergl. S. 191) auseinandergesetzt wurde, aus den α- und γ-Pyronen durch Einwirkung von Ammoniak; z. B.:

Cumalinsäure Pyridoncarbonsäure

6) Auch der Umwandlung von Pyrrolen in Pyridine unter Ringerweiterung wurde früher schon Erwähnung gethan (vergl. S. 42); Beispiel:

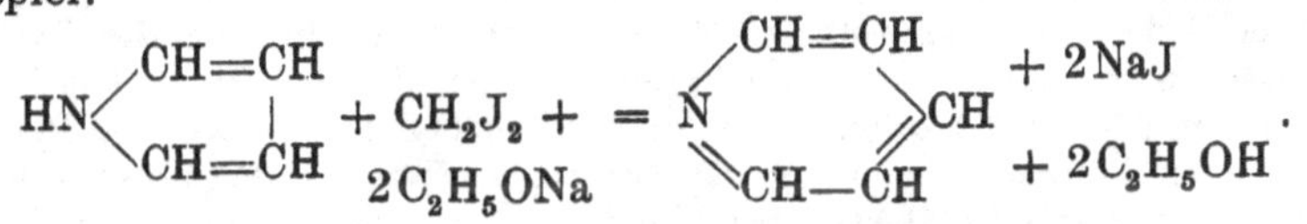

Ebenso liefern Chloroform bezw. Benzalchlorid β-Chlor- bezw. β-Phenylpyridin (101); Alkylpyrrole verwandeln sich durch Erhitzen mit HCl in Alkylpyridine (102).

7) α,α'-Dioxypyridine sind, wie im theoretischen Teil dargethan wurde, mit den Imiden der Glutaconsäure identisch, und entstehen somit aus Glutaconsäureamid oder Glutaconaminsäure. Eine Dioxypyridincarbonsäure, die sogen. Citrazinsäure wird auf ähnlichem Wege aus Citramid oder aus Aconitsäureester (103) mittelst Ammoniak gewonnen; die summarische Gleichung für die Darstellung aus dem Amid der Citronensäure lautet:

$$C_6H_{11}N_3O_4 = C_6H_5NO_4 + 2NH_3;$$

Citrazinsäure ist eine Dioxyisonicotinsäure von folgender Konstitution:

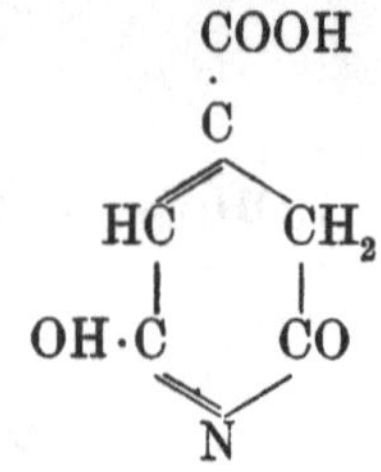

8) Kondensation von Acetessigestern und Cyanessigester mit Ammoniak oder primären Aminen nach folgendem Schema (104):

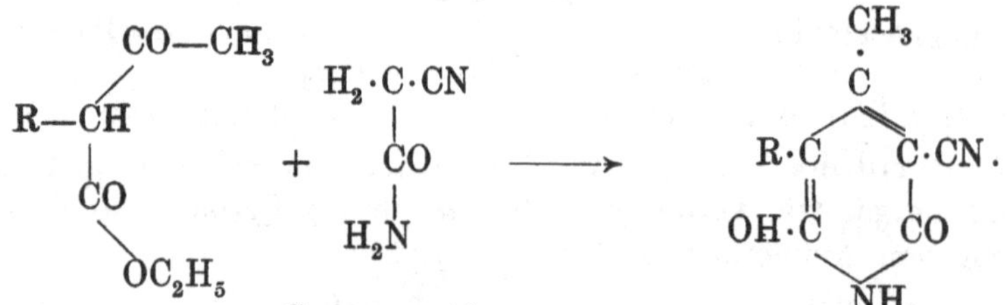

Cyanacetamid (aus Cyanessigester + Ammoniak)

Cyanderivat eines homologen Glutaconimides

Über eine analoge Gewinnung von α-Pyridonen aus β-Aminoketonen und Cyanessigester vergl. B. **26**, R. 943.

9) Über die Oxydation von Piperidin zu Pyridin vergl. S. 208.

Spezielle Angaben über Eigenschaften von Pyridinderivaten seien im Folgenden kurz zusammengestellt:

Pyridin siedet bei 114,8° und hat bei 0° das spez. Gew. 1,003; es entsteht außer nach den schon angeführten Methoden durch Destillation der Pyridincarbonsäuren mit Kalk, also indirekt aus den Alkaloïden Chinin, Cinchonin, Cinchonidin, Nicotin, Narcotin, Papaverin u. a., welche durch Oxydation Pyridincarbonsäuren liefern. Zur Reinigung des rohen Pyridins dient das schwerlösliche, krystallinische Quecksilberchloriddoppelsalz des zerfließlichen Chlorhydrats, oder das ferrocyanwasserstoffsaure Salz. Das Rohpyridin dient mit Holzgeist gemischt zum Denaturieren des Branntweins; in letzterem wird es nachgewiesen durch das schwerlösliche Cadmiumdoppelsalz. Das Platindoppelsalz schmilzt bei 240°, das Jodmethylat bei 117°, während sich das Pyridinbetaïn 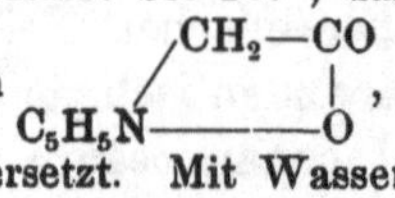, das aus Pyridin und Chloressigsäure entsteht, bei 150° zersetzt. Mit Wasser bildet es ein Hydrat (105) $C_5H_5N + 3\,H_2O$ (Sdp. 92 bis 93° o. Z.), mit HJ bei 300° n-Pentan und Ammoniak, mit Natrium und Alkohol Piperidin; mit Natrium allein entstehen Dipyridin, Dipyridyl und andere Körper.

Über die Anwendung von Pyridin zur Darstellung von Säureanhydriden vergl. B. **26**, R. 54.

Auf die zahlreichen und theoretisch interessanten Verbindungen des Pyridins mit Metallsalzen wurde schon hingewiesen; dieselben gehören der anorganischen Chemie an.

I. Pyridinhomologe vergl. Tabelle auf S. 222 und 223.

II. Halogensubstituierte Pyridine

sind, wie schon erwähnt, durch direkte Einwirkung der Halogene schwer zugänglich; hingegen gelingt die Substitution durch Erhitzen von Pyridinen und Oxypyridinen mit $SbCl_5$ oder PCl_5.

	Sdp.	Schmp.	Bildung	Bemerkungen	Litteratur
α-Chlor-pyridin	166°	—	aus α-Oxypyridin + $POCl_3$ od. PCl_5		B. 24, 3150
β-Chlor-pyridin	148°	—	aus Pyrrolkalium + $CHCl_3$ bezw	auch aus Diketopenta-methylen-chlorid	B. 15, 1180
β-Brom-pyridin	170°	—	$CHBr_3$ (vergl. S. 219)		B. 22, 2834
γ-Chlor-pyridin	147—48°	—	aus γ-Oxypyridin	Cl-Atom im Gegensatz zur β-Verbindung beweglich	M. 6, 317
γ-Jodpyridin	—	gegen 100°	aus γ-Chlorpyridin mit JH bei 145°		M. 6, 317
Dichlor-pyridin	—	67°	aus pyridin-disulfosaurem Baryum + PCl_5	Konstitution unbekannt	
Trichlor-pyridin	—	50°			
α, α′, β, β′-Tetra-chlorpyridin	—	90—91	aus Tetrachlorisonicotinsäure		Soc. 71, 1068
Pentachlor-pyridin	—	124°	aus Glutaconimid + PCl_5 (vgl. S. 210)		B. 23, 1265
β, β′-Dibrom-pyridin	222°	112°	aus HCl-Piperidin durch Erhitzen mit Brom		B. 15, 427 B. 16, 649
α, γ-Dichlor-picolin	206°	—	aus Dioxypicolin		B. 28, R. 654

Die Seitenketten von homologen Pyridinen werden durch Brom ziemlich leicht substituiert.

III. Pyridinsulfosäuren

werden hauptsächlich aus Piperidin und konz. H_2SO_4 unter gleichzeitiger Dehydrogenisation gewonnen, da Pyridin selbst schwer sulfonierbar ist.

β-pyridinsulfosaures Natrium liefert durch Destillation mit Cyankalium β-Cyanpyridin vom Schmp. 49° und in der Kalischmelze β-Oxypyridin (Pyridon); durch Verseifung des Nitrils entsteht Nicotinsäure. Auch eine Pyridindisulfosäure ist bekannt (106).

IV. Oxypyridine oder Pyridone

liefern sowohl mit Säuren als mit Basen Salze; wie schon erwähnt, vermögen dieselben sowohl als Phenole (Hydroxylform) als auch als tautomere Ketodihydropyridine zu reagieren; nur das β-Oxypyridin ist zu dieser Tautomerie nicht befähigt. Hingegen erhält man beim Alkylieren von α- und γ-Oxypyridin oft gleichzeitig Sauerstoff[1] und Stickstoffäther; z. B. aus α-Oxypyridin:

[1] Diazomethan verwandelt α-Pyridon in α-Methoxypyridin (B. 28, 1625).

I. Homologe Pyridine.

Name	Siedepunkt	Spez. Gewicht	Bildung	Umsetzungen, Eigenschaften u. s. w.	Litteratur
Methylpyridine: α-Picolin	130°	0,965	aus Knochentheer	Oxydation: Picolinsäure	B. **18**, 3436
Methylpyridine: β-Picolin	143°	0,977	durch Destillation v. Strychnin sowie durch Erhitzen v. Trimethylendiaminchlorhydrat, vgl. auch S. 216	Oxydation: Nicotinsäure	B. **23**, 2730
Methylpyridine: γ-Picolin	144°	0,974	durch Erhitzen von Pyridinjodmethylat	Oxydation: Isonicotinsäure	B. **20**, 413 **26**, 1559;
Dimethylpyridine: α, α'-Lutidin	142°	0,942	aus Knochenöl	Oxydation: Dipicolinsäure	aus Lutidon m. Zinkstaub M. **6**, 103
Dimethylpyridine: α, γ-Lutidin	157°	0,949	„ „	Oxydation: Lutidinsäure	—
Dimethylpyridine: β, γ-Lutidin	164°	—	„ „	Oxydation: Cinchomeronsäure	B. **21**, 1006; **29**, 2996
Dimethylpyridine: β, β'-Lutidin	170°	0,9614	aus der Carbonsäure	Oxydation: Dinicotinsäure	B. **23**, 1113
α-Äthylpyridin	148°	0,949	aus Pyridinjodäthylat	Oxydation: Picolinsäure	aus Ecgonin B. **22**, 1126
γ-Äthylpyridin	165°	0,952	aus Pyridinjodäthylat	Oxydation: Isonicotinsäure	B. **18**, 2961
β-Äthylpyridin	166°	0,959	aus Cinchonin oder Brucin neben der γ-Base	Oxydation: Nicotinsäure	B. **16**, 84
α, γ, α'-Trimethylpyridin (Collidin)	172°	—	aus Dihydrocollidincarbonsäureester vergl. S. 217	auch aus Aldehydammoniak und Aceton	—
α, γ, β'-Collidin	165—168°	—	im Steinkohlentheer	— —	B. **29**, 2998

α, β-Methyläthylpyridin (Aldehydcollidin)	178°	—	aus Aldehydammoniak, S. 216	Oxydation: Isocinchomeronsäure	—
α-Propylpyridin (Conyrin)	167°	—	aus Coniin	— —	—
α-Isopropylpyridin	158°	—	aus Pyridinjodpropylat oder -isopropylat	— —	—
α,β,β′,γ-Tetramethylpyridin	227—230°	—	im Steinkohlentheer	sog. Parvulin	B. **28**, 796
α-Phenylpyridin	269°	—	aus α-Naphtochinolin, vgl. S. 212	Oxydation: Picolinsäure	vgl. auch B. **29**, 1678
β-Phenylpyridin	270°	—	aus der aus β-Naphtochinolin entstehenden Carbonsäure, vergl. S. 212	Oxydation: Nicotinsäure	—
γ-Phenylpyridin	274°	Schmp. 77°	Darstellung vergl. S. 217	— —	B. **29**, R. 842
(p-Nitro bezw. Amino-α-phenylpyridin)	—	117° bezw. 102°	aus Isodiazonitrobenzol u. Pyridin	— —	B. **29**, 167
α, α′-Phenylmethylpyridin	281°	—	vergl. S. 219	— —	B. **28**, 1727
α, α′-Diphenylpyridin	—	82°	aus Phenylnaphtocinchoninsäure durch Oxydation und aus Diphenacylmalonsäure u. NH_3	Endprodukt des Abbaues: Dipicolinsäure	B. **29**, 798; **30**, 1499
Tetraphenylpyridin	—	179°	aus Desoxybenzoïnbenzylidenacetophenon	mit NH_2OH, vergl. S. 218 und 219	B. **26**, 440; A. **281**, 50
Pentaphenylpyridin	—	240°	aus Benzamaron		
β, β′-Dibenzylpyridin	—	89°	durch Einwirkung v. Benzaldehyd auf Benzoylpiperidin bei 240—250°	das sym. Diaminoderivat giebt durch Oxydation: Dinicotinsäure	A. **280**, 36
α-Vinylpyridin	160°	—	aus Pyridyl-β-brompropionsäure, sowie aus Picolylalkin durch H_2O-Abspaltung	— —	B. **20**, 1644 A. **265**, 229
α-Allylpyridin	290°	—	aus α-Picolin und Paraldehyd bei 260°	liefert durch Reduktion mit Na und Alkohol Propylpiperidin od. inakt. Coniin	A. **247**, 26
α-Styrylpyridin oder Stilbazol	325°	61°	aus α-Picolin und Benzaldehyd mit $ZnCl_2$, vergl. S. 215	fixiert 2 Atome H	B. **16**, 2607; **20**, 2719; **21**, 818

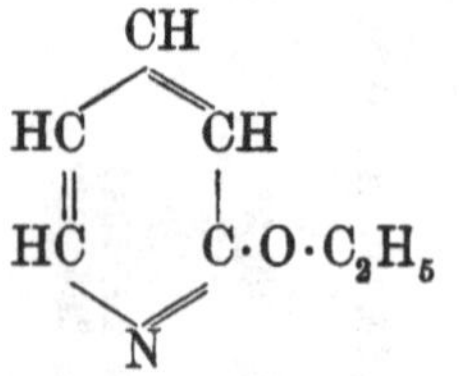

α-Äthoxypyridin (Sdp. 156°), giebt bei der Reduktion NH_3

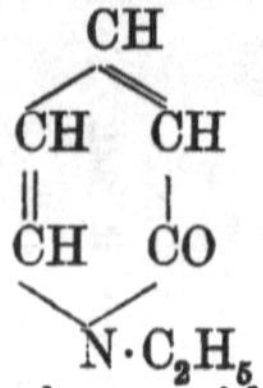

N-Äthyl-α-pyridon (Sdp. 247°), giebt bei der Reduktion $NH_2—C_2H_5$

Die tautomeren Formen des γ-Oxypyridins sind folgende:

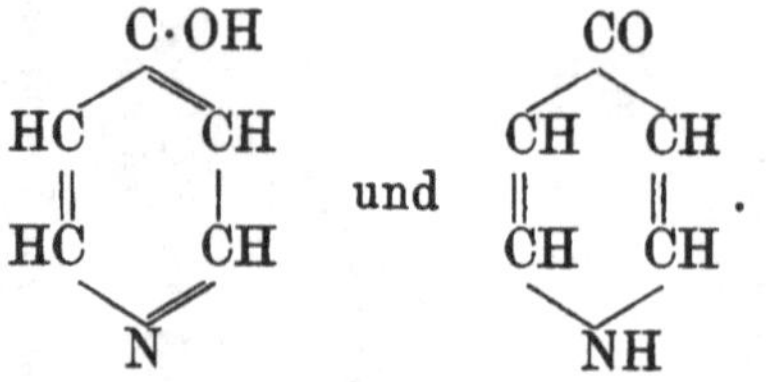

Die **Darstellung** der Pyridone erfolgt, wie schon zum Teil angedeutet, durch die Kalischmelze der Pyridinsulfosäuren oder durch Einwirkung von Natriumalkoholat auf Halogenpyridine und nachfolgende Spaltung des erhaltenen Sauerstoffäthers.

Auch die **synthetischen** Bildungsweisen aus α- und γ-Pyronen wurden schon wiederholt angeführt (vergl. S. 219). **Trioxypyridine** haben schon Säurecharakter.

Mono-di- und trioxypyridine vergl. Tabelle auf S. 226 und 227).

Für die Polyoxypyridine kommen ebenfalls tautomere Formeln in Betracht, wie 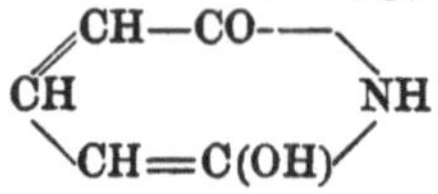 und 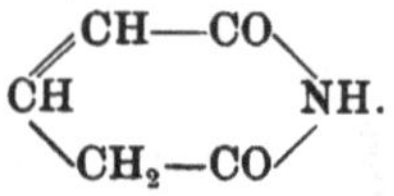.

Das α,α',γ-Trioxypyridin ist als Triketopiperidin 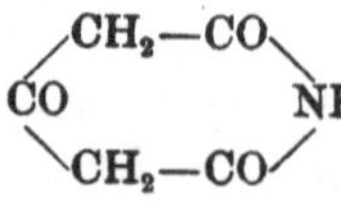 aufzufassen, dessen γ-Imid 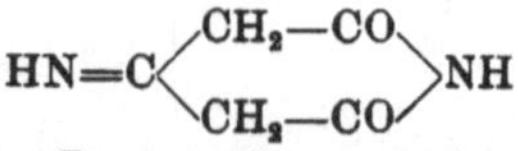 das Glutazin ist.

Der Übergang der Pyromekazonsäure in Pyromekazon entspricht der Verwandlung von Hydrochinon in Chinon:

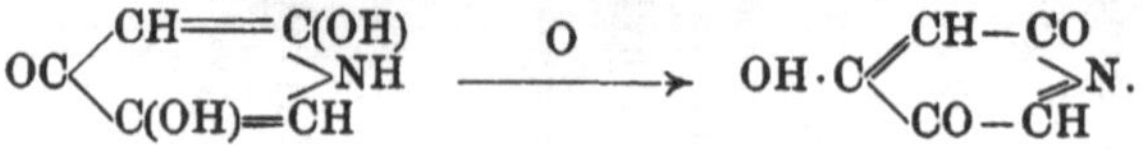

V. Nitro- und Aminopyridine

sind in verhältnismäßig geringer Anzahl bekannt geworden, da, wie schon erwähnt, das Pyridin schwer nitrierbar ist; Gegenwart von Amino- oder Hydroxylgruppen erleichtert jedoch diesen Prozeß.

Zwei Nitrooxypyridine (107) (Schmelzpunkte 211° bezw. 295—298° u. Z.) erhält man durch Nitrieren von Acetyl-β-oxypyridin; zugleich entsteht ein Dinitrooxypyridin vom Schmp. 133°. Die α'-Aminonicotinsäure ist in der Kälte nitrierbar (108).

Aminopyridine werden aus schon angeführten Gründen hauptsächlich nach der HOFMANN'schen Reaktion dargestellt; z. B.:

$$NC_5H_4 \cdot CO \cdot NH_2 + KOBr = NC_5H_4 \cdot NH_2 + KBr + CO_2$$

α-Picolinsäureamid — α-Aminopyridin (109) (Schmp. 56°, Sdp. 204°).

Analog sind β-Aminopyridin (Schmp. 64°, Sdp. 251°) und γ-Amino-α,α'-lutidin (Schmp. 186°, Sdp. 246°). γ-Aminopyridin schmilzt bei 140-141°.

Das β-Aminopyridin nimmt insofern eine Ausnahmestellung ein, als es sich glatt diazotieren läßt, während α- und γ-Aminopyridine gegen salpetrige Säure ziemlich indifferent sind; die Diazotierung in konz. Schwefelsäure führt direkt zu dem entsprechenden Oxypyridin, in konz. Salzsäure zu Chlorpyridinen.

VI. Pyridylalkohole und -ketone.

Wie schon bei der Besprechung der allgemeinen Eigenschaften der Pyridingruppe angeführt wurde (S. 215), erhält man Pyridylalkohole oder sog. Alkine durch Aldolkondensation von α-Picolinen mit Aldehyden:

α-Picolylmethylalkin $C_5H_4N \cdot CH_2—CH(OH) \cdot CH_3$ schmilzt bei 32° und siedet unter 13 mm Druck bei 113,5°.

Trichlor-α-picolylmethylalkin $C_5H_4N—CH_2—CH(OH)—CCl_3$ entsteht aus α-Picolin und Chloral und schmilzt bei 86—87°; es liefert mit alkoholischem Kali α-Pyridylakrylsäure (110).

α-Picolyl-β'-methylalkin (Sdp. 240°) erhält man aus Bromcollidin durch Kochen mit Wasser (111). Auch durch Reduktion von Pyridylketonen erhält man entsprechende Alkohole, z. B. α-Pyridyläthylalkin aus α-Äthylpyridylketon (112).

Solche Ketone der Pyridinreihe werden dargestellt durch Destillation der Kalksalze von Pyridincarbonsäuren mit den Kalksalzen von fetten und aromatischen Säuren, z. B.:

α-Pyridylmethylketon (113) $NC_5H_4—CO \cdot CH_3$ (Sdp. 192°) aus picolinsaurem und essigsaurem Kalk, es reagiert mit Hydroxylamin und Phenylhydrazin, ebenso α-Pyridyläthylketon (Sdp. 205°), dessen Oxim bei 106° und dessen Hydrazon bei 142° schmilzt; dasselbe liefert durch Reduktion mit Na und Amylalkohol α-Äthylpiperidylalkin $HN \cdot C_5H_9 \cdot CH \cdot OH \cdot C_2H_5$, welches identisch ist mit dem natürlichen Pseudoconhydrin (in den Coniumalkaloïden); hierbei wird also der Pyridinkern ebenfalls reduziert.

Ein Diketon des Pyridins ist das α-Acetacetylpyridin $NC_5H_4—CO \cdot CH_2 \cdot CO \cdot CH_3$ (Schmp. 50°, Sdp. 137—143° bei 15 mm), das aus Picolinsäureester, Aceton und Natriumalkoholat gewonnen wird (114). Auch ein Pyridylphenylketon ist bekannt (115).

VII. Pyridincarbonsäuren

wurden hinsichtlich ihrer Konstitutionsableitung schon von S. 211 ab besprochen; dabei ergab sich, daß ihre Bildung hauptsächlich

Monoxypyridine.

Name	Sdp.	Schmp.	Bildung	Eigenschaften	Litteratur
α-Pyridon	281°	106°	aus Oxynicotin- bezw. chinolinsäure	giebt mit Brom Dibrompyridon; direkte Äthylierung liefert den N-Äther, während aus dem Silbersalz der O-Äther entsteht	B. **18**, 2394; **24**, 3144
β-Oxypyridin	—	124°	aus β-Aminopyridin mit N_2O_3	—	B. **28**, 911
γ-Pyridon (+ H_2O)	—	148°	aus Oxypicolinsäure, sowie aus der sog. Chelidamsäure	giebt mit JCH_3 den N-Methyläther (Schmp. 89°), während γ-Methoxypyridin (Sdp. 190°) aus γ-Chlorpyridin + Na-Methylat entsteht	M. **4**, 275, 339. J. pr. [2] **29**, 65
α, γ-Dimethyl-α'-pyridon (Pseudolutidostyril)	303,5 bis 305°	180°	aus Dimethylcumalin + NH_3 oder aus Pseudolutidostyril-β-carbonsäure	läßt sich nitrieren	A. **259**, 168
α-Phenyl-α'-pyridon	—	197°	aus Phenylcumalin + Ammoniumacetat	reduzierbar zu α-Phenylpyridin	C. **1896**, II, 1107
β, β'-Dimethyl-γ-pyridon oder γ-Lutidon (+ $1^1/_2 H_2O$)	—	225°	aus Dehydracetsäure mit NH_3, sowie aus Lutidondicarbonsäure	der Sauerstoff ist gegen Chlor ersetzbar	B. **28**, R. 644, 452. B. **20**, 156.
γ-Äthoxylutidin	207°	—	aus γ-Aminolutidin durch Diazotieren in alkoholischer Lösung	—	B. **27**, 1328

Dioxy- und Trioxypyridine.

α, α'-Dioxypyridin (Glutaconimid)	—	183 bis 184°	aus Oxyglutarsäureamid, Glutacondiamid u. s. w.	die Salze werden durch Wasser zersetzt, liefert einen N-Methyläther	vergl. B. **23**, 1265 und S. 209.
α-Methyl-1,5-dioxypyridin	—	191°	aus Methylglutaconsäureester + NH_3	kondensiert sich, wie Resorcin, mit Phtalsäureanhydrid zu Farbstoffen	B. **26**, 1559, R. 318, 587.
α, γ-Dioxypyridin	—	260 bis 265°	aus der zugehörigen β'-Carbonsäure	—	B. **31**, 1687.
α, β'-Dioxypyridin	—	248°	aus der Kalischmelze des β-Oxypyridins	liefert durch Oxydation Pyridochinon	M. **18**, 613
α,α',γ-Trioxypyridin oder Triketopiperidin	—	220—230° u. Z.	aus Glutazin (s. u.) durch kochende HCl (s. S. 224)	Analogon des Phoroglucins, liefert ein Monoxim	B. **19**, 2701
γ-Imid des vorstehenden: Glutazin oder β-Imidoglutarimid	—	300° u. Z.	aus Acetondicarbonsäure + NH_3	ist zugleich Säure und Base (vergl. S. 224)	B. **20**, 2655
α,β',γ-Trioxypyridin od. Pyromekazonsäure	—	subl.	aus Tetroxypyridin durch Reduktion	leicht oxydabel zu Pyromekazon (näheres S. 224)	J. pr. **27**, 257

durch Oxydation von Homologen und polycyklischen Ringhomologen des Pyridins erfolgt; auch die successive Abspaltung von CO_2 aus Polycarbonsäuren wurde schon geschildert. Durch Erhitzen mit Kalk entsteht Pyridin unter Elimination sämtlicher Carboxyle. Die Monocarbonsäuren besitzen die Eigenschaften von Amidosäuren, während in den Polycarbonsäuren der basische Charakter aufgehoben ist.

1. Pyridinmonocarbonsäuren

werden mit Ausnahme der Nicotinsäure nur durch Oxydation von Homologen, nicht durch Verseifung von Nitrilen dargestellt. Nachfolgende Tabellen auf Seite 230 und 231 geben eine Übersicht der wichtigsten Eigenschaften der betreffenden Säuren inkl. ihrer bekanntesten Derivate.

2. Pyridindicarbonsäuren vergl. Tabelle auf S. 231 und 232.

3. Pyridintricarbonsäuren vergl. Tabelle auf S. 233.

4. Pyridintetracarbonsäuren vergl. Tabelle auf S. 233.

5. Pyridinpentacarbonsäure $NC_5(COOH)_5 + 2$ bezw. $3H_2O$,

entsteht durch Oxydation von Collidindicarbonsäure mit $KMnO_4$; dieselbe giebt beim Erhitzen β-Carbocinchomeronsäure und zersetzt sich gegen 220° (116).

Vollständigkeitshalber sei hier noch auf die Phenylpyridincarbonsäuren hingewiesen; Beispiele: α, α'-Diphenylisonicotinsäure aus dem entsprechenden Dihydroprodukt, das aus Diphenacylessigsäure und Ammoniak dargestellt wird; die Säure schmilzt bei 275° (117). γ-Phenylpyridintetracarbonsäure (118) (Schmp. 205—207° u. Z.) entsteht durch Oxydation aus γ-Phenyl-α, α'-lutidindicarbonsäure (als Ester aus Benzaldehyd nach der Hantzsch'schen Synthese). Im Phenylrest carboxylierte Säuren sind die Zwischenprodukte beim Abbau der α- und β-Naphtochinoline (s. d.) zu den entsprechenden Pyridinmonocarbonsäuren, z. B. β-Pyridyl-o-benzoësäure (119)

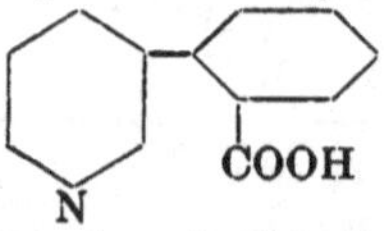

(Schmp. 185°) bildet sich aus der entsprechenden Dicarbonsäure (vergl. S. 212); bei der Verwandlung der α-Phenylpyridindicarbonsäure in α-Phenylpyridin entsteht als Nebenprodukt α-Phenylenpyridinketon

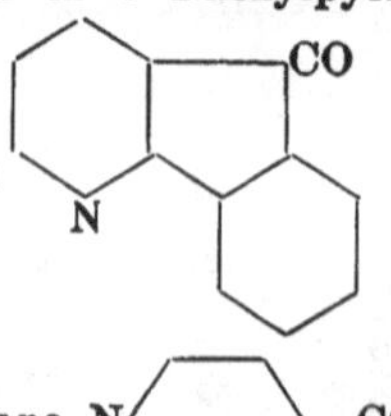

(Schmp. 140—142°, Sdp. 315°), γ-Benzoylnicotinsäure

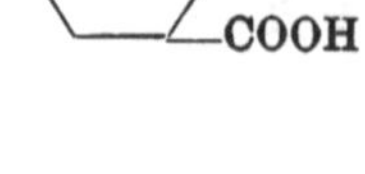

(120) (aus Cinchomeron-

säureanhydrid, Benzol und Aluminiumchlorid) geht mit warmer H_2SO_4 in β-Anthrapyridinchinon über und steht in naher Beziehung zur Papaverinsäure (aus Papaverin mit $KMnO_4$) der folgenden Konstitution (121):

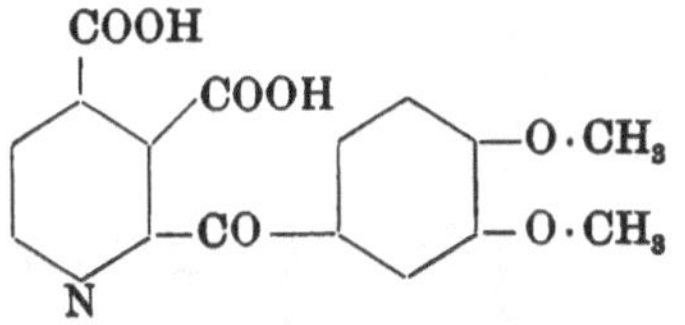
(Schmp. 230°).

Hydropyridine (C_5H_7N, C_5H_9N, $C_5H_{11}N$)

existieren in drei Hydrierungsstufen, als Dihydro-, Tetrahydro- und Hexahydropyridine; durch direkte Anlagerung von Wasserstoff entstehen stets nur die Hexahydroprodukte oder Piperidine, während Di- und Tetrahydropyridine synthetisch gewonnen werden.

1. Dihydropyridinkörper sind schon des öfteren als primäre Produkte der HANTZSCH'schen Pyridinsynthese (vergl. S. 217) erwähnt worden: schon durch gelinde Oxydationsmittel verlieren sie leicht zwei Atome Wasserstoff unter Bildung von Pyridinen. Über den Mechanismus dieser Reaktion vergl. BEYER, B. **24**, 1662 und R. SCHIFF und PROSIO, B. **28**, R. 1002.

Eine weitere Synthese von Dihydropyridinen beruht auf der Einwirkung von Cyanessigester auf Ketone bei Gegenwart von Ammoniak oder Aminen. Bei Anwendung von Aceton z. B. entsteht zunächst Diacetonamin, das sich dann mit Cyanessigester folgendermaßen kondensirt (122):

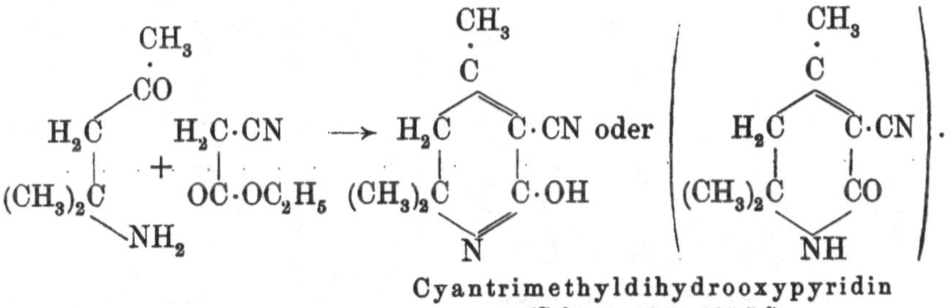

Cyantrimethyldihydrooxypyridin
(Schmp. 194—195,5°)

Bei Anwendung von Ketonsäureestern entstehen Dioxydihydropyridine.

Eine dritte Darstellungsmethode ist ebenfalls schon angeführt worden (vergl. S. 215): es ist die Umwandlung von quaternären Pyridiniumbasen in n-Alkyldihydropyridine, wobei gleichzeitig n-Alkylpyridone gebildet werden. Aus dieser Reaktion ergeben sich

1. Pyridinmonocarbonsäuren.

Name	Schmp.	Bildung	Eigenschaften	Litteratur
(α-)Picolinsäure	135—136°	aus α-Picolin durch Oxydation	sublimierbar, Eisenvitriol färbt gelb	B. **16**, 1373, 2979; **18**, 3439
(β-)Nicotinsäure	229°	aus Nicotin, β-Picolin und β-Pyridinnitril	das Jodmethylat bildet ein Betaïn, identisch mit dem Alkaloïd Trigonellin $C_5H_4N\cdot CH_3(COO)$	A. **141**, 271; **165**, 330 B. **12**, 2004
α'-Aminonicotinsäure	über 300°	aus α'-Chlornicotinsäure (seinerseits aus Oxynicotinsäure) durch NH_3	liefert durch Nitrieren α', β'-Nitroaminonicotinsäure vom Schmp. 280°	B. **26**, 2187; **27**, 1318, 1323
α-Aminonicotinsäure	310 u. Z.	aus α, β-Chinolinaminsäure mit NaOBr	ist ebenfalls nitrierbar	B. **27**, 840
(γ-)Isonicotinsäure	304°	aus Cinchomeronsäure, aus γ-Picolin und aus Cinchonin	bildet ein Äthylbetaïn	B. **16**, 2979; **14**, 1520; **25**, 2772
α-Methylisonicotinsäure	sublimiert ohne zu schmelzen	aus der α'-Dicarbonsäure (Uvitoninsäure, s. d.)	oxydierbar zu Lutidinsäure	B. **14**, 67; **17**, 93
γ-Methylnicotinsäure	210°	aus γ-Methylchinolinsäure	oxydierbar zu Cinchomeronsäure	B. **14**, 645, 974
α'-Oxynicotinsäure	303°	aus Cumalinsäureester + NH_3	liefert durch Erhitzen α-Pyridon	B. **18**, 317; **17**, 589
γ-Oxypicolinsäure	250°	aus Komansäure + NH_3	—	J. pr. [2] **29**, 62
Pseudolutidostyrilcarbonsäure (α, γ-Dimethyl-α'-oxynicotinsäure)	256—258°	aus HCl-β-Aminocrotonsäureester bei 130°	Erhitzen liefert Pseudolutidostyril: 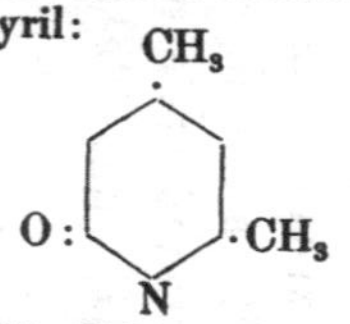	A. **226**, 294; B. **20**, 445
Dioxypicolinsäure	—	aus Komensäure + NH_3	$FeCl_3$ färbt purpurrot	J. pr. [2] **23**, 440; **27**, 268;

α, α'-Dioxyisonicotinsäure (Citrazinsäure)	zersetzt sich über 300° ohne zu schmelzen	aus Citronensäuretriamid + H_2SO_4	läßt sich in eine Aldehydsäure überführen	B. **21**, 670; **29**, R. 1105
β-Pyridyl-α-milchsäure[1]	gummiartig	aus Pilocarpin neben Trimethylamin	wird durch Bromphosphor in Pyridylbrompropionsäure verwandelt	C. r. **105**, 68
α-Pyridyl-β-milchsäure	125°	aus Trichlormethylpicolylalkin (s. o.) durch Soda	Konstitution: 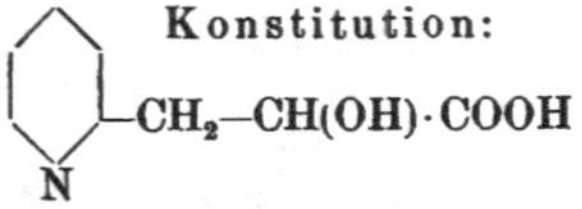	B. **23**, 219. A. **265**, 208
α-Pyridylakrylsäure	202—203°	aus demselben durch alkohol. Kali	addiert 2 Atome Brom und 1 Mol. BrH	B. **20**, 1593

2. Pyridindicarbonsäuren.

α, β-Dicarbonsäure oder Chinolinsäure	190° u. Z.	aus Chinolin durch Oxydation mit Chamäleon	liefert wie o-Phtalsäure ein Anhydrid (Schmp. 134°) und ein Imid	B. **12**. 747, 983 vergl. auch B. **26**, 1501 u. A. **288**, 257
β, γ-Dicarbonsäure oder Cinchomeronsäure	266° u. Z.	aus Chinin, Cinchonin, Cinchonidin und Isochinolin durch Oxydation; aus α, β, γ-Pyridintricarbonsäure durch Erhitzen	giebt ebenfalls ein Anhydrid (Schmp. 67°) und Imid; mit Jodmethyl entsteht das Methylbetaïn, identisch mit Apophyllensäure $C_5H_3(COOH)(COO)N(CH_3)$ Eisenvitriol färbt nicht	A. **173**, 96. B. **12**, 1146; **19**, R. 27 über Reduktion und Spaltung zu Pyrocinchonsäure vergl.: B. **18**, 2968
α, γ-Dicarbonsäure oder Lutidinsäure	239—240°	aus Tieröl-Lutidin und aus α, γ-Dimethylpyridin durch Oxydation	liefert in der Schmelze Isonicotinsäure	B. **13**, 2422. M. **1**, 20

[1] Konstitutionsformel: 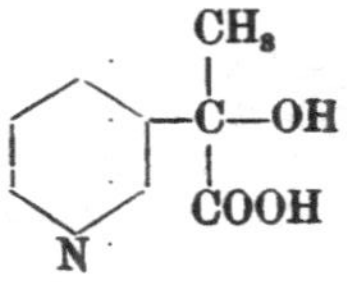

2. Pyridindicarbonsäuren (Fortsetzung).

α,β'-Dicarbonsäure od. Isocinchomeronsäure	236—237°	aus α, β'-Lutidin sowie aus Aldehydcollidin durch Oxydation, aus α, α', β-Pyridintricarbonsäure durch Erhitzen	krystallisiert mit einem Mol. H_2O; liefert durch Erhitzen in Eisessig Nicotinsäure	B. **18**, 3434; **20**, 1660; **21**, 294; **20**, 135; **19**, 1311.
α, α'-Dicarbonsäure oder Dipicolinsäure	236° u. Z.	aus α, α'-Dimethylpyridin	Erhitzen giebt Pyridin; Eisenvitriol färbt gelbrot	B. **18**, 53, 1744; B. **19**, 289, 786. A. **231**, 26.
β,β'-Dicarbonsäure oder Dinicotinsäure	323°	aus β, β'-Dimethylpyridin und aus α, β, β'-Pyridintricarbonsäure bei 150°	Erhitzen giebt Nicotinsäure, Eisenvitriol färbt nicht, (vergl. Cinchomeronsäure)	B. **16**, 1615; **19**, 286; B. **23**, 1113
γ-Methylchinolinsäure (Lepidinsäure)	186° u. Z.	aus γ-Methylchinolin (Lepidin)	Erhitzen giebt γ-Methylnicotinsäure	B. **31**, 796
α'-Methyllutidinsäure (Uvitoninsäure)	274° u. Z.	aus Brenztraubensäure + alkohol. NH_3 oder aus s-Trimethylpyridin	liefert beim Schmelzen α-Methylisonicotinsäure	B. **17**, 53. A. **188**, 33 A. **208**, 122
α,α'-Dimethyldinicotinsäure (Lutidindicarbonsäure)	316°	als Ester aus Methenylbisacetessigester + NH_3	Kalkdestillation liefert α, α'-Lutidin	A. **241**, 31; **297**, 1
Collidindicarbonsäure (α, γ, α'-Trimethyldinicotinsäure)	oberhalb 360°	als Ester aus Dihydrocollidindicarbonsäureester (vergl. S. 217)	Ausgangsmaterial vieler Pyridine, Eisenoxydsalze färben rot	A. **215**, 7; **225**, 123
α'-Oxychinolinsäure	Zersp. 254°	aus Chinolinsäure in der Kalischmelze sowie aus Methoxychinolinsäure	giebt mit Wasser erhitzt α'-Oxynicotinsäure	B. **16**, 2158; **19**, 2432
γ-Oxydipicolinsäure (Chelidamsäure)	—	aus Chelidonsäure + NH_3	geht bei 230° in γ-Pyridon über	M. **5**, 367, 339; **6**, 285
γ-Oxydinicotinsäure	315°	aus Diäthoxymethylenacetondicarbonsäureester + NH_3	Erhitzen mit HCl liefert γ-Pyridon	B. **31**, 1690
α,α'-Dioxydinicotinsäureäthylester	199°	aus Dicarboxylglutaconsäureesterdiamid + H_2SO_4	ist sowohl in der Keton-, als in der Hydroxylform existenzfähig	B. **31**, 1242; **26**, 2795
γ-Oxy-α, α'-dimethyl-β,β'-dicarbonsäure oder Lutidondicarbonsäure	267°	als Ester aus Dimethyl-γ-pyrondicarbonsäureester + NH_3	PCl_5 ersetzt O gegen Cl: γ-Chlorlutidindicarbonsäure liefert mit NH_3 γ-Aminolutidindicarbon-	B. **20**, 155, 164; **27**, 1323

3. Pyridintricarbonsäuren (alle 6 theoretisch zu erwartenden Säuren sind bekannt).

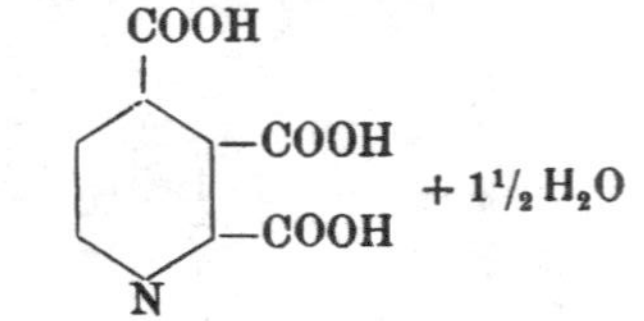

α-Carbocinchomeronsäure
durch Oxydation der Chinaalkaloïde und von γ-Methylchinolinsäure

B. **12**, 158, 1287. A. **204**, 84. B. **16**, R. 1382 etc.

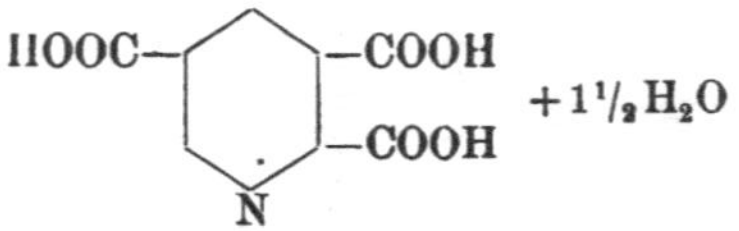

Carbodinicotinsäure
durch Oxydation der β-Chinolincarbonsäure

B. **16**, 1609. A. **241**, 11

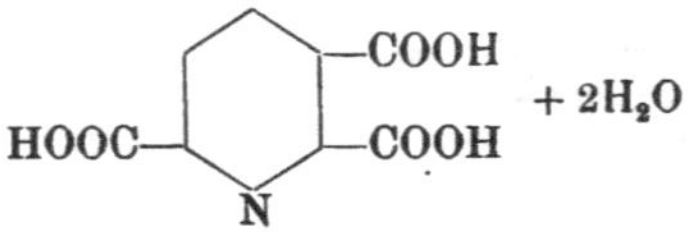

Carboisocinchomeronsäure
aus α-Chinolincarbonsäure (Chinaldinsäure) und aus α, α'-Dimethylnicotinsäure
Zersp. 240°
B. **19**, 1309; **24**, 1916

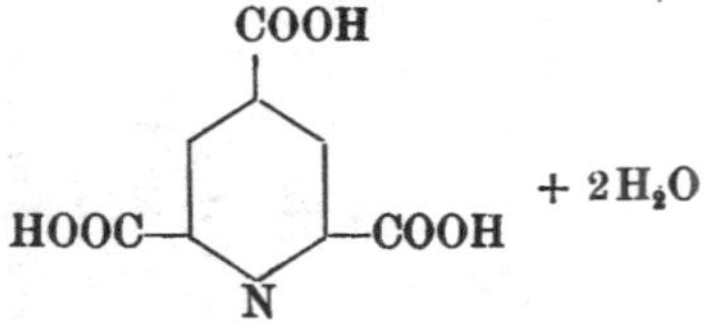

Trimesitinsäure
durch Oxydation von Uvitoninsäure (s. o.) und von symm. Collidin. Zersp. 227°

A. **228**, 29; **229**, 248

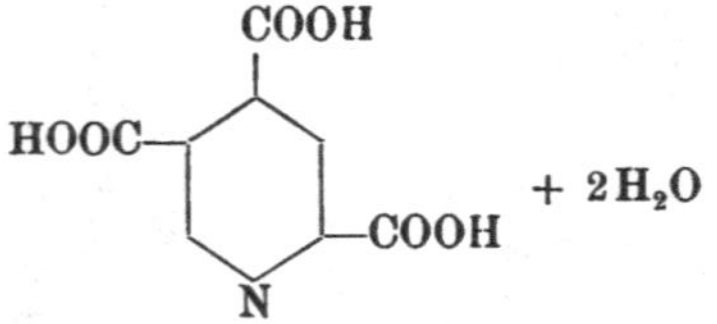

Berberonsäure
durch Oxydation des Alkaloïds Berberin geht durch Erhitzen in Cinchomeronsäure über, giebt ein HCl Salz. Schmp. 235°
B. **12**, 410. M. **2**, 416

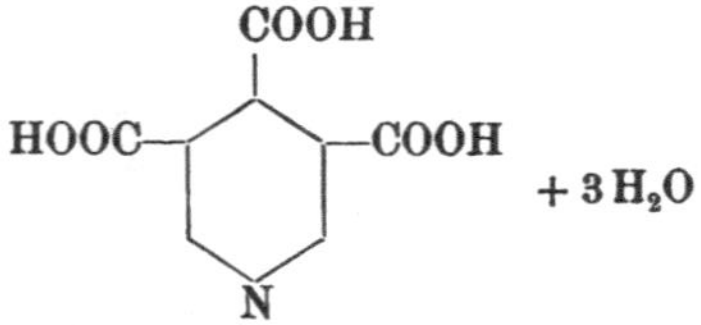

β-Carbocinchomeronsäure
aus Pyridinpentacarbonsäure durch CO_2-Abspaltung bei 220°. Zersp. 261°, giebt keine Färbung mit Eisenvitriol
A. **241**, 24

4. Pyridintetracarbonsäuren (alle 3 theoretisch zu erwartenden Säuren sind bekannt).

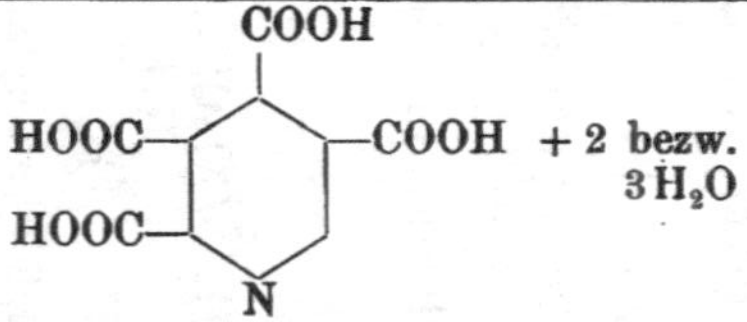

Dicarbocinchomeronsäure
aus α, γ-Dimethylnicotinsäure

A. **231**, 37

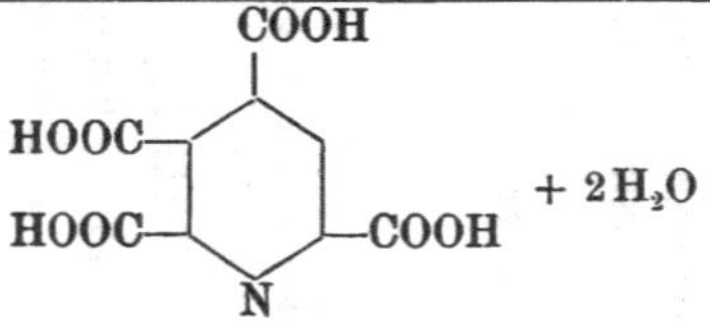

asymm. Tetracarbonsäure aus Flavenol (α-Oxyphenyl-γ-methylchinolin) und aus Collidinmonocarbonsäure
Schmp. 227°. A. **225**, 143; B. **14**, 2927

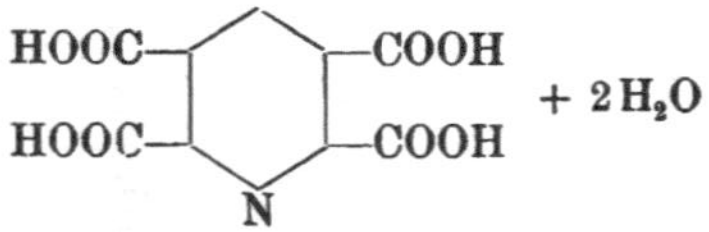

aus α, α'-Lutidin-β, β'-dicarbonsäure, geht bei 150° in Dinicotinsäure über

B. **19**, 284

n, α-Dihydropyridine der folgenden Konstitution: 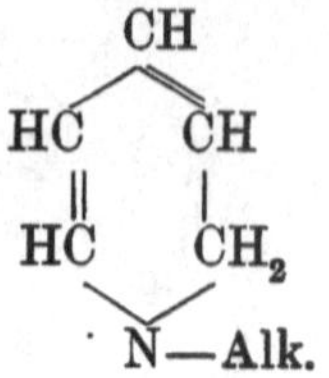

während die Produkte der HANTZSCH'schen Synthese von einem

n,γ-Dihydropyridin: 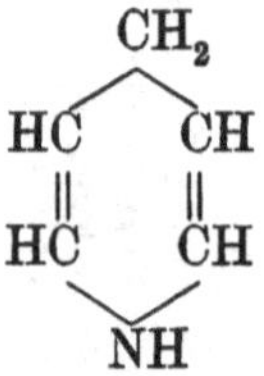 derivieren.

Dihydro-α, α', γ-trimethylpyridin oder **Dihydrocollidin** entsteht aus dem entsprechenden Dicarbonsäureester durch HCl bei 120—130 ° und siedet bei 175—180°; starke Base, die nicht zu Collidin oxydierbar ist (123).

Dihydrocollidindicarbonsäureäthylester schmilzt bei 131 ° und siedet nur mit Zersetzung; der Ester zeigt blaue Fluorescenz.

β-Acetyldihydrocollidincarbonsäureester entsteht aus Äthylidenacetessigester und Aminoacetylaceton $CH_3 \cdot CO \cdot CH{=}C(NH_2)CH_3$, und schmilzt bei 120 ° (124). Über die Umwandlung solcher Dihydropyridinketone in Cyklohexenone vergl. B. 31, 1025.

γ-Phenyloxydihydropicolindicarbonsäurseester (aus Benzalmalonsäureester und β-Aminocrotonsäureester) schmilzt bei 149,5—150°; derselbe ist ein Derivat des β, γ-Dihydropyridins (125).

2. **Tetrahydropyridine** oder **Piperideïne** gewinnt man durch innere Kondensation von fetten Oxyaminen oder durch Abspaltung von zwei Wasserstoffatomen aus den Piperidinen, indem man letztere mit Brom und Natronlauge oder Jod und Silberoxyd behandelt (126). Dem α-Methylpiperideïn kommt wohl folgende Konstitution zu: 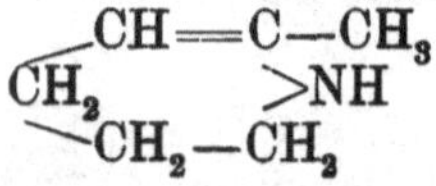 ; es ist demnach eine sekundäre Base.

Die **synthetische Bildung** von Tetrahydropyridinen erfolgt durch Einwirkung von Ammoniak und Aminen auf δ-Brombutylmethylketon in folgender Weise (127):

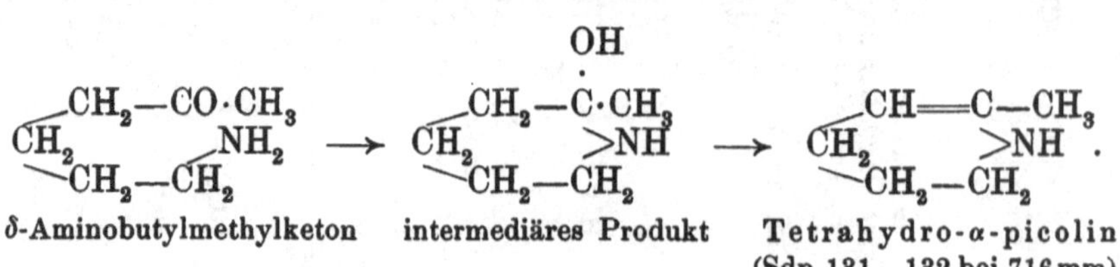

δ-Aminobutylmethylketon — intermediäres Produkt — **Tetrahydro-α-picolin** (Sdp. 131—132 bei 716 mm)

Nach einem ähnlichen Prinzip erhält man die Stammsubstanz dieser Gruppe, das Piperideïn (128):

δ-Aminovaleraldehyd — Piperideïn (starke Base, die sich beim Destillieren polymerisiert)

Eine weitere Methode besteht in der Wasserabspaltung aus Acetonalkaminen, wobei die sogenannten Acetoninbasen erhalten werden (129), z. B.:

Triacetonalkamin aus Triacetonamin — Triacetonin (Sdp. 146—147°)

Ein α-Oxypiperideïn (Schmp. 129°) entsteht endlich durch Einwirkung von Wasserstoffsuperoxyd auf Piperidin; es giebt keine Nitrosoverbindung (128).

In diese Gruppe gehörende Verbindungen sind auch die fünf Coniceïne $C_8H_{15}N$, die zum Teil nach Art der Triacetonine durch Wasserabspaltung aus dem Alkaloïde Conhydrin (Begleiter des Coniins) bezw. aus Halogenconiinen durch Halogenwasserstoffabspaltung entstehen (130). Dem α-Coniceïn (Sdp. 158°) wird folgende Konstitution:

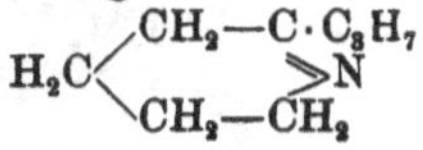

zugeschrieben, während das gewöhnliche Coniceïn das wirkliche Homologe der erwähnten synthetischen Piperideïne ist.

Das Alkaloïd Arecaïdin $C_7H_{11}NO_2 + H_2O$ stellt eine n-Methyltetrahydronicotinsäure dar, deren Methylester der Begleiter des ersteren, das Arecolin ist (131).

3. Hexahydropyridine oder Piperidine ($C_5H_{11}N$) sind die Produkte der Hydrogenation der Pyridine, ($C_5H_5N + 6H$), werden aber auch synthetisch gewonnen; eine Anzahl derselben kommen als Alkaloïde in der Natur vor.

Die Bezeichnung der Substitution geschieht ebenso wie in der Pyridingruppe; wegen des sekundären Charakters des Stickstoffes kommen noch die sog. n-Derivate hinzu:

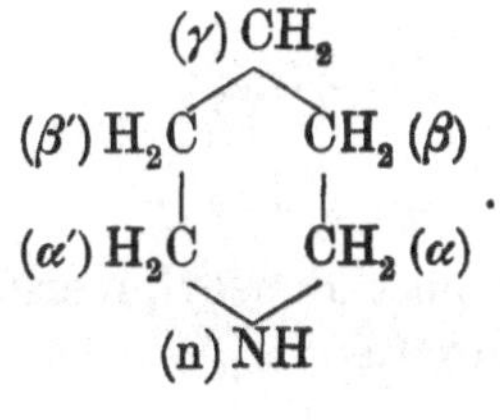

Die **Namen** der Hexahydropyridine entsprechen den in der Pyridinreihe gebrauchten mit dem Unterschiede, daß die Silbe -pe- in das betreffende Wort eingeschoben wird, aus Picolin wird z. B. Pipecolin, aus Lutidin Lupetidin u. s. w.

Die Reduktion von Pyridinen zu Piperidinen erfolgt am besten durch Natrium und Alkohol (132), aber zum Teil auch schon durch Zinn und Salzsäure; die Trennung von unverändertem Ausgangsmaterial geschieht durch Behandlung mit salpetriger Säure, welche die Piperidine in nicht basische Nitrosopiperidine (z. B. $C_5H_{10}{=}N{\cdot}NO$) verwandeln; aus letzteren kann durch Reduktion oder durch gasförmige Salzsäure die Nitrosogruppe wieder entfernt werden.

Piperidinsynthesen:

1) Ammoniakabspaltung aus Pentamethylendiamin bezw. dessen Chlorhydrat (133):

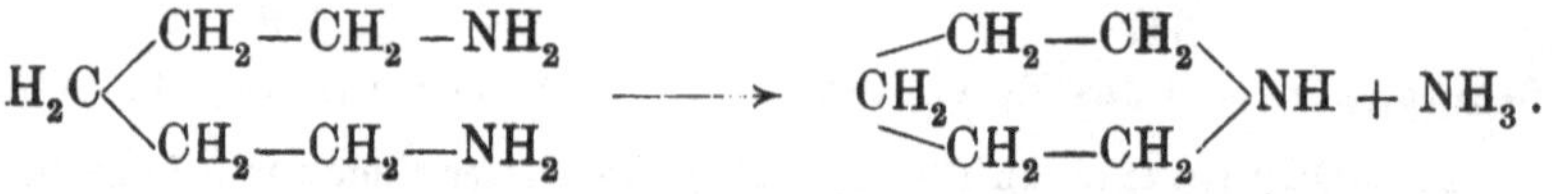

2) Ein ähnlicher Prozeß ist die Abspaltung von Halogenwasserstoff aus ε-Chlor- bezw. Bromamylamin mittelst Kali (134):

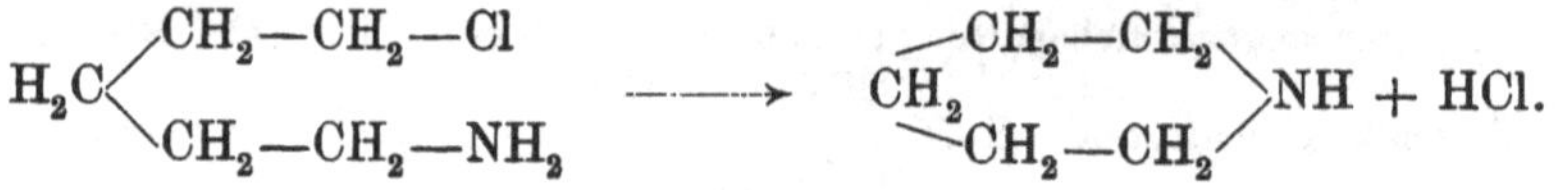

3) Oxypiperidine oder Piperidone erhält man durch innere Kondensation von δ-Aminofettsäuren (135); z. B.:

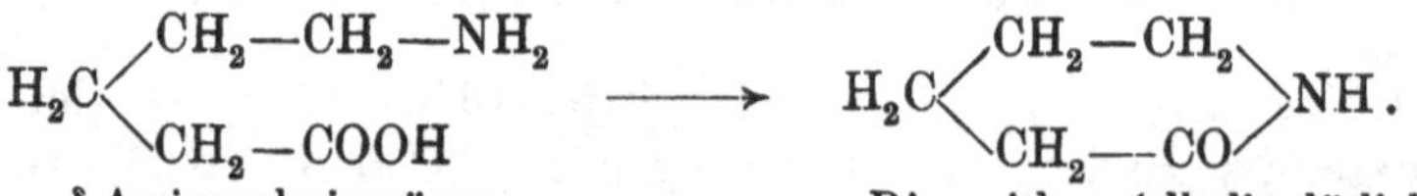

δ-Aminovaleriansäure — α-Piperidon (alkaliunlöslich) (Schmp. 39—40°, Sdp. 256°)

Aufspaltung und Abbau des Piperidins.

1) Erhitzen mit Jodwasserstoffsäure auf 300° liefert als Spaltungsstücke Ammoniak und Normalpentan (136):

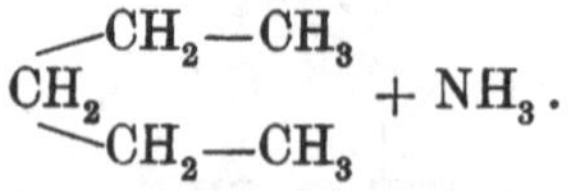

2) Durch Oxydation von n-Benzoylpiperidin mit $KMnO_4$ entsteht δ-Benzoylaminovaleriansäure (137):

welche durch Verseifung in δ-Aminovaleriansäure oder Homopiperidinsäure übergeht, die sich ihrerseits bei der Destillation wieder in das ringförmige Piperidon (vergl. S. 236) verwandeln läßt.

3) Piperylurethan wird durch Salpetersäure unter Verlust eines C-Atomes (als CO_2) in das Carbäthoxylderivat der γ-Aminobuttersäure (Piperidinsäure) übergeführt (138):

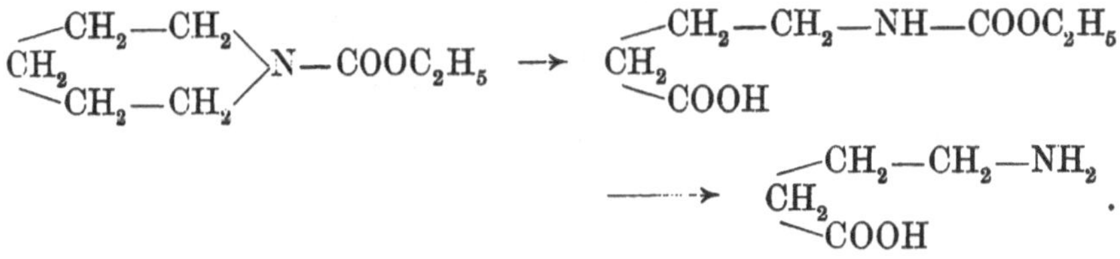

γ-Aminobuttersäure und δ-Aminovaleriansäure wurden durch anderweitige Synthesen mit den unter 2) und 3) angeführten Spaltungsstücken identifiziert (139).

4) Piperidin selbst wird durch Wasserstoffsuperoxyd unter intermediärer Bildung eines Oxydes (s. u.) zu δ-Aminovaleraldehyd (I) aufgespalten; nebenher läuft die Bildung von Glutarimid oder α, α'-Diketopiperidin (II) (140):

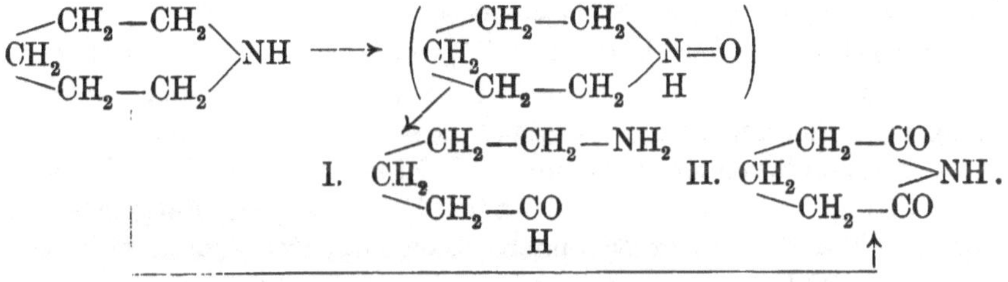

5) Die interessanteste Aufspaltung (vergl. Pyrrolidine) des Piperidinkernes ist diejenige durch erschöpfende Methylierung (141) (A. W. Hofmann, Ladenburg). Dieser Prozeß durchläuft folgende Phasen: n-Methylpiperidin (1) liefert durch Methylierung die quaternäre Base Dimethylpiperidiniumhydroxyd (2), welche beim Erhitzen nicht die normale Spaltung erleidet, sondern eine tertiäre olefinische Base, das sog. Dimethylpiperidin (3) liefert. Durch abermalige Methylierung der letzteren entsteht wieder eine quaternäre Ammoniumbase (4), die beim Destillieren unter Verlust des Stickstoffes als Trimethylamin (5) ein 1,4-Pentadiën (Divinylmethan), das sog. Piperylen (6) liefert:

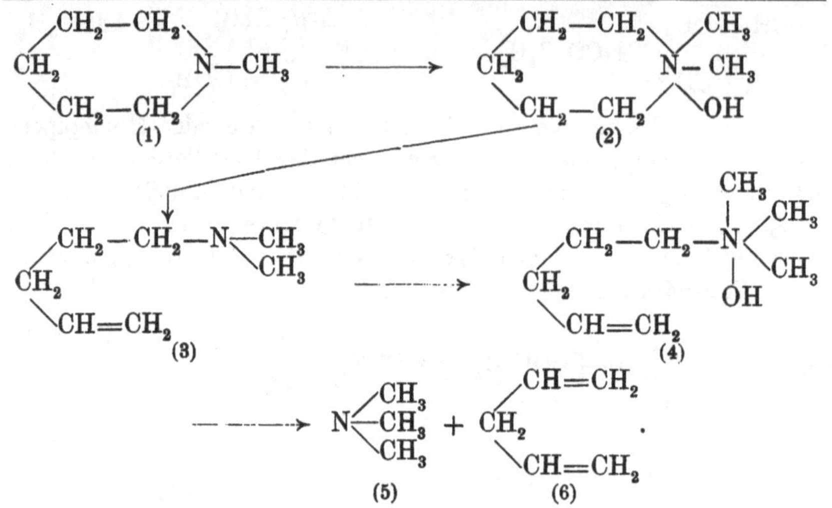

Hierzu ist zu bemerken, daß das sog. Dimethylpiperidin (Δ_4-Pentenyldimethylamin) (3) durch Salzsäuregas in einen Fünfring, das Dimethylpyrrolidin 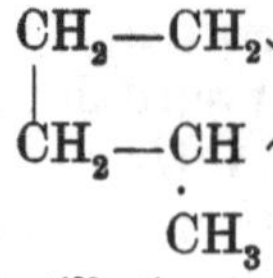 übergeführt wird, ein Prozeß, der durch Destillation des Jodmethylats des letzteren umgekehrt werden kann (142).

Sonstiges Verhalten der Piperidine: Starke, einsäurige, sekundäre Basen, deren Wasserlöslichkeit mit steigendem Kohlenstoffgehalt abnimmt; die Piperidine sieden durchweg niedriger als die korrespondierenden Pyridine; z. B. Piperidin, Sdp. 106° (Pyridin Sdp. 115°), γ-Methylpiperidin, Sdp. 127—129° (γ-Methylpyridin, Sdp. 147°) u. s. w. Der sekundäre Basencharakter kommt nicht nur durch die Bildung von Nitrosaminen (vergl. S. 236) zum Ausdruck, sondern auch durch die glatte Alkylierung am Stickstoff, welche sich auffallender Weise sogar zur Phenylierung erweitern läßt, wie aus folgender Gleichung hervorgeht (143):

$$\overbrace{C_5H_{10}:NH + BrC_6H_5}^{250-260^0} = \underset{\text{n-Phenylpiperidin}}{C_5H_{10}:N-C_6H_5} + BrH.$$

Glatte Umsetzungen rufen ferner hervor: Chlorkohlensäureester, Säurehalegonide, Cyanate und Senföle unter Bildung von Piperylurethanen, Acidylpiperidinen, Harnstoffen und Thioharnstoffen. Quaternäre Piperidiniumsalze mit gemischten Radikalen vom Typus

$C_5H_{10}{=}N{<}^{x}_{y}Hlg$ existieren nur in einer Form, auch wenn man die Radikale in verschiedener Reihenfolge einführt (144). Hingegen sind die Homologen des Piperidins, welche ein asymmetrisches Kohlenstoffatom (*) enthalten, wie

$$CH_2{<}\begin{matrix}CH_2-CH_2\\CH_2-{}^{*}CH\\ \quad\;\; \dot{}\,Alk.\end{matrix}{>}NH$$

in ihre optischen Antipoden spaltbar, und zwar durch fraktionierte Krystallisation ihrer Salze mit optisch-aktiven Säuren (145); das erste und bekannteste Beispiel dieser Art ist die Aktivierung des synthetischen inaktiven Coniins (α-Propylpiperidins).

Während das Piperidin selbst durch Wasserstoffsuperoxyd aufgespalten wird (s. S. 237), liefern die n-Alkylpiperidine mit diesem Reagenz N-Oxyde vom Typus

$$CH_2{<}\begin{matrix}CH_2-CH_2\\CH_2-CH_2\end{matrix}{>}N{\lessgtr}\begin{matrix}Alk.\\O\end{matrix}$$

(146), welche indessen zur labilen Form des fünfwertigen Stickstoffes gehören und daher den Sauerstoff leicht abspalten.

Die rückwärtige Verwandlung von Piperidin in Pyridin erfolgt weit schwieriger als der umgekehrte Prozeß: Erhitzen mit konz. H_2SO_4 auf 300° liefert Pyridin bezw. Pyridinsulfosäure (147); andere Methoden sind: Kochen mit Silberoxyd oder -acetat in Eisessiglösung (148), Destillation der Piperidinchlorhydrate über Zinkstaub (149), Oxydation mit Nitrobenzol (150) bei 260° u. s. w.

Spezielles: Die Muttersubstanz dieser Gruppe, das Piperidin findet sich im Piperin, dem Alkaloïd des Pfeffersamen, aus welchem es durch Erhitzen mit Natronkalk abgeschieden wird (151).

Im Piperin (Schmp. 128—129,5°) ist das Piperidin an die sog. Piperinsäure gebunden; nach Ermittelung der Konstitution (152) der Piperinsäure ergab sich für das Piperin folgende Strukturformel:

$$C_5H_{10}{:}N-CO-CH{=}CH-CH{=}CH-C{<}\begin{matrix}CH{=}CH\\CH-C\end{matrix}{>}C\begin{matrix}-O-\\-O-\end{matrix}CH_2$$

(n-Piperoylpiperidin).

Die Piperinsäure ihrerseits entsteht synthetisch aus Piperonal, das durch Kondensation mit Acetaldehyd Piperonylacroleïn liefert; letzteres geht durch die PERKIN'sche Reaktion in Piperinsäure über (153).

Eine Lösung von Piperin, das nunmehr zu den synthetisch zugänglichen Alkaloïden gehört, in konz. H_2SO_4 ist blutrot gefärbt.

Eine noch nicht erwähnte Darstellungsmethode des Piperidins ist diejenige durch Elektrolyse von schwefelsaurem Pyridin (154).

Piperidin siedet bei 106° und hat bei 0° das spez. Gew. 0,8810. Die Salze kyrstallisieren gut und sind meistens nicht hygroskopisch; das sog.

Piperidiniumessigsäureoxydhydrat (aus wässerigem Piperidin und Monochloressigsäure) krystallisiert in enantiomorphen Krystallen, ohne optisch aktiv zu sein (155).

Piperidinabkömmlinge. (Siehe Tabellen S. 241—245.)

Piperidincarbonsäuren.

Die drei isomeren Monocarbonsäuren entsprechen vollständig den 3 Pyridincarbonsäuren, aus denen sie durch Hydrierung gewonnen werden. (Oxydation der Monoalkylpiperidine führt nicht zum Ziel!)

Die Formeln dieser Säuren sind demgemäß die folgenden:

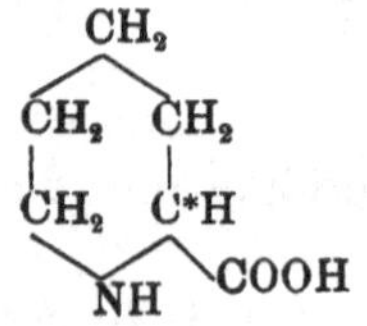

inakt. Pipecolinsäure, Schmp. 264°; aktivierbar durchs Bitartrat: Schmp. der akt. Säuren: 270°; die Rechts-Säure hat: $[\alpha]_D = + 35{,}7°$

B. 24, 640; 29, 390

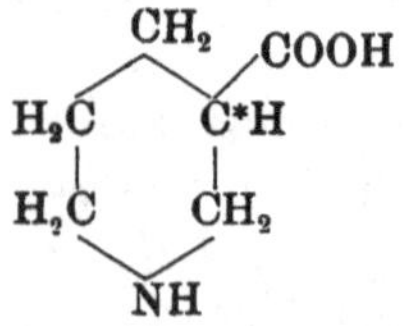

Nipecotinsäure, auch aus Chinolinsäure mit Na und Alkohol; schmilzt bei 249—250°, bildet Salze mit Säuren, ist noch nicht aktiviert worden.

B. 25, 2768; 28, 3153

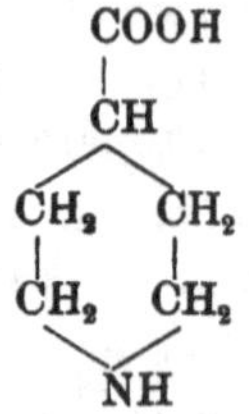

Isonipecotinsäure schmilzt noch nicht bei 320°

B. 25, 2772

Dicarbonsäuren.

Von den 6 Pyridindicarbonsäuren sind zwei vollständig hydriert worden, die Chinolinsäure (156) und die Cinchomeronsäure (157); beide liefern je 2 stereoisomere Hexahydrosäuren, die sich zu einander verhalten wie cis- und cis-trans-Hexahydroterephtalsäure (fumaroïde und maleïnoïde Form). Die Stereoisomerie der Hexahydrochinolinsäuren lässt sich durch folgende räumlich gedachten Figuren veranschaulichen:

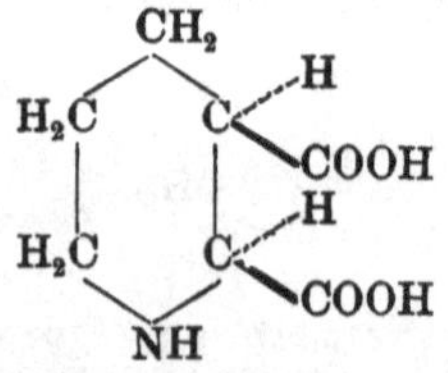

cis-Hexahydrochinolinsäure, Schmp. 227°, aus dem öligen Nitrosamin

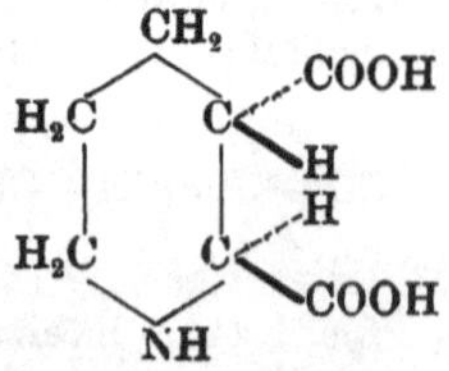

cis-trans-Hexahydrochinolinsäure, Schmp. 253°, aus dem festen Nitrosamin

bei der Nitrosierung der rohen Hexahydrochinolinsäure

amorph, wird durch siedende Natriumamylatlösung in die cis-trans-Form umgelagert.

krystallisiert, durchweg schwerer löslich, als die cis-Form. Die Nitrosoverbindung ist mittelst Strychnin aktivierbar.

Piperidinabkömmlinge.

1. N-Derivate.

Name	Sdp.	Schmp.	Darstellung	Eigenschaften etc.	Litteratur
n-Nitrosopiperidin	218°	—	Piperidin + salpetrige Säure	liefert durch Reduktion Piperylhydrazin $C_5H_{10}:N{-}NH_2$ (Sdp. 146°)	über electrolyt. Umwandlung in Dipiperidyl, vgl. B. **30**, 535
n-Methylpiperidin	107°	—	aus Piperidinjodmethat durch Kali	bildet mit JCH_3 Dimethylpiperidiniumjodid	A. chim. **38**, 91
n-Äthylpiperidin	128°	—	analog	—	B. **23**, 2570
n-ω-Aminoäthylpiperidin	183—184°	—	aus ω-Bromäthylphtalimid und Piperidin	verbindet sich mit CO_2	B. **24**, 1121
Äthylen-n, n-dipiperidin	263°	4°	aus Äthylenbromid + Piperidin	verbindet sich abermals mit Äthylenbromid	B. **4**, 739; **17**, 155, vergl. B. **32**, 990
n-Phenylpiperidin	245—250°	—	vergl. S. 238	existiert als Nitro- und als Aminoderivat	B. **21**, 2279, 2281, 2287
n-Benzylpiperidin	245°	—	aus Benzylchlorid + Piperidin	addiert Halogenalkyle und -essigester	B. **15**, 423. vgl. B. **32**, 515
Piperäthylalkin	199°	—	aus Glycolchlorhydrin + Piperidin	Formel: $C_5H_{10}:N{-}CH_2{-}CH_2{\cdot}OH$	B. **15**, 1143
n-Formylpiperidin	220—222°	—	aus Piperidin, Kali und Chloroform oder aus Formamid und Piperidin	hat noch basische Eigenschaften	M. **9**, 700. B. **27**, 2090

Piperidinabkömmlinge (Fortsetzung).

Name	Sdp.	Schmp.	Darstellung	Eigenschaften etc.	Litteratur
n-Acetylpiperidin	226—227°	—	aus Piperidin und Acetylchlorid oder Acetessigester	mit Wasser mischbar	B. **15**, 426; **27**, 2088
n-Benzoylpiperidin	oberhalb 360°	48°	nach SCHOTTEN-BAUMANN aus Benzoylchlorid + Piperidin	Verhalten gegen $KMnO_4$, vergl. S. 236	B. **21**, 2238
n-Piperylurethan	211°	—	aus Chlorkohlensäureester + Piperidin	Oxydation vergl. S. 237; nicht verseifbar	B. **16**, 647
Piperidinharnstoff	—	105—106°	aus Piperidinsulfat + KCNO	—	—
n-Chlorpiperidin	52° bei 25 mm Druck	—	aus Piperidin und Chlorkalk	zersetzt sich leicht zu Piperidinchlorhydrat	B. **21**, 1922
n-Nitropiperidin	245° u. tlw. Z.	−5 bis −6	aus Piperidinnitrat und Essigsäureanhydrid	—	B. **28**, 536
			2. C-Derivate.		
α-Methylpiperidin (α-Pipecolin)	116,5° (715 mm)	—	aus α-Picolin durch Natrium und Alkohol	wurde durch das Bitartrat aktiviert: $[\alpha]_D = \pm 32°$. Die aktiven und inaktiven Salze differieren in den Schmelzpunkten	A. **247**, 62. B. **29**, 43.
β-Methylpiperidin (β-Pipecolin)	125—126°	—	aus β-Picolin sowie aus β-Methyl-ε-chloramylamin	l-β-Pipecolin aus dem Bitartrat hat $[\alpha]_D = -3{,}98°$ (Sdp. 124°)	A. **247**, 67. B. **26**, 2573; **27**, 76, 1409
γ-Pipecolin	126,5 bis 129°	—	aus γ-Picolin	nicht aktivierbar	A. **247**, 69
α-Äthylpiperidin	141—143°	—	aus α-Vinylpyridin mit Na und Alkohol	aktivierbar: die Rechtsbase hat $[\alpha]_D = +6{,}75°$	B. **31**, 290
α-Vinylpiperidin	146—148°	—	aus α-Pipecolylalkin durch konz. H_2SO_4	riecht coniinartig	B. **24**, 1621; **31**, 286

α. β'-Methyläthylpiperidin (Coppelidin	162° (759 mm)	—	das Gemisch der beiden inaktiven Basen entsteht aus Aldehydcollidin (s. d.) durch Hydrierung; Trennung der Chlorhydrate durch Aceton	beide racemischen Basen sind aktivierbar d-Coppelidin $[\alpha]_D = + 36,93^0$ l- „ $[\alpha]_D = - 16,26^0$	B. 28, 2270; 29, 1959
und Isocoppelidin)	162—164° (763 mm)	—		d-Isocoppelidin $[\alpha]_D = + 4,23^0$ l- „ $[\alpha]_D = -5703^0$	A. 247, 90
α-Propylpiperidin (i. Coniin)	166° (756 mm)	—	aus α-Propylpyridin (Conyrin) oder synthetisch aus α-Allylpyridin (α-Picolin + Paraldehyd). Die aktive Base findet sich neben γ-Coniceïn, n-Methylconiin, Conhydrin (α-Propylpyridin), Pseudoconhydrin (α-Äthylpiperylalkin $NC_5H_9—CH(OH)—CH_2—CH_3$) im Fleckschierling	die synthetische inaktive Base ist aktivierbar und dann mit dem Alkaloïd Coniin identisch,	B. 17, 831; 19, 439, 2578 A. 247, 80.
d-Coniin (spez. Gew. bei 19° = 0,8438	165,7 bis 165,9°	—		$[\alpha]_D^{19} = + 15,7^0$. Das Chlorhydrat giebt beim Destillieren über Zinkstaub: Conyrin. l-Coniin ist nur optisch entgegengesetzt. Der Abbau des Coniins entspricht in jeder Beziehung dem des Piperidins (vgl. S. 238). Das zunächst entstandene Dimethylconiin liefert eine quaternäre Ammoniumbase, die beim Destillieren in Trimethylamin u. den Kohlenwasserstoff Conylen $C_3H_7 \cdot C_5H_7$ zerfällt. Auch die anderen Sprengungsmittel wirken analog: n-Benzoylconiin wird zu δ-Aminocaprylsäure u. δ-Amino-n-valeriansäure oxydiert. Coniin selbst wird durch H_2O_2 zu δ-Propyl-δ-aminovaleraldehyd oxydiert, welcher bei der Destillation wieder Coniin liefert. d-Coniin wird durch JH in normales Octan und Ammoniak gespalten.	B. 22, 1403; 18, 5 u. 109; 14, 708. A. 279, 341. B. 19, 500; 28, 1459; 18, 13
n-Methylconiin	173—174°	—	$[\alpha]_D^{24} = + 81,33^0$	—	—
Nitrosoconiin	150—160°	—	P_2O_5 verwandelt in Conylen und Stickstoff	—	—

Piperidinabkömmlinge (Fortsetzung).

Name	Sdp.	Schmp.	Darstellung	Eigenschaften	Litteratur
β-Propylpiperidin	174°	—	aus β-Propyl-ε-chloramylamin mit NaOH	aktivierbar $[\alpha]^D = \pm 6,39$	B. **30**, 1006
γ-Phenylpiperidin	255—257°	57,5—58°	aus γ-Phenylpyridin	starke Base	B. **20**, 2590
β-Methyl-α-piperidon	—	53,5—55°	durch Destillation von δ-Amino-α-methylvaleriansäure	Analogon des α'-Oxy-α-pipecolins und des Piperidons	B. **24**, 2445; cf. B. **22**, 1054
n-Methyl-α-pipecolylalkin (sog. Hydratropin)	288°	—	durch Methylierung von α-Pipecolylalkin $C_5H_9(CH_2—CH_2·OH)NH$ (aus Picolylalkin durch Hydrierung)	ist isomer dem n-Methyl-α-pipecolyl-β-alkin	B. **22**, 2587. cf. A. **294**, 141 A. **301**, 114
Vinyldiacetonalkamin (γ-Hydroxyl-α, α, α'-trimethylpiperidin) Zwei Modifikationen α (stabil), β (labil),	α 209—211° β 204—205°	α 137—138° β 160—161°	aus Vinyldiacetonamin mit Natriumamalgam: 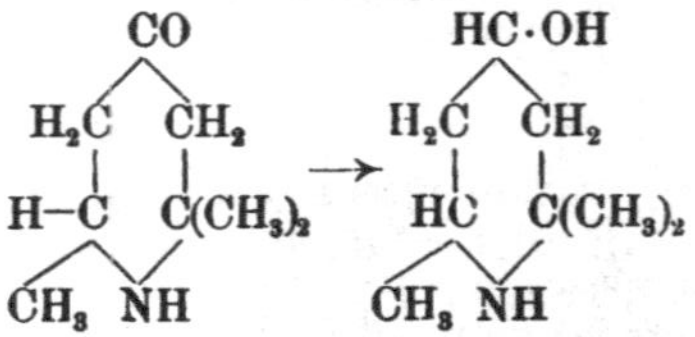 Trennung von α- und β- mit Hilfe des Chlorhydrats: α aus β durch Kochen mit Natriumamylat	der Ester der β-Modifikation mit Mandelsäure bewirkt „Mydriasis". Brom- und Jodwasserstoffsäure erzeugen die entsprechenden γ-Halogenkörper	B. **17**, 1794; **29**, 2730. A. **294**, 372; **296**, 328. B. **31**, 666
Vinyldiacetonamin (γ-Keto-α, α, α'-trimethylpiperidin)	199—200°	27°	aus Diacetonamin + Acetaldehyd 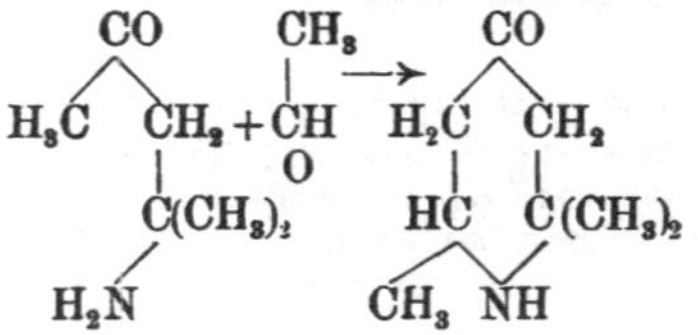	liefert ein Oxim vom Schmp. 150—151°, das reduzierbar ist (s. u.)	A. **191**, 122. B. **17**, 1793; **29**, 522

γ-Amino-α,αα'-trimethylpiperidin **Zwei stereoisomere Modifikationen (α u. β)**	α 60—61° (7—8 mm) β 82—84° (22 mm)	α 25—26° β —	aus dem Oxim des Vinyldiacetonamins durch Reduktion; Stereoisomere, wie bei den Vinyldiacetonalkaminen: 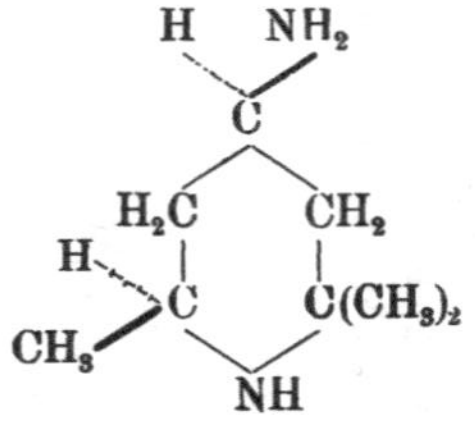 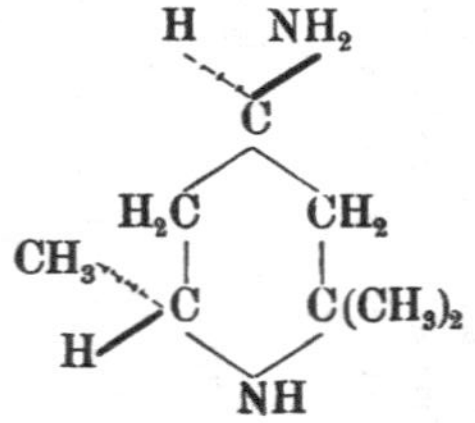	die β-Base ist stabil und entsteht ausschließlich bei Reduktion mit Na und Amylalkohol, sie liefert ein Hydrat vom Schmp. 20°. Die α-Base wird durch N_2O_3 in α- und β-Vinyldiacetonalkamin (s. o.) übergeführt Die Trennung der Isomeren erfolgt vermittelst der Chlorhydrate	A. **294**, 352, 364
α-Oxyconiin (Conhydrin) $CH_2<\begin{matrix}CH_2—C(OH)\cdot C_3H_7 \\ CH_2—CH_2\end{matrix}>NH$	226°	120,6°	kommt im Schierling vor	P_2O_5 spaltet ein Mol. H_2O ab unter Bildung von α- und β-Coniceïn. Dreht nach rechts und ist sehr giftig	B. **15**, 2315; **18**, 5
α-Äthylpiperylalkin $HNC_5H_9\cdot CH(OH)—CH_2—CH_3$	—	99—100°	durch Reduktion von α-Äthylpyridylketon mit Na und Alkohol	soll identisch sein mit der α-Modifikation des Pseudoconydrins $C_8H_{17}NO$	B. **24**, 2533; **27**, 1776 cf. B. **22**, 2588

Die stereoisomeren Formen der Hexahydrocinchomeronsäure, die ebenfalls mit Hilfe der Nitrosamine getrennt werden, können durch folgende Formelbilder wiedergegeben werden:

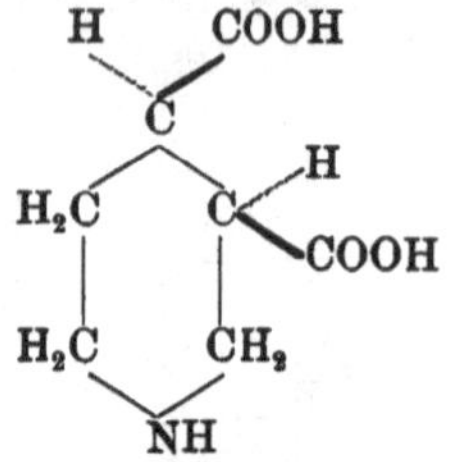

cis-Hexahydrocinchomeronsäure, Schmp. 259—260°, wird durch konz. Kalilauge gegen 200° in die cis-trans-Form umgelagert.

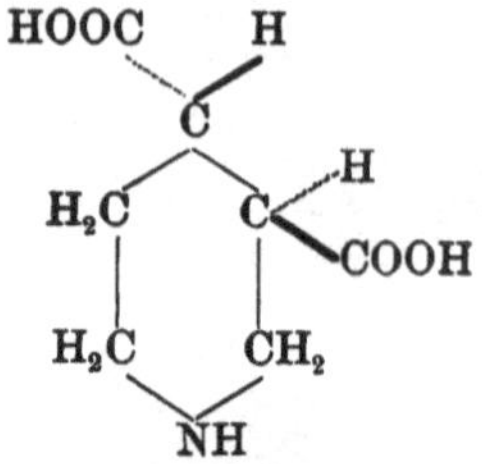

cis-trans-Hexahydrocinchomeronsäure, Schmp. 268—270° u. Z., hat vielleicht eine betaïnartige Struktur.

Die cis-Hexahydrocinchomeronsäure ist mit der sog. Loiponsäure (158) identisch, einem Oxydationsprodukt des Cinchonins und Chinins, das zusammen mit Cincholoiponsäure (159) oder durch Oxydation der letzteren auftritt; Cincholoiponsäure ist auch durch Oxydation von Merochinen erhalten, das ebenfalls ein wichtiges Spaltungsstück der Chinaalkaloïde ist; die Formeln (160) und genetischen Beziehungen der genannten Körper giebt folgendes Schema wieder:

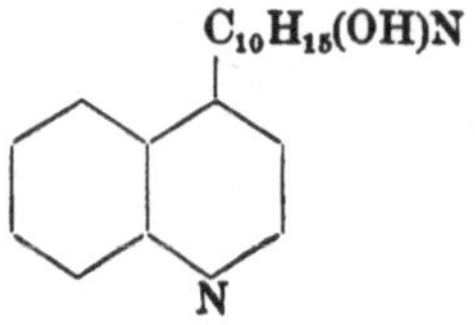

Cinchonin

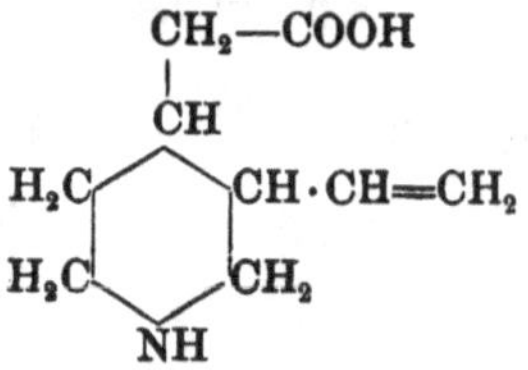

Merochinen

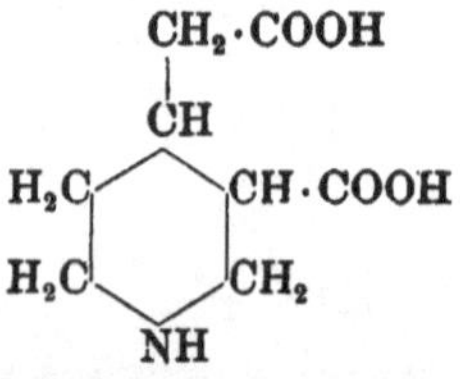

Cincholoiponsäure
(Piperidin-γ, β-essigcarbonsäure)
(Schmp. [wasserfrei]: 225—226°)

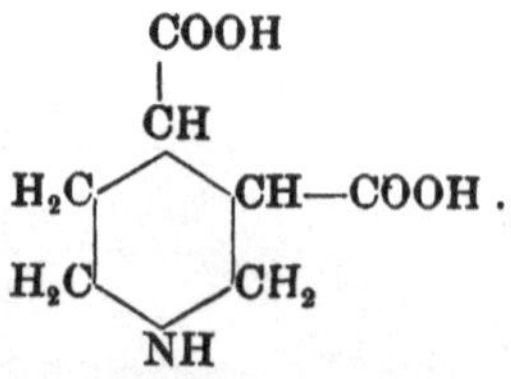

Loiponsäure
(cis-Hexahydrocinchomeronsäure)
(optisch aktiv)

n-Methylhexahydrocinchomeronsäure (Schmp. 258—259°) ist das Hexahydroderivat der Apophyllensäure (vergl. S. 231).

Ein Derivat einer Oxypiperidincarbonsäure ist das aus dem Triacetonamin darstellbare Eucaïn oder Tetramethyl-n-methyl-γ-benzoyloxypiperidin-γ-carbonsäuremethylester (Ersatzmittel für Cocaïn) (161).

Verbindungen mit zwei Pyridin- bezw. Piperidinkernen (Dipyridyl- und Dipiperidylgruppe).

Diese Gruppe vermittelt den Übergang zu den Sechsringen mit zwei Stickstoffatomen; während aber letztere die beiden Heteroatome in einem Kern enthalten, sind sie bei der in der Überschrift genannten Gruppe auf zwei Systeme verteilt, schliessen sich also chemisch den Pyridinen und Piperidinen an: die Dipyridyle verhalten sich zum Pyridin, wie Diphenyl zu Benzol.

Von den sechs theoretisch denkbaren Dipyridylen sind vier bekannt.

Dipyridyle entstehen allgemein durch Einwirkung von Natrium auf Pyridine, sowie durch CO_2-Abspaltung aus Dipyridylcarbonsäuren, welche ihrerseits durch Oxydation von Dipyridylhomologen bezw. von Phenanthrolinen zugänglich sind.

α, α-Dipyridyl (Schmp. 70°, Sdp. 272,5°) 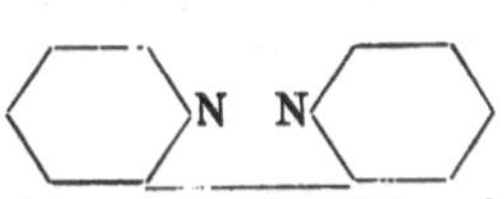 erhält man durch Destillation von picolinsaurem Kupfer neben Pyridin; durch Oxydation entsteht nur Picolinsäure, woraus sich die Konstitution ergiebt (162). Durch Hydrierung mit Natrium und Amylalkohol entsteht α, α-Dipiperidyl

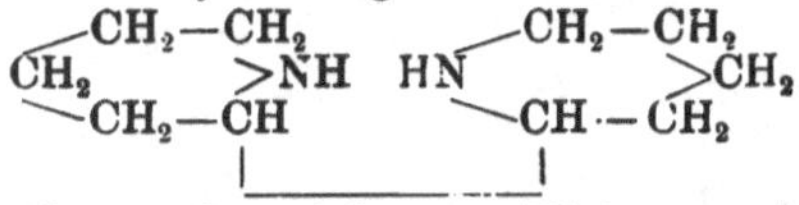

(starke äußerst hygroskopische Base vom Sdp. 259°), welche eine Dinitrosoverbindung bildet (163).

α, β-Dipyridyl (Sdp. 295,5—296,5°) entsteht aus der zugehörigen β, α-Dicarbonsäure, welche ihrerseits durch Oxydation des m-Phenanthrolins gewonnen wird (164):

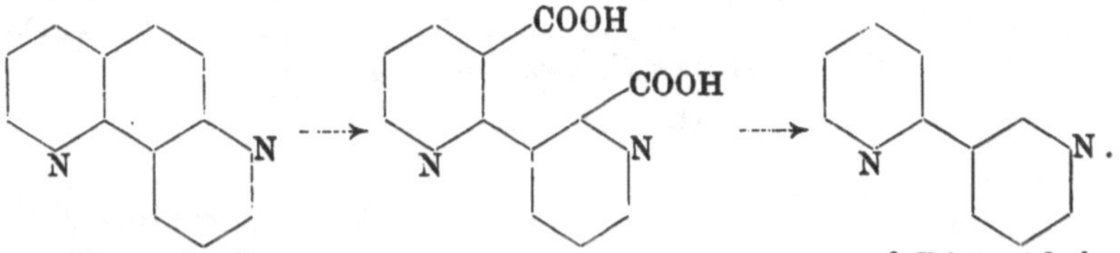

m-Phenanthrolin α, β-Dipyridyl

Diese zweisäurige Base geht durch Hydrierung in α, β-Dipiperidyl (Schmp. 68—69°, Sdp. 267—268°) über (165).

β, β-Dipyridyl entsteht in analoger Weise aus p-Phenanthrolin, woraus sich die Konstitution ergiebt (166).

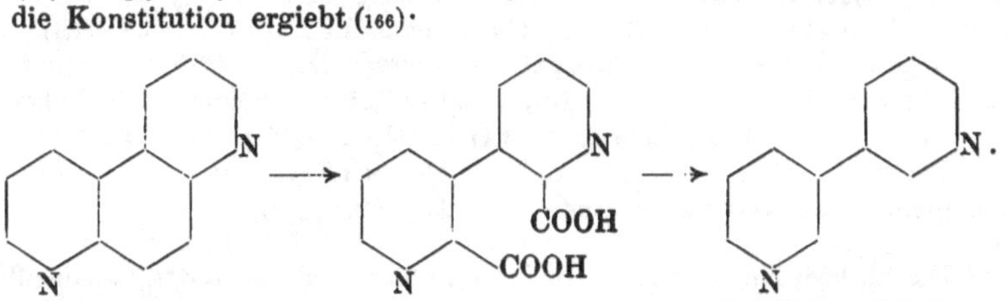

p-Phenanthrolin β, β-Dipyridyl

Beim Hydrieren wird nur ein Pyridinkern reduziert unter Bildung von Hexahydro-β,β-dipyridyl oder Nicotidin (Sdp. 287—289°, giftig und stark alkalisch) (166).

γ,γ-Dipyridyl (+ $2 H_2O$) (Schmp. 73°, Sdp. 304,8°); die Oxydation liefert nur Isonicotinsäure, daher die Formel 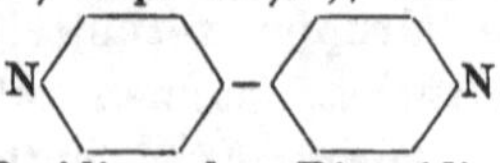; die Base entsteht durch Einwirkung von Natrium auf Pyridin neben Dipyridin (Dihydrodipyridyl) und Hexahydrodipyridyl (167).

Durch Reduktion mit Zinn und Salzsäure erhält man Hexahydro-γ,γ-dipyridyl (Isonicotin) (168) vom Schmp. 78°, während bei energischer Hydrierung γ,γ-Dipiperidyl (169) (Schmp. 160°) gebildet wird.

Auch eine Anzahl von Methyldipyridylen und von daraus derivierenden Carbonsäuren ist bekannt geworden, meistens durch Einwirkung von Natrium auf homologe Pyridine (vergl. J. pr. [2] **42**, 429; **44**, 404; **48**, 1; B. **31**, 2280).

Dihydrodipyridyl oder Dipyridin, $C_{10}H_{10}N_2$ ist schon als Nebenprodukt der Einwirkung von Natrium auf Pyridin erwähnt worden, es siedet bei 286—290°; die Konstitution desselben ist noch nicht ganz sicher (170).

Anhangsweise sei noch angeführt, daß auch der Pyrrolrest als Substituent in einem Pyridinkern auftreten kann, z. B. im β-Pyridyl-α-pyrrol (171):

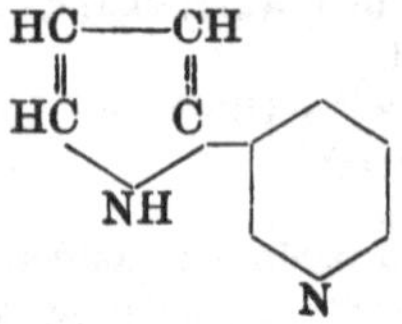

;

dieses gewinnt man durch Umlagerung des Pyridyl-n-pyrrols, welches seinerseits aus Schleimsäure und β-Aminopyridin entsteht. Dieser Körper ist wahrscheinlich die Stammsubstanz des Alkaloïds[1] Nicotin (Sdp. 246,7°), welchem folgende Konstitutionsformel zugeschrieben wird (172):

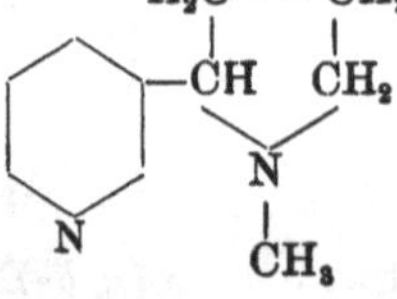

(β-Pyridyl-n-methyl-α-pyrrolidin.)

Durch gemäßigte Oxydation werden die vier additionellen Wasserstoffatome des Pyrrolidinkerns entfernt unter Bildung von Nicotyrin (173), durch energische Oxydation (HNO_3, $KMnO_4$ u. s. w.) entsteht Nicotinsäure (174), durch Hydrierung wird Hexahydronicotin gebildet. Das Additionsprodukt von Benzoylchlorid an Nicotin liefert durch Behandlung mit Natriumalkoholat eine isomere, sekundäre Base, das sog. Metanicotin vom Sdp. 275—278°, während mit HCl gewöhnliches Nicotin zurückgebildet wird. Über die Spaltung des Dibromnicotins mit Barytwasser vergl. B. **26**, 292.

---

[1] Das linksdrehende Nicotin findet sich in den Blättern der Tabakspflanze in wechselnden Mengen von 0,6—8 %; heftiges, brennend schmeckendes Gift.

1. b) Einringe mit zwei N oder Diazingruppe.

Der Diazinring enthält zwei Stickstoffatome als Heteroringglieder in einem Ringsystem neben vier Kohlenstoffatomen. Da dieses somit als Biderivat des Benzols — Pyridin war das Monoderivat — aufgefaßt werden kann, so hat man nach der relativen Stellung der beiden Stickstoffatome 3 isomere Diazine zu unterscheiden, wie durch folgende Formeln ausgedrückt wird:

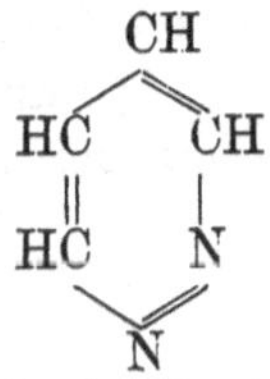

Orthodiazin

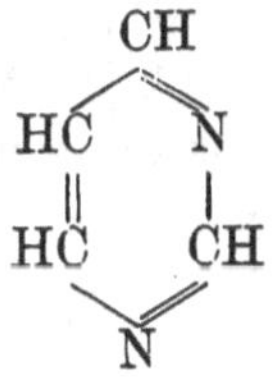

Metadiazin

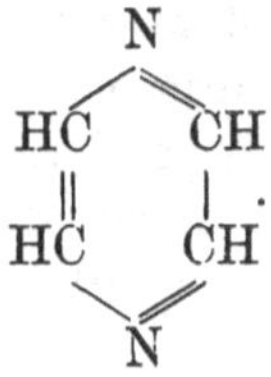

Paradiazin

Man kann also die Diazine als Pyridin betrachten, in welchem entweder in der α, der β oder der γ-Stellung eine Methingruppe durch Stickstoff ersetzt ist.

Die eigentlichen Diazine sind, wie die Benzole und Pyridine, ungesättigte Körper und zeigen demgemäß „aromatischen Charakter", welcher sowohl im chemischen als auch im physikalischen Verhalten zum Ausdruck kommt. Außerdem existiert jedoch noch eine Anzahl von Hydrodiazinen vom Charakter der Hydropyridine.

α) Orthodiazine oder Pyridazine.

Der Grundkörper dieser Untergruppe, das Pyridazin ist bekannt: es wird dargestellt aus seinem Dibenzoderivat, dem sog. Phenazon (s. d.), dessen kondensierte Benzolkerne bei der Oxydation verbrennen zu einer Pyridazintetracarbonsäure; diese führt durch successive CO_2-Abspaltung zum Pyridazin (176):

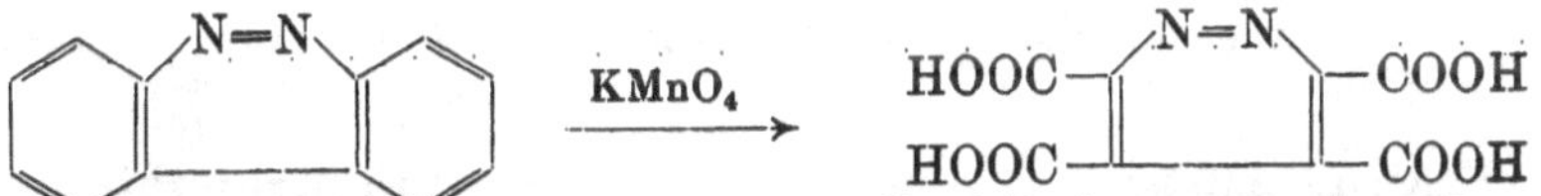

Phenazon

Pyridazintetracarbonsäure (als Dikaliumsalz)

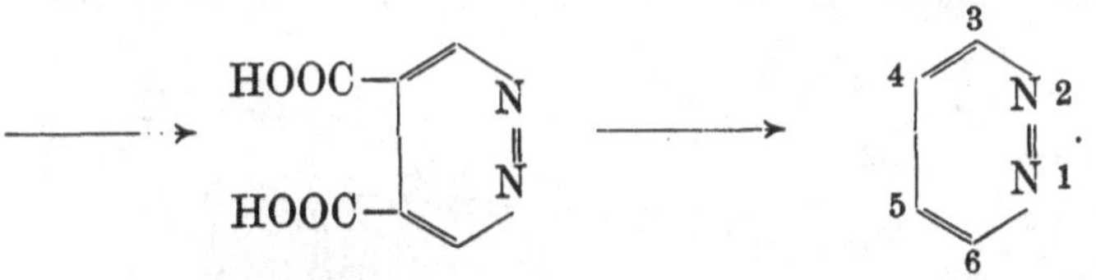

Pyridazindicarbonsäure (Schmp. 205°)

Pyridazin (Schmp. —8, Sdp. 208°)

Das Pyridazin ist eine Base von pyridinartigem Geruch, deren wässerige Lösung aber neutral reagiert, es wird durch Goldchlorid noch in großer Verdünnung als citronengelber Niederschlag ($C_4H_4N_2 \cdot AuCl_3$) gefällt.

Die Bezeichnung der Pyridazinabkömmlinge geschieht nach dem oben gegebenen Schema; demnach ist die Dicarbonsäure ein 4,5-Derivat (s. o.), von der ein Anhydrid allerdings noch nicht bekannt ist; jedenfalls werden beim Erhitzen der Tetracarbonsäure mit verdünnter Salzsäure die dem Stickstoff benachbarten Carboxyle zuerst entfernt (vergl. das analoge Verhalten der Pyridinpolycarbonsäuren); die Tetracarbonsäure wird im Gegensatz zur Dicarbonsäure durch Eisenchlorid gefärbt.

3, 4, 6-Triphenylpyridazin (Schmp. 171°) entsteht durch Oxydation von Triphenyldihydropyridazin (s. u.) mit Chromsäure.

Hydropyridazine.

1) Dihydropyridazine können je nach Lage der Doppelbindungen in 6 verschiedenen Formen auftreten: 1, 2-Dihydropyridazinderivate werden gewonnen durch Einwirkung von Hydrazinen auf 1, 4-Diketone, wobei letztere in der Enolform reagieren (176); z. B.:

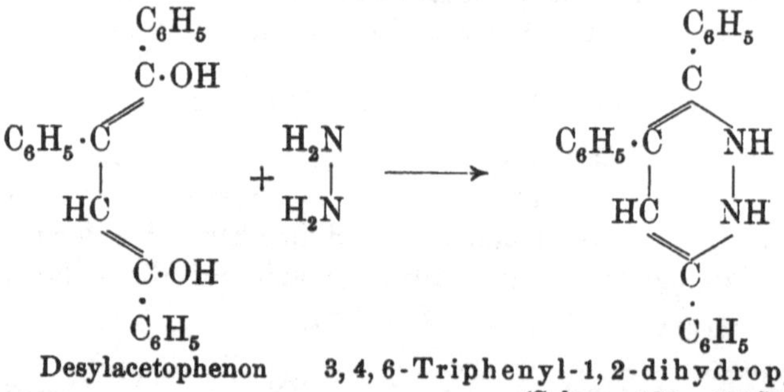

Desylacetophenon 3, 4, 6-Triphenyl-1, 2-dihydropyridazin (Schmp. 178—186°)

Ebenso entsteht 1, 3, 4, 6-Tetraphenyldihydropyridazin (Schmp. 149°) aus Desylacetophenon und Phenylhydrazin; dieser Körper liefert bei der trockenen Destillation 1,3,4-Triphenylpyrazol (177):

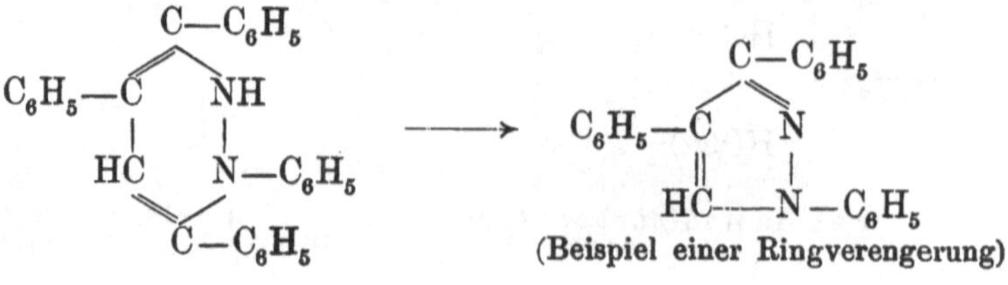

(Beispiel einer Ringverengerung)

Abkömmlinge eines 1,6-Dihydropyridazins sind die Phenylmethyl-6-pyridazone (178), die Pyrazolone der Orthodiazinreihe, wie 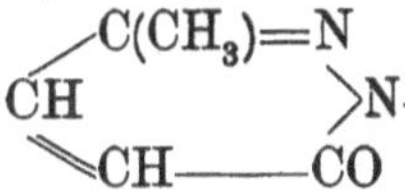 , welche aus den entsprechenden, um zwei H-Atome reicheren 6-Pyridazinonen (s. u.) durch Behandlung mit PCl_5 bereitet werden. 1-Phenyl-3-methyl-6-pyridazon ist eine schwache Base vom Schmp. 81—82°; bei seiner Darstellung entsteht das 5-Chlorderivat als Nebenprodukt, das sich in das entsprechende Äthoxy- bezw. Oxypyridazon umwandeln läßt; letzteres läßt sich durch HCl bei 170° in die isomere 1-Phenyl-3-methylpyrazol-5-carbonsäure umlagern, eine Reaktion, die durch intermediäre Ringsprengung zu einer Hydrazonoxysäure zu erklären ist; letztere kondensiert sich darauf am Hydroxyl zum Fünfring:

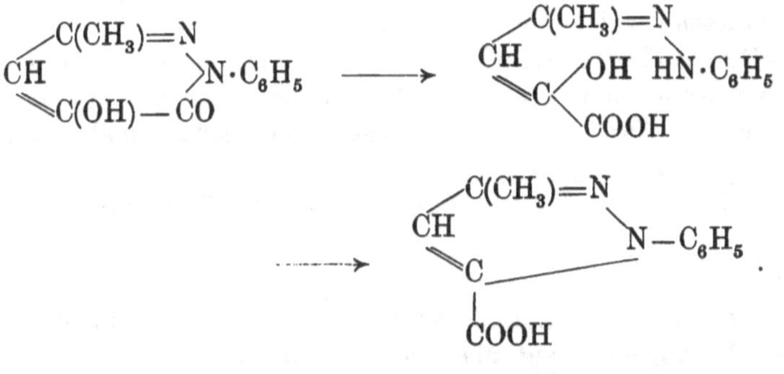

1-Phenyl-5-methyl-6-pyridazon-3-carbonsäure (Schmp. 216°) entsteht aus dem Hydrazon des Methyldioxypyridins durch Kalilauge in folgenden Reaktionsphasen (179):

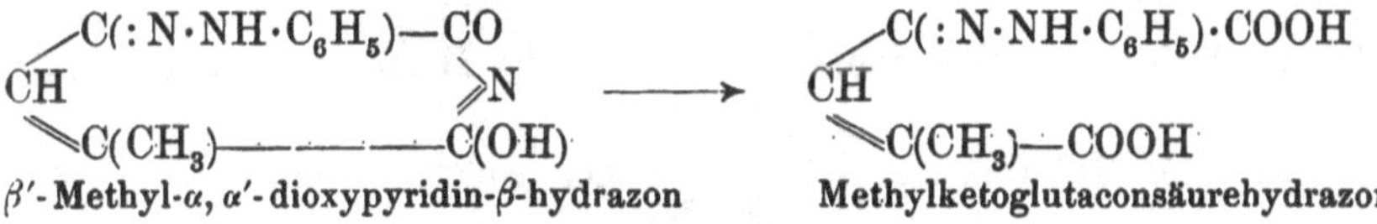

β'-Methyl-α, α'-dioxypyridin-β-hydrazon — Methylketoglutaconsäurehydrazon

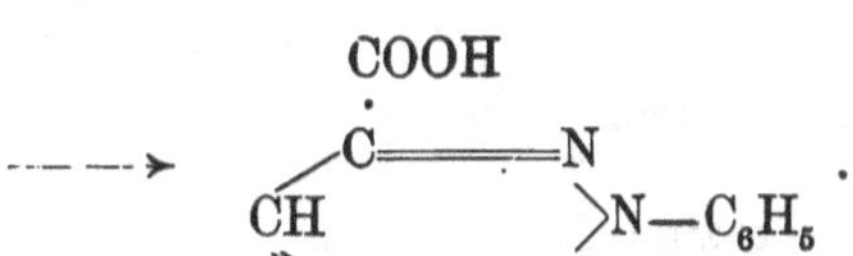

Phenylmethylpyridazoncarbonsäure

2) Tetrahydropyridazine sind als sauerstoffhaltige Abkömmlinge (Pyridazinone) ziemlich zahlreich bekannt geworden, und zwar

mit Hülfe der Kondensation von Hydrazinen mit γ-Ketonsäureestern (180) (vergl. die analoge Pyrazolonsynthese aus β-Ketonsäureestern S. 59); z. B.:

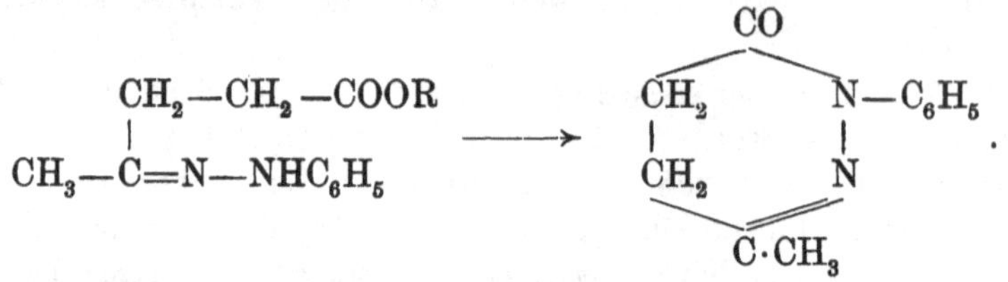

Lävulinsäureesterphenylhydrazon — 1-Phenyl-3-methylpyridazinon (181) (Schmp. 106—107°, kann durch PCl_5 in das entsprechende Pyridazon (s. o.) übergeführt werden)

Ähnlich entsteht 1,3-Diphenylpyridazinon (Schmp. 98—99°) aus dem Phenylhydrazon des β-Benzoylpropionsäurehydrazides (182).

3-Phenylpyridazinon (Schmp. 149—150°) entsteht aus β-Benzoylpropionsäureester und Hydrazinhydrat; die entsprechende 5-Carbonsäure erhält man als Äthylester aus Phenacylmalonsäureester $ROOC—CH<^{CH_2—CO—C_6H_5}_{COOR}$ durch Kondensation mit Hydrazinhydrat.

3-Methylpyridazinon (Schmp. 94°) bildet sich durch Erhitzen von Lävulinsäurehydrazid über den Schmelzpunkt.

Über die Darstellung einer 1-Phenyl-3-methylpyridazinon-4-carbonsäure, welche die CO-Gruppe in 5 enthält, vergl. B. 28, 1717; 29, 622. Das freie Pyridazinon aus der entsprechenden 3-Carbonsäure (durch Zusammenwirken von Hydrazin und Formylbernsteinsäureester darstellbar) siedet bei 169,5 bis 171°.

Ein Diketoderivat des 1,2,3,6-Tetrahydropyridazins ist das Hydrazid der Maleïnsäure $CO<^{CH=CH}_{NH—NH}>CO$, welches neben dem isomeren n-Aminomaleïnimid $\begin{matrix} CH—C=N-NH_2 \\ \| \quad\quad >O \\ CH—CO \end{matrix}$ aus Maleïnsäureanhydrid und Hydrazinhydrat entsteht (183).

3) Hexahydropyridazine kennt man ebenfalls als Diketoabkömmlinge, welche durch Einwirkung von Chloriden der Bernsteinsäurereihe auf Natriumphenylhydrazin (bezw. HCl-Phenylhydrazin) zugänglich sind; z. B.:

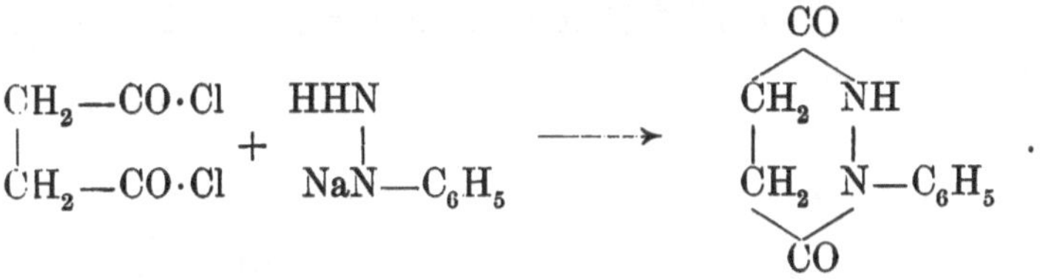

1-Phenyl-3, 6-orthopiperazon (184)
(Schmp. 199°)

β) Metadiazine oder Pyrimidine (Miazine).

Ebenso wie die Orthodiazine als Kernhomologe des Pyrazols aufgefaßt werden können, so entsprechen die Metadiazine den Glyoxalinen (Imidazolen) der Fünfringreihe: die beiden Heteroatome sind durch ein Ringkohlenstoffatom getrennt. Die Bezeichnung der Substituenten geschieht am zweckmäßigsten in der auch beim Orthodiazin angewandten Art, also nach dem Schema[1]:

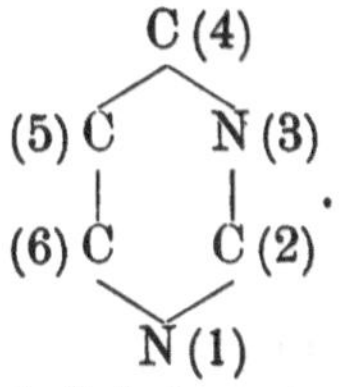

Auch Tetrahydro- und Hexahydropyrimidine sind bekannt: die sauerstoffhaltigen Abkömmlinge derselben sind einerseits die Uracile

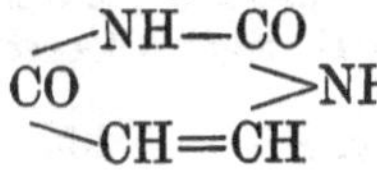

, andererseits die Ureïde der Malonsäure:

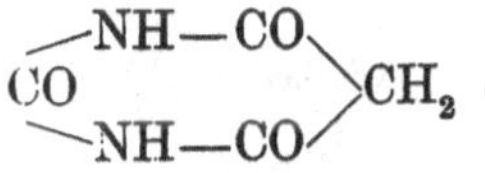

(Barbitursäurereihe).

Somit stehen die Pyrimidine in nächster Beziehung zur Harnsäure- oder Puringruppe; wie in der Klasse der polycyklischen Systeme gezeigt werden soll, ist das Purin ein kondensiertes Pyrimidinglyoxalin (sowohl im Fünf- wie im Sechsring befinden sich die Stickstoffatome in Metastellung).

Die Pyrimidine können so gut wie die Glyoxaline als cyklische Amidine aufgefaßt werden; dem entspricht die erste ihrer Darstellungsweisen:

---

[1] Eine andere Nomenklatur beruht auf dem Schema:

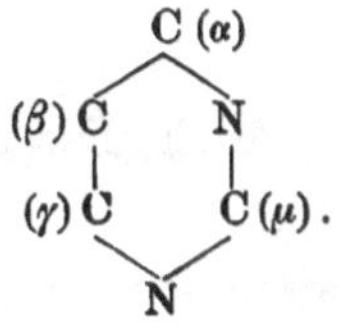

1) Einwirkung von β-Diketonen auf fette und aromatische Amidine (185), z. B.:

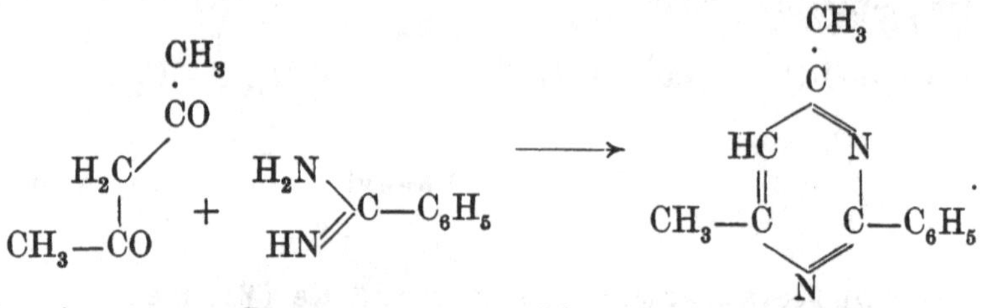

Acetylaceton Benzamidin 2-Phenyl-4,6-dimethylpyrimidin (Schmp. 83°)

Diese Reaktion ist eine allgemeine und kann mannigfach variiert werden; so liefern Amidine mit β-Ketonsäureestern Oxypyrimidine (186); z. B.:

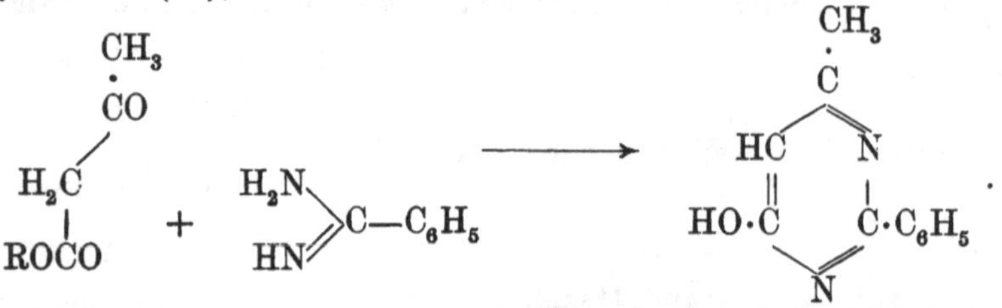

Acetessigester 2-Phenyl-4-methyl-6-oxypyrimidin (Schmp. 215,5—216°; durch PCl_5 wird OH gegen Cl ersetzt)

Bei Anwendung von Ketondicarbonsäureestern erhält man die entsprechenden 4-Carbonsäureester (187):

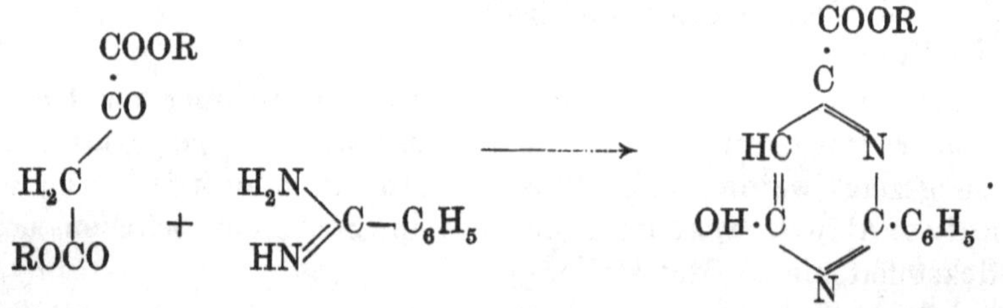

Oxalessigester 2-Phenyl-6-oxy-pyrimidin-4-carbonsäureester (Schmp. 247° u. Z., verhält sich wie eine zweibasische Säure)

Auch Dicarboxylglutaconsäureester 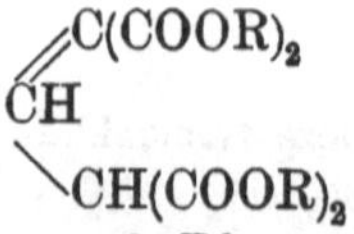 reagiert mit Benzamidin, und zwar unter Bildung von 2-Phenyl-6-oxypyrimidin-5-carbonsäureester unter Abspaltung von Malonsäureester und Alkohol: die freie Säure liefert unter CO_2-Verlust 2-Phenyl-6-pyrimidon (Schmp. 207—208°) (188).

Ein ebenso zusammengesetztes 2-Phenyl-6-oxypyrimidin entsteht aus der oben angeführten 4-Carbonsäure; es schmilzt aber bei 199° (189).

2) Eine eigentümliche, schon vor Decennien beobachtete (190) (FRANKLAND, KOLBE) Bildungsweise der Pyrimidine beruht auf der Polymerisation von Nitrilen durch Natrium oder Natriumalkoholat; die derart erhaltenen Produkte hießen Kyanalkine: salpetrige Säure führt dieselben in Oxypyrimidine über, welche identisch sind mit den nach 1. synthetisch darstellbaren Körpern. Es liegen also in den Kyanalkinen Aminopyrimidine vor.

Der ganze in Wirklichkeit ziemlich kompliziert verlaufende Prozeß läßt sich summarisch durch folgendes Schema wiedergeben:

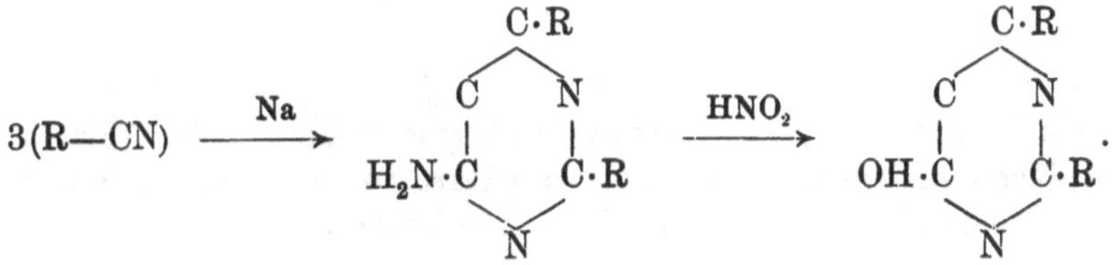

($R=CH_3$, C_2H_5 u. s. w.)

Die Reaktion erfolgt bei Temperaturen von 130—180°, am besten mit trockenem Nitril (191); es kann auch ein Gemenge zweier verschiedener Nitrile angewandt werden; so entsteht aus 2 Mol. Propionitril und 1 Mol. Benzonitril 5-Methyl-2,4-diphenyl-6-aminopyrimidin:

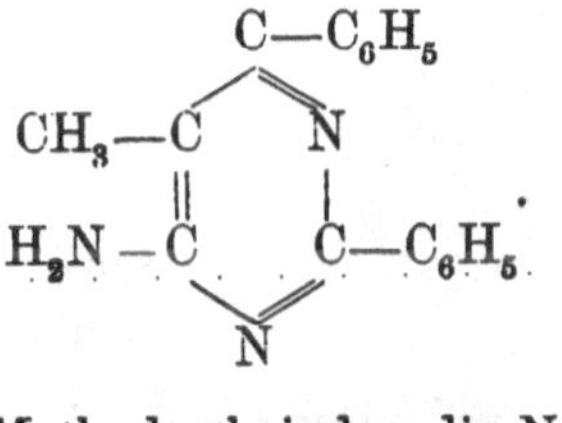

Über eine andere Methode, bei der die Natriumverbindung des dimolekularen Nitrils, z. B. $CH_3—C\langle^{NH}_{CH_2—CN}$ (Iminoacetessigsäurenitril) als Zwischenprodukt fungiert, vergl. J. pr. [2] **37**, 412; **39**, 195.

Die Aminopyrimidine sind beständige einsäurige Basen, die leicht durch Halogen substituiert werden:

2,4-Dimethyl-6-aminopyrimidin oder Kyanmethin (aus Acetonitril) schmilzt bei 180—181°; die entsprechende 2,4-Diäthylverbindung (Schmp. 189°, Sdp. 280° u. Z.) ist das schon lange bekannte Kyanäthin aus Propionitril.

Diphenylaminopyrimidin (aus Benzonitril + Acetonitril) schmilzt bei 120—121°, die 2, 4, 5-Triphenylverbindung bei 175°.

Die Oxypyrimidine, welche aus den Aminokörpern durch salpetrige Säure bezw. durch Erhitzen mit konz. HCl oder synthetisch (s. Bildungsweise 1) entstehen, sind gegen Reduktionsmittel beständig, gegen saure Oxydationsmittel jedoch nicht. PCl_5 ersetzt das Hydroxyl gegen Chlor; die erhaltenen Chlorpyrimidine können durch NH_3 leicht in Aminokörper verwandelt werden, während ein Ersatz des Chlors gegen Wasserstoff schwierig ist.

2, 4-Dimethyl-6-oxypyrimidin (aus Kyanmethin oder nach Bildungsweise 1 erhältlich) schmilzt bei 192°. Das aus Kyanäthin darstellbare Diäthyl-5-methyl-6-oxypyrimidin geht leicht in die 6-Chlorverbindung über und letztere liefert mit Zink und Salzsäure das 2, 4-Diäthyl-5-methylpyrimidin oder Kyanconiin (Sdp. 204—205°), welches wie Coniin betäubend riecht und sehr giftig ist (192).

Das auf Seite 255 erwähnte 2-Phenyl-6-pyrimidon giebt ein 6-Chlorpyrimidin, das mit NH_3 2-Phenyl-6-aminopyrimidin (+ $^1/_2$ H_2O) vom Schmp. 138—139° liefert (193).

Hydropyrimidine.

1) Dihydropyrimidinderivate sind wahrscheinlich die durch Kondensation von Acidylacetonen mit Harnstoffen, Guanidinen u. s. w. entstehenden Körper, wie das Dimethylketodihydropyrimidin

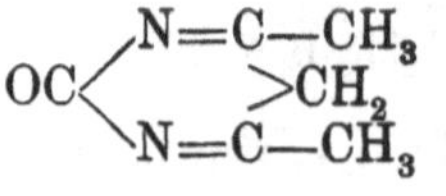
(Schmp. 199°),

das aus Acetylaceton und Harnstoff mit Hilfe von Salzsäure oder konz. Schwefelsäure dargestellt wird (194).

2) Tetrahydropyrimidine erhält man aus Benzamidinen und Trimethylenbromid (195):

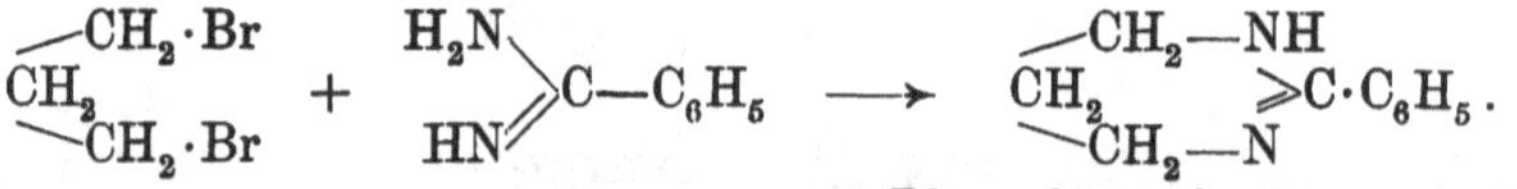

2-Phenyltetrahydropyrimidin (Sdp. 220° bei 100 mm Druck)

5-Ketotetrahydropyrimidine werden durch Einwirkung von Säurechloriden auf Diaminoacetone dargestellt (196); z. B.:

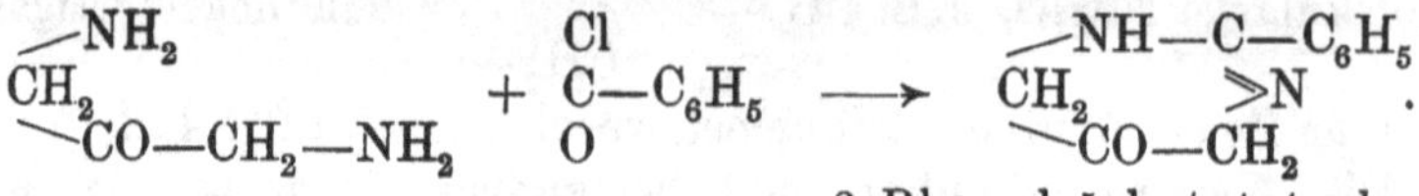

2-Phenyl-5-ketotetrahydropyrimidin (Schmp. 190—191°)

2-Ketotetrahydropyrimidine sind endlich durch Kondensation von Diacetonamin(oxalat) mit Kaliumcyanat dargestellt worden (197); z. B.:

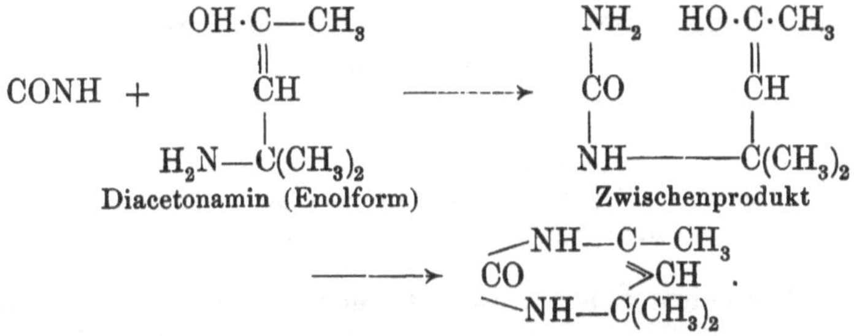

4,4,6-Trimethyl-2-ketotetrahydropyrimidin
(Schmp. 194°)

Der entsprechende Thioketokörper (aus Rhodankalium und Diacetonamin) schmilzt bei 249°.

2,6-Diketotetrahydropyrimidine oder Uracile stehen in naher Beziehung zu den eben angeführten Körpern; sie werden gewöhnlich in der Chemie der Fettreihe ausführlich besprochen, es genügt daher hier auf den systematischen Zusammenhang und die Hauptthatsachen hinzuweisen. Die Grundsubstanz, das freie Uracil, ist nicht bekannt: es entspricht wahrscheinlich den beiden tautomeren Formeln (Diketo- und Di-enolform):

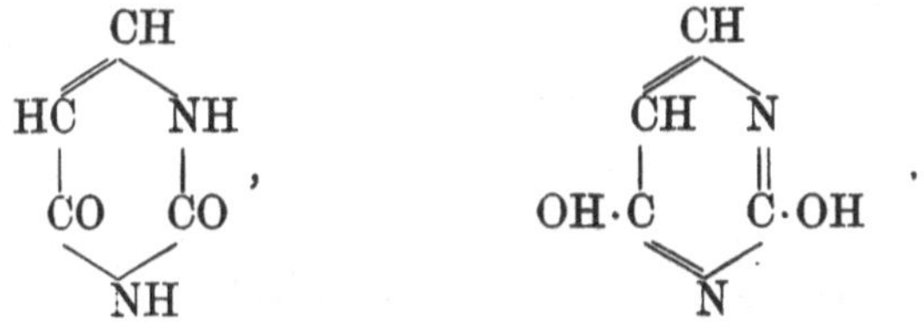

2,6-Diketotetrahydropyrimidin **2,6-Dioxypyrimidin**

Die ältere, gebräuchliche Schreibweise ist:

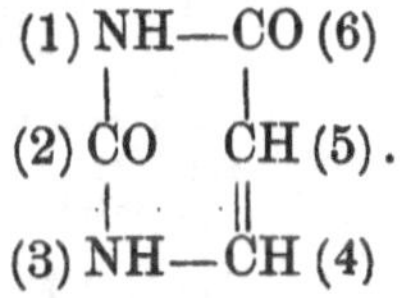

Die grundlegende Synthese für die Uracilreihe ist die Kondensation von Harnstoff mit Acetessigester, welche im Sinne folgender Gleichung verläuft (R. Behrend 1883) (198):

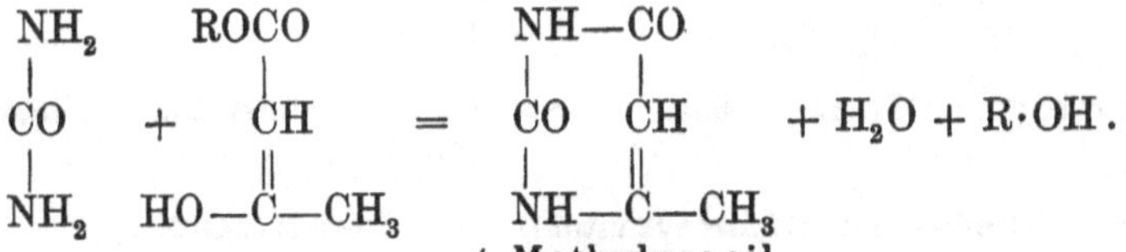

4-Methyluracil
(Zsp. 270—280° ohne zu schmelzen)

Als Zwischenprodukt tritt der β-Uraminocrotonsäureester $NH_2—CO—NH—C(CH_3)=CH—COOR$ auf.

Methyluracil hat saure Eigenschaften und ist an den Imidogruppen alkylierbar.

Analoga sind 4-Phenyluracil (199) (aus Benzoylessigester, Schmp. 262,5°), 4-Methyl-2-thiouracil (200) (aus Thioharnstoff und Acetessigester, Zsp. 280°) und 4-Methyl-2-iminouracil (201) (aus Guanidincarbonat + Acetessigester, Schmp. 270° u. Z.).

In dem folgendem Schema ist die successive Umwandlung des Methyluracils in 4,5-Dioxyuracil, welches sich mit Harnstoff direkt zu Harnsäure kondensieren läßt, wiedergegeben:

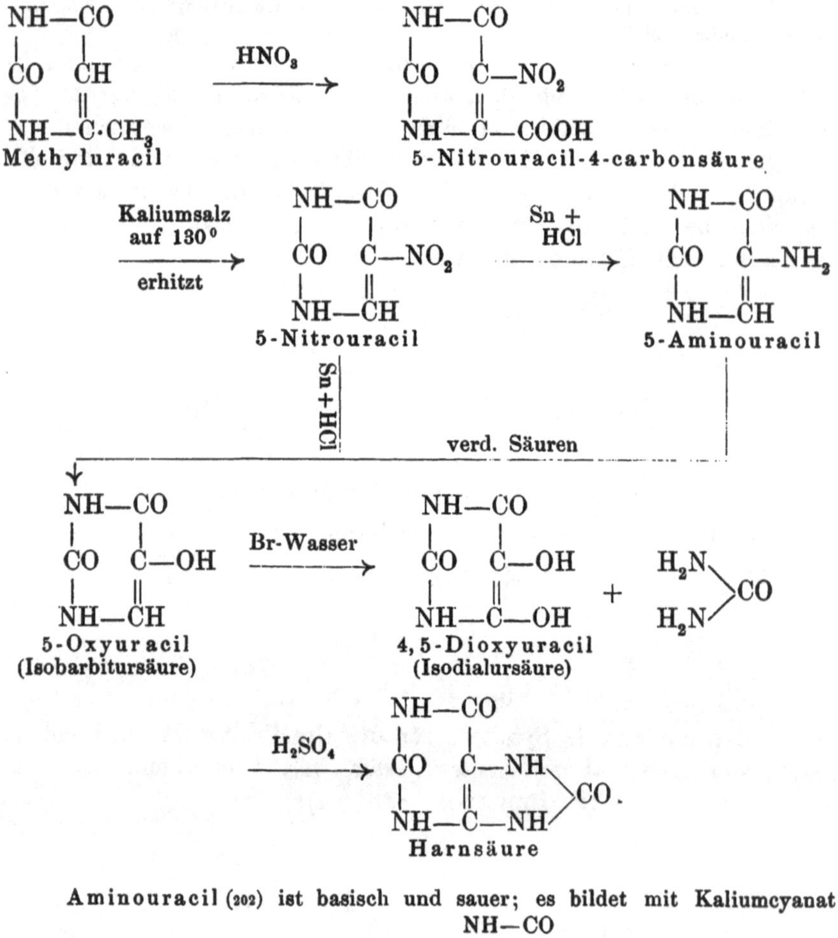

Aminouracil (202) ist basisch und sauer; es bildet mit Kaliumcyanat

5-Uracilylharnstoff (Hydroxyxanthin) 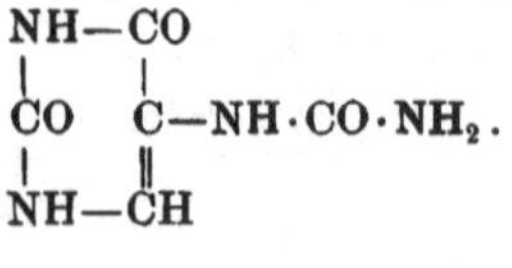.

Ein 5-Diazouracil (203) erhält man in Form eines Äthers durch Kochen von Diazouracilcarbonsäure mit Alkohol; letztere bildet sich aus 5-Aminouracil-4-carbonsäure durch Natriumnitrit.

Von weiteren Uracilverbindungen sei noch angeführt 5-Diazo-4-isonitroso-methyluracil 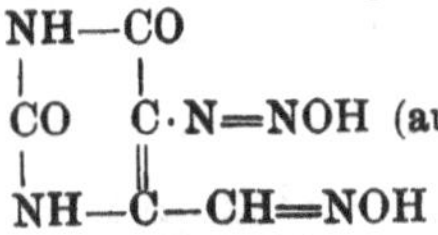 (aus schwefelsaurem Aminomethyluracil mit $NaNO_2$), welches mit Zinnchlorür und Salzsäure einen dem Xanthin (s. d.) isomeren Körper, das sog. Isoxanthin 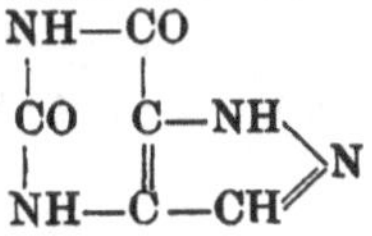 liefert (204).

Trichlor-4-methylpyrimidin entsteht aus Methyluracil mit P_2O_5 und $POCl_3$; es siedet bei 245—247° u. Z. (205).

Merkaptotetrahydropyrimidin: 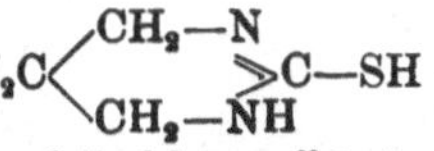 (Schmp. 207°) erhält man aus Trimethylendiamin und Schwefelkohlenstoff (206).

3) Hexahydropyrimidine sind nur als Carbonylabkömmlinge bekannt und stehen als solche ebenfalls in nächster Beziehung zur Harnsäure und zu den übrigen Purinen: es sind die cyklischen Ureïde und Guanide der Malonsäurereihe, deren rationelle Benennung nach demselben Schema, wie in der Uracilreihe erfolgt. Die hierher gehörenden Körper seien im Folgenden kurz zusammengestellt:

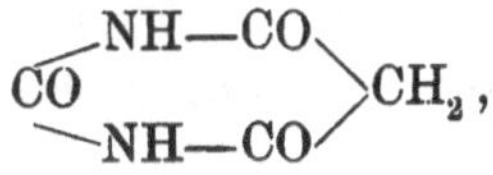
2, 4, 6-Triketohexahydropyrimidin

Malonylharnstoff (Barbitursäure) entsteht aus Malonsäure und Harnstoff durch $POCl_3$ bei 100°.

Die Methylengruppe ist, wie im Malonsäureester sehr reaktionsfähig (207): Einführung von Alkylen, Brom, der Gruppen NO_2 und :NOH u. s. w.

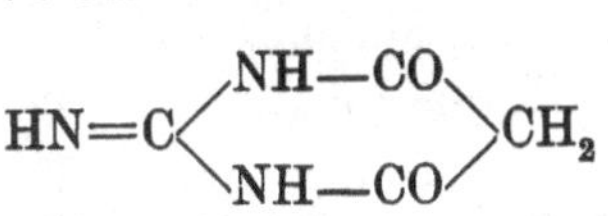

Malonylguanid erhält man aus Guanidin und Malonsäureester (208); es liefert analoge Derivate wie die Barbitursäure.

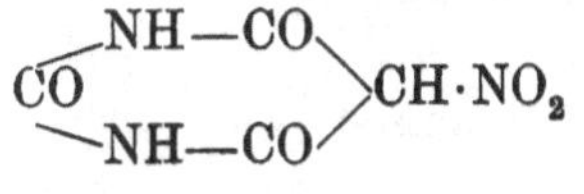 + $3H_2O$ Nitromalonylharnstoff oder Dilitursäure; dreibasische Säure durch Nitrieren der Barbitursäure bezw. durch Oxydation der Violursäure (s. u.) darstellbar (209).

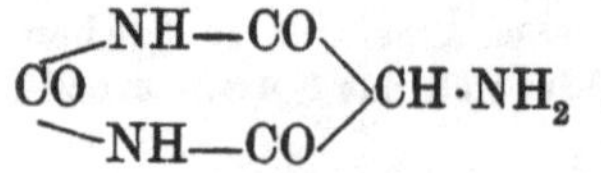

Aminobarbitursäure oder **Uramil** (210) (aus Nitro- oder Isonitrosobarbitursäure, sowie aus Alloxantin).

Über **Methyluramile** vergl. B. **27**, 3088; **30**, 564.

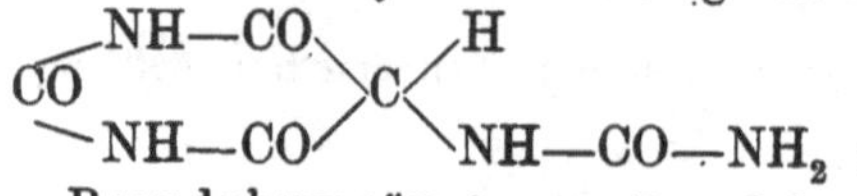

Pseudoharnsäure

Uramil und KCNO setzen sich zu pseudoharnsaurem Kalium um; Pseudoharnsäuren lassen sich durch wasserentziehende Mittel in Harnsäuren umwandeln.

Über **Thiouramil** vergl. B. **28**, R. 909; A. **288**, 157.

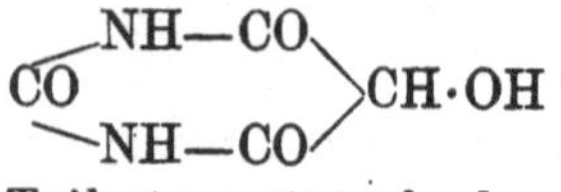

Triketooxytetrahydropyrimidin

Tartronylharnstoff oder **Dialursäure** (211) (aus Alloxan (s. u.) durch Reduktion); geht durch Sauerstoffaufnahme in Alloxantin (s. u.) über.

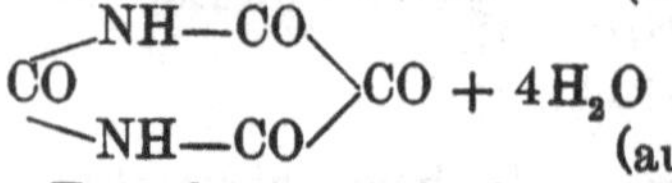

Tetraketotetrahydropyrimidin

Alloxan oder **Mesoxalylharnstoff** (212) (aus Harnsäure durch gelinde Oxydation); starke wasserlösliche Säure, die durch Reduktion u. a. **Alloxantin** (213):

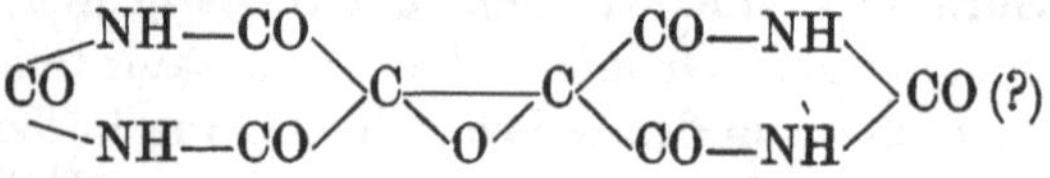

liefert.

Der Pyrimidinkern des Alloxans wird durch Alkalien zu **Alloxansäure** (214) $H_2N—CO—NH—CO—CO—COOH$ aufgespalten. Alloxan reagiert als Keton mit Phenylhydrazin, o-Phenylendiamin und Hydroxylamin; durch letzteres entsteht das Oxim

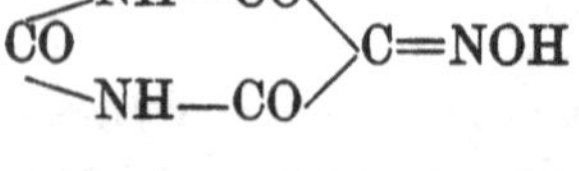

oder **Violursäure** (215), welche auch aus Barbitursäure (s. o.) durch Nitrosieren erhalten wird; bildet mit Metallen gefärbte Salze.

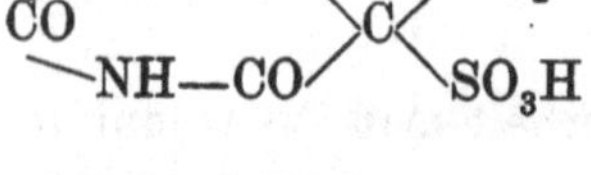

Thionursäure oder Sulfaminbarbitursäure entsteht aus Alloxan mit Ammoniumsulfit (216).

Über die sog. **Hydurilsäure** vergl. A. **132**, 303; über **Purpursäure** und **Murexid** vergl. A. **26**, 319; **33**, 120; **107**, 178.

γ) Paradiazine oder Pyrazine (Piazine)

enthalten die beiden N-Atome in p-Stellung, sind also Pyridine, deren γ-Methingruppe durch Stickstoff ersetzt ist; da die Pyrazine mit dem Phenazin (s. d.) 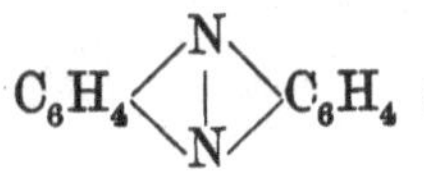 zusammenhängen, so kommt für die Konstitution derselben auch die Möglichkeit einer „Parabindung“ in Betracht. Diese beiden Auffassungen kommen durch folgende Formeln zum Ausdruck:

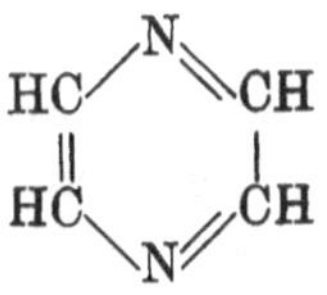

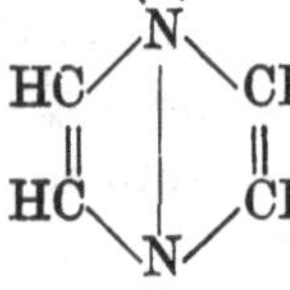

Die beigefügten Ziffern erläutern die Bezeichnung der Derivate; die Symmetrie der Formel verlangt nur ein Monoderivat und drei Biderivate (-2, -3; -2, -5; -2, -6).

Pyrazine finden sich in den höheren Fraktionen des Fuselöls aus Runkelrübenmelasse (217); aus den Gährungsprodukten des Zuckers wurden isoliert Dimethyl- und Trimethylpyrazin. Merkwürdig ist auch die Entstehung dieser Basen — neben Pyridin — durch Einwirkung von Ammoniak auf Traubenzucker (218), wodurch das Vorkommen von Pyrazinen im Fuselöl erklärlich wird (Stöhr).

Zu den synthetischen Bildungsweisen leitet eine Beobachtung über, nach welcher Pyrazine als Nebenprodukte bei der Darstellung von β-Alkylpyridinen aus Glycerin und Ammoniumphosphat entstehen; nimmt man dabei Acroleïn als Zwischenprodukt an, so werden sich 2 Mol. des letzteren mit 2 Mol. NH_3 zu 2,5-Dimethylpyrazin kondensieren (219):

Tritt gleichzeitig Aldehyd als Spaltungsprodukt auf, so wird auch 3-Äthyl-2,5-dimethylpyrazin gebildet.

Die beiden synthetischen Darstellungsmethoden der Pyrazine beruhen auf analogem Prinzip;

1) Kondensation zweier Moleküle α-Aminoaldehyd oder α-Aminoketon unter Austritt von Wasser und Wasserstoff, wobei zweckmäßig ein gelindes Oxydationsmittel, wie $HgCl_2$ oder $CuSO_4$ hinzugefügt wird (220):

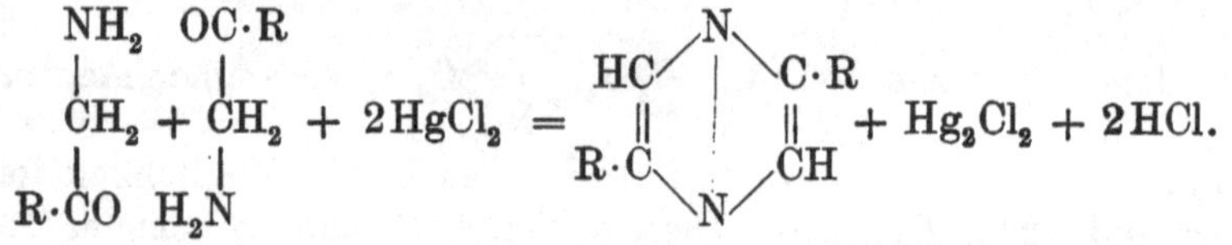

Statt fertiger Aminoketone kann man die durch Reduktion von Isonitrosoketonen gewonnenen Lösungen der Aminoketone bei Gegenwart von Quecksilberchlorid destillieren (221).

2) Ebenfalls auf intermediärer Bildung von Aminoketonen beruht die Pyrazinsynthese durch Einwirkung von Ammoniak auf α-Halogenketonkörper (222); z. B.:

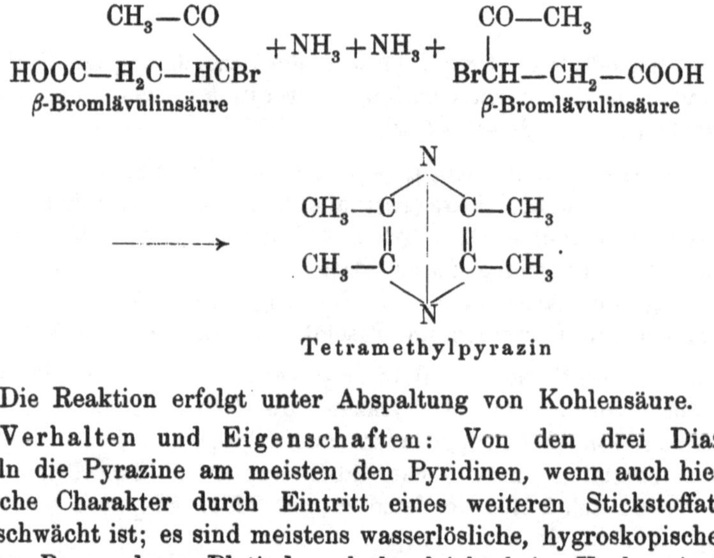

Tetramethylpyrazin

Die Reaktion erfolgt unter Abspaltung von Kohlensäure.

Verhalten und Eigenschaften: Von den drei Diazinen ähneln die Pyrazine am meisten den Pyridinen, wenn auch hier der basische Charakter durch Eintritt eines weiteren Stickstoffatomes abgeschwächt ist; es sind meistens wasserlösliche, hygroskopische einsäurige Basen, deren Platindoppelsalze leicht beim Kochen in komplexe Platinosalze übergehen (Analogie mit Pyridin). Auch die Hydrierung verläuft, wie in der Pyridinreihe: es werden durch Behandlung mit Natrium und Alkohol gleich 6 Atome Wasserstoff aufgenommen unter Bildung der Hexahydropyrazine oder Piperazine, die ihrerseits wie die Piperidine durch Destillation über Zinkstaub in Pyrazine zurückverwandelt werden. Die Beständigkeit des Pyrazinkernes zeigt sich im Verhalten der Pyrazinhomologen bei der Oxydation: es entstehen Carbonsäuren des Pyrazins, welche jedoch leicht Kohlensäure verlieren. Charakteristische Fällungsmittel sind Quecksilberchlorid, Goldchlorid und Silbernitrat. Die Isomerieverhältnisse wurden schon oben erörtert; es ist noch hinzuzufügen, daß bei gleichen Substituenten nur ein Triderivat existiert.

Spezielles: Pyrazin $C_4H_4N_2$ (Schmp. 55°, Sdp. 115°) entsteht nach Methode 1 aus Aminoacetaldehyd bezw. Aminoacetal mit Hilfe von Sublimat, durch Oxydation von Piperazin und durch CO_2-Abspaltung aus Pyrazincarbonsäuren. Die Base verflüchtigt sich schon bei gewöhnlicher Temperatur und hat einen heliotropartigen Geruch. Das charakteristische Pikrat schmilzt bei 157°; das Quecksilberdoppelsalz $C_4H_4N_2 \cdot HgCl_2$ ist sehr schwer löslich und schmilzt bei 273° u. Z.

Die wichtigsten Daten über homologe Pyrazine sind in der Tabelle auf S. 264. zusammengestellt.

Pyrazincarbonsäuren entstehen, wie schon erwähnt, durch Oxydation der entsprechenden Homologen, sind aber ziemlich unbeständig, da das Carboxyl stets einem Stickstoffatom benachbart ist; sie werden durch Eisenvitriol gefärbt. Pyrazinmonocarbonsäure (auch aus der 2,5-Dicarbonsäure) schmilzt u. Z. bei 229—230°; 2-Methylpyrazin-5-carbonsäure schmilzt bei 200° u. Z., die 2,5-Dimethyl-3-carbonsäure bei 117° (223).

2,5-Pyrazindicarbonsäure (aus 2,5-Dimethylpyrazin oder aus Pyrazintetracarbonsäure bei 200°) schmilzt bei 255—256° im geschlossenen Röhrchen (224).

Dimethylpyrazindicarbonsäure entsteht als Ester aus Isonitrosoacetessigester durch Reduktion (sog. Ketindicarbonsäure vom Zsp. 200 bis 201°) (225).

Pyrazintricarbonsäure (+2 H_2O) (aus Äthyldimethylpyrazin durch $KMnO_4$) schmilzt wasserfrei bei 180° u. Z. (226); Pyrazintetracarbonsäure (+ H_2O) (aus Tetramethylpyrazin durch Oxydation) schmilzt bei 204—205° u. Z. (227).

Hydropyrazine.

1) Dihydropyrazine sind als Derivate zweier verschiedener Stammformen bekannt geworden, der 1,4- und der 2,3-Dihydropyrazine, die nachstehende Konstitution besitzen:

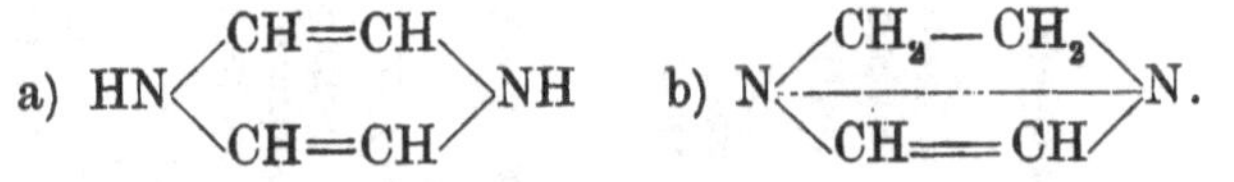

a) Abkömmlinge des disekundären (1,4-) Dihydropyrazins erhält man aus α-Bromketonen und primären Aminen (228); z. B.:

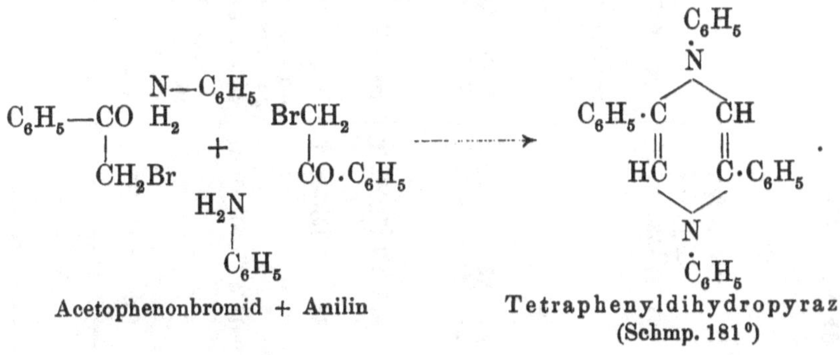

Acetophenonbromid + Anilin — Tetraphenyldihydropyrazin (Schmp. 181°)

Homologe Pyrazine.

Name	Sdp.	Schmp.	Bildung	Eigenschaften	Litteratur
Methylpyrazin	135°	—	aus 2-Methylpyrazin-5-carbonsäure bei 180—190°, sowie aus NH_3 und Traubenzucker neben Pyrazin	spec. Gewicht $d^0_4 = 1{,}0441$; $KMnO_4$ giebt Pyrazinmonocarbonsäure. Das Pikrat schmilzt bei 133°	J. pr. [2] **51**, 463
2,5-Dimethylpyrazin (Ketin)	153°	—	aus Isonitrosoaceton sowie aus Glycerin, Ammoniumphosphat und Salmiak	geht successive in 2-Methylpyrazin-5-carbonsäure und Pyrazindicarbonsäure über	B. **15**, 1060; **24**, 4105
2,6-Dimethylpyrazin	—	47—48°	unter den Produkten aus Traubenzucker + NH_3 (Sdp. 147—155°)	das Pikrat schmilzt bei 175—176°	J. pr. [2] **54**, 492
2,3,5-Trimethylpyrazin	171—172°	—	aus 2,5-Dimethylpyrazinbrommethylat bei 270—280° unter Wanderung des N-Methyls	kommt auch in den Fuselölen vor	J. pr. [2] **53**, 503
Tetramethylpyrazin	189,5°	86°	aus β-Bromlävulinsäure und Ammoniak (verg. S. 262) sowie aus Dimethylpyrazinbrommethylat	liefert durch Oxydation Pyrazintetracarbonsäure	B. **13**, 1116; **14**, 1467; **20**, 427; **25**, 1722
2,5-Dimethyl-3-äthylpyrazin	178—179°	—	aus Glycerin, Ammoniumphosphat und Salmiak	liefert durch Oxydation erst die Dimethyl-3-carbonsäure, dann die Tricarbonsäure	J. pr. [2] **47**, 472
2,5-Diphenylpyrazin	—	195—196°	aus ω-Chloracetophenon + NH_3 bezw. aus o-Aminoacetophenon	sublimierbar, äußerst beständig	B. **13**, 837; **20**, 432; **21**, 1278
5,6-Diphenylpyrazin	340° u. Z.	118°	durch Erhitzen des Dihydroderivates (s. u.)	—	B. **22**, R. 346
2,5-Dimethyl-3,6-diphenylpyrazin	—	125—126°	aus Bromphenylaceton + Ammoniak	—	A. **291**, 253.
Tetraphenylpyrazin	—	245—246°	aus Benzoin + NH_3 sowie aus Benzilmono- und -dioxim durch Reduction	neutraler Körper, in H_2SO_4 orangerot löslich	A. **135**, 181. Soc. **49**, 826. B. **21**, 20, 1269, 490

Ein 1,4-Dibenzolsulfodihydropyrazin (229)

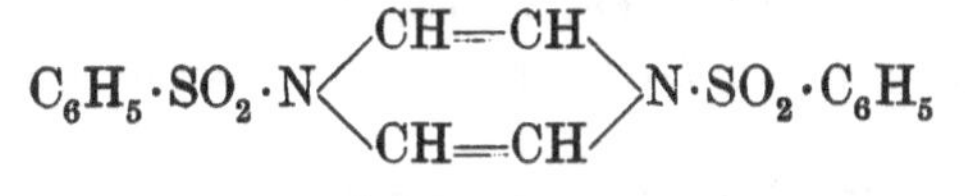
(Schmp. 163°),

entsteht aus Aminoacetal und Benzolsulfochlorid unter intermediärer Bildung von Benzolsulfaminoaldehyd; Natrium und Amylalkohol verwandeln den Körper in Piperazin.

Analoge Körper sind 1,4-Dibenzyl-2,5-diphenyldihydropyrazin (aus Phenacylbromid und Benzylamin), das bei 163° schmilzt und beim Überhitzen 2,5-Diphenylpyrazin liefert, und Benzyldiphenyldihydropyrazin (vergl. B. 27, R. 134).

b) Derivate des ditertiären (-2, -3) Dihydropyrazins werden durch Einwirkung von 1,2-Diketonen auf Äthylendiamin dargestellt (230):

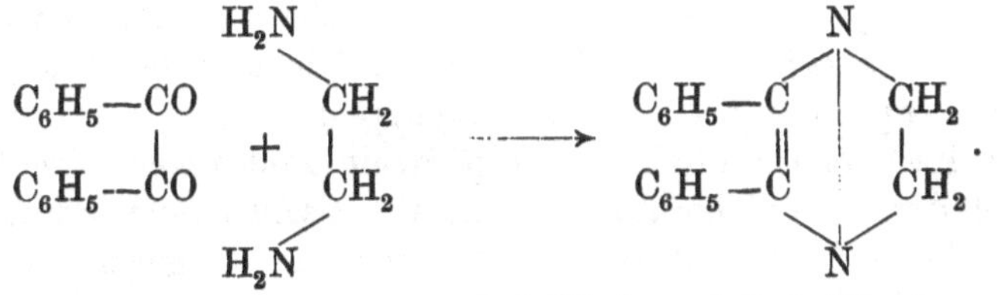

5,6-Diphenyl-2,3-dihydropyrazin
(Schmp. 160—161°)

Diese Dihydropyrazine verlieren leicht 2 Wasserstoffatome unter Bildung der betreffenden Pyrazine; sie lagern sich auch leicht in die isomeren, disekundären Basen um.

2) Tetrahydropyrazine entstehen nach ähnlichem Prinzip aus Äthylendiphenyldiaminen und Phenacylbromid (231):

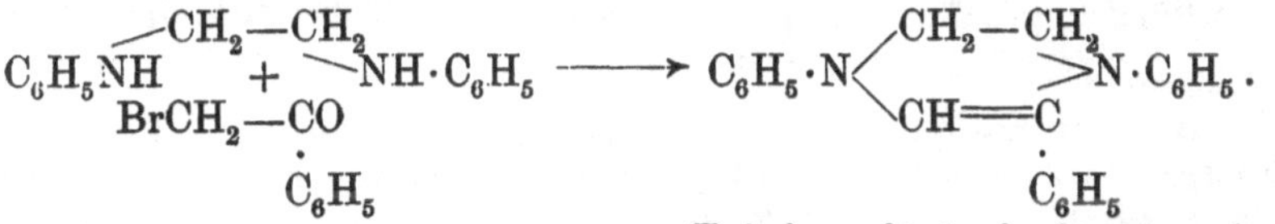

(Triphenyltetrahydropyrazin,
reduzierbar zu Triphenylpiperazin)

Ketotetrahydropyrazine der Konstitution

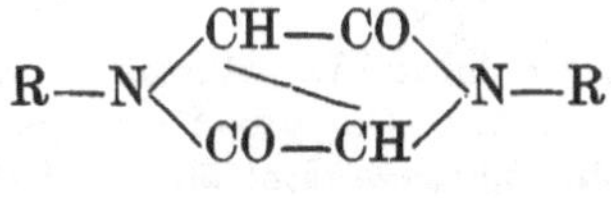

sollen entstehen bei der Chlorierung von Diketopiperazinen und darauf folgender Reduktion der erhaltenen Chlorsubstitute (232); durch Oxydation derselben bilden sich Tetraketopiperazine: 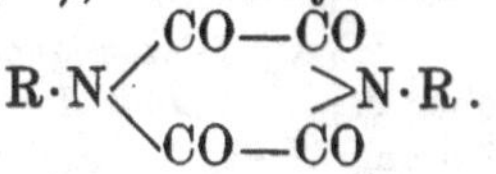

3) Hexahydropyrazine oder Piperazine entsprechen ihrer Konstitution und ihrem Verhalten nach den Piperidinen: sie entstehen durch vollkommene Hydrierung der Pyrazine (Na und Alkohol) (233).

Die Muttersubstanz, das Piperazin, entsteht auch synthetisch nach einem analogen Vorgang, wie Piperidin, nämlich durch trockene Destillation von salzsaurem Äthylendiamin (234):

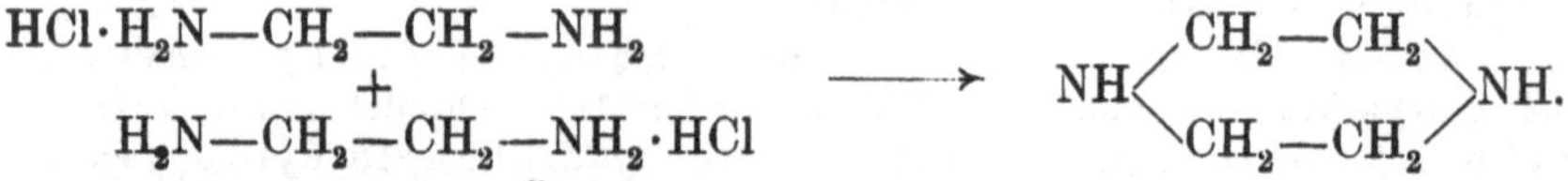

Auch direkt aus Äthylenbromid und alkoholischem Ammoniak erhält man Piperazin (235).

Die Piperazine sind ziemlich starke, zweisäurige Basen, die aus ihren wässerigen Lösungen durch Kali abgeschieden werden; sie haben den Charakter von aliphatischen Diaminbasen und sind an den Imidgruppen acylierbar und alkylierbar.

Die harnsauren Salze der Piperazine sind wegen ihrer Löslichkeit und der darauf beruhenden therapeutischen Anwendung gegen Gicht bekannt.[1] Die Piperazinpikrate sind hingegen durch ihre Schwerlöslichkeit ausgezeichnet.

Das Piperazin $C_4H_{10}N_2$ siedet bei 145—146° und schmilzt bei 104°; es krystallisiert und sublimiert sehr leicht; auch die Salze sind gut krystallisiert. Die n, n-Diacetylverbindung schmilzt bei 138,5° und siedet oberhalb 310° (236). Charakteristisch ist die Dinitrosoverbindung vom Schmp. 158°, welche zu einem Dihydrazinkörper 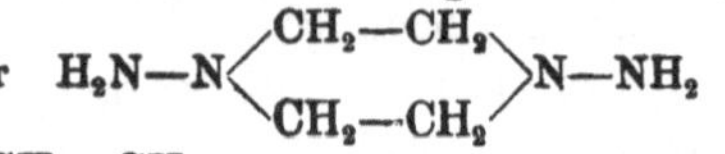 reduzierbar ist. Ein Methylenpiperazin 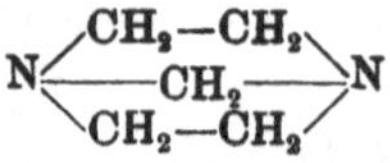 soll aus Formaldehyd und Piperazin entstehen (237).

Die n-Homologen des Piperazins werden durchweg dargestellt durch Erhitzen von Äthylenbromid mit primären Aminen, wie Anilin, Naphtylamin u. s. w. auf 120—160° bei Gegenwart von Natriumacetat oder -carbonat (238).

Das n-Diphenylpiperazin (Schmp. 163,5°)

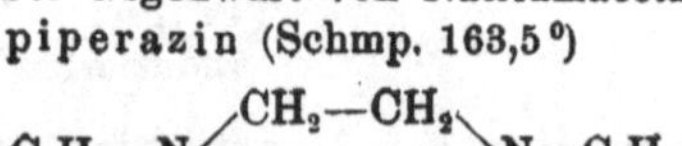

verhält sich wie ein verdoppeltes Molekül Dimethylanilin, da z. B. die p-Stellungen der Phenyle leicht nitrosiert werden. Das p, p-Dinitrosodiphenylpiperazin spaltet durch Verseifung 2 Mol. Nitrosophenol ab und liefert freies Piperazin (239).

n-Dibenzylpiperazin (Schmp. 91—92°) entsteht auch aus Dibenzylidenäthylendiamin in folgenden Reaktionsphasen:

---

[1] Vergl. demgegenüber Th. Paul, Physikalisch-chemische Untersuchungen über das Verhalten der Harnsäure und ihrer Salze in Lösungen. Pharmaceut. Zeitung 1900, 798 und 808.

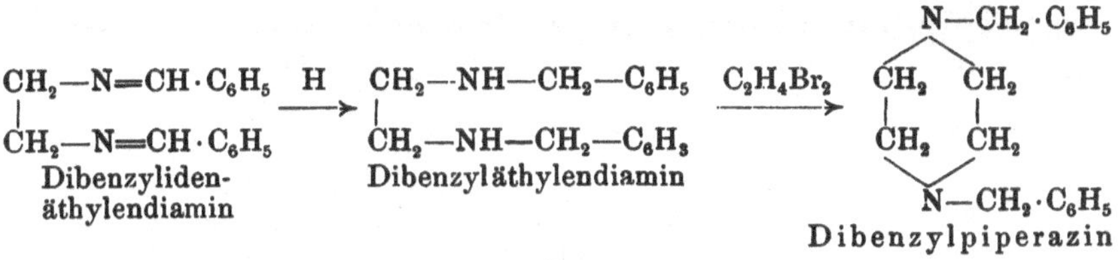

Das Dibenzylderivat liefert mit HCl bei 200° Piperazin (240).

C-Homologe des Piperazins sind durchweg durch Hydrierung der entsprechenden Pyrazine erhalten worden: Methylpiperazin siedet bei 155° (Schmelzpunkt des Pikrats 276—278°).

Diejenigen Homologen, welche zwei oder mehr Seitenketten enthalten, treten nach Art der isomeren Hexahydrophtalsäuren in zwei stereoisomeren Formen auf, welche jedoch bisher nicht ineinander umgewandelt wurden noch auch in optisch-aktive Komponenten zerlegt werden konnten; auch bei höher substituierten Basen wurden nur 2 Stereomere beobachtet (241). (Näheres s. u. Diacipiperazine).

2, 5-Dimethylpiperazin existiert z. B. in einer α- und in einer β-Modifikation, die mit Hilfe der Chlorhydrate getrennt werden: die α-Base siedet bei 162° und schmilzt bei 118°, die β-Base zeigt ungefähr denselben Siedepunkt, schmilzt aber bei 114—115°; das α-Dinitrosamin schmilzt bei 172°, das β-Dinitrosamin bei 95—96°.

Auch das Trimethylpiperazin tritt in zwei stereomeren Formen auf, ebenso das Tetramethylpiperazin (α-Base: Sdp. 177°, Schmp. 37°; β-Base: Sdp. 181°, Öl) (242).

Keto-(Aci-)piperazine sind besonders zahlreich und mannigfaltig als n-Dialphylderivate bekannt geworden. Man unterscheidet je nach der Zahl der vorhandenen Ketogruppen Mono-, Di-, Tri- und Tetraacipiperazine.

Monoacipiperazine erhält man durch Einwirkung von Halogenessigsäuren auf n-Dialphyläthylendiamine unter Mitwirkung von Natriumacetat oder Soda (243); z. B.:

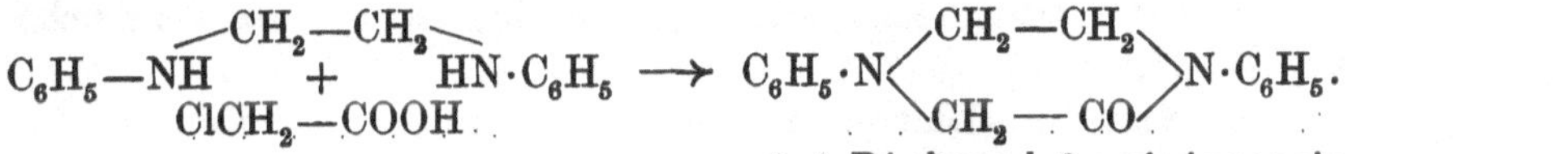

1,4-Diphenyl-2-acipiperazin
(Schmp. 148°)

Eine weitere Methode beruht auf der Reduktion von 2,3-Diacipiperazinen (s. u.) zu Monoacikörpern, welche wieder rückwärts oxydiert werden können (244):

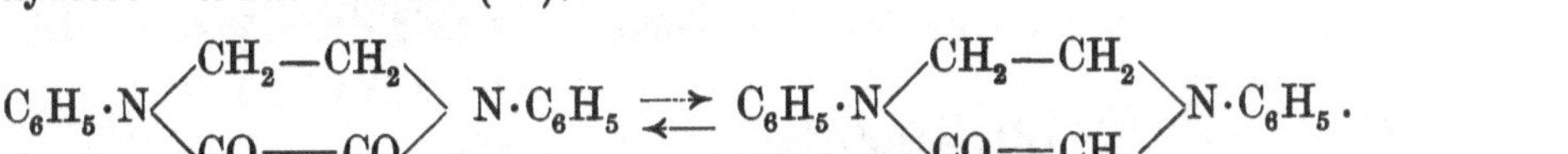

Durch Alkalien wird der Monoacipiperazinring zu einbasischen Säuren, z.B. $C_6H_5NH \cdot CH_2—CH_2 \cdot N(C_6H_5)—CH_2—COOH$ aufgespalten.

Diacipiperazine existieren in drei stellungsisomeren Formen:

I

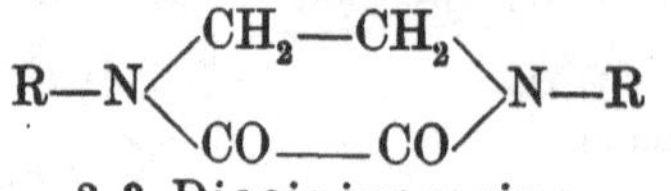

2,3-Diacipiperazine

II

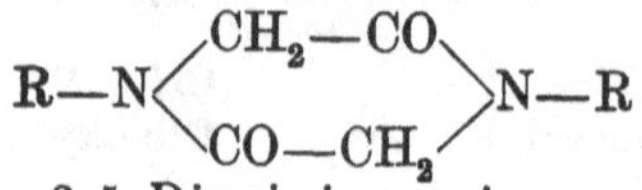

2,5-Diacipiperazine

III

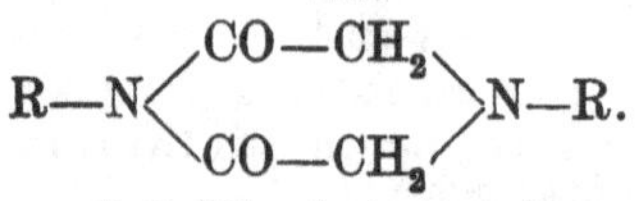

2,6-Diacipiperazine

I) Darstellung: durch Einwirkung von Oxalsäure auf n-Dialphyläthylendiamine (245); z. B.:

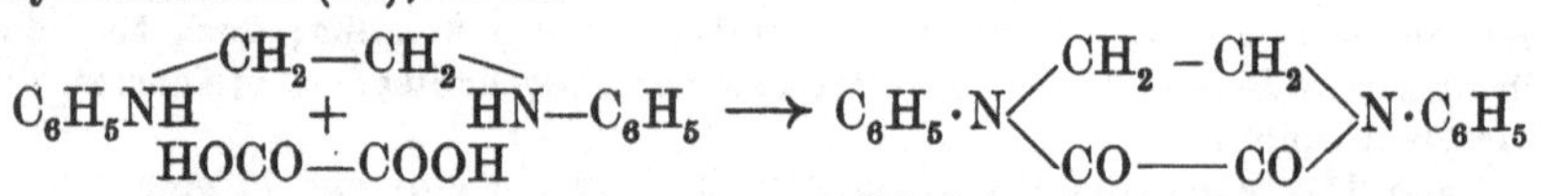

1,4-Diphenyl-2,3-diacipiperazin (Schmp. 258°)

oder durch Oxydation der oben angeführten Monoacipiperazine.

2,3-Diacipiperazine werden durch alkoholisches Kali zu einbasischen Säuren aufgespalten; Reduktion führt zu Monoaci-, Oxydation zu Tetracipiperazinen (s. u.).

II) 2,5-Diacipiperazine sind auch als disekundäre Basen bekannt geworden: das freie 2,5-Diacipiperazin entsteht durch Eindampfen von Glycocollester mit Wasser (246):

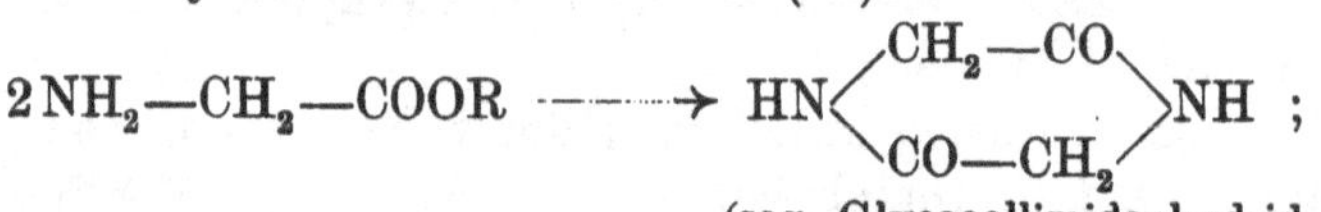

(sog. Glycocollimidanhydrid, sublimiert gegen 280°)

über 3,6-Dimethyldiacipiperazin (Laktimid) aus Alanin vergleiche A. **134**, 372.

Ditertiäre 2,5-Diacipiperazine[1] werden nach verschiedenen Methoden erhalten (247): 1) durch Erhitzen von Bromacetylaniliden mit alkoholischem Kali:

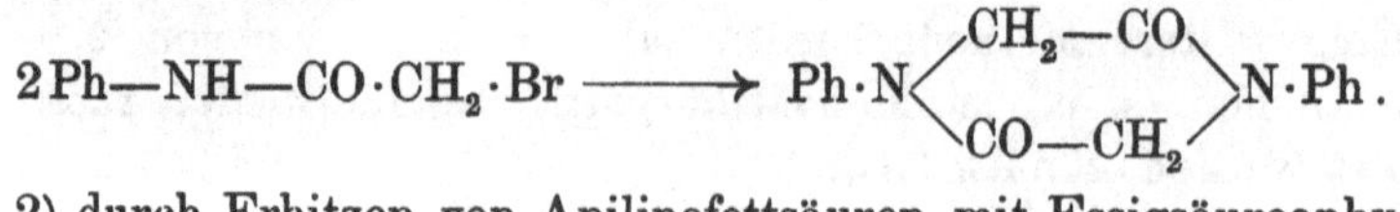

2) durch Erhitzen von Anilinofettsäuren mit Essigsäureanhydrid:

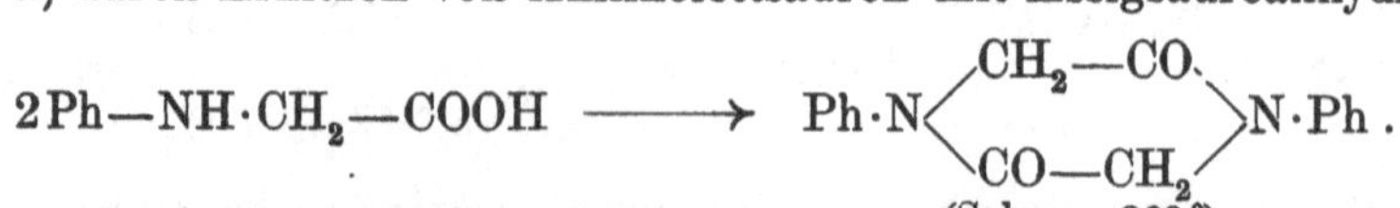

(Schmp. 263°)

[1] In den nachstehenden Beispielen ist $Ph=C_6H_5$.

Bei Verwendung von o-Tolyl- und α-Naphtylaminen wird der Ringschluß durch dynamische Ursachen verhindert.

3) durch Einwirkung von α-Halogenfettsäureestern auf Natrium-n-alphylglycinanilide:

$$Ph\cdot NH\cdot CH_2\cdot CO\cdot N(Na)Ph + Cl\cdot CH_2\cdot COOR \rightarrow Ph\cdot N{<}\begin{matrix}CH_2-CO\\CO-CH_2\end{matrix}{>}N\cdot Ph.$$

4) durch Einwirkung von Anilinen auf Chloracetylphenylglycine:

$$Ph\cdot N{<}\begin{matrix}CH_2-COOH\\CO-CH_2Cl\end{matrix} + H_2N\cdot Ph \longrightarrow Ph\cdot N{<}\begin{matrix}CH_2-CO\\CO-CH_2\end{matrix}{>}N\cdot Ph.$$

Die 2,5-Diacipiperazine sind — zu Tetracipiperazinen — oxydierbar, aber nicht reduzierbar; durch PCl_5 entstehen die Chlorabkömmlinge der früher erwähnten (S. 265) Tetrahydropyrazine. Alkalien verseifen zu Salzen von Säuren, Kalischmelze erzeugt Phenylglycin.

Von Interesse ist, daß die dialkylierten 2,5-Diacipiperazine in zwei inaktiven stereoisomeren Formen (vergl. Dialkylpiperazine S. 267) auftreten: sie enthalten zwei asymmetrische C-Atome, sind indessen noch nicht aktiviert worden. Schematisch lassen sich dieselben in der bei stereoisomeren Piperidinen angewandten Art wiedergeben, z. B. die beiden 1,4-Diphenyl-3,6-dimethyl-2,5-diacipiperazine (248):

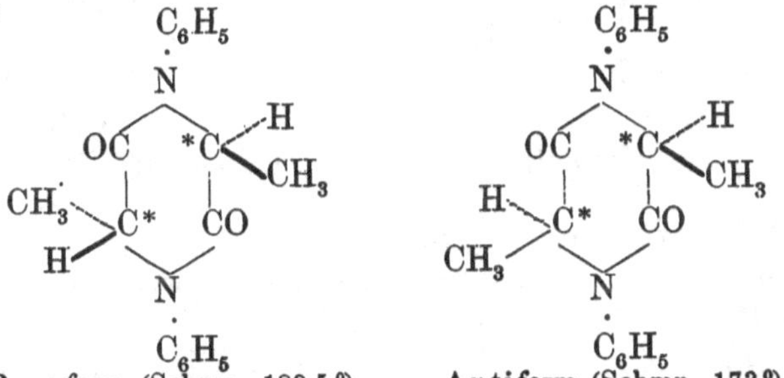

Paraform (Schmp. 183,5°) Antiform (Schmp. 173°)

Welche Modifikation der cis-trans-Form bezw. der cis-Form entspricht, läßt sich nicht sicher entscheiden.

Die Beispiele stereomerer Diacipiperazine sind ziemlich zahlreich; erwähnt seien nur noch die Diphenyl-3,6-diäthyl-2,5-diacipiperazine, von denen die Paramodifikation bei 268°, die Antimodifikation bei 146° schmilzt (C. A. Bischoff).

III. 2,6-Diacipiperazine (249) entstehen 1) durch Umsetzung von α-Chlorfettsäureamiden mit Anilinen, z. B.:

$$2Cl\cdot CH_2\cdot CO\cdot NH_2 + PhNH_2 = Ph\cdot N{<}\begin{matrix}CH_2-CO\\CH_2-CO\end{matrix}{>}NH + HCl + NH_4Cl.$$

4-Phenyl-2,6-diacipiperazin, (Schmp. 158°)

2) durch Einwirkung von Ammoniak oder Aminen auf Alphyliminofettsäuren:

3) durch Umsetzung von α-Halogenfettsäureestern mit Anilinoacetaniliden bei Gegenwart von Natriumacetat:

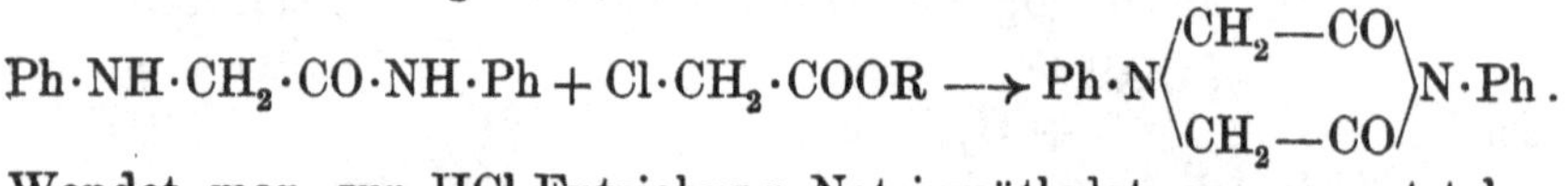

Wendet man zur HCl-Entziehung Natriumäthylat an, so entstehen die isomeren **2,5**-Diacipiperazine.

2, 6-Diacipiperazine werden durch Ammoniak zu Anilinofettsäureamiden 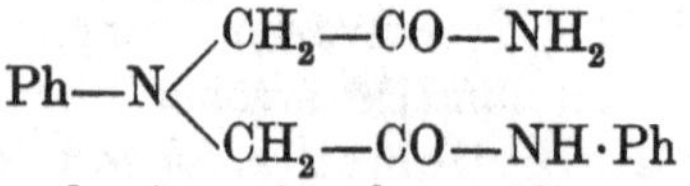 aufgespalten; sie sind gegen reduzierende Agentien beständig.

1, 4-Diphenyl-2, 6-diacipiperazin schmilzt bei 152°.

Tetracipiperazine entstehen, wie schon erwähnt, durch Oxydation von 2, 3- oder 2, 5-Diacipiperazinen mit Chromsäure in der Kälte (260); z. B.:

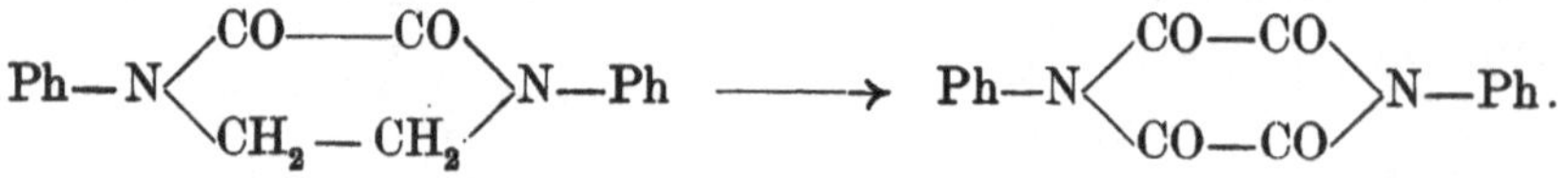

Die Bildung aus Ketotetrahydropyrazinen 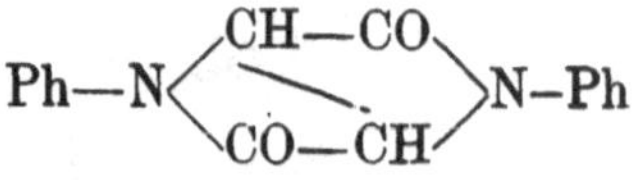

wurde schon auf S. 265 angeführt.

Durch weitere Oxydation gehen die Tetracipiperazine in substituierte Parabansäuren über; z. B:

Diphenyltetracipiperazin
(Schmp. über 300°)

Warme Alkalien verseifen zu Oxanilsäuren.

---

1. c) Einringe mit drei N oder Triazingruppe.

Der sechsgliederige Triazinring (3 N, 3 C) entspricht den Triazolen in der Fünfringreihe: man kann ihn als Trisubstitutionsprodukt des Benzols auffassen, demgemäß sind drei isomere Triazine zu erwarten, die auch sämtlich — wenigstens in Derivaten — aufgefunden sind. Es giebt ein symmetrisches, ein asymmetrisches und ein benachbartes (vicinales) Triazin, wie folgende Formeln zeigen:

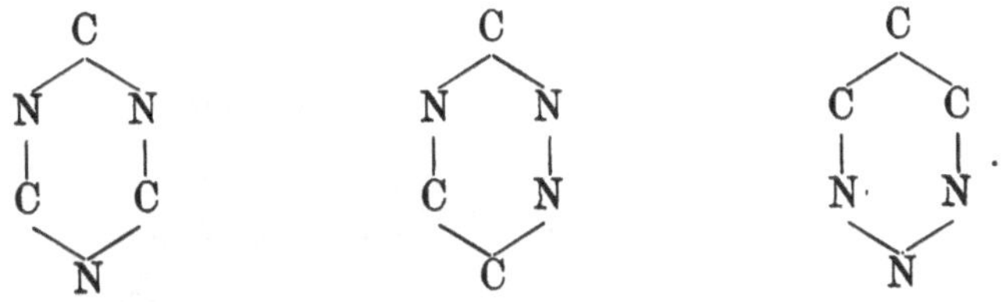

sym. 1,3,5- oder γ-Triazin as- 1,2,4- oder α-Triazin v- 1,2,3- oder β-Triazin

Auch die Triazine sind als ganz oder teilweise hydrierte Verbindungen bekannt; die benachbarten oder β-Triazine sind bisher noch nicht als Einringe, sondern nur als dicyklische Benzoabkömmlinge erhalten worden; dieselben kommen daher erst in einem späteren Abschnitt zur Besprechung.

α) Symmetrische (γ) Triazine oder Kyanidine.

Als Grundkörper dieser Untergruppe kann der hypothetische Tricyanwasserstoff 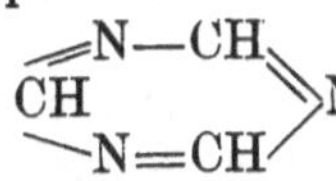 gelten, der das einfachste γ-Triazin darstellen würde; thatsächlich gehören ihrer Konstitution gemäß hierher sämtliche Tricyanverbindungen, wie die trimeren Nitrile, ferner aus systematischen Gründen Cyanursäure (Trioxytriazin), Melamin, Ammelin u. s. w.

Bildungsweisen: 1) Polymerisation von Nitrilen, z. B. von Benzonitril $C_6H_5 \cdot CN$ zu Triphenylkyanidin (Kyaphenin) $C_3N_3(C_6H_5)_3$ mit Hilfe von Natrium, Schwefelsäure oder dergl. (261).

2) Eine allgemeine Darstellungsmethode von Kyanidinen beruht auf dem Erhitzen eines Gemenges von Nitril (Benzonitril) und Säurechlorid mit Aluminiumchlorid event. unter Zusatz von Chlorammonium (252); z. B.:

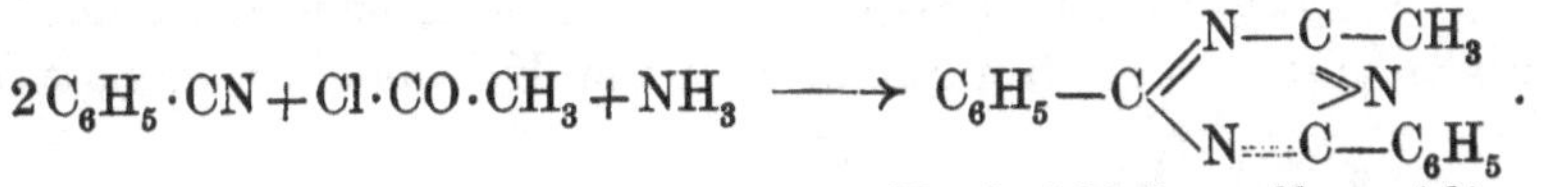

Methyldiphenylkyanidin
(Schmp. 110°, Sdp. 227° bei 15 mm Druck)

Ebenso erhält man aus einem Gemisch von Benzoylchlorid, Benzonitril, Chlorammonium und Aluminiumchlorid Triphenylkyanidin (s. o.); hierbei wurde ein Zwischenprodukt isoliert (253), wie aus folgendem Schema hervorgeht:

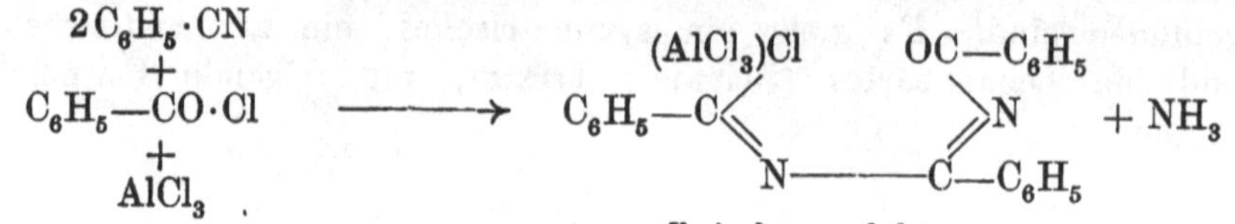

Zwischenprodukt

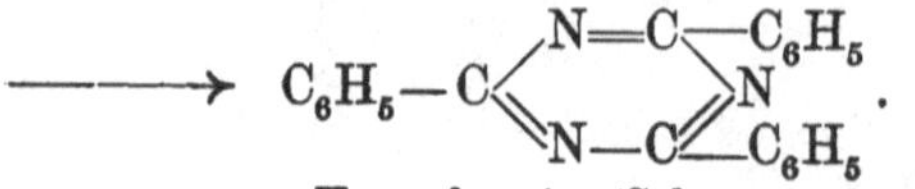

Kyaphenin (Schmp. 232—233°)

3) Die in nachfolgender Gleichung:

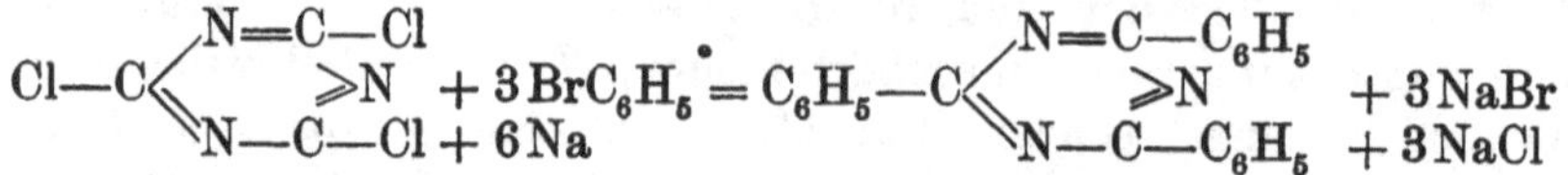

Cynanurchlorid Triphenylkyanidin (Kyaphenin)

wiedergegebene Synthese (254) zeigt einerseits, daß das Kyaphenin ein wirkliches Cyanurderivat ist, und nicht etwa ein basisches Kyanalkin (Aminopyrimidin, vergl. S. 255), andererseits dokumentiert sie den genetischen Zusammenhang der Tricyankörper mit den eigentlichen Kyanidinen.

4) Kyanidine entstehen synthetisch durch Einwirkung von Fettsäureanhydriden auf aromatische Amidine (255); z. B.:

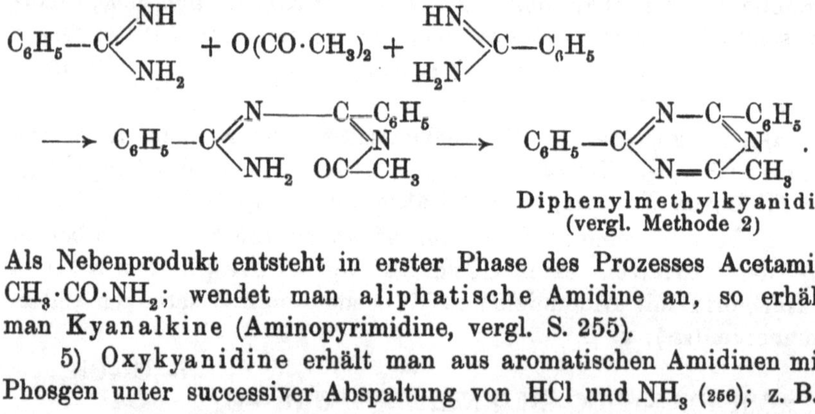

Diphenylmethylkyanidin (vergl. Methode 2)

Als Nebenprodukt entsteht in erster Phase des Prozesses Acetamid $CH_3 \cdot CO \cdot NH_2$; wendet man aliphatische Amidine an, so erhält man Kyanalkine (Aminopyrimidine, vergl. S. 255).

5) Oxykyanidine erhält man aus aromatischen Amidinen mit Phosgen unter successiver Abspaltung von HCl und NH_3 (256); z. B.:

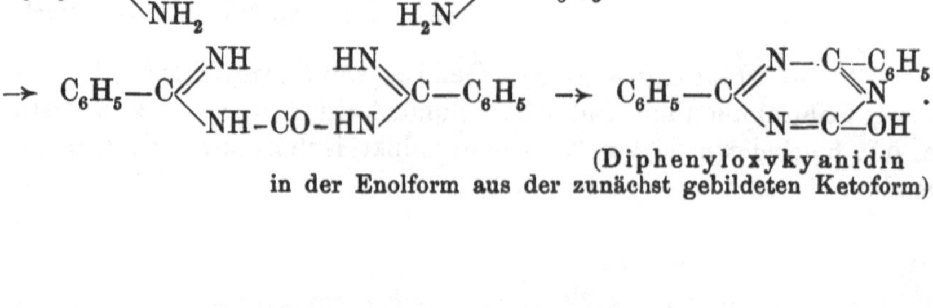

(Diphenyloxykyanidin in der Enolform aus der zunächst gebildeten Ketoform)

6) Diaminokyanidine oder Guanamine entstehen durch Erhitzen von fettsauren Guanidinsalzen unter Abspaltung von Wasser und Ammoniak (257). Die Reaktion verläuft unter intermediärer Bildung eines sog. Biguanids, welches sich bei Anwendung von Ameisensäure z. B. folgendermaßen umsetzt:

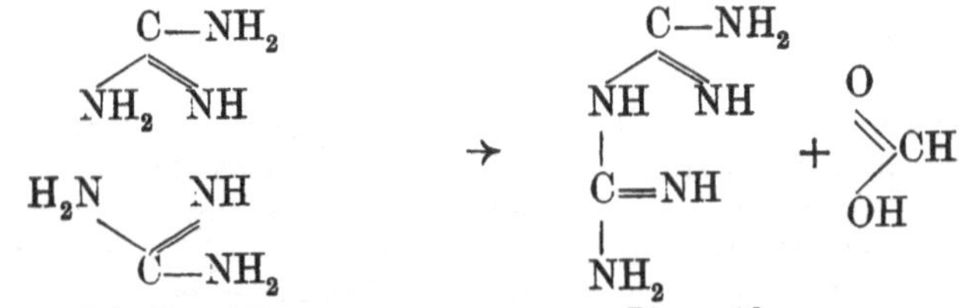

2 Mol. Guanidin — Biguanid

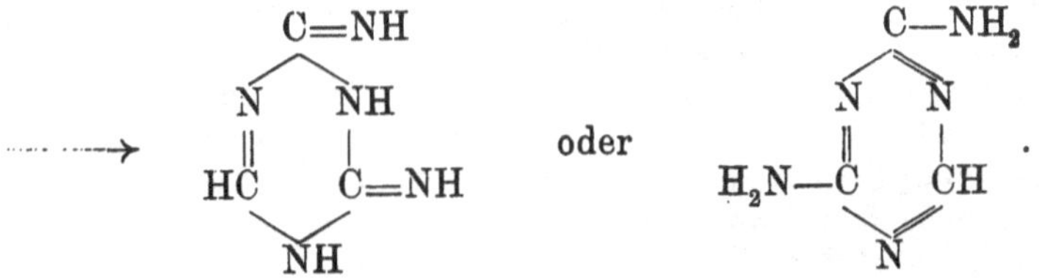

Formoguanamin oder Diaminokyanidin

7) Dioxykyanidine erhält man synthetisch aus Acetylurethan und Harnstoff bei 150° (258):

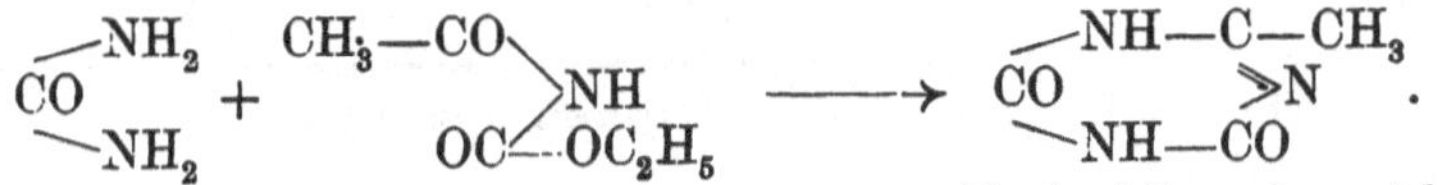

Methyldioxykyanidin (Acetoguanamid)

Die Cyanurkörper (Trioxykyanidine), ihre Ammoniakabkömmlinge, sowie die Hydrokyanidine oder Trimethylentriaminverbindungen sollen zum Schluß dieses Kapitels besprochen werden.

Spezielles. Der größte Teil der symmetrischen Triazine (Kyanidine) ist trialkyliert bezw. triphenyliert. Triäthylkyanidin (259) $C_3(C_2H_5)_3N_3$[1] (Sdp. 193—195°, Schmp. 299°) entsteht aus festem Dichlorcyanäthyl $C_3(C_2H_3Cl_2)_3N_3$ durch Reduktion, welches seinerseits durch Polymerisation des monomolekularen Dichlorpropionitrils dargestellt wird und sich mit Kaliumsulfhydrat zu Trithioacetylkyanidin umsetzt.

[1] Triäthylkyanidin wird durch weitere Reduktion mit Zink und Eisessig unter Ringverengerung in Triäthylimidazol verwandelt:

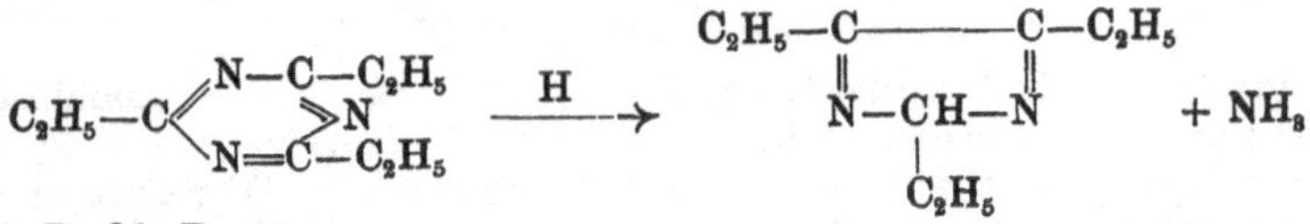

vergl. B. 28, R. 66.

Diphenylmethylkyanidin entsteht nach Bildungsweise 2) und 4), ist schwach basisch und liefert durch Oxydation Diphenylkyanidincarbonsäure, welche durch CO_2-Verlust in Diphenylkyanidin übergeht (260):

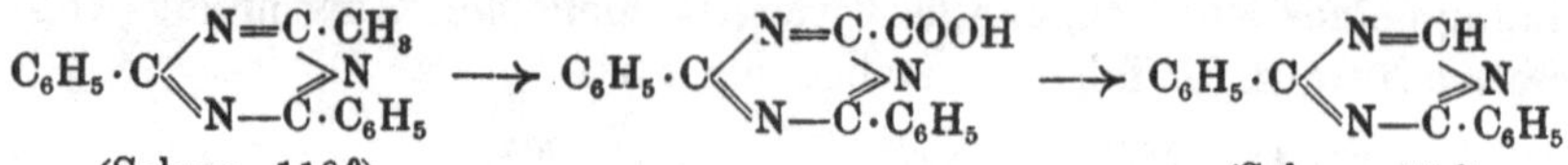

(Schmp. 110°) (Schmp. 75°)

Äthyldiphenylkyanidin (aus Benzonitril + Propionylchlorid) schmilzt bei 67°. Triphenylkyanidin oder Kyaphenin entsteht nach Bildungsweise 1), 2) und 3), sowie aus Benzamid durch Phosgen, wobei Benzonitril als Zwischenprodukt anzunehmen ist (261). Es ist nicht mehr basisch und unterscheidet sich dadurch von den Kyanalkinen (vergl. auch die Bildung aus Cyanurchlorid S. 272); Kyaphenin ist sehr beständig, liefert mit rauchender Salpetersäure ein Trinitroderivat, und wird erst bei 250° durch konz. HCl in Benzoësäure und Ammoniak gespalten.

Tetraphenyldihydrokyanidin (Schmp. 190—191°) wird aus einer benzolischen Lösung von Benzonitril mit Natrium in der Siedehitze gewonnen (262).

Diphenyloxykyanidin (Schmp. 289°) entsteht außer nach Bildungsweise 5) durch Einwirkung von Acetylmalonsäureester auf Benzamidin, wobei Benzamidylharnstoff als Zwischenprodukt auftritt (263):

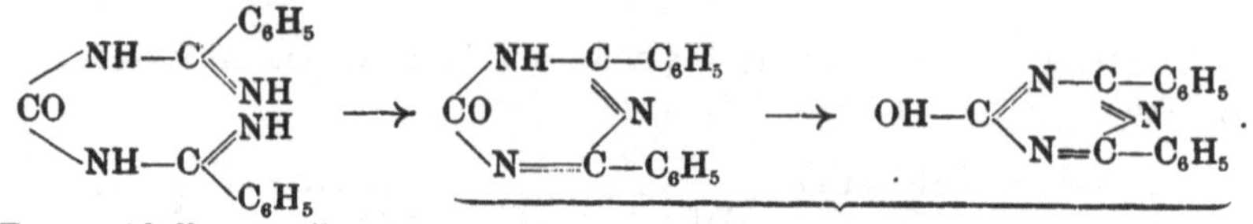

Benzamidylharnstoff Diphenyloxykyanidin

Die Verbindung löst sich in Alkalien, weshalb die Hydroxylformel zu bevorzugen ist. . . . .

Methyldioxykyanidin (Acetoguanamid) erhält man nach Methode 7); es entsteht auch aus Acetoguanamin (Diaminomethylkyanidin s. u.) durch konz. Schwefelsäure unter Ersatz der beiden Aminogruppen durch Hydroxyle; die Base wird durch Salpetersäure in Cyanursäure verwandelt.

Aminokyanidin $C_3H_2N_3$—NH_2 (Schmp. 225°) wird aus Dichlorcyanuramid (aus Cyanurchlorid + NH_3) durch Reduktion dargestellt (264).

Diphenylaminokyanidin ($[C_6H_5]_2C_3N_3 \cdot NH_2$) (Schmp. 172°) wird aus Diphenylchlorkyanidin (aus Diphenyloxykyanidin + PCl_5) und alkoholischem Ammoniak dargestellt (265).

Diaminokyanidin (Formoguanamin) entsteht aus Guanidinformiat nach Methode 6), aber auch direkt aus salzsaurem Biguanid durch Behandlung mit Chloroform und alkoholischem Kali in der Kälte (266).

Über Piperyldiaminokyanidin vergl. B. 25, 525.

Diaminomethylkyanidin (Acetoguanamin) entsteht aus Guanidinacetat bei 230° und schmilzt bei 265°; die Base wird durch alkoholisches Kali in Oxyaminomethylkyanidin, durch konz. Schwefelsäure in Dioxymethylguanidin (Acetguanid s. o.) übergeführt (267):

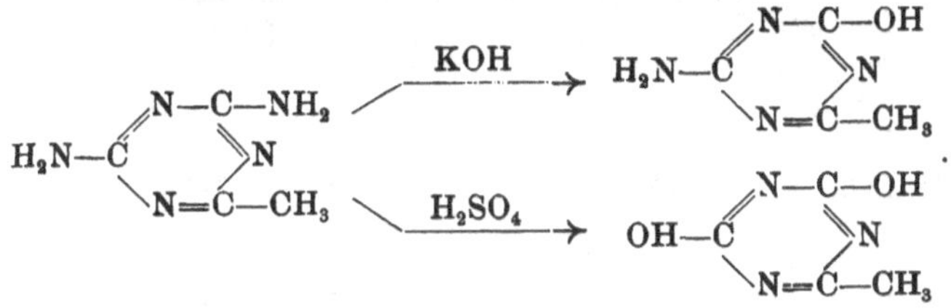

Cyanurverbindungen,

die sonst in der Chemie der Fettreihe abgehandelt zu werden pflegen, seien des systematischen Zusammenhanges wegen hier kurz skizziert.

Cyanurchlorid oder Trichlor-sym-triazin

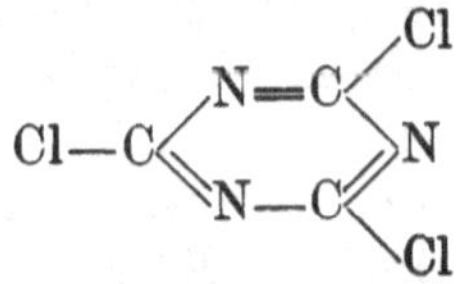

entsteht durch Polymerisation (268) des flüssigen Chlorcyans oder aus Chlor und wasserfreier Blausäure im Sonnenlicht (269); es schmilzt bei 146°, siedet bei 190° und wird durch Säuren und Alkalien leicht in Cyanursäure übergeführt.

Cyanurbromid (Schmp. über 300°) wird aus Bromcyan (270) oder durch Erhitzen von gelbem oder rotem Blutlaugensalz mit Brom auf 220° dargestellt (271).

Cyanurjodid bildet sich aus Cyanurchlorid und Jodwasserstoff (272).

Cyanursäure oder Trioxy-sym-triazin (Trioxykyanidin)

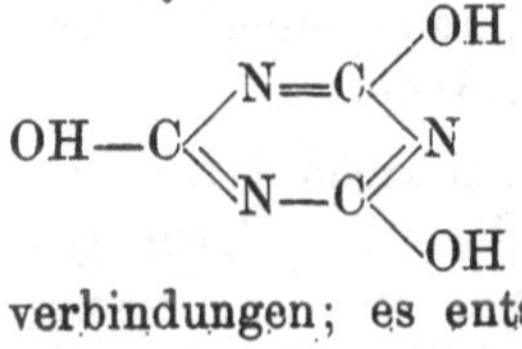

ist weniger beständig als die übrigen Triazinverbindungen; es entsteht bei der trockenen Destillation der Harnsäure, beim Verseifen der Cyanurhalogene (273), aus cyansaurem Kalium durch Säuren, durch Erhitzen von Harnstoff oder Carbonyldiharnstoff, aus Chlor und Harnstoff (274) bei 130—140° u. s. w. Über eine Synthese der Cyanursäure aus Urethan und Biuret vergl. B. **23**, 1861. Cyanursäure krystallisiert mit $2H_2O$ und zerfällt durch kochende Säuren in CO_2 und NH_3; PCl_5 führt sie in Cyanurchlorid über, während Destillation rückwärtigen Zerfall in Cyansäure bewirkt.

Während für die freie Cyanursäure von den beiden tautomeren Formeln (Enol- und Ketoform) die Hydroxylformel (s. o.) wahrscheinlich gemacht worden ist (275), existieren ihre Ester in zwei isomeren Reihen:

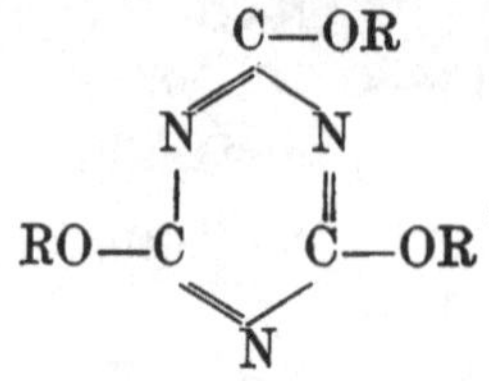

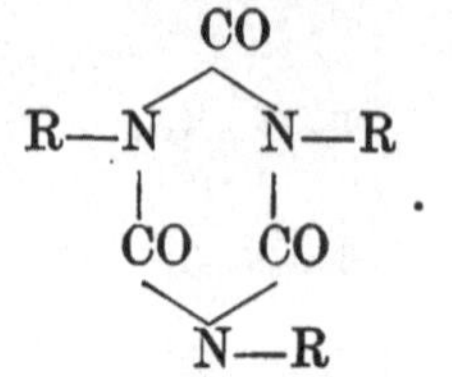

als normale — und als Isocyanursäureester (N-Alkylderivate des Triketohexahydrotriazins)

Normale Cyanursäureester entstehen aus Cyan- (276) oder Cyanurchlorid (277) und Natriumalkoholat, sowie aus cyanursaurem Silber und Alkyljodiden in der Kälte. Die normalen Ester werden zu Cyanursäure verseift und addieren 6 Atome Brom; durch Kochen werden sie in Isocyanursäureester umgelagert.

Isocyanursäureester oder Alkyltricarbimide entstehen außerdem durch Destillation von cyanursauren Salzen mit ätherschwefelsauren Salzen oder Alkyljodiden (278), sowie durch Polymerisation der gewöhnlichen Isocyansäureester bezw. aus Alkylisomelaminen (vergl. S. 277). Die Isoester liefern bei der Verseifung gleich den Isocyansäureestern primäre Amine und Alkalicarbonat:

$$C_3O_3(N \cdot R)_3 + 6KOH = 3NH_2 \cdot R + 3CO_3K_2.$$

Über Thiocyanursäure 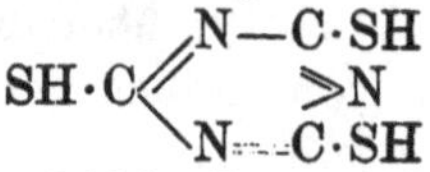 (aus Cyanursäure und Natriumsulfid) vergl. B. **18**, 2198, J. pr. [2] **33**, 166; die Ester dieser Säure sind nach der normalen Enolform zusammengesetzt.

Amide bezw. Imide der Cyanursäure (Melamingruppe) oder Triamino- und Aminooxykyanidine.

Von der Cyanursäure, sowie von der hypothetischen Isocyanursäure kann man durch successiven Ersatz der drei Hydroxylgruppen durch Aminoreste zwei isomere Reihen von Aminooxy- und Triaminotriazinen ableiten, welche durch das folgende Schema wiedergegeben sind:

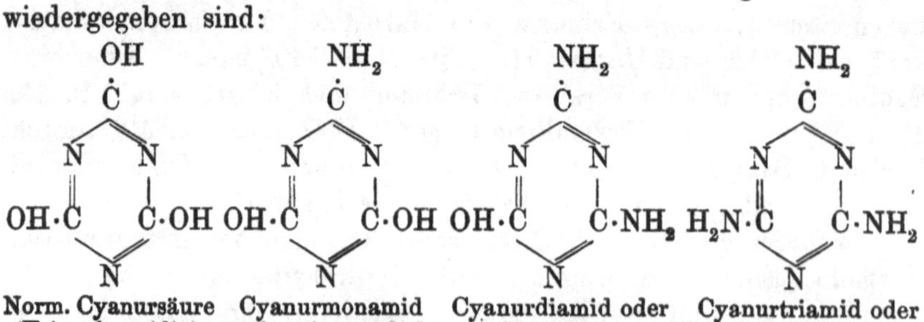

Norm. Cyanursäure (Trioxykyanidin) — Cyanurmonamid oder Ammelid (Aminodioxykyanidin) — Cyanurdiamid oder Ammelin (Diaminooxykyanidin) — Cyanurtriamid oder Melamin (Triaminokyanidin)

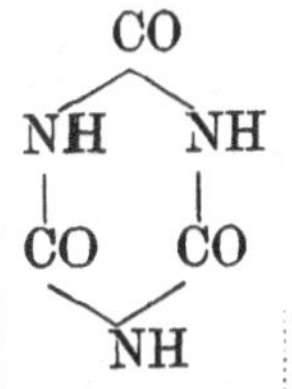

Isocyanursäure (Triketohexahydrokyanidin)

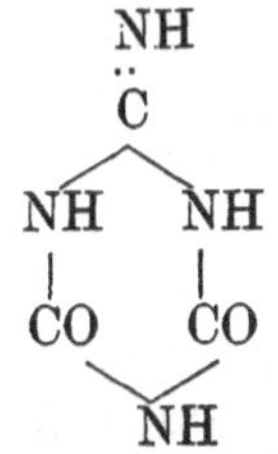

Isocyanurmonimid
Melanurensäure
(Imidodiketohexahydrokyanidin)

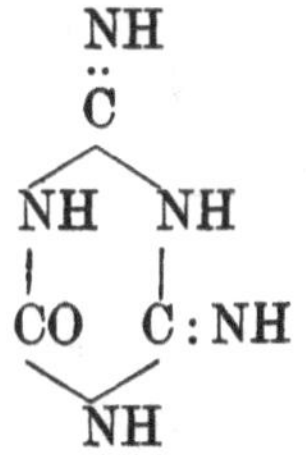

Isocyanurdiimid
Isoammelin
(Diimidoketohexahydrokyanidin)

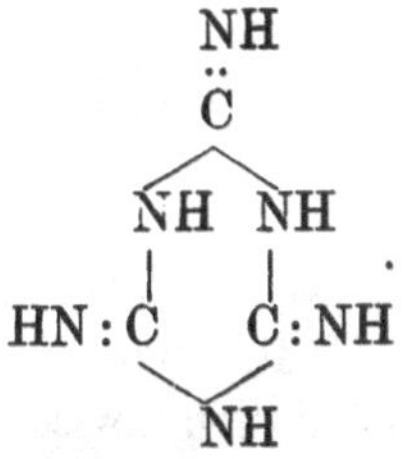

Isocyanurtriimid
Isomelamin
(Triimidohexahydrokyanidin)

Melamin, die am längsten bekannte und wichtigste Verbindung dieser Gruppe, entsteht außer durch Erhitzen von Rhodanammonium (279) (neben sog. Melam oder Melem) durch Erhitzen von Cyanurchlorid oder Trithiocyanursäureester mit konz. Ammoniak (280), ferner aus Cyanamid bezw. Dicyandiamid (281):

$$NH:C\begin{cases}NH_2\\NH\cdot CN\end{cases} + \begin{matrix}CN\\|\\NH_2\end{matrix} = NH:C\begin{cases}NH-C:NH\\ \quad\quad >NH\\NH-C:NH\end{cases}.$$

(trimeres Cyanamid oder Melamin)

Auch die Isomerie zwischen Melamin und Isomelamin tritt erst in den Derivaten zu Tage: normale Alkylmelamine[1] (282) erhält man aus Cyanurchlorid und Aminbasen, während die Alkylisomelamine (283) durch Polymerisation von Alkylcyanamiden CN·NH·Alk. dargestellt werden; sie werden im Gegensatz zu den normalen Alkylmelaminen durch Salzsäure in Isocyanursäureester und Ammoniak gespalten (284).

Trimethylisomelamin $C_3H_3N_3(N\cdot CH_3)_3 + 3H_2O$ entsteht direkt durch Entschwefelung des Monomethylharnstoffes und schmilzt bei 179° unter gleichzeitiger Sublimation, während normales Trimethylmelamin $C_3N_3(NH\cdot CH_3)_3$ bei 130° schmilzt und durch HCl in Cyanursäure und Methylamin zerfällt.

Über Tetraphenylmelamin vergl. B. 7, 1736; **20**, 1065.

Als Zwischenprodukte bei der Verseifung (285) des Melamins treten Ammelin (Cyanurdiamid) und Ammelid (Cyanurmonamid) auf; ersteres entsteht auch synthetisch aus Dicyandiamid und Harnstoff bezw. Urethan (vergl. M. **11**, 198; B. **23**, 1858), letzteres aus Harnstoff und Guanylharnstoff bei 170—180°, sowie aus Dicyandiamid durch Erhitzen mit Wasser auf 170° (vergl. M. **11**, 203; B. **16**, 1074, 1703).

Über Thioammelid (Aminodithiocyanursäure) vergl. A. **59**, 339. Phenylammelin entsteht synthetisch aus Phenylharnstoff und Dicyandiamid (286):

---

[1] Dieselben liefern bei der Spaltung mit Salzsäure Cyanursäure und Alkylamine.

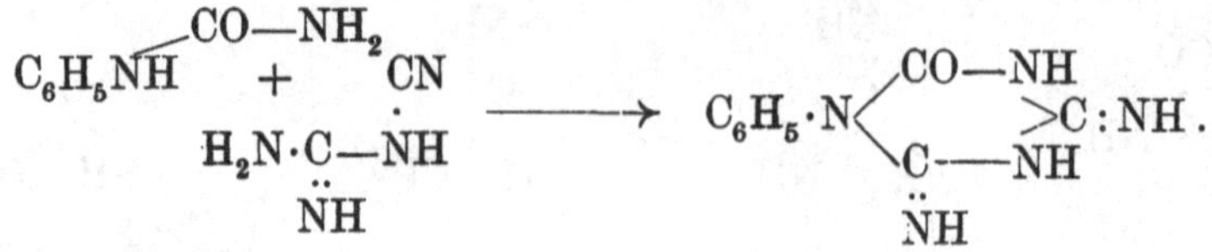

Bei den freien Basen (Ammelin und Ammelid) ist eine Entscheidung zwischen den tautomeren Formeln nicht möglich. Über Melam, Mellon und Melem vergl. B. **19**, R. 340; J. pr. [2], **33**, 118, 285 und A. **10**, 1.

Die Trimethylentriamine sind als sym. Hexahydrotriazine zu betrachten. Als Ausgangsmaterial dieser Gruppe hat das sog. Hexamethylentetramin $C_6H_{12}N_4$ zu gelten, welches aus Formaldehyd oder Oxymethylen durch Einwirkung von Ammoniak dargestellt wird (287). Als hypothetisches Zwischenprodukt dieser Reaktion betrachtet man das Trimethylentriamin (Hexahydrotriazin)

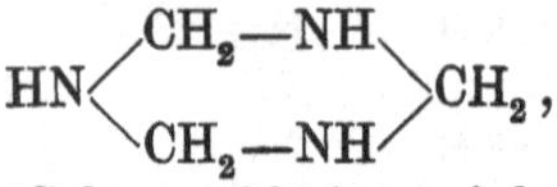

, welches in Form seines Tribenzoylderivates (Schmp. 221°) gefaßt werden kann (288). Ein Trinitrosotrimethylentriamin

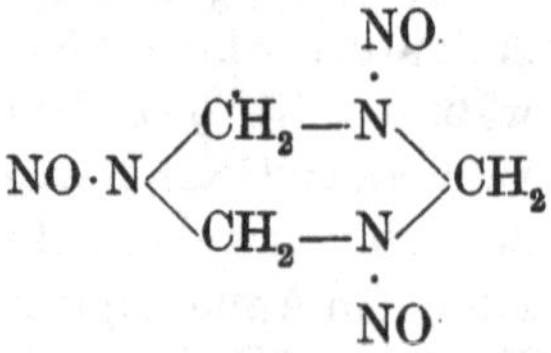

(Schmp. 105—106°)

entsteht aus Hexamethylentetramin durch Einwirkung eines Überschusses von salpetriger Säure; das Trinitrosamin liefert durch Reduktion und Säurespaltung Hydrazin und Formaldehyd (289). Beständig ist das Trimethylentrimethyltriamin (Trimethylhexahydrotriazin)

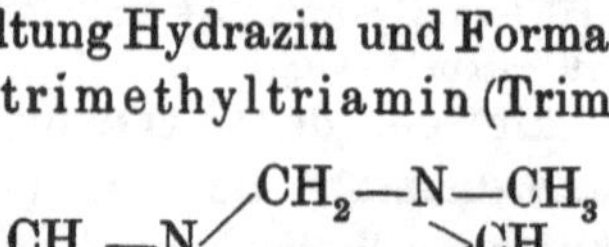

(aus Methylamin und Formaldehyd); es ist eine bei 162,5° siedende Base (290).

Als Triphenylhexahydrotriazin $C_3H_6N_3(C_6H_5)_3$ ist das sog. Anhydroformaldehydanilin (Schmp. 140—141°) anzusehen, welches neben Methylenanilin und Methylendiphenyldiamin bei der Einwirkung von Formaldehyd auf Anilin entsteht (291).

Die Konstitution des erwähnten Hexamethylentetramins ist erst neuerdings klar gestellt worden (292): wie aus nachstehender Formel

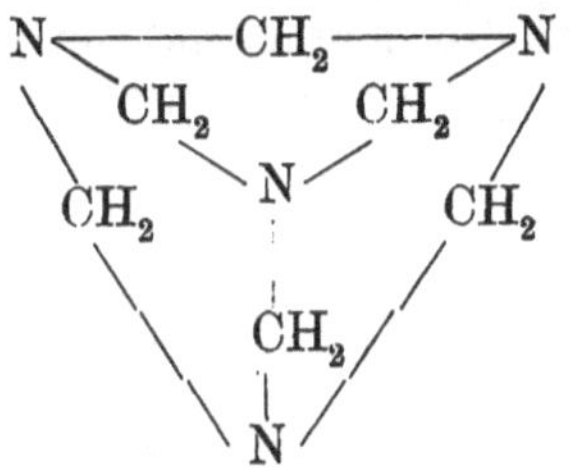

hervorgeht, kann man dieselbe durch ein Tetraëder ausdrücken, dessen vier Flächen von Hexahydrotriazinringen eingenommen werden: in den vier Eckpunkten befinden sich die Stickstoffatome. Hexamethylentetramin ist eine schön krystallisierende einsäurige Base, welche unter dem Namen „Urotropin“ therapeutische Anwendung findet: es zerfällt unter bestimmten Bedingungen leicht in Ammoniak und Formaldehyd; Benzoylchlorid liefert u. a. das Tribenzoylderivat des oben erwähnten einfachen Trimethylentriamins.

β) Asymmetrische oder 1, 2, 4-Triazine,

auch α-Triazine genannt, leiten sich von folgendem hypothetischen Stammkörper ab:

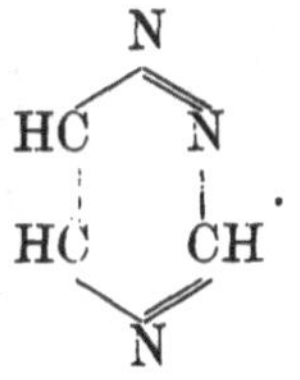

Die Darstellungsmethoden dieser Triazine, zu denen auch Hydroprodukte gehören, sind:

1) Kondensation von aromatischen 1, 2-Diketonen mit Semicarbazid oder Aminoguanidin, wobei Oxy- bezw. Amino-α-triazine gebildet werden, wie aus folgenden Beispielen hervorgeht (293):

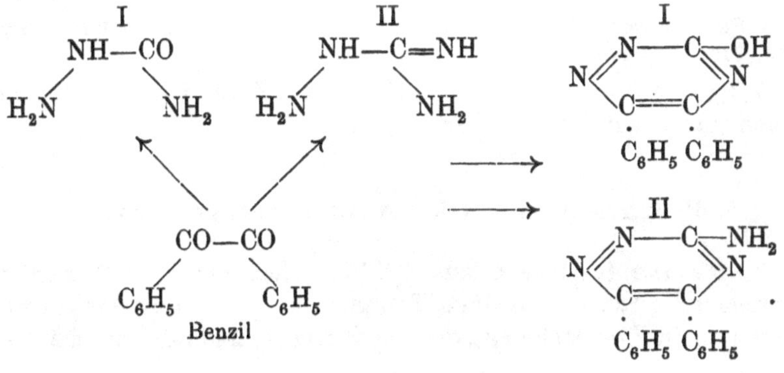

2) Kondensation von Formamid mit unsymmetrischem Phenylhydrazinoessigester zu Oxydihydrotriazin (294):

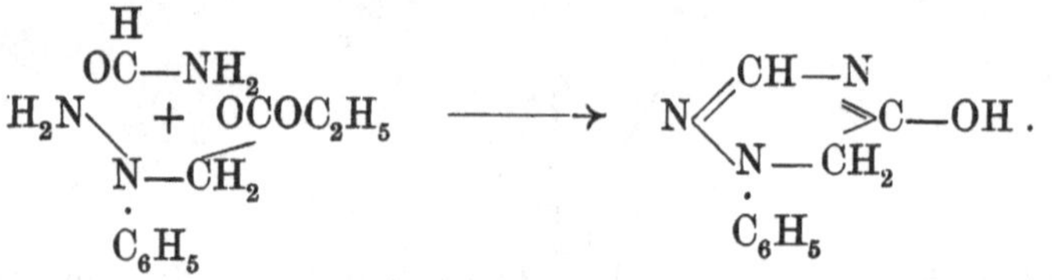

3) Ammoniakabspaltung aus Carbonamidhydrazopropionsäureamid (295):

Dihydrodioxymethyltriazin (Schmp. 214°)

4) Einwirkung von Phosgen auf Phenylhydrazinoacetanilid (296):

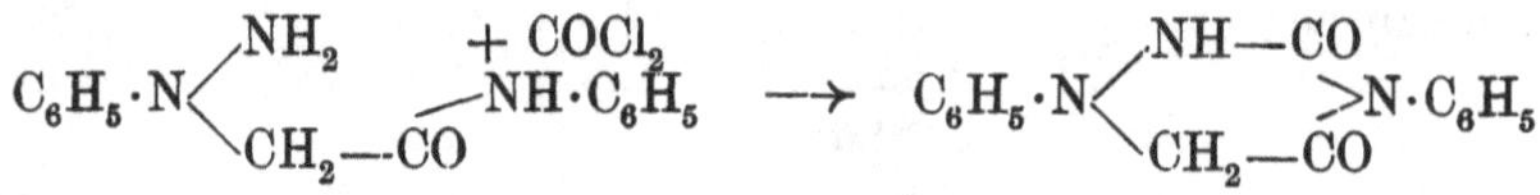

Diphenyldiketohexahydrotetrazin, (Schmp. 257—258°)

Das nach 1 erhältliche Diphenyloxytriazin schmilzt bei 218° und ist in Alkalien und Soda löslich; es entsteht auch aus dem ebenfalls nach 1 darstellbaren Diphenylaminotriazin (Schmp. 175°) beim Kochen mit Kalilauge.

Phenyldihydrooxytriazin (vergl. Methode 2) schmilzt bei 203—204°.

Diphenylacitetrahydrotriazin 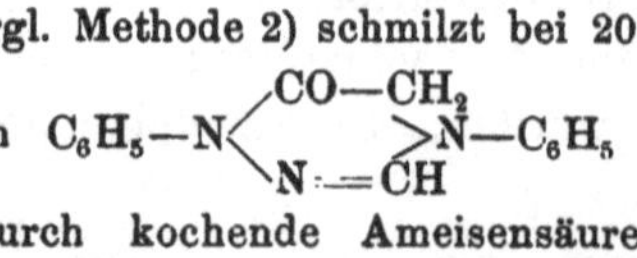 entsteht aus α-Phenylglycinylphenylhydrazid durch kochende Ameisensäure, vergl. B. 26, 2616.

1,2,3- oder v-Triazine sind nur als Zweiringe bekannt und werden daher unter diesen beschrieben.

1. d) Einringe mit vier N oder Tetrazingruppe.

Tetrazine (bestehend aus 4 Stickstoffatomen und 2 Kohlenstoffatomen, vergl. das analoge Tetrazol in der Fünfringreihe) sind theoretisch in drei stellungsisomeren Formen denkbar, da man sie als Kohlenstoffdisubstitute des hypothetischen Hexazins 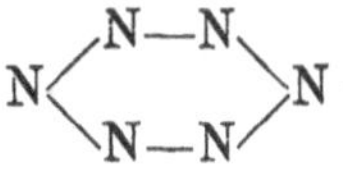

betrachten kann.

Diese sind:

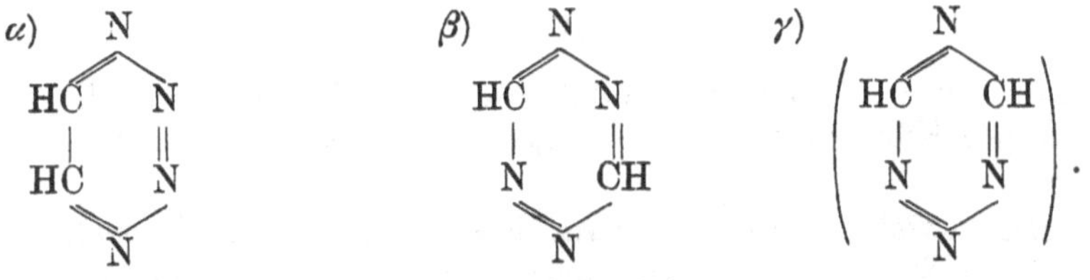

vicinales (1, 2, 3, 4) Tetrazin — symm. (1, 2, 4, 5) Tetrazin — (asymm. Tetrazin)

Es sind bisher nur Derivate der beiden ersten Körperklassen bekannt geworden.

α) Benachbarte- oder Osotetrazine

sind die Oxydationsprodukte der Dihydrazone von 1, 2-Diketonen, der sog. Osazone (297); z. B.:

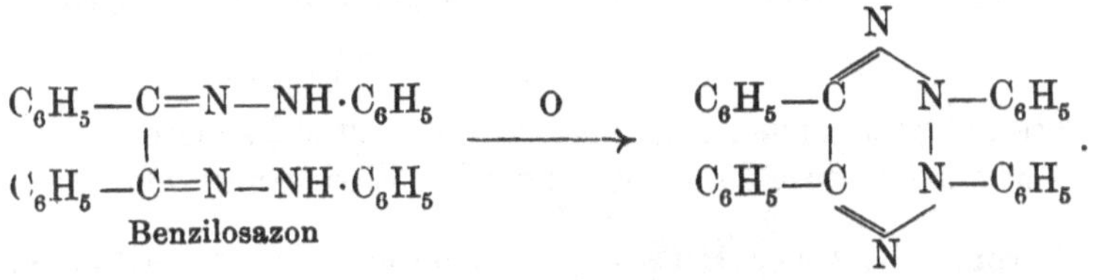

Benzilosazon — Tetraphenyldihydrotetrazin

Hierbei werden also die beiden Imidwasserstoffatome wegoxydiert unter Bildung eines sog. Osotetrazons oder Dihydro-v-tetrazins; die Osotetrazone sind tiefrot gefärbt; hierauf beruht die v. Pechmann'sche Osazon-Reaktion.

Von Interesse ist, daß man auch einfache Hydrazone indirekt in Osotetrazone umwandeln kann, und zwar in der Weise, daß man erstere zunächst durch Oxydation in Osazone überführt, wie beispielsweise aus nachstehendem Schema hervorgeht (298):

2 Mol. Benzalphenylhydrazon — Osazon

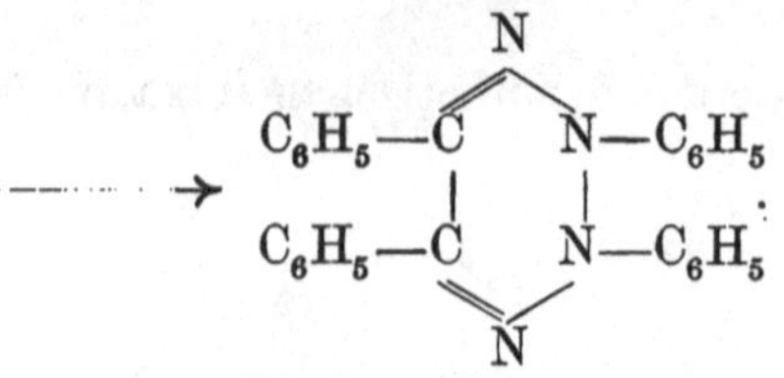

Diphenylosotetrazin

In neuester Zeit ist es gelungen, auch einfachere Derivate des diesen Körpern zu Grunde liegenden benachbarten Tetrazins zu isolieren (299).

Die rotgefärbten Osotetrazine lösen sich in konz. Schwefelsäure mit blauer Farbe, sind zu Osazonen reduzierbar und erleiden durch Mineralsäuren eine eigentümliche Ringverengerung zu den fünfgliederigen Osotriazolen (vergl. S. 77) (300):

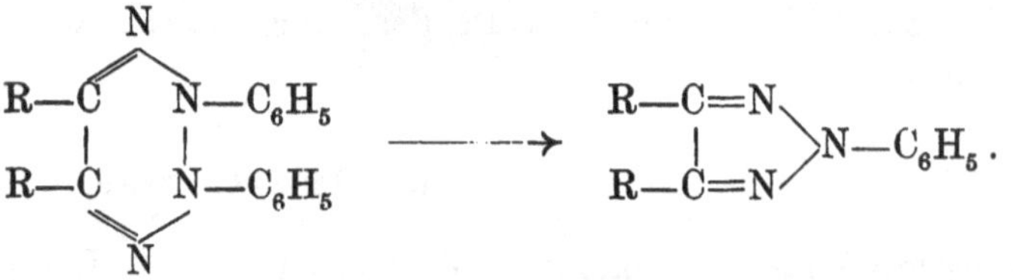

Methyldiphenylosotetrazin (Schmp. 106—107°) entsteht aus Methylglyoxalosazon mit Kaliumbichromat und Essigsäure oder mit Amylnitrit.

β) Symmetrische (1, 2, 4, 5) Tetrazine

und ihre entsprechenden Dihydroderivate — zwei Isomere — sind bekannt geworden durch das Studium der Einwirkung von Hydrazin auf die sog. Imidoäther $R \cdot C \begin{cases} NH \\ O \cdot C_2H_5 \end{cases}$ (Pinner) (301). Hierbei entstehen intermediär Monohydrazidine vom Typus $R{-}C \begin{cases} NH \\ NH{-}NH_2 \end{cases}$ (bezw. $R{-}C \begin{cases} NH_2 \\ N{-}NH_2 \end{cases}$); 2 Mol. der letzteren spalten leicht intramolekular Ammoniak ab unter Bildung eines Dihydrotetrazins vom Typus einer cyklischen Hydrazoverbindung, wie aus folgendem Schema hervorgeht:

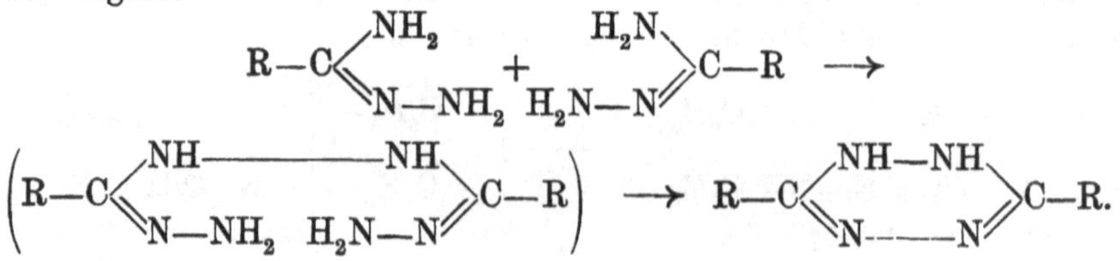

Diese Dihydrotetrazine verlieren außerordentlich leicht zwei Atome Wasserstoff — schon durch den Sauerstoff der Luft — und gehen dabei in die entsprechenden Azoverbindungen, in die eigentlichen — rot gefärbten — Tetrazine über:

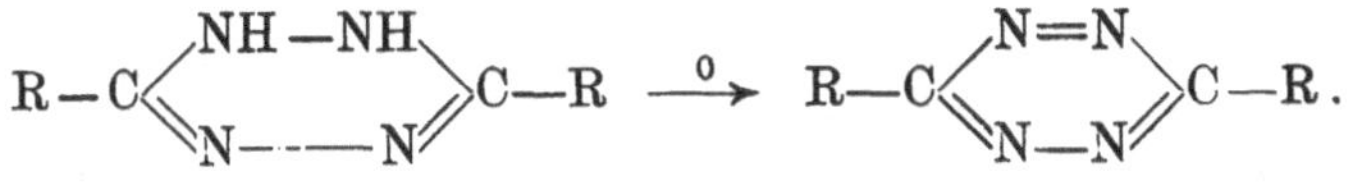

Eigenschaften. Während die eigentlichen Tetrazine gegen Säuren sehr beständig sind, erleiden die labilen, schwach basischen Dihydrotetrazine in dreierlei Richtung merkwürdige Veränderungen:

1) Konzentrierte Säuren bewirken zum Teil eine Umlagerung in die isomeren sog. Isodihydrotetrazine unter Wanderung eines H-Atomes:

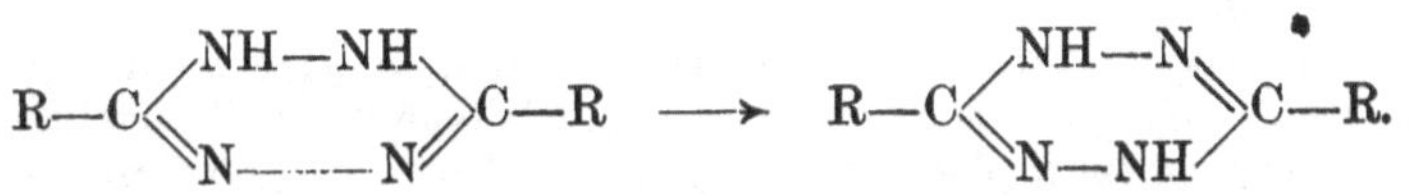

Die Isodihydrotetrazine sind keine Hydrazokörper mehr und daher nicht zu Tetrazinen oxydierbar.

2) Gleichzeitig spalten Säuren aus einem anderen Teil des Dihydrotetrazins Hydrazin ab; der Vorgang ist eine Verseifung: es tritt Sauerstoff an Stelle des Hydrazinrestes unter Bildung eines fünfgliederigen Oxybiazols (vergl. S. 172):

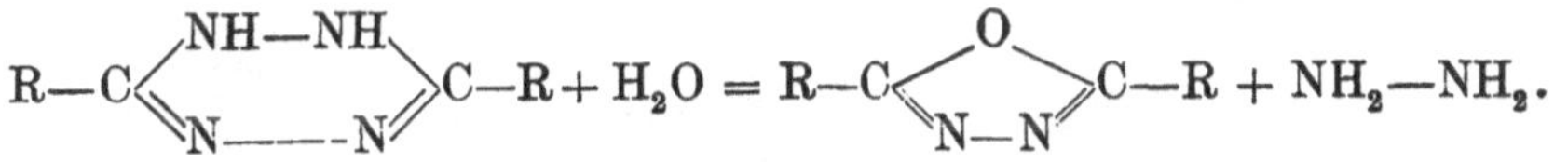

3) Eisessig und Zinkstaub spalten — ebenfalls unter Ringverengerung — ein Stickstoffatom als Ammoniak ab: es entsteht ein Dialphyltriazol; z. B.:

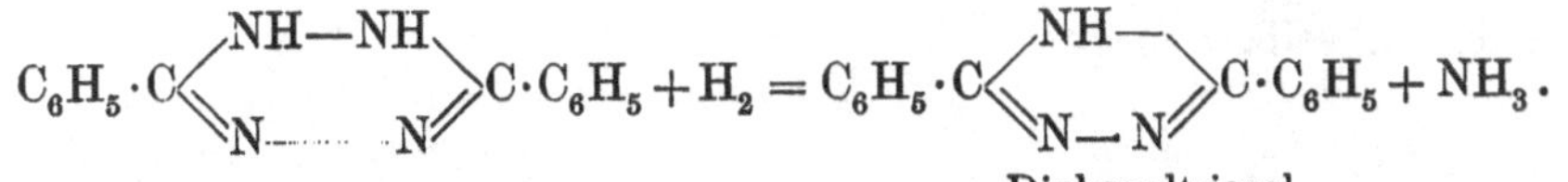

Diphenyltriazol

Die nicht hydrierten Tetrazine ihrerseits werden von Alkalien leicht unter Ringsprengung angegriffen (302): Diphenyltetrazin spaltet sich dabei in Stickstoff und Benzoylbenzylidenhydrazid:

$$C_6H_5 \cdot CH{=}N{-}NH \cdot CO \cdot C_6H_5 .$$

Diphenyltetrazin $C_6H_5 \cdot C\langle{}^{N=N}_{N-N}\rangle C \cdot C_6H_5$ bildet blaustichig rot gefärbte Prismen vom Schmp. 192°; die Homologen verhalten sich ähnlich.

Diphenyldihydrotetrazin $C_6H_5 \cdot C\langle{}^{NH-NH}_{N\text{——}N}\rangle C \cdot C_6H_5$ (hellorangefarbene Nadeln, die bei 160° rot werden, bei 192° schmelzen) entsteht außer in der angeführten Weise aus Thiobenzamid und Hydrazin nach folgender Gleichung (303):

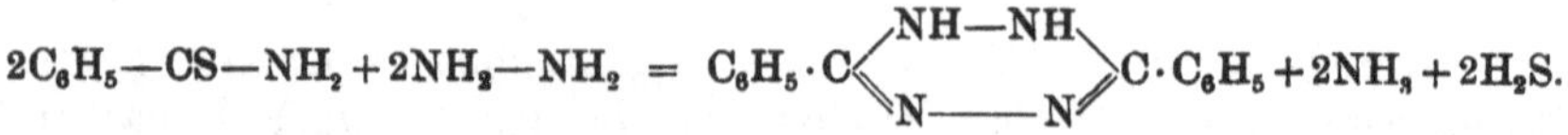

Es ist sehr leicht — schon durch Erhitzen auf 160° — oxydierbar zum Diphenyltetrazin.

C-Diphenylisodihydrotetrazin $C_6H_5-C\langle{}^{NH-N}_{N-NH}\rangle C \cdot C_6H_5$ ist eine farblose schwache Base vom Schmp. 258°.

Ein isomeres **n-Diphenylisodihydrotetrazin** oder **Diphenyltetrazolin** erhält man durch Einwirkung von Chloroform und alkoholischem Kali auf Phenylhydrazin: das zunächst gebildete Formylphenylhydrazin erleidet durch Erhitzen Kondensation zum Hydrotetrazin (304):

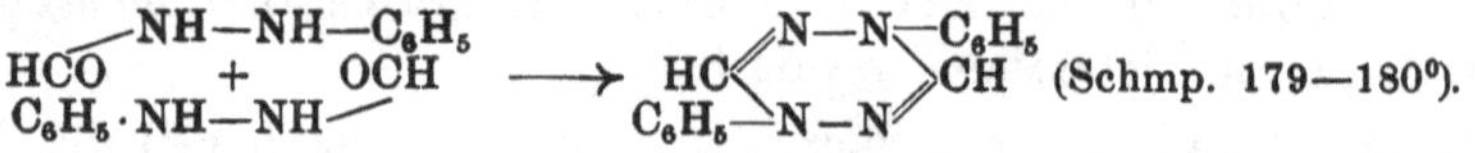

Ein **Ketotetrahydrotetrazin** ist das Methenylcarbohydrazid $CO\langle{}^{NH\text{——}N}_{NH-NH}\rangle CH$ (Schmp. 181°), welches aus Carbohydrazid und Orthoameisensäureester dargestellt wird (305).

Diketohexahydrotetrazine

sind die sog. **Urazine** $CO\langle{}^{NH-NH}_{NH-NH}\rangle CO$, die Analoga der **Urazole** in der Chemie der Fünfringe (vergl. S. 85); man gewinnt sie durch Wechselwirkung von Kohlensäureabkömmlingen des Hydrazins mit Hydrazin selbst; z. B.:

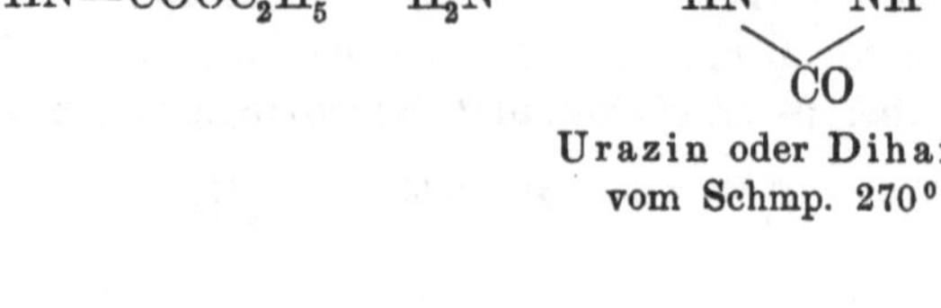

Urazin oder Diharnstoff
vom Schmp. 270° (306)

Diphenylurazin erhält man durch Erhitzen von Phenylsemicarbazid (307):

$$2\,C_6H_5{-}NH{-}NH{\cdot}CO{\cdot}NH_2 \rightarrow C_6H_5{\cdot}N\left\langle\begin{array}{c}NH{-}CO\\CO{-}NH\end{array}\right\rangle N{\cdot}C_6H_5.$$

(Schmp. 264°)

Dasselbe Urazin entsteht auch durch Einwirkung von Phosgen auf Phenylhydrazinoameisensäureester $C_6H_5{\cdot}N(COOC_2H_5){-}NH_2$ (308) oder durch Erhitzen von Phenylcarbazinsäureester $C_6H_5NH{\cdot}NH{-}COOR$ (309). Ein isomeres unsymmetrisches Diphenylurazin (310)

$$CO\left\langle\begin{array}{c}NH{-}N{-}C_6H_5\\NH{-}N{-}C_6H_5\end{array}\right\rangle CO \quad \text{(Schmp. 148—150°)}$$

soll aus Natriumphenylhydrazin und Phosgen gebildet werden; dasselbe ist amorph.

Die Urazine sind einbasische Säuren, welche zum Teil wohl charakterisierte Salze geben.

2. Zweiringe.

Diese zweite Hauptgruppe derjenigen sechsgliederigen Heteroringe, welche Stickstoff als Heteroglieder enthalten, umfasst alle dicyklischen Systeme, also die Benzoderivate der im vorigen Kapitel beschriebenen Einringe: erstere verhalten sich zu letzteren wie Naphtalin zu Benzol. Demgemäß unterscheidet sich auch die Klasse der dicyklischen Systeme nicht unwesentlich von derjenigen der Einringe, sowohl in den Bildungsweisen, als auch im Verhalten: es machen sich die Eigentümlichkeiten des Benzolringes geltend.

2. a) Zweiringe mit einem N.

Chinolin- und Isochinolingruppe.

Das Pyridin — als monocyklisches System mit einem Stickstoffatom — vermag sich in zweierlei Art mit einem Benzolring zu kondensieren: entweder sind die beiden gemeinschaftlichen Kohlenstoffatome im Pyridinkerne α,β- oder β,γ- ständig. Danach unterscheidet man α,β-Benzopyridine oder eigentliche Chinolinverbindungen und β,γ-Benzopyridine oder Isochinolinverbindungen. Die beiden isomeren Stammsubstanzen entsprechen folgenden Konstitutionsformeln:

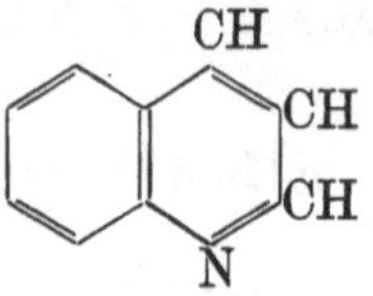

α, β-Benzopyridin oder Chinolin

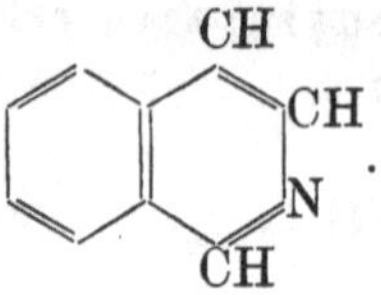

β, γ-Benzopyridin oder Isochinolin

Wir betrachten zunächst die eigentlichen Chinoline.

Vorkommen. Chinolinbasen finden sich gleichzeitig mit Pyridinen im Steinkohlenteer und im Knochenöl; ferner kommen dieselben in einer Reihe von Pflanzenalkaloïden, besonders in den Chinaalkaloïden, vor und können zum Teil aus diesen komplizierten Körpern durch Destillation mit Kali gewonnen werden.

Konstitution und Isomerieverhältnisse. Das Chinolin kann als ein Naphtalin aufgefaßt werden, in welchem eine α-CH-Gruppe durch Stickstoff ersetzt ist. Diese Anschauung wird sowohl durch Abbaureaktionen, als durch direkte Synthesen bewiesen. Wie schon früher erwähnt, verbrennt der Benzolkern des Chinolins durch Oxydation zu einer Pyridindicarbonsäure (Chinolinsäure):

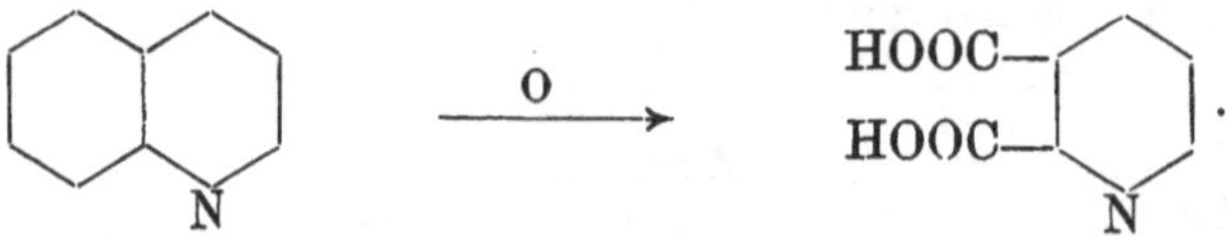

Andererseits kann man das Benzopyridin aus Anilinderivaten aufbauen, also den Pyridinring an den Benzolkern anschliessen, wie die Synthese des Chinolins aus Allylanilin zeigt (311):

(Analogon der Naphtalinsynthese aus Phenylbutylen)

Dass dieses Eingreifen in das System des Benzols thatsächlich in der Orthostellung erfolgt, ergiebt sich aus der Darstellung des Chinolins aus einem Orthoanilinderivat, der o-Aminohydrozimmtsäure, eine Reaktion, die in folgenden Phasen verläuft (312):

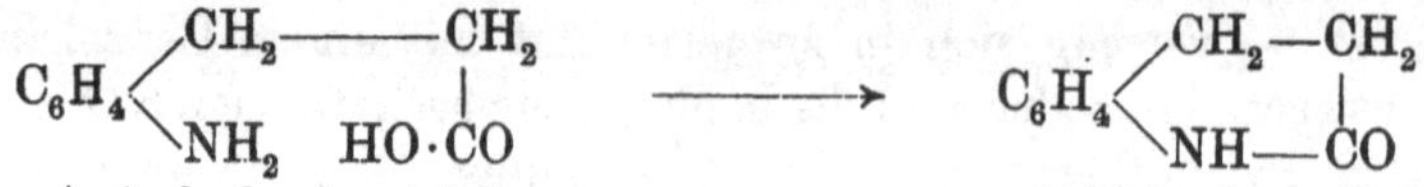

o-Aminohydrozimmtsäure Hydrocarbostyril

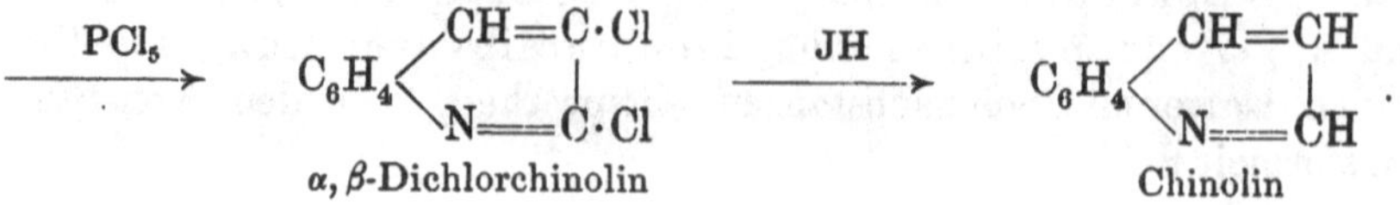

α, β-Dichlorchinolin Chinolin

Von theoretischem Interesse ist ferner die Entstehung des Chinolins durch Abbau seines Ringhomologen, des Acridins, welcher in folgender Weise verläuft (313):

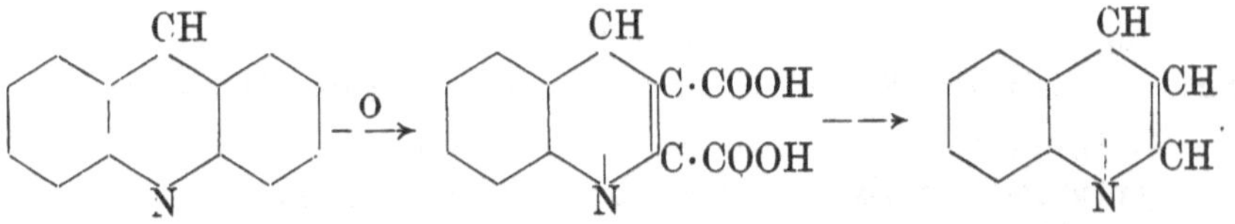

Acridin Acridinsäure Chinolin

Da dem Acridin zweifellos eine Parabindung zukommt, so glaubte man auch dem Chinolin eine obigem Schema entsprechende Formulierung zuerteilen zu müssen (RIEDEL).

Aber die Gründe für diese Annahme sind ebensowenig zwingend, wie für die RIEDEL'sche Formel des nahverwandten Pyridins, zumal neuerdings durch Untersuchungen über die Bildung der Chinochinoline (s. d.) experimentelle Beweise gegen die Diagonalformel vorgebracht worden sind (314).

Schließlich sei noch erwähnt, daß auch für das Chinolin, wie für Benzol und Pyridin, eine centrische Formel aufgestellt ist (315):

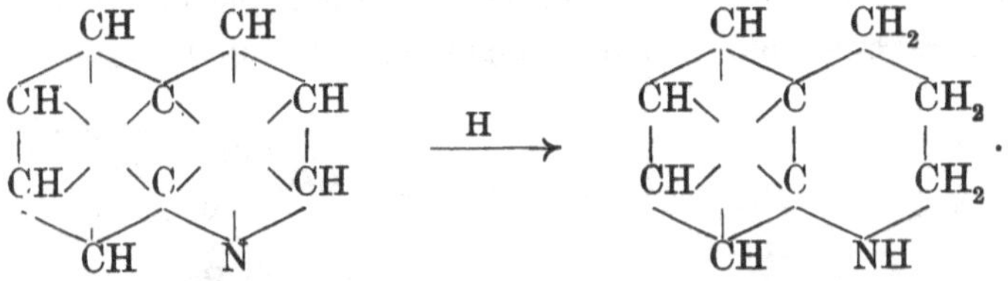

Zentrische Chinolinformel (BAMBERGER, 1890) Tetrahydrochinolin

Das beigegebene Schema soll zeigen, wie man sich den Übergang zum Tetrahydrochinolin vorzustellen hat: die Kohlenstoffkette des Pyridinkerns nimmt aliphatischen, der nicht hydrierte Ring aromatischen Charakter an: in der That kann man das Tetrahydrochinolin etwa dem Propylanilin an die Seite setzen.

Die Homologen und Substitutionsprodukte des Chinolins sind außerordentlich zahlreich; die Bezeichnung derselben erfolgt meistens nach folgendem Schema:

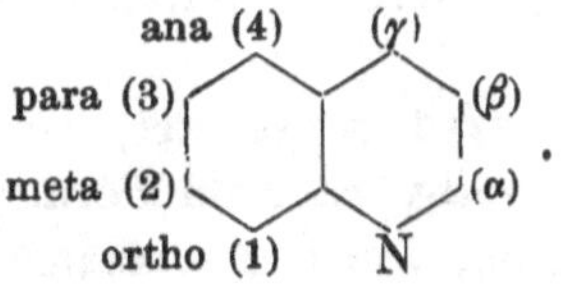

Eine andere Nomenklatur bezeichnet auch die Orte des Pyridinkernes mit Ziffern unter Hinzufügung des Präfixes Py- zur Unterscheidung von den Benzolorten, welche Bz-1, -2, -3, -4 benannt werden.

Infolge des unsymmetrischen Baues des Chinolins beträgt bereits die Zahl der Monoderivate 7, die der isomeren Biderivate 21.

Allgemeines Verhalten: Die Chinoline sind tertiäre, in Wasser unlösliche Basen, welche einen durchdringenden, vom Pyridin verschiedenen Geruch besitzen; die Basicität ist geringer als bei den Pyridinen, wie denn überhaupt der kondensierte Benzolkern die Eigenschaften der ursprünglichen Base modifiziert. Die Salze krystallisieren meistens gut und liefern Doppelsalze mit Metallhaloïden; das freie Chinolin wird ebenfalls durch Merkurisalze gefällt unter Bildung von Salzen der Merkurichinoline (316). Die Platindoppelsalze verändern sich beim Kochen nicht im Gegensatz zu denjenigen der Pyridinsalze.

Mit Jodalkylen verbinden sich die Chinoline zu quaternären Chinoliniumjodiden; jedoch ist die Additionsfähigkeit von der Natur der beiden Komponenten abhängig. Die zugehörigen Ammoniumbasen zeigen dieselbe merkwürdige Unbeständigkeit wie die Pyridiniumsalze (s. d.): durch Natronlauge werden sie in ein Gemenge von Dihydrochinolinen und α-Chinolonen verwandelt (317):

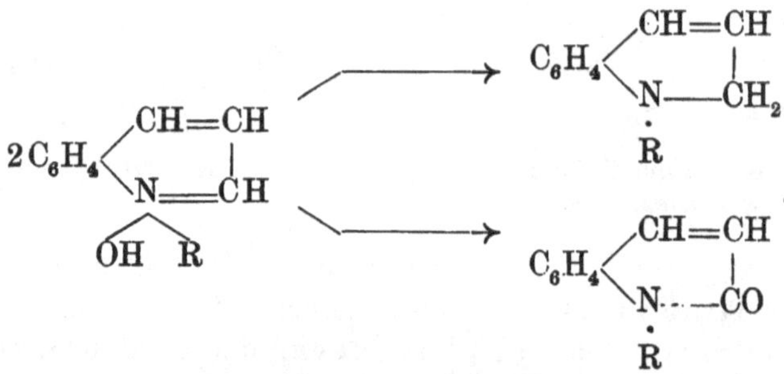

Besonders bemerkenswert ist das Verhalten eines Gemisches von Alkylchinoliniumsalzen mit bestimmten Homologen gegen Kali: es werden schöne, aber unbeständige Farbstoffe, die sog. Cyanine erzeugt (318). Dimethylcyaninjodid $C_{21}H_{19}N_2J$ wird z. B. aus Chinolin- und Lepidinjodmethylat mittelst Kali dargestellt; grüne Nadeln vom Schmp. 291°.

Chinolin ist gegen Oxydationsmittel, wie Chromsäure und Salpetersäure ziemlich beständig, während Permanganat den Benzolkern verbrennt unter Erzeugung von Chinolinsäure (s. S. 286).

Die homologen Chinoline werden hingegen schon durch Chromsäure zu den entsprechenden Chinolincarbonsäuren oxydiert, während bei Anwendung von Permanganat auch der Benzolkern zerstört wird (319). Während so durchweg der Pyridinring beständiger erscheint als der Benzolkern, giebt es einige Fälle, wo das Umgekehrte eintritt: z. B. wird bei den α-Homologen des Chinolins der Pyridinkern zerstört; α-Methylchinolin liefert auf diese Weise Acetylanthranilsäure und α-Phenylchinolin Benzoylanthranilsäure (320).

Bei der Hydrierung von Chinolinen nimmt stets der Pyridinkern 4 Atome Wasserstoff auf unter Bildung der sekundären Tetrahydrochinolinbasen (vergl. S. 287), welche ihrer Konstitution nach den Piperidinen, ihren Eigenschaften nach den Alkylanilinen entsprechen.

Nur durch sehr energische Reduktion gelangt man zu einer Base, welche auch im Benzolkern hydriert ist; das ist das Dekahydrochinolin, das in jeder Beziehung dem Piperidin analog ist. Außer Wasserstoff lassen sich auch Halogene, und zwar zwei und vier Atome an das Chinolinmolekül addieren.

Chinolinsynthesen: 1) Innere Kondensation solcher o-Aminobenzolabkömmlinge, welche eine Seitenkette von mindestens drei Kohlenstoffatomen und am dritten Kohlenstoffatom ein O-Atom enthalten (321); z. B.:

o-Aminozimmtaldehyd Chinolin

Ebenso entstehen aus o-Aminobenzylidenaceton α-Methylchinolin oder Chinaldin und aus o-Aminozimmtsäure α-Oxychinolin oder Carbostyril.

2) Auf ähnlicher Grundlage beruht die Kondensation gewisser o-Aminobenzolkörper (o-Aminobenzaldehyd und Homologe) mit solchen Verbindungen, welche die Atomgruppierung — CH_2—CO — enthalten; als Kondensationsmittel dient Natronlauge (322). Beispiele:

Chinaldin

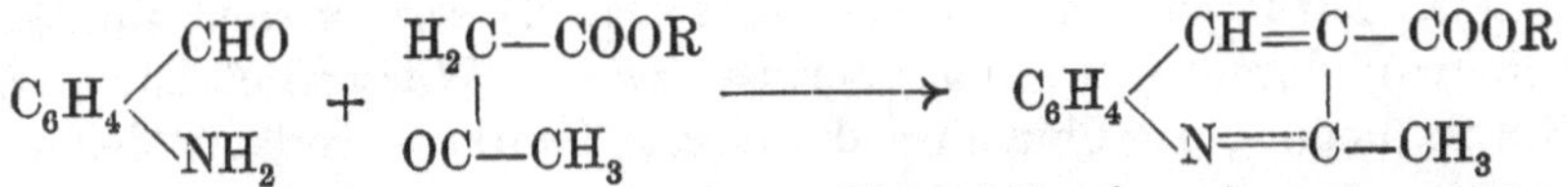

Chinaldin-β-carbonsäureester

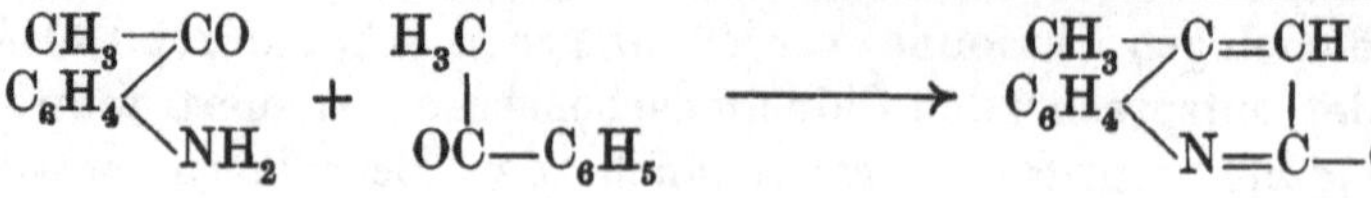

α-Phenyl-γ-methylchinolin (323)

Bei diesen Prozessen werden jedenfalls intermediär ungesättigte Aminoderivate gebildet, welche dann nach 1) reagieren.

Dem Aminobenzaldehyd analog verhält sich o-Aminobenzoësäure (324); z. B.:

γ-Oxychinolin

Sehr ähnlich den vorigen ist auch die Chinolinsynthese aus Glyoxal und o-Toluidin (325):

während dieselbe Base mit Brenztraubensäurester β-Oxychinaldin liefert:

3) Allgemeine Chinolinsynthese von Skraup (326):

Erhitzen von primären aromatischen Aminen mit Glycerin und konz. Schwefelsäure auf 140° bei Gegenwart eines gelinden Oxydationsmittels (Nitrobenzol oder besser Arsensäure (327)). Die summarische Gleichung, nach welcher dieser Prozeß — z. B. beim Anilin — verläuft, ist folgende:

$$C_6H_5{-}NH_2 + C_3H_8O_3 \text{ (Glycerin)} = C_9H_7N + 2H + 3H_2O.$$

Die Reaktion ist so zu deuten, daß das Glycerin zunächst in Acroleïn verwandelt wird, welches sich mit dem Anilin unter Wasseraustritt zu Acroleïnanilin umsetzt. Dieses erleidet thatsächlich (328) durch Oxydation Verlust zweier Wasserstoffatome und Ringschließung zu Chinolin; die ganze Synthese verläuft demnach in folgenden Phasen:

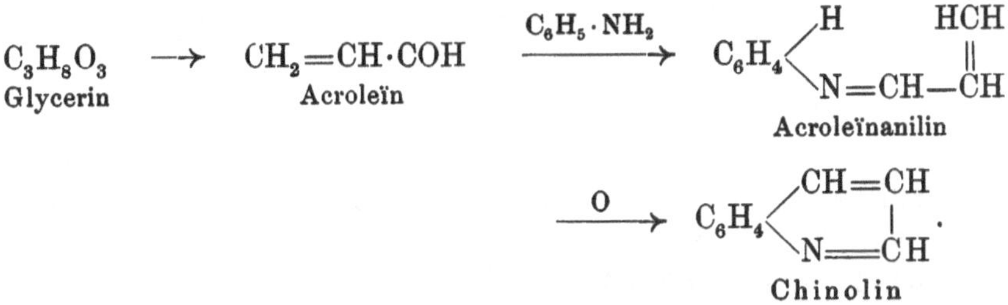

Die Skraup'sche Reaktion ist einer außerordentlichen Verallgemeinerung fähig, nicht nur die einfachen Anilinderivate (OH, NO_2, Alkyl, COOH u. s. w.) reagieren in diesem Sinne — soweit mindestens ein Wasserstoffatom in Orthostellung zur Aminogruppe unbesetzt ist — sondern auch die Naphtylamine unter Bildung von Naphtochinolinen (s. d.), ferner die Phenylendiamine unter Erzeugung der tricyklischen Phenanthroline $C_3H_3N:C_6H_2:C_3H_3N$ (s. d.). Bei manchen Synthesen kann man ohne das betreffende aromatische Amin auskommen; der vorhandene Nitrokörper wird dann während der Reaktion durch den nascierenden Wasserstoff reduziert. Zu einem der kompliziertesten Chinoline führte so die erste derartige Synthese: aus Nitroalizarin wurde mit Glycerin und Schwefelsäure der Farbstoff Alizarinblau (Dioxyanthrachinonchinolin) gewonnen (329).

4) Chinaldinsynthesen nach Döbner und v. Miller, beruhend auf der Kondensation von Anilinen mit Aldehyden mittelst Schwefelsäure oder Salzsäure (330); die Reaktion erklärt sich am besten durch die Annahme, daß zunächst Alkylidenaniline gebildet werden, welche im dimolekularen Zustand Anilin und Wasserstoff abspalten unter Erzeugung des betreffenden Chinaldins, z. B. bei Anwendung von Acetaldehyd und Anilin im Sinne folgenden Schemas (331):

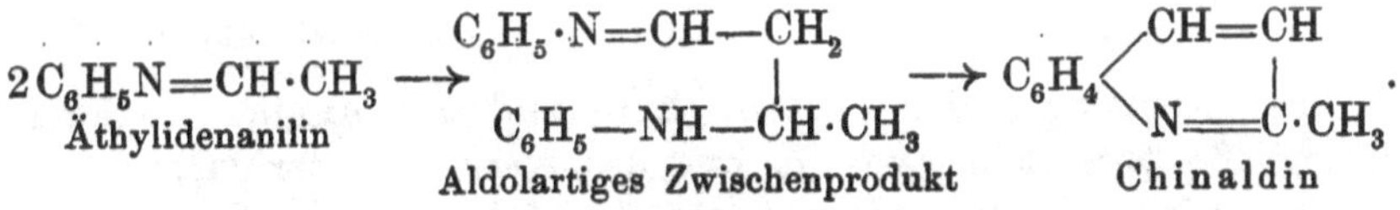

Der freiwerdende Wasserstoff bewirkt mitunter eine gleichzeitige Reduktion zu dem betreffenden Tetrahydrochinaldin. Die Chinaldinsynthese kann dadurch sehr mannigfaltig gestaltet werden, daß man ein Gemisch zweier verschiedener Aldehyde oder eines Aldehydes mit einem Keton der Chinaldin-Reaktion unterwirft (332); z. B. giebt ein Gemenge von Acetophenon, Acetaldehyd und Anilin das γ-Phenylchinaldin:

$$C_6H_5NH_2 + C_6H_5 \cdot CO \cdot CH_3 + \overset{H}{C}O \cdot CH_3 \longrightarrow C_6H_4\Big\langle\begin{array}{l} C(C_6H_5)=CH \\ \quad\quad\;\, | \\ N=C \cdot CH_3 \end{array}.$$

Endlich kann man Gemische von Aldehyden und Ketonsäuren verwenden; Brenztraubensäure liefert auf diese Weise z. B.: α-Alkylchinolin-γ-carbonsäuren, sog. α-Alkylcinchoninsäuren (333):

$$C_6H_5NH_2 + CH_3{-}CO{-}COOH + \overset{H}{C}O{-}R \longrightarrow C_6H_4\Big\langle\begin{array}{l} C(COOH)=CH \\ \quad\quad\quad\;\, | \\ N=C \cdot R \end{array}.$$

Bemerkenswert ist der glatte Reaktionsverlauf bei den Naphtylaminen, welcher auf Grund der Entstehung von Naphtocinchoninsäuren sogar den qualitativen Nachweis von Aldehyden in Gemischen erlaubt.

5) Oxychinolinsynthesen beruhen auf der inneren Kondensation der Anilinabkömmlinge von β-Ketonsäuren. Diese Reaktion kann in zwei verschiedenen Richtungen verlaufen, welche zu isomeren Oxychinolinen führen:

I. Das Anilid der Acetessigsäure, welches aus Anilin und Acetessigester bei einer Temperatur von etwa 110° entsteht, verwandelt sich unter dem Einfluß von konz. Säuren in γ-Methyl-α-oxychinolin (334):

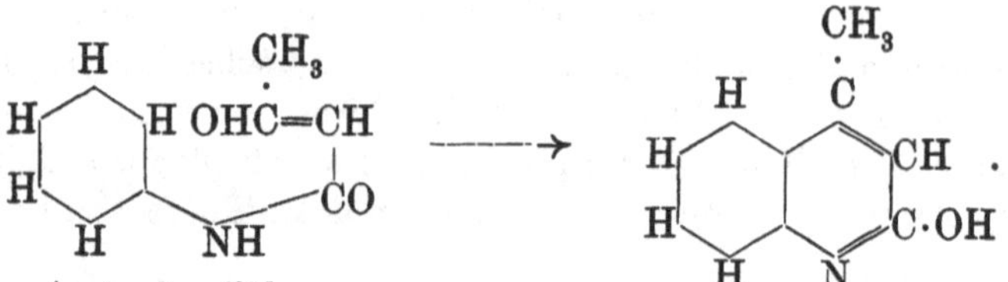

Acetessiganilid

γ-Methylcarbostyril

Die Homologen der Acetessigsäure und des Anilins reagieren sinngemäß; bemerkenswert ist nur das Verhalten der sekundären n-Alkylaniline, welche n-Alkylderivate der betreffenden Chinolone oder Pseudocarbostyrile $C_6H_4\Big\langle\begin{array}{l} C(R)=CH \\ \quad\quad\quad | \\ N(Alk){-}CO \end{array}$ erzeugen; letztere entsprechen also zweifellos der Ketonform der Oxychinoline.

II. Läßt man Anilin und Acetessigester bei gewöhnlicher Temperatur auf einander einwirken, so erhält man nicht Acetessiganilid, sondern β-Anilinocrotonsäureester $CH_3 \cdot C(NH \cdot C_6H_5) = CH \cdot COOR$. Die innere Kondensation des Anilinocrotonsäureesters führt nunmehr zu homologen γ-Oxychinolinen (335); z. B.:

α-Methyl-γ-oxychinolin
(γ-Oxychinaldin)

Die Homologen und Analogen des Acetessigesters, u. a. auch der Acetondicarbonsäureester verhalten sich sinngemäß.

Man erhält demnach nach I. α-Oxychinoline, nach II. γ-Oxychinoline.

6) Den vorigen vergleichbare Reaktionen sind die Synthesen von γ-Oxychinolincarbonsäureestern aus Anilinobenzoylmalonsäureestern, welche ihrerseits aus Benzanilidimidchloriden mit Natriummalonsäureester entstehen; folgendes Schema veranschaulicht den Prozeß (336):

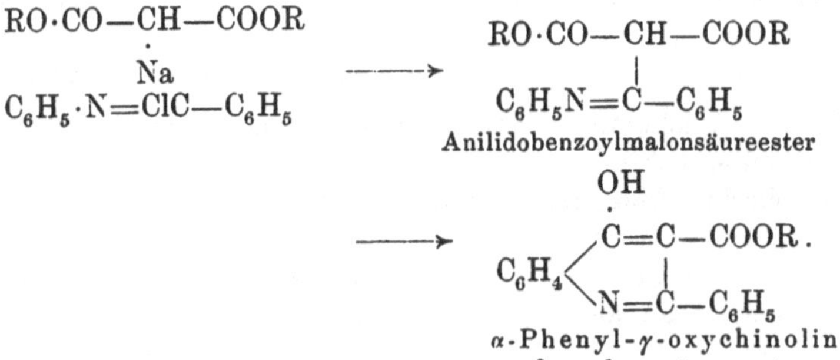

α-Phenyl-γ-oxychinolin-
β-carbonsäureester

Ferner kondensiert sich o-Aminobenzaldehyd mit Malonsäure in der Hitze zu α-Oxychinolin-β-carbonsäure (337):

In ähnlicher Weise vereinigt sich Anthranilsäure mit Acetessigester zu γ-Oxychinaldincarbonsäure (vergl. Synthese 2) (338):

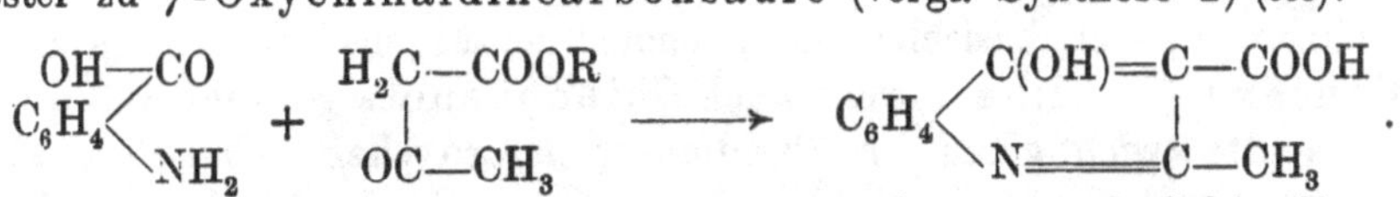

γ-Oxy-α-methylchinolin-
β-carbonsäure

Auf einige spezielle Synthesen wird unter den einzelnen Verbindungen verwiesen werden.

Bei der großen Auswahl an synthetischen Prozessen ist die Zahl der Chinolinabkömmlinge naturgemäß im Lauf der Zeit außerordentlich angeschwollen, zumal nicht wenige technische Verwertung als Farbstoffe, Arzneimittel u. s. w. gefunden haben. Bei der Aufführung von speziellen Verbindungen müssen wir uns daher auf die wichtigsten Typen beschränken.

Chinolin ist eine farblose, antiseptisch wirkende Flüssigkeit von eigentümlichem Geruch, welche bei 239° siedet und bei 20° das spez. Gewicht 1,095 hat. Eine spezielle Bildungsweise beruht auf der Behandlung von Phenylglycolinäthyläther mit P_2O_5, wobei gleichzeitig Skatol entsteht (339). Die einsäurigen Salze krystallisieren meist gut; schwer löslich ist das Bichromat vom Schmp. 165°. Kaliumquecksilberjodid (Alkaloïd-Reagenz) ruft eine gelblichweiße Fällung hervor; die Merkurichinolinverbindungen sind schon früher erwähnt (vergl. S. 288). Chinolin giebt Additionsprodukte mit Chloral und mit Phenolen (Resorcin). Das Jodmethylat schmilzt bei 72°, Chinolinbetaïn $C_9H_7 : \underline{N—CH_2—COO}$ (aus Chinolin und Chloressigsäure) bei 171° (340).

Die Hydrierungsprodukte des Chinolins werden später besprochen.

I. Homologe Chinoline (vergl. Tabellen auf S. 296—298).

II. Halogen- und Sulfoderivate der Chinoline.

Die Bz-Abkömmlinge entstehen nach den allgemeinen Methoden aus den entsprechend substituierten Anilinen; schwieriger ist die Halogenisierung und Sulfurierung des Pyridinkernes im Chinolin: Py-Chlorchinoline entstehen am besten aus den entsprechenden Oxykörpern. Synthetisch erhält man das α, β, γ-Trichlorchinolin aus Malonanilsäure und PCl_5 (341):

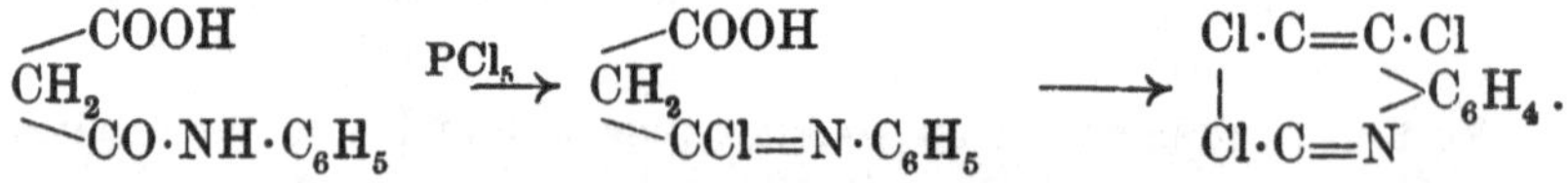

Die α- und γ-Halogenchinoline sind sehr reaktionsfähig: das Halogen wird leicht gegen OH, NH_2, NH·R u. s. w. ausgetauscht.

(Vergl. Tabelle auf S. 295.)

III. Oxychinoline

besitzen zugleich basische und phenolartige Eigenschaften; die Bz-Monooxychinoline werden auch Chinophenole genannt, während die beiden wichtigsten im Pyridinkern hydroxylierte Chinoline als Carbostyril (α-Oxychinolin) und als Kynurin (γ-Oxychinolin) bekannt sind. Letztere reagieren, wie die Oxypyridine nach zwei

Halogen- und Sulfoderivate des Chinolins:

Name	Sdp.	Schmp.	Bildung	Eigenschaften u. a.	Litteratur
α-Chlorchinolin	267°	38°	aus α-Oxychinolin + PCl_5	liefert mit Anilin bei 200° α-Anilinochinolin (Schmp. 98°)	B. **15**, 333; **18**,1532
β-Chlorchinolin	255°	—	aus Chinolin und Chlorschwefel neben anderen Produkten	—	B. **29**, 2456
β-Bromchinolin	276°	13°	aus Chinolinchlorhydrat durch Erhitzen mit Brom	liefert ein Jodmethylat	B. **25**, R. 422, 732; **29**, 2459
γ-Chlorchinolin und	261°	34°	aus Kynurin (γ-Oxychinolin) mit PCl_5 bezw. PBr_5; ersteres auch aus γ-Aminochinolin	γ-Bromchinolin wird bei 150° durch HCl wieder in Kynurin verwandelt	M. **10**, 730; **15**,459. J. pr. [2] **50**, 235
γ-Bromchinolin	—	30°			
α-Jodchinolin-jodmethylat	—	212°	aus Chlorchinolin und Jodmethyl	—	A. **282**, 376
α-Methyl-β-chlorchinolin	—	72°	aus Methylketol, Chloroform und Na-Alkoholat	Bildungsgleichung: 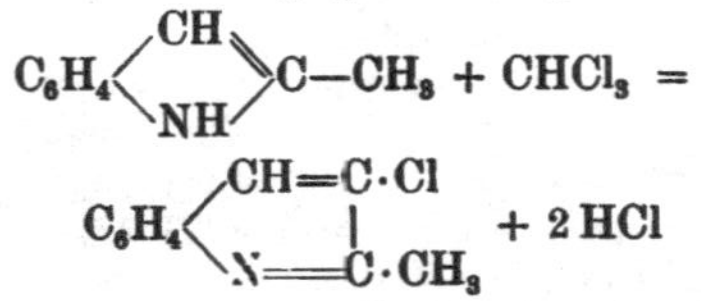	B. **21**, 1942
α,β-Dichlorchinolin	—	105°	aus Hydrocarbostyril und PCl_5	wird mit Jodwasserstoff und Eisessig zu Chinolin reduziert	B. **12**, 1320
α,β,γ-Trichlorchinolin	—	107°	aus Malonanilsäure (s. o.)	—	—
Dibromchinoline (es sind 19 Isomere bekannt); β-p-Dibromchinolin	—	130°	durch direktes Bromieren von Chinolin	hat noch schwach basischen Charakter	B. **14**, 917
Chinolinsulfosäuren (4 Isomere: o, m, p, a)	—	—	durch direkte Sulfurierung des Chinolins oder nach SKRAUP. Nur Bz-Sulfosäuren sind bekannt	starke Säuren, die durch Kali Oxychinoline, durch KCN Cyanchinoline liefern	B. **15**, 683; **16**, 721; **20**, 95; **12**, 921

Homologe Chinoline.

Methylchinoline (sämtliche 7 Isomere sind bekannt).

Name	Sdp.	Schmp.	Bildung	Eigenschaften u. a.	Litteratur
α-Methylchinolin (Chinaldin)	244—245°	—	aus Anilin und Paraldehyd nach Methode 4, ferner nach 1 und 2, sowie durch Schmelzen von Äthylacetanilid mit $ZnCl_2$ bezw. durch Reduktion von γ-Oxychinaldin	charakteristisch ist die Beweglichkeit der H-Atome in der Methylgruppe, besonders gegen Aldehyde: $NC_9H_6(CH_3) \longrightarrow NC_9H_6\left(CH_2 \cdot C\begin{smallmatrix}OH\\H\\R\end{smallmatrix}\right) \longrightarrow NC_9H_6(CH{=}CH \cdot R)$; z. B. mit Chloral $NC_9H_6(CH{=}CH \cdot CCl_3)$, woraus beim Verseifen $NC_9H_6(CH{=}CH \cdot COOH)$ oder Chinolylakrylsäure gebildet wird; Chinaldin reagiert mit Phtalsäureanhydrid unter Bildung des gelben Farbstoffes Chinolingelb (Chinophtalon) $C_6H_4\begin{smallmatrix}CO\\CO\end{smallmatrix}CHNC_9H_6$. Chinaldin wird durch CrO_3 zu α-Chinolincarbonsäure oxydiert	B. **23**, 1903. A. **287**, 26. B. **18**, 3402; **16**, 298, 1082
β-Methylchinolin	250—255°	—	aus Anilinchlorhydrat Propionaldehyd, Methylal u. Salzsäure oder aus seinen Carbonsäuren	condensiert sich nicht mit Aldehyden	B. **20**, 1916
γ-Methylchinolin (Lepidin)	261—263°	—	aus Anilin, Formaldehyd und Aceton: $C_6H_5{-}NH_2 + \begin{smallmatrix}OC(CH_3)_2\\OCH_2\end{smallmatrix} \longrightarrow C_6H_4\begin{smallmatrix}C(CH_3){=}CH\\N{=\!=}CH\end{smallmatrix}$, ferner aus Cinchen und aus dem Steinkohlenteer	Lepidin addiert Chloral, bildet mit Benzaldehyd Benzylidenlepidin (Schmp. 92°). CrO_3 oxydiert zu γ-Chinolincarbonsäure (Cinchoninsäure), während $KMnO_4$ zuerst Methylpyridindicarbonsäure, dann Pyridintricarbonsäure liefert	J. pr. [2] **32**, 125 **33**, 393 B. **23**, 2677

o-, m-, p-, a- Methylchinolin (Toluchinoline)	o- 248°; m- 248°; p- 257°; a- 250°	—; —; —; —	nach der SKRAUP'schen Reaktion aus den isomeren Toluidinen	Das m-Toluidin liefert gleichzeitig zwei Toluchinoline (meta u. ana). CrO_3 liefert die entsprechenden Chinolinbenzcarbonsäuren	vergl. B. **29**, 705
α-Äthylchinolin	255—260°	—	gleichzeitig beim Erhitzen von Chinolinjodäthylat auf 290° (vergl. Alkylpyridine)	$KMnO_4$ oxydiert zu Propionyl-o-aminobenzoësäure	
γ-Äthylchinolin	271—274°	—		oxydierbar zu Cinchoninsäure	B. **19**, 2996, 2999
Dimethylchinoline (12 Isomere sind bekannt)					
α, β	261°	67,5°	aus Anilin, Acetaldehyd und Propionaldehyd (oder Tiglinaldehyd)	CrO_3 oxydiert nur die β-Methylgruppe	B. **20**, 1912; **25**, 1750
α, γ	264—265°	—	aus Paraldehyd, Aceton und Anilin, oder aus Aceton und Acetanilid	CrO_3 oxydiert zu α-Methylchinolin-γ-carbonsäure (Aniluvitoninsäure); liefert ein Phtalon vom Schmp. 237—238°	J. pr. [2] **33**, 401. A. **238**, 3
α, β, γ-Trimethylchinolin	285°	65°	aus Anilin und Methylacetylaceton	es sind im ganzen sechs Trimethylchinoline bekannt	Bl. **49**, 91
α-Phenylchinolin	oberhalb 300°	86°	aus o-Nitrobenzylidenacetophenon durch Reduktion, sowie aus Acetophenon und Formanilid und endlich aus Zimmtaldehyd und Anilin	—	B. **16**, 1665; **28**, 986. Bl. [3] **13**, 26
β-Phenylchinolin	Öl	—	aus o-Aminobenzaldehyd und Phenylacetaldehyd	bildet ein schwer lösliches Bichromat	B. **16**, 1836
γ-Phenylchinolin	—	61—62°	aus γ-Phenylchinaldinsäure	als Chlormethylat oxydierbar zu Phenylmethylchinolon	B. **19**, 2430

Homologe Chinoline (Fortsetzung).

Nitrophenylchinolin	—	159°	aus Isodiazonitrobenzol und Chinolin	—	B. **29**, 168
α, p-Aminophenylchinolin	—	138°	aus Chinolinchlorhydrat und Anilin bei 180—200°	liefert durch Diazotieren Oxyphenylchinolin, letzteres giebt durch Zn-Destillation α-Phenylchinolin	M. **7**, 351. B. **14**, 82, 1939
γ-Phenylchinaldin	—	98—99°	aus o-Aminobenzophenon und Aceton oder aus Anilbenzoylaceton mit konz. H_2SO_4	liefert ein Phtalon vom Schmp. 270°, welches zu γ-Phenylchinaldinsäure oxydierbar ist	B. **18**, 2406; **20**, 1771, 2180
α-Phenyl-γ-methylchinolin oder Flavolin (Muttersubstanz des Flavanilins und des Flavenols)[1]	373—375°	64—65°	aus o-Aminoacetophenon und Acetophenon, sowie durch Glühen von Flavenol mit Zinkstaub	das p-Aminoderivat: α-Aminophenyl-γ-methylchinolin (durch Kondensation von p- und o-Aminoacetophenon) findet als Salz unter dem Namen Flavanilin als gelber Farbstoff Anwendung; vergl. B. **15**, 1500; **19**, 1038	B. **15**, 1503; **16**, 68; **19**, 1037
Trichinolylmethan $CH(C_9H_6N)_3$	—	202°	aus Pararosanilin nach der SKRAUP'schen Synthese	CrO_3 liefert das zugehörige Carbinol (Schmp. 108°). Muttersubstanz blauvioletter Farbstoffe, der sog. Glauconinsäuren (aus Anilin, Brenztraubensäure und Formaldehyd, vergl. B. **31**, 686)	B. **24**, 1606, 2267

[1] Bildungsgleichung für Aminophenylmethylchinolin (Flavanilin):

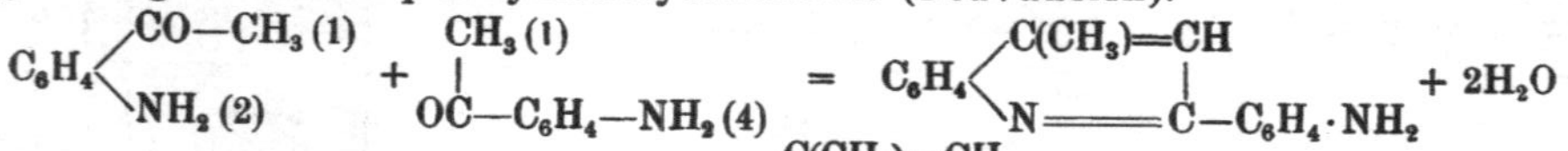

(Schmp. 97°)

Flavanilin giebt mit salpetriger Säure: Flavenol
(α, p-Phenol-γ-methylchinolin)

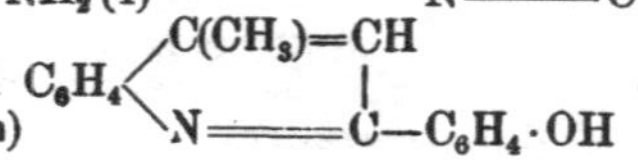

(Schmp. 238°, oxydierbar zu Lepidin-α-carbonsäure).

tautomeren Formeln, nämlich in der Hydroxyl- und in der Ketoform; die Derivate der ersteren werden als normale, die der letzteren als Pseudooxychinoline bezeichnet; z. B. in der α-Reihe:

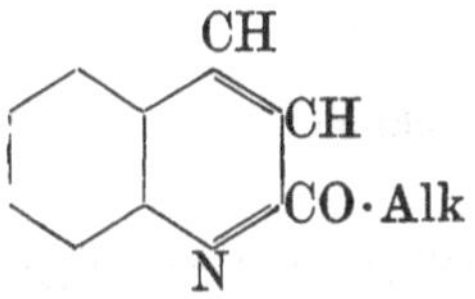

Normaler Carbostyriläther

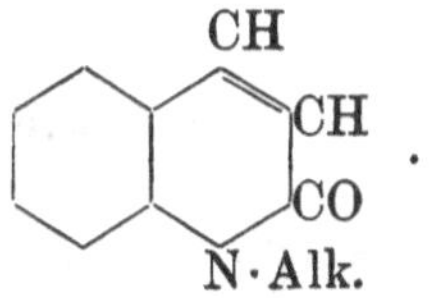

n-Alkyl-α-chinolon (Ketohydrochinolin)

Die Darstellung der Py-Oxychinoline erfolgt durch Umsetzung der Halogenchinoline mit Alkalien (Alkoholaten) oder auf synthetischem Wege, z. B.:

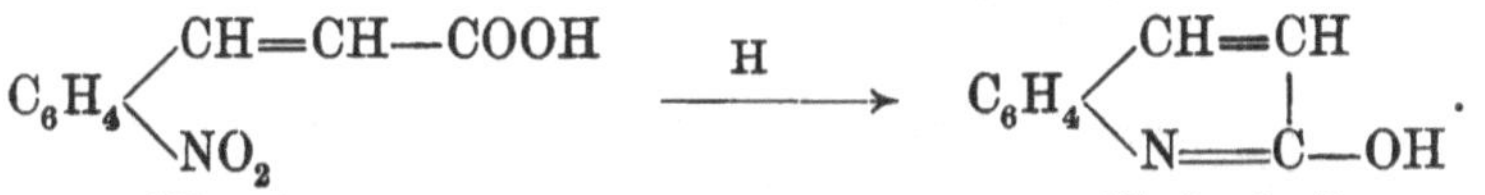

o-Nitrozimmtsäure (Carbostyril oder Laktim der o-Aminozimmtsäure)

Endlich entstehen Py-Oxychinoline durch direkte Oxydation von Chinolin mit verdünnter Chlorkalklösung bei Gegenwart von Borsäure, wobei der Sauerstoff in die α-Stellung eintritt (342). Dioxychinoline erhält man u. a. aus den Halogencarbostyrilen durch Einwirkung von Kali; auch ein Trioxychinolin ist bekannt.

Die Bz-Oxychinoline oder Chinophenole werden nach den allgemeinen Methoden dargestellt, also aus Aminophenol nach Skraup oder Döbner-Miller; sie werden ferner aus Chinolinsulfosäuren in der Kalischmelze und aus Aminochinolinen durch Diazotierung gewonnen.

Die Bz-Oxychinoline lösen sich sowohl in Säuren, wie in Alkalien: die Salze mit ersteren sind beständig gegen Wasser. Die Py-Oxychinoline nähern sich mehr dem neutralen Zustand, da ihre Salze zur Dissociation neigen. Die Dioxychinoline besitzen kaum mehr basische Eigenschaften.

Aus den Eigenschaften der Bz-Oxychinoline ist noch hervorzuheben, daß dieselben als Phenole mit Diazoniumsalzen zu Azokörpern kuppeln, welche durch spaltende Reduktion zu Aminoxychinolinen führen (343). Ferner erleiden diese Körper nach Analogie der Naphtole durch Einwirkung von Chlor in eisessigsaurer Lösung eine Umwandlung in gechlorte Chinolinchinone, welche ihrerseits in sog. Pyrindene — Derivate eines kondensierten Pyridin- und Indenringes — übergeführt werden können (344). Folgendes Beispiel veranschaulicht diese Übergänge:

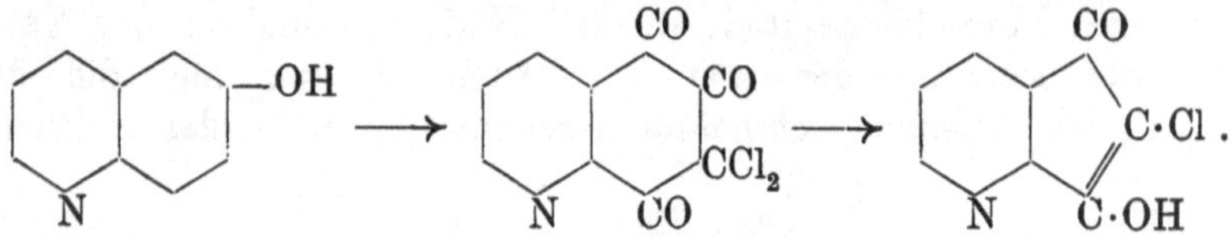

Bz-p-Oxychinolin — Dichlortriketotetrahydrochinolin — β-Chlor-α-oxypyrindon

Der letztgenannte Körper wird leicht zu Dichloracetopicolinsäure $C_5H_3N\langle{}^{CO-CHCl_2}_{COOH}$ aufgespalten.

Spezielle Angaben über Mono-di- und trioxychinoline sowie über Chinolinchinone finden sich in den Tabellen auf S. 301—303.

IV. Nitro- und Aminochinoline.

Nitrochinoline entstehen durch direkte Nitrierung des Chinolins, und zwar ausschließlich als Bz-Derivate (vergl. demgegenüber das resistente Verhalten des Pyridins gegen Salpetersäure). Nitrochinoline werden auch vielfach nach der Skraup'schen Synthese dargestellt.

Bz-Aminochinoline erhält man durch Reduktion der Nitrochinoline, während Py-α- und γ-Alkylaminochinolin aus den betreffenden Halogenchinolinen durch Erhitzen mit Aminen entstehen. Im übrigen findet die Hofmann'sche Methode (Säureamide + Kaliumhypobromit) vielfach Anwendung.

(Näheres vergl. Tabelle auf S. 304.)

V. Chinolinaldehyde und -ketone.

Ein Alkohol der Chinolinreihe ist das Chinaldinalkin $C_9H_6N\cdot(CH_2-CH_2\cdot OH)$, welches aus Chinaldin und Formalin entsteht und bei 94—95° schmilzt (345). Chinolinaldehyde können wegen der Unbeständigkeit der entsprechenden Carbonsäuren nur nach speziellen Methoden erhalten werden; z. B. liefert die schon erwähnte (S. 296) α-Chinolylacrylsäure $C_9H_6N\cdot(CH{=}CH-COOH)$ bei der Oxydation α-Chinolylaldehyd $C_9H_6N(CHO)$ (Schmp. 70—71°) und Kohlensäure (346), ebenso gewinnt man α-Chinolylacetaldehyd $NC_9H_6\cdot CH_2\cdot CH\cdot O$ (Schmp. 104°) aus α-Chinolyl-α-oxypropionsäure (schon beim Kochen der Säure in Benzollösung) (347). Oxychinolinaldehyde werden nach der Tiemann-Reimer'schen Reaktion aus Oxychinolinen, Chloroform und Kalilauge dargestellt (348).

Chinolinketone, welche das Carbonyl in der Seitenkette enthalten, gewinnt man nach dem Prinzip der zweiten Chinolinsynthese (S. 289) aus o-Aminobenzaldehyd und β-Diketonen (349); z. B:

I. Monooxychinoline.

Name	Sdp.	Schmp.	Bildung	Eigenschaften	Litteratur
α-Oxychinolin od. Carbostyril $C_9H_7NO + H_2O$	—	199—200°	aus o-Nitrozimmtsäure, aus α-Chloranilin, aus Chinolin beim Erwärmen mit Chlorkalklösung	reduzierbar durch Natrium und Alkohol zu Hydrocarbostyril, oxydierbar durch $KMnO_4$ zu Isatin und Oxalylanthranilsäure: $C_6H_4 \langle {COOH \atop NH \cdot CO \cdot COOH}$	B. **14**, 1916; **15**, 335; **18**, 3295; **19**, 489
Norm. Carbostyriläthyläther oder α-Äthoxychinolin	—	266°	aus α-Chlorchinolin und alkoholischem Kali, aus o-Aminozimmtsäureester mit alkoholischem $ZnCl_2$, sowie aus Carbostyrilsilber und Äthyljodid	dickflüssiges, süßlich riechendes Öl, löslich in verdünnten Säuren; wird durch JCH_3 in n-Methyl-α-chinolon übergeführt	B. **15**, 335, 1422, 2103; **30**, 929
Pseudocarbostyriläthyläther oder n-Äthyl-α-chinolon	—	54°	aus freiem Carbostyril mit Jodäthyl neben dem Isomeren und aus Äthylchinoliniumjodid durch Natronlauge (vgl. S. 288)	ist zu n-Äthyldihydrochinolin reduzierbar	B. **18**, 1530. J. pr. [2] **47**, 36
β-Chlorcarbostyril	—	241—242°	aus α, β-Dichlorchinolin	liefert in der Kalischmelze α, β-Dioxychinolin	B. **15**, 336, 2680
γ-Methyl-α-oxychinolin oder α-Oxylepidin	270° (17 mm)	223°	aus Acetessiganilid (vergl. S. 292)	ein p-Methoxylepidin erhält man aus Cinchen und aus Chinin	A. **236**, 70, 83
α-Methoxy-γ-methylchinolin	—	276°	aus α-Chlorlepidin u. Natriummethylat	Lactimäther des α-Oxylepidins	—
n-Methyllepidon	—	131°	aus Äthoxylepidin + JCH_3; sowie aus Acetessigester + Methylanilin	Lactamäther des Lepidons	B. **30**, 931

I. Monooxychinoline (Fortsetzung).

γ-Oxychinolin oder Kynurin $C_9H_7NO + 3H_2O$	300°	201°	aus γ-Oxychinolincarbonsäure, sog. Kynurensäure (im Hundeharn), sowie durch Oxydation v. Cinchonin u. Cinchoninsäure	der Äthyläther (sog. Kynurinäther) entsteht aus γ-Chlorchinolin und Natriumäthylat	A. **164**, 155 B. **15**, 453. M. **7**, 518; **9**, 801
γ-Oxychinaldin (γ-Oxy-α-methylchinolin) $+ 2H_2O$	—	230—231°	aus β-Anilinocrotonsäureester (vergl. S. 293) und aus der zugehörigen β-Carbonsäure	γ-Methoxychinaldin siedet bei 298°; n-Methylchinaldon schmilzt bei 175°. Aus beiden Äthern entsteht mit Jodmethyl das Jodmethylat d. Methoxychinaldins, welches wiederum mit Alkalien in n-Methylchinaldon übergeht	B. **20**, 944, 1397; **21**, 1965; **20**, 956
Bz-o-Oxychinolin od. Chinophenol	—	75—76°	aus o-Chinolinsulfosäure und aus o-Aminophenol nach Skraup	bildet mit Säuren u. Alkalien gelb gefärbte Salze. Der Methyläther ist das Chinanisol aus Anisidin	B. **14**, 442, 1366. M. **3**, 536
α-Amino-o-oxychinolin	—	143°	aus Nitrosooxychinolin durch Reduktion bezw. aus Oxychinolinazobenzolsulfosäure	der Äthyläther dieser Base bildet als Acetylderivat das Medikament Analgen: $C_6H_2(OC_2H_5)(NH \cdot CO \cdot CH_3):(C_3H_3N)$	B. **24**, 152. J. pr. [2] **45**, 530; **48**, 24
m-Jod-o-oxy-a-chinolinsulfosäure	—	—	durch Jodierung von Oxychinolin-a-sulfosäure	unter dem Namen Loretin als Jodoformersatz im Handel	J. pr. [2] **55**, 470
p-Oxychinolin	—	193°.	aus p-Oxycinchoninsäure (Xanthochinsäure) oder aus p-Chinolinsulfosäure	der Methyläther „p-Chinanisol" wird auch aus Chininsäure oder aus p-Anisidin nach Skraup erhalten	M. **2**, 575; **4**, 696. B. **17**, 191

II. Dioxy- und trioxychinoline. (Im Ganzen sind 13 isomere Dioxykörper bekannt.)

α,γ-Dioxychinolin (γ-Oxycarbostyril)	—	oberhalb 320°	aus γ-Brom-(Chlor)carbostyril oder aus o-Aminophenylpropiolsäure: 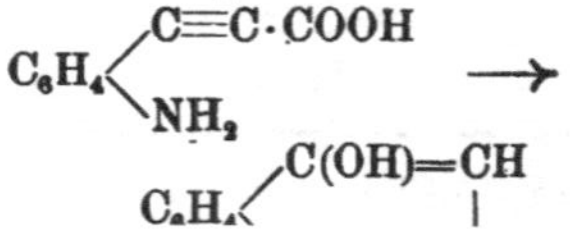	wird durch N_2O_3 in die β-Nitrosoverbindung verwandelt, die identisch ist mit dem Chinisatoxim (s. u.)	B. **15**, 2679, 2151; **17**, 985

o, a-Dioxychinolin	—	—	aus Chinolinchinon (s. u.) durch Reduktion mit SO_2	$FeCl_3$ oxydiert zu Chinolinchinon; heißt daher selbst auch Chinolinhydrochinon	B. **17**, 1645
α,β,γ-Trioxychinolin	—	—	aus Nitroso-α, γ-dioxychinolin (s. o.)	$FeCl_3$ oxydiert zu Chinisatinsäure $C_9H_7NO_4$	B. **16**, 2218

III. Chinolinchinone.

a, o-Chinolinchinon HC–CO–C–CH=CH ǁ ǁ | HC–CO–C–N=CH	—	110—120°	durch Oxydation von a, o-Dioxychinolin	liefert ein Dioxim, reduzierbar zu Chinolinhydrochinon (s. o.)	B. **17**, 1644; **24**, 157
a, p-Chinolinchinon CO–CO–C–CH=CH | ǁ | CH=CH–C–N=CH	—	—	als Sulfat durch Oxydation von a-Amino-p-oxychinolinsulfat	das Monoxim ist identisch mit a-Nitroso-p-oxychinolin	B. **21**, 1887; **24**, 151
Tetrachlorketochinolin	—	82—83°	aus Dichloroxychinolin (seinerseits durch Chlorierung von p-Oxychinolin)	Konstitution: $NC_5H_3\langle$ CCl_2—CO / CCl=C·Cl	vergl. u. a. A. **264**, 196; **290**, 321, 359
Trichlor-o-ketochinolin	—	93—95°	aus o-Oxychinolin und Chlor	$NC_5H_3\langle$ CO—CCl_2 / CCl=CH	(vergl. u. a. A. **264**, 196; **290**, 321, 359)
Chinisatin $C_6H_4\langle$ CO—CO / N=C·OH	—	255—260°	aus o-Aminophenylmesoxalylsäure bei 125°: $C_6H_4\langle$ CO—CO / NH_2 OC—OH ⟶ $C_6H_4\langle$ CO—CO / N=C—OH	Hydroxylamin liefert das Chinisatoxim: $C_6H_4\langle$ CO—C=NOH / N=C—OH identisch mit β-Nitroso-γ-oxycarbostyril (s. o.)	B. **16**, 2220; **17**, 985
n-Methylpseudochinisatin	—	120—122°	durch Oxydation von β, γ-Dioxymethylchinolon	Konstitution: $C_6H_4\langle$ CO—CO / $N(CH_3)$—CO	B. **20**, 2015

IV. Nitro- und Aminochinoline.

Name		Schmp.	Bildung	Eigenschaften	Litteratur
o-Nitrochinolin	—	88—89°	aus Chinolin mit Salpeterschwefelsäure neben a-Nitrochinolin, aus o-Nitranilin und aus Nitromethoxyzimmtaldehyd	verbindet sich nicht mehr mit JCH_3	B. **12**, 449; **16**, 673; **22**, 1716
α-Aminochinolin	—	129°	aus Phenylhydrazo-α-chinolin durch reduz. Spaltung und aus o-Aminozimmtsäurenitril durch Umlagerung 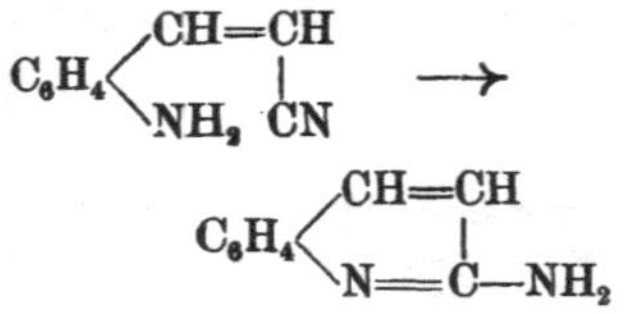	das Jodmethylat entsteht direkt aus α-Jodchinolinjodmethylat und Ammoniak. Das zugehörige Phenylaminochinolin (Schmp. 98°) entsteht aus α-Chlorchinolin und Anilin.	B. **24**, 2819; **31**, 1289, über α-Aminochinolinjodmethylat cf. A. **282**, 380
γ-Aminochinolin	—	154°	aus Cinchonsäureamid und Kaliumhypobromit	verhält sich wie eine einsäurige Base; N_2O_3 liefert γ-Oxychinolin	R. **10**, 144
p-Methoxy-γ-aminochinolin	—	120°	aus Chininsäureamid	—	B. **29**, R. 674
p-Dimethylaminochinolin	—	54—56°	aus p-Aminodimethylanilin nach SKRAUP	—	B. **16**, 672

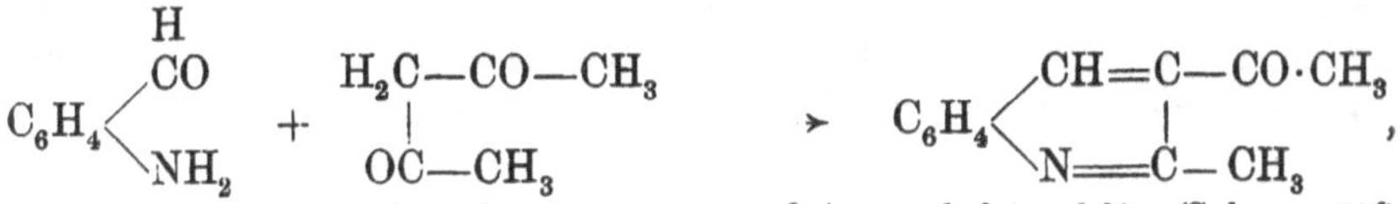

Acetylaceton β-Acetylchinaldin (Schmp. 74°)

oder auf Grund der vierten Synthese; so liefert ein Gemenge von p-Aminoacetophenon, Paraldehyd und Salzsäure p-Acetylchinaldin (350):

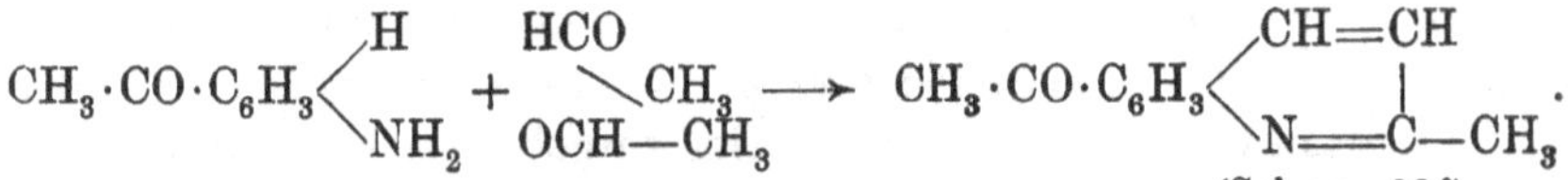

(Schmp. 92°)

Über die Darstellung von α-Acetonylchinaldin aus o-Nitrocinnamylaceton vergl. B. **16**, 164.

Ein α-Oxychinolinketon entsteht aus o-Aminobenzaldehyd und Acetessigester bei 160° (351):

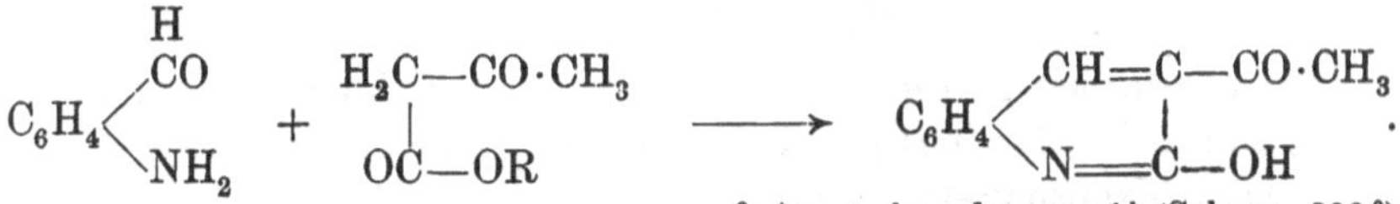

β-Acetylcarbostyril (Schmp. 232°)

Ein Chinolindiketon, das γ-Acetacetylchinolin $C_9H_6N(CO—CH_2—CO—CH_3)$ erhält man endlich aus Cinchoninsäureester (s. d.), Aceton und Natriumäthylat (352); es kondensiert sich mit Phenylhydrazin zu Phenylchinolylmethylpyrazol.

Chinolincarbonsäuren

sind in großer Zahl bekannt; die Bz-carbonsäuren entstehen entweder synthetisch (aus den Aminobenzoësäuren) oder durch Oxydation der Bz-Alkylchinoline mit Chromsäure. Auch die Py-carbonsäuren werden vielfach durch Oxydation der Py-Alkylchinoline gewonnen und zwar werden am leichtesten die γ-Alkylgruppen oxydiert, schwerer die in β-, und am schwierigsten die in der α-Position befindlichen Alkylradikale.

Bei Anwesenheit von zwei Substituenten (Methyl), welche auf den Benzol- und Pyridinkern verteilt sind, wird besonders bei Vorhandensein einer α-Methylgruppe das Bz-Methyl oxydiert; von den Bz-Methylchinolinen ist der o-Abkömmling am meisten widerstandsfähig; bei mehreren Alkylen wird in der Regel das kohlenstoffreichste am ersten angegriffen. Chinolincarbonsäuren und namentlich Oxycarbonsäuren entstehen vielfach auch auf synthetischem Wege (vergl. S. 290 und 293).

Eine spezielle Methode zur Darstellung von γ-Chinolincarbonsäuren ist z. B. die Kondensation von Brenztraubensäure mit Anilinen und Aldehyden (vergl. S. 292) (353).

α,β-Dicarbonsäuren erhält man durch Oxydation von Acridinen (vergl. S. 287).

Die Chinolincarbonsäuren verlieren beim Erhitzen leicht CO_2, namentlich als α-Derivate; letztere werden auch, wie die betreffenden Pyridincarbonsäuren durch Eisenvitriol rotgelb gefärbt. Die Carbonsäuren des Chinolins zeigen das Verhalten von Aminosäuren, da sie sich in verdünnten Säuren zu Salzen lösen.

Nähere Angaben über die wichtigsten Mono- und Dicarbonsäuren der Chinoline finden sich in den Tabellen auf S. 308 und 309).

Hydrochinoline.

Dihydrochinoline bilden sich — mit einer Ausnahme (s. u.) — nicht durch Hydrierung der Chinoline, da diese durchweg direkt zu Tetrahydroprodukten führt.

Dihydrochinaldin (Sdp. 245—247°) wird sowohl durch Reduktion von Chinaldinchlorhydrat (Erhitzen mit Zn-Staub) als auch durch trockene Destillation der sog. Hydroglauconinsäure dargestellt (354).

Durch Einwirkung von Jodmethyl auf Indol und Methylindole entstehen Basen, die man eine zeitlang als Trimethyldihydrochinoline angesehen hat; es steht jetzt aber fest, daß es sich dabei nicht um Chinolin-, sondern um Indolderivate handelt (355) (vergl. S. 100).

Abkömmlinge von Dihydrochinolinen sind die Halogenadditionsprodukte des Chinolins, wie $C_9H_7NBr_2$ (Chinolindibromid vom Schmp. 88°), welches beim Erhitzen bromwasserstoffsaures Bromchinolin liefert (356), ferner das sog. Chinojodin $C_9H_7NClJ \cdot HCl$ (aus Chinolin, Jodkalium, Natriumnitrit und Salzsäure) (357).

Weiter gehören hierher die Dihydrocarbostyrile (in der Enolform), die als Äther in 2 Formen auftreten:

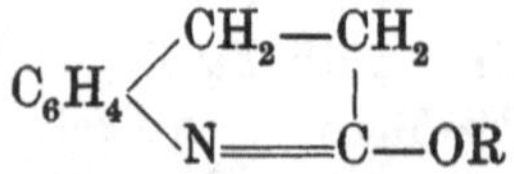

(Laktimäther)

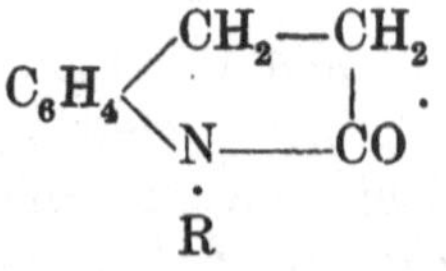

(Laktamäther, Tetrahydrochinolinderivat)

Dihydrocarbostyril $C_6H_4\langle{}^{CH_2-CH_2}_{N=C\cdot OH}$ bezw. $C_6H_4\langle{}^{CH_2-CH_2}_{NH-CO}$ (Schmp. 163°) entsteht durch Reduktion von o-Nitrohydrozimmtsäure (Laktim bezw. Laktam der o-Aminohydrozimmtsäure) (358).

α-Äthoxydihydrochinolin $C_6H_4\langle{}^{CH_2-CH_2}_{N=C\cdot OC_2H_5}$ (Schmp. 199°) entsteht aus o-Nitrohydrozimmtsäureäthylester durch alkalische Reduktion.

In ähnlicher Weise erhält man γ-Oxyhydrocarbostyril aus o-Nitrophenyl-β-milchsäure (359):

(Schmp. 149—150° unter Zersetzung in Carbostyril und Wasser)

Dihydrochinolinderivate sind schließlich die schon früher erwähnten Einwirkungsprodukte von Natronlauge auf Chinolinhalogenalkylate (vergl. S. 288), z. B. n-Methyldihydrocinchoninsäure $C_6H_4\langle{}^{C(COOH)=CH}_{N(CH_3)-CH_2}$, welche aus Cinchoninsäurechlormethylat neben Methylchinoloncarbonsäure entsteht (360).

Tetrahydrochinoline sind, wie schon öfter betont, die direkten Hydrierungsprodukte des Chinolins, da zunächst nur der Pyridinkern 4 Atome Wasserstoff aufnimmt; die Reduktion erfolgt mit Zinn und Salzsäure oder mit Natrium und Alkohol, wobei indessen stets Polymerisationsprodukte (Dichinolyle) nebenher entstehen.

Einige Tetrahydrobasen werden auch synthetisch gewonnen; z. B. Tetrahydrochinaldin[1] durch Reduktion von o-Nitrophenäthylmethylketon (361):

Die Verwandlung des Chinolins in Tetrahydrochinolin läßt den Charakter der ursprünglichen Base verschwinden; wie bei dem Übergang der Indole in Dihydroindole tritt eine Änderung der chemischen Natur ein: die Tetrahydrochinoline zeigen das Verhalten von sekundären fettaromatischen Aminen; das Tetrahydrochinolin selbst

[1] Diese Base entsteht auch als Nebenprodukt bei der Döbner-Miller'schen Chinaldinsynthese durch den bei der Reaktion frei werdenden Wasserstoff.

I. Chinolinmonocarbonsäuren.

Name	Sdp.	Schmp.	Bildung	Eigenschaften, Bemerkungen	Litteratur
α-Chinolin-carbonsäure od. Chinaldinsäure $C_9H_6N(COOH)$ + $2H_2O$	—	156° u. Z.	aus Chinaldin sowie aus α, α-Dichinolyl durch Oxydation,	$KMnO_4$ oxydiert zu α, α', β'-Pyridintricarbonsäure	B. **16**, 2472; **24**, 1915. M. **7**, 299
β-Chinolin-carbonsäure	—	273°	aus β-Methylchinolin oder aus Acridinsäure (vergl. S. 209)	spaltet erst beim Glühen mit Kalk CO_2 ab	B. **13**, 100; **18**, 1644
γ-Chinolin-carbonsäure od. Cinchoninsäure	—	254°	aus Cinchonin mit $KMnO_4$ oder HNO_3, sowie aus den meisten anderen Chinaalkaloïden und aus Lepidin	krystallisiert mit 1 oder 2 Mol. H_2O; giebt erhitzt Chinolin und oxydiert α, β, γ-Pyridintricarbonsäure. Über das Verhalten der Halogenalkyle gegen Cinchoninsäure vergl A. **270**, 345; **282**, 364	A. **173**, 84; **201**, 294. B. **12**, 97, 230; **15**, 519
Bz-Mono-carbonsäuren					
o- „	—	187°	aus den 3 Aminobenzoësäuren nach SKRAUP; die m-Säure liefert m- und a-Chinolincarbonsäure	die a-Säure existiert in einer isomeren Form, als Pseudo-a-chinolincarbonsäure	A. **237**, 325. B. **19**, R. 443, 548
m- „	—	248°			
p- „	—	291°			
a- „	—	360°			

II. Methylchinolincarbonsäuren. (9 Isomere sind bekannt.)

Name	Sdp.	Schmp.	Bildung	Eigenschaften, Bemerkungen	Litteratur
Chinaldin-β-carbonsäure	—	234°	aus o-Aminobenzaldehyd und Acetessigester (vergl. S. 290) oder aus α, β-Dimethylchinolin durch Oxydation	die Ester verbinden sich in der Wärme mit Alkyljodiden	B. **19**, 37; **22**, 267
α-Methylcinchoninsäure od. Aniluvitoninsäure	—	241—242°	durch Kondensation von Brenztraubensäure und Anilin, aus α, γ-Dimethylchinolin, sowie durch Ringerweiterung des Isatins mit Aceton und verd. Natronlauge	alkal. $KMnO_4$ oxydiert zu Methylpyridintricarbonsäure, saures zu Acetanthranilsäure	B. **14**, 90, 133. A. **242**, 266. J. pr. [2] **33**, 410; **38**, 582

α-Oxychinolin-β-carbonsäure	—	über 320° u. Z.	aus o-Aminobenzaldehyd und Malonsäure, vergl. S. 293	wird — als Salicylsäure des Chinolins — durch $FeCl_3$ braunrot gefärbt	B. **17**, 459
α-Oxychinolin-γ-carbonsäure	—	oberhalb 310°	aus Cinchoninsäure in der Kalischmelze	der Äthyläther entsteht aus α-Chlorcinchoninsäure u. Natriumäthylat, lagert sich in den Äthylester der Oxysäure um	B. **12**, 99; **16**, 2152
γ-Oxychinolin-carbonsäure od. Kynurensäure (+ H_2O)	—	257—258°	im Hundeharn bei Fleischfütterung	zerfällt in der Kalischmelze in CO_2 und Kynurin (γ-Oxychinolin)	A. **86**, 125; **108**, 354
p-Oxychinolin-γ-carbonsäure (Xanthochinsäure)	—	320° u. Z.	aus p- bezw. o-Sulfocinchoninsäure in der Kalischmelze, als Xanthochinsäure durch Entmethylierung der Chininsäure	p-Methoxychinolin-γ-carbonsäure ist die Chininsäure: $NC_9H_5(OCH_3)(COOH) + H_2O$, erhalten durch Oxydation des Chinins und Chinidins mit CrO_3 (Schmp. 280° u. Z.)	M. **1**, 855; **2**, 571, 589; **10**, 68
o-Oxychinolin-γ-carbonsäure	—	254—256°			
γ-Oxychinaldin-β-carbonsäure	—	245° u. Z.	aus Anthranilsäure und Acetessigester, vergl. S. 293	zerfällt beim Schmelzen in CO_2 und γ-Oxychinaldin	B. **27**, 1398
α-Oxylepidin-o-carbonsäure	—	312°	aus Ketomethyljulolin durch Oxydation	das Ag-Salz liefert durch Erhitzen α-Oxylepidin	B. **24**, 853
α-Phenyl-γ-oxy-chinolin-β-carbonsäure	—	232°	als Ester aus Anilidobenzoylmalonsäureester, vergl. S. 293	liefert durch Erhitzen γ-Oxy-α-phenylchinolin	B. **19**, 1462

III. Dicarbonsäuren.

α, β-Chinolindi-carbonsäure od. Akridinsäure	—	—	aus Acridin mit $KMnO_4$ (vergl. S. 209)	spaltet bei 120—130° 1 Mol. CO_2 ab unter Bildung von β-Chinolincarbonsäure (s. o.)	B. **13**, 100
α, γ-Chinolindi-carbonsäure	—	246° u. Z.	aus α-Cinnamenylcinchoninsäure (Kondensationsprodukt von Brenztraubensäure, Anilin und Zimmtaldehyd) durch $KMnO_4$	beständiger als Acridinsäure	B. **22**, 3006
o, a-Chinolindi-carbonsäure	—	268—270°	synthetisch nach Skraup aus Aminoterephtalsäure und Nitrophenol	zerfällt über 270° in CO_2 und o- und a-Chinolincarbonsäure	M. **7**, 149

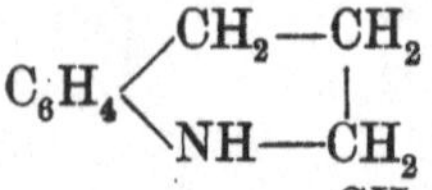 könnte man am besten mit dem o-Äthylmethylanilin 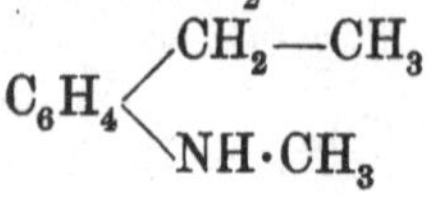 vergleichen.

Die Tetrahydrochinolinbasen liefern nämlich mit Diazoniumsalzen Diazoaminokörper, welche sich in p-Azoverbindungen umlagern; z. B.:

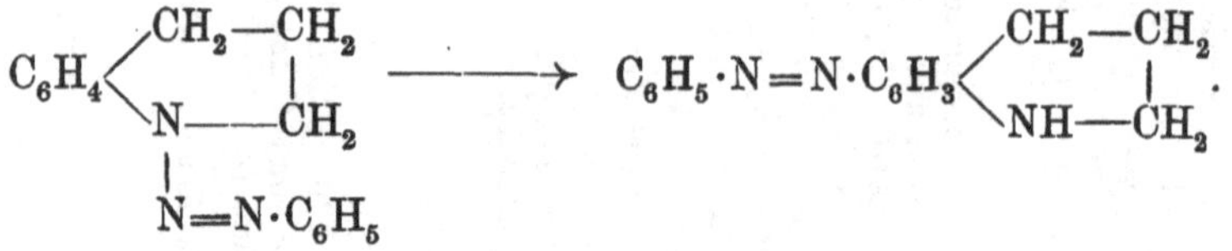

Ist die p-Stellung besetzt, so geht der Azorest in die o-Position. Mit salpetriger Säure geben die Tetrahydrobasen n-Nitrosamine, welche man leicht in Bz-p-Nitrosokörper umlagern kann:

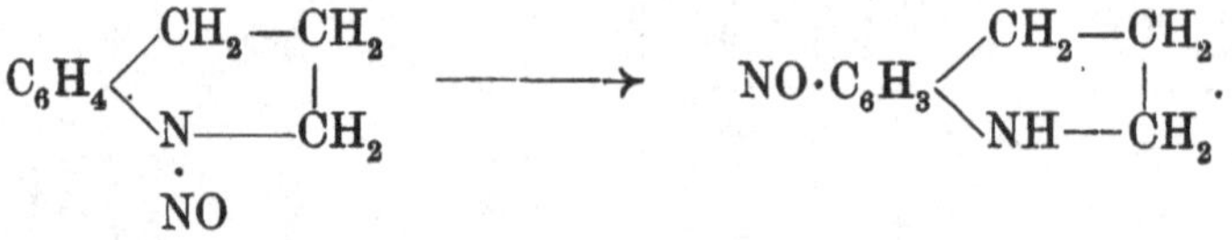

Schließlich kondensieren sich die Tetrahydrochinoline mit Benzaldehyden zu Leukobasen, welche der Klasse der Malachitgrünfarbstoffe angehören (362); z. B.:

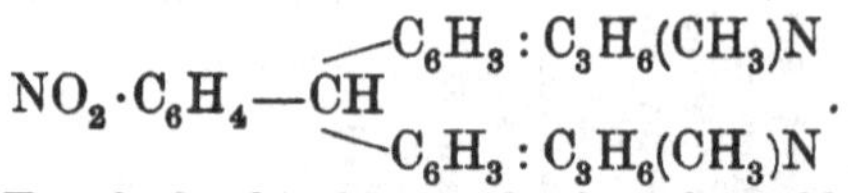

(aus Tetrahydrochinaldin und p-Nitrobenzaldehyd)

Auch die tertiären n-Alkyltetrahydrochinoline, welche in Form der Halogenwasserstoffsalze direkt durch Hydrierung der Chinolinhalogenalkylate gewonnen werden, besitzen ausgesprochenen Basencharakter; sie vereinigen sich mit Halogenalkylen und Halogenessigestern zu schön krystallisierenden quaternären Ammoniumsalzen.

Die Rückoxydation von Tetrahydrobasen zu Chinolinen wird durch Silber- oder Merkuriacetat bewirkt (363).

Tetrahydrochinolin, $C_9H_{11}N$ vom Sdp. 251° entsteht aus Chinolin durch Hydrierung (364), aus Carbostyril mit Natrium und Alkohol (365), aus $\alpha(\gamma)$-Chlorchinolin durch Eisen und Salzsäure (366) und endlich durch elektrolytische Reduktion des Chinolins neben polymerem Dihydrochinolin (367).

Die Base erstarrt im Kältegemisch; sie reagiert leicht mit Säurechloriden und Jodalkylen unter Bildung der n-Acyl- bezw. Alkylderivate.

Salpetrige Säure liefert n-Nitrosotetrahydrochinolin, welches bei der Reduktion mit Zn-Staub in alkoholischer Lösung Tetrahydrochinolylhydrazin $C_9H_{10}N—NH_2$ (Schmp. 55—56°) giebt, letzteres ist zu einem Tetrazon oxydabel (368).

Das aus dem Nitrosamin durch Umlagerung (s. o.) mit alkoholischer Salzsäure erhältliche p-Nitrosotetrahydrochinolin $NO \cdot C_6H_3 : C_3H_6NH$ bildet stahlblaue Krystalle vom Schmp. 134°, welche abermals (am Stickstoff) nitrosiert werden können unter Bildung von Dinitrosotetrahydrochinolin $NO \cdot C_6H_3 : C_3H_6N \cdot NO$ (moosgrüne Nadeln vom Schmp. 98°).

Die Bz-Mononitrosoverbindung liefert durch Reduktion oder durch Kochen des HCl-Salzes in wässeriger Lösung p-Aminotetrahydrochinolin (Schmp. 97°), das auch aus p-Aminochinolin durch Hydrierung entsteht (369).

Versetzt man eine Lösung von salzsaurem Tetrahydrochinolin mit p-Diazobenzolsulfosäure, so erhält man unter sofortiger Umlagerung (s. o.) Tetrahydrochinolin-p-azobenzolsulfosäure, $SO_3H \cdot C_6H_4—N : N—C_6H_3{=}C_3H_6 : NH$, welche äußerlich dem Aminoazobenzol ähnlich ist und durch spaltende Reduktion p-Aminotetrahydrochinolin (s. o.) liefert (370).

n-Benzoyltetrahydrochinolin (Schmp. 75°) giebt durch Oxydation Benzoylisatinsäure (371).

n-Methyltetrahydrochinolin (Kairolin), $C_9H_{10}N \cdot CH_3$ (372) aus der Tetrahydrobase und Methyljodid oder besser aus Chinolinjodmethylat durch Reduktion, siedet bei 242—244° und verbindet sich mit Jodessigester zu einem quaternären Ammoniumjodidessigester (373). Salpetrige Säure erzeugt direkt p-Nitrosokairolin $NO \cdot C_9H_9N \cdot CH_3$. Kairolin liefert durch Eintragen von Kaliumnitrat in die Lösung der Base in konz. Schwefelsäure Nitrokairolin vom Schmp. 93 bis 94° (374).

Das o-Oxyderivat des Kairolins oder n-Methyl-o-oxytetrahydrochinolin (Schmp. 114°) wird durch Methylieren des hydrierten o-Oxychinolins (Schmp. 121 bis 122°) dargestellt, es verbindet sich mit Jodmethyl; sein HCl-Salz diente unter dem Namen Kairin eine Zeit lang als Antipyretikum. Kairocoll (Schmp. 66°) ist das Reaktionsprodukt von o-Oxytetrahydrochinolin und Monochloressigsäure (375).

p-Methoxytetrahydrochinolin oder Thallin (Schmp. 42—43°, Sdp. 283°) entsteht durch Reduktion von Chinanisol (s. d.), und diente ebenfalls in Form seines Sulfates als Fiebermittel; $FeCl_3$ und Cl-Wasser färben Lösungen der Base und ihrer Salze smaragdgrün (376).

α-Äthoxytetrahydrochinolin oder Tetrahydrocarbostyrilätbyläther $C_6H_4 : C_3H_6N(OC_2H_5)$ entsteht durch Reduktion von Carbostyriläther mit Natriumamalgam (377).

Tetrahydrochinolin-γ-carbonsäure (Tetrahydrocinchoninsäure) bildet sich durch Hydrierung der Cinchoninsäure (378); liefert ein Chlorhydrat, ein Nitrosamin und ein n-Acetylderivat. Durch Methylieren entsteht die n-Methyltetrahydrocinchoninsäure vom Schmp. 169—170°, deren Anhydrid durch Erwärmen mit Alkali in die sog. Homotetrahydrocinchoninsäure $CO_2H—C_9H_8(CH_3)NH$ umgelagert wird (379).

Tetrahydrochinaldin (380) $C_6H_4\left\langle\begin{array}{l}CH_2—CH_2\\ \qquad\quad\;\; |\\ NH—\overset{}{\underset{*}{C}}H—CH_3\end{array}\right.$ (Sdp. 250°) wird dargestellt aus Chinaldin durch Hydrierung mit Zinn und Salzsäure oder synthetisch aus o-Nitromethylphenyläthylketon (vergl. S. 307). Die Base besitzt ein asymm. C-Atom und ist mittelst des Bitartrats in die optisch aktiven Komponenten zerlegt worden.

$FeCl_3$ färbt die Lösungen der Salze blutrot; das n-Benzoylderivat schmilzt bei 118° und liefert durch Oxydation u. a. o-Benzoylaminozimmtsäure; das Nitrosamin ist flüssig. n-Methyltetrahydrochinaldin siedet bei 247—248°. Über Tetrahydro-o-aminochinaldin, welches sich mit Essigsäure und Natriumacetat zu Tetrahydrochinaldin-μ-methylimidazol kondensiert, vergl. B. 24, 2050.

Tetrahydrolepidin 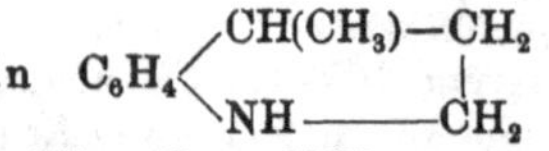 (Sdp. 250—253°) entsteht durch Reduktion von Lepidin (Sn + HCl) sowie von α-Oxylepidin (Na + Alkohol) (381).

Ein Tetrahydrotoluchinolin (Sdp. 257°) erhält man synthetisch aus Toluidin und Trimethylenchlorobromid (382):

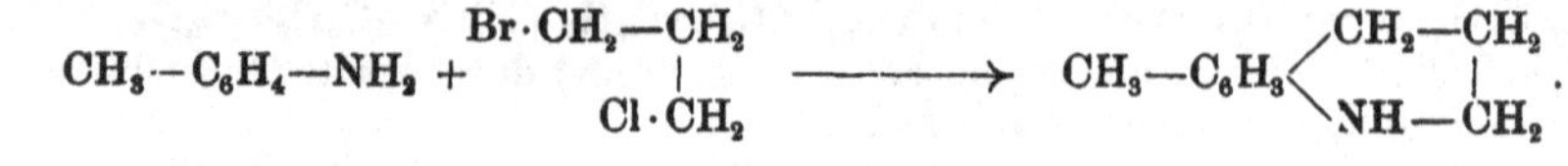

Das Nitrosamin dieser Base schmilzt bei 51°.

o-Aminotetrahydro-p-toluchinolin (durch Reduktion der zugehörigen Azoverbindung zugänglich) zeigt, wie die oben genannte isomere Verbindung den Charakter eines alkylierten o-Phenylendiamins, denn es bildet mit Essigsäure ein Imidazol (383).

Als ein Tetrahydrochinolinderivat kann noch das Chinolintetrabromid $C_9H_7N \cdot Br_4$ gelten, welches unbeständige rote Nadeln bildet (384).

Ketotetrahydrochinoline sind die Laktame von o-Aminohydrozimmtsäuren (vergl. S. 307); z. B.: 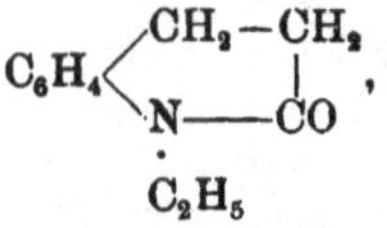, das innere Anhydrid der Äthylaminohydrozimmtsäure, aus deren alkalischer Lösung das Laktam durch Ansäuren ausfällt (385).

Hydrocarbostyril selbst (vergl. S. 307) entsteht u. a. aus seiner β-Carbonsäure, deren Ester durch Reduktion des o-Nitrobenzylmalonsäureesters erhalten wird (386), sowie durch Umlagerung (nach Beckmann) des α-Hydrindonoxims (387):

Das Hydrocarbostyril verhält sich zum Chinolin wie Oxindol zu Indol.

Ein Triketotetrahydrochinolin ist das Laktam der o-Aminobenzoylglyoxylsäure: 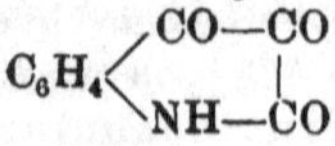 (als Laktim 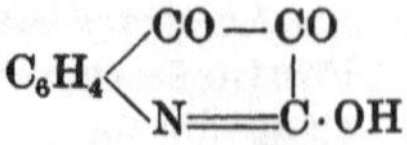) oder Chinisatin (vergl. S. 303).

Hexahydrochinoline treten nur als Nebenprodukte bei weiterer Hydrierung des Tetrahydrochinolins — mit Jodwasserstoff und rotem Phosphor — zu Dekahydrochinolinen auf (388).

Hexahydrochinolin, $C_6H_6 : C_3H_7N$ siedet bei 224,5—225°, bildet beständige Salze und liefert ein n-Benzoylderivat vom Schmp. 219—221°, das zu Benzoylanthranilsäure oxydiert werden kann.

Dekahydrochinolin[389] $C_6H_{10}:C_3H_7N$ ist, wie erwähnt, das Endprodukt der vollständigen Hydrierung des Chinolins; es zeigt im Verhalten große Ähnlichkeit mit dem Piperidin, als dessen R-Tetramethylenderivat es aufgefaßt werden kann:

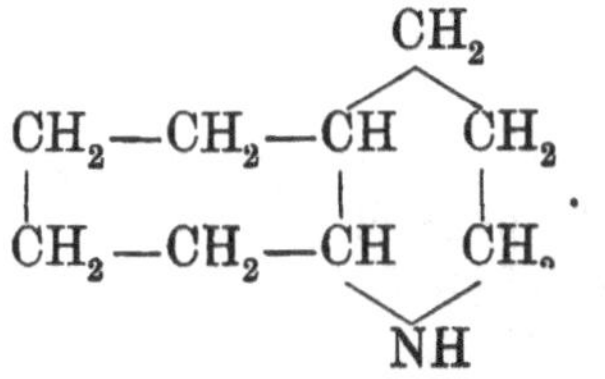

Die leicht lösliche und schön krystallisierende Base schmilzt bei 48,5° und siedet bei 204°; sie hat einen betäubenden coniinartigen Geruch und zieht Kohlensäure aus der Luft an. Chlorkalklösung verwandelt es in ein Chlorimid (Schmp. 125,5°), das von selbst in HCl-Dekahydrochinolin übergeht. Die n-Methylbase siedet bei 204,5—205,5°; das n-Benzoylderivat schmilzt bei 96° und liefert durch Oxydation maleïnoïde o-Benzoylaminohexahydrozimmtsäure, welche mit HCl bei 160° in das Laktam der Aminosäure, das Octohydrocarbostyril übergeht, wie durch folgendes Schema veranschaulicht wird:

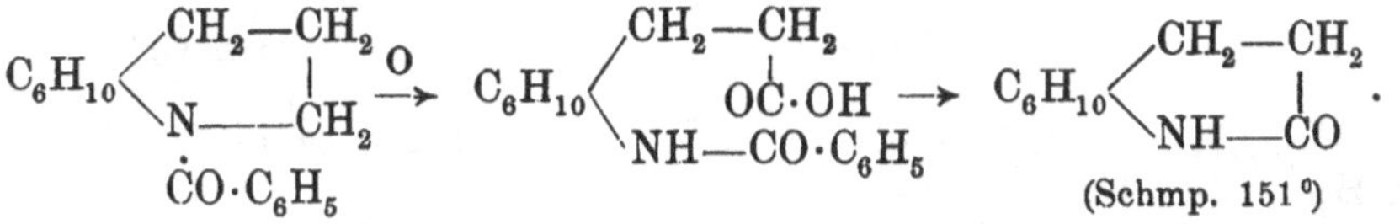

Das Benzoylderivat des Octohydrocarbostyrils wird durch heißes Alkali zu fumaroïder Hexahydro-o-benzoylaminohydrozimmtsäure aufgespalten. Das Methylurethan des Dekahydrochinolins (aus Chlorkohlensäuremethylester + Dekahydrochinolin) wird durch Oxydation (HNO_3) in das Urethan der o-Aminohexahydrophenylessigsäure verwandelt.

Dichinolylverbindungen

sind die Analoga der Dipyridyle (s. d.) in der Pyridinreihe; sie verhalten sich also zum Chinolin, wie Diphenyl zu Benzol. Die Art der Verkettung zweier Chinolinreste kann sehr mannigfaltig sein; sie geschieht entweder zwischen je zwei Pyridinkernen oder zwischen zwei Benzolkernen oder endlich zwischen einem Py-Kohlenstoff und einem Bz-Kohlenstoff. Im ganzen sind 31 Isomere denkbar, die sich hiernach auf folgende 3 Typen verteilen:

I $C_6H_4 : NC_3H_2—C_3H_2N : C_6H_4$

II $C_3H_2N : C_6H_3—C_6H_3 : C_3H_2N$

III $C_3H_2N : C_6H_3—C_3H_2N : C_6H_4$.

Die Darstellung der Dichinolyle erfolgt entweder synthetisch nach Skraup bezw. Döbner-Miller aus Diaminodiphenylkörpern bezw. aus Aminophenylchinolinen oder durch Vereinigung zweier Chinolinmoleküle durch Natrium, wie in der Dipyridylreihe.

Die Dichinolyle sind mit wenigen Ausnahmen ausgeprägte zweisäurige Basen von bemerkenswerter Beständigkeit. Folgende Beispiele der 3 Dichinolylklassen seien angeführt:

I) α,β-Dichinolyl 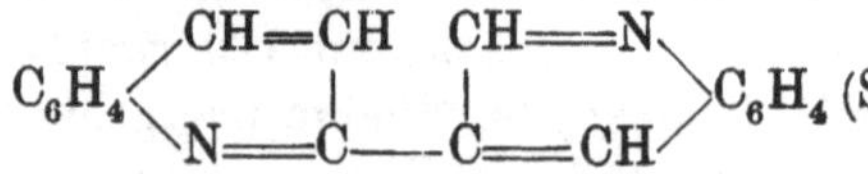 (Schmp. 176—177°) entsteht aus Chinolin sowohl durch Erhitzen (390) mit Natrium bis auf 160° als auch durch Oxydation mit Sauerstoff bei Gegenwart von Platinasbest (391). Synthetisch wird es gewonnen durch Kondensation von o-Aminobenzaldehyd mit Chinolylacetaldehyd (392):

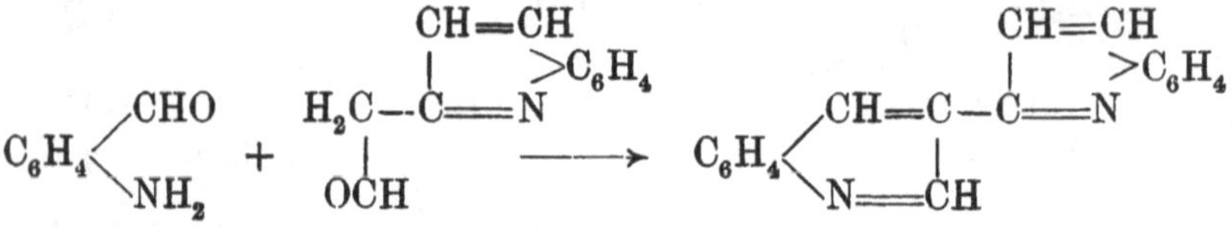

α,β-Dichinolyl verbindet sich nur mit einem Molekül JCH_3 und ist leicht sulfurierbar (393).

β,β-Dichinaldyl (Schmp. 144°) wird dargestellt durch Kondensation von Acetonylaceton mit o-Aminobenzaldehyd in alkalischer Lösung (394):

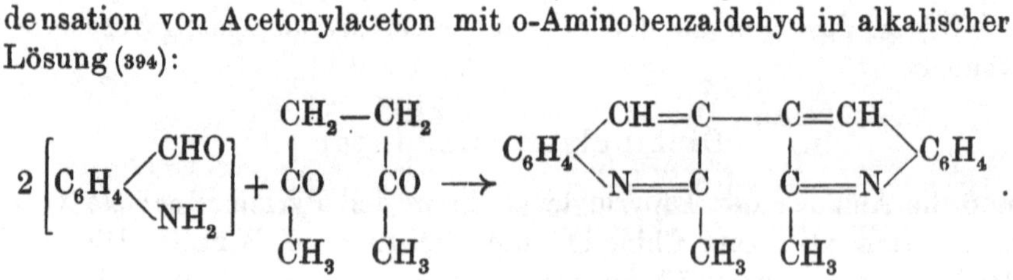

II) Dichinolyle mit Verkettung zweier Bz-Kohlenstoffatome entstehen als echte Diphenylderivate aus Diaminodiphenylen nach der Skraup'schen Reaktion; z. B. das p,p-Dichinolyl aus Benzidin (395):

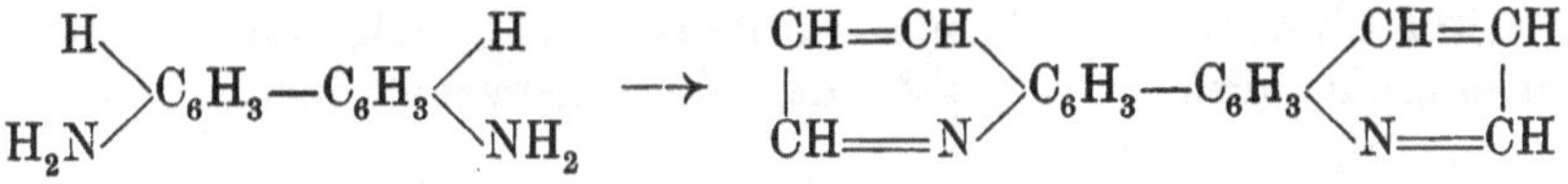

p, p Dichinolyl (Schmp. 178°) bildet ein Mono- und ein Dijodmethylat; das Dichinolyldimethylsulfat $C_{18}H_{12}N_2 \cdot 2\,CH_3SO_4H + 2\,H_2O$ oder Chinotoxin hat die physiologische Wirkung des Curare (396); die Lösungen zeigen blauviolette Fluorescenz. Isomer ist das m, a - Dichinolyl (Schmp. 148°) aus o, p-Diaminodiphenyl; homolog ist das p, p - Dichinaldyl vom Schmp. 206 bis 207° aus Benzidin nach Döbner-Miller (397).

III) Gemischte Dichinolyle mit Verkettung zwischen einem Py-Kohlenstoffatom und einem Bz-Atom erhält man aus Aminophenylchinolinen durch die Skraup'sche Synthese:

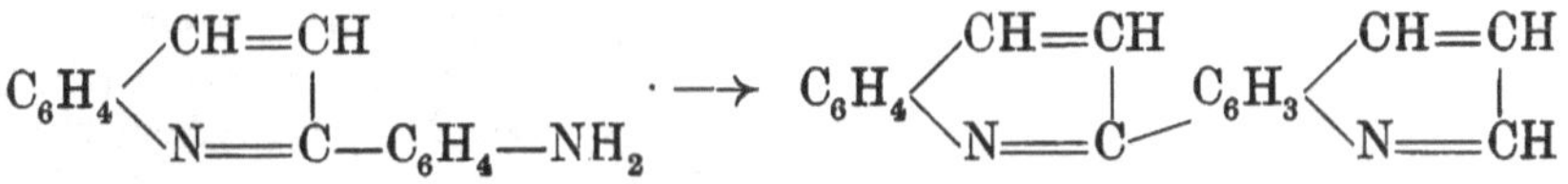

α, m- und α, a-Dichinolyl entstehen z. B. gleichzeitig aus m-Amino-α-phenylchinolin; dieselben schmelzen bei 159 bezw. bei 115° (398).

α, p-Dichinolyl (aus p-Amino-α-phenylchinolin) schmilzt bei 192 bis 193° (399).

Über weitere Dichinolyle vergl. Soc. **39**, 174; B. **17**, 1965; B. **20**, 632; B. **19**, 1036.

Dihydrodichinolyl (Dichinolin $C_{18}H_{14}N_2$) ist durch Einwirkung von Natriumamalgam auf Chinolin erhalten worden; es schmilzt bei 114° (400).

Ein Hydrodicarbostyril von der Konstitution

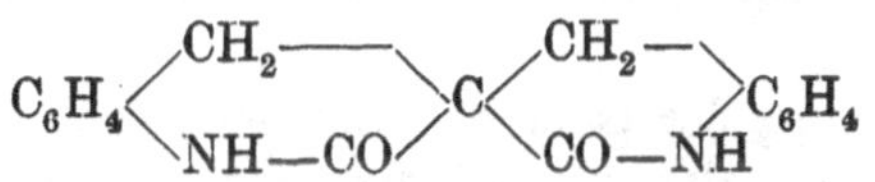

wurde durch Reduktion des o-Dinitrodibenzylmalonsäureesters dargestellt (401).

Ein Derivat des Dichinolylmethans ist das Dichinolylketon (402) $CO(C_9H_6N)_2$ (Schmp. 174°) aus p-Diaminobenzophenon nach Skraup, sowie das Aminophenyl-di-tetrahydrochinaldylmethan (403) (vergl. S. 310).

α-Dichinolylchinolin $C_9H_6N—C_9NH_5—C_9H_6N$ (Schmp. 150 bis 151°) wird aus Acetacetylchinolin (S. 305) und 2 Mol. o-Aminobenzaldehyd dargestellt (404).

Über Trichinolylmethanabkömmlinge vergl. B. **24**, 1606, 1719, und B. **31**, 686.

Ein Chinolin, in welchem der Benzolkern durch einen zweiten Pyridinkern ersetzt ist, ist das hypothetische Naphtyridin:

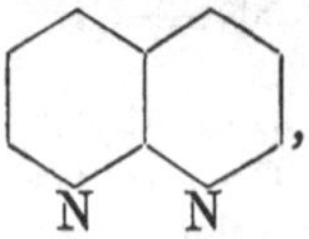

, von welchem das Octohydroderivat synthetisch aus δ, δ-Diaminodipropylessigsäure dargestellt worden ist (405):

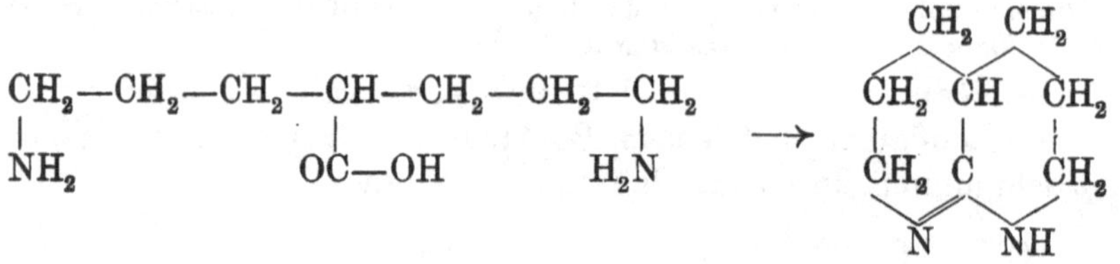

Octohydronaphtyridin
(starke Base vom Schmp. 67°)

Isochinolingruppe.

Das Isochinolin (vergl. S. 286) ist ein β, γ-Benzopyridin

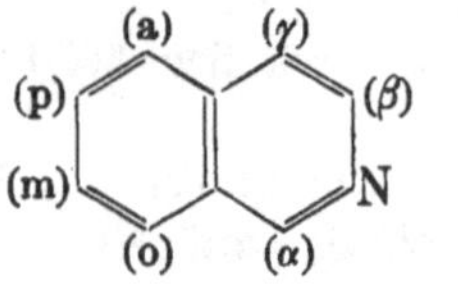

in welchem im Gegensatz zu den eigentlichen Chinolinen (α, β-Benzopyridinen) das Stickstoffringatom vom Benzolkern durch eine Methingruppe getrennt ist.

Die Bezeichnung der Isochinolinabkömmlinge geschieht im Sinne des obigen Schemas, also wie bei den eigentlichen Chinolinen.

Das Isochinolin findet sich neben Chinolin im Steinkohlenteer; wie letzteres ist es die Muttersubstanz einer Reihe von Alkaloïden, zu denen das Papaverin, Berberin, Narcotin u. a. gehören; es bildet Dihydro- und Tetrahydroderivate.

Die Konstitution des Isochinolins ist begründet auf seinem Verhalten bei der Oxydation (406):

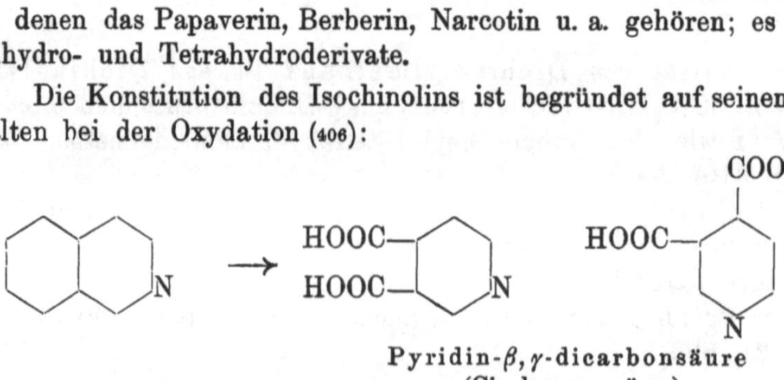

Pyridin-β, γ-dicarbonsäure
(Cinchomeronsäure)

sowie auf seinen **synthetischen** Bildungsweisen, welche indessen nicht so allgemeiner Art sind wie in der Chinolinreihe.

Isochinolinsynthesen. 1) Innere Kondensation von Benzylidenaminoacetalen und analogen Körpern; Beispiele (407):

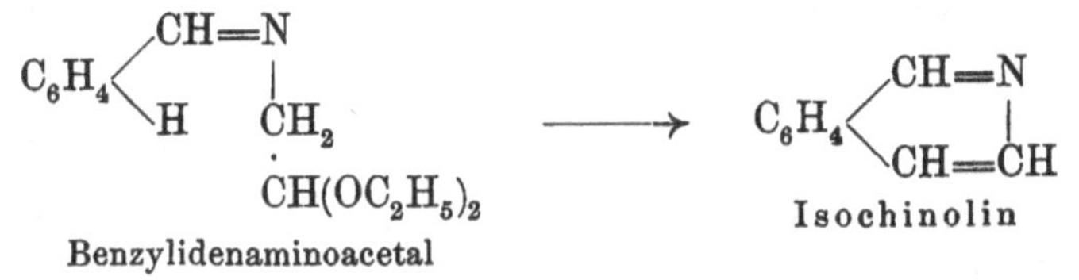

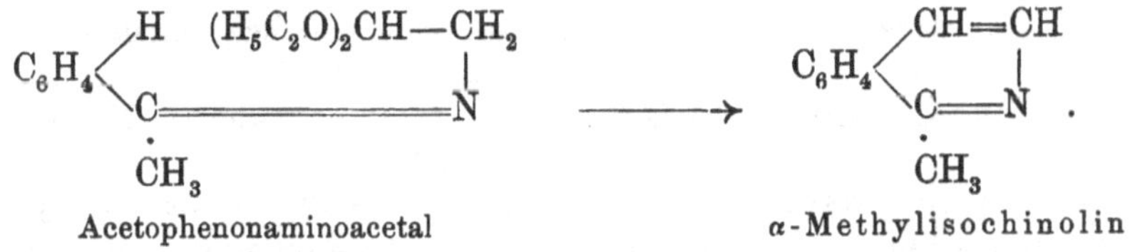

Diese Reaktion läßt sich erweitern auf Körper vom Typus C_6H_5—C—C—N—CO; aus Hippursäureamid $C_6H_5\cdot CO\cdot NH\cdot CH_2\cdot CO\cdot NH_2$ erhält man z. B. mit PCl_5 **Trichlorisochinolin** (vergl. die analoge Umwandlung von Malonanilsäure in Trichlorchinolin vergl. S. 294).

2) Anhydrisierung von Zimmtaldoxim zu Isochinolin (408):

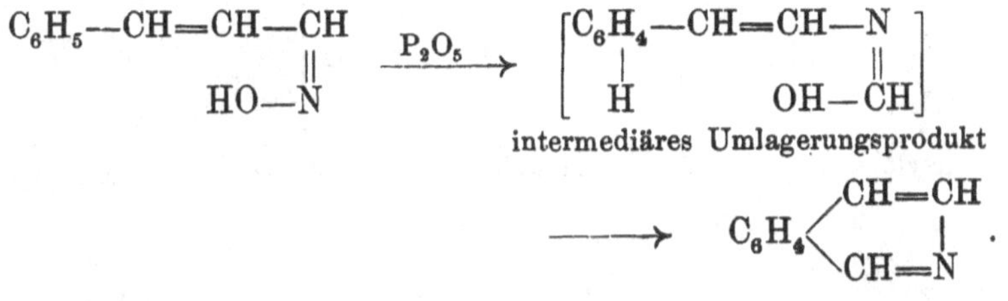

3) Homophtalsaures Ammonium liefert durch Erhitzen Homophtalimid (Diketotetrahydroisochinolin), welches sich durch Chlorphosphor in Dichlorisochinolin überführen läßt; letzteres liefert durch Reduktion Isochinolin, wie aus folgendem Schema hervorgeht (409):

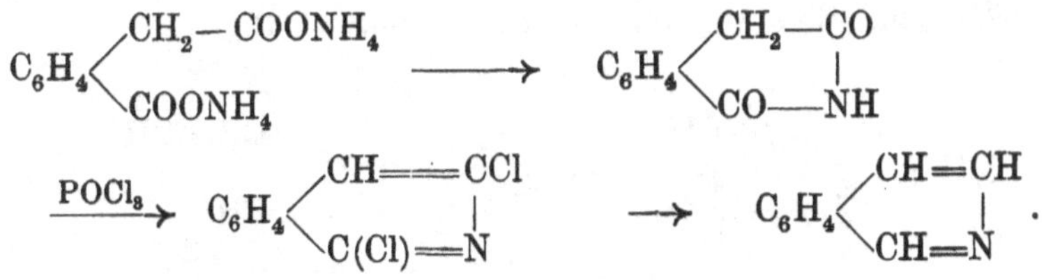

Die homologen Homophtalimide verhalten sich ähnlich.

Durch Erhitzen mit Zinkstaub im Wasserstoffstrom kann man Homophtalimid direkt in Isochinolin umwandeln (410).

4) Isocumarine gehen, wie schon erwähnt (vergl. S. 199), durch Behandlung mit Ammoniak glatt in Oxyisochinoline (Isocarbostyrile) über, welche sich durch Zinkstaubdestillation zu Isochinolinen reduzieren lassen (411); z. B.:

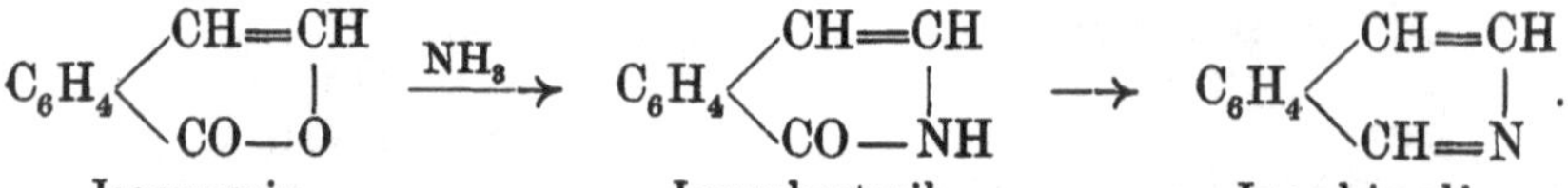

Isocumarin — Isocarbostyril — Isochinolin

In analoger Weise erhält man aus Isocumarincarbonsäure Isocarbostyrilcarbonsäure 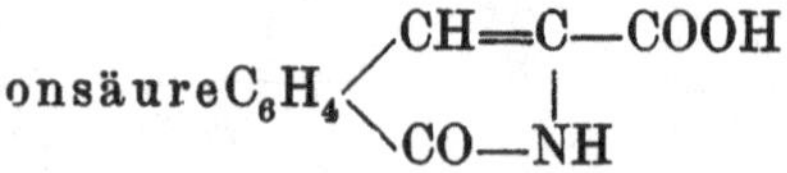 und aus Phenylisocumarin Phenylisocarbostyril u. s. w. N-Alkylisocarbostyrile werden gewonnen, wenn man an Stelle von Ammoniak primäre Amine verwendet.

5) o-Cyanbenzylcyanid bezw. dessen Diacidylkondensationsprodukte dienen nicht nur zur Darstellung von Isocumarinen (vergl. S. 198), sondern auch zur direkten Synthese von Isochinolinderivaten, wie beispielsweise aus folgendem Schema hervorgeht (412):

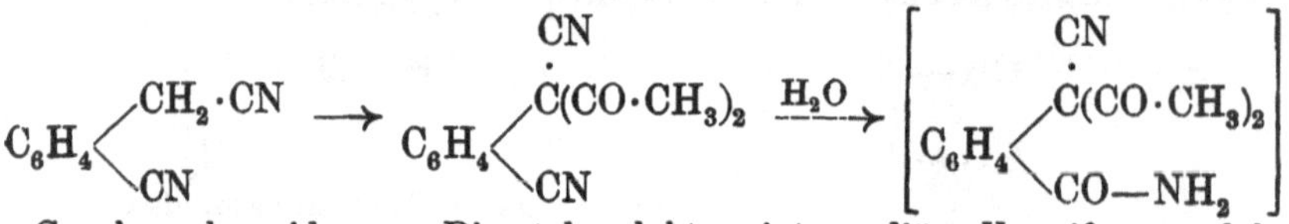

o-Cyanbenzylcyanid — Diacetylprodukt — intermediäres Verseifungsprodukt

Cyanmethylisocarbostyril — β-Methylisocarbostyril

6) Pyrogene[1] Entstehung von Isochinolin aus Benzylidenäthylamin beim Durchleiten durch glühende Röhren (413):

---

[1] Analogon der pyrogenen Chinolinsynthese aus Allylanilin (vergl. S. 286).

Verhalten: Die Isochinoline sind tertiäre Basen von ähnlichem Charakter wie die Chinoline; sie liefern beständige Salze und Halogenalkylate; letztere geben bei der Oxydation mit Kaliumpermanganat n-alkylierte Phtalimide:

Die Oxydation des freien Isochinolins ergiebt, wie schon erwähnt, Cinchomeronsäure, daneben entsteht aber gleichzeitig Phtalsäure, ein Zeichen, daß sowohl der Benzolkern als auch der Pyridinkern des Isochinolins der Oxydation zugänglich sind. Im Verhalten gegen Reduktionsmittel stellen sich die Isobasen den Chinolinen an die Seite (vergl. unter Hydroisochinoline).

Spezielles: Isochinolin, C_9H_7N (Schmp. 21°, Sdp. 240,5°) ist erst seit 1885 bekannt, in welchem Jahre es im Rohchinolin des Steinkohlenteeres aufgefunden wurde (414); man gewinnt es hieraus durch fraktionierte Krystallisation der schwefelsauren Salze. Außer mit Hilfe der oben angeführten Synthesen stellt man das Isochinolin noch durch Behandlung von Benzylaminoacetaldehyd $C_6H_5—CH_2—NH—CH_2—COH$ mit rauchender Schwefelsäure dar (415).

Isochinolin ist eine starke Base, die Kohlensäure aus der Luft anzieht; Chlorkalk verwandelt es bei Gegenwart von Borsäure in ein Chloroxyisochinolin, während metallisches Kalium bei Gegenwart von Luft Isocarbostyril liefert.

Isochinolindibromid schmilzt bei 82°, das Jodmethylat ($+H_2O$) bei 159° (416); über das Verhalten desselben gegen $KMnO_4$ s. o., Ferricyankalium und Natronlauge liefern zunächst n-Methylisochinolon (417).

α-Methylisochinolin (Darstellung nach Methode 1, vergl. S. 317) siedet bei 248° und riecht nach Pyridin und Chinolin; es ist vielleicht identisch mit der aus Papaverolin gewonnenen Base.

β-Methylisochinolin (Schmp. 68°, Sdp. 246°) entsteht aus β-Methylisocarbostyril (vergl. Methode 5) durch Reduktion bezw. aus Methylchlorisochinolin.

γ-Methylisochinolin (Sdp. ca. 256°) bildet sich aus Di- und aus Trimethylhomophtalimid durch Zinkstaubdestillation (vergl. Methode 3) (418).

Bz-o- und p-Methylisochinolin (Sdp. 258° bezw. 263—264°) aus den isomeren Toluylidenaminoacetalen (vergl. Methode 1); die p-Verbindung schmilzt bei 83°.

β-Äthylisochinolin (Sdp. 255—256°) durch Reduktion von β-Methylisocarbostyril oder β-Methyl-α-chlorisochinolin (419).

Ein γ-Äthylisochinolin (Schmp. 63—65°, Sdp. 274—275°) soll aus Dimethylhomophtalimid 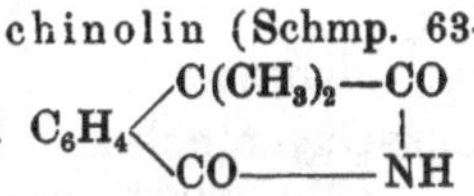 nach Methode 3 und durch entsprechende Umlagerung entstehen (420).

α-Phenylisochinolin (Schmp. 87—88°) wird aus Benzophenon und Aminoacetal nach Methode 1 dargestellt (421).

β-Phenylisochinolin (Schmp. 103—105°) entsteht aus Phenylisocarbostyril unter Vermittelung des α-Chlor-β-phenylisochinolins (Schmp. 77°) durch Reduktion mit Jodwasserstoff und Phosphor (422).

Durch Einwirkung von Benzotrichlorid auf ein Gemenge von Isochinolin und Chinaldin entsteht ein „Chinolinrot" genannter Farbstoff, der eine dem Malachitgrün analoge Konstitution:

$$C_6H_5-\underset{\displaystyle Cl}{\overset{}{C}}\left\langle\begin{matrix} C_9H_6N \\ C_9H_5(CH_3)N \end{matrix}\right.$$

besitzt; Chinolinrot hat die Eigenschaft, photographische Platten orthochromatisch zu machen (423).

Halogen-Nitro- und Aminoderivate.

Halogenisochinoline werden aus den Homophtalimiden durch Chlorphosphor (siehe Methode 3) oder aus den Isocarbostyrilen durch Phosphoroxychlorid bezw. durch PCl_5 dargestellt; auch der Austausch der Aminogruppe gegen Halogen führt mitunter zum Ziel. Die α-Chloratome sind ebenso beweglich, wie in den entsprechenden α- oder γ-Chlorchinolinen.

Die Nitrierung des Isochinolins führt nur zu einem Bz-Mononitroisochinolin vom Schmp. 110°, welches durch Oxydation in Nitrophtalsäure verwandelt wird; durch Reduktion entsteht ein Bz-Aminoisochinolin vom Schmp. 128—130° (424).

β-Chlorisochinolin (Schmp. 48°, Sdp. 281°) entsteht aus α, β-Dichlorisochinolin (Schmp. 122—123°, vergl. Methode 3 S. 317) durch Erhitzen mit Jodwasserstoff und Phosphor auf 150—170°, während bei höherer Temperatur Isochinolin entsteht (425).

Py-Bromisochinolin (Schmp. 40°, Sdp. 280—285°) aus Isochinolindibromid (s. o.) bei 180—200°; verbindet sich mit Jodmethyl (426).

Py-Jodisochinolin schmilzt bei 99°.

α-Chlor-β-methyl- und α-Chlor-β-phenylisochinolin (Schmp. 36° bezw. 77°) erhält man aus den zugehörigen Isocarbostyrilen; letzteres setzt sich mit Anilin zu α-Anilino-β-phenylisochinolin (Schmp. 126°) um (427).

α-Chlor-γ-nitro-β-phenylisochinolin (Schmp. 155—156°) bildet sich aus Phenyl-γ-nitroisocarbostyril.

γ-Amino-β-phenylisochinolin schmilzt etwas über 100° (428).

Py-Oxyisochinoline (Isocarbostyrile), $C_6H_4\left\langle\begin{matrix} CH=CH \\ | \\ CO-NH \end{matrix}\right.$

sind in freiem Zustande wahrscheinlich nach der Ketoform zusammengesetzt, bilden aber auch Sauerstoffäther der Enolform

$$C_6H_4\left\langle\begin{matrix} CH=CH \\ | \\ \underset{\displaystyle OR}{C}=N \end{matrix}\right.$$

. Ihre Bildung aus Isocumarinen (Methode 4), aus o-Cyanbenzylcyanid (Alkylcyanisocarbostyrile, vergl. Methode 5) und schließlich die Entstehung des α-Oxychinolins durch Einwirkung (429) von Kalium auf Isochinolin bei 170—180° wurde schon angeführt.

α-Isocarbostyril (Isochinolon) schmilzt bei 208—209° und ist sublimierbar; es ist schwach basisch und liefert durch Zn-Destillation Isochinolin. Wie auch bei den homologen Carbostyrilen erhält man Alkyläther der Enolform durch Behandeln des betreffenden Isocarbostyrilsilbersalzes mit Jodalkyl, während die isomeren Stickstoffäther der Ketoform durch direkte Alkylierung mit Ätzkali und Jodalkyl gewonnen werden. Die Sauerstoffäther kann man auch indirekt aus den α-Chlorisochinolinen durch Umsetzung mit Na-Alkoholat darstellen. Isocarbostyrilmethyläther (α-Methoxyisochinolin) $C_6H_4:C_3H_2N(OCH_3)$ siedet bei 240°. n-Methylisochinolon (430) $C_6H_4:C_3H_2O\cdot N—CH_3$ siedet bei 314—315° und schmilzt bei 40°; es wird auch durch Oxydation von Isochinolinjodmethylat mit alkal. Ferricyankalium gewonnen (431). N-Äther erhält man auch aus Isocumarinen und primären Aminen. Isocarbostyril entsteht auch durch CO_2-Abspaltung aus seiner β-Carbonsäure (432) (vergl. S. 318).

β-Chlorisocarbostyril (aus α, β-Dichlorisochinolin mit alkoholischem Kali) schmilzt bei 218° (433).

β-Methylisocarbostyril aus Cyanmethylisocarbostyril (vergl. S. 318) durch Abspaltung des Cyans mittelst konzentrierter H_2SO_4, schmilzt bei 211° und liefert durch Reduktion β-Methylisochinolin (434).

β-Phenylisocarbostyril (Isobenzalphtalimidin) bildet sich aus Isobenzalphtalid mit NH_3, schmilzt bei 197° und liefert mit N_2O_3 ein γ-Nitroprodukt (435); die zugehörige o-Carbonsäure entsteht aus Desoxybenzoïn-o-dicarbonsäure mit NH_3 bei 100° (436).

Bz-Oxyisochinoline erhält man u. a. aus Aminoisochinolinen durch Diazotieren oder Erhitzen mit HCl auf 275°; o- (oder a-) Oxyisochinolin schmilzt bei 130° (437). m-Oxyisochinolin (Schmp. 227°) entsteht aus m-Oxybenzylidenaminoacetal durch konzentrierte H_2SO_4 nach Methode 1 (438). m-p-Dimethoxyisochinolin ist ein Spaltungsprodukt des Alkaloïds Papaverin (439).

Hierher gehört auch das sog. Bromtarconin von der Konstitution:

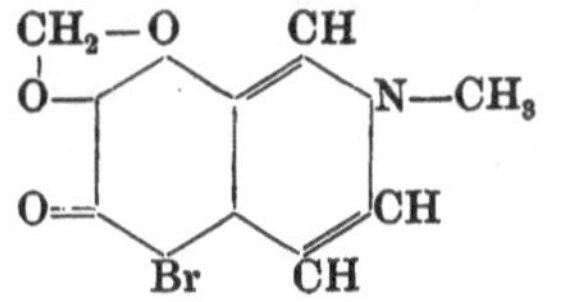

ein Umwandlungsprodukt des aus Narcotin durch Spaltung erhältlichen Cotarnins. Bromtarconin (Schmp. 235—238°), dessen Salze mit Mineralsäuren blau gefärbt sind, entsteht aus Bromcotarninsuperbromid durch Erhitzen; näheres über die Umwandlungsprodukte dieses Körpers s. A. **210**, 84; A. **212**, 174; **254**, 359; B. **14**, 310 u. s. w.

Über m, p, a-Trioxy-γ-methylisocarbostyril vergl. B. **26**, 420.

Von Isochinolincarbonsäuren ist nur eine einzige bekannt geworden, und zwar die o- (oder a-) Carbonsäure (Schmp. 272°), welche aus isochinolinsulfosaurem Natrium durch Destillation mit Blutlaugensalz und darauf folgender Verseifung des erhaltenen Nitrils entsteht (440).

Isocarbostyril-β-carbonsäure (Schmp. 320°) gewinnt man aus Isocumarincarbonsäure und Ammoniak; dieselbe zerfällt bei stärkerem Erhitzen in CO_2 und Isocarbostyril, während sie durch Zinkstaubdestillation in Isochinolin übergeführt wird (441).

n-Methylisocarbostyrilcarbonsäure $C_6H_4\left<\begin{matrix}CH{=}C{-}COOH\\ \quad\ \ |\\ CO{-}N{-}CH_3\end{matrix}\right.$ (Schmp. 238°) entsteht aus Isocumarincarbonsäure und Methylamin; Äthylamin bezw. Anilin erzeugen analoge Oxysäuren (442).

Hydroisochinoline.

Dihydroisochinoline können nicht durch Hydrierung des Isochinolins dargestellt werden; eine synthetische Methode ist das Analogon der Isochinolinsynthese 1 (vergl. S. 317): Erhitzen von Phenyläthylacetamid mit $ZnCl_2$ oder P_2O_5 (443):

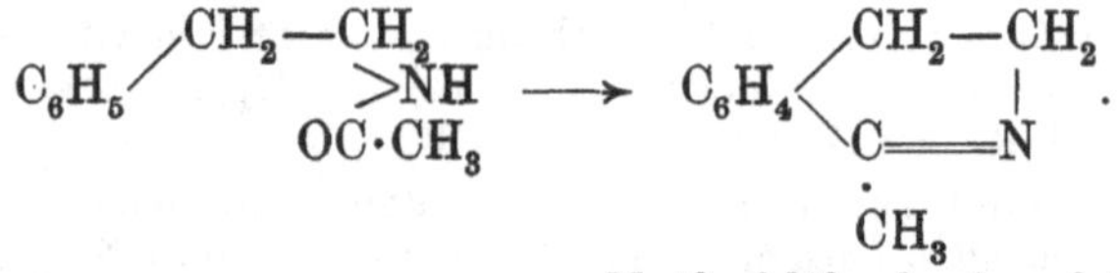

α-Methyldihydroisochinolin (Sdp. 237—242°)

Als Ketodihydroisochinoline sind die n-Alkyläther der Isocarbostyrile (s. o.) aufzufassen.

Zwei Basen, welche durch oxydative Spaltung von Alkaloïden gewonnen werden, stehen in naher Beziehung zum Dihydroisochinolin: diese sind Hydrastinin $C_{11}H_{13}NO_3$ (aus dem Alkaloïd Hydrastin) und Cotarnin $C_{12}H_{15}NO_4$ (aus dem Alkaloïd Narcotin). Das zweite Spaltungsstück aus beiden Alkaloïden ist die Opiansäure

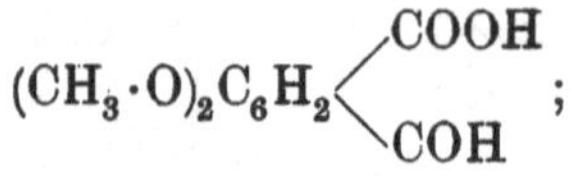

beiden durch Spaltung gewonnenen Basen — Hydrastinin und Cotarnin — ist ferner die Eigentümlichkeit gemeinsam, daß sie nur in Salzform (Ringschluß unter Wasserabspaltung) als Dihydroisochinolinderivate erscheinen, während im freien Zustande offene Ketten vorliegen. Dieses Verhalten sollen folgende Formeln wiedergeben:

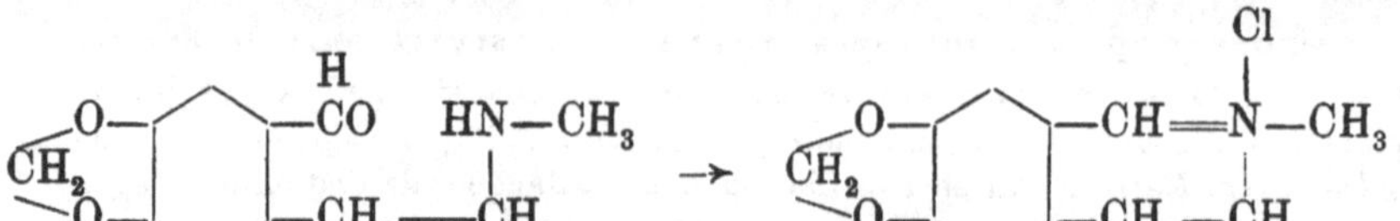

Freies Hydrastinin (Schmp. 116—117°) → Hydrastininchlorhydrat (Schmp. 212°) (Dihydroisochinolinderivat)

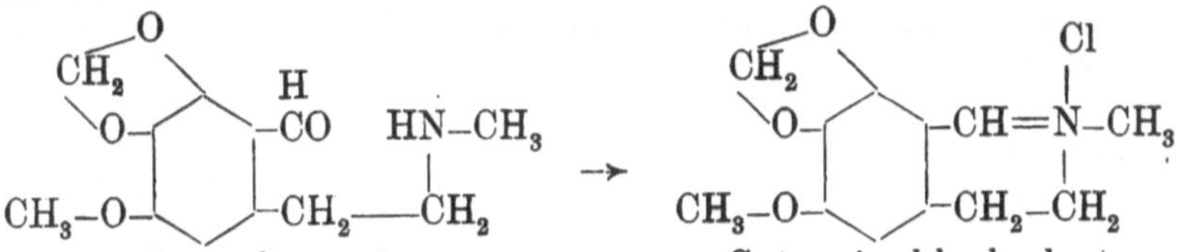

Freies Cotarnin — Cotarninchlorhydrat (Dihydroisochinolinderivat)

Näheres über diese Alkaloïdbasen, ihre Konstitution und Abbau siehe unter anderem B. **19**, 2800; **20**, 90, 2400; **22**, 456, 1156, 2329. A. **249**, 170; **271**, 311 u. s. w. A. **50**, 19, 36; **86**, 187; **249**, 156, 168; **254**, 334. Soc. **28**, 580; **29**, 169; **32**, 531 u. s. w.

Tetrahydroisochinoline erhält man, wie in der Chinolinreihe durch direkte Hydrierung des Pyridinkerns der Stammbase (Sn + HCl oder Na und Alkohol). In den Eigenschaften macht sich zwischen beiden isomeren Basenreihen ein interessanter Unterschied geltend, wie folgendes Schema zeigt:

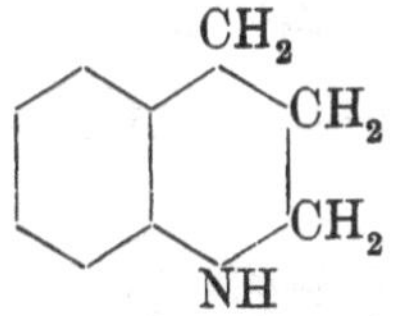

Tetrahydrochinolin
vom Charakter eines Alkylanilins

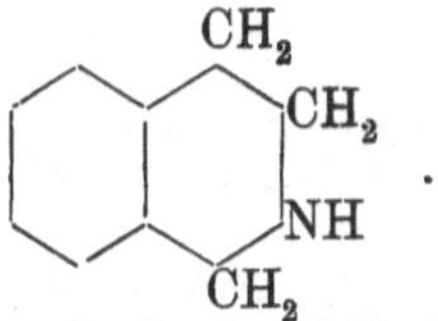

Tetrahydroisochinolin
vom Charakter eines Alkylbenzylamins

Tetrahydroisochinolin (444) (Sdp. 232—233°) ist eine starke Base, die Kohlensäure aus der Luft anzieht und in der Wärme ammoniakalische Silberlösung reduziert; es kuppelt nicht mit Diazoniumsalzen zu Farbstoffen, sondern liefert Diazoaminokörper und bildet mit CS_2 ein Dithiocarbamat (Unterschiede und Trennungsprinzipien vom Tetrahydrochinolin). Wasserstoffsuperoxyd spaltet die Base nach Analogie des Piperidins zu einem Aminoaldehyd auf (445):

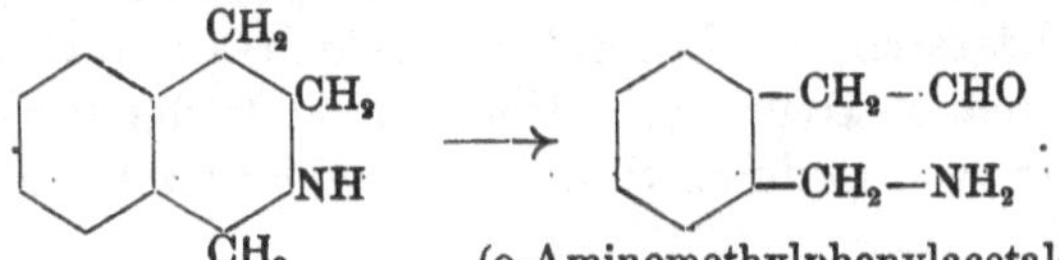

(o-Aminomethylphenylacetaldehyd)

Nitrosotetrahydroisochinolin schmilzt bei 53°.
n-Acetyltetrahydroisochinolin schmilzt bei 46°.

Tetrahydroisochinolylharnstoff $CO\begin{cases}NH_2\\N:C_9H_{10}\end{cases}$ (aus Kaliumcyanat und dem Chlorhydrat der Base) schmilzt bei 169°.

Diazoaminobenzoltetrahydroisochinolin schmilzt bei 61,5° (446).

n-Benzoyltetrahydroisochinolin geht durch Oxydation mit Chamäleon in ω-Benzoylaminoäthyl-o-benzoësäure $C_6H_4\begin{cases}CH_2—CH_2\\COOH\quad NH\cdot CO\cdot C_6H_5\end{cases}$ über, welche durch Destillation wieder Ringschluß erleidet unter Bildung von Benzoësäure und von

Ketotetrahydroisochinolin oder Hydroisocarbostyril $C_6H_4\left\langle\begin{matrix} CH_2-CH_2 \\ | \\ CO-NH \end{matrix}\right.$ (Schmp. 70—71°). Die freie o-Aminoäthylbenzoësäure anhydrisiert sich schon beim Eindampfen der wässerigen Lösung. Das Benzoylhydroisocarbostyril schmilzt bei 132° (447).

n-Methyl-methylendioxydihydroisocarbostyril (Schmp. 97—98°) $(CH_2O_2)C_6H_2\left\langle\begin{matrix} CH_2-CH_2 \\ | \\ CO-N-CH_3 \end{matrix}\right.$ entsteht als primäres Oxydationsprodukt des Hydrastinins (448).

Diketotetrahydroisochinoline sind die Homophtalimide (vergl. S. 318).

Homophtalimid (aus homophtalsaurem Ammonium oder aus o-Cyanbenzylcyanid mit rauchender H_2SO_4 bei 100°) schmilzt bei 233° und ist, wie früher erwähnt, das Material zur Darstellung von Dichlorisochinolin und Isochinolin (449).

n-Benzylhomophtalimid $C_6H_4\left\langle\begin{matrix} CH_2-CO \\ | \\ CO-N-CH_2-C_6H_5 \end{matrix}\right.$ schmilzt bei 127° (450).

γ-Alkylhomophtalimide entstehen aus Alkyl-o-cyanbenzylcyaniden mit warmer H_2SO_4 (451); z. B.:

$$C_6H_4\left\langle\begin{matrix} CH(C_2H_5)-CN \\ \\ CN \end{matrix}\right. \longrightarrow C_6H_4\left\langle\begin{matrix} CH(C_2H_5)-CO \\ | \\ CO-NH \end{matrix}\right. .$$

γ-Methylhomophtalimid (Schmp. 97—99°)

γ-Dimethylhomophtalimid (Schmp. 119—120°) entsteht aus Homophtalimid durch Methylierung (452).

In naher Beziehung zum Tetrahydroisochinolin stehen das Hydrohydrastinin und das Hydrocotarnin; ersteres entsteht sowohl durch Hydrierung des Hydrastinins (s. S. 322) als auch durch Erhitzen des letzteren mit Kali neben Oxyhydrastinin $C_{11}H_{11}NO_3$ (453). Synthetisch entsteht Hydrohydrastinin aus Methylendioxyisochinolin[1] durch Addition von Jodmethyl und folgende Reduktion:

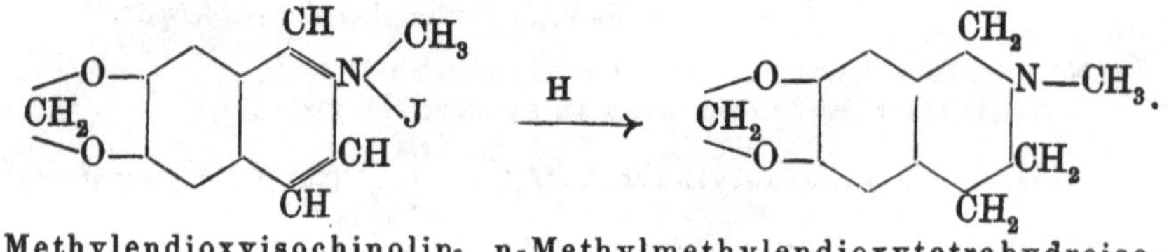

Methylendioxyisochinolin-jodmethylat

n-Methylmethylendioxytetrahydroisochinolin (Hydrohydrastinin, Schmp. 60—61° bezw. 66°, bildet ein Jodmethylat)

[1] Diese Base wird ihrerseits nach Isochinolinsynthese 1 aus Piperonalacetalamin dargestellt.

Hydrocotarnin (Schmp. 55°) ist n-Methyl-methoxymethylen-dioxytetrahydroisochinolin:

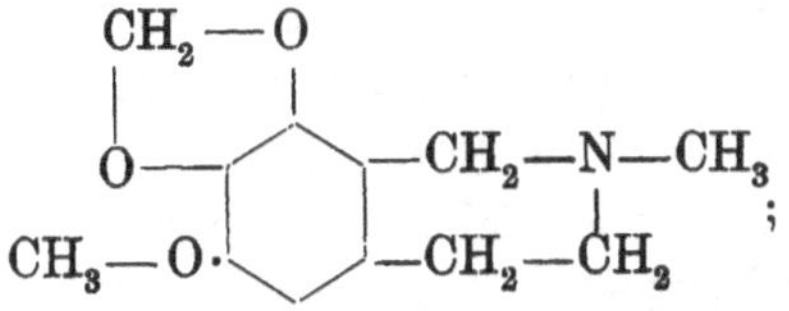

es findet sich im Opium und entsteht durch Reduktion von Cotarnin (s. d.) (454).

Zu den Alkaloïden der Isochinolingruppe gehören außer den schon erwähnten das Papaverin und das Berberin.

Papaverin[1] (Schmp. 147—148°) ist Tetramethoxy-benzylisochinolin (455):

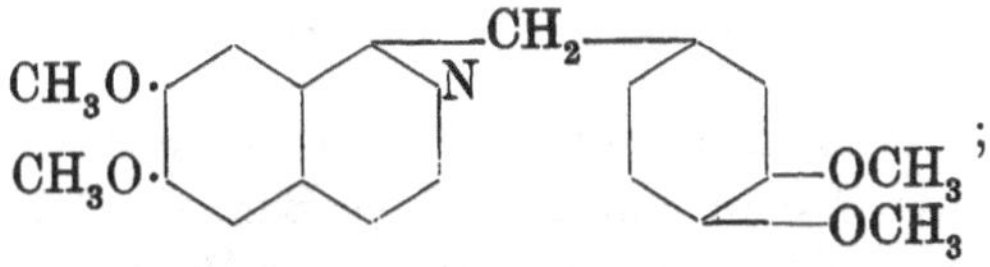

es wird durch Permanganat zu Papaveraldin (Tetramethoxybenzoylisochinolin) oxydiert; schmelzendes Alkali spaltet in Veratrumsäure $C_6H_3{<}\begin{smallmatrix}OCH_3\ (4)\\ OCH_3\ (3)\\ COOH\ (1)\end{smallmatrix}$ und Dimethoxyisochinolin

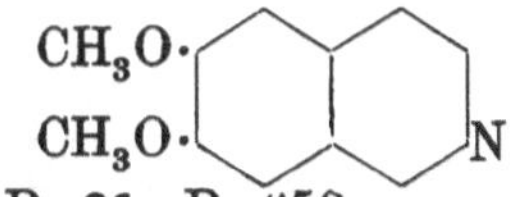

Über weitere Spaltungsprodukte vergl. B. **21**, R. 650.

Berberin[2] (Schmp. 120°) besitzt wahrscheinlich folgende Konstitution (456):

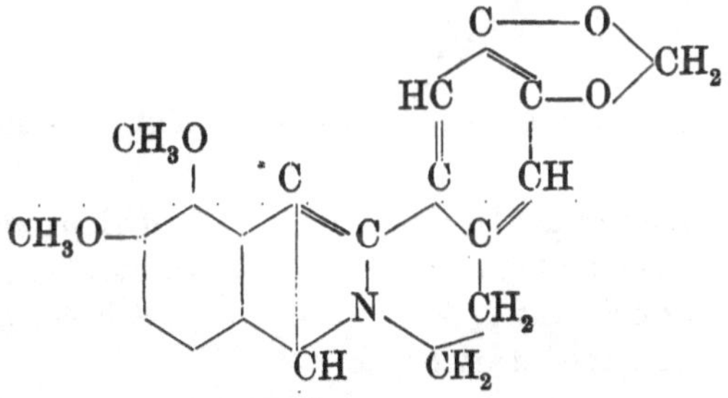

Über Narcotin $C_{22}H_{23}NO_7$ (Mekoninhydrocotarnin), Narceïn $C_{23}H_{27}NO_8 + 3H_2O$ und Hydrastin $C_{21}H_{21}NO_6$ vergl. A. **50**, 1; **249**, 156, 172; **254**, 334; **271**, 311; **272**, 221; **286**, 248; B. **29**, 2190; u. s. w.

[1] 0,8 % des Opiums bestehen aus Papaverin.

[2] In Berberisarten und anderen Pflanzen.

2. b) Zweiringe mit zwei N.

In diesem Kapitel sind die Benzohomologen der Diazine (vergl. S. 249), die Benzodiazine zu besprechen; letztere verhalten sich zu ersteren, wie Chinolin (bezw. Isochinolin) zu Pyridin.

Man unterscheidet auch hier nach der relativen Stellung der beiden Heteroatome Benzo-o-diazine oder Benzopyridazine, Benzo-m-diazine oder Benzopyrimidine (Chinazolingruppe) und Benzo-p-diazine oder Benzopyrazine (Chinoxalingruppe).

Ein wichtiger Anhang zur Benzopyrimidingruppe ist das ebenfalls dicyklische Glyoxalinopyrimidin oder Purin mit seinen zahlreichen Derivaten.

α) Benzopyridazine

existieren, wie die Benzopyridine, in zwei isomeren Reihen, da die gemeinschaftlichen Kohlenstoffatome des Benzol- und des Pyridazinringes entweder der Position 5, 6 oder der Position 4, 5 angehören können, wie aus folgenden Konstitutionsformeln hervorgeht:

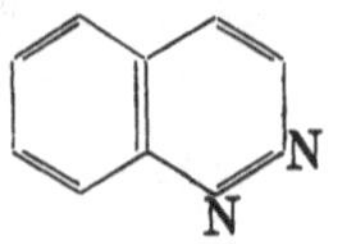

Benzo-5, 6-pyridazin oder Cinnolin

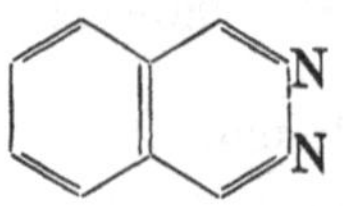

Benzo-4, 5-pyridazin oder Phtalazin

Cinnoline

sind Chinoline, in welchen das α-Kohlenstoffatom durch Stickstoff ersetzt ist.

Die Grundlage für die Synthese von Cinnolinbasen bildet das Verhalten des Diazoniumchlorides der o-Aminophenylpropiolsäure gegen Wasser, wobei unter Abspaltung von Salzsäure eine Oxycinnolincarbonsäure entsteht (457):

$$C_6H_4\left\langle\begin{matrix}C\equiv C\cdot COOH\\ \\ N_2\cdot Cl\end{matrix}\right. + H_2O = C_6H_4\left\langle\begin{matrix}C(OH)=C\cdot COOH\\ \quad\quad\quad\quad\;|\\ N\!=\!=\!=\!=\!N\end{matrix}\right. + HCl.$$

Durch CO_2-Verlust liefert diese Säure Oxycinnolin, welches seinerseits durch PCl_5 in Chlorcinnolin übergeht (458); letzteres ist reduzierbar zu Dihydrocinnolin, welches durch Quecksilberoxyd zur Stammsubstanz der Gruppe, zum Cinnolin oxydiert wird (459). Diese Vorgänge giebt folgendes Schema wieder:

4-Oxycinnolin-3-carbonsäure (Schmp. 260—265° u. Z.) — 4-Oxycinnolin (Schmp. 225° u. Subl.)

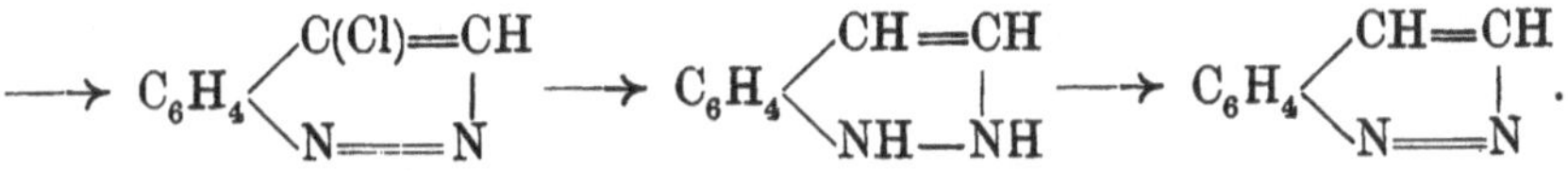

4-Chlorcinnolin (Schmp. 79°) — Dihydrocinnolin (Schmp. 87—88°) — Cinnolin (Schmp. 39°)

Während das eigentliche Cinnolin eine starke, giftige Base ist, die ein beständiges Chlorhydrat und ein Jodmethylat vom Schmp. 168° giebt, besitzt das gelblich gefärbte Dihydrocinnolin nur sehr schwache basische Eigenschaften.

Im Chlorcinnolin ist das Cl-Atom sehr beweglich: beim Kochen mit Wasser, schneller durch Alkalien, wird es gegen OH ausgetauscht; mit Natriumalkoholat erhält man Oxycinnolinäthyläther 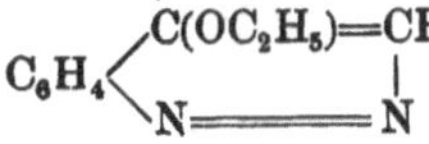 (Schmp. 106°), mit Anilin 4-Anilinocinnolin

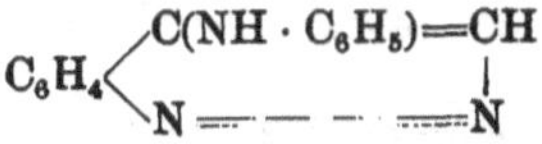 (Schmp. 232°).

4-Methylcinnolin-bz-carbonsäure 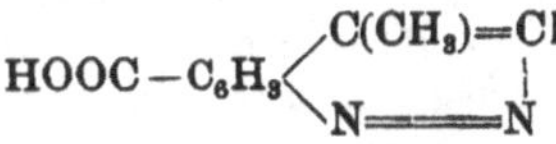 (Schmp. 230° u. Z.) entsteht aus o-Aminopropenylbenzoësäure durch salpetrige Säure (460).

Phtalazine (4, 5-Benzopyridazine)

sind Isochinoline, in welchen das β-Kohlenstoffatom durch Stickstoff ersetzt ist (s. o.). Ketohydrophtalazine, sog. Phtalazone entstehen durch Einwirkung von Hydrazin auf o-Phtalaldehydsäure:

Phtalazon

Durch Phosphoroxy- oder Phosphorpentachlorid geht das Phtalazon durch Vermittelung des Dichlorphtalazons 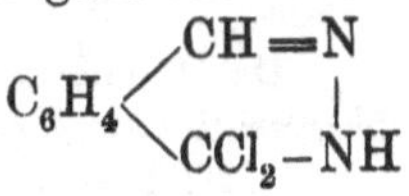

in Chlorphtalazin 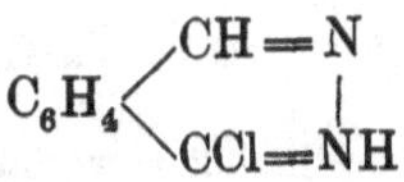 über.

Chlorphtalazine (461) liefern zwar bei der Reduktion mit Zink und Salzsäure unter NH_3-Abspaltung nur Isoindole $C_6H_4\langle{CH_2 \atop CH}\rangle N$; durch Kochen mit Jodwasserstoffsäure und Phosphor tritt hingegen Umwandlung in **Phtalazin** $C_6H_4\langle{CH=N \atop CH=N}$ ein (462).

Letzteres kann auch direkt synthetisch dargestellt werden durch Einwirkung von Hydrazin auf ω-Tetrachlor-o-xylol bezw. o-Phtaldehyd (463):

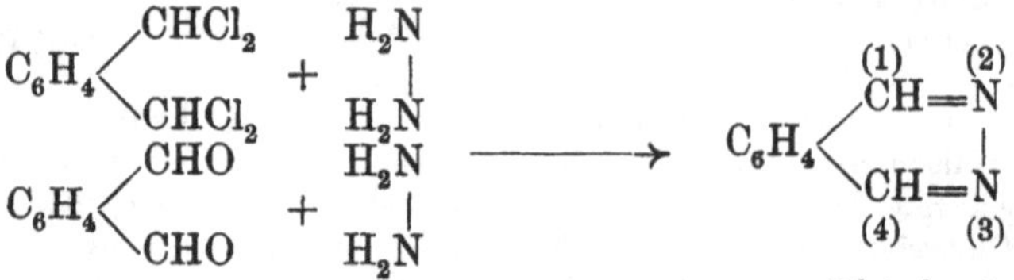

Phtalazin
(Schmp. 90—91°, Sdp. 315—317° u. tlw. Z.)

Phtalazin ist eine Base, die gut charakterisierte Salze liefert; Zink und Salzsäure spalten den Heteroring zu o-Xylylendiamin $C_6H_4\langle{CH_2-NH_2 \atop CH_2-NH_2}$ auf, während Natriumamalgam zu Tetrahydrophtalazin (s. u.) reduziert.

4-Chlorphtalazin (Schmp. 113°, s. o.) besitzt noch basische Eigenschaften und setzt sich mit Natriummethylat zu Methoxyphtalazin (Schmp. 60—61°) um.

1-Methyl-4-chlorphtalazin (464) $C_6H_4\langle{C(CH_3)=N \atop CCl=N}$ (Schmp. 130°) entsteht aus 1-Methylphtalazon durch Chlorphosphor, und setzt sich mit Phosphor und JH-Säure unter intermediärer Bildung des entsprechenden Jodproduktes zu 1-Methylphtalazin $C_6H_4\langle{C(CH_3)=N \atop CH=N}$ (Schmp. 74,5°) um. Diese Base zeigt die Reaktionsfähigkeit des α-Picolins, da die Methylgruppe sich mit Aldehyden kondensiert (465); z. B.:

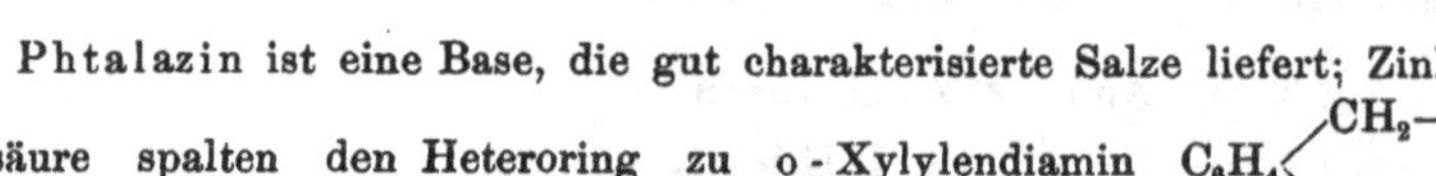

Das Jodmethylat des 1-Methylphtalazins reagiert mit Ätzlauge nach Analogie der Pyridinhalogenalkylate: es werden gebildet Dimethyldihydrophtalazin $C_6H_4\langle{C(CH_3)=N \atop CH_2-N\cdot CH_3}$ und Dimethylphtalazon $C_6H_4\langle{C(CH_3)=N \atop CO-N\cdot CH_3}$.

Das Jodmethylat des einfachen Phtalazins verhält sich sinngemäß.

Über Dichlordihydroopiazin und 4-Chloropiazin aus Opiazon

$$(CH_3\cdot O)_2\cdot C_6H_2\left\langle\begin{matrix}CH{=}N\\ |\\ CO{-}NH\end{matrix}\right.$$ vergl. B. 26, 532.

Ketodihydrophtalazine oder Phtalazone entstehen, wie schon erwähnt, durch Einwirkung von Hydrazinen auf o-Phtalaldehyde; ebenso reagieren Benzol-o-ketonsäuren (466); z. B.:

$$C_6H_4\left\langle\begin{matrix}CO{-}CH_3\\ \\ COOH\end{matrix}\right. + \begin{matrix}H_2N\\ |\\ HN{-}C_6H_5\end{matrix} \longrightarrow C_6H_4\left\langle\begin{matrix}C(CH_3){=}N\\ |\\ CO{-}N\cdot C_6H_5\end{matrix}\right. .$$

Acetophenon-o-carbonsäure — Methylphenylphtalazon (Schmp. 102°)

Ebenso entsteht aus Phtalaldehydsäure und Phenylhydrazin 2-Phenylphtalazon (467) (Schmp. 106—107°) und aus Opiansäure $(CH_3O)_2C_6H_2\left\langle\begin{matrix}CHO\\ COOH\end{matrix}\right.$ Opiazon (Schmp. ca. 162°) bezw. 2-Phenylopiazon (Schmp. 175°) (468).

Die Phtalazone lösen sich nur noch in konz. Säuren. Die n-Phenylderivate sind überhaupt nicht mehr basisch.

Das einfache Phtalazon schmilzt bei 182° und siedet bei 337°; es läßt sich an dem der Carbonylgruppe benachbarten Stickstoffatom methylieren; durch Zinn und Salzsäure wird es unter NH_3-Abspaltung in Phtalimidin $C_6H_4\left\langle\begin{matrix}CH_2\\ CO\end{matrix}\right\rangle NH$ verwandelt.

Tetrahydrophtalazin $C_6H_4\left\langle\begin{matrix}CH_2{-}NH\\ |\\ CH_2{-}NH\end{matrix}\right.$ wird, wie schon erwähnt, durch Reduktion von Phtalazin mit Natriumamalgam gewonnen; es ist eine zersetzliche Base, deren Chlorhydrat bei 231° u. Z. schmilzt (469). Die n-Dibenzoylverbindung schmilzt bei 207—208°.

Diketotetrahydrophtalazine sind die cyklischen Hydrazide der o-Phtalsäuren; man kann sie als die Benzoderivate der Orthopiperazone (vergl. S. 253) auffassen.

Phtalylhydrazid $C_6H_4\left\langle\begin{matrix}CO{-}NH\\ |\\ CO{-}NH\end{matrix}\right.$ (aus Hydrazin und Phtalsäureanhydrid) schmilzt über 340° und löst sich in Alkalien (470).

Phtalylphenylhydrazid $C_6H_4\left\langle\begin{matrix}CO{-}NH\\ |\\ CO{-}N{-}C_6H_5\end{matrix}\right.$ (Schmp. 210°) entsteht aus Phtalimid oder Phtalsäureanhydrid mit Phenylhydrazin (471).

β) Benzopyrimidine oder Chinazoline (Phenmiazine).

Durch Kondensation eines Benzolkerns mit einem Pyrimidin- oder Metadiazinkern in der Position 5, 6 gelangt man zum dicyklischen System des Chinazolins:

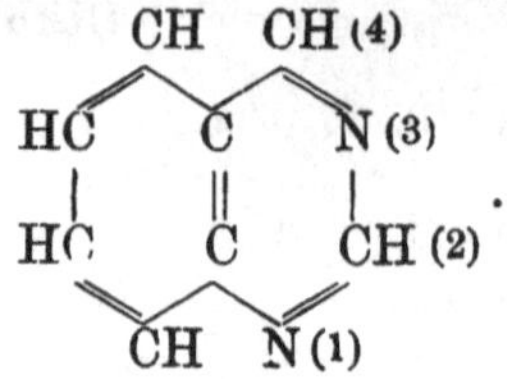

Die Stammsubstanz dieser Gruppe ist bisher nicht isoliert worden, wohl aber zahlreiche Abkömmlinge, namentlich Hydroderivate, zu welchen sich Keto- und Thiokörper gesellen. Man kann die Chinazoline als Chinoline auffassen, deren β-Kohlenstoff durch Stickstoff ersetzt ist oder als Isochinoline mit Stickstoff in der γ-Stellung.

Die Darstellung dieser tertiären Basen erfolgt nach folgenden Methoden:

1) Destillation von o-Aminobenzylbenzamid; hierbei wird zugleich Wasserstoff abgespalten unter Bildung von 2-Phenylchinazolin (472):

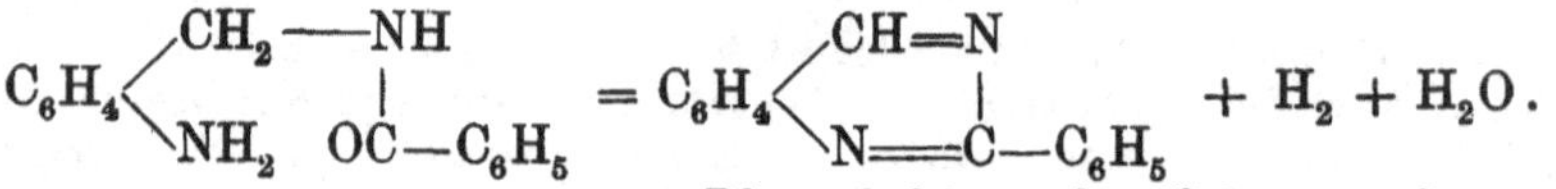

2-Phenylchinazolin (Schmp. 101°)

2) Einwirkung von alkoholischem Ammoniak auf Körper vom Typus $C_6H_4\Big\langle\begin{array}{l}CO\cdot R\\ NH-CO\cdot R_1\end{array}$ (473); z. B.:

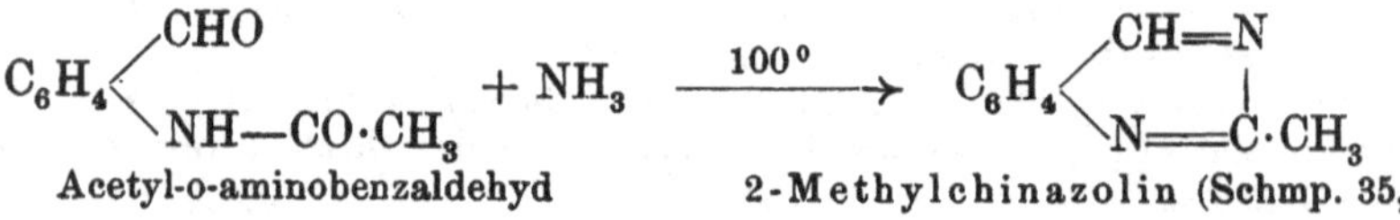

Acetyl-o-aminobenzaldehyd — 2-Methylchinazolin (Schmp. 35,5°)

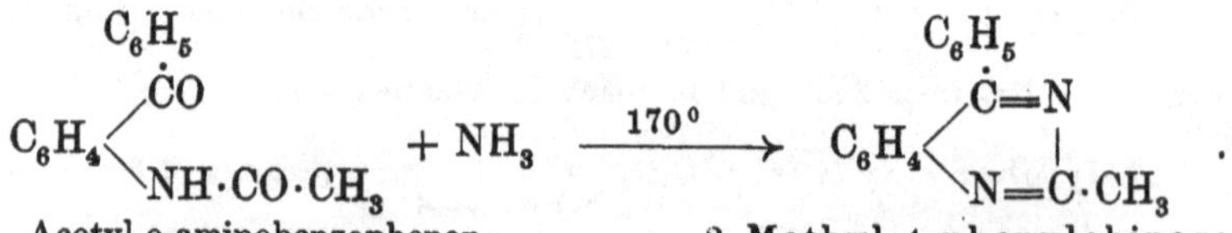

Acetyl-o-aminobenzophenon — 2-Methyl-4-phenylchinazolin (Schmp. 47—48°)

3) Ketodihydrochinazoline (s. u.) werden durch PCl_5 in gechlorte Chinazoline übergeführt (474).

Die Chinazoline sind durchweg unzersetzt destillierbar und durch große Beständigkeit — auch gegen Erhitzen mit konz. HCl — ausgezeichnet, sie bilden Salze mit Säuren und liefern mit Jodalkylen quaternäre Ammoniumsalze. Durch Oxydation mit Chromsäure werden diejenigen Chinazoline, in denen die dem Benzolkern benachbarte Methingruppe unsubstituiert ist, zu Oxychinazolinen (Chinazolonen) oxydiert. Reduktion mit Natrium und Alkohol führt zu Tetrahydrobasen.

Aus den zahlreichen Chinazolinabkömmlingen seien nur noch folgende herausgegriffen:

2, 4-Dimethylchinazolin (Sdp. 249° aus o-Acetaminoacetophenon) besitzt, wie manche Analoge, einen mäuseartigen Geruch.

2-Phenylchinazolin (Schmp. 101°) entsteht, außer nach Methode 1), aus o-Benzoylaminobenzaldehyd nach 2).

2-Methyl-4-phenylchinazolin (s. o.) wird durch CrO_3 zu Phenylchinazolin-2-carbonsäure oxydiert; das Jodmethylat schmilzt bei 204°.

2-Chlorchinazolin (Schmp. 108° u. Subl.) entsteht aus 2-Ketodihydrochinazolin (475):

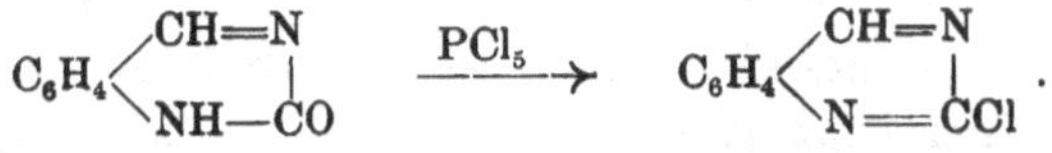

Ebenso 4-Chlorchinazolin (Schmp. 96°) aus 4-Ketodihydrochinazolin.

p, 2-Dimethylchinazolin-4-carbonsäure (+ H_2O) bildet sich aus Acetyl-p-methylisatinsäure mit Ammoniak bei 120° (476):

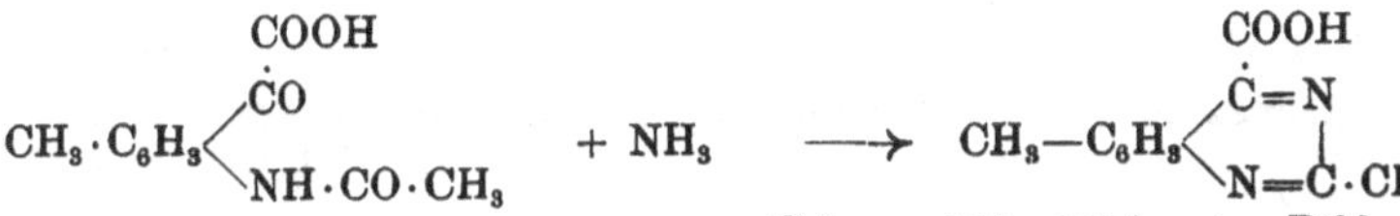

(Schmp. 160—161° unter Bildung von p, 2-Dimethylchinazolin)

Hydrochinazoline.

Dihydrochinazoline: Die Anlagerung von zwei Wasserstoffatomen an das Chinazolinmolekül kann an 3 verschiedenen Stellen erfolgen; demgemäß sind auch drei isomere Dihydrobasen zu erwarten, welche man in Anlehnung an die Nomenklatur der Hydrobenzole mit den Präfixen Δ^1-, Δ^2- und Δ^3- kennzeichnen kann.

Thatsächlich sind Derivate aller drei Grundformen dargestellt worden:

I II III

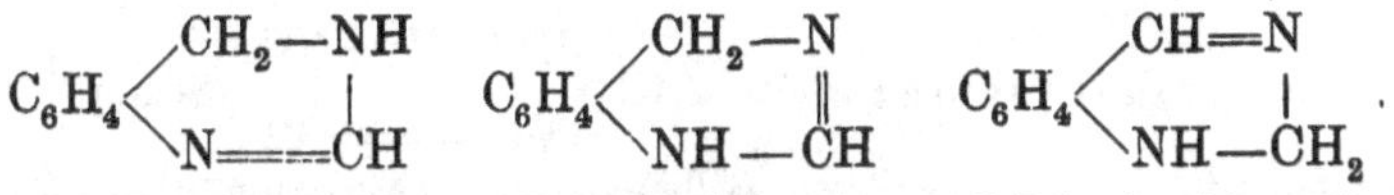

Δ^1-Dihydrochinazolin Δ^2-Dihydrochinazolin Δ^3-Dihydrochinazolin

Ein Teil dieser Dihydrobasen ist nur in Form von Ketoderivaten bekannt.

Dihydrochinazoline sind beständige Basen, die durch Oxydation in die entsprechenden Ketokörper übergehen (477); z. B.:

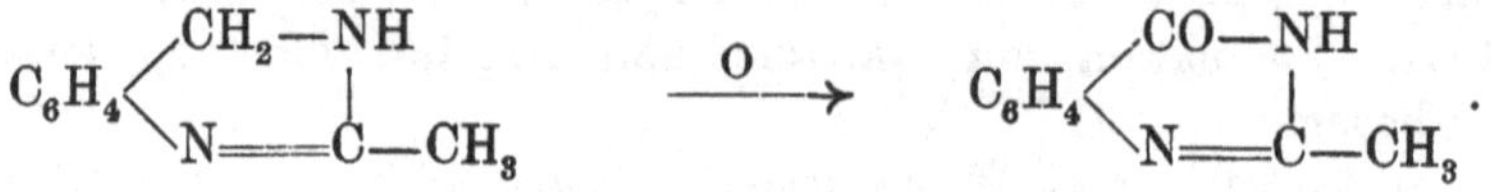

Diese Körper können auch als Oxychinazoline aufgefaßt werden und existieren in zwei isomeren Reihen, wie folgendes Beispiel zeigt:

4-Keto-Δ^1-dihydrochinazolin 2-Keto-Δ^3-dihydrochinazolin

I) Δ^1-Dihydrochinazoline, welche den Benzimidazolen ähnlich konstituiert sind und demgemäß als Anhydrobasen von o-Aminobenzylaminen gelten können, bilden sich allgemein aus Acyl-o-aminobenzylaminen durch spontane Wasserabspaltung (478); z. B.:

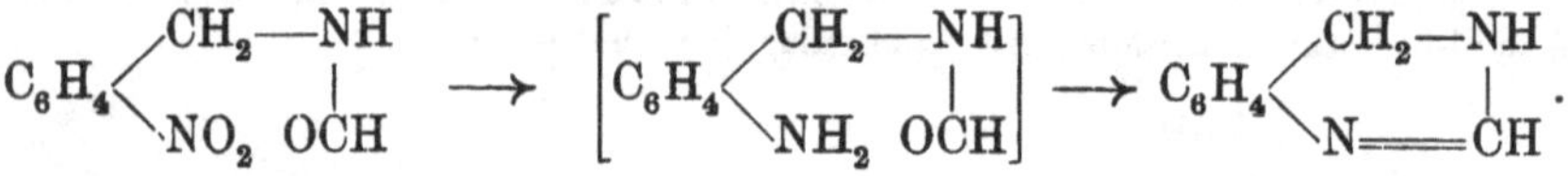

o-Nitrobenzylformamid o-Aminobenzylformamid Δ^1-Dihydrochinazolin (Schmp. 127°)

Ebenso liefert o-Nitrobenzylbenzamid 2-Phenyldihydrochinazolin:

(Schmp. 100—101°)

3-Phenyldihydrochinazolin 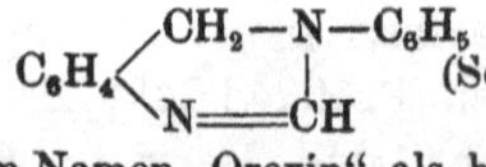 (Schmp. 95°) — aus o-Nitrobenzylformanilid — ist unter dem Namen „Orexin“ als hungererregendes Mittel in den Handel gekommen (479).

Über den Konstitutionsbeweis für 2-Methyldihydrochinazolin vergl. B. **23**, 2808.

4-Phenyldihydrochinazolin 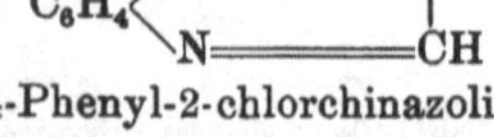 (Schmp. 165 bis 166°) entsteht durch Reduktion von 4-Phenyl-2-chlorchinazolin (480).

4-Keto-Δ^1-dihydrochinazoline erhält man, wie oben erwähnt wurde, durch Oxydation der Dihydrobasen sowie direkt aus den 2-Alkylchinazolinen mittelst Chromsäure (481); z. B.:

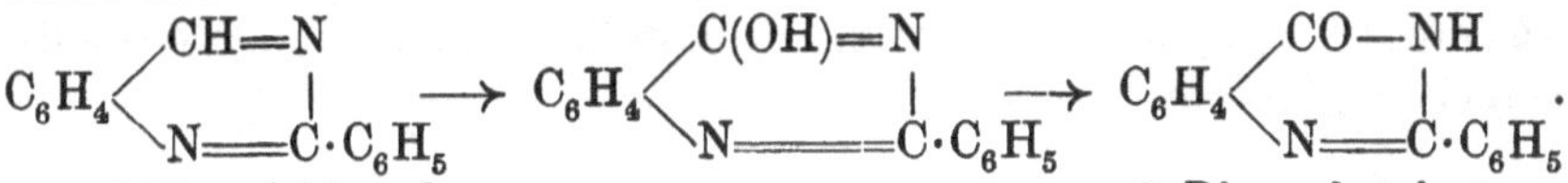

2-Phenylchinazolin

2-Phenyl-4-keto-dihydrochinazolin (Schmp. 233—234°)

Auch synthetisch gewinnt man 4-Chinazolone, und zwar aus Acyl-o-aminobenzamiden durch Schmelzen oder durch Kochen mit Wasser (482); z. B.:

Acetyl-o-aminobenzamid

4-Keto-2-methyldihydrochinazolin (Schmp. 232—233°)

Ebenso liefert o-Amino-acetylbenzmethylamid

$$C_6H_4(NH_2)(CO \cdot N(CH_3)CO \cdot CH_3)$$

ein 2, 3-Dimethylchinazolon, das identisch ist mit dem aus 2-Methylchinazolon durch Methylieren gewonnenen Produkt.

Dagegen liefert o-Methylaminoacetylbenzamid

$$C_6H_4(NH \cdot CH_3)(CO \cdot NH \cdot CO \cdot CH_3)$$

das isomere 1,2-Dimethylchinazolon:

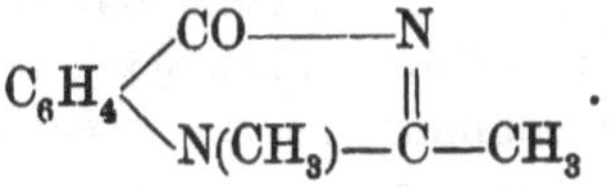

Auch durch Zusammenschmelzen von fetten Säureamiden mit Anthranilsäure ist man zu 4-Chinazolonen gelangt (483); z. B.:

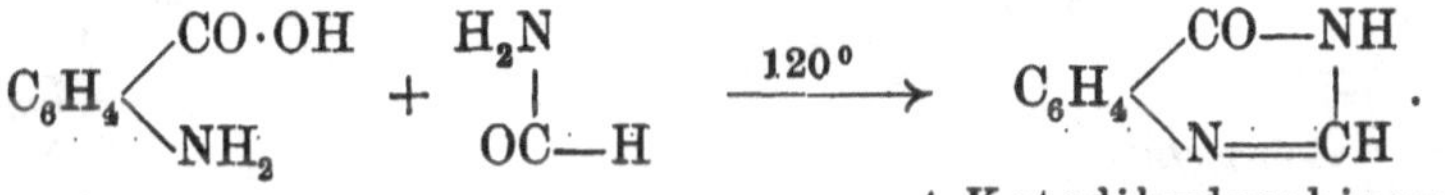

4-Ketodihydrochinazolin (Schmp. 212°)

Daß die 4-Chinazolone sowohl nach der Keton- als auch nach der Phenolform reagieren können, geht daraus hervor, daß zwei Reihen von Äthern bekannt sind, Sauerstoff- und Stickstoffäther. Letztere erhält man durch direkte Alkylierung, erstere indirekt durch Umsetzung von Natriumalkoholaten mit 4-Chlorchinazolinen.

Über 2-Äthoxy- und 2-Cyan-4-chinazolon vergl. B. **2**, 415; **11**, 1986.

II) Δ^2-Dihydrochinazoline werden nach ähnlichem Prinzip, wie die Δ^1-Dihydrobasen (s. o.) dargestellt, nämlich aus o-Acylaminobenzylaminen (484); z. B:

$$C_6H_4\left\langle\begin{array}{l}CH_2-NH_2\\NH-CO-CH_3\end{array}\right. \xrightarrow{ZnCl_2 \text{ bei } 200^\circ} C_6H_4\left\langle\begin{array}{l}CH_2-N\\ \qquad\quad \| \\NH-C-CH_3\end{array}\right. .$$

(durch Reduktion des Oxims des o-Acetylaminobenzaldehydes) — 2-Methyldihydrochinazolin (starke Base vom Sdp. 260—270°)

2, 4-Dimethyl-Δ^2-dihydrochinazolin (aus Acetylamino-α-phenyläthylamin mit P_2O_5) ist ein dickes gelbes Öl vom Sdp. 280° bei 722 mm Druck.

III) Δ^3-Dihydrochinazoline kennt man nur in Form der 2-Chinazolone, welche durch Zusammenschmelzen von Harnstoff mit o-Aminobenzaldehyden oder o-Aminobenzophenonen unter Abspaltung von Wasser und Ammoniak dargestellt werden (485); z. B.:

$$C_6H_4\left\langle\begin{array}{l}CHO\\NH_2\end{array}\right. + \begin{array}{l}\quad H_2N\\ \qquad | \\H_2N-CO\end{array} \longrightarrow C_6H_4\left\langle\begin{array}{l}CH{=}N\\ \qquad | \\NH-CO\end{array}\right. .$$

2-Δ^3-Chinazolon (amorph); das Chlorhydrat krystallisiert, PCl_5 liefert 2-Chlorchinazolin

4-Phenyl-2-chinazolon (aus o-Aminobenzophenon und Harnstoff) schmilzt bei 251°.

Tetrahydrochinazoline erhält man durch Hydrierung von Chinazolinen und Dihydrochinazolinen (486), sowie durch Reduktion von Thiotetrahydrochinazolinen (s. u.). Synthetisch sind sie durch Kondensation von o-Aminobenzylaminen mit Aldehyden zugänglich (487); z. B.:

$$C_6H_4\left\langle\begin{array}{l}CH_2-NH\cdot C_6H_5\\NH_2\end{array}\right. + OCH_2 \longrightarrow C_6H_4\left\langle\begin{array}{l}CH_2-N\cdot C_6H_5\\ \qquad\quad | \\NH-CH_2\end{array}\right. .$$

o-Aminobenzylanilin — 3-Phenyltetrahydrochinazolin (Schmp. 119°, bildet ein Nitrosamin)

Ebenso liefern o-Aminobenzylamin und Benzaldehyd 2-Phenyltetrahydrochinazolin: $C_6H_4\left\langle\begin{array}{l}CH_2-NH\\ \qquad\quad | \\NH-CH\cdot C_6H_5\end{array}\right.$ (Schmp. 101—102°).

Diese beiden isomeren Phenylderivate unterscheiden sich in ihrer Beständigkeit außerordentlich: während das 3-Phenyltetrahydrochinazolin unzersetzt destillierbar ist und mit Mineralsäuren Salze bildet, wird der 2-Abkömmling schon in der Kälte durch Mineralsäuren in seine Komponenten gespalten.

Außerdem existiert noch ein (amorphes) 4-Phenyltetrahydrochinazolin, welches durch Reduktion von Phenylthiotetrahydrochinazolin gewonnen wird (488):

Die Muttersubstanz dieser Körper, das Tetrahydrochinazolin (Schmp. 81°) entsteht sowohl durch Reduktion von 2-Thiotetrahydrochinazolin, als durch Einwirkung von Formaldehyd auf o-Aminobenzylamin; es bildet ein beständiges Chlorhydrat vom Schmp. 192°.

2-Äthyltetrahydrochinazolin (Schmp. 86—88°) entsteht aus der Dihydroverbindung; es wird durch HCl rückwärts gespalten.

Monoketotetrahydrochinazoline sind nur als Dihydroprodukte des 2-Chinazolons (s. o.) bekannt; dieselben entstehen synthetisch aus o-Aminobenzyldiphenylharnstoff und ähnlichen Körpern durch Erhitzen unter Abspaltung von Anilin (489); z. B.:

Noch einfacher gestaltet sich die Einwirkung von Phosgen auf o-Aminobenzylanilin:

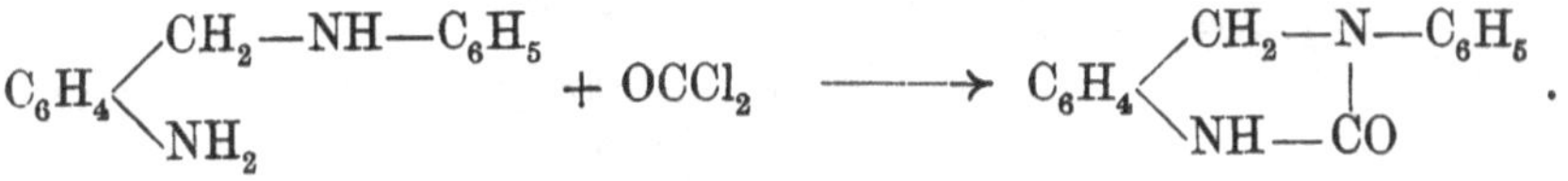

Endlich erhält man das 2-Keto-3-phenyltetrahydrochinazolin (Schmp. 189°) durch Entschwefelung von Thiophenyltetrahydrochinazolin (s. u.) mit Quecksilberoxyd bei 150° (490).

Das einfache 2-Dihydro-2-chinazolon (Ketotetrahydrochinazolin)

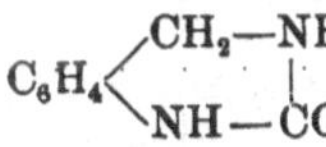

(Schmp. ca. 180°) wird aus o-Aminobenzylamin und Phosgen dargestellt; es ist eine schwache Base, die durch Chamäleon zu Diketotetrahydrochinazolin (s. u.) oxydiert wird.

2-Thiotetrahydrochinazoline erhält man nach demselben Prinzip, wie die eben beschriebenen Ketobasen unter Verwendung von Schwefelkohlenstoff (491); z. B.:

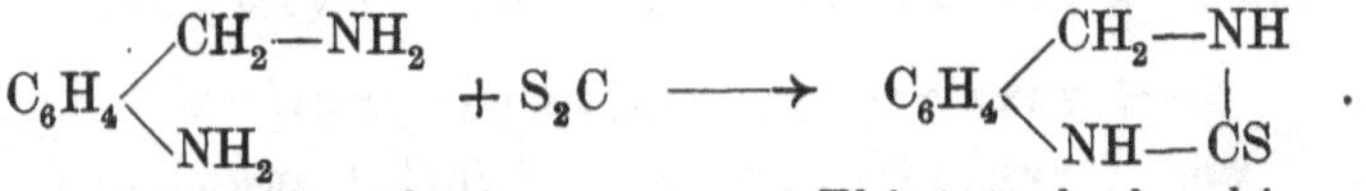

o-Aminobenzylamin — 2-Thiotetrahydrochinazolin (Schmp. 210—212°)

Ebenso entsteht 3-Phenylthiotetrahydrochinazolin aus o-Aminobenzylanilin oder aus o-Aminobenzhydrol und Rhodanwasserstoff (492); es wird bei 100° in Stellung 1 methyliert, durch HgO entschwefelt (s. o.) und durch Permanganat zu Phenyldiketotetrahydrochinazolin oxydiert; reduzierbar zum entsprechenden Tetrahydrochinazolin (s. o.)

2, 4-Diketotetrahydrochinazolin ist der sog. Benzoylenharnstoff
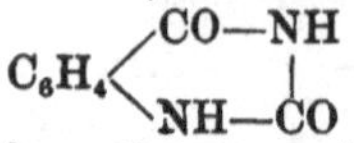
(sublimierbar), welcher durch Zusammenschmelzen von o-Aminobenzoësäure und Harnstoff dargestellt wird (493); bei der Methylierung mit Alkali und Jodmethyl geht das Alkyl in die Stellung 1. Das 1-Methylderivat läßt sich mit Hilfe der Natriumverbindung in den 1, 3-Dimethylbenzoylenharnstoff überführen; zu demselben Produkt gelangt man, ausgehend vom 3-Methylbenzoylenharnstoff, welcher aus o-Aminobenzoësäuremethylamid und Harnstoff gewonnen wird (494).

Ferner erhält man Diketotetrahydrochinazoline, wie schon oben angeführt wurde, durch Oxydation von 2-Keto- bezw. thiotetrahydrochinazolinen (495):

Auch durch Einwirkung von Phenylisocyanat bezw. von Phenylsenföl auf Anthranilsäuren gelangt man zu Körpern dieses Typus' (496); z. B.:

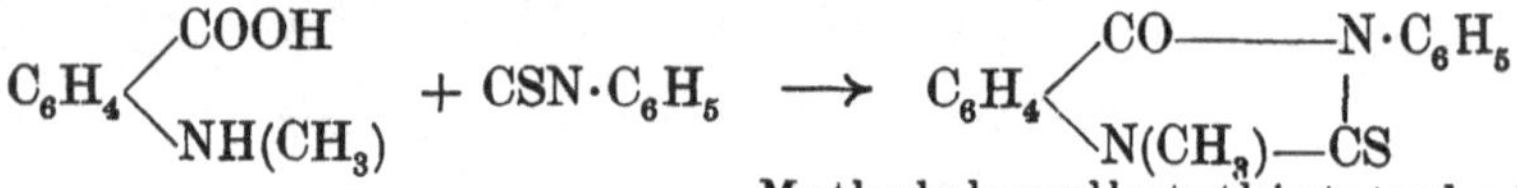

Methylphenylketothiotetrahydrochinazolin (Schmp. 288—289°)

Das einfache Thioketotetrahydrochinazolin vom Schmp. 284° wird aus Anthranilsäureester und Rhodanwasserstoff dargestellt (497).

Ein 2-Imino-4-ketotetrahydrochinazolin endlich entsteht aus Anthranilsäure und Cyanamid:

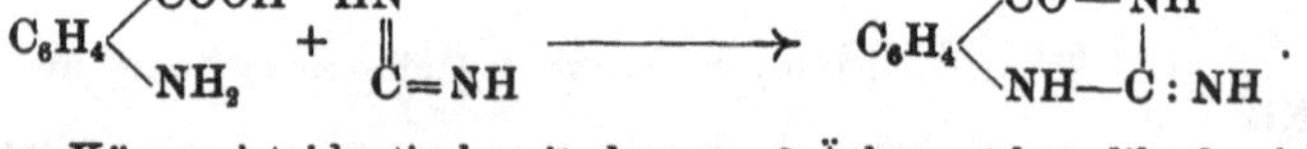

Dieser Körper ist identisch mit dem aus 2-Äthoxy-4-ketodihydrochinazolin (s. o.) und Ammoniak darstellbaren Produkt (498).

3-Phenylbenzoylenharnstoff 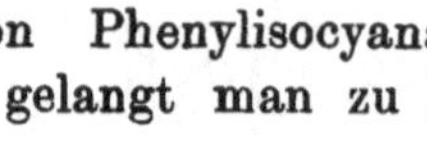 schmilzt bei 272°.

Anhang zur Benzopyrimidingruppe.

Glyoxalinopyrimidine oder Purine.

Hat der Pyrimidinkern zwei Ringkohlenstoffatome (4, 5) nicht mit einem Benzolsystem (Chinazoline), sondern mit einem

Glyoxalinkern gemeinsam, so liegt folgendes dicyklische Gebilde vor:

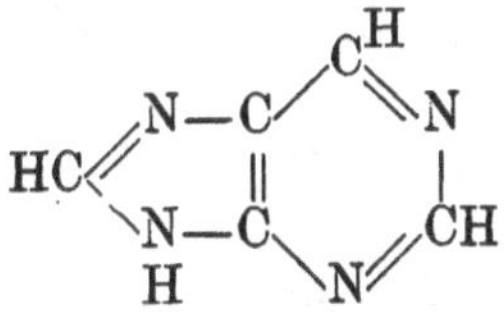

oder

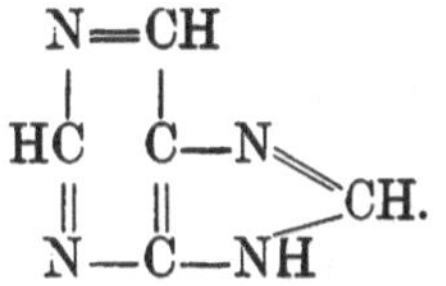

Es ist dies das sog. Purin $C_5H_4N_4$, die Grundsubstanz wichtiger Produkte des Tier- und Pflanzenlebens, wie Harnsäure, Xanthin, Theobromin, Caffeïn, Guanin u. a. Rein schematisch betrachtet könnten diese Körper auch unter den Fünfringen als zweikernige Glyoxaline abgehandelt werden; da dieselben aber, wie in der Chemie der Pyrimidine ausgeführt wurde, in nächster Beziehung zu den letzteren (Uracil- und Barbitursäuregruppe) stehen (vergl. S. 257 bis 260), so erscheint es berechtigt, den sechsgliederigen Heteroring der Purine der Klassifizierung zu Grunde zu legen.

Da in den meisten Lehrbüchern die Purine unter den Fettkörpern mehr oder weniger ausführlich behandelt werden, so genügt hier ein kurzer Überblick über diese Gruppe zur Wahrung des systematischen Zusammenhanges.

Die planmäßige Untersuchung und definitive Aufklärung des früher noch so dunklen Gebietes der Harnsäureklasse stammt von Emil Fischer; derselbe hat auch in einer zusammenfassenden Abhandlung (B. **32**, 435 ff.) alle Thatsachen und Theorien aus der Chemie der Purine zusammengestellt; aus dieser sind die Einzelheiten zu entnehmen.

Die in der Natur vorkommenden Purinkörper, deren Konstitution zunächst erforscht wurde, sind ziemlich komplizierte Derivate der Grundsubstanz, die erst sehr viel später isoliert wurde.

Die Nomenklatur der Purine geschieht nach folgendem Schema:

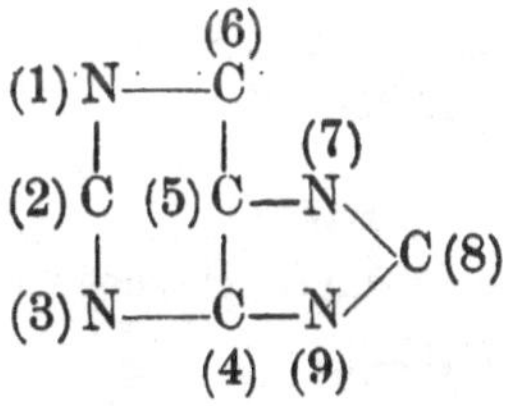

Die wichtigsten Substituenten, abgesehen von den Halogenen, sind OH, NH_2 und SH; wie in so vielen Fällen der Chemie der Stickstoffringe liegen auch hier Tautomerieprobleme vor, d. h. es ist keine sichere Entscheidung darüber zu treffen, ob beispielsweise die Harnsäure oder Trioxypurin als 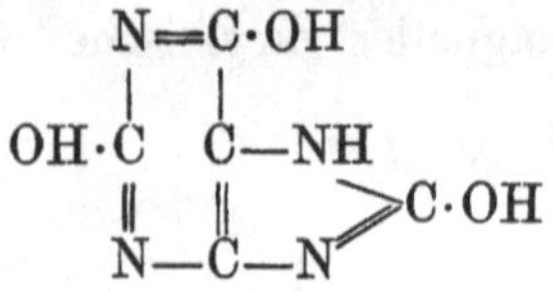 oder als 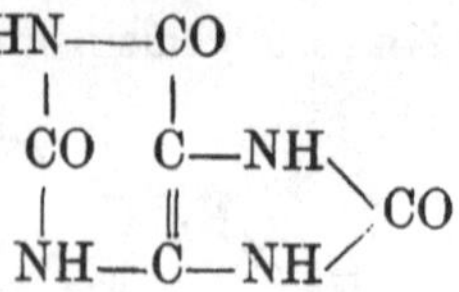

aufzufassen ist.

Um eine Einheitlichkeit in der Formulierung dieser Verbindungen zu erreichen, werden alle Sauerstoffderivate des Purins als Ketokörper, alle Ammoniakabkömmlinge als primäre Amine, alle Thiopurine hingegen als Sulfhydroxylderivate geschrieben.

In Purinen mit unsubstituiertem Glyoxalinkern nimmt der Imidwasserstoff des Fünfringes keinen bestimmten Platz ein, sondern er oscilliert nach Analogie gewisser Pyrazole und der Doppelbindungen in der KEKULÉ'schen Benzolformel; es stehen also z. B. für das einfachste Purin folgende zwei Formeln zur Wahl:

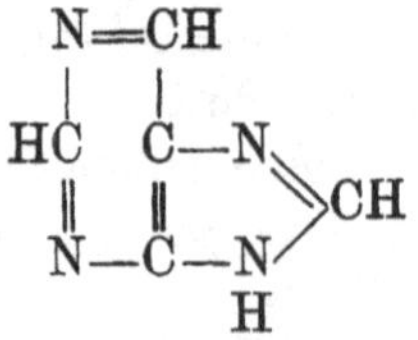 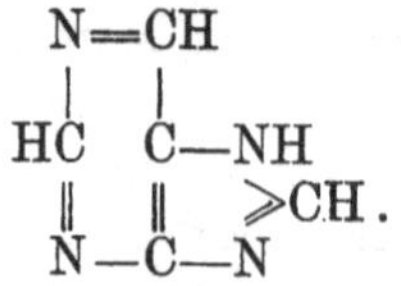

Man bedient sich der Einheitlichkeit halber des in zweiter Linie aufgeführten Schemas (499).

Durch Substitution wird der bewegliche Wasserstoff fixiert und die erwartete Isomerie tritt auf; das 6-Aminopurin (Adenin) z. B. liefert bei der Methylierung gleichzeitig zwei isomere Monomethylderivate, das 7- und 9-Methyladenin.

Übersicht über die Konstitutionsformeln der wichtigsten Purine.

Die theoretische und experimentelle Grundlage für den Gang der Forschung war die Harnsäure, deren oxydativer Zerfall in Harnstoff und Alloxan 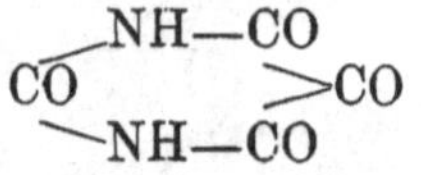 längst bekannt war (500).

Die von MEDICUS herrührende Harnsäureformel (501):

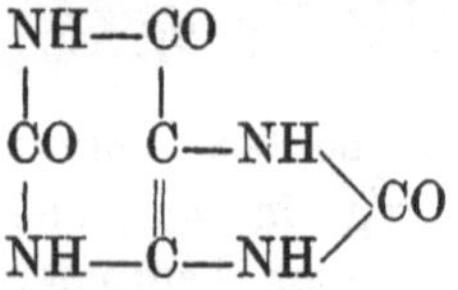

wurde zunächst experimentell bestätigt durch die Existenz einer Tetramethylharnsäure und zweier Monomethylharnsäuren, von denen die eine bei der Oxydation Methylalloxan und Harnstoff, die andere Alloxan und Methylharnstoff liefert. Weitere Beweise wurden durch zwei totale Synthesen der Harnsäure erbracht: die eine — von Harnstoff und Acetessigester ausgehend — wurde schon im Kapitel über Uracile (Diketotetrahydropyrimidine) geschildert (vergl. S. 258): die letzte Phase ist die Angliederung des Glyoxalinringes an den Pyrimidinkern:

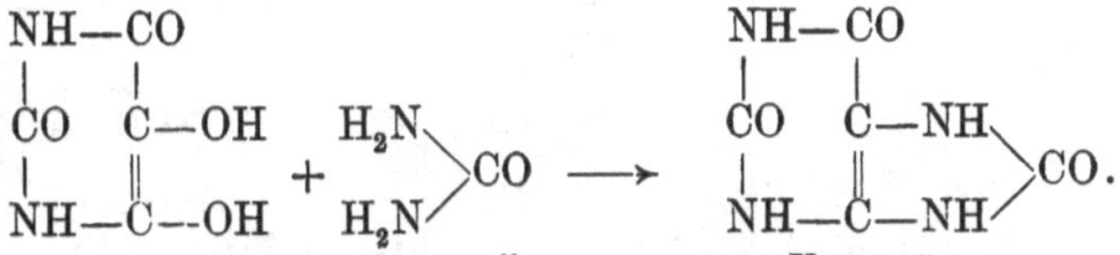

4, 5-Dioxyuracil Harnstoff Harnsäure

Die zweite Synthese wurde ebenfalls schon erwähnt (S. 260); sie beruht in letzter Linie auf der Überführung von Uramil (Aminobarbitursäure) $CO{<}^{NH-CO}_{NH-CO}{>}CH\cdot NH_2$ in Pseudoharnsäure durch Kaliumcyanat; letztere läßt sich unter Wasserverlust durch schmelzende Oxalsäure oder verdünnte Mineralsäuren in Harnsäure umwandeln:

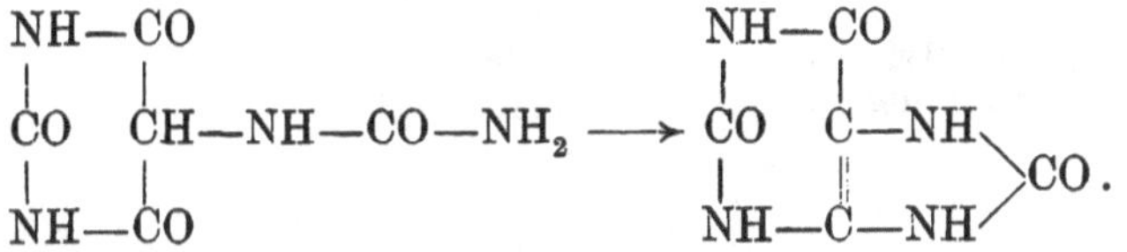

Demnach ist die Harnsäure als Trioxypurin aufzufassen; von Homologen sind bekannt: fünf Monomethylharnsäuren (3-, 9-, -7, -1),[1] sechs Dimethylharnsäuren (in Übereinstimmung mit der Theorie: -3, 9; -7, 9; -1, 3; -3, 7; -1, 7; -1, 9), ferner die vier denkbaren Trimethylharnsäuren (-1, 3, 7 oder Hydroxycaffeïn; -3, 7, 9; -1, 3, 9; -1, 7, 9) und eine Tetramethylharnsäure, die u. a. durch Methylieren von Harnsäure in alkalischer Lösung entsteht und durch ihre Wasserlöslichkeit ausgezeichnet ist.

Dioxypurine. Die älteste und wichtigste Verbindung dieser Untergruppe ist das Xanthin oder 2,6-Dioxypurin:

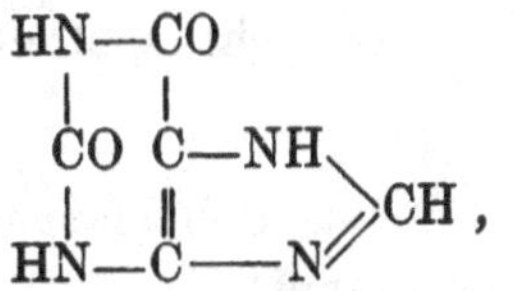

[1] Das Isomerieproblem der fünften Methylharnsäure ist noch nicht gelöst.

welches praktisch aus Guanin (502), synthetisch aus Trichlorpurin (503) (s. u.) dargestellt wird. Vom Xanthin leiten sich ab drei Monomethyl-, drei Dimethylderivate und eine Trimethylverbindung.

7-Methylxanthin ist das sog. Heteroxanthin (synthetisch aus Theobromin s. u.).

3-Methylxanthin entsteht indirekt aus 3-Methylharnsäure, 1-Methylxanthin findet sich im Harn.

Dimethylxanthine:

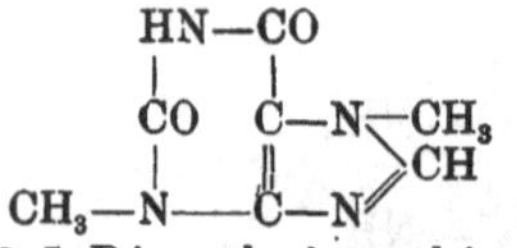

3, 7-Dimethylxanthin oder Theobromin (synthetisch aus 3, 7-Dimethylharnsäure) (504)

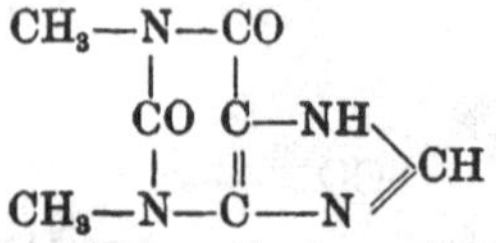

1, 3-Dimethylxanthin oder Theophyllin (synthetisch aus 1, 3-Dimethylharnsäure) (505)

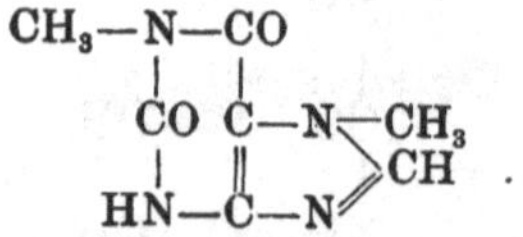

1, 7-Dimethylxanthin oder Paraxanthin (aus 1, 7-Dimethylharnsäure, liefert durch Methylieren Caffeïn) (506)

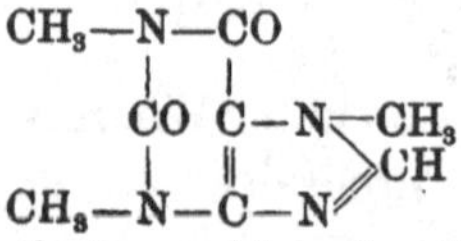

1, 3, 7-Trimethylxanthin oder Caffeïn (Theïn) (synthetisch aus Tri- oder Tetramethylharnsäure durch Vermittelung des 8-Chlorcaffeïns (507); über weitere Synthesen vergl. B. 28, 3153; A. 215, 263).

6, 8-Dioxypurin 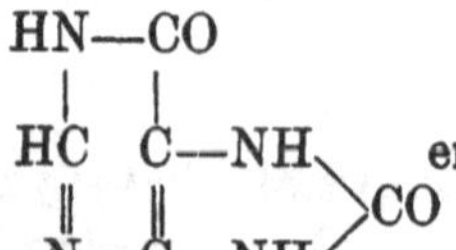 entsteht aus 6-Amino-8-oxypurin mit N_2O_3; es sind dargestellt zwei Monomethyl-, zwei Dimethylabkömmlinge und ein Trimethylderivat (508).

Vom 2, 8-Dioxypurin sind nur Methylabkömmlinge bekannt (509).

Monooxypurine.

In der Natur kommt nur das 6-Oxypurin oder Hypoxanthin

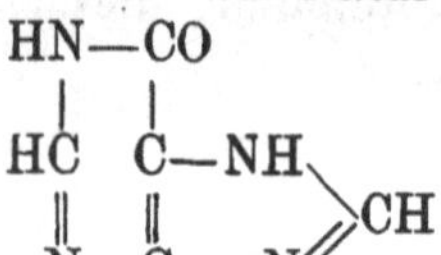

vor; es entsteht synthetisch aus Trichlorpurin durch Vermittelung des 6-Oxy-2, 8-dichlorpurins (510).

Von Homologen sind bekannt zwei Monomethyl- und ein Dimethyl(1, 7-)hypoxanthin.

8-Oxypurin 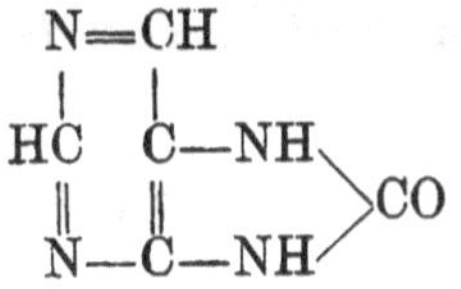 entsteht durch Reduktion von 8-Oxy-2, 6-dichlorpurin (511).

Ein 2-Oxypurin ist nur als 7-Methylderivat bekannt (512).

Monoaminopurine

können aus oben angeführten Gründen nach vier tautomeren Formen aufgefaßt werden; wegen der Indifferenz der beiden früher erwähnten Methylaminopurine gegen Alkali können die beiden Iminformen (—C=NH) ausgeschaltet werden.

6-Aminopurin oder Adenin (giebt mit N_2O_3 Hypoxanthin)

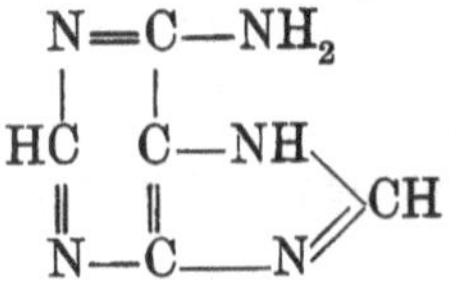

wird synthetisch aus Harnsäure durch Vermittelung des Trichlorpurins oder des 8-Oxy-2, 6-dichlorpurins dargestellt (513); es existieren zwei Monomethyladenine.

8- und 2-Aminopurine sind nur als Monomethylderivate (-9 und -7) bekannt.

Aminooxypurine

(3 von 6 zu erwartenden Isomeren sind bekannt):

2-Amino-6-oxypurin oder Guanin 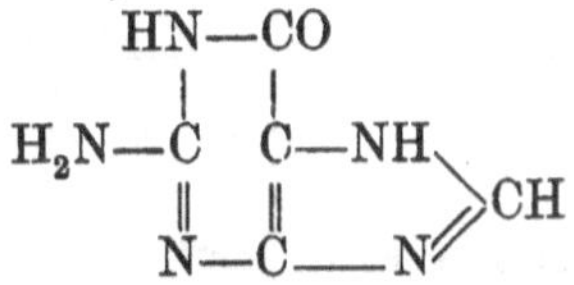

giebt mit salpetriger Säure Xanthin, mit Chlor in salzsaurer Lösung Guanidin und entsteht synthetisch aus Dichlorhypoxanthin (514).

7-Methylguanin gewinnt man aus dem entsprechenden 7-Methyl-6-oxy-2-chlorpurin mit Ammoniak.

1,7-Dimethylguanin ist schmelzbar (bei 343—345°) und wasserlöslich.

6-Amino-2-oxypurin (synthetisch aus Dichloradenin)

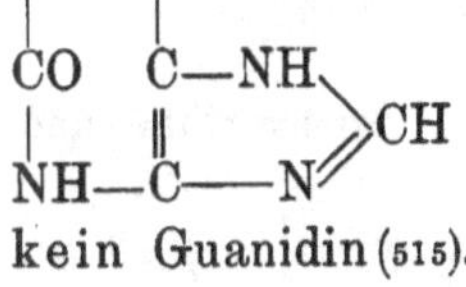

ist dem Guanin sehr ähnlich, liefert aber mit Chlor kein Guanidin (515).

6-Amino-8-oxypurin entsteht aus 8-Oxy-2, 6-dichlorpurin durch NH_3 bei 150° (516).

Aminodioxypurine.

(2 von 3 zu erwartenden Isomeren sind bekannt, das dritte nur in Derivaten):

2-Amino-6,8-dioxypurin 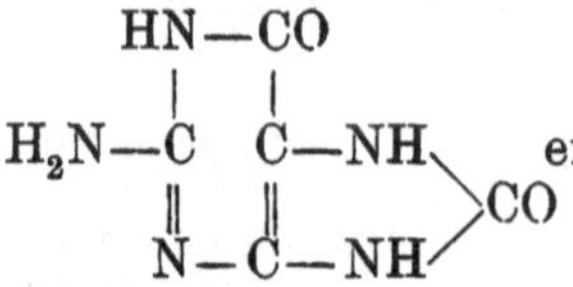 entsteht aus Bromguanin mit HCl bei 100°, sowie aus der sog. Iminopseudoharnsäure (517).

6-Amino-2,8-dioxypurin (aus Dichloradenin) liefert mit Chlor kein Guanidin (518).

1,3,7-Trimethyl-8-amino-2,6-dioxypurin

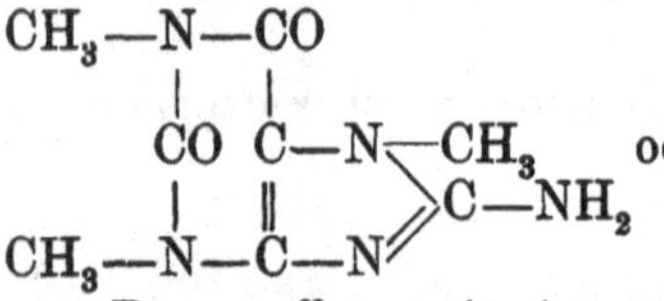

oder Aminocaffeïn bildet sich synthetisch aus Bromcaffeïn mit Ammoniak bei 130° (519).

Auch die entsprechende 8-Hydrazinoverbindung ist bekannt.

2,6-Diamino-8-oxypurin 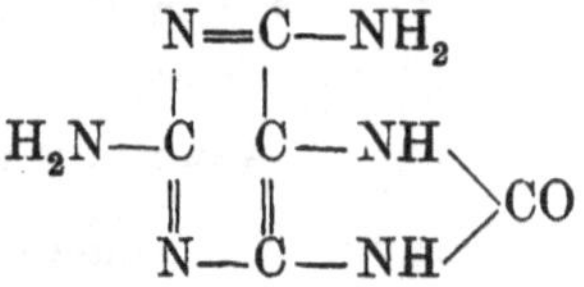 entsteht aus 8-Oxy-2, 6-dichlorpurin mit Ammoniak bei 150° (520).

Thiopurine

bilden sich leicht aus Halogenpurinen mit Kaliumhydrosulfid (521); z. B. Trithiopurin (Thioharnsäure):

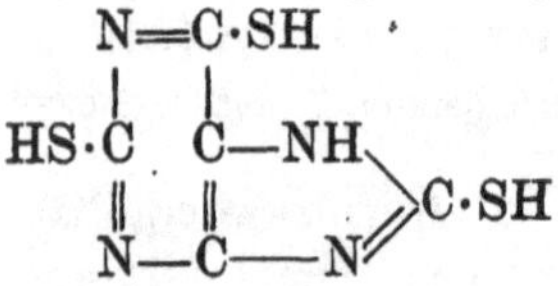

aus Trichlorpurin bei 100°.

7-Methyl-2,6-thio- und -2-chlor-6-thiopurin sind erhältlich aus 7-Methyl-2, 6-dichlorpurin;

2,6-Dioxy-8-thiopurin 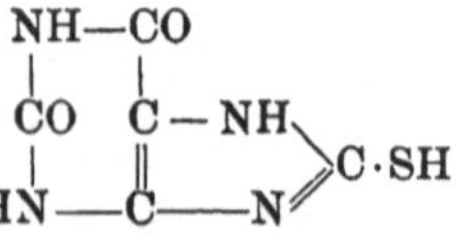 aus Bromxanthin und Kaliumhydrosulfid bei 120°.

Halogenpurine.

Die wichtigste Verbindung dieser Reihe ist das Trichlorpurin:

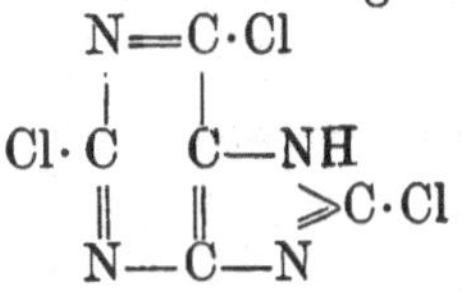

(Schmp. 187—189°u.Z.), welches zu zahlreichen Purinsynthesen gedient hat.

Es wird aus Harnsäure gewonnen durch Erhitzen mit $POCl_3$ auf 150—160° (522); es ist eine Säure, stärker als Essigsäure und liefert bei der Methylierung zwei Methylderivate (-7 und -9). Kochende Mineralsäuren spalten zuerst das Chlor in Stellung -8 ab unter Bildung von 8-Oxy-2,6-dichlorpurin, welches bei stärkerem Erhitzen in Harnsäure übergeht (523). Alkalilauge entfernt bei 100° das Chloratom in 6- unter Bildung von Dichlorhypoxanthin (524), während alkohol. Kali schon bei gewöhnlicher Temperatur 6-Äthoxy-2,8-dichlorpurin liefert (525). Ammoniak erzeugt bei 100° 6-Amino-2,8-dichlorpurin (Dichloradenin) (526); am leichtesten wirkt Kaliumhydrosulfid ein (s. o.).

Über 7-Methyltrichlorpurin (aus Theobromin mit $POCl_3$) vergl. B. **28**, 2488; **32**, 271; das Cl-Atom in 8- wird von Alkalien und Ammoniak am leichtesten angegriffen.

9-Methyltrichlorpurin (527) entsteht aus 9-Methylharnsäure mit $POCl_3$, ebenso 7-Methyl-2,6-dichlorpurin (528) (Schmp. 199 bis 200°) aus Theobromin mit $POCl_3$ bei 140°; es verliert am leichtesten das Cl-Atom in Stellung 6 und diente zur Synthese von Paraxanthin, Heteroxanthin u. s. w.

2,6-Dijodpurin (aus Trichlorpurin mit Jodwasserstoff bei 0°) giebt durch Erhitzen mit Salzsäure Xanthin und durch Reduktion mit Zn-Staub Purin (529):

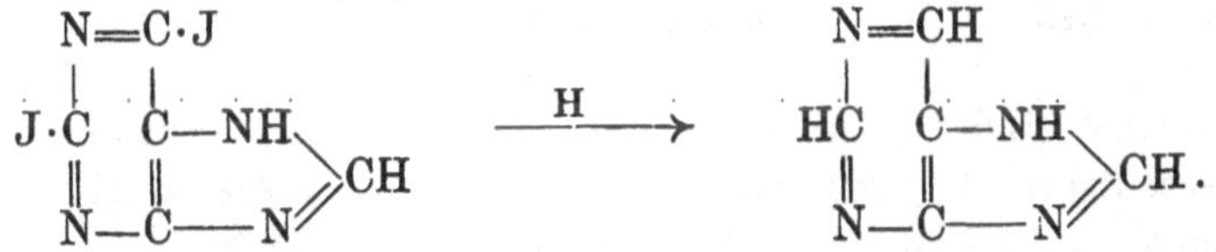

(Purin, Schmp. 216—217°, leicht löslich in Wasser, beständig gegen Oxydationsmittel, zugleich Säure und starke Base)

Die Muttersubstanz der Puringruppe wird also aus Harnsäure durch Vermittelung des Trichlorpurins und des 2,6-Dijodpurins dargestellt. 7-Methyl- und 9-Methylpurin (aus den entsprechenden Monojodmethylpurinen) schmelzen bei 184° bezw. bei 162—163°; sie sind indifferent gegen Basen.

Oxyhalogenpurine.

8-Oxy-2,6-dichlorpurin (530) (s. o.) entsteht u. a. aus harnsaurem Kalium und Phosphoroxychlorid, und liefert beim Methylieren erst die 7-Methyl-, dann die 7,9-Dimethylverbindung; es wird durch JH zu Oxypurin reduciert.

2,8-Dichlorhypoxanthin (531) (s. o.) liefert durch Reduktion mit JH Hypoxanthin, durch Behandlung mit Ammoniak und Reduktion des zunächst gebildeten Aminoxychlorpurins das Guanin (s. o.).

Chlor- bezw. Bromcaffeïn

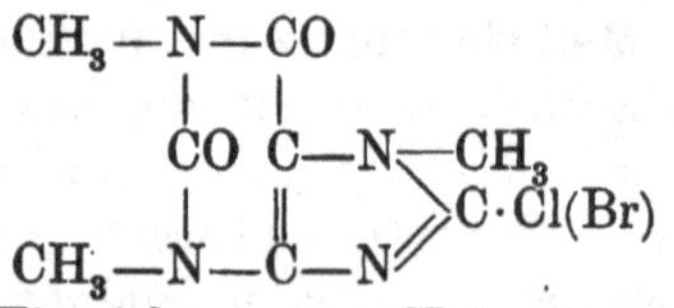

entstehen direkt aus Caffeïn durch Einwirkung von Halogenen (532).

Chlorxanthin (2,6-Dioxy-8-chlorpurin) bildet sich aus 2,6-Diäthoxy-8-chlorpurin (aus Trichlorpurin) beim Erwärmen mit Salzsäure (533).

Neuerdings ist auch eine Reihe von Phenylpurinen dargestellt worden, vergl. B. **33**, 1701 ff.

Der Purinkern wird im Gegensatz zu anderen Ringsystemen leicht und in mannigfacher Weise aufgespalten; die Spaltstücke dienen mit Vorteil zur Diagnose des betreffenden Purinkörpers. Hierher gehört u. a. das Auftreten von Alloxan und n-Methylalloxan beim Erwärmen mit Salpetersäure, worauf sich die sog. Murexidprobe gründet, ferner die Bildung von Glykokoll oder Sarkosin bei der Spaltung mit konz. Salzsäure und endlich die Entstehung von Guanidin bezw. von Methylguanidin aus gewissen Aminopurinen (s. u. Guanin). Näheres über diesen Gegenstand siehe B. **32**, 493 ff. — Daselbst finden sich auch Angaben über das Vorkommen und die Geschichte der natürlichen Purinkörper, sowie Beobachtungen über den Einfluß der Struktur auf die physikalischen Eigenschaften und die Metamorphosen derselben nebst einer tabellarischen Übersicht aller von E. Fischer und seinen Schülern dargestellten Körper der Puringruppe.

γ) Benzopyrazine oder Chinoxaline (Phenpiazine).

Durch Kondensation eines Benzolkernes mit einem Paradiazinring gelangt man zum Benzopyrazin oder Chinoxalin:

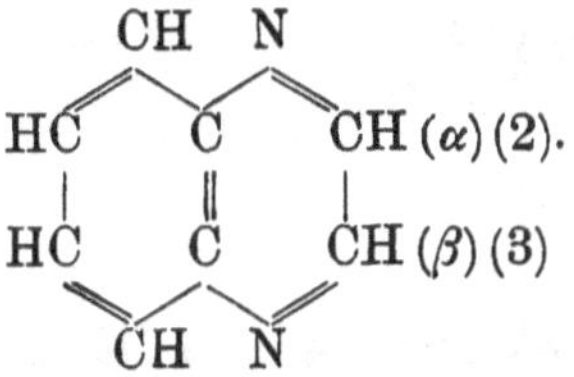

Das Chinoxalin ist ein Chinolin, dessen γ-Kohlenstoff durch Stickstoff ersetzt ist; man hat auch eine Paraverbindung zwischen den beiden Stickstoffatomen angenommen.

Es giebt Dihydro- und Tetrahydrochinoxaline, zu welchen sich sauerstoffhaltige Verbindungen gesellen.

Chinoxalinsynthesen: 1) Kondensation von Glyoxal und ähnlichen 1,2-Diketoverbindungen mit o-Phenylendiaminen (HINSBERG) (534); Beispiele:

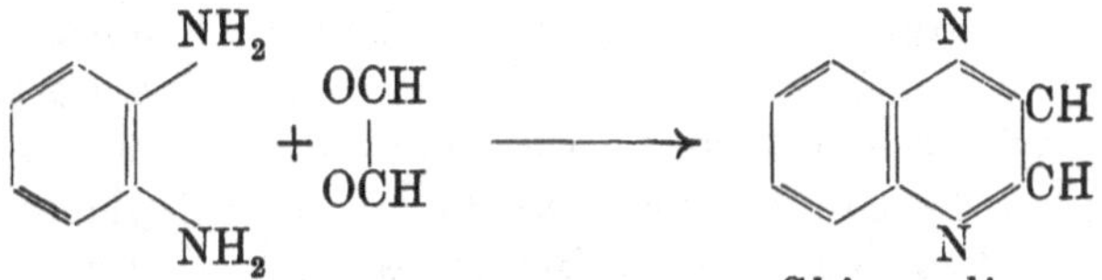

Chinoxalin

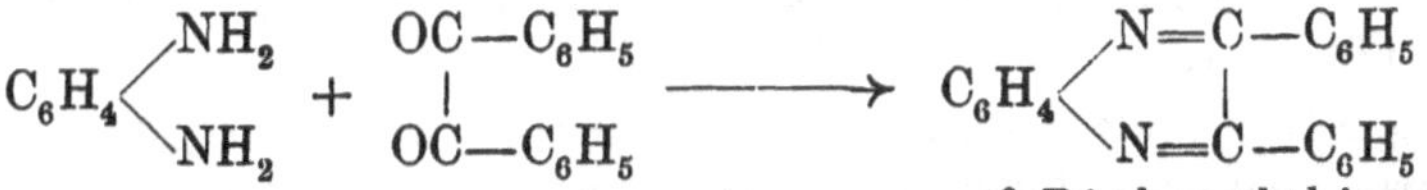

α,β-Diphenylchinoxalin (Schmp. 126°)

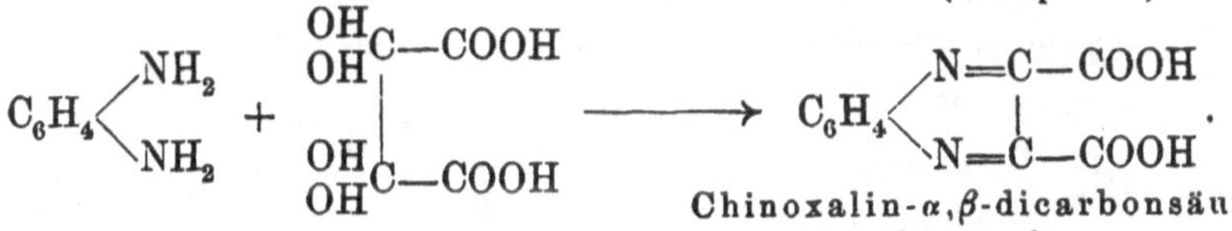

Dioxyweinsäure

Chinoxalin-α,β-dicarbonsäure (Zsp. 190°)

Verwendet man α-Ketoncarbonsäuren, so gelangt man zu Oxychinoxalinen:

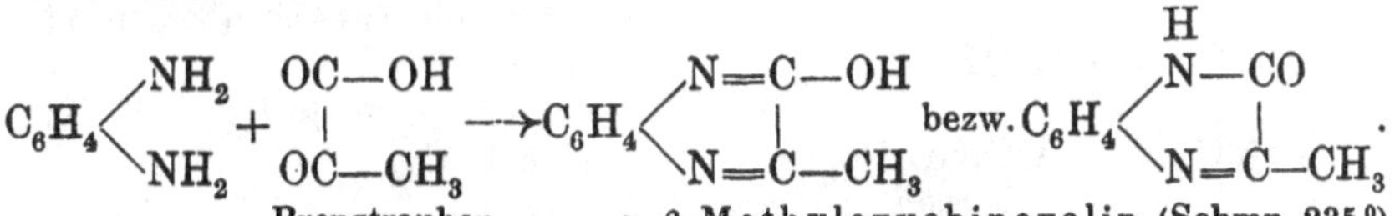

Brenztraubensäure

α,β-Methyloxychinoxalin (Schmp. 235°)

Oxalsäure erzeugt Dioxychinoxalin:

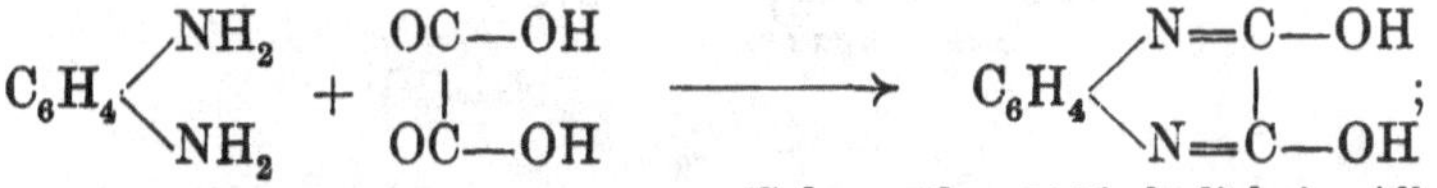

(Schmp. über 290°, löslich in Alkalien)

Mesoxalsäure Oxychinoxalincarbonsäure:

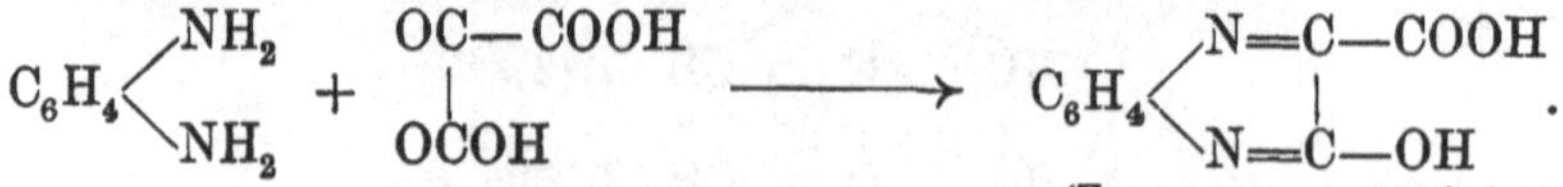

(Zersp. gegen 200°) (535)

Läßt man 1,2-Diketone auf n-Monoalphyl-o-phenylendiamine einwirken, so entstehen Azoniumverbindungen des Chinoxalins mit fünfwertigem Stickstoff (536); z. B.:

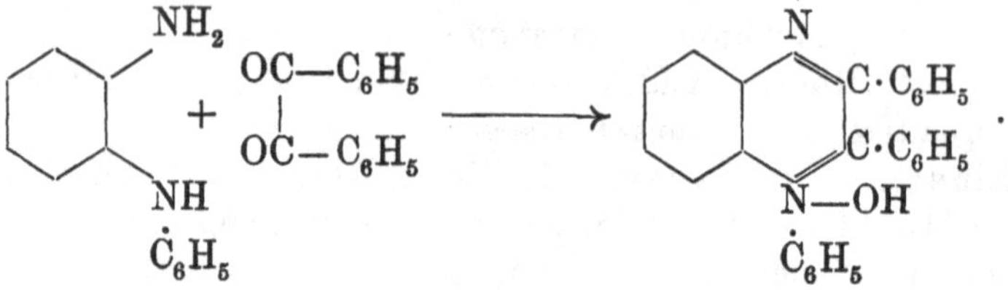

Derartige Körper entstehen auch aus Dihydrochinoxalinen (s. u.). Auch sonst sind noch manche Variationen ausführbar; man kann z. B. cyklische Diketone, wie Phenanthrenchinon verwenden und gelangt zu Dibenzopyrazinen (s. d.); o-Naphtylendiamine an Stelle von o-Phenylendiaminen liefern Naphtochinoxaline und aus symmetrischen Phenylentetraminen erhält man endlich Benzodiparadiazine.

2) α-Halogenketokörper, α-Oxyaldehyde und α-Oxyketone kondensieren sich ebenfalls mit o-Phenylendiaminen; hierbei entstehen unter spontaner Wasserstoffabspaltung statt der zu erwartenden Dihydrochinoxaline ebenfalls Chinoxaline (537); Beispiele:

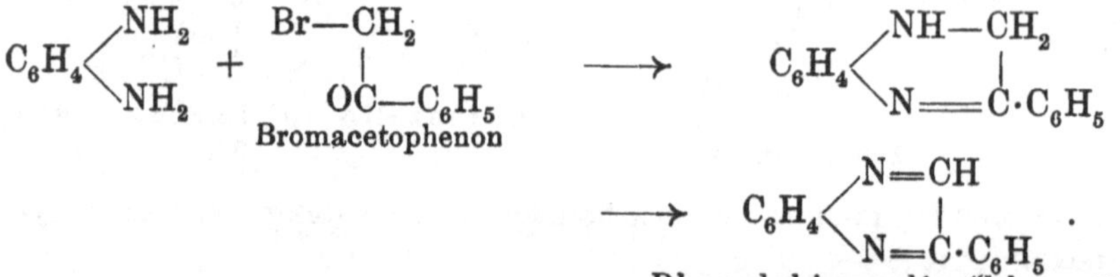

α-Phenylchinoxalin (Schmp. 78°)

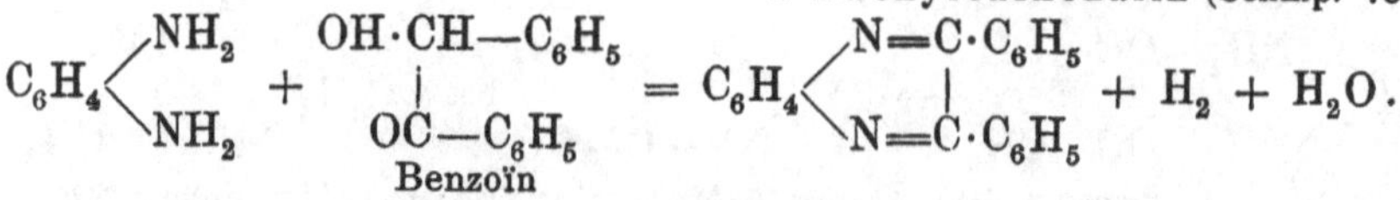

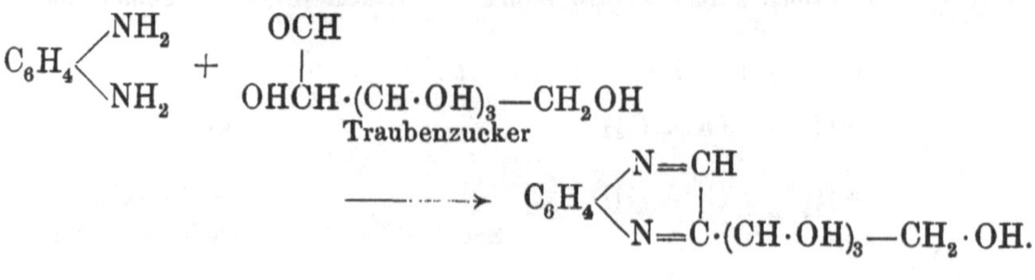

3) Diaminochinoxaline werden erhalten durch Einwirkung von Cyangas auf o-Phenylendiamine (538); diese Diamine gehen durch Salzsäure bei 150° in die entsprechenden Dioxychinoxaline über, z. B.:

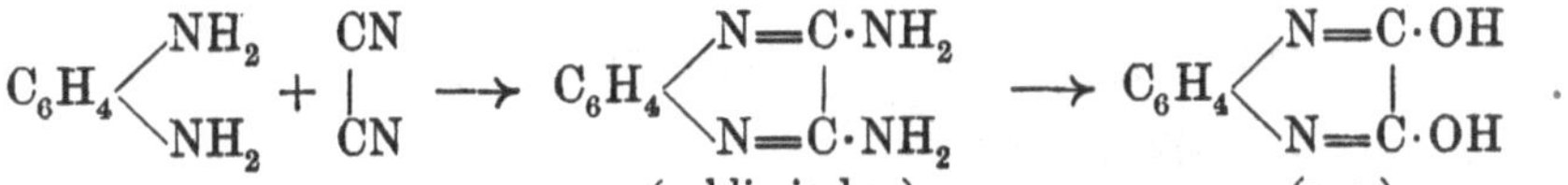

(sublimierbar) (s. o.)

4) Reduktion von Nitrooxalyltoluidsäure zu Dioxytoluchinoxalin (539):

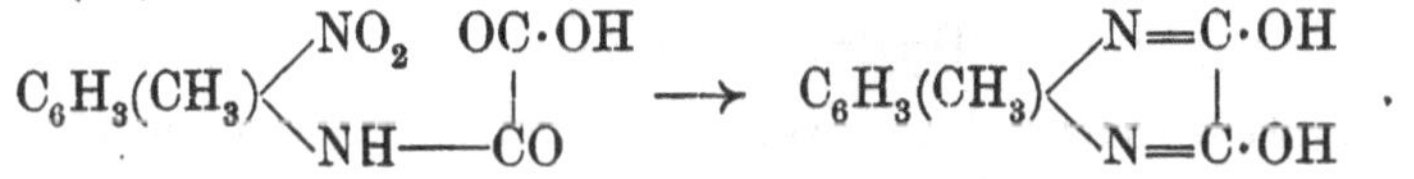

(s. o.)

Derselbe Körper entsteht auch durch Erhitzen des sauren oxalsauren Toluylendiamins.

Verhalten: Die Chinoxaline sind schwache einsäurige Basen von piperidin- oder chinolinartigem Geruch; sie sind meistens in kaltem Wasser leichter löslich als in warmem und gegen Oxydationsmittel sehr beständig. Alkalische Reduktionsmittel erzeugen Tetrahydrochinoxaline, saure spalten den Heteroring unter Verharzung auf.

Chinoxalin $C_8H_6N_2$ (Schmp. 27°, Sdp. 220—223°) entsteht auch durch Oxydation von Tetrahydrochinoxalin mit alkalischem Ferricyankalium; wird durch $HgCl_2$ und $AgNO_3$ gefällt; das Sulfat schmilzt bei 186—187°, das Jodmethylat bei 175° u. Z.

p-Aminochinoxalin (540) $NH_2 \cdot C_6H_3 : N_2C_2H_2$ (aus α-Triaminobenzol und Glyoxal) schmilzt bei 158—159°; ebenso p-Oxychinoxalin aus p-Oxy-o-phenylendiamin.

m-Toluchinoxalin $CH_3 \cdot C_6H_3 : N_2C_2H_2$ (Sdp. 245°) entsteht aus m, o-Toluylendiamin und Glyoxal,

α, β-Dimethyltoluchinoxalin (Schmp. 91°, Sdp. 270—271°) aus Toluylendiamin und Diacetyl,

α, β-Dichlorchinoxalin (541) (Schmp. 150°) aus Dioxychinoxalin mit PCl_5,

α-Amino-β-oxychinoxalin aus α, β-Diaminochinoxalin (s. o.) mit HCl bei 100°.

α, β-Chinoxalindicarbonsäure (vergl. S. 345) liefert ein schwerlösliches Anhydrid, welches mit Ammoniak in das Ammoniumsalz der Chinoxalindicarbonaminsäure übergeht; letztere giebt mit Natriumhypobromit α-Aminochinoxalin-β-carbonsäure (542):

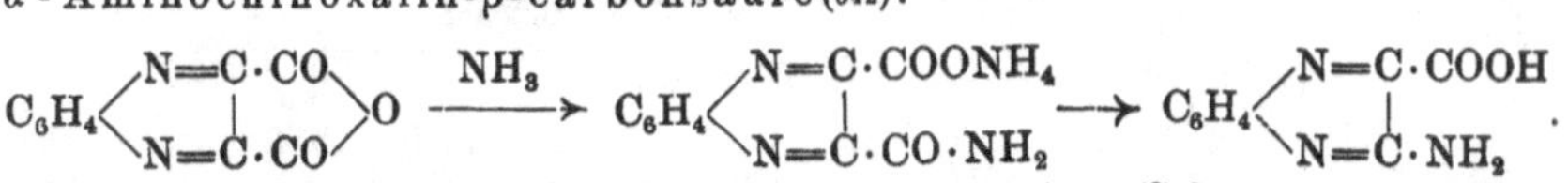

(Schmp. 251° u. Z.) (Schmp. 183° u. 255°) (Schmp. 210° u. Z.)

α-Oxychinolin-β-carbonsäure (vergl. S. 346) entsteht auch aus Alloxan und o-Phenylendiamin nach Verseifen des zunächst gebildeten Ureïdes der Säure (543).

Aus m,p-Toluylendiamin und Bromacetophenon entstehen gleichzeitig zwei isomere Phenyltoluchinoxaline (544):

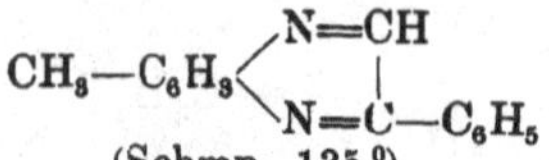
(Schmp. 135°)

und

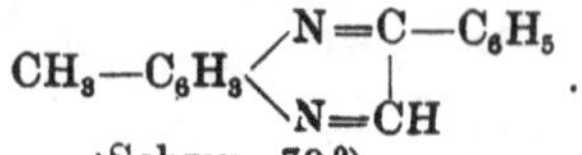
(Schmp. 79°)

α,β-Diphenylnaphtochinoxalin 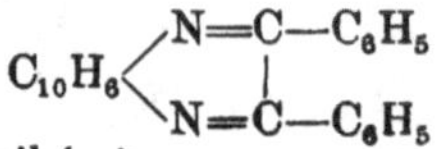 (Schmp. 147°) entsteht aus α,β-Naphtylendiamin und Benzil (545).

Hydrochinoxaline.

Dihydrochinoxaline entstehen nur ausnahmsweise durch direkte Hydrierung; z. B. das Dihydro-α,β-diphenylchinoxalin

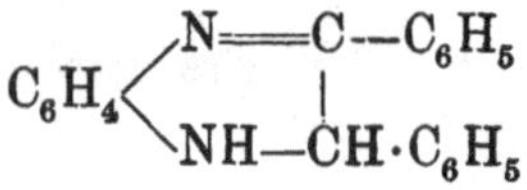
(Schmp. 146°)

aus Diphenylchinoxalin mit Zinnchlorür (546).

Derselbe Körper entsteht synthetisch aus o-Phenylendiamin und Benzoïn:

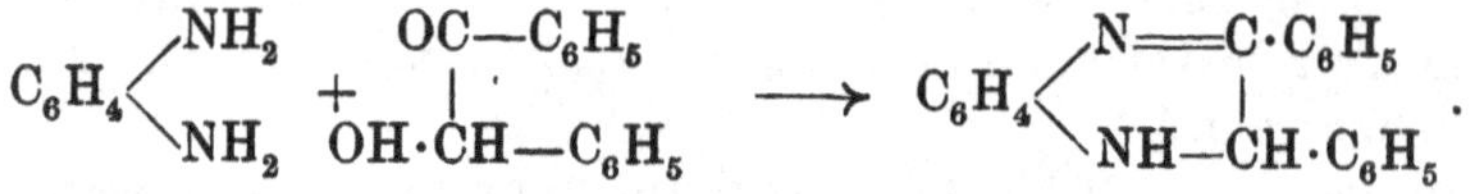

In diesem Sinne verläuft der Prozeß aber nur bei Ausschluß von Säuren und Luftsauerstoff, während im entgegengesetzten Falle unter spontaner Wasserstoffabgabe Diphenylchinoxalin gebildet wird (vergl. S. 346) (547).

Beständiger sind solche Dihydrobasen, deren Imidwasserstoff substituiert ist; dieselben entstehen nach demselben Prinzip aus n-Alphyl-o-phenylendiaminen; durch Oxydation mit Eisenchlorid gehen dieselben in die schon oben erwähnten (S. 346) Azoniumbasen der Chinoxaline über (548); z. B.:

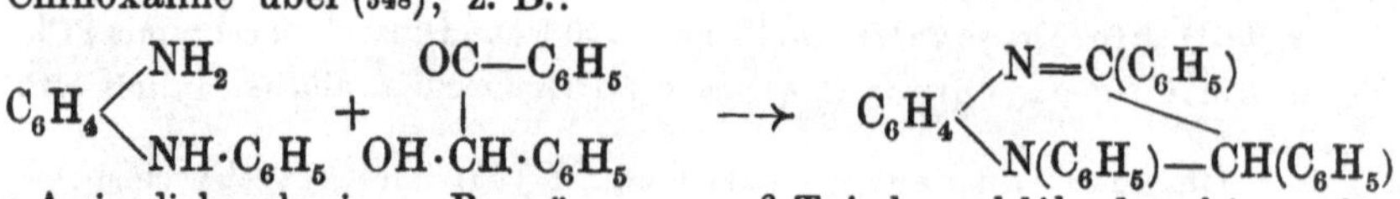
o-Aminodiphenylamin   Benzoïn   n,α,β-Triphenyldihydrochinoxalin

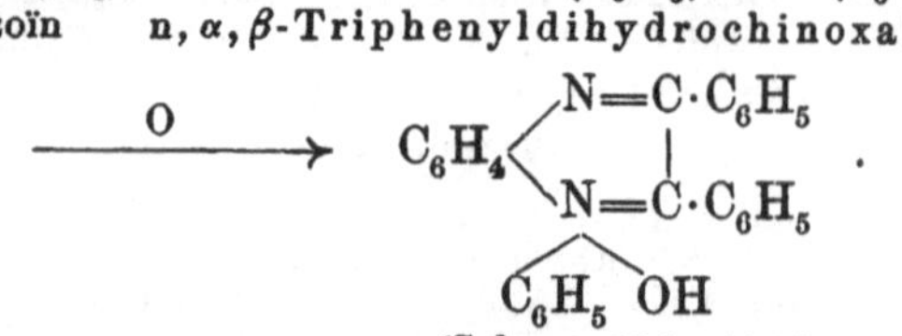
(Schmp. 134—135°)

In ähnlicher Weise reagiert Brenztraubensäure mit n-Methyl-o-phenylendiamin unter Bildung eines α-Ketodihydrochinoxalins (Chinoxalons) (549):

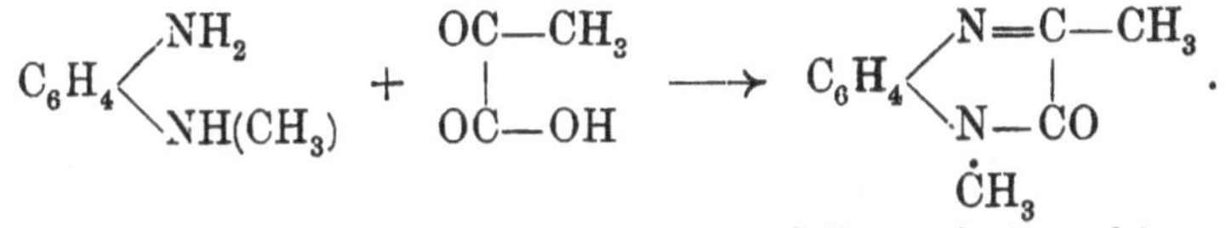

n, β-Dimethyl-α-chinoxalon
(Schmp. 87°, Sdp. 308°)

Oxydihydrochinoxaline entstehen endlich durch Einwirkung von Chloressigester auf aromatische o-Diamine (550); z. B.:

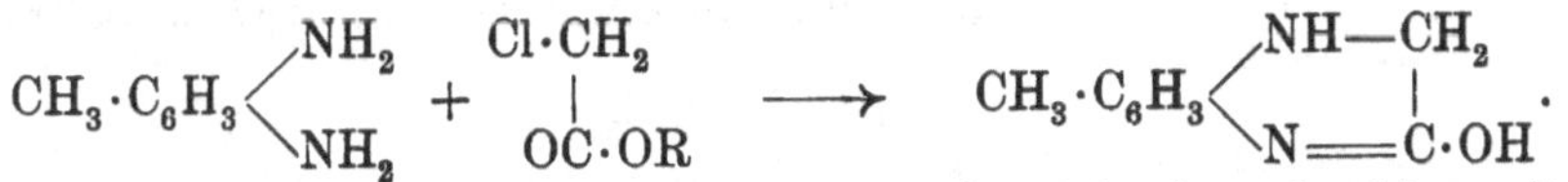

α-Oxydihydrotoluchinoxalin
(Schmp. zwischen 100—130°)

Durch Reduktion von o-Nitrophenylglycin erhält man α-Oxydihydrochinoxalin (551):

(Schmp. 130°)

Die sauerstoffreien Dihydrochinoxaline zeichnen sich durch gelbe Farbe und intensiv gelbgrüne Fluorescenz aus; die α-Oxydihydrochinoxaline sind meistens farblos, lösen sich in Alkalien und Säuren und gehen leicht durch Oxydation in Oxychinoxaline über.

Außer den schon durch die Bildungsgleichungen wiedergegebenen Körpern seien noch folgende angeführt:

n-Methyl-α, β-diphenyldihydrochinoxalin

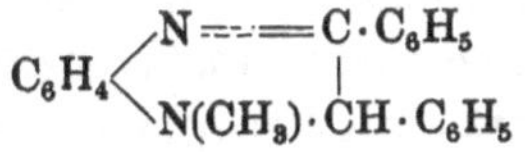

(Schmp. 133°)

entsteht aus n-Methyl-o-phenylendiamin und Benzoïn (552);

n, β-Diphenyldihydronaphtochinoxalin

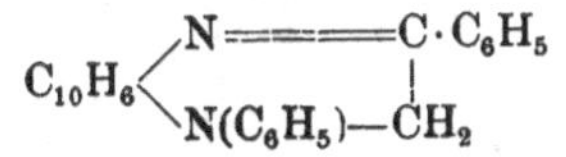

(Schmp. 164—165°)

aus Phenyl-o-naphtylendiamin und Benzoylcarbinol (553).

Die Azoniumbasen der Chinoxaline (s. o.) sind gelbe beständige Körper, deren Lösungen grün fluorescieren; sie bilden nicht fluorescierende Salze, von denen das Chlorid, durch $FeCl_3$, $HgCl_2$, K_2CrO_7 u. s. w. gefällt wird.

Tetrahydrochinoxalin wird dargestellt durch Erhitzen von Brenzkatechin mit Äthylendiamin bei 200° (554):

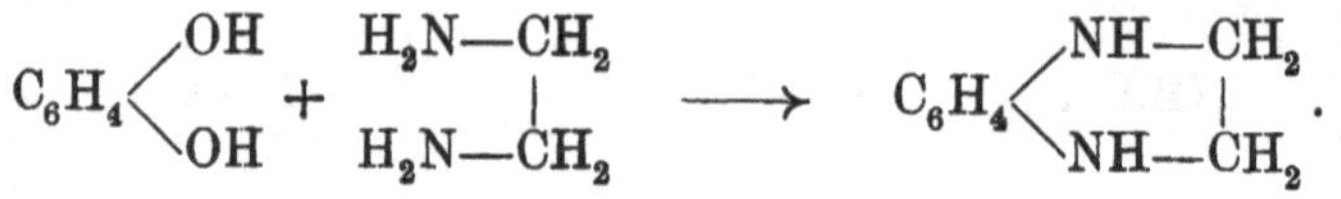

Tetrahydrochinoxalin (Schmp. 96—97°, Sdp. 287—288°) ist eine starke Base (Schmp. des Oxalats 184°), deren wässerige Lösung durch $FeCl_3$ violettblau gefärbt wird; es giebt eine Diacetylverbindung vom Schmp. 144° und eine n-Methyl- und Dimethylbase (letztere in Form des Jodmethylats).

Während das gewöhnliche Chinoxalin nur schwierig völlig hydrierbar ist, liefert das α, β-Diphenylchinoxalin mit Natrium und Alkohol Diphenyltetrahydrochinoxalin (555):

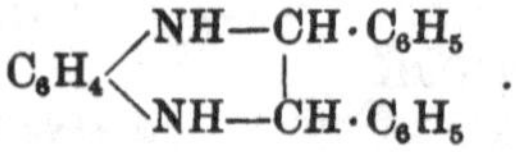

Diese Base tritt nach Analogie der Dialkylpiperazine (vergl. S. 267) in zwei stereoisomeren Formen auf, welche durch fraktionierte Krystallisation aus Alkohol getrennt werden: die leichter lösliche α-Base schmilzt bei 105—106° (Schmp. des Diacetylkörpers 170°), die schwerer lösliche β-Base bei 142,5° (Schmp. des Diacetylkörpers 192,5°).

Diese Stereoisomerie läßt sich, wie in der Piperazinreihe schematisch folgendermaßen darstellen:

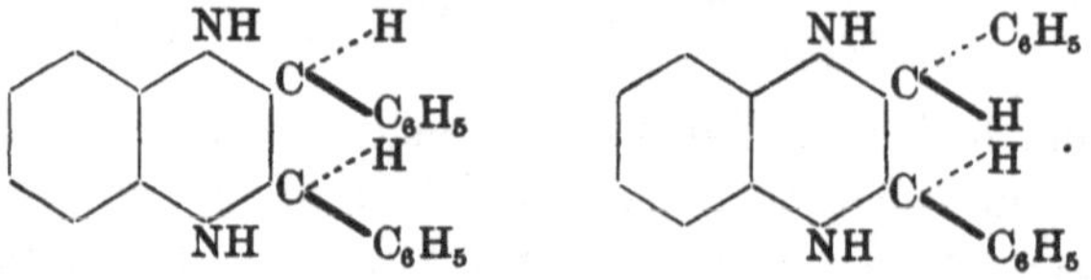

2. c) Zweiringe mit drei N.

Benzotriazingruppe.

Von den drei isomeren monocyklischen Triazinen (sym-, as- und vic-) vermögen gemäß ihrer Konstitution (vergl. S. 271) nur die beiden letzteren Benzokondensationen einzugehen, wie aus folgendem Schema hervorgeht:

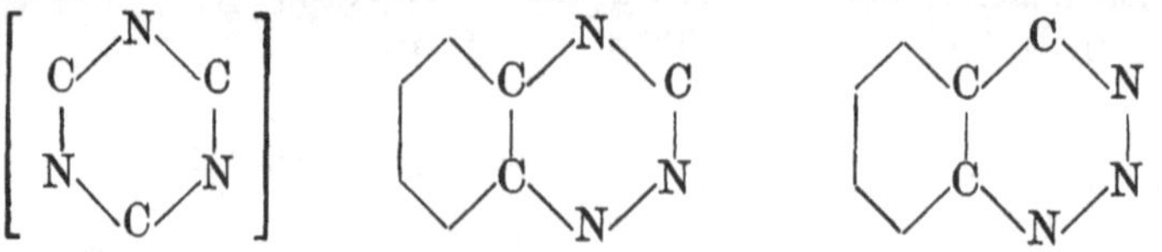

sym(γ) Triazin — Benzo-as-(α)-triazin — Benzo-vic-(β)-triazin

Von diesen beiden Benzotriazinen entspricht nur die α-Form einem bekannten monocyklischen Gebilde.

Benzo-α-triazine (Phen-α-triazine)

sind in größerer Zahl als die einfachen α-Triazine bekannt geworden (vergl. S. 279); sie werden hauptsächlich nach zwei Methoden dargestellt:

1) durch Reduktion von sym. o-Nitrophenylacidylhydrazinen (556); z. B.:

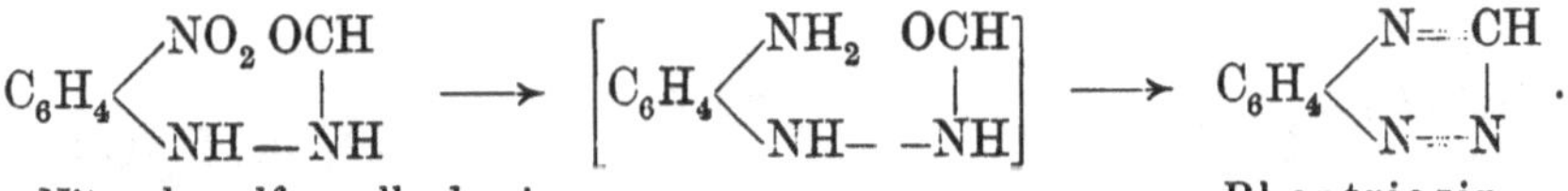

o-Nitrophenylformylhydrazin — Phentriazin

2) durch innere Kondensation von Formazylverbindungen bei Behandlung mit starken Mineralsäuren unter Abspaltung von Anilin (557); z. B.:

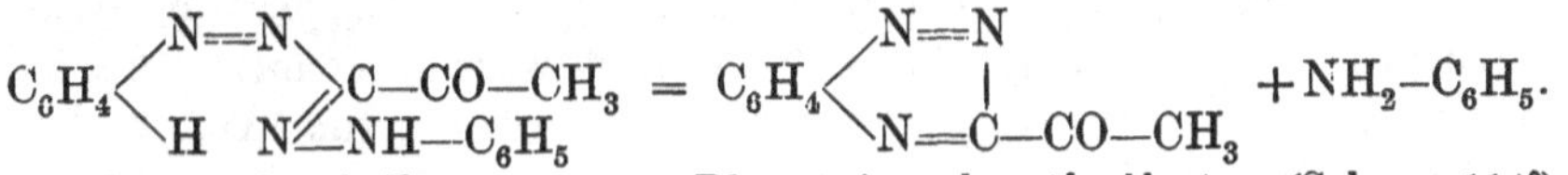

Formazylmethylketon — Phentriazylmethylketon (Schmp. 114°)

Phen-α-triazin $C_6H_4(CN_3H)$ (Schmp. 74—75°, Sdp. 235—240°) kann nach beiden Methoden dargestellt werden; bei ersterer wird zweckmäßig die intermediär gebildete Dihydroverbindung durch Oxydation mit Ferricyankalium entfernt; nach der zweiten erhält man es aus Formazylcarbonsäure unter Abspaltung von Anilin und Kohlensäure (557).

Phentriazin und seine Homologen sind gelb gefärbte, schwache Basen, zum Teil von alkaloïdartigem Geruch.

Methyl-phen-α-triazin 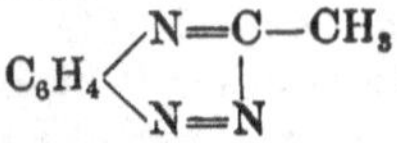 (Schmp. 88—89°) wird aus Acetyl-o-nitrophenylhydrazin dargestellt (558).

Phenylphentriazin 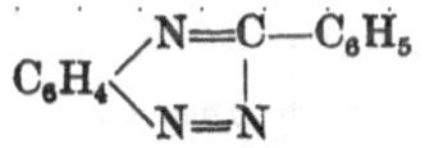 (Schmp. 123°) entsteht aus Formazylbenzol und konz. H_2SO_4 nach Methode 2.

Phenyltolutriazin 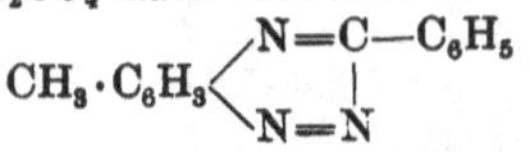 (Schmp. 95—96°) tritt als Spaltungsstück zweier isomerer Phenyltolylformazylbenzole auf, von denen das eine, 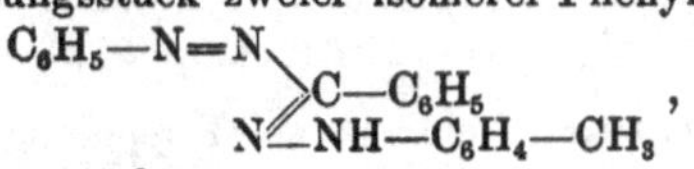, einen derartigen Reaktionsverlauf nicht erwarten läßt (559).

Das Phenylhydrazon des oben erwähnten Phentriazylmethylketons schmilzt bei 202°; es gleicht äußerlich dem Azobenzol. Phentriazylphenylketon 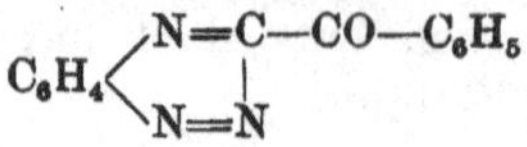 (aus Formazylphenylketon) schmilzt bei 114° (560).

Ein Aminophenantriazin (561) (Schmp. 262°) entsteht aus Phenanthrenchinon und Amidoguanidin: (vergl. α-Triazinsynthesen S. 279):

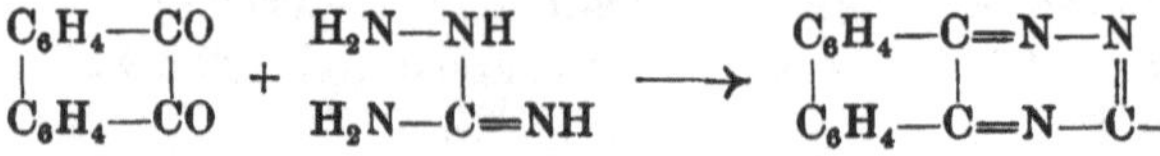

Benzodihydro-α-triazine erhält man synthetisch aus o-Aminoazokörpern durch Einwirkung von Aldehyden (562); z. B.:

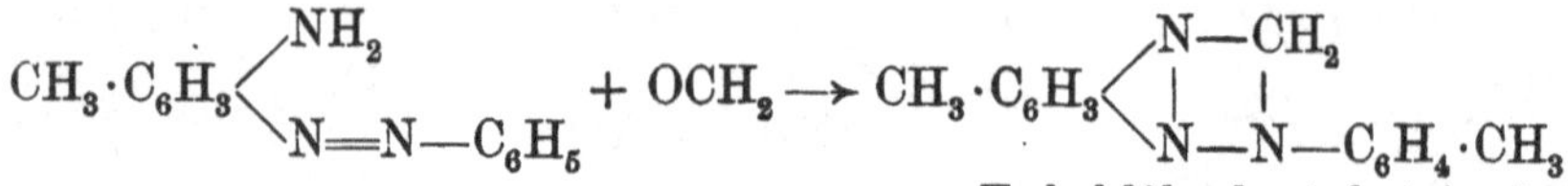

p-Tolyldihydrotolutriazin (Schmp. 178°).

Eine Parabindung zwischen den beiden Stickstoffatomen wird deswegen angenommen, weil die Benzohydrotriazine farblose Körper sind; diese Basen, bezw. ihre Salze sind so beständig, daß sie ohne Zersetzung mit Salzsäure auf 150° erhitzt werden können. Es ist eine große Zahl derartiger Hydrotriazine, welche zum Teil polycyklischer Natur sind, dargestellt worden. Als Beispiele seien die folgenden erwähnt:

p-Tolylphenyldihydrotolutriazin 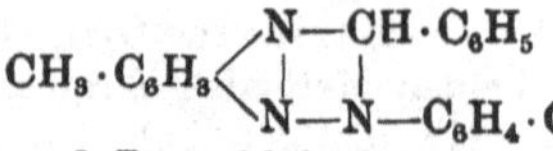 (Schmp. 220°) bildet sich aus o-Aminoazotoluol und Benzaldehyd,

Phenylmethyldihydronaphtotriazin 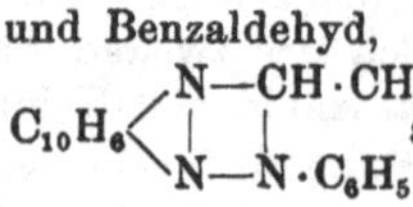 aus Benzolazo-β-naphtylamin und Acetaldehyd (563).

Ein Diphenyldihydronaphtotriazin (Schmp. 193°) entsteht durch Einwirkung von Diazoniumchlorid auf Benzyliden-β-naphtylamin (564):

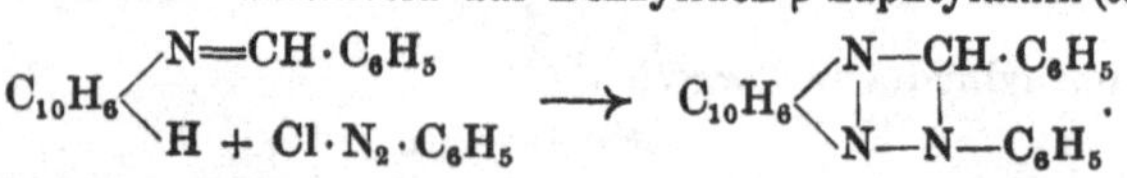

Bz-Aminobenzodihydrotriazine erhält man aus Diaminoazokörpern und Aldehyden (565); z. B.:

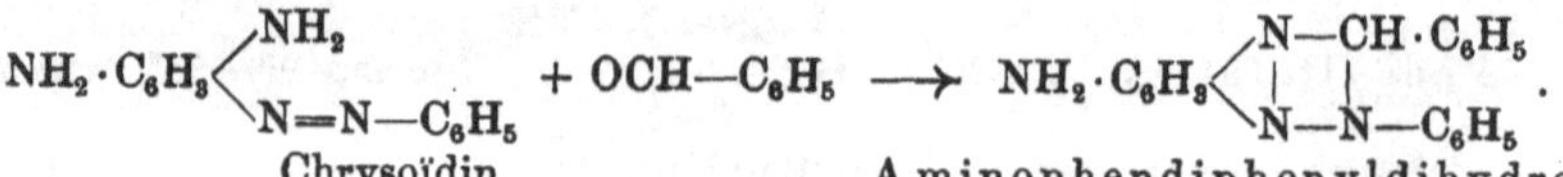

Chrysoïdin — Aminophendiphenyldihydrotriazin (Schmp. 223°)

Das Aminophentriazin ist diazotierbar und liefert durch Kuppelung rote Azofarbstoffe; die Salze der drei isomeren Aminotriazinmonosulfosäuren sind durch ihren süßen Geschmack ausgezeichnet; über weitere Farbstoffe dieser Klasse, wie Chromechtgelb und die Azoderivate der Diamine

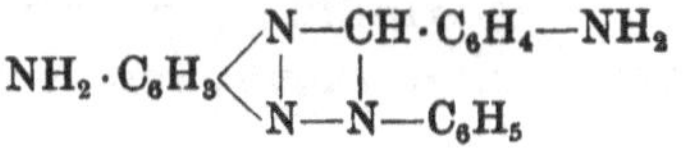

vergl. B. **30**, 2595.

Ein Phenylketodihydronaphtotriazin 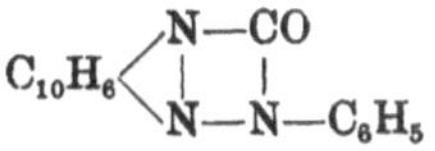

(Schmp. 252°) entsteht aus Benzolazo-β-naphtylamin und Phenylcyanat bei 150° neben Diphenylharnstoff (566).

Benzo-β-triazine

sind nur als Dihydroderivate bekannt; letztere kann man als die Ringhomologen der Azimidobenzole (s. o.) betrachten, wie folgende Nebeneinanderstellung zeigt:

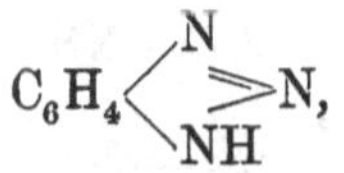

Azimidobenzol

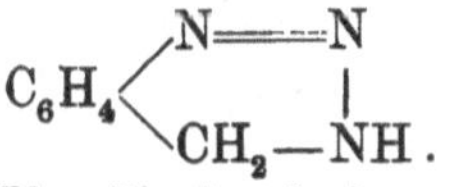

Phendihydrotriazin

Bezüglich ihrer Darstellung können die Phendihydrotriazine den Dihydrochinazolinen (vergl. S. 332) an die Seite gestellt werden; denn beide entstehen aus o-Aminobenzylaminen, letztere durch Einwirkung von Carbonsäuren, erstere — die Phendihydrotriazine — durch Einwirkung von salpetriger Säure:

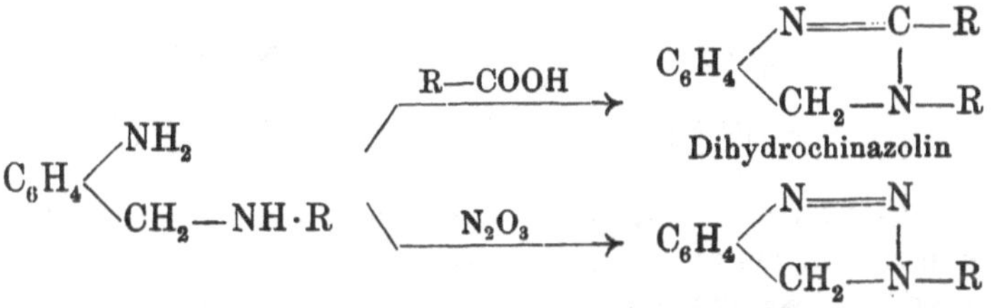

Diese beiden Körperklassen verhalten sich also ihrer Bildung nach zu einander, wie die cyklischen Anhydrobasen (Benzimidazole)

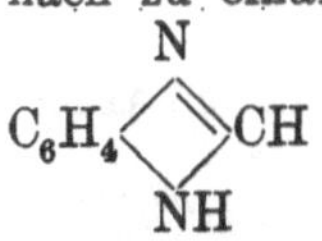 zu den Azimidobenzolen 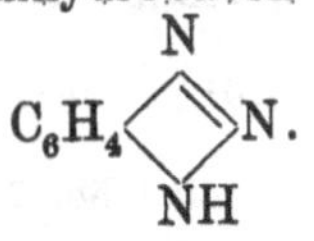

Als Zwischenprodukte der Gewinnung (567) von β-Phendihydrotriazinen aus o-Aminobenzylaniliden kann man betrachten, entweder das Diazoniumsalz oder das Nitrosamin:

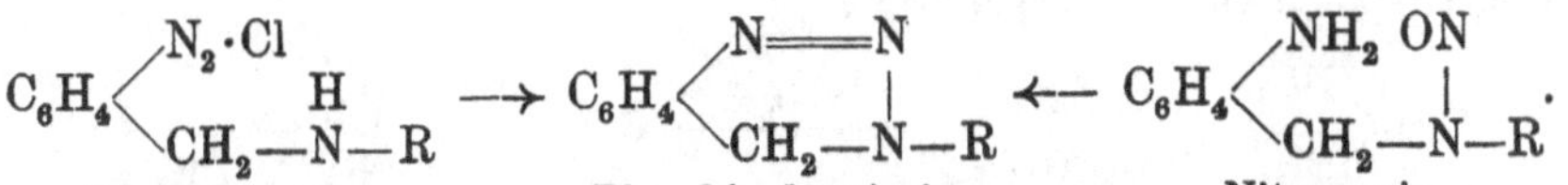

Diazoniumsalz — Phendihydrotriazin — Nitrosamin

Ketophendihydro-β-triazine (Phentriazone) entstehen nach analogem Prinzip durch Einwirkung von salpetriger Säure auf o-Aminobenzamide (568); z. B.:

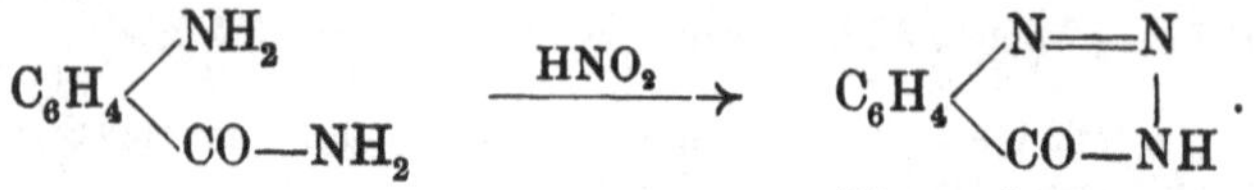

Phen-β-triazon
(Schmp. 213°)

Derselbe Körper wird auch nach einer merkwürdigen Reaktion, nämlich durch Oxydation des Jz-Aminoindazols unter Ringerweiterung erhalten (569):

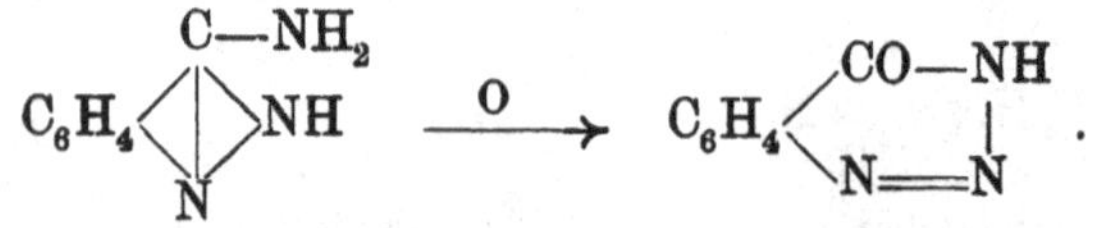

Als Zwischenprodukt wird o-Hydrazinbenzamid 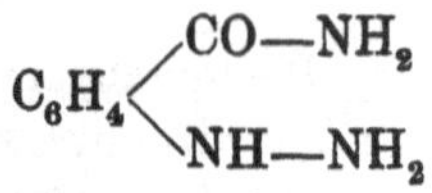 angenommen.

Endlich bildet sich das Phentriazon aus o-Diazobenzoësäureester und Ammoniak (570):

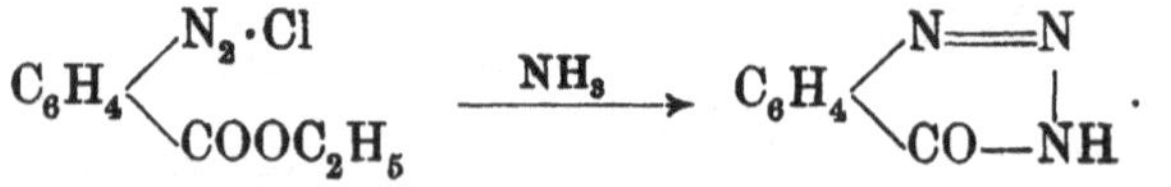

Die Muttersubstanz dieser Gruppe, das einfache Phendihydro-β-triazin ist nicht bekannt, da das unsubstituierte o-Aminobenzylamin sich mit salpetriger Säure sofort zersetzt; die Derivate sind meistens farblose Körper, die ihrer Konstitution gemäß das Verhalten und die geringe Beständigkeit von Diazoaminokörpern zeigen; sie bilden jedoch ziemlich beständige Salze.

n-Methylphendihydrotriazin 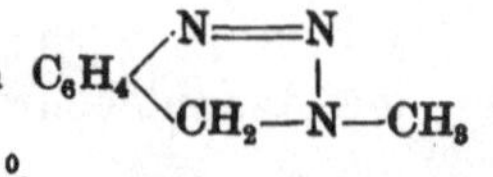 (aus o-Aminobenzylmethylamin) schmilzt bei 72—73°.

n-Phenylphendihydrotriazin (aus o-Aminobenzylanilin) schmilzt bei 128° und bildet gelbgrüne Salze.

n-Acetylphendihydrotriazin (Schmp. 138° u. Z.) entsteht aus o-Aminobenzylacetamid mit salpetriger Säure:

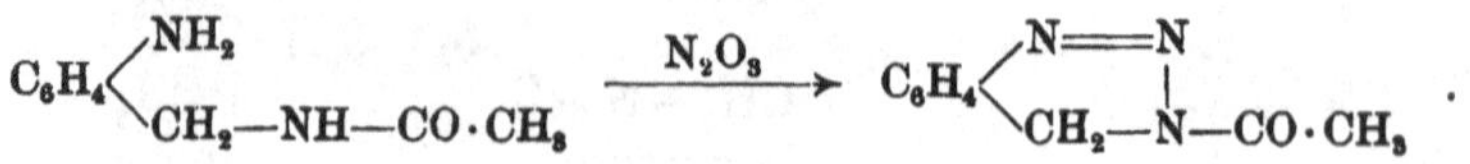

Das Chlorhydrat dieses Körpers zersetzt sich beim Aufbewahren wie ein Diazokörper unter Stickstoffentwickelung; hierbei ist eine intermediäre Ringsprengung anzunehmen.

Der homologe n-Benzoylkörper (Schmp. 115°) kuppelt mit Phenolen und Anilinen zu Azoverbindungen unter Öffnung des Heteroringes; die Einwirkung von Salzsäure führt zu o-Chlorbenzylbenzamid $Cl \cdot C_6H_4 \cdot CH_2 \cdot NH \cdot CO \cdot C_6H_5$ (571).

Phen-β-triazon $C_6H_4\left\langle\begin{matrix} N{=}N \\ \vert \\ CO-NH \end{matrix}\right.$ schmilzt, wie erwähnt, bei 213°; der Imidwasserstoff ist durch Metalle und Alkyle vertretbar: das n-Methylderivat schmilzt bei 123°. Alkali spaltet in Stickstoff und Anthranilsäure (572). Das Oxim des Triazons entsteht synthetisch aus o-Aminobenzenylamidoxim mit salpetriger Säure (573):

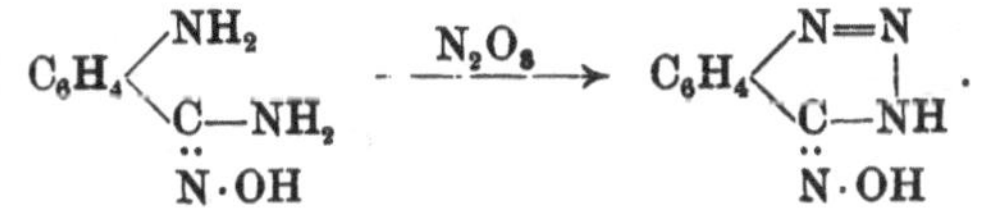

n-Phenylphen-β-triazon (aus Anthranilsäureanilid) schmilzt bei 150 bis 151° (574).

m-Nitrophentriazon $NO_2-C_6H_3\left\langle\begin{matrix} N{=}N \\ \vert \\ CO-NH \end{matrix}\right.$ (aus m-Nitro-o-aminobenzamid) schmilzt bei 185° u. Z. (575).

2. d) Zweiringe mit vier N.

Benzotetrazingruppe.

Von den beiden bekannten stellungsisomeren Tetrazinen (vergl. S. 281), dem vicinalen (1, 2, 3, 4) und dem symmetrischen (1, 2, 4, 5) vermag natürlich nur das erstere als dicyklische Benzokombination aufzutreten.

Das Benzo-α-tetrazin ist aber nur in Form zweier isomerer Dihydroprodukte bekannt, welche sich durch die Art der Verteilung der Wasserstoffatome und die Bindungsart der Ringatome unterscheiden; diese sind:

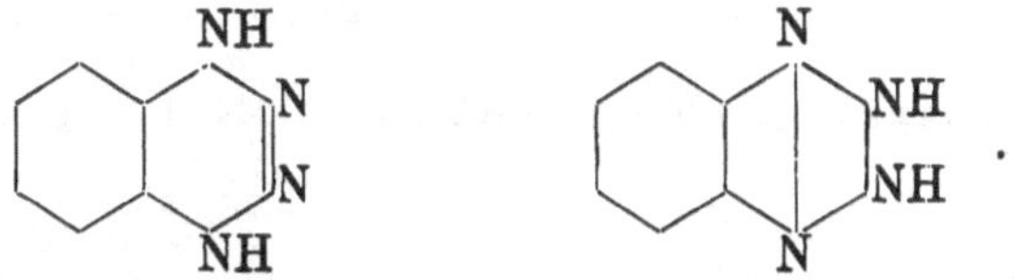

Phendihydrotetrazin und Isophendihydrotetrazin

Ein Vertreter des ersten Typus ist das α-Methylphendihydrotetrazin (Schmp. 62°), welches aus salzsaurem Methyl-o-aminophenylhydrazin durch Natriumnitrit entsteht (576):

$$C_6H_4\left\langle\begin{array}{l}NH_2\\N(CH_3)-NH_2\end{array}\right. \xrightarrow{HNO_2} C_6H_4\left\langle\begin{array}{l}NH-N\\ \qquad\quad \| \\N(CH_3)-N\end{array}\right. .$$

Dieser an sich farblose Körper wird von Mineralsäuren mit roter Farbe gelöst.

Isophendihydrotetrazine, welche ihrer Konstitution nach Analoga der Benzodihydro-α-triazine (s. o.) sind, bilden sich aus den Diazoniumsalzen von o-Aminoazokörpern durch Reduktion mit Zinnchlorür (677); z. B.:

$$CH_3\cdot C_6H_3\left\langle\begin{array}{l}N_2\cdot Cl\\N{=}N\cdot C_6H_4\cdot CH_3\end{array}\right. \xrightarrow{H} CH_3\cdot C_6H_3\left\langle\begin{array}{l}N-NH\\ | \qquad |\\N-N-C_6H_4\cdot CH_3\end{array}\right. .$$

Tolyl-isotoludihydrotetrazin
(Schmp. 168°)
das Acetylderivat schmilzt bei 132—134°

Das so gewonnene Isotoludihydrotetrazin ist nicht mehr basisch und wird durch Brom in das Diazoperbromid des Aminoazotoluols $CH_3\cdot C_6H_3\left\langle\begin{array}{l}NBr\cdot NBr_2\\N{=}N\cdot C_6H_4\cdot CH_3\end{array}\right.$ verwandelt. Silberoxyd oxydiert zu Azotoluol.

---

3. Dreiringe und höhere polycyklische Systeme.

In dieser Klasse soll eine größere Anzahl von polycyklischen Heteroringen übersichtlich zusammengefaßt werden, welche sonst in den Lehrbüchern ziemlich zerstreut sind und mitunter durch ähnlich klingende Namen Anlaß zu Verwechselungen geben.

In nachstehender Übersicht sind die in Betracht kommenden stickstoffhaltigen Ringsysteme nach ihren Hauptmerkmalen geordnet.

A. Normale Kernhomologe des Chinolins und Isochinolins.

1. Carbocyklische Kondensationen: Naphtochinoline.

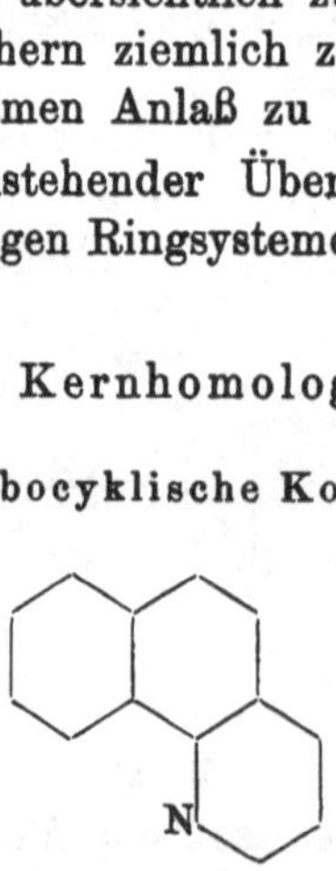

oder

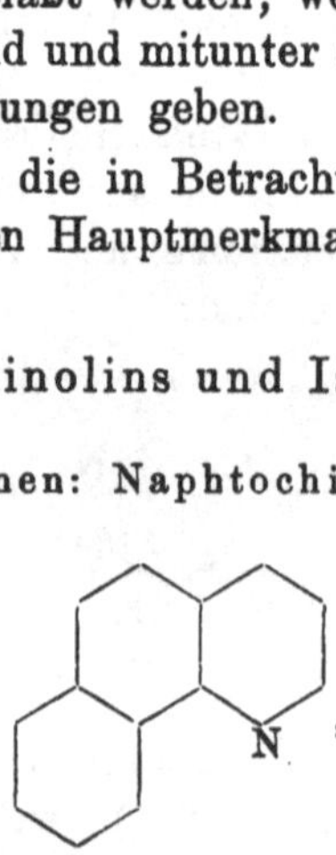

,

α-Naphtochinolin

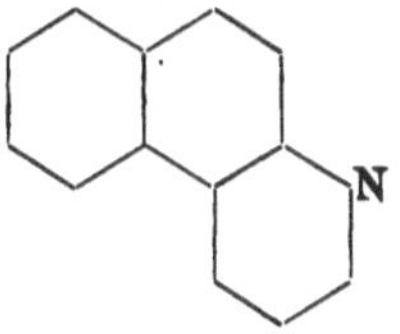

oder

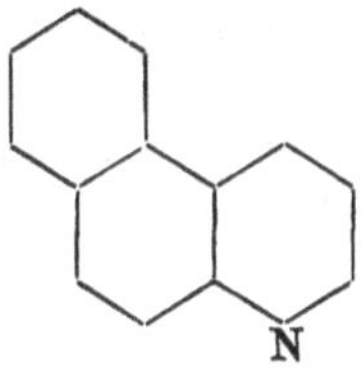

β-Naphtochinolin

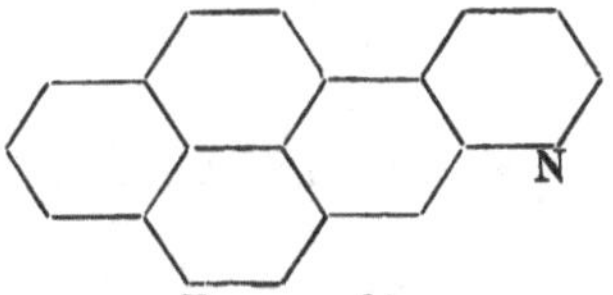

Pyrenolin

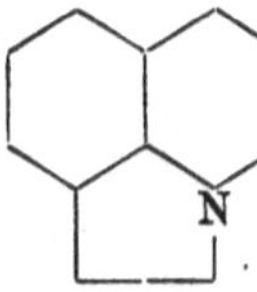

Lilol

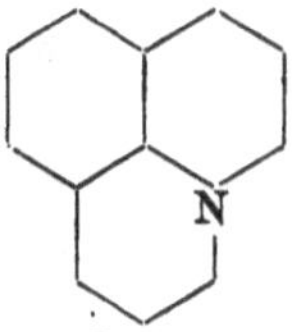

Julol

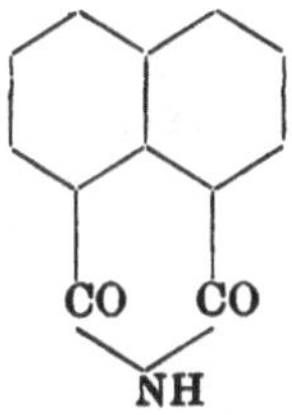

oder

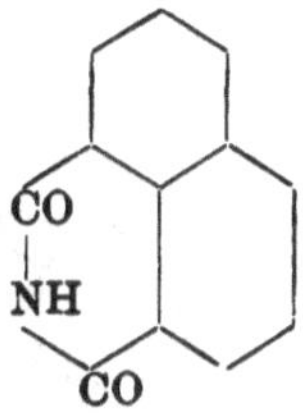

Naphtalimid.

2. Heterocyklische Kondensationen: Phenanthroline oder Benzodipyridine.

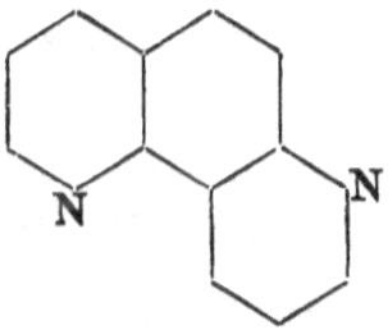

Phenanthrolin
aus m-Phenylendiamin
nach SKRAUP

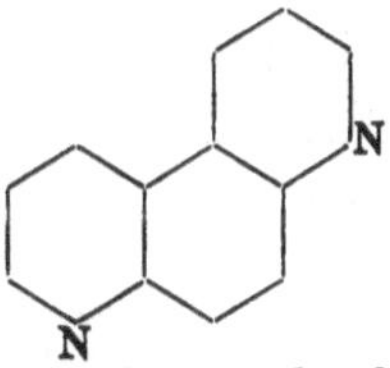

Pseudophenanthrolin
aus p-Phenylendiamin
nach SKRAUP

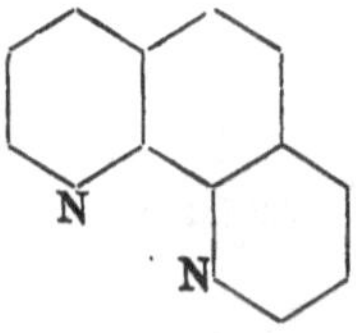

Isophenanthrolin
aus o-Aminochinolin

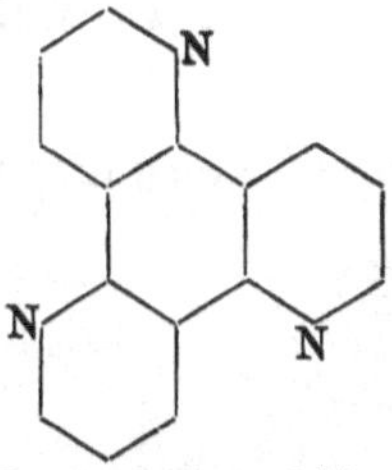

Benzotripyridin

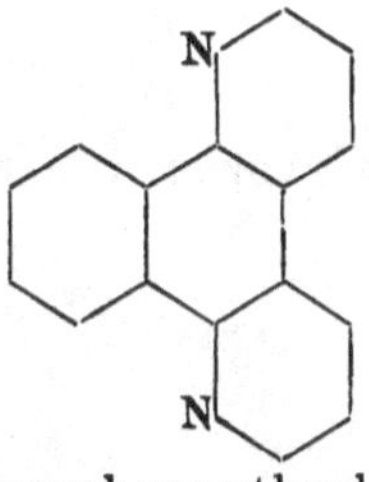

Benzophenanthrolin

Chinochinolin

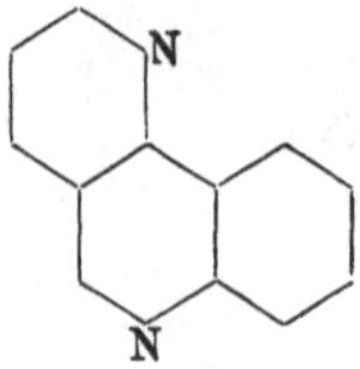

γ-Chinochinolin
aus γ-Aminochinolin

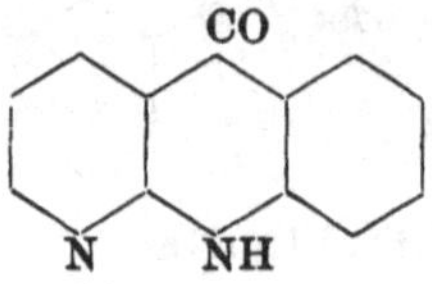

α-Chinochinolon

Naphtinolin

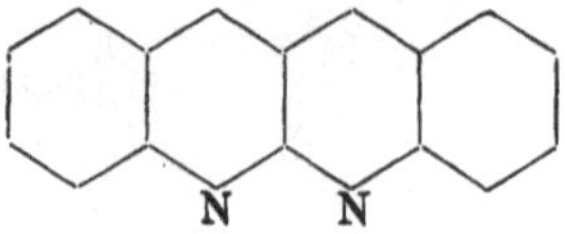

B. Heteroringe vom Typus des Anthracens.

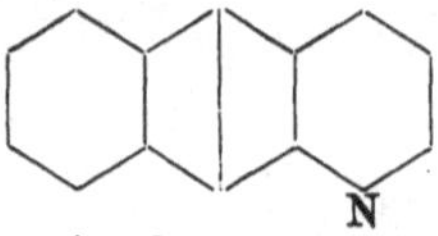

α-Anthrapyridin

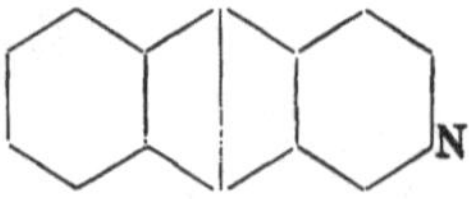

β-Anthrapyridin

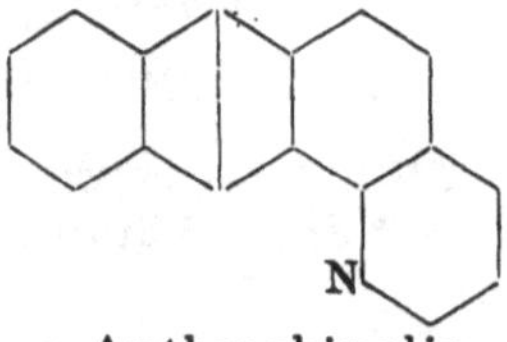

α-Anthrachinolin

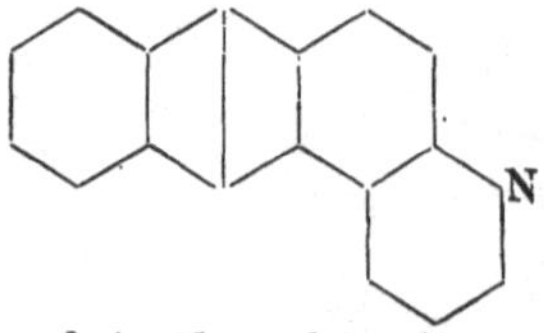

β-Anthrachinolin

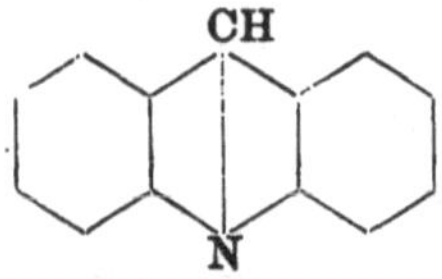

Acridin

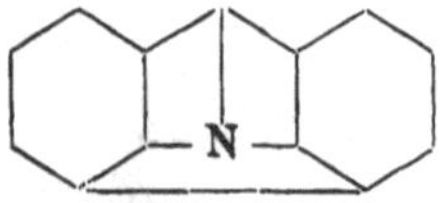

Carbazacridin

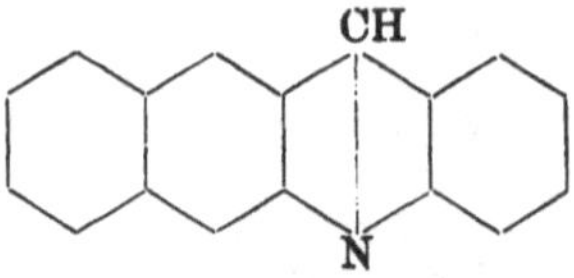

Phenonaphtacridin

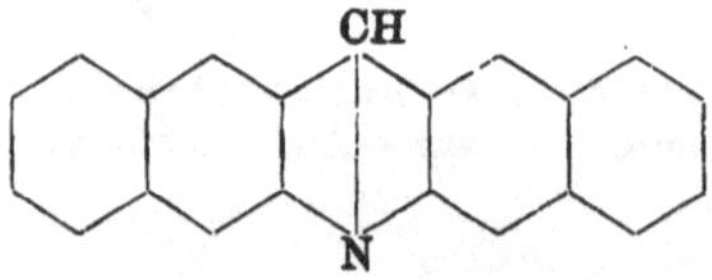

Naphtacridin

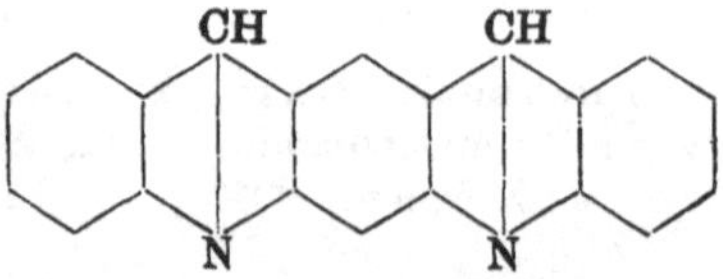

Chinacridin

C. Heteroringe vom Typus des Phenanthrens.

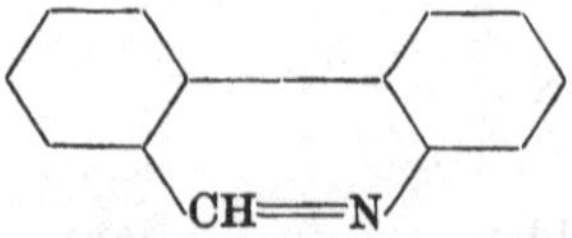

Phenanthridin

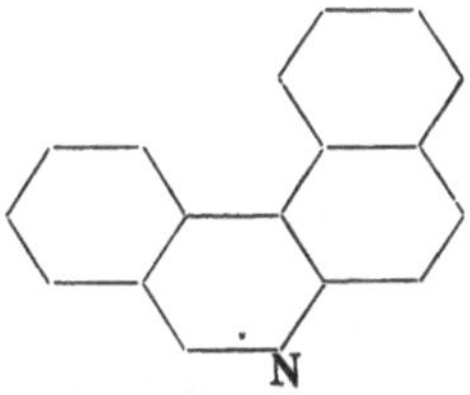

β-Chrysidin

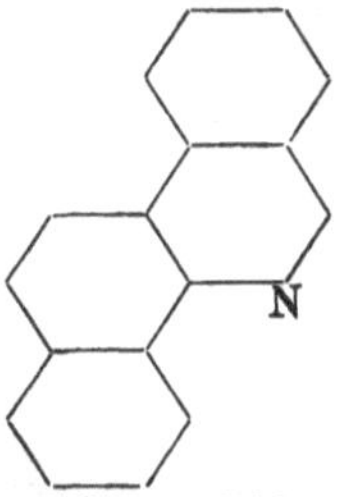

α-Chrysidin

D. Polycyklische Systeme mit zwei Stickstoffatomen in einem Ring.

o-Stellung:

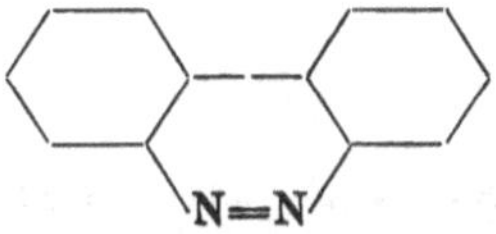

Phenazon oder Dibenzopyridazin

p-Stellung:

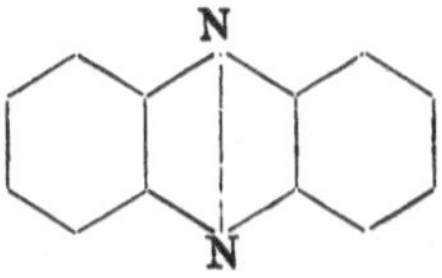

Phenazin oder Dibenzopyrazin

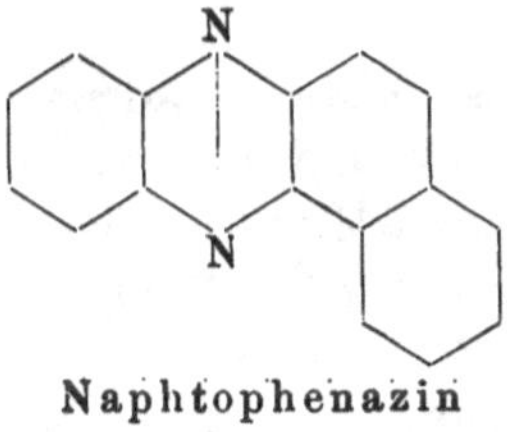

Naphtophenazin

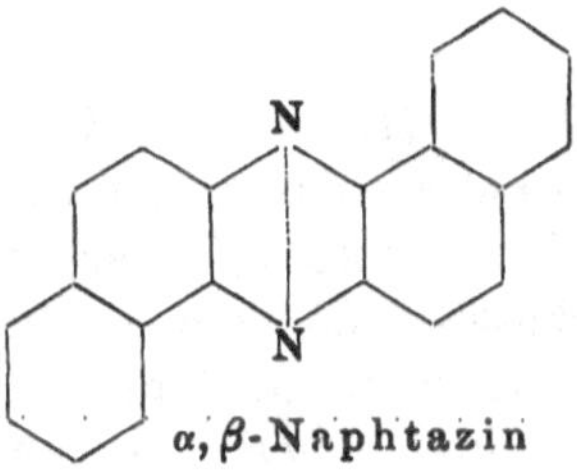

α, β-Naphtazin

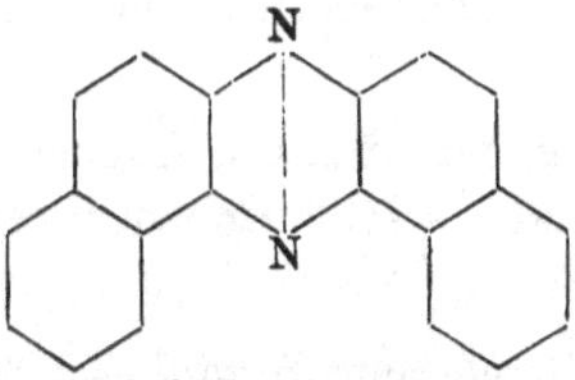

β, β-Naphtazin

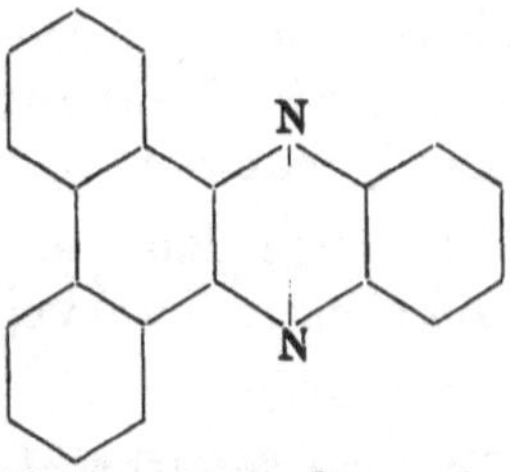

Phenanthrophenazin

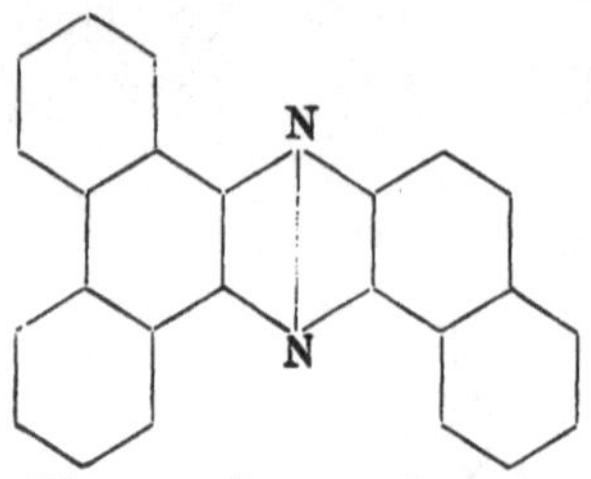

Phenanthronaphtazin

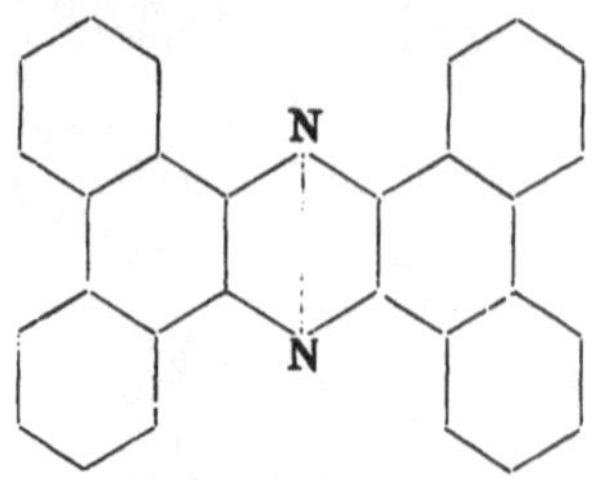

Phenanthrazin

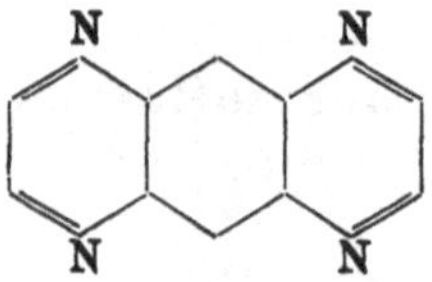

Benzodipyrazin

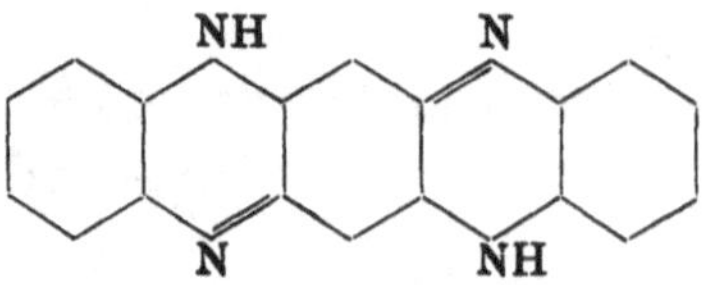

Fluorindin

E. Polycyklisches System mit drei Stickstoffatomen in einem Ring.

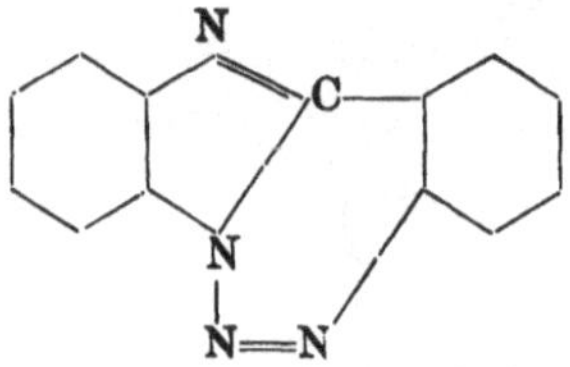

Benzimidazolazimid.

A) Die Heteroringe dieser Untergruppe entstehen allgemein — mit Ausnahme des Lilols, Julols, Naphtalimids und des Naphtinolins — nach der SKRAUP'schen[1] oder nach DÖBNER-MILLER'schen Chinolinsynthese (s. d.), indem diese Methoden auf höhere und kompliziertere aromatische Amine übertragen werden; so erhält man aus den Naphtylaminen die Naphtochinoline, aus den Phenylendiaminen die Phenanthroline, aus sym. Triaminobenzol Benzotripyridin, aus γ-Aminochinolin γ-Chinochinolin, aus (α, α)-Naphtylendiamin Benzophenanthrolin und endlich aus Aminopyren das Pyrenolin $C_{19}H_{11}N$.

Es hat sich dabei als Regel (578) ergeben, daß die Angliederung des Pyridinringes durchweg nur an je zwei solche Benzolringatome

[1] Auch das β-Anthrachinolin (vergl. Untergruppe B) wird nach SKRAUP aus β-Anthramin dargestellt.

erfolgt, welche auf Grund der KEKULÉ'schen Formel durch Doppelbindungen miteinander verknüpft sind; diese Beobachtung spricht gegen die zentrischen- und Diagonalformeln, die für carbocyklische und heterocyklische Systeme vorgeschlagen sind.

α-Naphtochinolin (579) $C_{13}H_9N$ (Schmp. 52°, Sdp. 338°) entsteht auch aus seiner α,γ-Dicarbonsäure (580) und wird durch CrO_3 zunächst zu α-Naphtochinolinchinon (I), darauf zu α-Phenylpyridindicarbonsäure (II) oxydiert (581):

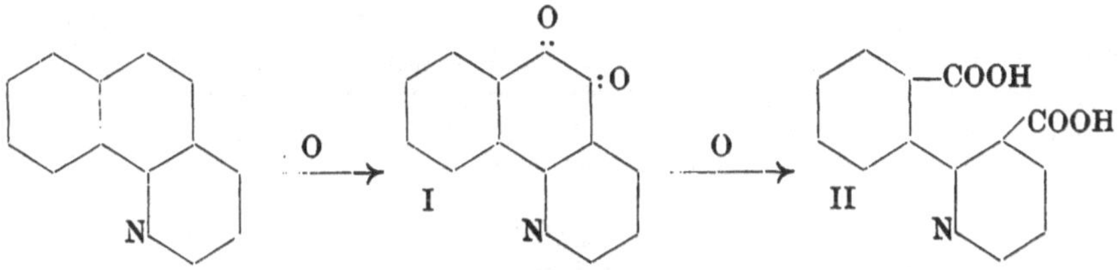

(Schmp. 205—207° u. Z., Analogon des Phenanthrenchinons) (vergl. S. 212)

β-Naphtochinolin (582) (Schmp. 94°, Sdp. 340°) entsteht auch aus den in α-Stellung durch Br oder NO_2 substituierten β-Naphtylaminen unter Abspaltung von BrH bezw. von HNO_2 (583) und liefert mit CrO_3 kein Chinon, mit Permanganat aber β-Phenylpyridindicarbonsäure (vergl. S. 212); β-Naphtochinolin verbindet sich nur schwierig mit Jodmethyl, ist nitrierbar und amidierbar (584).

Naphtochinaldine (585) erhält man nach DÖBNER-MILLER aus den Naphtylaminen durch Erwärmen mit Paraldehyd und Salzsäure auf 110°, Naphto-γ-oxychinaldine (586) aus den Naphtylaminocrotonsäureestern (Naphtylamin + Acetessigester) durch Erhitzen auf 240°. Naphtocinchoninsäuren (γ-Derivate) $C_{10}H_6\left\langle\begin{matrix}C(COOH)=CH\\ |\\ N=\!=\!=C\cdot R\end{matrix}\right.$ werden aus Naphtylaminen, Brenztraubensäure und Aldehyden dargestellt (587).

Hydronaphtochinoline (588) existieren in zwei Hydrierungsstufen, als Tetra- und als Octohydronaphtochinolin; zunächst wird unter allen Umständen der Pyridinkern hydriert (Sn + HCl) (vergl. Tetrahydrochinolin S. 307). Dadurch nehmen die Tetrahydronaphtochinoline den Charakter von Alkylnaphtylaminen an. Die Aufnahme von weiteren 4 Wasserstoffatomen (Na + Alkohol) geschieht an einem der Benzolkerne, welcher dadurch „alicyklisch" wird, während der nicht hydrierte echte Benzolfunktionen annimmt. Wird dabei der äußere Benzolkern hydriert, so erhält man ein aromatisches (ar) Octohydrür, welches sich wie ein Alkylanilin verhält, handelt es sich hingegen um den mittleren Benzolkern, so liegt eine „alicyklische" Base (ac) vor vom Charakter der Alkylbenzylamine (vergl. Piperidin und Dekahydrochinolin).

Nachfolgende Formeln veranschaulichen diese Verhältnisse:

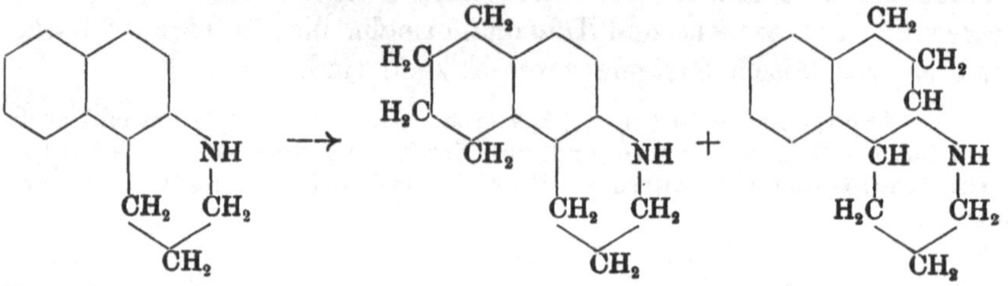

Tetrahydro-β-naphtochinolin (Schmp. 93,5°; bildet eine Diazoaminoverbindung).

werden durch CO_2 getrennt

ar. Octohydro-β-naphtochinolin (Schmp. 60,5, Sdp. 325°, reagiert mit Diazosalzen zu Azofarbstoffen).

ac. Octohydro-β-naphtochinolin (Schmp. 91°, Sdp. 321°, bildet eine Diazoaminoverbindung).

Während demnach beim β-Naphtochinolin beide Octohydrüre gleichzeitig entstehen — das ac. allerdings nur zu ca. 3 Prozent — liefert das α-Naphtochinolin nur das ar. Octohydrür.

Tetrahydro-α-naphtochinolin $C_{10}H_{16} : C_8H_6 : NH$ schmilzt bei 46,5° und fluoresziert in Lösung blau; es liefert mit Diazoniumsalzen Phenylazoderivate. ar. Octohydro-α-naphtochinolin $C_4H_8 : C_6H_2 : C_3H_6 : NH$ (direkt aus α-Naphtochinolin mit Na und Amylalkohol) schmilzt bei 47—48° und siedet bei 216° (37 mm Druck); es liefert mit Diazoniumsalzen Azokörper. Die Octohydrobase verliert durch CrO_3 leicht einen Teil des addierten Wasserstoffes.

Hydrierte Carbonsäurederivate des β-Naphtochinolins sind die Hydronaphto- und Naphtoglauconinsäuren, aus welchen auch ein Dihydro-β-naphtochinaldin entsteht; vergl. B. **31**, 694.

Pyrenolin $C_{19}H_{11}N$ (Konstitutionsformel vergl. S. 357) entsteht nach Skraup aus Aminopyrenchlorhydrat, Glycerin, Nitrobenzol und Schwefelsäure bei 160°; gelbe Nadeln vom Schmp. 152 bis 153°, die sich mit Jodmethyl zu einem dunkelroten Jodmethylat vereinigen (589).

Lilol (590) und Julol (591), ersteres die Kombination eines Pyrrolkernes mit einem Chinolinkern, letzteres ein doppelt kondensiertes Pyridin-Chinolin (Konstitutionsformeln vergl. S. 357) sind in Gestalt einiger Hydroderivate bekannt geworden.

Das sog. Diketomethyllilolidin wird aus Dihydromethylketol und Malonsäureester gewonnen:

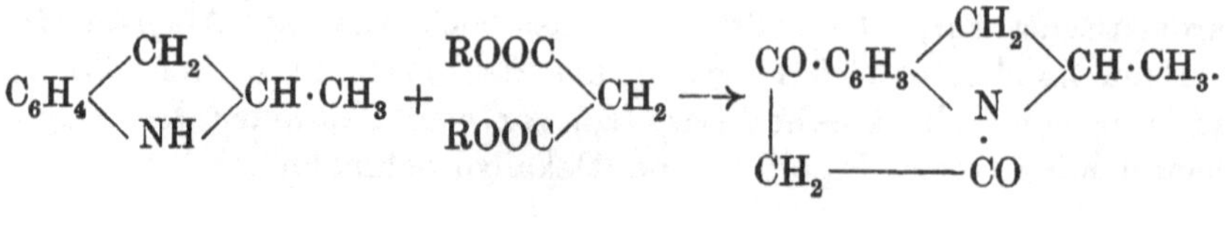

Die grundlegende Synthese für Derivate des an sich unbekannten Julols ist die Einwirkung von Acetessigester auf Tetrahydrochinolin, wobei das zunächst gebildete Chinolid der Acetessigsäure folgende Kondensation erleidet:

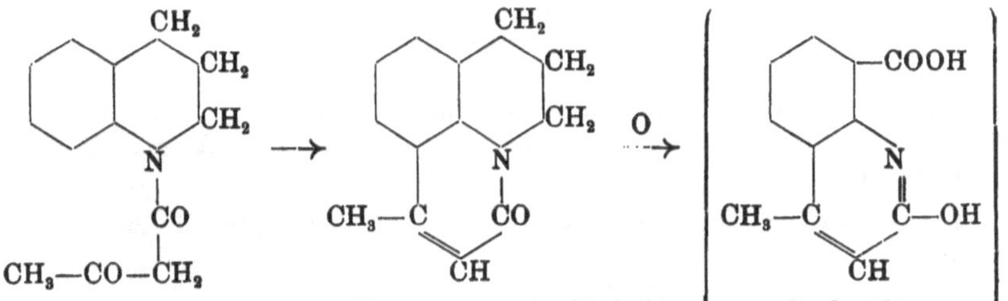

α_1-Keto-γ_1-methyljulolin (Schmp. 129,8°)

α-Oxylepidin-o-carbonsäure

Dieser Vorgang ist das Analogon der γ-Methylcarbostyrilsynthese (s. d.) aus Acetessigsäureanilid: das Tetrahydrochinolin verhält sich also, wie schon früher betont, auch hier, wie ein Alkylanilin.

Die Konstitution dieses Ketojulolins ergiebt sich aus dem seiner Formel beigefügten Oxydationsprodukt: α-Oxylepidin-o-carbonsäure, wobei man als Nebenprodukt Diketomethyljulol

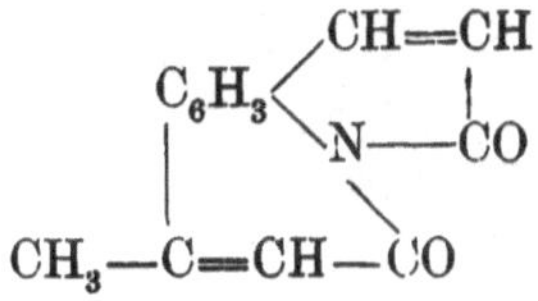

(Schmp. 245°) erhält.

γ-Methyljulolidin 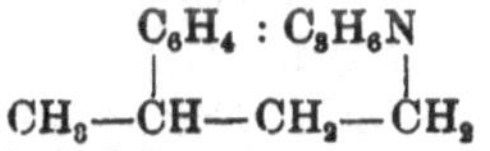

ist das Reduktionsprodukt (Na + Alkohol) des Ketomethyljulolins (s. o.); es siedet bei 283—287° u. Z.

Die Grundsubstanz dieser Base, das Julolidin

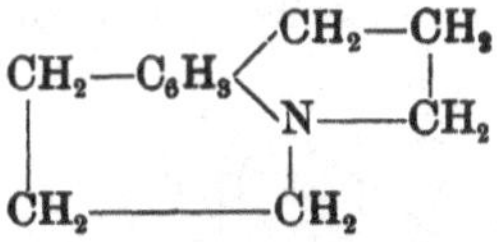

wird synthetisch aus Tetrahydrochinolin und Trimethylenchlorobromid (1-Mol.) dargestellt;[1] starke Base vom Schmp. 40° (592).

---

[1] Kann auch direkt aus Anilin und 2 Mol. Trimethylenchlorobromid gewonnen werden.

Ketoäthylmethyljulolin (Schmp. 80°) wird aus Äthylacetessigester und Tetrahydrochinolin erhalten.

α_1-**Keto**-γ_1-**oxyjulolin**

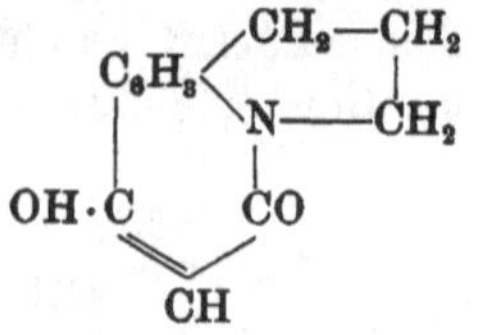

(Schmp. ca. 300°) ist das Kondensationsprodukt von Tetrahydrochinolin und Malonsäureester; mit PCl_5 entsteht ein Ketochlorjulolin, woraus die Gegenwart einer Hydroxylgruppe abgeleitet wird.

Julolviolett $C_{39}H_{35}N_3O_3 \cdot HCl$ entsteht aus Ketomethyljulolin (s. o.) und PCl_5 (593).

Naphtalimide (vergl. S. 357) sind die Kernhomologen der Homophtalimide (Diketotetrahydroisochinoline); die beiden Carbonyle sind direkt an den Naphtalinkern gebunden. Naphtalimid (Schmp. über 280°) wird aus Naphtalsäureanhydrid und konz. Ammoniak dargestellt (594):

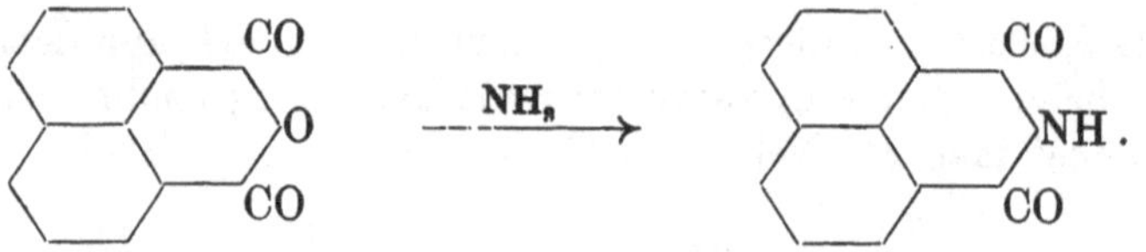

Ein **Naphtaldiimid** $NH\langle{}^{CO}_{CO}\rangle C_{10}H_4\langle{}^{CO}_{CO}\rangle NH$ entsteht aus dem Anhydrid der 1, 4, 5, 8-Naphtalintetracarbonsäure (595).

Phenanthroline (Benzodipyridine) existieren, wie in der Übersicht auf S. 357 gezeigt wurde, in drei stellungsisomeren Formen, welche sich durch die Art der Angliederung eines zweiten Pyridinkernes an das Chinolinmolekül unterscheiden.

Phenanthrolin und Pseudophenanthrolin entstehen aus m- bezw. p-Phenylendiamin durch zweifache Chinolisierung nach Skraup (596):

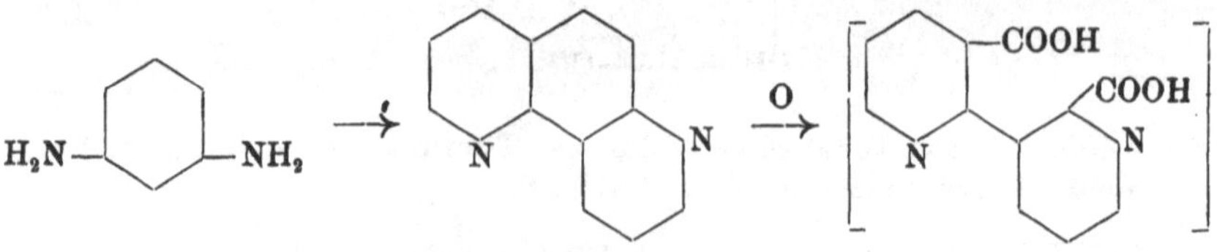

(m-) Phenanthrolin
(Schmp. 78—78,5°)

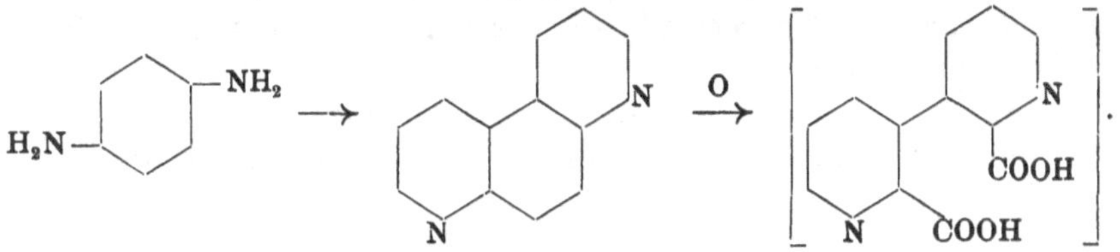

(p-)Phenanthrolin
(Schmp. 173°)

Die in den Klammern beigefügten Oxydationsprodukte sind α, β- bezw. β, β-Dipyridyldicarbonsäuren und beweisen die gegebenen Konstitutionsformeln der beiden Phenanthroline.

Von Interesse ist, daß das p-Xylylendiamin 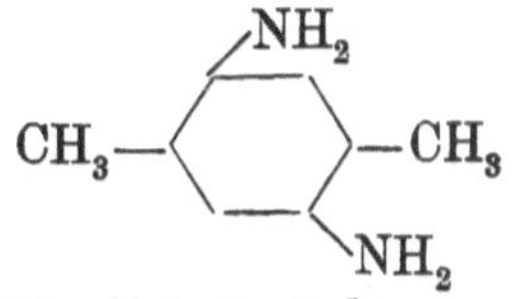

durch Glycerin und Schwefelsäure nur einmal chinolisiert wird unter Bildung von p-Aminodimethylchinolin: m-Aminochinoline mit besetzter o-Stellung gliedern einen zweiten Pyridinring nicht an, da keine Neigung zur Bildung anthracenartiger Heterosysteme besteht (597) (vergl. auch S. 361).

m-Phenanthrolin entsteht auch aus m-Nitranilin (Nebenprodukt: Oxyphenanthrolin) und aus m-Aminochinolin (598); α-Methylphenanthrolin (Schmp. 64—65°) bildet sich aus m-Aminochinaldin (599); α, α-Dimethylphenanthrolin (Schmp. 98°) aus m-Phenylendiamin, Paraldehyd und Salzsäure nach Döbner-Miller (600).

Pseudo- oder p-phenanthrolin entsteht auch aus Aminoazobenzol, Glycerin und Schwefelsäure (601); es verbindet sich sowohl mit 1 als mit 2 Mol. Jodmethyl.

Das dritte (o-)Phenanthrolin 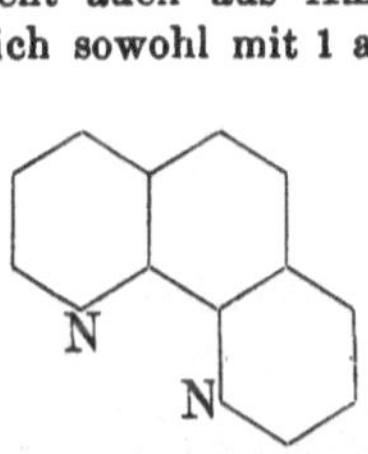

wird aus o-Aminochinolin durch Chinolisierung gewonnen; α-Methyl-o-phenanthrolin (+ $2H_2O$) entsteht aus o-Aminochinaldin und schmilzt wasserfrei bei 76° (602).

Benzotripyridin $C_{15}H_9N_3$ (Konstitutionsformel vergl. S. 357) entsteht nach demselben Prinzip, wie die Benzodipyridine (Phenanthroline), nämlich durch dreifache Chinolisierung des sym. 1,3,5-Triaminobenzols 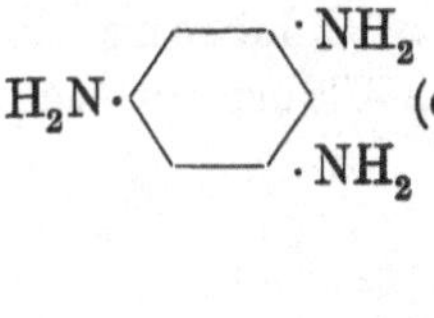

(603); es schmilzt bei 236° und

siedet oberhalb 360° unzersetzt; Benzotripyridin liefert mit konz. HCl ein Dichlorhydrat.

Benzophenanthrolin oder Naphtodipyridin $C_{16}H_{10}N_2$ entsteht durch zweifache Chinolisierung des α,α-Naphtylendiamins (604):

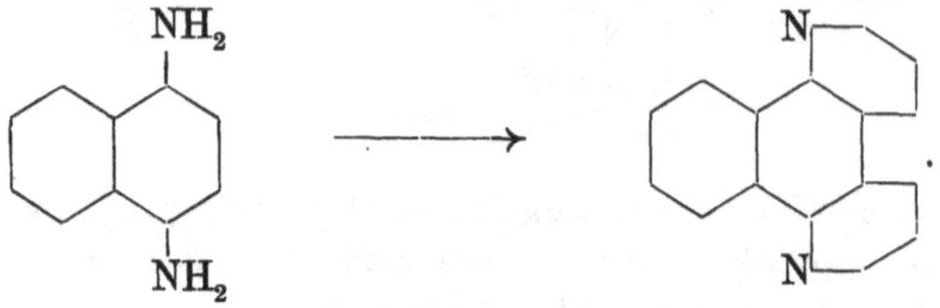

Einsäurige Base vom Schmp. 160°

Den Phenanthrolinen isomer sind die Chinochinoline, in welchen der neu hinzutretende Pyridinkern nicht mit dem Benzolkern, sondern mit dem Pyridinring des Chinolins zwei C-Atome gemeinschaftlich hat; sind diese beiden Atome β,γ-ständig, so nennt man die Grundsubstanz — welche bisher unbekannt ist — γ-Chinochinolin (605):

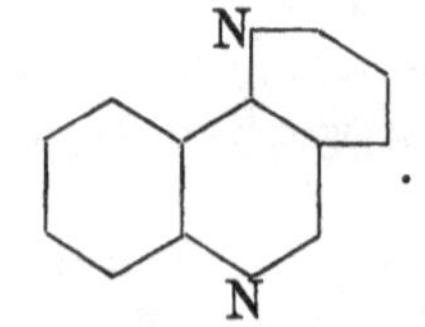

Von dieser leiten sich zwei Homologe ab, das α-Methylchinochinolin (Schmp. 206°, Sdp. oberhalb 360°), welches nach Skraup aus γ-Aminochinaldin entsteht, sowie das α,α-Dimethylchinochinolin (Schmp. 104°)

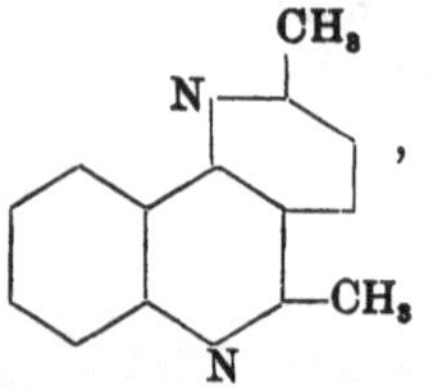

welches nach Döbner-Miller aus γ-Aminochinaldin, Paraldehyd und Salzsäure dargestellt wird.

Sind die gemeinschaftlichen C-Atome eines Chinochinolins α,β-ständig, so wird dasselbe als α-Chinochinolin bezeichnet. Die Muttersubstanz, welcher eine anthracen- oder acridinartige Konstitution zukäme, ist nicht bekannt, da allgemein α-Aminochinoline im Gegensatz zu den γ-Aminobasen sich nicht chinolisieren lassen. Hingegen sind die entsprechenden Chinolone dargestellt worden, und zwar durch Einwirkung von α'-Chlornicotinsäure auf Anthranilsäure (606):

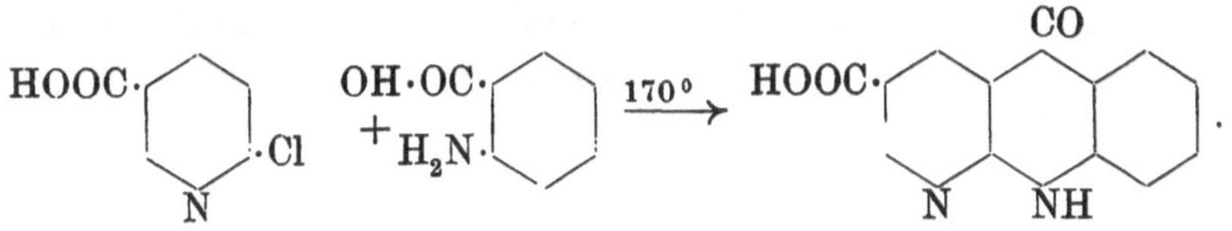

α-Chinochinolon-β-carbonsäure
(Schmp. 318—319° u. Z.)

Durch CO_2-Abspaltung erhält man aus dieser Säure das α-Chinochinolin vom Schmp. 210°, welches mit Mineralsäuren blau fluorescierende Lösungen giebt. Reduktion des Carbonyls erfolgt erst durch JH-Säure und Phosphor gegen 230°: das Produkt scheint Octohydro-α-chinochinolin zu sein.

Die Naphtinoline (607) (vergl. S. 358) schließen sich ihrer Konstitution nach den α-Chinochinolinen an, von denen sie sich nur durch den Mehrgehalt eines Benzolkernes unterscheiden; sie sind nur in Form von Hydroprodukten bekannt. Tetrahydronaphtinolin entsteht durch innere Kondensation der im freien Zustande nicht beständigen Di-o-aminobenzyl-essigsäure (aus Di-o-nitrobenzylessigsäure):

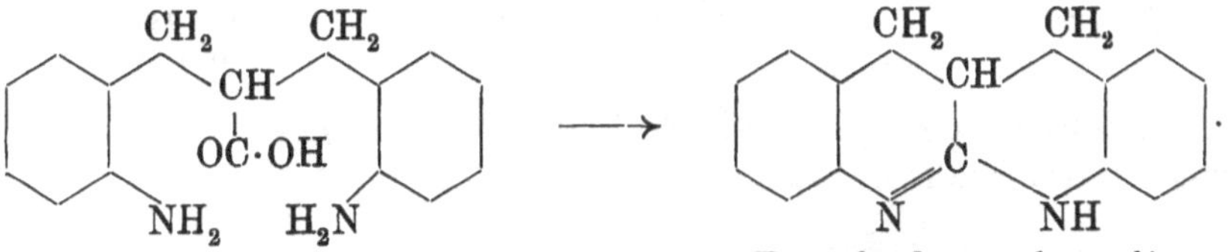

Tetrahydronaphtinolin
(Schmp. 211—212°)

Diese Synthese ist das Analogon der Hydrocarbostyrilbildung aus o-Aminohydrozimmtsäure, sowie der Gewinnung von Hydronaphtyridin (niederes Kernhomologes des Naphtinolins) aus δ,δ-Diaminodipropylessigsäure (vergl. S. 316).

Das Tetrahydronaphtinolin liefert nur ein Mono-n-acetylderivat vom Schmp. 240° und nimmt durch Behandlung mit Natrium-Amalgam zwei Wasserstoffatome auf; durch Oxydation mit Quecksilberacetat erhält man Dihydronaphtinolin:

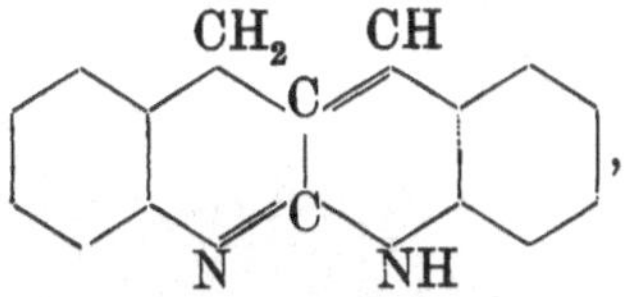

(Schmp. 201°)

dessen Lösungen — auch die der Salze — grün fluorescieren; die beiden letzten additionellen H-Atome lassen sich durch Oxydation nicht entfernen.

B. Heteroringe vom Typus des Anthracens.

Anthrapyridine (Konstitutionsformeln vergl. S. 358) sind in zwei isomeren Formen bekannt geworden, von denen die eine (α) als Chinolin-, die zweite (β) als Isochinolinabkömmling zu betrachten ist (608).

α-Anthrapyridin entsteht durch Reduktion (Zn-Staub + Ammoniak) des α-Anthrapyridinchinons, welches seinerseits durch Erhitzen von Benzoylpicolinsäure mit Schwefelsäure auf 270° dargestellt wird (Analogon der Anthrachinonsynthese aus Benzoylbenzoësäure):

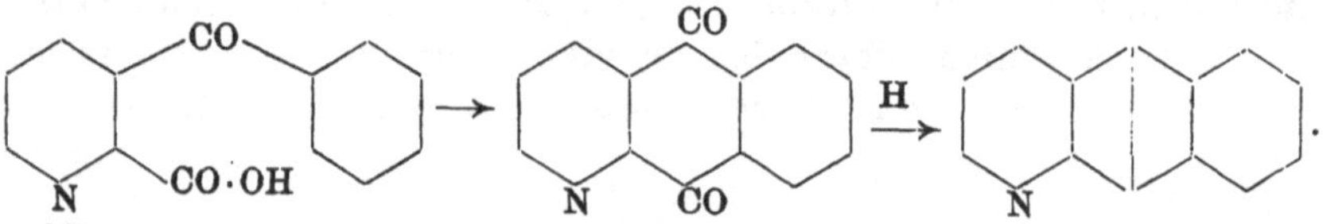

β-Benzoylpicolinsäure | α-Anthrapyridinchinon (Schmp. 280°, sublimierbar) | α-Anthrapyridin (Schmp. 275°)

β-Anthrapyridin und das zugehörige Chinon werden nach demselben Prinzip isoliert:

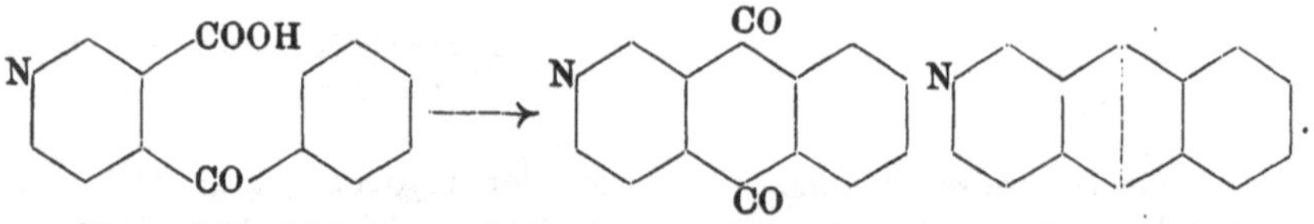

γ-Benzoylnicotinsäure | β-Anthrapyridinchinon (Schmp. 179°, sublimierbar) | β-Anthrapyridin (Schmp. 166°; die Salzlösungen der Base fluoreszieren gelbgrün)

Anthrachinoline (vergl. S. 358) verhalten sich zum Anthracen, wie die Naphtochinoline zum Naphtalin; als freie Base ist nur das β-Anthrachinolin (609)

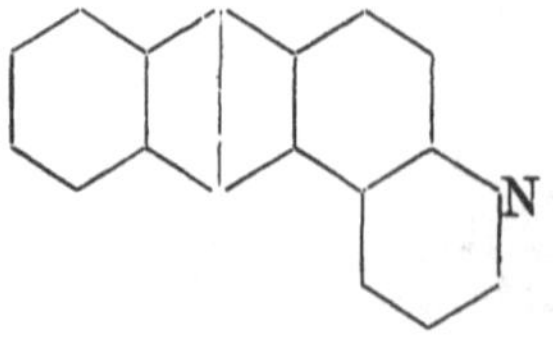

(Schmp. 170°, Sdp. ca. 446°)

isoliert worden, und zwar nach SKRAUP aus β-Anthramin; es entsteht auch durch Reduktion des Alizarinblaus (s. u.), seine Lösungen fluorescieren blau; es verbindet sich mit Jodäthyl und liefert durch Oxydation mit Chromsäure β-Anthrachinolinchinon

$$C_6H_4\langle{}^{CO}_{CO}\rangle C_6H_2 : C_3H_3N$$

vom Schmp. 185° (610).

β-Anthrachinaldinchinon wird aus m-Aminoanthrachinon durch Erhitzen mit Paraldehyd und Salzsäure dargestellt (611).

α-Anthrachinolinchinon $C_6H_4\langle{}^{CO}_{CO}\rangle C_6H_2{:}C_3H_3N$ (gelber Farbstoff) wird aus o-Nitroanthrachinon mit Glycerin und Schwefelsäure dargestellt (611).

Dioxy-β-anthrachinolinchinon oder Alizarinblau bildet sich aus β-Nitro- bezw. Aminoalizarin durch Erhitzen mit Glycerin und Schwefelsäure auf 100° (612):

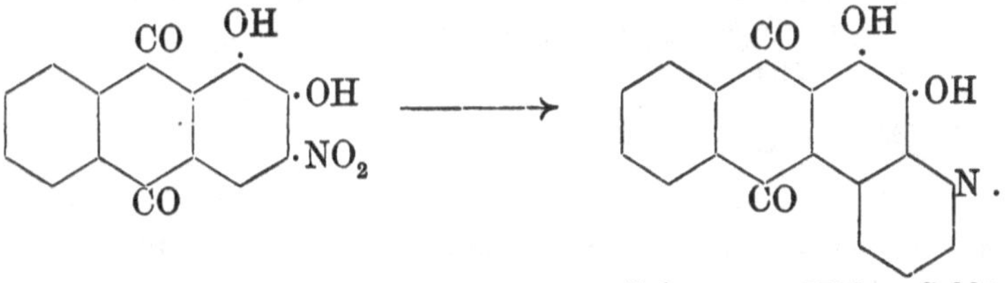

(Schmp. ca. 270° u. Subl.)

Alizarinblau löst sich in Alkalien mit blauer Farbe, durch Reduktion dieser Lösung entsteht eine Art Küpe, wie beim Indigoblau; Erhitzen mit Zinkstaub liefert β-Anthrachinolin.

Das im Handel vorkommende „lösl. Alizarinblau S" ist die farblose Bisulfitverbindung (613); über Alizaringrün, Flavopurpurinchinolin u. s. w. vergl. A. 276, 21; J. pr. [2], 44, 103; B. 22, R. 279, 369.

Acridingruppe (vergl. S. 358).

Das Acridin stellt einen eignen Typus dar, der von den gebräuchlichen Chinolinsynthesen, welche hier versagen, unabhängig ist; seine Beziehungen zum Chinolin und Pyridin, mit welchen es ebenso, wie die vorher beschriebenen Typen verwandt ist, ergeben sich nur aus Abbaureaktionen: durch Oxydation wird es zunächst in Chinolindicarbonsäure (Acridinsäure), dann in Pyridintetracarbonsäure übergeführt, wie aus folgendem Schema hervorgeht:

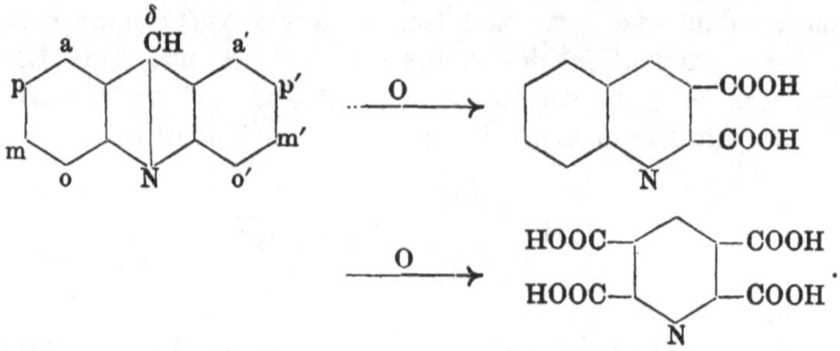

Die gezeichnete Konstitutionsformel läßt das Acridin oder Dibenzopyridin als ein Anthracen 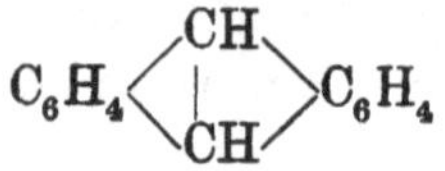 erscheinen, in welchem eine Methingruppe des mittleren Benzolkernes durch ein Stickstoffatom ersetzt ist.

Die Bezeichnung der mannigfachen Substitutionsprodukte des Acridins ergiebt sich ebenfalls aus obiger Formel; die δ-Abkömmlinge bezeichnet man auch als Mesokörper.

Durch Hydrierung des mittleren Kernes wird, wie beim Anthracen die Parabindung entfernt unter Bildung von Dihydroacridin 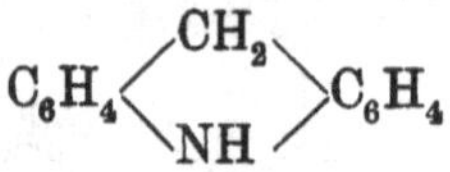 (s. u.).

Acridin $C_{13}H_9N$ findet sich im Rohanthracen des Steinkohlenteers und erhielt seinen Namen wegen der reizenden Wirkung auf Schleimhäute und Epidermis (614).

Acridinsynthesen: 1) Aus Diphenylaminen und Carbonsäuren durch Erhitzen mit Chlorzink unter Vermittelung des betreffenden Acyldiphenylamins (615); z. B. mit Ameisensäure:

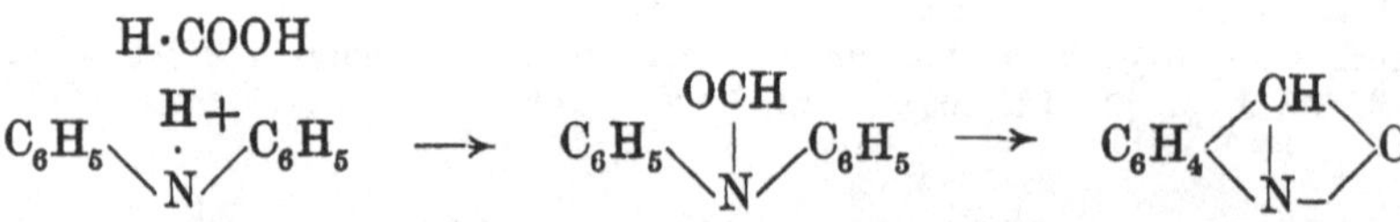

Formyldiphenylamin — Acridin

Mit homologen Säuren — fetten, wie aromatischen — entstehen die entsprechenden Mesoderivate; z. B. mit Benzoësäure δ-Phenylacridin:

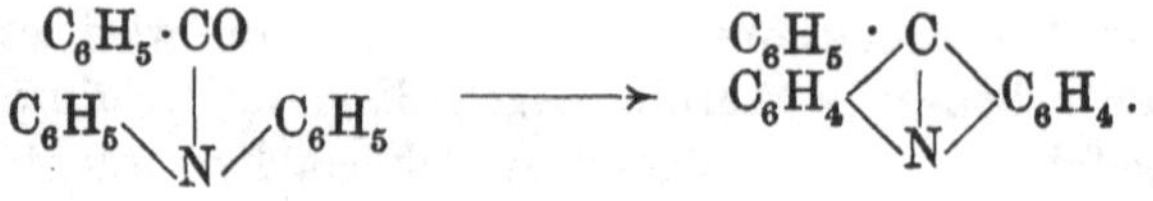

Das Diphenylamin kann durch seine Homologen und Analogen ersetzt werden; aus Phenylnaphtylamin und Ameisensäure erhält man z. B. Phenonaphtacridin:

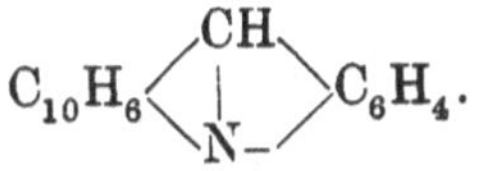

Diese allgemeine Synthese ist ein experimenteller Beweis für das Vorhandensein einer Parabindung in den Acridinen.

2) Aus den o-Aminoderivaten des Di- und Triphenylmethans durch Oxydation (616); Beispiele:

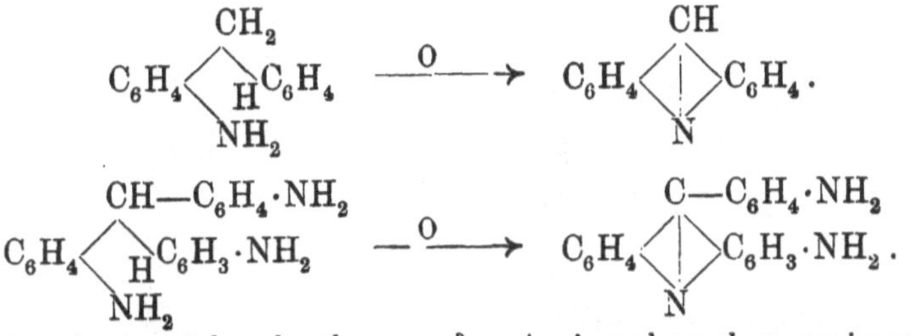

o-Di-p-triaminotriphenylmethan δ-p-Aminophenyl-m-aminoacridin oder Chrysanilin

3) Aus Dimethyl-m-phenylendiamin und Formaldehyd entsteht zunächst Tetramethyltetraminodiphenylmethan, welches unter Ammoniakabspaltung ein Hydroacridinderivat liefert, das dann zu Tetramethyldiaminoacridin oxydiert werden kann (617):

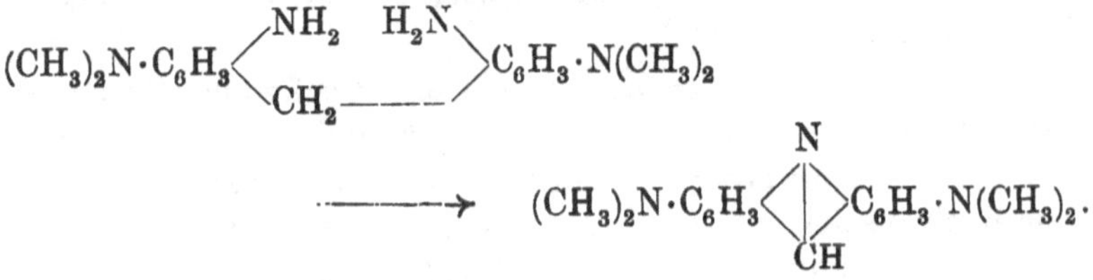

4) Pyrogene Bildung aus Phenyl-o-toluidin (618):

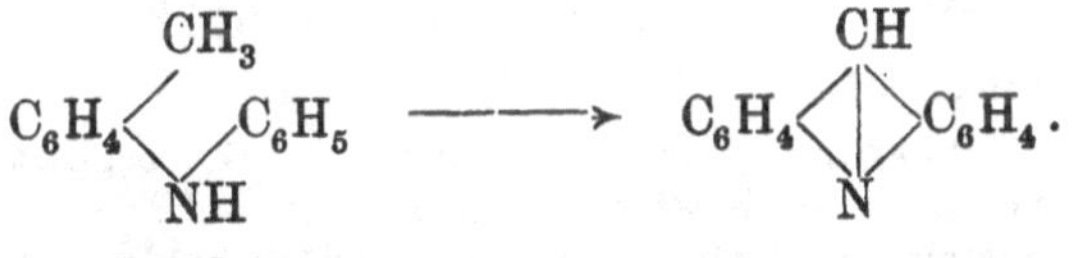

Spezielle Synthesen:

5) des Dioxyacridins aus Phloroglucin und o-Aminobenzaldehyd (619):

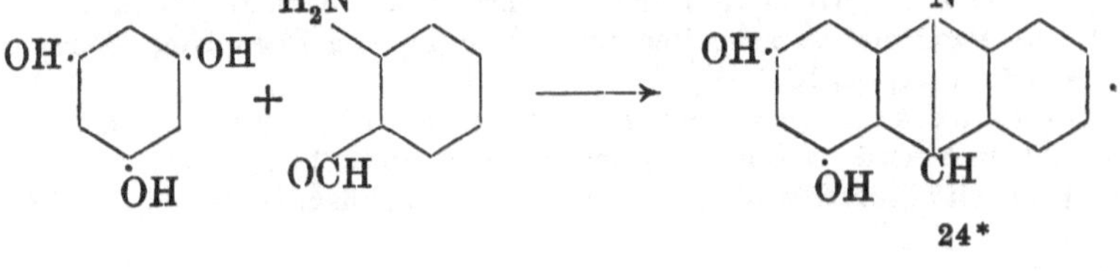

6) der Ketodihydroacridine oder Acridone aus Phenylanthranilsäuren (620):

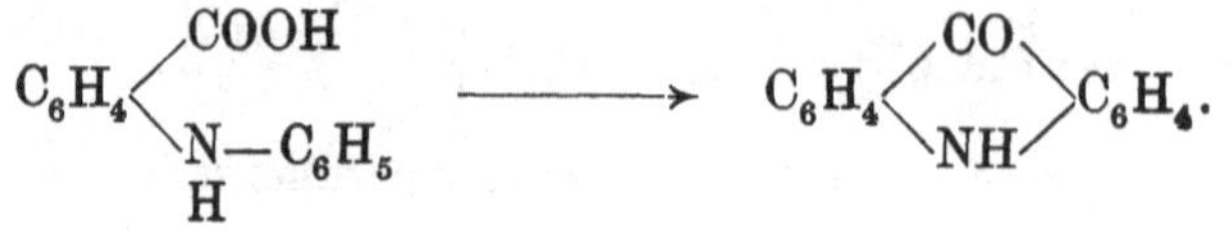

7) der 1, 2-Naphtacridine aus β, β-Dioxydinaphtylmethan und Anilinsalzen unter Abspaltung von β-Naphtol (621); z. B.:

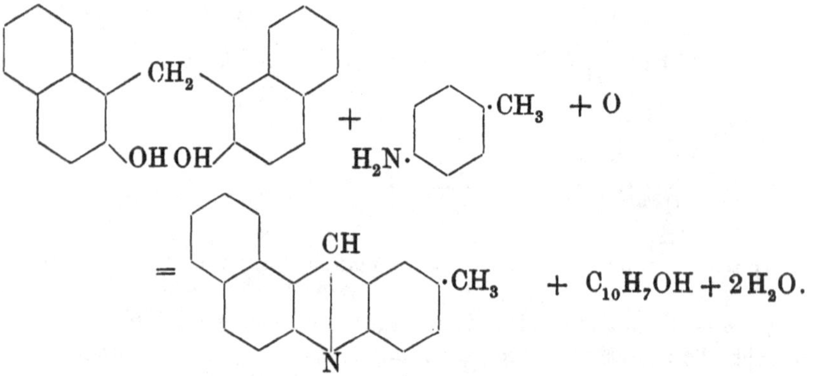

2′-Methylnaphtacridin

Derselbe Körper entsteht aus einem Gemenge von β-Naphtol, p-Toluidin und Formaldehyd.

Verhalten: Die Acridine sind sehr beständige Basen von mäßiger Stärke, deren Jodalkylate durch alkalisches Ferricyankalium nach Art der quaternären Chinoliniumsalze umgewandelt werden. Die durch Reduktion erhältlichen Dihydroacridine werden leicht — schon durch den Luftsauerstoff — in Acridine zurückverwandelt. Die Acridinderivate sind durch ihre gelbe Farbe ausgezeichnet; die Aminoacridine, wie das Chrysanilin sind gelbe Farbstoffe, welche sich den Pyroninen an die Seite stellen lassen.

Spezielles. Acridin, $C_{13}H_9N$ schmilzt bei 107°, beginnt jedoch schon bei 100° zu sublimieren und siedet oberhalb 360° ohne Zersetzung; es entsteht auch aus Diphenylamin mit Chloroform und Aluminiumchlorid (622), sowie aus Salicylaldehyd, Anilin und Chlorzink (623) und aus Acridon durch Destillation über Zn-Staub. Die Lösungen der Base fluorescieren blau; die Salze mit Mineralsäuren dissociieren mit heißem Wasser. Das Verhalten bei der Oxydation wurde schon auf S. 370 besprochen; oxydiert man aber Acridiniumbasen, so wird der Heteroring aufgespalten unter Bildung von Phenylaminobenzoësäure $C_6H_5—NH—C_6H_4—COOH$.

δ-Methylacridin (Schmp. 114°) entsteht aus Diphenylamin, Eisessig und Chlorzink und wird zu Chinolintricarbonsäure oxydiert (624).

p-Methylacridin (Schmp. 134°) aus Phenyldiamino-p-ditolylmethan (625).

δ-Phenylacridin (Schmp. 121°, Sdp. 403—404°) entsteht nach Methode 1), sowie aus Chrysanilin durch Austausch der Aminogruppen gegen Wasserstoff (626);

$$\delta\text{-Chloracridin}\quad C_6H_4 \left\langle \begin{matrix} C\cdot Cl \\ | \\ N \end{matrix} \right\rangle C_6H_4$$

(Schmp. 119°) aus Acridon mit PCl_5 und $POCl_3$ (627).

$$\text{m-Anilinoacridin}\quad C_6H_4 \left\langle \begin{matrix} CH \\ | \\ N \end{matrix} \right\rangle C_6H_3{-}NH\cdot C_6H_5$$

(Schmp. 175—176°), aus Diphenyl-m-phenylendiamin, Ameisensäure und Chlorzink, liefert mit HCl bei 250° m-Oxyacridin (628).

$$\text{Symmetrisches Diaminoacridin (629)}\quad NH_2{-}C_6H_3 \left\langle \begin{matrix} CH \\ | \\ N \end{matrix} \right\rangle C_6H_3{-}NH_2$$

(Schmp. 281°) entsteht aus Diaminoacridon, fluoresciert grün, und ist die Muttersubstanz der Acridinfarbstoffe; Diaminodimethylacridin

$$NH_2(CH_3)C_6H_2 \left\langle \begin{matrix} CH \\ | \\ N \end{matrix} \right\rangle C_6H_2(CH_3)NH_2$$

(aus m-Toluylendiamin und Formaldehyd in Gestalt des Dihydroproduktes) ist die Leukobase des Acridingelbs.

Tetramethyl-m-diaminoacridin oder Acridinorange entsteht nach Methode 3) (vergl. S. 371).

Diamino-δ-phenylacridin oder Benzoflavin

$$NH_2\cdot C_6H_3 \left\langle \begin{matrix} C\cdot C_6H_5 \\ | \\ N \end{matrix} \right\rangle C_6H_3\cdot NH_2$$

entsteht aus m-Phenylendiamin und Benzaldehyd unter Vermittelung des Triphenylmethanderivates in Gestalt der Leukobase (630).

δ-(p)-Aminophenyl-m-aminoacridin oder Chrysanilin (Schmp. 267—270°)

$$C_6H_4 \left\langle \begin{matrix} C{-}C_6H_4\cdot NH_2 \\ | \\ N \end{matrix} \right\rangle C_6H_3\cdot NH_2$$

entsteht synthetisch nach Methode 2 (vergl. S. 371) aus o-Di-p-triaminotriphenylmethan; es ist ein Nebenprodukt bei der Fuchsindarstellung, welches wohl dadurch zu Stande kommt, daß das p-Toluidin mit seinem Methankohlenstoff in die o-Stellung des einen und in die p-Stellung des anderen Aminrestes eingreift unter Bildung des oben angeführten Triaminotriphenylmethans. Durch Diazotieren und Ersatz der Diazogruppen gegen Wasserstoff gelangt man zum δ-Phenylacridin. Chrysanilin bildet zwei Reihen von Salzen, von denen die einsäurigen die beständigen sind; Nitrat und Chlorhydrat bilden den käuflichen Farbstoff Phosphin (631).

Hexamethyltriaminophenylacridin

$$(CH_3)_2N\cdot C_6H_3 \left\langle \begin{matrix} N \\ | \\ C{-}C_6H_4\cdot N(CH_3)_2 \end{matrix} \right\rangle C_6H_3\cdot N(CH_3)_2$$

(aus Nitrosodimethylanilin, Dimethylanilin und Salzsäure) ist wohl identisch mit der Farbbase Rubifuscin $C_{25}H_{28}N_4$ (632).

Die Aminoacridine gehen durch Erhitzen mit konz. HCl in Oxykörper, wie p-Oxy-δ-phenylacridin über; das Chrysanilin bildet indessen auf diese Weise das Chrysophenol (633) $C_{19}H_{11}N(OH)(NH_2)$, in welchem also nur eine Aminogruppe gegen Hydroxyl vertauscht ist.

Acridincarbonsäuren leiten sich von der δ-Acridylacrylsäure ab, welche durch Verseifen des δ-Methylacridinchlorals gewonnen wird (634):

(aus δ-Methylacridin und Chloral; Analogie mit Picolin und Chinaldin) — δ-Acridylacrylsäure

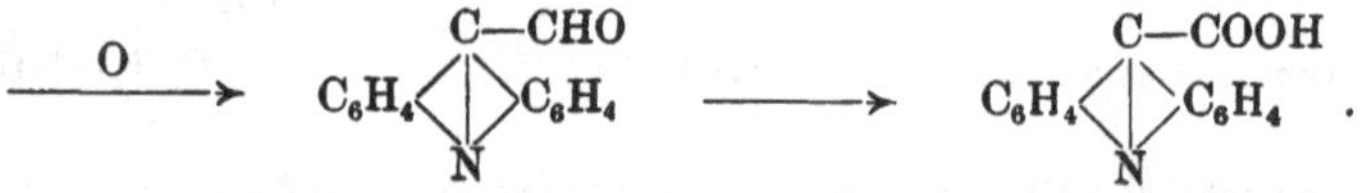

δ-Acridylaldehyd (Schmp. 139—140°) — Acridylsäure (Zsp. [CO_2 + Acridin] über 300°)

δ-Acridylpropionsäure entsteht aus Diphenylamin, Bernsteinsäure und Chlorzink (635).

δ-Acridyl-o-benzoësäure 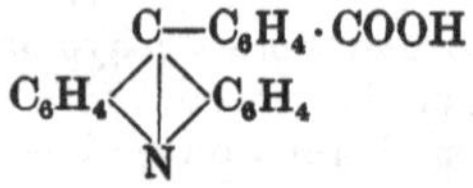 (aus Diphenylamin und Phtalsäureanhydrid) wird durch Natronlauge und Zinkstaub zu Hydroacridylbenzoësäure reduziert (636).

Über Diaminoacridylbenzoësäure und über den Farbstoff Flaveosin $C_{28}H_{31}N_3O_2$ vergl. B. 21, 3376, und Nietzki, Organ. Farbstoffe, 3. Aufl., S. 271.

Dihydroacridin 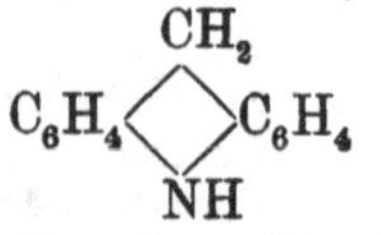 wird durch Reduktion des Acridins mit Zinkstaub oder Natriumamalgam gewonnen; es schmilzt bei 169° und besitzt merkwürdigerweise keine basischen Eigenschaften mehr; es reduziert ammoniak. Silberlösung und geht überhaupt sehr leicht wieder in Acridin über (637). Ein Octohydroacridin $C_{13}H_{17}N$ entsteht durch Hydrierung des Acridins mit JH-Säure und Phosphor gegen 230°; sekundäre Base vom Schmp. 84° (638).

Viel beständiger ist das Ketodihydroacridin 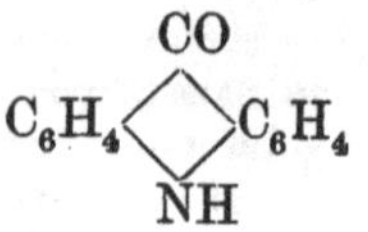 oder Acridon[1] (Schmp. 354°), ein fast neutraler Körper, der nach Bildungsweise 6) aus Phenylanthranilsäure dargestellt wird, aber auch

[1] Die alkoholische Lösung des Acridons fluoresciert intensiv blau.

aus o, o-Diaminobenzophenon (639) 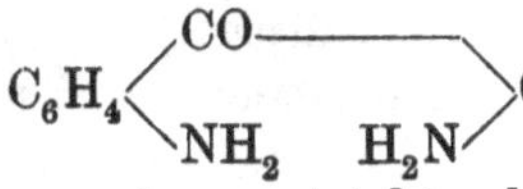, sowie aus Salicylanilid bei höherer Temperatur entsteht; bei letzterer Reaktion ist eine intermediäre Umlagerung des Salicylsäureanilids in Phenylanthranilsäure anzunehmen. Acridon ist zu Acridin und Hydroacridin reduzierbar. Methylacridine erhält man nach demselben Prinzip aus Salicyltoluiden (640).

n-Methylacridon (Schmp. 203,5°) wird durch Methylieren der Kalischmelze des Acridons, bezw. durch Oxydation des Methylacridiniumjodides erhalten (641).

Symmetrisches Diaminoacridon

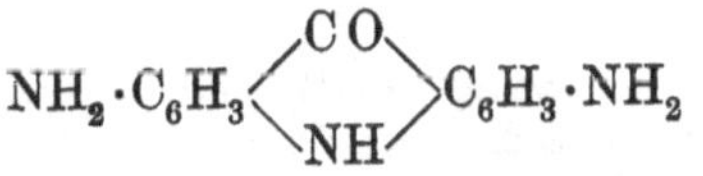 (Schmp. über 350°)

wird durch Reduktion von Tetranitrobenzophenon dargestellt (642).

Bisacridonyl 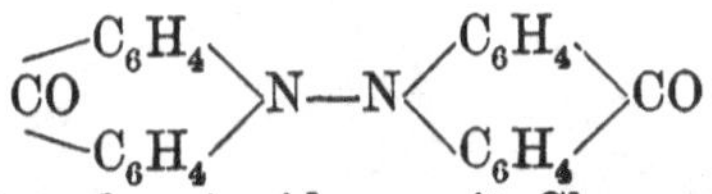 (Schmp. 251°) entsteht durch Oxydation des Acridons mit Chromsäure; es löst sich, im Gegensatz zu Acridon, nicht in alkoholischem Kali (643).

Ein Diketodekahydroacridin 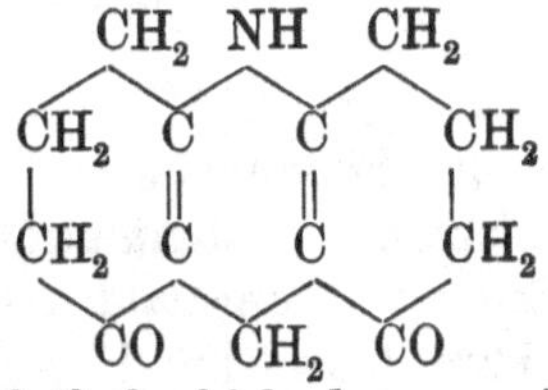 wird durch Einwirkung von Ammoniak auf Methylenbishydroresorcin (aus Hydroresorcin und Formaldehyd) dargestellt; es wird durch Zinkstaubdestillation in Acridin verwandelt. Die Lösungen fluorescieren grün, vergl. B. **30**, 1803.

Phenonaphtacridine 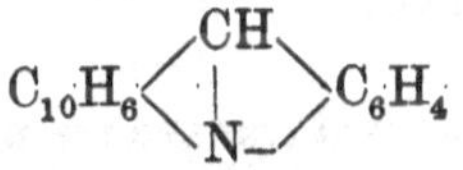

sind hauptsächlich durch Reduktion aus den entsprechenden Acridonen erhalten worden; Phenonaphtacridon entsteht z. B. synthetisch aus β, β-Phenylaminonaphtoësäure oder direkt aus β-Oxynaphtoësäure und Anilin (644):

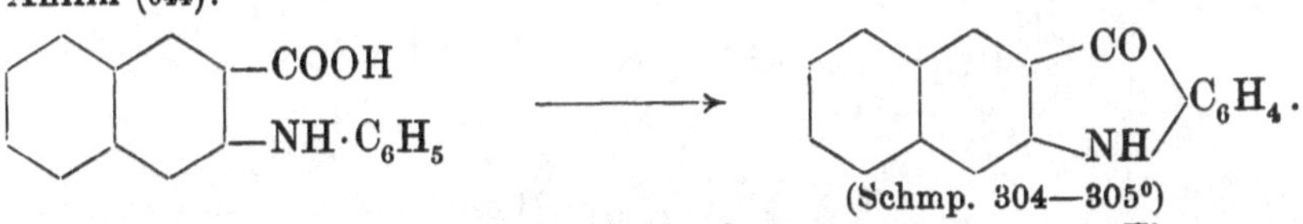

(Schmp. 304—305°)
(die Lösungen zeigen grüne Fluorescenz)

PCl_5 verwandelt dieses Acridon in δ-Chlorphenonaphtacridin (Schmp. 165°), Zn-Staub (+ Eisessig) in den sekundären Alkohol δ-Oxydihydrophenonaphtacridin (645) vom Schmp. 345°, während unter anderen Bedingungen Dihydrophenonaphtacridin $C_{10}H_6\langle{}^{CH_2}_{NH}\rangle C_6H_4$ (Schmp. 287°) erhalten wird; letzteres liefert durch Behandlung mit Äthylnitrit Phenonaphtacridin (645)

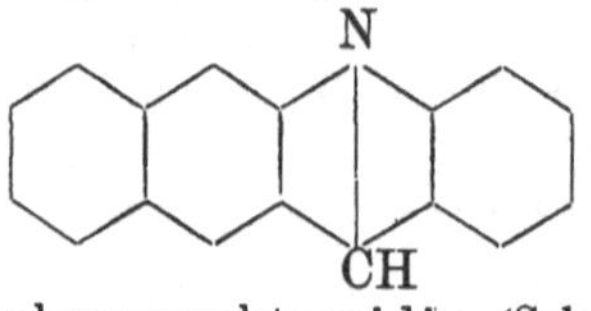
(Schmp. 226°).

δ-Phenylphenonaphtacridin (Schmp. 189°) entsteht aus Phenyl-β-naphtylamin und Benzoësäure mit P_2O_5 nach Methode 1 (646).

Eine Reihe isomerer Phenonaphtacridine, die sog. 1,2-Naphtacridine von der allgemeinen Formel:

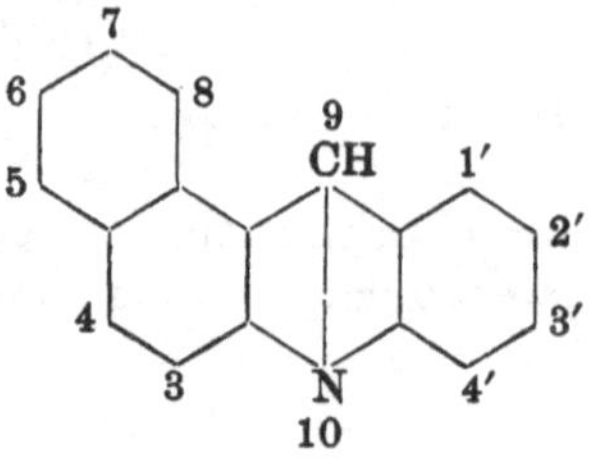

entsteht nach Bildungsweise 7 aus β,β-Dioxydinaphtylmethan und Anilinsalzen unter Elimination eines Mol. β-Naphtol; auch die direkte Einwirkung von Formaldehyd auf ein Gemenge von β-Naphtol und p-Toluidin führt im Fall des 2′-Methyl-1,2-naphtacridins (Schmp. 158°, Sdp. 460°) zum Ziel, ebenso die Einwirkung von β-Naphtol auf Anhydroformaldehyd-p-toluidin $CH_3 \cdot C_6H_4—N=CH_2$.

Ein 3′-Amino-2′-methylnaphtacridin (Schmp. 244°) erhält man, wenn man das p-Toluidin durch m-Toluylendiamin ersetzt (647).

Phenonaphtacridone, die einen Acridinring in α,β-Stellung enthalten, sind nur in Gestalt eines Chinons bekannt, welches aus α-Naphtylchinonanthranilsäure nach folgender Gleichung entsteht (648):

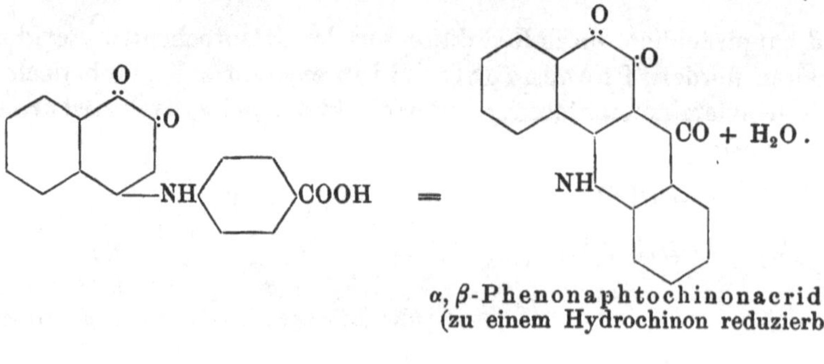

α,β-Phenonaphtochinonacridon
(zu einem Hydrochinon reduzierbar)

(Di-)Naphtacridine $C_{10}H_6\left\langle\begin{matrix}CH\\|\\N\end{matrix}\right\rangle C_{10}H_6$ (vergl. S. 358) sind als Derivate des β-Naphtylamins bekannt geworden; β-Naphtacridon $C_{10}H_6\left\langle\begin{matrix}CO\\ \\NH\end{matrix}\right\rangle C_{10}H_6$ (Schmp. über 300°) wird durch Erhitzen eines Gemenges von β-Oxynaphtoësäure und β-Aminonaphtoësäure mit Ammoniak und Chlorzink dargestellt (649):

$$C_{10}H_6\left\langle\begin{matrix}COOH\\ \\OH\end{matrix}\right. + \left.\begin{matrix}OHCO\\ \\H_2N\end{matrix}\right\rangle C_{10}H_6 \longrightarrow C_{10}H_6\left\langle\begin{matrix}CO\\ \\NH\end{matrix}\right\rangle C_{10}H_6 .$$

δ-Phenyl-β-napthacridin (Schmp. 297°) entsteht aus β-Dinaphtylamin und Benzoësäure (bezw. Benzoylchlorid) nach Bildungsweise 1. Das freie β-Naphtacridin schmilzt bei 216° (650).

Carbazacridine (651) (vergl. S. 358) sind eigentümliche Acridine, welche aus Acylcarbazolen nach demselben Prinzip entstehen, wie die Acridine aus den Acyldiphenylaminen:

Carbazacridine sind Acridine mit einer „Diphenylbindung", enthalten also 2 Wasserstoffatome weniger, als diese.

δ-Methylcarbazacridin schmilzt bei 175—178°.

δ-Phenylcarbazacridin (aus Benzoylcarbazol und Chlorzink) schmilzt bei 186,5°, bildet grün gefärbte Salze und wird durch CrO_3 zu Carbazacridon $CO\left\langle\begin{matrix}C_6H_3\\|\\C_6H_3\end{matrix}\right\rangle NH$ (Schmp. 177—179°) oxydiert.

Chinacridine (652) (vergl. S. 358) sind pentacyklische Basen mit zwei Heterosystemen vom Acridintypus; die grundlegende Synthese ist Erhitzen von Anthranilsäure mit Phloroglucin (Triketohexamethylen), wobei Oxychinacridon entsteht:

$$2C_6H_4\left\langle\begin{matrix}COOH\\ \\NH_2\end{matrix}\right. + C_6H_3(OH)_3 \longrightarrow C_6H_4\left\langle\begin{matrix}CO\\ \\NH\end{matrix}\right\rangle C_6H(OH)\left\langle\begin{matrix}CO\\ \\NH\end{matrix}\right\rangle C_6H_4 .$$

Durch Reduktion mit Zinkstaub liefert das Oxychinacridon das freie Chinacridin $C_6H_4\left\langle\begin{matrix}CH\\|\\N\end{matrix}\right\rangle C_6H_2\left\langle\begin{matrix}CH\\|\\N\end{matrix}\right\rangle C_6H_4$ vom Schmp.

226°, das sich in Säuren löst und durch Hydrierung mit Natriumamalgam Tetrahydrochinacridin $C_{20}H_{16}N_2$ (Schmp. 272°) liefert. Die auf S. 358 gegebene Konstitutionsformel des Chinacridins kann nicht als sicher erwiesen gelten, da die Verknüpfung des dritten und vierten Ringes auch in der α,β-Stellung stattfinden kann.

C. Heteroringe vom Typus des Phenanthrens.

Phenanthridingruppe.

Wie das Acridin als ein Anthracen aufzufassen ist, in welchem eine Methingruppe des mittleren Benzolkerns durch Stickstoff ersetzt ist, so erweist sich das Phenanthridin:

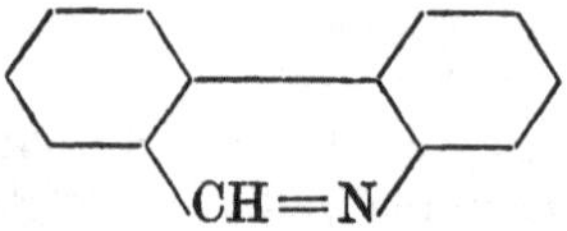

als ein Stickstoffsubstitutionsprodukt des Phenanthrens; thatsächlich ist auch ein genetischer Zusammenhang zwischen beiden Körpern vorhanden, da das Phenanthrenchinon $\begin{array}{l} C_6H_4-C_6H_4 \\ | \qquad\quad | \\ CO-CO \end{array}$ sich in o-Phenylbenzoësäure $C_6H_4\begin{array}{l} \diagup C_6H_5 \\ \diagdown COOH \end{array}$ verwandeln läßt; das Aminoderivat der letzteren erleidet innere Kondensation zu Oxyphenanthridin, welches durch Zinkstaubdestillation in Phenanthridin übergeht (653):

$$\begin{array}{ccccc} \begin{array}{l} C_6H_4-C_6H_4\cdot NH_2 \\ | \\ COOH \end{array} & \longrightarrow & \begin{array}{l} C_6H_4-C_6H_4 \\ | \qquad\quad | \\ C(OH)=N \end{array} & \longrightarrow & \begin{array}{l} C_6H_4-C_6H_4 \\ | \qquad\quad | \\ CH=N \end{array} . \\ \text{o-Aminophenylbenzoësäure} & & \text{Oxyphenanthridin} & & \text{Phenanthridin} \end{array}$$

Ferner stellt man Phenanthridine nach einem ähnlichen Prinzip, wie in der Acridinreihe dar, nämlich durch Erhitzen der Acylderivate des Aminodiphenyls mit Chlorzink (654):

$$\begin{array}{ccc} \begin{array}{l} C_6H_4-C_6H_4 \\ | \qquad\quad\; H \\ NH-CO \\ \qquad\;\; R \end{array} & \longrightarrow & \begin{array}{l} C_6H_4-C_6H_4 \\ | \qquad\quad | \\ N=\!=\!=C\cdot R \end{array} . \end{array}$$

Endlich entstehen Phenanthridine auf pyrogenem Wege, z. B. die Muttersubstanz der Gruppe aus Benzylidenanilin (655):

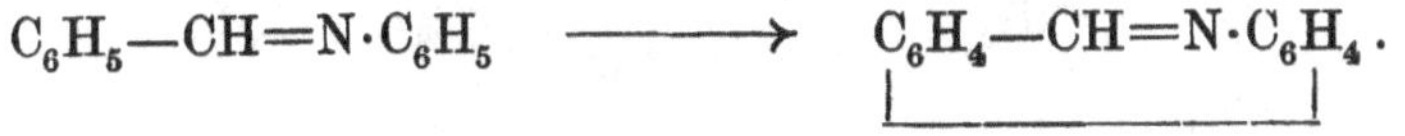

Phenanthridin $C_{13}H_9N$ (isomer mit Acridin und den Naphtochinolinen) entsteht nicht nur nach der in zweiter Linie aufgeführten Methode aus o-Formaminodiphenyl, sondern auch aus dem mit letzterem Körper isomeren o-Phenylbenzaldoxim (656):

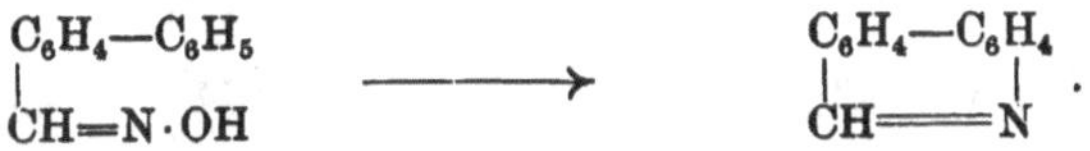

Die auch aus Phenanthridon durch Reduktion entstehende Base schmilzt bei 104° und siedet oberhalb 360°; sie ist zu Phenanthridon oxydierbar; die Salze dissociieren schon mit viel Wasser und zeigen blaue Fluorescenz; jedoch werden Phenanthridinjodalkylate leicht gebildet.

δ-Chlorphenanthridin 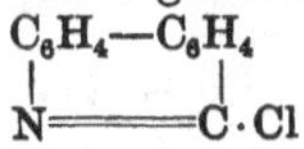 (aus Phenanthridon) ist beständiger als Chloracridin und schmilzt bei 116,5° (657).

o-Methylphenanthridin (Schmp. 70°) bildet sich pyrogen aus Benzyliden-o-toluidin, gleichzeitig mit α-Phenylindol;

δ-Methylphenanthridin (Schmp. 85°) aus o-Acetaminodiphenyl;

δ-Phenylphenanthridin (Schmp. 109°) aus o-Aminodiphenyl, Benzoësäure und Chlorzink.

Dihydrophenanthridin 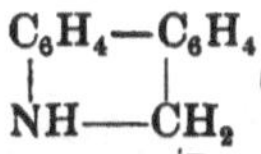 (Schmp. 90°) ist im Gegensatz zum Hydroacridin basisch; es entsteht durch Reduktion von Phenanthridin mit Zinn und Salzsäure und wird leicht rückwärts oxydiert (658).

Ketodihydrophenanthridin oder Phenanthridon

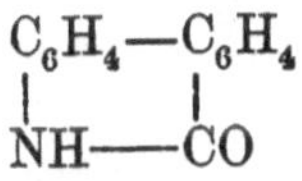 (Schmp. 293°, sublimierbar),

das Analogon des Acridons, entsteht aus Diphenaminsäure durch Oxydation mit Natriumhypobromit (659):

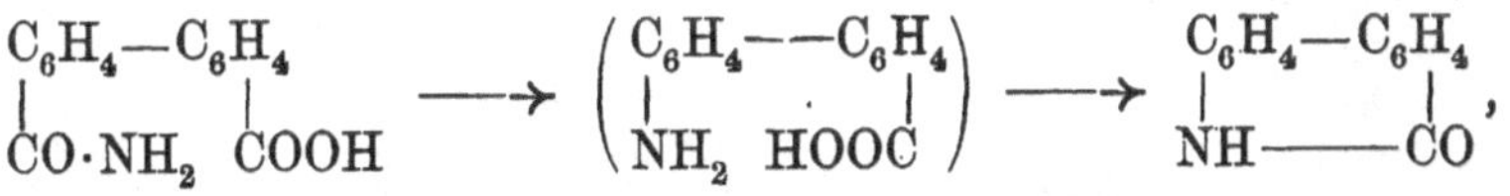

ferner aus Fluorenonoxim mit Chlorzink durch BECKMANN'sche Umlagerung (660):

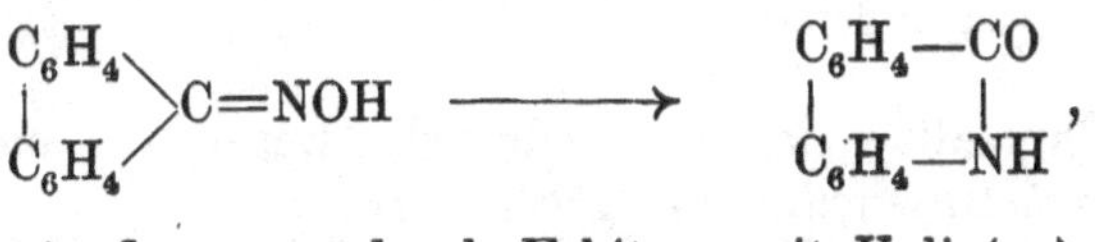

oder aus Aminofluorenon durch Erhitzen mit Kali (661):

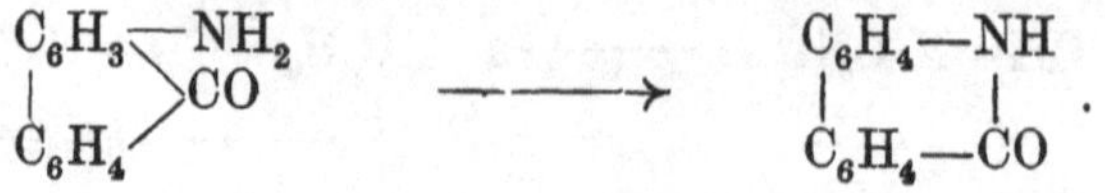

Geringer ist die Ausbeute bei der Darstellung durch Schmelzen von o-Diphenylurethan mit Chlorzink (662):

Phenanthridon ist noch beständiger als Acridon; durch Glühen mit Zn-Staub entsteht Phenanthridin. Das n-Methylderivat entsteht durch Oxydation von Methylphenanthridiniumhydroxyd (Analogie mit Chinolin) (663):

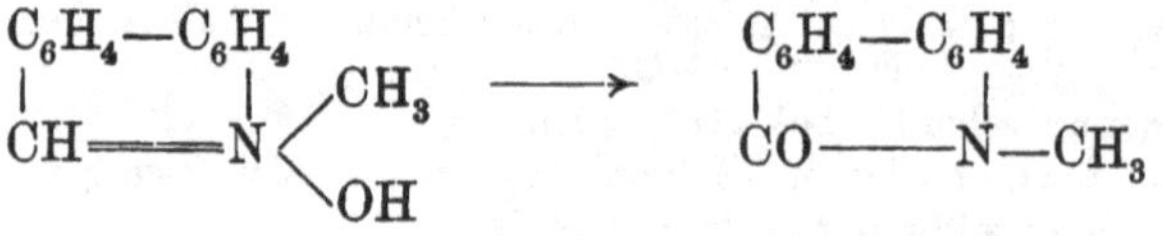

(Schmp. 109°).

Derselbe Körper entsteht durch Diazotieren von o-Aminobenzoylmethylanilid und Kochen der Diazolösung (664):

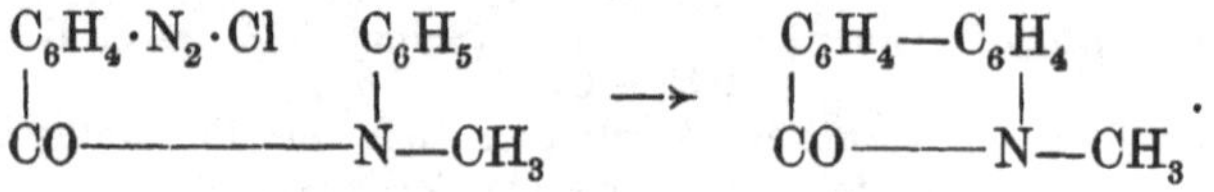

Chrysidine

(vergl. S. 359) verhalten sich zu den eben besprochenen Phenanthridinen wie die Naphtochinoline zu den Chinolinen:

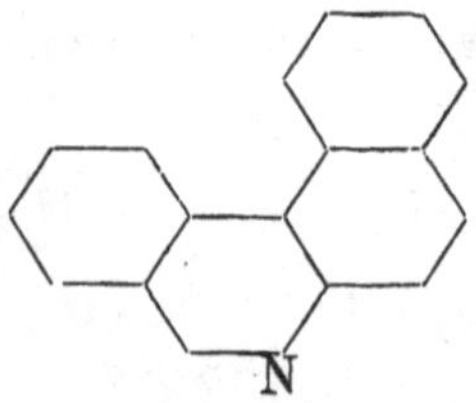

β-Chrysidin, Schmp. 131°
(pyrogen aus Benzyliden-β-naphtylamin)

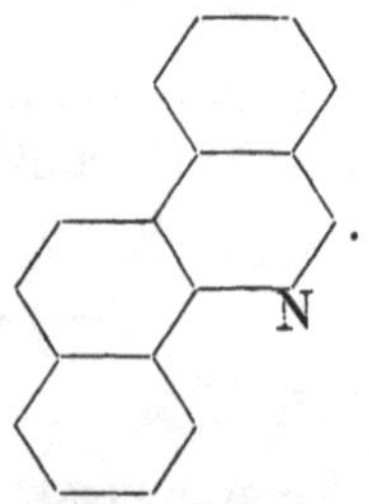

α-Chrysidin, Schmp. 108°
(pyrogen aus Benzyliden-α-naphtylamin)

Beide Chrysidine sind sehr schwache Basen, die indessen charakteristische Methylhydroxyde geben (665).

D. Polycyklische Systeme mit zwei Stickstoffatomen in einem Ring.

1. Orthoderivate.

Phenazon oder Dibenzopyridazin besitzt, wie die eben vorher beschriebenen Körper, phenanthrenartige Struktur; man kann es vom Phenanthridin ableiten durch Ersatz der Methingruppe des Heteroringes durch Stickstoff:

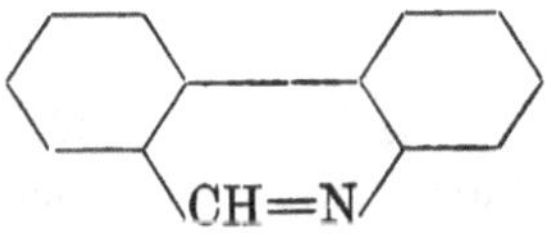

Phenanthridin

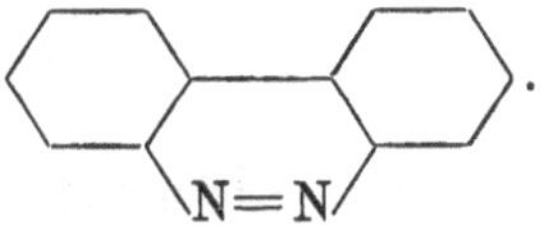

Phenazon

Phenazon (grünlich-gelbe Nadeln vom Schmp. 156°) wird dargestellt durch Reduktion von o, o-Dinitrodiphenyl mit Natriumamalgam und Methylalkohol (666):

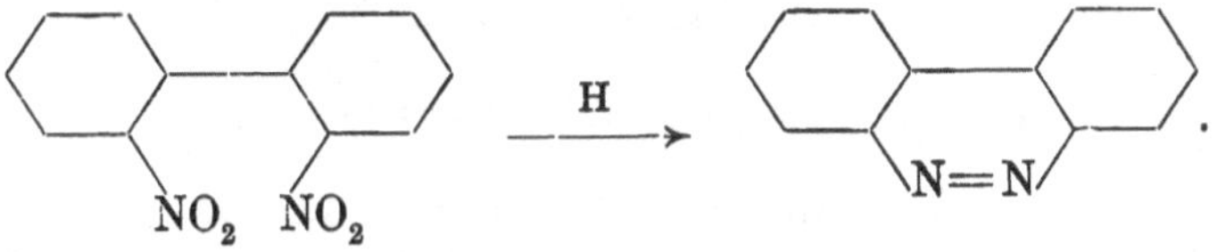

Dieser Vorgang entspricht in jeder Beziehung der Verwandlung von Nitrobenzol in Azobenzol; man kann das Phenazon demgemäß als ein Azobenzol mit Diphenylbindung auffassen. Diese Analogie geht soweit, daß der erwähnte Reduktionsprozeß so geleitet werden kann, daß sauerstoffhaltige dem Azoxybenzol entsprechende Zwischenprodukte sich fassen lassen, wie

$$\begin{array}{ccc} C_6H_4 & — & C_6H_4 \\ | & & | \\ N & — & N \\ & \diagdown O \diagup & \end{array} \quad \text{oder} \quad \begin{array}{ccc} C_6H_4 & — & C_6H_4 \\ | & & | \\ N & = & N \\ \| & & \\ O & & \end{array} \quad \text{(Schmp. 152°).}$$

Durch Erhitzen von Diphenylen-o-dihydrazin

$$\begin{array}{ccc} C_6H_4 & —— & C_6H_4 \\ | & & | \\ NH—NH_2 & & NH—NH_2 \end{array}$$

mit Salzsäure auf 150° läßt sich ebenfalls Phenazon gewinnen.

Durch Reduktion des Phenazons mit Zinnchlorür und Salzsäure gelangt man zu dem mit Hydrazobenzol vergleichbaren Dihydrophenazon $\begin{array}{l} C_6H_4-C_6H_4 \\ | \qquad\quad\ \ | \\ NH-\!\!-\!\!-NH \end{array}$, welches indessen äußerst leicht rückwärts oxydiert wird (667).

Der Zusammenhang des Phenazons mit dem Pyridazin (Orthodiazin) ergiebt sich aus seiner Oxydation (mit Permanganat) zu Pyridazintetracarbonsäure unter Verbrennung der beiden kondensierten Benzolkerne (vergl. S. 249).

m, m-Diaminophenazon H_2N- 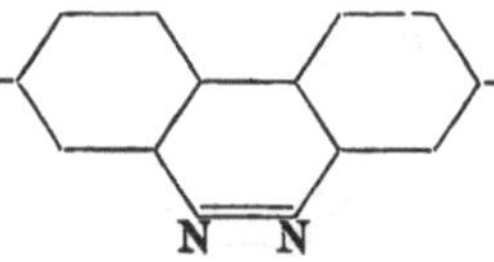

$-NH_2$ (dunkelrote Prismen vom Schmp. 267° u. Z.) wird durch alkalische Reduktion von m-Dinitrobenzidin dargestellt; es löst sich in wenig Salzsäure mit grünlichgrauer Farbe, die durch weiteren Säurezusatz in Rotviolett umschlägt unter Bildung des dreisäurigen Salzes.

p, p-Dimethylphenazon (Tolazon) entsteht aus Dinitroditolyl und schmilzt bei 187° (668).

2. Paraderivate.

Phenazingruppe (Dibenzopyrazine).

Wie sich das Phenazon vom Phenanthridin, also indirekt vom Phenanthren ableitet, so kann man das Phenazin auf das Acridin und damit auf das Anthracen beziehen; vom isomeren Phenazon unterscheidet es sich nicht nur dadurch, daß die beiden Heteroatome sich in Parastellung befinden, sondern auch durch seinen acridin- bezw. anthracenartigen Bau. Außerdem kommt jedoch eine zweite Formulierung in Betracht, welche man als eine „orthochinoïde" bezeichnen kann; diese beiden tautomeren Phasen des Phenazins geben nachstehende Formeln wieder:

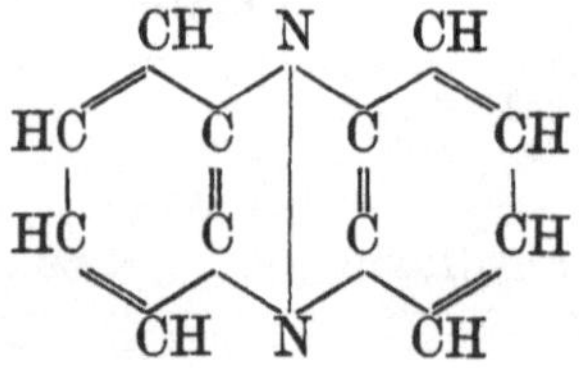

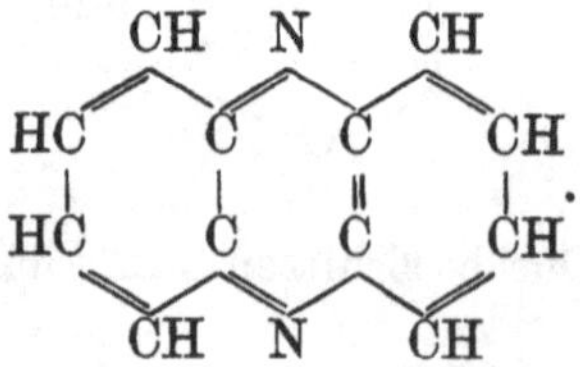

Die nähere Begründung der orthochinoïden Formel wird weiter unten erfolgen; es sei hier nur auf eine wichtige Bildungsweise der Phenazine — Einwirkung von o-Chinonen auf o-Phenylendiamine (vergl. folg. S.) — hingewiesen, welche ungezwungen zur zweiten Konstitutionsformel führt.

Vom Phenazin, sowie von den höher kondensierten Paradiazinen (vgl. S. 359 u. 360), wie Naphtophenazin, Naphtazin, Phenanthrophenazin u. s. w. leitet sich eine lange Reihe von Derivaten und zum Teil technischer wichtiger Farbstoffe ab, wie die Klassen des Toluylenrotes, der Safranine, Induline etc.

Die wichtigsten Kernhomologen des Phenazins, auf die weiter unten des öfteren zurückzukommen ist, sind die folgenden:

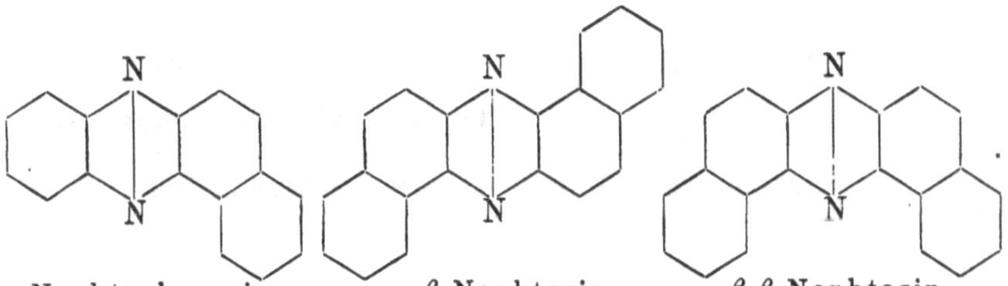

Naphtophenazin α,β-Naphtazin β,β-Naphtazin

Synthesen der Phenazine, Naphtazine u. s. w.

1) Kondensation von o-Phenylendiamin mit Brenzkatechin (669):

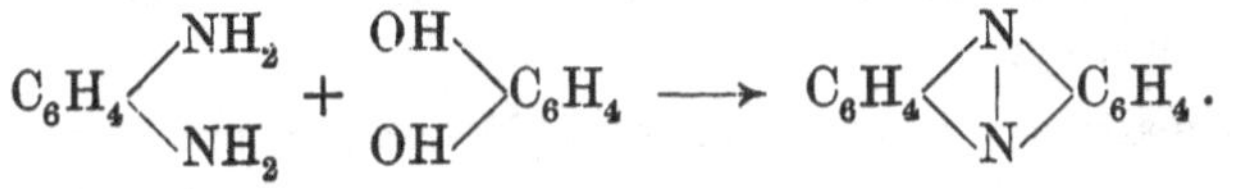

2) Kondensation von aromatischen o-Diaminen mit Ortho-Chinonen (670); Beispiele:

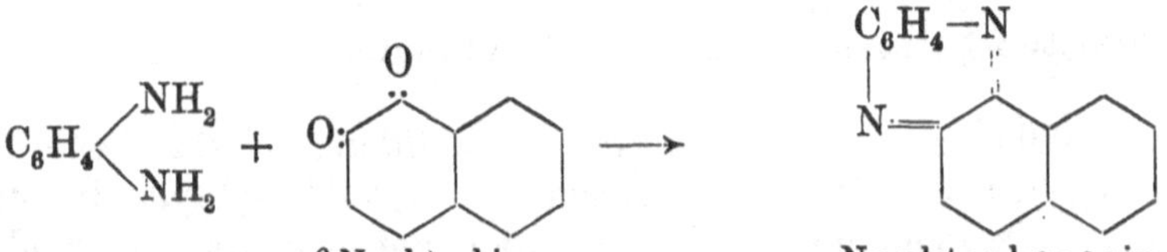

β-Naphtochinon   Naphtophenazin

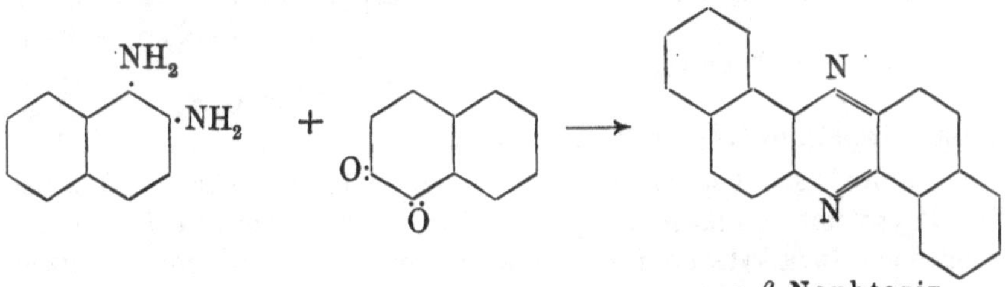

α,β-Naphtazin

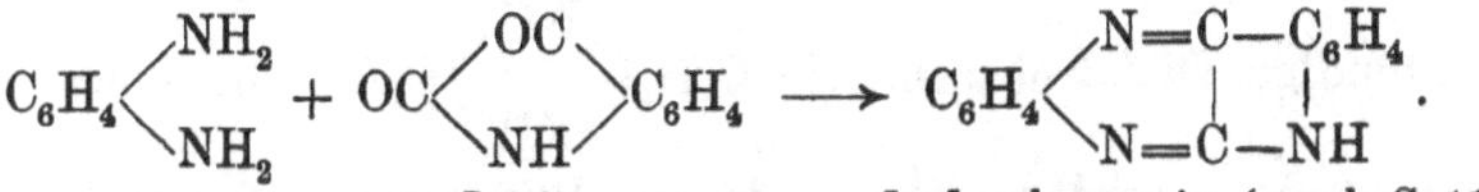

Isatin   Indophenazin (vergl. S. 112)

Verwendet man zu diesen Synthesen Monoalkyl- oder Monoalphyl-o-phenylendiamine, so entstehen nach Analogie der Chinoxaline (Benzoparadiazine) Azoniumbasen mit fünfwertigem Stickstoff (671); z. B.:

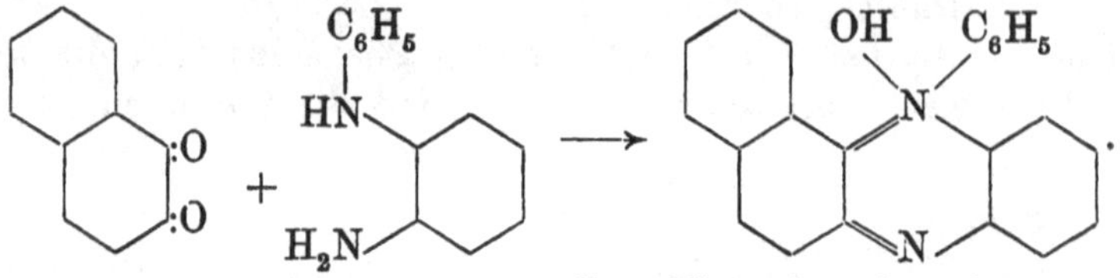

(Iso)-Phenylnaphtophenazonium

3) Gemeinschaftliche Oxydation eines o-Diamins mit α-Naphtol (672), z. B.:

$$CH_3-C_6H_3\begin{matrix}\diagup NH_2\\ \diagdown NH_2\end{matrix} + OH\cdot C_{10}H_7 \xrightarrow{O} CH_3-C_6H_3\begin{matrix}\diagup N \diagdown\\ |\\ \diagdown N \diagup\end{matrix}C_{10}H_6.$$

Naphtotolazin

Als Zwischenprodukt der Reaktion kann α,β-Naphtochinon angenommen werden.

4) Abspaltung von Anilin aus Alphyl-o-aminoazokörpern (673); z. B.:

$$C_{10}H_6\begin{matrix}\diagup N{=}N\cdot C_6H_5\\ \diagdown NH\cdot C_{10}H_7\end{matrix} = C_{10}H_6\begin{matrix}\diagup N \diagdown\\ |\\ \diagdown N \diagup\end{matrix}C_{10}H_6 + H_2N\cdot C_6H_5.$$

o-Benzolazo-β,β-dinaphtylamin $\qquad$ β,β-Naphtazin

Im angeführten Falle findet die Azinbildung direkt beim Zusammengeben von Diazoniumchlorid mit β,β-Dinaphtylamin statt; in anderen Fällen findet die Kondensation der o-Aminoazoverbindung erst durch Kochen mit mäßig konzentrierten Mineralsäuren statt; so entsteht z. B. Naphtophenazin aus $C_{10}H_6\begin{matrix}\diagup N{=}N-C_6H_4-SO_3H\\ \diagdown NH\cdot C_6H_5\end{matrix}$ unter Abspaltung von Sulfanilsäure (674).

Verhalten: Die Azine sind meistens gelblich gefärbt und ziemlich unzersetzt destillierbar oder sublimierbar; schwache Basen, die aber noch Jodalkyle addieren unter Bildung von Alkylazoniumsalzen, gegen Oxydationsmittel sehr beständig, liefern sie durch Reduktion unbeständige Dihydrobasen, wie $C_6H_4\begin{matrix}\diagup NH \diagdown\\ \diagdown NH \diagup\end{matrix}C_6H_4$, die leicht rückwärts oxydiert werden. (Analogie mit Phenazon und Acridin.)

Spezielles: Phenazin, $C_{12}H_8N_2$ (Schmp. 171°), entsteht außer nach den angeführten allgemeinen Methoden aus o-Aminodiphenylamin durch Destillation über PbO_2 (675):

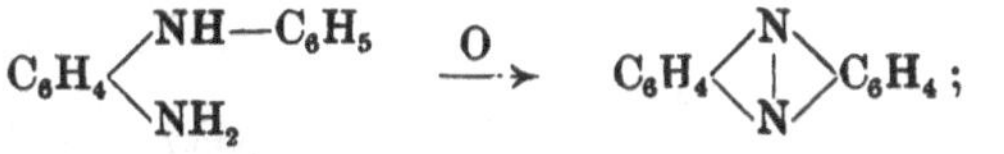

es wurde zuerst im Jahre 1873 durch Destillation von azobenzoësaurem Kalk dargestellt (676), wobei es zunächst den Namen „Azophenylen" erhielt. Schließlich gewinnt man Phenazin aus seinen Aminoderivaten durch Reduktion der Diazoverbindung oder durch Destillation mit Zinkstaub. Das Dihydrophenazin (s. o.) ist nur in Form seiner Diacetylverbindung (Schmp. 180°) haltbar.

Toluphenazin $CH_3 \cdot C_6H_3 : N_2 : C_6H_4$ (aus Toluylendiamin und Brenzkatechin) schmilzt bei 117°.

Naphtophenazin existiert nur in der α, β-Form; es wird sowohl nach Methode 2), 3) und 4) als im besonderen durch Kochen von Nitroso-β-phenylnaphtylamin mit alkoholischer Salzsäure dargestellt (677):

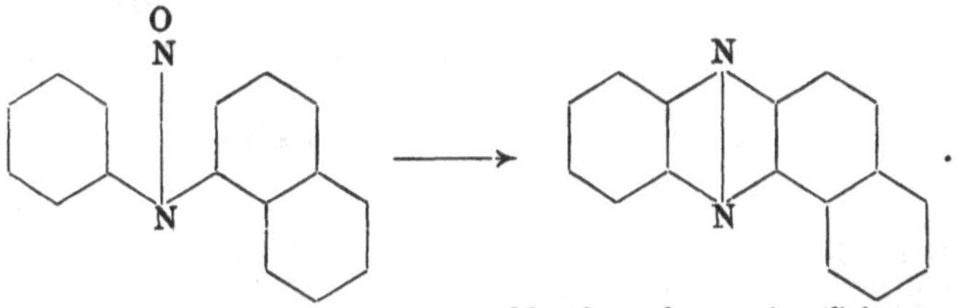

Naphtophenazin (Schmp. 142,5°)

Diese Reaktion ist ein Analogon der Acridinsynthese aus Acyldiphenylaminen und spricht für das Vorhandensein einer Parabindung in den Grundsubstanzen der Azine.

β, β-Naphtazin $C_{10}H_6 : N_2 : C_{10}H_6$ (Konstitutionsformel vergl. S. 383) entsteht nach demselben Prinzip aus Nitroso-β-dinaphtylamin und schmilzt bei 242—243°; man kann es auch als symmetrisches Naphtazin bezeichnen (678).

α, β-Naphtazin (Schmp. 283—284°) ist die am längsten bekannte Azinverbindung (sog. Naphtase 1885); es wurde erhalten durch Glühen von α-Nitronaphtalin mit Kalk (679) und längere Zeit als α-Azonaphtalin angesehen. Synthetisch wurde es gewonnen nach Methode 2) aus α, β-Naphtylendiamin und β-Naphtochinon (680). Die definitive Konstitutionsbestimmung und Unterscheidung von der isomeren Verbindung erfolgte nach Methode 4) durch die Synthese aus Benzolazo-β, β-dinaphtylamin:

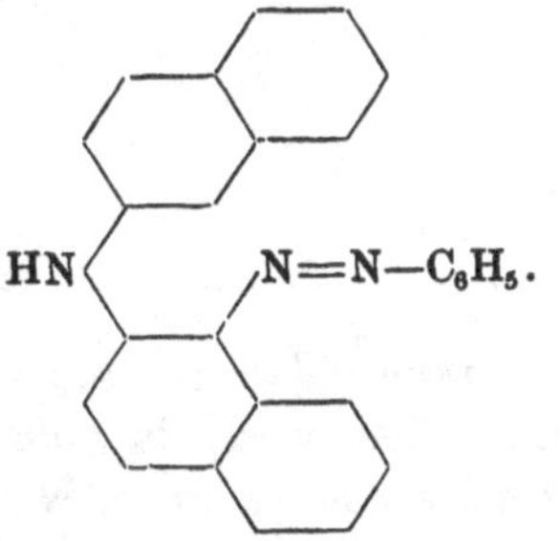

Phenanthrophenazin (Konstitutionsformel vergl. S. 359) entsteht aus Phenanthrenchinon und o-Phenylendiamin (681):

(Schmp. 217°)

Das analoge **Phenanthronaphtazin** (aus α, β-Naphtylendiamin) schmilzt bei 273° (Konstitutionsformel vergl. S. 360).

Phenanthrazin $C_{28}H_{16}N_2$ (Konstitutionsformel vergl. S. 360) entsteht durch Kondensation von 2 Mol. Phenanthrenchinon mit alkoholischem Ammoniak (682) oder pyrogen aus Tetraphenylpyrazin (683) (vergl. S. 264):

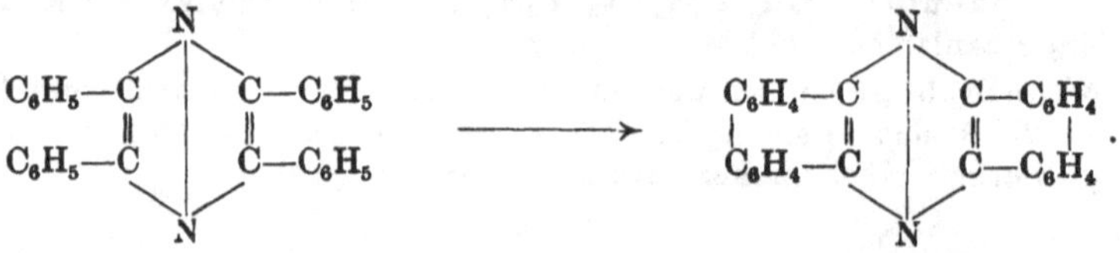

(grünliche, unzersetzt flüchtige Krystalle)

Amino- und Oxyphenazine

sind die wichtigsten Substitutionsprodukte der Dibenzopyrazine; durch den Eintritt der salzbildenden Gruppen (OH bezw. NH_2) wird der Farbstoffcharakter des Azinringes entwickelt. Für die Amino- und Oxyphenazine kommen hauptsächlich die **chinoïden** Formeln in Betracht, wie folgendes Schema zeigt:

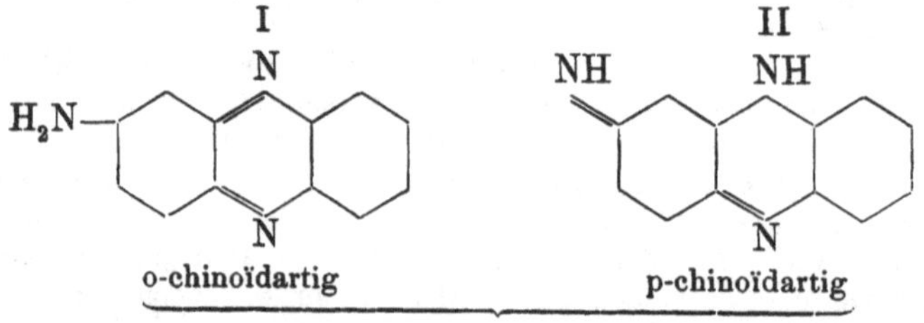

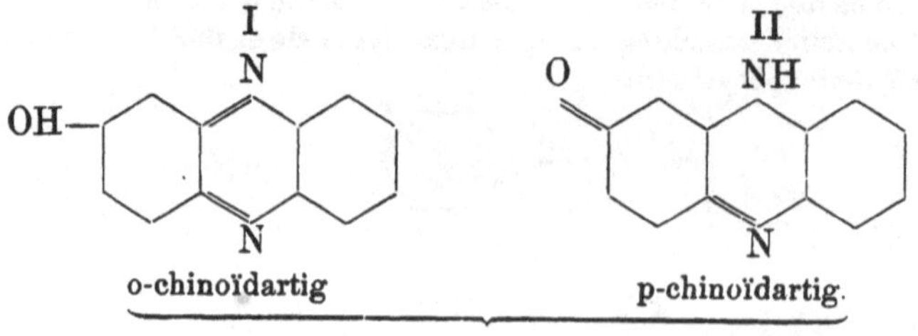

Hierzu ist zu bemerken, daß im allgemeinen die mit I bezeichneten Formeln vorzuziehen sind, da sich die fraglichen Körper durchweg wie echte primäre Amine bezw. wie Oxykörper verhalten;

die Formeln II sind den später zu besprechenden Dibenzoxazinderivaten analog; jedoch kommen auch die Formeln mit Parabindungen in Betracht.

Monoaminophenazine oder Eurhodine werden nach folgenden Methoden dargestellt:

1) Einwirkung von o-Chinonen auf aromatische Amino-o-diamine im Sinne der Synthese 2) der einfachen Azine (670); z. B.:

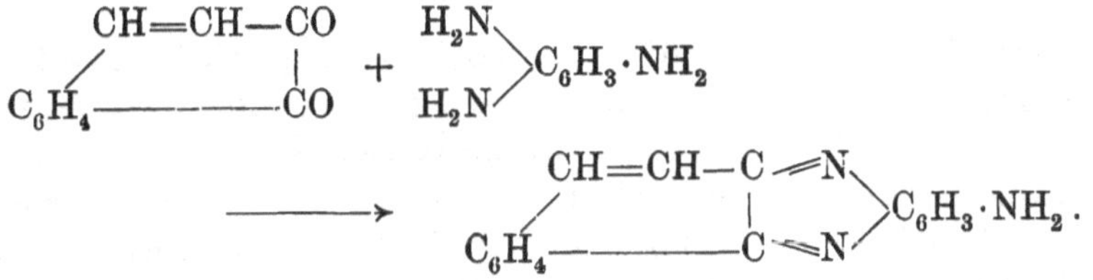

2) durch Zusammenwirken von o-Aminoazokörpern und salzsauren aromatischen Aminen unter spontaner Oxydation (684); z. B.:

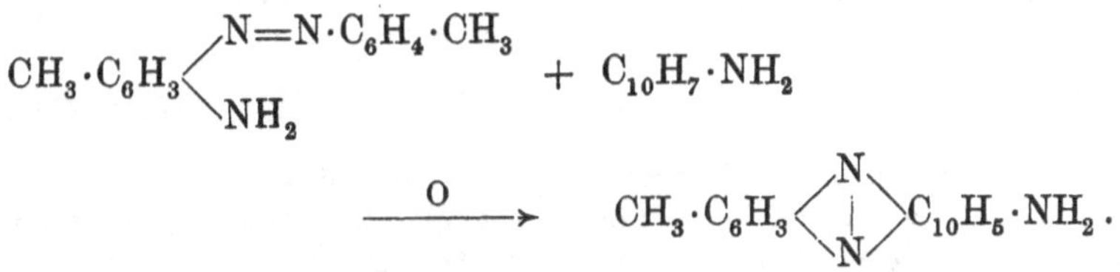

Die Reaktion ist so zu verstehen, daß das o-Aminoazotoluol zunächst in o-Toluylendiamin und Toluidin gespalten wird, worauf sich ersteres unter dem oxydierenden Einfluß des überschüssigen Aminoazokörpers mit dem Naphtylamin kondensiert:

Aminonaphtotolazin

3) durch Einwirkung von p-Nitrosodimethylanilin oder von Chinondichlorimid auf Naphtylmonamine mit unbesetzter p-Stellung (686); Beispiele:

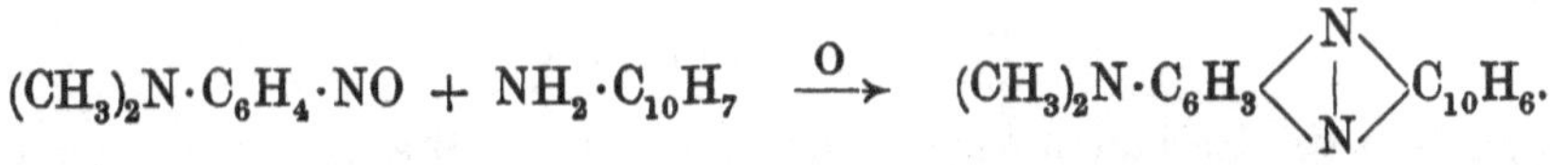

Dimethylaminophenonaphtazin
(Schmp. 205°)

Aminophenonaphtazin

4) durch Oxydation von o-Oxydiaminodiphenylamin oder von Diaminodiphenylamin; in ersterem Fall verläuft die Reaktion nach folgendem Schema (686):

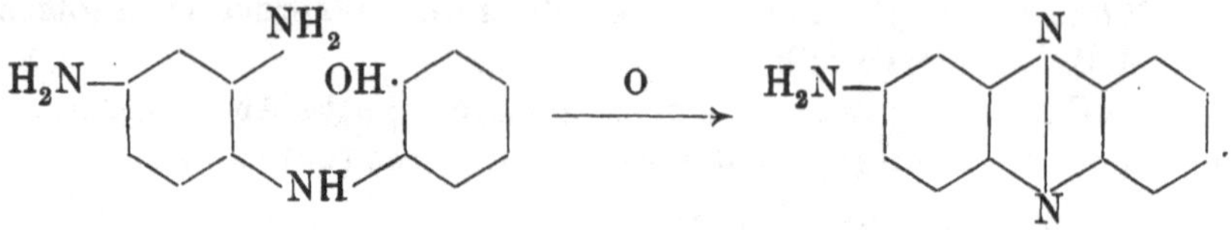

Verhalten: Die Eurhodine sind schwache, gelblichrot gefärbte Basen, deren Salze schon durch Wasser succesive dissociiert werden: und zwar gehen die grünen zweisäurigen Salze zunächst in rote einsäurige über, worauf die gelbe Farbe der freien Basen auftritt. Durch Erhitzen mit konz. Salzsäure wird die Aminogruppe gegen Hydroxyl ausgetauscht unter Bildung von Oxyphenazinen oder Eurhodolen (s. u.).

Das Monoaminophenazin bildet rote, sublimierbare Nadeln vom Schmp. 265°; es entsteht auch aus asym. Diaminophenazin (s. u.).

Ein Aminonaphtophenazin $H_2N \cdot C_{10}H_5 <\genfrac{}{}{0pt}{}{N}{N}> C_6H_4$ (Schmp. 264°) entsteht durch Erhitzen von Benzolazonaphtylamin mit o-Phenylendiamin oder durch Kondensation von Oxynaphtochinonimid mit o-Phenylendiamin (687); letzteren Vorgang stellt folgendes Schema dar:

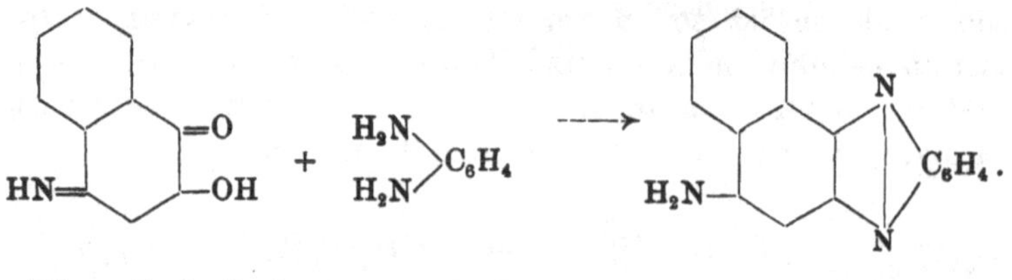

Dieses Eurhodin ist isomer mit dem nach Methode 3) erhältlichen Aminophenonaphtazin.

Das Aminonaphtotolazin (vergl. Methode 2) liefert durch Reduktion seiner Diazoverbindung mit Alkohol das bekannte Napthotolazin (vergl. S. 384); hieraus ergiebt sich der Zusammenhang der Eurhodine mit den Phenazinen.

Diaminophenazine

sind in zwei Reihen bekannt, als unsymmetrische und als symmetrische Disubstitutionsprodukte der Azine:

I

$$C_6H_4 <\genfrac{}{}{0pt}{}{N}{N}> C_6H_2 <\genfrac{}{}{0pt}{}{NH_2}{NH_2}$$

II

$$H_2N-C_6H_3 <\genfrac{}{}{0pt}{}{N}{N}> C_6H_3-NH_2.$$

I) Unsymmetrische Diaminophenazine gewinnt man durch Oxydation von 2 Molekülen der o-Phenylendiamine mit Eisenchlorid; hierbei greifen die Aminogruppen der einen Molekel in p-Stellung zu den Aminogruppen der anderen ein (688):

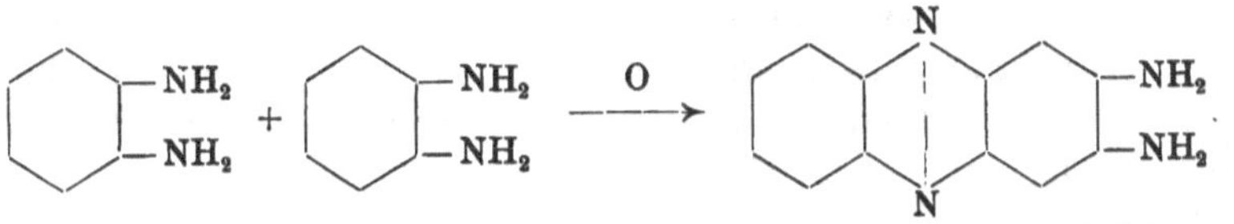

as. Diaminophenazin (sublimierbar

Sind daher die p-Stellungen wie im gewöhnlichen Toluylendiamin besetzt, so tritt entweder keine Kondensation ein, oder der betreffende Substituent (NH_2) wird abgestossen.

Das as. Diaminophenazin kann successive in Monaminophenazin und Phenazin übergeführt werden.

II) Symmetrische Diaminophenazine (Gruppe der Toluylenrotfarbstoffe) erhält man dnrch Oxydation von Aminoindaminen (689); z. B.:

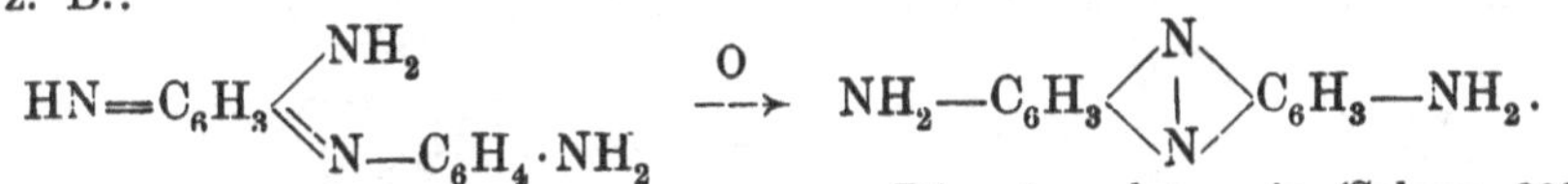

sym. Diaminophenazin (Schmp. 280°)

Das erforderliche Aminoindamin braucht nicht fertig vorzuliegen: es entsteht intermediär durch Oxydation von Triaminodiphenylamin.

Toluylenrot $C_{15}H_{16}N_4 + 4H_2O$ (Dimethyldiaminotoluphenazin) entsteht nach demselben Prinzip aus Toluylenblau, dem Einwirkungsprodukt von p-Nitrosodimethylanilin auf m-Toluylendiamin (690):

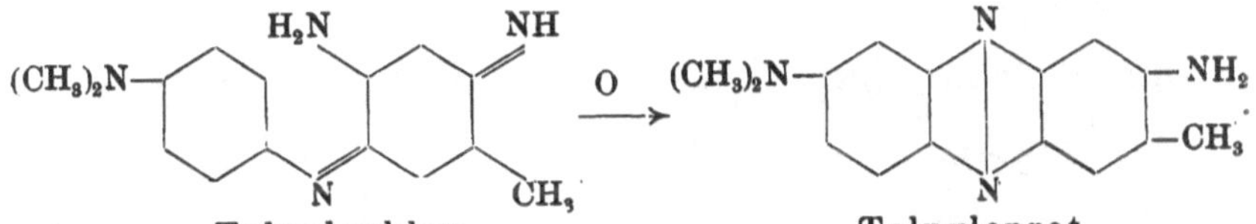

Toluylenblau Toluylenrot

In allen Fällen ist es nicht erforderlich, fertiges Indamin zu verwenden: man läßt vielmehr Chinonchlorimide auf m-Phenylendiamine einwirken, oder man oxydiert gemeinschaftlich ein Gemisch von einem p-Diamin mit einem m-Diamin (691); z. B.:

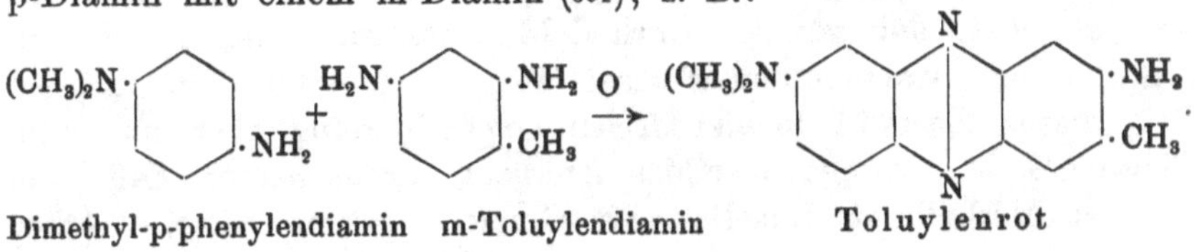

Dimethyl-p-phenylendiamin m-Toluylendiamin Toluylenrot

Die sym. Diaminophenazinsalze finden als ausgesprochene Farbstoffe zum Teil praktische Verwendung, jedoch sind sie gegen Alkalien sehr empfindlich. Toluylenrot (sog. Neutralrot) färbt Seide und tannierte Baumwolle scharlachrot.

Von den drei Salzreihen (1-, 2- und 3-säurigen) sind nur die roten einsäurigen beständig; die nur bei Gegenwart von konz. Säuren existenzfähigen zwei- und dreisäurigen Salze sind blau bis grün gefärbt.

Durch Diazotieren und Kochen mit Alkohol gehen sämtliche Diaminophenazine in einfache Phenazine über; die blaue Diazoverbindung des Toluylenrots liefert Dimethylaminophentolazin. Über Toluylenviolett (Neutralviolett) vergl. Nietzki, Chemie der organ. Farbstoffe, 3. Aufl. S. 217.

Oxyphenazine oder Eurhodole

entstehen 1) durch Entamidierung der Aminophenazine durch konz. Salzsäure bei 180° (692); z. B.:

Oxynaphtophenazin

2) aus Azinsulfosäuren in der Kalischmelze; nach dieser Methode entsteht das Phenanthrooxynaphtazin (693).

3) synthetisch durch Kondensation von Oxy-o-chinonen mit o-Phenylendiaminen (694); z. B.:

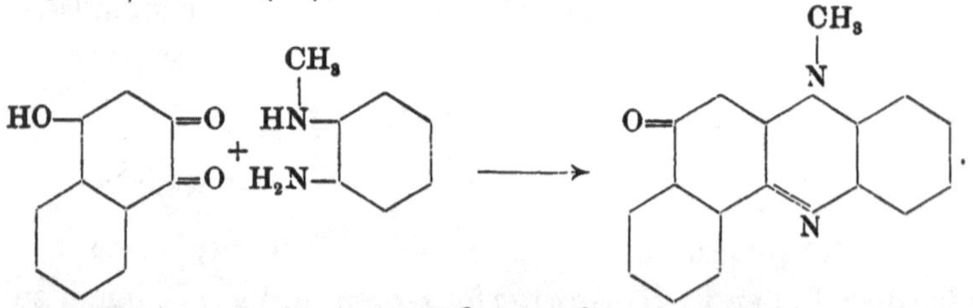

Oxynaphtophenazin-n-methyläther (Schmp. 257—259°)

Das zuletzt angeführte Beispiel ist deswegen von Interesse, weil es lehrt, daß gewisse Eurhodolderivate nach der auf S. 386 diskutierten parachinoïden Formel zusammengesetzt sein müssen. Daß dieser Zustand in der freien Oxyverbindung aber nur eine Phase des desmotropen Gebildes ist, geht daraus hervor, daß beim direkten Methylieren derselben ein Gemisch zweier isomerer Äther entsteht, von denen der eine (Schmp. 257—259°) identisch ist mit dem obigen synthetisch gewonnenen; der andere ist also der echte Sauerstoffäther $CH_3 \cdot O \cdot C_{10}H_5 {<}\overset{N}{\underset{N}{|}}{>} C_6H_4$ (hellgelbe Krystalle vom Schmp. 177°).

Oxynaphtotolazin $OH \cdot C_{10}H_5 {<}\overset{N}{\underset{N}{|}}{>} C_6H_3 \cdot CH_3$ färbt die tierische Faser orange an.

Dioxyphenazine

entstehen synthetisch aus sym. o-Dioxychinon durch Kondensation mit o-Phenylendiaminen (695): z. B.:

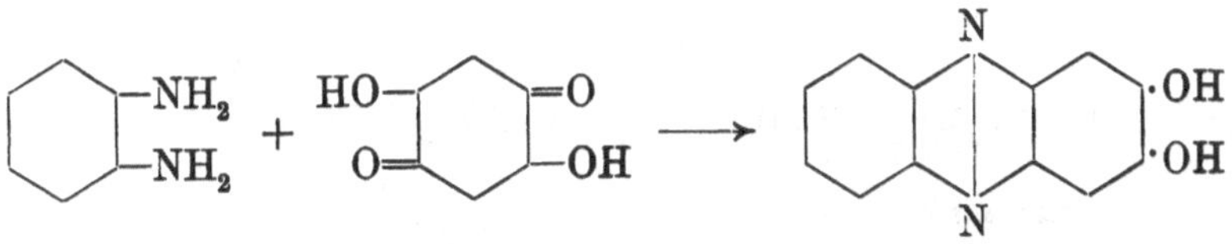

as-Dioxyphenazin (orangerot)

oder durch Erhitzen von Diaminophenazinen (s. o.) mit Salzsäure unter Austausch der NH_2-Gruppen gegen Hydroxyle (696).

Phenazoniumverbindungen,

in welchen der eine Azinstickstoff fünfwertig auftritt, sind von gleich großem theoretischen und praktischen Interesse, weil sich einerseits aus ihnen die Existenz und Lage der orthochinoïden Bindungen und die damit zusammenhängende Reaktionsfähigkeit der Azoniumkörper ableiten läßt, und weil andererseits die Alphylazoniumsalze die Grundsubstanzen der großen Farbstoffklassen der Safranine und Induline sind.

Die Alkylazoniumverbindungen werden durch direkte Addition von Jodalkylen an Phenazine dargestellt (697); z. B.:

$$C_6H_4 {<}\overset{N}{\underset{N}{|}}{>} C_6H_4 \xrightarrow{CH_3J} C_6H_4 {<}\overset{N}{\underset{J-N-CH_3}{|}}{>} C_6H_4 .$$

Methylphenazoniumjodid

Die Alphylazoniumbasen sind natürlich nicht durch Addition darstellbar; sie entstehen synthetisch, wie die Chinoxalinazoniumverbindungen (vergl. S. 346), nach dem eingangs (S. 384) angeführten Prinzip aus Monoalphyl-o-phenylendiaminen durch Kondensation mit Ortho-Chinonen; so erhält man aus Phenylnaphtylendiamin und Phenanthrenchinon die Phenylphenanthronaphtazoniumbase (698):

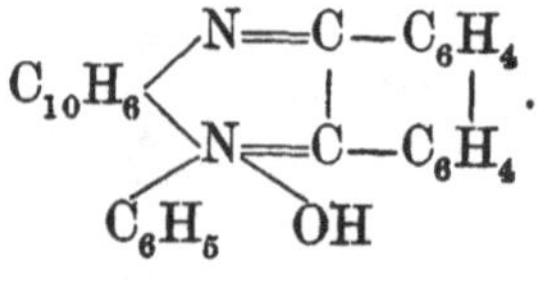

Die Alphylazoniumbasen sind aber noch durch eine wichtigere Bildungsweise ausgezeichnet, die auf ihren nahen Beziehungen zu den Safraninen und Rosindulinen beruht (699); diese Übergänge soll folgendes Schema erläutern:

I) 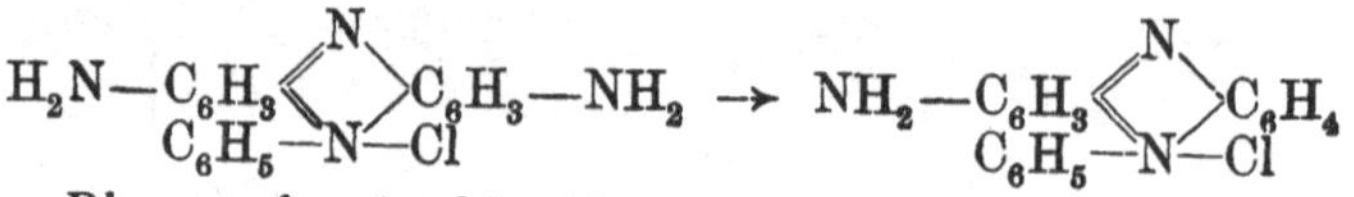

Phenosafraninchlorid Aposafraninchlorid

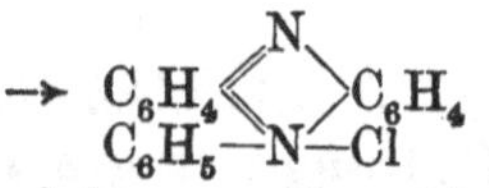

Phenylphenazoniumchlorid

II) 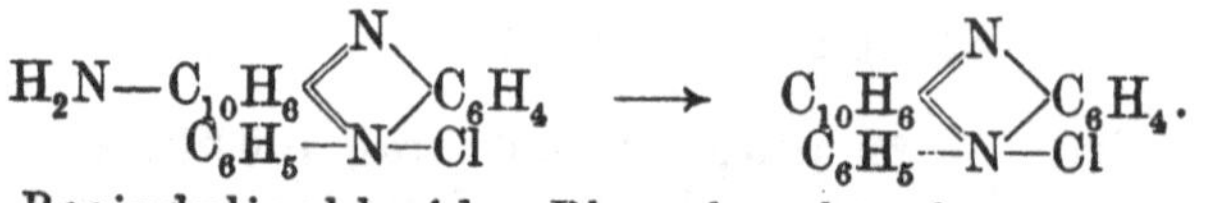

Rosindulinchlorid Phenylnaphtophenazoniumchlorid

Dieser schrittweise Ersatz von Amingruppen gegen Wasserstoff wird unter Vermittelung der Diazoverbindungen bewirkt.

Die Isolierung der Alphylazoniumsalze erfolgt hauptsächlich mit Hilfe der schwerlöslichen Eisenchloriddoppelsalze, aus welchen dieselben leicht in reinem Zustande regeneriert werden können.

Verhalten: Die wichtigste und merkwürdigste Eigenschaft der Alkyl- und Alphylazoniumsalze ist die Reaktionsfähigkeit mit Ammoniak und Alkalien; ersteres erzeugt Aminoazoniumverbindungen (Aposafranine und Rosinduline), letzteres Oxyphenazoniumsalze (Aposafranone und Rosindone). Die Umsetzung mit Ammoniak ist so zu verstehen, daß 2 Mol. des Phenazoniumchlorides reagieren, wobei das eine Molekül in Aposafranin, das andere in ein Hydroazoniumsalz übergeht (700); z. B.:

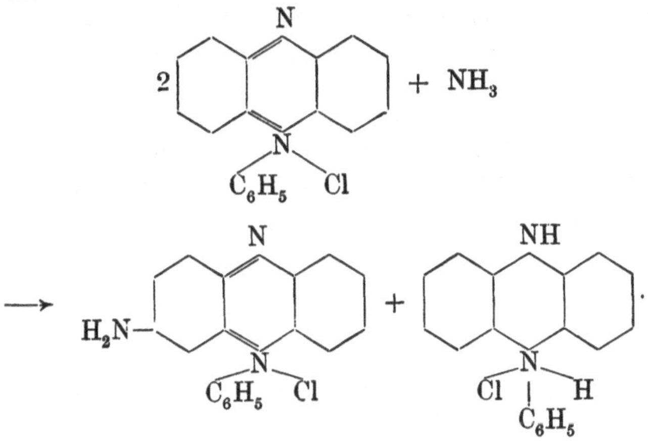

Dieses Hydroprodukt verwandelt sich indessen durch spontane Oxydation an der Luft wieder in Phenylphenazonium zurück, welches von neuem mit noch vorhandenem Ammoniak reagiert.

Wie in dem vorliegenden Falle, so tritt auch sonst die Aminogruppe (bezw. das Hydroxyl bei Einwirkung von Alkalien) in die m-Stellung zum Azoniumstickstoff ein; so erhält man aus Methylnaphtophenazoniumchlorid und Ammoniak die entsprechende Aminoazoniumbase, das sog. Methylrosindulin (701):

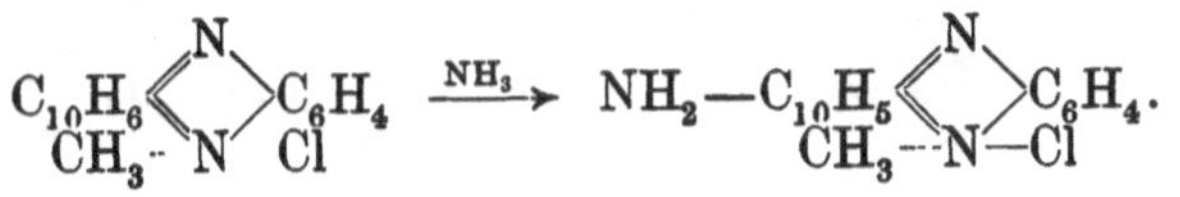

Bei Anwendung von alkoholischem Kali erhält man dagegen das n-Methylrosindon 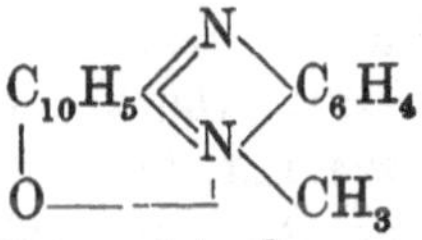, das innere Anhydrid der zunächst gebildeten Oxynaphtophenazoniumbase. Ebenso bildet sich durch Einwirkung von Kali auf das oben angeführte Phenylphenazoniumchlorid das dem Aposafranin entsprechende Aposafranon:

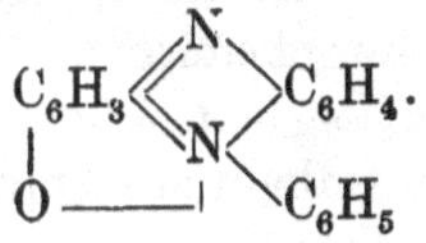

Zur Erklärung dieser eigentümlichen Umwandlungen hat KEHRMANN (702) die Existenz von orthochinoïden Doppelbindungen in unsymmetrischen Azoniumkörpern herangezogen, da die Substitutionswirkung des Ammoniaks und der Alkalien sich unter allen Umständen im sog. „chinoïden Kern" geltend macht. Diese Annahme stützt sich besonders auf das analoge Verhalten der mehrkernigen Chinone selbst, welche ausschließlich in demjenigen Kern substituiert werden, welcher die Chinon-Sauerstoffatome enthält, also eine chinoïde Struktur hat; z. B.:

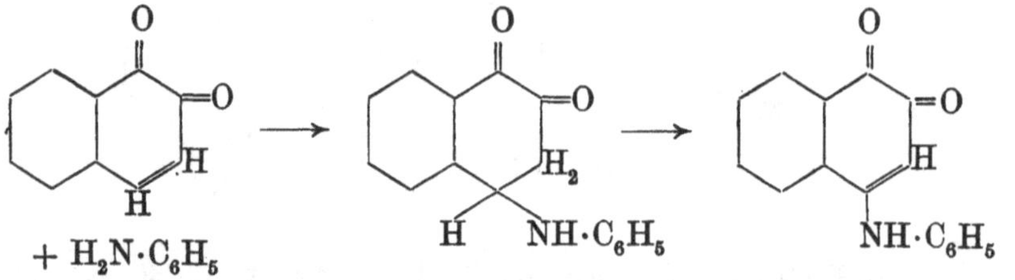

Die Entscheidung darüber, welche Lage die chinoïden Doppelbindungen in jedem einzelnen Falle einnehmen, z. B.:

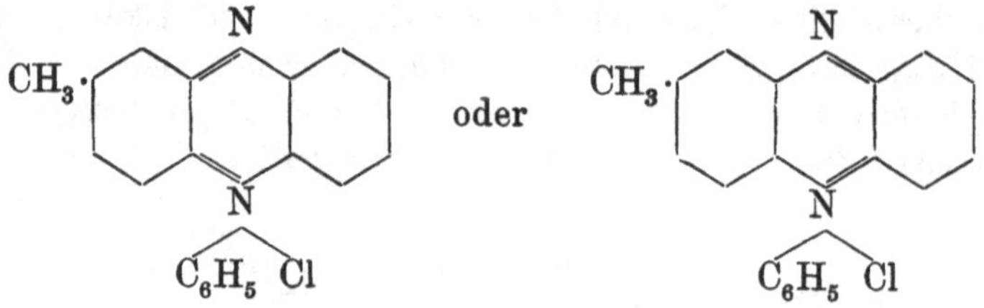

geschieht ebenfalls in Anlehnung an das Verhalten der Chinone und Hydrochinone: die Oxydationskraft der Chinone ist um so größer, je niedriger homolog und je negativer substituiert dieselben sind; gerade umgekehrt wächst die Oxydierbarkeit der Hydrochinone sowohl mit der Molekulargröße, wie mit der Anhäufung von positiven Substituenten. Die Wanderung der chinoïden Doppelbindungen in den Azoniumkörpern ist nun mit den Gesetzen, welche den Verlauf der gegenseitigen Oxydation und Reduktion von Chinonen und Hydrochinonen beherrschen, direkt vergleichbar, da man sie als intramolekulare Oxydation auffassen kann; thatsächlich hängt die Lage der Doppelbindungen von der chemischen Natur der auf beiden Seiten der Azin-Stickstoffatome gelegenen Molekülhälften ab, welche untereinander im Verhältnis von Chinon zu Hydrochinon stehen. Folgendes Beispiel erläutere das Gesagte:

Aus der größeren Oxydierbarkeit des Hydro-β-naphtochinons im Vergleich mit Brenzkatechin ergiebt sich, daß im Naphtophenazonium die chinoïden Bindungen auf der Naphtalinseite liegen, daß dasselbe also nach der Formel I aufgebaut ist:

I II

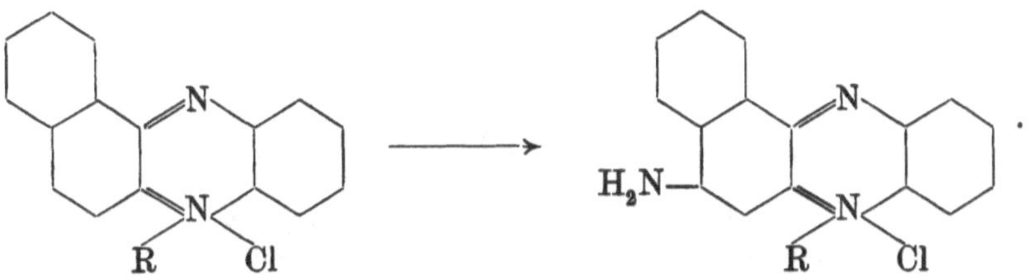

Rosindulin

Infolgedessen wird dasselbe, wie Formel II zeigt, durch Ammoniak ausschließlich im Naphtalinkern — und zwar in p-Stellung zum 3-wertigen Azinstickstoff — substituiert: es entsteht Rosindulin, welches auf Grund seiner Synthese aus o-Oxy-α-naphtochinonimid und o-Aminodiphenylamin die Aminogruppe an der gegebenen Stelle enthält.

Näheres über den Platzwechsel der orthochinoïden Doppelbindungen durch den Einfluß gewisser Substituenten und über weitere interessante Belege der „Azoniumtheorie" siehe B. **31**, 977 bis 984.

Äthylnaphtophenazoniumhydroxyd $C_{16}H_{10}N_2(C_2H_5)(OH)$ schmilzt schnell erhitzt bei 185°.

Phenylphenazoniumnitrat 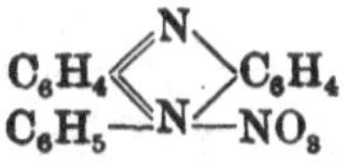 schmilzt bei 192°.

Phenylnaphtophenazoniumchlorid 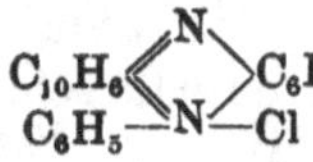 erhält man sowohl aus Rosindulin (s. o.) als auch aus Isorosindulin 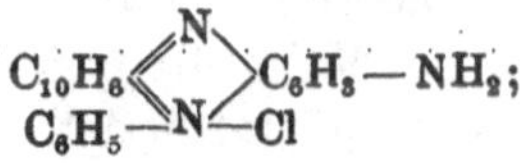; die Eisenchloriddoppelverbindung schmilzt bei 202°.

Das $FeCl_3$-Doppelsalz des isomeren Isophenylnaphtophenazoniums (Konstitutionsformel und Bildung aus Phenyl-o-phenylendiamin vergl. S. 384) schmilzt bei 200°, das Golddoppelsalz bei 240°.

Das Phenyldinaphtazonium 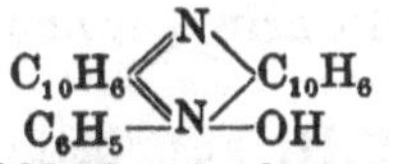 existiert in zwei isomeren Formen, welche sich vom β,β-Naphtazin bezw. vom α,β-Naphtazin (vergl. S. 383) ableiten, und von denen die erstere die Muttersubstanz der Naphtinduline (s. d.) ist (703).

Aposafranine und Rosinduline.

I

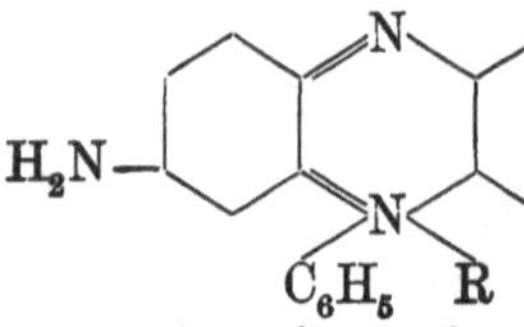

Aposafraninsalz

II

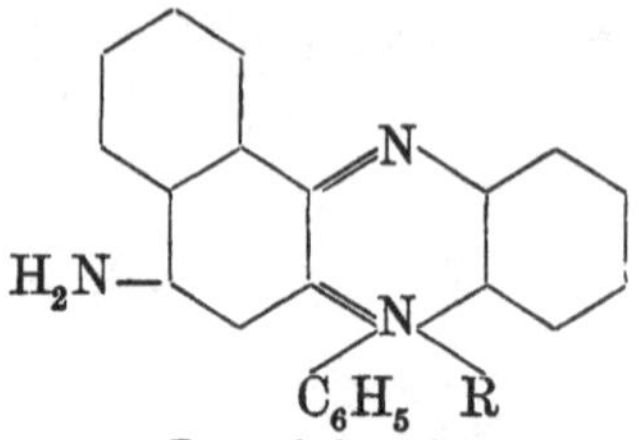

Rosindulinsalz

III

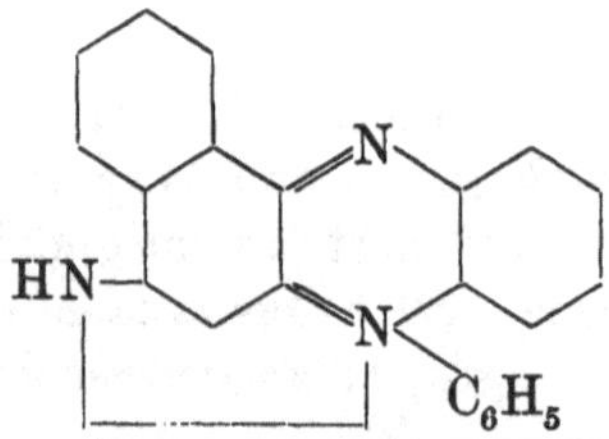

IV

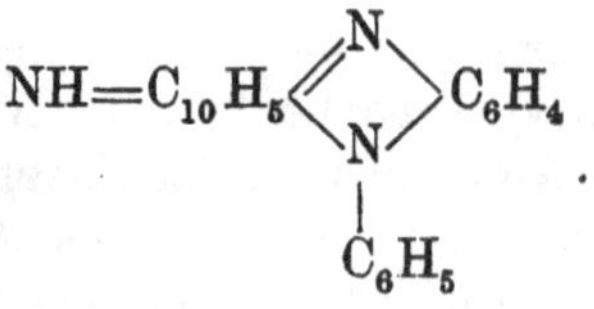

Wasserfreies Rosindulin

Das Aposafranin (vergl. Formel I) ist ein Aminophenylphenazonium; wie schon auf S. 392 gezeigt wurde, entsteht es durch partielle Entamidierung des symmetrischen Diaminophenazoniums oder Phenosafranins 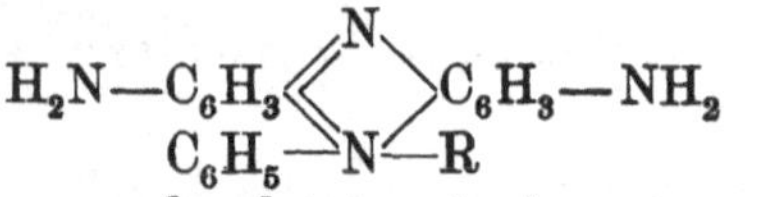 und liefert seinerseits durch Eliminierung der letzten Aminogruppe Phenylphenazonium. Das Rosindulin (Formel II) ist in jeder Beziehung das Analogon des Aposafranins; nur leitet es sich vom Naphtophenazonium ab; es enthält seiner Diazotierbarkeit wegen eine primäre Aminogruppe (704); seine Salze liefern durch Behandeln mit Alkali in der Kälte die freie Azoniumbase, während in der Hitze Anhydrisierung stattfindet. Die wasserfreie Rosindulinbase entspricht der Formel III, indessen erscheint eine parachinoïde Konstitution ebenfalls plausibel (Formel IV).

Bildungsweisen: 1) Aposafraninchlorid entsteht durch Einwirkung von Ammoniak auf Phenylphenazoniumchlorid (vergl. S. 393); nach demselben Prinzip gewinnt man Methylrosindulinchlorid 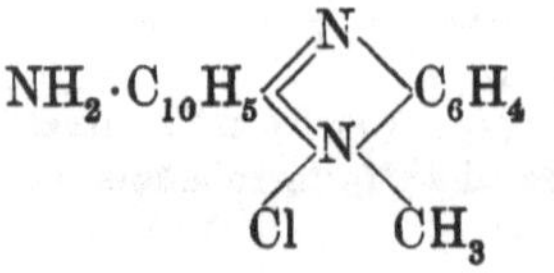 aus Methylnaphtophenazoniumchlorid (705).

2) Rosinduline werden gewonnen durch Schmelzen von Benzol-azo-α-naphtylamin mit Anilin und salzsaurem Anilin (706):

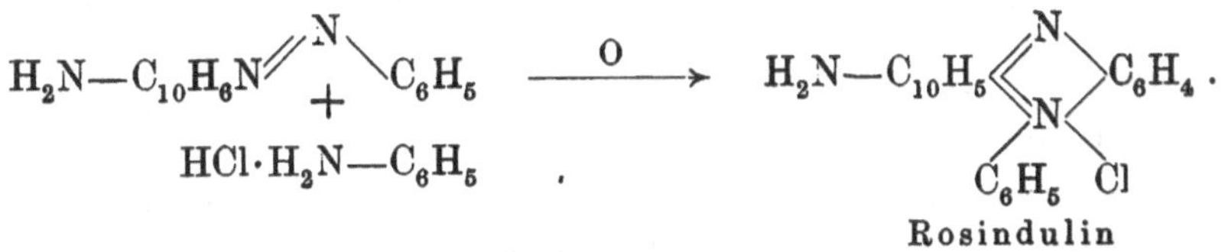

Rosindulin

3) Rosinduline entstehen ferner durch Erhitzen von Nitroso-α-naphtol oder von α-Naphtochinon mit Anilin und Salzsäure, sowie durch Kondensation von Oxynaphtochinonimid mit Phenyl-o-phenylendiamin (707); den zuletzt genannten Vorgang stellt folgendes Schema dar:

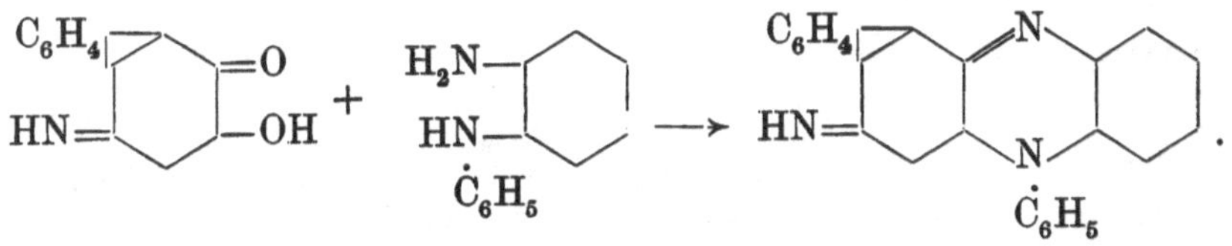

4) Phenylrosindulin 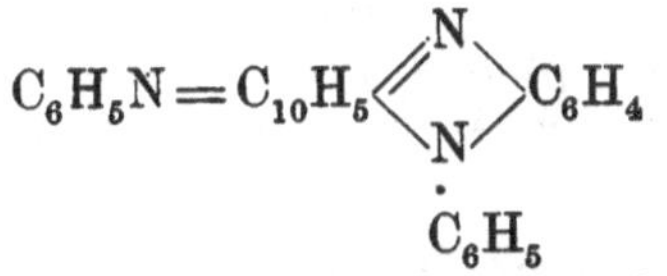 entsteht durch Erhitzen von Nitrosophenyl-α-naphtylamin mit Anilin und salzsaurem Anilin (708); eine Disulfosäure des Phenylrosindulins ist der Farbstoff „Azocarmin".

5) Das Acetylderivat eines isomeren Rosindulins wird durch Kondensation von Phenyl-o-phenylendiamin mit 4-Acetamino-1, 2-naphtochinon dargestellt (709):

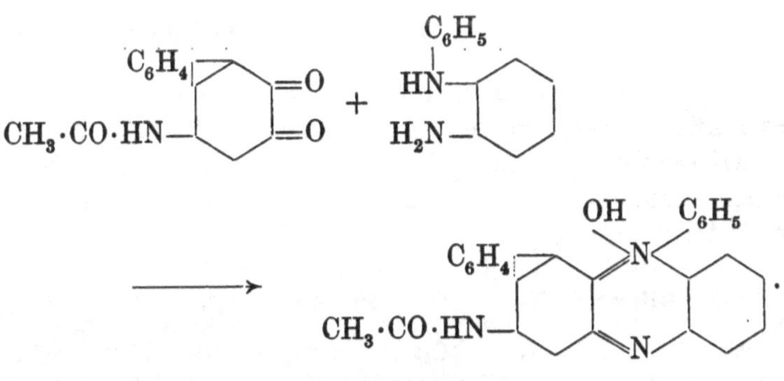

Über zwei weitere isomere Rosinduline:

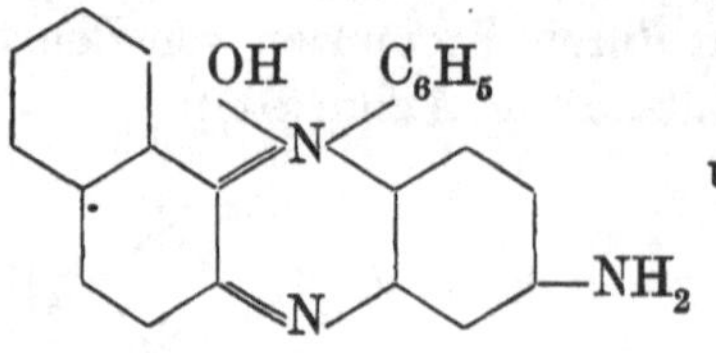

und

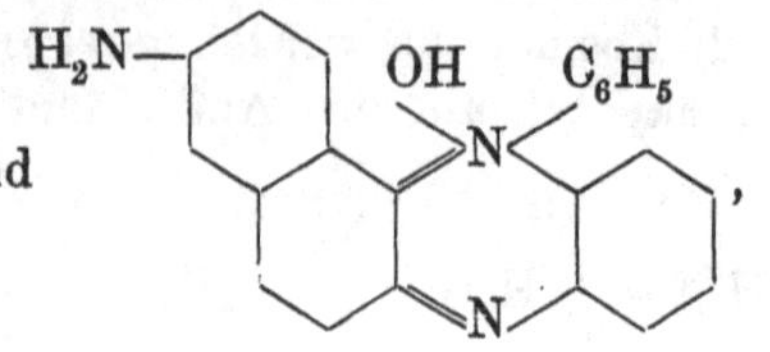

vergl. B. **31**, 3100; **32**, 927.

Aposafraninsalze färben Seide und Wolle bläulich-rot; das Acetylaposafranin wird durch NH_3 in Acetylphenosafranin

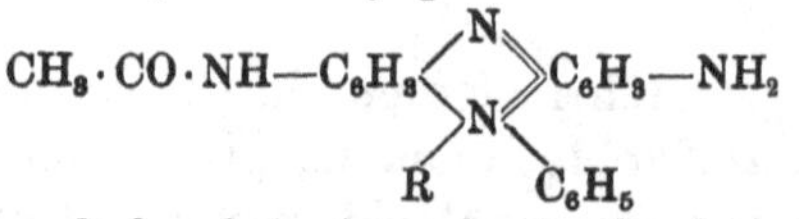

verwandelt (710), während das freie Aposafranin durch Anilin in as-Anilinoaposafranin (711)

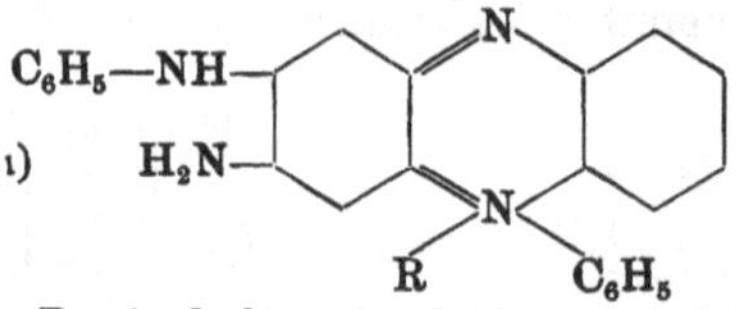

übergeführt wird.

Wasserfreies Rosindulin schmilzt bei 199°, Phenylrosindulin bei 235°. Der Farbstoff „Rosindulin" ist eine Disulfosäure der Base.

Isorosinduline sind solche Naphtophenazoniumverbindungen, welche die Aminogruppe in der Benzolhälfte enthalten; ein solches entsteht z. B. aus Phenyl-β-naphtylamin und Chinondichlorimid (712):

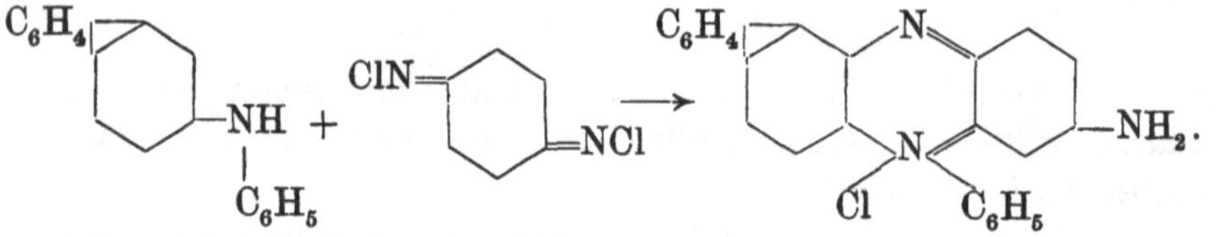

Isorosindulin liefert durch Entamidieren dasselbe Phenylnaphtophenazonium, welches aus dem gewöhnlichen Rosindulin gewonnen wird; durch Einwirkung von Anilin tritt ein Anilinorest in die Benzolhälfte des Moleküls ein (713): →

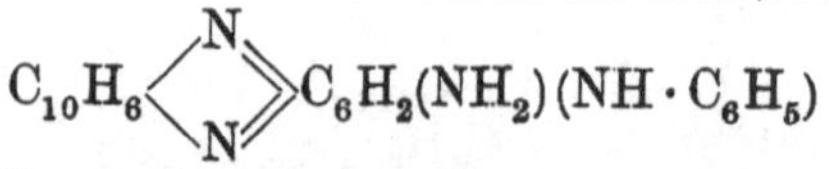

(Schmp. 151—152°); wird aber die Aminogruppe durch Acetylieren neutralisiert, so klappen die orthochinoïden Bindungen nach der Naphtalinhälfte um, und die Einwirkung von Ammoniak führt nunmehr zum Acetderivat eines symmetrischen Diamins, des Naphtophenosafranins (714):

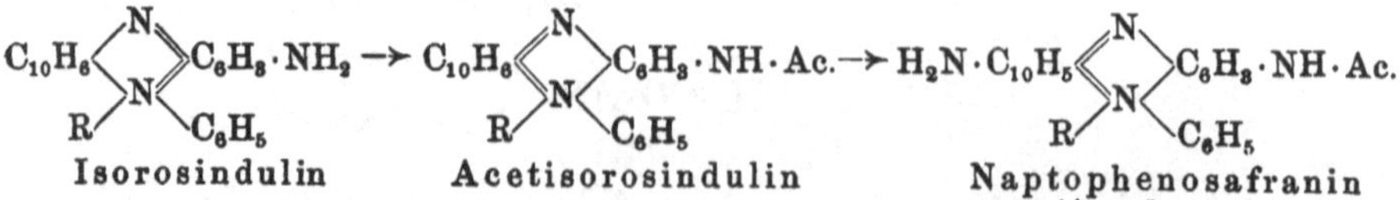

Isorosindulin Acetisorosindulin Naptophenosafranin (Acetderivat)

Das „Basler Blau" ist ein Anilinodimethylisorosindulin (715).

Naphtindulin (Schmp. 248—250°)

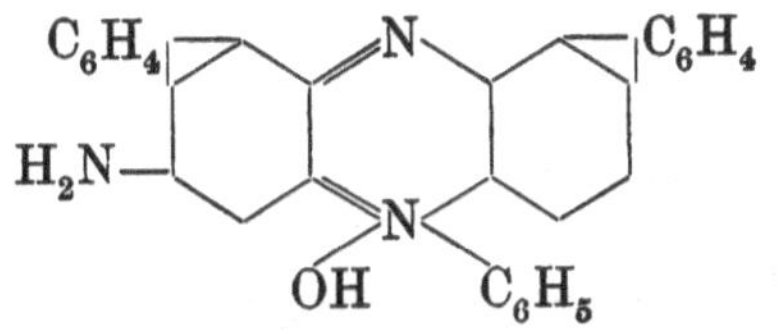

wird durch Erhitzen von Benzolazo-α-naphtylamin mit salzsaurem α-Naphtylamin und Anilin dargestellt; es löst sich mit blauer Farbe in konz. Schwefelsäure (716).

Über Naphtylblau und -violett vergl. S. 406.

Aposafranone (Indone)

sind die den Aposafraninen und Rosindulinen entsprechenden Sauerstoffderivate, verhalten sich also zu letzteren, wie Phenol zu Anilin. Aposafranone entstehen aus Aposafraninen durch Erhitzen mit konz. Salzsäure unter Abspaltung von Ammoniak (717); da sie aber 1 Mol. Wasser weniger enthalten, als den freien Hydroxylverbindungen zukommen würde, so haben sie, wie das wasserfreie Rosindulin (vergl. S. 396) eine anhydridartige Konstitution, welche sich sowohl mit der ortho- als mit der parachinoïden Formel ausdrücken läßt. Folgendes Schema veranschaulicht diese Verhältnisse:

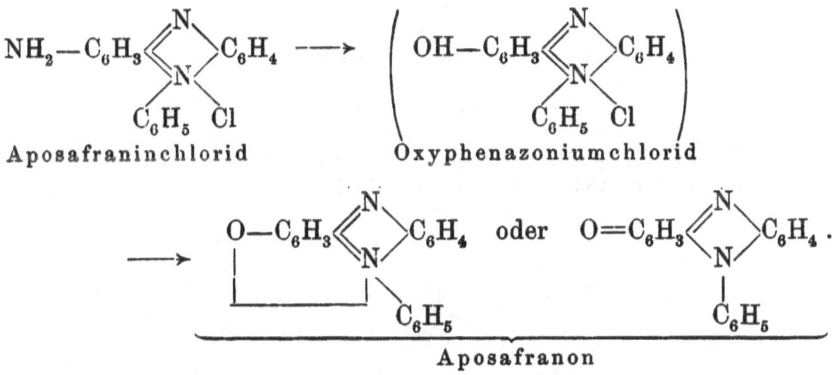

Ferner erhält man Aposafranone nach demselben Prinzip wie die Aposafranine, nämlich aus den Azoniumsalzen durch Einwirkung von Alkalien, wobei auch der Sauerstoff in m-Stellung zum Azoniumstickstoff geht (718):

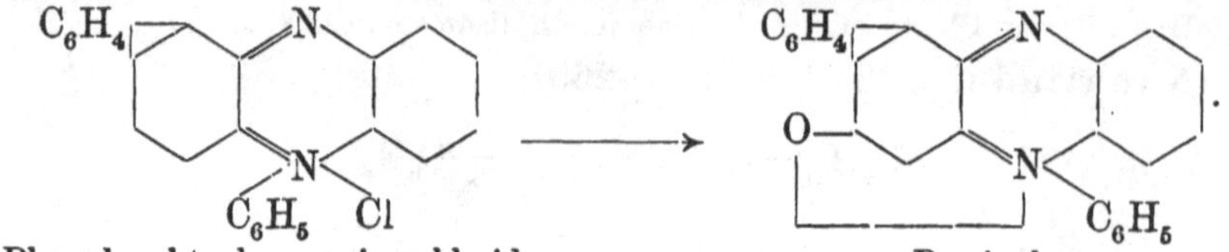

Phenylnaphtophenazoniumchlorid | Rosindon

Auch hier entsteht, wie bei der Darstellung von Aposafranin eine Hydrazoniumverbindung als Nebenprodukt, die durch den Luftsauerstoff rückwärts oxydiert wird.

Auch Alkylrosindone, wie 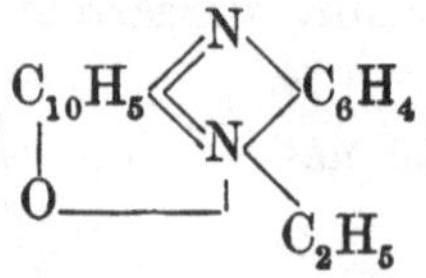 entstehen in gleicher Weise aus Alkylazoniumsalzen (719).

Die Indone (Aposafranone) färben die tierische Faser eosinartig, die Benzolindone werden von konz. Schwefelsäure grün, die Naphtindone blau gelöst; Zinkstaubdestillation liefert die entsprechenden Phenazine.

Aposafranon $C_{18}H_{12}N_2O$ (rubinrote Krystalle) schmilzt bei 242°, liefert durch Erhitzen mit Anilin und HCl-Anilin **Anilinoaposafranon**

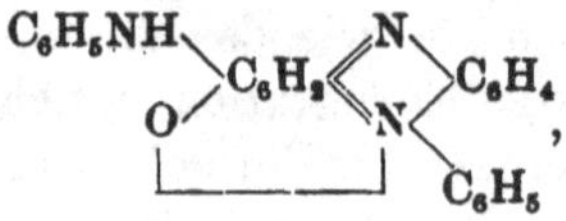,

durch Kochen mit alkoholischem Kali **Oxyaposafranon**

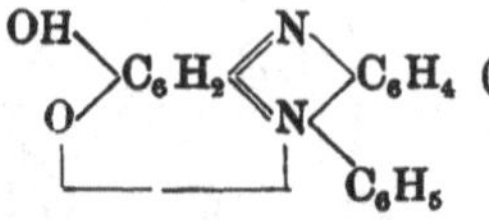 (720).

Rosindon $C_{22}H_{14}N_2O$ (Schmp. 259°) entsteht auch synthetisch aus Oxy naphtochinon und Phenyl-o-phenylendiamin (721):

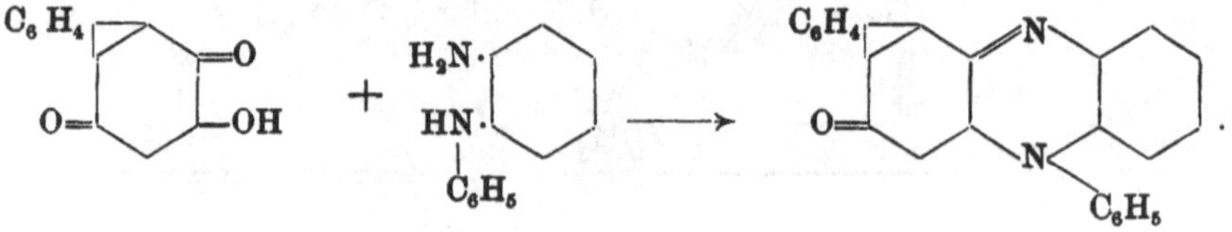

Rosindon findet in Gestalt seiner Sulfosäure (Rosindulin G) als ponceauroter Farbstoff technische Verwendung.

Isorosindon, in welchem sich der Sauerstoff in der Benzohälfte des Azoniummoleküls befindet, entspricht dem Isorosindulin

(S. 398) und entsteht dementsprechend aus Phenylisorosindulin mit konz. Salzsäure bei 240°; synthetisch stellt man es durch Kondensation von β-Phenylnaphtylamin mit Nitrosophenol dar (722):

Isorosindon
(Schmp. 223—224°)

Isorosindon wird beim Kochen mit alkoholischem Kali in Oxyisorosindon 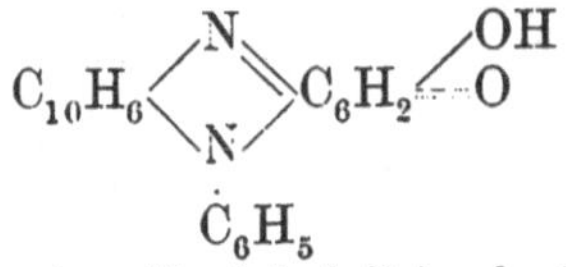 verwandelt.

Naphtindon (aus Naphtindulin) schmilzt bei 295° (723)

Prasindone

sind solche Indone, in welchen sich der Sauerstoff nicht in m-Stellung, sondern in p-Stellung zum Azoniumstickstoff befindet, etwa folgendem allgemeinen Schema entsprechend:

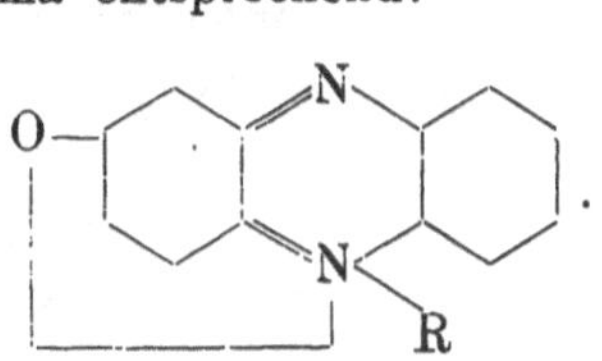

Ein Vertreter dieser Klasse ist das Dinaphtophenylprasindon

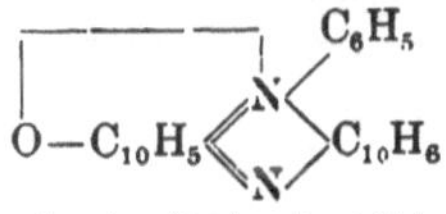

(aus Aminophenylisodinaphtazoniumchlorid); es ist blaugrün gefärbt im Gegensatz zu den roten bis rotvioletten Rosindonen (724).

Safranine

sind die Azoniumverbindungen der symmetrischen Diaminophenazine (vergl. S. 389); sie sind seit dem Jahre 1868 bekannt, während ihre Konstitution erst neuerdings richtig gedeutet wurde (Nietzki, Kehrmann): über frühere Auffassungen vergl. B. **5**, 526; **16**, 469 und B. **28**, 2283; **29**, 361 u. s. w. Die symmetrische Struktur ergab sich aus der Thatsache, daß durch gemeinschaftliche Oxydation von m-Aminodiphenylamin und p-Aminodiphenylamin dasselbe Safranin entsteht, welches aus m-Phenylaminodiphenylamin und p-Phenylendiamin darstellbar ist (725).

Der sicherste Anhaltspunkt über die Konstitution der Safranine ergiebt sich aber aus dem schon früher geschilderten successiven Abbau des Phenosafranins zum Aposafranin und Phenylphenazonium, aus welchem gleichzeitig die Azonium- und die Diaminnatur der Safraninbasen erhellt:

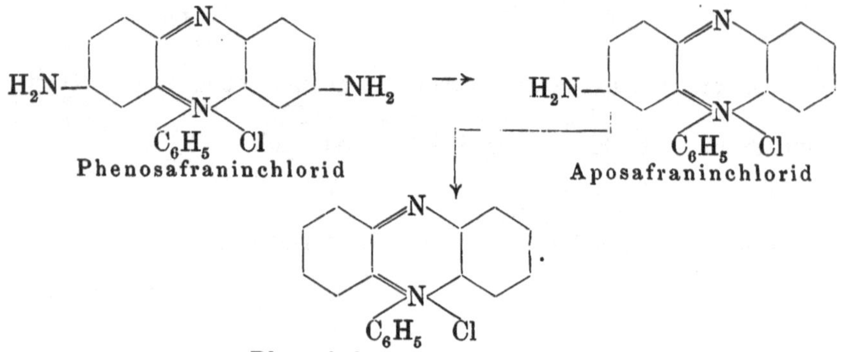

Phenosafraninchlorid Aposafraninchlorid

Phenylphenazoniumchlorid

Die den Chloriden entsprechenden Ammoniumbasen spalten mitunter intramolekular Wasser ab unter Bildung von sauerstofffreien Basen; denselben kommt eine der beiden nachstehenden Konstitutionsformeln zu (726):

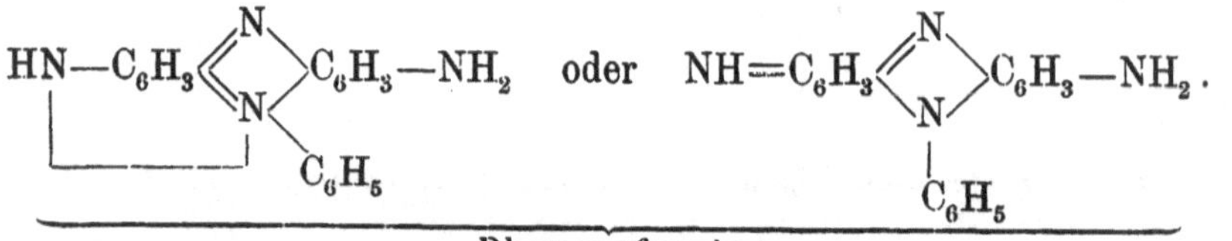

Phenosafranin

Darstellungsweisen der Safranine:

1) Gemeinschaftliche Oxydation von einem Indamin mit einem aromatischen Monamin (727); z. B.:

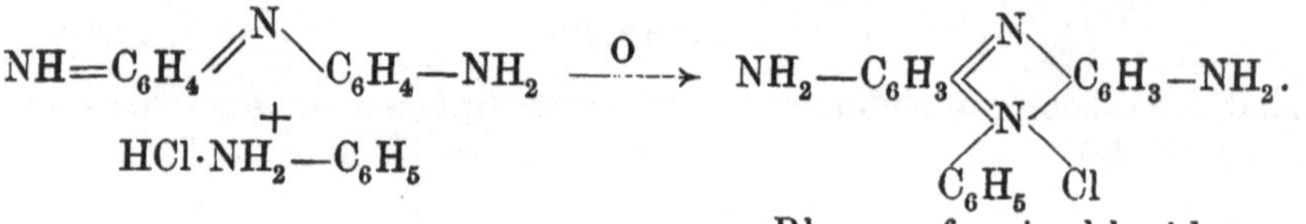

Phenosafraninchlorid

Ebenso entsteht Tetramethylsafranin aus Dimethylphenylenindamin. Auch das p, p-Diaminodiphenylamin liefert durch gemeinschaftliche Oxydation mit Anilin Safranin (728).

2) Statt des fertigen Indamins werden die Komponenten desselben zusammen mit salzsauren Anilinen oxydiert, und zwar entweder dadurch, daß man p-Nitrosodiphenylamin im Überschuß mit 2 Mol. salzsaurem Monamin zusammenbringt (729):

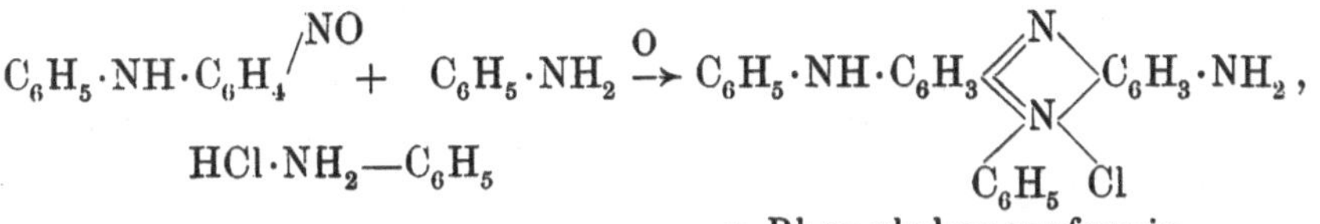

n-Phenylphenosafranin

oder dadurch, daß man 2 Mol. primärer Amine gemeinsam mit p-Phenylendiamin oxydiert (730):

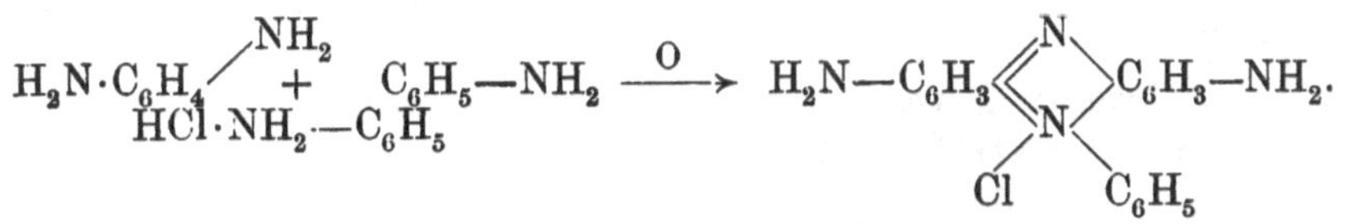

3) Einwirkung von p-Aminoazokörpern auf primäre Amine (731); auch hier geht die Reaktion unter intermediärer Indaminbildung vor sich: die Aminoazoverbindung spaltet sich unter Wasserstoffaufnahme in ein p-Diamin und in ein Monamin; z. B.:

$$H_2N \cdot C_{10}H_6 \cdot N:N \cdot C_{10}H_7 \xrightarrow{H} H_2N \cdot C_{10}H_7 + H_2N \cdot C_{10}H_6 \cdot NH_2 .$$

Das so entstandene Gemisch von Naphtylmonamin mit Naphtylendiamin wird durch den überschüssigen Aminoazokörper im Sinne der Methode 2) zu Trinaphtosafraninchlorid (Magdalarot):

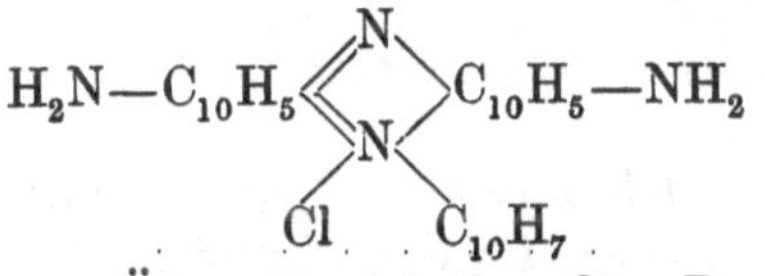

oxydiert.

Über die fabrikmäßige Darstellung der Safranine vergl. NIETZKI, Chemie d. organ. Farbstoffe, 3. Aufl., S. 224.

4) Einwirkung von Ammoniak oder Aminen auf solche Aposafranine, deren Aminogruppe acetyliert ist (vergl. S. 398).

5) Spezielle Bildungsweisen der Mono-n-phenylsafranine oder Mauveïne, deren erster Vertreter schon im Jahre 1856 von PERKIN durch Oxydation von toluidinhaltigem Anilinöl mit Bichromat oder Bleisuperoxyd dargestellt wurde:

a) Oxydation eines Gemenges m-Phenylaminodiphenylamin mit p-Diaminen (oder Chinondichlorimiden) (732); z. B.:

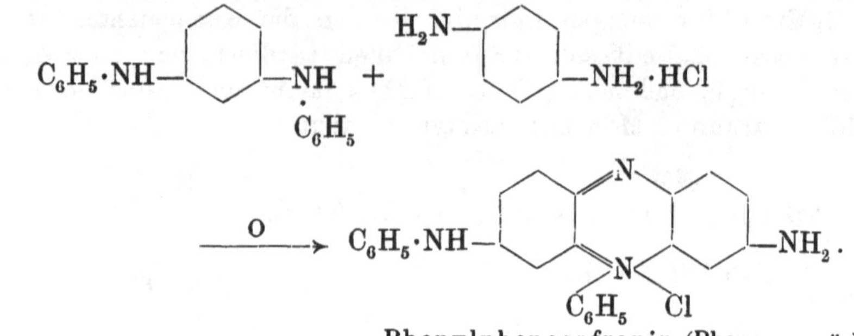

Phenylphenosafranin (Phenomauveïn)

Derselbe Farbstoff entsteht aus m-Aminodiphenylamin und p-Aminodiphenylamin durch gemeinschaftliche Oxydation (vergl. S. 402).

b) Einwirkung von p-Nitrosokörpern auf gewisse primäre oder sekundäre Basen (733); z. B.:

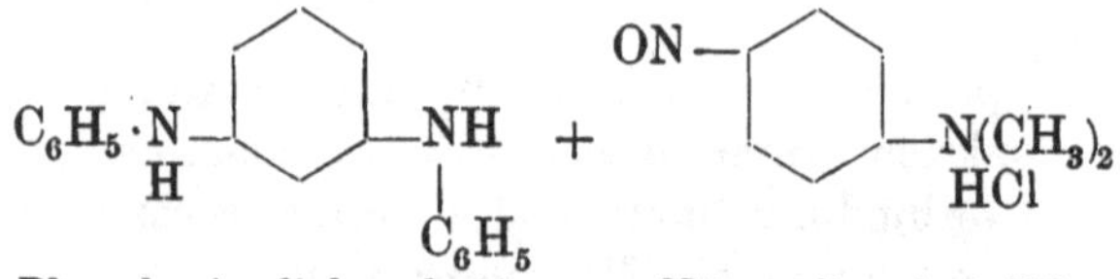

m-Phenylaminodiphenylamin p-Nitrosodimethylanilin

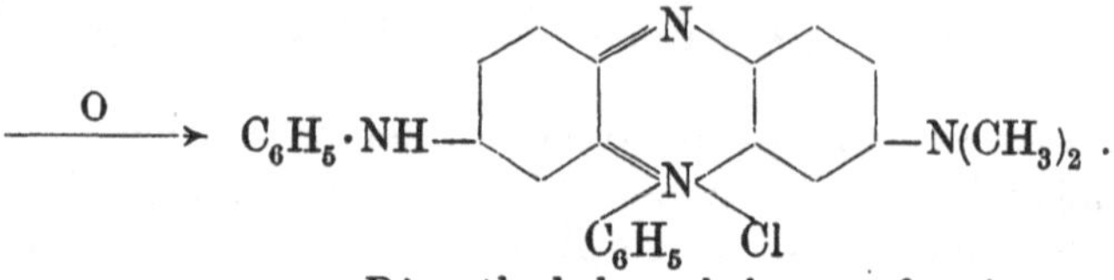

n-Dimethylphenylphenosafranin oder Indazin (Schmp. 218°)

Der Farbstoff Indazin entsteht auch durch Oxydation eines Gemenges von Diphenylamin, Dimethyl-p-phenylendiamin und Anilin.

Verhalten: Die Safranine sind starke Basen, die beständige, meist rot gefärbte einsäurige Salze bilden; die Farbe der unbeständigen mehrsäurigen Salze ergiebt sich aus den grünen Lösungen in konz. Mineralsäuren, welche auf Wasserzusatz erst blau, dann rot werden (vergl. das ähnliche Verhalten der Eurhodine, S. 388). Die alkoholischen Lösungen der Safranine fluorescieren gelbrot; die Nitrate sind durch Schwerlöslichkeit ausgezeichnet. Durch Reduktion entstehen farblose Leukobasen, die an der Luft die Farbstoffe zurückbilden. Durch Kochen mit alkoholischen Alkalien wird Ammoniak abgespalten, indem die Aminogruppen durch Hydroxyle ersetzt werden: es entstehen Dioxyazoniumkörper oder Safranole (s. u.). Über die Anwendung der Safranine — im besonderen des gewöhnlichen Tolusafranins — in der Färberei vergl. NIETZKI, Chemie d. organ. Farbstoffe, 3. Aufl., S. 223 ff.

Phenosafranin ist als Base leicht veränderlich, das Chlorid bildet grünglänzende Blätter oder stahlblaue Nadeln; die Monodiazoverbindung liefert durch Kochen mit Alkohol Aposafranin; durch Kuppeln von Diazosafranin mit β-Naphtol entsteht Indoïn, ein blauer Azofarbstoff. as-Dimethyl- und Diäthylphenosafranin gewinnt man aus Dimethyl- bezw. Diäthyl-p-phenylendiamin und Anilin (Methode 2); ersteres bildet als Chlorzinkdoppelsalz den Farbstoff „Fuchsia“, dessen Homologes das „Girofflée“ (Xylidin + Nitrosodimethylanilin) darstellt. „Amethystviolett“ ist Tetraäthylphenosafranin.

Tolusafranin (734) ist das eigentliche „Safranin“ des Handels, es ist eine Mischung der Chloride der Basen $C_{19}H_{16}N_4$ und $C_{21}H_{20}N_4$, da es aus einem Gemenge von Toluidin und Anilin bereitet wird. Es wird dargestellt durch gemeinsame Oxydation von 1 Mol. p-Toluylendiamin mit 2 Mol. o-Toluidin oder 1 Mol. Toluidin und 1 Mol. Anilin, in der Technik aus dem sog. „Anilinöl für Safranin“ (vergl. S. 403).

Naphtophenosafraninchlorid entsteht als Acetylderivat aus Acetylisorosindulin und Ammoniak (735) (vergl. S. 398).

Über Isomere des Naphtophenosafranins und über Diaminoderivate des Isophenylnaphtophenazoniums:

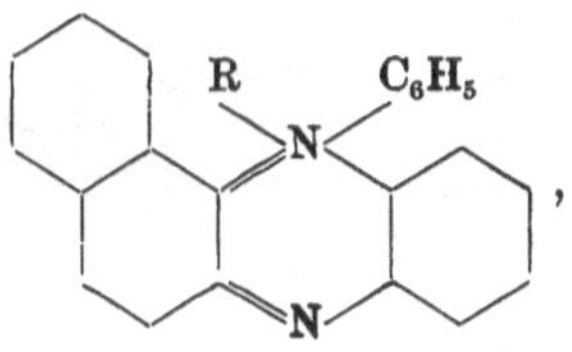

vergl. B. **28**, 2976; **30**, 2637; **31**, 3079, 3105; **32**, 931.

Methotolusafranin entsteht durch gemeinschaftliche Oxydation von p-Phenylendiamin und n-Methyl-m-toluylendiamin (736):

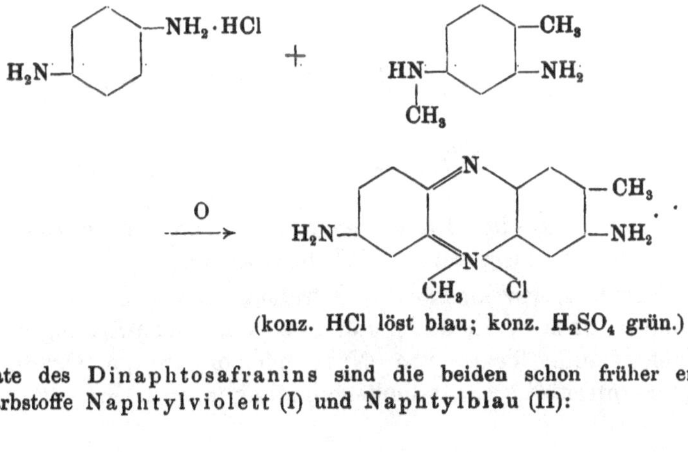

(konz. HCl löst blau; konz. H_2SO_4 grün.)

Derivate des Dinaphtosafranins sind die beiden schon früher erwähnten Farbstoffe Naphtylviolett (I) und Naphtylblau (II):

I II

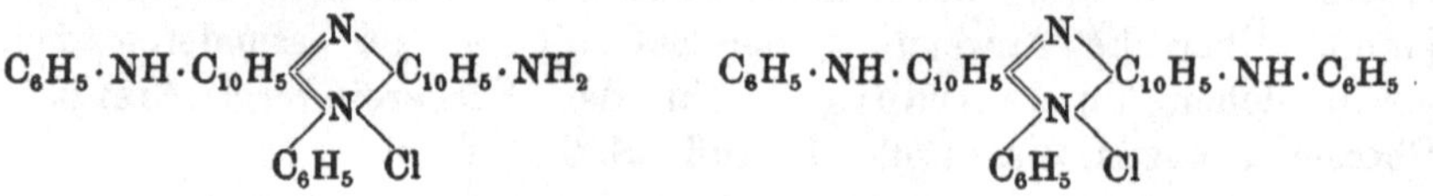

Beide Farbstoffe sind Derivate des β,β-Naphtazins (S. 383), näheres über Darstellungsweisen vergl. A. 272, 331, 334, 339.

Safranone und Safranole

sind die von den Safraninen sich ableitenden Oxyamino- bezw. Dioxyphenazoniumverbindungen, zeigen also mit den Indonen (Aposafranonen) und Eurhodolen eine gewisse Analogie; nur handelt es sich hier um einen successiven Austausch von Aminogruppen gegen Hydroxyl unter partieller Anhydrisierung; Beispiele:

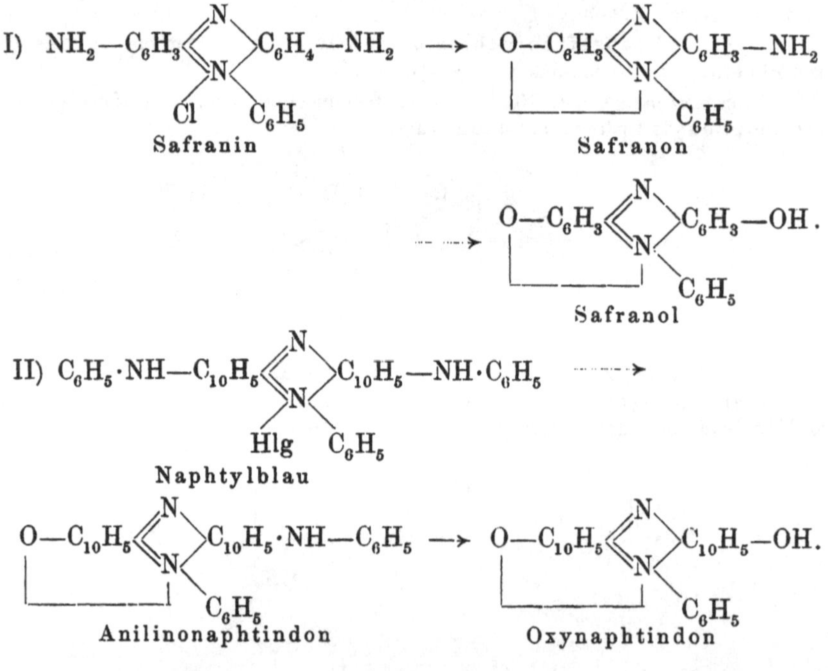

Der in zweiter Linie genannte Prozeß wird durch konz. Salzsäure und Eisessig gegen 200° bewirkt (737).

Beide Körperklassen — Safranone und Safranole — entstehen indessen auch synthetisch, und zwar durch Einwirkung von Nitrosodimethylanilin bezw. von Nitrosophenol auf m-Oxydiphenylamin unter intermediärer Indophenolbildung (738); z. B.:

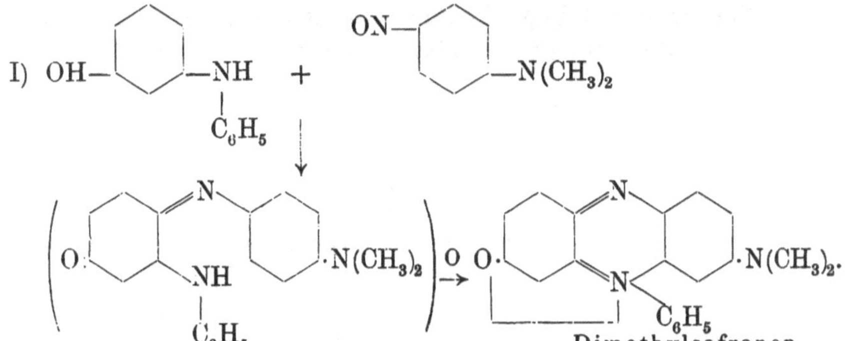

Dimethylsafranon

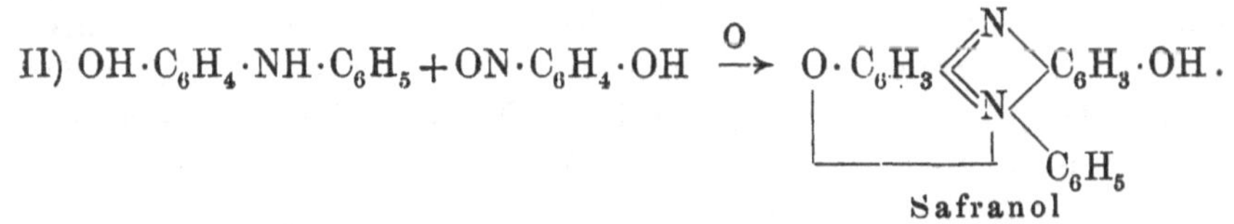

Safranol

Safranone und Safranole sind gelb- bis braunrot gefärbte, schwache Basen, von denen die letzteren alkalilöslich sind; sie bilden zwar ziemlich beständige Salze, finden aber als Farbstoffe keine Verwendung. Eine Safranolcarbonsäure (739) entsteht durch Oxydation von m-Oxydiphenylamin und p-Aminosalicylsäure, Phenonaphtosafranon (740) aus Aminophenylrosindulin.

Als Aminoprasindone bezeichnet man die Aminoderivate der auf S. 401 angeführten Prasindone; ein solcher Körper

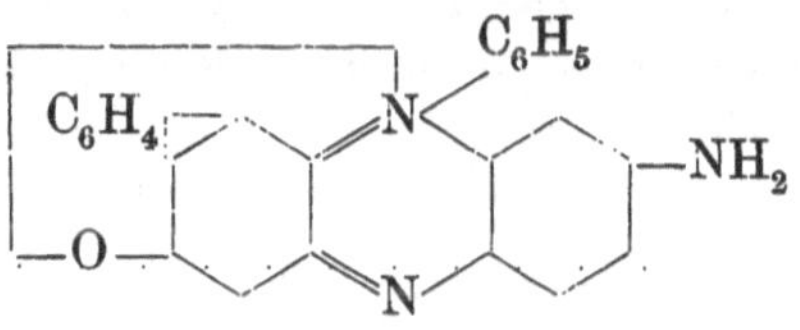

entsteht z. B. aus 3, 9 - Diaminophenylisonaphtophenazoniumchlorid durch Kochen mit verd. Schwefelsäure. Aminoprasindone sind, wie die Prasindone, blaugrün bis grün gefärbt (741).

Anhang zur Phenazingruppe. Es erübrigt noch die Besprechung der eigentlichen als „Induline" bezeichneten Farbstoffe, welche z. T. schon lange bekannt (CARO und DALE 1861, GRIESS und MARTIUS 1866) sind und vielfach technische Verwendung finden. Seitdem sich neuerdings herausgestellt hat, daß die schon erwähnten

Rosinduline, Isorosinduline, Naphtinduline etc. nicht, wie man früher glaubte, Derivate eines phenylierten p-Chinondiimids (742):

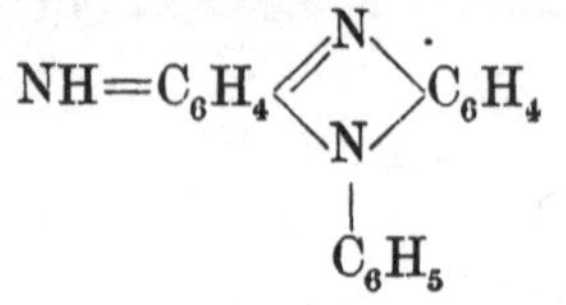

sind, sondern in die Klasse der Aposafranine (s. d.) gehören (743), bleibt für die Gruppe der „Induline" nur noch eine Anzahl von komplizierten Farbstoffen übrig, deren Konstitution und genetische Beziehungen noch nicht genügend aufgeklärt sind.

In der sog. „Indulinschmelze" (Aminoazokörper + Alphylamin + HCl-Alphylamin) finden sich — bei Verwendung von Aminoazobenzol und Anilin — neben Anilinoaposafranin und Azophenin Induline der empirischen Formel $C_{30}H_{23}N_5$ und $C_{36}H_{27}N_5$; ein wichtiges Zwischenprodukt ist hierbei das Azophenin oder Dianilinochinondianil

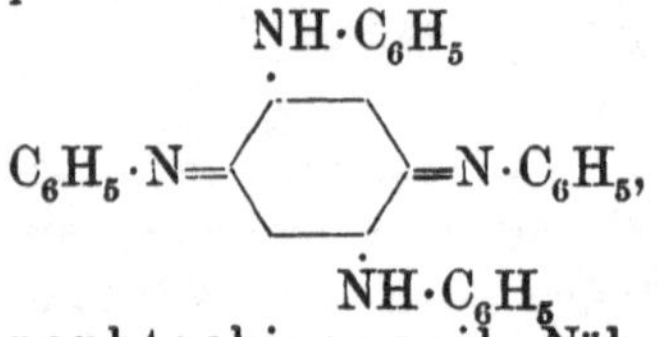

sowie in der Naphtalinreihe das Anilinonaphtochinonanil. Näheres über diese Induline sowie über „Paraphenylenblau" s. NIETZKI, Chemie d. organ. Farbst., 3. Aufl., S. 243 und 244.

Benzodipyrazine (vergl. S. 360)

werden im Sinne der HINSBERG'schen Chinoxalinsynthesen (s. d.) durch Kondensation von Tetraminobenzolen mit 1, 2-Diketonen dargestellt (744); Beispiele:

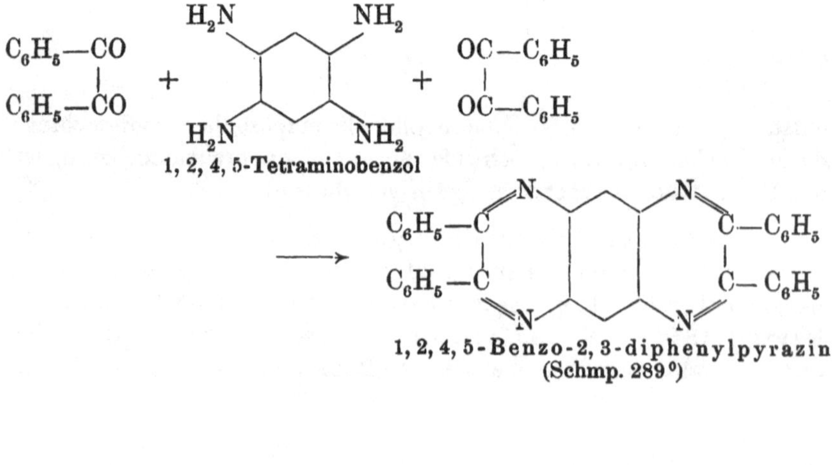

1, 2, 4, 5-Tetraminobenzol

1, 2, 4, 5-Benzo-2, 3-diphenylpyrazin (Schmp. 289°)

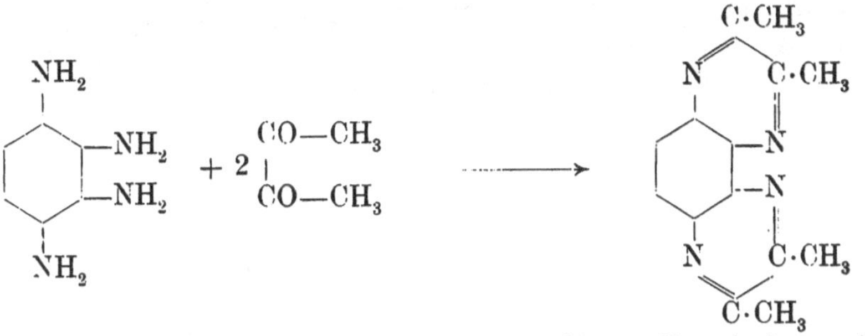

1, 2, 3, 4-Benzodi-2, 3-dimethylpyrazin
(Schmp. 218°)

Fluorindine (vergl. S. 360)

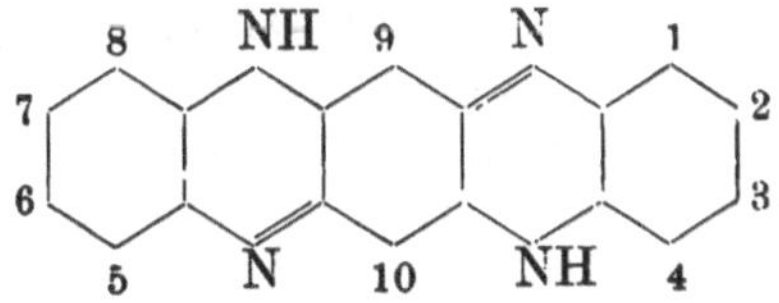

sind gewissermaßen Dibenzoderivate des 1, 2, 4, 5-Benzodipyrazins (s. o).

Bildungsweisen: 1) durch Oxydation oder Erhitzen von Salzen der o-Phenylendiamine durch Vermittelung der zunächst entstehenden as-Diaminophenazine (vergl. S. 389) (745):

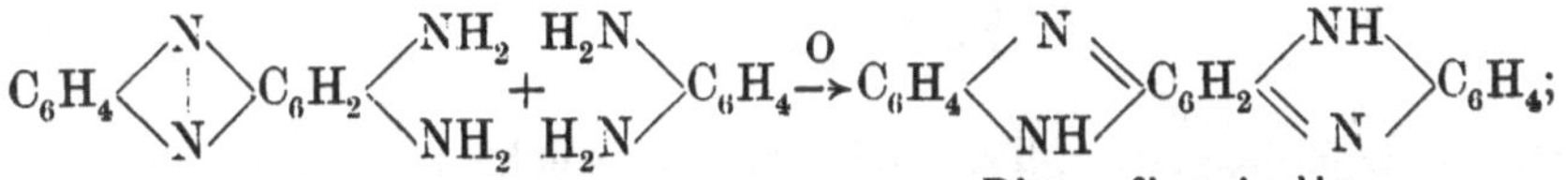

Phenofluorindin.

2) durch Erhitzen von Azophenin (vergl. S. 408) (746):

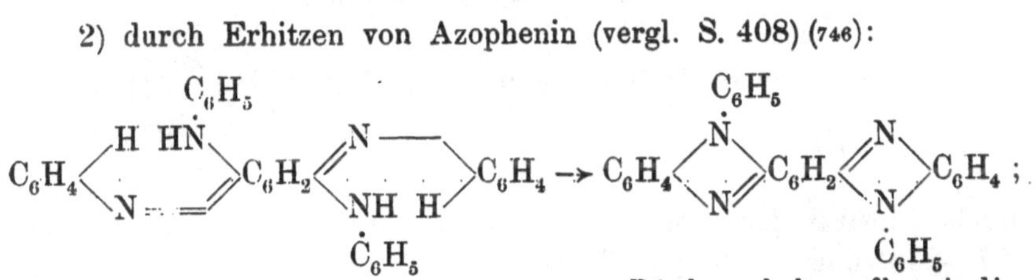

n-Diphenylphenofluorindin

3) durch Zusammenschmelzen von o, o-Dioxybenzochinonen mit 2 Mol. o-Phenylendiamin (747); z. B.:

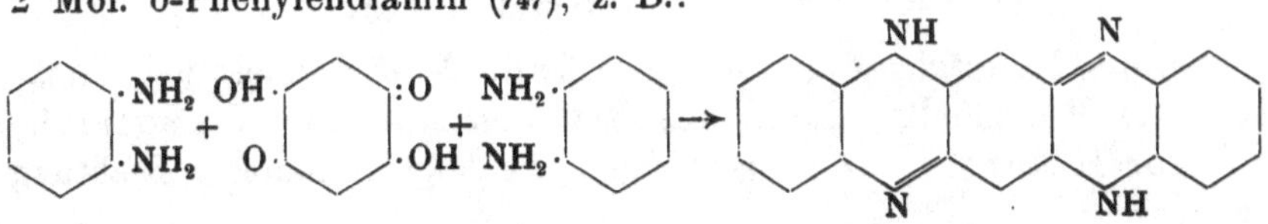

Phenofluorindin

oder durch Kondensation[1] von o-Phenylendiamin mit Oxyaposafranon

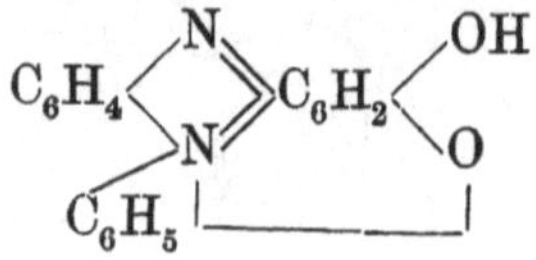

bezw. mit Anilinoaposafranin

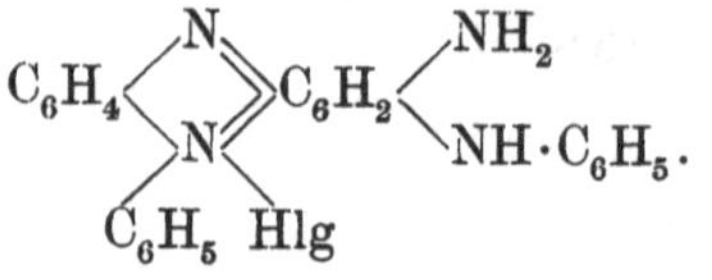

Fluorindine sind außerordentlich beständige und schwerlösliche, grünglänzende Basen, die unzersetzt sublimieren, und deren Lösungen eine prachtvolle ziegelrote Fluorescenz aufweisen; die Salzlösungen sind grünblau bis blau gefärbt und fluorescieren braun- bis blutrot.

n-Phenylfluorindin (s. o.) wird durch Kochen mit Benzoësäureester an der noch freien Imidgruppe benzoyliert (748). n-Diphenylfluorindin bildet ein Dichlorhydrat.

E. Polycyklisches System mit drei Stickstoffatomen in einem Ring.

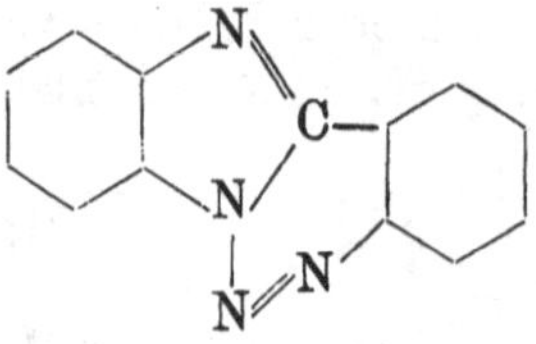

Benzimidazolazimid (749)

ist ein kompliziertes β-Triazinderivat, in welchem ein Stickstoffatom einem Fünf- und einem Sechsring gemeinsam ist. Benzimidazolazimid wird aus o-Aminophenylbenzimidazol

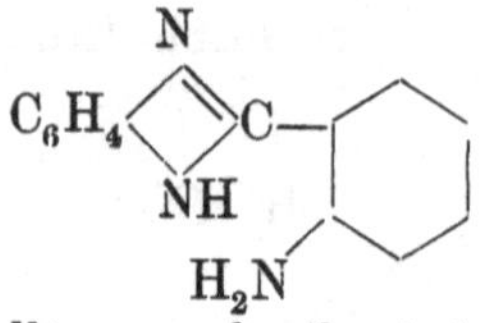

durch Einwirkung von salpetriger Säure dargestellt; es schmilzt bei 207—208° und bildet ein Chlorhydrat.

Das Homologe aus o-Aminophenyl-m-tolimidazol schmilzt bei 187—188°.

IV. Sauerstoff und Stickstoff als Ringglieder.

Diese Hauptklasse ist wie die Klasse V (Schwefel und Stickstoff als Ringglieder) durch das Vorhandensein zweier ungleichartiger Heteroatome ausgezeichnet; sie zeigt in mancher Richtung

[1] Bildungsweisen des n-Phenylphenofluorindins.

Ähnlichkeit mit Vertretern des vorigen Kapitels, nämlich mit der Gruppe der Diazine, von welchen man sie ableiten kann durch Austausch des einen Stickstoffatoms gegen Sauerstoff.

1. a) Einringe mit einem N und einem O.

Oxazingruppe.

Die Oxazine können als Ringhomologe der fünfgliederigen Oxazole und Isoxazole aufgefaßt werden; als Disubstitute des Benzols existieren sie in den folgenden drei stellungsisomeren Formen:

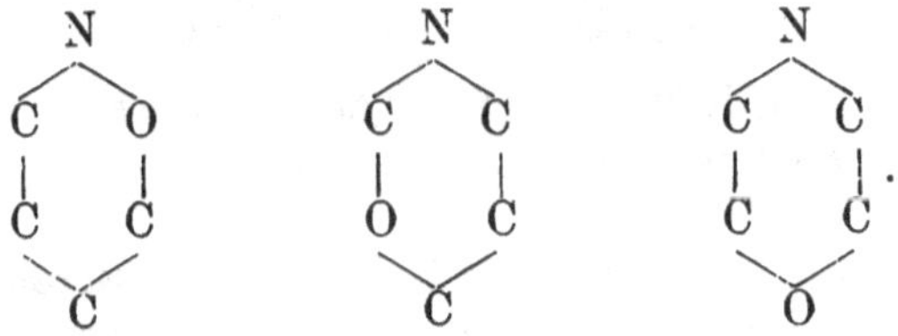

Orthoxazine Metoxazine Paroxazine

α) Orthoxazine

sind namentlich als monocyklische Systeme nur in geringer Zahl bekannt geworden; hierher gehört das Oximanhydrid der Benzallävulinsäure:

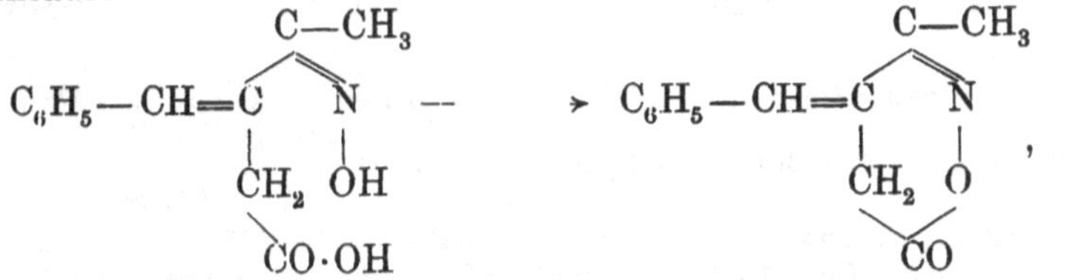

(sog. Benzallävoxim)

welches sich im Sinne obigen Schemas durch Anhydrisierung bildet (750); es verhält sich zu den Isoxazolonen, wie ein δ-Lakton zu einem γ-Lakton.

β) Metoxazine

liegen in Derivaten des sog. Pentoxazolins vor, welches selbst indessen noch nicht bekannt ist; dieselben entstehen nach einem ähnlichen Prinzip, wie die fünfgliederigen Oxazoline (s. d.), durch Bromwasserstoffabspaltung aus den γ-Bromalkylcarbonsäureamiden, welche in der tautomeren Enolform reagieren (751); z. B.:

Tautomere Form des γ-Brompropylbenzamides (aus γ-Brompropylamin + Benzoylchlorid)

μ-Phenylpentoxazolin (starke ölige Base, deren Pikrat bei 151° schmilzt)

Analoge Basen sind μ-β-Phenylmethyl- und μ-Phenyl-α-dimethyl-γ-methyl-pentoxazolin aus γ-Chlorbutylamin bezw. γ-Bromhexylamin und Benzoylchlorid (752).

μ-Aminopentoxaline 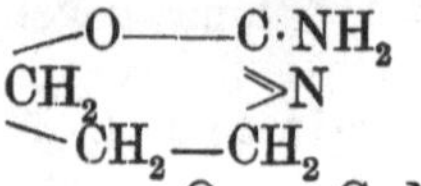 (in der tautomeren Form

Trimethylen-ψ-harnstoffe 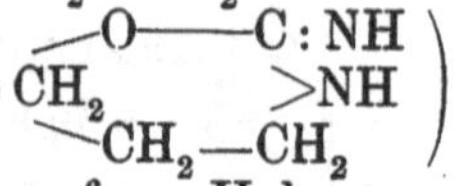) werden durch Einwirkung von Kaliumcyanat auf γ-Halogenpropylaminsalze dargestellt (753).

γ) Paroxazine (Morpholingruppe)

sind nur als völlig hydrierte Basen bekannt und werden Morpholine genannt, da sie als Spaltungsstücke des Alkaloïds Morphin erhalten worden sind.

Man gewinnt sie synthetisch durch Wasserabspaltung aus sekundären Basen vom Typus des Diäthanolamins (Dioxydiäthylamin); z. B.:

Diäthanolamin — Morpholin (Sdp. 128°)

Als anhydrisierendes Mittel dient am besten 70%ige Schwefelsäure (754).

In analoger Weise wird n-Phenylmorpholin (Schmp. 53°, Sdp. 270°) aus dem Chlorhydrin des Dioxäthylanilins 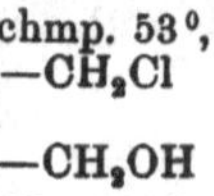 dargestellt; n-Äthylmorpholin (aus Diäthanoläthylamin) siedet bei 138—139°; n-Benzylmorpholin (aus Chloräthylbenzylamin oder Dibromäthylbenzylamin) siedet bei 261° (755).

Das Chlorhydrat des einfachsten Morpholins schmilzt bei 174—177°, das Jodmethylat des n-Methylmorpholins bei 246°.

n-Oxäthylmorpholin (Sdp. 227°) wird sowohl aus Triäthanolamin $N(CH_2 \cdot CH_2 \cdot OH)_3$ als auch aus Morpholin durch Einwirkung von Äthylenoxyd dargestellt.

Die Morpholine sind außerordentlich starke einsäurige Basen, die an der Luft rauchen und die Epidermis, zum Teil sogar Glas und Metalle angreifen; sie sind sehr beständig und werden nur durch Permanganat verändert.

Diketotetrahydroparoxazine (Diketomorpholine) sind Diglykolsäureimid (I) (756) und Iminodiessigsäureanhydrid (II) (757):

I) 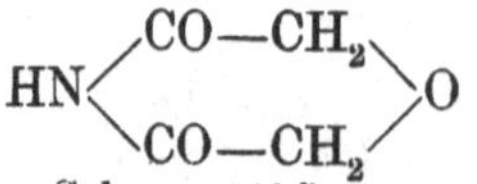

(Schmp. 142°)

II) 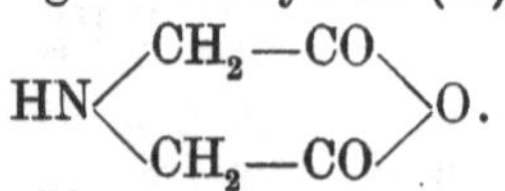

(als n-Phenylderivat aus Phenyliminodiessigsäure; dieses schmilzt bei 148°)

1. b) Einringe mit zwei N und einem O.

Azoxazine

sind als Derivate von drei isomeren Stammformen bekannt geworden, deren Konstitutionsformeln die folgenden sind:

1)

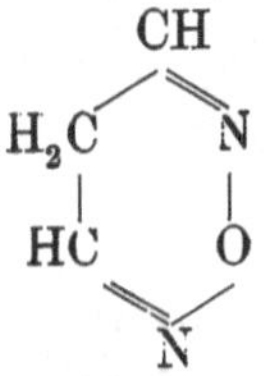

1, 2, 3-Azoxazin

2)

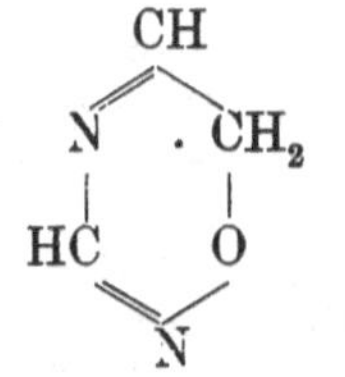

1. 2, 5-Azoxazin

3)

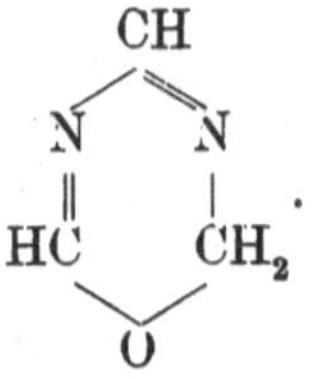

1, 3, 5-Azoxazin

1) Vertreter der 1,2,3-Azoxazingruppe werden aus Acetondicarbonsäureester dargestellt, welcher durch energische Einwirkung von salpetriger Säure in einen Diisonitrosokörper (I) bezw. in ein superoxydartiges Umwandlungsprodukt des letzteren übergeht; dieses Superoxyd (II) erleidet durch Reduktion Anhydrisierung zum Oxyazoxazindicarbonsäureester (III), welcher sich successive in Diäthyloxyazoxazindicarbonsäureester (IV) und Diäthyloxyazoxazin (V) verwandeln läßt (758). Folgendes Schema[1] giebt die einzelnen Phasen dieses Prozesses wieder:

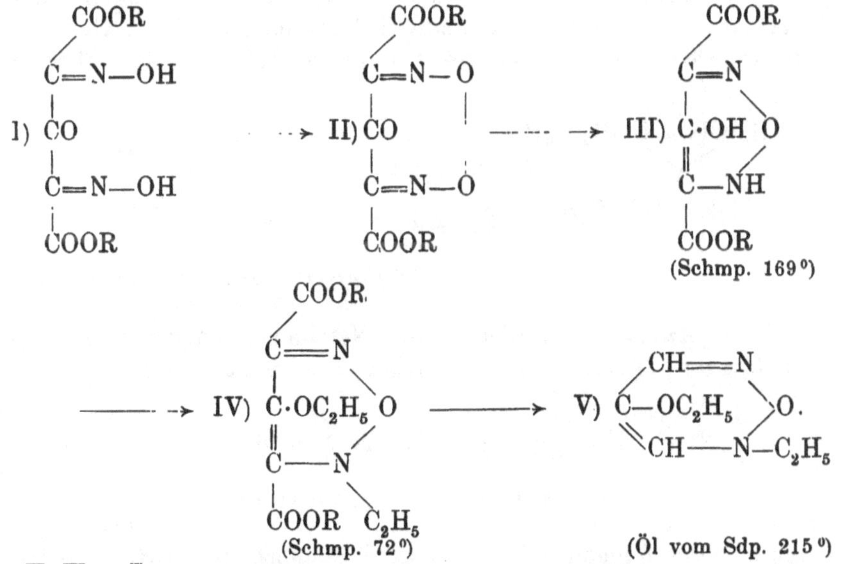

[1] Die Schmelzpunktsdaten beziehen sich auf $R=C_2H_5$.

Die freie Diäthyloxyazoxazindicarbonsäure schmilzt bei 186,5°.

2) 1,2,5-Azoxazinverbindungen sind die Ringhomologen der fünfgliederigen Azoxime (s. d.) 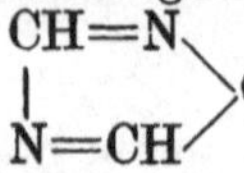 O, von denen sie sich durch den Mehrgehalt einer Methylengruppe unterscheiden; Ketoderivate dieses Heteroringes werden durch Einwirkung von α-Halogenfettsäureestern auf Benzenylamidoxime unter Vermittelung der Amidoximfettsäuren dargestellt (759). Der Ringschluß erfolgt um so leichter, je höher molekular die betreffende Halogenfettsäure ist. Beispiel:

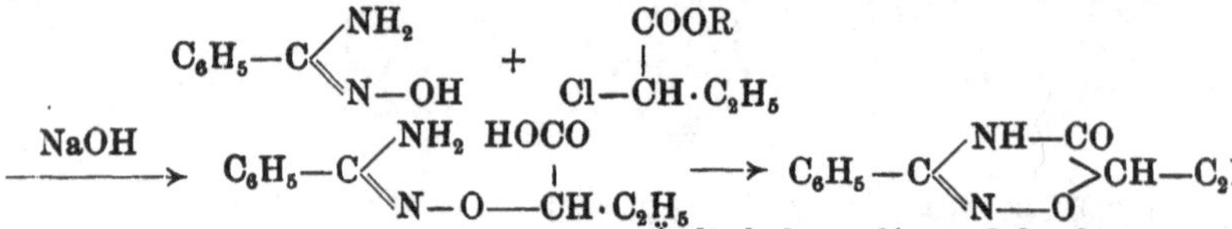

Äthylphenylketodihydroazoxazin (Schmp. 106°)

Während im angeführten Falle das Azoxazin das Hauptprodukt der Reaktion bildet, entsteht bei Verwendung von Chloressigester nur die intermediäre Benzenylamidoximessigsäure; durch Erhitzen mit konz. Salzsäure werden die Azoxazine rückwärts zu den betreffenden Amidoximfettsäuren aufgespalten.

Phenylketodihydroazoxazin (aus der entsprechenden Amidoximcarbonsäure) schmilzt bei 148°.

3) Als Derivate des 1,3,5-Azoxazins kann man die Einwirkungsprodukte von Phenylcyanat auf n-Benzylbenzaldoxime (aus Benzaldehyd + Benzylhydroxylamin) betrachten (760); der betreffende Vorgang wäre dann beispielsweise folgendermaßen zu formulieren:

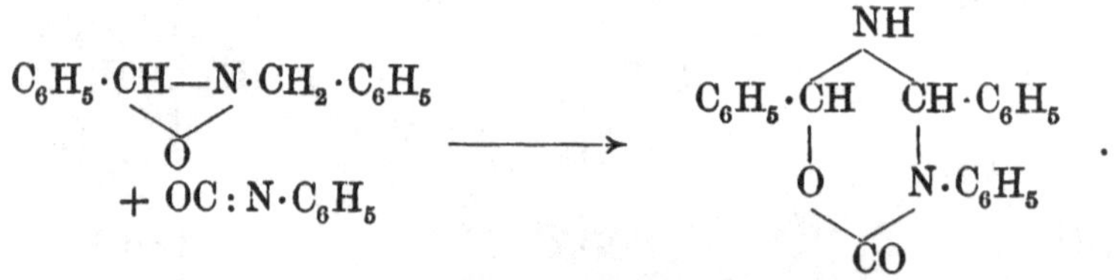

Triphenylketotetrahydroazoxazin (Schmp. 122°)

Diese Azoxazine werden durch Natriumalkoholat unter CO_2-Abspaltung in Benzylphenylbenzenylamidine verwandelt.

1. c) Einringe mit einem N und zwei O.

Dioxazine oder Paraldimine

leiten sich von folgendem hypothetischen Stammkörper: 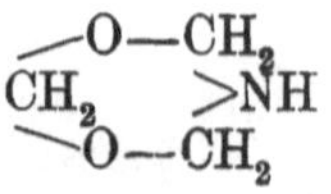

ab; der einzige Vertreter, dieser Gruppe, das sog. Paraldimin, entsteht in Form seines Nitrosamins durch Einwirkung von salpetriger Säure auf Aldehydammoniak: dieses Nitrosamin wird durch Salzsäure in salpetrige Säure und das Chlorhydrat des Paraldimins gespalten (761):

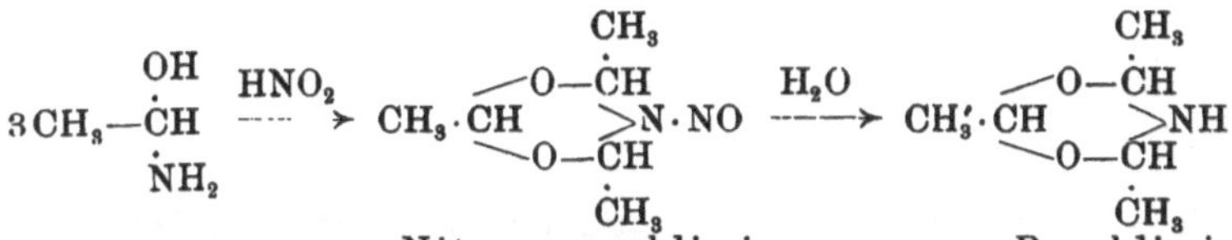

Nitrosoparaldimin (gelbes Öl vom Sdp. 95° bei 35 mm Druck) — Paraldimin (scharf riechende Flüssigkeit vom Sdp. 140°)

Paraldimin zerfällt durch Einwirkung von Wasser in Paraldehyd und Ammoniak, woraus hervorgeht, daß der Körper ein Paraldehyd ist, in welchem ein Sauerstoffatom durch die Imidogruppe vertreten ist.

Durch Reduktion des Nitrosoparaldimins mit Zinkstaub und Eisessig entsteht Aminoparaldimin, ein alkalisch reagierendes Öl, das hydrolytisch im Sinne folgender Gleichung in Paraldehyd und Hydrazin gespalten wird:

$$C_6H_{12}O_2 : N \cdot NH_2 + H_2O = C_6H_{12}O_3 + N_2H_4 .$$

Das weiter unten zu besprechende Thialdin ist das Analogon des Paraldimins in der Klasse V.

1. d) Einringe mit zwei N und zwei O.

Azdioxazine oder Glyoximhyperoxyde 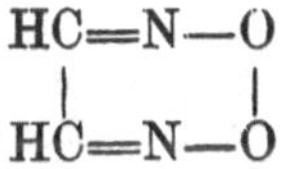 enthalten nur noch zwei Kohlenstoffatome im Heteroring: man kann sie als Sauerstoff-Ringhomologe der fünfgliederigen Furazane (s. d.) betrachten, mit denen sie thatsächlich genetisch verknüpft sind, wie beispielweise aus folgendem Schema hervorgeht:

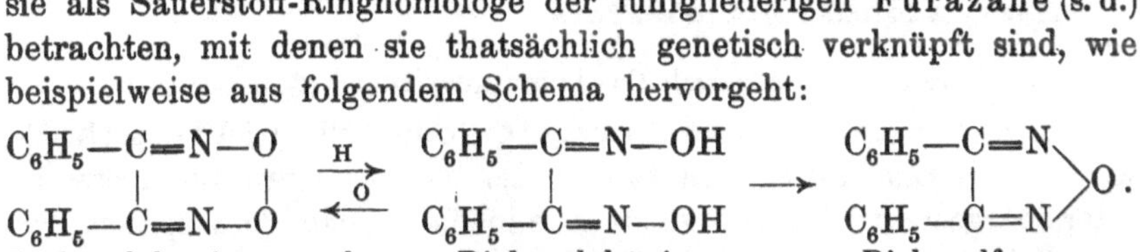

Diphenylglyoximperoxyd — Diphenylglyoxim — Diphenylfurazan

Dieses Beispiel lehrt zugleich die Darstellungsweise der Azdioxazine, welche auf der Oxydation von Glyoximen durch Ferricyankalium oder Stickstofftetroxyd beruht (762); umgekehrt gehen die Glyoximperoxyde durch vorsichtige Reduktion in Glyoxime über. Auch die Aldoxime (2 Mol.) werden mit Hilfe von Stickstofftetroxyd durch Vermittelung der Aldoximhyperoxyde in Azdioxazine verwandelt (763):

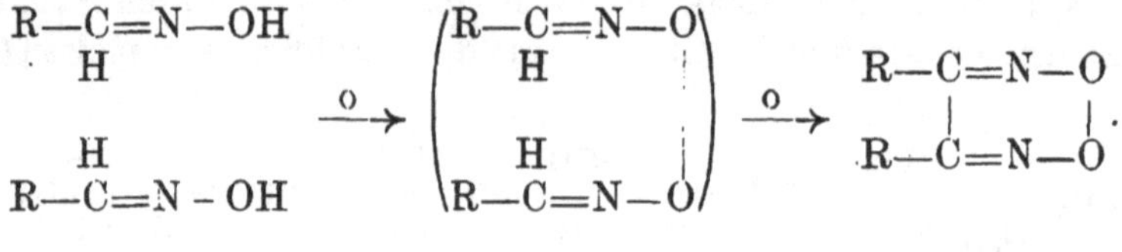

Einige aromatische Körper mit der ungesättigten Seitenkette $—CH=CH·CH_3$ geben durch Einwirkung von salpetriger Säure neben Nitrositen direkt Glyoximperoxyde der allgemeinen Formel

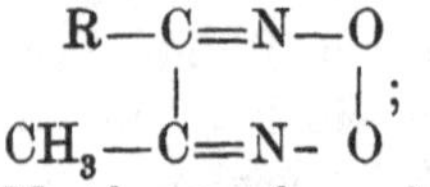

; so entsteht z. B. aus Anethol ($R=CH_3·O·C_6H_4—$) Methoxyphenylmethylglyoximperoxyd vom Schmp. 97°, ein Körper, der gegen Oxydationsmittel von bemerkenswerter Beständigkeit ist (764).

Dimethylglyoximperoxyd (aus Dimethylglyoxim) ist eine Flüssigkeit vom Sdp. 222—223°; Monophenylglyoximperoxyd (aus Phenylglyoxim und N_2O_4) schmilzt bei 89—95° u. Z.

Diphenylglyoximperoxyd (s. o.) vom Schmp. 114° kann aus allen drei stereomeren Benzildioximen, sowie aus α- und β-Benzaldoxim (s. o.) durch Oxydation gewonnen werden; es entsteht ferner durch Einwirkung von Jod auf Natriumnitrobenzalphtalid (765). Über den Schmelzpunkt erhitzt, liefert es Phenylcyanat; durch Reduktion entsteht nur syn-(γ-)Benzildioxim.

Ein Dibenzoylazdioxazin (sog. Diphenyldinitrosacyl)

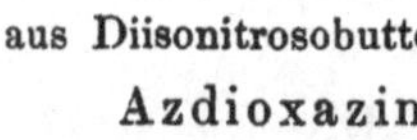

vom Schmp. 87° wurde durch Einwirkung von roher Salpetersäure auf Acetophenon erhalten (766); durch Behandlung mit primären Aminen liefert das Diphenyldinitrosacyl substituierte Benzamide und Benzoylderivate von homologen Isazoxdiazinen (s. d.).

Methylazdioxazincarbonsäure

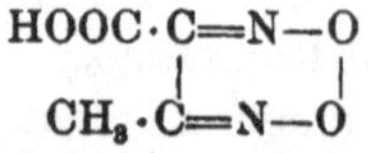

(Schmp. 92°) wird aus Diisonitrosobuttersäure durch Oxydation gewonnen (767).

Azdioxazindicarbonsäureester (Sdp. 159° bei 10 mm Druck) wird durch Einwirkung von rauchender Salpetersäure auf Acetessigester dargestellt, hierbei entsteht zunächst Oximidoessigester, von dem 2 Mol. zu obigem Körper weiter oxydiert werden (768):

Oximidoessigester

Dieser Ester hat sich als identisch erwiesen mit demjenigen

Produkt, welches durch Oxydation von Dioximidobernsteinsäureester

ROOC—C=N—OH
| (aus Dioxyweinsäureester) entsteht (769).
ROOC—C=N—OH

Ein siebengliedriges Peroxyd (aus Acetondicarbonsäureester) wurde auf S. 413 erwähnt.

1. e) Einringe mit drei N und einem O,

welche von der zuletzt besprochenen Gruppe durch Ersatz eines Ringsauerstoffes durch Stickstoff abgeleitet werden können, existieren in zwei isomeren Formen, als Azoxdiazine und als Isazoxdiazine; erstere sind stabil, letztere labil und gehen durch Umlagerung in erstere über. Die Isazoxdiazine sind aber diejenigen, welche direkt zugänglich sind und zwar durch Einwirkung von primären Aminen auf die unter 1. d) erwähnten „Dinitrosacyle", z. B.:

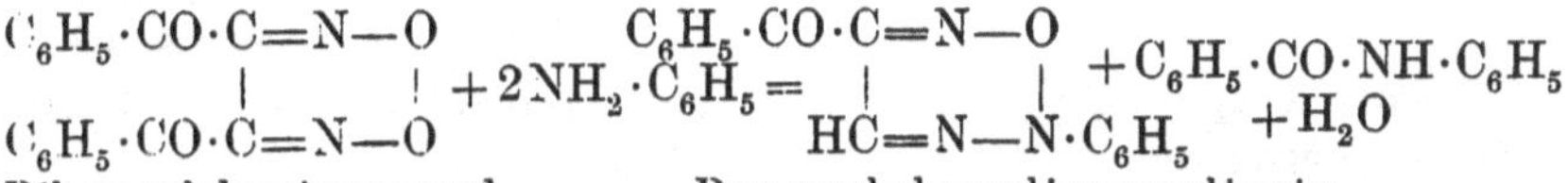

Dibenzoylglyoximperoxyd — Benzoylphenylisazoxdiazin

Die Gleichung zeigt, daß durch das Anilin (2 Mol.) gleichzeitig ein Ringsauerstoffatom substituiert und eine Benzoylgruppe als Benzanilid eliminiert wird; die Reaktion ist wohl so zu deuten, daß der Azdioxazinring zunächst zu einem oximartigen Zwischenprodukt geöffnet wird, worauf Ringschluß unter Wasserabspaltung erfolgt.

Die geschilderte Reaktion geht nur mit primären Aminen vor sich, und zwar um so leichter, je stärker die Base ist; eine Ortho-Methylgruppe in einem aromatischen Amin wirkt hindernd auf den Reaktionsverlauf.

Die Umlagerung der Isazoxdiazine erfolgt schon durch Erhitzen der Lösungen auf 100° und geschieht durch Beckmann'sche Umlagerung eines intermediären Oxims, wie z. B. folgendes Schema zeigt:

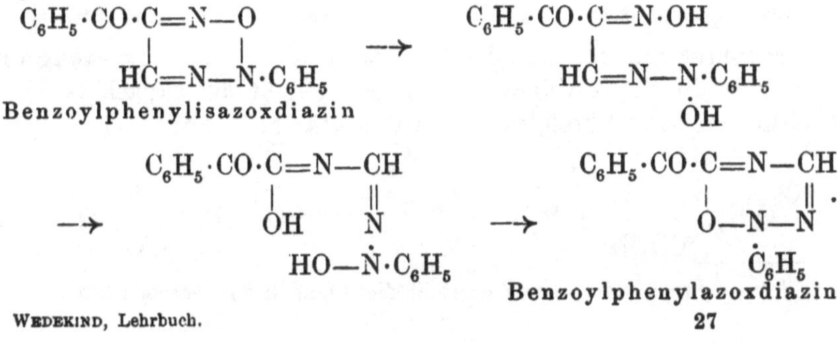

Benzoylphenylisazoxdiazin — Benzoylphenylazoxdiazin

Die schwerlöslichen Azoxdiazine sind farblos, während die isomeren Körper braun gefärbt sind (770).

1. f) Ein Einring mit drei N und zwei O,

welcher also nur noch ein Ring-Kohlenstoffatom enthält, liegt wahrscheinlich in dem Einwirkungsprodukt von salpetriger Säure auf Anilinooximidoessigsäureester vor; diese Reaktion soll sich im Sinne folgenden Schemas vollziehen (771):

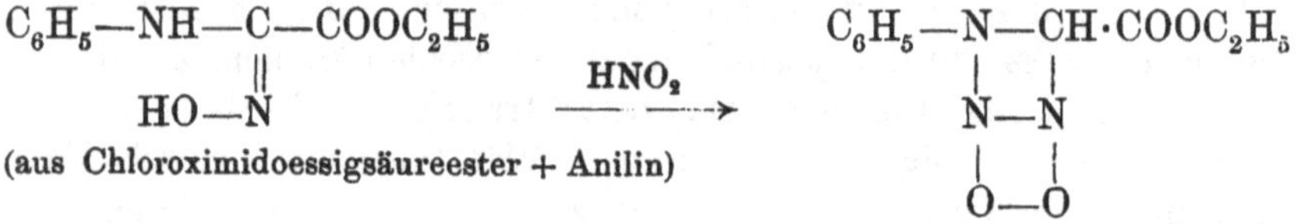

(aus Chloroximidoessigsäureester + Anilin)

Phenylazdioxdiazincarbonsäureester (orange-gelbe Schuppen vom Zsp. 169°; färbt sich mit Alkali violett)

Dieser Körper schließt sich auf Grund seiner Beständigkeit den Glyoximsuperoxyden (s. d.) an.

2. Zweiringe und höhere polycyklische Systeme.

a) mit einem N und einem O.

α) Benzoxazingruppe.

Benzorthoxazine bilden sich leichter und häufiger als die monocyklischen Orthoxazine, und zwar durch intramolekulare Wasserabspaltung von aromatischen γ-Ketoximsäuren; hierbei entstehen Ketodihydroprodukte, sog. Benzorthoxazinone (772); z. B.:

o-Benzoylbenzoësäureoxim Phenylbenzorthoxazinon

Mitunter schließt sich der Heteroring direkt bei Einwirkung von Hydroxylamin auf o-Aldehydsäuren; so entsteht das einfachste Benzorthoxazinon aus o-Phtalaldehydsäure in alkoholischer[1] Lösung (773):

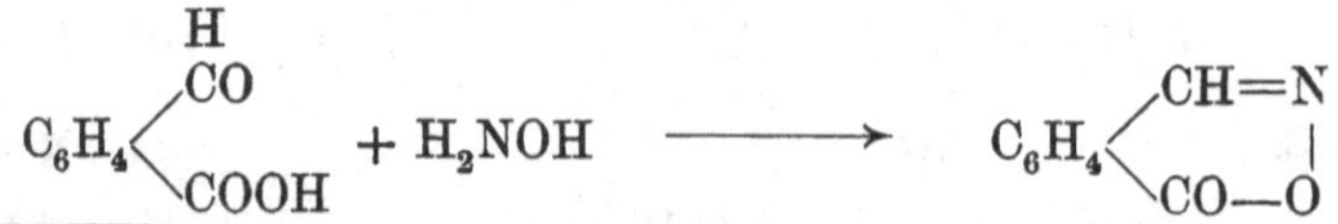

[1] In wässeriger Lösung entsteht die offene Aldoximcarbonsäure.

Benzorthoxazinon schmilzt bei 120° und wandelt sich in der Hitze successive in o-Cyanbenzoësäure und Phtalimid $C_6H_4\langle{}^{CO}_{CO}\rangle NH$ um.

Methylbenzorthoxazinon (aus Acetophenon-o-carbonsäureester + Hydroxylamin) schmilzt bei 157—159°.

Dimethoxybenzorthoxazinon (Anhydrid des Opiansäureoxims) schmilzt bei 115°.

Benzometoxazine oder Phenpentoxazoline vom Typus

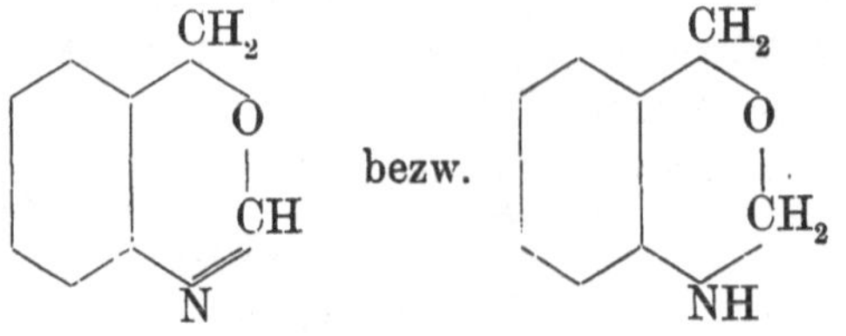

werden nach drei Methoden bereitet:

1) durch Einwirkung von Säureanhydriden auf o-Aminobenzylhalogene oder o-Aminooxyisopropylbenzoësäure (774); Beispiele:

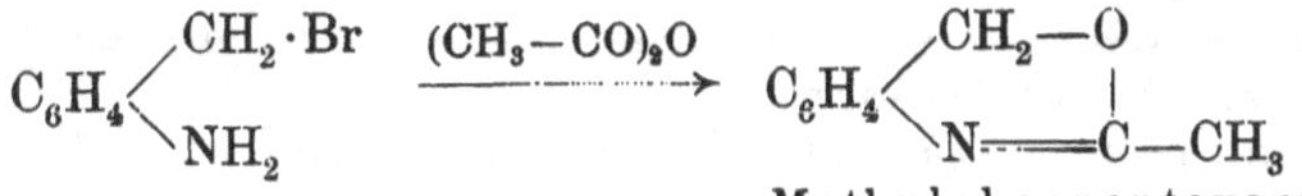

μ-Methylphenpentoxazolin (ziemlich unbeständig)

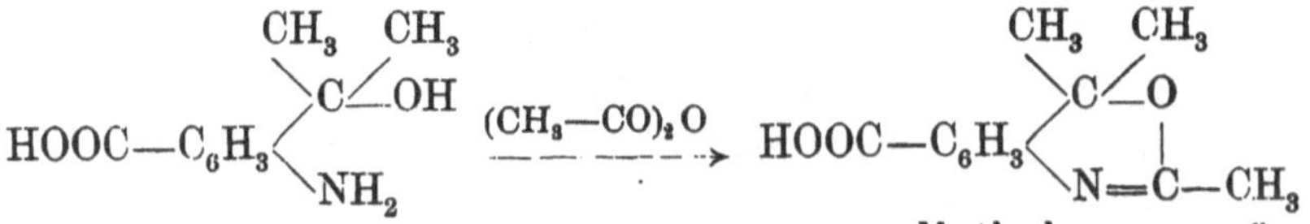

sog. μ-Methylcumazonsäure (Schmp. 218°)

2) durch Anhydrisierung von Harnstoffen des o-Aminobenzylalkohols bezw. durch Entschwefelung von ω-Oxytolylalkylthioharnstoffen (775); Beispiele:

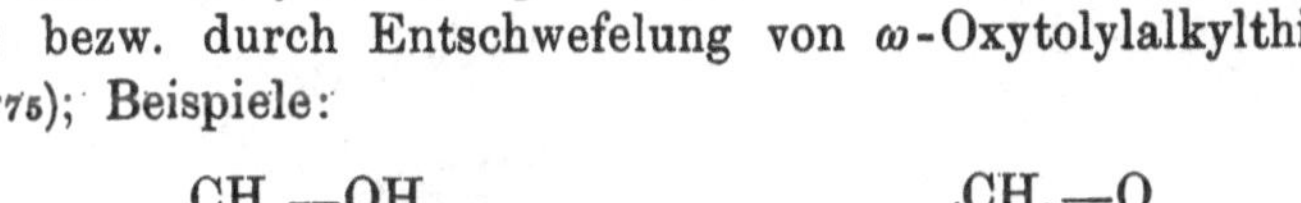

ω-Oxytolylharnstoff (aus o-Aminobenzylalkohol und Cyansäure) — sog. Iminocumazon (Schmp. 160°)

ω-Oxytolylmethylthioharnstoff — Methyliminocumazon

3) durch Umsetzung von Schwefelkohlenstoff mit o-Aminobenzylalkohol; hierbei werden die sog. Thiocumazone gebildet (776); z. B.:

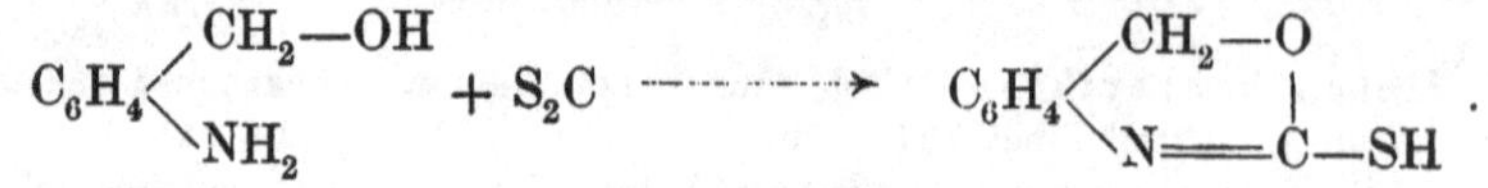

Thiocumazon (Schmp. 142° u. Z.)

Die Iminocumazone sind isomer mit den Ketotetrahydrochinazolinen (s. d.); erstere gehen auch beim Erwärmen mit primären Alphylaminen in Chinazolinabkömmlinge über (Ersatz von Ringsauerstoff durch die Gruppe NPh):

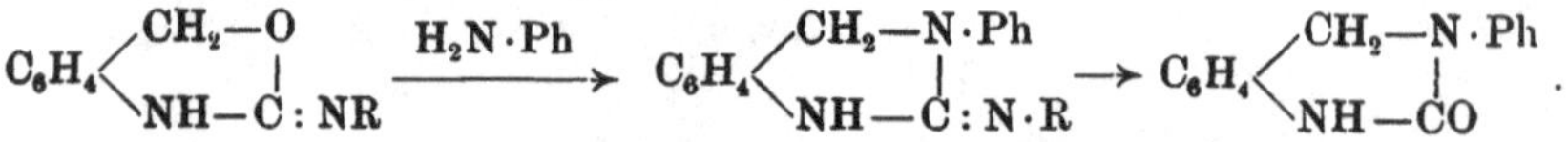

Durch Säurechloride wird der Imino- bezw. Thiocumazonring aufgespalten.

Iminocumazon ist eine mäßig starke Base, die sich in Benzoylenharnstoff $C_6H_4\begin{smallmatrix} CO-NH \\ | \\ CO-CO \end{smallmatrix}$ (Diketotetrahydrochinazolin) verwandeln läßt. Thiocumazon ist eine schwache Säure, die durch Anilin in Phenylthiotetrahydrochinazolin übergeführt werden kann.

Benzoparoxazine oder Phenmorpholine vom Typus

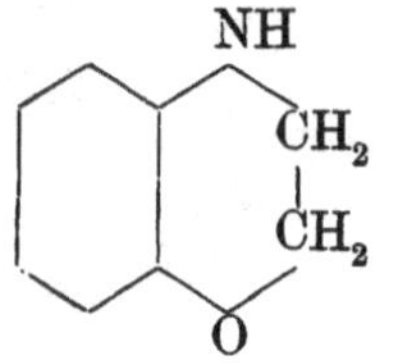

werden aus Oxäthyl-o-aminophenolen mit Salzsäure durch Vermittelung der Chloräthylaminophenole dargestellt (777); z. B.:

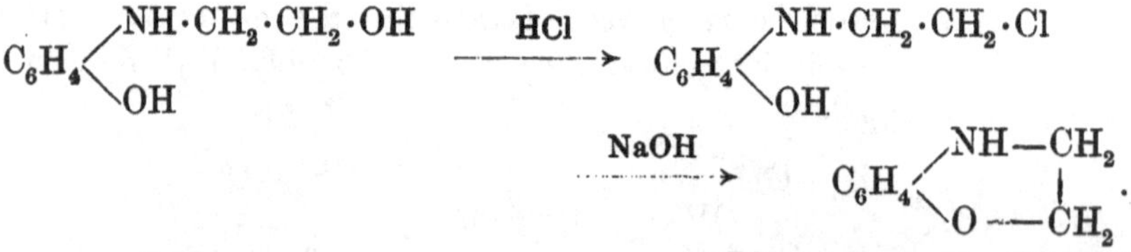

Phenmorpholin (Sdp. 268°)

Ein 2-Methylphenmorpholin entsteht durch Reduktion von o-Nitrophenacetol (778):

(aus Chloraceton + Nitrophenolkalium)

Methylphenmorpholin (Sdp. 150—152° bei 24 mm Druck)

Ebenso wird 2-Methylnaphtomorpholin aus α-Nitro-β-naphtacetol dargestellt.

2-Methylphenmorpholin bildet ein Nitrosamin und wird durch überschüssiges Jodmethyl in Trimethylphenmorpholiumjodid

$$C_6H_4\left\langle\begin{array}{l}O-CH_2\\ \quad\;\; |\\ N-CH\cdot CH_3\\ /\;\; \backslash\\ CH_3\,CH_3\,J\end{array}\right. \quad \text{(Schmp. 170°)}$$

übergeführt; das diesem Salz zu Grunde liegende Dimethylphenmorpholin siedet bei 259—261°.

Die Phenmorpholine geben mit Eisenchlorid rote Färbungen.

Über wasserstoffärmere Benzoparoxazine, wie $C_6H_4\left\langle\begin{array}{l}N=C-C_6H_5\\ \qquad |\\ O-CH_2\end{array}\right.$ (Schmp. 103°), vergl. B. **23**, 172.

Ein Benzoketomorpholin $C_6H_4\left\langle\begin{array}{l}NH-CO\\ \qquad |\\ O-CH_2\end{array}\right.$ (Schmp. 144°) wird durch Reduktion von o-Nitrophenoxylessigsäure $C_6H_4\left\langle\begin{array}{l}NO_2\\ O\cdot CH_2\cdot COOH\end{array}\right.$ gewonnen; ein isomerer Körper wird beim Erhitzen von o-Oxyphenylglycin $C_6H_4\left\langle\begin{array}{l}NH-CH_2\\ \qquad\quad |\\ OH\;\; OHCO\end{array}\right.$ gebildet (779).

β) Phenoxazingruppe (Dibenzoparoxazine).

Phenoxazin ist eine tricyklische Verbindung, welche ebenso wie ihre Kernhomologen, die Benzonaphto- und Dinaphtoparoxazine Muttersubstanz einer Reihe technisch wichtiger Farbstoffe, wie Gallocyanin, Naphtolblau u. a. ist.

In dieser Beziehung stellt sich das Phenoxazin den früher besprochenen chromogenen Dreiringen Acridin und Phenazin an die Seite; mit diesen hat es auch, wie nachstehende Zusammenstellung zeigt, seiner Konstitution nach die größte Ähnlichkeit:

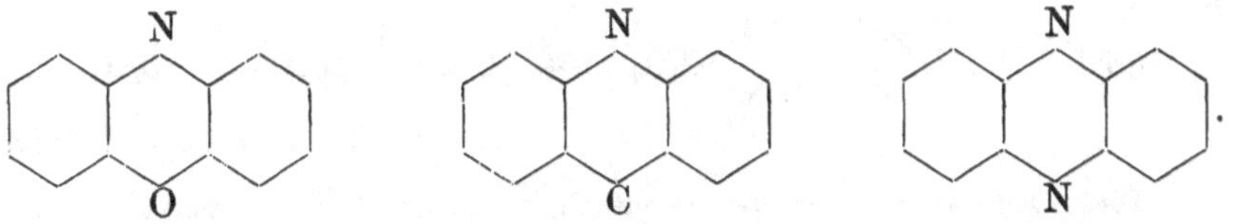

Phenoxazin Acridin Phenazin.

Dieser natürlichen Reihe schließt sich als viertes das später zu besprechende Phenthiazin (Thiodiphenylamin) $C_6H_4\left\langle\begin{array}{c}S\\ N\end{array}\right\rangle C_6H_4$ an.

Phenoxazin selbst wird durch Erhitzen von Brenzkatechin mit o-Aminophenol auf 260—280° dargestellt (780):

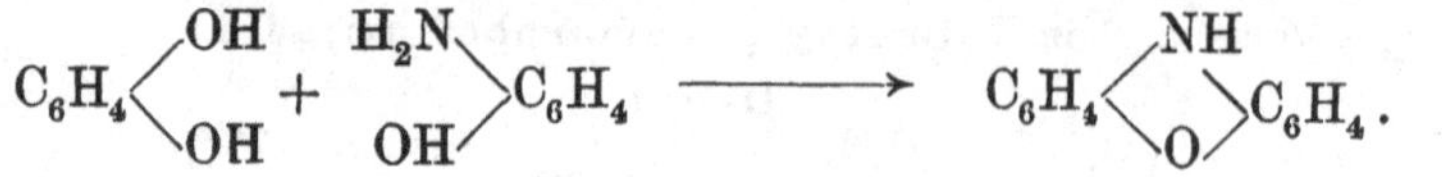

Phenoxazin (Schmp. 148°)

Ein as-Dinitrophenoxazin $C_6H_4\langle{}^{NH}_{O}\rangle C_6H_2(NO)_2$ entsteht aus Pikrylchlorid und o-Aminophenol (781).

Ein n-Äthylphenoxazin-o-chinon erhält man durch Oxydation von 2 Mol. o-Äthylaminophenol; als o-Diketon erleidet es mit o-Phenylendiamin Chinoxalinkondensation unter Bildung eines pentacyklischen Systems (782); diese Vorgänge giebt folgendes Schema wieder:

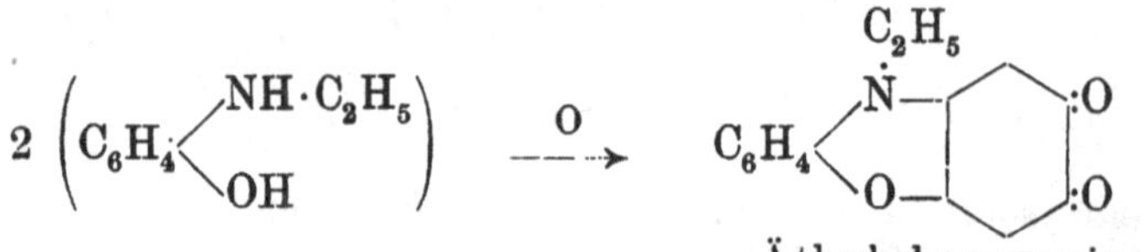

Äthylphenoxazinchinon (Schmp. 226°)

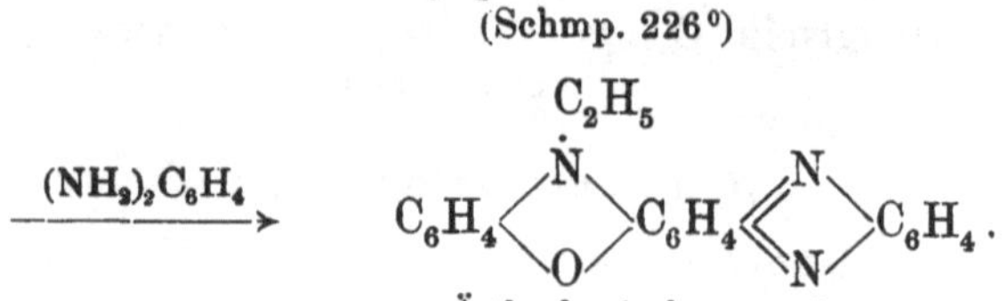

n-Äthyltriphen-azinoxazin (Schmp. 229°)

β-Napthoxazin $C_{10}H_6\langle{}^{NH}_{O}\rangle C_{10}H_6$ (aus Thio-β-dinaphtylamin) schmilzt bei 301° (783).

Ein pentacyklisches Phenoxazinderivat — aus zwei Oxazinringen und drei Benzolkernen zusammengesetzt — wird durch Einwirkung von o-Aminophenol auf das weiter unten zu beschreibende Aminophenoxazon dargestellt (784):

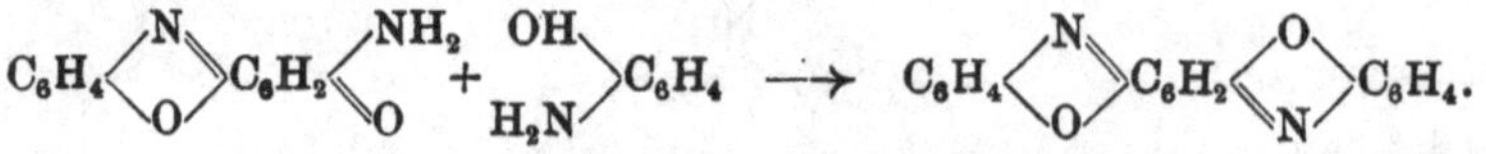

Triphendioxazin (sublimierbar)

Dieser Körper, welcher, wie ersichtlich, eigentlich ein kompliziertes Oxazim (s. u.) ist, entsteht auch direkt durch Oxydation von o-Aminophenol.

Die wichtigsten Derivate des Phenoxazins, welche zu den Farbstoffen dieser Gruppe führen, sind, wie in der Phenazinreihe, die Sauerstoff- und Ammoniak-Abkömmlinge; erstere werden Oxazone, letztere Oxazime genannt. Beiden kommt eine parachinoïde Konstitution zu: die Oxazone enthalten Chinonsauerstoff, die Oxazime eine Chinonimidgruppe, wie aus folgendem Schema hervorgeht:

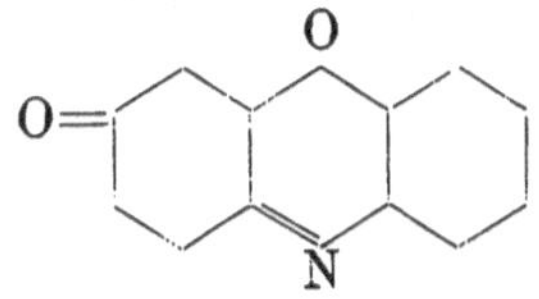

Einfachstes Oxazon

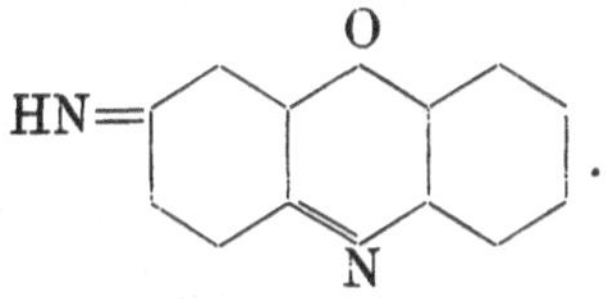

Einfachstes Oxazim

Von diesen beiden unbekannten Stammformen leiten sich durch Substitution bezw. durch gleichzeitige Kondensation mit anderen Ringen die Phenoxazinfarbstoffe ab; letztere sind demgemäß als (hetero-)cyklische Chinonimidfarbstoffe zu betrachten: das gewöhnliche Indophenol z. B. unterscheidet sich vom Oxyphenoxazon (Resorufin) nur dadurch, daß die beiden Kerne noch durch ein Brückensauerstoffatom in o-Stellung zum tertiären Stickstoff mit einander verknüpft sind:

$$O{=}C_6H_4{=}N{-}C_6H_4{\cdot}OH$$

Indophenol

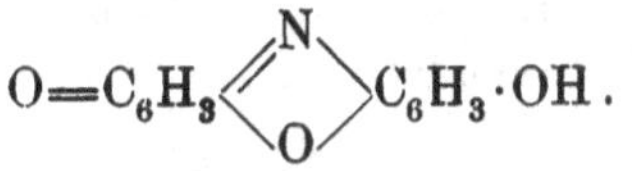

Resorufin

Durch Substitution der Oxazone und Oxazime durch OH oder NH_2 wird der Farbstoffcharakter des Phenoxazins entwickelt.

Oxazone.

Das einfachste Phenoxazon ist nicht bekannt, wohl aber das Phenonaphtoxazon, welches durch Einwirkung von Oxynaphtochinon auf o-Aminophenol dargestellt wird (785):

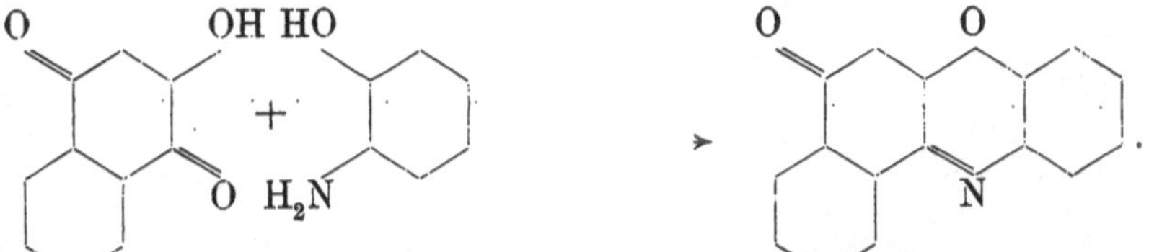

Phenonaphtoxazon
(Schmp. 191—192°)

Verwendet man zu dieser Synthese Nitro-o-aminophenole (NO_2 in 5 oder 4), so gelangt man durch Vermittelung der so gewonnenen Nitrophenonaphtoxazone zu den entsprechenden Aminokörpern, welche schwarz-violett oder grün gefärbt sind; das 2-Aminoderivat schmilzt bei 255—256° (786).

Ein Aminoderivat des einfachen Phenoxazons ist das sog. Resorufamin 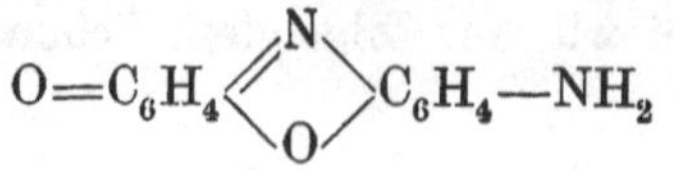 (aus Resorcin und Chinonchlorimid), welches indessen auch als Oxyderivat des Phenoxazims 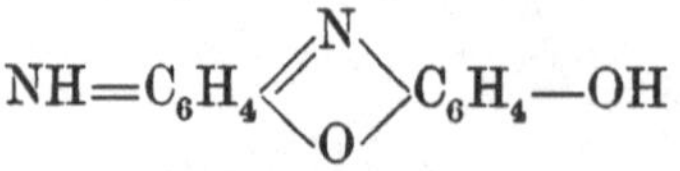 gelten kann (787).

Ein Aminophenoxazon mit der Aminogruppe im Chinonkern, 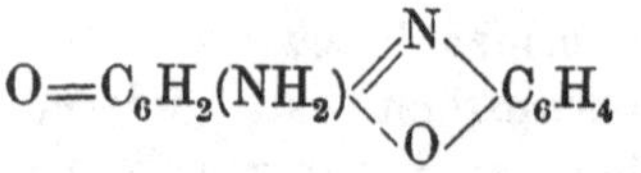 (Schmp. 249°) wird durch vorsichtige Oxydation von o-Aminophenol mit Quecksilberoxyd gewonnen (788); es ist das Zwischenprodukt zur Darstellung von Triphendioxazin (s. o.).

Dimethylresorufamin (braunschwarze Krystalle oberhalb 250° schmelzend) entsteht sowohl aus as-Dimethyldiaminooxazon durch Abspaltung der unsubstituierten Aminogruppe, als auch synthetisch aus Nitrosoresorcin und Dimethyl-m-aminophenol (789):

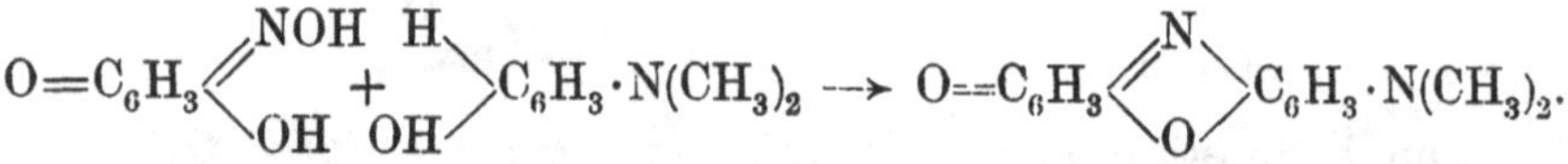

Die Oxyphenoxazone stellen die eigentlich wertvollen Farbstoffe dieser Gruppe vor:

Resorufin oder Monooxyphenoxazon wurde schon vor längerer Zeit durch Einwirkung von N_2O_3-haltiger Salpetersäure auf ätherisches Resorcin dargestellt (790); die Reaktion vollzieht sich durch Vermittelung des intermediär gebildeten Nitrosoresorcins, welches sich mit unverändertem Resorcin folgendermaßen umsetzt (791):

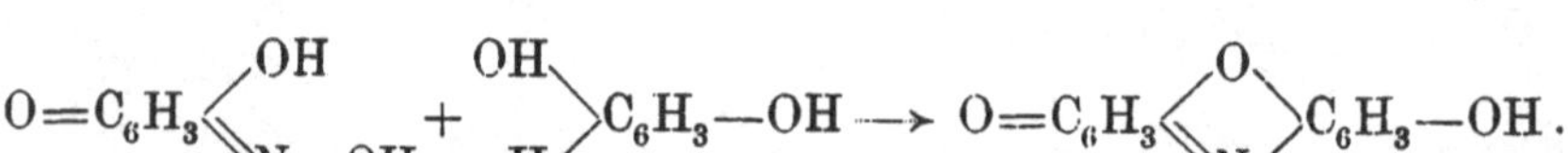

Nitrosoresorcin — Resorufin (Oxyphenoxazon)

Resorufin entsteht ferner aus Chinonchlorimid und Resorcin, aus Nitrosophenol und Resorcin u. s. w.; hierbei entsteht zunächst das Indophenol 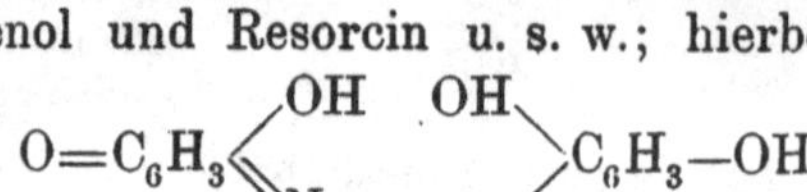, welches sich darauf zum Oxazon anhydrisiert.

Resorufin ist braun gefärbt, löst sich aber in Alkalien mit rosenroter Farbe und zinnoberroter Fluorescenz; es bildet eine Tetrabromverbindung („fluorescierendes Blau"). Durch Reduktion entsteht Hydroresorufin

$OH-C_6H_3<\!\!{}^{O}_{NH}\!\!>C_6H_3-OH$, das in Form seiner Triacetylverbindung (Schmp. 216°) isoliert werden kann.

Als Zwischenprodukt bei der Darstellung des Resorufins aus Resorcin und Salpetersäure tritt das sog. Resazurin auf, dessen Natriumsalz reinblau ist und eine ziegelrote Fluorescenz zeigt; es geht durch Reduktion in Resorufin über und hat vielleicht folgende Konstitutionsformel $O{=}C_6H_3<\!\!{}^{O}_{N(O)}\!\!>C_6H_3-OH$ (791).

Gallocyanin $C_{15}H_{12}N_2O_5$ ist das Einwirkungsprodukt von p-Nitrosodimethylanilin auf Gallussäure; der bei dieser Reaktion frei werdende Wasserstoff reduziert die Nitrosoverbindung zu Dimethyl-p-phenylendiamin, das in den Mutterlaugen nachweisbar ist. Gallocyanin ist wahrscheinlich Dimethylaminoxyphenoxazoncarbonsäure (792):

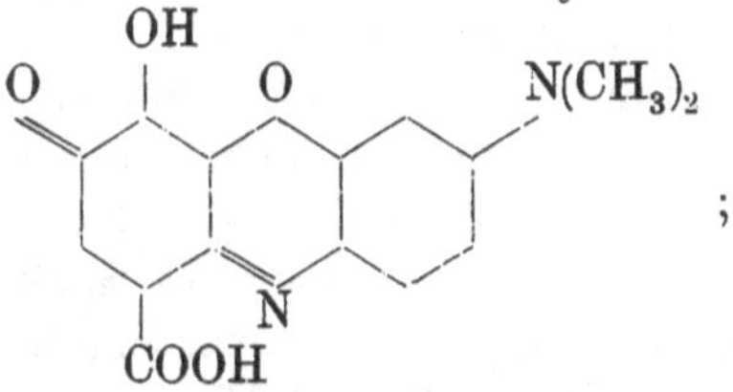

; es ist sehr schwer löslich, bildet aber mit Metallbeizen, namentlich mit Chromoxyd violette, beständige Lacke. Über die Anwendung des Farbstoffes vergl. NIETZKI, Chemie d. organ. Farbst., 3. Aufl., S. 206.

Sein Methylester ist der Farbstoff „Prune" (793); durch Erhitzen mit Anilin und durch nachfolgende Sulfurierung des Einwirkungsproduktes entsteht das „Delphinblau" (794):

$$O{=}C_6H(OH)(NH\cdot C_6H_4\cdot SO_3H)<\!\!{}^{N}_{O}\!\!>C_6H_3\cdot N(CH_3)_2.$$

Oxazime.

Auch hier sind nur die Kernhomologen des einfachsten Oxazims bekannt: Phenonaphtoxazim entsteht durch Einwirkung von o-Aminophenol auf Oxynaphtochinonimid (795):

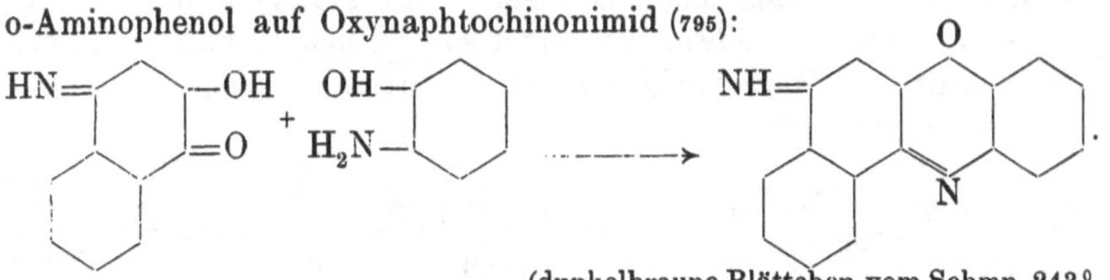

(dunkelbraune Blättchen vom Schmp. 243°, liefert durch Kochen mit Eisessig Phenonaphtoxazon)

Das isomere Naphtophenoxazim wird durch Umsetzung von Chinondichlorimid mit β-Naphtol dargestellt (796):

$$Cl\cdot N{=}C_6H_4{=}N\cdot Cl + OH\cdot C_{10}H_7 \longrightarrow HN{=}C_6H_4\langle{}^{O}_{N}\rangle C_{10}H_6\,.$$

(gelb, Salze rot)

Vom unbekannten Phenoxazim leitet sich der Farbstoff „Capriblau“ ab, welcher aus p-Nitrosodimethylanilin und Dimethyl-m-aminokresol dargestellt wird (797):

$$(CH_3)_2N\cdot C_6H_3\langle{}^{H}_{NO} + {}^{OH}_{H}\rangle C_6H_2(CH_3)N(CH_3)_2$$

$$\xrightarrow{HCl} (CH_3)_2\overset{Cl}{N}{=}C_6H_3\langle{}^{O}_{N}\rangle C_6H_2(CH_3)N(CH_3)_2\,.$$

Echtblau oder Naphtolblau (von MELDOLA) $C_{18}H_{15}N_2OCl$ wird aus salzsaurem Nitrosodimethylanilin und β-Naphtol (in Eisessig) bei 110° dargestellt (798); es leitet sich vom Naphtophenoxazim ab. Denkt man sich ein Wasserstoffatom des Naphtalinringes durch Hydroxyl vertreten, so gelangt man zu dem violettblauen Farbstoff „Muscarin“, welcher durch Einwirkung von Nitrosodimethylanilin auf 1,7-Dioxynaphtalin dargestellt wird (799). Diesen beiden Farbstoffen kommen folgende Konstitutionsformeln zu:

$$\underset{Cl}{(CH_3)_2N}{=}C_6H_3\langle{}^{O}_{N}\rangle C_{10}H_6 \qquad \underset{Cl}{(CH_3)_2N}{=}C_6H_3\langle{}^{O}_{N}\rangle C_{10}H_5\cdot OH\,.$$

Naphtolblau — Muscarin

Ist die Naphtalinseite des Naphtolblaus ebenfalls substituiert, und zwar durch eine freie Aminogruppe, so liegt ein „Nilblau“ genannter Farbstoff vor; derselbe wird durch Einwirkung von salzsauren Nitrosodimethyl-m-aminophenol auf HCl-α-Naphtylamin dargestellt, und färbt Seide, sowie tannierte Baumwolle blau mit einem Stich ins Grüne (800). Denkt man sich ein Wasserstoffatom der Aminogruppe des Nilblaus durch ein Alkyl oder Phenyl substituiert, so gelangt man zur Farbstoffklasse der Cyanamine, wie aus folgendem Schema hervorgeht:

$$\underset{Cl}{(CH_3)_2N}:C_6H_3\langle{}^{O}_{N}\rangle C_{10}H_5\cdot NH_2 \qquad \underset{Cl}{(CH_3)_2N}:C_6H_4\langle{}^{O}_{N}\rangle C_{10}H_5\cdot NH\cdot C_6H_5\,.$$

Nilblau — Cyanamin (aus Naphtolblau + Anilin)

Die Konstitution dieses Cyanamins ergiebt sich nicht nur daraus, daß es, wie eben angedeutet, durch Substitution eines Naphtalinwasserstoffes im Naphtolblau durch den Anilinrest entsteht (801), sondern auch durch eine direkte Synthese aus Phenylnaphtylamin und salzsaurem Nitroso-m-dimethylaminophenol (802):

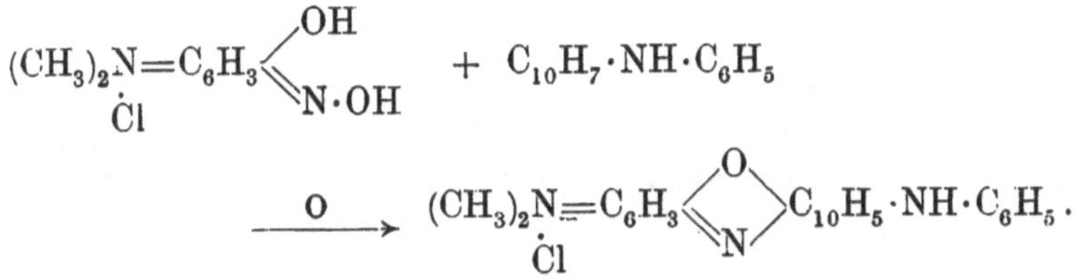

Anilinodimethylnaphtophenoxazimchlorid

Die freie Base (Schmp. 275°) sieht braun aus; die Salze färben tannierte Baumwolle grünstichig-blau. Die leichte Reaktionsfähigkeit gegen Anilin erstreckt sich auch auf das oben erwähnte Muscarin.

Ein Naphtolblau, das sich vom Oxazon ableitet, ist das Dimethylaminophenonaphtoxazon (803):

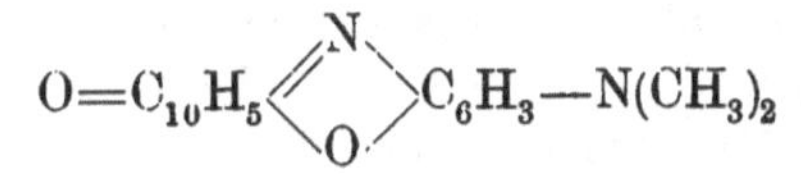 (Schmp. 144°).

2. b) Zweiringe mit zwei N und einem O.

Benzazoxazine

existieren nur als Benzoderivate eines 1, 2, 3-Azoxazins der Konstitution: 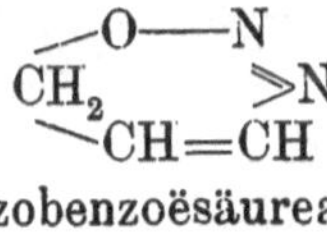 hierher gehören die Benzolsulfinsäurederivate der o-Diazobenzoësäureanhydride; für letztere kommen die folgenden beiden Formeln in Betracht:

I II

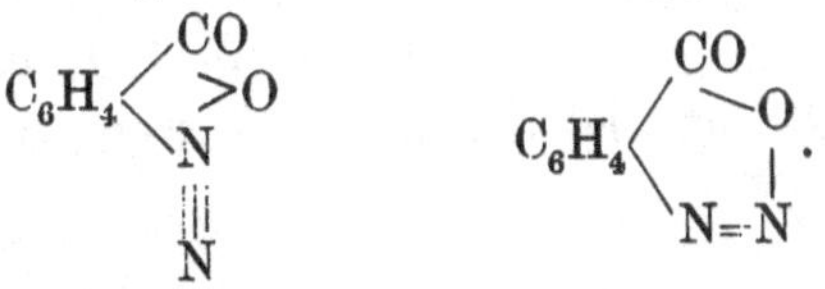

Als Derivate der Formel II, also als wirkliche Benzazoxazinabkömmlinge betrachtet man die o-Diazobenzoësäurebenzolsulfinsäuren, wie 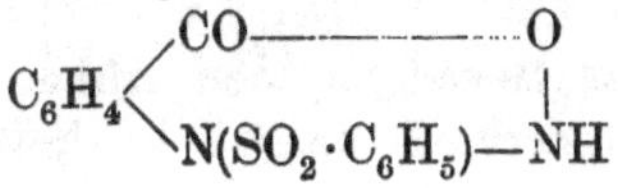 (Schmp. 169—170°), welche farblos sind und aus den Komponenten durch Addition entstehen; diese Körper sind — selbst gegen Soda — verhältnismäßig beständig, ohne aber ihre Diazonatur verloren zu haben (804).

2. c) Zweiringe mit zwei N und zwei O.

Benzazdioxazine

sind die o-Dinitrosobenzole, denen sich als Naphtazdioxazine die α,β-Dinitrosonaphtaline anschließen. Erstere werden durch Erhitzen von o-Nitrodiazobenzolimiden unter Abspaltung von zwei Stickstoffatomen gewonnen (805); z. B.:

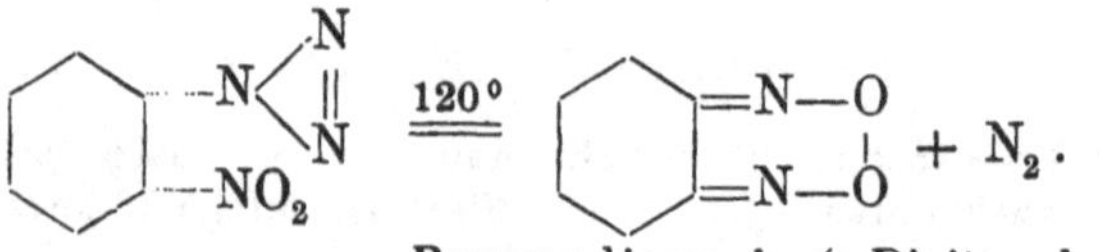

Benzazdioxazin (o-Dinitrosobenzol) vom Schmp. 70—71°

Die Benzazdioxazine sind sublimierbare, mit den Wasserdämpfen flüchtige Körper, welche zu o-Phenylendiaminen reduzierbar sind; durch Behandlung mit Hydroxylamin entstehen Dioxime von Benzo-o-chinonen, wie $C_6H_4(N\cdot OH)_2$. Der Heteroringschluß wird durch eine o-ständige Methylgruppe verhindert: m-Nitro-o-tolyldiazoimid ist z. B. gegen Erhitzen beständig.

Naphtazdioxazin (Schmp. 127°) wird durch Oxydation von β-Naphtochinondioxim (mit Ferricyankalium) dargestellt (806):

$$C_{10}H_6\left\langle\begin{matrix}N-OH\\N-OH\end{matrix}\right. \xrightarrow{\quad O \quad} C_{10}H_6\left\langle\begin{matrix}N-O\\ \,\,|\\N-O\end{matrix}\right. (\alpha,\beta\text{-Nitrosonaphtalin});$$

entsteht auch aus α-Nitro-β-naphtalindiazoimid.

V. Schwefel und Stickstoff als Ringglieder.

Diese Klasse zeigt mit dem eben besprochenen Abschnitt (IV) große Ähnlichkeit, da der Schwefel sich als Heteroatom dem Sauerstoff analog verhält; nur ist die Klasse V weniger reich entwickelt als die vorige.

1. a) Einringe mit einem N und einem S.

Thiazingruppe.

Die Thiazine entsprechen in jeder Beziehung den früher geschilderten Oxazinen; nur fehlt die Untergruppe der Orthothiazine, von der Vertreter bisher nicht bekannt wurden. Es handelt sich also nur um Meta- und Parathiazine:

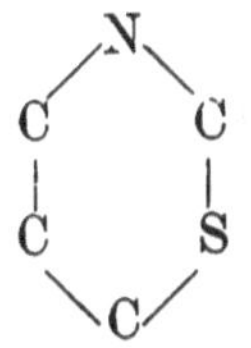

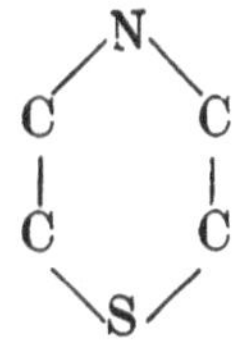

α) Metathiazine

sind die sog. Penthiazoline; dieselben entsprechen in Bezug auf Konstitution und Bildungsweisen den Pentoxazolinen (vergl. S. 411), leiten sich also von einem Tetrahydroprodukt des hypothetischen Stammkörpers:

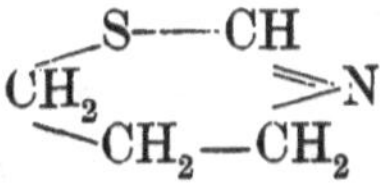

ab.

Die Penthiazoline werden nach folgenden Methoden dargestellt:

1) Einwirkung von Trimethylenchlorobromid auf Thiamide, welche in der tautomeren Form reagieren (807); z. B.:

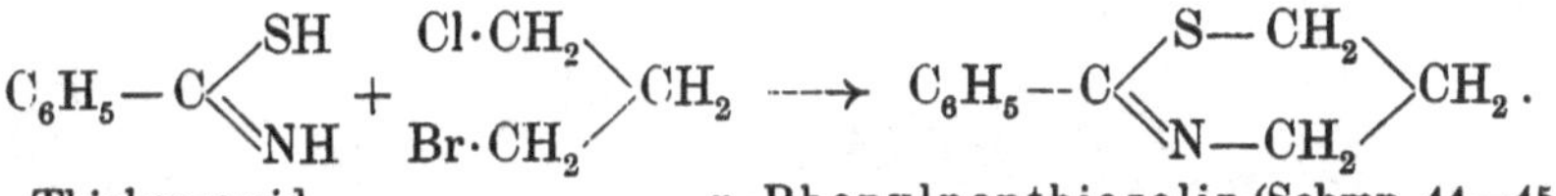

Thiobenzamid — n-Phenylpenthiazolin (Schmp. 44—45°; bildet ein Jodmethylat vom Schmp. 184°.)

2) Umsetzung von Schwefelkohlenstoff mit γ-Halogenpropylaminen zu μ-Merkaptopenthiazolinen (808); z. B.:

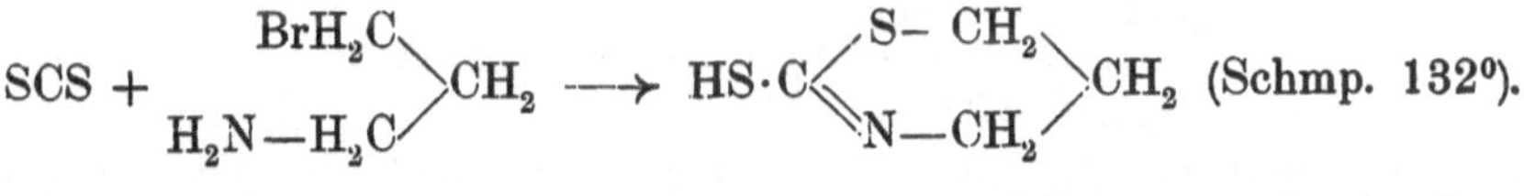

3) Einwirkung von Rhodankalium auf γ-Halogenpropylaminsalze: Bildung von μ-Aminopenthiazolinen[1] (809); z. B.:

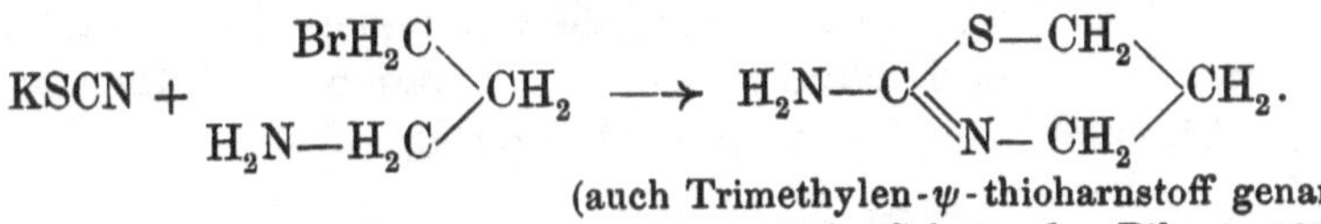

(auch Trimethylen-ψ-thioharnstoff genannt; zersetzlich; Schmp. des Pikrats 128°.)

Ebenso reagieren Senföle unter Bildung der entsprechenden Homologen (810); z. B.:

[1] Diese Basen können auch als Iminopenthiazolidine aufgefaßt werden.

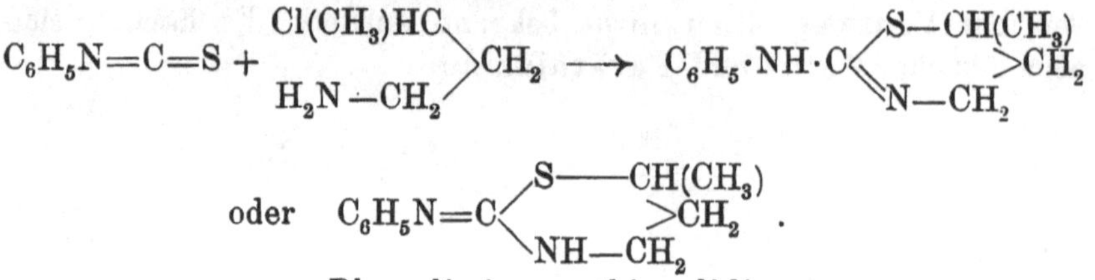

Phenyliminopenthiazolidin

Verhalten: Die Penthiazoline sind sehr starke Basen, die mit Salzsäure Nebel bilden und Halogenalkyle addieren; sie sind verhältnismäßig beständig, werden aber durch Oxydation mit Brom zu Acylderivaten des Homotaurins $NH_2—CH_2—CH_2—CH_2—SO_3H$ aufgespalten. Die μ-Merkaptanderivate bilden nicht mehr Salze mit Säuren, lösen sich aber in Alkalien.

Über ein μ-Aminobrompenthiazolin vergl. Soc. **69**, 17.

μ-Methylpenthiazolin ist ein farbloses Öl vom Sdp. 173°.

Als Diketotetrahydrometathiazine bezw. als deren Monimidderivate sind aufzufassen die Reaktionsprodukte aus β-Jodpropionsäure einerseits und Xanthogenamiden bezw. Thioharnstoffen andererseits (811); Beispiele:

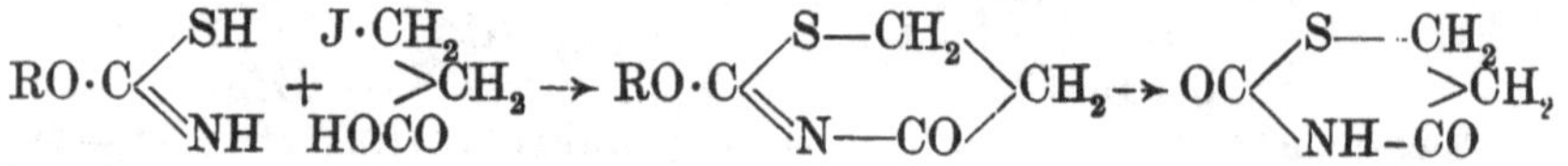

Xanthogenamid

Diketohydrometathiazin, sog. Sinapanpropionsäure vom Schmp. 159°.

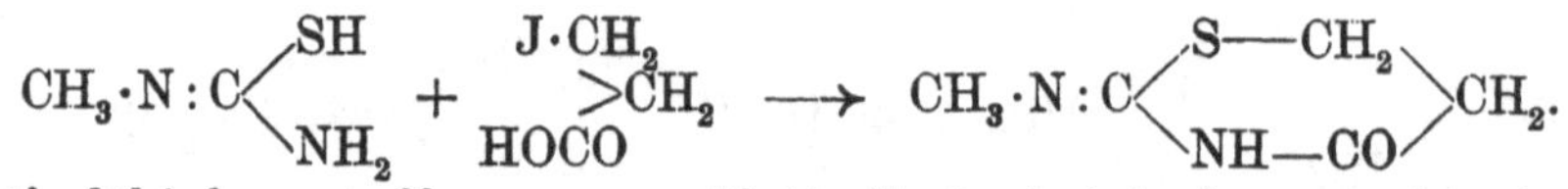

Methylthioharnstoff

Methyliminoketohydrometathiazin (Schmp. 210°)

Die skizzierten Reaktionen vollziehen sich unter dem Einfluß von siedendem Essigsäureanhydrid; die erhaltenen Körper sind gegen Hitze und Alkalien beständig; durch Oxydation (mit HgO) werden sie in Thiomilchsäuren, CO_2 und NH_3 zerlegt.

β) Parathiazine

sind nur als Analoga der Morpholine (s. d.) bekannt. Tetrahydroparathiazin kann durch Einwirkung von Äthylenbromid auf Aminoäthylmerkaptan erhalten werden (812):

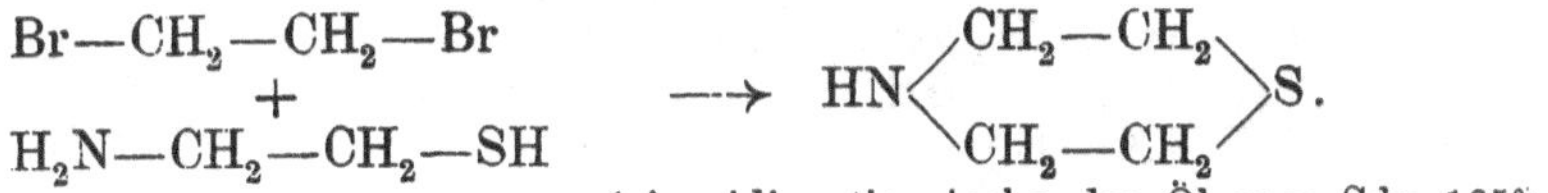

(piperidinartig riechendes Öl vom Sdp. 165°)

Das Hydroparathiazin ist eine wasserlösliche, starke Base, deren Chlorhydrat bei 163° schmilzt; es bildet mit Phenylsenföl einen komplizierten Thioharnstoff.

Ein Diketohydroparathiazin ist das leicht spaltbare Thiodiglykolsäureimid 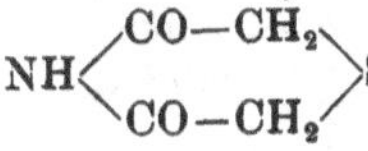 (Schmp. 128°; aus thioglykolsaurem Ammoniak bei 200°).

1. b) Einringe mit zwei N und einem S.

Azthiazine,

die Analoga der Azoxazinverbindungen (vergl. S. 413), sind nur in geringer Zahl bekannt geworden; sie sind die Ringhomologen der fünfgliederigen Thiobiazole (vergl. S. 176), von welchen man sie durch Zufuhr einer Methylengruppe ableiten kann:

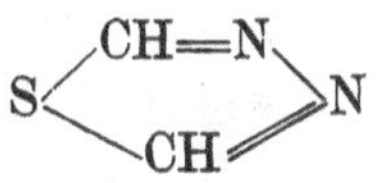

Thiobiazol

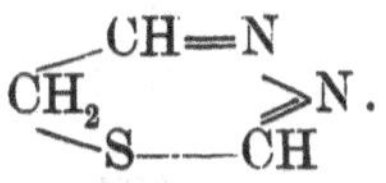

Azthiazin

Folgende Reaktionen führen zu Keto- bezw. Thioabkömmlingen des Azthiazins:

1) Einwirkung von Rhodanessigester auf Phenylhydrazin in der Siedehitze (813):

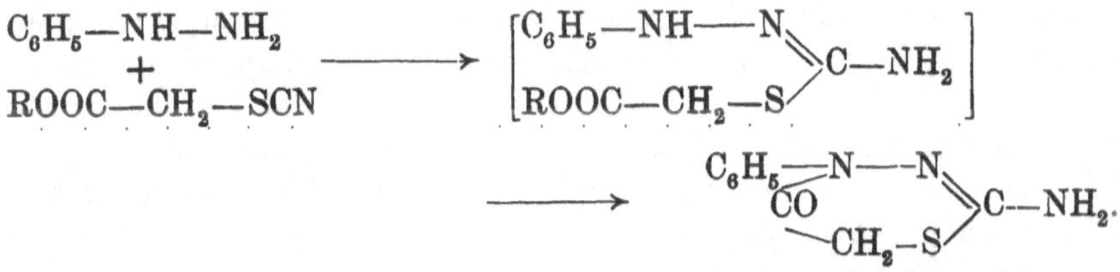

Amino-phenylazthiazon (Schmp. 176°)

Das Aminoazthiazon ist zugleich Base und Säure und löst sich in konz. Schwefelsäure mit blauer Farbe; das Kaliumsalz ist ein violetter Farbstoff. Es liefert durch Diazotieren eine freie Diazoverbindung.

2) Kondensation von Äthylenbromid mit Phenylsulfocarbazinsäure (814):

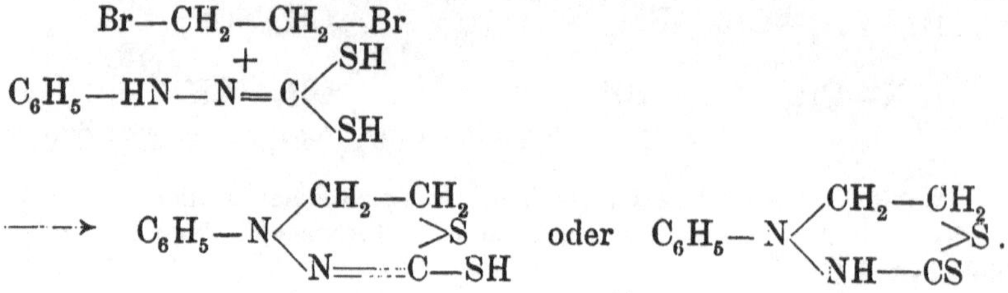

Phenylthiohydroazthiazin
(Schmp. 94°, liefert eine
Acetylverbindung)

1. c) Einringe mit einem N und zwei S.

Dithiazine oder Thialdine

entsprechen ihrer Konstitution nach den Paraldiminen der Klasse IV, wie aus folgender Zusammenstellung hervorgeht:

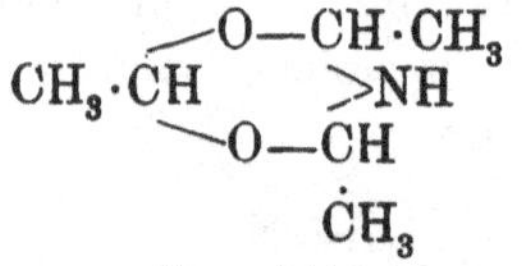

Paraldimin

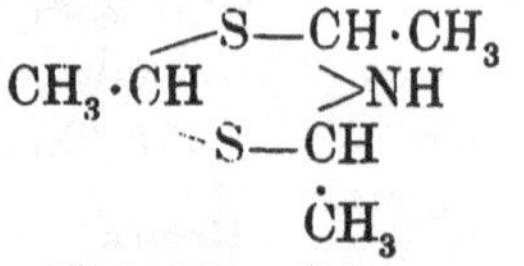

Thialdin (Schmp. 43°)

Man gewinnt das Thialdin gleich seinem Analogen aus Aldehydammoniak, und zwar durch Einleiten von Schwefelwasserstoff in seine wässerige Lösung(815) (Wöhler u. Liebig, 1847). Thialdin läßt sich einerseits zu Äthylidendisulfosäure $CH_3-CH(SO_3H)_2$, andererseits (durch Jod) zu Diäthylidentetrasulfid $CH_3-CH\langle{}^{S-S}_{S-S}\rangle CH-CH_3$ oxydieren(816); beim Erwärmen mit verd. Schwefelsäure wird unter Ammoniakabspaltung neben Dithioparaldehyd Trithioacetaldehyd gebildet (817). Hieraus, sowie aus der glatten Synthese (818) des Thialdins aus monomolekularem Thioaldehyd und Ammoniak, ergiebt sich obige Konstitutionsformel; auch aus Äthylidenimin und Schwefelwasserstoff bildet sich Thialdin (819).

Das Thialdinchlorhydrat ist leicht löslich in Wasser. Durch Einwirkung von Jodmethyl auf Thialdin entsteht u. a. das Jodmethylat des n-Methylthialdins (820) $CH_3\cdot CH\langle{}^{S-CH\cdot CH_3}_{S-CH\cdot CH_3}\rangle N\cdot CH_3$ (Schmp. 79°), welches auch durch Einwirkung von Methylamin auf Thioaldehyd erhalten wird.

Auch ein Selenaldin $C_6H_{13}NS_2$ ist aus Aldehydammoniak und Selenwasserstoff dargestellt worden (821).

2. Zweiringe und höhere polycyklische Systeme

a) mit einem N und einem S.

Benzothiazingruppe.

α) Benzometathiazine oder Phenpenthiazole

werden aus o-Aminobenzylhalogenen und Säurethiamiden dargestellt (822); z. B.:

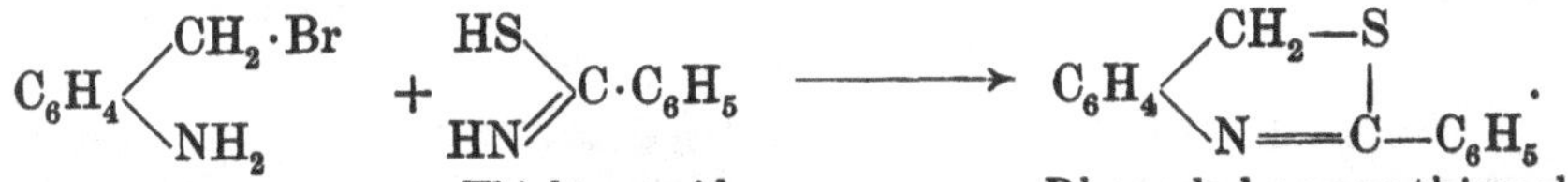

Thiobenzamid — μ-Phenylphenpenthiazol (Schmp. 55—58°)

μ-Methylphenpenthiazol (Schmp. 45—46°, Sdp. 265—267°) wird auch aus dem entsprechenden Benzometoxazin (Phenpentoxazolin) 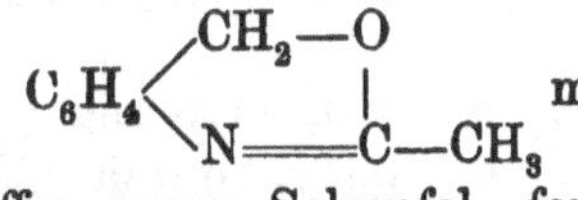 mittelst P_2S_5 unter Ersatz des Ringsauerstoffes gegen Schwefel, ferner aus o-Acetylaminobenzylalkohol durch Schwefelphosphor dargestellt; es wird durch Erhitzen mit konz. Salzsäure in o-Aminobenzylmerkaptan $C_6H_4(NH_2)(CH_2 \cdot SH)$ bezw. in das entsprechende Aminobenzylsulfid verwandelt.

Das Pikrat dieser Base schmilzt bei 178°.

Die μ-Merkapto- und -Iminophenpenthiazole heißen in Anlehnung an die Bezeichnung der entsprechenden Abkömmlinge des Benzohydrometoxazins (s. d.) Thiocumothiazone und Iminocumothiazone; dieselben werden aus o-Aminobenzylalkoholen mit Schwefelkohlenstoff bei Gegenwart von alkoholischem Kali bezw. aus Thioharnstoffderivaten dieser Aminoalkohole durch innere Kondensation dargestellt (823); Beispiele:

1) 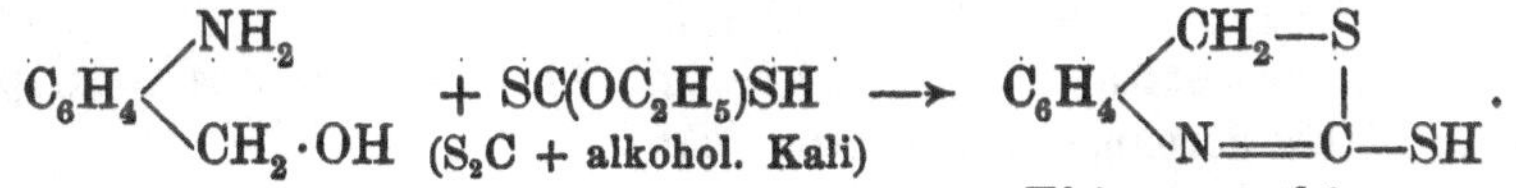

Thiocumothiazon, (schwache Säure vom Schmp. 166°, liefert einen Methyläther vom Schmp. 73°).

2) 

o-Aminobenzylalkohol-phenylthioharnstoff — Anilinocumothiazon oder Benzodihydrothiazinanil (Schmp. 197°)

Thiocumothiazon erleidet durch Einwirkung von Anilin in zwei Richtungen Veränderungen: erstlich wird der Ringschwefel durch den Anilrest ersetzt unter Bildung von Chinazolinderivaten, und zweitens wird — ebenfalls unter Schwefelwasserstoffabspaltung — der Merkaptoschwefel durch das Radikal $=N-C_6H_5$ vertreten. Diese Reaktionen veranschaulicht folgendes Schema:

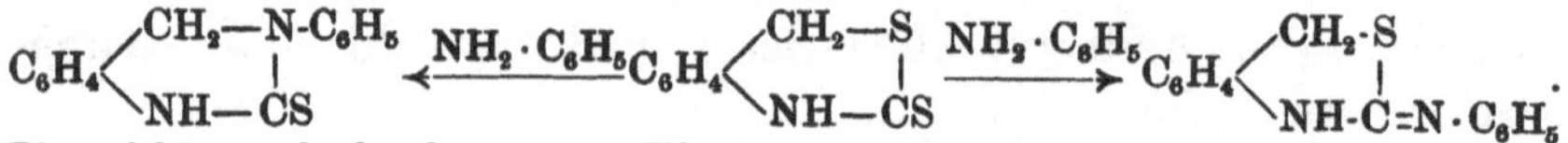

Phenylthiotetrahydrochinazolin Thiocumothiazon (Benzodihydrothiothiazin) Anilinocumothiazon

Das Anilinocumothiazon ist im Gegensatz zu dem isomeren Phenylthiotetrahydrochinazolin eine Base, die durch Reduktion (Na + Alkohol) in Anilin und o-Toluidin gespalten wird.

Das einfache Iminocumothiazon oder Benzylen-ψ-thioharnstoff 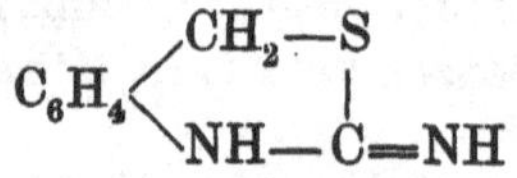 (Schmp. 137°) entsteht durch Reduktion von o-Nitrobenzylrhodanid oder durch Einwirkung von Thioharnstoff auf o-Aminobenzylchlorid; es liefert durch Oxydation α-Chinazolon (s. d.).

β) Benzoparathiazine

sind aus o-Aminothiophenol durch Behandlung mit Äthylenbromid oder mit α-Halogenfettsäuren dargestellt worden (824); z. B.:

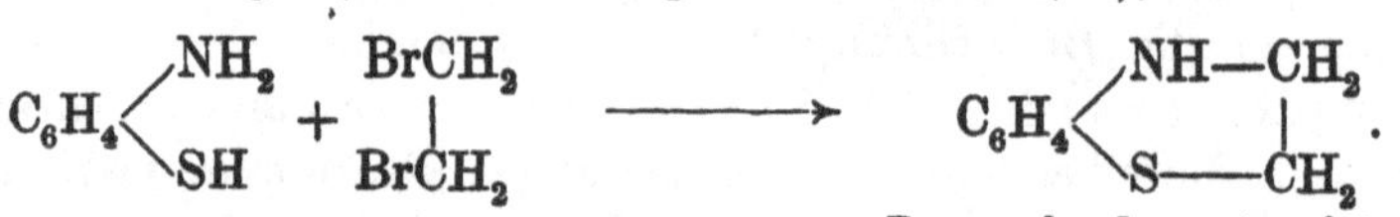

Benzohydroparathiazin (Sdp. ca. 265°)

Das Benzohydroparathiazin ist eine schwache Base, die mit Phenylsenföl einen Thioharnstoff liefert.

Benzoketohydroparathiazin wird aus o-Aminothiophenol und Chloressigsäure gewonnen (824):

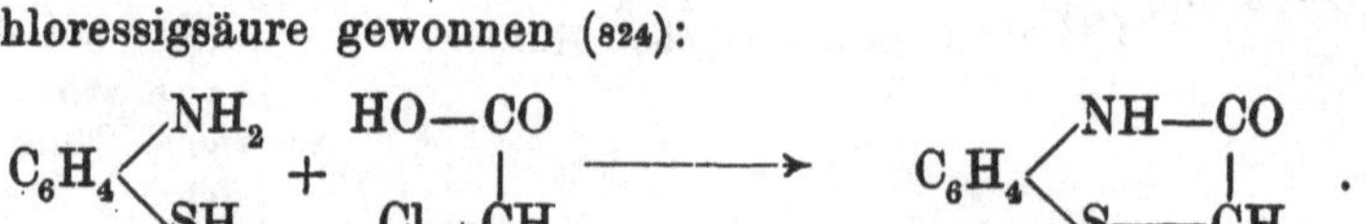

(Schmp. 204°, Sdp. 250°)

Dieser Ketokörper liefert ein Benzoylderivat vom Schmp. 177°, sowie eine Isonitrosoverbindung.

Benzoketophenylhydroparathiazin 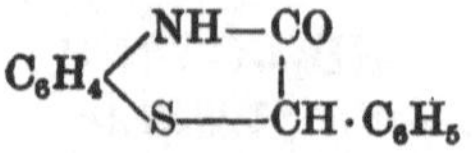 schmilzt bei 205°.

Dieselben Körper entstehen durch Einwirkung von Bromessigsäure und deren Homologen auf o-Aminothiophenol, nur für das Anfangsglied (s. o.) der Reihe liegt eine Schmelzpunktsdifferenz vor, denn nach dieser Methode dargestellt, schmilzt es bei 179° (825).

Phenylbenzoparathiazin wird aus ω-Bromacetophenon und o-Aminothiophenol dargestellt:

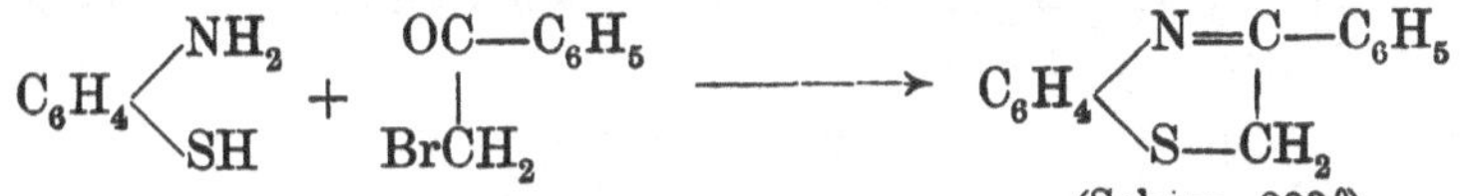

(Schmp. 233°)

γ) Dibenzoparathiazine.

Diese Gruppe, die sich durch eine größere Zahl von Repräsentanten, namentlich von wertvollen Farbstoffen auszeichnet, ist in jeder Beziehung das Analogon der Dibenzoparoxazin- oder Phenoxazingruppe (vergl. S. 421). Die Reihe der chromogenen Dreiringe wird dadurch folgendermaßen vervollständigt:

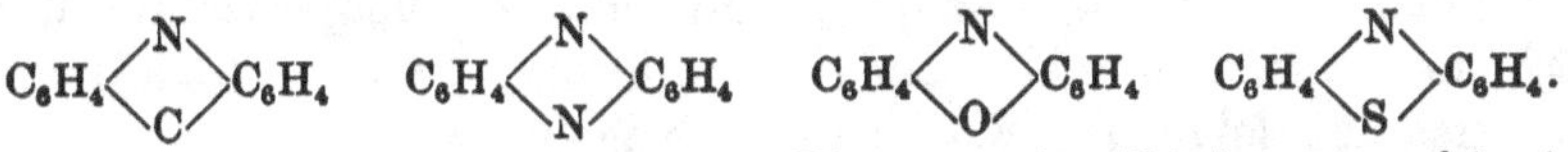

Acridin Phenazin Phenoxazin Diphenparathiazin (Thiodiphenylamin)

Wie bei den verwandten Systemen, so wird auch hier die Mannigfaltigkeit der Abkömmlinge dadurch erhöht, daß die Benzolkerne ganz oder zum Teil durch Naphtalinringe ersetzt werden können; so gelangt man z. B. zur Gruppe der Thiodinaphtylamine.

Die Stammsubstanz der Dibenzoparathiazine, das sog. Thiodiphenylamin, entsteht nach Analogie des Phenoxazins aus o-Aminothiophenol und Brenzkatechin (826):

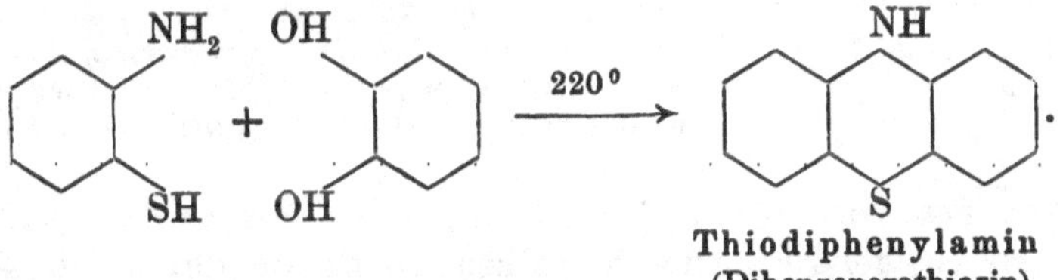

Thiodiphenylamin
(Dibenzoparathiazin)

Leichter zugänglich ist die Stammbase aus Diphenylamin selbst, und zwar durch Erhitzen mit Schwefel bei Temperaturen oberhalb 200° (827):

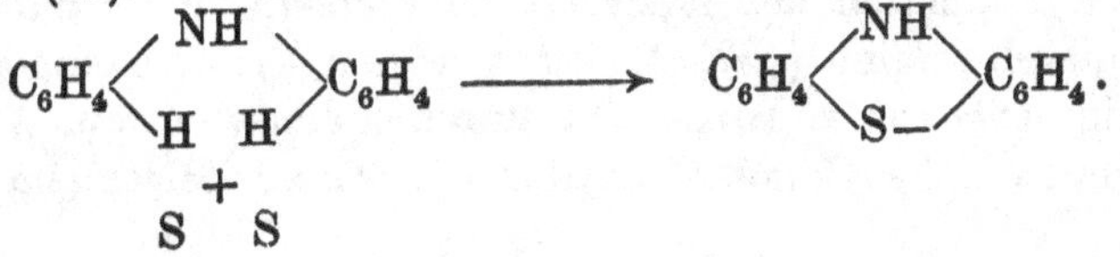

Thiodiphenylamin (Schmp. 180°, Sdp. 371°) wird in alkoholischer Lösung sowohl durch Eisenchlorid als auch durch salpetrige Säure dunkelgrün gefärbt; es bildet ein n-Methylderivat vom Schmp. 99°, ein Acetylprodukt, sowie einen Harnstoff vom Schmp. 170,5°.

Behandelt man Thiodiphenylamin mit konz. Salpetersäure (spez. Gew. 1,44), so treten zwei Nitrogruppen in p-Stellung zur Imingruppe ein; zugleich wird der Schwefel unter Sauerstoffaufnahme vierwertig (828):

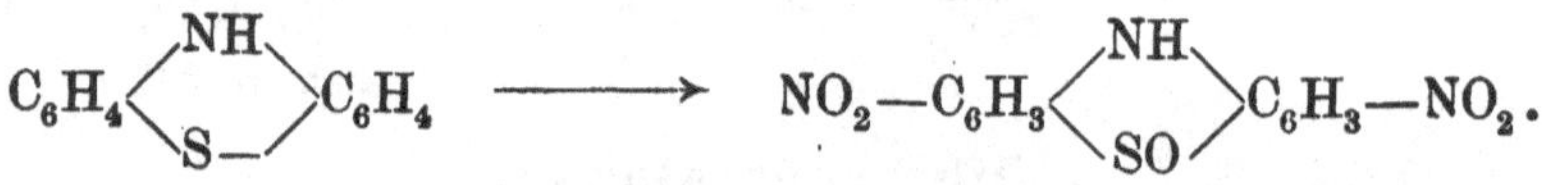

α-Dinitrodiphenylaminsulfoxyd

Als Nebenprodukt entsteht ein isomerer (β)-Dinitrokörper; durch Reduktion wird Leukothionin (s. u.) gebildet. Auch ein Mononitrodiphenylaminsulfoxyd kann durch vorsichtiges Nitrieren gewonnen werden.

Die Kernhomologen des Thiodiphenylamins werden aus Phenyl-α-naphtylamin, Phenyl-β-naphtylamin und β-Dinaphtylamin durch Erhitzen mit Schwefel oder Chlorschwefel dargestellt (829); ihnen kommen die folgenden Konstitutionsformeln zu:

Benzo-α-naphtoparathiazin (Schmp. 137-138°; Lösung in konz. H_2SO_4 tiefblau)

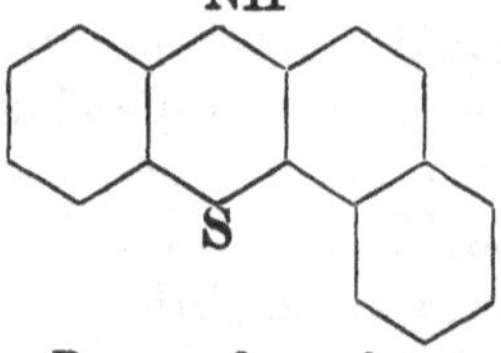

Benzo-β-naphtoparathiazin (Schmp. 178°; Lösung in konz. H_2SO_4 dunkelblau, wird durch HNO_3 tiefviolett)

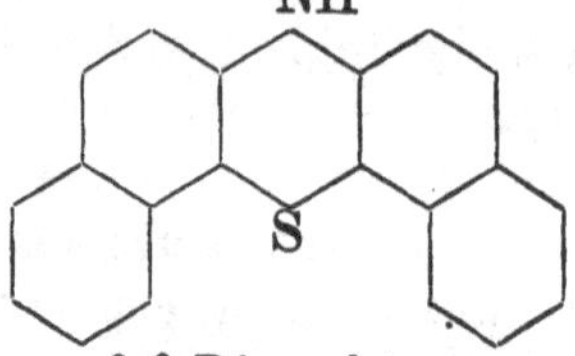

β, β-Dinaphtoparathiazin (gelbgrüne Nadeln vom Schmp. 236°; wird von konz. H_2SO_4 violett gelöst)

Von den Derivaten der polycyklischen Parathiazine sind, wie in der Klasse der Phenazine und Phenoxazine, die durch den Eintritt der salzbildenden Gruppen OH und NH_2 entstehenden die wichtigsten, da sie zu den eigentlichen Farbstoffen führen: es sind die Leukoverbindungen der Parathiazinfarbstoffe. Demgemäß erhält man sie einerseits durch Reduktion der letzteren, andererseits durch Substitution der Thiodialphylamine (830); Leukothionin (p, p-Diaminodibenzoparathiazin) entsteht z. B. sowohl durch Reduktion von „Thionin" als von Dinitrodiphenylaminsulfoxyd (s. o.), wie aus folgendem Schema erhellt:

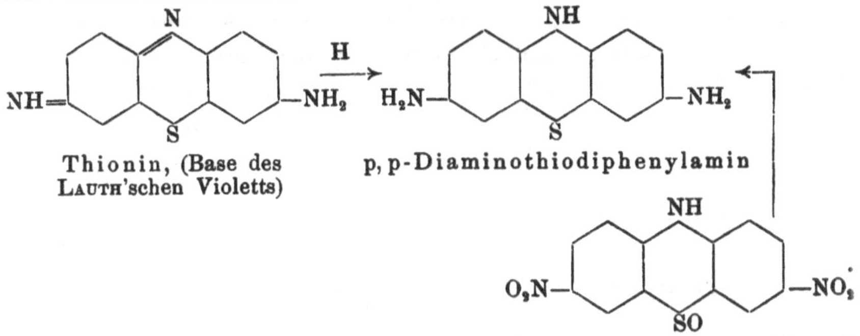

Thionin, (Base des LAUTH'schen Violetts) — p, p-Diaminothiodiphenylamin

Dinitrodiphenylaminsulfoxyd

Aus diesem Beispiel ist gleichzeitig zu ersehen, daß für den chromogenen Charakter erforderlich ist, daß mindestens ein Substituent in p-Stellung zur Iminogruppe steht.

p-Monaminodibenzoparathiazin (Leukothiazin)

$$H_2N—C_6H_3\left\langle{}^{NH}_{S}\right\rangle C_6H_4$$

entsteht durch Reduktion des oben erwähnten Mononitrodiphenylaminsulfoxydes oder aus p-Aminodiphenylamin durch Erhitzen mit Schwefel.

Das Tetramethylderivat des eben erwähnten p,p-Diaminothiodiphenylamins $(CH_3)_2N\cdot C_6H_3\left\langle{}^{NH}_{S}\right\rangle C_6H_3\cdot N(CH_3)_2$ ist die Leukoverbindung des Methylenblaus (s. u.).

p-Oxydibenzoparathiazin (Leukothiazon) $OH\cdot C_6H_3\left\langle{}^{NH}_{S}\right\rangle C_6H_4$ wird durch Schmelzen von p-Oxydiphenylamin mit Schwefel gewonnen.

p, p-Dioxybenzoparathiazin wird aus Hydrochinon, Ammoniak und Schwefel oder aus p-Aminophenol und Schwefel dargestellt; wendet man aber ein Gemisch von p-Aminophenol und p-Phenylendiamin an, so gelangt man zum p, p-Aminooxythiophenylamin (831):

$$OH\cdot C_6H_4\cdot NH_2 + 2S + NH_2\cdot C_6H_4\cdot NH_2 \longrightarrow OH—C_6H_3\left\langle{}^{NH}_{S}\right\rangle C_6H_3—NH_2 .$$

Von Interesse ist, daß diese Prozesse noch weiter gehen können, indem ein Überschuß an Ammoniak und Schwefel die primären Produkte in heptacyklische Gebilde verwandelt, die abwechselnd aus Benzol- und Parathiazinringen aufgebaut sind. Das p, p-Dioxytetraphenthiazin:

$$OH—C_6H_3\left\langle{}^{NH}_{S}\right\rangle C_6H_2\left\langle{}^{S}_{NH}\right\rangle C_6H_2\left\langle{}^{NH}_{S}\right\rangle C_6H_3—OH$$

ist die Leukoverbindung des substantiven Baumwollenfarbstoffes „Thionolschwarz" (831).

Die **Parathiazinfarbstoffe** haben, wie die entsprechenden Phenoxazinfarbstoffe parachinoïde Struktur; man kann sie demgemäß ebenfalls als Chinonimidfarbstoffe (Indamine oder Indophenole) auffassen, in welchen die beiden Phenylreste noch durch ein Schwefelatom miteinander verknüpft sind; z. B.:

$$NH{=}C_6H_4{=}N{-}C_6H_4{-}NH_2 \qquad NH{=}C_6H_3\langle{}^{N}_{S}\rangle C_6H_3{-}NH_2\,.$$

Phenylenblau — LAUTH'sches Violett

Je nachdem ein Chinonsauerstoff- oder ein Chinonimidderivat vorliegt, spricht man nach Analogie der Phenoxazone und Phenoxazime (s. d.) von **Phenthiazonen** bezw. von **Phenthiazimen**; diese sind die eigentlichen Chromogene.

Phenthiazon selbst entsteht durch Oxydation von p-Oxythiodiphenylamin (s. o.) an der Luft oder mit Eisenchlorid:

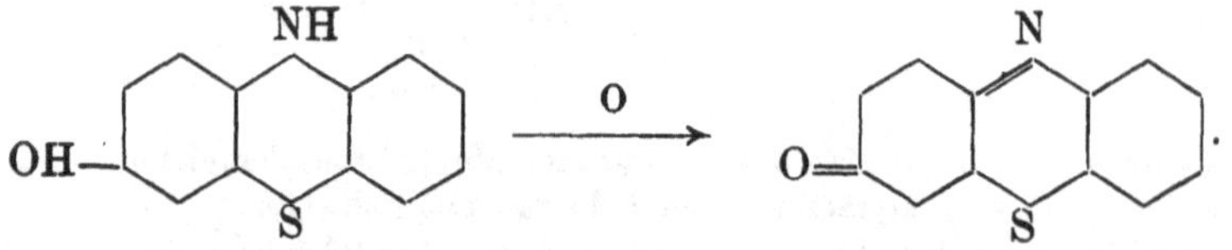

Leukothiazon — **Phenthiazon** (rotbraun)

p-Oxythiazon oder **Thionol** wird aus Thionin durch Kochen mit verd. Säuren oder Alkalien unter Abspaltung von NH_3 dargestellt (832):

$$HN{=}C_6H_3\langle{}^{N}_{S}\rangle C_6H_3{-}NH_2 \xrightarrow{H_2O} O{=}C_6H_3\langle{}^{N}_{S}\rangle C_6H_3{-}OH.$$

Dieser braunrote Körper, der auch direkt aus Thiodiphenylamin dargestellt werden kann, ist gleichzeitig Base und Säure.

p-Aminothiazon (Thionolin) wird durch Oxydation von p-Aminophenol bei Gegenwart von Schwefelwasserstoff dargestellt (832):

$$OH{-}C_6H_4{\diagup}^{NH_2} + SH_2 + \underset{\displaystyle OH}{C_6H_4}{-}NH_2 \xrightarrow{O} O{=}C_6H_3\langle{}^{N}_{S}\rangle C_6H_3{-}NH_2\,.$$

(grünglänzende, gelbbraune Blättchen)

Diese Base entsteht auch aus Thionin (s. d.) durch partielle Ammoniakabspaltung.

Gallothionin $O{=}C_6H(OH)(COOH)\langle{}^{N}_{S}\rangle C_6H_3\cdot N(CH_3)_2$ ist das

Analogon des Gallocyanins in der Phenoxazinreihe und entsteht durch Oxydation eines Gemisches von Gallussäure und Dimethyl-p-phenylendiaminmerkaptan; es bildet blauviolette Chromlacke (833).

Phenthiazim,

der Stammkörper des LAUTH'schen Violetts und des Methylenblaus, wird durch Oxydation von salzsaurem Aminothiodiphenylamin mit Eisenchlorid dargestellt (834):

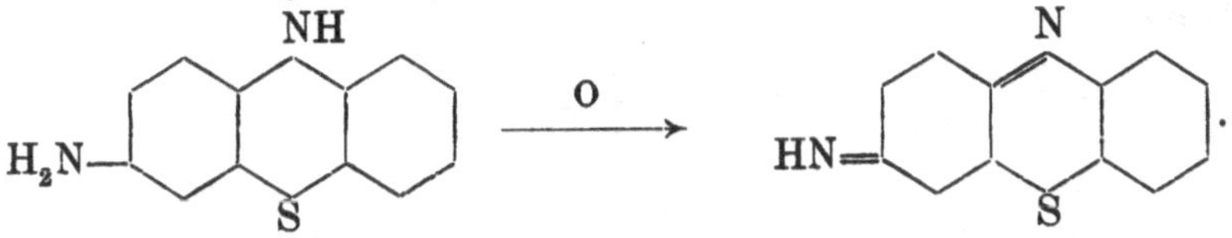

Phenthiazim

p-Aminophenthiazim oder Thionin entsteht sowohl durch Oxydation von p-Phenylendiamin bei Gegenwart von Schwefelwasserstoff (835), als auch aus p, p-Diaminothiodiphenylamin (836) (s. o.):

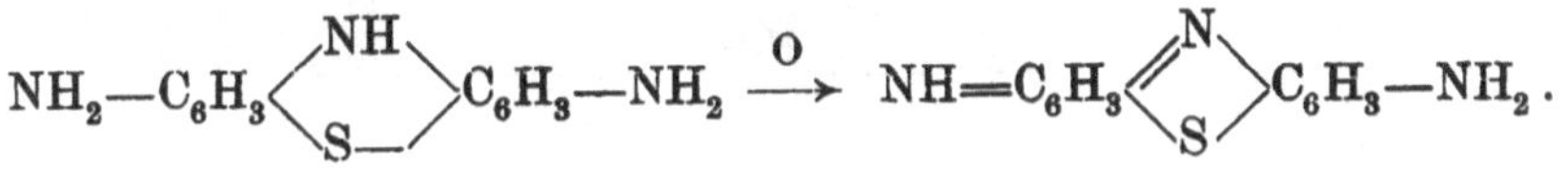

Diese Base wird auch aus p-Phenylendiamin, Anilin und Thiosulfat (vergl. Methylenblau) gewonnen; sie bildet als Salz das LAUTH'sche Violett.

Tetramethylthionin oder Methylenblau wurde zuerst durch Oxydation von 2 Mol. Dimethyl-p-phenylendiamin in H_2S-haltiger Lösung dargestellt (837). Wie aus folgendem Schema ersichtlich ist:

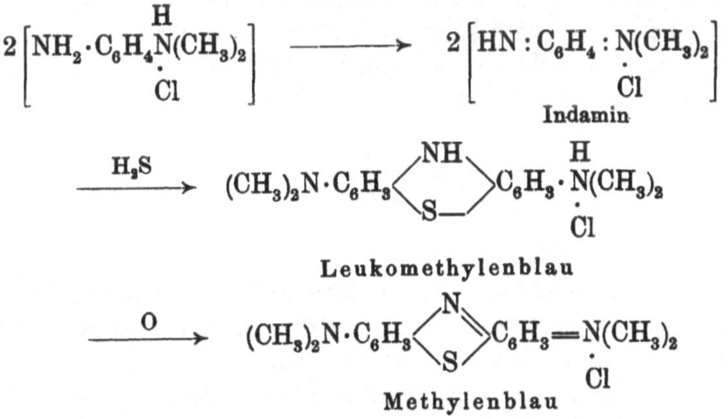

ist hierbei ein Indamin als Zwischenprodukt anzunehmen.

Neuerdings wird das Methylenblau fast ausschließlich nach dem sog. Thiosulfatverfahren dargestellt, von welchem wiederum verschiedene Modifikationen existieren (838); dasselbe beruht auf der Oxydation gleicher Teile Dimethyl-p-phenylendiamin und Dimethylanilin bei Gegenwart von Thiosulfat: es bildet sich zuerst Tetramethylindamin bezw. dessen Thiosulfosäure in Gestalt des Anhydrides; letzteres sog. Sulfonsäuregrün) wird durch kochende Säuren in Leukomethylenblau verwandelt, welches leicht zum eigentlichen Farbstoff oxydiert werden kann. Der ganze Prozeß wird durch folgendes Schema erläutert:

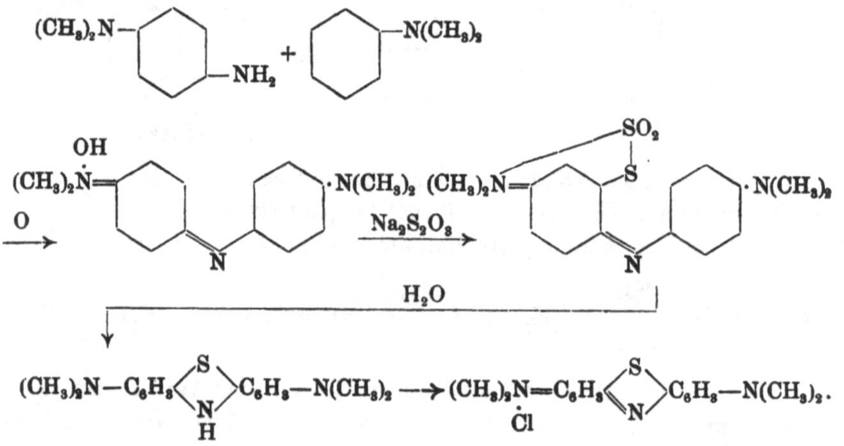

Diese allgemein anwendbare Methode kann auch dahin variiert werden, daß zuerst die Thiosulfosäure des p-Phenylendiamins dargestellt und diese durch gemeinschaftliche Oxydation mit einem parafreien Monamin in die betreffende Indaminthiosulfosäure verwandelt wird. Schließlich kann die p-Phenylendiaminthiosulfosäure zu einem Merkaptan reduziert werden, welches durch gemeinschaftliche Oxydation mit einem Monamin ein Indaminmerkaptan

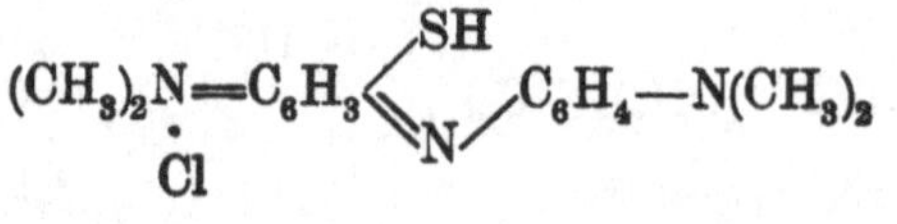

liefert; letzteres geht leicht in das isomere Leukomethylenblau über.

Über die Vorzüge des Thiosulfatverfahrens vergl. NIETZKI, Chemie d. organ. Farbst., 3. Aufl., S. 187.

Das Methylenblau des Handels ist das Chlorzinkdoppelsalz der Farbbase.

Durch kochende Alkalien wird das Methylenblau unter Ersatz einer Dimethylamingruppe gegen Sauerstoff in „Methylenviolett“

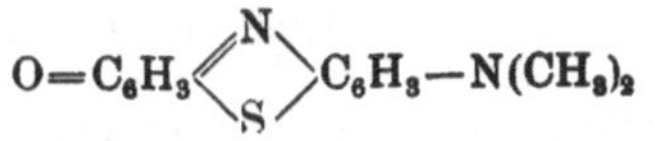

übergeführt, welches schließlich bei weiterer Behandlung in Thionol (s. o.) übergeht.

Leukomethylenblau (vergl. S. 437) addiert Jodmethyl unter Bildung von Pentamethyldiaminothiodiphenylamindijodmethylat:

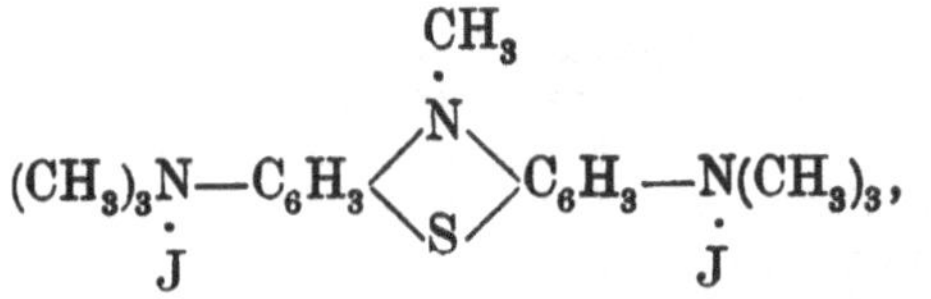

ein quaternäres Salz, welches identisch ist mit dem Methylierungsprodukt des p, p-Diaminothiodiphenylamins (vergl. S. 437); hieraus ergiebt sich die Richtigkeit der angenommenen Konstitutionsformel des Methylenblaus (839).

2. b) Zweiringe mit zwei N und einem S.

Benzazthiazine oder Phenylthiocarbizine

entstehen durch Erhitzen von Phenylthiosemicarbaziden mit konz. Salzsäure auf 120—130° (840):

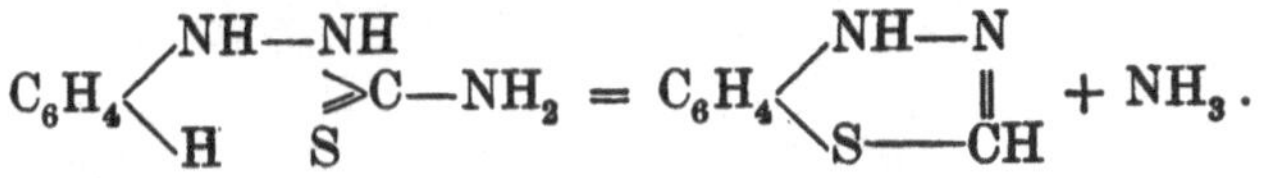

Das Phenylthiocarbizin ist eine sehr beständige Base vom Schmp. 129°.

n-Methylbenzazthiazin (Schmp. 123°) wird nach demselben Prinzip aus Dimethyldiphenylthiosemicarbazid

$$C_6H_5 \cdot N(CH_3) \cdot NH \cdot CSN(CH_3) \cdot C_6H_5$$

unter Abspaltung von Methylanilin gewonnen; es liefert ein Jodmethylat und wird durch schmelzendes Alkali in o-Methylaminophenyldisulfid

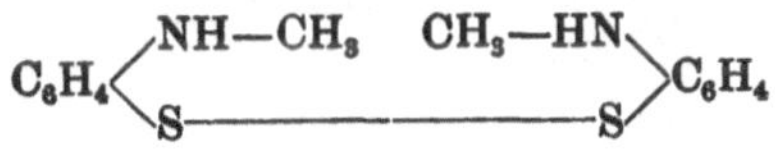

übergeführt.

E. Systeme mit mehr als sechs Ringgliedern

liegen in einer größeren Zahl von Körpern vor, welche auf synthetischem Wege gewonnen sind; da die Konstitution derselben aber nicht in allen Fällen mit absoluter Sicherheit ermittelt ist, so genügt für den vorliegenden Zweck ein Hinweis auf einige charakteristische Beispiele:

I. Sauerstoff als Ringglied: Über einen achtgliederigen Heteroring vergl. A. 267, 80.

II. Schwefel als Ringglied: Ein Siebenring ist das Trimethylentetrasulfid (841), ein Achtring das Diäthylentetrasulfid (842), ein Neunring das Triäthylentrisulfid, ein Zwölfring das Trimethylentrisulfid (843).

III. Stickstoff als Ringglied: Siebenringe liegen vor im Äthylcarbazostyril (844), im Malonyläthylendiamin (845), im p-Phenylenharnstoff (846), im Phtalureïd (847) und im Diphenimid (vergl. S. 5) (848).

Achtringe sollen enthalten sein im Glutarimidin (849) und im Citratoluylendiamin (850); über Hydrazioxalyl vergl. S. 5.

Ein Zehnring, das dimolekulare Dihydroisoindol wurde schon auf S. 122 erwähnt; demselben schließen sich an: Carbodiphenylin (851) und das sog. m-Aminobenzoïd (852).

Einen Elfring stellt das Azobenzidin (853) dar; ein dreizehngliederiger[1] Ring liegt im Cykloformazylameisensäureester (854) vor, während im Phtalylbenzidin (855) ein vierzehngliederiges Ringgebilde enthalten ist.

IV. Stickstoff und Schwefel als Ringglieder: Das Dithio-β-dinaphtylamin ist als polycyklisches Derivat eines siebengliederigen Heteroringes aufgefaßt worden (856).

---

[1] Über ein dreizehngliederiges Gebilde, das aus Benzidinsenföl und Ammoniak entsteht, vergl. B. 27, 1558.

Litteratur-Nachweis
zum zweiten Teile.

1. **A. 264**, 303.
2. **B. 17**, 936. **A. 264**, 261.
3. **A. 264**, 275; **273**, 164.
4. **A. 264**, 285.
5. **B. 17**, 2384. **A. 273**, 182.
6. **A. 222**, 16.
7. **A. 222**, 1; **259**, 148.
8. **A. 259**, 181.
9. **A. 259**, 171.
10. **B. 26**, 747.
11. **B. 27**, 841.
12. **A. 261**, 190.
13. **B. 22**, 1413.
14. **A. 297**, 86.
15. **B. 22**, 1413; **26**, 2795.
16. **A. 257**, 253.
17. **B. 7**, 688; **9**, 323. **Soc. 59**, 617. **A. ch.** [6] **24**, 123.
18. **B. 19**, 75; Wedekind, Stereochemie des fünfwertigen Stickstoffes, Leipzig 1899, S. 108.
19. **Soc. 51**, 496. **B. 9**, 325. **Soc. 59**, 607, 617. **A. 257**, 272.
20. **M. 6**, 105.
21. **A. 273**, 186.
22. **B. 24**, 111.
23. **A. 257**, 272.
24. **A. 5**, 90. **J. pr.** [2] **19**, 177. **G. 24**, II, 78.
25. **J. pr.** [2] **29**, 62.
26. **A. 5**, 82; **80**, 65.
27. **M. 5**, 364. **B. 24**, 111.
28. **A. 26**, 113, 147; **24**, 43; **83**, 352; **138**, 191.
29. **A. 257**, 281. **B. 19**, 19.
30. **A. 257**, 286.
31. **B. 29**, 994; **30**, 280.
32. **B. 29**, 1352, 1856.
33. **J. russ. 31**, 560, 901.
34. **B. 17**, 2188.
35. **B. 17**, 929.
36. **B. 10**, 287.
37. vergl. **A. 254**, 181.
38. **B. 19**, 1778.
39. **B. 26**, R. 314.
40. **B. 17**, 2187; **16**, 2119.
41. **B. 25**, 3566; **27**, 827.
42. **B. 20**, 2363; **24**, 3973.
43. **B. 25**, 888, 1138; **27**, 206.
44. **B. 26**, 419.
45. **B. 31**, 1757.
46. **B. 31**, 696, 705.
47. **B. 31**, 710.
48. **B. 31**, 1759.
49. **B. 32**, 2448.
50. **A. 291**, 52.
51. **B. 10**, 1400.
52. **B. 14**, 187; **16**, 862.
53. **B. 27**, 3299.
54. **B. 26**, 84.
55. **B. 26**, 1276.
56. **B. 21**, 501.
57. **A. 254**, 279.
58. **B. 16**, 339.
59. **B. 25**, 2119.
60. **B. 25**, 1640.
61. **B. 24**, 1894; **25**, 1648.
62. **A. 254**, 267.
63. **B. 22**, 1405; **24**, 3983; **27**, 1989.
64. **A. 93**, 87. **B. 15**, 1964. **A. 254**, 274.
65. **B. 18**, 1986.
66. **A. 269**, 310. **B. 30**, 969.
67. **A. 62**, 106; **175**, 62; **180**, 343.
68. **M. 15**, 1.
69. **A. 209**, 270.
70. **B. 25**, 1654; **26**, 75.
71. **B. 28**, 2310.
72. **B. 27**, 2887, vergl. auch **B. 31**, 266.
73. **B. 27**, 2887, 3299.
74. **Am. 23**, 125 ff.
75. **B. 19**, 3266.
76. **A. 263**, 1.
77. **B. 23**, 2471.
78. **D. R. P.** No. 65 789.
79. **B. 30**, 224.
80. **A. 42**, 310; **44**, 279.
81. **A. 247**, 1.
82. **B. 13**, 83 ff.
83. **B. 13**, 101.
84. **B. 23**, 1265.
85. **B. 24**, 3151.
86. **M. 4**, 436.
87. **M. 7**, 210.
88. **B. 17**, 772; **18**, 1587, 2961.
89. **B. 25**, 3326.
90. **B. 23**, 2709; **26**, 1414. **A. 247**, 26.
91. **B. 16**, 2607; **20**, 2719; **21**, 818.
92. **A. 247**, 26.
93. **A. 59**, 298; **155**, 310; **158**, 222. **B. 23**, 685.
94. **B. 18**, 2579. **A. 215**, 1.
95. **B. 24**, 1669.
96. **B. 29**, R. 842.
97. **B. 18**, 2020.
98. **B. 26**, 2733. **A. 297**, 71.
99. **A. 281**, 36.
100. **B. 28**, 1726; **29**, 613.
101. **B. 20**, 191.
102. **B. 19**, 2196.
103. **B. 21**, 670.
104. **B. 29**, R. 654.
105. **B. 16**, 2977; **21**, 1007.
106. **B. 17**, 592, 1832.
107. **B. 28**, R. 911.
108. **B. 26**, 218; **27**, 1317.
109. **M. 15**, 164. **B. 27**, 840, 1320.
110. **B. 20**, 1592.
111. **B. 28**, 1763.
112. **B. 24**, 2530.
113. **B. 24**, 2525.
114. **B. 29**, R. 846.
115. **B. 20**, 1109; **29**, R. 832.
116. **A. 215**, 62; **241**, 15.
117. **B. 20**, 2757; **22**, 3230.
118. **B. 17**, 2911.
119. **M. 4**, 451 ff.
120. **B. 27**, 1923.
121. **B. 13**, 699.
122. **C. 1896**, I. 601; **1897**, I, 927; **1898**, II, 544.
123. **A. 215**, 44.
124. **B. 24**, 1666.
125. **B. 31**, 762, vergl. auch **31**, 1342.
126. **B. 14**, 1347; **18**, 111; **20**, 1645.
127. **B. 25**, 2190. **A. 294**, 135.
128. **B. 25**, 2782, vergl. **B. 21**, 1922.
129. **B. 16**, 649; 1604; **17**, 1789.
130. **B. 18**, 8, 110; **22**, 1000; **28**, 302.
131. **Arch. Pharm. 229**, 669.
132. **B. 17**, 156.

133. **B. 19**, 780. **A. 247**, 52.
134. **B. 25**, 421.
135. **B. 23**, 1767, 3692.
136. **B. 24**, R. 561.
137. **B. 17**, 2545.
138. **B. 16**, 643.
139. **B. 22**, 3335; **23**, 1767.
140. **B. 25**, 2777; **26**, 2991.
141. **B. 14**, 494, 695.
142. **B. 16**, 2057. **A. 264**, 310; **279**, 344.
143. **B. 21**, 1921, 2279.
144. vergl. **Ph. Chem. 17**, 226. **Soc. 71**, 522. **B. 32**, 526.
145. **B. 19**, 439, 2578, 2582.
146. **B. 31**, 1553.
147. **B. 12**, 2341.
148. **B. 25**, 1619.
149. **B. 17**, 825.
150. **B. 21**, 1921.
151. **A. 54**, 255; **70**, 58; **75**, 82; **84**, 342, 345.
152. **A. 168**, 93; **216**, 171; **227**, 31.
153. **B. 27**, 2958.
154. **B. 29**, R. 1122.
155. **B. 32**, 725.
156. **B. 28**, 3154.
157. **B. 28**, 3148; **29**, 2187; **30**, 1332.
158. **M. 17**, 377.
159. **B. 28**, 1986. **M. 10**, 39.
160. **B. 30**, 1327.
161. **C. 1896**, II, 709.
162. **M. 10**, 375. **B. 24**, 328.
163. **M. 10**, 383.
164. **M. 3**, 599.
165. **M. 13**, 333.
166. **M. 4**, 596.
167. **A. 154**, 274.
168. **M. 3**, 867.
169. **B. 24**, 1479.
170. **A. 154**, 274.
171. **B. 28**, 1907.
172. **B. 25**, 2816; **26**, 293, 769.
173. **B. 27**, 2535.
174. **A. 196**, 130.
175. **B. 28**, 454.
176. **A. 289**, 310.
177. loc. cit.
178. **A. 253**, 44.
179. **B. 27**, 1273.
180. **J. pr.** [2] **50**, 522, 529; **51**, 140. **B. 26**, 2061; **29**, 778.
181. **B. 19**, 1568. **A. 236**, 147.
182. **A. 299**, 50.
183. **J. pr.** [2] **51**, 371.
184. **B. 25**, 2751; **26**, 674, 2181.
185. **B. 26**, 2125; **30**, 821.
186. **B. 18**, 759, 2850.
187. **B. 22**, 1623, 2609.
188. **B. 30**, 821.
189. **B. 22**, 2616.
190. **A. 65**, 269, vergl. **J. pr.** [2] **22**, 261.
191. **J. pr.** [2] **38**, 584, **42**, 1, 18.
192. **J. pr.** [2] **22**, 286.
193. **B. 30**, 1491, 2027.
194. **J. pr.** [2] **48**, 489.
195. **B. 26**, 2123.
196. **B. 25**, 1564.
197. **B. 27**, 277.
198. **B. 16**, 3027; **17**, 2864. **A. 229**, 1.
199. **J. pr.** [2] **47**, 201.
200. **B. 19**, 219.
201. **A. 262**, 365.
202. **A. 240**, 5.
203. **A. 258**, 358, 349.
204. **A. 245**, 213; **258**, 347.
205. **A. 229**, 25.
206. **C. 1897**, II, 195.
207. **B. 14**, 1643; **15**, 2846.
208. **B. 26**, 2553.
209. **B. 16**, 1135.
210. **A. 127**, 3, 234.
211. **A. 127**, 11.
212. **A. 26**, 256.
213. **A. 147**, 366.
214. **A. 26**, 292.
215. **A. 127**, 200; **130**, 140.
216. **A. 26**, 268.
217. **C. r. 106**, 360. **J. pr.** [2] **54**, 481.
218. **C. r. 100**, 1540; **106**, 418. **J. pr.** [2] **54**, 481.
219. **J. pr.** [2] **51**, 450.
220. **B. 26**, 1830, 2207.
221. **B. 21**, 19.
222. **B. 9**, 563; **13**, 837; **21**, 19; **20**, 432.
223. **J. pr.** [2] **47**, 480; **51**, 464.
224. **B. 24**, 4108; **26**, 722.
225. **B. 15**, 1050; **19**, 2524.
226. **J. pr.** [2] **47**, 490; **55**, 248.
227. **B. 20**, 429; **26**, 721.
228. **B. 15**, 2480; **20**, 429; **27**, R. 134.
229. **B. 26**, 98.
230. **B. 20**, 267; **22**, R. 346; **26**, R. 1009.
231. **B. 24**, R. 956; **26**, R. 93.
232. **J. pr.** [2] **41**, 83; **47**, 183.
233. **B. 26**, 724.
234. **B. 21**, 758, 762.
235. **A. 98**, 291. **B. 4**, 666.
236. **B. 24**, 3241.
237. **J. pr.** [2] **53**, 19.
238. **B. 22**, 1777; **25**, 2941.
239. **B. 24**, 716.
240. **D. R. P.** No. 98031. **C. 1898**, II, 743.
241. **J. pr.** [2] **47**, 494; **55**, 51.
242. **B. 26**, 724. **J. pr.** [2] **55**, 74.
243. **B. 25**, 2946.
244. **B. 25**, 2932.
245. **B. 22**, 1804; **25**, 2948.
246. **B. 16**, 755.
247. **B. 21**, 1662; **25**, 2951.
248. **B. 23**, 2016, 1974; **25**, 2919, 2950, 3275.
249. **B. 25**, 2953.
250. **B. 25**, 2954; **J. pr.** [2] **40**, 428; **41**, 80; **47**, 187.
251. **B. 1**, 198; **11**, 764. **Soc. 37**, 563. **A. 133**, 146.
252. **B. 22**, 803.
253. **B. 25**, 2263.
254. **J. pr.** [2] **35**, 82.
255. **B. 25**, 1624.
256. **B. 25**, 1424.
257. **B. 7**, 776, 1584; **9**, 228, 458; **25**, 534.
258. **A. 288**, 318.
259. **B. 26**, 766. **J. pr.** [2] **36**, 78; **50**, 446.
260. **B. 23**, 2382.
261. **J. pr.** [2] **5**, 35.
262. **J. pr.** [2] **54**, 132.
263. **B. 28**, 483.
264. vergl. **B. 32**, 695.
265. **B. 26**, 2226.
266. **B. 25**, 539.
267. **B. 7**, 776, 1585; **9**, 232.
268. **A. 79**, 280.
269. **A. 141**, 122. **B. 32**, 692.
270. **B. 2**, 159; **18**, 3261.

271. **B. 16**, 2893.
272. **J. pr.** [2] **34**, 152.
273. **A. ch.** [2] **38**, 370. **Pogg. A. 15**, 619.
274. **A. 61**, 249; **64**, 307.
275. vergl. **B. 18**, 2781, 3108, 3261; **19**, 2084; **20**, 1056.
276. **B. 3**, 269; **15**, 69.
277. **B. 18**, 3263; **19**, 2063.
278. **A. 71**, 326.
279. **A. 10**, 1; **53**, 330.
280. **B. 18**, 2781; R. 497.
281. **M. 11**, 191. **A. 78**, 228.
282. **B. 18**, 2755; R. 498.
283. **B. 2**, 600; **3**, 264.
284. **B. 18**, 2784.
285. **B. 18**, 2799. **A. 21**, 241.
286. **M. 11**, 1.
287. **A. 115**, 322; **272**, 271.
288. **A. 288**, 218.
289. **B. 21**, 2737, 2883.
290. **C. r. 120**, 449. **A. 288**, 252.
291. **B. 17**, 657; **18**, 3309, R. 611.
292. **A. 288**, 218.
293. **A. 283**, 6, 27; **302**, 309.
294. **B. 28**, 1227.
295. **A. 303**, 75.
296. **A. 301**, 68.
297. **B. 21**, 2751.
298. **A. 247**, 222. **G.** 22, 217. **B. 26**, 1045.
299. **B. 33**, 644.
300. **B. 21**, 2753.
301. **B. 26**, 2126; **27**, 984. **A. 297**, 221.
302. **B. 27**, 989, 1007. **A. 297**, 264.
303. **B. 31**, 312.
304. **Soc. 53**, 850; **55**, 242; **57**, 50.
305. **B. 27**, 2685.
306. **J. pr.** [2] **52**, 454. **B. 27**, 2684.
307. **B. 21**, 1225, 2329.
308. **B. 29**, 829.
309. **A. 263**, 282.
310. **G. 22**, II, 99.
311. **B. 12**, 453.
312. vergl. **B. 12**, 460, 1320.
313. **B. 16**, 1609.
314. **A. 279**, 1, 14.
315. **A. 257**, 1.
316. **G. 25**, I, 399.
317. **A. 282**, 363.
318. **B. 18**, R. 171.
319. **B. 23**, 2252.
320. **B. 19**, 1196.
321. vergl. u. a. **B. 14**, 1916; **18**, 2395; **13**, 115; **16**, 167, 1953, 2207.
322. **B. 16**, 1833; **25**, 1752.
323. **B. 19**, 1037.
324. **B. 27**, 1394; **28**, 2809.
325. **B. 27**, 628; **28**, R. 743.
326. **M. 1**, 317; **2**, 141. **B. 13**, 911.
327. **B. 29**, 703.
328. **B. 13**, 911.
329. **A. 201**, 333.
330. **B. 14**, 2812; **15**, 3075, 897.
331. **B. 24**, 1720; **25**, 2864; **29**, 59.
332. **B. 20**, 1908. **J. pr.** [2] **33**, 393.
333. **A. 281**, 1.
334. **A. 236**, 112.
335. **B. 24**, 2990.
336. **B. 19**, 1541.
337. **B. 17**, 459. vergl. **B. 22**, 386.
338. **B. 27**, 1400.
339. **B. 27**, 3421.
340. **B. 15**, 1254.
341. **B. 20**, 1235.
342. **B. 19**, 53, 489. **A. 243**, 342.
343. **B. 21**, 1642.
344. **A. 264**, 196; **290**, 321.
345. **B. 27**, 2689.
346. **B. 19**, 132.
347. **B. 19**, 908.
348. **B. 21**, 1972.
349. **B. 25**, 1752.
350. **B. 25**, 2548.
351. **B. 16**, 1838.
352. **M. 17**, 401.
353. **B. 20**, 277. **A. 242**, 265; **249**, 98.
354. **B. 31**, 690.
355. **A. 242**, 348. **B. 23**, 2628; **27**, 3077; **29**, 2475, 2460, 2465.
356. **B. 31**, 612, 1943, 1488; **19**, 2765.
357. **B. 18**, 600, 1612.
358. **B. 12**, 460.
359. **B. 17**, 2012.
360. **A. 282**, 364.
361. **B. 14**, 890.
362. **B. 19**, 1234; **24**, 1717.
363. **B. 27**, 824.
364. **B. 12**, 1481; **13**, 2400; **14**, 100. **M. 7**, 328.
365. **B. 19**, 3302.
366. **B. 15**, 334.
367. **B. 29**, R. 1122.
368. **B. 16**, 728; **21**, 862; **31**, 2278.
369. **B. 20**, 1251; **21**, 864.
370. **A. 257**, 24.
371. **B. 13**, 2400.
372. **B. 16**, 732; **17**, R. 59; **18**, 2388.
373. **B. 32**, 527.
374. **B. 18**, 2930.
375. **B. 14**, 1368; **16**, 714, 718; **19**, 1046.
376. **M. 3**, 558; **6**, 767. **B. 18**, R. 72.
377. **B. 15**, 1424.
378. **M. 2**, 29.
379. **M. 3**, 61; **5**, 643. **B. 16**, 2467; **14**, 890; **27**, 76; **25**, 1236.
381. **B. 19**, 3300.
382. **B. 24**, 2061; **25**, 2805.
383. **B. 24**, 2070.
384. **Bl. 38**, 124.
385. **B. 15**, 335, 2103.
386. **B. 29**, 665.
387. **B. 27**, R. 598.
388. **B. 23**, 1142, 1155; **27**, 1458, 1478.
389. **B. 27**, 1458; **23**, 1150, 1152. **A. 257**, 32.
390. **M. 2**, 491; **7**, 326.
391. **M. 8**, 121.
392. **B. 23**, 2894.
393. **M. 7**, 308.
394. **B. 25**, 1757.
395. **M. 5**, 417. **B. 17**, 1817, 2767.
396. **B. 17**, 2447; **22**, R. 451.
397. **A. 242**, 326.
398. **B. 18**, 1910.
399. **M. 8**, 140.
400. **Chem. N. 43**, 145.
401. **B. 20**, 441.
402. **B. 24**, 1608.
403. **B. 24**, 1717; **19**, 1243.
404. **M. 17**, 414.
405. **B. 26**, 2137; **27**, 979.
406. **R. 4**, 285.
407. **M. 14**, 116; **15**, 300; **18**, 1. **A. 286**, 1.
408. **B. 27**, 2795; **28**, 818.
409. **B. 19**, 1655, 2361.
410. **B. 21**, 2299.
411. **B. 27**, 208; **25**, 1146, 1497.

412. **B. 25**, 3563; **27**, 2232; **29**, 2291.
413. **B. 25**, 743.
414. **R. 4**, 125.
415. **B. 26**, 764.
416. **J. pr.** [2] **38**, 492.
417. **B. 26**, R. 270.
418. **B. 21**, 2300.
419. **M. 18**, 1.
420. **B. 20**, 1205.
421. **M. 18**, 5.
422. **B. 18**, 3473.
423. **B. 20**, 4.
424. **J. pr.** [2] **47**, 252, 261.
425. **B. 19**, 1655, 2356, 2358.
426. **J. pr.** [2] **43**, 191; **51**, 204.
427. **B. 18**, 2450, 3473, 3475.
428. **B. 19**, 834; **29**, 2546.
429. **M. 14**, 60.
430. **M. 14**, 64,
431. **J. pr.** [2] **47**, 37.
432. **B. 25**, 1145.
433. **B. 19**, 2351.
434. **B. 25**, 3566.
435. **B. 18**, 2449, 3471.
436. **B. 24**, 2822.
437. **J. pr.** [2] **52**, 10.
438. **A. 286**, 7, 15.
439. **M.** 8, 522; **9**, 344; **12**, 486.
440. **M. 15**, 808.
441. **B. 25**, 1142, 1496.
442. **B. 27**, 202.
443. **B. 26**, 1905.
444. **B. 26**, 1209. **G. 22**, II, 425.
445. **B. 30**, 2189.
446. **B. 26**, 1210.
447. **B. 26**, 1214.
448. **B. 20**, 2404; **22**, 1158.
449. **B. 19**, 1654, 2356; **20**, 2502.
450. **B. 20**, 2492.
451. **B. 20**, 2499.
452. **B. 20**, 1199.
453. **B. 20**, 93, 2401. **A. 286**, 18.
454. **Soc.** 28, 577; **29**, 165. **A. Spl.** 8, 326. **B. 31**, 1577.
455. **M.** 7, 485; 8, 510; **9**, 327, 349.
456. vergl. **Arch. pharm. 25**, 158.
457. **B. 16**, 677; **17**, 722.
458. **B.** 25, 2847.
459. **B. 30**, 521.
460. **B. 17**, 723.
461. **B. 26**, 521, 533, 712.
462. **B. 30**, 3024.
463. **B. 26**, 2210.
464. **B. 26**, 709.
465. **B. 30**, 3022.
466. **B. 18**, 802.
467. **A. 239**, 86.
468. **B. 19**, 763.
469. **B. 26**, 2214.
470. **J. pr.** [2] **51**, 371.
471. **J. pr.** [2] **35**, 281. **B. 19**, R. 825.
472. **B. 23**, 2810.
473. **B. 24**, 506; **25**, 3080; **26**, 1349, 1891; **28**, 279, 723.
474. **J. pr.** [2] **42**, 346.
475. **B. 29**, 1313.
476. **B. 28**, 723.
477. **B. 22**, 2690.
478. **B. 22**, 2683; **23**, 2634. **J. pr.** [2] **48**, 537; **54**, 258.
479. **B. 23**, R. 530.
480. **B. 29**, 1311.
481. **B. 28**, 281.
482. **J. pr.** [2] **31**, 124; **36**, 141, 155.
483. **B. 27**, R. 516; **28**, 443. **J. pr. 31**, 125.
484. **B. 26**, 1891.
485. **B. 28**, 1037; **29**, 1310.
486. **B. 22**, 2687; **25**, 3030, 3094.
487. **J. pr.** [2] **53**, 414.
488. **B. 29**, 1308.
489. **B. 27**, 34.
490. **B. 25**, 2853.
491. **B. 25**, 2860.
492. **B. 29**, 1305.
493. **B. 2**, 47, 416.
494. **J. pr.** [2] **39**, 145.
495. **B. 25**, 2857. **J. pr.** [2] **51**, 113, 257.
496. **J. pr.** [2] **49**, 318; **55**, 123.
497. **B. 30**, 1098.
498. **B. 2**, 416; **13**, 977.
499. **B. 30**, 549, 2249.
500. **A. 26**, 256.
501. **A. 175**, 243.
502. **A. 215**, 309.
503. **B. 30**, 2232; **31**, 2562.
504. **B. 30**, 1839.
505. **B. 28**, 3135.
506. **B. 31**, 2622, vergl. **B. 30**, 2400.
507. **B. 30**, 3010; **31**, 1984.
508. **B. 30**, 2218.
509. **B. 28**, 2487; **30**, 1853.
510. **B. 30**, 2226, 2232.
511. **B. 30**, 2213.
512. **B. 31**, 2554.
513. **B. 30**, 2238; **31**, 104.
514. **B. 30**, 2251.
515. **B. 30**, 2245.
516. **B. 30**, 2215.
517. **B. 30**, 570, 572.
518. **B. 30**, 2243.
519. **A. 215**, 265.
520. **B. 30**, 2217.
521. **B. 31**, 431—440.
522. **B. 30**, 2220.
523. **B. 30**, 2211, 2223.
524. **B. 31**, 3271; **30**, 2227.
525. **B. 30**. 2233.
526. **B. 30**, 2238.
527. **B. 17**, 331; **30**, 1846.
528. **B. 30**, 2400.
529. **B. 31**, 2551, 2561, 2564.
530. **B. 30**, 2208, 2223.
531. **B. 30**, 2227.
532. **A. 215**, 261; **221**, 336.
533. **B. 30**, 2236.
534. **B. 17**, 318, 572; **30**, 768; **18**, 1228, 2870; **19**, 483. **A. 237**, 328; **248**, 71; **292**, 245.
535. **B. 24**, 2368.
536. **B. 24**, 1239, 1874.
537. **B. 20**, 281, 2205; **22**, 92; **24**, 720.
538. **B. 18**, 666, 2939.
539. **B. 15**, 2690; **16**, 1532.
540. **A. 237**, 345.
541. **B. 29**, 784.
542. **B. 28**, 1656.
543. **A. 292**, 248.
544. **A. 237**, 370; **B. 23**, 166.
545. **B. 18**, 2426.
546. **B. 27**, 2181.
547. **B. 24**, 719.
548. **B. 24**, 1875; **25**, 1627.
549. **B. 25**, 1629.
550. **B. 18**, 2870. **A. 248**, 71.
551. **B. 19**, 8, 895.
552. **B. 24**, 2682.
553. **B. 24**, 720.
554. **B. 20**, 1190; **21**, 378.
555. **B. 27**, 2183.
556. **B. 22**, 2806.
557. **B. 25**, 3205.
558. **B. 22**, 2805.
559. **B. 27**, 1683, 1691.

560. **B. 26**, 2788.
561. **A. 302**, 310.
562. **B. 23**, 505; **24**, 1002.
563. **B. 24**, 1002.
564. **Soc. 57**, 328.
565. **B. 30**, 2595.
566. **B. 23**, 503.
567. **B. 25**, 448.
568. **J. pr.** [2] **35**, 262; **37**, 431.
569. **B. 31**, 2636.
570. **J. pr.** [2] **43**, 446.
571. **J. pr.** [2] **51**, 277.
572. **J. pr.** [2] **37**, 431.
573. **B. 29**, 623.
574. **C. 1897**, I, 413.
575. **J. pr.** [2] **53**, 210.
576. **J. pr.** [2] **41**, 161.
577. **B. 19**, 1457; **21**, 540.
578. **B. 26**, R. 402; **27**, R. 631.
579. **M.** 2, 163; **4**, 459.
580. **B. 23**, 1235.
581. **M. 4**, 461.
582. **M. 4**, 438.
583. **B. 20**, 3155.
584. **J. pr.** [2] **57**, 49.
585. **B. 17**, 1711.
586. **B. 17**, 543; **21**, 532.
587. **A. 249**, 110. **B. 27**, 352, 2021.
588. **B. 24**, 2463, 2472.
589. **M. 8**, 442.
590. **B. 26**, 1298.
591. **B. 24**, 841; **25**, 121, 848, 1190.
592. **B. 25**, 2801.
593. **B. 25**, 1193.
594. **A. 172**, 270.
595. **A. 240**, 187.
596. **M. 3**, 571; **4**, 570. **B.** 19, 2377.
597. **A.** 274, 335.
598. **M. 5**, 532.
599. **B. 22**, 246. **A. 274**, 340.
600. **B. 24**, 1740.
601. **B. 19**, 2377.
602. **B. 22**, 253.
603. **Bl.** [3] **13**, 28.
604. **A. 274**, 364.
605. **A. 279**, 20.
606. **B. 28**, 119.
607. **B. 27**, 2244.
608. **B. 27**, 1923; **28**, 1658.
609. **B. 17**, 170; **29**, 708. **A. 201**, 344.
610. **A. 201**, 344.
611. **B. 17**, R. 91.
612. **A. 201**, 333, 336.
613. **B. 15**, 1783.
614. **A. 158**, 265.
615. **A. 224**, 1. **B. 18**, 690; **24**, 2039; **25**, R. 940.
616. **B. 26**, 3086. **A. 226**, 175.
617. **D. R. P.** No. 59179.
618. **B. 17**, 1370.
619. **B. 25**, 1758.
620. **B. 26**, R. 712; **27**, R. 642.
621. **B. 33**, 905, 912.
622. **A. 224**, 6, 10.
623. **B. 19**, 2452. **M. 18**, 124.
624. **B. 16**, 74.
625. **J. pr.** [2] **36**, 265.
626. **A.** 224, 12; **226**, 184.
627. **A. 276**, 48.
628. **B. 24**, 2039.
629. **B. 27**, 2316.
630. **D. R. P.** No. 43714.
631. **B. 2**, 379; **17**, 203. **A. 226**, 175.
632. **B. 16**, 2729; **19**, 2010; **26**, 1034.
633. **A. 226**, 181.
634. **B. 20**, 1544, 1547.
635. **G. 22**, II, 553.
636. **A. 224**, 45.
637. **A. 158**, 278. **B. 16**, 1972.
638. **B. 16**, 2831.
639. **B. 27**, 3362.
640. **B. 29**, 1190.
641. **A. 276**, 45. **J. pr.** [2] **45**, 193.
642. **B. 27**, 2316.
643. **A. 276**, 52.
644. **B. 26**, 2589. **A. 279**, 12.
645. **B. 27**, 2840.
646. **B. 17**, 1595.
647. **B. 33**, 905, 912.
648. **B. 27**, 3068.
649. **B. 28**, 3098.
650. **J. pr.** [2] **34**, 160; **35**, 317.
651. **G. 20**, 407; **21**, II, 158, 351; **23**, I, 1.
652. **B. 29**, 76.
653. **A. 266**, 142.
654. **B. 29**, 1182.
655. **B. 22**, 3339.
656. **C. 1897**, I, 413.
657. **A. 276**, 251.
658. **A. 266**, 142.
659. **A. 276**, 245.
660. **B. 29**, 230.
661. **A. 284**, 312.
662. **B. 29**, 1188.
663. **B. 26**, 1906.
664. **C. 1897**. I, 414.
665. **A. 266**, 163.
666. **B. 24**, 3081; **29**, 2270.
667. **B. 24**, 3083.
668. **B. 26**, 2238.
669. **B. 19**, 725, 2206.
670. **A. 237**, 340. **B. 19**, 2794; **29**, 200.
671. **B. 20**, 1185; **29**, 2318; **30**, 2629.
672. **B. 19**, 917; **20**, 575.
673. **B. 22**, 3344; **23**, 1333.
674. **B. 20**, 573, 578.
675. **B. 26**, 383.
676. **B. 6**, 723.
677. **B. 20**, 2474.
678. **B. 26**, 186.
679. **A. ch. 59**, 384.
680. **B. 19**, 2794.
681. **A. 237**, 340.
682. **A. 196**, 54.
683. **Soc. 49**, 845.
684. **B. 18**, 1119; **19**, 441.
685. **B. 21**, 719; **21**, 1598.
686. **B. 28**, 2976; 2979; **29**, 1874.
687. **B. 23**, 844, 2452.
688. **B. 5**, 202; **22**, 356, 3039.
689. **B. 23**, 1851.
690. **B. 12**, 931.
691. **B. 23**, 1855.
692. **B. 19**, 443.
693. **B. 19**, 2791.
694. **B. 24**, 2171.
695. **B. 24**, 1338.
696. **B. 23**, 843.
697. **B. 30**, 391.
698. **B. 20**, 1185.
699. **B. 29**, 2316, 2968; **31**, 972.
700. **B. 30**, 2620; **31**, 977.
701. **B. 30**, 391.
702. **B. 31**, 977.
703. **B. 32**, 939.
704. **A. 290**, 247.
705. **B. 30**, 394, 2620.
706. **A. 256**, 236.
707. **B. 24**, 587, 2167.
708. **B. 21**, 2621. **A. 256**, 241.
709. **A. 290**, 262.
710. **B. 30**, 1565.
711. **B. 26**, 1655; **28**, 1709.
712. **B. 21**, 1600.

713. **B. 29**, 2757.
714. **B. 31**, 982; **30**, 1566.
715. **B. 20**, R. 756.
716. **A. 272**, 332.
717. **B. 28**, 275.
718. **B. 30**, 2620.
719. **B. 30**, 395.
720. **B. 28**, 2287.
721. **B. 24**, 586.
722. **B. 29**, 2755.
723. **A. 272**, 333.
724. **B. 32**, 946.
725. **B. 29**, 1444.
726. **B. 29**, 1445.
727. **B. 16**, 867.
728. **B. 16**, 464.
729. **Bl. 48**, 636.
730. **B. 16**, 464.
731. **B. 5**, 526; **10**, 874
732. **B. 29**, 1444.
733. **A. 262**, 262; **272**, 361.
734. **B. 10**, 874; **12**, 939; **13**, 207.
735. **B. 30**, 1566.
736. **B. 28**, 1578; **31**, 1179.
737. **A. 262**, 239; **272**, 322, 328, 337.
738. **B. 28**, 270; **31**, 1183.
739. **B. 31**, 1184.
740. **A. 272**, 321.
741. **B. 32**, 933, 935.
742. vergl. u. a. **A. 272**, 306; **286**, 187.
743. **B. 28**, 1709; **29**, 2316; **31**, 977.
744. **B. 22**, 444, 1649.
745. **B. 23**, 2789; **28**, 295.
746. **B. 28**, 301.
747. Nietzki, Chemie d. organ. Farbst., 3. Aufl. S. 246.
748. **B. 29**, 1248.
749. **B. 31**, 314.
750. **A. 254**, 184.
751. **B. 24**, 3213, 3218.
752. **B. 29**, 1428; **30**, 1319.
753. **B. 23**, 95; **24**, 3035, 4253.
754. **B. 31**, 918; **22**, 181, 2081.
755. **B. 24**, R. 821; **29**, 2386.
756. **A. 144**, 105.
757. **B. 25**, 2272.
758. **B. 26**, 997.
759. **B. 22**, 3126; **26**, 1568; **27**, 3350; **29**, 2656.
760. **B. 23**, 1683, 2748. **A. 273**, 1.
761. **B. 23**, 740; **29**, 767.
762. **B. 19**, 181.
763. **B. 22**, 1588.
764. **B. 13**, 1846; **20**, 2982.
765. **B. 19**, 1147.
766. **B. 20**, 3359; **21**, 2835.
767. **B. 26**, 593.
768. **A. 222**, 46. **B. 25**, 713.
769. **B. 30**, 152.
770. **B.** [2] **1**, 297.
771. **B. 30**, 2426; **31**, 3063.
772. **B. 16**, 1995; **25**, 1928.
773. **B. 24**, 2346, 3264.
774. **B. 27**, 3516; **16**, 2584.
775. **B. 22**, 1665, 2933; **27**, 2413.
776. **B. 25**, 2978.
777. **B. 22**, 2095.
778. **B. 30**, 1631.
779. **J. pr.** [2] **20**, 288; **29**, 178, 289.
780. **B. 20**, 942.
781. **Soc. 1891**, I, 714 ff.
782. **B. 31**, 495.
783. **B. 19**, 2244.
784. **B. 27**, 2784.
785. **B. 28**, 354.
786. **B. 30**, 2130.
787. **B. 23**, 726.
788. **B. 27**, 2784.
789. **B. 25**, 1061.
790. **A. 162**, 273.
791. **B. 22**, 3020, 3035.
792. **D. R. P.** No. 19 580. **B. 21**, 1740.
793. **B. 21**, 1742.
794. **B. 25**, 2995.
795. **B. 28**, 353; **30**, 2130.
796. **B. 21**, 1744.
797. **D. R. P.** No. 50 612.
798. **B. 12**, 2065; **23**, 2247.
799. **B. 25**, 3002.
800. **D. R. P.** No. 45 268.
801. **B. 23**, 2249.
802. **B. 25**, 3002.
803. **A. 289**, 90.
804. **B. 30**, 316, 2554, 2558.
805. **J. pr.** [2] **53**, 342.
806. **B. 19**, 181, 349.
807. **B. 26**, 1077.
808. **B. 23**, 92; **29**, 1429.
809. **B. 23**, 94.
810. **B. 29**, 1430.
811. **B. 24**, 3848.
812. Roscoe-Schorlemmer, Bd. VII, S. 759.
813. Roscoe-Schorlemmer, Bd. VII, S. 1186.
814. **B. 27**, 2507, 2516.
815. **A. 61**, 1.
816. **B. 11**, 1384, 1692; **12**, 682; **20**, 464.
817. **Bl. 38**, 129.
818. **B. 19**, 1826, 2378.
819. **C. r. 128**, 105.
820. **B. 19**, 2378, 2381.
821. **A. 61**, 11.
822. **B. 27**, 3518; **30**, 1141.
823. **B. 22**, 1665, 2933; **27**, 2413, 2427.
824. Roscoe-Schorlemmer, Bd. VII, S. 760, 761.
825. **B. 30**, 607, 2389.
826. **B. 19**, 3255.
827. **B. 16**, 2897. **A. 230**, 77.
828. **B. 17**, 611, 2875. **A. 230**, 128.
829. **B. 21**, 2811; **19**, 2240; **23**, 2464.
830. **A. 230**, 101, 106, 113, 182, 192.
831. **C. 1896**, I, 1288; **1897**, I, 840; II, 747.
832. **A. 230**, 188, 196, 202.
833. **D. R. P.** No. 73 556.
834. **A. 230**, 103.
835. **B. 9**, 1035.
836. **A. 230**, 123.
837. **D. R. P.** No. 1886.
838. **A. 251**, 1. **B. 22**, R. 214, 80.
839. **B. 17**, 617.
840. **A. 212**, 326. **B. 27**, 861.
841. **B. 23**, 1871.
842. **A. 262**, 67; **B. 25**, 1479.
843. **B. 19**, 698, 699.
844. **B. 19**, 2051.
845. **B. 17**, 137; **21**, 2366.
846. **A. 228**, 225.
847. **A. 214**, 23.
848. **A. 247**, 270; **252**, 25. **B. 21**, 2356.
849. **B. 23**, 2945.
850. **B. 21**, 665.
851. **B. 22**, 3014.
852. **B. 16**, 1321.
853. **B. 17**. 466.
854. **A. 295**, 327.
855. **A. 258**, 364.
856. **B. 21**, 2807.

Alphabetisches Register

der angeführten heterocyklischen Verbindungen.

FSC
www.fsc.org
MIX
Papier | Fördert gute Waldnutzung
FSC® C083411

Kolibri 360 GmbH
Ferdinand-Jühlke-Straße 7
99095 Erfurt, Deutschland
produktsicherheit@kolibri360.de